计算机科学丛书

原书第2版

模式分类

理查德·O. 杜达（Richard O. Duda）
[美]　皮特·E. 哈特（Peter E. Hart）　著
大卫·G. 斯托克（David G. Stork）
李宏东　姚天翔　等译

Pattern Classification
Second Edition

机械工业出版社
China Machine Press

图书在版编目（CIP）数据

模式分类：原书第2版：典藏版 /（美）理查德 · O. 杜达（Richard O. Duda），（美）皮特 · E. 哈特（Peter E. Hart），（美）大卫 · G. 斯托克（David G. Stork）著；李宏东等译. -- 北京：机械工业出版社，2022.4
（计算机科学丛书）
书名原文：Pattern Classification, Second Edition
ISBN 978-7-111-70428-7

I. ①模… II. ①理… ②皮… ③大… ④李… III. ①模式分类 IV. ①O235

中国版本图书馆 CIP 数据核字（2022）第 050697 号

北京市版权局著作权合同登记 图字：01-2021-3377 号。

本书是模式识别和场景分析领域奠基性的经典著作。在第2版中，除了保留第1版中关于统计模式识别和结构模式识别的主要内容以外，还新增了许多新理论和新方法，其中包括神经网络、机器学习、数据挖掘、进化计算、不变量理论、隐马尔可夫模型、统计学习理论和支持向量机等。本书还为模式识别未来的发展指明了方向。书中包含许多实例，各种不同方法的对比，丰富的图表，以及大量的课后习题和计算机练习。

本书主要面向电子工程、计算机科学、数学和统计学、媒体处理、模式识别、计算机视觉、人工智能和认知科学等领域的研究生和高年级本科生，也可作为相关领域科技人员的重要参考书。

出版发行：机械工业出版社（北京市西城区百万庄大街 22 号 邮政编码：100037）
责任编辑：姚 蕾
责任校对：马荣敏
印 刷：北京诚信伟业印刷有限公司
版 次：2022 年 5 月第 1 版第 1 次印刷
开 本：185mm×260mm 1/16
印 张：34
书 号：ISBN 978-7-111-70428-7
定 价：149.00 元

客服电话：（010）88361066 88379833 68326294
投稿热线：（010）88379604
华章网站：www.hzbook.com
读者信箱：hzjsj@hzbook.com

译 者 序

现代计算机具有强大的计算和信息处理能力，但是它在目标识别、环境感知及复杂条件下的决策能力方面远远不如生物系统。目前，已有很多学科分别从不同角度、以不同途径试图研究和揭示这当中的奥秘，并且希望用计算机实现一个具有感知、识别、理解、自学习和自适应能力的灵活、智能的计算机器。这些学科包括模式识别、人工智能、计算机视觉、机器学习、心理生物学和认知科学等。而“模式识别”因其明确的问题定义、严格的数学基础、坚实的理论框架和广泛的应用价值，越来越受到重视，并且成为上述其他几门学科的中心研究内容之一。在过去的几十年里，模式识别研究得到迅速发展，并且已有丰富的理论成果。其实际应用领域也从最初的光学字符识别(OCR)，扩展到如今的笔输入计算机、生物身份认证、DNA 序列分析、化学气味识别、药物分子识别、图像理解、人脸辨识、表情识别、手势识别、语音识别、说话人识别、信息检索、数据挖掘和信号处理等。

不过尽管如此，相比生物认知系统，现有人工模式识别系统的适应和识别能力还远远不能令人满意。模式识别中许多基础理论和基本方法方面的问题还远没有得到解决，其他问题也层出不穷。鉴于此，研究者和实践者都很需要一本这一领域高水平的学术著作——覆盖现有基础理论方法，全面反映学科研究现状，以及预测学科未来的发展方向。

说起“模式识别”学科的经典著作，即使刚刚跨入该领域不久的初学者都会提到 R. O. Duda 和 P. E. Hart 合著的《模式分类与场景分析》(*Pattern Classification and Scene Analysis*)这本具有奠基性和权威性的著作。它在模式识别学术界和教育界享有崇高声誉，具有重大影响，我国模式识别和计算机视觉界的很多专家学者对这本著作也情有独钟。在 20 世纪 80 年代初期，国内大批专家学者赴美进修，师从傅京孙(K. S. Fu)、黄煦涛(T. S. Huang)等国际模式识别界和计算机视觉界的先驱和大师。当时很多人研读的就是这本著作。这其中也包括译者的老师路浩如教授、顾伟康教授和徐胜荣教授等。回国后他们又继续选用这本书作为教材，并推荐给国内的科技工作者。时至今日，一谈及这本书，他们仍会流露出由衷的敬佩和感激之情。

在 20 世纪 70 年代初期，关于模式识别学科的定义尚未明朗，但这本出版于 1973 年的书却内容全面、翔实，观点深刻而富有生命力，眼光独到而长远，许多在当时作为指引方向的新概念几乎预言了今天很多算法的成功，甚至对其未来的发展仍有参考价值。想想 1973 年的研究水平和计算能力，这确实难能可贵。近 50 年来，这本书已被世界上许许多多的著名高校用作经典教科书。根据 NEC 公司文献情报引用统计数据，至今已有几千篇学术论文和多种著作引用过本书，其中包括新近发表的论文。

令国际学术界高兴的是，这本书的第 2 版于 2001 年年初在纽约出版发行了。新版改名为《模式分类》(*Pattern Classification*, *Second Edition*)，作者为 Richard O. Duda、Peter E. Hart 和 David G. Stork。第 2 版不仅保留了第 1 版中有关模式分类理论的所有重要和经典的内容，还增加了很多时新且被实践证明是有生命力的新理论、新方法和新实现。Stork 博士在筛选本书第 1 版问世后的新成果的基础上，又做了大量出色的工作，归纳和总结了“模式识别”这一重要与迅速成长的学科的发展规律，为进一步发展指明了方向。第 2 版刚刚出版就深受欢迎，已经被许多高校用作教材，其中包括圣何塞加州州立大学、斯坦福大学、加州大学伯克利分校等著名学校。2001 年 10 月第 2 版的日文版翻译完成并开始发行。2002 年 2 月，第 2 版的第三次修订版本已经开始销售。著名学者、纽约州立大学布法罗分校计算机系S. N. Srihari 教授评价道："第 2 版进行了（模式识别学科）里程碑式的成就总结。"

与第 1 版相比，本书第 2 版把重点放在最核心的"模式分类"理论上，全面、翔实、系统和深入地介绍了相关理论实现和算法。特别是，本书在介绍各种方法的同时，又根据深层的理论分析和作者几十年的实践经验，对不同方法的优缺点和适用范围进行了对比。此外，第 2 版在内容和形式上进行了以下几方面的改进。

- 增加了许多新的材料。除了保留原有的重要经典内容以外，书中汇集了很多近年才发展起来的并被实践证明是有用的模式识别新技术，比如神经网络、随机方法、进化计算以及机器学习理论。书中虽然以统计技术为主，但保留了句法（结构）模式识别的内容，也包含许多经典的技术，比如隐马尔可夫模型、模型选择机制和组合分类器等。
- 增加了许多例题、课后习题和计算机练习，这使得本书非常适合用作高年级本科生、研究生的教材。
- 有 350 多幅高质量的图表。这些图表都是精心计算所得，用于反映正文中的要点，值得非常仔细地研究。
- 算法采用伪代码列表形式，便于查找和使用。
- 书中每章末尾的文献和历史评述很有特色，能帮助读者有重点地选择参考文献来阅读并了解相关主题的历史研究过程。
- 附录补充了必要的数学基础知识。

本书内容十分全面，几乎涵盖目前模式识别领域所有重要的理论和方法。本书并不是百科全书式地堆砌材料，由于作者们都是该领域的权威专家，在介绍各种理论和方法时，时刻不忘将不同理论、方法的对比与作者自身的研究成果和实践经验传授给读者，使读者不至于对如此丰富的理论和方法无所适从。另外，特别值得指出的是，本书的第 9 章非常有特色，也是非常重要的一章。这一章从更高的观点和更深的层次上探讨模式识别和机器学习的许多理论和哲学基础，引入了对指导理论研究和实际应用都至关重要的物理学中普适的"守恒律"和"互补律"等类比手段。从某种意义上来说，只有弄懂了该章的结论，才可能透彻地理解和更好地运用其他章节的内容。

2001 年 10 月，作者 David G. Stork 博士邀请我们翻译《模式分类》的第 2 版。实际翻译工作从 2002 年年初开始，历时 4 个月完成。这是一本大部头的经典著作，原著的语言精辟、解说透彻，而翻译时间有限，承担这项任务，译者既感到荣幸，又倍觉压力。我们不得不广泛收集资料，紧密结合教学实践经验，夜以继日地翻译，但不管怎样努力，如果没有其他人的大力协助，翻译工作难以如期完成。为此，我们深表感谢。

特别感谢 David G. Stork 博士邀请我们翻译本书，感谢他与 Wiley 公司联系版权事宜和多次寄来"勘误表"以及最新印刷版本；感谢赵平女士在翻译和编辑出版本书的过程中给予的大力支持和协助；感谢刘自强，他在微软亚洲研究院学习期间，给我们介绍了 Stork 博士与本书第 2 版，并且协助翻译了第 10 章；感谢程敏，她为本书的翻译做了大量认真细致的工作。感谢机械工业出版社华章分社的大力协助，倘若没有编辑们的热情支持，本书的中译本难以如此迅速地出版；最后还要感谢顾伟康教授（浙江大学信电系）、叶秀清教授（浙江大学信电系）、荆仁杰教授（浙江大学信电系）、李娜（浙江大学 CAD&CG 国家重点实验室）、温志颖（浙江大学信电系）、Brendan Codey（Wiley Interscience）、George Telecki（Wiley Interscience）、Duda 教授（San Jose State University）、Hart 教授（Ricoh Innovation，Inc.）等给予的热心支持和帮助。另外，本书的翻译还得到了“国家自然科学基金项目”（60105003）的资助，特此感谢。

本书作为流行且经典的教材和专业参考书，主要面向电子工程、计算机科学、数学和统计学、媒体处理、模式识别、计算机视觉、人工智能和认知科学等领域的研究生和相关领域的科技人员。翻译出版中译本的目的，就是希望能为国内广大从事相关研究的学者和研究生提供一本全面、系统、权威的教科书和参考书。如果能做到这一点，译者将感到十分欣慰。

本书的第 2～5 章和附录 A 由姚天翔翻译；其余主要由李宏东翻译；程敏、刘自强等协助完成了部分翻译工作；李宏东、姚天翔整理了全稿。

在翻译过程中，我们力求忠实、准确地把握原著，同时保留原著的风格，但由于译者水平有限，另外翻译时间仓促，书中难免有错误和不准确之处，恳请广大读者批评指正。

李宏东（Hongdong Li）
姚天翔（Tianxiang Yao）
于浙江大学信电系

前　言

本书第 1 版《模式分类与场景分析》(*Pattern Classification and Scene Analysis*)于 1973 年问世,在逾越四分之一世纪以后我们重写了第 2 版。写作的初衷依然不变,即尽可能对模式识别中的各个重要课题,尤其是对基本原理进行系统性介绍。我们相信这会为相当多有待解决的专门问题,诸如语音识别、光学字符识别或信号分类等,提供必需的基础。本书第 1 版的许多读者经常问我们为什么要把"模式分类"与"场景分析"结合在一本书里写。在当时,我们所能做的回答是,分类理论的确是模式识别学科中最重要的与领域无关的(domain-independent)理论,而场景分析是那个年代仅有的并且重要的应用领域。况且,根据 1973 年的研究水平,完全有可能把两个内容集中在一本书中阐述清楚而不显肤浅。在随后的这些年中,模式识别的理论和应用领域已经迅速扩展,使得上述观点再也站不住脚。因为必须要做出选择,所以我们决定在本版中只介绍分类理论,而把有关应用的课题留给其他专门书籍来解决。自 1973 年以来,对第 1 版提出的许多问题开展了大量的研究,并且取得了长足的进步。仅仅是计算机硬件的发展已经大大超过了学习算法和模式识别的步伐。第 1 版提出的一些突出问题目前已获圆满解决,然而另外一些却依然让人灰心。模式识别系统所显现的重大作用,使该领域的研究方兴未艾,并且激动人心。

当我们撰写本书第 1 版时,模式识别还只是相当专门的学科,但从其目前丰富的应用领域来看,它已变得十分博大。这些应用包括:笔迹和手势的识别、唇语技术、地学分析、文件检索以及气泡室中的亚原子轨迹判读。它为大量人-机界面问题提供核心算法,比如笔输入计算。第 2 版的篇幅正说明了其现有理论的广博。虽然我们预计本书的绝大多数读者都对开发新的模式识别系统感兴趣,但也不排除有少部分人专注于深刻理解现有的模式识别系统。这当中最显著的莫过于人类和动物的神经认知系统。虽然研究模式识别的生物学起源已明显超出本书的范围,但是,由于对自然界中的模式识别能力感兴趣的神经生物学家和心理学家也越来越多地依赖于先进的数学和理论的帮助,因此这部分专家也必将从本书中获益。

尽管已有很多优秀的书籍集中讨论了某一部分技术,我们仍然强烈地感觉需要像本书这样采取某种不同的讨论方法。也就是说,本书并非集中在某些专门技术(如神经网络)上,相反,我们对一类特定的问题——模式识别——开展研究。本书讨论了多种可行的技术。学生和实践者常常需要知道某种技术是否适用于他们的特定需求或者开发目标,许多专门研究神经网络的书籍未必会讨论其他的技术(诸如判定树、最近邻方法或者其他分类器)以提供比较和选择不同方案的依据。为了避免出现这种问题,我们将在本书中对比讨论各种分类技术,并讨论各自的优势和缺点。

所有这些发展要求改写本书的第 1 版,以获得一个统一的更新的版本。这一版我们不仅丰富了内容,并且在以下几方面进行了改进。

新的材料　书中包含很多最近才发展起来并被实践证明有用的模式识别的新技术,比如神经网络、随机方法以及有关机器学习理论的问题,等等。虽然本书仍然以统计技术为主,但是为了保持完整性,我们也加进了句法(结构)模式识别的内容,以及许多"经典"的技术,如隐马尔可夫模型(HMM)、模型选择机制、组合分类器等。

丰富的例题 本书包含许多例题,这些例题通常使用很简单的数据,避免冗长单调的计算,但是又足够复杂,使得能够清楚地解释关键知识点。例题的作用在于增强直观认识,并帮助学生解答课后习题。

算法列表 凭借算法可以最清楚地解释所讲述的模式识别技术。本书提供了很多算法。算法只是相应的完整计算机程序的一个基本骨架。我们假定每位读者都熟悉算法采用的伪码形式,或者可以通过上下文来理解。

加星号的节 有些节加了星号,表明有些专门化,通常是一些补充材料,但它们一般不影响对后续不带星号的节的理解,所以在初次阅读时可以跳过。

上机练习 这些练习并不限制采用哪种计算机语言或系统,学生可以根据情况选择适合自己的语言或系统。

习题 增加了一些课后习题,并按提出问题的章节组织。本书的习题另有答案手册,可供教师选用㊀。

每章小结 每章小结中含有该章中出现的重要概念和知识点。

增强的图表 为了更好地展示概念,我们花了很大的力气来增强本书中的图表,以解释正文中的要点。部分图表经过了大量精心的计算和细致的参数设置。相关的 Adobe Acrobat 格式的文件可以登录 http://www.wiley.com/products/subject/engineering/electrical/software_supplem_elec_eng.html 获得。

附录 学生们未必拥有所必需的数学基础,这一点也不令人奇怪。为此,在书后附录中补充了必要的数学基础知识。我们力求通篇使用清晰的表示法来解释关键特性,同时又保持可读性。附录中的符号列表能够帮助那些愿意仔细钻研预先使用符号的章节的读者。

本书包含足以适合两学期教学的高年级本科或研究生课程的内容,当然要是仔细挑选也适合一学期使用。一学期课程应当包括第1～6章、第9章和第10章(大部分来自第1版的内容,仅仅增加了神经网络和机器学习),加星号的各节可讲可不讲。

由于研究和发展速度如此之快,每章末尾的文献和历史评述就显得十分有必要,尽管有些简略。我们的目的是帮助读者有重点地选择参考文献来阅读,而并不是记录整个历史发展过程和感谢、赞美或表扬某些研究者。参考文献中有的重要文献可能未必在正文中提及,读者可根据标题自行选阅。

如果没有以下研究机构的帮助,我们是不可能完成本书的。第一个也是最重要的一个当属理光发明公司(Ricoh Innovations,DGS & PEH)。在动荡和严酷的工业竞争环境中,以及对产品和创新的无休止的需求压力之下,该公司能够支持像本书这样长期和广泛的教育研究项目,反映出这里有了不起的环境和氛围,以及少有的和明智的领导集体。感谢理光发明公司研究发展部主任 Morio Onoe 在我们开始写作时给予的热情支持。同样要感谢在写作本书时为我们提供临时住所和帮助的圣何塞加州州立大学,斯坦福大学电气工程系、统计学和心理学系,加州大学伯克利分校,国际高等科学研究院,尼尔斯·玻尔研究所,圣塔·菲研究所。

非常感谢斯坦福大学的研究生 Regis Van Steenkiste、Chuck Lam 和 Chris Overton 在图

㊀ 关于本书教辅资源,只有使用本书作为教材的教师才可以申请,需要的教师可向约翰·威立出版公司北京代表处申请,电话 010-84187869,电子邮件 ayang@wiley.com。——编辑注

形准备方面提供的巨大帮助，Sudeshna Adak 在解答习题中的帮助。感谢理光发明公司的同事 Kathrin Berkner、Michael Gormish、Maya Gupta、Jonathan Hull 和 Greg Wolff 的多方面帮助，图书馆工作人员 Rowan Fairgrove 帮助找到了很多难找的文献，并确认了许多文献作者的名字。本书的很多内容来自斯坦福大学和圣何塞加州州立大学的讲义，从研究生那里得到的反馈使我们受益匪浅。许多教员和科研同人为本书提供了很好的建议，并纠正了很多疏误。特别要感谢 Leo Breiman、David Cooper、Lawrence Fogel、Gary Ford、Isabelle Guyon、Robert Jacobs、Dennis Kibler、Scott Kirkpatrick、Benny Lautrup、Nick Littlestone、Amir Najmi、Art Owen、Rosalind Picard、J. Ross Quinlan、Cullen Schaffer 和 David Wolpert，他们对本书进行了评论。各领域的著名专家审阅了本书各章，他们是 Alex Pentland(1)、Giovanni Parmigiani(2)、Peter Cheeseman(3)、Godfried Toussaint(4)、Padhraic Smyth(5)、Yann Le Cun(6)、Emile Aarts(7)、Horst Bunke(8)、Tom Dietterich(9)、Anil Jain(10)和 Rao Vemuri(附录)，括号中的内容是他们审阅的章。他们富有洞察力的评语对本书多方面的改进都有帮助。不过，我们对仍然存在的错误负责。本书编辑 George Telecki 给了我们很大的鼓励和支持，而且没有抱怨我们一拖再拖。他和 Wiley 公司的其他员工都非常乐于帮助我们，给我们提供了许多专业支持。最后非常感谢 Nancy、Alex 和 Olivia Stork 对我们沉迷写作的理解和忍耐。

David G. Stork
Richard O. Duda
Peter E. Hart
2000 年 8 月

目　　录

第7章 随机方法 …… 284

第8章 非度量方法 …… 318

第 1 章

绪　论

我们能够如此轻而易举地辨识人脸、识别语音、阅读手写文字、从口袋里摸出钥匙或者根据气味判断苹果是否成熟，这大大掩盖了隐藏在这些貌似简单的识别行为背后的非常复杂的处理机制。*模式识别*(pattern recognition)——这种输入原始数据并根据其类别采取相应行为的能力——对于我们的生存至关重要。为了具有这种能力，在过去的几千万年里，我们进化出高度复杂的神经和认知系统。

1.1　机器感知

试图设计和建造一台能够识别不同模式的机器的想法是很自然的。从自动语音识别到指纹识别、光学字符识别、DNA 序列分析等很多的应用，都清楚地表明一个可靠和准确的模式识别机器的巨大作用。而且，在解决这许许多多问题的同时，我们对自然界存在的精巧的模式识别系统，例如人的认知系统，有了更深刻的理解和由衷的赞叹。对其中一些问题，比如语音和视觉的辨识，我们对大自然的解决方案的认识程度也必然影响了我们自己的设计方案，包括所采用的算法和所设计的专用硬件。

1.2　一个例子

为了显示有关问题的复杂情况，考虑如下这个虚构或想象中的例子。设想有一个鱼类加工厂，希望能使传送带上的鱼的品种的分类过程自动进行。那么要通过光学感知手段，架设一个摄像机，拍摄若干样品的图像，以区分鲑鱼(salmon)和鲈鱼(sea bass)。注意到这两种鱼确实存在一些物理特性上的差异，比如长度、光泽、宽度、鳍的数目和形状、嘴的位置。我们就利用这些要素作为模式分类的*特征*(feature)。还注意到图像本身也存在差异，比如光照的不同，鱼在传送带上的位置，以及由摄像机电子线路引起的干扰。 1

如果鲑鱼与鲈鱼两个类别确实存在某种差异，我们称之为具有不同的*模型*(model)，即可以用数学形式表达的不同特征的描述。模式分类的最终目的和处理方法就是，首先将模型分成几类，然后对感知到的数据进行处理，以滤除干扰(由采样引起而非由模型引起)。最后，选择出与感知数据最接近的模型类别。任何模式识别系统不管其设计目标如何，必须首先建立上述概念。

执行鱼类分类任务的原型分类系统最好具有如图 1-1 所示的形式。首先摄像机拍摄鱼的照片。然后，图像信号被预处理，以方便后续的其他操作，同时又不损失关键信息。特别地，我们应该用分割技术将不同的鱼分离开来，或者将鱼同背景分开。最后，将每条鱼的数据送入特征提取器，其作用是通过测量特定的“特征”或“属性”来简化原始数据。

预处理器必须能自动调整平均光照度，或者进行阈值化处理，以去除传送带等背景成分。我们先暂时不管鱼的图像如何被分割以及特征提取器和模式分类器如何设计的问题，而想象一下：假设有人告诉我们“鲈鱼一般要比鲑鱼长”。于是，这就提供了一种可尝试的模型：“鲈鱼有某种典型的长度，鲑鱼也有某种典型的长度，而且鲈鱼的典型长度要比鲑鱼的大”。因此，“长度”就是一个明显的可用于分类的特征。我们可以仅仅通过看一条鱼的长度 l 是否超过某

个临界值 l^* 来判别鱼的种类。为了确定恰当的 l^*，必须先获得不同类别的鱼的若干样本(称为"设计样本"或"训练样本")，进行长度测量并检查结果。

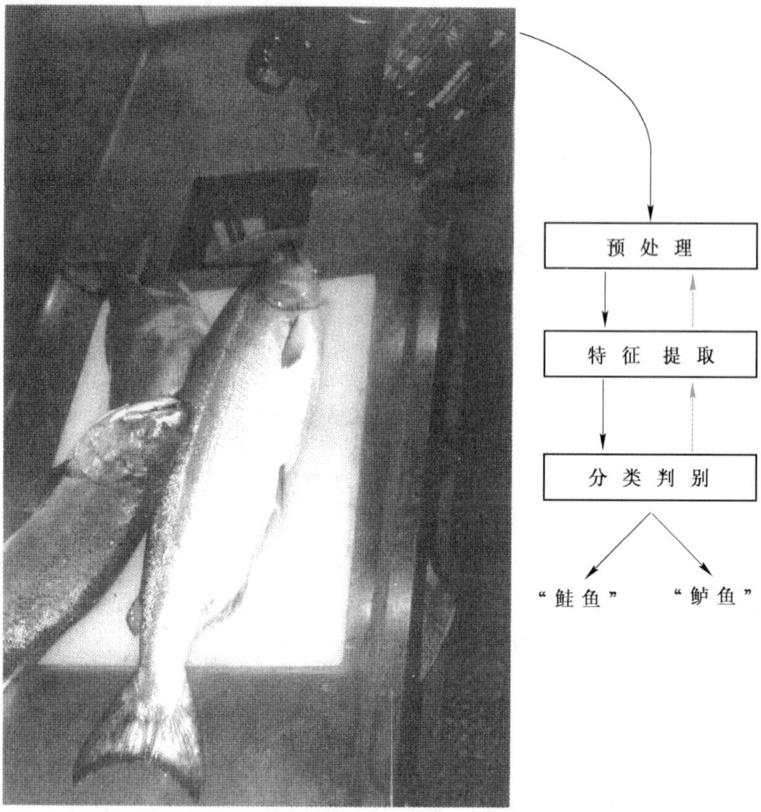

图 1-1 首先对要进行分类的物体利用传感器(如摄像机)采样，并且进行预处理(preprocessing)，然后是特征提取(feature extraction)和分类判别(classification)，最后输出类别结果。这里的结果是"鲑鱼"或"鲈鱼"，尽管信息通常是从采样源到分类器自前而后流动的，但也有一些系统允许用试探性方法，依据后面阶段的结果，反馈影响前面的处理(图中的灰箭头)。还有一些系统会将若干阶段的处理合并，例如同时执行分割和特征提取。这些特征(更确切地说，是特征的值)接着被送入分类器，用于各类别置信度的评估，输出最终的类别决策

假设我们已经完成上述工作，并将长度的直方图绘于图 1-2。此图验证了在平均意义上，鲈鱼比鲑鱼要长的结论。不过，这个直方图也清晰并且令人失望地表明：单一的特征判据是不足以完美分类的。也就是说，无论怎样确定临界值 l^*，都无法仅凭长度就把两种鱼截然分开。

虽然遇到困难但并未就此灰心，我们继续尝试使用其他特征，比如鱼的平均光泽度(lightness)。我们小心地消除外界照明光亮度的差异，因为这会影响模型本身，并降低分类器的性能。最终获得的光泽度直方图示于图 1-3。这个结果比较令人满意，因为两种鱼的分离性更好。

到目前为止，在具体处理上我们都假定无论哪一种分类判决都是等代价的，即不管将鲑鱼误判为鲈鱼，或者正好相反的判决，所引起的代价都相等。这种对称的代价在通常情况下是可行的，但也不尽然。举个例子来说，对某个鱼类加工厂，顾客或者能接受标示着"鲈鱼"的罐头中偶尔混入了鲑鱼，却无法忍受鲈鱼出现在所谓的"鲑鱼"罐头中。为了能在经营中站住脚，我们必须调整分类决策，以免引起顾客们反感，甚至不惜在鲈鱼罐头中混入更多的鲑鱼。在这种情况下，应当把判别边界向光泽度更小的值移动，以减少将鲈鱼误判作鲑鱼的数目(图 1-3)，如果顾客越反对在鲑鱼中混入鲈鱼(即，这种类型的分类错误的代价越高)，我们就越应减少 x^* 的值。

图 1-2　两种鱼的长度特征直方图。不存在单一的阈值能够将两种鱼无歧义地分开。如果只利用长度这一个特征，出现分类错误是不可避免的。图中的 l^* 是一个最佳的阈值，从这里分类的平均误差率最小

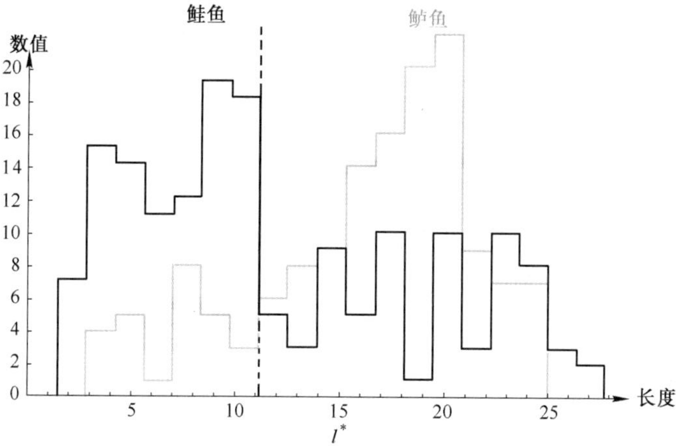

图 1-3　两种鱼的光泽度特征直方图。不存在单一的阈值能够将两种鱼无歧义地分开。如果只利用光泽度这一个特征，出现分类错误是不可避免的。图中的 x^* 是一个最佳的阈值，从这里分类的平均误差率最小[⊖]

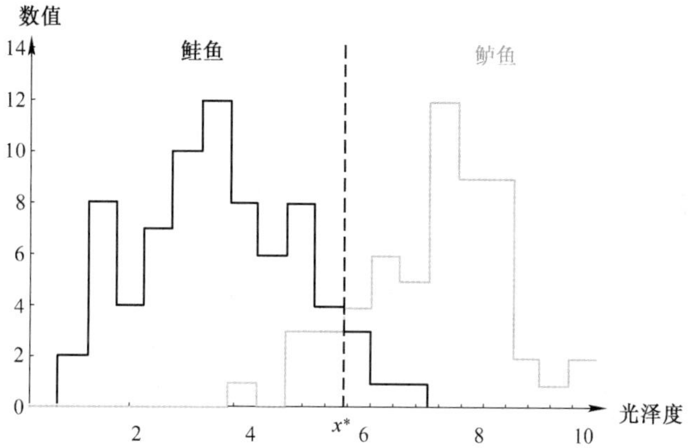

上述考虑导致了我们期望有一个分类的"总体代价"函数。我们真正的任务是确定一种决策(decision)，使该代价函数最小。这是决策理论的中心任务，而模式分类可能是其中最重要的一个子领域。

即使我们已经有了一个总体代价，并且据此获得了最优的决策点 x^*，其分类性能也许仍然不能令人满意。这时，我们第一个想到的是寻找其他的更利于分类的特征。不过让我们首先假设：已经没有比光泽度更好的图像特征了。于是我们转而去求助组合运用多种特征的方法。

值得强调的是，在寻求其他特征的努力中，我们发现鲈鱼通常比鲑鱼要更宽。这样就有了两个特征——光泽度 x_1 和宽度 x_2。暂时先不考虑如何在实践中测量这些特征，总之特征提取器已经把整条鱼的数据精简为一个二维特征向量，或二维特征空间中的一个点：$\mathbf{x}=\begin{bmatrix}x_1\\x_2\end{bmatrix}$。

现在，我们的问题是把特征空间分成两个区域，使得落在其中一个区域的数据点(鱼)被分类为鲈鱼，而落在另一个区域的数据点被分类为鲑鱼。假定已经对样本特征向量进行了测量，并绘制了散布图(见图 1-4)。这个图显示出可以根据如下的准则来区分两种鱼：如果特征向量落在判别边界(decision boundary)的上方，则是鲈鱼，否则是鲑鱼。

看起来这条规则在这个例子中运用得很好，这也提示我们或许有必要嵌入更多的特征(以使得它的分类性能更好)。除光泽度和宽度以外，我们也许想到了更多的形状参数，比如背鳍 2~4

⊖ 而且比图 1-2 的最小误差率要小。——译者注

的顶角、眼睛的位置(用鱼嘴到鱼尾的长度比例表示)等。然而,怎样才能事先知道其中哪个特征对分类性能最重要呢?因为其中某些特征很可能是冗余的。比如,如果鱼眼睛的颜色与宽度完全相关,那么分类器的性能将不因增加了鱼眼颜色这一特征而有任何改善。即便不考虑获得更多特征时所需的额外的计算量,我们是否真的有必要采用非常多的特性呢?这样做是否会给将来在非常高维的空间中进行分类操作埋下了"祸根"?

图 1-4 两种鱼的光泽度特征和宽度特征的散布图。中间的斜线是分类判决的分界线。很明显,这里的总体分类错误比图 1-3 的最小误差率要小,但是仍然存在一些错误

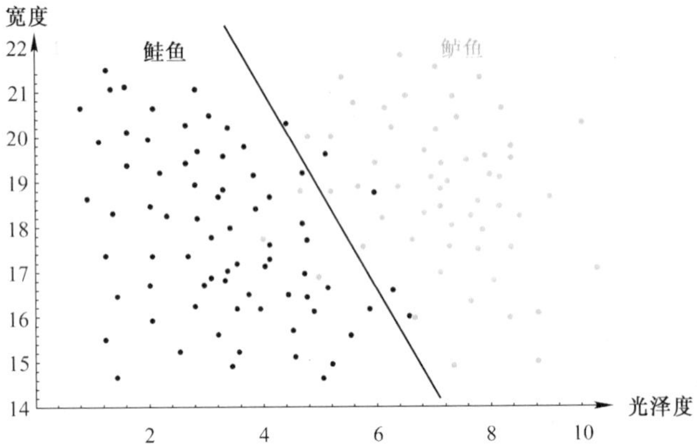

再假设,在上述任务中,其他的特征要么太难测量,要么对分类器毫无用处(甚至起反作用)。这样,我们将只有两个特征好用。如果分类的判决模型非常复杂,分界面也十分复杂(而不再像图 1-4 那样是一简单分界直线),所有的训练样本可以被完美地正确分类(如图 1-5 所示),虽然如此,这样一个结果也依然不令人满意。这是因为分类器的中心目标是,能够对新样本(比如以前从未见过的某条鱼)做出正确的反应。这就是"推广能力"(generalization)的概念。图 1-5 所示那种复杂的判决边界过分"调谐"(tune)到某些特定的训练样本上了,而不是类别的共同特征,或者说是待分类的全部鲈鱼(或者鲑鱼)的总体模型。

图 1-5 过分复杂的模型将导致复杂的判决曲线。虽然这种判决曲线对训练样本可以得到完美的分类效果,但是对将来的新模式推广能力很差。例如,图中标记"?"的新模式应该更像是鲑鱼,然而却被分类为鲈鱼

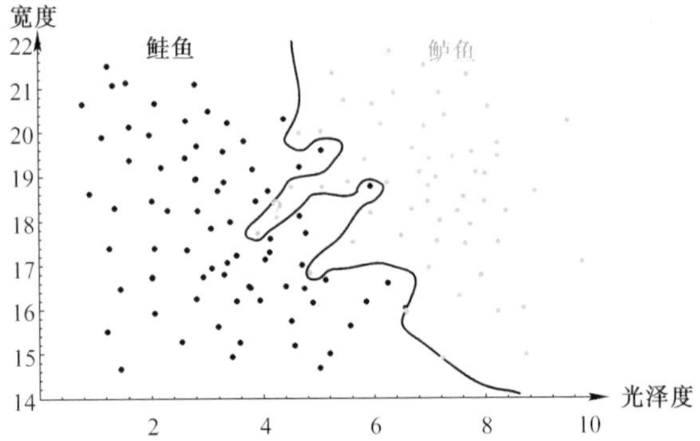

自然地,我们想采集更多的训练样本,以获得特征向量的更好估计。例如,可以使用类别样本的概率分布。可是,在某些模式识别问题中,能够比较容易获得的样本数据毕竟十分有限。即使在连续的特征空间中已经有大量的样本点,可是如果按照图 1-5 所示的思路,分类器将给出极度复杂的判决边界,而且将不太可能很好地处理全新的样本模式。

因此,我们宁可去寻求某种"简化"分类器的方案。其背后的信念是,分类器所需的模型或判别边界将不需要像图 1-5 那样复杂。事实上,如果已经能够更好地分类新的测试样本,那么即使它对训练样本集的分类性能不够好,也应该接受它。但是,假如在设计"复杂"的分类器时其推广能力可能不是很好,那么,我们又将如何精确和定量地设计相对"简单"一些的分类器呢?系统怎样才能自

动得出图 1-6 所示的那种相对简单的分界曲线，以使得其性能比图 1-4 所示的直线分界面，或者图 1-5 所示的复杂分界曲线更为优越？假设我们能够做到“推广能力”和“复杂度”的折中，又将怎样预测系统对新模式的推广能力如何呢？这些都是统计模式识别要研究的中心问题。

图 1-6　图中标示出的判决曲线是对训练样本的分类性能和分界面复杂度的一个最优折中。因而对将来的新模式的分类性能也很好

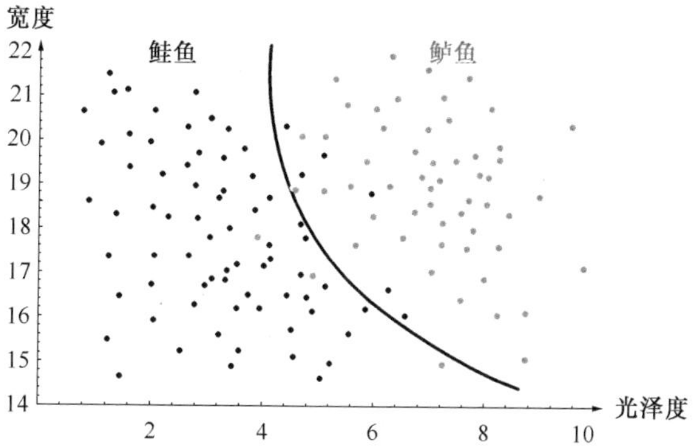

对相同的输入模式，我们或许需要完成截然不同的任务或者使用完全不同的代价函数，这将导致很不同的结果。例如，假如我们的目的是销售鱼子（酱）的话，我们很可能试图按鱼的性别进行分类，把雄的和雌的分开。或者，我们想把受损的鱼筛选出来（以制备猫食），等等。不同的判决任务将需要不同的特征，其判别边界也与最先的鱼分类问题很不相同。 5～6

因此从根本上说，分类判决任务必然是面向特定任务或特定代价的。因而建造一个通用的能够精确执行各种各样分类任务的人工模式分类机器将是一个极端困难的任务。这使得我们对人类能在各种模式分类任务间迅速和灵活地切换更增加了几分赞美和敬佩之心。

从根本上而言，分类的目的在于重建产生我们所感知到的模式的内在模型。不同的分类技术很大地依赖于候选模型自身。在设计模式识别系统中，我们关注的是模式的统计特性（一般用概率的观点来表达），这贯穿本书的绝大多数内容。在这里，模式的模型可能是某一特定的特征集合，虽然其中某些预先知道的模式已被某种类型的随机噪声污染。偶尔有人认为“神经模式识别”（或“神经网络模式分类”）应该确立自己的学科，因为它们的确具有自己特定的学术起源，但我们认为“神经网络”至少应算作“统计模式识别”（statistical pattern recognition）的一个近亲分支，原因在本书中很快就能明了。如果模型是由若干逻辑规则集组成，那么就可以应用“句法模式识别”（syntactic pattern recognition）技术。其中采用规则或文法来表达模式类别和判别条件。例如，我们可能想把英文句子分类为符合语法的，或者反之。在这里，适宜采用的是文法规则，而非词频统计或词语相关性等统计特性。

在鱼分类的例子中，仔细选择特征是十分必要的。由此，方能获得一个合理的有利于分类器成功实现的模式表达方式（见图 1-6）。获得一个好的模式表达，是几乎所有的模式识别系统的一个中心任务。它不仅能清楚且自然地揭示组成模式的各部件之间的结构关系，还能有效表达出未知模式的相应模型。在一些情况下，模式常被表达为实数向量的形式，而另外的情况，可能以有序的属性列表方式来表达。模式表达也可能是子部件及其关系的描述，等等。我们试图寻找这样的表达，使能够导致同样行为的模式样本之间的距离尽可能接近，而使将要导致不同行为的模式样本之间的距离尽可能远。如何构造或学习一个恰当的表达，以及如何定量刻画“接近”或“远离”的能力将决定一个分类器的成败。我们十分倾向于运用比较少的特征，因为这会导致更简单的分类区域、更易训练的分类器。我们也倾向于选择更鲁棒的特征，即对噪声或其他干扰均不敏感。在实际应用中，我们希望分类器应该快速响应，只需很少的电子部件、内存容量或处理步骤。

当训练样本不足时，一个核心的技术思路是嵌入特定问题领域的背景知识。确实，训练样本数越少，背景知识起的作用就越大，例如，那些表明测试模式是怎样被产生出来的知识。上述思路的一种极端情况是所谓的“基于综合的分析技术”(analysis by synthesis)。该技术假定事先已经知道产生各个模式的理想模型。考虑语音识别的情况，当不同人发“dee”这个音时，会明显存在发声差异，但是其中有一点却是共同的，即都要张嘴、逐步降低下颚、舌尖顶在上颌，并保持一会儿等。我们可假定所有的发声差异均源自各种偶然事件，比如讲话者是男的或
7 者女的、老的或者少的，以及带有的不同音高，等等。在更深的层面上讲，用上面的“物理学”或“生理学”模型(或所谓的“运动模型”)对表达诸如“dee”“doo”或其他发音过程是恰当的。如果能从某段声音中判断出它的发音模型(当然，仅仅是“如果”)，那么也就能根据发音过程知道它的类别。换句话说，产生该模型的过程(或机制)的表达，也就是模式分类器最好的模型。模式识别系统会根据输入模式是怎样被合成的信息来分析此模式。自然，其技巧在于从感知模式恢复其生成参数。

设想在设计一个根据图像来识别各种类型的椅子的模式分类系统时将遇到的困难。我们知道有标准的办公室椅，摩登的卧室椅，还有用豆子制成的豆粒坐垫椅等。考虑到椅子的巨大差异，椅子腿的数目、用的材质、几何形状等都可能很不相同，很快你就会感到非常挫败和失望，因为你甚至找不到一个恰当的模式表达来描述所有的椅子这类东西。也许各种椅子间唯一共性的东西在于其功能：一种稳固的人工制品，用于支撑坐着的人，并且有一个靠背。这样我们可能试图从图像中看看是否可以推理出相应的功能。其中，“支撑坐着的人”的特性大概可以同其中存在一个最大的面的表面朝向有关，虽然关系并不直接，然而上述断言必须能应付豆粒坐垫这种怪模怪样的椅子所造成的困难。当然，还包括对图像中各种特性的推理的理解过程。因而很自然，与其说本问题是“模式识别”的研究内容，还不如说属于“计算机视觉”(computer vision)更为恰当。

虽然还不至于这么极端，但是现实当中的很多模式识别系统都力求嵌入至少必要的有关模式的产生方法或其功能用途的知识，以期获得很好的表达。当然，表达的目的仍是更好的识别，而不是重新产生该模式。举例来说，光学字符识别系统假设手写字符是按照笔画顺序写成的，因此可首先从感知图像中恢复各个笔画的表达，然后再根据辨识出的各笔画，通过推理识别出文字。

相关领域

模式分类技术不同于经典的统计“假设检验”(hypothesis testing)技术，后者根据输入数据，判断零假设(或原假设、空假设)H_0与备择假设H_1中哪一个成立。简单地说，如果在零假设H_0成立的前提下获得相应实际输入数据的概率小于某个“显著性水平”，则我们拒绝零假设H_0而接受备择假设H_1。假设检验经常用于检验某种药物是否有效(这里H_0可定义为该药无疗效)，也能用于判断传送带上的鱼究竟都来自同一类别(比如都是鲑鱼)——作为零假设，还是来自两类——作为备择假设。

模式分类也不同于“图像处理”(image processing)。在图像处理中，输入的是一幅图像，输出的也是图像。图像处理的步骤常包括图像旋转、对比增强和其他能保持所有原始信息的图像变换。而特征提取，比如检测出图像中的峰谷点，将要损失信息(不过，但愿还能保留住对手头任务有用的关键信息)。

如上所述，特征提取器输入模式，而输出特征值。特征的数目几乎总是少于用于描述完整的感兴趣的目标所需的数据量，因而在这个过程中产生了信息损失。而“联想存储器”
8 (associative memory)的功能是输入模式，激发出另外一类模式。这个过程也损失信息，但损

失的分量远比不上模式分类器所为。简而言之，因为决策在模式判别信息中起着至关重要的作用，所以它本质上就是一个信息压缩过程，不可能仅仅根据已知某个模式的类别隶属就重构该特定模式。分类过程中，信息量的损失更大，将原来图像中成千上万比特的像素颜色信息压缩至由几个比特表示的类别信息(例如，在我们的鱼分类问题中只有 1 比特)。

另外还有 3 种密切相关的技术——回归分析、函数内插和(概率)密度估计，也经常用于模式识别系统。

在回归(regression)分析中，我们的目的是对输入数据找到合适的函数表示，其常用于预测新数据的值。线性回归(linear regression)，其中的函数形式对输入数据而言是线性的，是到目前为止最流行也是研究最透彻的一种回归形式。例如，我们可能发现鲑鱼的长度随其年龄或重量呈线性改变。这样就可以采集许多的典型的鲑鱼的年龄和长度数据，进而用线性回归拟合出其中的线性系数。

在函数内插(interpolation)中，我们已知的(或者容易得出的)是一定范围内的输入数据对应的函数值，而要解决的问题是如何求出位于这些输入点之间的数据点的函数值。比如，我们可以通过了解在最初两周内，鲑鱼的长度如何随年龄增长而改变的，而用任何一种内插技术来推断在未来两周乃至未来两年之内，鲑鱼长度的变化规律。

密度函数估计(density estimation)用于求解具有某种特定特征的类别成员(样本)出现的(概率)密度的问题。

以上相关技术常常被用作模式识别系统中的第一个步骤，不管是显式运用或隐含运用。例如，我们将会看到各种不同的估计类别概率密度的方法。一个未知的模式将根据最大概率的准则进行分类。因为上述相关的技术领域已经高度发展并且普遍应用，在本书中，我们只间接提及，而不准备专门介绍。

1.3　模式识别系统

在描述假想的鱼类分类系统时，我们提到 3 种基本操作：预处理、特征提取、分类(见图 1-1)。图 1-7 是一个典型模式分类系统的详细组成框图。必须知道系统的每个部件所要解决问题，才能知道设计这样一个系统所遇到的问题。让我们来确定系统中每个部件的作用，并由此考虑将遇到的种种问题。

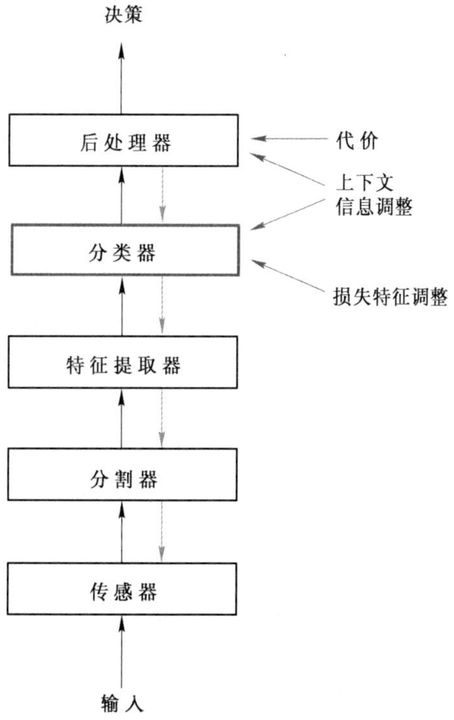

图 1-7　很多模式识别系统都可以按这种方式划分为模块。传感器把图像、声音等物理输入转换为输入信号。分割器将物体与背景及其他物体分开。特征提取器测量用于分类的物体属性。分类器根据特征给物体赋予类别标记。最后，后处理器进行一些其他考虑，比如上下文信息、错误代价、选择合适的动作。尽管这种描述强调了信息单方向自下而上流动，但是有些系统采用了反馈机制(图中向下的浅色线)

1.3.1　传感器

一个模式分类系统的输入通常取自一些传感器，比如摄像机或麦克风阵列。问题的难度很大程度上依赖于传感器的特性和局限性，比如带宽、分辨率、灵敏度、失真、信噪比、延迟等。模式分类系统中的传感器设计，尽管在实践中同样重要，但是已经超出了本书的范围。

1.3.2 分割和组织

在假想的鱼分类的例子中，我们严格假定每一条鱼是孤立的，跟传送带上的其他鱼相分离，并且很容易同传送带本身区别开来。而实际上，鱼经常是相邻着的或者交叠在一起的。这时系统就必须能够区分哪里是一条鱼的尾巴，哪里是另外一条鱼的开始，每个个体的模式必须是被分离开来的。如果已经识别出各条鱼，那么要分离出它的图像将会容易多了。但是如何能够在还没有把它分类出来之前就分割图像呢？或者在它们的图像被分割之前就把它们分类出来呢？似乎需要这样一种方法，它能告诉我们，何时应该从一个模型转向另一个模型，或者何时输入数据中仅仅只有“背景”或“没有物体类”，而这种方法又是如何实现的呢？

“分割”(segmentation)问题可谓模式识别中最深层的问题之一。在自动语音识别中，我们可以通过逐个识别出单个发音(比如音素“ss”“k”等)，然后再把这些音素拼合和识别出一个单词。但是看看下面这两个胡乱拼凑起来的单词，“sklee”和“skloo”，并且尝试大声读出来。你会发现在发“skloo”这个单词之前会首先嘟起嘴唇(在发“oo”这个音之前的所谓“圆唪”(rounding)现象)。这个“圆唪”影响了“ss”的发音，使得“skloo”中发出的“ss”的声音频率明显低于发“sklee”中“ss”的声音频率，这种现象称为“提前连读”(anticipatory coarticulation)。正因为这样，音素“oo”出现在“k”和“l”的发音之前，并且和“ss”这个音一起发出来，但是按道理，“k”和“l”这些音素确实应该出现在“oo”之前。那么我们究竟如何才能从这种明显混淆的单词发音中分割出“oo”呢？或者，我们是否还有必要尝试去分割它们呢？或许我们正在错误的尺
9～10 度上进行特征组织，而实际上用于识别的有效基元会更大一些(例如，分割出整个单词或者短语)。

跟分割紧密联系的是如何识别或组织一个复合物体的不同部分。字母“i”或者符号“＝”都有两个组合成分，但我们能看出来这是一个符号(而不是两个)。我们可以轻而易举地识别出一个简单的单词，例如“BEATS”。但是考虑一下，为什么我们没有从这一串字母中一下子识别出若干连贯子集来组成其他的单词呢？就像BE、BEAT、EAT、AT和EATS。为什么(除非格外注意它们)这些单词不会一下子出现在我们的脑海中呢？或者为什么我们看见B的时候，不认为这是P或者是I呢，尽管P和I都确实是组成B的一个部件。相反，我们为什么能够从“POLOPONY”中分割出两个单词，尽管它们之间没有空格，而没有误认为它是一个完整的单词呢？

这就是“子集和超集”(subset and superset)的问题，是“组织结构学”的研究内容，其是研究部分与整体关系的一个学科领域。看起来，最好的分类器在分类过程中会输入尽可能多的(使之“有意义”的)信息，但也不是过分多。这个将怎样自动实现呢？

1.3.3 特征提取

从概念上划分“特征提取器”和“模式分类器”两个部件存在一些随意性。一个“理想的”特征提取器应该产生一个表达，以使得后继的分类器的工作变得稀松平常。相反，一个“万能的”分类器将不必借助复杂的特征提取器(就能独立完成任务)。之所以(在概念上)区别对待二者，仅仅是出于实践中的考虑，而并非理论上的原因。

特征提取器通常要提取具有如下性质的特征描述，即，来自同一类别的不同样本的特征值应该非常相近，而来自不同类别的样本的特征值应该有很大的差异。这让我们产生了提取最有“鉴别”(distinguishing)能力的特征的想法，这些特征对与类别信息不相关的变换具有不变

性(invariant)。在鱼的例子中,传送带上的鱼的绝对坐标位置跟类别信息无关,因此特征描述中可以不考虑鱼的绝对位置。理想情况下,特征描述应当对平移变换保持不变,不管在水平或者垂直方向上都希望不变。因为旋转对分类是无关的,所以我们同样希望特征是旋转不变的。最后,鱼的大小可能并不重要,一条幼小的鲑鱼仍然是一条鲑鱼。因此,我们还希望特征应当是尺度不变的。总之,用来描述诸如形状、颜色和不同纹理等属性的特征量应该是平移不变、旋转不变和尺度不变的。

事实上,因为鱼基本上是平放在传送带上的,并且旋转轴通常平行于相机的光轴,所以从这种由正上方摄像机拍摄的"鱼在传送带上"的图像中寻找旋转不变特征的问题已经被大大简化了。而一个更一般的旋转不变性应该能处理相对三维空间中的任意一条线的旋转问题。就像咖啡杯这样一个"简单"物体的图像应该经受得住各种基本变形,比如杯子可以任意角度转动,杯子的柄有可能看不见——因为它被杯子的其他部分遮挡了。通过旋转,我们可以看到杯子内部或底部,圆形的杯口可能变成椭圆,直边也可能被遮挡等。而且,假如杯子和摄像机之间的距离可以调整,图像可能要经受透视失真的影响。在如此复杂的变换下我们怎样才能确保特征是"不变"的呢?或者,我们是否应该为不同旋转情况下杯子的不同图像定义不同的子集,然后通过更高层的处理来实现旋转不变呢?

在语音识别中,我们期望特征描述对时间平移和整体振幅的改变是不变的。我们可能还希望跟单词的持续时间无关,也就是说,跟一个模式发出的速率无关。在语音识别中发音速率 11
是一个严重的问题。这不仅因为不同的人的说话语速不同,而且即使是同一个人,他也可能会调整语速,使得演讲更加抑扬顿挫。同样,自然手写体也因为书写的速度加快而富于变化。字母 i 上的一点,t 和 f 的一横是最影响书写速度的因素,但对于 l、e 等就不那么明显了。我们怎样设计一个识别器,使其能自动根据速率的变化而在不同的类别中调整它的模式特征表达?

模式识别中经常采用很多非常复杂的变换,并且很多都是与具体领域相关的。例如,我们可以设计手写文字识别器,让它跟笔画的粗细完全无关。更有甚者,在三维物体识别领域会出现"非刚性变形",比如拍摄有关手的动作的图像,当你握一个物体或打个响指等时候,你的手所经历的变形就是非刚性变形。同样,我们必须考虑到照明的明暗变化和投射出的阴影的复杂影响。

跟分割一样,特征提取相比分类更加依赖于具体问题和具体领域,因此相应领域的知识是必需的。一个性能高超的鱼类分类器可能在指纹识别或者显微血细胞识别时毫无作用。然而,在设计特征提取器时可以利用模式分类的某些基本原则。本书讲述的模式分类技术虽不能替代专门领域知识,但是它们能帮助获取对噪声不敏感的特征值。在某些情况下,这些技术还能帮助如何从一大堆可能的特征中选择最有价值的特征。

1.3.4 分类器

系统中的分类器的作用是:根据特征提取器得到的特征向量来给一个被测对象赋一个类别标记。分类器的设计在本书中占了很大比重。因为完美的分类性能通常是不可能获得的,更一般的任务是确定每一个可能类别的概率。由输入数据特征向量表示所提供的抽象,使得建立大规模领域独立的分类理论成为可能。

分类的难易程度取决于两个因素,其一是来自同一个类别的不同个体之间的特征值的波动,其二是属于不同类别的样本的特征值之间的差异。来自同类对象的个体特征值的波动可能是来自问题的复杂度,也可能来自噪声。这里我们所定义的噪声是一个非常广义的概念:如果一个感知到的模式属性并非来自真正模式的模型,而是来自环境中的某种随机性或者是传感器的性能缺憾,那么就是噪声。所有非平凡的决策和模式识别问题都包含了某种形式的噪声。有没有最好的方式来设计一个能对付所有这些噪声的分类器呢？最终可能达到的最优分类性能又是什么呢？

实际应用上常常遇到这样的问题：试图从一个输入中确定所有的特征值通常是不可能的。例如，在假想的鱼分类系统中，也许无法准确确定一条鱼的宽度，因为它可能会被其他的鱼遮挡。该如何对此做出补偿呢？因为我们的 2-特征分类器根本无法在某个特征丢失的情况下做出单个特征变量 x^* 的判决（见图 1-3），它怎么可能根据仅存的特征做出最优判决呢？一种朴
12 素的想法是，假定丢失的特征值是零，或者是其他已被观测到的模式的该特征的平均值。这样做的结果很明显将不是最优的。同样，我们怎样才能训练或使用一个部分特征丢失了的分类器呢？

1.3.5 后处理

分类器不是虚幻的东西。正相反，它一般要执行一个推荐的具体的动作（例如，把这条鱼放在这个桶里，而把那条鱼放在那个桶里），每个动作都要付出相关的代价。后处理器利用分类器的输出结果来确定合适的动作。

从概念上讲，最简单的分类器性能度量是分类误差率，新模式被标记为错误类别的百分比。因此，一般的做法是寻求具有最低分类误差率的分类器。然而，更好的做法是，推荐一个能够降低总体代价（称为"风险"(risk)）的动作。怎样在模式识别中嵌入有关代价的知识？并且，这些代价知识对分类器将产生怎样的影响？通过估计总体风险的方法，我们是否能够在具体使用一个分类器之前就判断它是否是可接受的呢？是否可以估计任意分类器的最低可能的风险，然后看看我们的分类器跟理想情况的接近程度如何？或者问题本身确实太难了而根本无法处理？

后处理器可能采用"上下文信息"(context)来改善系统的性能。"上下文"通常来源于输入数据的信息，而不是目标模式本身。假定在光学字符识别系统中，我们遇到一个 T/-\E C/-\T 的序列，虽然系统可能无法识别/-\为任何独立的英文字母，但是通过上下文可以清楚地看到第一个字母（应该）是 H，第二个（应该）是 A。上下文信息是很复杂和很抽象的概念。"jeetyet?"这句话听上去是毫无意义的，但是如果是午餐时间你在自助餐厅里听到一个朋友在问"did you eat yet?"呢？这样一种视觉和时间上的"上下文语境"究竟是怎样影响语音识别的呢？

在鱼的例子里，我们已经知道怎样使用多个特征来改善识别器。如果我们做得更好一些，可以设想（组合）使用多个分类器，其中每个分类器在输入信号的不同方面起作用。例如，结合声音识别和（基于视频图像的）唇读技术来改进一个语音识别器的性能。

如果所有的分类器都接受一个特定的模式，那么就不存在什么困难。但是如果不接受呢？"超级"分类器如何能够根据各个子分类器的投票获得最优的决策？设想由 10 位专家在一起判断一条鱼是否生病。当其中 9 个认为这鱼是健康的，而只有一个反对，可谁是正确的呢？事实上，那唯一的反对者完全有可能是唯一的正确者，假如该鱼的病症非常罕见而只有他熟悉的话。"超级"分类器又如何知道何时该根据少数派的意见做决策？特别是当问题领域很广泛而超出专家力所能及的范围时。

本节中我们提出的问题远比解决的问题多。目的主要在于强调模式分类问题的复杂性。应当摒弃那种使用单一方法就能解决所有模式识别问题的天真想法。本书会讲述很多基本的有效的分类算法。同时我们也会看到一些与领域并不密切相关的技术，如分割、特征提取和后
13 处理。无论如何，对复杂的模式识别问题的解决通常必须充分利用领域的专门知识。

1.4　设计循环

设计一个模式识别系统通常涉及如下几个不同步骤的重复:数据采集、特征选择、模型选择、训练和评估。本节将对这一设计循环(如图 1-8 所示)做一个概述,并考虑常见的问题。

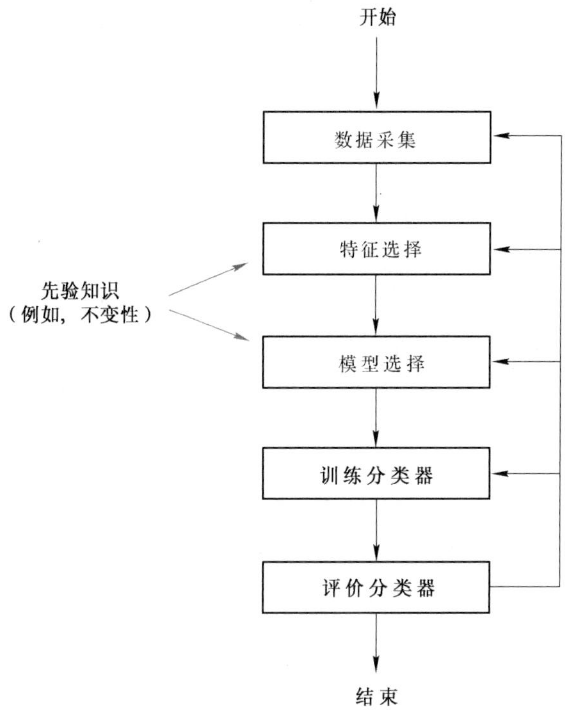

图 1-8　设计模式识别系统包含这里的一个设计循环。用于训练和测试的数据必须首先被采集。数据的特性描述影响后续的特征选择和模型选择。分类器要被训练以确定系统的参数。评价过程常常导致前面处理的多次重复,以得到满意的结果

1.4.1　数据采集

在开发一个模式识别系统总的费用中,数据采集部分占到令人吃惊的大比重。当然,采用较小的“典型”样本集对问题的可行性进行初步研究也是可以的,但为了确保现场工作时良好的性能,必须要采集和利用多得多的样本数据。可是怎样才能知道已经采集到了足够多有代表性的供训练和性能测试用的数据了呢?

1.4.2　特征选择

根据特定的问题领域的性质,选择有明显区分意义的特征,是设计过程中非常关键的一步。实实在在地拿到样本数据,比如传送带上的鱼的照片,诚然有利于选择特征。但是,先验 14
知识同样有重要的作用。

在假想的鱼分类问题中,有关不同鱼种的光泽度的先验知识对于确定可行的合理的特征及设计分类器大有帮助。当然,嵌入知识的过程可以更微妙或更复杂。在一些应用中,知识实际上是从生成模型的信息导出的,比如我们看到的“基于综合的分析”技术。其他一些应用中,知识或许来源于被考察的模式的形态,它的特定属性。比如人脸是由两只眼睛和一个鼻子组成的,等等。

在选择或设计特征的过程中,很显然,我们希望发现那些容易提取、对不相关变形保持不变、对噪声不敏感,以及对区分不同类别的模式很有效的特征集。但是,要怎么做才能把先验知识和实验数据有机结合起来,以发现有用的和有效的特征呢?

1.4.3 模型选择

我们也许对图 1-4 和图 1-5 所示的鱼分类器的性能不满意，因而想尝试一下完全不同的类别模型。例如，想利用鳍的位置和数目、眼睛的颜色、重量、嘴的形状等构成特征实现分类函数。我们怎样才能知道设定的类别模型与真实世界的模型存在明显差异，因而需要更换新的模型呢？简而言之，我们怎样知道应该拒绝一类模型而去尝试另一个呢？作为设计者，难道我们从来也不知道怎样才能得到预期的性能改善，而只有一味地重复单调的随机尝试来进行模型选择吗？或者也可能存在某些原则性的方法，以指导我们何时应该放弃一个而采纳另外一个模型？

1.4.4 训练

大体说来，利用样本数据确定分类器的过程称为训练分类器。本书用很大篇幅来讨论各种各样不同的训练和选择模型的算法。

我们已经看到设计模式识别系统所会遇到的多种问题。没有一个通用方法可以解决所有的问题。然而过去的反复试验和经验表明“基于样本的学习”的方法是设计分类器最有效的方法。贯穿本书，我们将一再看到“基于样本的学习”的方法如何成为模式识别的中心问题，以及它们在模式识别系统实践中的本质地位。

1.4.5 评价

在鱼分类问题中，当我们从单一特征切换到两个特征时，所依据的理由是，单一特征的分类误差率的评价(evaluation)不够好，并且完全有可能做得更好。当用图 1-4 所示的直线分界面处理图 1-5 那种复杂模型时，同样存在一个评价，即认为完全有可能做得更好。评价对于评
15 测系统的性能以及决定是否有必要改进其组成部件，起着重要的作用。

尽管一个过分复杂的系统单纯对训练样本集能获得完美的表现，但对于新样本则可能不令人满意。这种观察到的现象称为“过拟合”(overfitting)。统计模式识别中最重要的研究领域之一就是确定如何折中调整模型的复杂程度，即不能太简单以至于不足以描述模式类之间的差异，又不能太复杂而对新样本的分类能力很差。是否存在原则性的方法来确定一个分类器具有的最佳的(中等程度的)复杂度？

1.4.6 计算复杂度

有些模式识别问题确定可用某种算法“解决”，虽然很不切合实际。比如，在光学字符识别系统中，对 20×20 的二值点阵图像的所有可能情况都进行分类标记，然后用“查找表”的方式对输入样本分类。尽管从理论上说，确实可以达到无错误的识别结果，但是由于需要处理 $2^{20\times 20}\approx 10^{120}$ 个模式，其中要花费的类别标记时间和存储容量都惊人得大，大到根本无法实现。因此，考虑不同算法的计算资源消耗和计算复杂度有着重要的实践意义。

用更正规的术语，我们可能会问某个算法的“计算复杂度”(computational complexity)是所采用的特征维数或模式的数目或类别数的什么函数？在计算简便性和分类性能上存在什么样的折中？对有些问题，我们知道在不考虑工程上的约束的前提下，确实能够设计出一个性能非常优秀的识别器。但是如果存在工程上的约束，该如何优化设计方案？相比识别算法而言，我们通常对学习算法的复杂度考虑得更少，因为前者是在实验室里完成的(通常的看法是：慢一点没关系)，而后者要在现场环境工作。尽管计算复杂度常常与设定的模型的复杂度有关联，但二者在概念上是完全不同的。

1.5 学习和适应

最广义地讲，任何设计分类器所用的方法，只要它利用了训练样本的信息，都可以认为运

用了学习(算法)。实践中和有意义的模式识别系统都是如此困难，以至于根本无法事先猜测出一个最佳的分类判决。因此我们大部分的时间都用于研究学习问题。建造分类器的过程要涉及：给定一般的模型或分类器的形式，利用训练样本去学习或估计模型的未知参数。这里的学习是指用某种算法来降低训练样本的分类误差。一大类基于梯度下降的算法，能够调节分类器的参数，使它朝着能够降低误差的方向前进，目前已成为统计模式识别领域的主流学习算法。对此，本书将充分关注。学习算法通常有以下几种一般形式。

1.5.1　有监督学习

在有监督学习中，存在一个教师信号，能对训练样本集中的每个输入样本提供类别标记和分类代价，并寻找能降低总体代价的方向。我们怎样才能知道一个特定的学习算法对给定的问题能够找到对参数变动仍然保持稳定的解？我们怎样才能判定某个算法一定能在有限步内收敛，或者说，它的复杂程度是否对给定的训练样本、输入特征数和类别数来说是合理的？并 16
且能确保学习算法优先倾向于“简单”的解(见图 1-6)，而非过分复杂的解(见图 1-5)？

1.5.2　无监督学习

在无监督学习算法或“聚类算法”中并没有显式的教师。系统对输入样本自动形成“聚类”(cluster)或“自然的”组织。所谓“自然”与否是由聚类系统所采用的显式或隐式的准则确定的。给定一个特定的模式集和代价函数，不同的聚类算法将导致不同的结果。通常要求用户事先指定预定的聚类的数目。但如何做到这一点呢？如何才能避免不恰当的模式表达？

1.5.3　强化学习

训练模式分类器的典型做法是，给定一个输入样本，计算它的输出类别，把它与已知的类别标记比较，根据差异来改善分类器的性能。例如在光学字符识别系统中，输入的是一个字符的图像，比如分类器目前的输出是字符类别 R，而实际的类别应该是 B。在“强化学习”(reinforcement learning)或“基于评价的学习”(learning with a critic)中，并不需要指明目标类别的教师信号。相反，它只需要教师对这次分类任务的完成情况给出“对”或“错”的反馈。这就好像是说一个评价仅仅给出了某种判断是“对”还是“错”，而没有给出“错”在哪里。在模式识别中，最普通的评价是一个二值标量：“对”或者“错”。那么，系统将如何才能从这种不明确的反馈中进行学习？

1.6　本章小结

看到这里，读者或许被模式识别问题的数量、复杂度和子问题的范畴搞得晕头转向。而且，上述子问题很少是孤立的，它们彼此难免有相干性。例如，在降低分类器复杂程度的工作中，应充分赋予其处理各种不变性的能力。

我们指出，模式识别的进展至少从以下三重意义上传达出积极的信息：(1)问题一定可以解决，因为人和生物体的识别能力是最好的“存在性证明”；(2)解决上述很多问题的数学理论已被发展起来；(3)还有许多吸引人的未解问题为进一步的研究发展提供了丰富的机遇。

全书各章概要

本书首先研究了关于模型的大量信息(比如概率密度、分布形式、类别标记等)事先都已经知道的情况。接下来逐章深化，分别研究概率分布形式未知甚至训练样本的类别归属也未知的情况。

本书的第 2 章研究了模式类的概率结构完全已知的理想情况。虽然这种情况很少出现在

17 实际中，但是它为我们提供了一个能与其他分类器作对比的评价依据，即“最优(贝叶斯)分类器”。而且它允许我们预测当其被推广到新模式时的最小误差率。

第 3 章讲述了当模式类的概率结构未知，但一般的分布形式已知的情况下的问题。此时的概率分布中存在的不确定性，是由若干参数值未知所引起的。为获得最好的分类效果，我们需要尝试估计出正确的参数值。

在第 4 章中，我们将讨论更加远离贝叶斯理想情况的情况。在这里，甚至连参数化的先验分布形式的任何知识都没有。分类器必须基本上只利用输入训练样本自身提供的信息来工作。一些经典技术，诸如最近邻法、势函数技术将在这里起重要的作用。

到第 5 章，我们转而研究参数估计的一般方法。假定所谓的“判别函数”在这里只具有一种十分特殊的形式——线性。我们将推导出一种增量学习规则。

接着到第 6 章，我们将看到将线性判别的思想推广到训练多层神经网络的十分有效的算法。神经网络技术具有一系列优秀的特性，使之成为当代模式识别研究的一个骨干方向。

第 7 章讨论模拟退火算法和玻耳兹曼(Boltzmann)学习算法，它们能够克服神经网络计算所遇到的部分困难。

第 8 章不再基于统计模型，我们转而研究可用逻辑规则表达的一类问题。我们将讨论“树分类算法”(比如 CART 算法，它也能应用到统计数据分析上)、串的识别以及基于文法规则的句法(结构)模式识别。

第 9 章是本书最重要也是最难的章节之一。许多很微妙，然而又至关重要的具有理论和实践意义的结论将被讨论。这其中包括偏差-方差关系、自由度问题、设计“简单”分类器的必要性，以及计算复杂度等问题。在某种意义上，只有懂得了本章的结论，才可能透彻地理解和更好地运用其他章节的知识。

第 10 章总结了在输入训练样本的类别标记也未知的情况下，识别器如何发现聚类结构。我们也处理类似的问题，即“基于评价的学习问题”，也就是说，当样本输入后，对应教师信号仅仅是一个 1 比特的判决：如果识别正确，则给出“yes”信号，反之给出“no”。

文献和历史评述

分类是所有智能系统面对纷繁复杂的传感器数据时，从中提取出有意义信息时所采取的第一个关键的处理步骤。在西方世界中，有关模式识别基础的讨论最早可追溯到柏拉图[2]，进而被亚里士多德 [1] 所发展。亚里士多德将事物的性质区分为“本质属性”(指某一类或他称之为“自然类”的所有成员的共同性质)和“例外属性”(accidental property)(指类中成员间的不同性质)。而模式识别的任务就是找出某“类”事物的“本质属性”。东方世界中，禅宗的创始人达摩常指着一个事物问其学生“这是什么”，并以此作为一种探究心灵中深层理念的方法，比如识别一件东西的本性，或者分类与判断的真谛[3]。这也是哲学中认识论所研究的中心问题，即，试图发现知识的本质。鉴于本书只关心技术实现的问题，关于模式识别的哲学问题的现代评述，读者可参考文献[22][4]和[18]。文献[10]是有关人工智能和模式识别基础的一本饶有趣味同时又富有洞察力和深刻见解的小册子。还有许许多多的综述和参考书，包括文献[5][6]在内，都非常值得推荐。

18

现在，已经有数十种期刊、几千本书和会议录、数不清的论文都是有关决策理论和模式识别研究的。这个数目还在继续增长。统计科学[8]、机器学习[17]和神经网络[9]大大丰富了模式识别的基础。其他一些如计算机视觉[7][19]和语音识别[16]技术的成功也很大程度上依赖于模式识别的发展。认知心理学、认知科学[13]、心理生物学[21]和神经科学[11]主要研究人和其他动物是如何进行模式识别的。文献[14]提出一种观点，它将人类认知过程中的一切行为，包括规则和逻辑的处理，都归结为模式识别。模式识别技术目前已出现在几乎所有的科学和工程领域。

参考文献

[1] Aristotle, Robin Waterfield, and David Bostock. *Physics*. Oxford University Press, Oxford, UK, 1996.

[2] Allan Bloom. *The Republic of Plato*. Basic Books, New York, second edition, 1991.

[3] Bodhidharma. *The Zen Teachings of Bodhidharma*. North Point Press, San Francisco, CA, 1989.

[4] Mikhail M. Bongard. *Pattern Recognition*. Spartan Books, Washington, D.C., 1970.

[5] Chi-hau Chen, Louis François Pau, and Patrick S. P. Wang, editors. *Handbook of Pattern Recognition & Computer Vision*. World Scientific, Singapore, second edition, 1993.

[6] Luc Devroye, László Györfi, and Gábor Lugosi. *A Probabilistic Theory of Pattern Recognition*. Springer, New York, 1996.

[7] Marty Fischler and Oscar Firschein. *Readings in Computer Vision: Issues, Problems, Principles and Paradigms*. Morgan Kaufmann, San Mateo, CA, 1987.

[8] Keinosuke Fukunaga. *Introduction to Statistical Pattern Recognition*. Academic Press, New York, second edition, 1990.

[9] John Hertz, Anders Krogh, and Richard G. Palmer. *Introduction to the Theory of Neural Computation*. Addison-Wesley, Redwood City, CA, 1991.

[10] Douglas Hofstadter. *Gödel, Escher, Bach: An Eternal Golden Braid*. Basic Books, New York, 1979.

[11] Eric R. Kandel and James H. Schwartz. *Principles of Neural Science*. Elsevier, New York, second edition, 1985.

[12] Immanuel Kant. *Critique of Pure Reason*. Prometheus Books, New York, 1990.

[13] George F. Luger. *Cognitive Science: The Science of Intelligent Systems*. Academic Press, New York, 1994.

[14] Howard Margolis. *Patterns, Thinking, and Cognition: A Theory of Judgement*. University of Chicago Press, Chicago, IL, 1987.

[15] Karl Raimund Popper. *Popper Selections*. Princeton University Press, Princeton, NJ, 1985.

[16] Lawrence Rabiner and Biing-Hwang Juang. *Fundamentals of Speech Recognition*. Prentice-Hall, Englewood Cliffs, NJ, 1993.

[17] Jude W. Shavlik and Thomas G. Dietterich, editors. *Readings in Machine Learning*. Morgan Kaufmann, San Mateo, CA, 1990.

[18] Brian Cantwell Smith. *On the Origin of Objects*. MIT Press, Cambridge, MA, 1996.

[19] Louise Stark and Kevin Bowyer. *Generic Object Recognition Using Form & Function*. World Scientific, River Edge, NJ, 1996.

[20] Donald R. Tveter. *The Pattern Recognition Basis of Artificial Intelligence*. IEEE Press, New York, 1998.

[21] William R. Uttal. *The Psychobiology of Sensory Coding*. HarperCollins, New York, 1973.

[22] Satoshi Watanabe. *Knowing and Guessing: A Quantitative Study of Inference and Information*. Wiley, New York, 1969.

19

第 2 章

贝叶斯决策论

2.1 引言

贝叶斯决策论是解决模式分类问题的一种基本统计途径,其出发点是利用概率的不同分类决策与相应的决策代价之间的定量折中。它作了如下的假设,即决策问题可以用概率的形式来描述,并且假设所有有关的概率结构均已知。在本章中我们将推导该理论的基本内容,并表明它只是基于常识的判决过程的一种形式化而已。在后续的各章里还将考虑概率结构不完全知道的情况。

本章 2.2 节将给出抽象的一般贝叶斯决策理论的推导。但在此之前,我们首先讨论一个具体的例子。重新考虑第 1 章所提出的假想问题:设计一个能分开两类鱼(鲈鱼和鲑鱼)的分类器。假设观察者发现要准确预测下一条正在沿传送带送过来的鱼的类别是很困难的事,因为不同类别的鱼出现的序列是随机的。用决策理论的术语我们可以说,当每条鱼出现时其类别处于两种可能的状态:有可能是鲈鱼,也可能是鲑鱼。如果用 ω 表示类别状态,那么当 $\omega=\omega_1$ 时是鲈鱼,而 $\omega=\omega_2$ 时是鲑鱼。由于类别状态不确定,可以假设 ω 是一个由概率来描述其特性的随机变量。

假设实际捕到鲈鱼和鲑鱼的数目是相等的,那么可以说下一次出现鲈鱼和出现鲑鱼的可能性是相等的。更一般的情况,我们假定下一条鱼是鲈鱼的"先验概率"为 $P(\omega_1)$,而下一条鱼是鲑鱼的先验概率为 $P(\omega_2)$。由于假定没有其他类别的鱼,所以有 $P(\omega_1)+P(\omega_2)=1$。这些先验概率反映了在实际的鱼没有出现之前,我们所拥有的对于可能出现的鱼的类别的先验知识。比如,它可能取决于季节的不同或捕鱼地点的不同。

假定在进行实际观察之前,要求我们必须立即对下次将出现的鱼的类别做判决。这时,假定任何方式的错误判决都会付出同样的代价或产生同样的后果。而我们唯一能利用的信息只有先验概率。如果要求必须用如此少的信息来做出判断,那么采用下述判决规则是合乎逻辑的:如果 $P(\omega_1)>P(\omega_2)$,则判为 ω_1,否则判为 ω_2。

20

如果我们仅需做一次判决,那么采用这种判决规则还是合理的。但是,如果要求我们进行多次判决,那么重复使用这种规则将显得有些奇怪,因为毕竟我们将一直得到相同的结果,虽然我们知道两种鱼都有可能出现。判决结果的好坏完全取决于先验概率的值,如果 $P(\omega_1)$ 比 $P(\omega_2)$ 大很多,那么判决 ω_1 将在多数情况下是对的;如果 $P(\omega_1)=P(\omega_2)$,那么我们将只有50%的正确率。一般情况下,误差概率是 $P(\omega_1)$ 和 $P(\omega_2)$ 中较小的一个,并且后面我们将看到不可能有另外一种判决规则可以得到更高的正确率。

好在在大多数情况下,我们不会只用如此少的信息来做判断。例如,在上面的例子中,我们可以利用观察到的光泽度指标 x 来提高分类器性能。不同的鱼将产生不同的光泽度。将其表示成概率形式的变量,假定 x 是一个连续随机变量,其分布取决于类别状态,表示成 $p(x|\omega)$ 的形式[㊀],这就是"类条件概率密度"(class-conditional probability density) 函数,即类

㊀ 我们通常用大写的 $P(\cdot)$ 表示概率分布函数,小写的 $p(\cdot)$ 表示概率密度函数。

别状态为 ω 时 x 的概率密度函数(有时也称为状态条件概率密度)。于是 $p(x|\omega_1)$与$p(x|\omega_2)$间的区别就表示了鲈鱼与鲑鱼间光泽度的区别[⊖](见图 2-1)。

图 2-1 假定的类条件概率密度函数图,显示了模式处于类别 ω_i 时观测某个特定特征值 x 的概率密度。如果 x 代表鱼的长度,那么这两条曲线可描述两种鱼的长度区别。概率函数已归一化,因此每条曲线下的面积为 1

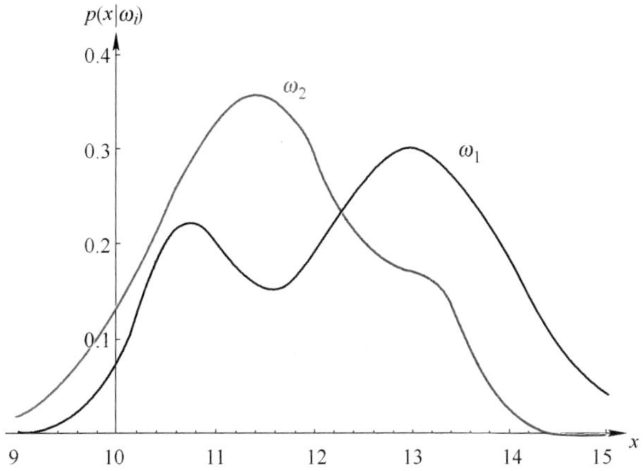

21

假设已知先验概率 $P(\omega_j)$,也知道条件概率密度 $p(x|\omega_j)$,且 $j=1,2$。并且假设通过观察和测量,我们发现一条鱼的光泽度为 x。此测试结果将如何影响我们所关心的类别状态——也就是鱼的类别呢?首先注意到处于类别 ω_j 并具有特征值 x 的模式的联合概率密度可写成两种形式:$p(\omega_j,x)=P(\omega_j|x)p(x)=p(x|\omega_j)P(\omega_j)$。

重新组织一下上式可以得到问题的答案,这就是"贝叶斯公式":

$$P(\omega_j|x)=\frac{p(x|\omega_j)P(\omega_j)}{p(x)} \tag{1}$$

在两类问题的情况下

$$p(x)=\sum_{j=1}^{2}p(x|\omega_j)P(\omega_j) \tag{2}$$

贝叶斯公式可用非正式的英语表示成

$$\text{posterior}=\frac{\text{likelihood}\times\text{prior}}{\text{evidence}} \tag{3}$$

贝叶斯公式表明,通过观测 x 的值我们可将先验概率 $P(\omega_j)$转换为后验概率 $P(\omega_j|x)$,即假设特征值 x 已知的条件下类别属于 ω_i 的概率。我们称 $p(x|\omega_j)$为 ω_j 关于 x 的似然函数,或简称为"似然"(likelihood),表明在其他条件都相等的情况下,使得 $p(x|\omega_j)$较大的 ω_j 更有可能是真实的类别。注意后验概率主要是由先验概率和似然函数的乘积所决定的,证据(evidence)因子 $p(x)$可仅仅看成一个标量因子,以保证各类别的后验概率总和为 1 从而满足概率条件。$P(\omega_j|x)$随 x 的变化如图 2-2 所示,此时 $P(\omega_1)=2/3$,$P(\omega_2)=1/3$。

⊖ 严格来讲,概率密度函数 $p(x|\omega)$应该写成 $p_x(x|\omega)$,以表示所说的关于随机变量 X 的某个特定的密度函数。这种更详细的标记使得 $p_x(\cdot)$和 $p_y(\cdot)$清楚地代表着两种不同的函数,而当写成 $p(x)$和 $p(y)$时就会模糊不清。由于这种内在的模糊性很少在实际中出现,我们采用了简单的标记法。对于标记不是很确定或者希望温习一下概率论的读者可以参看附录的 A.4 节。

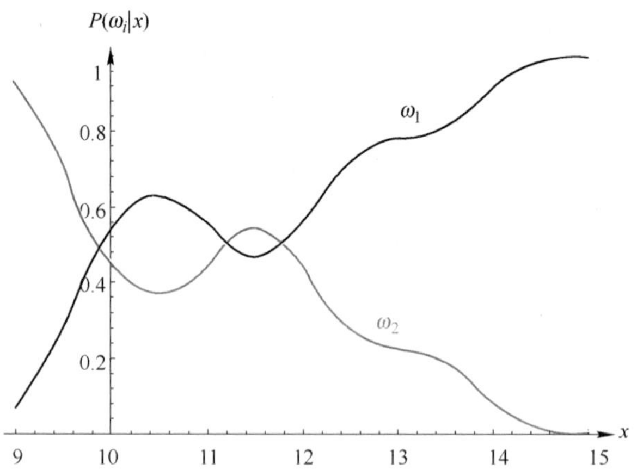

图 2-2 在先验概率 $P(\omega_1)=2/3$，$P(\omega_2)=1/3$ 及图 2-1 给出的类条件概率密度的情况下的后验概率图。此情况下，假定一个模式具有特征值 $x=14$，那么它属于 ω_2 类的概率约为 0.08，属于 ω_1 的概率约为 0.92。在每个 x 处的后验概率之和为 1.0

如果有某个观测值 x 使得 $P(\omega_1|x)$ 比 $P(\omega_2|x)$ 大，我们很自然地会做出真实类别是 ω_1 的判决。同样，如果 $P(\omega_2|x)$ 比 $P(\omega_1|x)$ 大，那么我们更倾向于选择 ω_2。为了验证此判决过程，让我们来计算一下做出某次判决时的误差概率。无论何时我们观测某一特定的 x，

$$P(\text{error}|x) = \begin{cases} P(\omega_1|x) & \text{如果判定 } \omega_2 \\ P(\omega_2|x) & \text{如果判定 } \omega_1 \end{cases} \tag{4}$$

显然，对于某一给定的 x，我们可以在最小化误差概率的情况下进行判决，如果 $P(\omega_1|x)>P(\omega_2|x)$ 则为 ω_1，否则为 ω_2。当然，我们很少可能两次观测到严格相同的 x。这样，这种规则可以将平均误差概率最小化吗？回答是肯定的，因为平均误差概率可表示为

$$P(\text{error}) = \int_{-\infty}^{\infty} P(\text{error}, x)\,dx = \int_{-\infty}^{\infty} P(\text{error}|x)p(x)\,dx \tag{5}$$

并且如果对任意 x，我们保证 $P(\text{error}|x)$ 尽可能小，那么此积分的值也将任意小，由此我们验证了下列最小化误差概率条件下的贝叶斯决策规则：

$$\text{如果} P(\omega_1|x) > P(\omega_2|x), \text{则判别为} \omega_1; \text{否则判别为} \omega_2 \tag{6}$$

在这种规则下，式(4)可写为

$$P(\text{error}|x) = \min[P(\omega_1|x), P(\omega_2|x)] \tag{7}$$

这种判决规则的形式强调了后验概率的重要性。利用式(1)，我们可将此规则变换成条件概率和先验概率的形式来描述。首先，注意到式(1)中证据因子 $p(x)$ 对于做出某种判决并不重要。它仅仅是一个标量因子，表示我们实际测量的具有特征值 x 的模式的出现频率，它在式(1)中保证 $P(\omega_1|x)+P(\omega_2|x)=1$。将此标量因子去掉，可以得到以下完全等价的判决规则：

$$\text{如果 } p(x|\omega_1)P(\omega_1) > p(x|\omega_2)P(\omega_2), \text{则判别为} \omega_1; \text{否则判别为} \omega_2 \tag{8}$$

通过考虑一些特殊情况可以获得对问题的更深入的洞察。如果对某个 x 有 $p(x|\omega_1)=p(x|\omega_2)$，那么说明在某次特定的观测之后并没有获得新信息。在这种情况下，判决完全取决于先验概率。另一方面，如果 $P(\omega_1)=P(\omega_2)$，那么类别状态等可能出现，这种情况下的判决完全取决于似然概率 $p(x|\omega_j)$。通常，以上两个因子对于做出一种正确的判决都很重要，贝叶斯决策规则将它们结合起来以获得最小的误差概率。

22 ~ 23

2.2 贝叶斯决策论——连续特征

我们现在将刚刚讨论过的想法进一步正式化，且推广为如下 4 种形式：

- 允许使用多于一个的特征
- 允许多于两种类别状态的情形
- 允许有其他行为而不仅仅是判定类别
- 通过引入一个更一般的损失函数来替代误差概率

这些推广以及它们所带来的符号复杂性的增加将不会掩盖上面那个简单例子所阐明的基本观点。允许使用多个特征值仅仅只需将特征标量 x 换成特征向量 $\mathbf{x}$，其中 $\mathbf{x}$ 处于 d 维欧几里得空间 $\mathbf{R}^d$，称为特征空间。允许多于两类的情况使得我们可以用较少的符号获得一个有用的推广。允许有除了分类以外的其他行为主要是为了允许存在拒绝决策的可能性。比如，在后验概率相接近的情况下可以拒绝做判决，如果因此所付出的代价不太大的话。正式地说，损失函数精确地阐述了每种行为所付出的代价大小，并且用于将概率转换为一种判决。代价函数可以用来处理某些分类误差较其他分类误差所导致的代价更高的情况，尽管我们经常讨论仅仅是最简单的情况之一，即，所有分类错误的代价相等的情况。以上作为开场白，下面我们开始做更加正规的讨论。

令$\{\omega_1,\cdots,\omega_c\}$表示有限的 c 个类别集，$\{\alpha_1,\cdots,\alpha_a\}$表示有限的 a 种可能采取的行为集，风险函数 $\lambda(\alpha_i|\omega_j)$描述类别状态为 ω_j 时采取行动 α_i 的风险。令特征向量 $\mathbf{x}$ 表示一个 d 维随机变量。令 $p(\mathbf{x}|\omega_j)$表示 $\mathbf{x}$ 的状态条件概率密度函数——在真实类别为 ω_j 的条件下 $\mathbf{x}$ 的概率密度函数，同前，$P(\omega_j)$表示类别处于状态 ω_j 时的先验概率。那么，后验概率 $P(\omega_j|\mathbf{x})$可通过贝叶斯公式以 $p(\mathbf{x}|\omega_j)$计算得到

$$P(\omega_j|\mathbf{x})=\frac{p(\mathbf{x}|\omega_j)P(\omega_j)}{p(\mathbf{x})} \tag{9}$$

此时证据因子 $p(\mathbf{x})$已知为

$$p(\mathbf{x})=\sum_{j=1}^{c}p(\mathbf{x}|\omega_j)P(\omega_j) \tag{10}$$

假定我们观测某个特定模式 $\mathbf{x}$ 并且将采取行为 α_i，如果真实的类别状态为 ω_j，通过定义我们将有损失 $\lambda(\alpha_i|\omega_j)$。既然 $P(\omega_j|\mathbf{x})$是实际类别状态为 ω_j 时的概率，与行为 α_i 相关联的损失就为

$$R(\alpha_i|\mathbf{x})=\sum_{j=1}^{c}\lambda(\alpha_i|\omega_j)P(\omega_j|\mathbf{x}) \tag{11}$$

用决策理论中的术语来表达，一个预期的损失被称为一次风险，$R(\alpha_i|\mathbf{x})$称为条件风险。无论何时遇到某种特定的观测模式 $\mathbf{x}$，我们都可以通过选择最小化条件风险的行为来使预期的损失最小化。我们现在来说明此贝叶斯决策过程实际上提供了一个总风险的优化过程。 24

从形式上讲，我们的问题是找到一种替代 $P(\omega_j)$的决策规则以最小化总风险。一般的判决规则是一个函数 $\alpha(\mathbf{x})$，它告诉我们通过每种可能的观测该采取哪种行为。更准确地讲，对于每个 $\mathbf{x}$，判决函数 $\alpha(\mathbf{x})$确定了 α 的值 $\alpha_1,\cdots,\alpha_a$。总风险 R 是与某一给定的判决规则相关的预期损失。既然 $R(\alpha_i|\mathbf{x})$是和行为 α_i 有关的条件风险，且决策规则指定了其行为，则总风险由

$$R=\int R(\alpha(\mathbf{x})|\mathbf{x})p(\mathbf{x})\,d\mathbf{x} \tag{12}$$

给出，其中 $d\mathbf{x}$ 是我们对一个 d 维变量的标记形式，且此积分是在整个特征空间进行的。显然，如果选择 $\alpha(\mathbf{x})$，使 $R(\alpha_i|\mathbf{x})$对每个 $\mathbf{x}$ 尽可能小，那么总风险将被最小化。这证明了如下所

述的贝叶斯决策规则：为了最小化总风险，对所有 $i=1,\cdots,a$ 计算条件风险

$$R(\alpha_i|\mathbf{x})=\sum_{j=1}^{c}\lambda(\alpha_i|\omega_j)P(\omega_j|\mathbf{x}) \tag{13}$$

并且选择行为 α_i 使 $R(\alpha_i|\mathbf{x})$ 最小化[⊖]。最小化后的总风险值称为贝叶斯风险，记为 R^*，它是可获得的最优的结果。

两类分类问题

我们来考虑将上述结论应用于两类问题时的结果。这里行为 α_1 对应于类别判决 ω_1，行为 α_2 对应于判决 ω_2。为了简化符号，以 $\lambda_{ij}=\lambda(\alpha_i|\omega_j)$ 表示当实际类别为 ω_j 时误判为 ω_i 所引起的损失。如果我们写出式(13)所给出的条件风险，可得

$$R(\alpha_1|\mathbf{x})=\lambda_{11}P(\omega_1|\mathbf{x})+\lambda_{12}P(\omega_2|\mathbf{x}) \tag{14}$$

$$R(\alpha_2|\mathbf{x})=\lambda_{21}P(\omega_1|\mathbf{x})+\lambda_{22}P(\omega_2|\mathbf{x}) \tag{15}$$

有大量的方式来表述最小风险决策规则，每种都有自己的优点。基本规则就是如果 $R(\alpha_1|\mathbf{x})<R(\alpha_2|\mathbf{x})$ 则判为 ω_1。用后验概率的形式表述为，如果

$$(\lambda_{21}-\lambda_{11})P(\omega_1|\mathbf{x})>(\lambda_{12}-\lambda_{22})P(\omega_2|\mathbf{x}) \tag{16}$$

那么判决为 ω_1。

通常，一次错误判决所造成的损失比正确判决要大，且因子 $\lambda_{21}-\lambda_{11}$ 和 $\lambda_{12}-\lambda_{22}$ 都是正的。因此实践中，尽管我们必须通过损失函数的差别对后验概率进行调整，但是判决通常是依据最
25 可能的类别状态来决定的。

利用贝叶斯公式，我们可用先验概率和条件密度来表示后验概率，这种等价规则为：

如果

$$(\lambda_{21}-\lambda_{11})p(\mathbf{x}|\omega_1)P(\omega_1)>(\lambda_{12}-\lambda_{22})p(\mathbf{x}|\omega_2)P(\omega_2) \tag{17}$$

那么判决为 ω_1，否则判决为 ω_2。

另一种表示方法是，在合理假设 $\lambda_{21}>\lambda_{11}$ 的条件下，如果下式成立，则判决为 ω_1。

$$\frac{p(\mathbf{x}|\omega_1)}{p(\mathbf{x}|\omega_2)}>\frac{\lambda_{12}-\lambda_{22}}{\lambda_{21}-\lambda_{11}}\frac{P(\omega_2)}{P(\omega_1)} \tag{18}$$

这种判决规则的形式主要依赖于 $\mathbf{x}$ 的概率密度。我们可以考虑 $p(\mathbf{x}|\omega_j)$ 作为 ω_j 的函数(即似然函数)，于是构成"似然比"$p(\mathbf{x}|\omega_1)/p(\mathbf{x}|\omega_2)$。因此贝叶斯决策规则可以解释成如果似然比超过某个不依赖观测值 $\mathbf{x}$ 的阈值，那么可判决为 ω_1。

2.3 最小误差率分类

在分类问题中，通常每种类别状态都与 c 类中的一种有关，且行为 α_i 通常解释为类别状态被判决为 ω_i。如果采取行为 α_i 而实际类别为 ω_j，那么在 $i=j$ 的情况下判决是正确的，如果 $i\neq j$，则产生误判。如果要避免误判，自然要寻找一种判决规则使误判概率(即误差率)最小化。

这种情况下的损失函数就是所谓的"对称损失"或"0-1 损失"函数，

$$\lambda(\alpha_i|\omega_j)=\begin{cases}0 & i=j\\ 1 & i\neq j\end{cases}\qquad i,j=1,\cdots,c \tag{19}$$

⊖ 注意，如果有一种以上的行为都可以使 $R(\alpha_i|\mathbf{x})$ 最小化，那么选择哪种行为并不重要，且可以使用任何方便的解决方案。

这个损失函数将 0 损失赋给一个正确的判决，而将一个单位损失赋给任何一种错误判决，因此所有误判都是等代价的[⊖]。这个损失函数对应的风险正是平均误差概率，这是因为条件风险为

$$
\begin{aligned}
R(\alpha_i|\mathbf{x}) &= \sum_{j=1}^{c} \lambda(\alpha_i|\omega_j)P(\omega_j|\mathbf{x}) \\
&= \sum_{j\neq i} P(\omega_j|\mathbf{x}) \\
&= 1 - P(\omega_i|\mathbf{x})
\end{aligned}
\tag{20}
$$ 26

且 $P(\omega_i|\mathbf{x})$是行为 α_i 正确的条件概率。这个最小化风险的贝叶斯决策规则要求选择一种能使条件风险最小化的行为。因此，为了最小化平均误差概率，我们需要选取 i 使得后验概率$P(\omega_i|\mathbf{x})$最大，换句话说，基于最小化误差概率，有

$$
\text{对任何 } j \neq i,\ \text{如果 } P(\omega_i|\mathbf{x}) > P(\omega_j|\mathbf{x}),\ \text{则判决为}\omega_i \tag{21}
$$

这与式(6)的规则相同。我们用$\mathcal{R}_i$ 表示在其中决定 ω_i 的输入空间的区域。

在图 2-2 中我们看到了一些类条件概率密度以及一些后验概率，图 2-3 显示了相同条件下的似然比 $p(x|\omega_1)/p(x|\omega_2)$。通常，这个比值可从 0 到无穷大。图中标记的阈值 θ_a 来自同样的先验概率，但引入了“0-1 损失”函数。注意，这会导致与图 2-2 中相同的判决边界。如果我们对模式属于 ω_2 却误判为 ω_1 的惩罚大于模式属于 ω_1 却误判为 ω_2 的情况（即$\lambda_{21}>\lambda_{12}$），那么由式(18)将得出图中所标的阈值 θ_b。注意可以将模式判决为 ω_1 的 x 的取值范围变小了。

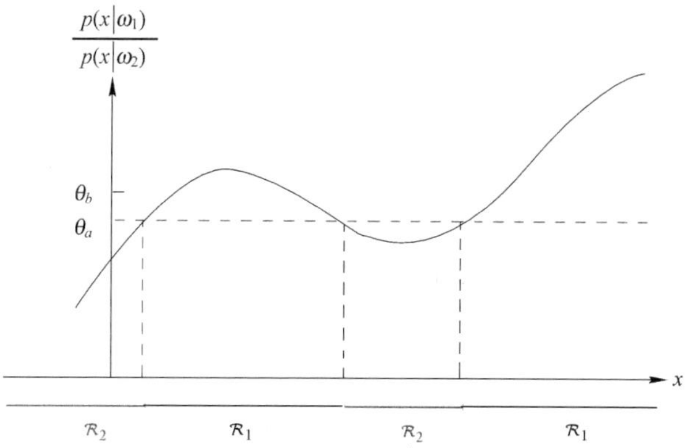

图 2-3　图 2-1 所示的分布的似然比 $p(x|\omega_1)/p(x|\omega_2)$。如果引入一个 0-1 损失或分类损失，那么判决边界将由阈值 θ_a 决定；而如果损失函数对将模式 ω_2 判为 ω_1 的惩罚大于反过来的情况（即$\lambda_{21}>\lambda_{12}$），将得到较大的阈值 θ_b，使得$\mathcal{R}_1$ 变小

*2.3.1　极小化极大准则

有时我们必须设计在整个先验概率范围上都能很好地进行操作的分类器。比如，在我们的鱼分类问题中可以设想尽管每种鱼的光泽和宽度等物理属性恒定不变，然而先验概率可能变化范围较大，并且以一种不确定的方式出现。或者，我们希望在先验概率不知道的情况下使用此分类器，那么一种合理的设计分类器的方法就是使先验概率取任何一种值时所引起的总风险的最坏情况尽可能小，也就是说，最小化最大可能的总风险。

为了理解这一点，我们以$\mathcal{R}_1$ 表示分类器判为 ω_1 时的特征空间中的区域（尽管我们并不确切知道），同理有$\mathcal{R}_2$ 和 ω_2，于是将式(12)的总风险用条件风险的形式表示为：

⊖ 我们发现其他损失函数，如二次型或线性差分可能对于回归任务更有用处。因为在其中，各个预测值有一个自然的“序”关系，所以可以明确地惩罚某些比其他预测值“更加错误”的预测值。

$$
\begin{aligned}
R = & \int_{\mathcal{R}_1} [\lambda_{11} P(\omega_1)\ p(\mathbf{x}|\omega_1) + \lambda_{12} P(\omega_2)\ p(\mathbf{x}|\omega_2)]\ d\mathbf{x} \\
& + \int_{\mathcal{R}_2} [\lambda_{21} P(\omega_1)\ p(\mathbf{x}|\omega_1) + \lambda_{22} P(\omega_2)\ p(\mathbf{x}|\omega_2)]\ d\mathbf{x}
\end{aligned}
\tag{22}
$$

我们利用条件 $P(\omega_2) = 1 - P(\omega_1)$ 以及 $\int_{\mathcal{R}_1} p(\mathbf{x} \mid \omega_1) d\mathbf{x} = 1 - \int_{\mathcal{R}_2} p(\mathbf{x} \mid \omega_1) d\mathbf{x}$ 来重写风险公式如下：

$$
\begin{aligned}
R(P(\omega_1)) = & \overbrace{\lambda_{22} + (\lambda_{12} - \lambda_{22}) \int_{\mathcal{R}_1} p(\mathbf{x}|\omega_2)\ d\mathbf{x}}^{= R_{mm},\ \text{极小化极大风险}} \\
& + P(\omega_1) \underbrace{\left[(\lambda_{11} - \lambda_{22}) + (\lambda_{21} - \lambda_{11}) \int_{\mathcal{R}_2} p(\mathbf{x}|\omega_1)\ d\mathbf{x} - (\lambda_{12} - \lambda_{22}) \int_{\mathcal{R}_1} p(\mathbf{x}|\omega_2)\ d\mathbf{x} \right]}_{= 0\ \text{对于极小化极大求解}}
\end{aligned}
\tag{23}
$$

这个等式表明一旦判决边界确定之后(即 $\mathcal{R}_1$ 和 $\mathcal{R}_2$ 被确定)，总风险与 $P(\omega_1)$ 呈线性关系。如果我们能找到一个边界使比例常量为 0，那么风险将与先验概率相独立。以上是“极小化极大(minimax)求解”，极小化极大风险 R_{mm} 可从式(23)得出：

$$
\begin{aligned}
R_{mm} & = \lambda_{22} + (\lambda_{12} - \lambda_{22}) \int_{\mathcal{R}_1} p(\mathbf{x}|\omega_2)\ d\mathbf{x} \\
& = \lambda_{11} + (\lambda_{21} - \lambda_{11}) \int_{\mathcal{R}_2} p(\mathbf{x}|\omega_1)\ d\mathbf{x}
\end{aligned}
\tag{24}
$$

图 2-4 显示了这种方法。简单地说，我们寻找使贝叶斯风险最大的先验概率，相应的决策边界给出了极小化极大决策结果，因此极小化极大风险值 R_{mm} 等于最坏的贝叶斯风险。实际上，寻找极小化极大风险的决策边界可能会比较困难，尤其是当分布形式比较复杂的时候。然而，在某些情况下边界可以通过解析来确定(习题 4)。

极小化极大决策准则在“博弈论”(game theory)中的作用比在模式识别中的更大。在博弈论中，你会有一个对手以对你最不利的方式与你竞争。因此，对于你来说，如何采取一种行为(如做出一种分类)使你所付的代价(由你对手的对策行为所产生的)最小化将显得十分有意义。

*2.3.2 Neyman-Pearson 准则

在某些问题中，我们希望最小化在某个约束条件下的总风险，比如，我们可能要对某个特定值 i，最小化在约束条件 $\int R(\alpha_i \mid \mathbf{x}) d\mathbf{x} <$ 常数下的总风险。当资源有限，因而要求我们的某
27~28 个特定的行为 α_i，或者对一个特定的类别状态 ω_i 中做出误判的次数不允许超过某个限定值时，将产生此约束条件。比如在前面那个鱼厂的例子中，可能会有某种生产规定：要求我们将

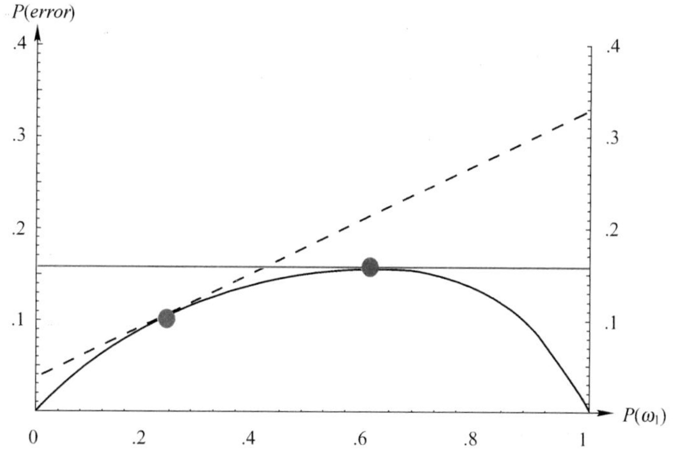

图 2-4 位于底部的曲线显示了在固定分布的两类问题中最小(贝叶斯)误差率作为先验概率 $P(\omega_1)$的函数曲线。对于每一个先验概率值(如 $P(\omega_1)=0.25$)都有一个相关的最优决策边界以及相应的贝叶斯误差率,对于任何这样的(固定的)边界,如果改变先验概率值,那么误差概率将作为 $P(\omega_1)$的线性函数(图中虚线所示)也随之改变。此误差的最大值出现在先验值的极值处,此图中为 $P(\omega_1)=1$。为了最小化最大误差,我们将为最大的贝叶斯误差(这里是$P(\omega_1)=0.6$)设计判决边界,使得该误差将不会随着先验概率的改变而改变,如图中红色水平线所示

鲈鱼误判成鲑鱼的误差率不得超过 1%,那么就必须寻找一种判决方式以减少在此条件约束下将一条鲑鱼判成鲈鱼的可能性。

通常我们通过调节判决边界的数值来满足此 Neyman-Pearson 准则。但是,对于高斯分布或某些其他分布形式,Neyman-Pearson 准则的解可通过解析方法求得(习题 6 和 7),我们会在 2.8.3 节的执行特性中再次提到 Neyman-Pearson 准则。

2.4 分类器、判别函数及判定面

2.4.1 多类情况

有很多种方式可用来表述模式分类器,其中使用最多的是一种判别函数 $g_i(\mathbf{x}), i=1,\cdots,c$ 的形式,如果对于所有的 $j\neq i$,有

$$g_i(\mathbf{x}) > g_j(\mathbf{x}) \tag{25}$$

则此分类器将这个特征向量 $\mathbf{x}$ 判为 ω_i。因此,此分类器可视为一个计算 c 个判别函数并选取与最大判别值对应的类别的网络或机器。一种分类器的网络结构如图 2-5 所示。

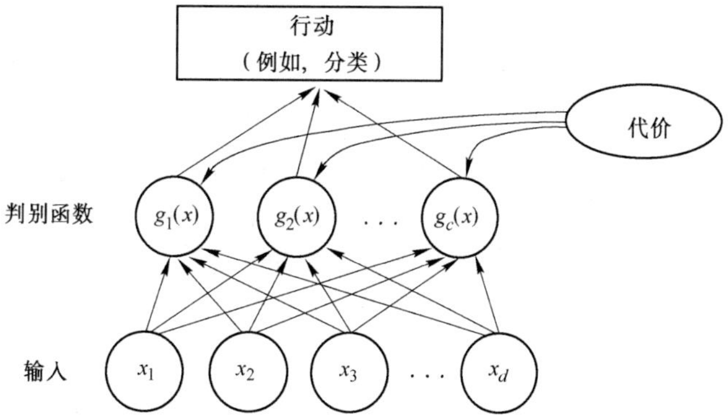

图 2-5 一个包含 d 个输入、c 个判别函数 $g_i(\mathbf{x})$的一般的统计模式分类器的体系结构。接下来的步骤是确定哪个判别函数值最大,并相应地对输入进行分类。箭头表示信息流的方向,当信息流动的方向比较明显时箭头可以省略

一个贝叶斯分类器可以简单自然地表示成这种方式。在具有一般风险的情况下，我们让 $g_i(\mathbf{x})=-R(\alpha_i|\mathbf{x})$，这是由于最大的判别函数是与最小的条件风险相对应的。在最小误差概率情况下，我们可进一步简化问题，让 $g_i(\mathbf{x})=P(\omega_i|\mathbf{x})$，此时最大判别函数与最大后验概率相对应。

显然，判别函数的选择并不是唯一的，我们可以将所有的判别函数乘上相同的正常数或者加上一个相同的常量而不影响其判决结果，更一般的情况下，如果我们将每一个 $g_i(\mathbf{x})$ 替换成 $f(g_i(\mathbf{x}))$，其中 $f(\cdot)$ 是一个单调递增函数，分类结果不变。此方法可以简化分析和计算。特别是，对于最小误差率分类，选择下列任何一种函数都可以得到相同的分类结果，但是其中一些比另一些简单易懂：

$$g_i(\mathbf{x}) = P(\omega_i|\mathbf{x}) = \frac{p(\mathbf{x}|\omega_i)P(\omega_i)}{\sum_{j=1}^{c} p(\mathbf{x}|\omega_j)P(\omega_j)} \tag{26}$$

$$g_i(\mathbf{x}) = p(\mathbf{x}|\omega_i)P(\omega_i) \tag{27}$$

$$g_i(\mathbf{x}) = \ln p(\mathbf{x}|\omega_i) + \ln P(\omega_i) \tag{28}$$

其中，ln 表示自然对数。

尽管判别函数可写成各种不同的形式，但是判决规则是相同的。每种判决规则均是将特征空间分成 c 个判决区域，$\mathcal{R}_1,\cdots,\mathcal{R}_C$。如果对于所有 $j\neq i$ 有 $g_i(\mathbf{x})>g_j(\mathbf{x})$，那么 $\mathbf{x}$ 属于$\mathcal{R}_i$，判决规则要求我们将 $\mathbf{x}$ 分给 ω_i。此区域由判决边界来分割，其判决边界即判决空间中使判别函数值最大的曲面（图 2-6）。

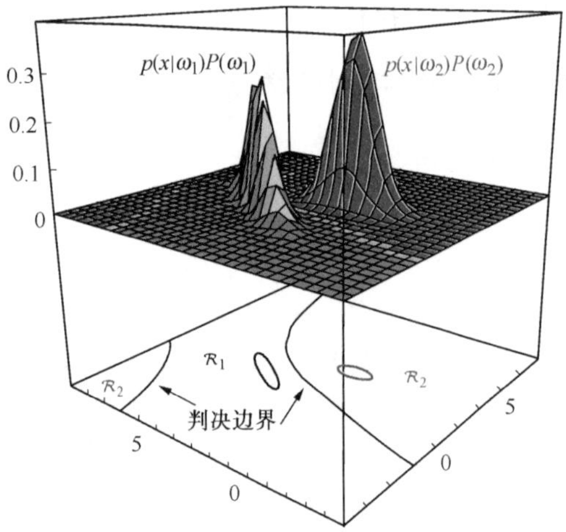

图 2-6　在这个二维的两类问题的分类器中，概率密度为高斯分布，判决边界由两个双曲线构成，因此判决区域$\mathcal{R}_2$ 并不是简单连通的。椭圆轮廓线标记出 $1/e$ 乘以概率密度的峰值

2.4.2　两类情况

尽管两类问题是多类问题的一个特例，但通常它们都被专门拿出来研究。事实上，将模式划分为只有两类模式的分类器有一个专门的名字——二分分类器[⊖]（dichotomizer）。它一般并非使用两个判别函数 g_1 和 g_2，且如果 $g_1>g_2$ 则将 $\mathbf{x}$ 分给 ω_1，取而代之的是定义一个简单的判别函数

$$g(\mathbf{x}) \equiv g_1(\mathbf{x}) - g_2(\mathbf{x}) \tag{29}$$

⊖ 处理多于两类的分类器称为多重分类器（polychotomizer）。

且使用下列判决规则：如果 $g(\mathbf{x})>0$，则判为 ω_1；否则判为 ω_2。

因此，一个二分分类器可看成计算一个简单判别函数 $g(\mathbf{x})$ 并根据结果的符号对 $\mathbf{x}$ 进行分类的机器。在所有的最小误差率判别函数的书写形式中，以下两个尤其方便：

$$g(\mathbf{x}) = P(\omega_1|\mathbf{x}) - P(\omega_2|\mathbf{x}) \tag{30}$$

$$g(\mathbf{x}) = \ln\frac{p(\mathbf{x}|\omega_1)}{p(\mathbf{x}|\omega_2)} + \ln\frac{P(\omega_1)}{P(\omega_2)} \tag{31}$$

2.5 正态密度

一个贝叶斯分类器的结构可由条件概率密度 $p(\mathbf{x}|\omega_i)$ 和先验概率 $P(\omega_i)$ 来决定。在所研究的各种密度函数中，最受青睐的是多元正态函数（或称为高斯密度函数），在很大程度上这种青睐是源于它的简易性。并且，此多元正态密度在某些重要的场合是一个非常合适的模型，也就是说，某个给定的类 ω_i 的特征向量 $\mathbf{x}$ 的取值是连续的，且是某个典型的或原型向量 $\boldsymbol{\mu}_i$ 受噪声污染后的值。在这一节里我们将简单地说明多元正态密度，并将注意力集中在分类问题中最有意义的部分。 29~31

首先，回想标量函数 $f(x)$ 的数学期望的定义，对于某个密度分布 $p(\mathbf{x})$ 其定义如下：

$$\mathcal{E}[f(\mathbf{x})] \equiv \int_{-\infty}^{\infty} f(\mathbf{x})p(\mathbf{x})\,d\mathbf{x} \tag{32}$$

如果有一些集合 $\mathcal{D}$ 中的具有某种离散分布的样本，我们须将所有的样本加起来如下：

$$\mathcal{E}[f(\mathbf{x})] = \sum_{\mathbf{x}\in\mathcal{D}} f(\mathbf{x})P(\mathbf{x}) \tag{33}$$

其中 $p(\mathbf{x})$ 是 $\mathbf{x}$ 处的概率分布，我们经常需要通过这些等式以及在高维空间中定义的类似等式来计算期望值（见附录 A.4.2、A.4.5 及 A.4.9）㊀。

2.5.1 单变量密度函数

我们从连续的单变量正态或高斯密度函数开始，

$$p(\mathbf{x}) = \frac{1}{\sqrt{2\pi}\sigma}\exp\left[-\frac{1}{2}\left(\frac{\mathbf{x}-\mu}{\sigma}\right)^2\right] \tag{34}$$

由上式可得 x 的期望值（均值，由整个特征空间计算得出）为

$$\mu \equiv \mathcal{E}[\mathbf{x}] = \int_{-\infty}^{\infty} \mathbf{x}p(\mathbf{x})\,d\mathbf{x} \tag{35}$$

此时的方差为

$$\sigma^2 \equiv \mathcal{E}[(\mathbf{x}-\mu)^2] = \int_{-\infty}^{\infty} (\mathbf{x}-\mu)^2 p(\mathbf{x})\,d\mathbf{x} \tag{36}$$

㊀ 我们会经常使用某种宽松的工程术语，且将单个的点作为“样本”。但是，统计学家通常将某个点集作为样本，他们讨论“大小为 n 的样本”。在上下文中，这种用法很少产生模糊性。

单变量正态密度函数完全由两个参数决定：均值 $\boldsymbol{\mu}$ 和方差 σ^2。为了简化起见，我们通常将式(34)写为 $p(\mathbf{x}) \sim N(\boldsymbol{\mu}, \sigma^2)$，表示 $\mathbf{x}$ 服从均值为 $\boldsymbol{\mu}$ 方差为 σ^2 的正态分布。服从正态分布的样本聚集于均值附近，其散布程度与标准差 σ 有关(图 2-7)。

正态分布与熵之间有着密切的关系，我们会在附录 A.7 节中更详细地讨论熵这一概念，这里我们仅仅讨论一种分布的熵，由下式给出：

$$H(p(\mathbf{x})) = -\int p(\mathbf{x}) \ln p(\mathbf{x})\, d\mathbf{x} \tag{37}$$

单位为奈特，如果换成 $\log_2$，则单位为比特。熵是一个非负的量，用来描述从一种分布中随机
32 选取的样本点值的不确定性。可以证明，正态分布在所有具有给定的均值和方差的分布中具有最大熵(习题 20)。并且，如中心极限定理所述，大量的小的、独立的随机分布的总和等效为一个高斯分布(上机练习 5)。由于所有模式——从鱼到手写字符、到某些语音——都可看成由大量随机过程所组成的某个理想的或原型模式，对于实际的概率分布而言高斯分布通常是一种好的模型。

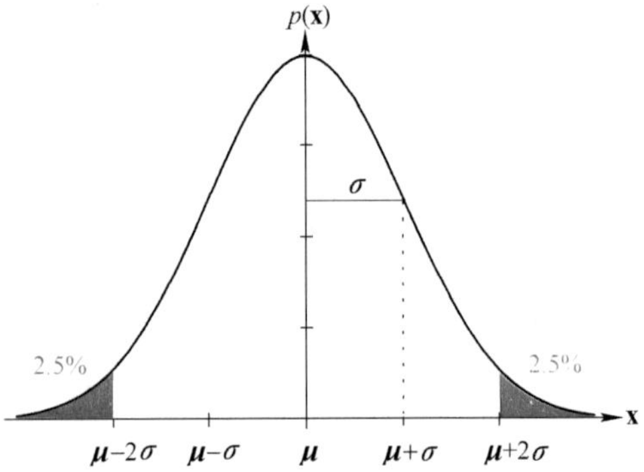

图 2-7 单变量正态分布大约有 95% 的区域在 $|\mathbf{x}-\boldsymbol{\mu}| \leqslant 2\sigma$ 范围内，如图所示。此分布的峰值为 $p(\boldsymbol{\mu}) = 1/\sqrt{2\pi}\,\sigma$

2.5.2 多元密度函数

一般的 d 维多元正态密度的形式如下：

$$p(\mathbf{x}) = \frac{1}{(2\pi)^{d/2}|\boldsymbol{\Sigma}|^{1/2}} \exp\left[-\frac{1}{2}(\mathbf{x}-\boldsymbol{\mu})^t \boldsymbol{\Sigma}^{-1}(\mathbf{x}-\boldsymbol{\mu})\right] \tag{38}$$

其中 $\mathbf{x}$ 是一个 d 维列向量，$\boldsymbol{\mu}$ 是 d 维均值向量，$\boldsymbol{\Sigma}$ 是 $d \times d$ 的协方差矩阵，$|\boldsymbol{\Sigma}|$ 和 $\boldsymbol{\Sigma}^{-1}$ 分别是其行列式的值和逆，$(\mathbf{x}-\boldsymbol{\mu})^t$ 是 $(\mathbf{x}-\boldsymbol{\mu})$ 的转置㊀。注意到内积的形式为

$$\mathbf{a}^t\mathbf{b} = \sum_{i=1}^{d} a_i b_i \tag{39}$$

上式常称为点积。为简化起见，我们将式(38)写成 $p(\mathbf{x}) \sim N(\boldsymbol{\mu}, \boldsymbol{\Sigma})$。

形式上，有

33

$$\boldsymbol{\mu} \equiv \mathcal{E}[\mathbf{x}] = \int \mathbf{x} p(\mathbf{x})\, d\mathbf{x} \tag{40}$$

及

$$\boldsymbol{\Sigma} \equiv \mathcal{E}[(\mathbf{x}-\boldsymbol{\mu})(\mathbf{x}-\boldsymbol{\mu})^t] = \int (\mathbf{x}-\boldsymbol{\mu})(\mathbf{x}-\boldsymbol{\mu})^t p(\mathbf{x})\, d\mathbf{x} \tag{41}$$

㊀ 通过应用线性代数的概念与符号，可以大大地简化多元正态密度的数学表达式。对我们所使用的符号感到疑惑或希望复习一下线性代数的读者，可以参考附录 A.2。

其中某个向量或矩阵的均值通过其元素的均值获得。换句话说,如果 x_i 是 $\mathbf{x}$ 的第 i 个元素,μ_i 是 $\boldsymbol{\mu}$ 的第 i 个元素,σ_{ij} 是 $\boldsymbol{\Sigma}$ 的第 ij 个元素,那么

$$\mu_i = \mathcal{E}[x_i] \tag{42}$$

及

$$\sigma_{ij} = \mathcal{E}[(x_i - \mu_i)(x_j - \mu_j)] \tag{43}$$

协方差矩阵 $\boldsymbol{\Sigma}$ 通常是对称并且半正定的。我们将严格限定 $\boldsymbol{\Sigma}$ 是正定的,使得 $\boldsymbol{\Sigma}$ 的行列式是一个正数㊀。对角线元素 σ_{ii} 是相应的 x_i 的方差(也就是 σ_i^2),且非对角线元素 σ_{ij} 是 x_i 和 x_j 的协方差。比如,对于鱼的长度和重量特征我们将得到一个正定的协方差阵。如果 x_i 和 x_j 统计独立,则 $\sigma_{ij}=0$,如果所有的非对角线元素都为 0,则 $p(\mathbf{x})$ 变成了 $\mathbf{x}$ 中各元素的单变量正态密度函数的内积。

服从正态分布的随机变量的线性组合(不管这些随机变量是独立还是非独立的)也是一个正态分布。特别是,如果 $p(\mathbf{x})\sim N(\boldsymbol{\mu},\boldsymbol{\Sigma})$,$\mathbf{A}$ 是一个 $d\times k$ 的矩阵且 $\mathbf{y}=\mathbf{A}^t\mathbf{x}$ 是一个 k 维向量,那么 $p(\mathbf{y})\sim N(\mathbf{A}^t\boldsymbol{\mu},\mathbf{A}^t\boldsymbol{\Sigma}\mathbf{A})$,如图 2-8 所示。在 $k=1$ 且 $\mathbf{A}$ 是单位向量 $\mathbf{a}$ 的特殊情况下,$y=\mathbf{a}^t\mathbf{x}$ 是一个标量,表示 $\mathbf{x}$ 到沿 $\mathbf{a}$ 方向的一条直线的投影;此种情况下,$\mathbf{a}^t\boldsymbol{\Sigma}\mathbf{a}$ 是 $\mathbf{x}$ 向 $\mathbf{a}$ 投影的方差。那么通常来说,协方差矩阵的知识允许我们计算数据沿任何方向或任意子空间的分散程度。

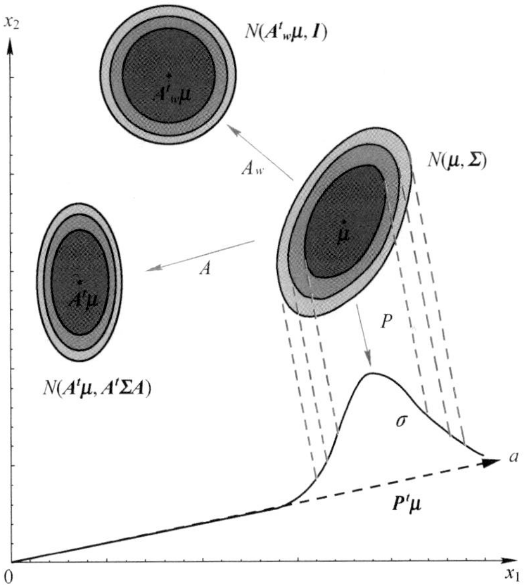

图 2-8　特征空间中的一个线性变换将一个任意正态分布变换成另一个正态分布。一个变换 $\mathbf{A}$ 将原分布变成分布 $N(\mathbf{A}^t\boldsymbol{\mu},\mathbf{A}^t\boldsymbol{\Sigma}\mathbf{A})$;另一个线性变换,即由向量 $\mathbf{a}$ 决定的向某条直线的投影 $\mathbf{P}$,产生沿该直线方向的 $N(\mu,\sigma^2)$ 分布。尽管这些变换会产生一个在不同空间中的分布,我们还是将它们显示在原 x_1-x_2 空间中。一种白化变换 $\mathbf{A}_w$ 将产生一个圆周对称的高斯分布

有时将一个任意的多元正态分布的坐标转换到一个球坐标系会比较方便处理,比如,某个分布的协方差矩阵与单位矩阵 $\mathbf{I}$ 成比例。如果定义矩阵 $\boldsymbol{\Phi}$,其列向量是 $\boldsymbol{\Sigma}$ 的正交本征向量,$\boldsymbol{\Lambda}$ 为与相应本征值对应的对角矩阵,那么变换

$$\mathbf{A}_w = \boldsymbol{\Phi}\boldsymbol{\Lambda}^{-1/2} \tag{44}$$

将使变换后的分布的协方差矩阵成为单位阵。在信号处理中,由于此变换使转换后的分布的本征向量谱具有均匀性,因此 $\mathbf{A}_w$ 也被称为白化变换。

㊀ 如果样本向量是从一个线性子空间中抽取的,那么 $|\boldsymbol{\Sigma}|=0$ 且 $p(\mathbf{x})$ 是退化的。比如,当 $\mathbf{x}$ 的一个元素方差为 0,或者当 $\mathbf{x}$ 的两个元素相等或呈倍数关系时,将出现以上现象。

多元正态密度完全由 $d+d(d+1)/2$ 个参数——均值向量 $\boldsymbol{\mu}$ 的元素及协方差矩阵 $\boldsymbol{\Sigma}$ 中的独立元素——来决定。从一个正态分布中所抽取的样本点趋向于落在一个单一的云团或聚类中(图 2-9);聚类中心由均值向量决定,聚类的形状由协方差矩阵决定。由式(38)可知,由于其二次型 $(\mathbf{x}-\boldsymbol{\mu})^t\boldsymbol{\Sigma}^{-1}(\mathbf{x}-\boldsymbol{\mu})$ 为常量,因此等密度的点的轨迹为一个超椭球体。这些超椭球体的主轴由 $\boldsymbol{\Sigma}$ 的本征向量(由 $\boldsymbol{\Phi}$ 表示)给出,本征值(由 $\boldsymbol{\Lambda}$ 表示)决定这些轴的长度。下式

$$r^2=(\mathbf{x}-\boldsymbol{\mu})^t\boldsymbol{\Sigma}^{-1}(\mathbf{x}-\boldsymbol{\mu}) \tag{45}$$

有时被称为从 $\mathbf{x}$ 到 $\boldsymbol{\mu}$ 的平方 Mahalanobis 距离(或称为马氏距离)。因此,等密度分布的边界是一些到 $\boldsymbol{\mu}$ 的恒定马氏距离的超椭球体,且这些超椭球体的体积决定了均值附近的样本的离散程度。可以证明(习题 15 及 16)与一个 Mahalanobis 距离 r 对应的超椭球体的体积为

$$V=V_d|\boldsymbol{\Sigma}|^{1/2}r^d \tag{46}$$

其中 V_d 是一个 d 维单位超球体的体积:

$$V_d=\begin{cases}\pi^{d/2}/(d/2)! & d\text{为偶数}\\ 2^d\pi^{(d-1)/2}(\frac{d-1}{2})!/d! & d\text{为奇数}\end{cases} \tag{47}$$

因此,对于给定维数,样本的离散程度直接随 $|\boldsymbol{\Sigma}|^{1/2}$ 而变化(习题 17)。

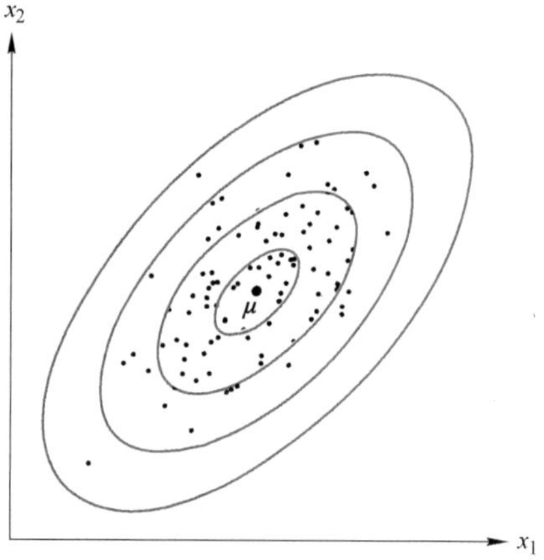

图 2-9 从一个以均值 $\boldsymbol{\mu}$ 为中心的云团内的二维高斯分布中取出的样本。椭圆显示了等概率密度的高斯分布轨迹

2.6 正态分布的判别函数

在 2.4.1 节中我们看到最小误差概率分类可通过使用判别函数获得

$$g_i(\mathbf{x})=\ln p(\mathbf{x}|\omega_i)+\ln P(\omega_i) \tag{48}$$

如果密度函数 $p(\mathbf{x}|\omega_i)$ 是多元正态分布,则此表达式能轻松地估算出,比如,如果 $p(\mathbf{x}|\omega_i)\sim N(\boldsymbol{\mu}_i,\boldsymbol{\Sigma}_i)$。那么在这种情况下从式(38)可得

$$g_i(\mathbf{x})=-\frac{1}{2}(\mathbf{x}-\boldsymbol{\mu}_i)^t\boldsymbol{\Sigma}_i^{-1}(\mathbf{x}-\boldsymbol{\mu}_i)-\frac{d}{2}\ln 2\pi-\frac{1}{2}\ln|\boldsymbol{\Sigma}_i|+\ln P(\omega_i) \tag{49}$$

我们在一些特殊情况下来讨论这个判别函数及其分类结果。

2.6.1 情况 1:$\boldsymbol{\Sigma}_i=\sigma^2\mathbf{I}$

这种最简单的情形发生在各特征统计独立且每个特征具有相同的方差 σ^2 时。在这种情况下的协方差矩阵是对角阵,仅仅是 σ^2 与单位阵 $\mathbf{I}$ 的乘积。从几何角度来说,它与样本落于

相等大小的超球体聚类中的情况相对应，第 i 类的聚类以均值向量 $\boldsymbol{\mu}_i$ 为中心。$\boldsymbol{\Sigma}_i$ 的绝对值及其逆矩阵的计算尤其简单：$|\boldsymbol{\Sigma}_i|=\sigma^{2d}$ 及 $\boldsymbol{\Sigma}_i^{-1}=(1/\sigma^2)/\mathbf{I}$。式(49)中的 $|\boldsymbol{\Sigma}_i|$ 和 $(d/2)\ln 2\pi$ 都与 i 无关，它们是无关紧要的附加常量，可以被省略。因此我们得到简单的判别函数

$$g_i(\mathbf{x}) = -\frac{\|\mathbf{x}-\boldsymbol{\mu}_i\|^2}{2\sigma^2} + \ln P(\omega_i) \tag{50}$$

其中 $\|\cdot\|$ 是欧几里得范数，也就是 34~36

$$\|\mathbf{x}-\boldsymbol{\mu}_i\|^2 = (\mathbf{x}-\boldsymbol{\mu}_i)^t(\mathbf{x}-\boldsymbol{\mu}_i) \tag{51}$$

如果先验概率不等，那么式(50)表明平方距离 $\|\mathbf{x}-\boldsymbol{\mu}\|^2$ 必须通过方差 σ^2 进行归一化且通过增加 $\ln P(\omega_i)$ 进行修正；因此，如果 $\mathbf{x}$ 与两个不同的均值向量的距离相等，那么最优判决将偏向于先验概率较大的类别。

无论先验概率是否相等，实际上没有必要计算距离。将二次型 $(\mathbf{x}-\boldsymbol{\mu}_i)^t(\mathbf{x}-\boldsymbol{\mu}_i)$ 展开得

$$g_i(\mathbf{x}) = -\frac{1}{2\sigma^2}[\mathbf{x}^t\mathbf{x} - 2\boldsymbol{\mu}_i^t\mathbf{x} + \boldsymbol{\mu}_i^t\boldsymbol{\mu}_i] + \ln P(\omega_i) \tag{52}$$

它看上去像是 $\mathbf{x}$ 的一个二次函数，但是，二次项 $\mathbf{x}^t\mathbf{x}$ 对于所有 i 是相等的，这使它成为一个可省略的附加常量，因此，我们得到了等价的线性判别函数

$$g_i(\mathbf{x}) = \mathbf{w}_i^t\mathbf{x} + w_{i0} \tag{53}$$

其中

$$\mathbf{w}_i = \frac{1}{\sigma^2}\boldsymbol{\mu}_i \tag{54}$$

且

$$w_{i0} = \frac{-1}{2\sigma^2}\boldsymbol{\mu}_i^t\boldsymbol{\mu}_i + \ln P(\omega_i) \tag{55}$$

我们称 w_{i0} 为第 i 个方向的阈值或偏置。

使用线性判别函数的分类器称为“线性机器”(linear machine)。这类分类器有许多有趣的理论性质，其中一些将在第 5 章中详细讨论。此处我们只需注意线性机器的判定面是一些超平面，这些超平面是由两类问题中可获得最大后验概率的线性方程 $g_i(\mathbf{x})=g_j(\mathbf{x})$ 来确定的。在以上的具体例子中，此方程可写成

$$\mathbf{w}^t(\mathbf{x}-\mathbf{x}_0) = 0 \tag{56}$$

其中

$$\mathbf{w} = \boldsymbol{\mu}_i - \boldsymbol{\mu}_j \tag{57}$$

且

$$\mathbf{x}_0 = \frac{1}{2}(\boldsymbol{\mu}_i + \boldsymbol{\mu}_j) - \frac{\sigma^2}{\|\boldsymbol{\mu}_i - \boldsymbol{\mu}_j\|^2}\ln\frac{P(\omega_i)}{P(\omega_j)}(\boldsymbol{\mu}_i - \boldsymbol{\mu}_j) \tag{58}$$

此方程定义了一个通过点 $\mathbf{x}_0$ 且与向量 $\mathbf{w}$ 正交的超平面。由于 $\mathbf{w}=\boldsymbol{\mu}_i-\boldsymbol{\mu}_j$，将 $\mathcal{R}_i$ 与 $\mathcal{R}_j$ 分开的超平面与两中心点的连线垂直。如果 $P(\omega_i)=P(\omega_j)$，则式(58)右边的第二项为零，因此点 $\mathbf{x}_0$ 位于两中心的中点，且超平面垂直平分两中心的连线(图 2-11)。如果 $P(\omega_i)\neq P(\omega_j)$，点 $\mathbf{x}_0$ 将远离可能的均值。但是，注意如果 σ^2 相对于平方距离 $\|\boldsymbol{\mu}_i-\boldsymbol{\mu}_j\|^2$ 较小，那么判决边界的位置相对于确切的先验概率值并不敏感。

如果所有 c 类的先验概率 $P(\omega_i)$ 相等，那么 $\ln P(\omega_i)$ 项就成了另一个可省略的附加常量。此种情况下，最优判决规则可简单陈述如下：为将某特征向量 $\mathbf{x}$ 归类，可通过测量每一个 $\mathbf{x}$ 到 c 个均值向量中的每一个的欧氏距离，并将 $\mathbf{x}$ 归为离它最近的那一类中。这样的一个分类器被称为一个"最小距离分类器"。如果每一个均值向量被看成其所属模式类的一个理想原型或模板，那么这本质上是一个模板匹配技术(图 2-10)，这种技术将在第 4 章的最近邻算法中再次讨论。

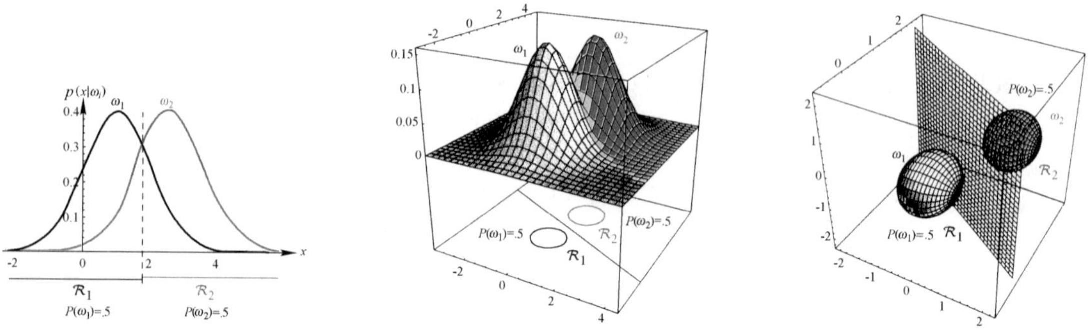

图 2-10　如果两种分布的协方差矩阵相等并且与单位阵成比例，那么它们呈 d 维球状分布，其判决边界是一个 $d-1$ 维归一化超平面，垂直于两个中心的连线。在这些一维、二维及三维的例子中，是假设在 $P(\omega_1)=P(\omega_2)$ 的情况下来显示 $p(\mathbf{x}|\omega_i)$ 和判决边界的，在三维情况下，一个栅格平面将 $\mathcal{R}_1$ 和 $\mathcal{R}_2$ 分开

2.6.2　情况 2：$\mathbf{\Sigma}_i=\mathbf{\Sigma}$

第二种简单的情况是所有类的协方差矩阵都相等，但各自的均值向量是任意的。几何上，这种情况对应于样本落在相同大小和相同形状的超椭球体聚类中，第 i 类的聚类中心在向量 $\boldsymbol{\mu}_i$ 附近。由于式(49)中 $|\mathbf{\Sigma}_i|$ 和 $(d/2)\ln 2\pi$ 两项与 i 无关，它们可作为多余的附加常量而被省略。这种简化可推出判别函数为

$$g_i(\mathbf{x})=-\frac{1}{2}(\mathbf{x}-\boldsymbol{\mu}_i)^t\mathbf{\Sigma}^{-1}(\mathbf{x}-\boldsymbol{\mu}_i)+\ln P(\omega_i) \tag{59}$$

如果所有 c 类别的先验概率 $P(\omega_i)$ 都相同，那么 $\ln P(\omega_i)$ 项可被省略。在这种情况下，最优判决规则可再次简化为：为将向量 $\mathbf{x}$ 归类，计算从 $\mathbf{x}$ 到每一个 c 均值向量的平方马氏距离 $(\mathbf{x}-\boldsymbol{\mu}_i)^t\mathbf{\Sigma}^{-1}(\mathbf{x}-\boldsymbol{\mu}_i)$，将 $\mathbf{x}$ 归于离它最近的均值所属的类。和前面一样，不相等的先验概率会将判定面移向远离先验概率较大的类的一边。

将二次型 $(\mathbf{x}-\boldsymbol{\mu}_i)^t\mathbf{\Sigma}^{-1}(\mathbf{x}-\boldsymbol{\mu}_i)$ 展开可得一个与 i 无关的二次项 $\mathbf{x}^t\mathbf{\Sigma}^{-1}\mathbf{x}$，将式(59)中的此项去掉后可再次得到线性判别函数：

$$g_i(\mathbf{x})=\mathbf{w}_i^t\mathbf{x}+w_{i0} \tag{60}$$

其中

$$\mathbf{w}_i=\mathbf{\Sigma}^{-1}\boldsymbol{\mu}_i \tag{61}$$

且

$$w_{i0}=-\frac{1}{2}\boldsymbol{\mu}_i^t\mathbf{\Sigma}^{-1}\boldsymbol{\mu}_i+\ln P(\omega_i) \tag{62}$$

由于判别函数是线性的，判决边界同样是超平面(图 2-10)，如果 $\mathcal{R}_i$ 和 $\mathcal{R}_j$ 近邻，则它们之间的边界面的方程为

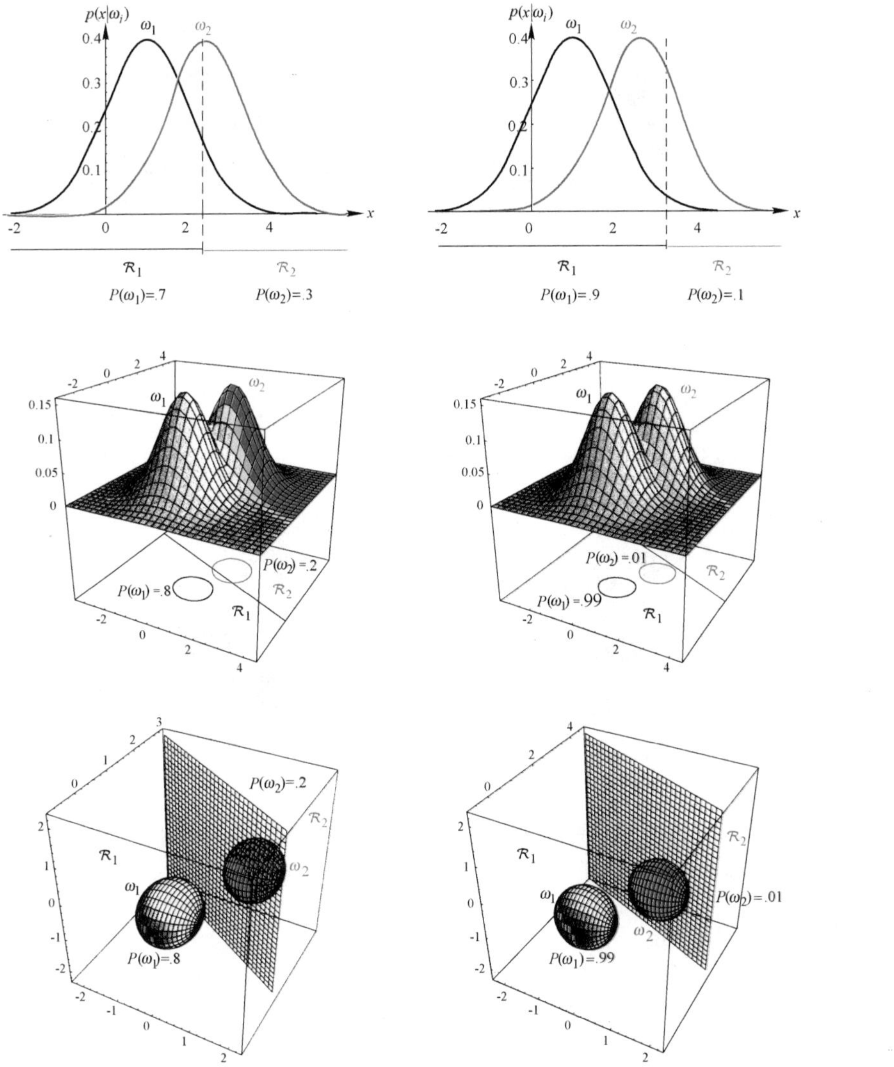

图 2-11　随着先验概率的改变，判决边界也随之改变；对于差别较大的离散先验概率而言，判决边界不会落于这些一维、二维及三维球状高斯分布的中心点之间　37～39

$$\mathbf{w}^t(\mathbf{x}-\mathbf{x}_0)=0 \tag{63}$$

其中

$$\mathbf{w}=\boldsymbol{\Sigma}^{-1}(\boldsymbol{\mu}_i-\boldsymbol{\mu}_j) \tag{64}$$

且

$$\mathbf{x}_0=\frac{1}{2}(\boldsymbol{\mu}_i+\boldsymbol{\mu}_j)-\frac{\ln[P(\omega_i)/P(\omega_j)]}{(\boldsymbol{\mu}_i-\boldsymbol{\mu}_j)^t\boldsymbol{\Sigma}^{-1}(\boldsymbol{\mu}_i-\boldsymbol{\mu}_j)}(\boldsymbol{\mu}_i-\boldsymbol{\mu}_j) \tag{65}$$

由于通常 $\mathbf{w}=\boldsymbol{\Sigma}^{-1}(\boldsymbol{\mu}_i-\boldsymbol{\mu}_j)$ 并非朝着 $\boldsymbol{\mu}_i-\boldsymbol{\mu}_j$ 的方向，因而通常分离 $\mathcal{R}_i$ 和 $\mathcal{R}_j$ 的超平面也并非与均值间的连线垂直正交。但是，如果先验概率相等，其判定面确实是与均值连线交于其中点 $\mathbf{x}_0$ 处的。如果先验概率不等，最优边界超平面将远离可能性较大的均值(图 2-12)。同前，如果偏移量足够大，判定面可以不落在两个均值向量之间。

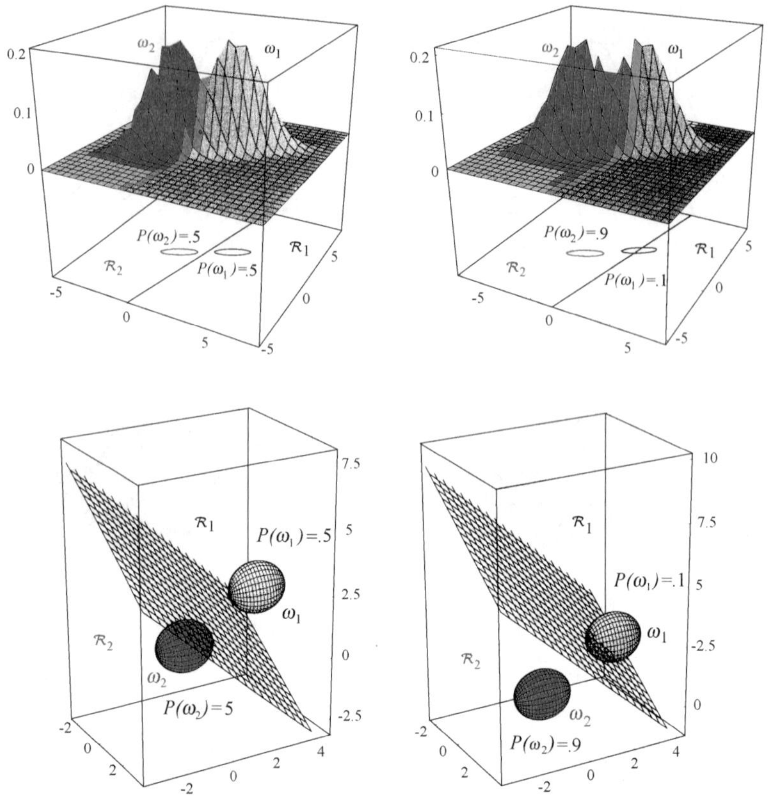

40 图 2-12 相等但非对称的高斯分布的概率密度(由二维平面和三维椭球面表示)及判决区域。判决超平面未必和均值连线垂直正交

2.6.3 情况 3:$\mathbf{\Sigma}_i$ = 任意

在一般的多元正态分布的情况下,每一类的协方差矩阵是不同的,式(49)当中唯一可以去掉的一项是$(d/2)\ln 2\pi$,且其判别函数显然也是二次型

$$g_i(\mathbf{x}) = \mathbf{x}^t \mathbf{W}_i \mathbf{x} + \mathbf{w}_i^t \mathbf{x} + w_{i0} \tag{66}$$

其中

$$\mathbf{W}_i = -\frac{1}{2}\mathbf{\Sigma}_i^{-1} \tag{67}$$

$$\mathbf{w}_i = \mathbf{\Sigma}_i^{-1}\boldsymbol{\mu}_i \tag{68}$$

且

$$w_{i0} = -\frac{1}{2}\boldsymbol{\mu}_i^t \mathbf{\Sigma}_i^{-1}\boldsymbol{\mu}_i - \frac{1}{2}\ln|\mathbf{\Sigma}_i| + \ln P(\omega_i) \tag{69}$$

在两类问题中,对应的判定面是超二次曲面。可将其想象成任何一种一般的形式——超平面、超平面对、超球体、超椭球体、超抛物面、超双曲面等各种类型的二次曲面(习题 30)。甚至在一维情况下,对于存在任意协方差的情况,其判决区域也可以不连通(图 2-13)。图 2-14 和图 2-15 中的二维和三维的例子表明了这些不同的形式是如何产生的。

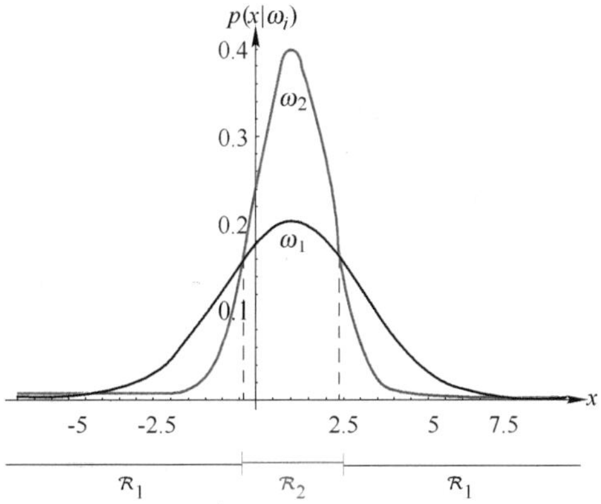

图 2-13　在方差不相等的一维高斯分布情况下，也可能产生并非单连通的判决区域，如 $P(\omega_1)=P(\omega_2)$ 时这里所示的情况

将这些结论推广到多于两类的情况是比较简单和直接的，尽管需要知道到底是 c 类中的哪两类所得出的分类边界。图 2-16 显示了由高斯分布所形成的 4 类情况的判决面。当然，如果分布更加复杂，则判决区域将更加复杂，尽管基本的理论是一致的。

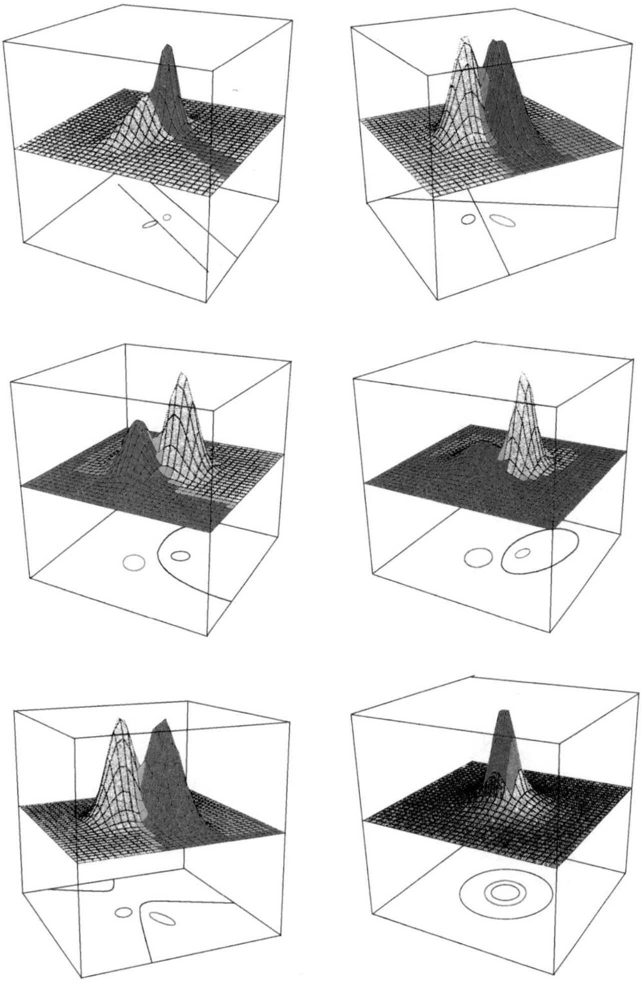

图 2-14　任意高斯分布导致一般超二次曲面的贝叶斯判决边界。反之，给定任意超二次曲面，就能求出两个高斯分布，其贝叶斯判决边界就是该超二次曲面。它们的方差由常概率密度的围线表示

41
～
42

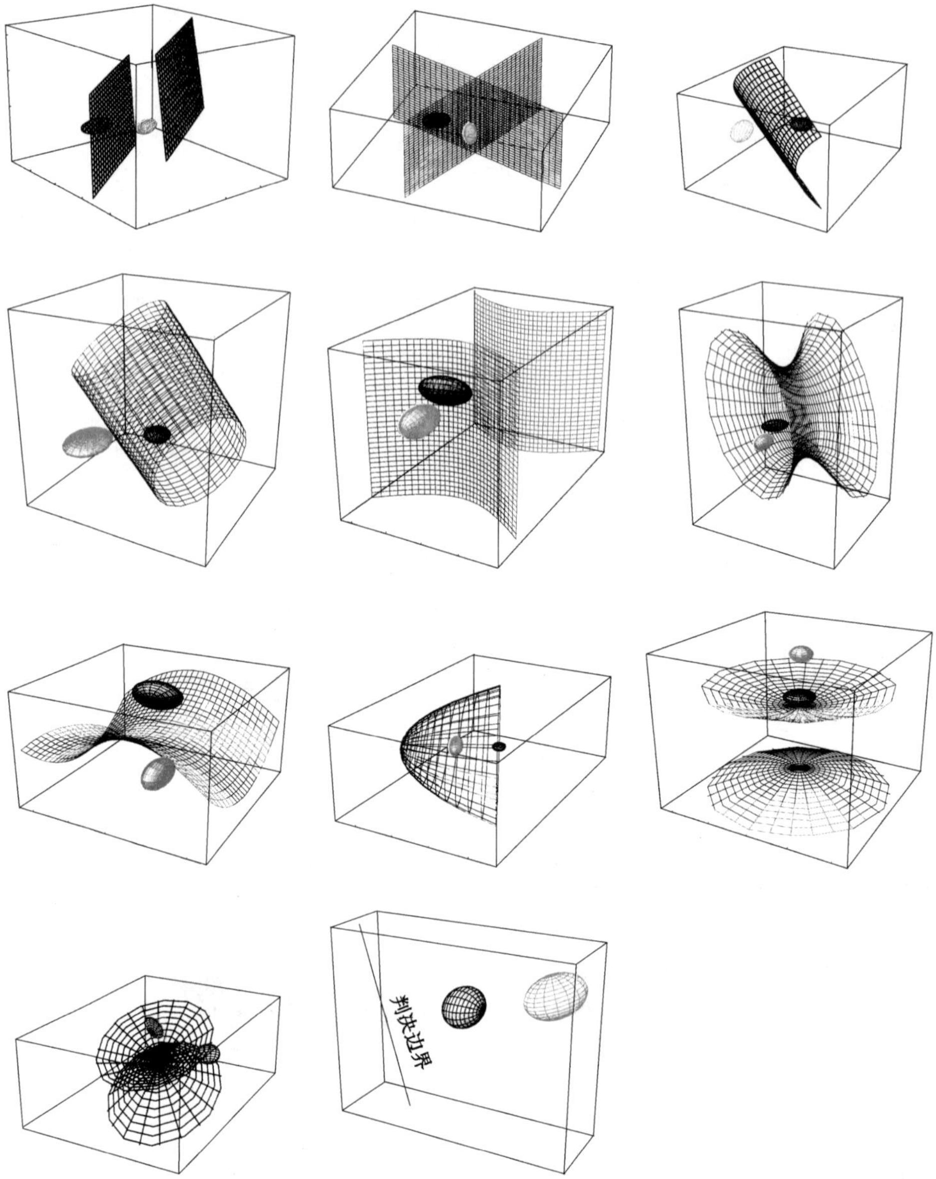

43 图 2-15 任意的三维高斯分布产生二维的超二次曲面的贝叶斯判决边界，甚至还有退化为单一直线的判决边界

图 2-16 4 个正态分布的判决区域。尽管对于类别数这么少的情况，其判决区域的形状也是相当复杂的

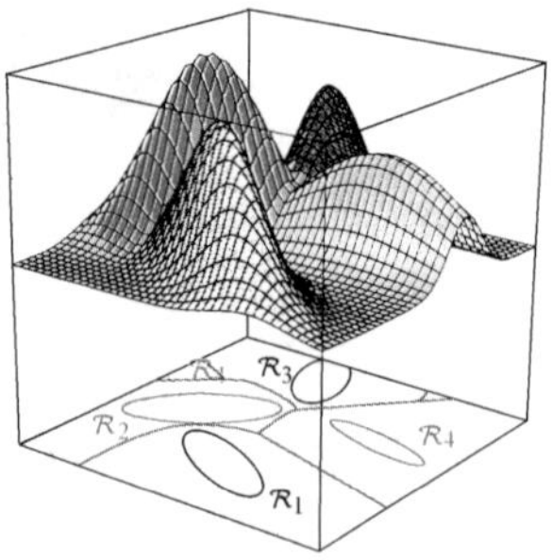

例 1　二维高斯分布数据的判决区域

为了阐明以上这些思想，我们通过本例题详细地计算两类问题中二维数据的判决边界。两类高斯分布所计算出的贝叶斯判决边界，每一类都基于4个数据点。

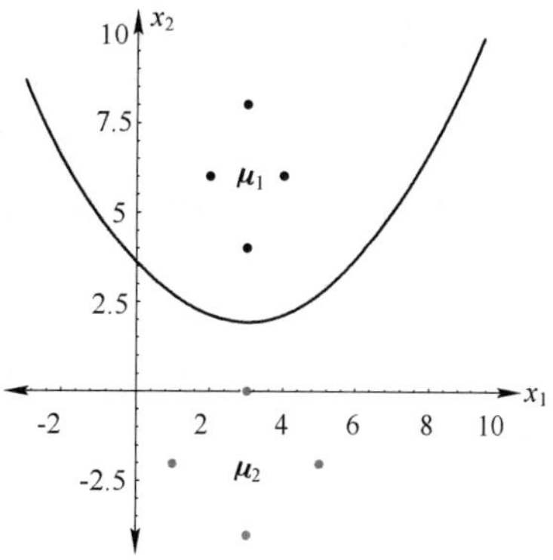

以 ω_1 表示4个黑点的集合，ω_2 表示红点集合。尽管我们在下一章中需用大量的篇幅来说明如何估计这些分布的参数，但在这里仅仅假设我们只需要计算均值和协方差，由式(40)和式(41)中采用的离散计算方法可得

$$\boldsymbol{\mu}_1 = \begin{bmatrix} 3 \\ 6 \end{bmatrix};\quad \boldsymbol{\Sigma}_1 = \begin{pmatrix} 1/2 & 0 \\ 0 & 2 \end{pmatrix} \quad 及\quad \boldsymbol{\mu}_2 = \begin{bmatrix} 3 \\ -2 \end{bmatrix};\quad \boldsymbol{\Sigma}_2 = \begin{pmatrix} 2 & 0 \\ 0 & 2 \end{pmatrix}$$

则逆矩阵为

$$\boldsymbol{\Sigma}_1^{-1} = \begin{pmatrix} 2 & 0 \\ 0 & 1/2 \end{pmatrix} \quad 及 \quad \boldsymbol{\Sigma}_2^{-1} = \begin{pmatrix} 1/2 & 0 \\ 0 & 1/2 \end{pmatrix}$$

假设两类分布的先验概率相等，$P(\omega_1)=P(\omega_2)=0.5$，将其代入一般形式的判别式(66)～式(69)，则 $g_1(\mathbf{x})=g_2(\mathbf{x})$ 时的判决边界为

$$\mathbf{x}_2 = 3.514 - 1.125\mathbf{x}_1 + 0.1875\mathbf{x}_1^2$$

此方程描述了一个顶点位于 $\begin{pmatrix} 3 \\ 1.83 \end{pmatrix}$ 的抛物线。尽管两种分布的数据沿 $\mathbf{x}_2$ 方向的方差相等，但判决边界并不通过两均值的中点 $\begin{pmatrix} 3 \\ 2 \end{pmatrix}$，这与我们通常的猜想不同。这是因为对于 ω_1 分布而言，沿 $\mathbf{x}_1$ 方向的概率分布相比于 ω_2 分布受到挤压，由于总的先验概率相等（即整个概率密度空间的积分相等），沿 $\mathbf{x}_2$ 方向的分布将增加（相对于 ω_2 分布）。因此判决边界位于两均值中点偏下一点，这可从图中的判决边界看出。

*2.7　误差概率和误差积分

如果考虑一般分类器——贝叶斯分类器或其他类型——造成错误分类的原因，我们可以对其操作过程做更深入的了解。首先考虑两类情况，且假设二分分类器以一种可能不是最优的方式将空间分成两个区域 $\mathcal{R}_1$ 和 $\mathcal{R}_2$。错误分类可能以两种形式出现：真实类别为 ω_1 而观测值 $\mathbf{x}$ 落入 $\mathcal{R}_2$，或者真实类别为 ω_2 而观测值 $\mathbf{x}$ 落入 $\mathcal{R}_1$。由于这些事件互斥并且覆盖整个事件空间，因此误差概率为

$$\begin{aligned} P(error) &= P(\mathbf{x} \in \mathcal{R}_2, \omega_1) + P(\mathbf{x} \in \mathcal{R}_1, \omega_2) \\ &= P(\mathbf{x} \in \mathcal{R}_2|\omega_1)P(\omega_1) + P(\mathbf{x} \in \mathcal{R}_1|\omega_2)P(\omega_2) \\ &= \int_{\mathcal{R}_2} p(\mathbf{x}|\omega_1)P(\omega_1)\, d\mathbf{x} + \int_{\mathcal{R}_1} p(\mathbf{x}|\omega_2)P(\omega_2)\, d\mathbf{x} \end{aligned} \tag{70}$$

此结果的一维情况如图 2-17 所示。式(70)中的两个积分分别代表函数 $p(\mathbf{x}|\omega_i)P(\omega_i)$尾部的红色和灰色区域，因为判决点 x^* 是任意选取的，所以误差概率并没有最小化。特别地，如果判决边界移到 x_B，那么标有“可去误差”的三角区域可以去掉。一般来说，如果 $p(\mathbf{x}|\omega_1)P(\omega_1)>p(\mathbf{x}|\omega_2)P(\omega_2)$，则将 $\mathbf{x}$ 划归为$\mathcal{R}_1$ 是比较有利的，这样可减小误差积分的大小，而这正好是贝叶斯判决规则所得的结论。

在多类情况下，出错的方式比正确的方式多，因而计算正确分类的概率相对较简单，显然，

44~45

$$\begin{aligned}P(correct) &= \sum_{i=1}^{c} P(\mathbf{x}\in\mathcal{R}_i,\omega_i)\\ &= \sum_{i=1}^{c} P(\mathbf{x}\in\mathcal{R}_i|\omega_i)P(\omega_i)\\ &= \sum_{i=1}^{c}\int_{\mathcal{R}_i} p(\mathbf{x}|\omega_i)P(\omega_i)\,d\mathbf{x}\end{aligned} \tag{71}$$

式(71)的一般结果既不取决于特征空间如何被划分为判决区域，也不取决于内在的分布形式，贝叶斯分类器通过选择对所有 $\mathbf{x}$ 使被积函数最大的区域来最大化这个概率；没有其他的分类方法可以产生更小的误差概率。

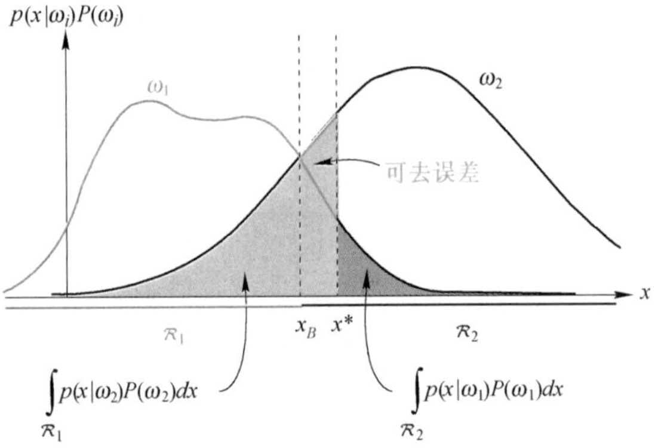

图 2-17 相等先验概率情况下的误差概率组成以及(非最优)判决点 x^*。红色区域对应于实际类别为 ω_2 而判为 ω_1 的误差概率，灰色区域相反，如式(70)。如果判决边界在相等后验概率点 x_B 处，那么此“可去误差”区将消失，有阴影的总区域将减到最小——这就是贝叶斯判决导致的贝叶斯误差率

*2.8 正态密度的误差上界

贝叶斯判决规则确保了最低的误差概率，并且让我们知道如何计算判决边界。然而，这些结论并没有告诉我们实际的误差概率是多少。高斯情况下的整个误差率计算过程相当复杂，尤其是高维情况，这是因为式(71)的积分范围中的判决区域不连续。但是，两类情况下式(5)的一般误差积分公式可近似地给出一个误差率的上界(upper bound)。

2.8.1 Chernoff 界

为获得误差的界(bound)，需利用下列不等式

$$\min[a,b]\leqslant a^{\beta}b^{1-\beta}\qquad (a,b\geqslant 0\ \text{且}\ 0\leqslant\beta\leqslant 1) \tag{72}$$

为理解这一不等式，不失一般性，假设 $a\geqslant b$，因此可将上式写成 $b\leqslant a^{\beta}b^{1-\beta}=(a/b)^{\beta}b$。由于

46 $(a/b)^{\beta}\geqslant 1$，此等式显然是成立的。利用式(7)和(1)并将此不等式代入式(5)可得到上界，

$$P(error)\leqslant P^{\beta}(\omega_1)P^{1-\beta}(\omega_2)\int p^{\beta}(\mathbf{x}|\omega_1)p^{1-\beta}(\mathbf{x}|\omega_2)\,d\mathbf{x}\qquad (0\leqslant\beta\leqslant 1) \tag{73}$$

尤其注意此积分是在整个特征空间上的积分，不需要加上与判决边界对应的积分限制。

如果条件概率是正态的，式(73)的积分结果可用解析法计算出(习题 36)，

$$\int p^{\beta}(\mathbf{x}|\omega_1)p^{1-\beta}(\mathbf{x}|\omega_2)\,d\mathbf{x} = e^{-k(\beta)} \tag{74}$$

其中

$$\begin{aligned} k(\beta) = & \frac{\beta(1-\beta)}{2}(\boldsymbol{\mu}_2-\boldsymbol{\mu}_1)^t[\beta\boldsymbol{\Sigma}_1+(1-\beta)\boldsymbol{\Sigma}_2]^{-1}(\boldsymbol{\mu}_2-\boldsymbol{\mu}_1) \\ & + \frac{1}{2}\ln\frac{|\beta\boldsymbol{\Sigma}_1+(1-\beta)\boldsymbol{\Sigma}_2|}{|\boldsymbol{\Sigma}_1|^{\beta}|\boldsymbol{\Sigma}_2|^{1-\beta}} \end{aligned} \tag{75}$$

图 2-18 的例子显示了 $e^{-k(\beta)}$ 如何随 β 的变化而变化的典型情形。$P(error)$的 Chernoff 界可通过数值分析或直接查找使 $e^{-k(\beta)}$ 最小的 β 值求出，然后把这个 β 代入式(73)。这里很关键的一点是此优化过程是在一维 β 空间中进行的，尽管分布本身可能位于任意高维的空间。

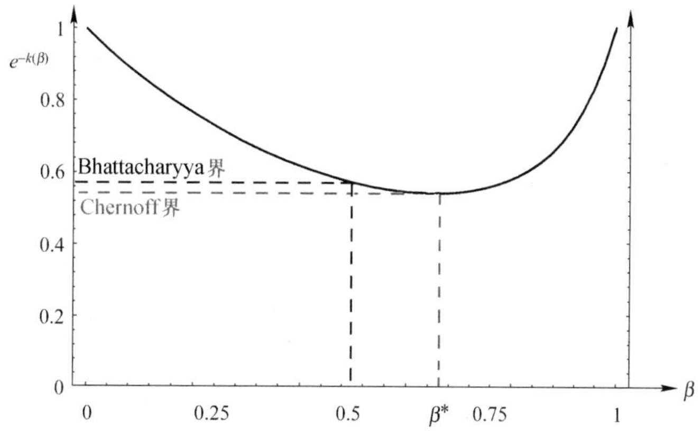

图 2-18 Chernoff 界不会比 Bhattacharyya 界松弛。此例中，Chernoff 界取在 $\beta^*=0.66$ 处，比 Bhattacharyya 界($\beta=0.5$)稍微紧致一些

2.8.2 Bhattacharyya 界

图 2-18 所示的 Chernoff 界对 β 的依赖性在很多问题中普遍存在，即对处于极值(即$\beta\to 1$ 和 $\beta\to 0$)处的界较松弛，而中间较紧致。优化后的 β 的精确值取决于分布参数和先验概率，一种计算较简单但稍微松一点的界可以通过仅仅取 $\beta=1/2$ 处的值获得。这就给出所谓的 Bhattacharyya 误差的界，于是式(73)的形式为 47

$$\begin{aligned} P(error) & \leqslant \sqrt{P(\omega_1)P(\omega_2)}\int\sqrt{p(\mathbf{x}|\omega_1)p(\mathbf{x}|\omega_2)}\,d\mathbf{x} \\ & = \sqrt{P(\omega_1)P(\omega_2)}e^{-k(1/2)} \end{aligned} \tag{76}$$

其中通过式(75)可得高斯分布的情况如下：

$$k(1/2) = 1/8(\boldsymbol{\mu}_2-\boldsymbol{\mu}_1)^t\left[\frac{\boldsymbol{\Sigma}_1+\boldsymbol{\Sigma}_2}{2}\right]^{-1}(\boldsymbol{\mu}_2-\boldsymbol{\mu}_1)+\frac{1}{2}\ln\frac{\left|\frac{\boldsymbol{\Sigma}_1+\boldsymbol{\Sigma}_2}{2}\right|}{\sqrt{|\boldsymbol{\Sigma}_1||\boldsymbol{\Sigma}_2|}} \tag{77}$$

如果分布并非高斯的，Chernoff 和 Bhatacharyya 界仍然可用，但是，对于偏离高斯分布太远的分布，这些上界并不能说明什么问题(习题 34)。

例 2　高斯分布情况下的误差率的界

例 1 中二维数据集的 Bhattacharyya 界的计算是很简单和直接的，将例 1 的均值和方差代入式(77)得到 $k(1/2)=4.06$，则由式(76)和式(77)可知 Bhattacharyya 误差界为 $P(error)\leqslant 0.0087$。

通过数值查找式(75)的 Chernoff 边界可近似得到一个更加紧致的误差边界，此问题中给出的结果是 0.016 380。直接用式(5)的误差率数值积分公式得出最好的误差率估计，其结果为 0.0021，因此这里所得的边界并不是非常紧致的。这样，高斯分布的数值积分在高维空间(大于二维或三维)通常不太实用。

2.8.3　信号检测理论和操作特性

另一种测量两个高斯分布之间距离的方法在实验心理学、雷达检测及其他领域有着相当大的实用价值。假如我们要检测一个弱脉冲，如一个黯淡的闪光或一个微弱的雷达反射信号，那么，模型可以这样假设，在检测器的某点有一个内部信号(如电压)x，当外部信号(脉冲)出现时，它具有均值 μ_2，当不出现时均值为 μ_1。由于随机噪声(可能来自检测器的内部和外部)的影响使得实际值是一个随机变量。假设分布是正态的，且具有不同的均值和相同的方差，即 $p(x|\omega_i)\sim N(\mu_i,\sigma^2)$，如图 2-19 所示。

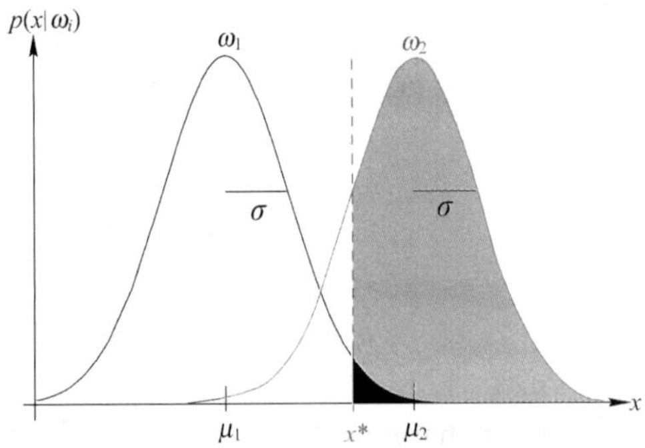

图 2-19　在没有任何外部脉冲出现期间，内部信号的概率密度是正态的，即 $p(x|\omega_1)\sim N(\mu_1,\sigma^2)$，当外部信号出现时，密度为 $p(x|\omega_2)\sim N(\mu_2,\sigma^2)$。任一判决阈值 x^* 将确定一次“击中”(ω_2 曲线以下，x^* 以上的红色区域)的概率以及一次“虚警”(ω_1 曲线以下，x^* 以上的黑色区域)

检测器(分类器)将利用一个阈值 x^* 来判定是否存在外部脉冲。如果我们是试验者，那么对我们来说，x^* 的值是无法知道的(也不知道此分布的均值和标准差)。我们要寻找某种度量，以某种与 x^* 的选取无关的方式来判决是否存在外部脉冲。这个度量是一种“判别能力”(discrimin ability)，它描述了与噪声和外部信号强度无关的一种固有不变的属性，但并不是一种判决策略(即实际的 x^* 的选取)。这种“判别能力”的测度定义为

$$d'=\frac{|\mu_2-\mu_1|}{\sigma} \tag{78}$$

当然我们期望有一个较高的 d' 值。

虽然我们并不知道 μ_1,μ_2,σ 及 x^*，但是假设已知类别状态，并且已知系统的判决结果，由这些信息可以计算 d'。

考虑下面的 4 种可能：

- $P(x>x^*|x\in\omega_2)$：一次击中(hit)——假设有外部信号出现，并且内部的信号的概率大于 x^*
- $P(x>x^*|x\in\omega_1)$：一次虚警(false alarm)——尽管并无外部信号出现，但内部信号的概率仍然大于 x^*

- $P(x<x^*|x\in\omega_2)$：一次漏检(miss)——假设有外部信号出现，而内部信号的概率却小于 x^*
- $P(x<x^*|x\in\omega_1)$：一次正确的拒绝(correct rejection)——假设没有外部信号出现，并且内部信号的概率小于 x^*

如果做大量的试验(且假设 x^* 是固定的，尽管其具体数值未知)，可以通过试验确定这些概率，尤其是击中率和虚警率。在一个二维图中绘出一个点代表这些概率，如果密度固定而阈值 x^* 改变，那么击中率和虚警率也会随着改变。因此可以看出对于给定的判决能力 d'，所描绘的点将随着一条平滑曲线，即"接收机操作特性曲线"(Receiver Operating Characteristic, ROC)移动(图 2-20)。

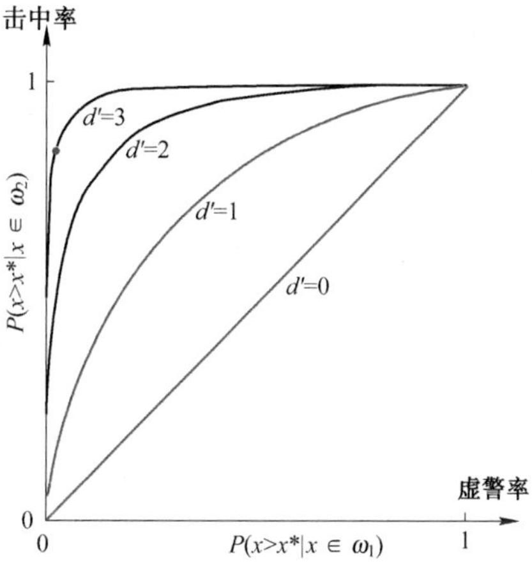

图 2-20　在一条接收机操作特性曲线中，横坐标是虚警率，$P(x>x^*|x\in\omega_1)$，纵坐标为击中率，$P(x>x^*|x\in\omega_2)$。从所测的击中率和虚警率(这里对应图 2-19 的 x^*，且用红点显示)可推出 $d'=3$

这种信号检测方案最大的好处是可以有效地区分开"判别能力"和"决策偏差"(decision bias)。前者是检测系统的一种固有属性，而后者取决于接收器内在的可调整的"损失矩阵"。任何一对击中率和虚警率经过且仅经过一条 ROC 曲线，因此，只要两种概率既不是 0 也不是 1，就可由这些概率决定"判决能力"(习题 39)。并且，如果还是做高斯假设，此"判决能力"的确定(由一个任意 x^* 得到)可以计算出贝叶斯误差率——任何一种分类器的最重要的属性。如果实际的误差率与用这种方式所推出的贝叶斯误差率不同，就必须相应地改变阈值 x^*。

把以上讨论推广到具有任意多维分布(不管是高斯还是非高斯)的两类情况是比较容易的。假设有两种分布 $p(\mathbf{x}|\omega_1)$ 和 $p(\mathbf{x}|\omega_2)$，它们相互重叠，因此具有非零的贝叶斯分类误差率。如同上面所看到的一样，任何实际属于 ω_2 的模式可能被正确地分到 ω_2(一次击中)或错误地分到 ω_1(一次虚警)中。但是与上面的一维情况不同的是，有许多判决边界给出一个特定的击中率，每一个边界具有一个不同的虚警率。显然在这里，不存在仅仅知道击中率和虚警率而不知道其他任何潜在判决规则的情况下，就确定"判决能力"的基本计算方法。

在一种几乎不可能达到的理想状态下，可以假设所得的击中率和虚警率都是最优的。例如，在所有可以给出击中率的判定规则中，实际选择使用具有最小虚警率的规则。如果构造一个多维分类器——先不管使用何种分布——我们当然希望可以以这种方式来处理问题，尽管找到最优击中率和虚警率可能需要巨大的计算代价。

实践中，可避开最优化计算，而通过简单地调整控制判决函数的单个参数，绘出击中率和虚警率的结果，得到一条接收机操作特性曲线。这一控制参数可以是判决函数里的偏差或非线性。通常选择这样一种控制参数，使得在极值处要么虚警率为零，要么击中率为零，这正好可以通过 ROC 曲线上一个非常大或非常小的 x^* 获得。需要注意，由于分布是任意的，其操作特性未必是对称的(图 2-21)，在极少数情况下甚至未必是下凹的。

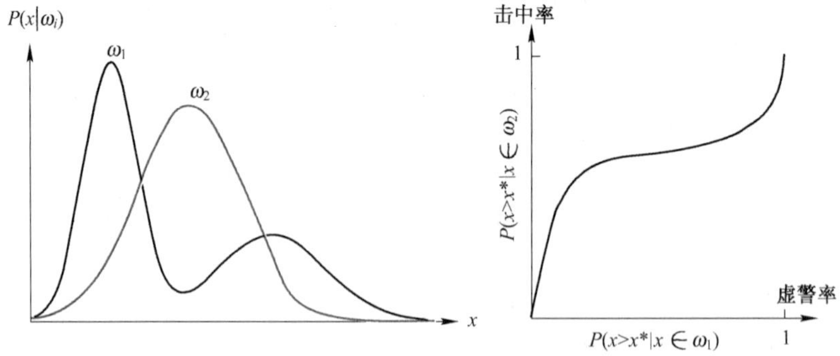

图 2-21 在一个一般的操作特性曲线上，横坐标是虚警率，$P(x\in\mathcal{R}_2|x\in\omega_1)$，纵坐标是击中率，$P(x\in\mathcal{R}_2|x\in\omega_2)$。为了说明情况，这里执行特性曲线通常不是对称的，如右边的图所示

在损失矩阵λ_{ij}可能发生变化的问题中，采用分类器的操作特性曲线是有价值的。如果提前确定操作特性作为控制参数的函数，当面对一个新的损失函数时，很容易推导出使期望风险最小化的控制参数(习题 39)。

2.9 贝叶斯决策论——离散特征

到现在为止所讨论的特征向量 $\mathbf{x}$ 可以为 d 维欧氏空间 $\mathbf{R}^d$ 中的任意一点。但是，在许多实际的应用中，$\mathbf{x}$ 中的元素可能是二进制、三进制或者更高进制的离散整数值，以至于 $\mathbf{x}$ 可以被认为是 m 个离散值 $\mathbf{v}_1,\cdots,\mathbf{v}_m$ 中的一个。在这种情况下，概率密度函数 $p(\mathbf{x}|\omega_j)$变得奇异化，积分形式

$$\int p(\mathbf{x}|\omega_j)\,d\mathbf{x} \tag{79}$$

必须由相应的求和形式代替如下：

$$\sum_{\mathbf{x}} P(\mathbf{x}|\omega_j) \tag{80}$$

其中求和是在所有离散分布的 $\mathbf{x}$ 值上进行的[⊖]。于是，贝叶斯公式中的概率密度函数由概率分布函数

$$P(\omega_j|\mathbf{x}) = \frac{P(\mathbf{x}|\omega_j)P(\omega_j)}{P(\mathbf{x})} \tag{81}$$

所代替，其中

$$P(\mathbf{x}) = \sum_{j=1}^{c} P(\mathbf{x}|\omega_j)P(\omega_j) \tag{82}$$

条件风险 $R(\alpha|\mathbf{x})$的定义不变，且贝叶斯决策论的基础不变：为减小总风险，选择行为 α_i 使 $R(\alpha_i|\mathbf{x})$最小，或者形式化地阐述为

⊖ 从技术上讲，式(80)应该写成$\sum_k P(\mathbf{v}_k|\omega_j)$，其中 $P(\mathbf{v}_k|\omega_j)$是在类别状态为 ω_j 的条件下 $\mathbf{x}=\mathbf{v}_k$ 的条件概率。

$$\alpha^* = \arg\min_i R(\alpha_i|\mathbf{x}) \tag{83}$$ 48~51

通过最大化后验概率来最小化误差率的基本原则也不变，其判决函数同式(26)～(28)，只要将其中的概率密度函数 $p(\cdot)$ 换成概率分布函数 $P(\cdot)$。

2.9.1 独立的二值特征

举一个对离散特征量进行分类的例子。考虑两类问题，其中特征向量的元素是二值的，并且条件独立。更详细地说，令 $\mathbf{x}=(x_1,\cdots,x_d)^t$，其中元素 x_i 可能为 0 或 1，且

$$p_i = \Pr[x_i = 1|\omega_1] \tag{84}$$

及

$$q_i = \Pr[x_i = 1|\omega_2] \tag{85}$$

这里有一个分类问题的模型，其中每一个特征量给出一个关于该模式的“是”或“否”的答案，如果 $p_i>q_i$，则可推测当状态是 ω_1 时第 i 个特征量给出“是”的频率将高于状态为 ω_2 时的频率。例如，考虑两个生产相同汽车的工厂，每个工厂所生产的 d 个部件可能是合格的也可能是有缺陷的，如果两个工厂对于每一个部件的依赖关系是已知的，那么根据对特征是合格的还是有缺陷的知识，可用这种模型判断是哪个工厂生产了某辆给定的汽车。通过假设条件独立可将 $\mathbf{x}$ 的元素的概率写为 $P(\mathbf{x}|\omega_i)$。在此假设下，可将类条件概率方便地表示如下：

$$P(\mathbf{x}|\omega_1) = \prod_{i=1}^{d} p_i^{x_i}(1-p_i)^{1-x_i} \tag{86}$$

且

$$P(\mathbf{x}|\omega_2) = \prod_{i=1}^{d} q_i^{x_i}(1-q_i)^{1-x_i} \tag{87}$$

那么似然比为

$$\frac{P(\mathbf{x}|\omega_1)}{P(\mathbf{x}|\omega_2)} = \prod_{i=1}^{d}\left(\frac{p_i}{q_i}\right)^{x_i}\left(\frac{1-p_i}{1-q_i}\right)^{1-x_i} \tag{88}$$

接下来由式(31)可得判决函数

$$g(\mathbf{x}) = \sum_{i=1}^{d}\left[x_i \ln\frac{p_i}{q_i} + (1-x_i)\ln\frac{1-p_i}{1-q_i}\right] + \ln\frac{P(\omega_1)}{P(\omega_2)} \tag{89}$$ 52

尤其注意此判决函数对于 x_i 是线性的，因此可以写成

$$g(\mathbf{x}) = \sum_{i=1}^{d} w_i x_i + w_0 \tag{90}$$

其中

$$w_i = \ln\frac{p_i(1-q_i)}{q_i(1-p_i)} \qquad i = 1,\cdots,d \tag{91}$$

及

$$w_0 = \sum_{i=1}^{d}\ln\frac{1-p_i}{1-q_i} + \ln\frac{P(\omega_1)}{P(\omega_2)} \tag{92}$$

检查一下这些结论看看它们可以给出什么信息。首先回忆如果 $g(\mathbf{x})>0$，则判为 ω_1，如果 $g(\mathbf{x})\leqslant 0$，则判为 ω_2。可以看出 $g(\mathbf{x})$ 是 $\mathbf{x}$ 的各分量的加权组合。权重 ω_i 的幅值表示进行分类

时 x_i 与一个“是”的回答相关联的程度。如果 $p_i=q_i$，x_i 没有给出任何有关类别的信息，并且正如我们所意料的那样，有 $\omega_i=0$。如果 $p_i>q_i$，那么 $1-q_i<1-p_i$ 且 ω_i 是正的。因此这种情况下 x_i 的一个“是”的回答将权值 ω_i 贡献给判决 ω_1。并且，对于任一固定的 $q_i<1$，当 p_i 变大时 ω_i 也变大。如果 $p_i<q_i$，ω_i 是负的，那么一个“是”的答案将 $|\omega_i|$ 分给判决 ω_2。

特征独立的条件将产生一个非常简单的(线性)分类器。当然如果特征不独立，将需要一个更加复杂的分类器，这将在具有连续特征的系统中再次碰到。但在这里特征值越独立，越能得到一个更加简单的分类器。

先验概率 $P(\omega_i)$ 仅仅通过阈值权系数 ω_0 的形式出现在判决函数中，增大 $P(\omega_1)$ 即增大 ω_0 且将判决偏向 ω_1 类，而减小 $P(\omega_1)$ 则相反。几何上，$\mathbf{x}$ 的可能值出现在一个 d 维超立方体的顶点，由 $g(\mathbf{x})=0$ 所定义的判决面是一个将 ω_1 的顶点同 ω_2 的顶点分割开的超平面。

例 3　三维二值特征量的贝叶斯判决

假设有两个类别，采用独立的三维二值特征来表示，且特征的概率已知，如果 $P(\omega_1)=P(\omega_2)=0.5$，并且各个分量均遵循 $p_i=0.8$ 且 $q_i=0.5(i=1,2,3)$。以此来构造贝叶斯判决边界。通过式(91)和式(92)可得权系数

$$w_i=\ln\frac{0.8(1-0.5)}{0.5(1-0.8)}=1.3863$$

且偏置量为

$$w_0=\sum_{i=1}^{3}\ln\frac{1-0.8}{1-0.5}+\ln\frac{0.5}{0.5}=1.2$$

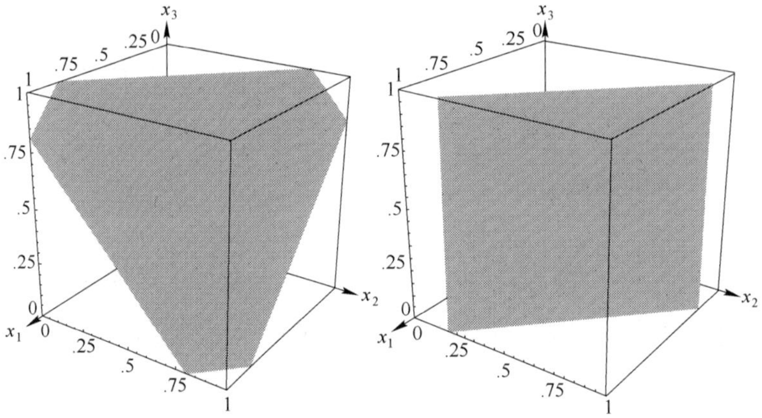

此例的判决边界包括三维二值特征量，左边显示的是 $p_i=0.8$ 和 $q_i=0.5$ 的情况。除了保证 $p_3=q_3$ 之外，右边使用相同的值，这使得 $w_3=0$ 且判决面平行于 x_3 轴。

左图显示了式(90)中 $g(\mathbf{x})$ 表示的平面，确实同料想的那样，此分界面将两次或更多次回答“是”的点分到了 ω_1 类，因为该类的特征取 1 的概率要更高一些。

再假设先验概率保持不变，各个分量服从 $p_1=p_2=0.8$，$p_3=0.5$ 和 $q_1=q_2=q_3=0.5$。在这种情况下，特征 x_3 并未给出有关类别的可预测信息，因此判决边界与 x_3 轴平行。注意在这种离散情况下，判决边界上的很大一块区域使得分类判决并未发生变化，这从右图中清晰可见。

*2.10 丢失特征和噪声特征

如果知道某个问题的全部概率结构，就可构造出(最优)贝叶斯判定规则。假设利用未受损的数据来训练产生一个贝叶斯分类器，而输入的测试数据被以某种特殊方式破坏，如何才能将这些受破坏的输入数据分类以获得最小的误差率呢？

有两种情况是可以解析求解的：(1)当已知部分特征量丢失了；(2)已知它们受某个性质已知的噪声源的污染。处理每种情况的最基本的方法就是尽可能多地恢复出内在的分布信息，然后再使用贝叶斯判决规则。

2.10.1 丢失特征

假设现在有一个利用两种特征的贝叶斯识别器，对于某个待识别的模式而言，其中的一种特征丢失了。比如，容易想象出，只通过鱼的一部分就可以测量出鱼的光泽度，但是却不能得到宽度信息，因为它被其他鱼遮挡了。

可用 4-类分类来说明更一般的情况(图 2-22)。假设对于一个特定的测试模式，x_1 丢失，且 x_2 的测试值为 $\hat{x}_2$。显然如果假设损失的值为所有 x_1 值的均值，即 $\bar{x}_1$，那么可将模式判为 ω_3。但是，如果先验概率相等，ω_2 将是更好的选择，这是由于图中显示出了 $p(\hat{x}_2|\omega_2)$是 4 种似然函数里最大的。

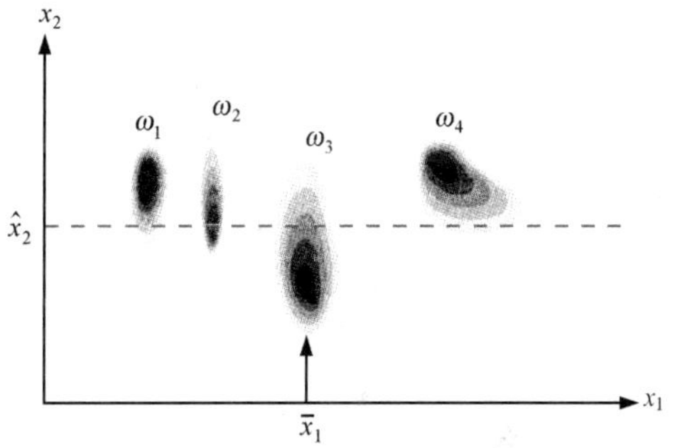

图 2-22 具有相等先验概率的 4 类，其类条件概率分布如图。如果某测试样本点的一个特征值丢失掉(此处是 x_1 丢失掉)且另一个特征值测出来是 $\hat{x}_2$(图中用红色虚线表示)，由于 $p(\hat{x}_2|\omega_2)$是 4 种似然函数里最大的，因此希望判决器能将此模式分到 ω_2

为了阐述清楚我们的思想，设 $\mathbf{x}=[\mathbf{x}_g,\mathbf{x}_b]$，其中 $\mathbf{x}_g$ 表示已知的或完好的特征量，$\mathbf{x}_b$ 表示损坏的特征量，即未知或损失的情况。那么需在给定好的特征量的前提下寻找贝叶斯规则，且需要用到后验概率。用好的特征量表示的后验概率为

$$\begin{aligned} P(\omega_i|\mathbf{x}_g) &= \frac{p(\omega_i,\mathbf{x}_g)}{p(\mathbf{x}_g)} = \frac{\int p(\omega_i,\mathbf{x}_g,\mathbf{x}_b)\,d\mathbf{x}_b}{p(\mathbf{x}_g)} \\ &= \frac{\int P(\omega_i|\mathbf{x}_g,\mathbf{x}_b)p(\mathbf{x}_g,\mathbf{x}_b)\,d\mathbf{x}_b}{p(\mathbf{x}_g)} \\ &= \frac{\int g_i(\mathbf{x})p(\mathbf{x})\,d\mathbf{x}_b}{\int p(\mathbf{x})\,d\mathbf{x}_b} \end{aligned} \tag{93}$$

其中 $g_i(\mathbf{x})=g_i(\mathbf{x}_g,\mathbf{x}_b)=P(\omega_i|\mathbf{x}_g,\mathbf{x}_b)$是判别函数的一种形式。

将 $\int p(\omega_i,\mathbf{x}_g,\mathbf{x}_b)d\mathbf{x}_b$ 看成一个边缘分布，称整个分布在变量 $\mathbf{x}_b$ 上进行“边缘化”(marginalize)。简言之，式(93)表明必须在整个损坏的特征空间中对后验概率进行积分。最后将贝叶斯判定规则用于所得出的后验概率，也就是，如果对于所有的 i 和 j 有 $P(\omega_i|\mathbf{x}_g)>P(\omega_j|\mathbf{x}_g)$，则选择 ω_i。

第 3 章中将研究“期望最大化”(EM)算法，讨论的也是包含特征丢失的有关问题。

2.10.2 噪声特征

很容易将式(93)的结论推广到一般情形，其中某个特定的特征量受到统计独立的噪声干扰。例如，在鱼的分类的例子中，可能有测量长度的可靠方法，但是由于光源的变化使得光泽度的测量不够准确。假设，和前面一样，现在有未受损的特征量 $\mathbf{x}_g$，以及一种噪声模型，其表达式为 $p(\mathbf{x}_b|\mathbf{x}_t)$。这里用 $\mathbf{x}_t$ 来表示观测到的 $\mathbf{x}_b$ 特征量的真实值，也就是在无噪声情况下的测试值，简言之，用观测值 $\mathbf{x}_b$ 来代替真实值 $\mathbf{x}_t$。假设如果 $\mathbf{x}_t$ 已知，那么 $\mathbf{x}_b$ 将与 ω_i 和 $\mathbf{x}_g$ 独立，在
53~55 这种假设下可得

$$P(\omega_i|\mathbf{x}_g,\mathbf{x}_b)=\frac{\int p(\omega_i,\mathbf{x}_g,\mathbf{x}_b,\mathbf{x}_t)\,d\mathbf{x}_t}{p(\mathbf{x}_g,\mathbf{x}_b)} \tag{94}$$

现在 $p(\omega_i,\mathbf{x}_g,\mathbf{x}_b,\mathbf{x}_t)=P(\omega_i|\mathbf{x}_g,\mathbf{x}_b,\mathbf{x}_t)p(\mathbf{x}_g,\mathbf{x}_b,\mathbf{x}_t)$，但在假设独立的条件下，如果已知 $\mathbf{x}_t$，那么 $\mathbf{x}_b$ 将不提供有关 ω_i 的附加信息。因此有 $P(\omega_i|\mathbf{x}_g,\mathbf{x}_b,\mathbf{x}_t)=P(\omega_i|\mathbf{x}_g,\mathbf{x}_t)$，同样有 $p(\mathbf{x}_g,\mathbf{x}_b,\mathbf{x}_t)=p(\mathbf{x}_b|\mathbf{x}_g,\mathbf{x}_t)p(\mathbf{x}_g,\mathbf{x}_t)$ 和 $p(\mathbf{x}_b|\mathbf{x}_g,\mathbf{x}_t)=p(\mathbf{x}_b|\mathbf{x}_t)$，将它们联立起来可得

$$\begin{aligned}P(\omega_i|\mathbf{x}_g,\mathbf{x}_b)&=\frac{\int P(\omega_i|\mathbf{x}_g,\mathbf{x}_t)p(\mathbf{x}_g,\mathbf{x}_t)p(\mathbf{x}_b|\mathbf{x}_t)\,d\mathbf{x}_t}{\int p(\mathbf{x}_g,\mathbf{x}_t)p(\mathbf{x}_b|\mathbf{x}_t)\,d\mathbf{x}_t}\\&=\frac{\int g_i(\mathbf{x})p(\mathbf{x})p(\mathbf{x}_b|\mathbf{x}_t)\,d\mathbf{x}_t}{\int p(\mathbf{x})p(\mathbf{x}_b|\mathbf{x}_t)\,d\mathbf{x}_t}\end{aligned} \tag{95}$$

将上式作为判别函数通过贝叶斯方式进行分类。

式(95)与式(93)的区别仅仅在于被积函数受噪声模型加权。在极端情况下，$p(\mathbf{x}_b|\mathbf{x}_t)$ 在整个空间中为 1(因而不提供有关类别的预测信息)，上式简化为丢失特征量时的情形，而这也是我们预期的结果。

*2.11 贝叶斯置信网

到现在为止，我们所描述的方法都相当一般化。基本上，我们仅仅假定存在一个可通过特征向量 $\boldsymbol{\theta}$ 来描述的参数化的分布形式。但是如果事先有关于参数 $\boldsymbol{\theta}$ 本身的分布的先验信息，同样可以在求解问题时充分加以利用。有时，关于分布的先验知识并非直接是分布的形式，而是有关各个特征分量之间的统计相关(或独立)性。回忆多维分布 $p(\mathbf{x})$，如果对于两个特征量有 $p(x_i,x_j)=p(x_i)p(x_j)$，则说明这两个变量统计独立(图 2-23)。

在很多情况下可以知道(或者可以安全地假定)某些特征量是否是独立的，甚至在没有样本数据的情况下也可以这样做。比如，要描述一辆汽车的状态，有关的参量有发动机温度、油压，轮胎内气压、电气系统的电压，等等。而关于汽车的常识告诉我们，发动机内的油压与轮胎内的气压是没有关系的，因而可安全地假设为统计独立。但是，油的温度和发动机的温度并不独立(但可能条件独立)。而且，我们知道某些参量的改变会影响其他参量：冷却剂的温度受到发动机温度、散热风扇(给装有冷却剂的散热器吹风)的转速等的影响。

我们将用图形来表示这些因果依赖性，这就是“贝叶斯置信网”(Bayesian belief net)，也称为因果网(causal network)，或者简单地称为置信网(belief net)或“信任网”。它们采用了有向无环图(Directed Acyclic Graph，DAG)的拓扑形式，每一个节点都具有方向性，且没有循环节点(而更一般的情况是允许有这样的循环的)。尽管这样的网络也可以表示连续的多维分布，它们对于离散变量有着更高的实用价值。基于这个原因，以及它的形式化的表达非常简单，因而我们将主要讨论离散情况。

图 2-23　一个三维分布服从 $p(x_1, x_3) = p(x_1)p(x_3)$，因而此处 x_1 和 x_3 统计独立，但其他特征对不独立

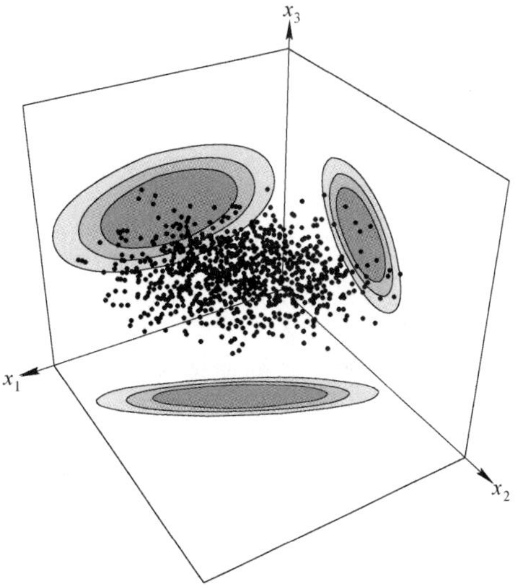

每一个节点(或单元)代表一个系统变量，此处取离散值。将节点标记为 **A**，**B**，…，并且将每一节点的变量用相应的小写字母标记。因此，尽管节点 **A** 有离散个可能的值——如两个 a_1 和 a_2——但这些离散的状态可能具有连续的概率分布。比如，如果节点 **A** 代表一个二值的灯开关状态——a_1=开，a_2=关——则可能有 $P(a_1)=0.739$，$P(a_2)=0.261$，或者任何其他总和为 1 的概率值。图 2-24 中节点 **A** 同节点 **C** 的连接是有方向性的，它代表着条件概率$P(c_i|a_j)$或简单地表示为 $P(\mathbf{c}|\mathbf{a})$。以后将不关心这些条件概率是如何定义的，除非要注意在某些情况下由专家给出了这些值。

图 2-24　由节点(大写的黑体字母标记)和与它们相关的离散状态(小写字母)所组成的置信网。因此节点 **A** 具有状态 $a_1, a_2, a_3, \cdots$，简单记为 **a**，节点 **B** 具有状态 $b_1, b_2, \cdots$，记为 **b**，等等。节点之间的连线代表条件概率，比如，$P(\mathbf{c}|\mathbf{a})$可由一个元素为 $P(c_i|a_j)$的矩阵来描述

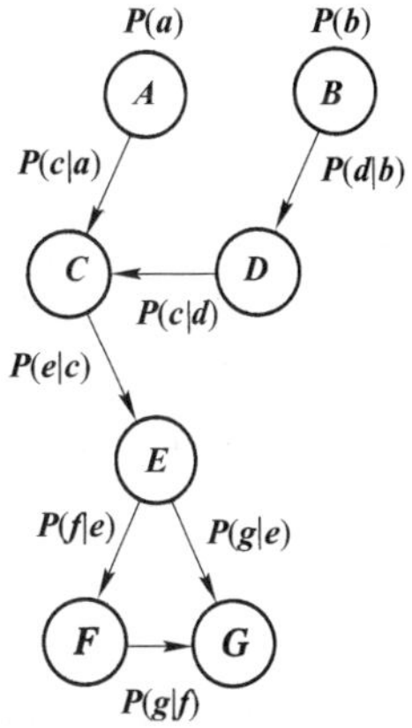

假设有一个置信网，已经填好了条件概率，并且已知其中部分状态的值或概率。通过仔细应用贝叶斯规则或贝叶斯推断，可以确定出网络中的未知变量的最大后验值。首先考虑如何通过与一个节点相连单元的状态来确定此节点的状态，唯一需要考虑的是与之相连的节点，而其他节点均条件独立。这就是根据我们对该系统的依赖结构所具有的先验知识提出的简化方案。 56~57

在考虑图 2-25 中简单网络的一个单一的节点 **X** 时，将 **X** 之前的节点集合(称为父节点$\mathcal{P}$)同 **X** 之后的节点集合(称为子节点$\mathcal{C}$)区分开是非常重要的。当估计 **X** 的概率时，必须以不同的方式对待 **X** 的父节点和子节点，因此图 2-25 中 **A** 和 **B** 是 **X** 的$\mathcal{P}$，而 **C** 和 **D** 是 **X** 的$\mathcal{C}$。

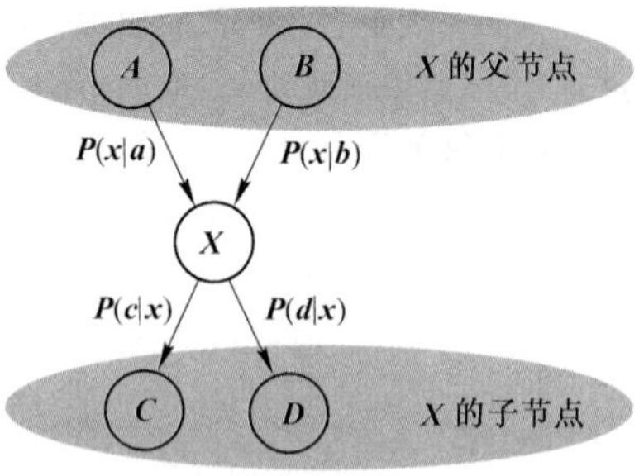

图 2-25 一个置信网的一部分，由节点 **X**（具有变量值（$x_1, x_2, \cdots$））以及其父节点（**A** 和 **B**）和子节点（**C** 和 **D**）组成

节点 **X** 上的一系列命题 $\mathbf{x}=(x_1, x_2, \cdots)$ 的“置信度”（belief）描述了在给定网络所有其余部分的证据 **e** 的前提下这些变量之间的相关概率，即 $P(\mathbf{x}|\mathbf{e})$[⊖]。可以将依赖于父节点的置信度同子节点分离如下：

$$P(\mathbf{x}|\mathbf{e}) \propto P(\mathbf{e}^{\mathcal{C}}|\mathbf{x})P(\mathbf{x}|\mathbf{e}^{\mathcal{P}}) \tag{96}$$

其中 **e** 表示所有的证据（即除 **X** 以外的各节点上的变量值），$\mathbf{e}^{\mathcal{P}}$ 表示父节点上的证据，$\mathbf{e}^{\mathcal{C}}$ 表示子节点上的证据。式(96)仅仅显示了一个正比关系，最终的计算结果将在 **X** 的整个状态空间上对概率进行归一化。

式(96)的第一个因子非常简单，仅是一个贝叶斯公式的形式，可将对子节点证据的依赖性扩展为如下的形式：

$$\begin{aligned} P(\mathbf{e}^{\mathcal{C}}|\mathbf{x}) &= P(\mathbf{e}_{\mathcal{C}_1}, \mathbf{e}_{\mathcal{C}_2}, \cdots, \mathbf{e}_{\mathcal{C}_{|\mathcal{C}|}}|\mathbf{x}) \\ &= P(\mathbf{e}_{\mathcal{C}_1}|\mathbf{x})P(\mathbf{e}_{\mathcal{C}_2}|\mathbf{x})\cdots P(\mathbf{e}_{\mathcal{C}_{|\mathcal{C}|}}|\mathbf{x}) \\ &= \prod_{j=1}^{|\mathcal{C}|} P(\mathbf{e}_{\mathcal{C}_j}|\mathbf{x}) \end{aligned} \tag{97}$$

其中 $\mathcal{C}_j$ 表示第 j 个子节点，$\mathbf{e}_{\mathcal{C}_j}$ 表示其状态的概率值，同时注意表达式 $|\mathcal{C}|$ 表示集合 $\mathcal{C}$ 的势（或集合的基，即，集合中的元素个数），是一种表示求和或乘积的总范围的简便方式。式(97)的最后
58 一步是因为子节点之间不存在连接，所以它们在给定的 **x** 下是相互独立的。这个比例式简单地说明了所有 **X** 的子节点的一个给定状态集的概率是所有子节点的（独立）概率的乘积。比如，在图 2-25 中的简单例子中，有

$$P(\mathbf{e}_{\mathbf{C}}, \mathbf{e}_{\mathbf{D}}|\mathbf{x}) = P(\mathbf{e}_{\mathbf{C}}|\mathbf{x})P(\mathbf{e}_{\mathbf{D}}|\mathbf{x}) \tag{98}$$

嵌入来自父节点的证据的做法要复杂一些。我们有

$$\begin{aligned} P(\mathbf{x}|\mathbf{e}^{\mathcal{P}}) &= P(\mathbf{x}|\mathbf{e}_{\mathcal{P}_1}, \mathbf{e}_{\mathcal{P}_2}, \cdots, \mathbf{e}_{\mathcal{P}_{|\mathcal{P}|}}) \\ &= \sum_{all\ i,j,\cdots,k} P(\mathbf{x}|\mathcal{P}_{1i}, \mathcal{P}_{2j}, \cdots, \mathcal{P}_{|\mathcal{P}|k})P(\mathcal{P}_{1i}, \mathcal{P}_{2j}, \cdots, \mathcal{P}_{|\mathcal{P}|k}|\mathbf{e}_{\mathcal{P}_1}, \cdots, \mathbf{e}_{\mathcal{P}_{|\mathcal{P}|}}) \\ &= \sum_{all\ i,j,\cdots,k} P(\mathbf{x}|\mathcal{P}_{1i}, \mathcal{P}_{2j}, \cdots, \mathcal{P}_{|\mathcal{P}|k})P(\mathcal{P}_{1i}|\mathbf{e}_{\mathcal{P}_1})\cdots P(\mathcal{P}_{|\mathcal{P}|k}|\mathbf{e}_{\mathcal{P}_{|\mathcal{P}|k}}) \end{aligned} \tag{99}$$

其中求和是在不同父节点上的值的所有可能的组合上进行的。这里 $\mathcal{P}_{mn}$ 表示父节点 $\mathcal{P}_m$ 处于状态 n 时的一个特殊值。式(99)的最后一步再次运用了（非连接的）父节点统计独立的假设。

⊖ 虽然有时候也记作 BEL(**x**)，但我们将采用这种记法，因为它可以清楚地表明依赖关系，并且更加类似于以前的讨论。

尽管式(99)及其不可避免的记号的复杂性看上去难免有些吓人，但它实际上仅仅只是贝叶斯规则的一个逻辑推论。为了清楚起见，以及为了计算 $\mathbf{x}$，最右端的每一项 $P(\mathcal{P}_{1i}|\mathbf{e}_{\mathcal{P}_1})$ 可看成 $P(\mathcal{P}_{1i})$，也就是第一个父节点处于状态 i 时的概率。这个标记表明此概率依赖于$\mathcal{P}_1$ 处的证据水平，包括来自它的父节点的。但为了便于计算 $\mathbf{X}$ 处的概率，我们暂时忽略除了 $\mathbf{X}$ 的父节点和子节点以外的其他节点的依赖性。由此重写式(99)如下：

$$P(\mathbf{x}|\mathbf{e}^{\mathcal{P}})=\sum_{all\ \mathcal{P}_{mn}}P(\mathbf{x}|\mathcal{P}_{mn})\prod_{i=1}^{|\mathcal{P}|}P(\mathcal{P}_i|\mathbf{e}_{\mathcal{P}_i}) \tag{100}$$

联立以上结论，对于有 $|\mathcal{P}|$ 个父节点和 $|\mathcal{C}|$ 个子节点的一般情况，可得

$$P(\mathbf{x}|\mathbf{e})\propto\underbrace{\prod_{j=1}^{|\mathcal{C}|}P(\mathbf{e}_{\mathcal{C}_j}|\mathbf{x})}_{P(\mathbf{e}^{\mathcal{C}}|\mathbf{x})}\underbrace{\left[\sum_{all\ \mathcal{P}_{mn}}P(\mathbf{x}|\mathcal{P}_{mn})\prod_{i=1}^{|\mathcal{P}|}P(\mathcal{P}_i|\mathbf{e}_{\mathcal{P}_i})\right]}_{P(\mathbf{x}|\mathbf{e}^{\mathcal{P}})} \tag{101}$$

总之，式(101)表明节点 $\mathbf{X}$ 取某个特定值的概率等于两个因子的乘积，第一个源于子节点(它们各个独立的似然函数的乘积)，第二个是父节点上的值的先验概率在所有可能的状态组合上的总和，以及给定那些父节点值时的 $\mathbf{x}$ 变量的条件概率的总和。最后的值必须归一化以表示概率。

例 4　鱼分类的置信网

再次将注意力集中在鱼分类问题上，但现在想利用更多的信息。假设有专家构造了一个简单的置信网如下图所示。其中节点 **A** 代表一年中的季节，可有四个值：$a_1=$冬，$a_2=$春，59
$a_3=$夏，$a_4=$秋。节点 **B** 代表捕鱼的地理位置：$b_1=$北大西洋，$b_2=$南大西洋。**A** 和 **B** 是 **X** 的父节点，**X** 代表鱼且仅有两种可能的值：$x_1=$鲑鱼，$x_2=$鲈鱼。同样，专家告诉我们子节点代表光泽度 **C**，且 $c_1=$黑，$c_2=$中等亮，$c_3=$亮，以及厚度 **D**，且 $d_1=$厚，$d_2=$薄。链接(从 **A**、**B** 到 **X** 及从 **X** 到 **C**、**D**)的方向描述了各变量间的影响，如下图所示。

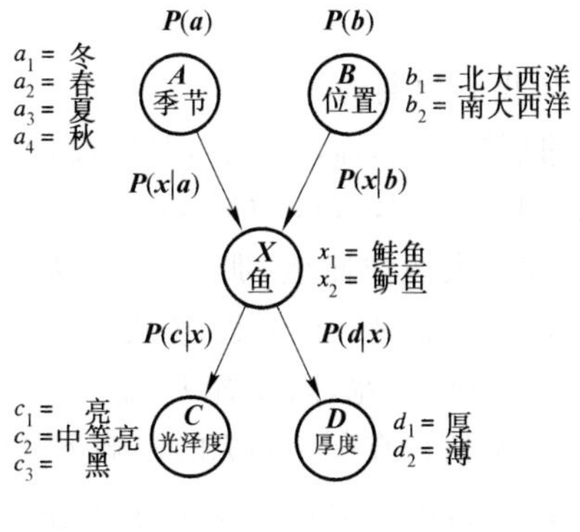

鱼分类例子是一个简单置信网，捕鱼季节同捕鱼地区统计独立，但所捕获的鱼类确实依赖于这些因素，并且，鱼的宽度和光泽度又依赖于鱼的类别本身。

下面的概率矩阵(这里通过专家给出)描述了一年中各时间段以及捕鱼区域对鱼类的影响。

$$P(x_i|a_j):\ \begin{array}{c} \\ 冬 \\ 春 \\ 夏 \\ 秋 \end{array} \begin{array}{cc} 鲑鱼 & 鲈鱼 \\ \left(\begin{array}{cc} 0.9 & 0.1 \\ 0.3 & 0.7 \\ 0.4 & 0.6 \\ 0.8 & 0.2 \end{array}\right) \end{array}, \quad P(x_i|b_j):\ \begin{array}{c} \\ 北 \\ 南 \end{array} \begin{array}{cc} 鲑鱼 & 鲈鱼 \\ \left(\begin{array}{cc} 0.65 & 0.35 \\ 0.25 & 0.75 \end{array}\right) \end{array}$$

由此可见，鲑鱼在北部地区的冬天和秋天比较容易找到，鲈鱼在南部地区的春天和夏天比较容易找到，等等。回想置信网中各变量是离散的，并且所有的影响可以用概率（而不是用概率密度）来表示。假设已知任意一个当前节点的某一特征值，此时必定已有一些鱼，因而每一行都归一化了，如 $P(x_1|a_1)+P(x_2|a_1)=1$。

假设专家告诉我们子节点上的变量的条件概率如下：

$$P(c_i|x_j):\ \begin{array}{c} \\ 鲑鱼 \\ 鲈鱼 \end{array} \begin{array}{ccc} 亮 & 中 & 暗 \\ \left(\begin{array}{ccc} 0.33 & 0.33 & 0.34 \\ 0.8 & 0.1 & 0.1 \end{array}\right) \end{array}, \quad P(d_i|x_j):\ \begin{array}{c} \\ 鲑鱼 \\ 鲈鱼 \end{array} \begin{array}{cc} 宽 & 窄 \\ \left(\begin{array}{cc} 0.4 & 0.6 \\ 0.95 & 0.05 \end{array}\right) \end{array}$$

因而鲑鱼的光泽度取值范围很广，而鲈鱼的主要特点是光泽偏亮，并且宽度较宽。

现在考虑使用这一置信网来推导鱼分类的问题。我们没有识别鱼类的直接信息，因而
60 $P(x_1)=P(x_2)=0.5$。这可能是一个合理的起点，表示缺乏识别鱼类的知识。现在的目标是估计出概率 $P(x_1|\mathbf{e})$，$P(x_2|\mathbf{e})$，在没有任何证据的条件下有

$$\begin{aligned} P(x_1) &= \sum_{i,j,k,l} P(x_1, a_i, b_j, c_k, d_l) \\ &= \sum_{i,j,k,l} P(a_i)P(b_j)P(x_1|a_i, b_j)P(c_k|x_1)P(d_l|x_1) \\ &= \sum_{i,j} P(a_i)P(b_j)P(x_1|a_i, b_j) \\ &= (0.25)(0.5)\sum_{i,j} P(x_1|a_i, b_j) \\ &= (0.25)(0.5)(0.9+0.3+0.4+0.7+0.8+0.2+0.1+0.6) \\ &= 0.5 \end{aligned}$$

因此有 $P(x_1)=P(x_2)$，这与我们预期的一样。

现在开始收集每一节点上的证据，$\{e_{\mathbf{A}}, e_{\mathbf{B}}, e_{\mathbf{C}}, e_{\mathbf{D}}\}$，并假设它们之间相互独立。假设我们已知现在是冬季，即 $P(a_1|e_{\mathbf{A}})=1$，对于 $i=2,3,4$，$P(a_i|e_{\mathbf{A}})=0$。假设我们并不知道渔船来自哪个地区，但是我们发现渔民喜欢在南大西洋捕鱼，那么，可设 $P(b_1|e_{\mathbf{B}})=0.2$，$P(b_2|e_{\mathbf{B}})=0.8$。通过对鱼的观测发现其光泽较亮，于是，手工设置成 $P(e_{\mathbf{C}}|c_1)=1$，$P(e_{\mathbf{C}}|c_2)=0.5$，$P(e_{\mathbf{C}}|c_3)=0$。假设由于遮挡而不能测出鱼宽，因而置 $P(e_{\mathbf{D}}|d_1)=P(e_{\mathbf{D}}|d_2)$。

通过式(99)，可得每种鱼的概率估计在父节点$\mathcal{P}$的影响下其展开形式为

$$\begin{aligned} P_{\mathcal{P}}(x_1) \propto\ & P(x_1|a_1, b_1)P(a_1)P(b_1) + P(x_1|a_1, b_2)P(a_1)P(b_2) \\ & + P(x_1|a_2, b_1)P(a_2)P(b_1) + P(x_1|a_2, b_2)P(a_2)P(b_2) \\ & + P(x_1|a_3, b_1)P(a_3)P(b_1) + P(x_1|a_3, b_2)P(a_3)P(b_2) \\ & + P(x_1|a_4, b_1)P(a_4)P(b_1) + P(x_1|a_4, b_2)P(a_4)P(b_2) \\ & = 0.82 \end{aligned}$$

类似地计算出 $P_{\mathcal{P}}(x_2)=0.18$。

现在考虑子节点，通过式(101)得

$$\begin{aligned}P_{\mathcal{C}}(x_1) &\propto P(e_{\mathbf{C}}|x_1)P(e_{\mathbf{D}}|x_1)\\&= [P(e_{\mathbf{C}}|c_1)P(c_1|x_1)+P(e_{\mathbf{C}}|c_2)P(c_2|x_1)+P(e_{\mathbf{C}}|c_3)P(c_3|x_1)]\\&\quad\times[P(e_{\mathbf{D}}|d_1)P(d_1|x_1)+P(e_{\mathbf{D}}|d_2)P(d_2|x_1)]\\&= [(1.0)(0.33)+(0.5)(0.33)+(0)(0.34)]\times[(1.0)(0.4)+(1.0)(0.6)]\\&= 0.495\end{aligned}$$

一个类似的计算给出 $P_{\mathcal{C}}(x_2)\propto 0.85$。通过式(96)的乘积形式 $P(x_i)\propto P_{\mathcal{C}}(x_i)P_{\mathcal{P}}(x_i)$ 将这些估计组合起来并且再次进行归一化(即除上它们的总和),则最终节点 **X** 的估计结果为 61

$$P(x_1|\mathbf{e})=\frac{(0.82)(0.495)}{(0.82)(0.495)+(0.18)(0.85)}=0.726$$

$$P(x_2|\mathbf{e})=\frac{(0.18)(0.85)}{(0.82)(0.495)+(0.18)(0.85)}=0.274$$

因此根据给定置信网上的所有证据,我们得出最可能的结果是 x_1=鲈鱼。

一个给定的置信网可推断出所有的未知变量。在例 3 中,利用了捕鱼时期、捕鱼地点以及对鱼的一些测试信息来推断鱼的类别(鲑鱼或鲈鱼)。同样的网络也可用来推断一条鱼比较瘦或颜色较暗的概率,根据鱼的类别概率、捕鱼时间等(习题 50)。

当某个分类器所利用的各特征间的依赖关系未知时,常常采用最简单的假设,即,给定类别下各特征量是条件独立的,即有

$$p(\omega_k|\mathbf{x})\propto\prod_{i=1}^{d}p(x_i|\omega_k)\tag{102}$$

实践中,这种所谓的"朴素贝叶斯规则"(naive Bayes rule)或"傻瓜贝叶斯规则"(idiot Bayes rule)常常工作得很好,并且可由一个简单的置信网来表示。

例 3 中的整个置信网由 **X**、它的父节点、它的子节点组成。我们只需要更新 **X** 上的值。更一般的情况是,网络会比较大,有许多未知的节点。这时候,我们可以随机地访问各个节点,并更新其概率值,直到得到一个稳定的概率构型。可证明在很弱的条件下,此过程将收敛到使整个网络上所有变量相容的状态(习题 51)。

置信网已在越来越多的复杂问题中获得应用,比如医疗诊断。这里最高的节点(没有父节点的节点)代表一个基本的生物体(如一种病毒或细菌)的出现,中间层的节点描述了疾病,如流感或肺气肿,最下面的节点描述了症状,如发烧或咳嗽。医师将测试数据输入到网络并寻找最可能出现的疾病或原因。可以用一种更复杂的方式来使用此网络,即自动计算和测试哪个未知变量(节点)对揭示疾病类别最有效。

*2.12 复合贝叶斯决策论及上下文

再次考虑绪论中介绍的分离两种鱼的分类器的例子。原先我们假定出现的鱼的类别状态序列是不可预知的,因而类别状态被看成一个随机变量。在不抛弃这种假定的前提下,让我们考虑一下如果连续出现的类别之间存在统计相关性的情况。可想而知,如果可以找到利用此统计相关性的方法,就有望提高分类器的性能。这就是利用"上下文"信息来帮助进行判决的一个例子。 62

关于利用上下文信息，有两种做法多少有些不同。其一是等待 n 条鱼出现并同时做出 n 个判决；其二是在每一条鱼出现时做一次判决。前者是一个“复合判决”(compound decision)问题，而后者是一个“序贯复合判决”(sequential compound decision)问题。由于前者在概念上相对简单一些，这里将对其做主要讨论。

问题的一般阐述如下，设 $\boldsymbol{\omega}=(\omega(1),\cdots,\omega(n))^t$ 是一个表示类别的 n 种状态的向量，其中 $\omega(i)$ 取 c 个值 $\omega_1,\cdots,\omega_c$ 中的一个。设 $P(\boldsymbol{\omega})$ 为类别的 n 种状态的先验概率，设 $\mathbf{X}=(\mathbf{x}_1,\cdots,\mathbf{x}_n)$ 为一个给出 n 个被测特征向量的矩阵，其中 $\mathbf{x}_i$ 是当类别状态为 $\omega(i)$ 时的特征向量，最后，设 $p(\mathbf{X}|\boldsymbol{\omega})$ 为在给定实际的类别状态集 $\boldsymbol{\omega}$ 时的 $\mathbf{X}$ 的条件概率密度。利用这些标记可知 $\boldsymbol{\omega}$ 的后验概率为

$$P(\boldsymbol{\omega}|\mathbf{X})=\frac{p(\mathbf{X}|\boldsymbol{\omega})P(\boldsymbol{\omega})}{p(\mathbf{X})}=\frac{p(\mathbf{X}|\boldsymbol{\omega})P(\boldsymbol{\omega})}{\sum_{\boldsymbol{\omega}}p(\mathbf{X}|\boldsymbol{\omega})P(\boldsymbol{\omega})} \tag{103}$$

通常，可以为复合判决问题定义一个损失矩阵并寻找一种最小化复合风险的判决规则。这种理论的发展平行于对简单判决问题的讨论，可推出最优过程就是最小化复合条件风险。尤其是，如果正确判断没有损失而所有的错误判断都有相同的损失，那么，其过程简化为计算所有 $\boldsymbol{\omega}$ 的 $P(\boldsymbol{\omega}|\mathbf{X})$，寻找使后验概率最大的 $\boldsymbol{\omega}$。

尽管它提供了理论上的解决方法，但实际中 $P(\boldsymbol{\omega}|\mathbf{X})$ 的计算非常复杂，如果每一个元素 $\omega(i)$ 可以取 c 个值中的一个，那么就有 c^n 个可能的 $\boldsymbol{\omega}$ 值要考虑。如果特征量 $\mathbf{x}_i$ 的分布仅取决于与之对应的类别 $\omega(i)$，而与其他特征量或其他类别无关，那么可以使问题获得简化。在这种情况下，联合密度 $p(\mathbf{X}|\boldsymbol{\omega})$ 仅仅是各元素密度 $p(\mathbf{x}_i|\omega(i))$ 的乘积：

$$p(\mathbf{X}|\boldsymbol{\omega})=\prod_{i=1}^{n}p(\mathbf{x}_i|\omega(i)) \tag{104}$$

尽管这可以简化计算 $p(\mathbf{X}|\boldsymbol{\omega})$ 的问题，但仍然存在计算先验概率 $P(\boldsymbol{\omega})$ 的问题，此复合概率是复合贝叶斯决策问题的中心，因为它反映了类别的各状态间的相互依赖关系。因此假设类别的各状态相互独立以简化计算 $P(\boldsymbol{\omega})$ 问题的做法是不可接受的。并且，实际的应用通常需要某种方法来避免对所有 $\boldsymbol{\omega}$ 的 c^n 种可能值都计算 $P(\boldsymbol{\omega}|\mathbf{X})$。我们将在第 3 章介绍一些解决此问题的方法。

本章小结

贝叶斯决策论的基本思想非常简单。为最小化总风险，总是选择那些能够最小化条件风险 $R(\alpha|\mathbf{x})$ 的行为。尤其是，为了最小化分类问题中的误差概率，总是选择那些使后验概率 $P(\omega_j|\mathbf{x})$ 最大的类别。贝叶斯公式允许我们通过先验概率 $P(\omega_j)$ 和条件密度 $p(\mathbf{x}|\omega_j)$ 来计算后
63 验概率。如果对在模式 ω_i 中所做的误分的惩罚与模式 ω_j 的不同，那么在做出判决行为之前必须先根据该惩罚函数对后验概率加权。

如果内在的分布为多元的高斯分布，判决边界将是超二次型，其形状和位置取决于先验概率、该分布的均值和协方差。实际的期望误差率的上界可由 Chernoff 界和计算上较简单的 Bhattacharyya 界来确定。如果某输入测试模式具有丢失或遭到破坏的特征量，必须通过在这些特征量上积分来形成边缘分布，然后将贝叶斯决策过程用于其所得分布上。接收机操作特性曲线(ROC)描述了一个分类器的固有和不变的特性。比如，可以利用它确定贝叶斯误差概率。

贝叶斯置信网允许设计者通过拓扑连接的方式指出模型变量间的相互依赖和相互独立关

系。当变量的任意子集被箝位为某些已知值的时候,通过贝叶斯推理计算,每一个节点都可以获得一个概率值。表明条件相关性的参数通常是人为设置的。

对许多模式分类问题来说,应用上述结论的主要问题来自条件概率密度 $p(\mathbf{x}|\omega_j)$ 未知的情况。在某些情况下,可能知道这些密度的分布形式,但是不知道具体参数值。经典的情况是分布形式已知为(或者可假设为)多元正态分布,但其均值向量和协方差矩阵未知。而更一般的情况是,对条件密度的信息知道的更少,这时候就必须采用一些对密度形式的假定不敏感的分类算法。本书的其余章节的大部分篇幅都用来解决各种这样的问题。

文献和历史评述

模式识别中的贝叶斯理论由于具有权威性、一致性和典雅性而被列入最优美的科学公式之一。它的根基当然源于 Reverend Bayes 本人[3],但他是在相等先验概率的情况下阐述他的理论(式(1))的。首次在更一般的情况(但是是离散情况)下阐述它的人是拉普拉斯(Laplace)[29]。在模式识别和一般的决策理论中可以推荐一些现代的且阐述得比较清楚的观点[6,7,15,17,30,31]。因为贝叶斯理论是建立在公理理论的基础上,它可以保证定量的相容性。而其他一些分类方法则不具备。Wald 阐述了一个关于这些主题的非贝叶斯观点,值得推荐[41]。文献[18]探索了贝叶斯和非贝叶斯方法的哲学基础。Neyman 和 Pearson 做了一些假设检验方面的最重要的领头工作,他们将误差概率作为基本准则[32];Wald 通过引入损失和风险的概念扩展了该准则[40]。某些概念问题常常加入损失函数和先验概率的使用中。实际上,许多统计学家往往会避免使用贝叶斯方法,一部分原因是仅仅只做一次判决会引起许多问题,另一部分原因是没有一种合理的方式来确定先验概率值。这些原因在典型的模式识别应用中似乎都不可能成为一个严重的缺点:对于几乎所有重要的模式识别问题来说,我们将获得训练数据并且不止一次使用识别器。由于这些原因,贝叶斯方法将在模式识别中继续发挥巨大的作用。贝叶斯方法唯一严重的缺点是计算条件密度函数困难。多元高斯模型 64
可以为许多真实的密度提供一个充分的近似,但在另外的很多问题中密度形式却与高斯形式相差很远。即使当高斯模型能够满足要求时,在下一章中我们将看到,直接从样本数据中估计未知参数并不是一件简单的事。接下来的各章将讨论当高斯模型不合适的时候我们该做些什么。

Chow 是最早将贝叶斯判决理论用于模式识别中的人之一[12],后来他建立了误差率和拒绝率之间的基本关系[13]。正态密度的误差率在文献[20]中进行了探索,Chernoff 和 Bhattacharyya 界分别首次在文献[11]和[8]中提出;大量的统计试验中对这些错误界进行了探索,如文献[19]。贝叶斯误差概率的边界积分的数值逼近出现在文献[2]中(作为我们的一道课后习题)。Neyman 和 Pearson 也在给定约束条件下对分类做了研究[32]。多元正态分布的极小化极大估计器的分析在文献[4,5]和[16]中提出。信号检测理论和接收机操作特性在文献[22]中做了完整的探索;以实验心理学为研究目标的一个简单的观点在文献[39]中提出。对丢失特征问题的讨论紧接着 Ahmad 和 Tresp[1]的工作,然而关于丢失特征的权威图书,包括除在这里讨论以外的大多数内容的,是文献[35]。

贝叶斯置信网的起源可以回溯到文献[43],一个透彻的理论观点可以在文献[10]中找到;几本非常好的现代图书[27,33]和教材[9]可推荐给大家。一本关于置信网理论的重要著作以及它在医疗诊断中的应用见文献[25]。有关机器故障诊断的一个总结性的工作在文献[24]中给出。尽管我们主要集中讨论有向无环图,但置信网有着更广泛的用途,甚至允许有环或任意的拓扑结构。这是一个把我们引入更广的领域的话题,在文献[27]中做了讨论。

熵是信息论中一个重要的基础概念[36]，正态分布和熵的关系在文献[38]中做了探索，需要复习信息论[14]、线性代数[28]、微积分学[37,44]、概率论[34]、变分法和拉格朗日乘子[21]的读者，可以参考它们以及附录中所列的文献。

习题

2.1 节

1. 在两类问题中，遵循贝叶斯决策规则的条件误差率由式(7)给出。尽管后验密度是连续的，当用式(5)计算总误差率时，这种形式的条件误差率实际将导致一个不连续的被积函数。
   (a) 证明对任意密度，可将式(7)替换成 $P(error|x)=2P(\omega_1|x)P(\omega_2|x)$ 的积分，且可获得总误差率的上界。
   (b) 证明如果对任给 $\alpha<2$，使用 $P(error|x)=\alpha P(\omega_1|x)P(\omega_2|x)$，那么将不能保证此积分给出一个误差率的上界。
65 (c) 类似地，证明可以用 $P(error|x)=P(\omega_1|x)P(\omega_2|x)$ 获得一个总误差率的下界。
   (d) 证明如果对任给 $\beta>1$，使用 $P(error|x)=\beta P(\omega_1|x)P(\omega_2|x)$，那么将不能保证此积分可以得到一个误差率的下界。

2.2 节

2. 假设两个等概率的一维密度具有如下形式：对任给 $i=1,2$ 及 $0<b_i$，$p(x|\omega_i)\propto e^{-|x-a_i|/b_i}$。
   (a) 写出每个密度的解析表达式，即，对任意的 a_i 和正的 b_i，将每个函数归一化。
   (b) 计算似然比，作为 4 个变量的函数。
   (c) 绘出在 $a_1=0,b_1=1,a_2=1,b_2=2$ 时的似然比 $p(x|\omega_1)/p(x|\omega_2)$ 的曲线图。

2.3 节

3. 考虑 0-1 损失函数的极小化极大准则，即 $\lambda_{11}=\lambda_{22}=0$ 且 $\lambda_{12}=\lambda_{21}=1$。
   (a) 证明在这种情况下判决区域将满足

$$\int_{\mathcal{R}_2} p(\mathbf{x}|\omega_1)\,d\mathbf{x}=\int_{\mathcal{R}_1} p(\mathbf{x}|\omega_2)\,d\mathbf{x}$$

   (b) 此解是否总是唯一的？如果不是，请构造一个简单的反例。
4. 考虑两类分类问题的极小化极大准则。
   (a) 写出推导式(23)的步骤。
   (b) 解释为什么作为先验概率 $P(\omega_1)$ 的函数的总贝叶斯风险一定要下凹？如图 2-4 所示。
   (c) 假设有一维高斯分布 $p(x|\omega_i)\sim N(\mu_i,\sigma_i^2)$，$i=1,2$，但先验概率完全未知，利用极小化极大准则在 0-1 风险下找到最优决策点 x^*，以 μ_i,σ_i 的形式表示。
   (d) 对于(c)中所得的决策点，总极小化极大风险是多少？用误差函数 erf(·)的形式表示此风险。
   (e) 假设 $p(x|\omega_1)\sim N(0,1)$ 且 $p(x|\omega_2)\sim N(1/2,1/4)$，在 0-1 风险下找到 x^* 和总的极小化极大损失。
   (f) 假设 $p(x|\omega_1)\sim N(5,1)$ 且 $p(x|\omega_2)\sim N(6,1)$，不做任何显式的计算，确定极小化

极大准则下的 x^*，并说明原因。

5. 推广极小化极大判定规则，使其可用来识别 3 类模式，它们具有三角形密度形式。形式如下：

$$p(x|\omega_i) = T(\mu_i, \delta_i) \equiv \begin{cases} (\delta_i - |x - \mu_i|)/\delta_i^2 & |x - \mu_i| < \delta_i \\ 0 & \text{其他} \end{cases}$$

其中 $\delta_i > 0$，为分布宽度的一半（$i=1,2,3$）。为了方便，设 $\mu_1 < \mu_2 < \mu_3$，且可根据需要对 δ_i 做些小的简化假设，回答下列问题：

(a) 在 0-1（分类）损失条件下找出最优决策点 x_1^* 和 x_2^*，用先验概率 $P(\omega_i)$、均值及半宽度值来表示。 66

(b) 对此三角形分布形式，将极小化极大决策规则推广为有两个决策点 x_1^* 和 x_2^*。

(c) 设 $\{\mu_i, \delta_i\} = \{0, 1\}, \{0.5, 0.5\}, \{1, 1\}$，找到这种情况下的极小化极大决策规则（即 x_1^* 和 x_2^*）。

(d) 对(c)而言，极小化极大风险是多少？

6. 考虑两个单变量正态分布 $p(x|\omega_i) \sim N(\mu_i, \sigma_i^2)$，且 $P(\omega_i) = 1/2(i=1,2)$ 的 Neyman-Pearson 准则，在 0-1 损失下，为了方便设 $\mu_2 > \mu_1$。

(a) 假设当一个样本实际属于 ω_1 却被认为是 ω_2 时的最大可接受的误差率为 E_1，用以上给定的变量确定单点判决边界。

(b) 对于此边界，将 ω_2 错分为 ω_1 的误差率是多少？

(c) 在 0-1 损失率下的总误差率是多少？

(d) 将你的结论应用于特殊情况：$p(x|\omega_1) \sim N(-1, 1)$ 及 $p(x|\omega_2) \sim N(1, 1)$，且 $E_1 = 0.05$。

(e) 将你的结论与贝叶斯误差率（即没有 Neyman-Pearson 条件）进行比较。

7. 考虑两个一维柯西分布的 Neyman-Pearson 准则：

$$p(x|\omega_i) = \frac{1}{\pi b} \cdot \frac{1}{1 + \left(\frac{x - a_i}{b}\right)^2}, \qquad i = 1, 2$$

在 0-1 误差损失下，为了简化，设 $a_2 > a_1$，宽度 b 相同，且先验概率相等。

(a) 假设当一个样本实际属于 ω_1 却被误认为 ω_2 的模式分类时的最大可接受误差率为 E_1，用所给变量确定判决边界。

(b) 对于此边界，将 ω_2 错分为 ω_1 的误差率是多少？

(c) 在 0-1 损失率下的总误差率是多少？

(d) 将你的结论应用于特殊情况：$b=1$ 且 $a_1 = -1, a_2 = 1$ 且 $E_1 = 0.1$。

(e) 将你的结论与贝叶斯误差率（即没有 Neyman-Pearson 条件）进行比较。

8. 设一个一维的两类问题，条件密度为第 7 题中所给的柯西分布。

(a) 通过直接积分，证明此分布是归一化的。

(b) 设 $P(\omega_1) = P(\omega_2)$，证明如果 $x = (a_1 + a_2)/2$，则 $P(\omega_1|x) = p(\omega_2|x)$，也就是说，不管 b 为多少，最小误差判决边界是两个分布的峰值之间的中点。

(c) 绘出在 $a_1 = 3, a_2 = 5$ 及 $b = 1$ 情况下的 $P(\omega_1|x)$ 的图。

(d) 解释当 $x \to -\infty$ 及 $x \to +\infty$ 时 $P(\omega_1|x)$ 和 $P(\omega_2|x)$ 将如何。

9. 使用第 7 题中给出的条件密度，设类别的先验概率相等。

(a) 证明最小误差概率为 67

$$P(error)=\frac{1}{2}-\frac{1}{\pi}\tan^{-1}\left|\frac{a_2-a_1}{2b}\right|$$

(b) 绘出它随$|a_2-a_1|/b$变化的曲线图。

(c) $P(error)$的最大值是多少？在什么条件下可以达到此值？试说明原因。

10. 考虑对于一个一维的两类问题，采用下列判定规则：如果 $x>\theta$，则判为 ω_1，否则判为 ω_2。

(a) 证明此规则下的误差概率为

$$P(error)=P(\omega_1)\int_{-\infty}^{\theta}p(x|\omega_1)\,dx+P(\omega_2)\int_{\theta}^{\infty}p(x|\omega_2)\,dx$$

(b) 通过微分运算，证明最小化 $P(error)$的一个必要条件是 θ 满足

$$p(\theta|\omega_1)P(\omega_1)=p(\theta|\omega_2)P(\omega_2)$$

(c) 此式可以唯一确定 θ 吗？

(d) 给出一个例子，说明满足此式的一个 θ 事实上有可能使误差概率最大化。

11. 假设我们将确定性的判别函数 $\alpha(\mathbf{x})$用一个随机规则替换，也即当观察 $\mathbf{x}$ 时所采取的行为 α_i 是随机的，其概率为 $P(\alpha_i|\mathbf{x})$。

(a) 证明所得的风险为

$$R=\int\left[\sum_{i=1}^{a}R(\alpha_i|\mathbf{x})P(\alpha_i|\mathbf{x})\right]p(\mathbf{x})\,d\mathbf{x}$$

(b) 证明与最小条件风险 $R(\alpha_i|\mathbf{x})$相对应的行为 α_i 就是选择 $P(\alpha_i|\mathbf{x})=1$。由此证明随机扰动最优判定规则将得不到任何好处。

(c) 我们可以从随机扰动一个"次优"的判定规则中得到好处吗？试解释原因。

12. 设 $\omega_{max}(\mathbf{x})$为类别状态，此时对所有的 $i(i=1,\cdots,c)$，有 $P(\omega_{max}|\mathbf{x})\geqslant P(\omega_i|\mathbf{x})$。

(a) 证明 $P(\omega_{max}|\mathbf{x})\geqslant 1/c$。

(b) 证明对于最小误差率判定规则，平均误差概率为

$$P(error)=1-\int P(\omega_{max}|\mathbf{x})p(\mathbf{x})\,d\mathbf{x}$$

(c) 利用这两个结论证明 $P(error)\leqslant(c-1)/c$。

68

(d) 描述一种情况，在此情况下有 $P(error)=(c-1)/c$。

2.4 节

13. 在许多模式分类问题中，可以将某个模式分到 c 类中的某一类，也可以由于其不可分性而拒绝将其分到任何类别。如果拒绝的开销不太高，则拒绝是一个可行的措施。设

$$\lambda(\alpha_i|\omega_j)=\begin{cases}0 & i=j \quad i,j=1,\cdots,c\\ \lambda_r & i=c+1\\ \lambda_s & \text{其他}\end{cases}$$

其中λ_r 是当选择第 $c+1$ 种行为(即拒绝)时的损失，λ_s 是产生任何替代错误时的损失，证明，如果对任意 j，有 $P(\omega_i|\mathbf{x})\geqslant P(\omega_j|\mathbf{x})$，且 $P(\omega_i|\mathbf{x})\geqslant 1-\lambda_r/\lambda_s$，则判为 ω_i，否则拒绝，此时可获得最小风险。如果$\lambda_r=0$，将会怎样？如果$\lambda_r>\lambda_s$，又将会怎样？

14. 考虑有拒绝决策行为的分类问题。

(a) 利用第 13 题的结论证明下面的判别函数对于此问题是最优的：

$$g_i(\mathbf{x}) = \begin{cases} p(\mathbf{x}|\omega_i)P(\omega_i) & i = 1, \cdots, c \\ \frac{\lambda_s - \lambda_r}{\lambda_s} \sum_{j=1}^{c} p(\mathbf{x}|\omega_j)P(\omega_j) & i = c+1 \end{cases}$$

(b) 绘出此判别函数及其判决区域在具有如下特性的两类一维情况下的图形：

- $p(x|\omega_1) \sim N(1,1)$
- $p(x|\omega_2) \sim N(-1,1)$
- $P(\omega_1) = P(\omega_2) = 1/2$
- $\lambda_r/\lambda_s = 1/4$。

(c) 定性地描述随着λ_r/λ_s 从 0 增加到 1，将会怎样？

(d) 在具有如下特性的情况下重复(c)：

- $p(x|\omega_1) \sim N(1,1)$
- $p(x|\omega_2) \sim N(0,1/4)$
- $P(\omega_1) = 1/3, P(\omega_2) = 2/3$
- $\lambda_r/\lambda_s = 1/2$。

2.5 节

15. 考虑一个 d 维超球面，其体积有如下情形，试证明式(47)。
    (a) 在一条分割线($d=1$)情形下证明此式。
    (b) 在一个盘面($d=2$)情形下证明此式。
    (c) 在适当的约束下对整条直线积分获得盘面的体积。
    (d) 考虑一个一般的 d 维超球面，对其体积积分以获得一个 $d+1$ 维超球面的体积公式(包含 gamma 函数比 $\Gamma(\cdot)$)。
    (e) 应用此式，通过对一个较低的偶数维空间中的超球面的体积积分，以获得一个奇数维空间中的超球面的体积，从而证明奇数维空间中的式(47)。
    (f) 重复以上问题，求偶数维空间中的一个超球面的体积。
16. 为式(47)中的 d 维超球面的体积公式做如下的推导：
    (a) 陈述并说明 V_1 公式。
    (b) 根据 15 题中所列的一般步骤，通过两次积分求出 V_d 的函数 V_{d+2}。
    (c) 假设 V_d 的函数形式对于所有奇数维情形下是一样的(同样偶数维也一样)，利用你的积分结论确定 d 为奇数时 V_d 的公式。
    (d) 利用中间的积分结果，确定 d 为偶数时的 V_d。
    (e) 解释为什么必须将奇数维和偶数维时 V_d 的函数形式视为不同情况对待。 69
17. 推导式(46)，即一个协方差为 $\mathbf{\Sigma}$ 的高斯分布且具有恒定 Mahalanobis 距离 r(式(45))的超椭球面的体积公式。
18. 考虑两个一维正态分布：$N(\mu_1, \sigma_1^2)$和 $N(\mu_2, \sigma_2^2)$，分别从这两个正态分布中选取两个随机样本 x_1, x_2，计算它们的和 $x_3 = x_1 + x_2$。重复以上步骤考虑以下问题：
    (a) 考虑 x_3 的分布，证明 x_3 具有所必需的统计特性，因而其分布是正态的。
    (b) 分布的均值 μ_3 是多少？
    (c) 方差 σ_3^2 是多少？
    (d) 对于两个多维分布，即 $N(\boldsymbol{\mu}_1, \mathbf{\Sigma}_1)$，$N(\boldsymbol{\mu}_2, \mathbf{\Sigma}_2)$，重复以上问题。

19. 从熵的定义(式(37))开始,推导最大熵分布的一般方程,假定其约束条件的一般形式如下:

$$\int b_k(x)p(x)\,dx = a_k, \quad k=1,2,\cdots,q$$

(a) 利用拉格朗日待定因子$\lambda_1,\lambda_2,\cdots,\lambda_q$,推导合成的函数式:

$$H_s = -\int p(x)\left[\ln p(x) - \sum_{k=0}^{q}\lambda_k b_k(x)\right]dx - \sum_{k=0}^{q}\lambda_k a_k$$

解释对所有 x 为什么有 $a_0=1$ 及 $b_0(x)=1$ 成立。

(b) 根据 H_S 对 $p(x)$ 求导,令被积函数为 0,由此证明最大熵分布遵循

$$p(x) = \exp\left[\sum_{k=0}^{q}\lambda_k b_k(x) - 1\right]$$

70 其中 $q+1$ 个参数由上面的约束式确定。

20. 利用 19 题的最后结论回答下列问题:

(a) 假设仅知道一个分布只在域 $x_l \leqslant x \leqslant x_u$ 上是非零的。证明最大熵分布在此域内是均匀的,即

$$p(x) \sim U(x_l, x_u) = \begin{cases} 1/|x_u - x_l| & x_l \leqslant x \leqslant x_u \\ 0 & \text{其他} \end{cases}$$

(b) 假设仅知道一个分布只对 $x \geqslant 0$ 是非零的,且均值为 μ。证明最大熵分布为

$$p(x) = \begin{cases} \frac{1}{\mu}e^{-x/\mu} & x \geq 0 \\ 0 & \text{其他} \end{cases}$$

(c) 现在假设仅知道分布是正态的,具有均值 μ 和方差 σ^2,因而根据 19 题最大熵分布必然具有如下形式:

$$p(x) = \exp[\lambda_0 - 1 + \lambda_1 x + \lambda_2 x^2]$$

写出 3 个关于λ_0,λ_1 和λ_2 的约束条件并解出它们的值,由此证明最大熵分布为一个高斯分布,即

$$p(x) = \frac{1}{\sqrt{2\pi}\sigma}\exp\left[\frac{-(x-\mu)^2}{2\sigma^2}\right]$$

21. 3 种分布——高斯分布、均分分布以及三角分布(对照第 5 题)——均具有 0 均值和标准差 σ^2,利用式(37)计算并比较它们的熵。

22. 计算多维高斯分布 $p(\mathbf{x}) \sim N(\boldsymbol{\mu}, \boldsymbol{\Sigma})$的熵。

23. 考虑三维正态分布 $p(\mathbf{x}|\omega) \sim N(\boldsymbol{\mu}, \boldsymbol{\Sigma})$,其中

$$\boldsymbol{\mu} = \begin{pmatrix} 1 \\ 2 \\ 2 \end{pmatrix}, \quad \boldsymbol{\Sigma} = \begin{pmatrix} 1 & 0 & 0 \\ 0 & 5 & 2 \\ 0 & 2 & 5 \end{pmatrix}$$

(a) 求点 $\mathbf{x}_0 = (0.5, 0, 1)^t$ 处的概率密度。

(b) 构造白化变换 $\mathbf{A}_w$(式(44)),计算分别表示本征向量和本征值的矩阵 $\boldsymbol{\Phi}$ 和 $\boldsymbol{\Lambda}$;接下来,将此分布转换为以原点为中心、协方差矩阵为单位阵的分布,即 $p(\mathbf{x}|\omega)$

$\sim N(\mathbf{0},\mathbf{I})$。

(c) 将整个同样的转换过程应用于点 $\mathbf{x}_0$ 以产生一个变换点 $\mathbf{x}_w$。

(d) 通过详细计算，证明原分布中从 $\mathbf{x}_0$ 到均值 $\boldsymbol{\mu}$ 的 Mahalanobis 距离与变换后的分布中从 $\mathbf{x}_w$ 到 $\mathbf{0}$ 的 Mahalanobis 距离相等。

(e) 概率密度在一个一般的线性变换下是否保持不变？换句话说，对于某线性变换 $\mathbf{T}$，是否有 $p(\mathbf{x}_0|N(\boldsymbol{\mu},\boldsymbol{\Sigma}))=p(\mathbf{T}^t\mathbf{x}_0|N(\mathbf{T}^t\boldsymbol{\mu},\mathbf{T}^t\boldsymbol{\Sigma}\mathbf{T}))$？解释原因。

(f) 证明当把一个一般的白化变换 $\mathbf{A}_w=\boldsymbol{\Phi}\boldsymbol{\Lambda}^{-1/2}$ 应用于一个高斯分布时可保证最终分布的协方差与单位阵 $\mathbf{I}$ 成比例，检查变换后的分布是否仍然具有归一化特性。 71

24. 考虑多变量正态密度，其中均值为 μ，$\sigma_{ij}=0$ 及 $\sigma_{ii}=\sigma_i^2$，即协方差矩阵是一个对角阵：$\boldsymbol{\Sigma}=diag(\sigma_1^2,\sigma_2^2,\cdots,\sigma_d^2)$。

(a) 证明证据因子为

$$p(\mathbf{x})=\frac{1}{\prod\limits_{i=1}^{d}\sqrt{2\pi}\sigma_i}\exp\left[-\frac{1}{2}\sum_{i=1}^{d}\left(\frac{x_i-\mu_i}{\sigma_i}\right)^2\right]$$

(b) 绘出并描述等密度曲线。

(c) 写出从 $\mathbf{x}$ 到 $\boldsymbol{\mu}$ 的 Mahalanobis 距离表达式。

2.6 节

25. 完成从式(59)推导出式(60)～(65)的步骤。

26. 设对于 $i=1,2$，$p(\mathbf{x}|\omega_i)\sim N(\boldsymbol{\mu}_i,\boldsymbol{\Sigma})$ 在两类 d 维问题中具有相同的协方差，而有任意的均值和先验概率，考虑平方 Mahalanobis 距离

$$r_i^2=(\mathbf{x}-\boldsymbol{\mu}_i)^t\boldsymbol{\Sigma}^{-1}(\mathbf{x}-\boldsymbol{\mu}_i)$$

(a) 证明 r_i^2 的梯度为

$$\boldsymbol{\nabla} r_i^2=2\boldsymbol{\Sigma}^{-1}(\mathbf{x}-\boldsymbol{\mu}_i)$$

(b) 证明某一给定通过 $\boldsymbol{\mu}_i$ 的直线上的任意一点处的梯度 $\boldsymbol{\nabla} r_i^2$ 指向相同的方向。此方向一定与该直线平行吗？

(c) 证明 $\boldsymbol{\nabla} r_1^2$ 和 $\boldsymbol{\nabla} r_2^2$ 指向与从 $\boldsymbol{\mu}_1$ 到 $\boldsymbol{\mu}_2$ 的直线相反的方向。

(d) 证明最优分割超平面与等密度超椭球面相切，切于该超平面分割从 $\boldsymbol{\mu}_1$ 到 $\boldsymbol{\mu}_2$ 的直线的点处。

(e) 判断正误：对于包含具有任意均值和协方差的正态密度的两类问题，$P(\omega_1)=P(\omega_2)=1/2$，贝叶斯判决边界由一系列距各自样本均值等 Mahalanobis 距离的点组成。解释之。

27. 假设有两类具有相同协方差但有不同均值的正态分布：$N(\boldsymbol{\mu}_1,\boldsymbol{\Sigma})$ 和 $N(\boldsymbol{\mu}_2,\boldsymbol{\Sigma})$。用先验概率 $P(\omega_1)$ 和 $P(\omega_2)$ 的形式陈述贝叶斯判决边界不“经过”两个均值之间的条件。

28. 两个随机变量 $\mathbf{x}$ 和 $\mathbf{y}$，如果 $p(\mathbf{x},\mathbf{y}|\omega)=p(\mathbf{x}|\omega)p(\mathbf{y}|\omega)$，则称它们“统计独立”。

(a) 证明如果 $x_i-\mu_i$ 与 $x_j-\mu_j$ 统计独立（对于 $i\neq j$），那么式(43)中定义的 $\sigma_{ij}=0$。

(b) 证明对于高斯情况上面命题的逆命题也是正确的。

(c) 通过反例证明在一般情况下该逆命题不正确。 72

29. 图 2-15 显示了两个三维高斯分布的判决边界有可能是一条线段，通过分析如下的一个简单的一维情况，说明这是如何产生的：

(a) 考虑两个一维高斯分布，它们的均值不等，方差不等，解释为什么在这种情况下总是可以找到某种先验概率使得判决边界为一个点。

(b) 利用以上结论解释两类三维高斯分布情况下如何产生一条线段作为分割边界。

30. 考虑 d 维空间中两类问题的贝叶斯判决边界。

(a) 证明对于 d 维空间中的任意二次曲面，存在着这样的正态分布 $p(\mathbf{x}|\omega_i) \sim N(\boldsymbol{\mu}_i, \boldsymbol{\Sigma}_i)$ 以及先验概率 $P(\omega_i)$，$i=1,2$，可以将此二次曲面作为它们的贝叶斯判决边界。

(b) 如果先验概率保持不变，并且非零，比如 $P(\omega_1)=P(\omega_2)=1/2$，(a)中的命题是否正确？

2.7 节

31. 对于两类一维问题，设 $p(x|\omega_i) \sim N(\mu_i, \sigma^2)$，且 $P(\omega_1)=P(\omega_2)=1/2$。

(a) 证明最小误差概率为

$$P_e = \frac{1}{\sqrt{2\pi}} \int_a^\infty e^{-u^2/2}\, du$$

其中 $a=|\mu_2-\mu_1|/(2\sigma)$。

(b) 利用不等式

$$P_e = \frac{1}{\sqrt{2\pi}} \int_a^\infty e^{-t^2/2}\, dt \leq \frac{1}{\sqrt{2\pi}a} e^{-a^2/2}$$

证明当 $|\mu_2-\mu_1|/\sigma$ 趋于无穷时，P_e 趋向于零。

32. 对于两类 d 维问题，设 $p(\mathbf{x}|\omega_i) \sim N(\boldsymbol{\mu}_i, \sigma^2\mathbf{I})$，且 $P(\omega_1)=P(\omega_2)=1/2$。

(a) 证明最小误差概率为

$$P_e = \frac{1}{\sqrt{2\pi}} \int_a^\infty e^{-u^2/2}\, du$$

其中 $a=\|\boldsymbol{\mu}_2-\boldsymbol{\mu}_1\|/(2\sigma)$。

(b) 令 $\boldsymbol{\mu}_1=\mathbf{0}$，且 $\boldsymbol{\mu}_2=(\mu_1,\cdots,\mu_d)^t \neq \mathbf{0}$。利用 31 题的不等式证明，当维数 d 趋于无穷时，P_e 趋于零。

(c) 解释此结论的意义。

33. 假设我们精确地已知 d 维特征空间中两个任意的分布 $p(\mathbf{x}|\omega_i)$ 以及先验概率 $P(\omega_i)$。

73 (a) 证明如果我们先将该分布映射到一个低维空间中然后再做分类，实际的误差率不可能减少。

(b) 尽管如此，说明为什么在实际的模式分类应用中，我们可能不希望包含任意高的特征维数。

2.8 节

34. 如果在一个两类问题中密度分布形式同高斯分布相差很大，通过考虑下面的一维情况，证明 Chernoff 界和 Bhattacharyya 界不可能有很大的意义。考虑均值和方差相等(此时 Chernoff 界和 Bhattacharyya 界相等)，但仍然具有宽范围的贝叶斯误差率的情况。为了明确起见，假设分布具有均值 $\mu_1=-\mu$ 及 $\mu_2=+\mu$，且 $\sigma_1^2=\sigma_2^2=\mu^2$。

(a) 利用正文中的公式计算 Chernoff 和 Bhattacharyya 误差界。

(b) 设两个分布均为高斯分布，计算贝叶斯误差率，用一个误差函数 erf(·)的形式表示，并且要求得到一个数值结果。

(c) 现在考虑另外一种情况，ω_1 类的密度分布的一半集中在点 $x=-2\mu$ 处，一半在点 $x=0$ 处；同样，ω_2 类的密度分布的一半集中在 $x=+2\mu$ 处，一半集中在 $x=0$ 处。证明均值和方差保持不变，但此时误差率为 0.5。

(d) 接着考虑另外一种情况，ω_1 类的密度分布的一半集中在 $x=-2$ 附近，一半集中在 $x=-\epsilon$ 处，其中 ϵ 是一个无限小的正数；同样，ω_2 类的密度分布的一半在 $x=+2\mu$ 附近，一半在 $x=+\epsilon$ 处。证明通过使 ϵ 充分小，均值和方差分别可以任意接近 μ 和 μ^2。证明此时贝叶斯误差率为 0。

(e) 比较(b)、(c)和(d)中的误差率与(a)中的 Chernoff 和 Bhattacharyya 界，并解释为什么当分布与高斯相差甚远时这些上界就没有多大用处了。

35. 证明对于非病态的情况，如果在一个贝叶斯分类器中对于多维高斯分布而言包含更多的特征维数，那么 Bhattacharyya 界将减小。证明的方法如下：设 $P_d(P(\omega_1),\boldsymbol{\mu}_1,\boldsymbol{\Sigma}_1,P(\omega_2),\boldsymbol{\mu}_2,\boldsymbol{\Sigma}_2)$ 或简单地说 P_d，为 Bhattacharyya 界，如果考虑维数限制为 d 维。

(a) 利用协方差矩阵的一般性质，证明当维数 d 增加到 $d+1$ 时，式(77)的 $k(1/2)$ 也随之增加，因此误差边界将减小。

(b) 解释为什么这个一般结论依赖或不依赖于维数的增加。

(c) 在什么样的病态情况下误差边界并不减少，即 $P_{d+1}=P_d$？

(d) 有没有可能实际的误差率(即不仅仅是边界)可以随着维数的增高而增加？

(e) 证明对于非病态分布当 $d\to\infty$ 时，$P_d\to 0$。说明在病态情况下此极限不存在。

(f) 假定对于包含某特定维数的情况下 Bhattacharyya 界减小，是否可以肯定实际的误差率也减小？为什么？ 74

36. 通过下列步骤由式(73)推导出式(74)和(75)：

(a) 将正态分布代入积分式中推出与 $\mathbf{x}$ 有关、与 $\mathbf{x}$ 无关的项。

(b) 分解出积分式中与 $\mathbf{x}$ 无关的项因子。

(c) 对与 $\mathbf{x}$ 有关的项进行积分。

37. 考虑二维的两类分类问题，其中

$$p(\mathbf{x}|\omega_1)\sim N(\mathbf{0},\mathbf{I}),\ p(\mathbf{x}|\omega_2)\sim N\left(\begin{pmatrix}1\\1\end{pmatrix},\mathbf{I}\right)$$

且 $P(\omega_1)=P(\omega_2)=1/2$。

(a) 计算贝叶斯判决边界。

(b) 计算 Bhattacharyya 误差界。

(c) 对同样的先验概率，但

$$p(\mathbf{x}|\omega_1)\sim N\left(\mathbf{0},\begin{pmatrix}2 & 0.5\\0.5 & 2\end{pmatrix}\right)\quad \text{且}\quad p(\mathbf{x}|\omega_2)\sim N\left(\begin{pmatrix}1\\1\end{pmatrix},\begin{pmatrix}5 & 4\\4 & 5\end{pmatrix}\right)$$

重复以上步骤。

38. 无须先检测 Chernoff 界，推导 Bhattacharyya 误差界。步骤如下：

(a) 如果 a 和 b 非负，直接证明 $\min[a,b]\leqslant\sqrt{ab}$。

(b) 由此证明一个两类贝叶斯分类器的误差率必定满足

$$P(error) \leqslant \sqrt{P(\omega_1)P(\omega_2)}\ \rho \leqslant \rho/2$$

其中 ρ 是所谓的 Bhattacharyya 系数

$$\rho = \int \sqrt{p(\mathbf{x}|\omega_1)\ p(\mathbf{x}|\omega_2)}\ d\mathbf{x}$$

39. 利用信号检测理论，以及正文中所述的符号和基本的高斯假设，回答下列问题。
   (a) 证明 $P(x>x^*|x\in\omega_2)$ 和 $P(x>x^*|x\in\omega_1)$ 一起，唯一确定判决能力 d'。
   (b) 使用错误函数 erf(·) 以击中率和虚警率的形式表示 d'。如果 $P(x>x^*|x\in\omega_1)=0.8$ 且 $P(x>x^*|x\in\omega_2)=0.3$，估计 d' 的值；如果 $P(x>x^*|x\in\omega_1)=0.7$ 且 $P(x>x^*|x\in\omega_1)=0.4$，重新估计 d' 的值。
   (c) 假定高斯假设是合理的，计算(b)中两种情况的贝叶斯误差率。
   (d) 利用一个普通的单线方式计算确定哪种情况具有较高的 d'：
   情况 A：$P(x>x^*|x\in\omega_1)=0.8$，　$P(x>x^*|x\in\omega_2)=0.3$
   情况 B：$P(x>x^*|x\in\omega_1)=0.9$，　$P(x>x^*|x\in\omega_2)=0.7$
   说明你的推理。

40. 假设在我们的信号检测框架中有两个高斯分布，但具有不同的方差(图 2-20)，即对于 $\mu_2>\mu_1$ 及 $\sigma_2^2\neq\sigma_1^2$，有 $p(x|\omega_1)\sim N(\mu_1,\sigma_1^2)$ 和 $p(x|\omega_2)\sim N(\mu_2,\sigma_2^2)$。在这种情况下所得
75 出的 ROC 曲线将不再是对称的。
   (a) 假设在此非对称的情况下修改判决能力的定义为 $d_a'=|\mu_2-\mu_1|/\sqrt{\sigma_1\sigma_2}$。通过非平凡的反例或者通过分析来证明不可能单单基于击中率和虚警率来唯一地确定 d_a'。
   (b) 假设测量两个未知的不同的阈值 x^* 的击中率和虚警率，基于此测量推导出一个 d_a' 的公式。
   (c) 说出并解释所有病态值，此时你的公式无法给出一个有意义的 d_a' 的值。
   (d) 绘出几条 $p(x|\omega_1)\sim N(0,1)$ 和 $p(x|\omega_2)\sim N(1,2)$ 情况下的 ROC 曲线。

41. 考虑两个具有不同均值但宽度相等的一维三角分布：

$$p(x|\omega_i)=T(\mu_i,\delta)=\begin{cases}(\delta-|x-\mu_i|)/\delta^2 & |x-\mu_i|<\delta \\ 0 & \text{其他}\end{cases}$$

$\mu_2>\mu_1$。此处定义一个新的"判决能力"$d_T'=(\mu_2-\mu_1)/\delta$。
   (a) 写出操作特性曲线的一个解析函数，用参数 d_T' 表示。
   (b) 在 $d_T'=\{0.1,0.2,\cdots,1.0\}$ 的情况下绘出这些新的操作特性曲线，并解释在 $d_T'=1.0$ 和 2.0 时的结果。
   (c) 假设测得 $P(x>x^*|x\in\omega_2)=0.7$ 和 $P(x>x^*|x\in\omega_1)=0.2$，$d_T'$ 是多少？贝叶斯误差率是多少？
   (d) 推断(c)问中引入的判定规则，即以该问中给出的变量来表示 x^*。
   (e) 假设测得 $P(x>x^*|x\in\omega_2)=0.3$ 和 $P(x>x^*|x\in\omega_1)=0.9$。$d_T'$ 是多少？贝叶斯误差率是多少？
   (f) 推断(e)问中引入的判定规则，即以该问中给出的变量来表示 x^*。

42. 公式(72)可用来获得一个误差率的上确界。对于一般分布，也可以推出两类情况下的更严格的解析边界——上界和下界——类似于式(73)，如果设 $p\equiv p(x|\omega_1)$，那么寻找 $\min[p,1-p]$（具有不连续的导数）上的更严格的边界。

(a) 证明

$$b_L(p)=\frac{1}{\beta}\ln\left[\frac{1+e^{-\beta}}{e^{-\beta p}+e^{-\beta(1-p)}}\right]$$

对于所有 $\beta>0$，为 $\min[p,1-p]$上的一个下界。

(b) 证明可以选择(a)中的 β 值以获得一个任意紧的下界。

(c) 当上界为

$$b_U(p)=b_L(p)+[1-2b_L(0.5)]b_G(p)$$

时，重复(a)和(b)，其中 $b_G(p)$是任意的上界，满足 76

$$b_G(p)\geqslant\min[p,1-p]$$
$$b_G(p)=b_G(1-p)$$
$$b_G(0)=b_G(1)=0$$
$$b_G(0.5)=0.5$$

(d) 证明 $b_G(p)=1/2\sin[\pi p]$符合(c)中的条件。

(e) 设 $b_G(p)=1/2\sin[\pi p]$，绘出上界和下界作为 p 的函数图，其中 $0\leqslant p\leqslant 1$，$\beta=1,10,50$。

2.9 节

43. 设向量 $\mathbf{x}=(x_1,\cdots,x_d)^t$ 的分量为二值的(0 或 1)，且设 $P(\omega_j)$为类别状态 ω_j 的先验概率，其中 $j=1,\cdots,c$。现定义

$$p_{ij}=\Pr[x_i=1|\omega_j]\qquad \begin{array}{l} i=1,\cdots,d\\ j=1,\cdots,c\end{array}$$

且对于 ω_j 中所有 $\mathbf{x}$，其分量 x_i 是统计独立的。

(a) 解释 p_{ij}的含义。

(b) 证明最小误差概率通过下面的判定规则获得：对于所有的 j 和 k，如果 $g_k(\mathbf{x})\geqslant g_j(\mathbf{x})$，则判为 ω_k，其中

$$g_j(\mathbf{x})=\sum_{i=1}^{d}x_i\ \ln\frac{p_{ij}}{1-p_{ij}}+\sum_{i=1}^{d}\ln(1-p_{ij})+\ln P(\omega_j)$$

44. 设向量 $\mathbf{x}=(x_1,\cdots,x_d)^t$ 的分量为三值的(1,0 或 −1)，且

$$p_{ij}=\Pr[x_i=\ 1\,|\omega_j]$$
$$q_{ij}=\Pr[x_i=\ 0\,|\omega_j]$$
$$r_{ij}=\Pr[x_i=-1|\omega_j]$$

而对于 ω_j 中所有 $\mathbf{x}$，其分量 x_i 是统计独立的。

(a) 证明最小误差概率可利用包含以分量 x_i 为自变量的二次型函数作为判别函数的判定规则推导而得。

(b) 将你的答案推广到多类问题和 43 题。

45. 设 $\mathbf{x}$ 的分布同第 43 题且 $c=2$，d 为奇数，

$$\begin{array}{lcll} p_{i1} & = & p>1/2 & i=1,\cdots,d\\ p_{i2} & = & 1-p & i=1,\cdots,d\end{array}$$

77 且 $P(\omega_1)=P(\omega_2)=1/2$。

(a) 证明最小误差率判决规则变为：

$$\text{如果}\sum_{i=1}^{d}x_i>d/2\text{，则判为 }\omega_1\text{；否则判为 }\omega_2\text{。}$$

(b) 证明最小误差概率为

$$P_e(d,p)=\sum_{k=0}^{(d-1)/2}\binom{d}{k}p^k(1-p)^{d-k}$$

其中 $\binom{d}{k}=d!/(k!(d-k)!)$ 为二项式系数。

(c) 当 $p\to 1/2$ 时，$P_e(d,p)$ 的极限值是多少？试做出解释。

(d) 证明当 $d\to\infty$ 时 $P_e(d,p)$ 趋于 0。试做出解释。

46. 在关于损失率的自然假设条件下，即 $\lambda_{21}>\lambda_{11}$，$\lambda_{12}>\lambda_{22}$，证明 2.9.1 节中所述的独立二元情况下的一般最小风险判别函数为 $g(\mathbf{x})=\mathbf{w}^t\mathbf{x}+\omega_0$，其中 $\mathbf{w}$ 不变，且

$$w_0=\sum_{i=1}^{d}\ln\frac{1-p_i}{1-q_i}+\ln\frac{P(\omega_1)}{P(\omega_2)}+\ln\frac{\lambda_{21}-\lambda_{11}}{\lambda_{12}-\lambda_{22}}$$

47. 一离散变量 $x=0,1,2,\cdots$ 及实参数 λ 的泊松分布为

$$P(x|\lambda)=e^{-\lambda}\frac{\lambda^x}{x!}$$

(a) 证明此分布的均值为 $\mathcal{E}[x]=\lambda$。

(b) 证明此分布的方差为 $\mathcal{E}[x-\bar{x}]=\lambda$。

(c) 一种分布的“模”(mode)定义为具有最大概率的 x 的值。证明泊松分布的“模”为不超过 λ 的最大整数，即证明模为 $\lfloor\lambda\rfloor$，读作“λ 的下整数”(如果 λ 是整数，则 λ 和 $\lambda-1$ 都是模)。

(d) 考虑两个等概率的类别，分别服从不同参数的泊松分布，设 $\lambda_1>\lambda_2$。贝叶斯分类判定规则是什么？

(e) 贝叶斯误差率是多少？

2.10 节

48. 现有二维的三类别模式，具有下列分布：

- $p(\mathbf{x}|\omega_1)\sim N(\mathbf{0},\mathbf{I})$
- $p(\mathbf{x}|\omega_2)\sim N\left(\begin{pmatrix}1\\1\end{pmatrix},\mathbf{I}\right)$
- $p(\mathbf{x}|\omega_3)\sim\frac{1}{2}N\left(\begin{pmatrix}0.5\\0.5\end{pmatrix},\mathbf{I}\right)+\frac{1}{2}N\left(\begin{pmatrix}-0.5\\0.5\end{pmatrix},\mathbf{I}\right)$

78 且 $P(\omega_i)=1/3$，$i=1,2,3$。

(a) 通过显式地计算后验概率，以最小误差概率对点 $\mathbf{x}=\begin{pmatrix}0.3\\0.3\end{pmatrix}$ 进行分类。

(b) 假设对于某特定的测试点,第一个特征值丢失了,即对 $\mathbf{x}=\begin{pmatrix} * \\ 0.3 \end{pmatrix}$进行分类。

(c) 假设对于某特定的测试点,第二个特征值丢失了,即对 $\mathbf{x}=\begin{pmatrix} 0.3 \\ * \end{pmatrix}$进行分类。

(d) 对点 $\mathbf{x}=\begin{pmatrix} 0.2 \\ 0.6 \end{pmatrix}$重复以上各步。

49. 证明当实际的特征值为 $\boldsymbol{\mu}_i$ 且 $p(\mathbf{x}_b|\mathbf{x}_t)\sim N(\mathbf{x}_t,\mathbf{\Sigma})$时,式(95)等价于贝叶斯规则。

2.11 节

50. 利用例 4 中的条件概率矩阵回答下列问题:

(a) 设现在是 12 月 20 日,因此 $P(a_1)=P(a_4)=0.5$,并且已知捕鱼地点为北大西洋,即 $P(b_1)=1$。设色泽还未测量出,但已知鱼形较瘦,即$P(d_2)=1$。对鱼分类(鲈鱼或鲑鱼),估计误差率为多少?

(b) 假设所有已知条件为鱼形较瘦,中等光泽,那么现在很可能是什么季节?猜对的概率为多少?

(c) 假设已知鱼形较瘦,中等光泽,且捕鱼地为北大西洋,那么现在很可能是什么季节?猜对的概率是多少?

51. 考虑一个贝叶斯置信网,其中有几个节点值未指定。假设其中的一个节点随机选取,其概率由正文中所述的公式计算得出。接着,其中的另外一个节点随机地抽取(甚至可能为已经访问过的某个节点),其概率值进行类似的更新。证明此过程将通过整个网络收敛到所期望的概率。

2.12 节

52. 现有 $P(\omega_1)=1/2, P(\omega_2)=P(\omega_3)=1/4$ 的 3 个类别,以及下列分布:

- $p(x|\omega_1)\sim N(0,1)$
- $p(x|\omega_2)\sim N(0.5,1)$
- $p(x|\omega_3)\sim N(1,1)$

我们取如下的 4 个样本点:$x=0.6, 0.1, 0.9, 1.1$。

(a) 显式地计算该序列实际所属的类别 $\omega_1,\omega_3,\omega_3,\omega_2$ 的概率,注意慎重考虑归一化问题。

(b) 重复序列 $\omega_1,\omega_2,\omega_2,\omega_3$。

(c) 寻找具有最大概率值的序列。 79

上机练习

部分上机题用到如下数据:

样本	ω_1			ω_2			ω_3		
	x_1	x_2	x_3	x_1	x_2	x_3	x_1	x_2	x_3
1	−5.01	−8.12	−3.68	−0.91	−0.18	−0.05	5.35	2.26	8.13
2	−5.43	−3.48	−3.54	1.30	−2.06	−3.53	5.12	3.22	−2.66
3	1.08	−5.52	1.66	−7.75	−4.54	−0.95	−1.34	−5.31	−9.87
4	0.86	−3.78	−4.11	−5.47	0.50	3.92	4.48	3.42	5.19
5	−2.67	0.63	7.39	6.14	5.72	−4.85	7.11	2.39	9.21

（续）

样本	ω_1			ω_2			ω_3		
	x_1	x_2	x_3	x_1	x_2	x_3	x_1	x_2	x_3
6	4.94	3.29	2.08	3.60	1.26	4.36	7.17	4.33	−0.98
7	−2.51	2.09	−2.59	5.37	−4.63	−3.65	5.75	3.97	6.65
8	−2.25	−2.13	−6.94	7.18	1.46	−6.66	0.77	0.27	2.41
9	5.56	2.86	−2.26	−7.39	1.17	6.30	0.90	−0.43	−8.71
10	1.03	−3.33	4.33	−7.50	−6.32	−0.31	3.52	−0.36	6.43

2.5 节

1. 下面的几道题可能会用到如下的程序：
   (a) 写一个程序产生服从 d 维正态分布 $N(\boldsymbol{\mu},\boldsymbol{\Sigma})$ 的随机样本。
   (b) 写一个程序计算一个给定正态分布及先验概率 $P(\omega_i)$ 的判别函数（式(49)中所给的形式）。
   (c) 写一个程序计算任意两个点间的欧氏距离。
   (d) 在给定协方差矩阵 $\boldsymbol{\Sigma}$ 的条件下，写一个程序计算任意一点 $\mathbf{x}$ 到均值 $\boldsymbol{\mu}$ 间的 Mahalanobis 距离。
2. 参考上机练习 1(b)，并考虑将上面表格中的 10 个样本点进行分类的问题，假设分布是正态的。
   (a) 假设前面两个类别的先验概率相等（$P(\omega_1)=P(\omega_2)=1/2$，且 $P(\omega_3)=0$），仅利用 x_1 特征值为这两类判别设计一个分类器。
   (b) 确定样本的经验训练误差，即误分点的百分比。
   (c) 利用 Bhattacharyya 界来界定对该分布所产生的新模式进行分类会产生的误差。
   (d) 现在利用两个特征值 x_1 和 x_2，重复以上各步。
   (e) 利用所有 3 个特征值重复以上各步。
   (f) 讨论所得的结论。特别是，对于一个有限的数据集，是否有可能在更高的数据维数下经验误差会增加？
3. 对于类别 ω_1 和 ω_3 重复上机题 2。

80 4. 考虑上机题 2 中的 3 个类别，设 $P(\omega_i)=1/3$。
   (a) 以下各测试点与上机练习 2 中各类别均值间的 Mahalanobis 距离分别是多少：$(1,2,1)^t$，$(5,3,2)^t$，$(0,0,0)^t$，$(1,0,0)^t$？
   (b) 对以上各点进行分类。
   (c) 若设 $P(\omega_1)=0.8$，$P(\omega_2)=P(\omega_3)=0.1$，再对以上测试点进行分类。
5. 通过以下步骤说明这样一个事实：大量独立的随机变量的平均将近似为一个高斯分布。
   (a) 写一个程序，从一个均匀分布 $U(x_l,x_u)$ 中产生 n 个随机整数。（有些计算机系统在其函数库中包含了这样的函数调用。）
   (b) 现在写一个程序，从范围 $-100\leqslant x_l<x_u\leqslant+100$ 中随机取 x_l 和 x_u，以及在范围 $0<n\leqslant1000$ 中随机取 n 的值（样本数）。
   (c) 通过以上所述的方式累计产生 10^4 个样本点，并绘制一个直方图。
   (d) 计算该直方图的均值和标准差，并绘图。
   (e) 对于 10^5 和 10^6 个样本点分别重复以上步骤，讨论所得结论。

2.8 节

6. 根据以下步骤测试经验误差是如何接近或不接近 Bhattacharyya 界的：

(a) 写一个程序产生 d 维空间的样本点，服从均值为 $\boldsymbol{\mu}$ 和协方差矩阵为 $\boldsymbol{\Sigma}$ 的正态分布。

(b) 考虑正态分布

$$p(\mathbf{x}|\omega_1)\sim N\left(\begin{pmatrix}1\\0\end{pmatrix},\mathbf{I}\right) \text{ 和 } p(\mathbf{x}|\omega_2)\sim N\left(\begin{pmatrix}-1\\0\end{pmatrix},\mathbf{I}\right)$$

且 $P(\omega_1)=P(\omega_2)=0.5$。说明贝叶斯判决边界。

(c) 产生 $n=100$ 个点（50 个 ω_1 类的点，50 个 ω_2 类的点），并计算经验误差。

(d) 对于不断增加的 n 值重复以上步骤，$100\leqslant n\leqslant 1000$，步长量为 100，并绘出所得的经验误差。

(e) 讨论所得的结论。特别是，经验误差是否可能比 Bhattacharyya 或 Chernoff 界还大？

7. 考虑两个一维正态分布 $p(x|\omega_1)\sim N(-0.5,1)$ 及 $p(x|\omega_2)\sim N(+0.5,1)$，且 $P(\omega_1)=P(\omega_2)=0.5$。

(a) 计算一个贝叶斯分类器的 Bhattacharyya 误差界。

(b) 用一个误差函数 erf(·)的形式表示实际误差率。

(c) 通过数值积分（或其他方式）估计此实际误差，精确到 4 位有效数字。

(d) 分别产生每类 10 个样本点，并确定用以上贝叶斯分类器进行分类时的经验误差。（必须对每一套数据集重新计算判决边界。） 81

(e) 通过重复前面的步骤，并分别从两种分布中各取 50、100、200、500 及 1000 个样本点，绘制出经验误差作为取自两种分布的样本点数的函数图。比较渐近于实际误差的经验误差同 Bhattacharyya 误差界。

8. 在以下条件下重复上机题 7：

(a) $p(x|\omega_1)\sim N(-0.5,2)$ 及 $p(x|\omega_2)\sim N(0.5,2)$，$P(\omega_1)=2/3$ 及 $P(\omega_2)=1/3$。

(b) $p(x|\omega_1)\sim N(-0.5,2)$ 及 $p(x|\omega_2)\sim N(0.5,2)$，$P(\omega_1)=1/2$ 及 $P(\omega_2)=1/2$。

(c) $p(x|\omega_1)\sim N(-0.5,3)$ 及 $p(x|\omega_2)\sim N(0.5,1)$，$P(\omega_1)=1/2$ 及 $P(\omega_2)=1/2$。

2.11 节

9. 写一个程序对例 3 中鱼的例题作贝叶斯置信网的估计，包括 $P(x_i|a_j)$、$P(x_i|b_j)$、$P(c_i|x_j)$ 及 $P(d_i|x_j)$的信息。通过例 3 中所给的计算式测试你的程序。将你的程序应用于下列情况，并说明所需进行的所有假设。

(a) 一条暗且窄的鱼在北大西洋的夏季被捕获，则它为鲑鱼的概率有多大？

(b) 一条窄且中等亮度的鱼在北大西洋被捕获，当时为冬季的概率有多大？春季的概率多大？夏季的概率多大？秋季的概率多大？

(c) 一条亮且宽的鱼在秋季被捕获，它来自北大西洋的概率有多大？

参考文献

[1] Subutai Ahmad and Volker Tresp. Some solutions to the missing feature problem in vision. In Stephen J. Hanson, Jack D. Cowan, and C. Lee Giles, editors, *Advances in Neural Information Processing Systems*, volume 5, pages 393–400, Morgan Kaufmann San Mateo, CA, 1993.

[2] Hadar Avi-Itzhak and Thanh Diep. Arbitrarily tight upper and lower bounds on the Bayesian probability of error. *IEEE Transactions on Pattern Analysis and Machine Intelligence*, PAMI-18(1):89–91, 1996.

[3] Thomas Bayes. An essay towards solving a problem in the doctrine of chances. *Philosophical Transactions of*

the Royal Society (London), 53:370–418, 1763.

[4] James O. Berger. Minimax estimation of a multivariate normal mean under arbitrary quadratic loss. *Journal of Multivariate Analysis*, 6(2):256–264, 1976.

[5] James O. Berger. Selecting a minimax estimator of a multivariate normal mean. *Annals of Statistics*, 10(1):81–92, 1982.

[6] James O. Berger. *Statistical Decision Theory and Bayesian Analysis*. Springer-Verlag, New York, second edition, 1985.

[7] José M. Bernardo and Adrian F. M. Smith. *Bayesian Theory*. Wiley, New York, 1996.

[8] Anil Bhattacharyya. On a measure of divergence between two statistical populations defined by their probability distributions. *Bulletin of the Calcutta Mathematical Society*, 35:99–110, 1943.

[9] Wray L. Buntine. Operations for learning with graphical models. *Journal of Artificial Intelligence Research*, 2:159–225, 1994.

[10] Wray L. Buntine. A guide to the literature on learning probabilistic networks from data. *IEEE Transactions on Knowledge and Data Engineering*, 8(2):195–210, 1996.

[11] Herman Chernoff. A measure of asymptotic efficiency for tests of a hypothesis based on the sum of observations. *Annals of Mathematical Statistics*, 23:493–507, 1952.

[12] Chao K. Chow. An optimum character recognition system using decision functions. *IRE Transactions*, pages 247–254, 1957.

[13] Chao K. Chow. On optimum recognition error and reject tradeoff. *IEEE Transactions on Information Theory*, IT-16:41–46, 1970.

[14] Thomas M. Cover and Joy A. Thomas. *Elements of Information Theory*. Wiley-Interscience, New York, 1991.

[15] Morris H. DeGroot. *Optimal Statistical Decisions*. McGraw-Hill, New York, 1970.

[16] Bradley Efron and Carl Morris. Families of minimax estimators of the mean of a multivariate normal distribution. *Annals of Statistics*, 4:11–21, 1976.

[17] Thomas S. Ferguson. *Mathematical Statistics: A Decision Theoretic Approach*. Academic Press, New York, 1967.

[18] Simon French. *Decision Theory: An Introduction to the Mathematics of Rationality*. Halsted Press, New York, 1986.

[19] Keinosuke Fukunaga. *Introduction to Statistical Pattern Recognition*. Academic Press, New York, second edition, 1990.

[20] Keinosuke Fukunaga and Thomas F. Krile. Calculation of Bayes recognition error for two multivariate Gaussian distributions. *IEEE Transactions on Computers*, C-18:220–229, 1969.

[21] Izrail M. Gelfand and Sergei Vasilevich Fomin. *Calculus of Variations*. Prentice-Hall, Englewood Cliffs, NJ, translated from the Russian by Richard A. Silverman 1963.

82 ~ 83

[22] David M. Green and John A. Swets. *Signal Detection Theory and Psychophysics*. Wiley, New York, 1974.

[23] David J. Hand. *Construction and Assessment of Classification Rules*. Wiley, New York, 1997.

[24] Peter E. Hart and Jamey Graham. Query-free information retrieval. *IEEE Expert: Intelligent Systems and Their Application*, 12(5):32–37, 1997.

[25] David Heckerman. *Probabilistic Similarity Networks*. ACM Doctoral Dissertation Award Series. MIT Press, Cambridge, MA, 1991.

[26] Anil K. Jain. On an estimate of the Bhattacharyya distance. *IEEE Transactions on Systems, Man and Cybernetics*, SMC-16(11):763–766, 1976.

[27] Michael I. Jordan, editor. *Learning in Graphical Models*. MIT Press, Cambridge, MA, 1999.

[28] Bernard Kolman. *Elementary Linear Algebra*. Macmillan, New York, fifth edition, 1991.

[29] Pierre Simon Laplace. *Théorie Analytique des Probabiltiés*. Courcier, Paris, France, 1812.

[30] Peter M Lee. *Bayesian Statistics: An Introduction*. Edward Arnold, London, 1989.

[31] Dennis V. Lindley. *Making Decisions*. Wiley, New York, 1991.

[32] Jerzy Neyman and Egon S. Pearson. On the problem of the most efficient tests of statistical hypotheses. *Philosophical Transactions of the Royal Society, London*, 231:289–337, 1928.

[33] Judea Pearl. *Probabilistic Reasoning in Intelligent Systems: Networks of Plausible Inference*. Morgan Kaufmann, San Mateo, CA, 1988.

[34] Sheldon M. Ross. *Introduction to Probability and Statistics for Engineers*. Wiley, New York, 1987.

[35] Donald B. Rubin and Roderick J. A. Little. *Statistical Analysis with Missing Data*. Wiley, New York, 1987.

[36] Claude E. Shannon. A mathematical theory of communication. *Bell Systems Technical Journal*, 27:379–423, 623–656, 1948.

[37] George B. Thomas, Jr. and Ross L. Finney. *Calculus and Analytic Geometry*. Addison-Wesley, New York, ninth edition, 1996.

[38] Julius T. Tou and Rafael C. Gonzalez. *Pattern Recognition Principles*. Addison-Wesley, New York, 1974.

[39] William R. Uttal. *The Psychobiology of Sensory Coding*. HarperCollins, New York, 1973.

[40] Abraham Wald. Contributions to the theory of statistical estimation and testing of hypotheses. *Annals of Mathematical Statistics*, 10:299–326, 1939.

[41] Abraham Wald. *Statistical Decision Functions*. Wiley, New York, 1950.

[42] Charles T. Wolverton and Terry J. Wagner. Asymptotically optimal discriminant functions for pattern classifiers. *IEEE Transactions on Information Theory*, IT-15(2):258–265, 1969.

[43] Sewal Wright. Correlation and causation. *Journal of Agricultural Research*, 20(7):557–585, 1921.

[44] C. Ray Wylie and Louis C. Barrett. *Advanced Engineering Mathematics*. McGraw-Hill, New York, sixth edition, 1995.

第3章

最大似然估计和贝叶斯参数估计

3.1 引言

在第 2 章中,我们已经知道了如何根据先验概率 $P(\omega_i)$ 和类条件概率密度 $p(\mathbf{x}|\omega_i)$ 来设计最优分类器。不幸的是,在模式识别的实际应用中,通常得不到有关问题的概率结构的全部知识。在一个典型的问题中,往往只有一些模糊而笼统的知识,再加上一些设计样本(或称为训练数据),这些样本是待分类的模式的一个特定的子集。因此,所要解决的问题就是寻找某种有效的方法,以利用现有的这些信息设计出正确的分类器。

我们的解决办法是利用这些训练样本来估计问题所涉及的先验概率和条件密度函数,并把这些估计的结果当作实际的先验概率和条件密度函数,然后再设计分类器。在典型的有监督模式识别问题中,估计先验概率通常没有太大的困难(参见习题 3)。最大的困难在于估计类条件概率密度。其中主要的问题有两个:(1)在很多情况下,已有的训练样本数总是显得太少。(2)当用于表示特征的向量 $\mathbf{x}$ 的维数较大时,就会产生严重的计算复杂度问题(算法的执行时间、系统资源开销等)。但是,如果我们事先已经知道参数的个数,并且先验知识允许我们把条件概率密度进行参数化,那么问题的难度就可以明显降低。例如,如果我们可以正确地假设 $p(\mathbf{x}|\omega_i)$ 是一个多元正态分布,其均值为 $\boldsymbol{\mu}_i$,协方差矩阵为 $\boldsymbol{\Sigma}_i$(这两个参数的具体的值是未知的),这样,我们就把问题从估计完全未知的概率密度 $p(\mathbf{x}|\omega_i)$ 转化为估计参数 $\boldsymbol{\mu}_i$ 和 $\boldsymbol{\Sigma}_i$。

参数估计问题是统计学中的经典问题,并且已经有了一些具体的解决方法。这里将主要讨论两种最常用和很有效的方法,也就是最大似然估计和贝叶斯参数估计。虽然这两个方法得到的结果通常是很接近的,但这两个方法的本质却有很大差别。最大似然估计(和其他的一些类似方法)把待估计的参数看作确定性的量,只是其取值未知。最佳估计就是使得产生已观测到的样本(即训练样本)的概率为最大的那个值。与此不同的是,贝叶斯参数估计则把待估计的参数看成符合某种先验概率分布的随机变量。对样本进行观测的过程,就是把先验概率密度转化为后验概率密度,这样就利用样本的信息修正了对参数的初始估计值。在贝叶斯参数估计中,一个典型的效果就是,每得到新的观测样本,都使得后验概率密度函数变得更加尖锐,使其在待估参数的真实值附近形成最大的尖峰。这个现象就称为“贝叶斯学习”过程。无论使用何种参数估计方法,在参数估计完成后,我们都使用后验概率作为分类准则(具体方法请参见以前的章节)。 84

在这里,要特别注意区别“有监督学习”与“无监督学习”这两个概念。它们的相同点是,产生某个样本 $\mathbf{x}$ 的过程都是:首先根据先验概率 $P(\omega_i)$ 选择自然状态 ω_i,然后在自然状态 ω_i 下,独立地(即不受其他自然状态的影响)根据类条件概率密度 $p(\mathbf{x}|\omega_i)$ 来选取 $\mathbf{x}$。不同点是:在估计概率密度时,有监督学习问题的每一个样本所属的自然状态 ω_i(有时候称为这个样本的“标记”(label))都是已知的,而对于无监督学习问题,每个样本的自然状态是未知的。显然,我们

可以想象到，无监督学习问题的处理更为困难。在这一章中，我们将主要考虑有监督学习问题。而对于无监督学习问题，将在第 10 章中进行详细讨论。

最后，还存在一些非参数化的方法（nonparametric procedure），这些方法通常先对特征空间进行变换，然后在变换空间中再采用参数化的方法，用以达到简化问题的目的。在这些"判别分析法"（discriminant analysis method）中，最重要的是 Fisher 线性判别函数（Fisher linear discriminant），它将本章中的参数化方法与第 5 章、第 6 章中的自适应技术和第 10 章中的特征选择方法联系起来。

3.2 最大似然估计

最大似然估计方法有许多优秀的性质。首先，这一方法在训练样本增多时通常收敛得非常好。而且，最大似然估计方法通常比其他方法（比如贝叶斯估计方法，或在后续章节中讨论的另一些方法）要简单，因此很适合实际应用。

3.2.1 基本原理

假设要根据每个样本所属的类别来对一组样本进行分类。这样，我们就有 c 个样本集 $\mathcal{D}_1,\mathcal{D}_2,\cdots,\mathcal{D}_c$。而任意一个样本集 $\mathcal{D}_j$ 中的样本都是独立的根据类条件概率密度函数 $p(\mathbf{x}|\omega_j)$来抽取的。因此我们说每一个样本集中的样本都是独立同分布的随机变量（i. i. d）。还假设每一个类条件概率密度 $p(\mathbf{x}|\omega_j)$的形式都是已知的，其未知的部分就是具体的参数向量 $\boldsymbol{\theta}_j$ 的值。因此，一旦知道了参数向量 $\boldsymbol{\theta}_j$ 的值，那么整个类条件概率密度也就确定了。例如，我们可能会假设 $p(\mathbf{x}|\omega_j)$服从多维正态分布，即 $p(\mathbf{x}|\omega_j)\sim N(\boldsymbol{\mu}_j,\boldsymbol{\Sigma}_j)$。这样，参数向量 $\boldsymbol{\theta}_j$ 就由分量 $\boldsymbol{\mu}_j,\boldsymbol{\Sigma}_j$ 组成。为了强调类条件概率密度函数 $p(\mathbf{x}|\omega_j)$依赖于参数向量 $\boldsymbol{\theta}_j$ 这一事实，通常把它写作形如 $p(\mathbf{x}|\omega_j,\boldsymbol{\theta}_j)$的形式。因此，要解决的问题就是，根据已有的训练样本，来尽可能正确地估计各个类别的具体的参数向量 $\boldsymbol{\theta}_1,\boldsymbol{\theta}_2,\cdots,\boldsymbol{\theta}_c$。

85 为了简化对问题的处理，总是假设属于类别 $\mathcal{D}_i$ 的训练样本对于参数向量 $\boldsymbol{\theta}_j$（$j\neq i$）的估计不提供任何信息。也就是说，假设每个参数向量 $\boldsymbol{\theta}_j$ 对它所属的类别起的作用都是互相独立、互不影响的。因此每个参数向量只对自己的类别中的样本起作用，这就允许我们对每个类别可以分别处理，同时也使得记号得以简化。因为在这种情况下，用于表示不同类别的下标可以省略。在这样的假设条件下，我们将有 c 个独立的问题，其中的每一个问题都可以表述成下列形式：已知样本集 $\mathcal{D}$，其中每一个样本都是独立的根据已知形式的概率密度函数 $p(\mathbf{x}|\boldsymbol{\theta})$抽取得到的，要求使用这些样本，估计概率密度函数中的参数向量 $\boldsymbol{\theta}$ 的值。

假设样本集 $\mathcal{D}$ 中有 n 个样本 $\mathbf{x}_1,\mathbf{x}_2,\cdots,\mathbf{x}_n$。由于这些样本是独立抽取的，因此下式成立：

$$p(\mathcal{D}|\boldsymbol{\theta})=\prod_{k=1}^{n}p(\mathbf{x}_k|\boldsymbol{\theta}) \tag{1}$$

回想第 2 章，因为现在样本集 $\mathcal{D}$ 已知，所以可以把 $p(\mathcal{D}|\boldsymbol{\theta})$看成参数向量 $\boldsymbol{\theta}$ 的函数，被称为样本集 $\mathcal{D}$ 下的似然函数。根据定义，参数向量 $\boldsymbol{\theta}$ 的最大似然估计就是使 $p(\mathcal{D}|\boldsymbol{\theta})$达到最大值的那个参数向量 $\hat{\boldsymbol{\theta}}$。或者可以这样直观地理解：参数向量 $\boldsymbol{\theta}$ 的最大似然估计就是最符合已有的观测样本集的那一个，参见图 3-1。

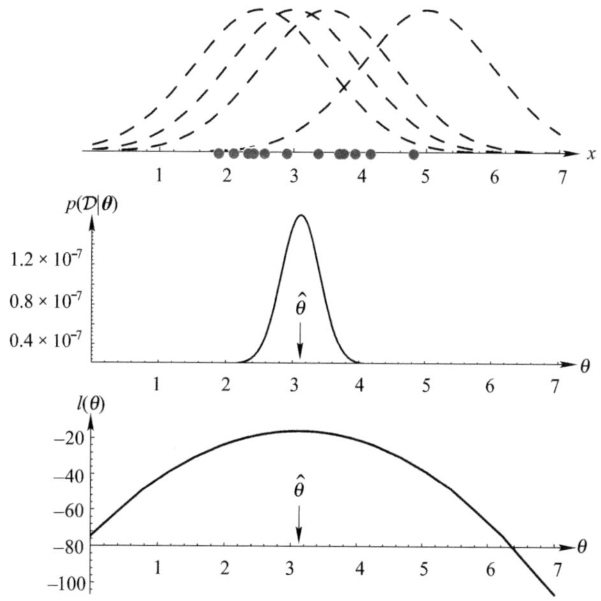

图 3-1　位于最上方的图显示了一维情况下的一些训练样本，这些样本都服从一个方差已知而均值未知的一维高斯分布。虚线表示的是所有可能的源分布中的 4 种具体分布。位于中间的图显示了似然函数 $p(\mathcal{D}|\boldsymbol{\theta})$的关于均值的函数图像。如果我们有非常多的训练样本，那么这个函数的波形将是非常窄的。使得似然函数取得最大值的点标记为 $\hat{\boldsymbol{\theta}}$。这个使得似然函数取得最大值的点，也是使得在最下方图中显示的对数似然函数 $l(\boldsymbol{\theta})$取到最大值的那个点。注意，对于似然函数$p(\mathcal{D}|\boldsymbol{\theta})$和条件概率密度函数 $p(\mathbf{x}|\boldsymbol{\theta})$，虽然它们看起来相像，但是似然函数 $p(\mathcal{D}|\boldsymbol{\theta})$是一个关于 $\boldsymbol{\theta}$ 的函数，而条件概率密度函数 $p(\mathbf{x}|\boldsymbol{\theta})$却是一个以 $\boldsymbol{\theta}$ 为参数而关于变量 $\mathbf{x}$ 的函数。而且，作为一个关于 $\boldsymbol{\theta}$ 的函数，$p(\mathcal{D}|\boldsymbol{\theta})$并不表示概率密度，其曲线下的面积并没有什么实际意义

为了方便分析，在通常情况下，总是使用似然函数的对数函数，而不直接使用似然函数本身。由于底数大于 1 的对数函数总是单调递增的，所以使似然函数的对数达到最大值的参数向量 $\hat{\boldsymbol{\theta}}$ 也使得似然函数本身达到最大值。如果 $p(\mathcal{D}|\boldsymbol{\theta})$是一个可微函数，那么这个 $\hat{\boldsymbol{\theta}}$ 的值就可以用标准的微分运算来求得。如果实际的待求参数的个数为 p，则参数向量 $\boldsymbol{\theta}$ 可以写成如下的 p 维向量的形式 $\boldsymbol{\theta}=(\theta_1,\theta_2,\cdots,\theta_p)^t$。记$\nabla_{\boldsymbol{\theta}}$为如下的梯度算子： 86

$$\nabla_{\boldsymbol{\theta}} \equiv \begin{bmatrix} \dfrac{\partial}{\partial\theta_1} \\ \vdots \\ \dfrac{\partial}{\partial\theta_p} \end{bmatrix} \tag{2}$$

定义对数似然函数 $l(\boldsymbol{\theta})$为[⊖]

$$l(\boldsymbol{\theta}) \equiv \ln p(\mathcal{D}|\boldsymbol{\theta}) \tag{3}$$

这样可以把求使对数似然函数最大的那个 $\boldsymbol{\theta}$ 的过程写成规范的形式

⊖ 原则上说，对数的底数可以根据方便而任意选取，但在实际应用中，选用以 e 为底数通常最便于分析，因此，我们通常使用 ln，而不使用 log 或 $\log_2$ 等形式。

$$\hat{\boldsymbol{\theta}} = \arg\max_{\boldsymbol{\theta}} l(\boldsymbol{\theta}) \tag{4}$$

其中的对数似然函数 $l(\boldsymbol{\theta})$ 显然是依赖于样本集$\mathcal{D}$的。结合公式(1)和公式(4),我们有下列结论:

$$l(\boldsymbol{\theta}) = \sum_{k=1}^{n} \ln p(\mathbf{x}_k|\boldsymbol{\theta}) \tag{5}$$

和

$$\boldsymbol{\nabla}_{\boldsymbol{\theta}} l = \sum_{k=1}^{n} \boldsymbol{\nabla}_{\boldsymbol{\theta}} \ln p(\mathbf{x}_k|\boldsymbol{\theta}) \tag{6}$$

这样,我们就得到了一组求解最大似然估计值 $\boldsymbol{\theta}$ 的必要条件(注意,这是必要条件,而不是充分条件),这组条件是由 p 个方程所组成的方程组。

$$\boldsymbol{\nabla}_{\boldsymbol{\theta}} l = \mathbf{0} \tag{7}$$

这里,请注意方程组(7)的解 $\hat{\boldsymbol{\theta}}$ 可能是真正的全局最大值点,也可能是局部极值点,或者仅仅是函数 $l(\boldsymbol{\theta})$的一个拐点(虽然这一情况较少见)。我们还必须注意检查所得到的解是否是位于定义域空间的边界上。如果所有的极值解都已经求得了,我们就能确定其中必有一个是全局的最大值点。接着,必须对所有的可能解进行检查(或可以用计算二阶导数的方法)以确定其中的真正的全局最优点。当然,我们还得时刻记住得到的 $\hat{\boldsymbol{\theta}}$ 只是对于真实值的一个估计,其对于真实值的接近程度是受训练样本个数制约的。如果训练样本个数越多,其中的样本越具有代表性,那估计值 $\boldsymbol{\theta}$ 也就越接近真实值。

这里值得指出,还存在一种叫作最大后验(Maximum A Posteriori,MAP)的估计器,也就是求使 $l(\boldsymbol{\theta})p(\boldsymbol{\theta})$取最大值的那个参数向量 $\boldsymbol{\theta}$。这里的 $p(\boldsymbol{\theta})$是对参数向量 $\boldsymbol{\theta}$ 取不同值的概率的先验估计。所以,上文所述的最大似然估计器可以说是当先验概率 $p(\boldsymbol{\theta})$为均匀分布时的MAP估计器。这样,MAP估计器求出峰值,或后验密度的众数。MAP估计器的缺点在于,
87 如果我们对参数空间进行某些任意的非线性变换,例如,进行一个旋转变换,那么概率密度 $p(\boldsymbol{\theta})$就会发生变化,这时候的MAP估计器结果就不再有效了(3.5.2节)。

3.2.2 高斯情况:$\boldsymbol{\mu}$ 未知

为了加深对最大似然估计方法的理解,这里将深入讨论当训练样本服从多元正态分布时的情况。设这个多元正态分布的均值为 $\boldsymbol{\mu}$ 而协方差矩阵为 $\boldsymbol{\Sigma}$。首先,为了简单起见,我们将先分析协方差矩阵 $\boldsymbol{\Sigma}$ 已知而均值 $\boldsymbol{\mu}$ 未知的情况。在这样的假设下,考虑一个训练样本点 $\boldsymbol{x}_k$,下面的式子成立:

$$\ln p(\mathbf{x}_k|\boldsymbol{\mu}) = -\frac{1}{2}\ln\left[(2\pi)^d|\boldsymbol{\Sigma}|\right] - \frac{1}{2}(\mathbf{x}_k - \boldsymbol{\mu})^t\boldsymbol{\Sigma}^{-1}(\mathbf{x}_k - \boldsymbol{\mu}) \tag{8}$$

和

$$\boldsymbol{\nabla}_{\boldsymbol{\mu}} \ln p(\mathbf{x}_k|\boldsymbol{\mu}) = \boldsymbol{\Sigma}^{-1}(\mathbf{x}_k - \boldsymbol{\mu}) \tag{9}$$

这里用 $\boldsymbol{\mu}$ 标识 $\boldsymbol{\theta}$ 是为了强调参数向量 $\boldsymbol{\theta}$ 中的未知量为 $\boldsymbol{\mu}$。结合式(6)、式(7)、式(9),可以得到,对 $\boldsymbol{\mu}$ 的最大似然估计值必须满足下式:

$$\sum_{k=1}^{n} \boldsymbol{\Sigma}^{-1}(\mathbf{x}_k - \hat{\boldsymbol{\mu}}) = \mathbf{0} \tag{10}$$

两边乘以协方差矩阵 $\boldsymbol{\Sigma}$,并且进行一些简单整理后,可得到下述公式:

$$\hat{\boldsymbol{\mu}} = \frac{1}{n}\sum_{k=1}^{n}\mathbf{x}_k \tag{11}$$

这是一个非常好的结果。这个公式说明：对均值的最大似然估计就是对全体样本取平均，也就是均值的最大似然估计等于样本均值。因此有时也把这个结果记为 $\hat{\boldsymbol{\mu}}_n$ 以强调依赖于训练样本的个数 n 这一事实。其几何意义是，如果把样本集看作一个由点组成的云团，则这个样本均值就是这个云团的质心。样本均值还具有其他一些优秀的统计性质。通常在实际应用中，即使不知道这是最大似然估计方法得出的结果，我们往往也直接使用样本均值作为实际均值的估计。

3.2.3 高斯情况：$\boldsymbol{\mu}$ 和 $\boldsymbol{\Sigma}$ 均未知

实际应用中，多元正态分布的更典型情况是，均值 $\boldsymbol{\mu}$ 和协方差矩阵 $\boldsymbol{\Sigma}$ 都未知。这样，参数向量 $\boldsymbol{\theta}$ 就是由这两个成分组成。首先考虑单变量的情况，其中参数向量 $\boldsymbol{\theta}$ 的组成成分是：$\theta_1 = \boldsymbol{\mu}$，$\theta_2 = \sigma^2$。这样，对于单个训练样本的对数似然函数为：

$$\ln p(\mathbf{x}_k|\boldsymbol{\theta}) = -\frac{1}{2}\ln 2\pi\theta_2 - \frac{1}{2\theta_2}(\mathbf{x}_k - \theta_1)^2 \tag{12}$$

对上式关于变量 $\boldsymbol{\theta}$ 求导：

$$\boldsymbol{\nabla}_{\boldsymbol{\theta}} l = \boldsymbol{\nabla}_{\boldsymbol{\theta}} \ln p(\mathbf{x}_k|\boldsymbol{\theta}) = \begin{bmatrix} \dfrac{1}{\theta_2}(x_k - \theta_1) \\ -\dfrac{1}{2\theta_2} + \dfrac{(x_k - \theta_1)^2}{2\theta_2^2} \end{bmatrix} \tag{13}$$ 88

运用式(7)，我们得到对于全体样本的对数似然函数的极值条件

$$\sum_{k=1}^{n}\frac{1}{\hat{\theta}_2}(\mathbf{x}_k - \hat{\theta}_1) = 0 \tag{14}$$

和

$$-\sum_{k=1}^{n}\frac{1}{\hat{\theta}_2} + \sum_{k=1}^{n}\frac{(\mathbf{x}_k - \hat{\theta}_1)^2}{\hat{\theta}_2^2} = 0 \tag{15}$$

其中的 $\hat{\theta}_1$，$\hat{\theta}_2$ 分别是对 θ_1，θ_2 的最大似然估计。

把 $\hat{\theta}_1$，$\hat{\theta}_2$ 用 $\hat{\mu}$，$\hat{\sigma}^2$ 代替，并进行简单的整理，我们得到下述的对于均值和方差的最大似然估计结果：

$$\hat{\boldsymbol{\mu}} = \frac{1}{n}\sum_{k=1}^{n}\mathbf{x}_k \tag{16}$$

和

$$\hat{\sigma}^2 = \frac{1}{n}\sum_{k=1}^{n}(\mathbf{x}_k - \hat{\boldsymbol{\mu}})^2 \tag{17}$$

当高斯函数为多元时，最大似然估计的过程也是非常类似的，当然，也将更加复杂（习题 6）。对于多元高斯分布的均值 $\boldsymbol{\mu}$ 和协方差矩阵 $\boldsymbol{\Sigma}$ 的最大似然估计结果为：

$$\hat{\boldsymbol{\mu}} = \frac{1}{n}\sum_{k=1}^{n}\mathbf{x}_k \tag{18}$$

$$\hat{\boldsymbol{\Sigma}} = \frac{1}{n}\sum_{k=1}^{n}(\mathbf{x}_k - \hat{\boldsymbol{\mu}})(\mathbf{x}_k - \hat{\boldsymbol{\mu}})^t \tag{19}$$

这样,我们又一次看到实际均值的最大似然估计就是样本均值。协方差的最大似然估计则是 n 个 $(\mathbf{x}_k-\hat{\boldsymbol{\mu}})(\mathbf{x}_k-\hat{\boldsymbol{\mu}})^t$ 矩阵的算术平均。因为实际的协方差矩阵是关于矩阵 $(\mathbf{x}-\hat{\boldsymbol{\mu}})(\mathbf{x}-\hat{\boldsymbol{\mu}})^t$ 的数学期望,所以可以看到协方差的最大似然估计结果也是非常直观和令人满意的。

3.2.4 估计的偏差

在上文的分析中,对方差 σ^2 的最大似然估计是有偏的估计。也就是说,对所有可能的大小为 n 的样本集进行方差估计,其数学期望并不等于实际的方差[⊖],因为:

89

$$\mathcal{E}\left[\frac{1}{n}\sum_{i=1}^{n}(x_i-\bar{x})^2\right]=\frac{n-1}{n}\sigma^2\neq\sigma^2 \tag{20}$$

在第 9 章中,我们将对估计偏差(bias)的通常情况做进一步分析。而在这里,可以对公式(20)的正确性做一个验证。假设一个分布的方差 σ^2 非零,如果考虑仅有一个样本的极端情况。在这种情况下,估计值的数学期望为 0,所以不等于 σ^2。类似地,对协方差矩阵的最大似然估计也是有偏的。

对协方差矩阵的无偏估计则如下式所示:

$$\mathbf{C}=\frac{1}{n-1}\sum_{k=1}^{n}(\mathbf{x}_k-\hat{\boldsymbol{\mu}})(\mathbf{x}_k-\hat{\boldsymbol{\mu}})^t \tag{21}$$

上式中的矩阵 $\mathbf{C}$ 被称为"样本协方差矩阵"(sample covariance matrix,请参见习题 30,里面有更详细的论述)。如果一个估计器对于所有的分布都是无偏的(例如式(21)给出的协方差估计算子),那么它就被称为绝对无偏的(absolutely unbiased)。如果某一个估计器在样本数 n 很大时能够趋于无偏估计(例如式(20)给出的估计器),则这个估计器被称为渐进无偏的(asymptotically unbiased)。在许多模式识别的实际问题中,如果训练样本集足够大,那么渐进无偏估计算子得出的结果是可以被接受的。

显然,$\hat{\boldsymbol{\Sigma}}=[(n-1)/n]\mathbf{C}$,$\hat{\boldsymbol{\Sigma}}$ 是渐进无偏的估计。但当样本数 n 很大时,这两个结果几乎是相同的。但是,同时存在这两个相似却又不完全相同的估计方法,这总是令人迷惑的。我们显然要问,究竟哪一个是"正确"的。当然,对于 $n>1$ 的情况,这两个结果都无所谓正确,也无所谓错误——它们只是不同而已。存在着两个不同的估计这一事实,说明了没有唯一的估计,能够满足我们各方面的要求。就我们的目的来说,总是希望某一估计能够使得最后的分类结果为最优,而这一要求却是比较抽象的。无疑,使用最大似然估计的结果是合理的,在实际中也是相当有效的。但我们要问,是否存在着某种使得分类效果更加好的估计。后面我们就要从贝叶斯学派的观点来回答这个问题。

如果我们对产生已知样本分布的数学模型及其参数向量 $\boldsymbol{\theta}$ 的建模都是可靠的,那么最大似然估计就能够有很好的结果。但如果我们的数学模型本身就有错误呢?我们是否能够保证基于那个不正确的模型的估计方法仍然能得到最优分类器呢?比如,我们认为样本服从 $N(\mu,1)$ 分布,而事实上,样本却服从 $N(\mu,10)$ 的分布。这时我们设计的分类器还会是最优的吗?很不幸的是:答案是否定的。习题 7 将给出一个例子,说明不正确的模型带来的误差的影响是非常巨大的。也就是说,需要对数学模型有较可靠的知识。如果初始假设的数学模型与实际的情况有较大偏差的话,那显然无法保证设计出来的分类器会是最优分类器。在第 9 章中,我们还将讨论数学模型的选取问题。

⊖ "偏差"一词一般指的是偏移量,统计估计上的偏差与判别函数或多层神经网络中的偏置权无关。

3.3 贝叶斯估计

我们在这一节中讨论模式识别中的贝叶斯估计和贝叶斯学习方法。虽然使用贝叶斯估计方法得到的结果与最大似然估计的结果很相似，但这两个方法在本质上是很不同的：在最大似然估计方法中，我们把需要估计的参数向量 $\boldsymbol{\theta}$ 看作一个确定而未知的参数。而在贝叶斯学习方法中，我们把参数向量 $\boldsymbol{\theta}$ 本身看成一个随机变量，已有的训练样本使我们能够把对于 $\boldsymbol{\theta}$ 的初始密度的估计转化为后验概率密度。 90

3.3.1 类条件密度

贝叶斯分类方法的核心是后验概率 $P(\omega_i|\mathbf{x})$的计算。贝叶斯公式告诉我们如何根据类条件密度 $p(\mathbf{x}|\omega_i)$和各类别的先验概率 $P(\omega_i)$来计算这个后验概率。但是，在这两个概率也未知的情况下，该如何处理呢？我们能做的就是希望利用现有的全部信息来计算后验概率 $P(\omega_i|\mathbf{x})$。其中的"现有的全部信息"如下：一部分为我们的先验知识，比如未知概率密度函数的形式，未知参数的取值范围等；另一部分信息则来自训练样本本身。在这里，我们仍然用$\mathcal{D}$表示现有训练样本的集合，那么我们把后验概率 $P(\omega_i|\mathbf{x})$进一步写成 $P(\omega_i|\mathbf{x},\mathcal{D})$的形式，用来强调训练样本在估计过程中的重要性。根据这些概率，我们就能够设计出贝叶斯分类器。

如果已有样本集$\mathcal{D}$，那么贝叶斯公式变为

$$P(\omega_i|\mathbf{x},\mathcal{D})=\frac{p(\mathbf{x}|\omega_i,\mathcal{D})P(\omega_i|\mathcal{D})}{\sum_{j=1}^{c}p(\mathbf{x}|\omega_j,\mathcal{D})P(\omega_j|\mathcal{D})} \tag{22}$$

这一公式指出，我们能够根据训练样本提供的信息来确定类条件概率密度 $p(\mathbf{x}|\omega_i,\mathcal{D})$和先验概率 $P(\omega_j|\mathcal{D})$。

尽管公式(22)具有更大的一般性，但实际上我们通常可以认为先验概率可以事先得到，或者仅通过简单的计算就能够求得先验概率，因此，我们通常把 $P(\omega_i|\mathcal{D})$简写成 $P(\omega_i)$。而且，由于我们处理的是有监督的学习，因此完全可以把每一个样本都归到它所属的类中去，即把全体训练样本依据类别分到 c 个次样本集(subset)$\mathcal{D}_1,\mathcal{D}_2,\cdots,\mathcal{D}_c$ 中去。如同在讨论最大似然问题时一样，如果 $i\neq j$，那么样本集$\mathcal{D}_i$ 中的训练样本就对 $p(\mathbf{x}|\omega_j,\mathcal{D})$没有任何影响。这样就产生了两个如下的简化：首先，这就使得我们能够对每一个类进行分别处理，即只使用$\mathcal{D}_i$ 中的训练样本来确定 $p(\mathbf{x}|\omega_i,\mathcal{D})$。结合上文中已知的先验概率，公式(22)就能够被写成如下的形式：

$$P(\omega_i|\mathbf{x},\mathcal{D})=\frac{p(\mathbf{x}|\omega_i,\mathcal{D}_i)P(\omega_i)}{\sum_{j=1}^{c}p(\mathbf{x}|\omega_j,\mathcal{D}_j)P(\omega_j)} \tag{23}$$

其次，由于能够对每一个类别进行分别处理，因此公式中为了说明各个类别的记号都可以省略，简化了公式的形式。所以，就其实质来说，我们要处理的是 c 个独立的问题，每一个问题都有如下的形式：已知一组训练样本$\mathcal{D}$，这些样本都是从固定但未知的概率密度函数 $p(\mathbf{x})$中独立抽取的，要求根据这些样本估计 $p(\mathbf{x}|\mathcal{D})$。这就是贝叶斯学习的核心问题。

3.3.2 参数的分布

虽然具体的概率密度函数 $p(\mathbf{x})$未知，但我们假设其参数形式是已知的，所以唯一未知的就是参数向量 $\boldsymbol{\theta}$ 的值。为了明确表示 $p(\mathbf{x})$的形式已知而参数的值未知这一事实，我们强调条件概率密度函数 $p(\mathbf{x}|\boldsymbol{\theta})$是完全确定性的。在观察到具体的训练样本之前，我们已有的关于参

数向量 $\boldsymbol{\theta}$ 的全部知识就可以用已知的先验概率密度函数 $p(\boldsymbol{\theta})$来体现。对训练样本的观察，使得我们能够把这个先验概率密度函数转化成后验概率密度函数 $p(\boldsymbol{\theta}|\mathcal{D})$，并且，我们希望这个
91 后验概率密度 $p(\boldsymbol{\theta}|\mathcal{D})$在 $\boldsymbol{\theta}$ 的真实值附近有非常显著的尖峰。

注意，我们已经把一个学习概率密度的问题转化成为一个估计未知参量的问题。因此，到目前为止，基本目标是计算后验概率密度函数 $p(\mathbf{x}|\mathcal{D})$，并且使得它尽可能精确地逼近 $p(\mathbf{x})$。我们把联合概率密度 $p(\mathbf{x},\boldsymbol{\theta}|\mathcal{D})$对 $\boldsymbol{\theta}$ 进行积分，也就是

$$p(\mathbf{x}|\mathcal{D}) = \int p(\mathbf{x}, \boldsymbol{\theta}|\mathcal{D})\, d\boldsymbol{\theta} \tag{24}$$

其中积分是对整个定义域进行的。现在，我们总能够把 $p(\mathbf{x},\boldsymbol{\theta}|\mathcal{D})$写成乘积 $p(\mathbf{x}|\boldsymbol{\theta},\mathcal{D})p(\boldsymbol{\theta}|\mathcal{D})$的形式。由于对测试样本 $\mathbf{x}$ 和训练样本集$\mathcal{D}$的选取是独立进行的，因此 $p(\mathbf{x}|\boldsymbol{\theta},\mathcal{D})$就等于 $p(\mathbf{x}|\boldsymbol{\theta})$。也就是说，只要我们能够得到参数向量 $\boldsymbol{\theta}$ 的值，$\mathbf{x}$ 的分布形式就完全已知了。这样，公式(24)可以重写为

$$p(\mathbf{x}|\mathcal{D}) = \int p(\mathbf{x}|\boldsymbol{\theta})p(\boldsymbol{\theta}|\mathcal{D})\, d\boldsymbol{\theta} \tag{25}$$

上式就是贝叶斯估计中最核心的公式，它把类条件概率密度函数 $p(\mathbf{x}|\mathcal{D})$[⊖]和未知参量的后验概率密度函数 $p(\boldsymbol{\theta}|\mathcal{D})$联系起来。如果后验概率密度函数 $p(\boldsymbol{\theta}|\mathcal{D})$在某一个值 $\hat{\boldsymbol{\theta}}$ 附近形成最显著的尖峰，那么就有 $p(\mathbf{x}|\mathcal{D})\approx p(\mathbf{x}|\hat{\boldsymbol{\theta}})$，也就是说，用估计值$\hat{\boldsymbol{\theta}}$近似代替真实值所得的结果。当然，前提条件是要求 $p(\mathbf{x}|\hat{\boldsymbol{\theta}})$必须光滑，并且积分拖尾的影响足够小。这些条件通常很典型，但也并非一成不变，有时会有例外的情况。总的来说，如果我们对参数向量 $\boldsymbol{\theta}$ 的真实值并不十分有把握的话，那么该方程指导我们应该把 $p(\mathbf{x}|\boldsymbol{\theta})$对所有可能的 $\boldsymbol{\theta}$ 求平均，这样得到的结果将最令人满意。总结前面的讨论，现在已经知道：如果未知的概率密度函数具有一个已知的形式，已有的训练样本就能够通过后验概率密度函数 $p(\boldsymbol{\theta}|\mathcal{D})$对 $p(\mathbf{x}|\mathcal{D})$的估计施加影响。同时也应该指出，在实际应用中，式(25)也可以用数值计算的方法进行计算，例如蒙特卡洛仿真(Monte-Carlo simulation)。

3.4 贝叶斯参数估计：高斯情况

在这一节中，我们对高斯正态密度函数的情况，用贝叶斯估计方法来计算 $\boldsymbol{\theta}$ 的后验概率密度函数 $p(\boldsymbol{\theta}|\mathcal{D})$和设计分类器所需的概率密度函数 $p(\mathbf{x}|\mathcal{D})$。其中假设 $p(\mathbf{x}|\boldsymbol{\mu})\sim N(\boldsymbol{\mu},\boldsymbol{\Sigma})$。

3.4.1 单变量情况：$p(\mu|\mathcal{D})$

我们先考虑只有均值 $\boldsymbol{\mu}$ 未知的情况。为简单起见，这里先处理一维的情况，也就是

$$p(\mathbf{x}|\boldsymbol{\mu}) \sim N(\boldsymbol{\mu}, \sigma^2) \tag{26}$$

其中唯一的未知数就是均值 $\boldsymbol{\mu}$。而且，我们认为所有的关于均值 $\boldsymbol{\mu}$ 的先验知识都包含在先验概率密度函数 $p(\boldsymbol{\mu})$中，假设均值 $\boldsymbol{\mu}$ 服从

$$p(\boldsymbol{\mu}) \sim N(\boldsymbol{\mu}_0, \sigma_0^2) \tag{27}$$

其中的 $\boldsymbol{\mu}_0$ 和 σ_0^2 都是已知的。不严格地说，$\boldsymbol{\mu}_0$ 代表了我们对均值 $\boldsymbol{\mu}$ 的最好的先验估计，而 σ_0^2 则表示了我们对这个估计的不确定程度。认为均值 $\boldsymbol{\mu}$ 服从正态分布这一假设能够在数学推

⊖ 注意这里的 $p(\mathbf{x}|\mathcal{D})$实际上为 $p(\mathbf{x}|\omega_i,\mathcal{D})$。

导上简化运算(公式(27))。然而必须记住,在估计 $\boldsymbol{\mu}$ 的过程中所做的最关键的假设并不是均值 $\boldsymbol{\mu}$ 服从正态分布这一具体形式,而是假设均值 $\boldsymbol{\mu}$ 服从某一个已知的分布。 92

在选择好了均值 $\boldsymbol{\mu}$ 的先验概率密度函数以后,我们能够这样来理解问题:设想从均值 $\boldsymbol{\mu}$ 的分布 $p(\boldsymbol{\mu})$ 中选取一个具体的 $\boldsymbol{\mu}$ 值,一旦这个 $\boldsymbol{\mu}$ 值被选定,它就成为 $\boldsymbol{\mu}$ 的真实值,由于我们已经认为 $p(\mathbf{x}|\boldsymbol{\theta})$ 是完全已知的,也就是完全确定了变量 $\mathbf{x}$ 的概率密度函数。然后,再从变量 $\mathbf{x}$ 的概率密度函数中独立地抽取 n 个样本 $\mathbf{x}_1, \mathbf{x}_2, \cdots, \mathbf{x}_n$。记 $\mathcal{D}=\{\mathbf{x}_1, \mathbf{x}_2, \cdots, \mathbf{x}_n\}$。应用贝叶斯公式,得到

$$
\begin{aligned}
p(\mu|\mathcal{D}) &= \frac{p(\mathcal{D}|\mu)p(\mu)}{\int p(\mathcal{D}|\mu)p(\mu)\, d\mu} \\
&= \alpha \prod_{k=1}^{n} p(\mathbf{x}_k|\mu)p(\mu)
\end{aligned}
\tag{28}
$$

其中 α 是一个依赖于样本集 $\mathcal{D}$ 的归一化系数,这个系数不依赖于 $\boldsymbol{\mu}$。这一公式说明了训练样本能如何影响对 $\boldsymbol{\mu}$ 值的估计。它把先验概率密度 $p(\boldsymbol{\mu})$ 和后验概率密度 $p(\boldsymbol{\mu}|\mathcal{D})$ 联系了起来。因为 $p(\mathbf{x}_k|\boldsymbol{\mu}) \sim N(\boldsymbol{\mu}, \sigma^2)$ 和 $p(\boldsymbol{\mu}) \sim N(\boldsymbol{\mu}_0, \sigma_0^2)$,我们有

$$
\begin{aligned}
p(\mu|\mathcal{D}) &= \alpha \prod_{k=1}^{n} \overbrace{\frac{1}{\sqrt{2\pi}\sigma} \exp\left[-\frac{1}{2}\left(\frac{\mathbf{x}_k-\mu}{\sigma}\right)^2\right]}^{p(\mathbf{x}_k|\mu)} \overbrace{\frac{1}{\sqrt{2\pi}\sigma_0} \exp\left[-\frac{1}{2}\left(\frac{\mu-\mu_0}{\sigma_0}\right)^2\right]}^{p(\mu)} \\
&= \alpha' \exp\left[-\frac{1}{2}\left(\sum_{k=1}^{n}\left(\frac{\mu-\mathbf{x}_k}{\sigma}\right)^2 + \left(\frac{\mu-\mu_0}{\sigma_0}\right)^2\right)\right] \\
&= \alpha'' \exp\left[-\frac{1}{2}\left[\left(\frac{n}{\sigma^2}+\frac{1}{\sigma_0^2}\right)\mu^2 - 2\left(\frac{1}{\sigma^2}\sum_{k=1}^{n}\mathbf{x}_k + \frac{\mu_0}{\sigma_0^2}\right)\mu\right]\right]
\end{aligned}
\tag{29}
$$

上式中的不依赖于 $\boldsymbol{\mu}$ 的那些因子都被归入系数 $\alpha, \alpha', \alpha''$ 中了。这样,我们发现 $p(\boldsymbol{\mu}|\mathcal{D})$ 是一个指数函数,其中的指数部分为 $\boldsymbol{\mu}$ 的二次型。也就是说,$p(\boldsymbol{\mu}|\mathcal{D})$ 实质上还是一个正态分布。因为这一事实对任意大小的样本集均成立,因此 $p(\boldsymbol{\mu}|\mathcal{D})$ 在样本个数 n 增加时仍保持正态分布。我们把 $p(\boldsymbol{\mu}|\mathcal{D})$ 称为复制密度(reproducing density)函数,把 $p(\boldsymbol{\mu})$ 称为共轭先验(conjugate prior)。如果写成形式 $p(\boldsymbol{\mu}|\mathcal{D}) \sim N(\boldsymbol{\mu}_n, \sigma_n^2)$,也就是

$$
p(\mu|\mathcal{D}) = \frac{1}{\sqrt{2\pi}\sigma_n} \exp\left[-\frac{1}{2}\left(\frac{\mu-\mu_n}{\sigma_n}\right)^2\right] \tag{30}
$$

那么对式(29)和式(30)应用对应项相等的原则,就可以求得 $\boldsymbol{\mu}_n$ 和 σ_n^2:

$$
\frac{1}{\sigma_n^2} = \frac{n}{\sigma^2} + \frac{1}{\sigma_0^2} \tag{31}
$$

和

$$
\frac{\mu_n}{\sigma_n^2} = \frac{n}{\sigma^2}\hat{\mu}_n + \frac{\mu_0}{\sigma_0^2} \tag{32}
$$

93

其中,$\hat{\boldsymbol{\mu}}_n$ 是样本均值:

$$
\hat{\mu}_n = \frac{1}{n}\sum_{k=1}^{n}\mathbf{x}_k \tag{33}
$$

进一步求解 $\boldsymbol{\mu}_n$ 和 σ_n^2，我们得到

$$\boldsymbol{\mu}_n=\left(\frac{n\sigma_0^2}{n\sigma_0^2+\sigma^2}\right)\hat{\boldsymbol{\mu}}_n+\frac{\sigma^2}{n\sigma_0^2+\sigma^2}\boldsymbol{\mu}_0 \tag{34}$$

和

$$\sigma_n^2=\frac{\sigma_0^2\sigma^2}{n\sigma_0^2+\sigma^2} \tag{35}$$

上述方程显示了先验知识和样本观测结果是如何被结合在一起，并且形成后验概率密度函数 $p(\boldsymbol{\mu}/\mathcal{D})$ 的。总的说来，$\boldsymbol{\mu}_n$ 代表了在观察到 n 个样本后，我们对 $\boldsymbol{\mu}$ 的真实值的最好估计，而 σ_n^2 反映了我们对这个估计的不确定程度。根据式(35)，将看到，σ_n^2 是 n 的单调递减函数，并且在 n 趋于无穷大时，σ_n^2 趋于 σ^2/n，也就是说，每增加一个观察样本，我们对 $\boldsymbol{\mu}$ 的估计的不确定程度就能减少。当 n 增加时，$p(\boldsymbol{\mu}/\mathcal{D})$ 的波形变得越来越尖，并且在 n 趋于无穷大时，逼近于狄拉克函数。这一现象通常就被称为贝叶斯学习过程(图 3-2)。

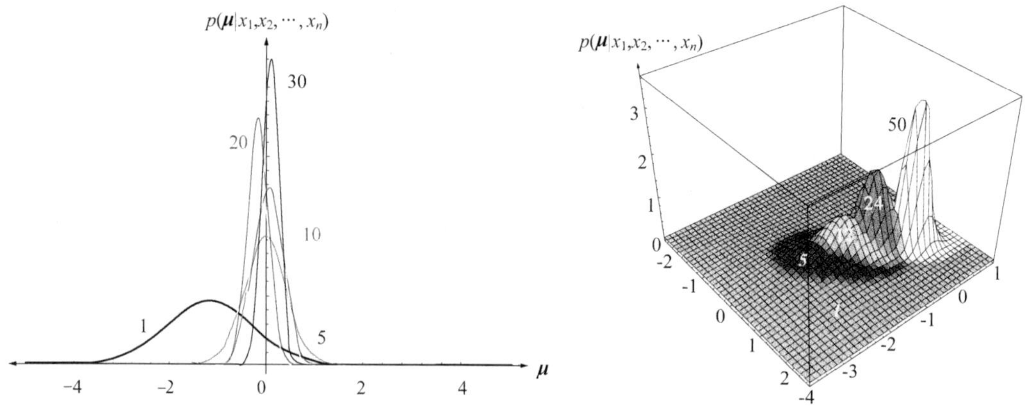

图 3-2 左右两图表示了分别对一维和二维情况下的正态分布的均值进行贝叶斯学习的过程。每一个后验概率分布的估计曲线旁边都标记有估计过程中所使用的训练样本个数

根据式(34)，我们知道，在通常情况下，$\boldsymbol{\mu}_n$ 都是 $\hat{\boldsymbol{\mu}}_n$ 和 $\boldsymbol{\mu}_0$ 的线性组合，两者的系数均为非负，并且和为 1。也就是说，$\boldsymbol{\mu}_n$ 位于 $\hat{\boldsymbol{\mu}}_n$ 和 $\boldsymbol{\mu}_0$ 的连线上。如果 $\sigma_0\neq0$，则当 n 趋于无穷大时，$\boldsymbol{\mu}_n$ 趋近于样本均值。如果 $\sigma_0=0$，这是一种退化的情况，也就是说，我们对先验估计 $\boldsymbol{\mu}_0$ 是如此确信，以至于任何观察样本都无法改变我们的态度。在另一种极端情况中，如果 $\sigma_0\gg\sigma$，也就是
94 说，我们对先验估计 $\boldsymbol{\mu}_0$ 如此不确信，以至于我们直接把样本均值 $\hat{\boldsymbol{\mu}}_n$ 当作了 $\boldsymbol{\mu}$。总的来说，先验知识和经验数据各自的贡献之间的平衡取决于 σ^2 和 σ_0^2 的比值，这个比值被称为“决断因子”(dogmatism)。如果该值不是无穷大，那么当获得了足够的样本后，$\boldsymbol{\mu}_0$、σ_0^2 的具体数值的精确假定就变得无关紧要了，同时 $\boldsymbol{\mu}_n$ 将收敛于样本均值 $\hat{\boldsymbol{\mu}}_n$。

3.4.2 单变量情况：$p(\mathbf{x}|\mathcal{D})$

在得到了均值的后验概率密度 $p(\boldsymbol{\mu}|\mathcal{D})$ 之后，就可以计算类条件概率密度 $p(\mathbf{x}|\mathcal{D})$ 了[⊖]。根据式(25)、式(26)、式(30)，可得到

⊖ 这里省略了类别标记，因此这里的 $p(\mathbf{x}|\mathcal{D})$ 事实上是 $p(\mathbf{x}|\omega_i,\mathcal{D}_i)$。

$$
\begin{aligned}
p(\mathbf{x}|\mathcal{D}) &= \int p(\mathbf{x}|\boldsymbol{\mu})p(\boldsymbol{\mu}|\mathcal{D})\,d\boldsymbol{\mu} \\
&= \int \frac{1}{\sqrt{2\pi}\sigma}\exp\left[-\frac{1}{2}\left(\frac{\mathbf{x}-\boldsymbol{\mu}}{\sigma}\right)^2\right]\frac{1}{\sqrt{2\pi}\sigma_n}\exp\left[-\frac{1}{2}\left(\frac{\boldsymbol{\mu}-\boldsymbol{\mu}_n}{\sigma_n}\right)^2\right]d\boldsymbol{\mu} \\
&= \frac{1}{2\pi\sigma\sigma_n}\exp\left[-\frac{1}{2}\frac{(\mathbf{x}-\boldsymbol{\mu}_n)^2}{\sigma^2+\sigma_n^2}\right]f(\sigma,\sigma_n)
\end{aligned} \tag{36}
$$

其中

$$
f(\sigma,\sigma_n) = \int \exp\left[-\frac{1}{2}\frac{\sigma^2+\sigma_n^2}{\sigma^2\sigma_n^2}\left(\boldsymbol{\mu}-\frac{\sigma_n^2\mathbf{x}+\sigma^2\boldsymbol{\mu}_n}{\sigma^2+\sigma_n^2}\right)^2\right]d\boldsymbol{\mu}
$$

也就是说，作为 $\mathbf{x}$ 的函数，类条件概率密度函数 $p(\mathbf{x}|\mathcal{D})$ 正比于

$$
\exp[-(1/2)(\mathbf{x}-\boldsymbol{\mu}_n)^2/(\sigma^2+\sigma_n^2)]
$$

因此 $p(\mathbf{x}|\mathcal{D})$ 是一个正态分布，均值为 $\boldsymbol{\mu}_n$，方差为 $\sigma^2+\sigma_n^2$，即

$$
p(\mathbf{x}|\mathcal{D}) \sim N(\boldsymbol{\mu}_n, \sigma^2+\sigma_n^2) \tag{37}
$$

也就是说，为了得到类条件概率密度函数 $p(\mathbf{x}|\mathcal{D})$，其参数形式为已知的 $p(\mathbf{x}|\boldsymbol{\mu})\sim N(\boldsymbol{\mu},\sigma^2)$，我们只需用 $\boldsymbol{\mu}_n$ 替换 $\boldsymbol{\mu}$，用 $\sigma^2+\sigma_n^2$ 替换 σ^2 就可以了。在效果上，$\boldsymbol{\mu}_n$ 被当作 $\boldsymbol{\mu}$ 的真实值看待，而这时的方差比起 σ^2 来说相对增加了，原因是我们对均值 $\boldsymbol{\mu}$ 的不确定性增加了对 $\mathbf{x}$ 的不确定性。这就是最终的结果：$p(\mathbf{x}|\mathcal{D})$ 就是类条件概率密度函数 $p(\mathbf{x}|\omega_j,\mathcal{D}_j)$，结合先验概率函数 $P(\omega_j)$，我们就完全掌握了设计贝叶斯分类器所需的概率知识。在这点上，贝叶斯参数估计方法与最大似然方法不同，因为最大似然方法只是估计 $\hat{\boldsymbol{\mu}}$ 和 $\hat{\sigma}^2$ 的值，而不是估计 $p(\mathbf{x}|\mathcal{D})$ 的分布。

3.4.3 多变量情况

对于多变量情况，在协方差矩阵 $\boldsymbol{\Sigma}$ 已知而均值 $\boldsymbol{\mu}$ 未知的情况下，并不能把单变量的结果做简单的推广。这里将大概描述分析的过程。如一维的情况，假设

$$
p(\mathbf{x}|\boldsymbol{\mu}) \sim N(\boldsymbol{\mu},\boldsymbol{\Sigma}) \quad 且 \quad p(\boldsymbol{\mu}) \sim N(\boldsymbol{\mu}_0,\boldsymbol{\Sigma}_0) \tag{38}
$$

其中的 $\boldsymbol{\Sigma}$，$\boldsymbol{\Sigma}_0$，$\boldsymbol{\mu}_0$ 均假设为已知。在观测到样本集 $\mathcal{D}$ 中的 n 个互相独立的样本 $\mathbf{x}_1,\mathbf{x}_2,\cdots,\mathbf{x}_n$ 后，我们使用贝叶斯公式，得到 95

$$
\begin{aligned}
p(\boldsymbol{\mu}|\mathcal{D}) &= \alpha\prod_{k=1}^{n}p(\mathbf{x}_k|\boldsymbol{\mu})p(\boldsymbol{\mu}) \\
&= \alpha'\exp\left[-\frac{1}{2}\left(\boldsymbol{\mu}^t\left(n\boldsymbol{\Sigma}^{-1}+\boldsymbol{\Sigma}_0^{-1}\right)\boldsymbol{\mu}-2\boldsymbol{\mu}^t\left(\boldsymbol{\Sigma}^{-1}\sum_{k=1}^{n}\mathbf{x}_k+\boldsymbol{\Sigma}_0^{-1}\boldsymbol{\mu}_0\right)\right)\right]
\end{aligned} \tag{39}
$$

进行配方和变量代换，上式可以简化表示为

$$
p(\boldsymbol{\mu}|\mathcal{D}) = \alpha''\exp\left[-\frac{1}{2}(\boldsymbol{\mu}-\boldsymbol{\mu}_n)^t\boldsymbol{\Sigma}_n^{-1}(\boldsymbol{\mu}-\boldsymbol{\mu}_n)\right] \tag{40}
$$

这样，$p(\boldsymbol{\mu}|\mathcal{D})\sim N(\boldsymbol{\mu}_N,\boldsymbol{\Sigma}_N)$，并且再一次，我们又得到了复制概率密度。对式(39)和式(40)应用对应项相等的原则，得到分别类似于式(4)、式(35)的等式：

$$
\boldsymbol{\Sigma}_n^{-1} = n\boldsymbol{\Sigma}^{-1}+\boldsymbol{\Sigma}_0^{-1} \tag{41}
$$

和

$$
\boldsymbol{\Sigma}_n^{-1}\boldsymbol{\mu}_n = n\boldsymbol{\Sigma}^{-1}\hat{\boldsymbol{\mu}}_n+\boldsymbol{\Sigma}_0^{-1}\boldsymbol{\mu}_0 \tag{42}
$$

其中，$\hat{\boldsymbol{\mu}}_n$ 是样本均值

$$\hat{\boldsymbol{\mu}}_n = \frac{1}{n}\sum_{k=1}^{n}\mathbf{x}_k \tag{43}$$

在对上述的几个方程求解均值 $\boldsymbol{\mu}_n$ 和协方差矩阵 $\boldsymbol{\Sigma}_n$ 时，需要用到恒等式

$$(\mathbf{A}^{-1}+\mathbf{B}^{-1})^{-1} = \mathbf{A}(\mathbf{A}+\mathbf{B})^{-1}\mathbf{B} = \mathbf{B}(\mathbf{A}+\mathbf{B})^{-1}\mathbf{A} \tag{44}$$

其中矩阵 $\mathbf{A},\mathbf{B}$ 均为 $d\times d$ 的非奇异矩阵。经过一些推导（习题 16），进一步解得

$$\boldsymbol{\mu}_n = \boldsymbol{\Sigma}_0\left(\boldsymbol{\Sigma}_0+\frac{1}{n}\boldsymbol{\Sigma}\right)^{-1}\hat{\boldsymbol{\mu}}_n + \frac{1}{n}\boldsymbol{\Sigma}\left(\boldsymbol{\Sigma}_0+\frac{1}{n}\boldsymbol{\Sigma}\right)^{-1}\boldsymbol{\mu}_0 \tag{45}$$

（这个公式很像一维时 $\hat{\boldsymbol{\mu}}_n$ 和 $\boldsymbol{\mu}_0$ 的线性组合公式）和

$$\boldsymbol{\Sigma}_n = \boldsymbol{\Sigma}_0\left(\boldsymbol{\Sigma}_0+\frac{1}{n}\boldsymbol{\Sigma}\right)^{-1}\frac{1}{n}\boldsymbol{\Sigma} \tag{46}$$

如果利用积分

$$p(\mathbf{x}|\mathcal{D}) = \int p(\mathbf{x}|\boldsymbol{\mu})p(\boldsymbol{\mu}|\mathcal{D})\,d\boldsymbol{\mu} \tag{47}$$

那么可以进一步证明 $p(\mathbf{x}|\mathcal{D})\sim N(\boldsymbol{\mu}_n,\boldsymbol{\Sigma}+\boldsymbol{\Sigma}_n)$（证明过程略）。然而，这一结果可以用另一种简单的方法来得出：因为 $\mathbf{x}$ 可以看成两个互相独立的随机变量的和，其中一个变量为服从
96 $p(\boldsymbol{\mu}|\mathcal{D})\sim N(\boldsymbol{\mu}_n,\boldsymbol{\Sigma}_n)$ 的变量 $\boldsymbol{\mu}$，另一个变量为独立随机变量 $\mathbf{y}$，服从分布 $p(\mathbf{y})\sim N(\mathbf{0},\boldsymbol{\Sigma})$。因为两个独立的正态分布的向量随机变量的和仍然为一个正态分布的向量，其均值为各自均值的和，其协方差矩阵为各自协方差矩阵的和（第 2 章，习题 17），我们就得到

$$p(\mathbf{x}|\mathcal{D}) \sim N(\boldsymbol{\mu}_n, \boldsymbol{\Sigma}+\boldsymbol{\Sigma}_n) \tag{48}$$

至此为止，我们完成了对参数在服从高斯分布的情况下，从单变量到多变量的推广。

3.5 贝叶斯参数估计：一般理论

我们已经看到了在多元高斯分布的情况下，如何应用贝叶斯估计方法去获得后验概率函数 $p(\mathbf{x}|\mathcal{D})$。在一般情况下，只要未知概率分布能够被表示成参数形式，则这一方法就能得到同样的使用。一些基本的假设如下：

- 条件概率密度函数 $p(\mathbf{x}|\boldsymbol{\theta})$ 是完全已知的，虽然参数向量 $\boldsymbol{\theta}$ 的具体数值未知。
- 参数向量 $\boldsymbol{\theta}$ 的先验概率密度函数 $p(\boldsymbol{\theta})$ 包含了我们对 $\boldsymbol{\theta}$ 的全部先验知识。
- 其余的关于参数向量 $\boldsymbol{\theta}$ 的信息就包含在观察到的独立样本 $\mathbf{x}_1,\mathbf{x}_2,\cdots,\mathbf{x}_n$ 中，这些样本都服从未知的概率密度函数 $p(\mathbf{x})$。

最基本的问题就是计算后验概率密度函数 $p(\boldsymbol{\theta}|\mathcal{D})$，因为一旦求得后验概率密度函数 $p(\boldsymbol{\theta}|\mathcal{D})$，我们就可以利用式(25)来计算 $p(\mathbf{x}|\mathcal{D})$：

$$p(\mathbf{x}|\mathcal{D}) = \int p(\mathbf{x}|\boldsymbol{\theta})p(\boldsymbol{\theta}|\mathcal{D})\,d\boldsymbol{\theta} \tag{49}$$

根据贝叶斯公式，我们有

$$p(\boldsymbol{\theta}|\mathcal{D}) = \frac{p(\mathcal{D}|\boldsymbol{\theta})p(\boldsymbol{\theta})}{\int p(\mathcal{D}|\boldsymbol{\theta})p(\boldsymbol{\theta})\,d\boldsymbol{\theta}} \tag{50}$$

再根据样本之间的独立性假设，我们有

$$p(\mathcal{D}|\boldsymbol{\theta}) = \prod_{k=1}^{n} p(\mathbf{x}_k|\boldsymbol{\theta}) \tag{51}$$

这就完成了对问题的正式解答。同时，式(50)和式(51)阐明了与最大似然估计之间的关系。假设 $p(\mathcal{D}|\boldsymbol{\theta})$在 $\boldsymbol{\theta}=\hat{\boldsymbol{\theta}}$ 处有一个非常尖的峰值。如果先验概率 $p(\boldsymbol{\theta})$在 $\boldsymbol{\theta}=\hat{\boldsymbol{\theta}}$ 处非零，并且在周围的某一邻域内变化不大，那么 $p(\boldsymbol{\theta}|\mathcal{D})$也在同一地方有一个峰值。这样，式(49)表明了 $p(\mathbf{x}|\mathcal{D})$将趋近于 $p(\mathbf{x}|\hat{\boldsymbol{\theta}})$，而这一结果也正是根据最大似然估计方法得到的结论。如果 $p(\mathcal{D}|\boldsymbol{\theta})$的峰值非常尖，那么先验知识中对 $\boldsymbol{\theta}$ 的真实值的不确定性几乎可以忽略。在这个情况下(也包括其他的更为一般的情况)，是贝叶斯估计方法而不是最大似然估计方法，告诉我们如何根据所有的现有信息来计算条件概率密度函数 $p(\mathbf{x}|\mathcal{D})$。 97

到此为止，我们已经得到了解，但是还有许多有趣的问题值得研究。其中一个问题就是执行这些计算的复杂度如何。另一个问题是 $p(\mathbf{x}|\mathcal{D})$能否可靠地收敛到真正的 $p(\mathbf{x})$，以及收敛速度问题。下面我们将简要讨论收敛性问题，然后在后面的 3.7.2 节中，进一步讨论计算复杂度这一重要问题。

为了明确地表示集合中已有的样本个数 n，我们采用这样的记号：$\mathcal{D}^n=\{\mathbf{x}_1,\mathbf{x}_2,\cdots,\mathbf{x}_n\}$。然后，根据公式(51)，如果 $n>1$，那么有

$$p(\mathcal{D}^n|\boldsymbol{\theta}) = p(\mathbf{x}_n|\boldsymbol{\theta})p(\mathcal{D}^{n-1}|\boldsymbol{\theta}) \tag{52}$$

将上式代入公式(50)，并且结合贝叶斯公式，我们能够得到下面的结果：

$$p(\boldsymbol{\theta}|\mathcal{D}^n) = \frac{p(\mathbf{x}_n|\boldsymbol{\theta})p(\boldsymbol{\theta}|\mathcal{D}^{n-1})}{\int p(\mathbf{x}_n|\boldsymbol{\theta})p(\boldsymbol{\theta}|\mathcal{D}^{n-1})\,d\boldsymbol{\theta}} \tag{53}$$

注意，当尚未有观测样本时，令 $p(\boldsymbol{\theta}|\mathcal{D}^0)=p(\boldsymbol{\theta})$。反复运用上述公式，能够产生一系列的概率密度函数 $p(\boldsymbol{\theta})$，$p(\boldsymbol{\theta}|\mathbf{x}_1)$，$p(\boldsymbol{\theta}|\mathbf{x}_1,\mathbf{x}_2)$，等等。这一过程被称为参数估计的递归贝叶斯方法(recursive Bayes approach)。这是我们遇到的第一个"增量学习"(incremental learning)或在线学习算法，其特点是学习过程随着观察数据的不断获得而不断进行。如果这一概率密度函数的序列最终能够收敛到一个中心在参数的真实值附近的狄拉克函数，那么就实现了贝叶斯学习过程(例 1)。当然，我们还将遇到许多非增量的学习方法，其中所有的训练样本必须在学习过程开始前就全部获得。

在原则上，为了计算 $p(\boldsymbol{\theta}|\mathcal{D}^n)$，等式(53)要求保留$\mathcal{D}^{n-1}$中的所有训练点。然而，对于某些分布，可能几个与 $p(\boldsymbol{\theta}|\mathcal{D}^{n-1})$相关的参数估计就足以包含所需的全部信息了。这样的参数被称为对应于某个特定分布的充分统计量(sufficient statistics)，我们将在 3.6 节中展开详细的讨论。有些书的作者认为"递归学习"(recursive learning)这一概念特指只使用某种充分统计量，而不是训练样本本身的情况，在本书中，我们把这种特殊情况称为"真正的递归贝叶斯学习"(true recursive Bayes learning)。

例 1　递归的贝叶斯学习

首先，假设一维样本都服从均匀分布

$$p(\mathbf{x}|\boldsymbol{\theta}) \sim U(0,\boldsymbol{\theta}) = \begin{cases} 1/\boldsymbol{\theta} & 0 \leqslant \mathbf{x} \leqslant \boldsymbol{\theta} \\ 0 & \text{其他} \end{cases}$$

但是，最初时，我们只知道参数 $\boldsymbol{\theta}$ 是有界的，而其具体数值未知。比如，可以假设 $0\leqslant\boldsymbol{\theta}\leqslant 10$(我们在 3.5.2 节中将进一步讨论这种无信息的或"平"的先验概率)。采用递归贝叶斯学习方法来估计 $\boldsymbol{\theta}$ 和概率密度函数 $p(\mathbf{x})$。已有样本集为$\mathcal{D}=\{4,7,2,8\}$，其中每一个样本都是独立的从

概率密度 $p(\mathbf{x})$中抽取的。一开始，在尚没有任何样本到达之前，我们有 $p(\boldsymbol{\theta}|\mathcal{D}^0 F)=p(\boldsymbol{\theta})=U(0,10)$。然后，第一个样本 $x_1=4$ 到达。使用等式(53)来得到一个改善了的如下估计

98

$$p(\boldsymbol{\theta}|\mathcal{D}^1)\propto p(\mathbf{x}|\boldsymbol{\theta})p(\boldsymbol{\theta}|\mathcal{D}^0)=\begin{cases}1/\boldsymbol{\theta} & 4\leqslant\boldsymbol{\theta}\leqslant 10\\ 0 & \text{其他}\end{cases}$$

(在这里的全部过程中，简便起见，我们将忽略归一化问题）然后第二个数据 $\mathbf{x}_2=7$ 到达，我们有

$$p(\boldsymbol{\theta}|\mathcal{D}^2)\propto p(\mathbf{x}|\boldsymbol{\theta})p(\boldsymbol{\theta}|\mathcal{D}^1)=\begin{cases}1/\boldsymbol{\theta}^2 & 7\leqslant\boldsymbol{\theta}\leqslant 10\\ 0 & \text{其他}\end{cases}$$

这样，对于后面到达的所有样本都可以进行同样的处理。这里，应该注意：由于每一次递归都将引入系数因子 $1/\boldsymbol{\theta}$，并且分布仅对大于最大的样本值的区间才非零，即 $p(\boldsymbol{\theta}|\mathcal{D}^n)\propto 1/\boldsymbol{\theta}^n$，对于 $\max_x[\mathcal{D}^n]\leqslant\boldsymbol{\theta}\leqslant 10$，如下图所示。

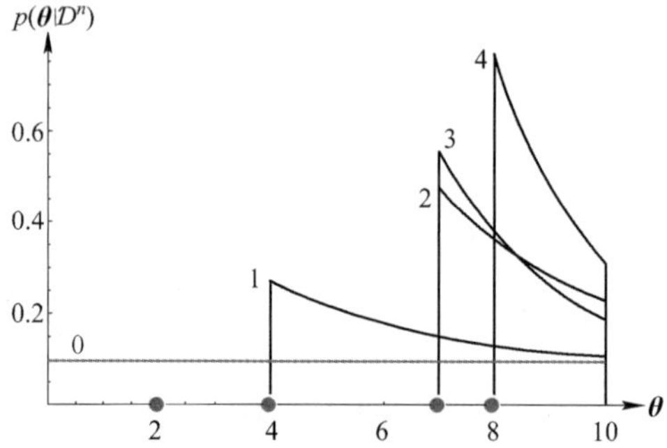

使用了题设中给出的全部样本之后，最大似然估计得出的结果为 $\hat{\boldsymbol{\theta}}=8$，也就是说，这是一个均匀分布：$p(\mathbf{x}|\mathcal{D})\sim N(0,8)$。图中表示了使用此例中的模型和数据集中的 n 个样本点估计得到的后验概率密度函数 $p(\boldsymbol{\theta}|\mathcal{D}^n)$。对于 $n=0$ 的情况，后验概率密度函数是位于 0 到 10 之间的均匀分布，用 $p(\boldsymbol{\theta})\sim U(0,10)$来表示。当有更多的样本加进来时，后验概率密度函数的估计就在最大的样本点处形成了尖峰。

根据贝叶斯方法，使用公式(49)的积分，得到的概率密度函数 $p(\mathbf{x}|\mathcal{D})$直到 $\mathbf{x}=8$ 都是均匀分布，但对于更高的 $\boldsymbol{\theta}$ 值，则有一个小的拖尾（如下图所示），这表明我们的先验概率函数估计 $p(\boldsymbol{\theta})$中的信息尚未被训练样本全部覆盖掉。

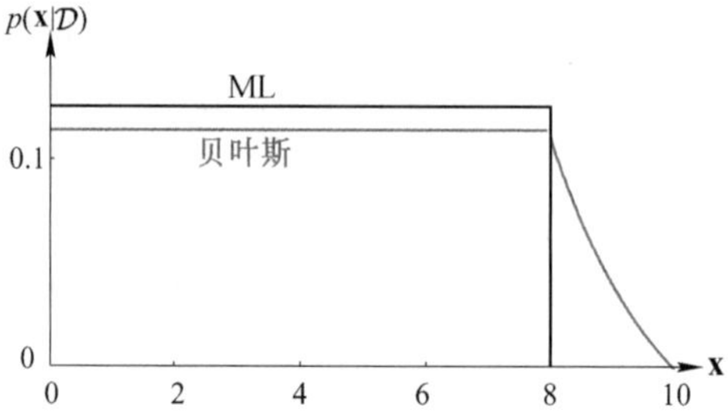

对于给定的 4 个样本点的集合，使用最大似然法求得的概率密度函数为 $p(\mathbf{x}|\hat{\boldsymbol{\theta}})\sim U(0,8)$。然而，使用贝叶斯方法得到的分布则在 $\mathbf{x}=8$ 处留有一个拖尾，这说明先验知识的影响仍然存在，即告诉我们在 $\mathbf{x}=10$ 附近，概率密度函数仍然可能非零。

与最大似然法（ML 法）不同的是，ML 法估计的是 $\boldsymbol{\theta}$ 空间中的一个点，而贝叶斯方法估计的则是一个概率分布。因此严格地说，在技术本身，我们不能直接比较这两种方法。只有在计

算概率密度函数 $p(\mathbf{x}|\mathcal{D})$时(如上图所示),才可能进行一个公平的比较。 99

对于通常能遇到的典型的条件概率密度函数 $p(\mathbf{x}|\boldsymbol{\theta})$,后验概率密度函数序列一般都能收敛到狄拉克函数。因此,这就意味着:只要训练样本的数量足够多,就能够确定唯一的最适合这些训练样本的 $\boldsymbol{\theta}$ 值。也就是说,参数 $\boldsymbol{\theta}$ 能被条件概率密度函数 $p(\mathbf{x}|\boldsymbol{\theta})$唯一确定。在这种情况下,概率密度函数 $p(\mathbf{x}|\boldsymbol{\theta})$被称为可辨识的。对于这一性质的严格证明,需要确切知道概率密度函数 $p(\mathbf{x}|\boldsymbol{\theta})$和 $p(\boldsymbol{\theta})$的形式,但证明过程本身并不是十分困难的(请参见习题 21)。

然而,的确存在这样的情况,即对于不同的 $\boldsymbol{\theta}$ 值,产生的 $p(\mathbf{x}|\boldsymbol{\theta})$都相同。在这种情况下,$\boldsymbol{\theta}$ 不能由 $p(\mathbf{x}|\boldsymbol{\theta})$唯一确定,并且 $p(\mathbf{x}|\mathcal{D}^n)$将在所有可能的 $\boldsymbol{\theta}$ 值的附近都形成尖峰。然而幸运的是,这种可能的不确定性并不会带来严重后果,因为在公式(25)中,参与运算的概率密度函数 $p(\mathbf{x}|\boldsymbol{\theta})$对所有可能的 $\boldsymbol{\theta}$ 值都相同。也就是说,无论条件概率密度函数 $p(\mathbf{x}|\boldsymbol{\theta})$可辨识与否,$p(\mathbf{x}|\mathcal{D}^n)$总是会收敛到 $p(\mathbf{x})$。然而,这种不确定性总是客观存在的,并且,在第 10 章,我们将看到在无监督学习中,这个可辨识问题就成了一个非常值得讨论的问题。

3.5.1 最大似然方法和贝叶斯方法何时有区别

对于先验概率能保证问题有解的情况下,最大似然估计和贝叶斯估计在训练样本趋近于无穷时效果是一样的。然而,在实际的模式识别问题中,训练样本总是有限的,因此,我们很自然地就会问:在什么时候,最大似然估计和贝叶斯估计这两种方法将表现出不同,并且在这种情况下,我们应该选取哪一种方法。

决定我们的选择的标准有如下几个:其中的一个标准,就是所使用的方法的计算复杂度(具体请参见 3.7.2 节)。在这个标准下,最大似然方法是较好的选择,因为运用最大似然方法,将只涉及一些微分运算或梯度搜索技术以求得 $\hat{\boldsymbol{\theta}}$,而如果采用贝叶斯估计方法,则可能要求计算非常复杂的多重积分。

这又引出了另一个标准:可理解性。在许多情况下,最大似然方法要比贝叶斯估计方法更容易理解和掌握,因为由它得到的结果是基于设计者所提供的训练样本的一个最佳解答,而由贝叶斯估计方法得到的结果则是许多可行解答的加权平均值,反映出对各种可行解答的不确定程度,这就使得贝叶斯估计方法比最大似然估计方法更难于直观理解。也就是说,贝叶斯估计方法的结果反映出对所使用的模型的不确定性。

另一个选择的标准是我们对初始的先验知识的信任程度,比如对概率密度函数 $p(\mathbf{x}|\boldsymbol{\theta})$的形式。最大似然估计得到的结果 $p(\mathbf{x}|\hat{\boldsymbol{\theta}})$的形式是与初始假设的形式一致的。而这一点对于贝叶斯估计就未必成立。就像例 1 中一样,$p(\mathbf{x}|\mathcal{D})$的初始假设为一个均匀分布,而贝叶斯估计得到的结果 $p(\mathbf{x}|\hat{\boldsymbol{\theta}})$的形式却与初始假设的形式不同。总的说来,通过使用全部 $p(\boldsymbol{\theta}|\mathcal{D})$中的信息,贝叶斯估计方法比最大似然方法能够利用更多有用的信息(例如,在例 1 中,第 3 个样本的到达对最大似然估计的结果没有影响,而对贝叶斯估计的结果却能够产生更新)。如果这些信息是可靠的,那么我们有理由认为贝叶斯估计方法比最大似然估计方法能够得到更准确的结果。而且,在没有特别的先验知识的情况下(例如均匀分布,或称为"平"的分布),贝叶斯估计方法与最大似然估计方法是很相似的。并且,如果有非常多的训练样本,使得 $p(\boldsymbol{\theta}|\mathcal{D})$形成一个非常显著的尖峰,而先验概率 $p(\boldsymbol{\theta})$又是均匀分布的,那么前面所说的 MAP 估计在本质上也是与最大似然估计相同的。

然而,如果 $p(\boldsymbol{\theta}|\mathcal{D})$的波形比较宽,或者在 $\hat{\boldsymbol{\theta}}$ 附近是不对称的(这一不对称性并不是因为选取训练样本的过程而造成的,而是问题本身所决定的),那么,最大似然估计和贝叶斯估计产

100 生的结果就不相同了。通常，非常明显的不对称性显然表示了分布本身的某种特点。贝叶斯方法能够利用这些特点，而最大似然方法却忽略了这些特点。而且，贝叶斯估计方法对偏差和方差之间的折中研究得更加透彻，而这一折中是与训练样本的个数密切相关的。这个问题在第 2 章的分类器设计中并不是很严重，因为在第 2 章中，我们总是希望训练样本个数非常巨大。而这一问题在第 9 章的机器学习理论中就变得非常重要了。

当使用最大似然估计或贝叶斯估计的结果设计分类器时，采用的还是第 2 章所讲述的方法：我们对每一类别都计算后验概率密度函数，并且根据最大后验概率对测试样本进行分类。（如果还知道风险矩阵，那么我们也能够考虑分类风险所带来的影响。）

系统产生的最终分类误差的来源有如下几个。

贝叶斯误差（或不可分性误差） 这一分类误差是由不同的类条件概率密度函数 $p(\mathbf{x}|\omega_i)$ 之间的互相重叠引起的。这种分类误差是问题本身所固有的，因此永远无法消除。

模型误差 由于选择了不正确的模型所导致的分类误差。只有当设计分类器时，设计的模型形式中包括了正确的模型，这一误差才可能消除。然而，设计者总是根据对问题的先验知识和理解来选择模型，并不是在后续的估计过程中选择模型。因此，这一误差在最大似然估计和贝叶斯估计中的影响都是类似的。

估计误差 这是由于采用有限样本进行估计所带来的误差。这一误差的影响可以用增加训练样本个数的方法来减小。

这 3 种误差各自对整个问题的影响程度是因问题而异的。如果能够使用无限多的样本，那么估计误差就能够消除，因此这时全部的分类错误对于最大似然估计和贝叶斯估计来说都是一样的。

综上所述，在理论上，贝叶斯估计方法有很强的理论和算法基础。但在实际应用中，最大似然估计更加简便，而且，设计出的分类器的性能几乎与贝叶斯方法得到的结果相差无几。

3.5.2 无信息先验和不变性

总的说来，关于 $p(\boldsymbol{\theta})$ 的先验知识来自设计者对具体问题的理解和掌握，这其实超出了分类器设计的范畴。然而，在某些情况下，还是有一些原则，这些原则能够使我们对先验概率分布 $p(\boldsymbol{\theta})$ 的假设不会过于糟糕。这就引出了有关“无信息先验（知识）”的概念。

在第 2 章中，在处理每一类别的先验概率时，如果没有其他的特别信息，那么我们都简单地假设每一类的概率相同。类似地，在贝叶斯估计方法中，我们对每一个参数也有一个无信息的先验估计。假设要使用贝叶斯方法从一组训练样本中估计其位置参数 μ 和尺度参数 a（例如，对于高斯分布，这两个参数就是均值和标准差，对于三角形分布，这两个参数就是中心位置和宽度，等等）。对于这两个参数，我们应该做怎样的先验假设呢？

首先考虑位置参数 μ。显然，我们要求这个先验分布不依赖于原点的具体位置，也就是
101 说，我们要求位置参数 μ 具有平移不变性。有这样的平移不变性的唯一分布就是在整个一维空间内的均匀分布。当然，这个分布其实是不合适的，因为这样就会有

$$\int p(\mu)\mathrm{d}\mu=\infty$$

其次，对于尺度参数的分布 $p(\sigma)$ 的先验假设应该是什么呢？显然，空域度量的单位——米、英尺、英寸——应该与先验概率的形式无关，也就是说，我们要求尺度参数 σ 具有尺度不变性。考虑一个新的变量 $\bar{\sigma}=\ln\sigma$。如果 σ 被一个正的系数 a 改变大小，即 $\sigma\rightarrow a\sigma$，这就使得新的变量产生了一个平移：

$$\tilde{\sigma} \rightarrow \ln a + \ln \sigma = \underbrace{\ln a}_{\text{平移}} + \tilde{\sigma} \tag{54}$$

这样，如同对位置参数 μ 的要求一样，我们要求 $\tilde{\sigma}$ 对所有可能的值都有均匀分布，也就是要求尺度参数 σ 必须具有如下分布（习题 20）：

$$p(\sigma) = 1/\sigma \tag{55}$$

当然，这样的分布也是现实中无法实现的。

总的说来，如果已经知道必须满足的不变性，例如，平移不变性，或对离散分布要求样本选取的顺序的无关性，那么就会对先验概率可能具有的形式带进约束。如果我们能找到满足这种约束的分布，那么最后的结果就称为对这些不变性要求是“无信息的”。

我们容易认为使用无信息的先验分布形式能够达到客观性，即样本本身能发挥出最大的作用，但这种想法还是欠考虑的。比如，在估计一个高斯分布的标准差 σ 时，我们希望保证先验分布是无信息的，但是这样的保证并不能使得 σ^2 也是无信息的。那么究竟应该怎么做呢？事实上，这一概念的最大作用是使得设计者能够认识到不变性这个问题的本身，而关于具体应该如何选取分布则超出了本书的范围。对于 MAP 估计器，要实现不变性将更为困难。因此，在贝叶斯估计方法中，不变性的考虑是非常有用的。

3.5.3 Gibbs 算法

在上文所述的假设条件下，贝叶斯最优分类器能够达到最佳的分类效果。然而，等式(25)中的积分可能是非常复杂的。为了降低难度，一个变通的方法是依据 $p(\boldsymbol{\theta}|\mathcal{D})$ 仅仅选取一个参数向量 $\boldsymbol{\theta}$，并且就把它当作真实值，这就是吉布斯(Gibbs)算法。在较弱的假设条件下，吉布斯算法的误差概率至多是贝叶斯最优分类器的两倍（习题 22）。

*3.6 充分统计量

从实际计算的观点来说，应用式(49)～式(51)提供的标准解法，由于计算复杂度高，因此不是一种特别有吸引力的途径。在模式识别的实际应用领域，几十个甚至上百个参数和数千个训练样本的情况都是司空见惯的，这么大的数据量使得应用标准解法求 $p(\mathcal{D}|\boldsymbol{\theta})$ 或 $p(\boldsymbol{\theta}|\mathcal{D})$ 是根本不在考虑之列的。在第 6 章中，我们将学习神经网络分类方法，以处理如此庞大的维数和数据量的问题。但是，目前我们寻求的是一种解析的并且可实现的用于求 $p(\mathbf{x}|\boldsymbol{\theta})$ 的参数形式的方法，要求一方面能够满足问题的要求，另一方面又能够切实可用。 102

考虑对一个多元高斯密度的参数学习问题的简单处理过程。其中涉及的数据处理仅仅是计算样本均值和样本协方差。这些很容易计算和更新的统计量就已经包含了样本中能够被用于估计未知均值和协方差的所有信息。人们容易猜测这种简单的处理只是正态分布所带来的优良特性，在别的情况下，这种简单的处理就不再适用了。事实上，这种猜测基本上是正确的。但是，确实还存在一些分布，也能够获得计算上非常可行的一些解法。这一问题的关键就是“充分统计量”(sufficient statistic)这一概念。

首先，我们把任何关于样本集$\mathcal{D}$的函数都称为一个统计量。大体上说，一个充分统计量就是一个关于样本集$\mathcal{D}$的函数 $\mathbf{s}$（也可能是向量形式的函数），其中包含了有助于估计某种参数[⊖] $\boldsymbol{\theta}$ 的所有相关的信息。从直觉上，人们可能希望一个充分统计量的定义能够包含如下的约束条件：$p(\boldsymbol{\theta}|\mathbf{s},\mathcal{D})=p(\boldsymbol{\theta}|\mathbf{s})$。然而，这样将要求 $\boldsymbol{\theta}$ 是一个随机变量，而这就把定义限制到只适合

⊖ 当必须区分函数的形式和它的值时，我们写作 $\mathbf{s}=\boldsymbol{\varphi}(\mathcal{D})$。

贝叶斯的情况。为了避免这样的限制,“充分统计量”的常规定义如下:一个统计量 $\mathbf{s}$ 对参数 $\boldsymbol{\theta}$ 是充分的,如果 $p(\mathcal{D}|\mathbf{s},\boldsymbol{\theta})$ 与 $\boldsymbol{\theta}$ 无关。

如果把 $\boldsymbol{\theta}$ 看作随机变量,则可以写成

$$p(\boldsymbol{\theta}|\mathbf{s}, \mathcal{D}) = \frac{p(\mathcal{D}|\mathbf{s}, \boldsymbol{\theta})p(\boldsymbol{\theta}|\mathbf{s})}{p(\mathcal{D}|\mathbf{s})} \tag{56}$$

其中,只要 $\mathbf{s}$ 是关于 $\boldsymbol{\theta}$ 的充分统计量,式 $p(\boldsymbol{\theta}|\mathbf{s},\mathcal{D})=p(\boldsymbol{\theta}|\mathbf{s})$ 就能够满足。反过来,如果统计量 $\mathbf{s}$ 能够使得 $p(\boldsymbol{\theta}|\mathbf{s},\mathcal{D})=p(\boldsymbol{\theta}|\mathbf{s})$,并且有 $p(\boldsymbol{\theta}|\mathbf{s})\neq 0$ 成立,那么容易证明 $p(\mathcal{D}|\mathbf{s},\boldsymbol{\theta})$ 与 $\boldsymbol{\theta}$ 无关(请参见习题 28)。这样,直觉上的定义和习惯上的定义在本质上是相同的。如同人们可能希望的那样,对于高斯形式的概率分布,样本均值和样本协方差组合在一起就构成了对真实的均值和协方差的一个充分统计量。因此,如果样本均值和样本协方差已知,那么其他任何统计量,比如幅值、取值范围、高阶矩、样本点的个数等样本集的参数,对于估计真实的均值和协方差来说,都是多余的。

关于充分统计量的一个最基本的理论是因式分解定理(factorization theorem)。这个定理阐述如下:一个统计量 $\mathbf{s}$ 是关于参数 $\boldsymbol{\theta}$ 的充分统计量,当且仅当 $p(\mathcal{D}|\boldsymbol{\theta})$ 能够被因式分解成两个函数的积的形式,其中的一个函数只依赖于 $\mathbf{s}$ 和 $\boldsymbol{\theta}$,而另一个函数只依赖于训练样本。

因式分解定理告诉我们能够把用于定义充分统计量的 $p(\mathcal{D}|\mathbf{s},\boldsymbol{\theta})$ 这个形式非常复杂的概率密度函数,转化为如下非常简单的形式:

$$p(\mathcal{D}|\boldsymbol{\theta}) = \prod_{k=1}^{n} p(\mathbf{x}_k|\boldsymbol{\theta}) \tag{57}$$

另外,这个定理同时也阐明:一个充分统计量能够被概率密度函数 $p(\mathbf{x}|\boldsymbol{\theta})$ 完全确定,与先验选取的并且不一定正确的 $p(\boldsymbol{\theta})$ 无关。

103 对于因式分解定理在连续情况下的证明比较需要技巧性,因为其中涉及退化情况的处理。由于这个理论的证明过程中有一些内在的令我们感兴趣的东西,因此在这里,我们将对简单的离散情况给出一个证明。

■ **定理 3.1(因式分解定理)** 一个关于参数 $\boldsymbol{\theta}$ 的统计量 $\mathbf{s}$ 是一个充分统计量,当且仅当概率分布函数 $P(\mathcal{D}|\boldsymbol{\theta})$ 能够写成乘积的形式

$$P(\mathcal{D}|\boldsymbol{\theta}) = g(\mathbf{s}, \boldsymbol{\theta})h(\mathcal{D}) \tag{58}$$

其中的 $g(\cdot,\cdot)$ 和 $h(\cdot)$ 是两个函数。

证明 (a)首先证明必要性。先假设 $\mathbf{s}$ 是关于参数 $\boldsymbol{\theta}$ 的充分统计量,因此 $P(\mathcal{D}|\mathbf{s},\boldsymbol{\theta})$ 不依赖于 $\boldsymbol{\theta}$。因为我们的目的是证明 $P(\mathcal{D}|\boldsymbol{\theta})$ 能够进行我们所要求的因式分解,因此我们希望能用 $P(\mathcal{D},\mathbf{s}|\boldsymbol{\theta})$ 的形式来表示 $P(\mathcal{D}|\boldsymbol{\theta})$。这可以通过把 $P(\mathcal{D},\mathbf{s}|\boldsymbol{\theta})$ 对所有的 $\mathbf{s}$ 值进行求和来得到:

$$\begin{aligned} P(\mathcal{D}|\boldsymbol{\theta}) &= \sum_{\mathbf{s}} P(\mathcal{D}, \mathbf{s}|\boldsymbol{\theta}) \\ &= \sum_{\mathbf{s}} P(\mathcal{D}|\mathbf{s}, \boldsymbol{\theta})P(\mathbf{s}|\boldsymbol{\theta}) \end{aligned} \tag{59}$$

因为 $\mathbf{s}$ 事实上是样本集 $\mathcal{D}$ 的函数,即 $\mathbf{s}=\boldsymbol{\varphi}(\mathcal{D})$,其中 $\boldsymbol{\varphi}(\cdot)$ 是某个形式的函数。对于任何给定的样本,只有一个对应的 $\mathbf{s}$ 的值。因此,我们有

$$P(\mathcal{D}|\boldsymbol{\theta}) = P(\mathcal{D}|\mathbf{s}, \boldsymbol{\theta})P(\mathbf{s}|\boldsymbol{\theta}) \tag{60}$$

而且，因为我们已经假设 $P(\mathcal{D}|\mathbf{s},\boldsymbol{\theta})$ 与 $\boldsymbol{\theta}$ 无关，因此，上式右边的第一项仅仅依赖于$\mathcal{D}$。把 $P(\mathbf{s}|\boldsymbol{\theta})$ 用 $g(\mathbf{s},\boldsymbol{\theta})$ 来表示，我们就能看到这时的 $P(\mathcal{D}|\boldsymbol{\theta})$ 确实能够进行我们所要求的因子分解。

(b)证明充分性。为了证明如果 $P(\mathcal{D}|\boldsymbol{\theta})$ 能够被因式分解成 $g(\mathbf{s},\boldsymbol{\theta})h(\mathcal{D})$ 的形式，则 $\mathbf{s}$ 就是关于参数 $\boldsymbol{\theta}$ 的充分统计量，那么就必须说明这就表示条件概率分布函数 $P(\mathcal{D}|\mathbf{s},\boldsymbol{\theta})$ 不依赖于 $\boldsymbol{\theta}$。因为 $\mathbf{s}=\boldsymbol{\varphi}(\mathcal{D})$，表示对某一个特定的 $\mathbf{s}$ 的值，其所对应的样本集的可能内容是受限制的，或者用正规的术语表达如下：$\bar{\mathcal{D}}=\{\mathcal{D}|\boldsymbol{\varphi}(\mathcal{D})=\mathbf{s}\}$。如果$\bar{\mathcal{D}}$是空集，也就是说，没有哪一个样本集能够产生统计量的值 $\mathbf{s}$，此时 $P(\mathbf{s}|\boldsymbol{\theta})=0$。如果排除了这种情况以后(也就是只考虑统计量 $\mathbf{s}$ 的值是可以取到的时候)，我们有

$$P(\mathcal{D}|\mathbf{s},\boldsymbol{\theta})=\frac{P(\mathcal{D},\mathbf{s}|\boldsymbol{\theta})}{P(\mathbf{s}|\boldsymbol{\theta})} \tag{61}$$

其中的分母可以通过把分子对所有可能的样本集$\mathcal{D}$求和得到。因为对于$\mathcal{D}\notin\bar{\mathcal{D}}$的情况，分母将为零，我们就把求和的范围限制在$\mathcal{D}\in\bar{\mathcal{D}}$中，即

$$P(\mathcal{D}|\mathbf{s},\boldsymbol{\theta})=\frac{P(\mathcal{D}|\mathbf{s},\boldsymbol{\theta})}{\sum\limits_{\mathcal{D}\in\bar{\mathcal{D}}}P(\mathcal{D}|\mathbf{s},\boldsymbol{\theta})}=\frac{P(\mathcal{D}|\boldsymbol{\theta})}{\sum\limits_{\mathcal{D}\in\bar{\mathcal{D}}}P(\mathcal{D}|\boldsymbol{\theta})}=\frac{g(\mathbf{s},\boldsymbol{\theta})h(\mathcal{D})}{\sum\limits_{\mathcal{D}\in\bar{\mathcal{D}}}g(\mathbf{s},\boldsymbol{\theta})h(\mathcal{D})}=\frac{h(\mathcal{D})}{\sum\limits_{\mathcal{D}\in\bar{\mathcal{D}}}h(\mathcal{D})} \tag{62}$$

这个表达式与 $\boldsymbol{\theta}$ 无关。根据充分统计量的定义，我们已证明统计量 $\mathbf{s}$ 对于参数 $\boldsymbol{\theta}$ 是充分的。 104

这里需要指出的是，存在着一些构造充分统计量的非常简单直接的方法。例如，对于一个大小为 n 的样本集，我们可以构造一个 n 维的向量 $\mathbf{s}$，其中的每一个分量就是对应的样本 $\mathbf{x}_1$，$\mathbf{x}_2$，…，$\mathbf{x}_n$。在这种情况下，$g(\mathbf{s},\boldsymbol{\theta})=f(\mathcal{D}|\boldsymbol{\theta})$ 和 $h(\mathcal{D})=1$。或者甚至可以用把 n 个样本的十进制表示的各个数位交织起来的技巧构造一个标量形式的充分统计量。

当然，用这类方式构造的充分统计量通常是无意义的，因为它们并不能简化问题本身，也就是失去了使用充分统计量的意义。把 $p(\mathcal{D}|\boldsymbol{\theta})$ 因式分解成 $g(\mathbf{s},\boldsymbol{\theta})h(\mathcal{D})$ 的方法只有在函数 g 和充分统计量 $\mathbf{s}$ 这两者的形式都非常简单的时候才有意义。这里需要指出，充分性是一种全局性的特性。也就是说，如果 $\mathbf{s}$ 是关于参数 $\boldsymbol{\theta}$ 的充分统计量，但这并不意味着 $\mathbf{s}$ 的各个分量也是 $\boldsymbol{\theta}$ 的各个分量对应的充分统计量，即 s_1 为 $\boldsymbol{\theta}_1$ 的充分统计量，s_2 为 $\boldsymbol{\theta}_2$ 的充分统计量，等等(为了更好理解这一问题，请参见习题 27)。

另一个值得注意的明显的事实是：把 $P(\mathcal{D}|\boldsymbol{\theta})$ 因式分解成 $g(\mathbf{s},\boldsymbol{\theta})h(\mathcal{D})$ 的具体分解形式并不一定是唯一的。如果 $f(\mathbf{s})$ 为 $\mathbf{s}$ 的任意函数，那么，我们可以令 $g'(\mathbf{s},\boldsymbol{\theta})=f(\mathbf{s})g(\mathbf{s},\boldsymbol{\theta})$，$h'(\mathcal{D})=h(\mathcal{D})/f(\mathbf{s})$。那么，这样的因式分解也是一种可行的因式分解方法。这种二义性可以用定义核密度(kernel density)函数的方法来得到消除：

$$\bar{g}(\mathbf{s},\boldsymbol{\theta})=\frac{g(\mathbf{s},\boldsymbol{\theta})}{\int g(\mathbf{s},\boldsymbol{\theta})\,d\boldsymbol{\theta}} \tag{63}$$

这样定义得到的 $\bar{g}(\mathbf{s},\boldsymbol{\theta})$ 就不受上文的改变系数的影响。

那么，充分统计量和核密度对于参数估计的重要性在什么地方呢？一个通常的回答就是，在模式识别领域，经典参数估计的最实用的一些问题，总是涉及概率密度函数，并且这些概率密度都常常拥有简单形式的充分统计量和简单形式的核密度。而且，对于任何分类规则，总是可以找到对应的单纯基于充分统计量的分类方法，而这些分类器通常具有相等或者更好的分类效果。

因此，至少在理论上，如果能够找到合适的充分统计量，那么我们就只需基于这个充分统计量来设计分类器。从本质上来说，这是一个降低数据量的问题。我们能够把一个巨大数据量的集合用数据量小得多的充分统计量来表示，并且能够保证在降低数据量的过程中，所有有用的信息都被完整地保存了下来。也就是说，我们总是可以用充分统计量来构造贝叶斯分类器。最好的一个例子就是：对于高斯分布的贝叶斯分类器，仅仅依赖于充分统计量 $\boldsymbol{\mu}$ 和 $\boldsymbol{\Sigma}$ 就足够了。

对于最大似然的情况，在寻找使得 $p(\mathcal{D}|\boldsymbol{\theta})=g(\mathbf{s},\boldsymbol{\theta})h(\mathcal{D})$ 最大化的 $\boldsymbol{\theta}$ 的值时，我们可以只关注 $g(\mathbf{s},\boldsymbol{\theta})$。在这种情况下，除非 $\overline{g}(\mathbf{s},\boldsymbol{\theta})$ 的形式要比 $g(\mathbf{s},\boldsymbol{\theta})$ 简单得多，否则公式(63)中的归一化就没有什么价值。然而，核密度函数的重要性却在贝叶斯学习方法中得以体现出来。对于公式(50)，如果用 $p(\mathcal{D}|\boldsymbol{\theta})=g(\mathbf{s},\boldsymbol{\theta})h(\mathcal{D})$ 进行替换，我们就得到

$$p(\boldsymbol{\theta}|\mathcal{D})=\frac{g(\mathbf{s},\boldsymbol{\theta})p(\boldsymbol{\theta})}{\int g(\mathbf{s},\boldsymbol{\theta})p(\boldsymbol{\theta})\,d\boldsymbol{\theta}} \tag{64}$$

如果对于 $\boldsymbol{\theta}$ 的先验知识十分模糊或不确定，那么 $p(\boldsymbol{\theta})$ 通常就选择均匀分布，或者可以选择一个随着 $\boldsymbol{\theta}$ 而非常缓慢变化的函数。对于这样近似于均匀分布的 $p(\boldsymbol{\theta})$，公式(64)表明 $p(\boldsymbol{\theta}|\mathcal{D})$ 几乎等于核密度函数。粗略地说，当先验概率分布为均匀分布时，核密度函数为参数向量的后验分布。即使当先验分布距离均匀分布相差很多时，核密度函数仍旧给出了参数向量的渐近分布。特别地，当 $p(\mathbf{x}|\boldsymbol{\theta})$ 是可辨识的，并且样本数量比较大时，$g(\mathbf{s},\boldsymbol{\theta})$ 通常在某一个 $\boldsymbol{\theta}=\hat{\boldsymbol{\theta}}$ 处有很明显的尖峰。如果先验概率密度函数 $p(\boldsymbol{\theta})$ 在 $\boldsymbol{\theta}=\hat{\boldsymbol{\theta}}$ 处连续，并且 $p(\hat{\boldsymbol{\theta}})\neq 0$，那么 $p(\boldsymbol{\theta}|\mathcal{D})$
105 将趋近于核密度函数 $\overline{g}(\mathbf{s},\boldsymbol{\theta})$。

充分统计量与指数族函数

为了说明如何运用因式分解定理去获得充分统计量，让我们再一次考虑已经非常熟悉的具有已知协方差和未知均值的 d 维正态概率密度函数，也就是说：$p(\mathbf{x}|\boldsymbol{\theta})\sim N(\boldsymbol{\theta},\boldsymbol{\Sigma})$。这时，我们有

$$\begin{aligned}
p(\mathcal{D}|\boldsymbol{\theta}) &= \prod_{k=1}^{n}\frac{1}{(2\pi)^{d/2}|\boldsymbol{\Sigma}|^{1/2}}\exp\left[-\frac{1}{2}(\mathbf{x}_k-\boldsymbol{\theta})^t\boldsymbol{\Sigma}^{-1}(\mathbf{x}_k-\boldsymbol{\theta})\right]\\
&= \frac{1}{(2\pi)^{nd/2}|\boldsymbol{\Sigma}|^{n/2}}\exp\left[-\frac{1}{2}\sum_{k=1}^{n}\left(\boldsymbol{\theta}^t\boldsymbol{\Sigma}^{-1}\boldsymbol{\theta}-2\boldsymbol{\theta}^t\boldsymbol{\Sigma}^{-1}\mathbf{x}_k+\mathbf{x}_k^t\boldsymbol{\Sigma}^{-1}\mathbf{x}_k\right)\right]\\
&= \exp\left[-\frac{n}{2}\boldsymbol{\theta}^t\boldsymbol{\Sigma}^{-1}\boldsymbol{\theta}+\boldsymbol{\theta}^t\boldsymbol{\Sigma}^{-1}\left(\sum_{k=1}^{n}\mathbf{x}_k\right)\right]\\
&\quad\times\frac{1}{(2\pi)^{nd/2}|\boldsymbol{\Sigma}|^{n/2}}\exp\left[-\frac{1}{2}\sum_{k=1}^{n}\mathbf{x}_k^t\boldsymbol{\Sigma}^{-1}\mathbf{x}_k\right]
\end{aligned} \tag{65}$$

这个因式分解的表达式把 $p(\mathcal{D}|\boldsymbol{\theta})$ 对 $\boldsymbol{\theta}$ 的依赖性归于第 1 项，这样，根据定理，我们知道 $\sum_{k=1}^{n}\mathbf{x}_k$ 是关于参数向量 $\boldsymbol{\theta}$ 的充分统计量。当然，任何一个关于 $\sum_{k=1}^{n}\mathbf{x}_k$ 的一一对应的函数也将是 $\boldsymbol{\theta}$ 的充分统计量。特别地，样本均值

$$\hat{\boldsymbol{\mu}}_n=\frac{1}{n}\sum_{k=1}^{n}\mathbf{x}_k \tag{66}$$

也是关于参数向量 $\boldsymbol{\theta}$ 的充分统计量。使用这个充分统计量，我们有

$$g(\hat{\boldsymbol{\mu}}_n, \boldsymbol{\theta}) = \exp\left[-\frac{n}{2}\left(\boldsymbol{\theta}^t\boldsymbol{\Sigma}^{-1}\boldsymbol{\theta} - 2\boldsymbol{\theta}^t\boldsymbol{\Sigma}^{-1}\hat{\boldsymbol{\mu}}_n\right)\right] \tag{67}$$

应用公式(63),或者通过配平方,可以得到核密度函数

$$\bar{g}(\hat{\boldsymbol{\mu}}_n, \boldsymbol{\theta}) = \frac{1}{(2\pi)^{d/2}|\frac{1}{n}\boldsymbol{\Sigma}|^{1/2}} \exp\left[-\frac{1}{2}(\boldsymbol{\theta} - \hat{\boldsymbol{\mu}}_n)^t \left(\frac{1}{n}\boldsymbol{\Sigma}\right)^{-1} (\boldsymbol{\theta} - \hat{\boldsymbol{\mu}}_n)\right] \tag{68}$$

这些结果很明显地表示了 $\hat{\boldsymbol{\mu}}_n$ 就是对于参数向量 $\boldsymbol{\theta}$ 的最大似然估计。贝叶斯后验概率密度函数可以通过对 $\bar{g}(\hat{\boldsymbol{\mu}}_n,\boldsymbol{\theta})$ 进行如公式(64)所示的积分而得到。如果先验概率是均匀分布,那么我们有 $p(\boldsymbol{\theta}|\mathcal{D})=\bar{g}(\hat{\boldsymbol{\mu}}_n,\boldsymbol{\theta})$。

类似的方法可以用来对其他类型的概率密度函数计算充分统计量。特别地,这个方法对指数族函数(exponential family)都适用。这些指数族的概率分布函数或概率密度函数都具有形式非常简单的充分统计量。指数族函数的主要成员包括高斯函数、指数函数、瑞利(Raylegh)函数、泊松(Poisson)函数,以及其他的各种类似的函数。它们都可以用下面的通用形式来表示:

$$p(\mathbf{x}|\boldsymbol{\theta}) = \alpha(\mathbf{x}) \exp\left[\mathbf{a}(\boldsymbol{\theta}) + \mathbf{b}(\boldsymbol{\theta})^t\mathbf{c}(\mathbf{x})\right] \tag{69}$$

如果把 n 个具有式(69)的形式的多个项相乘,那么有 106

$$p(\mathcal{D}|\boldsymbol{\theta}) = \exp\left[n\mathbf{a}(\boldsymbol{\theta}) + \mathbf{b}(\boldsymbol{\theta})^t\sum_{k=1}^{n}\mathbf{c}(\mathbf{x}_k)\right]\prod_{k=1}^{n}\alpha(\mathbf{x}_k) = g(\mathbf{s}, \boldsymbol{\theta})h(\mathcal{D}) \tag{70}$$

其中可以令

$$\mathbf{s} = \frac{1}{n}\sum_{k=1}^{n}\mathbf{c}(\mathbf{x})$$

$$g(\mathbf{s}, \boldsymbol{\theta}) = \exp\left[n\{\mathbf{a}(\boldsymbol{\theta}) + \mathbf{b}(\boldsymbol{\theta})^t\mathbf{s}\}\right]$$

和

$$h(\mathcal{D}) = \prod_{k=1}^{n}\alpha(\mathbf{x}_k)$$

表 3-1 给出了指数族函数中的一些常见成员的具体分布形式,即它们的充分统计量和它们的未经归一化的核函数的形式。

根据这些充分统计量进行最大似然估计或计算贝叶斯后验分布都是非常容易的。当然,表 3-1 只处理了单个变量的情况。如果假设各个变量之间统计独立,则多变量的情况也能够相应得出。注意,一些著名的概率分布,比如柯西分布,并不具有充分统计量,因此对于柯西分布,样本均值和真正的均值之间相差得很远(参见习题 29)。

3.7 维数问题

在实际的多类别问题中,遇到包含多达 50 或 100 个(甚至更多)特征的问题是根本不会令人惊讶的,尤其当这些特征都是一些二值变量的时候。通常认为其中的任何一个特征对于实现正确的分类都有它自己的贡献。但是,有理由怀疑这些特征之间是否存在着相关性,即,里面是否存在着某种信息的冗余。这样,就产生了两个必须面对的问题。首先,也是最重要的问题:特征的维数(和训练样本集的大小)对于分类精度有何影响。其次,特征的维数对于分类器设计的计算复杂度有何影响。

表 3-1 一般的指数分布及其充分统计量

名 称	分 布	定 义 域		$\mathbf{s}$	$[g(\mathbf{s},\boldsymbol{\theta})]^{1/n}$
正态	$p(x\|\boldsymbol{\theta})=\sqrt{\frac{\boldsymbol{\theta}_2}{2\pi}}e^{-(1/2)\boldsymbol{\theta}_2(x-\boldsymbol{\theta}_1)^2}$	$\boldsymbol{\theta}_2>0$	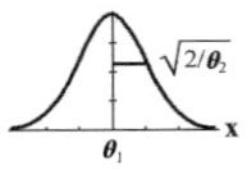	$\begin{bmatrix}\frac{1}{n}\sum_{k=1}^{n}x_k\\ \frac{1}{n}\sum_{k=1}^{n}x_k^2\end{bmatrix}$	$\sqrt{\boldsymbol{\theta}_2}e^{-\frac{1}{2}\boldsymbol{\theta}_2(s_2-2\boldsymbol{\theta}_1 s_1+\boldsymbol{\theta}_1^2)}$
多元正态	$p(\mathbf{x}\|\boldsymbol{\theta})=\frac{\|\boldsymbol{\Theta}_2\|^{1/2}}{(2\pi)^{d/2}}e^{-(1/2)(\mathbf{x}-\boldsymbol{\theta}_1)^t\boldsymbol{\Theta}_2(\mathbf{x}-\boldsymbol{\theta}_1)}$	$\boldsymbol{\Theta}_2$ 正定	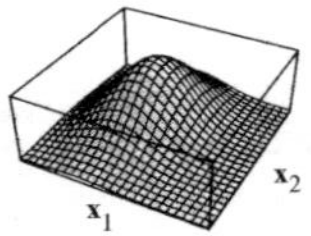	$\begin{bmatrix}\frac{1}{n}\sum_{k=1}^{n}\mathbf{x}_k\\ \frac{1}{n}\sum_{k=1}^{n}\mathbf{x}_k\mathbf{x}_k^t\end{bmatrix}$	$\|\boldsymbol{\Theta}_2\|^{1/2}e^{-\frac{1}{2}[\mathrm{tr}\boldsymbol{\Theta}_2\mathbf{s}_2-2\boldsymbol{\theta}_1^t\boldsymbol{\Theta}_2\mathbf{s}_1+\boldsymbol{\theta}_1^t\boldsymbol{\Theta}_2\boldsymbol{\theta}_1]}$
指数	$p(x\|\boldsymbol{\theta})=\begin{cases}\theta e^{-\boldsymbol{\theta}x} & x\geqslant 0\\ 0 & \text{其他}\end{cases}$	$\boldsymbol{\theta}>0$	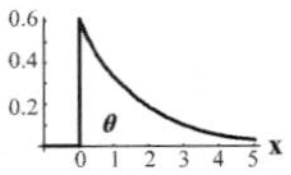	$\frac{1}{n}\sum_{k=1}^{n}x_k$	$\boldsymbol{\theta}e^{-\boldsymbol{\theta}s}$
瑞利	$p(x\|\boldsymbol{\theta})=\begin{cases}2\theta xe^{-\boldsymbol{\theta}x^2} & x\geqslant 0\\ 0 & \text{其他}\end{cases}$	$\boldsymbol{\theta}>0$	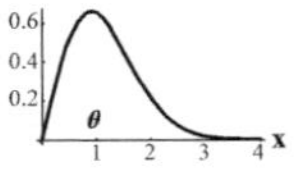	$\frac{1}{n}\sum_{k=1}^{n}x_k^2$	$\boldsymbol{\theta}e^{-\boldsymbol{\theta}s}$
麦克斯威尔	$p(x\|\boldsymbol{\theta})=\begin{cases}\frac{4}{\sqrt{\pi}}\theta^{3/2}x^2e^{-\boldsymbol{\theta}x^2} & x\geqslant 0\\ 0 & \text{其他}\end{cases}$	$\boldsymbol{\theta}>0$	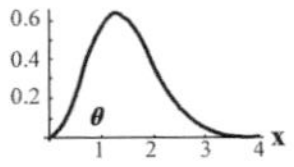	$\frac{1}{n}\sum_{k=1}^{n}x_k^2$	$\boldsymbol{\theta}^{3/2}e^{-\boldsymbol{\theta}s}$
Γ	$p(x\|\boldsymbol{\theta})=\begin{cases}\frac{\boldsymbol{\theta}_2^{\boldsymbol{\theta}_1+1}}{\Gamma(\boldsymbol{\theta}_1+1)}x^{\boldsymbol{\theta}_1}e^{-\boldsymbol{\theta}_2 x} & x\geqslant 0\\ 0 & \text{其他}\end{cases}$	$\boldsymbol{\theta}_1>-1$ $\boldsymbol{\theta}_2>0$	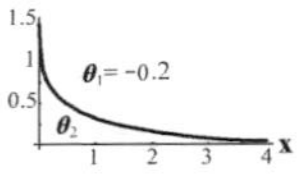	$\begin{bmatrix}\left(\prod_{k=1}^{n}x_k\right)^{1/n}\\ \frac{1}{n}\sum_{k=1}^{n}x_k\end{bmatrix}$	$\frac{\boldsymbol{\theta}_2^{\boldsymbol{\theta}_1+1}}{\Gamma(\boldsymbol{\theta}_1+1)}s_1^{\boldsymbol{\theta}_1}e^{-\boldsymbol{\theta}_2 s_2}$

β	$p(\mathbf{x}\mid\boldsymbol{\theta}) = \begin{cases} \frac{\Gamma(\boldsymbol{\theta}_1+\boldsymbol{\theta}_2+2)}{\Gamma(\boldsymbol{\theta}_1+1)\Gamma(\boldsymbol{\theta}_2+1)}\mathbf{x}^{\boldsymbol{\theta}_1}(1-\mathbf{x})^{\boldsymbol{\theta}_2} & 0 \leqslant \mathbf{x} \leqslant 1 \\ 0 & \text{其他} \end{cases}$	$\boldsymbol{\theta}_1 > -1$ $\boldsymbol{\theta}_2 > -1$	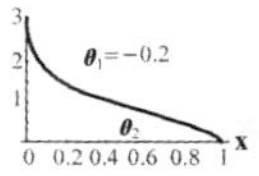	$\begin{bmatrix} \left(\prod_{k=1}^{n}\mathbf{x}_k\right)^{1/n} \\ \left(\prod_{k=1}^{n}(1-\mathbf{x}_k)\right)^{1/n} \end{bmatrix}$	$\frac{\Gamma(\boldsymbol{\theta}_1+\boldsymbol{\theta}_2+2)}{\Gamma(\boldsymbol{\theta}_1+1)\Gamma(\boldsymbol{\theta}_2+1)}\mathbf{s}_1^{\boldsymbol{\theta}_1}\mathbf{s}_2^{\boldsymbol{\theta}_2}$
泊松	$P(\mathbf{x}\mid\boldsymbol{\theta}) = \frac{\boldsymbol{\theta}^{\mathbf{x}}}{\mathbf{x}!}e^{-\boldsymbol{\theta}} \quad \mathbf{x} = 0, 1, 2, \cdots$	$\boldsymbol{\theta} > 0$	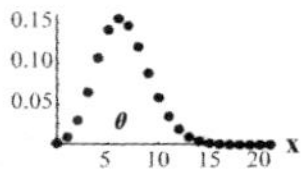	$\frac{1}{n}\sum_{k=1}^{n}\mathbf{x}_k$	$\boldsymbol{\theta}^{\mathbf{s}}e^{-\boldsymbol{\theta}}$
伯努利	$P(\mathbf{x}\mid\boldsymbol{\theta}) = \boldsymbol{\theta}^{\mathbf{x}}(1-\boldsymbol{\theta})^{1-\mathbf{x}} \qquad \mathbf{x} = 0, 1$	$0 < \boldsymbol{\theta} < 1$	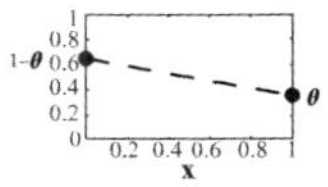	$\frac{1}{n}\sum_{k=1}^{n}\mathbf{x}_k$	$\boldsymbol{\theta}^{\mathbf{s}}(1-\boldsymbol{\theta})^{1-\mathbf{s}}$
二项式	$P(\mathbf{x}\mid\theta) =$ $\frac{m!}{\mathbf{x}!(m-x)!}\theta^{\mathbf{x}}(1-\theta)^{m-\mathbf{x}}$ $\mathbf{x} = 0, 1, \cdots, m$	$0 < \boldsymbol{\theta} < 1$	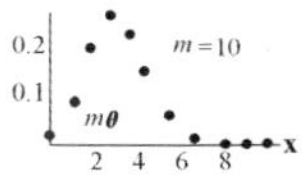	$\frac{1}{n}\sum_{k=1}^{n}\mathbf{x}_k$	$\boldsymbol{\theta}^{\mathbf{s}}(1-\boldsymbol{\theta})^{m-\mathbf{s}}$
多项式	$P(\mathbf{x}\mid\boldsymbol{\theta}) = \frac{m!\prod_{i=1}^{d}\boldsymbol{\theta}_i^{\mathbf{x}_i}}{\prod_{i=1}^{d}\mathbf{x}_i!} \qquad \mathbf{x}_i = 0, 1, \cdots, m \quad \sum_{i=1}^{d}\mathbf{x}_i = m$	$0 < \boldsymbol{\theta}_i < 1$ $\sum_{i=1}^{d}\boldsymbol{\theta}_i = 1$	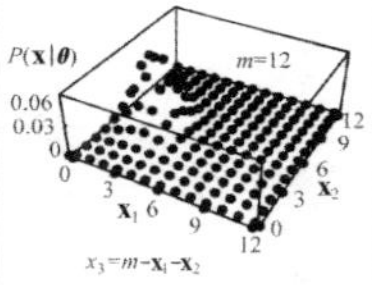	$\frac{1}{n}\sum_{k=1}^{n}\mathbf{x}_k$	$\prod_{i=1}^{d}\boldsymbol{\theta}_i^{\mathbf{s}_i}$

3.7.1 精度、维数和训练集的大小

如果各个特征之间是互相统计独立的，那么已经有一些关于分类精度的理论性结果。例如，考虑如下的协方差矩阵相同的两类多变量高斯分布 $p(\mathbf{x}|\omega_j) \sim N(\boldsymbol{\mu}_j, \boldsymbol{\Sigma})$，其中 $j=1,2$。如果这两个类别的先验概率相同，那么容易给出贝叶斯误差概率（参见第 2 章的习题 30）：

$$P(e) = \frac{1}{\sqrt{2\pi}} \int_{r/2}^{\infty} e^{-u^2/2}\, du \tag{71}$$

107~109 其中 r^2 为平方 Mahalanobis 距离（具体请参见 2.5 节）

$$r^2 = (\boldsymbol{\mu}_1 - \boldsymbol{\mu}_2)^t \boldsymbol{\Sigma}^{-1} (\boldsymbol{\mu}_1 - \boldsymbol{\mu}_2) \tag{72}$$

这样，当 r 增加时，误差概率就相应减小，并且在当 r 趋近于无穷大时，误差概率接近于零。对于条件独立的情况，有 $\boldsymbol{\Sigma}=\mathrm{diag}(\sigma_1^2, \cdots, \sigma_d^2)$ 和

$$r^2 = \sum_{i=1}^{d} \left(\frac{\mu_{i1} - \mu_{i2}}{\sigma_i} \right)^2 \tag{73}$$

上式显示出每一个特征对降低误差概率所做出的贡献。自然地，最有用的特征是两类均值之间的距离大于标准差的那些特征。而如果一个特征的两类均值不相同，那么这个特征就是有用的。一个容易想到的降低误差概率的方法就是再引进新的独立的特征。每一个新引进的特征可能只导致 r 的少量增加，但只要 r 的值能够无限制地增加下去，误差概率就有可能任意得小。

通常，如果基于现有的所有特征设计出的分类器的效果不令人满意，那么考虑增加新的特征就是一个很自然的解决方法，特别是那些有助于分开常常被混淆的类别的新特征。虽然增加新的特征导致的负面影响是增加了特征提取与分类器的计算复杂度，但通常分类器的性能能够得到一定程度的改善。而且，如果问题的概率结构是完全已知的，那么增加新的特征并不会增加贝叶斯风险。最坏的情况也就是最终的贝叶斯分类器忽略那些新增加的特征，而只要新特征确实提供了有用的信息，那么分类器的精确度显然会提高。

但是，在实际应用中，人们通常发现当特征个数增加到某一个临界点后，继续增加反而会导致分类器的性能变差。这个现象似乎与理论相矛盾，因此对分类器设计提出了真正严峻的挑战。而问题的核心通常可以追溯到最初假设的概率模型与实际情况之间的不匹配（比如，高斯假设或条件假设是不正确的）（请参见图 3-3）。或者因为实际所用的训练样本个数非常有限，导致了概率分布的估计的不准确，等等。然而，详细分析这些问题是很困难的，同时也比较微妙。简化的情况通常不具有实际出现的这些现象，而真正的实际应用问题又是难于具体分析的（关于这方面的进一步讨论，可以参见第 9 章）。

3.7.2 计算复杂度

前文已经多处提到影响分类器设计方法的因素之一是计算复杂度。在这里，我们将更深入地讨论这个问题。我们要熟悉一些术语和它们的具体含义。首先，是函数的“阶”(order)的概念。我们说，$f(x)$“具有 $h(x)$ 的阶”——记作 $f(x)=O(h(x))$，通常读作“$h(x)$ 的大 O 阶”，它表示存在常数 c 和 x_0，使得对所有的 $x>x_0$，存在 $|f(x)|\leqslant c|h(x)|$，那么这说明，对于足够大的 x，函数 $f(x)$ 的上界不会超出 $h(x)$ 所限定的范围。例如，假设 $f(x)=a_0+a_1x+a_2x^2$。对这个 $f(x)$，我们有 $f(x)=O(x^2)$，因为对于足够大的 x，$f(x)$ 的常数部分、线性部分和二次项部分都可以通过对函数 x^2 选择足够大的 c 和 x_0 来超过。对于多个变量的情况，推广也是类似的。必须指出，在这样的定义下，一个函数的大 O 阶函数并不是唯一的。例如，对

图 3-3 图中显示了两个三维分布，它们具有互不重叠的概率密度函数。因此，在三维空间中，贝叶斯误差率为零。当把它们投影到一个子空间中时——这里的子空间可以是二维空间 x_1 - x_2 或一维空间 x_1，投影后的两个分布则有可能产生较严重的重叠现象，导致了较大的贝叶斯误差率

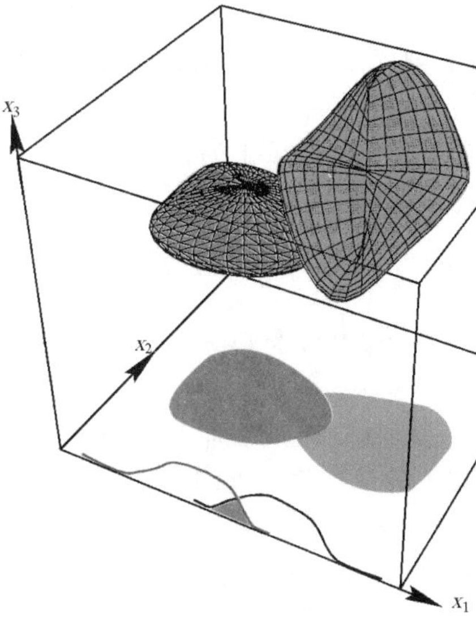

于上文的 $f(x)$，其大 O 阶函数可以为 $O(x^2)$，$O(x^3)$，$O(x^4)$，$O(x^2\ln x)$，等等。

正因为大 O 阶函数不是唯一的，所以常常需要一个最可能准确的阶函数。我们把 $f(x)=\Theta(h(x))$ 称为"$f(x)$ 具有关于函数 $h(x)$ 的大 Θ 阶"，即存在常数 x_0、c_1、c_2，对于所有的 $x>x_0$，$f(x)$ 总是位于 $c_1h(x)$ 和 $c_2h(x)$ 之间。这样，前面的二次型函数满足 $f(x)=\Theta(x^2)$，但不满足 $f(x)=\Theta(x^3)$（一个更加详细的解释请参见附录 A.8 节）。

在描述一个算法的计算复杂度时，我们总是对实现这个算法所需要的基本数学操作（比如加法、乘法、除法）的次数感兴趣，或者关注在计算机上运行该算法所需要的时间和存储器消耗。为了解释这一点，我们考虑对 n 个 c 类 d 维训练样本的高斯分布用最大似然方法进行参数估计。对每一个类，都需要计算如公式(74)所示的分类函数。计算样本均值 $\hat{\boldsymbol{\mu}}$ 的计算复杂度为 $O(nd)$，因为对 d 维中的每一维，都需要对 n 个训练样本的对应分量进行相加。而因为相加之后的除以 n 这一操作只需要进行一次，所以不影响计算复杂度。对样本协方差矩阵 $\hat{\boldsymbol{\Sigma}}$ 中的 $d(d+1)/2$ 个独立元素，都需要进行 n 次乘法和 n 次加法（请参见公式(19)），其计算复杂度为 $O(d^2n)$。一旦样本协方差矩阵 $\hat{\boldsymbol{\Sigma}}$ 已经计算得到，为求其行列式值所需要的操作的计算复杂度为 $O(d^2)$。使用最常用的高斯消元法，逆矩阵的计算则需要 $O(d^3)$ 次操作[⊖]。估计 $P(\omega)$ 的计算复杂度为 $O(n)$。公式(74)解释了用最大似然估计方法求正态分布的参数时，各个部分的计算复杂度为

$$g(\mathbf{x})=-\frac{1}{2}(\mathbf{x}-\underset{\uparrow}{\overset{}{\hat{\boldsymbol{\mu}}}}_{O(dn)})^t\overbrace{\hat{\boldsymbol{\Sigma}}^{-1}}^{O(nd^2)}(\mathbf{x}-\hat{\boldsymbol{\mu}})-\overbrace{\frac{d}{2}\ln 2\pi}^{O(1)}-\overbrace{\frac{1}{2}\ln|\hat{\boldsymbol{\Sigma}}|}^{O(d^2n)}+\overbrace{\ln P(\omega)}^{O(n)} \tag{74}$$ 110~111

通常假设 $n>d$（否则协方差矩阵就没有合适的逆矩阵了）。在这样的情况下，在大数据量的问题中，计算单独的一个分类函数的整体计算复杂度主要受公式(74)中 $O(d^2n)$ 这一项支配。由于公式(74)对每一类别都进行相同的计算，因此，在设计贝叶斯分类器的学习过程中的整体计算复杂度为 $O(cd^2n)$。由于 c 通常比 d^2 或 n 都要小得多，因此，整体的计算复杂度就

⊖ 在这里，我们必须指出，存在着更为复杂的计算逆矩阵的算法，其计算复杂度为 $O(d^{2.376\cdots})$，而且，人们在将来也可能找到计算复杂度更低的求逆矩阵的算法。

表示为 $O(d^2n)$。从 3.7 节我们知道，为了提高准确性，通常要求有尽可能多的训练样本，而在这里，我们又看到这样做将导致计算复杂度的迅速增加。

以下再用一些篇幅对协方差矩阵估计的计算复杂度进行讨论。这涉及估计 $d(d+1)/2$ 个参数——其中的 d 个为对角线上的元素，$d(d-1)/2$ 个为非对角线上的独立元素。首先，注意到使用最大似然估计，有

$$\hat{\mathbf{\Sigma}} = \frac{1}{n}\sum_{k=1}^{n}(\mathbf{x}_k - \mathbf{m}_n)(\mathbf{x}_k - \mathbf{m}_n)^t \tag{75}$$

其中涉及的计算的复杂度为 $O(nd^2)$，它是 $n-1$ 个独立的秩为 1 的 $d\times d$ 矩阵之和，也就是说，对于 $n\leqslant d$ 时，必定为奇异的。由于必须计算 $\hat{\mathbf{\Sigma}}$ 的逆矩阵，从代数上，我们要求样本个数必须不小于 $d+1$。为了得到更好的估计，通常使用的样本的个数要比这个最低限度规定多得多。

分类过程中的计算复杂度问题则要小得多。已知一个测试点 $\mathbf{x}$，我们需要计算差向量 $(\mathbf{x}-\hat{\boldsymbol{\mu}})$，这是一个复杂性为 $O(d)$ 的计算。对每一个类，必须把协方差矩阵的逆矩阵与差向量相乘，其复杂性为 $O(d^2)$。判决 $\max_i g_i(\mathbf{x})$ 的复杂性为 $O(c)$。对于较小的 c 值，整个分类问题的复杂性为 $O(d^2)$。这里，与其他几乎任何模式分类问题一样，分类阶段要比学习阶段简单和快速得多。对于贝叶斯学习方法，如同公式(48)，其计算复杂度与最大似然估计方法相同。然而，通常，贝叶斯学习要比最大似然方法更复杂，因为其中涉及对所有可能的 $\boldsymbol{\theta}$ 进行积分的问题。

以上的粗略分析没有告诉我们计算复杂度中的比例系数问题。对规模有限的问题，某个特定的 $O(n^3)$ 算法也有可能(虽然很不典型)比某个特定的 $O(n^2)$ 算法简单。因此，有时候还需要决定这些比例系数，以确定到底那种算法最简单。不过，总体来说。大 O 和大 Θ 记号通常是用来描述计算复杂度的最有效的办法。

有时候，我们还需要强调空间-时间复杂度，这一点在并行处理应用场合中尤其重要。例如，一个类别的样本均值可以用 d 个不同的处理器来计算，每一个处理器负责对 n 个样本中的特定分量进行相加。这样，我们可以把这类方法的复杂度表示为：空间复杂度为 $O(d)$(即需要的存储器的数量或处理器的数量)，而时间复杂度为 $O(n)$(即需要串行处理的步骤个数)。当然，对于任何算法，时间复杂度和空间复杂度之间可能会进行一些折中，例如，算法可以用一个处理器进行多次处理来完成，也可以用多个并行处理器用较短的时间完成。这些"折中"有时需要非常仔细地考虑和分析，特别是在第 6 章讲述的神经网络算法的具体实现中。

两个常用的定性区分计算复杂度的术语是"多项式复杂度"和"指数复杂度"——$O(a^k)$。
112 具有指数复杂度的算法通常过分复杂，以至于我们总是力求避免，并转而寻求具有多项式复杂度的替代算法。

3.7.3 过拟合

在实际问题中，我们经常遇到训练样本不足的情况。在这样的情况下，该如何处理呢？一种解决办法是降低问题的维数，也就是说，重新设计特征提取模块，只选取现有特征的一个子集，或者通过某种方法，把几个特征组合在一起(参见第 10 章)。第二个解决办法是假设各个类的协方差矩阵相同，这样就能把全部的数据都归到一起。另一种解决办法是寻找协方差矩阵 $\mathbf{\Sigma}$ 的更好估计。如果已经有了某一个合理的先验估计 $\mathbf{\Sigma}_0$，我们就可以用有如下形式的贝叶斯估计(或可被称为"伪贝叶斯估计")：$\lambda\mathbf{\Sigma}_0+(1-\lambda)\hat{\mathbf{\Sigma}}$。如果先验估计 $\mathbf{\Sigma}_0$ 是一个对角矩阵，那么这就消除了那些恼人的互相关。或者，人们可以用设置阈值的方法来启发式地消除互相关。例如，我们可以合理地假设任何不接近 1 的协方差实际为 0。这一方法的一个极端情况是假

设各个特征之间统计独立，这样把全部的非对角元素都置为 0，而不管实际情况如何。虽然这种极端的假设显然是不正确的，但是，有时这样得到的结果反而比用正规的最大似然估计得到的结果要好。

这里，我们又遇到了一件似乎矛盾的事。硬性假设各特征之间统计独立而得到的分类器几乎肯定是次优的。而如果这些特征真的是独立的，那么这个分类器就是最优的。那么，在独立这一假设并不成立的情况下，我们将如何提高分类器的性能呢？这一问题再次涉及训练数据不充分的问题。与之相近的一个类比能够使我们从直观上对问题的本质得到一些洞察。考虑如图 3-4 所示的曲线拟合问题。图中给出了 10 个样本点，以及两条可能的拟合曲线。这些样本点是在抛物线方程中加入独立的零均值的随机噪声而得到的。因此，在所有可能的多项式曲线中，应该是抛物线本身能够提供最好的拟合结果。但这些训练样本点本身是否就足够确定拟合曲线了呢？我们看到，就这 10 个样本点来说，除了抛物线本身，一条 10 阶的多项式曲线对这些点处的拟合非常好。但显然，这条 10 阶的多项式曲线与我们所要求的抛物线相去太远了。通常，可靠的内插或外插只有当解是超定的时候才能够得到，即要求有比求解函数参数所需要的更多的样本点。

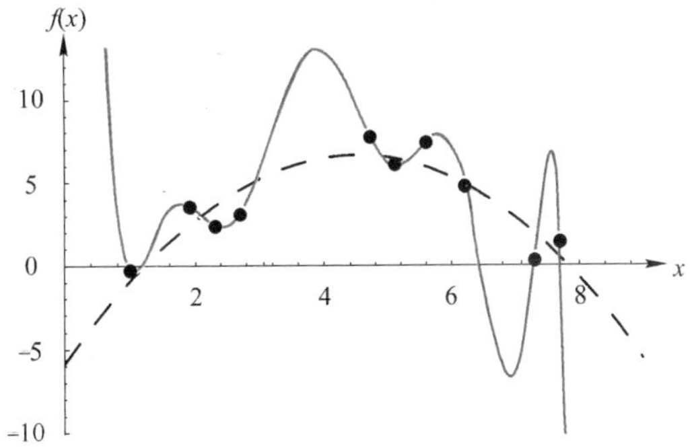

图 3-4　图中所示的训练数据是从一个二次函数中选取的，上面叠加上了高斯随机噪声，也就是说，$f(x)=ax^2+bx+c+\epsilon$，其中 $p(\epsilon)\sim N(0,\sigma^2)$。图中所示的 10 阶多项式函数能够很好地拟合这些样本点，然而，我们实际上所想要的却是如虚线所示的二次函数，因为它能够更好地拟合未来的新样本点

在拟合图 3-4 中的样本点的过程中，可以考虑在一开始先用高阶的多项式曲线来拟合（例如，10 阶多项式曲线），然后，依次去掉那些高阶项来逐渐简化模型，获得更光滑的结果。虽然无论在什么情况下这样做都有可能对训练样本本身产生较大的误差，但在总体上，拟合的效果却得到了改进。

相似地，高斯分类器的设计中也存在着一些启发式的方法。例如，我们希望设计一个分类器，两个类别的分布分别为 $N(\boldsymbol{\mu}_1,\boldsymbol{\Sigma}_1)$ 和 $N(\boldsymbol{\mu}_2,\boldsymbol{\Sigma}_2)$。同时，假设已经知道目前的训练样本的个数是不足的。这样，先简单假设这两类分布的协方差是相同的，也就是 $N(\boldsymbol{\mu}_1,\boldsymbol{\Sigma})$，$N(\boldsymbol{\mu}_2,\boldsymbol{\Sigma})$。这样仅仅需要估计 $\boldsymbol{\Sigma}$，而不是两个不同的协方差 $\boldsymbol{\Sigma}_1$ 和 $\boldsymbol{\Sigma}_2$。这样的估计需要对数据进行正确的归一化（请参见习题 37）。

然后，执行一种中间操作。这一中间操作事实上是对相同的协方差和各自的不同协方差进行一个加权平均，这有时被称为缩并（shrinkage）技术（或者称为“正则的判别分析”），因为不同的协方差缩并为同一个协方差。设 i 为 c 个类中的任何一个的下标，我们有

$$\boldsymbol{\Sigma}_i(\alpha)=\frac{(1-\alpha)n_i\boldsymbol{\Sigma}_i+\alpha n\boldsymbol{\Sigma}}{(1-\alpha)n_i+\alpha n} \tag{76}$$

其中 $0<\alpha<1$。另外，我们还可以把共同的协方差矩阵向单位矩阵缩并为

$$\boldsymbol{\Sigma}(\beta)=(1-\beta)\boldsymbol{\Sigma}+\beta\mathbf{I} \tag{77}$$

其中 $0<\beta<1$（上机练习 8）。注意，这种简化分类器的设计方法在回归法中也得到了相类似的

应用,被称为岭回归(ridge regression)。

本章对这个问题的讨论就暂告一段落。在第 9 章中,我们将进一步深入讨论为达到最优性能,如何控制一个分类器的复杂程度或表达能力这个关键的问题。

*3.8 成分分析和判别函数

一种处理过多维数的方法是采用组合特征的方法来降维。对几个特征进行线性组合是一种特别具有吸引力的方法,因为线性组合容易计算,并且能够进行解析分析。从本质上来说,线性方法是把高维的数据投影到低维空间中。有两种经典的寻找有效的线性变换的方法。其一是主成分分析(Principal Component Analysis,PCA),这一方法的目的是在最小均方意义下
113~114 寻找最能够代表原始数据的投影方法。另一种方法为多重判别分析(Multiple Discriminant Analysis,MDA),这一方法的目的是在最小均方意义下寻找最能够分开各类数据的投影方法。这一节将对这两种方法分别进行讨论。

3.8.1 主成分分析

考虑这样的问题,有 n 个 d 维样本 $\mathbf{x}_1,\mathbf{x}_2,\cdots,\mathbf{x}_n$,如何能够用仅仅一个 d 维的向量 $\mathbf{x}_0$ 来最好地代表这 n 个样本,或者更确切地说,我们希望这个代表向量 $\mathbf{x}_0$ 与各个样本 $\mathbf{x}_k$,$k=1,\cdots,n$ 的距离的平方之和越小越好。定义平方误差准则函数 $J_0(\mathbf{x}_0)$ 如下:

$$J_0(\mathbf{x}_0)=\sum_{k=1}^{n}||\mathbf{x}_0-\mathbf{x}_k||^2 \tag{78}$$

我们要寻找能够使得 $J_0(\mathbf{x}_0)$ 最小化的那个 d 维的向量 $\mathbf{x}_0$。容易想到,这个问题的解答就是 $\mathbf{x}_0=\mathbf{m}$,其中 $\mathbf{m}$ 是样本均值,

$$\mathbf{m}=\frac{1}{n}\sum_{k=1}^{n}\mathbf{x}_k \tag{79}$$

这个结论的正确性可以证明如下:

$$\begin{aligned}J_0(\mathbf{x}_0)&=\sum_{k=1}^{n}||(\mathbf{x}_0-\mathbf{m})-(\mathbf{x}_k-\mathbf{m})||^2\\&=\sum_{k=1}^{n}||\mathbf{x}_0-\mathbf{m}||^2-2\sum_{k=1}^{n}(\mathbf{x}_0-\mathbf{m})^t(\mathbf{x}_k-\mathbf{m})+\sum_{k=1}^{n}||\mathbf{x}_k-\mathbf{m}||^2\\&=\sum_{k=1}^{n}||\mathbf{x}_0-\mathbf{m}||^2-2(\mathbf{x}_0-\mathbf{m})^t\sum_{k=1}^{n}(\mathbf{x}_k-\mathbf{m})+\sum_{k=1}^{n}||\mathbf{x}_k-\mathbf{m}||^2\\&=\sum_{k=1}^{n}||\mathbf{x}_0-\mathbf{m}||^2+\underbrace{\sum_{k=1}^{n}||\mathbf{x}_k-\mathbf{m}||^2}_{\text{不依赖}\,\mathbf{x}_0}\end{aligned} \tag{80}$$

因为上式最右边的第二项不依赖于 $\mathbf{x}_0$,因此这个表达式在 $\mathbf{x}_0=\mathbf{m}$ 时取极小值。

样本均值是样本数据集的零维表达。它非常简单,但缺点是并不能反映出样本之间的不同。把全部样本向通过样本均值的一条直线投影,我们能够得到代表全部样本的一个一维向量。让 $\mathbf{e}$ 表示这条通过样本均值的直线上的单位向量,那么,这条直线的方程可以表示为

$$\mathbf{x}=\mathbf{m}+a\mathbf{e} \tag{81}$$

其中，a 为一个实数标量，表示直线上的某个点离开点 $\mathbf{m}$ 的距离。如果用 $\mathbf{m}+a_k\mathbf{e}$ 来代表 $\mathbf{x}_k$，那么通过最小化平方误差准则函数，我们能够得到一组最优的 a_k 集合，其过程如下：

$$\begin{aligned} J_1(a_1,\cdots,a_n,\mathbf{e}) &= \sum_{k=1}^{n}||(\mathbf{m}+a_k\mathbf{e})-\mathbf{x}_k||^2=\sum_{k=1}^{n}||a_k\mathbf{e}-(\mathbf{x}_k-\mathbf{m})||^2 \\ &= \sum_{k=1}^{n}a_k^2||\mathbf{e}||^2-2\sum_{k=1}^{n}a_k\mathbf{e}^t(\mathbf{x}_k-\mathbf{m})+\sum_{k=1}^{n}||\mathbf{x}_k-\mathbf{m}||^2 \end{aligned} \tag{82}$$ 115

由于 $\|\mathbf{e}\|=1$，通过对 a_k 求偏导，并且令结果为 0，我们得到

$$a_k=\mathbf{e}^t(\mathbf{x}_k-\mathbf{m}) \tag{83}$$

从几何上说，这个结果告诉我们只需要把向量 $\mathbf{x}_k$ 向通过样本均值的直线 $\mathbf{e}$ 做垂直投影就能够得到最小方差结果。

这就引起一个更有意义的问题，即，如何找到直线 $\mathbf{e}$ 的最优方向。问题的求解过程中引入了所谓的“散布矩阵”(scatter matrix)或“离散度矩阵”：

$$\mathbf{S}=\sum_{k=1}^{n}(\mathbf{x}_k-\mathbf{m})(\mathbf{x}_k-\mathbf{m})^t \tag{84}$$

它看上去很熟悉，事实上它就是样本协方差矩阵的 $n-1$ 倍。把根据公式(83)得到的 a_k 代入式(82)中，我们得到

$$\begin{aligned} J_1(\mathbf{e}) &= \sum_{k=1}^{n}a_k^2-2\sum_{k=1}^{n}a_k^2+\sum_{k=1}^{n}||\mathbf{x}_k-\mathbf{m}||^2 \\ &= -\sum_{k=1}^{n}[\mathbf{e}^t(\mathbf{x}_k-\mathbf{m})]^2+\sum_{k=1}^{n}||\mathbf{x}_k-\mathbf{m}||^2 \\ &= -\sum_{k=1}^{n}\mathbf{e}^t(\mathbf{x}_k-\mathbf{m})(\mathbf{x}_k-\mathbf{m})^t\mathbf{e}+\sum_{k=1}^{n}||\mathbf{x}_k-\mathbf{m}||^2 \\ &= -\mathbf{e}^t\mathbf{S}\mathbf{e}+\sum_{k=1}^{n}||\mathbf{x}_k-\mathbf{m}||^2 \end{aligned} \tag{85}$$

在式(85)中，显然使 J_1 最小的那个向量 $\mathbf{e}$，能够使 $\mathbf{e}^t\mathbf{S}\mathbf{e}$ 最大。我们使用拉格朗日乘子方法(具体请参见附录 A.3)来最大化 $\mathbf{e}^t\mathbf{S}\mathbf{e}$，约束条件为等式 $\|\mathbf{e}\|=1$。用 λ 表示拉格朗日乘子，有

$$u=\mathbf{e}^t\mathbf{S}\mathbf{e}-\lambda\left(\mathbf{e}^t\mathbf{e}-1\right) \tag{86}$$

对 $\mathbf{e}$ 求偏导，得到

$$\frac{\partial u}{\partial \mathbf{e}}=2\mathbf{S}\mathbf{e}-2\lambda\mathbf{e} \tag{87}$$

令这个梯度向量为零，我们看到，$\mathbf{e}$ 必须为散布矩阵的本征向量：

$$\mathbf{S}\mathbf{e}=\lambda\mathbf{e} \tag{88}$$

特别，因为 $\mathbf{e}^t\mathbf{S}\mathbf{e}=\lambda\mathbf{e}^t\mathbf{e}=\lambda$，所以能很自然地得出结论，为了最大化 $\mathbf{e}^t\mathbf{S}\mathbf{e}$，我们选取散布矩阵最大本征值对应的那个本征向量作为投影直线 $\mathbf{e}$ 的方向。 116

这一结论可以立刻从一维空间的映射推广到 d' 维空间的映射。我们将公式(81)重写为

$$\mathbf{x} = \mathbf{m} + \sum_{i=1}^{d'} a_i \mathbf{e}_i \tag{89}$$

其中 $d' \leqslant d$。不难证明，新的平方误差准则函数

$$J_{d'} = \sum_{k=1}^{n} \left\| \left(\mathbf{m} + \sum_{i=1}^{d'} a_{ki} \mathbf{e}_i \right) - \mathbf{x}_k \right\|^2 \tag{90}$$

在向量 $\mathbf{e}_1, \mathbf{e}_2, \cdots, \mathbf{e}_{d'}$ 分别为散布矩阵的 d' 个最大本征值所对应的本征向量的时候，取得最小值。因为散布矩阵是实对称矩阵，因此这些本征向量都是互相正交的。这些本征向量构成了代表任一向量 $\mathbf{x}$ 的基向量。公式(89)中的系数 a_i 就是向量 $\mathbf{x}$ 对应于基 $\mathbf{e}_i$ 的系数，被称作主成分(principal component)。从几何上说，样本点 $\mathbf{x}_1, \cdots, \mathbf{x}_n$ 在 d 维空间形成了一个 d 维椭球形状的云团。那么，散布矩阵的本征向量就是这个云团的主轴。主成分分析通过提取云团散布最大的那些方向的方法，达到了对特征空间进行降维的目的。

3.8.2 Fisher 线性判别分析

虽然 PCA 方法对于代表数据样本非常有效，但是并没有理由表明主成分对区分不同的类别有什么大作用。如果我们把所有类别的样本都放在一起，则被 PCA 方法抛弃的那些分布方向有可能正是能够把不同的类别区分开来的分布方向。例如，在印刷体字符识别中，如果需要识别的是大写字母“O”和“Q”，用 PCA 方法能够发现这两种字母之间的相似之处，却很可能把区分字母“O”和“Q”的那个“尾巴”特征抛弃掉。也就是说，PCA 方法寻找的是用来有效表示的主轴方向，而判别分析方法(discriminant analysis)寻找的是用来有效分类的方向。

我们考虑把 d 维空间中的数据点投影到一条直线上去。当然，即使不同类的样本点在 d 维空间中能够形成互相分离的、各自内部紧凑的集合，向任意的直线做投影也有可能把这些不同类的数据点混在一起，反而降低了分类的效果。然而，通过适当地选择投影直线，我们还是有可能找到能够最大限度地区分各类数据点的投影方向。这就是经典的可分性分析的目标。

假设我们有一组 n 个 d 维的样本 $\mathbf{x}_1, \cdots, \mathbf{x}_n$，它们分属于两个不同的类别，即其中大小为 n_1 的样本子集 $\mathcal{D}_1$ 属于类别 ω_1，大小为 n_2 的样本子集 $\mathcal{D}_2$ 属于类别 ω_2。如果对 $\mathbf{x}$ 中的各个成分做线性组合，就得到点积，结果是一个标量

$$y = \mathbf{w}^t \mathbf{x} \tag{91}$$

117 这样，全部的 n 个样本 $\mathbf{x}_1, \cdots, \mathbf{x}_n$ 就产生了 n 个结果 $y_1, \cdots, y_n$，相应地属于集合 $\mathcal{Y}_1$ 和 $\mathcal{Y}_2$。从几何上说，如果 $\|\mathbf{w}\| = 1$，那么每一个 y_i 就是把 $\mathbf{x}_i$ 向方向为 $\mathbf{w}$ 的直线进行投影的结果。事实上，$\mathbf{w}$ 的幅值并不重要，因为其效果不过是令 y_i 乘上一个标量倍数。而 $\mathbf{w}$ 的方向却非常重要。如果属于类别 ω_1 的样本和属于类别 ω_2 的样本在 d 维空间中分别形成两个显著分开的聚类，那么我们希望它们在向直线做投影之后应尽量分开，而不是混在一起。图 3-5 给出了一个例子。其中，二维空间中的样本集分别向两个不同方向的直线做投影，产生的结果在可分程度上是非常不同的。当然，我们也应该注意，如果各个类别的样本在原始的 d 维空间中就是不可分的，那么无论向什么方向的投影都无法产生可分的结果，因此这个方法也就不适用了。

现在我们来讨论如何确定最佳的直线方向 $\mathbf{w}$，以达到最好的分类效果。一个用来衡量投影结果的分离程度的度量是样本均值的差。如果 $\mathbf{m}_i$ 为 d 维样本均值，那么

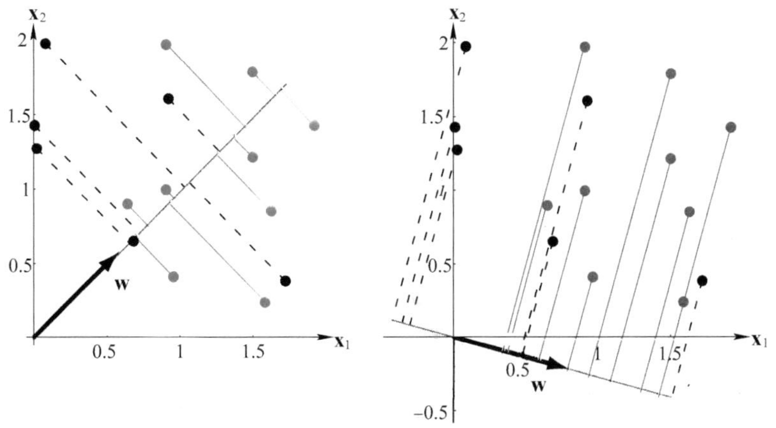

把同一组样本点向两个不同的方向做投影。右图中的投影方向使得投影后的点比左边更容易分开(红色的点与黑色的点)

$$\mathbf{m}_i = \frac{1}{n_i}\sum_{\mathbf{x}\in\mathcal{D}_i}\mathbf{x} \tag{92}$$

投影后的点的样本均值为

$$\begin{aligned}\tilde{\mathbf{m}}_i &= \frac{1}{n_i}\sum_{y\in\mathcal{Y}_i} y \\ &= \frac{1}{n_i}\sum_{\mathbf{x}\in\mathcal{D}_i}\mathbf{w}^t\mathbf{x} = \mathbf{w}^t\mathbf{m}_i\end{aligned} \tag{93}$$

也就恰好是原样本均值 $\mathbf{m}_i$ 的投影。

投影后的点的样本均值之差为

$$|\tilde{\mathbf{m}}_1 - \tilde{\mathbf{m}}_2| = |\mathbf{w}^t(\mathbf{m}_1 - \mathbf{m}_2)| \tag{94}$$

可以通过增加 $\mathbf{w}$ 的幅值的方法来得到任意大小的投影样本均值之差。但投影样本均值之差的大小总是相对而言的,否则问题就失去了意义。我们定义类别 ω_i 的类内散布如下: 118

$$\tilde{s}_i^2 = \sum_{y\in\mathcal{Y}_i}(y - \tilde{\mathbf{m}}_i)^2 \tag{95}$$

这样,$(1/n)(\tilde{s}_1^2+\tilde{s}_2^2)$就是全部数据的总方差的估计。$\tilde{s}_1^2+\tilde{s}_2^2$ 称作投影样本的总类内散布。Fisher 线性可分性准则在投影 $y=\mathbf{w}^t\mathbf{x}$ 下,要求准则函数

$$J(\mathbf{w}) = \frac{|\tilde{\mathbf{m}}_1 - \tilde{\mathbf{m}}_2|^2}{\tilde{s}_1^2 + \tilde{s}_2^2} \tag{96}$$

最大化。当使得 $J(\cdot)$最大化的 $\mathbf{w}$ 导致投影后的两类最大程度分开时,我们还需要一个阈值准则来获得最终的分类器。首先讨论如何求解最优的 $\mathbf{w}$,然后将讨论阈值问题。

为了把 $J(\cdot)$写成 $\mathbf{w}$ 的表达式,定义类内散布矩阵 $\mathbf{S}_i$ 和总类内散布矩阵 $\mathbf{S}_W$ 如下:

$$\mathbf{S}_i = \sum_{\mathbf{x}\in\mathcal{D}_i}(\mathbf{x} - \mathbf{m}_i)(\mathbf{x} - \mathbf{m}_i)^t \tag{97}$$

$$\mathbf{S}_W = \mathbf{S}_1 + \mathbf{S}_2 \tag{98}$$

然后,我们有

$$\tilde{s}_i^2 = \sum_{\mathbf{x}\in\mathcal{D}_i}(\mathbf{w}^t\mathbf{x} - \mathbf{w}^t\mathbf{m}_i)^2$$
$$= \sum_{\mathbf{x}\in\mathcal{D}_i}\mathbf{w}^t(\mathbf{x} - \mathbf{m}_i)(\mathbf{x} - \mathbf{m}_i)^t\mathbf{w}$$
$$= \mathbf{w}^t\mathbf{S}_i\mathbf{w} \tag{99}$$

因此，各离散度之和可以写成

$$\tilde{s}_1^2 + \tilde{s}_2^2 = \mathbf{w}^t\mathbf{S}_W\mathbf{w} \tag{100}$$

类似地，投影样本均值之差可以展开为

$$(\tilde{m}_1 - \tilde{m}_2)^2 = (\mathbf{w}^t\mathbf{m}_1 - \mathbf{w}^t\mathbf{m}_2)^2$$
$$= \mathbf{w}^t(\mathbf{m}_1 - \mathbf{m}_2)(\mathbf{m}_1 - \mathbf{m}_2)^t\mathbf{w}$$
$$= \mathbf{w}^t\mathbf{S}_B\mathbf{w} \tag{101}$$

其中

119

$$\mathbf{S}_B = (\mathbf{m}_1 - \mathbf{m}_2)(\mathbf{m}_1 - \mathbf{m}_2)^t \tag{102}$$

我们把 $\mathbf{S}_w$ 称为总类内散布矩阵。它与全部样本的样本协方差矩阵成正比，并且是对称和半正定的。当 $n>d$ 时，$\mathbf{S}_W$ 通常非奇异。相类似，$\mathbf{S}_B$ 被称为总类间散布矩阵，也是对称和半正定的。但由于 $\mathbf{S}_B$ 实际上是两个向量的外积，因此其秩至多为 1。特别地，对于任意的 $\mathbf{w}$，$\mathbf{S}_B\mathbf{w}$ 的方向是在 $\mathbf{m}_1-\mathbf{m}_2$ 上，$\mathbf{S}_B$ 是很奇异的。

若使用 $\mathbf{S}_B$，$\mathbf{S}_W$ 来表达，准则函数 $J(\cdot)$可以写成

$$J(\mathbf{w}) = \frac{\mathbf{w}^t\mathbf{S}_B\mathbf{w}}{\mathbf{w}^t\mathbf{S}_W\mathbf{w}} \tag{103}$$

这个表达式在数学物理中是经常使用的，通常被称为广义的瑞利商。容易证明，使得准则函数 $J(\cdot)$最大化的 $\mathbf{w}$ 必须满足

$$\mathbf{S}_B\mathbf{w} = \lambda\mathbf{S}_W\mathbf{w} \tag{104}$$

这是一个广义本征值问题（习题 42）。也可以这样不严格地来理解，在 $J(\mathbf{w})$的极值处，$\mathbf{w}$ 发生微小变动，这并不会使式(103)中的分子和分母的比例产生变化。如果 $\mathbf{S}_w$ 是非奇异的，我们就能得到通常的本征值问题

$$\mathbf{S}_W^{-1}\mathbf{S}_B\mathbf{w} = \lambda\mathbf{w} \tag{105}$$

在我们的问题中，并没有必要真正地计算出矩阵 $\mathbf{S}_W^{-1}\mathbf{S}_B$ 的本征值和本征向量，因为 $\mathbf{S}_B\mathbf{w}$ 总是位于 $\mathbf{m}_1-\mathbf{m}_2$ 的方向上。由于 $\mathbf{w}$ 的模对问题本身无关紧要，因此能够立刻写出使得准则函数 $J(\cdot)$最大化的 $\mathbf{w}$：

$$\mathbf{w} = \mathbf{S}_W^{-1}(\mathbf{m}_1 - \mathbf{m}_2) \tag{106}$$

这样，我们就得到了 Fisher 可分性判据下的 $\mathbf{w}$，这个 $\mathbf{w}$ 就是使得类间散布和类内散布的比值达到最大的线性函数。由式(106)得到的 $\mathbf{w}$ 的解有时也被称作“典范变量”(canonical variate)。这样，问题就从一个 d 维问题转化为了一个更容易分析和处理的一维问题。当然，这个映射是多对一的，从理论上，在有很多训练样本的情况下，并不能使最小误差概率减小。然而，我们总是愿意为了得到在一维中操作的方便性，而相应地牺牲掉一些理论上的分类效果。因此，剩下的问题就是如何求解阈值，也就是在这个一维空间中把两类分开的那个点的位置。

当条件概率密度函数 $p(\mathbf{x}|\omega_i)$是多元正态函数，并且各个类别的协方差矩阵 $\boldsymbol{\Sigma}$ 相同时，我

们能够直接计算这个阈值。在这种情况下，回忆第 2 章，最佳判决边界的方程为

$$\mathbf{w}^t\mathbf{x} + w_0 = 0 \tag{107}$$

其中

$$\mathbf{w} = \mathbf{\Sigma}^{-1}(\boldsymbol{\mu}_1 - \boldsymbol{\mu}_2) \tag{108}$$

并且 w_0 是一个与 $\mathbf{w}$ 和先验概率有关的常数。如果我们用样本均值和样本协方差来估计 $\boldsymbol{\mu}_i$ 和 $\mathbf{\Sigma}$，那么将得到与式(108)中使 $\boldsymbol{J}(\cdot)$ 最大化的 $\mathbf{w}$ 同方向的一个向量。这样，对于正态、等协方差的情况，最优判决准则就是当 Fisher 线性判别超过某一阈值时就判决为类别 ω_1，否则就判决为类别 ω_2。更一般来说，如果我们对投影后的数据进行平滑，或用一维高斯函数进行拟合，w_0 就可以选择为使两个类的后验概率相同的那个位置。 120

寻找 Fisher 判别准则下的最佳 $\mathbf{w}$(公式(106))的计算复杂度主要由计算类内总体散布矩阵(within-category total scatter)及其逆矩阵的过程所决定，其复杂度为 $O(d^2 n)$。

3.8.3 多重判别分析

对于 c-类问题，把 Fisher 线性判别准则做推广就需要 $c-1$ 个判别函数。也就是说，投影问题实际上是从 d 维空间向 $c-1$ 维空间做投影，并且已经假设 $d \geqslant c$。类间散布矩阵的推广也是明显的：

$$\mathbf{S}_W = \sum_{i=1}^{c} \mathbf{S}_i \tag{109}$$

其中，就像以前一样，

$$\mathbf{S}_i = \sum_{\mathbf{x}\in\mathcal{D}_i} (\mathbf{x} - \mathbf{m}_i)(\mathbf{x} - \mathbf{m}_i)^t \tag{110}$$

和

$$\mathbf{m}_i = \frac{1}{n_i} \sum_{\mathbf{x}\in\mathcal{D}_i} \mathbf{x} \tag{111}$$

对 $\mathbf{S}_B$ 做相应的推广并不显而易见。假设定义总体均值向量 $\mathbf{m}$ 和总体散布矩阵 $\mathbf{S}_T$ 为

$$\mathbf{m} = \frac{1}{n} \sum_{\mathbf{x}} \mathbf{x} = \frac{1}{n} \sum_{i=1}^{c} n_i \mathbf{m}_i \tag{112}$$

和

$$\mathbf{S}_T = \sum_{\mathbf{x}} (\mathbf{x} - \mathbf{m})(\mathbf{x} - \mathbf{m})^t \tag{113}$$

于是有

$$\begin{aligned}
\mathbf{S}_T &= \sum_{i=1}^{c} \sum_{\mathbf{x}\in\mathcal{D}_i} (\mathbf{x} - \mathbf{m}_i + \mathbf{m}_i - \mathbf{m})(\mathbf{x} - \mathbf{m}_i + \mathbf{m}_i - \mathbf{m})^t \\
&= \sum_{i=1}^{c} \sum_{\mathbf{x}\in\mathcal{D}_i} (\mathbf{x} - \mathbf{m}_i)(\mathbf{x} - \mathbf{m}_i)^t + \sum_{i=1}^{c} \sum_{\mathbf{x}\in\mathcal{D}_i} (\mathbf{m}_i - \mathbf{m})(\mathbf{m}_i - \mathbf{m})^t \\
&= \mathbf{S}_W + \sum_{i=1}^{c} n_i (\mathbf{m}_i - \mathbf{m})(\mathbf{m}_i - \mathbf{m})^t
\end{aligned} \tag{114}$$

121

很自然，把上式右边的第二项定义为类内散布矩阵。因此总散布就是类内散布和类间散布的和

$$\mathbf{S}_B = \sum_{i=1}^{c} n_i(\mathbf{m}_i - \mathbf{m})(\mathbf{m}_i - \mathbf{m})^t \tag{115}$$

及

$$\mathbf{S}_T = \mathbf{S}_W + \mathbf{S}_B \tag{116}$$

如果再回过头去考虑两类的情况，那么就会发现新定义的类间散布矩阵是原先定义的类间散布矩阵的 $n_1 n_2/n$ 倍[⊖]。

从 d 维空间向 $c-1$ 维空间的投影是通过下列的 $c-1$ 个分类方程来进行的：

$$y_i = \mathbf{w}_i^t \mathbf{x} \qquad i = 1, \cdots, c-1 \tag{117}$$

如果我们把 y_i 看作一个 $c-1$ 维向量 $\mathbf{y}$ 的分量，把 $\mathbf{w}_i$ 看作一个 $d\times(c-1)$ 矩阵 $\mathbf{W}$ 的列向量，那么公式(117)中的投影方程组可以表达为简单的矩阵方程

$$\mathbf{y} = \mathbf{W}^t \mathbf{x} \tag{118}$$

对原始样本 $\mathbf{x}_1, \cdots, \mathbf{x}_n$ 进行投影后，得到了新的样本 $\mathbf{y}_1, \cdots, \mathbf{y}_n$。这些新得到的样本又具有它们自己的均值向量和散布矩阵。这样，我们定义

$$\widetilde{\mathbf{m}}_i = \frac{1}{n_i} \sum_{\mathbf{y} \in \mathcal{Y}_i} \mathbf{y} \tag{119}$$

$$\widetilde{\mathbf{m}} = \frac{1}{n} \sum_{i=1}^{c} n_i \widetilde{\mathbf{m}}_i \tag{120}$$

$$\tilde{\mathbf{S}}_W = \sum_{i=1}^{c} \sum_{\mathbf{y} \in \mathcal{Y}_i} (\mathbf{y} - \widetilde{\mathbf{m}}_i)(\mathbf{y} - \widetilde{\mathbf{m}}_i)^t \tag{121}$$

$$\tilde{\mathbf{S}}_B = \sum_{i=1}^{c} n_i (\widetilde{\mathbf{m}}_i - \widetilde{\mathbf{m}})(\widetilde{\mathbf{m}}_i - \widetilde{\mathbf{m}})^t \tag{122}$$

容易证明

$$\tilde{\mathbf{S}}_W = \mathbf{W}^t \mathbf{S}_W \mathbf{W} \tag{123}$$

122

$$\tilde{\mathbf{S}}_B = \mathbf{W}^t \mathbf{S}_B \mathbf{W} \tag{124}$$

上述的各个方程说明了从高维空间向低维空间投影的过程中，类内散布矩阵和类间散布矩阵经历了怎样的变换(参见图 3-6)。我们的目的是寻找一个变换矩阵 $\mathbf{W}$，在某种意义上，能够使得类间离散度和类内离散度的比值最大。离散度的一种简单标量度量是散布矩阵的行列式的值。由于行列式的值等于矩阵的本征值的乘积，也就是在各个主要分布方向上的方差的积，因此，行列式的值相当于类别散布超椭球体的体积的平方(参见第 2 章，式(46))。使用这样的度量方法，我们得到准则函数如下：

$$J(\mathbf{W}) = \frac{|\tilde{\mathbf{S}}_B|}{|\tilde{\mathbf{S}}_W|} = \frac{|\mathbf{W}^t \mathbf{S}_B \mathbf{W}|}{|\mathbf{W}^t \mathbf{S}_W \mathbf{W}|} \tag{125}$$

⊖ 可以为两类的情况重新定义 $\mathbf{S}_B$，从而得到完全一致性，但这种用法较容易产生误解。

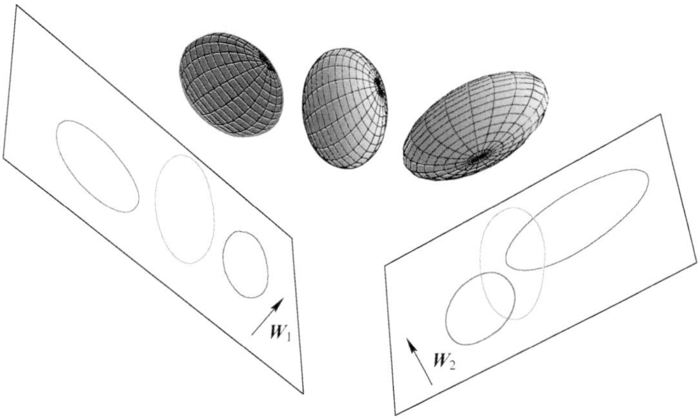

图 3-6　3 个三维分布被分别投影到用法向量 $\mathbf{W}_1$ 和 $\mathbf{W}_2$ 表示的二维平面上。不正式地说，多重判别方法寻求最优的二维平面，也就是说，对于一个给定的全体类内散布矩阵，这个二维平面应该使得不同的分布的投影结果之间具有最大的分离度。在这个图中，该平面就是平面 $\mathbf{W}_1$

求解使得 $\mathbf{J}(\cdot)$最大化的矩阵 $\mathbf{W}$ 的过程需要一些技巧，但最后的解的形式却是比较简单的——最优矩阵 $\mathbf{W}$ 的列向量是下列等式中的最大本征值对应的本征向量：

$$\mathbf{S}_B\mathbf{w}_i = \lambda_i \mathbf{S}_W \mathbf{w}_i \tag{126}$$

下面，我们简要地讨论一下这个方程的解的一些性质。首先，如果 $\mathbf{S}_W$ 是非奇异的，那么求解方程(126)就是一个普通的本征值问题。然而，这一过程是不必要的。事实上，我们可以用求解特征多项式的根的方法来求解本征值：

$$|\mathbf{S}_B - \lambda_i \mathbf{S}_W| = 0 \tag{127}$$

然后，我们通过求解

$$(\mathbf{S}_B - \lambda_i \mathbf{S}_W)\mathbf{w}_i = 0 \tag{128}$$ 123

计算出 $\mathbf{w}_i$。因为 $\mathbf{S}_B$ 是 c 个秩为 1 或 0 的矩阵的和，其中只有 $c-1$ 个矩阵是互相独立的，所以 $\mathbf{S}_B$ 的秩为 $c-1$ 或更低。这样，非零的本征值至多只有 $c-1$ 个，所需求解的本征向量就对应这些非零的本征值。如果类内散布矩阵有各向同性(isotropic)，那么这些本征向量就是 $\mathbf{S}_B$ 的本征向量，并且，这些本征向量所张成的空间就是本征向量 $\mathbf{m}_i-\mathbf{m}$ 所张成的空间。在这种特殊情况下，矩阵 $\mathbf{W}$ 的各个列向量可以直接对 $c-1$ 个向量 $\mathbf{m}_i-\mathbf{m}$，$i=1,\cdots,c-1$ 进行 Gram-Schmidt 正交化操作而得到。最后，注意到矩阵 $\mathbf{W}$ 的列向量并不是唯一的。对坐标轴进行适当旋转或尺度拉伸也是允许的，因为这些都是从 $c-1$ 维空间向 $c-1$ 维空间所做的线性变换，对准则函数和最后的分类器没有影响。

如果我们能够得到的训练样本非常少，那么我们就不得不向更低维数的空间做投影。如果训练样本比较多，那么就可以向高维的空间做投影，我们将在第 9 章更深入地讨论这个问题。一旦我们已经把原始训练样本向新的空间做了投影以后，就可以用第 2 章介绍的经典方法来设计分类器。

在两类的情况下，多重判别分析提供了一种合理的降维方法。在原始的高维空间中难以运用的一些参数化或者非参数化的方法有可能在低维空间中得到很好的运用。特别地，在降维以后，有可能对每一类都独立地估计协方差，而不必假设各类的协方差相同。或者在降维以前无法假设多元正态分布，而降维以后就能够做这样的假设了。当然，如果变换导致各类数据混杂，那么对数据进行分类的问题仍旧存在。然而，还存在另外一些降维的方法，我们将在第

10 章更深入地讨论降维的问题。还需要指出，还存在着另外一些可分性分析的方法。有的根据统计显著性来选择特征——这方面的论著在本章的参考文献中给出。当然，Fisher 线性可分性分析是最基本的也是得到广泛应用的方法。

*3.9 期望最大化算法

2.10 节介绍过在样本点的某些特征丢失的情况下如何进行分类的问题，我们现在可以把最大似然估计方法推广到允许根据一些可能包含丢失的特征的样本来学习某些支配分布的参数的问题。如果数据样本的各种特征都是完整的，那么可以直接运用最大似然估计来求使对数似然函数 $l(\boldsymbol{\theta})$最大化的那个 $\hat{\boldsymbol{\theta}}$。期望最大化(Expectation Maximization，EM)算法的核心思想就是根据已有的数据来递归估计似然函数。这个方法的前身是我们即将在 3.10.6 节中
124 讲述的 Baum-Welch 算法。

考虑一个完整的样本集$\mathcal{D}$，其中的样本为$\mathcal{D}=\{\mathbf{x}_1,\cdots,\mathbf{x}_n\}$，都服从某个特定分布。假定其中的一些特征丢失了，也就是说，任意样本点能够被写作 $\mathbf{x}=\{\mathbf{x}_{kg},\mathbf{x}_{kb}\}$，表示这个样本的特征由两部分组成，一部分特征是完整的，另一部分特征已经丢失或损坏了。为了书写方便，把这些不同的特征分别用两个集合来表示$\mathcal{D}_g$ 和$\mathcal{D}_b$，它们的并集就是全部的特征集合$\mathcal{D}=\mathcal{D}_g\cup\mathcal{D}_b$。

然后，组成函数

$$Q(\boldsymbol{\theta};\ \boldsymbol{\theta}^i)=\mathcal{E}_{\mathcal{D}_b}[\ln p(\mathcal{D}_g,\mathcal{D}_b;\ \boldsymbol{\theta})|\mathcal{D}_g;\ \boldsymbol{\theta}^i] \tag{129}$$

其中分号说明，上式的左边 $Q(\boldsymbol{\theta};\boldsymbol{\theta}^i)$表示一个关于 $\boldsymbol{\theta}$ 的函数，而 $\boldsymbol{\theta}^i$ 被假设已经取固定值，上式的右边表示关于丢失的特征求对数似然函数的期望，其中假设 $\boldsymbol{\theta}^i$ 是描述整个分布的真实参数。这个公式是期望最大化方法中最为关键的公式。下面将对此加以解释以帮助读者更好地理解其含义：参数向量 $\boldsymbol{\theta}^i$ 是当前对整个分布的最好估计。而 $\boldsymbol{\theta}$ 是在当前估计的基础上，进一步改善的估计的一个候选参数向量。对这样的一个候选参数向量 $\boldsymbol{\theta}$，公式(129)的右边计算数据的似然性，其中包括对丢失的特征求边缘积分。根据不同的 $\boldsymbol{\theta}$ 值计算得到的似然函数将不同。从中，我们选择令 $Q(\boldsymbol{\theta};\boldsymbol{\theta}^i)$取得最大值的那个 $\boldsymbol{\theta}$ 值作为新一轮迭代的最佳估计，记作 $\boldsymbol{\theta}^{i+1}$。

如果令迭代继续进行下去，并且假设 T 是一个收敛判据，那么，算法如下(见图 3-7)。

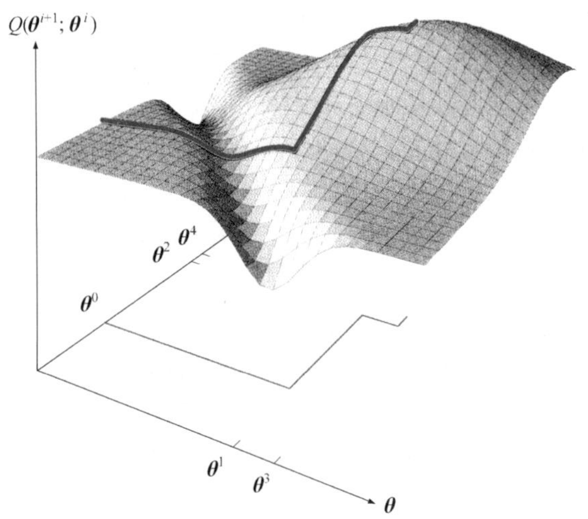

图 3-7 运用期望最大化(EM)算法寻找最佳模型的过程如下：从某一个估计的模型参数 $\boldsymbol{\theta}^0$ 开始，然后，通过“M 步”，求出此时最优的 $\boldsymbol{\theta}^1$，最后 $\boldsymbol{\theta}^1$ 被固定，求出使得 $Q(\cdot;\cdot)$最优的 $\boldsymbol{\theta}^2$。这一过程不断重复，直到没有 $\boldsymbol{\theta}$ 能够进一步增加 $Q(\cdot;\cdot)$的值为止。特别注意，这一过程和梯度搜索方法不同。例如，这里的 $\boldsymbol{\theta}^1$ 是全局最优点(在固定 $\boldsymbol{\theta}^0$ 时)，而通过梯度搜索方法，未必能找到这个点。在这个例子里 $Q(\cdot;\cdot)$对于参数是对称的，但是，在更普通的情况下，这一对称性不一定满足

算法 1(期望最大化算法)

begin initialize $\boldsymbol{\theta}^0, T, i \leftarrow 0$
　　do $i \leftarrow i+1$
　　　E 步:计算 $Q(\boldsymbol{\theta};\boldsymbol{\theta}^i)$
　　　M 步:$\boldsymbol{\theta}^{i+1} \leftarrow \arg\max_{\boldsymbol{\theta}} Q(\boldsymbol{\theta};\boldsymbol{\theta}^i)$
　　　until $Q(\boldsymbol{\theta}^{i+1},\boldsymbol{\theta}^i) - Q(\boldsymbol{\theta}^i;\boldsymbol{\theta}^{i-1}) \leqslant T$ 125
　return $\hat{\boldsymbol{\theta}} \leftarrow \boldsymbol{\theta}^{i+1}$
end

期望最大化算法在 $Q(\cdot;\cdot)$的函数形式比 $l(\cdot)$的形式更简单的时候非常有用。更重要的是,这个算法保证了好数据(坏数据已经被边缘积分了)的对数似然函数总是单调递增的(参见习题 44)。这不同于例 2 中,寻找使得完整数据的对数似然最大的那个坏特征的取值的做法。下面通过例 2 来加深读者的理解。

例 2　二维正态分布的期望最大化算法

假设数据由二维空间中的 4 个点组成,其中的一个点有丢失的特征 $\mathcal{D}=\{\mathbf{x}_1,\mathbf{x}_2,\mathbf{x}_3,\mathbf{x}_4\}=\left\{\begin{pmatrix}0\\2\end{pmatrix},\begin{pmatrix}1\\0\end{pmatrix},\begin{pmatrix}2\\2\end{pmatrix},\begin{pmatrix}*\\4\end{pmatrix}\right\}$,其中 $*$ 表示样本 $\mathbf{x}_4$ 的第一个特征的值未知。这样,这里的坏数据集合$\mathcal{D}_b$ 就由特征 x_{41} 组成,而好的数据集合$\mathcal{D}_g$ 则由其他所有特征组成。假设概率模型是一个二维高斯分布,协方差矩阵为对角阵。这样,未知参数组成的参数向量就可以写成

$$\boldsymbol{\theta}=\begin{pmatrix}\mu_1\\\mu_2\\\sigma_1^2\\\sigma_2^2\end{pmatrix}$$

初始假设是一个均值位于原点、协方差矩阵为单位矩阵的分布,即

$$\boldsymbol{\theta}^0=\begin{pmatrix}0\\0\\1\\1\end{pmatrix}$$

为了求得第一次改善了的估计 $\boldsymbol{\theta}^i$,我们必须计算 $Q(\boldsymbol{\theta};\boldsymbol{\theta}^0)$,或者说,必须计算式(129)。计算过程如下:

$$\begin{aligned}
Q(\boldsymbol{\theta};\ \boldsymbol{\theta}^0) &= \mathcal{E}_{x_{41}}[\ln p(\mathbf{x}_g,\mathbf{x}_b;\ \boldsymbol{\theta})|\boldsymbol{\theta}^0;\ \mathcal{D}_g] \\
&= \int_{-\infty}^{\infty}\left[\sum_{k=1}^{3}\ln p(\mathbf{x}_k|\boldsymbol{\theta})+\ln p(\mathbf{x}_4|\boldsymbol{\theta})\right]p(\mathbf{x}_{41}|\boldsymbol{\theta}^0;\ \mathbf{x}_{42}=4)\,d\mathbf{x}_{41} \\
&= \sum_{k=1}^{3}[\ln p(\mathbf{x}_k|\boldsymbol{\theta})]+\int_{-\infty}^{\infty}\ln p\left(\left.\begin{pmatrix}\mathbf{x}_{41}\\4\end{pmatrix}\right|\boldsymbol{\theta}\right)\frac{p\left(\begin{pmatrix}\mathbf{x}_{41}\\4\end{pmatrix}|\boldsymbol{\theta}^0\right)}{\underbrace{\left(\int_{-\infty}^{\infty}p\left(\left.\begin{pmatrix}\mathbf{x}'_{41}\\4\end{pmatrix}\right|\boldsymbol{\theta}^0\right)d\mathbf{x}'_{41}\right)}_{\equiv K}}d\mathbf{x}_{41}
\end{aligned}$$

其中 x_{41}是样本 $\mathbf{x}_4$ 的第一个特征,是未知的,而积分中的分母是可以被移到积分之外的。我们

关注积分本身，把上式用高斯函数代替，得到

126

$$Q(\boldsymbol{\theta};\ \boldsymbol{\theta}^0)=\sum_{k=1}^{3}[\ln p(\mathbf{x}_k|\boldsymbol{\theta})]+\frac{1}{K}\int_{-\infty}^{\infty}\ln p\left(\left(\begin{matrix}\mathbf{x}_{41}\\4\end{matrix}\right)\middle|\boldsymbol{\theta}\right)\frac{1}{2\pi\left|\left(\begin{smallmatrix}1&0\\0&1\end{smallmatrix}\right)\right|}\exp\left[-\frac{1}{2}(\mathbf{x}_{41}^2+4^2)\right]d\mathbf{x}_{41}$$

$$=\sum_{k=1}^{3}[\ln p(\mathbf{x}_k|\boldsymbol{\theta})]-\frac{1+\mu_1^2}{2\sigma_1^2}-\frac{(4-\mu_2)^2}{2\sigma_2^2}-\ln(2\pi\sigma_1\sigma_2)$$

这就完成了算法中的"E 步"。通过直接计算，我们求出最大化 $Q(\cdot;\cdot)$ 之后的 $\boldsymbol{\theta}$（即 μ_1，μ_2，σ_1 和 σ_2）值，可以得到下一个估计

$$\boldsymbol{\theta}^1=\begin{pmatrix}0.75\\2.0\\0.938\\2.0\end{pmatrix}$$

新的均值和协方差矩阵的 $1/e$ 都表示在下图中。其他的迭代过程也类似，不过计算更加复杂。在 3 次迭代之后，算法在下列值处收敛：

$$\boldsymbol{\mu}=\begin{pmatrix}1.0\\2.0\end{pmatrix}\quad 和\quad \boldsymbol{\Sigma}=\begin{pmatrix}0.667&0\\0&2.0\end{pmatrix}$$

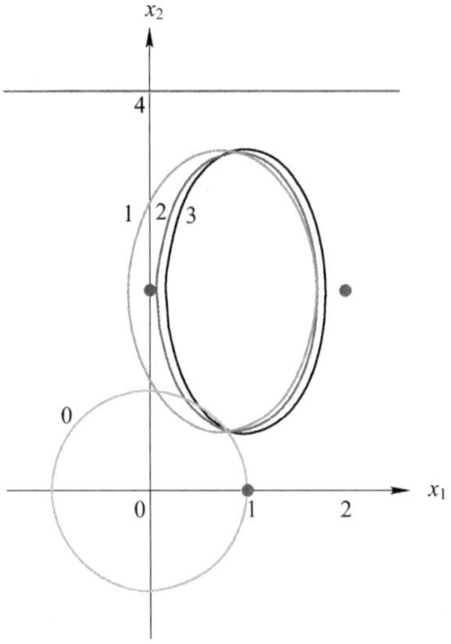

图中表示了 4 个数据点，其中一个数据点的 x_1 分量丢失（在图中以红色表示）。初始估计为以原点为中心的圆周对称的高斯函数。（事实上，根据 3 个完整的已知点，能够得到更好的初始估计）。每一次迭代都使得估计得以改善，用迭代的索引 i 来标记。这里，在 3 次迭代以后，算法达到收敛。

必须注意到 EM 算法倾向于获得好数据的最大似然函数，同时尽量把坏数据边缘化。当然，存在这样的可能性，即坏数据的某些特定取值能够产生更大的似然函数值。比如，在这个例子中，如果丢失的特征实际上为 $x_{41}=2$，那么 $\mathbf{x}_4=\begin{pmatrix}2\\4\end{pmatrix}$，我们得到结果

$$\boldsymbol{\theta}=\begin{pmatrix}1.0\\2.0\\0.5\\2.0\end{pmatrix}$$ 127

这时，使用全部数据的似然函数要比只使用那些好数据的似然函数大。但这样的最大化，并不是经典期望最大化算法想要达成的目标。同时应该注意，如果没有特征丢失的话，那么计算 $Q(\boldsymbol{\theta};\boldsymbol{\theta}^i)$ 要简单容易得多，因为这样不用涉及复杂的积分。

"广义期望最大化"(Generalized Expectation Maximization，GEM)算法比普通的期望最大化算法要宽松一些，因为只要求在算法的"**M** 步"中选取一个有所改善的 $\boldsymbol{\theta}^{i+1}$，而并不要求是最优的那一个。当然，GEM 算法的收敛速度显然不如普通 EM 算法快，但是 GEM 算法提供了很大的自由度，可让用户自由选取计算更简单的途径。有一种版本的 GEM 算法在每次迭代时，都计算未知特征的最大似然函数，然后依此来重新计算 $\boldsymbol{\theta}$。

在实际应用中，"期望最大化"这个术语通常也用来笼统地表示任何这样的迭代过程：在这些迭代中，某些数据的似然函数得以递归地增加。这时候的这些算法就不一定是真正的严格意义上的期望最大化算法了。

3.10 隐马尔可夫模型

至目前为止，我们所处理的问题都是估计类条件密度函数中的参数，目的是做出一个判决。现在，我们将转到需要进行一个序列的判决的问题。在一些与时间相关的问题中，即某过程随着时间而进行，我们会说在 t 时刻发生的事件要受 $t-1$ 时刻发生的事件的直接影响。在处理这些问题时，隐马尔可夫模型(Hidden Markov Model，HMM)获得了最好的应用，例如在语音识别领域或手势的识别中。虽然本节使用的符号显然要比先前的符号复杂一些，但是最基本的思想还是相同的。隐马尔可夫模型具有一组已经设置好的参数，它们可以最好地解释特定类别中的样本。在使用中，一个测试样本被归类为能产生最大后验概率的那个类别，也就是说，这个类别的模型最好地解释了这个测试样本。

3.10.1 一阶马尔可夫模型

我们考虑连续时间上的一系列状态。在 t 时刻的状态被记为 $\omega(t)$。一个(在时间上)长为 T 的状态序列记为 $\boldsymbol{\omega}^T=\{\omega(1),\omega(2),\cdots,\omega(T)\}$，比如，我们可能有 $\boldsymbol{\omega}^6=\{\omega_1,\omega_4,\omega_2,\omega_2,\omega_1,\omega_4\}$。注意，系统可以在不同的时刻处于同一个状态，而在同一个时刻并不要求所有的状态都可能被取到。

产生序列的机理是通过转移概率(记为 $P(\omega_j(t+1)|\omega_i(t))=a_{ij}$)表示系统在某一个时刻处于状态 ω_i 的情况下，在下一个时刻变为状态 ω_j 的概率。注意，这个概率是与具体的时刻无关的，即可以用 a_{ij} 而不是 $a_{ij}(t)$ 来表示。这里，并不需要转移概率是对称的，即不需要有 $a_{ij}=a_{ji}$，而且，有可能前后两个时刻都处于同一状态之中，即有可能 $a_{ii}\neq 0$，如图 3-8 所示。

假设已经有了某一个模型 $\boldsymbol{\theta}$，即全部的转移概率 a_{ij} 都已经知道，并且还知道某一个特定的序列 $\boldsymbol{\omega}^T$。为了计算该模型产生这个特定序列的概率，我们需要做的仅仅是把连续的转移概率相乘。例如，为了计算产生如上所述的序列的概率，我们有 $P(\boldsymbol{\omega}^T|\boldsymbol{\theta})=a_{14}a_{42}a_{22}a_{21}a_{14}$。如果已经知道第一个状态的先验概率 $P(\omega(1)=\omega_i)$，那么就能够计算出完整的产生该序列的概率。不过在目前，为简化问题起见，可以暂时不考虑第一个状态的先验概率。 128

到目前为止，我们讨论的都是马尔可夫模型，或者更准确地说，是一阶离散时间的马尔可夫模型，因为某一时刻的概率只与前一时刻有关。例如，在产生语音的马尔可夫模型中，我们知道各种有代表性的音素和产生连续音素的模型。比如,产生单词"cat"的音素为:/k/,/a/,/t/。其产生过程为从音素/k/转移到音素/a/,再从音素/a/转移到音素/t/,最后从音素/t/转移到结尾处的静音。

注意,在语音识别中,人的听觉系统并不能够感觉到这些状态,我们能够感知到的只是发出的声音。这样,我们必须改进当前讨论的马尔可夫模型系统,引入"可见状态"(visible state)(即那些能够用某种方式观测到的外部状态)和 ω 状态(那些不能被直接观测到的内部状态)。

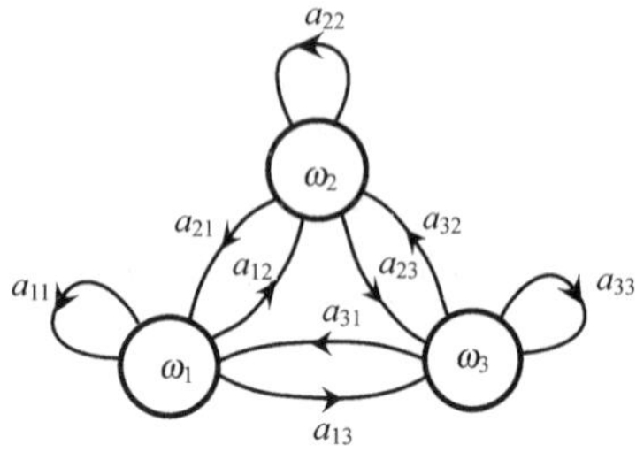

图3-8 在基本马尔可夫模型中,用节点来表示离散的状态 ω_i,而连线则表示转移概率 a_{ij}。在一阶离散时间马尔可夫模型中,在任意时刻 t,系统位于状态 $\omega(t)$,而时刻 $t+1$ 处的系统所位于的状态则是一个随机函数,与时刻 t 处系统的状态和转移概率都有关系

3.10.2 一阶隐马尔可夫模型

继续假设在某一个时刻 t,系统都处于某一个状态 $\omega(t)$ 中,同时,这个系统还激发出某种可见(可被观测到的)的符号 $v(t)$。虽然复杂的马尔可夫模型允许在每一个时刻发出的是连续的函数(比如功率谱),但在这里,为简便起见,我们只考虑发出离散符号的情形。就像处理状态一样,我们把特定的可见状态序列记为 $\mathbf{V}^T=\{v(1),v(2),\cdots,v(T)\}$。比如,我们可以有可见状态序列 $\mathbf{V}^6=\{v_5,v_1,v_1,v_5,v_2,v_3\}$。

现在,能够发出可见状态模型的工作过程如下:在 t 时刻的状态 $\omega(t)$ 下,每一个可能发出的状态 $v_k(t)$ 都有相应的概率。把这个概率记为 $P(v_k(t)\mid\omega_j(t))=b_{jk}$。因为我们只能观测到可见的状态,而不能直接知道 ω_j 处于哪个内部状态,所以整个模型就被称为"隐马尔可夫模型"(如图3-9所示)。

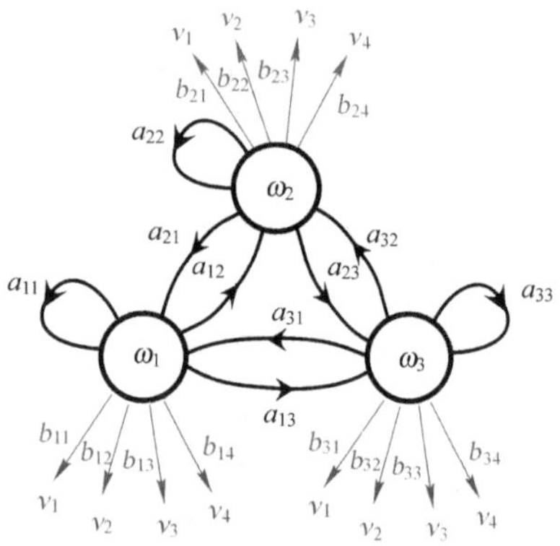

图3-9 隐马尔可夫模型中的3个隐状态,它们之间的连线表示隐状态之间的转移概率。红色的字符表示在每一隐状态产生的可见状态。这个模型表示任何方式的状态转移都是可能的。然而,在一般的隐马尔可夫模型中,这种任意的状态转移并不能得到保证

3.10.3 隐马尔可夫模型的计算

现在,我们要定义一些新的术语,并且将重新整理记号系统。通常,诸如图3-9所表示的网络被称为有限状态机(Finite State Machine,FSM)。如果网络内部的转移都与概率相关联的话,那么这样的网络就被称为马尔可夫网络。这种网络严格符合因果关系,因为下一时刻的状态的概率只与上一时刻的状态有关。如果只要选择好相应的合适的初始状态,每一个特定的指定的状态的发生概率都非零,那么这个马尔可夫模型就被称为是"各态历经"(ergodic)的。最终状态或吸收状态(final state 或 absorbing state)则是指系统一旦进入这个状态,就再

也无法离开的情况（比如 $a_{00}=1$，则系统永远处于初始状态）。

前文提到，我们用 a_{ij} 来表示隐状态之间的转移概率，用 b_{jk} 表示发出可见状态的概率：

$$a_{ij} = P(\omega_j(t+1)|\omega_i(t))$$

$$b_{jk} = P(v_k(t)|\omega_j(t)) \tag{130}$$

要求在每一个时刻都必须准备好转移到下一个时刻，同时要发出一个可见的符号。这样，有归一化条件

$$\sum_j a_{ij} = 1 \quad \text{对于所有的} i \tag{131}$$

和

$$\sum_k b_{jk} = 1 \quad \text{对于所有的} j$$

其中的求和分别是针对所有的隐状态和可见符号进行的。

定义了这些符号和术语之后，使得我们可以关注下列 3 个隐马尔可夫模型的核心问题：

估值问题 假设我们有一个 HMM，其转移概率 a_{ij} 和 b_{jk} 均已知。计算这个模型产生某一个特定观测序列 $\mathbf{V}^T$ 的概率。

解码问题 假设我们已经有了一个 HMM 和它所产生的一个观测序列，决定最有可能产生这个可见观测序列的隐状态序列 $\boldsymbol{\omega}^T$。 129~130

学习问题 假设我们只知道一个 HMM 的大致结构（比如隐状态数量和可见状态数量），但 a_{ij} 和 b_{jk} 均未知。如何从一组可见符号的训练序列中，决定这些参数。

下面将依次讨论这些问题。

3.10.4 估值问题

一个模型产生可见状态序列 $\mathbf{V}^T$ 的概率为

$$P(\mathbf{V}^T) = \sum_{r=1}^{r_{\max}} P(\mathbf{V}^T|\boldsymbol{\omega}_r^T)P(\boldsymbol{\omega}_r^T) \tag{132}$$

其中，r 是每个特定的长为 T 的隐状态序列的下标：$\boldsymbol{\omega}_r^T=\{\omega(1),\omega(2),\cdots,\omega(T)\}$。在有 c 个不同隐状态的情况下，公式(132)共有 $r_{\max}=c^T$ 个项。这样，根据公式(132)，为了计算模型产生这个特定的可见状态序列 $\mathbf{V}^T$ 的概率，我们必须考虑每一种可能的隐状态序列，计算它们各自产生可见状态序列 $\mathbf{V}^T$ 的概率，然后进行相加。可见序列的概率就是对应的转移概率 a_{ij} 和产生可见符号的概率 b_{jk} 的乘积。

因为这里处理的是一阶马尔可夫过程，因此，公式(132)中的第二项能够改写成

$$P(\boldsymbol{\omega}_r^T) = \prod_{t=1}^{T} P(\omega(t)|\omega(t-1)) \tag{133}$$

也就是序列中的转移概率依次相乘。在等式(133)中，$\omega(T)=\omega_0$ 表示最终的吸收状态，其产生的唯一的独特的可见符号为 v_0。在语音识别中，ω_0 通常用来表示一个空状态或没有声音发出的状态，而符号 v_0 就表示静音。

因为我们已经假设每个时刻所发出的可见符号的概率只依赖于这个时刻所处的隐状态，因此，等式(132)的第一项能够写成

$$P(\mathbf{V}^T|\boldsymbol{\omega}_r^T) = \prod_{t=1}^{T} P(v(t)|\omega(t)) \tag{134}$$

也就是，把一系列的 b_{jk} 依次相乘。将式(133)、式(134)代入式(132)，我们有

$$P(\mathbf{V}^T)=\sum_{r=1}^{r_{\max}}\prod_{t=1}^{T}P(v(t)|\omega(t))P(\omega(t)|\omega(t-1)) \tag{135}$$

虽然表达式(135)看起来非常复杂，但其意义却是非常明确的。观察到可见状态序列 $\mathbf{V}^T$
131 的概率等于所有可能产生这个可见状态序列的隐状态序列的概率相加，而每一种可能的隐状态序列的情况的发生概率，都是隐状态之间的转移概率和产生可见符号的概率依次相乘得到的。所有这些都由参数 a_{ij} 和 b_{jk} 捕捉，因此，表达式(135)的计算是非常直接和简单的。然而，其计算复杂度却是 $O(c^TT)$，这么大的计算量实际上是非常不现实的。比如，当 $c=10$，$T=20$ 时，我们需要进行 10^{21} 次基本运算！

事实上，存在着另一个计算上非常可行的替代方法，即递归地计算 $P(\mathbf{V}^T)$。因为每一项 $P(v(t)|\omega(t))P(\omega(t)|\omega(t-1))$ 只涉及 $v(t)$、$\omega(t)$ 和 $\omega(t-1)$，定义

$$\alpha_i(t)=\begin{cases}0 & t=0 \text{ 且 } j\neq\text{初始状态}\\ 1 & t=0 \text{ 且 } j=\text{初始状态}\\ \sum\limits_i \alpha_i(t-1)a_{ij}b_{jk}v(t) & \text{其他}\end{cases} \tag{136}$$

记号 $b_{jk}v(t)$ 表示由 t 时刻的可见状态 $v(t)$ 确定的转移概率 b_{jk}。因此，只需对具有可见状态 $v(t)$ 的索引 k 的项求和。$\alpha_j(t)$ 表示我们的 HMM 在 t 时刻，位于隐状态 ω_j，并且已经产生了可见状态序列 $\mathbf{V}^T$ 的前 t 个符号的概率。这个计算公式在下面的前向算法中得到使用。

算法 2(HMM 前向算法)

1 **initialize** $t\leftarrow 0, a_{ij}, b_{jk}$，可见序列 $\mathbf{V}^T$，$\alpha_j(0)=1$

2 　**for** $t\leftarrow t+1$

3 　　$\alpha_j(t)\leftarrow b_{jk}v(t)\sum_{i=1}^{c}\alpha_i(t-1)a_{ij}$

4 　**until** $t=T$

5 **return** $P(\mathbf{V}^T)\leftarrow$ 最终状态的 $\alpha_0(T)$

6 **end**

在第 5 行中，α_0 表示序列的结束。前向算法的计算复杂度为 $O(c^2T)$，这比公式(135)的穷举法的效率要高得多(图 3-10)。同样在 $c=10$，$T=20$ 的情况下，前向算法只需要执行 2000 次操作——几乎要比公式(135)的方法快 10^{17} 倍！

下面介绍后向算法，其实它是前向算法的时间反演版本。

算法 3(HMM 后向算法)

initialize $\beta_j(T), t\leftarrow T, a_{ij}, b_{jk}$，可见序列 $\mathbf{V}^T$

　for $t\leftarrow t-1$;

　　$\beta_i(t)\leftarrow\sum_{j=1}^{c}\beta_j(t+1)a_{ij}b_{jk}v(t+1)$

　until $t=1$

return $P(\mathbf{V}^T)\leftarrow\beta_i(0)$，已知初始状态

end

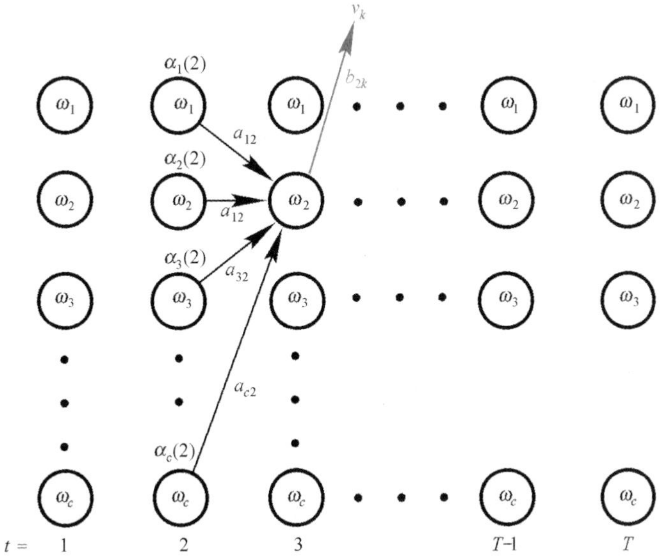

图 3-10 用前向算法计算序列的概率能够通过网格来说明——项是按时间对隐马尔可夫模型展开的。假设在时刻 $t=3$ 时，我们要求系统位于状态 ω_2，并且产生所规定的字符序列的概率。系统在$t=2$时刻位于状态 ω_i 的概率为 $\alpha_i(2), i=1,2,\cdots,c$。为了求 $\alpha_2(3)$，必须把这些项相加，同时乘以发出字符 v_k 的概率，即 $\alpha_2(3)=b_{2k}\sum_{i=1}^{c}\alpha_i(2)a_{i2}$

例 3 隐马尔可夫模型

为了进一步理解估值问题，考虑如图 3-9 所示的隐马尔可夫模型(HMM)，它具有一个明确的吸收状态和唯一的独特的空可见符号 v_0，而转移概率为(矩阵下标从 0 开始)

$$a_{ij}=\begin{pmatrix}1 & 0 & 0 & 0\\ 0.2 & 0.3 & 0.1 & 0.4\\ 0.2 & 0.5 & 0.2 & 0.1\\ 0.8 & 0.1 & 0.0 & 0.1\end{pmatrix}$$

和

$$b_{jk}=\begin{pmatrix}1 & 0 & 0 & 0 & 0\\ 0 & 0.3 & 0.4 & 0.1 & 0.2\\ 0 & 0.1 & 0.1 & 0.7 & 0.1\\ 0 & 0.5 & 0.2 & 0.1 & 0.2\end{pmatrix}$$

观测到的序列为 $\mathbf{V}^4=\{v_1,v_3,v_2,v_0\}$，要求计算这个 HMM 产生这个特定的观测序列的概率。假设在 $t=0$ 时刻，已知系统的隐状态为 ω_1。每一步的可见符号如图顶部所示，而$\alpha_i(t)$在每个单元内表示。圆圈表示从左向右进行时的 $\alpha_i(t)$的值。乘积 $a_{ij}b_{jk}$ 按步骤 $t=1$ 到 $t=2$ 的每一个转移链表示。最后的概率 $P(\mathbf{V}^T|\boldsymbol{\theta})$因此为 0.0011。 132 ~ 133

下面这个 HMM 包含 4 个隐状态(其中之一为吸收状态 ω_0)，在每一个状态都可能产生 5 种可见符号中的一种。在表示这个 HMM 的网格中，每一个节点上的数字为 $\alpha_j(t)$，表示截至当前时刻 t，模型产生已观测到的序列的概率。例如，我们知道在时刻 t，系统处于隐状态 ω_1，因此 $\alpha_1(0)=1$，并且对任何其他的 $j\neq 1$，$\alpha_j(0)=0$。图中的箭头表示了计算 $\alpha_j(1)$的过程。例如，因为在 $t=1$ 时刻，产生的可见符号为 v_1，所以我们有 $\alpha_0(1)=\alpha_1(0)a_{10}b_{01}=1[0.2\times 0]=0$，这一计算过程由最上面的箭头表示。同样，第二个箭头表示计算过程 $\alpha_1(1)=\alpha_1(0)a_{11}b_{11}=$

1[0.3×0.3]=0.09。在这个例子里，计算 $\alpha_j(1)$特别简单，因为只需要考虑从初始状态到当前状态的转移，而不必考虑其他的前状态的影响。然而，对于以后的每一个时刻，在计算 $\alpha_i(t)$时，必须考虑该状态可能是从所有可能的前状态转移过来的。最后的吸收状态处的概率就给出了观察到整个序列的最终概率，即 $P(\mathbf{V}^T|\boldsymbol{\theta})=0.0011$。

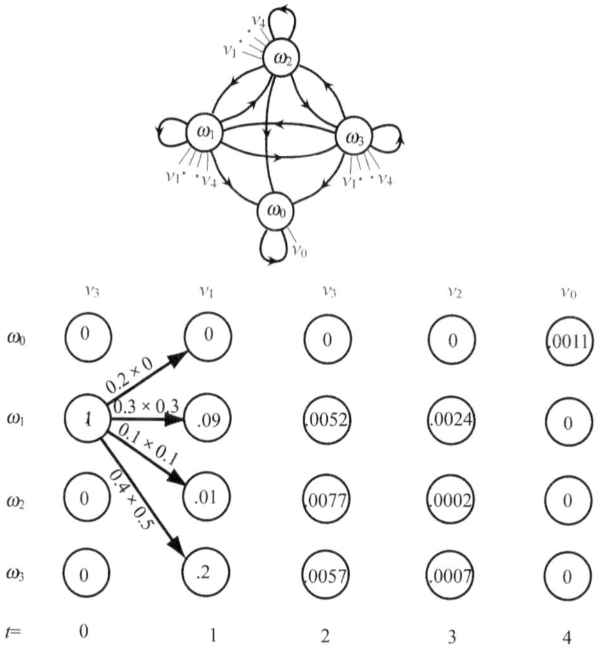

如果把模型中的那些概率 a 和 b，都用参数向量 $\boldsymbol{\theta}$ 来表示。那么，根据贝叶斯公式，在已知观测序列时，模型的概率就是

$$P(\boldsymbol{\theta}|\mathbf{V}^T)=\frac{P(\mathbf{V}^T|\boldsymbol{\theta})P(\boldsymbol{\theta})}{P(\mathbf{V}^T)} \tag{137}$$

在隐马尔可夫模式识别中，我们可能会有多个 HMM，每一个模型代表一个类别。对测试样本进行分类，就是计算哪一个模型产生这个测试样本的概率最大。举例来说，在 HMM 语音识别中，可能有两个模型，一个模型用于产生"cat"的发音，而另一个用于产生"dog"的发音。对于新来的未知发音，要确定哪个模型产生这个发音的概率更大。实际上，几乎所有的隐马尔可夫模型都是从左向右递推的模型，如图 3-11 所示。

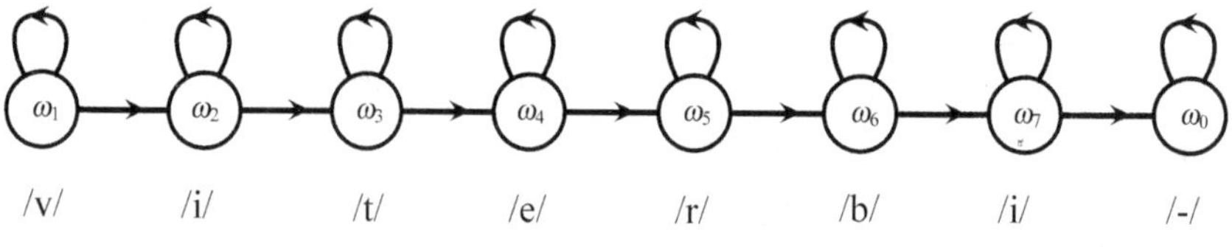

图 3-11　在语音识别领域，通常使用一个从左向右的隐马尔可夫模型。例如，这样的一个模型能够描述发音"viterbi"，其中 ω_1 代表音素/v/，ω_2 代表音素/i/，等等，直到 ω_0 代表最终状态。这样的从左向右的模型比起通常的 HMM 来说更为严格，因为在这样的模型中，由于不允许从右向左递推，因此禁止了时间反演

前向算法使我们能够计算 $P(\mathbf{V}^T|\boldsymbol{\theta})$。模型的先验概率 $P(\boldsymbol{\theta})$则由外部的知识所确定(在语音识别中,可能是一个语言模型)。这个先验概率可能依赖于上下文语义,或者是前面所发出的单词,等等。如果这种知识无法获得,通常就假设 $P(\boldsymbol{\theta})$为均匀分布,并且以后在任何分类问题中都加以忽略(这其实是一个无信息先验的例子)。

3.10.5 解码问题

已知一个观测序列 $\mathbf{V}^T$,解码问题就是寻找最可能的隐状态序列。我们可能想到采用穷举每一个所有可能的状态序列的方法计算每种可能性的概率。这将是一个计算复杂度为 $O(c^T T)$的问题,完全不现实,因此必须寻找其他途径。我们实际采用的是如下这个可能是最简单有效的算法。

算法 4(隐马尔可夫模型解码算法)

begin initialize Path←{},t←0
    for $r \leftarrow t+1$
    $j \leftarrow 1$
    for $j \leftarrow j+1$
    $\alpha_j(t) \leftarrow b_{jk} v(t) \sum_{i=1}^{c} \alpha_i(t-1) a_{ij}$
    until $j=c$
    $j' \leftarrow \arg\max_j \alpha_j(t)$
    将 $\omega_{j'}$ 添加到 Path
    until $t=T$
  return Path
  end

另一个非常类似的算法使用概率的对数,并且在计算总概率时,把概率的对数进行相加。这个算法的复杂度为 $O(c^2 T)$(请参见习题 52)。

图 3-12 中的黑色的线段表示的就是算法所找到的路径,它把每一时刻 t 最大的 α_j 值所对应的隐状态连接了起来。然而,这里还有一个问题。注意,这个算法本身并没有保证找到的路径是一条合法的路径,即找到的路径有可能是不连贯的。比如,这个算法有可能找到一条包含模型本身所禁止连接的路径,如例 4。 134~135

例 4 隐马尔可夫模型解码

我们试图找到根据例 3 的 HMM,形成下列观测序列$\{\omega_1, \omega_3, \omega_2, \omega_1, \omega_0\}$的最可能路径。下页图所示的路径实现了局部最优,请特别注意,从状态 ω_3 到状态 ω_2 的转移是非法的(参考例 3 中的对转移概率 a_{ij} 的赋值)。

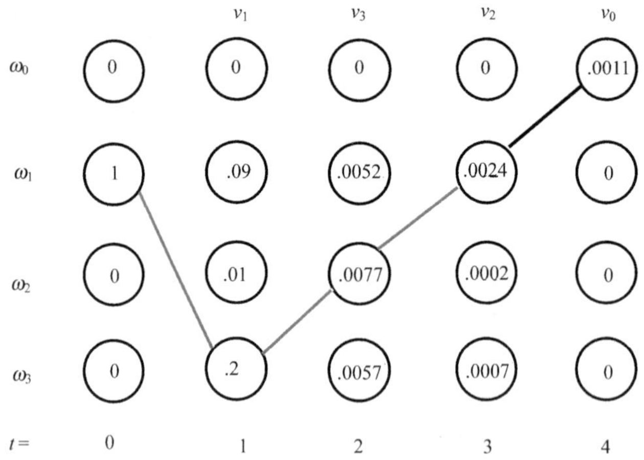

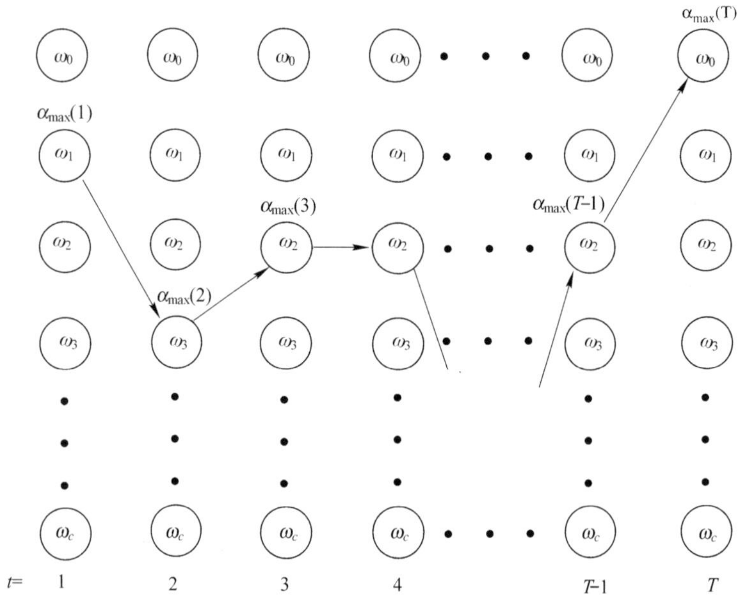

图 3-12 在解码算法中，对每个时刻 t，都寻找从前状态转移过来并且使得产生可见状态 v_k 的概率最大的状态。这些状态一起就组成了完整的路径。因为这是局部最优过程(因为只使用前面的序列部分，而不使用整个序列)，所以算法本身并不保证整个路径是合法的。例如，有可能在 $t=5$ 时刻，最大概率状态为 ω_1，在 $t=6$ 时刻，最大概率状态为 ω_2，这样，这些结果会在整个路径中出现。而这个情况甚至有可能发生在 $a_{12}=P(\omega_2(t+1)\mid\omega_1(t))=0$ 的时候，也就是说，系统进
136 行这样的转移是不允许的

隐马尔可夫模型用下列两种方式处理速率不变性问题。第一个方式是转移概率本身就考虑进了持续时间的概率结构。另外一种方式是，使用后处理技术把重复的状态删除，得到的序列是与速率无关的。这样，后处理技术能够把序列$\{\omega_1,\omega_1,\omega_3,\omega_2,\omega_2,\omega_2\}$转化成序列$\{\omega_1,\omega_3,\omega_2\}$，这个新的序列对于语音识别来说更加适合，因为在语音识别中，我们知道，在自然状态下发音时，基本的音素通常不会连续地重复出现。

3.10.6 学习问题

隐马尔可夫学习问题的目的是确定模型的参数，即从一组训练样本中，确定转移概率 a_{ij} 和 b_{jk}。到目前为止，还没有能够根据训练样本确定最优参数集合的办法，但是，通过一种非常直接的方法，我们几乎总是能够得到一个足够令人满意的解答。

前向-后向算法(forward-backward algorithm)

"前向-后向算法"可以说是"广义期望最大化算法"的一种具体实现。这一方法的核心思想是，通过递归方式更新权重，以得到能够更好地解释训练样本序列的模型参数。

前面，我们定义 $\alpha_i(t)$ 为使系统在 t 时刻位于状态 ω_i，并且已产生了到 t 时刻为止的目标序列的概率。类似地，定义 $\beta_i(t)$ 为在 t 时刻位于状态 ω_i，并且将产生 t 时刻之后的目标序列(时间范围为从 $t+1\rightarrow T$)的概率：

$$\beta_i(t)=\begin{cases}0 & \omega_i(t)\neq\omega_0 \text{ 且 } t=T\\ 1 & \omega_i(t)=\omega_0 \text{ 且 } t=T\\ \sum\limits_j \beta_j(t+1)\,a_{ij}b_{jk}v(t+1) & \text{其他}\end{cases} \tag{138}$$

为了理解式(138)，设想我们已经知道了，直至 $T-1$ 时刻的所有的 $\alpha_i(t)$，我们希望计算模型产生最后的可见符号的概率。这个概率 $\beta_i(T)$ 就是，转移到状态 $\omega_i(T)$ 的概率乘以这个隐状态下产生最后的可见符号的概率。根据式(138)对 $\beta_i(T)$ 的定义，这个概率如果不是 0(当 $\omega_i(T)$ 不是最终的隐状态时)，那么就是 1。这样，$\beta_i(T-1)=\sum_j a_{ij}b_{jk}v(T)\beta_j(T)$ 也就容易理解了。在确定了 $\beta_i(T-1)$ 之后，也能够类似地确定 $\beta_i(T-2)$，等等。

但是，现在我们所确定的 $\alpha_i(t)$ 和 $\beta_i(t)$ 仅仅是对它们的真实值的估计，因为事实上，我们还不知道式(38)中的转移概率 a_{ij} 和 b_{jk}。为了解决这个问题，定义从状态 $\omega_i(t-1)$ 转移到状态 $\omega_j(t)$ 的概率 $\gamma_{ij}(t)$

$$\gamma_{ij}(t)=\frac{\alpha_i(t-1)a_{ij}b_{jk}\beta_j(t)}{P(\mathbf{V}^T|\boldsymbol{\theta})} \tag{139}$$

其中 $P(\mathbf{V}^T|\boldsymbol{\theta})$ 是模型用任意的隐状态路径产生序列 $\mathbf{V}^T$ 的概率。这样 $\gamma_{ij}(t)$ 就是在产生序列 $\mathbf{V}^T$ 的条件下从状态 $\omega_i(t-1)$ 转移到状态 $\omega_j(t)$ 的概率。 137

现在能够对 a_{ij} 做出进一步改善的估计了。在任何时刻，序列中从状态 $\omega_i(t-1)$ 到状态 $\omega_j(t)$ 的转换的预计值是 $\sum\limits_{t-1}^{T}\gamma_{ij}(t)$，而从 ω_i 的任何转移的总预期数为 $\sum\limits_{t=1}^{T}\sum\limits_k\gamma_{ik}(t)$。这样，$\hat{a}_{ij}$(即从 $\omega_i(t-1)$ 到 $\omega_i(t)$ 的转移的概率估计)可以通过计算从 ω_i 到 ω_j 的预计转移数与 ω_i 的任何转移的总预计转移数之比而求出，即

$$\hat{a}_{ij}=\frac{\sum\limits_{t=1}^{T}\gamma_{ij}(t)}{\sum\limits_{t=1}^{T}\sum\limits_k\gamma_{ik}(t)} \tag{140}$$

同样地，可以获得进一步改善的对于 $\hat{b}_{jk}$ 的估计。通过计算某一个特定可见符号产生的概率，我们有

$$\hat{b}_{jk}=\frac{\sum\limits_{\substack{t=1\\ v(t)=v_k}}^{T}\sum\limits_l\gamma_{jl}(t)}{\sum\limits_{t=1}^{T}\sum\limits_l\gamma_{jl}(t)} \tag{141}$$

这样，我们在一开始，可以使用大略的或者说是任意的关于 a_{ij} 和 b_{jk} 的估计，然后根据公式(140)和公式(141)进行逐步修正，直到达到收敛为止。这就是著名的 Baum-Welch 算法，或称

为“前向-后向算法”——一个广义期望最大化问题(具体定义请参见 3.9 节)。

算法 5(前向-后向算法)

1 **begin initialize** a_{ij}, b_{jk}，训练序列 $\mathbf{V}^T$，收敛判据 θ, $z \to 0$
2 　　**do** $z \to z+1$
3 　　　由式(140)，通过 $a(z-1)$ 和 $b(z-1)$ 计算 $\hat{a}(z)$
4 　　　由式(141)，通过 $a(z-1)$ 和 $b(z-1)$ 计算 $\hat{b}(z)$
5 　　　$a_{ij}(z) \leftarrow \hat{a}_{ij}(z-1)$
6 　　　$b_{jk}(z) \leftarrow \hat{b}_{jk}(z-1)$
7 　　**until** $\max_{i,j,k}[a_{ij}(z)-a_{ij}(z-1), b_{jk}(z)-b_{jk}(z-1)] < \theta$;(达到收敛)
8 　**return** $a_{ij} \leftarrow a_{ij}(z)$; $b_{jk} \leftarrow b_{jk}(z)$
9 **end**

第 7 行是收敛判据，它表明当估计出的转移概率的变化小于一个预先设定的阈值后停止
138 学习。在一般的语音识别应用中，达到收敛通常要求每个序列提供多次以用于训练(通常小于 5 次)。其他一些流行的收敛判据利用了能够产生全部训练样本的所学习的模型的概率。

本章小结

如果已经知道某个类条件概率密度函数的参数形式，那么就可以把寻找这个分布本身的问题简化为学习(估计)分布的参数的问题(对每一个类 ω_i 用参数向量 $\boldsymbol{\theta}$ 表示)，估计结果就可以直接用于设计分类器。最大似然估计方法寻找的是，能最好地解释训练样本的那个参数值。也就是说，使得观测到现有的训练样本的概率最大化(在实际应用中，为了简化计算，通常使用的是对数似然函数)。而在贝叶斯参数估计中，这些参数被认为是某种具有先验概率密度的随机变量，而训练样本的作用就是把先验密度转化为后验密度。递归贝叶斯方法通过逐次修正的办法来更新贝叶斯参数估计的结果。虽然贝叶斯估计方法在理论上更有说服力，但在实际应用中通常更多地使用最大似然估计，因为最大似然估计方法更容易实现，并且在大训练样本的条件下，得到的分类器的效果也较好。

参数向量 $\boldsymbol{\theta}$ 的充分统计量 $\mathbf{s}$ 是一个关于全部样本的函数，包含了训练样本中有助于确定 $\boldsymbol{\theta}$ 的所有有用信息。一旦知道了已知形式的概率模型(比如，指数族函数)的充分统计量，我们就只需要从训练样本中估计这些充分统计量，从而可以进行分类器设计了。

Fisher 线性可分性分析的目的在于寻找一个子空间，在这个子空间中各个类别能较好地分开，并且在子空间中更易于设计分类器。Fisher 方法的一种推广是，把原空间映射到一个低维的子空间中去，而这个新的子空间可能不止一维。

期望最大化算法是一种即使在某些数据丢失的情况下，通过递归实现模型参数最大化的方法。每次迭代包含两个操作，其一为“E 步”，这个步骤尽量消除丢失数据的影响。其二为“M 步”，在这个步骤获得新模型的最优参数。而广义期望最大化算法只要求在每次迭代中，参数能够得到改进就行，而并不要求每次迭代得到的参数都是最优的。广义期望最大化算法已经在训练各种模型中获得了广泛的应用。

隐马尔可夫模型(HMM)由一些代表隐状态的节点组成，这些节点之间由反映不同状态之间互相转移的转移概率相联系。每一个隐状态同时都能根据不同的概率发出一些可见的状态。HMM 非常适合于描述序列模型，特别是上下文相关的场合，比如语音中的音素。所有的

转移概率都能够从训练样本序列中，通过前向-后向算法（或称为 Baum-Welch 算法）递归地学习得到。这个算法其实也是一种广义期望最大化算法。而采用 HMM 进行模式分类，就是选择最有可能产生当前观测序列的那个模型。

文献和历史评述

最大似然估计和贝叶斯参数估计这两种方法都有很长的发展历史。最初把贝叶斯方法引入模式识别领域的是文献[7]，它指出当类条件概率密度函数未知的情况下，正确地使用训练样本的途径是计算 $P(\omega_i|\mathbf{x},\mathcal{D})$。贝叶斯自己也非常看重无信息先验的作用。一个详尽的关于不同先验概率的研究请参见文献[17][24]。在文献[5]中，详细地列举了这方面的文献资料。文献[8]描述了 Gibbs 算法，而文献[6]对此进行了深入分析。 139

主成分分析是一种经典的多元统计分析方法[19]，在广泛的工程领域中都得到了重要应用。文献[26]详细而深入地描述了最初由 Fisher[13]所提出的线性可分性方法，文献[9，12，15，26，35]也进行了这方面的论述。

期望最大化算法是由 DemPster[11]等人提出的。文献[27]对这一方法及其发展历史进行了详细论述。文献[20，36]描述了期望最大化算法的在线版本。而专门讨论丢失数据情况下的处理方法，则可以参考文献[31]，当然，这方面的进一步深入论述超出了本书的范围。

马尔可夫在分析俄国文学家普希金的名著《叶夫盖尼·奥涅金》的文字过程中，提出了后来被称为马尔可夫框架的思想。而 Baum 及其同事则提出了隐马尔可夫模型[3，4]，这一思想后来在语音识别领域得到了异常成功的应用[9，30]。同时，隐马尔可夫模型在“统计语言学习”[8，18]以及“序列符号识别”（比如 DNA 序列）[2，23]等领域也得到了应用。人们还把隐马尔可夫模型扩展到二维领域，用于光学字符识别[2]。而其中的解码算法则是由 Viterbi 和他的同事们[4，37]发展起来的。文献[34]探讨了隐马尔可夫模型和图论模型（比如贝叶斯置信网）之间的联系。

Knuth 的经典著作[21]是最初研究计算复杂度的著作，他完成了这个领域的大部分工作。而该领域的标准教科书[10]对于在计算机领域没有非常强背景的读者是一本更好的入门性读物（也为我们的几道课后习题提供了来源）。最后，参考文献[6，32，35]都是模式识别方面的很好的教材，虽然采用了与本书有所不同的方式，但也都值得推荐。

习题

3.1 节

1. 令 $\mathbf{x}$ 为服从指数概率密度函数的分布：

$$p(\mathbf{x}|\boldsymbol{\theta}) = \begin{cases} \boldsymbol{\theta} e^{-\boldsymbol{\theta} x} & x \geq 0 \\ 0 & \text{其他} \end{cases}$$

(a)当 $\boldsymbol{\theta}=1$ 时，画出 $p(\mathbf{x}|\boldsymbol{\theta})$ 关于 $\mathbf{x}$ 的函数图像。对于 $\mathbf{x}=2$，画出 $p(\mathbf{x}|\boldsymbol{\theta})$ 关于 $\boldsymbol{\theta}$，$0<\boldsymbol{\theta}<5$ 的函数图像。

(b)假设 n 个样本点 $\mathbf{x}_1,\cdots,\mathbf{x}_n$ 都独立地服从分布 $p(\mathbf{x}|\boldsymbol{\theta})$，证明，关于 $\boldsymbol{\theta}$ 的最大似然估计结果为

$$\hat{\boldsymbol{\theta}} = \frac{1}{\frac{1}{n}\sum_{k=1}^{n}\mathbf{x}_k}$$

(c)在(a)中 $\boldsymbol{\theta}=1$ 的图上，标记出当 n 非常大时，最大似然估计 $\hat{\boldsymbol{\theta}}$ 的位置。

2. 令 $\mathbf{x}$ 具有均匀分布的概率密度

140

$$p(\mathbf{x}|\boldsymbol{\theta}) \sim U(0,\boldsymbol{\theta}) = \begin{cases} 1/\boldsymbol{\theta} & 0 \leqslant \mathbf{x} \leqslant \theta \\ 0 & \text{其他} \end{cases}$$

(a)假设 n 个样本点 $\mathcal{D}=\{x_1,\cdots,x_n\}$ 都独立地服从 $p(\mathbf{x}|\boldsymbol{\theta})$，证明对于 $\boldsymbol{\theta}$ 的最大似然估计就是 $\mathcal{D}$ 中的最大值点 $\max[\mathcal{D}]$。

(b)假设 $n=5$ 个样本点是从这个分布中抽取的，并且有 $\max_k \mathbf{x}_k=0.6$。画出在区间 $0<\boldsymbol{\theta}<1$ 上的似然函数 $p(\mathcal{D}|\boldsymbol{\theta})$。并且解释为什么此时不需要知道其余 4 个点的值。

3. 最大似然估计也可以用于估计先验概率。假设样本是连续独立地从自然状态 ω_i 中抽取的，每一个自然状态的概率为 $P(\omega_i)$。如果第 k 个样本的自然状态为 ω_i，那么就记 $z_{ik}=1$，否则 $z_{ik}=0$。

(a)证明

$$P(z_{i1},\cdots,z_{in}|P(\omega_i)) = \prod_{k=1}^{n} P(\omega_i)^{z_{ik}}(1-P(\omega_i))^{1-z_{ik}}$$

(b)证明对 $P(\omega_i)$ 的最大似然估计为

$$\hat{P}(\omega_i) = \frac{1}{n}\sum_{k=1}^{n} z_{ik}$$

并且简单解释这个结果。

4. 设 $\mathbf{x}$ 为一个 d 维的二值向量(即其分量取值为 0 或 1)，服从多维伯努利分布

$$P(\mathbf{x}|\boldsymbol{\theta}) = \prod_{i=1}^{d} \theta_i^{x_i}(1-\theta_i)^{1-x_i}$$

其中 $\boldsymbol{\theta}=(\theta_1,\cdots,\theta_d)^t$ 是一个未知的参数向量，而 θ_i 为 $x_i=1$ 的概率。证明，对于 $\boldsymbol{\theta}$ 的最大似然估计为

$$\hat{\boldsymbol{\theta}} = \frac{1}{n}\sum_{k=1}^{n} \mathbf{x}_k$$

5. 在一个二类问题中，$P(\omega_1)=P(\omega_2)=0.5$，而样本 $\mathbf{x}$ 的分量 x_i 为二值变量。假设每一个分量取 1 的概率为

$$p_{i1} = p$$

$$p_{i2} = 1-p$$

其中，规定 $p>1/2$。并且已知当维数 d 趋近于无穷时，误差概率趋近于 0。要求讨论对某一个特定的样本，当增加其特征个数时的情况。

(a)假设这个样本 $\mathbf{x}=(x_1,\cdots,x_d)^t$ 属于类别 ω_1，证明对 p 的最大似然估计为

141

$$\hat{p} = \frac{1}{d}\sum_{i=1}^{d} x_i$$

(b)描述当 d 趋近于无穷时，$\hat{p}$ 的性质。并且说明，为什么即使在每一类别只有一个样本的情况下，仅仅靠增加特征的个数，就能使分类误差概率无限小。

(c)令 $T=1/d\sum_{j=1}^{d}x_j$ 代表一个样本的分量中 1 所占的比例。分别画出当 d 较小和较大时(比如 $d=11$ 和 $d=111$),$P(T|\omega_i)$关于 T 的函数图像,这里假设 $P=0.6$。并且简单解释结果。

6. 对多元高斯分布,推导用最大似然估计方法估计均值和协方差的公式(18)和(19),并且明确地给出可能需要的假设条件。

7. 通过分析下面的例子证明,如果模型本身与实际情况符合得不好时,用最大似然估计获得的分类器将不是最优分类器:

假设有两个先验概率相等的类别($P(\omega_1)=P(\omega_2)=0.5$),已知 $p(\mathbf{x}|\omega_1)\sim N(0,1)$,但对第二个类别,我们并不清楚其条件概率,因此主观地假设为 $p(\mathbf{x}|\omega_2)\sim N(\boldsymbol{\mu},1)$。也就是说,我们需要用最大似然方法估计的是第二个类别的均值。设想,第二类的条件概率实际上为 $p(\mathbf{x}|\omega_2)\sim N(1,10^6)$。

(a)在样本个数很多的情况下,最大似然方法估计得到的$\hat{\boldsymbol{\mu}}$将为多少?

(b)在这个情况下,用最大似然方法得到的分类器的分类界面是什么?

(c)直接使用知识 $p(\mathbf{x}|\omega_1)\sim N(0,1)$和 $p(\mathbf{x}|\omega_2)\sim N(1,10^6)$进行贝叶斯最优分类器设计。注意要详细说明分类界面的每一部分。

(d)再回过头来考虑先前的模型 $p(\mathbf{x}|\omega_2)\sim N(\boldsymbol{\mu},1)$。使用从(c)中得到的知识得出使最大似然分类器误差概率更低的新的 $\boldsymbol{\mu}$ 值。

(e)讨论这些结果,特别注意先验的模型知识的重要性。

8. 在这个问题中,我们考虑习题 7 的一个极端情况,即使用最大似然方法得出的分类器具有最差的分类效果,也就是误差率趋近于 100%。假设我们的样本实际上来自两个一维分布

$$p(\mathbf{x}|\omega_1)\sim[(1-k)\delta(\mathbf{x}-1)+k\delta(\mathbf{x}+X)]$$

和

$$p(\mathbf{x}|\omega_2)\sim[(1-k)\delta(\mathbf{x}+1)+k\delta(\mathbf{x}-X)]$$

其中 X 为一个正数,$0\leqslant k\leqslant 0.5$,表示总的概率分布函数位于$\pm X$ 附近的比例。$\delta(\cdot)$为狄拉克函数。假设错误的模型为 $p(\mathbf{x}|\omega_1,\boldsymbol{\mu}_1)\sim N(\boldsymbol{\mu}_1,\sigma_1^2)$和 $p(\mathbf{x}|\omega_2,\boldsymbol{\mu}_2)\sim$ 142
$N(\boldsymbol{\mu}_2,\sigma_2^2)$,根据这个模型设计最大似然分类器:

(a)考虑问题中的对称性,证明在有无穷多的训练样本时,无论 k 和 X 如何取值,分类面总是位于 $\mathbf{x}=0$ 处。

(b)回忆对均值$\hat{\boldsymbol{\mu}}_i$ 的最大似然估计总是分布本身的均值。对于固定的 k 值,求 X 的值,使得均值的最大似然估计能够实现一个"开关",即$\hat{\boldsymbol{\mu}}_1\geqslant\hat{\boldsymbol{\mu}}_2$。

(c)当 $k=0.2$,$X=5$ 时,画出真实的分布和高斯估计,这时的分类误差率又是多少?

(d)寻找一个 $X(k)$,要能够保证估计出的$\hat{\boldsymbol{\mu}}_1$ 小于零(由于对称性,这也将使得$\hat{\boldsymbol{\mu}}_2$ 大于零)。

(e)根据上一步骤得出的 $X(k)$,用 k 的函数形式给出分类误差概率。

(f)假设对模型做如下的限制 $\sigma_1^2=\sigma_2^2=1$,这将导致结果如何变化?

(g)讨论为什么如果模型本身有错的话,误差概率会趋近于 100%。这个令人惊讶的结果的产生是不是因为我们遇到了参数空间中的某个局部最小值?

9. 证明最大似然估计中的不变特性,也就是,如果$\hat{\boldsymbol{\theta}}$为 $\boldsymbol{\theta}$ 的最大似然估计,那么,对于任意的可微函数 $\tau(\cdot)$,对 $\tau(\boldsymbol{\theta})$的最大似然估计都是 $\tau(\hat{\boldsymbol{\theta}})$。

10. 假设这里采用了一种全新的方法来估计一个样本集$\mathcal{D}=\{\mathbf{x}_1,\mathbf{x}_2,\cdots,\mathbf{x}_n\}$的均值，即直接指定样本集中的第一个点 $\mathbf{x}_1$ 就是均值。

(a)证明这个方法是无偏估计。

(b)说明为什么这个方法仍然是不可取的。

11. 一种度量同一空间中的两个不同分布的距离的方式为 Kullback-Leibler 散度（或 Kullback-Leibler 距离）

$$D_{KL}(p_1(\mathbf{x}),p_2(\mathbf{x}))=\int p_1(\mathbf{x})\ln\frac{p_1(\mathbf{x})}{p_2(\mathbf{x})}\,d\mathbf{x}$$

这个距离度量并不符合严格意义上的度量必须满足的对称性和三角不等式关系。假设使用正态分布 $p_1(\mathbf{x})\sim N(\boldsymbol{\mu},\boldsymbol{\Sigma})$来近似某一个任意的分布 $p_2(\mathbf{x})$。证明能够产生最小的 Kullback-Leibler 散度的结果为下面这个明显的结论：

$$\boldsymbol{\mu}=\mathcal{E}_2[\mathbf{x}]$$

$$\boldsymbol{\Sigma}=\mathcal{E}_2[(\mathbf{x}-\boldsymbol{\mu})(\mathbf{x}-\boldsymbol{\mu})^t]$$

其中的数学期望计算是对概率密度函数 $p_2(\mathbf{x})$进行的。

3.3 节

143 12. 证明公式(24)至公式(25)之间的所有论断。

3.4 节

13. 令 $p(\mathbf{x}|\boldsymbol{\Sigma})\sim N(\boldsymbol{\mu},\boldsymbol{\Sigma})$，其中 $\boldsymbol{\mu}$ 已知，而 $\boldsymbol{\Sigma}$ 未知。证明对 $\boldsymbol{\Sigma}$ 的最大似然估计为

$$\widehat{\boldsymbol{\Sigma}}=\frac{1}{n}\sum_{k=1}^{n}(\mathbf{x}_k-\boldsymbol{\mu})(\mathbf{x}_k-\boldsymbol{\mu})^t$$

(a)证明 $\mathbf{a}'\mathbf{A}\mathbf{a}=\mathrm{tr}[\mathbf{A}\mathbf{a}\mathbf{a}']$，其中矩阵的迹 $\mathrm{tr}(\mathbf{A})$是矩阵 $\mathbf{A}$ 的对角元素之和。

(b)证明似然函数可以写作

$$p(\mathbf{x}_1,\cdots,\mathbf{x}_n|\boldsymbol{\Sigma})=\frac{1}{(2\pi)^{nd/2}}|\boldsymbol{\Sigma}^{-1}|^{n/2}\exp\left[-\frac{1}{2}\mathrm{tr}\left[\boldsymbol{\Sigma}^{-1}\sum_{k=1}^{n}(\mathbf{x}_k-\boldsymbol{\mu})(\mathbf{x}_k-\boldsymbol{\mu})^t\right]\right]$$

(c)如果 $\mathbf{A}=\boldsymbol{\Sigma}^{-1}\widehat{\boldsymbol{\Sigma}}$，并且 $\mathbf{A}$ 的本征值为 $\lambda_1,\lambda_1,\cdots,\lambda_n$。证明由上面的结果能够导出

$$p(\mathbf{x}_1,\cdots,\mathbf{x}_n|\boldsymbol{\Sigma})=\frac{1}{(2\pi)^{nd/2}|\widehat{\boldsymbol{\Sigma}}|^{n/2}}(\lambda_1\cdots\lambda_d)^{n/2}\exp\left[-\frac{n}{2}(\lambda_1+\cdots+\lambda_d)\right]$$

(d)证明，当 $\lambda_1=\lambda_2=\cdots=\lambda_d=1$ 时，似然函数达到最大，并且解释这个结果。

14. 假设 $p(\mathbf{x}|\boldsymbol{\mu}_i,\boldsymbol{\Sigma},\omega_i)\sim N(\boldsymbol{\mu}_i,\boldsymbol{\Sigma})$，其中 $\boldsymbol{\Sigma}$ 是 c 个类别的相同的协方差矩阵。从中独立地抽取样本 $\mathbf{x}_1,\cdots,\mathbf{x}_n$，并且都加以标记：$l_1,\cdots,l_n$，即如果 $\mathbf{x}_k$ 的类别为 ω_i，则 $l_k=i$。

(a)证明

$$\begin{aligned}&p(\mathbf{x}_1,\cdots,\mathbf{x}_n,l_1,\cdots,l_n|\boldsymbol{\mu}_1,\cdots,\boldsymbol{\mu}_c,\boldsymbol{\Sigma})\\&=\frac{\prod_{k=1}^{n}P(\omega_{l_k})}{(2\pi)^{nd/2}|\boldsymbol{\Sigma}|^{n/2}}\exp\left[-\frac{1}{2}\sum_{k=1}^{n}(\mathbf{x}_k-\boldsymbol{\mu}_{l_k})^t\boldsymbol{\Sigma}^{-1}(\mathbf{x}_k-\boldsymbol{\mu}_{l_k})\right]\end{aligned}$$

(b)使用从单一的正态分布中抽取的样本，证明最大似然估计由

$$\hat{\boldsymbol{\mu}}=\frac{\sum_{l_k=i}\mathbf{x}_k}{\sum_{l_k=1}1}$$

和

$$\widehat{\boldsymbol{\Sigma}} = \frac{1}{n}\sum_{k=1}^{n}(\mathbf{x}_k - \hat{\boldsymbol{\mu}}_{l_k})(\mathbf{x}_k - \hat{\boldsymbol{\mu}}_{l_k})^t$$ 144

给出结果，并且对这个结果进行解释。

15. 考虑学习单变量正态分布的均值的问题。记 $n_0 = \sigma^2/\sigma_0^2$ 表示“决断指标”(dogmatism)，并且假设 $\boldsymbol{\mu}_0$ 根据对以下实际上并不存在的样本取均值得到 x_k，其中 $k = -n_0+1, -n_0+2, \cdots, 0$。

(a)证明使用公式(31)和(32)，得到

$$\boldsymbol{\mu}_n = \frac{1}{n+n_0}\sum_{k=-n_0+1}^{n}\mathbf{x}_k$$

和

$$\sigma_n^2 = \frac{\sigma^2}{n+n_0}$$

(b)使用这个结果来解释先验概率 $p(\boldsymbol{\mu}) \sim N(\boldsymbol{\mu}_0, \sigma_0^2)$。

16. 假设 **A** 和 **B** 为两个同阶的非奇异矩阵。

(a)证明矩阵恒等式

$$(\mathbf{A}^{-1}+\mathbf{B}^{-1})^{-1} = \mathbf{A}(\mathbf{A}+\mathbf{B})^{-1}\mathbf{B} = \mathbf{B}(\mathbf{A}+\mathbf{B})^{-1}\mathbf{A}$$

(b)为了使上式成立，**A** 和 **B** 是否必须为方阵？

(c)使用这个结论，证明能够根据公式(41)和(42)推导出公式(45)和(46)。

3.5 节

17. 这道题的目的在于在 d 维多变量伯努利分布的情况下，推导出贝叶斯分类器。如同往常一样，这里对每个类都单独处理，并且 $p(\mathbf{x}|\mathcal{D})$ 实际上表示的是 $P(\mathbf{x}|\mathcal{D}_i, \omega_i)$。每一类别的条件概率密度函数如下：

$$P(\mathbf{x}|\boldsymbol{\theta}) = \prod_{i=1}^{d}\theta_i^{x_i}(1-\theta_i)^{1-x_i}$$

而样本集 $\mathcal{D} = \{\mathbf{x}_1, \cdots, \mathbf{x}_n\}$ 中的样本均独立服从这个概率密度函数。

(a)如果 $\mathbf{s} = (s_1, \cdots, s_d)^t$ 为所有的样本的和，证明

$$P(\mathcal{D}|\boldsymbol{\theta}) = \prod_{i=1}^{d}\theta_i^{s_i}(1-\theta_i)^{n-s_i}$$

(b)假设 $\boldsymbol{\theta}$ 服从均匀分布，使用恒等式

$$\int_0^1 \theta^m(1-\theta)^n\, d\theta = \frac{m!n!}{(m+n+1)!}$$

证明 145

$$p(\boldsymbol{\theta}|\mathcal{D}) = \prod_{i=1}^{d}\frac{(n+1)!}{s_i!(n-s_i)!}\theta_i^{s_i}(1-\theta_i)^{n-s_i}$$

(c)对于 $d=1, n=1$ 的情况，画出这个概率密度函数的图像。

(d)把 $p(\mathbf{x}|\boldsymbol{\theta})p(\boldsymbol{\theta}|\mathcal{D})$ 对 $\boldsymbol{\theta}$ 进行积分，得到类条件概率密度函数

$$P(\mathbf{x}|\mathcal{D}) = \prod_{i=1}^{d}\left(\frac{s_i+1}{n+2}\right)^{x_i}\left(1-\frac{s_i+1}{n+2}\right)^{1-x_i}$$

(e)如果把 $p(\mathbf{x}|\boldsymbol{\theta})$ 中的 $\boldsymbol{\theta}$ 用 $\hat{\boldsymbol{\theta}}$ 代替，得到 $p(\mathbf{x}|\mathcal{D})$，那么对 $\boldsymbol{\theta}$ 的有效贝叶斯估计是什么？

18. 在下面的问题中，考虑关于不变性的知识能够如何指导我们建立先验概率。假设我们有一个二值变量 x，其取值方式为概率 $p(\boldsymbol{\theta})=p(x=1)$。设想观测到 $\mathcal{D}^n=\{\mathbf{x}_1,\mathbf{x}_2,\cdots,\mathbf{x}_n\}$，希望求 $x_{n+1}=1$ 的概率，用下面的比例来描述：

$$\frac{P(\mathbf{x}_{n+1}=1|\mathcal{D}^n)}{P(\mathbf{x}_{n+1}=0|\mathcal{D}^n)}$$

(a)定义 $s=\mathbf{x}_1+\cdots+\mathbf{x}_n$，$p(t)=P(\mathbf{x}_1+\cdots+\mathbf{x}_{n+1}=t)$。我们假设交换不变性，也就是说，$\mathcal{D}^n$ 中的样本的顺序可以任意交换而不产生任何影响。证明，在这样的交换不变性的前提下，上述的比例等于

$$\frac{p(s+1)/\binom{n+1}{s+1}}{p(s)/\binom{n+1}{s}}$$

其中 $\binom{n+1}{s}=\frac{(n+1)!}{s!\ (n+1-s)!}$ 为二项式系数。

(b)当 n，$n-s$ 和 s 都比较大时，可以假设 $p(s)\approx p(s+1)$，这时的比值是多少？并且解释这一结果。

(c)在二项式框架下，我们寻找一个使得 $p(s)$ 不依赖于 s 的 $p(\boldsymbol{\theta})$，其中

$$p(s)=\int_0^1\binom{n}{s}\boldsymbol{\theta}^s(1-\boldsymbol{\theta})^{n-s}p(\boldsymbol{\theta})\,d\boldsymbol{\theta}$$

证明当 $p(\boldsymbol{\theta})$ 为均匀分布时，也就是 $p(\boldsymbol{\theta})\sim U(0,1)$，这个要求能够满足。

19. 假设我们有一组训练样本，都服从高斯分布，其协方差矩阵 $\boldsymbol{\Sigma}$ 已知，而均值 $\boldsymbol{\mu}$ 未知。进一步假设这个均值 $\boldsymbol{\mu}$ 本身是随机取值的，服从均值为 $\boldsymbol{m}_0$、协方差为 $\boldsymbol{\Sigma}_0$ 的高斯分布。

146

(a)均值 $\boldsymbol{\mu}$ 的 MAP 估计是什么？

(b)假设我们用线性变换来变换坐标 $\mathbf{x}'=\mathbf{A}\mathbf{x}$，其中 $\mathbf{A}$ 为非奇异矩阵，那么 MAP 能够对变换以后的 $\boldsymbol{\mu}'$ 做出正确的估计吗？并加以解释。

20. 考虑无信息先验的问题：

(a)补足推导公式(55)的细节。

(b) 设有一个概率密度函数定义在单位圆上 $0\leqslant 2\pi$，有一个角度参数 θ_0 和散布参数 σ_θ，那么这些参数的无信息先验是什么？

21. 说出在公式(53)中，为了保证估计 $p(\boldsymbol{\theta}|\mathcal{D}^n)$ 在 $n\to\infty$ 时收敛，对 $p(\mathbf{x}|\boldsymbol{\theta})$、$p(\boldsymbol{\theta})$ 和 $\mathcal{D}^n$ 所施加的限制条件是什么？

22. 下面将给出一个例子，说明 Gibbs 算法可能导致的分类误差概率不会超过贝叶斯最优分类器的期望误差概率的 2 倍。设有一个两类、一维的问题，第一个类别的分布具有已知的三角形分布，中心为 $\mathbf{x}=0$，半宽度为 1.0，服从

$$p(\mathbf{x}|\omega_1)\equiv T(0,1)=\begin{cases}1-|\mathbf{x}| & |\mathbf{x}|<1\\ 0 & \text{其他}\end{cases}$$

第二个类别具有均匀分布

$$p(\mathbf{x}|\omega_2) \equiv U(\boldsymbol{\mu}, 1) = \begin{cases} 1/2 & |\mathbf{x} - \boldsymbol{\mu}| < 1 \\ 0 & \text{其他} \end{cases}$$

同时假设对于第二类的均值,我们也有先验知识,即 $p(\boldsymbol{\mu})$ 为 $0 \leqslant \boldsymbol{\mu} \leqslant 2$ 的均匀分布。

(a)对未知的参数积分,计算 $p(\mathbf{x}|\omega_2)$。

(b)以此为基础,求贝叶斯分类器的判决点 $\mathbf{x}^*$。

(c)计算贝叶斯分类器的期望误差概率。

(d)现在考虑 Gibbs 算法,先任意选取一个 $\boldsymbol{\mu}$ 的值,并且把它看作真实值。对测试样本点及对 $\boldsymbol{\mu}$ 进行积分,来计算用 Gibbs 算法的分类器的期望误差概率。

(e)比较(c)和(d)的结果,验证 Gibbs 算法可能导致的分类误差概率不会超过贝叶斯最优分类器的期望误差概率的 2 倍。

3.6 节

23. 假设 $\mathbf{s}$ 是一个充分统计量,使得 $p(\boldsymbol{\theta}|\mathbf{s},\mathcal{D})=p(\boldsymbol{\theta}|\mathbf{s})$。假设 $p(\boldsymbol{\theta}|\mathbf{s})\neq 0$,证明 $p(\mathcal{D}|\mathbf{s},\boldsymbol{\theta})$不依赖于 $\boldsymbol{\theta}$。

24. 使用表 3-1 中的结果,证明瑞利分布中的参数 $\boldsymbol{\theta}$ 的最大似然估计结果为

$$\hat{\boldsymbol{\theta}} = \frac{1}{\frac{1}{n}\sum_{k=1}^{n}\mathbf{x}_k^2}$$

25. 使用表 3-1 中的结果,证明 Maxwell 分布中的参数 $\boldsymbol{\theta}$ 的最大似然估计结果为 147

$$\hat{\boldsymbol{\theta}} = \frac{3/2}{\frac{1}{n}\sum_{k=1}^{n}\mathbf{x}_k^2}$$

26. 使用表 3-1 中的结果,证明多项式分布中的参数 $\boldsymbol{\theta}$ 的最大似然估计结果为

$$\hat{\boldsymbol{\theta}}_i = \frac{\mathbf{s}_i}{\sum_{j=1}^{d}\mathbf{s}_j}$$

其中向量 $\mathbf{s}=(\mathbf{s}_1,\cdots,\mathbf{s}_d)^t$ 是样本 $\mathbf{x}_1,\cdots,\mathbf{x}_n$ 的均值。

27. 通过下面的问题来验证充分性是一个整体性的概念,也就是说,如果 $\mathbf{s}$ 是 $\boldsymbol{\theta}$ 的充分统计量,那么 $\mathbf{s}$ 和 $\boldsymbol{\theta}$ 的各个对应的分量并不必也是充分的。已知单变量高斯分布 $p(\mathbf{x})\sim N(\boldsymbol{\mu},\sigma^2)$,$\boldsymbol{\theta}=\begin{pmatrix}\boldsymbol{\mu}\\ \sigma^2\end{pmatrix}$是一个整体性的参数向量。

(a)验证统计量

$$\mathbf{s} = \begin{pmatrix}\mathbf{s}_1\\ \mathbf{s}_2\end{pmatrix} = \begin{bmatrix} \frac{1}{n}\sum_{k=1}^{n}\mathbf{x}_k \\ \frac{1}{n}\sum_{k=1}^{n}\mathbf{x}_k^2 \end{bmatrix}$$

确实是关于参数向量 $\boldsymbol{\theta}$ 的充分统计量,如同表 3-1 所给出的一样。

(b)证明 $\mathbf{s}_1$ 本身不是 $\boldsymbol{\mu}$ 的充分统计量,你的回答取决于 σ^2 已知与否吗?

(c)证明 $\mathbf{s}_2$ 本身不是 σ^2 的充分统计量,你的回答取决于 $\boldsymbol{\mu}$ 已知与否吗?

28. 假设 $\mathbf{s}$ 是一个充分统计量,使得 $p(\boldsymbol{\theta}|\mathbf{x},\mathcal{D})=p(\boldsymbol{\theta}|\mathbf{s})$。

(a)假设 $p(\boldsymbol{\theta}|\mathbf{s})\neq 0$,证明 $p(\mathcal{D}|\mathbf{s},\boldsymbol{\theta})$不依赖于 $\boldsymbol{\theta}$。

(b)构造一个例子,表明不等式 $p(\boldsymbol{\theta}|\mathbf{s}) \neq 0$ 对于上面的证明过程是必需的。

29. 考虑柯西分布:

$$p(x) = \frac{1}{\pi b} \cdot \frac{1}{1 + \left(\frac{x-a}{b}\right)^2}$$

其中 $b > 0$,a 为任意实数。

(a)验证这个分布是归一化的。

(b)对于固定的 a,b 值,计算分布的均值和标准差,并且解释结果。

(c)证明这个分布对均值和标准差不存在充分统计量。

30. 证明公式(21)的估计算子对于下列的分布都是无偏的:

(a)正态分布。

(b)柯西分布。

(c)二项式分布。

(d)证明公式(20)的估计算子是渐进无偏的。

3.7 节

31. 假设 a,b 为正常数,n 为一个可变的参数,问下面的计算复杂度是否正确。

(a) $a^{n+1} = O(a^n)$

(b) $a^{bn} = O(a^n)$

(c) $a^{n+b} = O(a^n)$

(d)证明 $f(n) = O(f(n))$

32. 考虑多项式函数 $f(n) = \sum_{i=0}^{n-1} a_i x^n$ 在一点 x 的估值,其中的系数 a_i,$i = 0, \cdots, n-1$ 均已知。

(a)写出计算该多项式函数的一个复杂度为 $\Theta(n^2)$ 的算法的伪代码。

(b)证明,这样的多项式函数也可以被写作

$$f(x) = \sum_{i=0}^{n-1} a_i x^i = (\cdots(a_{n-1}x + a_{n-2})x + \cdots + a_1)x + a_0$$

等类似的形式(被称为 Horner 规则)。运用这个规则来设计复杂度为 $\Theta(n)$ 的计算该多项式函数的算法。

33. 对下面的几个简单的算法过程,写出其计算复杂度,用变量 N、M、P、K 来表示。

(a)　1　**begin for** $i \leftarrow i + 1$
　　　2　　　　　　$s \leftarrow s + i^3$
　　　3　　**until** $i = N$
　　　4　**return** s
　　　5　**end**

(b)　1　**begin for** $i \leftarrow i + 1$
　　　2　　　　　　$s \leftarrow s + x_i \times x_i$
　　　3　　**until** $i = N$
　　　4　**return** $\sqrt{s}$
　　　5　**end**

(c)　1　**begin for** $j \leftarrow j + 1$
　　　2　　　　　　**for** $i \leftarrow i + 1$
　　　3　　　　　　　　$s_j \leftarrow s_j + w_{ij} x_i$

```
            until i=I
    until j=J
    for k←k+1
        for j←j+1
            r_k←r_k+w_jk s_j
        until j=J
until k=K
end
```
149

34. 设想有一台单处理器的计算机，计算能力为每纳秒(10^{-9}s)执行一次操作。下表左边栏表示在不同假定算法中这样操作的函数相关性。对每一种函数，计算在表顶端列出的总时间内能够执行的最大数 n，并填入表中。

$f(n)$	1s	1 小时	1 天	1 年
$\log_2 n$				
n				
$n\log_2 n$				
n^2				
n^3				
2^n				
e^n				
$n!$				

35. 对于样本 $\mathbf{x}_1,\cdots,\mathbf{x}_n$(每个样本是 d 维的)，定义样本均值和样本协方差如下：

$$\hat{\boldsymbol{\mu}}_n=\frac{1}{n}\sum_{k=1}^{n}\mathbf{x}_k$$

$$\mathbf{C}_n=\frac{1}{n-1}\sum_{k=1}^{n}(\mathbf{x}_k-\hat{\boldsymbol{\mu}}_n)(\mathbf{x}_k-\hat{\boldsymbol{\mu}}_n)^t$$

这些被称为非递归公式。

(a)用这些公式计算样本均值和协方差的计算复杂度分别是多少？

(b)证明，用递归方法求解样本均值和样本协方差的公式为

$$\hat{\boldsymbol{\mu}}_{n+1}=\hat{\boldsymbol{\mu}}_n+\frac{1}{n+1}(\mathbf{x}_{n+1}-\hat{\boldsymbol{\mu}}_n)$$

$$\mathbf{C}_{n+1}=\frac{n-1}{n}\mathbf{C}_n+\frac{1}{n+1}(\mathbf{x}_{n+1}-\hat{\boldsymbol{\mu}}_n)(\mathbf{x}_{n+1}-\hat{\boldsymbol{\mu}}_n)^t$$ 150

(c)用这些递归公式计算样本均值和样本协方差的计算复杂度分别是多少？

(d)在什么情况下，你会偏向于采用非递归公式；而在什么情况下，你会偏向于采用递归公式。

36. 在模式分类中，我们经常遇到协方差矩阵求逆的问题。如习题 35 中的从样本 $\mathbf{x}_1,\cdots,\mathbf{x}_n$ 中获得的协方差矩阵，用非递归方法计算其逆矩阵的计算复杂度为 $O(n^3)$。因此，我们需要寻求计算复杂度更低的递归方法。

(a)证明下面的 Sherman-Morrison-Woodbury 矩阵恒等式：

$$(\mathbf{A}+\mathbf{x}\mathbf{y}^t)^{-1}=\mathbf{A}^{-1}-\frac{\mathbf{A}^{-1}\mathbf{x}\mathbf{y}^t\mathbf{A}^{-1}}{1+\mathbf{y}^t\mathbf{A}^{-1}\mathbf{x}}$$

(b)结合(a)与习题 35，证明

$$\mathbf{C}_{n+1}^{-1}=\frac{n}{n-1}\left[\mathbf{C}_n^{-1}-\frac{\mathbf{C}_n^{-1}(\mathbf{x}_{n+1}-\hat{\boldsymbol{\mu}}_n)(\mathbf{x}_{n+1}-\hat{\boldsymbol{\mu}}_n)^t\mathbf{C}_n^{-1}}{\frac{n^2-1}{n}+(\mathbf{x}_{n+1}-\hat{\boldsymbol{\mu}}_n)^t\mathbf{C}_n^{-1}(\mathbf{x}_{n+1}-\hat{\boldsymbol{\mu}}_n)}\right]$$

(c)上式的计算复杂度是多少？

(d)在什么情况下，你会偏向于采用非递归公式；而在什么情况下，你会偏向于采用递归公式。

37. 假设我们要使用“缩并”方法来简化两个类别的高斯分类器。如果估计得到的分布分别为 $N(\boldsymbol{\mu}_1,\boldsymbol{\Sigma}_1)$和 $N(\boldsymbol{\mu}_2,\boldsymbol{\Sigma}_2)$。为了按照公式(77)使用缩并方法，证明必须首先把所有的数据归一化为方差为 1。

3.8 节

38. 令 $p_{\mathbf{x}}(\mathbf{x}|\omega_i)$，$i=1,2$ 为任意的概率密度函数，均值为 $\boldsymbol{\mu}_i$，协方差矩阵为 $\boldsymbol{\Sigma}_i$，其中并不要求 $p_{\mathbf{x}}(\mathbf{x}|\omega_i)$必须为正态概率密度。令 $y=\mathbf{w}^t\mathbf{x}$ 表示投影，并且设投影后的结果的概率密度函数为 $p(y|\omega_i)$，其均值为 $\boldsymbol{\mu}_i$，方差为 σ_1^2。

(a)证明准则函数

$$J_1(\mathbf{w})=\frac{(\mu_1-\mu_2)^2}{\sigma_1^2+\sigma_2^2}$$

当

$$\mathbf{w}=(\boldsymbol{\Sigma}_1+\boldsymbol{\Sigma}_2)^{-1}(\boldsymbol{\mu}_1-\boldsymbol{\mu}_2)$$

(b)如果 $P(\omega_i)$为 ω_i 的先验概率，证明

151

$$J_2(\mathbf{w})=\frac{(\boldsymbol{\mu}_1-\boldsymbol{\mu}_2)^2}{P(\omega_1)\sigma_1^2+P(\omega_2)\sigma_2^2}$$

当

$$\mathbf{w}=[P(\omega_1)\boldsymbol{\Sigma}_1+P(\omega_2)\boldsymbol{\Sigma}_2]^{-1}(\boldsymbol{\mu}_1-\boldsymbol{\mu}_2)$$

(c)在(a)和(b)之间，哪个与公式(96)的联系更密切？请解释为什么。

39. 表达式

$$J_1=\frac{1}{n_1n_2}\sum_{y_i\in\mathcal{Y}_1}\sum_{y_j\in\mathcal{Y}_2}(y_i-y_j)^2$$

是总类内离散度的度量。

(a)证明这个离散度公式等价于

$$J_1=(m_1-m_2)^2+\frac{1}{n_1}s_1^2+\frac{1}{n_2}s_2^2$$

(b)证明，总离散度为

$$J_2=\frac{1}{n_1}s_1^2+\frac{1}{n_2}s_2^2$$

(c)如果 $y=\mathbf{w}^t\mathbf{x}$，证明在约束条件 $J_2=1$ 下，使得 J_1 最大化的 $\mathbf{w}$ 为

$$\mathbf{w} = \lambda \left(\frac{1}{n_1}\mathbf{S}_1 + \frac{1}{n_2}\mathbf{S}_2 \right)^{-1} (\mathbf{m}_1 - \mathbf{m}_2)$$

其中

$$\lambda = \left[(\mathbf{m}_1 - \mathbf{m}_2)^t \left(\frac{1}{n_1}\mathbf{S}_1 + \frac{1}{n_2}\mathbf{S}_2 \right) (\mathbf{m}_1 - \mathbf{m}_2) \right]^{1/2}$$

$$\mathbf{m}_i = \frac{1}{n_i} \sum_{\mathbf{x} \in \mathcal{D}_i} \mathbf{x}$$

和

$$\mathbf{S}_i = \sum_{\mathbf{x} \in \mathcal{D}_i} n_i (\mathbf{m}_i - \mathbf{m})(\mathbf{m}_i - \mathbf{m})^t$$

40. 如果 $\mathbf{S}_B$ 和 $\mathbf{S}_W$ 为两个对称 $d \times d$ 的实数矩阵，那么我们知道存在着 n 个本征值 $\lambda_1, \cdots, \lambda_n$，满足 $|\mathbf{S}_B - \lambda \mathbf{S}_W| = 0$，以及对应的 n 个本征向量 $\mathbf{e}_1, \cdots, \mathbf{e}_n$，满足 $\mathbf{S}_B \mathbf{e}_i = \lambda_i \mathbf{S}_W \mathbf{e}_i$。而且，当 $\mathbf{S}_W$ 正定时，这些本征向量就能够被归一化，因此 $\mathbf{e}_i^t \mathbf{S}_W \mathbf{e}_j = \delta_{ij}$ 和 $\mathbf{e}_i^t \mathbf{S}_B \mathbf{e}_j = \lambda_i \delta_{ij}$。令 $\tilde{\mathbf{S}}_W = \mathbf{W}^t \mathbf{S}_W \mathbf{W}$ 和 $\tilde{\mathbf{S}}_B = \mathbf{W}^t \mathbf{S}_B \mathbf{W}$，其中 $\mathbf{W}$ 为一个 $d \times n$ 的矩阵，其各列向量对应于前面所述的 n 个本征向量。
   (a) 证明 $\tilde{\mathbf{S}}_W$ 是一个 $n \times n$ 的单位矩阵 $\mathbf{I}$，而 $\tilde{\mathbf{S}}_B$ 是一个对角矩阵，其中各个对角线上的元素正好是前面所述的 n 个本征值。（这表明多重判别函数分析中的判别函数都是互不相关的。）
   (b) 求 $J = |\tilde{\mathbf{S}}_B| / |\tilde{\mathbf{S}}_W|$ 的值。 152
   (c) 令 $\mathbf{y} = \mathbf{W}^t \mathbf{x}$，然后令 $\mathbf{y}' = \mathbf{QDy}$，其中 $\mathbf{D}$ 为 $n \times n$ 的非奇异对角矩阵，表示对坐标轴的尺度变换，$\mathbf{Q}$ 为正交矩阵，表示对坐标轴的旋转。证明 J 对这种变换具有不变性。
41. 考虑两个正态分布，它们的协方差矩阵相同，但都是任意的。证明，对于一个合适的阈值，Fisher 线性分类函数可以用负的对数似然比来得到。
42. 考虑 Fisher 线性可分性分析中的准则函数 $J(\mathbf{w})$。
   (a) 推导从公式(96)、公式(98)到公式(102)、公式(103)之间被省略的步骤。
   (b) 使用矩阵方法，证明公式(103)确实可以根据公式(104)来得到。
   (c) 在准则函数 $J(\mathbf{w})$ 的极值点处，$\mathbf{w}$ 的微小变化不会引起准则函数 $J(\mathbf{w})$ 值的改变。考虑微小变动 $\mathbf{w} \to \mathbf{w} + \Delta\mathbf{w}$，推导公式(104)的解的条件。
43. 考虑 Fisher 方法的多重判别版本，即 d 维空间中的 c 高斯分布。它们的协方差矩阵相同，但是均值不同。求由协方差和 c 均值向量表示的最优子空间。

3.9 节

44. 考虑"期望最大化算法"(EM)的收敛性，也就是说，如果 $l(\boldsymbol{\theta}, \mathcal{D}_g) = \ln p(\mathcal{D}_g; \boldsymbol{\theta})$ 不是已经达到最优的，那么期望最大化算法将增加这个值。用下面的提示来证明这个结论：
   (a) 首先注意到

$$l(\boldsymbol{\theta};\ \mathcal{D}_g) = \ln p(\mathcal{D}_g, \mathcal{D}_b;\ \boldsymbol{\theta}) - \ln p(\mathcal{D}_b | \mathcal{D}_g;\ \boldsymbol{\theta})$$

   令 $\mathcal{E}'[\cdot]$ 表示分布 $p(\mathcal{D}_b | \mathcal{D}_g; \boldsymbol{\theta}')$ 下的期望。计算对 $l(\boldsymbol{\theta}; \mathcal{D}_g)$ 的期望，并且把这个结果用式(129)中的 $Q(\boldsymbol{\theta}; \boldsymbol{\theta}')$ 来表示。

(b)定义 $\phi(\mathcal{D}_b)=P(\mathcal{D}_b|\mathcal{D}_g;\boldsymbol{\theta})/p(\mathcal{D}_b|\mathcal{D}_g;\boldsymbol{\theta}')$ 为这两种不同的分布下的期望之比。证明 $\mathcal{E}'[\ln\phi(\mathcal{D}_b)]\leqslant\mathcal{E}'[\phi(\mathcal{D}_b)]-1=0$ 成立。

(c)使用上面的结果，证明如果 $Q(\boldsymbol{\theta}^{t+1};\boldsymbol{\theta}^t)>Q(\boldsymbol{\theta}^t;\boldsymbol{\theta}^t)$（通过算法 1 中的"M 步"来得到），那么不等式 $l(\boldsymbol{\theta}^{t+1};\mathcal{D}_g)>l(\boldsymbol{\theta}^t;\mathcal{D}_g)$ 成立。

45. 假设要从数据集$\mathcal{D}$中估计一个多维分布的参数 $\boldsymbol{\theta}$，而这个数据集中某些数据特征已经丢失。考虑一个递归算法，其中计算这些丢失的特征的最大似然，然后把这些最大似然当作正确的值，来进一步估计多维分布的参数 $\boldsymbol{\theta}$。并且通过这种方式，进行多次迭代。

(a)这样的算法接近于期望最大化算法，还是更接近于广义期望最大化算法？

(b)如果这就是期望最大化算法，那么这时的 $Q(\boldsymbol{\theta};\boldsymbol{\theta}^t)$应该是什么？

153

46. 考虑数据$\mathcal{D}=\left\{\begin{pmatrix}2\\3\end{pmatrix},\begin{pmatrix}3\\1\end{pmatrix},\begin{pmatrix}5\\4\end{pmatrix},\begin{pmatrix}4\\ *\end{pmatrix},\begin{pmatrix}*\\6\end{pmatrix}\right\}$，样本都独立地服从一个二维的均匀分布。

$$p(\mathbf{x})\sim U(\mathbf{x}_l,\mathbf{x}_u)=\begin{cases}\frac{1}{|x_{u1}-x_{l1}||x_{u2}-x_{l2}|} & x_{l1}\leqslant x_1\leqslant x_{u1}\text{及}\\ & x_{l2}\leqslant x_2\leqslant x_{u2}\\ \in & \text{其他}\end{cases}$$

其中 * 代表丢失的数据，∈是很小的正常数，当在上述界内归一化密度函数时可以忽略不计。

(a)假设初始估计为 $\boldsymbol{\theta}^0=\begin{pmatrix}\mathbf{x}_l\\ \mathbf{x}_u\end{pmatrix}=\begin{pmatrix}0\\0\\10\\10\end{pmatrix}$，计算 $Q(\boldsymbol{\theta};\boldsymbol{\theta}^0)$（EM 算法中的 E 步）。

(b)求使得 $Q(\boldsymbol{\theta};\boldsymbol{\theta}^0)$最大的那个 $\boldsymbol{\theta}$（EM 算法中的 M 步），你可以进行某些简化假定。

(c)画出数据和边界矩形。

(d)不进行新的迭代计算，猜测 EM 算法收敛时 $\boldsymbol{\theta}$ 的值。

47. 考虑数据$\mathcal{D}=\left\{\begin{pmatrix}1\\1\end{pmatrix},\begin{pmatrix}3\\3\end{pmatrix},\begin{pmatrix}2\\ *\end{pmatrix}\right\}$，样本都独立地服从一个二维（分开的）分布

$$p(\mathbf{x}_1)\sim\begin{cases}\frac{1}{\theta_1}e^{-\mathbf{x}_1/\theta_1} & \mathbf{x}_1\geqslant 0\\ 0 & \text{其他}\end{cases}$$

和

$$p(\mathbf{x}_2)\sim U(0,\theta_2)=\begin{cases}\frac{1}{\theta_2} & 0\leqslant\mathbf{x}_2\leqslant\theta\\ 0 & \text{其他}\end{cases}$$

其中 * 代表丢失的数据。

(a)假设初始估计为 $\boldsymbol{\theta}^0=\begin{pmatrix}2\\4\end{pmatrix}$，计算 $Q(\boldsymbol{\theta};\boldsymbol{\theta}^0)$（EM 算法中的 E 步）。特别注意要对分布进行归一化。

(b)求使得 $Q(\boldsymbol{\theta};\boldsymbol{\theta}^0)$最大的那个 $\boldsymbol{\theta}$（EM 算法中的 M 步）。

(c)在一个二维图上画出你的数据，并且注明新估计出的参数的位置。

48. 使用数据$\mathcal{D}=\left\{\begin{pmatrix}1\\1\end{pmatrix},\begin{pmatrix}3\\3\end{pmatrix},\begin{pmatrix}*\\2\end{pmatrix}\right\}$重新计算 47 题。

3.10 节

49. 考虑用前向-后向算法训练一个 HMM。已知一个长为 T 的训练序列，其中每一个时刻都可能取 c 个符号中的一个，那么全部更新一次 $\hat{a}_{ij}$ 和 $\hat{b}_{jk}$，计算复杂度是多少？
50. 在 HMM 中，计算一个序列出现的概率的标准方法是使用前向概率 $\alpha_i(t)$。
    (a)证明，如果把 $\alpha_i(t)$ 替换成后向概率 $\beta_i(t)$，那么也可以得到一个对称的解法。 154
    (b)证明，如果把前向概率和后向概率在序列中间的任意一点结合起来，那么我们就可以得到一种混合的算法，也就是说，请证明

$$P(\boldsymbol{\omega}^{T'}) = \sum_{i=1}^{T'} \alpha_i(t)\beta_i(t)$$

    其中 $\boldsymbol{\omega}^{T'}$ 是前面的长为 T' 的序列，$T'<T$。
    (c)证明，在序列的最前部和最后部，上述的公式就分别退化成前向公式和后向公式。
51. 假设我们有从一个 HMM 产生的许多序列样本。在这个 HMM 中，对一些特定的 i' 和 j'，有 $a_{i'j'}=0$。我们用这些序列去训练一个新的 HMM，而这个新的 HMM 恰好从 $a_{i'j'}=0$ 开始。证明，如果使用前向算法，那么这种参数将仍然保持为零。也就是说，如果需要被训练的 HMM 的拓扑结构（非零概率的连接）和最原始的产生这些序列的那个 HMM 相匹配的话，那么在训练完成之后，拓扑结构仍将保持不变。
52. 考虑算法 4 所描述的解码算法。
    (a)对 HMM 中的概率取对数，写出相应的算法的伪代码。
    (b)解释为什么对概率取对数的计算复杂度为 $O(n)$，那么新的算法的计算复杂度为 $O(c^2T)$。

上机练习

下面的一些练习将会用到下表中 3 个类别的三维数据：

样本	ω_1			ω_2			ω_3		
	x_1	x_2	x_3	x_1	x_2	x_3	x_1	x_2	x_3
1	0.42	−0.087	0.58	−0.4	0.58	0.089	0.83	1.6	−0.014
2	−0.2	−3.3	−3.4	−0.31	0.27	−0.04	1.1	1.6	0.48
3	1.3	−0.32	1.7	0.38	0.055	−0.035	−0.44	−0.41	0.32
4	0.39	0.71	0.23	−0.15	0.53	0.011	0.047	−0.45	1.4
5	−1.6	−5.3	−0.15	−0.35	0.47	0.034	0.28	0.35	3.1
6	−0.029	0.89	−4.7	0.17	0.69	0.1	−0.39	−0.48	0.11
7	−0.23	1.9	2.2	−0.011	0.55	−0.18	0.34	−0.079	0.14
8	0.27	−0.3	−0.87	−0.27	0.61	0.12	−0.3	−0.22	2.2
9	−1.9	0.76	−2.1	−0.065	0.49	0.0012	1.1	1.2	−0.46
10	0.87	−1.0	−2.6	−0.12	0.054	−0.063	0.18	−0.11	−0.49

155

3.2 节

1. 考虑不同维数下的高斯概率密度模型。
    (a)编写程序，对表格中的类 ω_1 中的 3 个特征 x_i，分别求解最大似然估计 $\hat{\boldsymbol{\mu}}$ 和 $\hat{\sigma}^2$。
    (b)修改程序，处理二维数据的情形 $p(\mathbf{x})\sim N(\boldsymbol{\mu},\boldsymbol{\Sigma})$，然后处理表格中的类 ω_1 中的任意两个特征的组合（共 3 种可能）。

(c)修改程序，处理三维数据的情形 $p(\mathbf{x})\sim N(\boldsymbol{\mu},\boldsymbol{\Sigma})$，然后处理表格中的类 ω_1 中 3 个特征的组合。

(d)假设这个三维高斯模型是可分离的，即 $\boldsymbol{\Sigma}=\mathrm{diag}(\sigma_1^2,\sigma_2^2,\sigma_3^2)$，写一个程序估计类别 w_2 中的均值和协方差矩阵中的 3 个参数。

(e)比较由前 4 种方式计算出来的每一个特征的均值 $\boldsymbol{\mu}_i$ 的异同，并加以解释。

(f)比较前 4 种方式计算出来的每一个特征的方差 σ_i^2 的异同，并加以解释。

3.3 节

2. 考虑一个具有两个参数的一维三角形概率模型

$$p(\mathbf{x}|\boldsymbol{\theta})\equiv T(\mu,\delta)=\begin{cases}(\delta-|\mathbf{x}-\boldsymbol{\mu}|)/\delta^2 & |\mathbf{x}-\boldsymbol{\mu}|<\delta\\ 0 & \text{其他}\end{cases}$$

其中 $\boldsymbol{\theta}=\begin{pmatrix}\boldsymbol{\mu}\\ \delta\end{pmatrix}$。编写程序，对类别 ω_2 中的特征 x_2 使用贝叶斯方法估计概率密度 $p(\mathbf{x}|\mathcal{D})$，并且画出后验概率 $p(\mathbf{x}|\mathcal{D})$。

3.4 节

3. 考虑对一维高斯函数的均值进行贝叶斯估计，假设已知均值服从分布 $p(\boldsymbol{\mu})\sim N(\boldsymbol{\mu}_0,\sigma_0)$。

(a)编写程序，画出已知 $\boldsymbol{\mu}_0,\sigma_0,\sigma$ 和训练样本集 $\mathcal{D}=\{\mathbf{x}_1,\cdots,\mathbf{x}_n\}$ 时的概率密度 $p(\mathbf{x}|\mathcal{D})$。

(b)对类别 ω_3 中的特征 x_2，估计它的 σ。假设 $\boldsymbol{\mu}_0=-1$，分别对下列值：σ^2/σ_0^2 等于 0.1，1.0，10，100，画出估计结果 $p(\mathbf{x}|\mathcal{D})$。

3.5 节

4. 假设数据是从一个二维均匀分布

156

$$p(\mathbf{x}|\boldsymbol{\theta})\sim U(\mathbf{x}_l,\mathbf{x}_u)=\begin{cases}\frac{1}{|x_{u1}-x_{l1}||x_{u2}-x_{l2}|} & x_{l1}\leqslant x_1\leqslant x_{u1}\ \text{及}\ x_{l2}\leqslant x_2\leqslant x_{u2}\\ 0 & \text{其他}\end{cases}$$

中抽取的，其中 $\mathbf{x}_l=\begin{pmatrix}-6\\-6\end{pmatrix}$，$\mathbf{x}_u=\begin{pmatrix}+6\\+6\end{pmatrix}$。编写程序，使用递归贝叶斯学习算法，估计 $p(\mathbf{x}|\mathcal{D})$，并且处理表格中类别 ω_1 的 x_1 和 x_2 分量，然后对每一个扩展的数据集 $\mathcal{D}^n(2\leqslant n\leqslant 10)$，画出后验概率。

3.6 节

5. 编写程序，对指数族函数中的任意一个计算充分统计量，然后，假设类别 ω_3 中的特征 x_3 就是服从这个分布的数据，对下面的分布计算充分统计量：高斯分布、瑞利分布、麦克斯韦分布。

3.7 节

6. 考虑不同维数下的误差概率。

(a)对类别 ω_1 和 ω_2 中的三维数据，使用最大似然估计算法训练判别函数，并且使用数值积分来估计分类误差概率。

(b)把这些数据投影到二维子空间中。对下列的 3 个子空间——分别根据 $x_1=0$，$x_2=0$，$x_3=0$ 来定义——训练高斯判别函数，并且使用数值积分来估计分类误差概率。

(c)把这些数据投影到一维子空间中，也分别根据 3 个坐标轴来定义，训练高斯判别函数，并且使用数值积分来估计分类误差概率。

(d)讨论你得出的误差概率的排序(rank order)。

(e)假设你在不同的维数下重新估计这些误差概率，那么贝叶斯误差概率一定比投影后的空间的误差概率大吗？

7. 对类别 ω_1 和 ω_3，重复习题 6。

8. 在对服从高斯分布的数据的分类中，考虑缩并方法，假设各类的协方差矩阵相同。

(a)对下列的有相同先验概率的三维高斯分布 $N(\boldsymbol{\mu}_i,\boldsymbol{\Sigma}_i)$，分别生成 20 个样本点：

$$\boldsymbol{\mu}_1=(0,0,0)^t,\qquad \boldsymbol{\Sigma}_1=\text{diag}[3,5,2]$$

$$\boldsymbol{\mu}_2=(1,5,-3)^t,\qquad \boldsymbol{\Sigma}_2=\begin{pmatrix}1&0&0\\0&4&1\\0&1&6\end{pmatrix}$$

$$\boldsymbol{\mu}_3=(0,0,0)^t,\qquad \boldsymbol{\Sigma}_3=10\,\mathbf{I}$$

(b)编写程序，估计你的数据的均值和协方差。

(c)根据公式(76)，编写程序，缩并这些协方差矩阵。

(d)画出训练误差关于 α 的函数图像，其中 $0<\alpha<1$。 157

(e)如同(a)中，产生 50 个数据，画出训练误差关于 α 的函数图像。

3.8 节

9. 考虑 Fisher 线性判别方法。

(a)编写用 Fisher 线性判别方法对三维数据求最优方向 $\mathbf{w}$ 的通用程序。

(b)对表格中的类别 ω_2 和 ω_3，计算最优方向 $\mathbf{w}$。

(c)画出表示最优方向 $\mathbf{w}$ 的直线，并且标记出投影后的点在该直线上的位置。

(d)在这个子空间中，对每种分布用一维高斯函数拟合，并且求分类决策面。

(e)从(b)中得到的分类器的训练误差是什么？

(f)为了比较，使用非最优方向 $\mathbf{w}=(1.0,2.0,-1.5)^t$ 重复(d)和(e)两个步骤，在这个非最优子空间中，训练误差是什么？

10. 考虑 Fisher 线性判别方法的多类推广。

(a)编写用多类的 Fisher 线性判别方法求最优方向 $\mathbf{w}$ 的通用程序，并对表格中的三维数据求最优二维分类平面。

(b)在这个子空间中，用圆周对称高斯函数进行数据拟合，并且在子空间中，用线性分类器求分类界面。

(c)训练样本的误差概率是多少？

(d)对下列数据进行分类：$(1.40,-0.36,-0.41)^t$，$(0.62,1.30,1.11)^t$，$(-0.11,1.60,1.51)^t$。

(e)为了比较，使用非最优分类方向 $\mathbf{w}=(-0.5,-0.5,1.0)^t$ 重复(b)(c)步骤，并且解释这两种情况下的不同。

3.9 节

11. 假设我们知道表格中类别 ω_1 的 10 个数据服从三维高斯分布，然而，如果我们丢失了偶数数据的 x_3 特征。

(a)编写程序，运用 EM 算法，估计分布的均值和协方差，初始假设为 $\boldsymbol{\mu}^0=0$，$\boldsymbol{\Sigma}^0=\mathbf{I}$(三维单位矩阵)。

(b)如果没有丢失数据，重新估计分布的均值和协方差，比较这两种情况下的异同。

12. 假设知道表格中类别 ω_2 的 10 个数据服从三维均匀分布 $p(\mathbf{x}|\omega_2)\sim U(\mathbf{x}_l,\mathbf{x}_u)$，并且假设丢失了偶数数据的 x_3 特征。 158

(a)编写程序,运用 EM 算法,估计分布的 6 个标量参数,初始假设为 $\mathbf{x}_l=(-2,-2,-2)^t$ 和 $\mathbf{x}_u=(+2,+2,+2)^t$。

(b)如果没有丢失数据,重新估计分布的参数,比较这两种情况下的异同。

3.10 节

13. 考虑隐马尔可夫模型对序列进行分类的问题。可见状态的符号共有 4 种:A,B,C,D。训练两个 HMM,每一个都有 3 个隐状态(再加上空的初始状态和空的结束状态),状态之间的转移是全连通的。下表为训练序列:

样本	ω_1	ω_2
1	AABBCCDD	DDCCBBAA
2	ABBCBBDD	DDABCBA
3	ACBCBCD	CDCDCBABA
4	AD	DDBBA
5	ACBCBABCDD	DADACBBAA
6	BABAADDD	CDDCCBA
7	BABCDCC	BDDBCAAAA
8	ABDBBCCDD	BBABBDDDCD
9	ABAAACDCCD	DDADDBCAA
10	ABD	DDCAAA

(a)画出每个模型的转移矩阵。

(b)假设这两个模型具有相同的先验概率,对序列 ABBBCDDD、DADBCBAA、CDCBABA、ADBBBCD 进行分类。

(c)对序列 BADBDCBA 进行分类,然后考虑两个模型具有怎样的先验概率,才能使这个序列对于每一类的后验概率相同。

参考文献

[1] Russell G. Almond. *Graphical Belief Modelling*. Chapman & Hall, New York, 1995.

[2] Pierre Baldi, Søren Brunak, Yves Chauvin, Jacob Engelbrecht, and Anders Krogh. Hidden Markov models for human genes. In Stephen J. Hanson, Jack D. Cowan, and C. Lee Giles, editors, *Advances in Neural Information Processing Systems*, volume 6, pages 761–768, Morgan Kaufmann, San Mateo, CA, 1994.

[3] Leonard E. Baum and Ted Petrie. Statistical inference for probabilistic functions of finite state Markov chains. *Annals of Mathematical Statistics*, 37:1554–1563, 1966.

[4] Leonard E. Baum, Ted Petrie, George Soules, and Norman Weiss. A maximization technique occurring in the statistical analysis of probabilistic functions of Markov chains. *Annals of Mathematical Statistics*, 41(1):164–171, 1970.

[5] José M. Bernardo and Adrian F. M. Smith. *Bayesian Theory*. Wiley, New York, 1996.

[6] Christopher M. Bishop. *Neural Networks for Pattern Recognition*. Oxford University Press, Oxford, UK, 1995.

[7] David Braverman. Learning filters for optimum pattern recognition. *IRE Transactions on Information Theory*, IT-8:280–285, 1962.

[8] Eugene Charniak. *Statistical Language Learning*. MIT Press, Cambridge, MA, 1993.

[9] Herman Chernoff and Lincoln E. Moses. *Elementary Decision Theory*. Wiley, New York, 1959.

[10] Thomas H. Cormen, Charles E. Leiserson, and Ronald L. Rivest. *Introduction to Algorithms*. MIT Press, Cambridge, MA, 1990.

[11] Arthur P. Dempster, Nan M. Laird, and Donald B. Rubin. Maximum-likelihood from incomplete data via the EM algorithm (with discussion). *Journal of the Royal Statistical Society, Series B*, 39:1–38, 1977.

[12] Pierre A. Devijver and Josef Kittler. *Pattern Recognition: A Statistical Approach.* Prentice-Hall, London, 1982.

[13] Ronald A. Fisher. The use of multiple measurements in taxonomic problems. *Annals of Eugenics*, 7 Part II:179–188, 1936.

[14] G. David Forney, Jr. The Viterbi algorithm. *Proceedings of the IEEE*, 61:268–278, 1973.

[15] Keinosuke Fukunaga. *Introduction to Statistical Pattern Recognition.* Academic Press, New York, second edition, 1990.

[16] David Haussler, Michael Kearns, and Robert Schapire. Bounds on the sample complexity of Bayesian learning using information theory and the VC dimension. *Machine Learning*, 14:84–114, 1994.

[17] Harold Jeffreys. *Theory of Probability.* Oxford University Press, Oxford, UK, 1961 reprint edition, 1939.

[18] Frederick Jelinek. *Statistical Methods for Speech Recognition.* MIT Press, Cambridge, MA, 1997.

[19] Ian T. Jolliffe. *Principal Component Analysis.* Springer-Verlag, New York, 1986.

[20] Michael I. Jordan and Robert A. Jacobs. Hierarchical mixtures of experts and the EM algorithm. *Neural Computation*, 6(2):181–214, 1994.

[21] Donald E. Knuth. *The Art of Computer Programming*, volume 1. Addison-Wesley, Reading, MA, first edition, 1973.

[22] Gary E. Kopec and Phil A. Chou. Document image decoding using Markov source models. *IEEE Transactions on Pattern Analysis and Machine Intelligence*, 16(6):602–617, 1994.

[23] Anders Krogh, Michael Brown, I. Saira Mian, Kimmen Sjölander, and David Haussler. Hidden Markov models in computational biology: Applications to protein modelling. *Journal of Molecular Biology*, 235:1501–1531, 1994.

[24] Dennis Victor Lindley. The use of prior probability distributions in statistical inference and decision. In Jerzy Neyman and Elizabeth L. Scott, editors, *Proceedings Fourth Berkeley Symposium on Mathematical Statistics and Probability*, pages 453–468, University of California Press, Berkeley, CA, 1961.

[25] Andrei Andreivich Markov. Issledovanie zamechatelnogo sluchaya zavisimykh ispytanii (investigation of a remarkable case of dependant trials). *Izvestiya Petersburgskoi akademii nauk, 6th ser.*, 1(3):61–80, 1907.

[26] Geoffrey J. McLachlan. *Discriminant Analysis and Statistical Pattern Recognition.* Wiley, New York, 1992.

[27] Geoffrey J. McLachlan and Thiriyambakam Krishnan. *The EM Algorithm and Extensions.* Wiley, New York, 1996.

[28] Manfred Opper and David Haussler. Generalization performance of Bayes optimal prediction algorithm for learning a perceptron. *Physical Review Letters*, 66(20):2677–2681, 1991.

[29] Lawrence Rabiner and Biing-Hwang Juang. *Fundamentals of Speech Recognition.* Prentice-Hall, Englewood Cliffs, NJ, 1993.

[30] Lawrence R. Rabiner. A tutorial on hidden Markov models and selected applications in speech recognition. *Proceedings of IEEE*, 77(2):257–286, 1989.

[31] Donald B. Rubin and Roderick J. A. Little. *Statistical Analysis with Missing Data.* Wiley, New York, 1987.

[32] Jürgen Schürmann. *Pattern Classification: A Unified View of Statistical and Neural Approaches.* Wiley, New York, 1996.

[33] Ross D. Shachter. Evaluating influence diagrams. *Operations Research*, 34(6):871–882, 1986.

[34] Padhraic Smyth, David Heckerman, and Michael Jordan. Probabilistic independence networks for hidden Markov probability models. *Neural Computation*, 9(2):227–269, 1997.

[35] Charles W. Therrien. *Decision Estimation and Classification: An Introduction to Pattern Recognition and Related Topics.* Wiley, New York, 1989.

[36] D. Michael Titterington. Recursive parameter estimation using incomplete data. *Journal of the Royal Statistical Society, Series B*, 46(2):257–267, 1984.

[37] Andrew J. Viterbi. Error bounds for convolutional codes and an asymptotically optimal decoding algorithm. *IEEE Transactions on Information Theory*, IT-13(2):260–269, 1967. 159～160

第 4 章

非参数技术

4.1 引言

在第 3 章中，我们总是假设概率密度函数的参数形式已知，并在此条件下来处理有监督学习过程。但问题在于：对于许多实际的模式识别的应用场合，上述假设条件是否总是成立还是一个疑问。而在现实世界中，真正令人感到遗憾的是，我们一般给出的概率密度的形式很少符合实际情况。特别是，所有的经典的密度函数的参数形式都是单模的，也就是说，只有单个局部极大值。而在现实中，所遇到的却常常是多模的情况。而且，我们的关于高维概率密度可以表示成一些一维密度的乘积的假设通常也不成立。在这一章中，我们将讨论“非参数化方法”(non-parametric method)，它能处理任意的概率分布，而不必假设密度的参数形式已知。

在模式识别中，有多种令人感兴趣的非参数化方法。其中之一是如何从训练样本中估计概率密度函数 $p(\mathbf{x}|\omega_j)$。如果这种估计的结果是可靠的话，那么在设计分类器时，估计出的结果就可以认为是真正的概率密度。另一种方法讨论如何直接估计后验概率 $P(\omega_j|\mathbf{x})$。这种方法的实现方式与所设计的算法直接相关，比如说“最近邻规则”就省略了概率估计这一步，而直接进行判别函数的设计。

4.2 概率密度的估计

很多估计未知概率密度函数的方法的核心思想都是非常简单的，尽管关于收敛性的严格证明可能需要较多技巧。最基本的一个事实是：一个向量 $\mathbf{x}$ 落在区域$\mathcal{R}$中的概率为

161

$$P = \int_{\mathcal{R}} p(\mathbf{x}')\, d\mathbf{x}' \tag{1}$$

因此，P 是概率密度函数 $p(\mathbf{x})$的平滑了的(或者取了平均的)版本。因此，我们可以通过估计概率 P 来估计概率密度函数 p。假设 n 个样本 $\mathbf{x}_1,\cdots,\mathbf{x}_n$ 都是根据概率密度函数 $p(\mathbf{x})$独立同分布(i. i. d.)的抽取而得到的。显然，其中k个样本落在区域$\mathcal{R}$中的概率服从二项式定理：

$$P_k = \binom{n}{k} P^k (1-P)^{n-k} \tag{2}$$

k的期望值为

$$\mathcal{E}[k] = nP \tag{3}$$

而且，k的二项式形式的分布在均值附近有非常显著的波峰。因此，我们可以想象比值 k/n 就是概率 P 的一个很好的估计。这个估计当样本个数 n 非常大的时候将非常准确。如果我们假设 $p(\mathbf{x})$是连续的，并且区域$\mathcal{R}$足够小，以至于在这个区间中 p 几乎没有变化，那么有

$$\int_{\mathcal{R}} p(\mathbf{x}')\, d\mathbf{x}' \approx p(\mathbf{x})V \tag{4}$$

其中 $\mathbf{x}$ 为一个点，而 V 则是区域$\mathcal{R}$所包含的体积。观察公式(1)、(3)、(4)，我们能够得到$p(\mathbf{x})$的估计为

$$p(\mathbf{x}) \approx \frac{k/n}{V} \tag{5}$$

如图 4-1 所示。

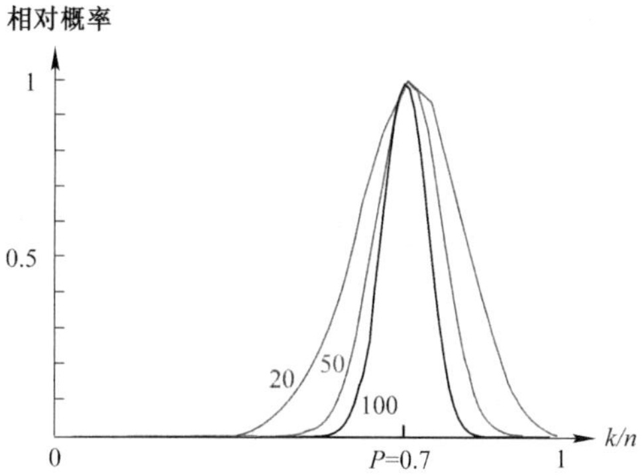

图 4-1　公式(4)的估计能够产生一个特定值的相对概率。这里，我们选择真正的概率为 0.7。每一条曲线上都标记有总共的样本数目 n，并且每一条曲线都在纵轴上进行尺度调整，以有相同的最大值。每一条曲线的形式都是二项式，如同公式(2)中的一样。对于较大的 n 值，这样的二项式函数在真正的概率处形成显著的波峰。当 $n \to \infty$ 时，曲线的形状逼近一个 δ 函数，这样我们就能保证估计结果就是真正的概率

然而，还有一些问题有待讨论——其中的一些问题是理论性的，另一些和实现有关。如果我们固定体积 V 的值，并且能够获得越来越多的训练样本，那么比值 k/n 将能够如我们所希望的那样收敛。但即使这样，所获得的其实是 $p(\mathbf{x})$的空间平滑后的版本： 162

$$\frac{P}{V} = \frac{\int_{\mathcal{R}} p(\mathbf{x}')\,d\mathbf{x}'}{\int_{\mathcal{R}} d\mathbf{x}'} \tag{6}$$

如果希望得到 $p(\mathbf{x})$，而不是平滑之后的版本，那我们必须要求体积 V 的值趋近于零。另一方面，如果在固定样本的个数 n 的前提下，令体积 V 趋近于零，那么区域$\mathcal{R}$会变得如此小，以至于其中可能不含有任何样本了。也就是说，此时有 $p(\mathbf{x}) \approx 0$，这样的估计结果就毫无意义了。

或者如果碰巧有 1 个或 2 个样本落在点 $\mathbf{x}$ 处，那么估计的结果就变成无穷大了，因此也是毫无意义的。

从实际的观点说，我们注意到能够获得的训练样本的个数总是有限的。这样，体积 V 不能取得任意小。因此，如果我们想使用这种估计方法的话，那么就不得不接受这样的事实：k/n总是有一定的变动的，并且概率密度函数 $p(\mathbf{x})$总是存在着一定程度的平滑效果。

从理论的观点来说，我们要问，如果能够获得无限多的训练样本，那么以上的这些局限性如何能够得到克服？假设我们使用下面的方法：为了估计点 $\mathbf{x}$ 处的概率密度函数，构造一系列包含点 $\mathbf{x}$ 的区域：$\mathcal{R}_1, \mathcal{R}_2, \cdots$。第一个区域使用 1 个样本，第二个区域使用 2 个样本，等等。记 V_n 为区域$\mathcal{R}_n$的体积，k_n为落在区间$\mathcal{R}_n$中的样本个数，而 $p_n(\mathbf{x})$表示对 $p(\mathbf{x})$的第 n 次估计：

$$p_n(\mathbf{x}) = \frac{k_n/n}{V_n} \tag{7}$$

如果要求 $p_n(\mathbf{x})$能够收敛到 $p(\mathbf{x})$，那么下面的3个条件是必须得到满足的：

- $\lim_{n\to\infty} V_n=0$
- $\lim_{n\to\infty} k_n=\infty$
- $\lim_{n\to\infty} k_n/n=0$

第一个条件保证了在区域均匀收缩和 $p(\cdot)$在点 $\mathbf{x}$ 处连续的情况下，空间平滑了的P/V能够收敛到 $p(x)$。第二个条件只有在 $p(\mathbf{x})\neq 0$ 时才有意义，保证了频率之比能够收敛到概率P。第三个条件对于保证公式(7)的收敛性显然是需要的。这个条件也说明了虽然最后落在小区域$\mathcal{R}_n$ 中的样本个数非常大，但这么多样本在全体样本中所占的比例仍然是非常小的。

有两种经常采用的获得这种区域序列的途径(图4-2)。其中之一是根据某一个确定的体积函数，比如 $V_n=1/\sqrt{n}$，来逐渐收缩一个给定的初始区间。这就要求随机变量k_n 和k_n/n 能够保证 $p_n(\mathbf{x})$能收敛到 $p(\mathbf{x})$。这就是将在4.3节中讨论的"Parzen 窗方法"。第二种方法是确定k_n 为 n 的某个函数，比如$k_n=\sqrt{n}$。这样，体积就必须逐渐生长，直到最后能包含进 $\mathbf{x}$ 的k_n 个
163 相邻点。这就是"k_n-近邻法"。这两种方法最终都能够收敛，但是却很难预测它们在有限样本情况下的效果。

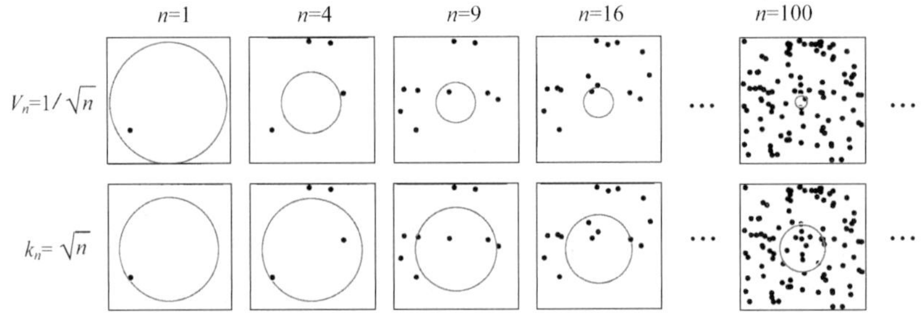

图4-2　估计某一点处的概率密度函数有两种最基本的方法。这里，我们假设这个点位于图中所示的正方形的中心。第一行表示的方法是从一个以目标样本点为中心的较大的区域开始，根据某个函数，例如 $V_n=1/\sqrt{n}$，逐渐地缩小区域面积。第二种方法如第二行所示。这一方法缩小区域面积的方式是依赖于样本点的。例如，令区域必须包括 $k_n=\sqrt{n}$个样本点。这两种情况中的序列都是随机变量，它们一般会收敛，这样就能估计出测试样本点处的真正的概率密度函数

4.3 Parzen 窗方法

为了说明估计概率密度函数的 Parzen 窗方法，我们暂时假设区间$\mathcal{R}_n$是一个 d 维的超立方体。如果令 h_n表示超立方体一条边的长度，那么体积就是

$$V_n = h_n^d \tag{8}$$

通过定义如下的窗函数，我们能够解析地得到落在窗中的样本个数k_n 的表达式：

$$\varphi(\mathbf{u}) = \begin{cases} 1 & |u_j| \leqslant 1/2;\ j=1,\cdots,d \\ 0 & \text{其他} \end{cases} \tag{9}$$

这样，$\varphi(\mathbf{u})$就表示一个中心在原点的单位超立方体。这样，如果 $\mathbf{x}_i$ 落在超立方体 V_n 中，那么

$\varphi((\mathbf{x}-\mathbf{x}_i)/h_n)=1$，否则便为 0。因此，超立方体中的样本个数就是

$$k_n=\sum_{i=1}^{n}\varphi\left(\frac{\mathbf{x}-\mathbf{x}_i}{h_n}\right) \tag{10}$$

代入公式(7)，我们得到

$$p_n(\mathbf{x})=\frac{1}{n}\sum_{i=1}^{n}\frac{1}{V_n}\varphi\left(\frac{\mathbf{x}-\mathbf{x}_i}{h_n}\right) \tag{11}$$

这个方程说明了一种更一般的估计概率密度函数的方法，即不必规定区间必须是超立方体，而是可以为某种更加一般化的形式。等式(11)表示我们对 $p(\mathbf{x})$的估计是对一系列关于 $\mathbf{x}$ 和 $\mathbf{x}_i$ 的函数作平均。在本质上，这是一种内插过程，即每一个样本依据它离 $\mathbf{x}$ 的远近不同而对结果做出不同的贡献。 164

很自然，人们会问，估计得到的 $p_n(\mathbf{x})$是否是一个合理的概率密度函数，也就是说，既要保证其值非负，又要保证积分的结果为 1。这一点可以通过要求 $\varphi(\mathbf{x})$满足下列性质而得到保证：

$$\varphi(\mathbf{x})\geqslant 0 \tag{12}$$

和

$$\int\varphi(\mathbf{u})d\mathbf{u}=1 \tag{13}$$

同时还要求 $V_n=h_n^d$。这样，我们就能够保证 $p_n(\mathbf{x})$是一个合理的概率密度函数，其值非负，积分的结果为 1。

现在我们讨论窗的宽度 h_n 对 $p_n(\mathbf{x})$的影响。如果我们定义函数 $\delta_n(\mathbf{x})$如下：

$$\delta_n(\mathbf{x})=\frac{1}{V_n}\varphi\left(\frac{\mathbf{x}}{h_n}\right) \tag{14}$$

于是可以把 $p_n(\mathbf{x})$重写为

$$p_n(\mathbf{x})=\frac{1}{n}\sum_{i=1}^{n}\delta_n(\mathbf{x}-\mathbf{x}_i) \tag{15}$$

因为 $V_n=h_n^d$，因此 h_n 显然会影响 $\delta_n(\mathbf{x})$的宽度和强度(图 4-3)。如果 h_n 非常大，那么 δ_n 的强度就非常低，并且即使 $\mathbf{x}$ 距离 $\mathbf{x}_i$ 很远时，$\delta_n(\mathbf{x}-\mathbf{x}_i)$和 $\delta_n(\mathbf{0})$相差也不大。在这种情况下，$p_n(\mathbf{x})$是 n 个宽的、慢变的函数的叠加，因此 $p_n(\mathbf{x})$是对 $p(\mathbf{x})$非常平滑的或者称为"散焦"(out-of-focus)的估计。在另一种情况下，如果 h_n 很小，那么 $\delta_n(\mathbf{x}-\mathbf{x}_i)$的峰值就非常大。在这种情况下，$p_n(\mathbf{x})$是 n 个以样本点为中心的尖脉冲的叠加——也就是一个充满噪声的估计(图 4-4)。对于任意的 h_n，分布是归一化的，即

$$\int\delta_n(\mathbf{x}-\mathbf{x}_i)\,d\mathbf{x}=\int\frac{1}{V_n}\varphi\left(\frac{\mathbf{x}-\mathbf{x}_i}{h_n}\right)d\mathbf{x}=\int\varphi(\mathbf{u})d\mathbf{u}=1 \tag{16}$$

这样，当 h_n 趋近于零时，$\delta_n(\mathbf{x}-\mathbf{x}_i)$趋近于一个中心在样本点 $\mathbf{x}_i$ 的狄拉克函数，而 $p_n(\mathbf{x})$是这些狄拉克函数的叠加。

显然，对 h_n(或 V_n)的选取将在很大程度上影响 $p_n(\mathbf{x})$。如果 V_n 太大，那么估计结果的分辨率就太低。如果 V_n 太小，那么估计结果的统计稳定性就不够。在有限样本个数的约束下，我们能做的就是取某种可接受的折中。然而，如果样本个数无限，那么就可以在 n 增加时，让 V_n 缓慢地趋近于零，同时 $p_n(\mathbf{x})$就收敛到某个概率密度函数 $p(\mathbf{x})$。

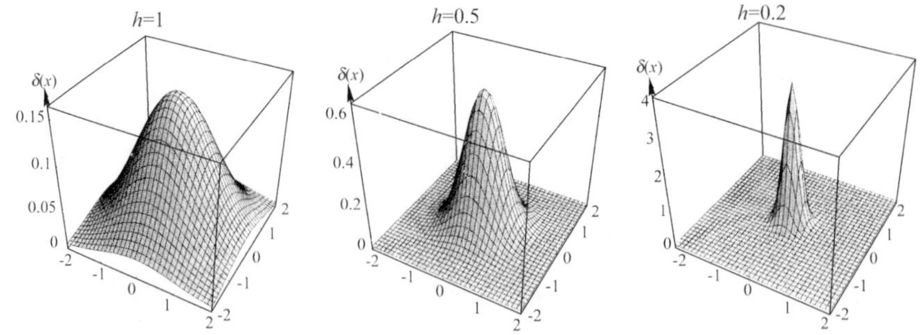

图 4-3　二维圆周对称正态 Parzen 窗的例子，其中 h 取 3 个不同的值。注意，因为 $\delta(\mathbf{x})$ 是经过归一化的，因此这 3 个图中的纵坐标的尺度并不相同

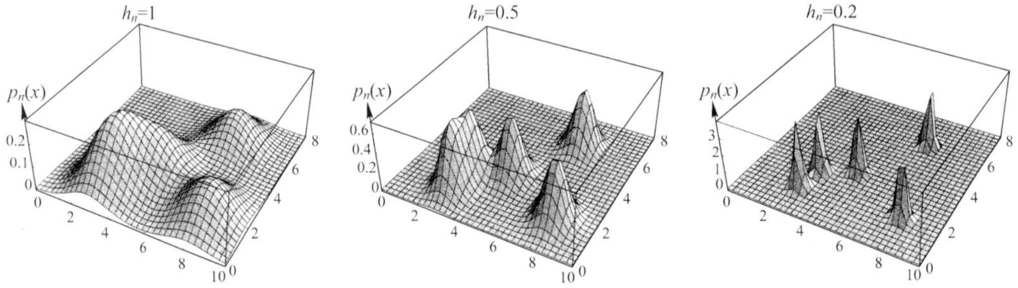

图 4-4　根据同样的具有 5 个样本点的样本集所进行的 Parzen 窗概率密度估计结果，其中分别使用的窗函数如图 4-3 所示。就像以前一样，纵轴经过了尺度变换，以使得各个分布的结构易于互相比较

在讨论收敛特性时，必须注意我们讨论的是一个随机变量序列的收敛性，因为对于固定的 $\mathbf{x}$ 的值，$p_n(\mathbf{x})$ 依赖于样本 $\mathbf{x}_1,\cdots,\mathbf{x}_n$。这样，$p_n(\mathbf{x})$ 本身就具有某种均值 $\bar{p}_n(\mathbf{x})$ 和方差 $\sigma_n^2(\mathbf{x})$。我们说 $p_n(\mathbf{x})$ 收敛到 $p(\mathbf{x})$，如果[⊖]

$$\lim_{n\to\infty} \bar{p}_n(\mathbf{x}) = p(\mathbf{x}) \tag{17}$$

和

$$\lim_{n\to\infty} \sigma_n^2(\mathbf{x}) = 0 \tag{18}$$

为了证明收敛性，我们必须对未知的概率密度函数 $p(\mathbf{x})$、窗函数 $\varphi(\mathbf{u})$ 和窗的宽度 h_n 进行必要约束。通常，要求 $p(\cdot)$ 在点 $\mathbf{x}$ 附近连续。而条件(12)、(13)也必须被满足。下面，我们将证明只要满足下列条件就能保证收敛：

$$\sup_{\mathbf{u}} \varphi(\mathbf{u}) < \infty \tag{19}$$

$$\lim_{\|\mathbf{u}\|\to\infty} \varphi(\mathbf{u}) \prod_{i=1}^{d} u_i = 0 \tag{20}$$

165～166

$$\lim_{n\to\infty} V_n = 0 \tag{21}$$

$$\lim_{n\to\infty} nV_n = \infty \tag{22}$$

⊖ 这样的收敛称作均方意义下的收敛。一般的概率理论的教材中通常还会给出其他意义下的收敛的定义。

条件(19)和条件(20)保证了 $\varphi(\cdot)$ 具有良好的特性。同时,对于我们所能够想到的大多数窗函数来说,这两个条件总是能够满足的。条件(21)和条件(22)说明体积 V_n 必须趋向于零,但必须以低于 $1/n$ 的速率。我们现在将分析为什么这些条件能够保证收敛性。

4.3.1 均值的收敛性

首先考虑 $\bar{p}_n(\mathbf{x})$。因为样本 $\mathbf{x}_i$ 都是未知概率密度 $p(\mathbf{x})$ 的独立同分布的抽样得到的,我们有

$$\begin{aligned}\bar{p}_n(\mathbf{x}) &= \mathcal{E}[p_n(\mathbf{x})] \\ &= \frac{1}{n}\sum_{i=1}^{n}\mathcal{E}\Big[\frac{1}{V_n}\varphi\Big(\frac{\mathbf{x}-\mathbf{x}_i}{h_n}\Big)\Big] \\ &= \int \frac{1}{V_n}\varphi\Big(\frac{\mathbf{x}-\mathbf{v}}{h_n}\Big)\,p(\mathbf{v})\,d\mathbf{v} \\ &= \int \delta_n(\mathbf{x}-\mathbf{v})\,p(\mathbf{v})\,d\mathbf{v}\end{aligned} \tag{23}$$

这个方程表明均值的期望是未知概率密度函数值的平均——对未知概率密度函数和窗函数的一种卷积(关于卷积的定义,参见附录中的 A.4.11 节)。这样,$\bar{p}_n(\mathbf{x})$ 就是 $p(\mathbf{x})$ 被窗函数平滑的版本。但当 V_n 趋近于零时,$\delta_n(\mathbf{x}-v)$ 趋近于一个中心在 $\mathbf{x}$ 的狄拉克函数。这样,如果 p 在点 $\mathbf{x}$ 附近连续,那么条件(21)保证了 $\bar{p}_n(\mathbf{x})$ 在 n 趋近于无穷大时,收敛于 $p(\mathbf{x})$。

4.3.2 方差的收敛性

表达式(23)表明为了使 $\bar{p}_n(\mathbf{x})$ 趋近于 $p(\mathbf{x})$,并没有必要获得无限多的训练样本。相反,对于任意的 n,我们可以仅仅让 V_n 趋近于零。当然,对于某一个特定的样本集,估计得到的充满尖峰的结果是毫无意义的。这个事实使得我们必须考虑估计结果的方差问题。因为 $p_n(\mathbf{x})$ 是一些关于统计独立的随机变量的函数的和,所以其方差就是这些分开的项的和,所以我们有

$$\begin{aligned}\sigma_n^2(\mathbf{x}) &= \sum_{i=1}^{n}\mathcal{E}\left[\left(\frac{1}{nV_n}\varphi\left(\frac{\mathbf{x}-\mathbf{x}_i}{h_n}\right) - \frac{1}{n}\bar{p}_n(\mathbf{x})\right)^2\right] \\ &= n\,\mathcal{E}\Big[\frac{1}{n^2V_n^2}\varphi^2\Big(\frac{\mathbf{x}-\mathbf{x}_i}{h_n}\Big)\Big] - \frac{1}{n}\bar{p}_n^2(\mathbf{x}) \\ &= \frac{1}{nV_n}\int \frac{1}{V_n}\varphi^2\Big(\frac{\mathbf{x}-\mathbf{v}}{h_n}\Big)\,p(\mathbf{v})\,d\mathbf{v} - \frac{1}{n}\bar{p}_n^2(\mathbf{x})\end{aligned} \tag{24}$$

去掉第二项,使用公式(23),我们有

$$\sigma_n^2(\mathbf{x}) \leqslant \frac{\sup(\varphi(\cdot))\,\bar{p}_n(\mathbf{x})}{nV_n} \tag{25}$$

显然,为了得到较小的方差,我们必须要有较大的 V_n 值。因为大的 V_n 能够把概率密度函数中的局部变动都平滑掉。然而,因为当 n 趋近于无穷大时,分母仍为有限值,因此我们能让 V_n 趋近于零,只要 nV_n 趋近于零,并且仍旧得到零方差。例如,我们能够令 $V_n=V_1/\sqrt{n}$ 或者 $V_n=$ 167
$V_1/\ln n$,等等——任何能够满足条件(21)和(22)的函数。

这些就是最主要的一些理论性结论。不幸的是,这些分析并没有告诉我们在有限样本的情况下,如何选择 $\varphi(n)$ 和 V_n 以得到较好的估计。事实上,除非我们能有更多的关于 $p(\mathbf{x})$ 的知识,而不仅仅是它的连续性,否则就无法找到在有限样本的情况下最好的方法。

4.3.3 举例说明

如果讨论在某些简单的例子中,Parzen 窗方法的表现情况,或者特别地,观察窗函数对估

计结果的影响，将是非常有意义的事。首先考虑当 $p(\mathbf{x})$是零均值、单位方差、单变量的正态情况。我们固定窗函数的形式为

$$\varphi(u)=\frac{1}{\sqrt{2\pi}}e^{-u^2/2} \tag{26}$$

然后，令 $h_n=h_1/\sqrt{n}$，其中 h_1 是可以随意选取的一个参数。这样一来，$p_n(x)$就是各个以样本点为中心的正态概率密度函数的叠加：

$$p_n(x)=\frac{1}{n}\sum_{i=1}^{n}\frac{1}{h_n}\varphi\left(\frac{x-x_i}{h_n}\right) \tag{27}$$

虽然根据公式(23)、(24)计算得到 $p_n(x)$并不困难，但是观察数值计算的结果将更有意义。如果已知某组特定的样本集，那么我们就可以计算 $p_n(x)$，得到如图 4-5 所示的结果。这些结果都依赖于 n 和 h_1。如果 $n=1$，那么 $p_n(x)$就是中心在第一个样本点处的一个单个的高斯函数，当然也就无法体现实际分布的均值，也没有对应的方差了。如果$n=10$，$h_1=0.1$，那么每一个样本点各自的贡献能够清楚地观察到。而如果我们令 $h_1=0.5$ 或 $h_1=1.0$，那么各自的贡献就不那么清晰了。当 n 越来越大时，$p_n(x)$克服变动的能力也就得到相应的提高。相应地，当 n 较大时，$p_n(x)$对局部采样的不规则性更加敏感，尽管我们知道当 n 趋于无穷大时，$p_n(x)$将收敛于光滑的 $p(x)$曲线。虽然我们不能仅凭观察得到的函数图像就下结论，但是这些观察结果至少告诉我们一个明显的结论就是，为了得到精确的估计，所需的样本个数将非常多。图 4-6 显示了在二维情况下的类似的结果。

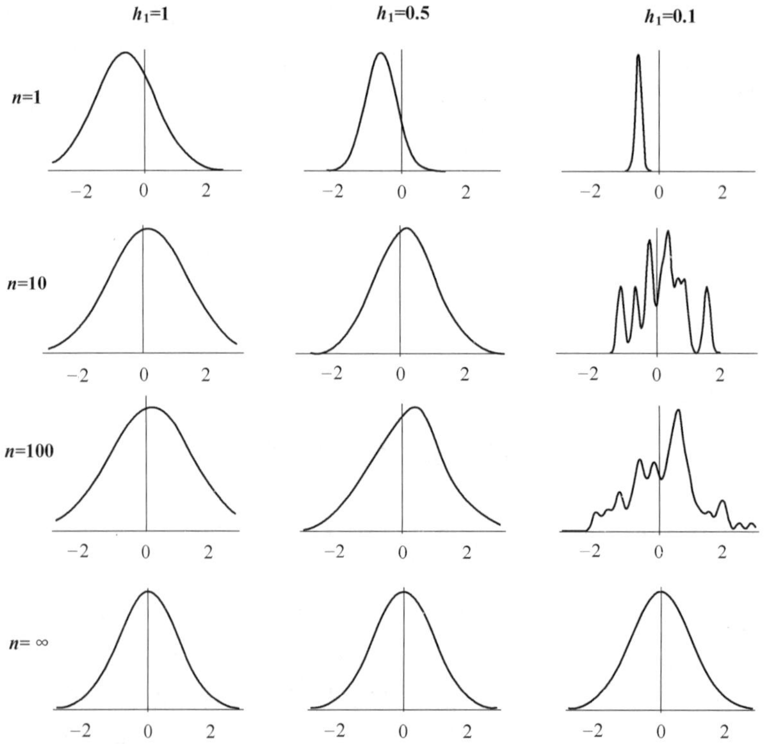

图 4-5　使用不同的窗宽度和样本数量对一维正态概率密度进行 Parzen 窗估计的结果。纵轴经过了尺度变换，以使得各个分布的结构易于互相比较。特别注意，当 $n=\infty$时，各种估计的结果都是相同的(等于真实的概率密度函数)，虽然窗宽度不同

第二个一维情况下的例子是，我们令 $\varphi(x)$ 和 h_n 保持不变，但是让未知的概率密度函数变成一个均匀分布与一个三角形分布的混合分布。图 4-7 显示了这时的估计结果。就像上一个例子一样，$n=1$ 时，我们能够得到的更多的是关于窗函数的信息，而不是关于概率密度函数。当 $n=16$ 时，这些估计结果都不令人满意。但是当 $n = 256$ 和 $h_1=1$ 时，我们看到结果已经开始趋于精确了。

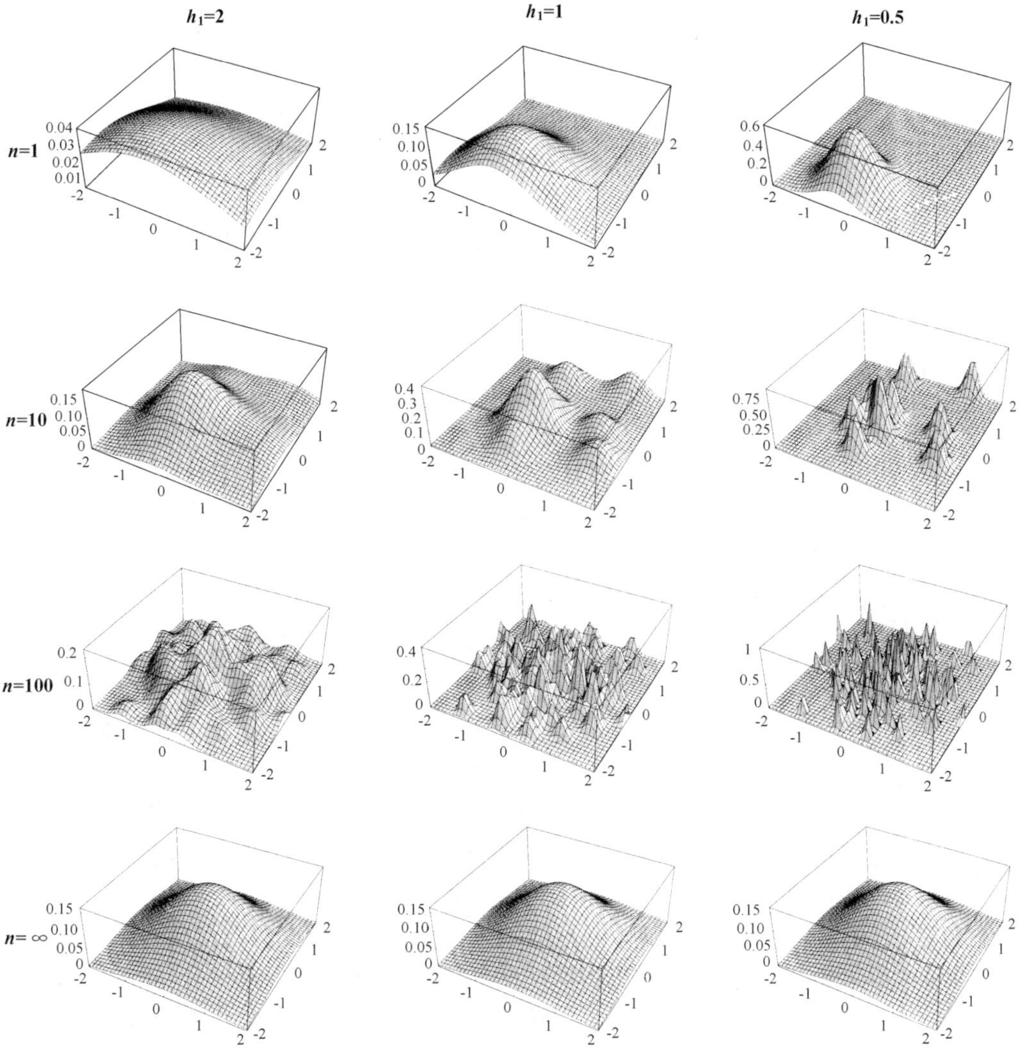

图 4-6　使用不同的窗宽度和样本数量对二维正态概率密度进行 Parzen 窗估计的结果。纵轴经过了尺度变换，以使得各个分布的结构易于互相比较。特别注意，当 $n=\infty$ 时，各种估计的结果都是相同的(等于真实的概率密度函数)，虽然窗宽度不同

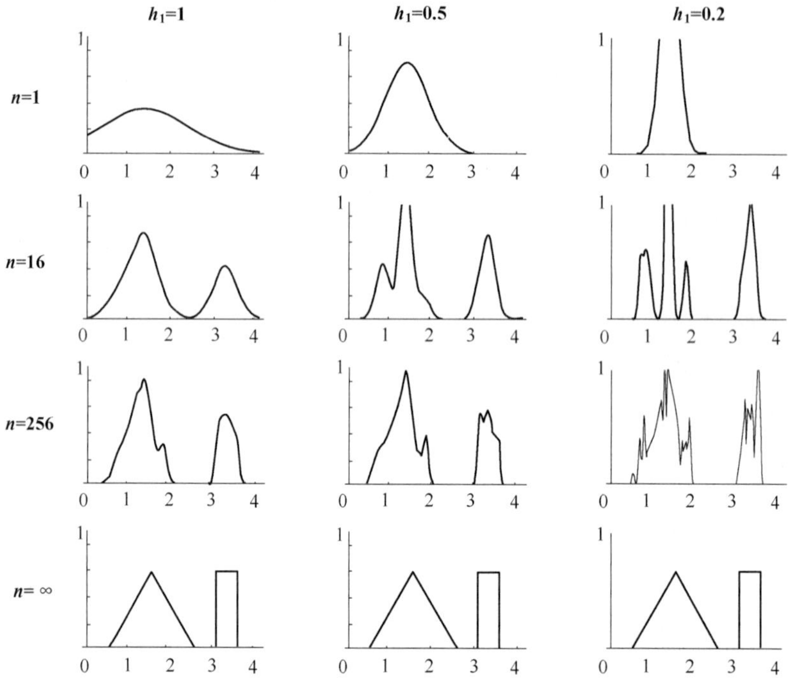

图 4-7 使用不同的窗宽度和样本数量对一个混合概率密度函数进行 Parzen 窗估计的结果。特别注意，当 $n=\infty$时，各种估计的结果都是相同的（等于真实的概率密度函数），虽然窗宽度不同

4.3.4 分类的例子

在基于 Parzen 窗估计的分类器中，我们对每一个类别都独立的估计概率密度，并且根据“最大后验概率”（MAP）的原则进行分类。如果有多个类别，每个类别的先验概率都不相同，那我们也能够考虑进这个影响（习题 4）。如图 4-8 所示的那样，Parzen 窗分类器的决策区域当然是和窗函数的选择有关的。

通常情况下，训练误差——也就是训练样本的经验误差——能够变得任意小，只要能够使窗的大小足够小的话[⊖]。然而，设计分类器的目的是能够对新的模式也进行有效的分类，所以，一个非常小的训练误差并不能保证测试误差同样小。（这方面的具体的细节，将在第 9 章中深入讨论。）虽然使用高斯窗函数似乎有道理，但是在缺乏概率分布的其他信息的情况下，没有办法对选择不同窗宽的影响做出有用的理论性分析。

上述的概率密度估计和分类的例子已经较好地说明了非参数方法的优点和局限性。非参数方法的优点在于通用性，也就是说，我们事先根本不必去了解分布的形式就能够对它们做出估计（上面的例子中的高斯分布和均匀-三角形混合分布是非常不同的两种分布类型，而对它们进行估计的方法却没有什么区别。）如果能采集足够多的训练样本，无论实际的概率密度函数的形式如何，我们肯定能够最终得到一个可靠的收敛的结果。在另一方面，为了得到较精确的结果，实际需要的训练样本的个数却是非常惊人的。这时要求的训练样本的个数比在知道分布的参数形式下进行估计所需要的训练样本的个数要多得多。至今为止，对于这种非参数估计方法，人们还

⊖ 我们忽略同一特征向量分配到多种类别的情况。

没有找到有效的能够降低训练样本的个数的方法。也就是说，这种方法的时间消耗和存储器消耗都是非常惊人的。更糟糕的是，对训练样本个数的需求，相对特征空间的维数呈指数增长。这种现象被称为"维数灾难"(curse of dimensionality)，因此严重制约了这种方法的实际应用。产生"维数灾难"的最核心的问题是，高维函数事实上远比低维函数复杂，人们对其复杂度几乎无法进行有效的分析和掌握。现在人们都认为，对付"维数灾难"的唯一有效的方法就是尽可能多地在处理问题时嵌入关于模式数据本身的可靠的先验知识。

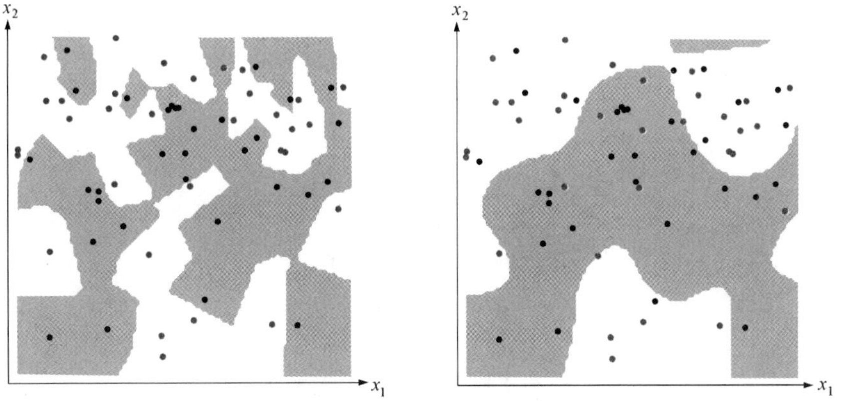

图 4-8　一个二维 Parzen 窗的两类分类器的判决边界，其中窗宽度 h 不相同。左图中，窗宽度 h 较小，而右图中，窗宽度 h 较大，因此左图中的分类界面比右边要复杂。从两个图中，我们可以直观地看到，对于每个图的上半部分，使用较小的 h 值比较合适，而对于每个图的下半部分，使用较大的 h 值比较合适，因此事实上，没有一个理想的固定的 h 值能够适应全部区域的情况 168~171

4.3.5　概率神经网络

大多数的模式识别方法都可以用并行处理的方式实现，以空间复杂度来换取时间复杂度。这种实现方法通常具有一种人工神经网络的结构(我们将在第 6 章中详细讨论这一主题)。在这里，我们将利用这个机会，来说明 Parzen 窗方法如何可以使用神经网络的结构来实现，也就是通常所说的概率神经网络(Probabilistic Neural Network，PNN)(图 4-9)。假设我们要实现一个 Parzen 估计，共有 n 个 d 维的样本，都是随机地从 c 个类别中选取的。在这种情况下，输入层由 d 个输入单元组成，每一个输入单元都与 n 个模式单元相连。而每一个模式单元都与 c 个类别中的其中之一相连。从输入层到模式层的连线表示可修改的权系数，这些权系数都可以通过训练得到。(这些权重可以用一个参数向量 $\boldsymbol{\theta}$ 来表示，但在这里，为了与神经网络领域的术语保持一致，我们改用向量 $\mathbf{w}$ 来表示)。而每一个类别单元都计算与之相连的各模式单元的输出结果的和。

PNN 网络是用下面的方式进行训练的。首先，训练样本集中的每一个样本 $\mathbf{x}$ 都被归一化为单位长度，也就是说 $\sum_{i=1}^{d} x_i^2 = 1$。第一个经过归一化了的样本被置于输入层单元上。同时，连接输入单元和第一个模式层单元的那些连接被初始化为 $\mathbf{w}_1 = \mathbf{x}_1$(注意，因为此时 $\mathbf{x}_1$ 是归一化了的，因此这时的 $\mathbf{w}_1$ 也是归一化了的)。然后，从模式层的第一个单元到类别层中代表 $\mathbf{x}_1$ 所属类别的那个单元之间就建立了一个连接。同样的过程对剩下的各个模式单元都重复进行，即 $\mathbf{w}_k = \mathbf{x}_k$，其中 $k=1,2,\cdots,n$。在这样的操作之后，我们就得到了这样的一个网络：输入层单元与模式层单元之间是完全连通的，而模式层单元到类别单元之间是稀疏连接的。如果

我们把第 j 个样本的第 k 个分量记为 x_{jk}，把这个分量到第 j 个模式层单元的连接权重系数记为 w_{jk}，其中 $j=1,2,\cdots,n$，$k=1,2,\cdots,d$。那我们就有如下的算法：

算法 1(PNN 训练算法)

<u>**begin**</u> <u>**initialize**</u> $j \leftarrow 0, n, a_{ji} \leftarrow 0,\ j=1,\cdots,n;\quad i=1,\cdots,c$

　　<u>**do**</u> $j \leftarrow j+1$

　　　　$x_{jk} \leftarrow x_{jk} \Big/ \left(\sum_{i}^{d} x_{ji}^2\right)^{1/2}$　　(归一化过程)

　　　　$w_{jk} \leftarrow x_{jk}$　　(训练)

　　　　<u>**if**</u> $\mathbf{x} \in \omega_i$　<u>**then**</u> $a_{ji} \leftarrow 1$

　　<u>**until**</u> $j=n$

<u>**end**</u>

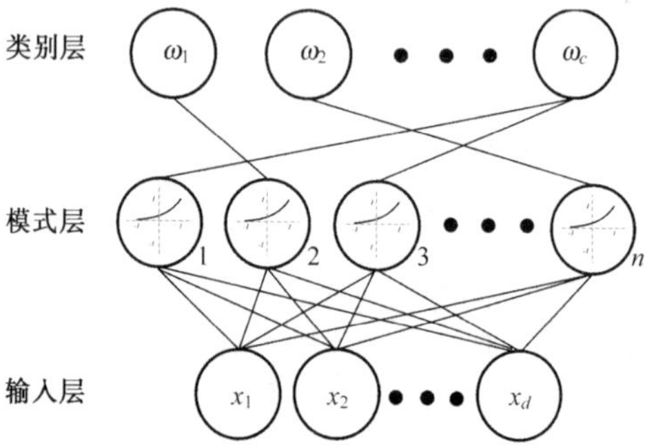

图 4-9　一个概率神经网络(PNN 网络)的结构。其中有 d 个输入层单元，n 个模式层单元，c 个类别层单元。每一个模式层单元能够对它的权重向量和归一化的样本向量 $\mathbf{x}$ 做内积，得到 $z=\mathbf{w}^t\mathbf{x}$，然后映射为 $\exp[(z-1)/\sigma^2]$。每一个类别单元把与它相连的模式层单元的输出结果相加。这样的结果，就保证了类别单元处得到的就是使用协方差为 $\sigma^2\mathbf{I}$ 的圆周对称高斯窗函数的 Parzen 窗的估计结果。其中 $\mathbf{I}$ 为 $d \times d$ 的单位矩阵

然后，经过训练完成的网络就可以用这样的方式实现分类：首先把一个归一化了的测试样本 $\mathbf{x}$ 提供给输入节点，每一个模式层单元都计算内积，得到"净激活"(net activation)，有时简称为净(net)

$$net_k = \mathbf{w}_k^t \mathbf{x} \tag{28}$$

并产生 net_k 的一个非线性函数。每一个类别层单元则把与它相连接的模式层单元的结果进行相加。非线性函数为 $e^{(net_k-1)/\sigma^2}$，其中 σ 是由用户设置的一个参数，表示有效的高斯窗的宽度。为了实现 Parzen 窗算法，这里的激活函数(或被称为转移函数)必须是一个指数函数。为了说明这一点，考虑中心在某一个训练样本 $\mathbf{w}_k$ 处的未经归一化的高斯窗函数。我们从期望得到的高斯函数倒推出模式层应采用的非线性活化函数的形式。也就是说，如果我们令有效宽度 h_n 为常数，那么窗函数为

$$\begin{aligned} \varphi\left(\frac{\mathbf{x}-\mathbf{w}_k}{h_n}\right) &\propto \overbrace{e^{-(\mathbf{x}-\mathbf{w}_k)^t(\mathbf{x}-\mathbf{w}_k)/2\sigma^2}}^{\text{期望的高斯函数}} \\ &= e^{-(\mathbf{x}^t\mathbf{x}+\mathbf{w}_k^t\mathbf{w}_k-2\mathbf{x}^t\mathbf{w}_k)/2\sigma^2} = \underbrace{e^{(net_k-1)/\sigma^2}}_{\text{激活函数}} \end{aligned} \tag{29}$$

其中使用了归一化条件：$\mathbf{x}^t\mathbf{x}=\mathbf{w}_k^t\mathbf{w}_k=1$。这样，每一个模式层单元向与它相连的那个类别层单元就贡献了一个信号，这个信号的强度等于以当前训练样本为中心的高斯函数产生这个测试样本点的概率。对这些局部估计值求和就得到判别函数 $g_i(\mathbf{x})$——也就是概率密度函数的 Parzen 窗估计结果。通过 $\max_i g_i(\mathbf{x})$ 运算得到测试点的期望的类别（算法 2）。

算法 2（PNN 分类算法）

begin **initialize** $k \leftarrow 0, \mathbf{x} \leftarrow$ 测试点

  do $k \leftarrow k+1$ 172~173

    $net_k \leftarrow \mathbf{w}_k^t\mathbf{x}$

    if $a_{ki}=1$ **then** $g_i \leftarrow g_i+\exp[(net_k-1)/\sigma^2]$

    until $k=n$

  return $class \leftarrow \arg\max_i g_i(\mathbf{x})$

end

PNN 的好处之一是其学习速度很快，因为学习规则简单（$\mathbf{w}_k=\mathbf{x}_k$），并且每一个样本点只需要提供一遍。此算法的空间复杂度也很容易求得——只要数一下图 4-9 中的连接个数就行了——结果是 $O((n+1)d)$。这个存储空间要求在硬件实现时是比较高的，特别是当 n 和 d 都比较大时。如果用图 4-9 的并行机制实现算法，那么时间复杂度为 $O(1)$，因为公式（28）中的内积都可以用并行的方式来完成。所以，这种 PNN 算法最有用处的场合是，计算速度要求很高，存储器资源又比较容易满足的情况。此算法的另一个优点是新的训练样本很容易被加入以前训练好的分类器中，这一特性对于“在线”的应用特别有意义。

4.3.6 窗函数的选取

如同我们已经看到的那样，Parzen 窗/PNN 算法中的一个关键问题就是如何选取体积序列 $V_1, V_2, \cdots, V_n$ 的问题。比如，如果我们选取 $V_n=V_1/\sqrt{n}$，那么对于有限的 n，估计结果将对初始体积 V_1 非常敏感。如果 V_1 非常小，那么大多数的体积内都将是空的，估计的 $p_n(x)$ 将是误差的。如果 V_1 非常大，那么平滑效应会很剧烈，以至于概率密度的空间变化都被掩盖了。而且，很有可能对于某一个区域适合的体积对于另一个区域就非常不适合（参见图 4-8）。在第 9 章中，我们将考虑更一般化的方法，包括交叉验证方法，这是一个通常和 Parzen 窗一起使用的算法。简单地说，“交叉验证方法”使用数据集中的一小部分来形成一个“验证集”，而窗的宽度就通过使验证集上的误差率最小来调节得到的。

4.4 k_n-近邻估计

由于最佳的窗函数的选择总是一个问题，一种可行的解决方法就是让体积成为训练样本的函数，而不是硬性地规定窗函数为全体样本个数的某个函数。例如，为了从 n 个训练样本（archetype，在以后也称为“原型样本”，或直接称为“原型”）中估计 $p(\mathbf{x})$，我们能够以点 $\mathbf{x}$ 为中心，让体积扩张，直到包含进 k_n 个样本为止，其中的 k_n 是关于 n 的某一个特定函数。这些样本就被称为点 $\mathbf{x}$ 的 k_n 个最近邻。如果在点 $\mathbf{x}$ 附近的概率密度很大，那么这个体积就相对比较小。而如果在点 $\mathbf{x}$ 附近的概率密度比较小，那么这个体积就会比较大，但是一旦它进入某个概率密度很高的区域，这个体积的生长就会停止。无论在那种情况下，如果我们令

$$p_n(\mathbf{x})=\frac{k_n/n}{V_n} \tag{30}$$ 174

我们希望当 n 趋近于无穷时，k_n 也能够趋近于无穷。这样的假设能够保证 k_n/n 就是对一个点落入区域 V_n 中的概率的准确的估计。然而，我们还希望 k_n 的增加能够足够慢，使得为了包含进 k_n 个样本的体积能够逐渐趋于零。这样，从等式(30)能很明显看出比值 k_n/n 将趋于零。虽然在这里我们不给出证明，但下面的结论是正确的：如果 $p(\mathbf{x})$在所有的点都连续，那么条件 $\lim_{n\to\infty} k_n=\infty$和 $\lim_{n\to\infty} k_n/n=0$ 是 $p_n(\mathbf{x})$收敛到 $p(\mathbf{x})$的充要条件（请参见习题 5）。如果取 $k_n=\sqrt{n}$，并且假设 $p_n(\mathbf{x})$是 $p(\mathbf{x})$的一个较准确的估计，那么根据方程(30)，我们看到 $V_n\approx1/(\sqrt{n}p(\mathbf{x}))$。这样，$V_n$ 又一次等于 $V_1/\sqrt{n}$了。但是这里的初始体积 V_1 是根据样本数据的具体情况而确定的，而不是硬性选取的。一个值得注意的情况是，虽然 $p_n(\mathbf{x})$是连续的，其梯度却不一定连续。而且，不连续梯度处的点和原型数据点几乎都是不同的（图 4-10 和图 4-11）。

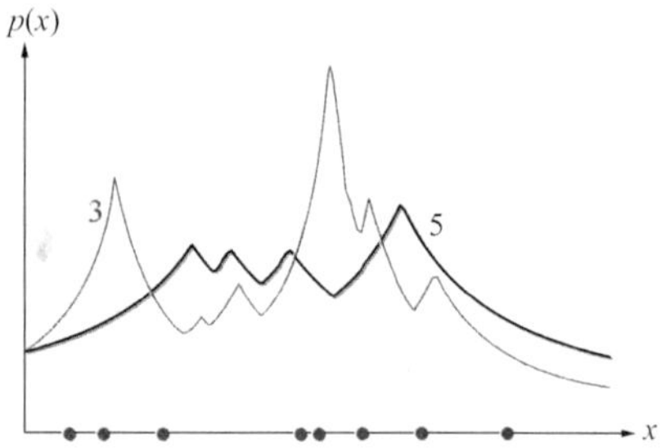

图 4-10　当 $k=3$ 和 5 时，对一维概率密度函数的 k_n-近邻估计结果。注意，这时候 n 为有限值，估计出的斜率也是不连续的，同时注意不连续性通常发生在离开样本点的位置上

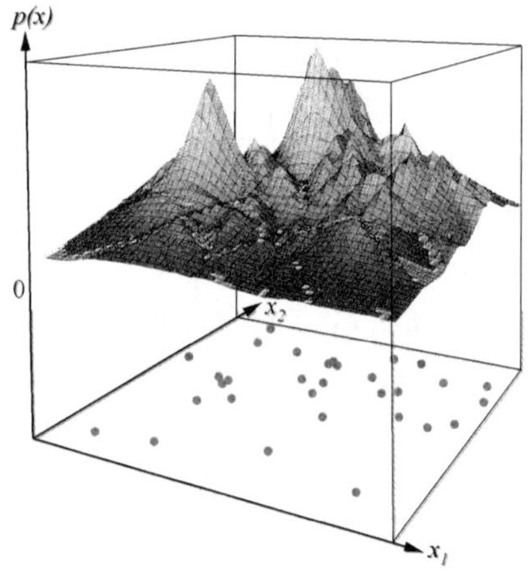

图 4-11　利用 $k=5$ 的 k_n-近邻法估计的二维概率密度。注意到用有限的 n 个样本估计出的密度相当“崎岖”，存在斜率上的不连续处，而且不连续处通常并不出现在样本点处

175

4.4.1　k_n-近邻估计和 Parzen 窗估计

如果对 k_n-近邻估计和 Parzen 窗估计的效果做一个比较将是很有意义的。我们使用前几个例子。当 $n=1$ 和 $k_n=\sqrt{n}=1$ 时，估计结果为

$$p_n(x)=\frac{1}{2|x-x_1|} \tag{31}$$

这显然是对 $p(x)$非常差的估计，因为其积分将为无穷大。如图 4-12 所示，当 n 增大的时候，估计结果就显著提高了。虽然积分仍然为无穷大，但是 $p_n(x)$永远不会变到零。这个结果对于高维空间的情况是非常有价值的。

像 Parzen 窗方法一样，我们令 $k_n = k_1\sqrt{n}$，选择不同的 k_1 值，就能够得到一组估计。然而，在没有更多的信息的情况下，并没有特别好的 k_1 值。同时我们能确信的一点也只是：当训练样本为无穷时，估计结果将是正确的。为了进行分类，一个常用的方法是调整窗的宽度，直到分类器对另一组不同的样本集（仍然服从同一个分布）有最小的误差率。我们将在第 9 章中进一步讨论这种技术。

4.4.2 后验概率的估计

前面几节中的讨论结果能够用于从已标记的样本集中估计后验概率 $P(\omega_i\,|\,\mathbf{x})$。假设我们把一个体积放在点 $\mathbf{x}$ 周围，并且能够包含进 k 个样本，其中的 k_i 个属于类别 ω_i。那么，对于联合概率密度的估计显然就是

$$p_n(\mathbf{x},\omega_i)=\frac{k_i/n}{V} \tag{32}$$

这样，对后验概率的估计就是

$$P_n(\omega_i|\mathbf{x})=\frac{p_n(\mathbf{x},\omega_i)}{\sum\limits_{j=1}^{c}p_n(\mathbf{x},\omega_j)}=\frac{k_i}{k} \tag{33}$$

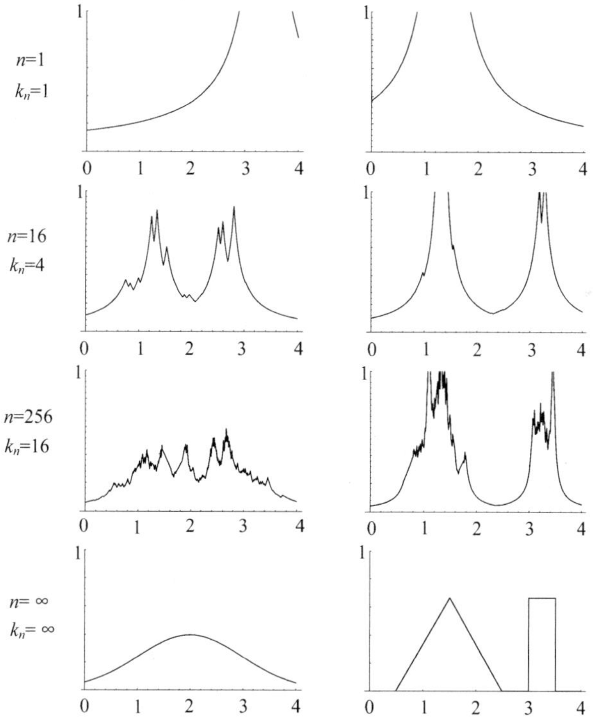

图 4-12 对两个一维概率密度的一些 k_n-近邻估计，一个为高斯函数，另一个为三角形分布。注意当 n 值为有限时，估计结果显得非常“粗糙”和“崎岖不平”

也就是说，点 $\mathbf{x}$ 属于类别 ω_i 的后验概率就是体积中标记为 ω_i 的样本点的个数与体积中全部样本点的个数的比值。这样，为了达到最小的误差率，我们就选择使这个比值最大的那个类别作为判决结果。如果有足够多的样本点，并且体积足够小，那么能够证明，这样的方法的结果

就是比较准确的。

关于如何选择体积的大小问题，显然我们既可以使用窗方法，也可以使用 k_n-近邻方法。在 Parzen 窗方法中，V_n 必须是关于 n 的某个固定形式的函数，比如 $V_n=1/\sqrt{n}$。在 k_n 最近邻方法中，V_n 必须保证能包含进足够的样本个数，比如 $k=\sqrt{n}$。在这两种方法中，如果 n 能够趋向无穷大，那么在无限小的体积中就能有无穷多的样本。这样，估计将能够达到非常高的准确度。有意思的是，下面将看到，即使我们只依赖某个 $\mathbf{x}$ 的单一的最近邻来作估计，也能够达到足够好的性能。

4.5 最近邻规则

令 $\mathcal{D}^n=\{\mathbf{x}_1,\cdots,\mathbf{x}_n\}$，其中每一个样本 $\mathbf{x}_i$ 所属的类别均已知（已标记）。对于测试样本点 $\mathbf{x}$，在集合 $\mathcal{D}^n$ 中距离它最近的点记为 $\mathbf{x}'$。那么，“最近邻规则”的分类方法就是把点 $\mathbf{x}$ 分为 $\mathbf{x}'$ 所属的类别。最近邻规则是次优的方法，通常的误差率比最小可能误差率（即贝叶斯误差率）要大。然而，我们将会看到，在无限训练样本的情况下，这个误差率至多不会超过贝叶斯误差率的两倍。

176～177 在深入讨论具体细节之前，我们首先将得到一些为什么最近邻规则也能够很好地工作的感性理解。首先，注意赋予最近邻点的标记 θ' 是一个随机变量。$\theta'=\omega_i$ 的概率无非就是后验概率 $P(\omega_i\,|\,\mathbf{x}')$。当样本个数非常大的时候，有理由认为 $\mathbf{x}'$ 距离 $\mathbf{x}$ 足够近，使得 $P(\omega_i\,|\,\mathbf{x}')\approx P(\omega_i\,|\,\mathbf{x})$。因为这就恰好是状态位于 ω_i 的概率，因此最近邻规则自然是真实概率的一个有效的近似。

如果我们定义 $\omega_m(\mathbf{x})$ 为

$$P(\omega_m|\mathbf{x})=\max_i P(\omega_i|\mathbf{x}) \tag{34}$$

那么，贝叶斯规则总是选取 ω_m 作为分类结果。这个规则允许我们把特征空间分成一个个的网格单元(cell)。每一个单元中的点，到最近邻 $\mathbf{x}'$ 的距离都比到别的样本点的距离要大。因此，这个小单元中的任意点的类别就与最近邻 $\mathbf{x}'$ 的类别相同——这称为空间 Voronoi 网格（请参见图 4-13）。

当 $P(\omega_m\,|\,\mathbf{x})$ 趋近于 1 时，最近邻规则与贝叶斯分类规则几乎相同。也就是说，当最小误差率很小时，最近邻规则的分类误差率也非常小。当 $P(\omega_m\,|\,\mathbf{x})$ 约等于 $1/c$ 时（也就是说，每个类都几乎等概率），根据贝叶斯规则的分类结果和根据最近邻规则的分类结果相差就比较大了，但是两者的误差率都几乎是 $1-1/c$。虽然需要更详细严谨的理论分析，但这些粗略的感性的观测结果使我们认识到最近邻规则有比较好的结果并不是偶然的。

我们对于最近邻规则的效果的分析是通过求无限样本下的平均条件误差率 $P(e\,|\,\mathbf{x})$ 而进行的，其中的取平均是针对训练样本进行的。无条件的平均误差率可以通过对平均条件误差率在 $\mathbf{x}$ 的定义域内进行积分获得：

$$P(e)=\int P(e|\mathbf{x})p(\mathbf{x})\,d\mathbf{x} \tag{35}$$

我们回忆起贝叶斯决策规则是通过对每一个点 $\mathbf{x}$ 都使误差率最小来最小化总体误差率的。在第 2 章中，如果让 $P^*(e\,|\,\mathbf{x})$ 表示 $P(e\,|\,\mathbf{x})$ 的最小可能值，P^* 表示 $P(e)$ 的最小可能值，那么有

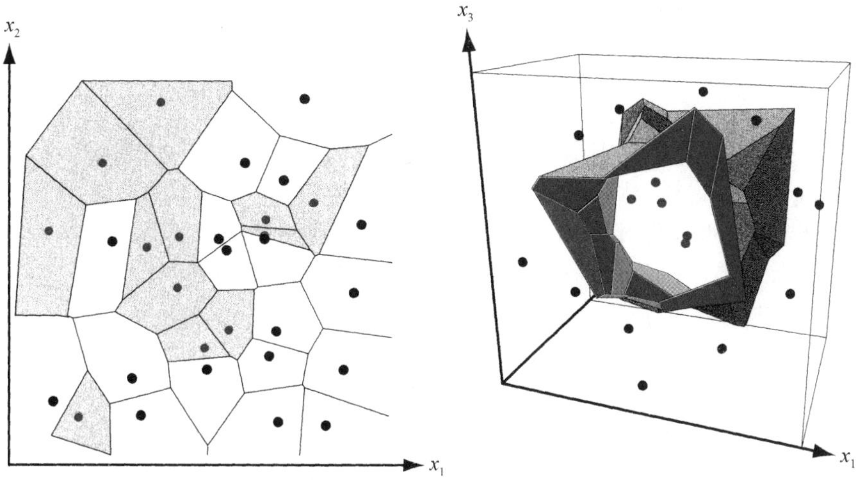

图 4-13 在二维的情况下,最近邻规则算法使得二维空间被分割成了许多 Voronoi 网格,每一个网格代表的类别就是它所包含的训练样本点所属的类别。在三维情况下,这些网格也都变成了三维的,而判决界面看起来就像是晶体结构的表面一样

$$P^*(e|\mathbf{x}) = 1 - P(\omega_m|\mathbf{x}) \tag{36}$$

和

$$P^* = \int P^*(e|\mathbf{x})p(\mathbf{x})\,d\mathbf{x} \tag{37}$$

4.5.1 最近邻规则的收敛性

我们现在希望评价最近邻规则的平均误差率。特别是,当 $P_n(e)$ 是 n 个样本时的误差率,并且

$$P = \lim_{n\to\infty} P_n(e) \tag{38}$$

那么,我们希望证明

$$P^* \leqslant P \leqslant P^*\left(2 - \frac{c}{c-1}P^*\right) \tag{39}$$

首先,我们注意到如果对某一组特定的样本集使用最近邻规则,那么结果的误差率是和这组样本的自身的特点有关的。特别地,如果使用一个包含不同的 n 个样本的样本集来对某个测试点 $\mathbf{x}$ 进行分类,那么对于 $\mathbf{x}$,将有不同的最近邻向量 $\mathbf{x}'$。因为判定规则依赖于这个最近邻向量 $\mathbf{x}'$ 所属的类别,因此我们有条件误差率 $P(e|\mathbf{x},\mathbf{x}')$,这个条件误差率 $P(e|\mathbf{x},\mathbf{x}')$ 同时依赖于测试点 $\mathbf{x}$ 和最近邻向量 $\mathbf{x}'$。通过对 $\mathbf{x}'$ 取平均,我们得到

$$P(e|\mathbf{x}) = \int P(e|\mathbf{x},\mathbf{x}')p(\mathbf{x}'|\mathbf{x})\,d\mathbf{x}' \tag{40}$$

通常,得到条件概率密度函数 $p(\mathbf{x}'|\mathbf{x})$ 是非常困难的。然而,由于根据定义,向量 $\mathbf{x}'$ 为测试点 $\mathbf{x}$ 的最近邻向量,因此我们可以想象,这个概率密度函数将在 $\mathbf{x}$ 周围有非常显著的尖峰,而在其他地方,其值应该非常小。而且,当 n 趋于无穷大时,我们希望 $p(\mathbf{x}'|\mathbf{x})$ 趋近于以 $\mathbf{x}$ 为中心的一个狄拉克函数,这样就使得方程(40)的求值非常容易了。为了证明事实上确实是这种情况,我们必须假设在给定的 $\mathbf{x}$ 点,$p(\cdot)$ 是连续的,并且其值非零。在这样的假设条件下,任

何样本落在以 $\mathbf{x}$ 为中心的超球体$\mathcal{S}$中的概率为

$$P_s = \int_{\mathbf{x}' \in \mathcal{S}} p(\mathbf{x}')\, d\mathbf{x}' \tag{41}$$

这样，所有的 n 个独立抽取的样本都落在球体之外的概率为$(1-P_S)^n$。这个概率当 n 趋近于无穷大时就趋近于零。这样，就如我们所希望的那样，当 $\mathbf{x}'$依概率收敛于 $\mathbf{x}$ 时，$p(\mathbf{x}'|\mathbf{x})$趋近于
178~179 狄拉克函数。事实上，如果使用“测度理论”的方法，还可以得到 $\mathbf{x}'$收敛到 $\mathbf{x}$ 的更强(同时也更具理论基础)的结论，不过，上述结果本身对于我们的目的来说已经是足够了。

4.5.2 最近邻规则的误差率

现在我们转而注意条件误差率 $P_n(e|\mathbf{x},\mathbf{x}')$的计算问题。为了避免混淆，我们必须比以前更加清晰和仔细地描述问题。比如，为了明确地表明当样本点的个数 n 增加时，$\mathbf{x}$ 的最近邻点 $\mathbf{x}'$可能会变化，我们把它记为 $\mathbf{x}'_n$。当我们说有 n 个独立抽取的样本点时，实际上是表示有 n 个随机变量对：$(\mathbf{x}_1,\theta_1)$，$(\mathbf{x}_2,\theta_2)$，…，$(\mathbf{x}_n,\theta_n)$，其中 θ_j 为 c 种可能的自然状态 $\omega_1,\omega_2,\cdots,\omega_c$ 中的任意一种。我们假设这些随机变量对是这样产生的：首先以概率 $P(\omega_j)$选取 θ_j 对应 ω_j，然后在这个基础上，以概率密度 $p(\mathbf{x}|\omega_j)$选取样本 $\mathbf{x}$。而每一个随机变量对都是独立抽取的。假设在分类过程中，测试样本为$(\mathbf{x},\theta)$，并且假设被标记为 θ'_n 的 $\mathbf{x}'_n$ 是测试样本 $\mathbf{x}$ 的最近邻向量。因为抽取 $\mathbf{x}'_n$ 时的自然状态和抽取 $\mathbf{x}$ 时的自然状态是独立的，因此，我们有

$$P(\theta, \theta'_n|\mathbf{x}, \mathbf{x}'_n) = P(\theta|\mathbf{x})P(\theta'_n|\mathbf{x}'_n) \tag{42}$$

现在，如果使用最近邻规则，那么每当 $\theta \neq \theta'_n$ 时，就产生一次分类误差。这样，条件误差率 $P_n(e|\mathbf{x},\mathbf{x}'_n)$为

$$\begin{aligned} P_n(e|\mathbf{x}, \mathbf{x}'_n) &= 1 - \sum_{i=1}^{c} P(\theta = \omega_i, \theta'_n = \omega_i|\mathbf{x}, \mathbf{x}'_n) \\ &= 1 - \sum_{i=1}^{c} P(\omega_i|\mathbf{x})P(\omega_i|\mathbf{x}'_n) \end{aligned} \tag{43}$$

为了得到 $P_n(e)$，我们必须把这个表达式代入式(40)，然后对 $\mathbf{x}$ 的范围求平均。通常，这是非常困难的。但是由于前面已经说过，当 n 趋近于无穷大时，$p(\mathbf{x}'_n|\mathbf{x})$逼近狄拉克函数，因此问题就非常容易了。如果 $P(\omega_i|\mathbf{x})$在 $\mathbf{x}$ 处连续，那么，我们得到

$$\begin{aligned} \lim_{n\to\infty} P_n(e|\mathbf{x}) &= \int \left[1 - \sum_{i=1}^{c} P(\omega_i|\mathbf{x})P(\omega_i|\mathbf{x}'_n)\right]\delta(\mathbf{x}'_n - \mathbf{x})\, d\mathbf{x}'_n \\ &= 1 - \sum_{i=1}^{c} P^2(\omega_i|\mathbf{x}) \end{aligned} \tag{44}$$

这样，只要交换一下极限和积分的操作次序，渐进最近邻误差率就是

$$\begin{aligned} P &= \lim_{n\to\infty} P_n(e) \\ &= \lim_{n\to\infty} \int P_n(e|\mathbf{x})p(\mathbf{x})\, d\mathbf{x} \\ &= \int \left[1 - \sum_{i=1}^{c} P^2(\omega_i|\mathbf{x})\right] p(\mathbf{x})\, d\mathbf{x} \end{aligned} \tag{45}$$

4.5.3 误差界

虽然公式(45)给出了精确计算条件误差率的方法,但有时候,如果能够得到用贝叶斯误差率 P^* 表示的误差界 P,那么将更能说明问题。显然,P 的下界为 P^* 本身。而且可以证明,对于任意的 P^*,都存在着某一组特定的条件概率和先验概率,使得这个误差边界能够达到,因此,这是一个紧致的下界。 180

寻找误差上界则是一件更有趣的事。希望误差上界小的原因是来自这样的观察:如果贝叶斯误差率小,那么对于某一些 i(比如 $i=m$),$P(\omega_i|\mathbf{x})$接近于 1.0。这样,等式(45)中被积分的部分就能够简化为 $1-P^2(\omega_m|\mathbf{x})\approx 2(1-P(\omega_m|\mathbf{x}))$,而且,由于

$$P^*(e|\mathbf{x}) = 1 - P(\omega_m|\mathbf{x}) \tag{46}$$

对 $\mathbf{x}$ 进行积分,产生的结果大约是贝叶斯误差率的两倍。因此这个结果仍然是低的,对于某些应用来说就已经足够了。为了得到精确的误差上界,我们必须找到在给定贝叶斯误差率 P^* 时,最近邻误差率 P 将是多少。这样,方程(45)使得我们必须寻找在给定 $P(\omega_m|\mathbf{x})$条件下,$\sum_{i=1}^{c}P^2(\omega_i|\mathbf{x})$ 能够达到多么小。首先,我们有

$$\sum_{i=1}^{c} P^2(\omega_i|\mathbf{x}) = P^2(\omega_m|\mathbf{x}) + \sum_{i\neq m} P^2(\omega_i|\mathbf{x}) \tag{47}$$

然后通过使第二项最小化,寻找这个表达式的界,而约束条件为

- $P(\omega_i|\mathbf{x})\geqslant 0$
- $\sum_{i\neq m}P(\omega_i|\mathbf{x}) = 1-P(\omega_m|\mathbf{x}) = P^*(e|\mathbf{x})$

我们很容易猜测到如果除了第 m 个之外,其他后验概率都相等时,$\sum_{i=1}^{c}P^2(\omega_i|\mathbf{x})$ 达到最小值。根据第二个约束条件,有

$$P(\omega_i|\mathbf{x}) = \begin{cases} \dfrac{P^*(e|\mathbf{x})}{c-1} & i\neq m \\ 1-P^*(e|\mathbf{x}) & i=m \end{cases} \tag{48}$$

这样,有不等式

$$\sum_{i=1}^{c} P^2(\omega_i|\mathbf{x}) \geqslant (1-P^*(e|\mathbf{x}))^2 + \frac{P^{*2}(e|\mathbf{x})}{c-1} \tag{49}$$

和

$$1-\sum_{i=1}^{c} P^2(\omega_i|\mathbf{x}) \leqslant 2P^*(e|\mathbf{x}) - \frac{c}{c-1}P^{*2}(e|\mathbf{x}) \tag{50}$$

这些表达式立刻证明了 $P\leqslant 2P^*$,因为我们可以把这个结果代入式(45)中,并且去掉第二项。然而,一个更加紧致的上界可以用这样的方法来获得,注意到方差为

$$\begin{aligned}\mathrm{Var}[P^*(e|\mathbf{x})] &= \int [P^*(e|\mathbf{x}) - P^*]^2 p(\mathbf{x})\,d\mathbf{x} \\ &= \int P^{*2}(e|\mathbf{x})p(\mathbf{x})\,d\mathbf{x} - P^{*2} \geqslant 0\end{aligned}$$ 181

因此有

$$\int P^{*2}(e|\mathbf{x})p(\mathbf{x})\,d\mathbf{x} \geqslant P^{*2} \tag{51}$$

等式当且仅当方差 $P^*(e|\mathbf{x})=0$ 时成立。利用这个结果,并且用公式(50)代入公式(45),我们能够得到无限样本个数时的最近邻规则的误差率 P:

$$P^* \leqslant P \leqslant P^*\left(2-\frac{c}{c-1}P^*\right) \tag{52}$$

容易证明,在"零信息"情况下(即概率密度函数 $p(\mathbf{x}|\omega_i)$均相等,所以 $P(\omega_i|\mathbf{x})=P(\omega_i)$,同时 $P^*(e|\mathbf{x})$不依赖于 $\mathbf{x}$),误差率的上界能够取到(习题 17)。因此,公式(52)给出的误差上界是足够紧致的。特别地,贝叶斯误差率可以位于 0 到$\frac{c-1}{c}$之间的任意位置,并且当概率取两个极端情况时,上下界能够重合。当贝叶斯误差率非常小时,最近邻规则的误差率约等于贝叶斯误差率的两倍(图 4-14)。

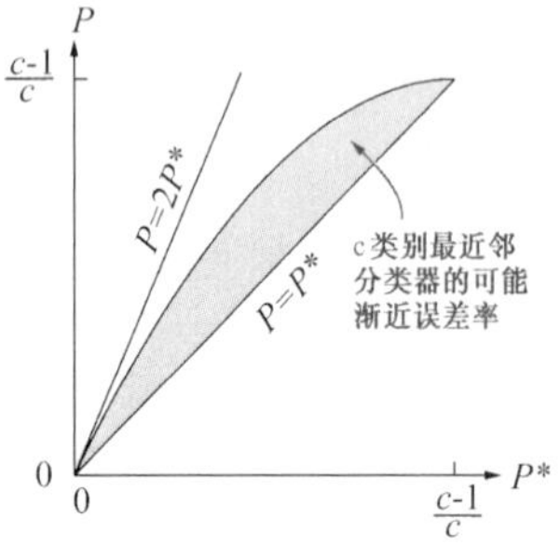

图 4-14　图中表示了在 c 类别无限训练样本的问题中,最近邻规则的误差率 P 的边界。其中的 P^* 为贝叶斯误差率(公式(52))。在误差率较小时,最近邻规则的误差率 P 小于两倍的 P^*

由于 P 总是小于等于 $2P^*$,因此如果我们能够得到无限多的训练样本和使用任意复杂的分类规则,我们至多只能使误差率降低一半。也就是说,分类信息中的一半信息是由最近邻点提供的。

人们很自然会问,在有限样本的情况下,最近邻规则的效果又是如何,并且分类器收敛到渐近值的速度又是如何。不幸的是,虽然人们已经做出了种种努力来寻求答案,但是现在能够得到的对于通常情况下的结论是不佳的。很容易说明,这时的收敛速度可能会任意的慢,同时 $P_n(e)$未必会随着 n 的增加而单调递减。与其他的非参数化方法一样,如果没有关于概率分布结构的其他知识的话,就很难再分析出什么有用的结论来了。

4.5.4 *k*-近邻规则

最近邻规则的一个推广就是"k-近邻规则"。就像我们从这个规则的名称本身所能期望的那
182 样,这个规则将一个测试数据点 $\mathbf{x}$ 分类为与它最接近的k个近邻中出现最多的那个类别(图 4-15)。

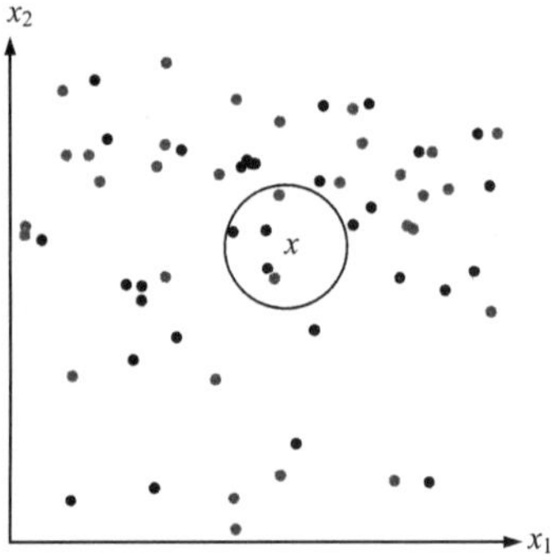

图 4-15　k-近邻算法从测试样本点 $\mathbf{x}$ 开始生长,不断地扩大区域,直到包含进 k个训练样本点为止,并且把测试样本点 $\mathbf{x}$ 的类别归为这最近的 k个训练样本点中出现频率最大的类别。图中为 $k=5$ 的情况,根据判定规则,测试样本点 $\mathbf{x}$ 被归类为黑色的点所属的类别

我们并不准备深入分析 k-近邻规则。然而,我们将讨论一个两类问题,同时取 k为奇数(这样就避免了二义性问题)。我们希望通过这个例子使读者能够对这个方法的本质获得某种程度上的理解。

研究k-近邻规则的动机来源于我们前面的有关自然概率的观察。首先注意到如果k值固定，并且允许训练样本个数趋向于无穷大，那么，所有的这k个近邻都将收敛于$\mathbf{x}$。这样，如同最近邻规则一样，k个近邻的标记都是随机变量，概率$P(\omega_i|\mathbf{x})$，$i=1,2$都是互相独立的。假设$P(\omega_m|\mathbf{x})$是较大的那个后验概率，那么根据贝叶斯分类规则，我们总是选取类别ω_m。而最近邻规则则以概率$P(\omega_m|\mathbf{x})$选取类别ω_m。而根据k-近邻规则，只有当k个最近邻中的大多数的标记为ω_m，才判决为类别ω_m。做出这样选择的概率为

$$\sum_{i=(k+1)/2}^{k}\binom{k}{i}P(\omega_m|\mathbf{x})^i[1-P(\omega_m|\mathbf{x})]^{k-i} \tag{53}$$

通常，k的值越大，选择类别ω_m的概率也越大。

我们可以用类似于分析最近邻规则的方法来分析k-近邻规则。然而，因为这样的分析并不能带来更多对其本质的理解，我们在这里也就仅仅以阐述结果为满足了。可以证明，当k为奇数时，大样本个数时的k-近邻规则的二类误差率的边界为函数$C_k(P^*)$，其中$C_k(P^*)$被定义为大于下式的最小的凹函数

$$\sum_{i=0}^{(k-1)/2}\binom{k}{i}\left[(P^*)^{i+1}(1-P^*)^{k-i}+(P^*)^{k-i}(1-P^*)^{i+1}\right] \tag{54}$$ 183

在这里，第一对括号中的求和代表了由于i个点来自具有最小概率的类别，而$k-i>i$个点来自其他的类别而产生的误差率。对括号中的第二项的求和则是$k-i$个点来自具有最小概率的类别，而$i+1<k-i$个点来自概率更大的类别时的误差率。应用k-近邻规则，那么这两类情况都可能产生分类误差，因此要把它们相加以形成总的误差率（习题18）。

图4-16显示了在k取不同值的时候，k-近邻规则的误差率的界限。当k增加时，上界就渐渐地逼近下界，即贝叶斯误差率。在k趋向于无穷大时，这两个界限就相等，这时候k-近邻规则就成为最优分类规则。

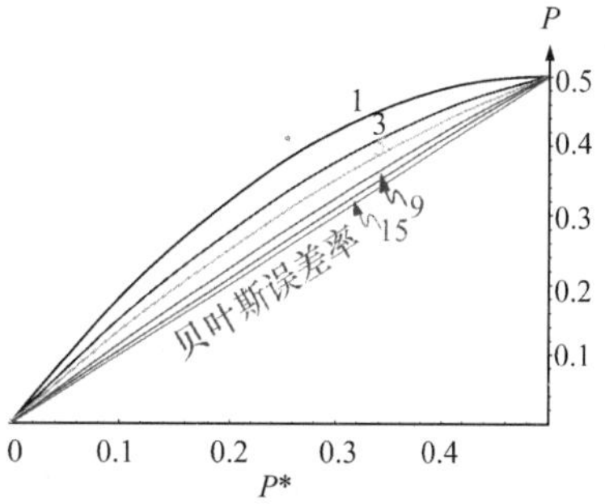

图4-16　对于一个两类问题，使用k-近邻规则的误差率以公式(54)中的$C_k(P^*)$为界。图中的每一条曲线都被标记上k值。当$k=\infty$时，估计的概率等于真实的概率，同时误差率等于贝叶斯误差率，也就是$P=P^*$

为了强调起见，我们再一次指出在实际应用中遇到的有限样本问题。k-近邻规则可以被看作另一种从样本中估计后验概率$P(\omega_i|\mathbf{x})$的方法。为了得到可靠的估计，我们必须使得k越大越好。另一方面，我们又希望$\mathbf{x}$的k个近邻$\mathbf{x}'$距离$\mathbf{x}$越近越好，因为这样能保证$P(\omega_i|\mathbf{x}')$尽可能地逼近$P(\omega_i|\mathbf{x})$。这样，在选取k值的时候，就不得不做出某种折中。只有当n趋近于无穷大的时候，我们才能保证k-近邻规则几乎是最优的分类规则。

4.5.5　k-近邻规则的计算复杂度

对于最近邻规则的计算复杂度（空间复杂度和时间复杂度），已经有大量的研究和探讨。关于计算几何中的构造Voronoi网格和最近邻规则在一维或二维空间中搜索的情况，已经有了许多优美的理论结论。然而，在通常情况下，最近邻规则使用的最多的场合还是包含许多维

特征的问题。因此在这里，我们将集中于讨论 d 维空间这一最普通的情形。

假设在 d 维空间中，有 n 个已标记的训练样本。我们所要做的就是寻找距离测试点 $\mathbf{x}$ 最近的那个单个的训练样本。在最简单的方法中，我们搜索每一个训练样本点，找出距离（使用
184 欧几里得距离）最近的那一个。每一个距离的计算的复杂度为 $O(d)$。因此，这样的搜索方法的总的计算复杂度为 $O(dn^2)$。另一种直接的并行的实现方法如图 4-17 所示，这个方法也非常简单明了，其具有时间复杂度 $O(1)$ 和空间复杂度 $O(n)$。

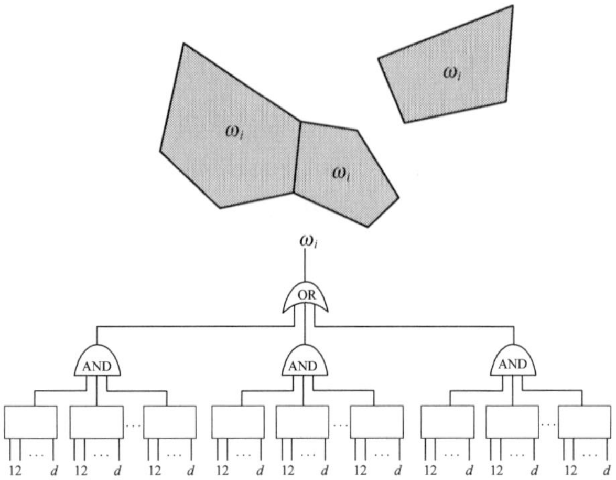

图 4-17　一个并行的最近邻算法的硬件电路实现。这个实现方式能保证搜索的时间为常数，也就是，时间复杂度为 $O(1)$。其中，d 维的测试样本点 $\mathbf{x}$ 被输入每一个盒子中，用于计算测试样本点 $\mathbf{x}$ 位于网格表面的哪一边。如果它位于一个网格的内部，那么就位于某原型样本点的 Voronoi 网格里，并且得到相应的归类。在图中所示的情况下，每 3 个与门对应于一个 Voronoi 网格

为了降低最近邻规则搜索的复杂度，大体上有 3 种通用的方法。它们分别为：计算部分距离，预建立结构，对训练样本加以剪辑。只使用全体 d 个维数的一个子集 r，而用这个子集 r 来计算的距离为

$$D_r(\mathbf{a},\mathbf{b})=\left(\sum_{k=1}^{r}(a_k-b_k)^2\right)^{1/2} \tag{55}$$

其中 $r<d$。从直觉上说，使用计算“部分距离”(partial distance)方法，就相当于预先假设了从子集 r 中计算得到的部分距离足以有效地代表全部空间的情况。当然，当逐步加进更多的维数时，部分距离的值是严格非递减的。因此，假设当前的在全部空间上的最近邻已经得到，那么如果对于一个新的待计算的训练样本点，如果其在子集 r 上的部分距离就已经超过了当前的最近邻的全部距离，那么这个点显然应该被舍弃。

在预建立结构方法中，首先建立某种形式的搜索树，在这个搜索树上，各个原型样本点都被有选择地互相连接。而在分类中，我们先对搜索树的几个根节点进行计算，选择最有可能的那个，然后对属于这个根节点的其他样本点进行计算。然后，依次递归地执行这样的操作，直至找到最近的那个近邻。如果建立的搜索树比较合理，那么这个算法就能显著降低搜索的时间开销。

考虑一个很普通的例子，假设样本服从单位正方形内的均匀分布，也就是说，$p(\mathbf{x})\sim U\left(\begin{pmatrix}0\\0\end{pmatrix},\begin{pmatrix}1\\1\end{pmatrix}\right)$。我们已经有了非常大量的训练样本。设想，可以选择这样的 4 个根节点 $\begin{pmatrix}1/4\\1/4\end{pmatrix}$，$\begin{pmatrix}1/4\\3/4\end{pmatrix}$，$\begin{pmatrix}3/4\\1/4\end{pmatrix}$，$\begin{pmatrix}3/4\\3/4\end{pmatrix}$，每一个负责连接它所属的那个 1/4 象限中的训练样本。当一个测试点
185 $\mathbf{x}$ 到达时，4 个根节点中距离测试点 $\mathbf{x}$ 最近的那个点首先被确定。然后，接下来的搜索就只局限于这个根节点所负责的那个象限了。也就是说，在这个例子中，有 3/4 的训练样本根本没有

必要被访问到。

注意,在这个例子中,我们不能保证找到的结果就是真正的最近邻。例如,假设测试点靠近这些象限的边界,例如,$\mathbf{x}=\begin{pmatrix}0.499\\0.499\end{pmatrix}$。在这个特定的情况下,只有位于第一象限的训练样本点参与搜索。而事实上,实际的最近邻却有可能位于其他的 3 个象限中,例如,靠近$\begin{pmatrix}0.5\\0.5\end{pmatrix}$处。这个例子其实代表了模式识别领域经常遇到的问题,即为了降低计算复杂度,我们不得不在准确率上付出一定的代价。

构造更加复杂的搜索树能够在一定程度上提高准确率,比如每一个根节点只和一小部分其他训练样本相连等,更加深入地讨论这个问题就超出了本书的范围。然而有一点是肯定的,只要我们没有访问遍全体的训练样本,那么必然无法保证一定能找到实际上的最近邻。

第三种降低搜索的计算复杂度的办法是:在训练过程中有选择地消去那些对于问题来说"无用"的训练样本。这种方法有时被称为"剪辑""修剪"或"剪枝""浓缩"。为了降低空间复杂度 $O(n)$,一个简单的方法是把周围都是同一类别的那些样本点删除。这个办法不改变判决边界,因此也不增加误差率,同时又减少了访问次数。下面给出一个简单的剪辑算法:

算法 3(最近邻剪辑算法)

begin initialize $j \leftarrow 0, \mathcal{D} \leftarrow$ data set, $n \leftarrow$ 原型点个数
  构造$\mathcal{D}$的全部 Voronoi 图
    do $j \leftarrow j+1$;对每一个原型点 $\mathbf{x}'_j$
      找到 $\mathbf{x}'_j$ 的所有 Voronoi 近邻
      if 这些近邻中存在不是和 $\mathbf{x}'_j$ 同一类别的点,**then** 标记 $\mathbf{x}'_j$
    until $j=n$
  删除所有没有被标记的点
  构造剩余点的 Voronoi 图
end

这一剪辑算法的计算复杂度为 $O(d^3 n^{\lfloor d/2 \rfloor}\ln n)$,其中的向下取整操作表示:如果 d 为偶数,那么$\lfloor d/2 \rfloor = k$,如果 d 为奇数,那么$\lfloor d/2 \rfloor = 2k-1$(具体可以参见习题 10)。

根据算法 3,如果一个原型样本点对决策边界有贡献(即这个点的近邻中,至少有一个的类别不同),那么这个原型样本点就得到保留,否则就被删除。这个算法并不能保证能找到最少需要的原型样本点集。然而,这个算法给出了模式识别领域,在不影响精度的前提下能够显著降低计算复杂度的一个例子。这种剪辑算法的一个缺点是,在以后,无法再增加训练样本点,因为剪辑过程需要全部样本点的知识(请参见上机练习题 5)。在这一节结束之前,我们再一次强调,为了降低计算复杂度,以上的 3 种方法可以结合使用。比如,我们可以先剪辑原型样本,然后构造搜索树,最后在实际分类时,使用部分距离方法。 186

4.6 距离度量和最近邻分类

在设计最近邻分类器时,需要一个衡量模式(样本)之间的距离的度量函数。到目前为止,我们仅仅使用了 d 维空间中的"欧几里得距离"。但是,距离的概念本身要广义得多。因此,在这一节中,我们将详细讨论各种可能的距离——这其实是模式识别领域的核心问题之一。

首先，让我们回顾度量的性质。度量 $D(\cdot,\cdot)$ 在本质上是一个函数，这个函数给出了两个模式之间的标量距离的大小。

4.6.1 度量的性质

一个度量必须满足 4 个性质：对于任意的向量 $\mathbf{a}$，$\mathbf{b}$ 和 $\mathbf{c}$，有

- 非负性：$D(\mathbf{a},\mathbf{a})\geqslant 0$
- 自反性：$D(\mathbf{a},\mathbf{b})=0$ 当且仅当 $\mathbf{a}=\mathbf{b}$
- 对称性：$D(\mathbf{a},\mathbf{b})=D(\mathbf{b},\mathbf{a})$
- 三角不等式：$D(\mathbf{a},\mathbf{b})+D(\mathbf{b},\mathbf{c})\geqslant D(\mathbf{a},\mathbf{c})$

很容易证明，d 维空间中的欧几里得距离

$$D(\mathbf{a},\mathbf{b})=\left(\sum_{k=1}^{d}(a_k-b_k)^2\right)^{1/2} \tag{56}$$

能够满足这 4 个性质。虽然在两个向量之间总是可以应用欧几里得距离公式来计算其距离，但是，这样得到的距离未必总是有意义的。例如，如果我们用对每一个坐标轴均分别乘以一个任意常数的方法进行坐标变换，那么变换后的空间中的欧几里得距离关系和原空间中的将是非常不同的，虽然这样的坐标变换的实质只是改变了每一个特征的单位（请参见习题 19）。在最近邻分类中，这样的尺度变换将是具有决定性的影响的（图 4-18）。

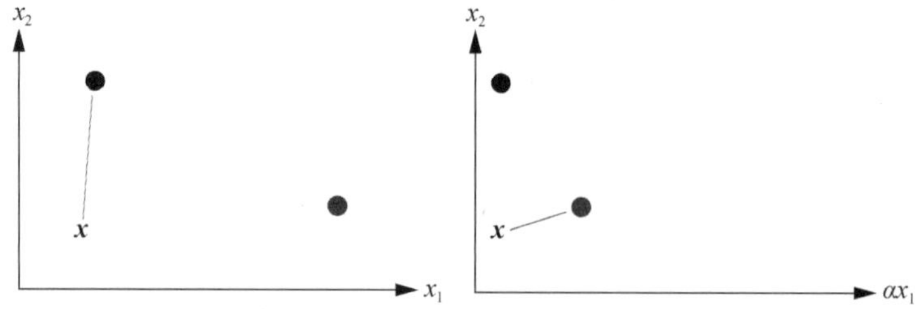

图 4-18 图中说明对代表特征的坐标轴进行尺度变换能够改变欧几里得距离度量关系。这里，我们观察这样的尺度变换如何改变最近邻规则分类器。考虑一个测试样本点和离它最近的原型样本点。在左图所示的原空间中，黑色的点表示最近的原型样本点。而在右边的图中，x_1 轴经过了尺度变换，缩短到原来的 1/3，这时我们看到，最近的原型样本点变成了右下角的那个点。如果每一个维中的全部数据分布范围有很大不同，那么一个通常的做法就是对每一个维，分别进行尺度均衡化，使得每一维数据的变化范围都相等。这就相当于改变了原空间中的距离度量

187

更加广义的 d 维空间中的度量为 Minkowski 距离度量

$$L_k(\mathbf{a},\mathbf{b})=\left(\sum_{i=1}^{d}|a_i-b_i|^k\right)^{1/k} \tag{57}$$

通常也被称为 L_k 范数（习题 20）。这样，欧几里得距离就是 L_2 范数。而 L_1 范数有时候被称为 Manhattan 距离或者街区距离（city bloc distance），这个距离代表从 $\mathbf{a}$ 点到 $\mathbf{b}$ 点的最近路径的每一段都平行于对应的坐标轴（这两个名字的由来是因为在 Manhattan 城，道路基本上都是严格的南北或东西方向的）。假设我们计算 $\mathbf{a}$ 点和 $\mathbf{b}$ 点向 d 个坐标轴的投影之间的距离，那么 $\mathbf{a}$ 点和 $\mathbf{b}$ 点之间的 L_∞ 范数就表示这些投影距离中的最大可能值（图 4-19）。

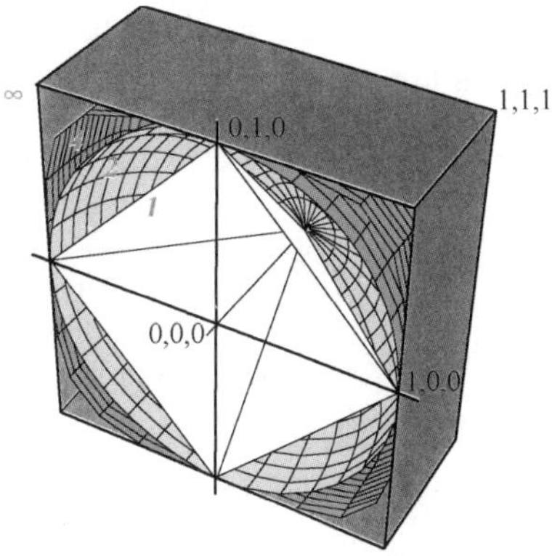

图 4-19 每一个彩色的平面由距离原点为 1.0(使用不同的 k 值的 Minkowski 距离)的点所形成。这样,白色的表面对应于 L_1 范数(Manhattan 距离)。浅灰色的球体对应于 L_2 范数(欧几里得距离),暗灰色的表面对应于 L_4 范数,而红色的立方体对应于 L_∞ 范数

描述两个集合之间的 Tanimoto 距离度量在分类学(taxonomy)中得到广泛应用。其定义为

$$D_{Tanimoto}(\mathcal{S}_1, \mathcal{S}_2) = \frac{n_1 + n_2 - 2n_{12}}{n_1 + n_2 - n_{12}} \tag{58}$$

其中的 n_1 和 n_2 分别是集合$\mathcal{S}_1$ 和$\mathcal{S}_2$ 的元素个数。而 n_{12} 是这两个集合的交集中的元素个数。Tanimoto 距离度量在处理这样的问题中得到了广泛应用:两个集合中的元素或者全部相同,或者全部不同,而分级的相似性度量则不存在(参见习题 27)。

究竟选择何种距离度量通常是出于计算能力的考虑,而试图通过先验的关于分布本身的知识来选择最佳的距离度量是非常困难的。当然,如果在 d 维空间中,使用不同的坐标轴方向会导致很大的差别,那么这个问题是例外的情况。这里,我们需要对数据进行尺度变换——或者说,变换距离度量,如同图 4-18 所表示的那样。

4.6.2 切空间距离

在最近邻规则中,如果不加考虑任意选择距离度量,会有很多问题。解决的一个办法是使 188
用更加一般化的度量。这其中的一个重要问题是不变量(invariant)问题。考虑一个 100 维的样本 $\mathbf{x}'$,表示一个 10×10 的手写的"5"字符的灰度图像。我们把这个"5"字本身做一个水平的平移,如图 4-20 所示。

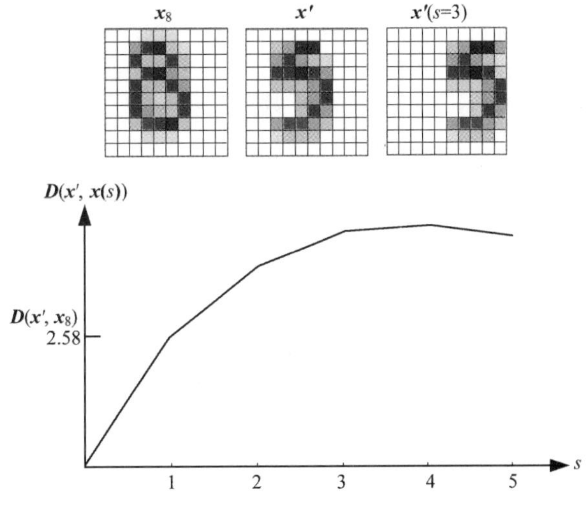

图 4-20 因为忽略平移不变性问题而不加分辨地使用欧几里得距离有时候会带来严重的误差。上图中的模式 $\mathbf{x}'$ 代表一个手写体字符"5",而 $\mathbf{x}'(s=3)$ 代表同一个形状,但是经过了向右的 3 个像素的平移。这样,欧几里得距离度量的结果 $D(\mathbf{x}', \mathbf{x}'(s=3))$ 要比 $D(\mathbf{x}', \mathbf{x}_8)$大得多,其中的 $\mathbf{x}_8$ 表示一个手写体字符"8"。这样,使用欧几里得距离度量的最近邻规则分类器就会导致很大的分类误差。所以,为了解决这个问题,我们必须寻找一个对一些已知的变换(比如平移、旋转、尺度变换等)不敏感的距离度量

如果使用欧几里得距离的话，即使 s 只平移 3 个像素的距离，平移后的样本和原样本之间的距离就已经非常大了，甚至要比原样本和一个未经过平移的“8”字符之间的距离要大得多。也就是说，因为在这种场合，用欧几里得距离来比较模式之间的相似性，会对平移太敏感，因此几乎是没有用的。

类似地，欧几里得距离在处理其他的转换（比如图像旋转，或尺度变换）时，也存在适应性很差的缺点。在我们同时要求一些不变性的时候，比如，要求同时具有关于水平平移、垂直平移、旋转、尺度变换、线条粗细等的不变性（上机练习 7 和 8）时，该缺点带来的问题就变得非常严重了。某种预处理可能能够减少一些影响，比如，我们可以根据使图像重心归一化来消除平移的影响，但是我们必须看到，特别是当图像噪声比较大的时候，这个办法就不可靠了。因此，我们必须寻求更加可靠的方法。

在理想情况下，除非我们已经把两个模式变换得尽可能相似，否则不会过早地计算这两个模式之间的距离。然而，这样的预变换的计算复杂度通常是非常大的。对一个 $k\times k$ 大小的图像进行预先固定角度的旋转，并内插到一个新的网格平面上，计算复杂度就是 $O(k^2)$。然而，通常情况下，我们甚至不知道应该需要旋转多少角度，因此必须进行不同角度的尝试，而每一次尝试都需要进行一次距离的计算，来检查这时候是否达到了最佳的效果。如果在分类时，对每一个训练
189 样本都进行这样的尝试的话，那么这样做的计算复杂度几乎是无法忍受的（习题 25）。

切空间距离（tangent distance，简称为“切距”）分类器使用一个全新的距离的度量和一个可以近似任意变换的线性逼近（linear approximation）。假设我们已经知道所需处理的问题会涉及 r 种变换，比如水平平移、垂直平移、剪切、旋转、尺度变换、线条的细化，等等。在设计分类器时，我们对每一个原型样本点 $\mathbf{x}'$，都进行每一种变换操作 $\mathcal{F}_i(\mathbf{x}';\alpha_i)$。这样，$\mathcal{F}_i(\mathbf{x}';\alpha_i)$ 就能够代表图像 $\mathbf{x}'$ 经过角度为 α_i 的旋转得到的新的图像，等等。然后，对每一种操作，我们都构造一个切向量（tangent vector）$\mathbf{TV}_i$（图 4-21）：

$$\mathbf{TV}_i=\mathcal{F}_i(\mathbf{x}';\ \alpha_i)-\mathbf{x}' \tag{59}$$

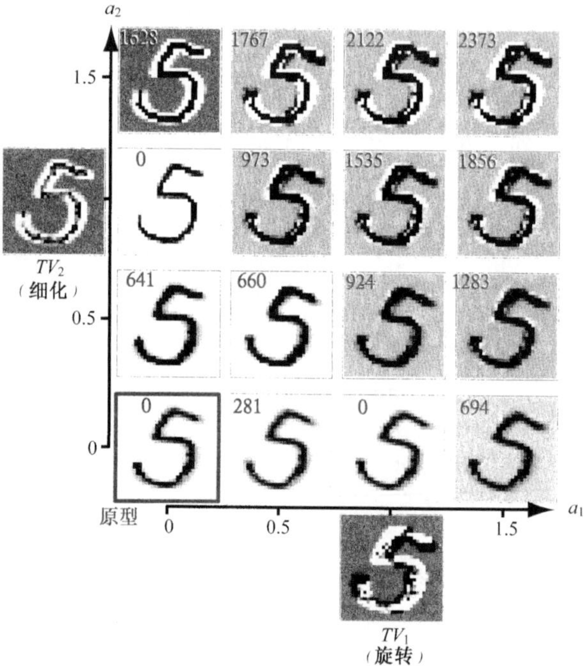

图 4-21　左上角所示的手写体字符“5”的原型受到两种变换：旋转和细化，对应的切向量为 $\mathbf{TV}_1$ 和 $\mathbf{TV}_2$，对应这两种切向量的图像分别显示在坐标轴的左边和下面。而坐标之间的 16 幅图像对应于经过了这两种变换的线性组合结果，系数分别为 a_1 和 a_2。每一图像左上角的数字表示切线近似与未经近似的变换得到图像之间的欧氏距离。当然，这一距离对于 $a_1=1,a_2=0$ 或者 $a_1=0,a_2=1$ 的情况都为零。如果 $a_1+a_2>1$，那么由于对负值像素需要进行灰度转换，因此产生的模式具有一个灰色的背景

虽然计算可能比较费时,比如,线条细化操作的计算复杂度就比较大。但这样的计算只需要进行一次就够了,而且在训练过程中,对计算时间并没有很严格的限制。这样,对每一个原型样本点,构造 $r\times d$ 的矩阵 $\mathbf{T}$,矩阵 $\mathbf{T}$ 由 $\mathbf{x}'$处的切向量组成。这些向量可能是正交的。在这里,我们只需要假设它们是线性无关的。还需要指出的是,这个办法对于二值图像是无效的,因为二值图像的求导运算无法定义。所以,如果必须用这个办法处理二值图像的话,那必须对图像 190 进行平滑(模糊)操作。

在由这 r 个通过 $\mathbf{x}'$的切向量所张成的子空间中,每一个点都代表对所有操作的效果的线性逼近,如图 4-22 所示。在分类时,我们也在切向量空间中寻找和测试向量 $\mathbf{x}$ 最接近的原型样本点。我们将看到,这样的搜索速度是非常快的。

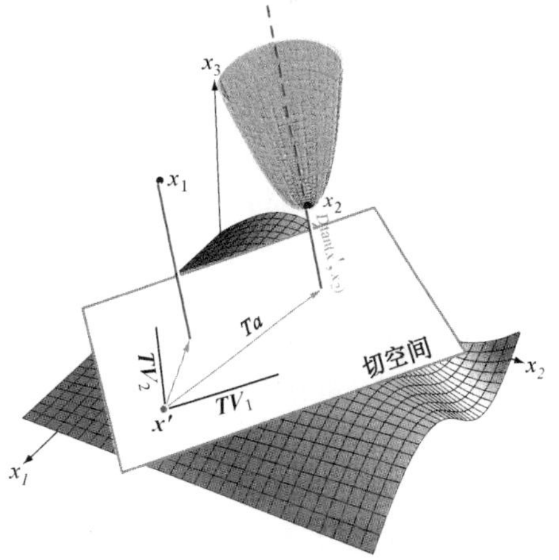

图 4-22 一个原型样本点 $\mathbf{x}'$,如果用两个基本变换的组合进行变换,那么结果将落在 d 维空间的一个复杂曲面上的某处。$\mathbf{x}'$处的切空间为一个 r 维的欧几里得空间,这个空间由切向量所张成(这里为 $\mathbf{TV}_1,\mathbf{TV}_2$)。而切空间距离 $D_{tan}(\mathbf{x}',\mathbf{x})$为从 $\mathbf{x}$ 到 $\mathbf{x}'$处的切空间的最短欧几里得距离。在图中用红色的直线表示 $\mathbf{x}_1,\mathbf{x}_2$。这样,虽然从 $\mathbf{x}'$到 $\mathbf{x}_1$ 的距离小于到 $\mathbf{x}_2$ 的距离,但是对于切空间距离,就不是这个情况了。从 $\mathbf{x}_2$ 到 $\mathbf{x}'$的切空间的欧几里得距离示一个关于参数向量 $\mathbf{a}$ 的二次型,如图中的抛物面所示。这样,简单的梯度下降法就可以用来求得最优的向量 $\mathbf{a}$,也就能够求得切空间距离 $D_{tan}(\mathbf{x}',\mathbf{x}_2)$

现在,我们转而计算从一个测试点 $\mathbf{x}$ 到某一个特定的原型样本点 $\mathbf{x}'$之间的切空间距离。如果矩阵 $\mathbf{T}$ 由 $\mathbf{x}'$处的 r 个切向量组成,那么测试点 $\mathbf{x}'$到原型样本点 $\mathbf{x}$ 的距离为

$$D_{tan}(\mathbf{x}',\mathbf{x})=\min_{\mathbf{a}}[\|(\mathbf{x}'+\mathbf{Ta})-\mathbf{x}\|] \qquad (60)$$

也就是说,这就是从 $\mathbf{x}$ 到 $\mathbf{x}'$的切空间的距离。公式(60)描述了这种被称为“单边”(one-side)的切空间距离,因为这里只有模式 $\mathbf{x}'$需要进行变换。而双边(two-side)的切空间距离至多只能增加少量的准确度,却大大增加计算复杂度(习题 23),因此不常使用,也就是说,我们通常只关注单边的算法。

在对 $\mathbf{x}$ 进行分类时,我们通过寻找使得表达式(60)最优化的那个 $\mathbf{a}$ 来得到测试点 $\mathbf{x}$ 到原型样本点 $\mathbf{x}'$的切空间距离。这个最优化的工作其实是非常简单的,因为我们试图最小化的那 191 个平方距离是 $\mathbf{a}$ 的二次型,如图 4-22 的波峰所示。通过简单的搜索算法,比如迭代梯度下降法,或矩阵运算方法,我们就能够找到最优的 $\mathbf{a}$。具体的算法设计细节将在第 5 章中详细讨论。

*4.7 模糊分类

有时候,我们对一个问题只有一些不精确的知识,在这种情况下,如何设计分类器呢?例如,我们可能会感到,一般说来,一条成年的鲑鱼通常是瘦长的,并且颜色比较浅,而一条鲈鱼则更矮胖,并且颜色深。“模糊分类”(fuzzy classification)中使用的方法是构造一个所谓的“模糊类别隶属度函数”(fuzzy category memberships function)。这个函数把客观度量得到的参

数转化为主观的“类别隶属度”(category membership),然后用于分类。这里,我们要特别指出,在这儿我们所指的“类别”(category)并不是我们一直在讨论的最终“分类”(classification)中的那个“类”(class),而是表示有互相重叠的特征区域。例如,如果我们考虑颜色亮度这一特征,我们可以把这个特征分为 5 个类别:暗,中等偏暗,中等,中等偏亮,亮。为了避免误解起见,我们在谈到这种“类别”时,都使用引号。

举例来说,我们可能有如图 4-23 所示的关于鱼的亮度和形状。然后,我们就需要一种方法,能够把对于这些特征的度量的客观结果转化成关于鱼的确定的类别。并且,为了实现这个目的,我们需要一个“混合”或“合取”规则,这个规则能够利用隶属度产生最终的分类结果。在这里,模糊逻辑的倡导者们认为可以选用任意可能的函数。事实上,大多数函数都是可行的,并没有一般性的准则来判定选取哪个函数是最佳的。经常使用的一个指导性原则是,在极端情况下,隶属度函数成为 0 或 1,那么合取规则就退化为确定性的逻辑推断。同样,定义域的对称性也常常应该要满足。尽管如此,确实并没有坚实的理论基础来要求必须服从这些原则,而且这些原则本身也并不是决定“类别”的充分条件。

图 4-23 利用从设计者的先验知识得到的“类别隶属度”函数,以及合取规则(conjunction),就能够得到分类函数。在图中,x 能够代表一个客观的度量值,比如一条鱼表面的反射度。当然,这里的特征的“类别”,不等于真正的分类的“类别”

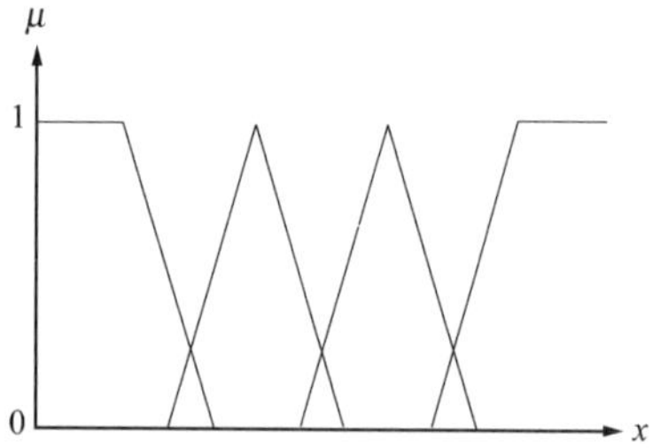

假设一个设计者认为基于亮度和形状的最终分类可以用中等亮度和长方形来描述。当启
192 发式的类别隶属度函数 $\boldsymbol{\mu}(\cdot)$,把客观观测到的参数转化为两个“类别隶属度”时,我们需要一个合取规则,来把“隶属度”进一步转化为确定的分类判别函数。有许多方法可以实现这个步骤。最常用的一种方法是

$$\mu_x(x)\cdot\mu_y(y) \tag{61}$$

如果有更多的特征,那么其推广也是显而易见的。

上面所讲述的模糊方法似乎很像 Parzen 窗方法、概率神经网络方法或第 6 章中我们将讨论的径向基函数方法。于是,这种相像性自然而然就带来下面这个常常引起争论的问题:模糊类别隶属度是不是就是“概率”?或者正比于概率?首先,我们必须强调,古典概率的适用范围非常广泛,而不仅仅只能表示某一事件发生的可能性。甚至在模糊逻辑方法和类别隶属度函数被提出来之前,在统计领域,模式识别领域,甚至哲学界,对于概率的本质早就有非常激烈的争论。有的人质疑对那些唯一的、不可重复的事件运用概率是否有意义,比如“星期二下雨的概率是多少”?他们认为对这些事件用概率进行解释是无意义的。这样的争论其实澄清了一个事实,概率并不只适用于可重复的事件。相反,从 20 世纪的前半期以来,概率已经被应用于逻辑推断。而且,在模式识别领域,实践中设计者发现他们不必过于关心分类函数到底是代表着“概率”“主观概率”“近似频率”或者是别的什么东西,而照样能够很好地使用这些分类函数。这样的话,上面对于模糊技术的讨论事实上都可以归入经典的概率的范畴,其中概率(指广义上的概率)包含了“类别隶属度”这一概念(图 4-24)。

图 4-24 从设计者的先验知识得到的“类别隶属度”函数，结合合取规则，就能够得到分类函数。这里的 x_1 和 x_2 为对于特征的客观的度量值。设计者认为某一个类别能够用两种“类别隶属度”的联合来描述。这里，用公式(61)所描述的合取规则来形成最后的分类函数。最后的分类函数如图中的灰色部分所示：分类函数的值越大，灰色部分越暗。对于其他类别，设计者用类似的方法构建分类函数。在分类的过程中，选择使得分类函数值最大的那个类别

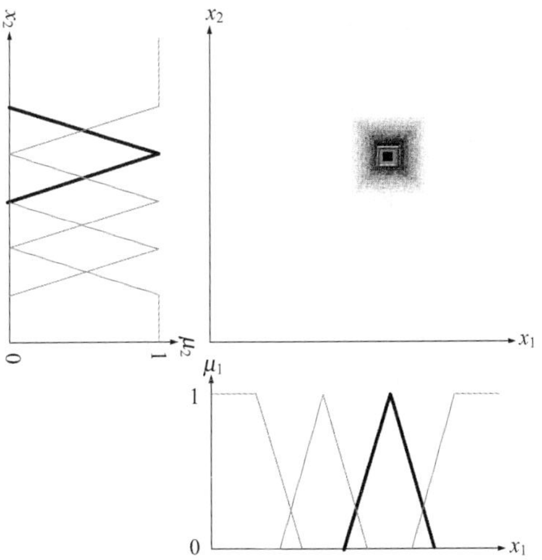

193

对于这些概念的深入讨论显然超出了本书的范围，但是如果能够考虑模糊逻辑的支持者们的说法在长远来看将是非常有益的，因为如果想精通模式识别领域，那么我们必须理解各种技术的优势和局限性是什么，它们各能够提供何种解决方案，又对什么问题无能为力。模糊逻辑的支持者们喜欢用下面这个例子：他们会考虑往茶里面加进半勺糖这一情形，然后下结论说，茶水隶属于类别“甜”的隶属度为 0.5，而不会说茶水甜的可能性(概率)为 50%。但这种情况可以简单地理解为某种反映甜的特征的值为 0.5，并且还存在着一个分类函数，其中的一个参数就是这个反映甜的特征。

现在我们不再过多纠缠在关于概率的本质的概念性的争论上，而是考虑应该如何进行测量并把结果用于类别推断。首先假设在给定用数学函数表示的数据 d 的情况下，对于类别 a，b 或 c 的隶属度，可以计算一种有意义的置信度：$P(a|d)$，$P(b|d)$和 $P(c|d)$。那么，对于这种置信度函数的至少应该满足的性质，我们有什么要求呢？在下面给出的“Cox 公理”(也称为“Cox-Jaynes 公理”)提供了一种合理的至少应该满足的性质集：

1. 如果 $P(a|d)>P(b|d)$，$P(b|d)>P(c|d)$，那么 $P(a|d)>P(c|d)$。也就是说，实数形式的置信度必须有自然的序关系(ordering)。

2. $P(\text{not } a|d)=F_1[P(a|d)]$。也就是说，关于某种情况不成立的论断的置信度可以表示成这种情况成立的置信度的某种函数形式。注意，这种置信度是一些分级的值(graded value)。

3. $P(a,b|d)=F_2[P(a|d),P(b|a,d)]$。

这 3 个公理决定了如何计算置信度——也就是说，如何进行逻辑推断。我们能够选择合适的尺度，使得某种论断的最小值为 0，最大值为 1。这样，能够证明(习题 30)函数 $F_1(a)=1-a$，函数 $F_2(a,b)=a\times b$。从这两个函数中，结合经典的推断技术，我们就得到概率法则。任何相容的推断方法在形式上都等价于标准的概率推断。

尽管关于这些基本问题存在争论，许多实际工作者都很乐于使用模糊逻辑方法。他们认为只要一种方法有用，那么它就值得掌握。因此，除了解这个方法的优势之外，还需要对其局限性也有清晰的认识。模糊逻辑方法的局限性在于：

- 在高维问题、复杂问题或者涉及几十甚至上百的特征个数时，应用模糊逻辑方法是非常困难的。

- 设计者能够提供的帮助求解问题的信息量非常之少——只有隶属度函数的个数，位置和宽度等。
- 194 由于缺乏适当的归一化方法，纯粹的模糊技术对于存在可变的代价矩阵 λ_{ij}（上机练习9）的情况很难处理。
- 纯粹的模糊技术不使用训练样本。这使得当纯粹的模糊技术不能达到设计要求时，人们通常转而使用某些自适应的方法（比如神经模糊技术等）。

如果说模糊技术对模式识别领域有什么明确的贡献的话，那么这个贡献就在于，它在一定程度上指引人们如何把一种语言形式的知识转化成确定的分类函数。纯粹模糊技术的一个严重局限性是它们不依赖训练样本。并且如果用此方法达不到设计要求时，人们通常利用神经网络或其他自适应的方法来补偿。

*4.8 RCE 网络

在前面的讨论中，我们已经看到 Parzen 窗方法在整个特征空间中都使用同一个固定的窗。然而，有的场合会出现这种情况：即在特征空间的某些区域中，小的窗能够有较好的效果，而在另外一些区域中，大的窗会有较好的效果。对于这样的问题，k-近邻规则是通过在不同点自适应调整区域大小来解决这个问题的。不严格地说，介于 Parzen 窗方法和 k-近邻规则方法之间的途径应该是这样的：在训练过程中，对于当前点，根据这个点到离它最近的非同一类别的点的距离来调节窗的大小。这种区域调整算法能够用神经网络的结构来实现。

一种有代表性的方法称为"衰减库仑势（函数）法"（reduced coulomb energy），或者"RCE 网络"法，其结构如图 4-25 所示。这种 RCE 网络具有与概率神经网络相同的拓扑结构（图 4-9）（其名字的来源是因为这个网络的一些方程类似于静电学中描述一组带电粒子的库仑能量的公式）。在 RCE 网络中，每一个模式层单元都有一个对应于 d 维输入特征空间中的超球体的半径的可调整的参数。在训练时，调节每一个半径的数值，使得每一个模式层单元（pattern unit，如图所示）能够包含进一个尽可能大的区域，要求这个区域内的所有训练样本点都属于同一个类别。

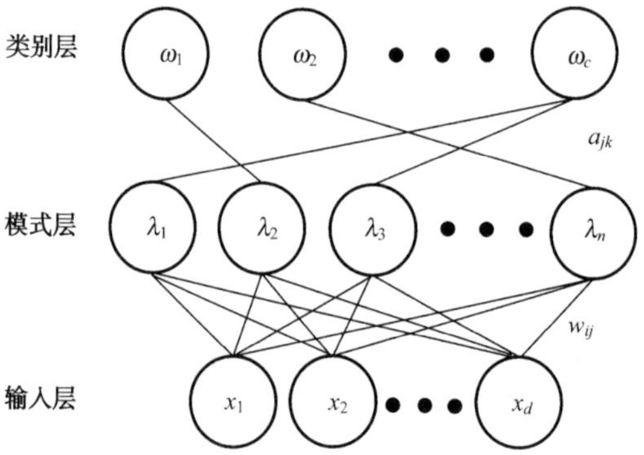

图 4-25 一个 RCE 网络的拓扑结构与图 4-9 所描述的概率神经网络（PNN）的拓扑结构相同。在训练过程中，每一个归一化权重被设置为等于输入的对应的归一化样本。这样，距离就可以用内积来计算得到。在 RCE 网络中，模式层单元也有一个对应于半径 λ 的可调节的阈值。在训练过程中，每一个阈值都受到调节，以使得对应的模式层节点尽可能包含进最多的同类别的点

195

算法 4（RCE 网络的训练算法）

begin **initialize** $j \leftarrow 0, n \leftarrow$ #模式，$\epsilon \leftarrow$ 小模式，$\lambda_m \leftarrow$ 最大半径

　　do $j \leftarrow j+1$

　　　　$w_{ij} \leftarrow x_i$（训练权重）

　　　　$\hat{\mathbf{x}} \leftarrow \arg\min_{x \notin \omega_i} D(\mathbf{x}, \mathbf{x}')$（找到不属于 ω_i 的最近邻点）

$\lambda_j \leftarrow \min[D(\hat{\mathbf{x}},\mathbf{x}')-\epsilon,\lambda_m]$ （设置半径参数）
if $\mathbf{x}\in\omega_k$ **then** $a_{jk}\leftarrow 1$
until $j=n$
end

有一些比较微妙的细节我们这里不准备详细讨论。比如，如果一个模式层单元的半径变得非常小，（小于某个阈值 λ_{min}）那么这表明几个类别之间有严重的重叠现象。在这种情况下，这个模式层的单元会被称为“可能”（probabilistic）单元，并且被标记出。

在分类时，一个归一化了的测试样本被分类为和它所属的区域相同的类别。而任何重叠的区域被认为是“模糊的”（如图 4-26 所示）。应该注意，存在模糊区域是有用处的，因为我们可以深入地询问这个区域中的具体的点的类别身份。如果仍然记 λ_j 为原型样本点 $\mathbf{x}'_j$ 对应的半径，令 $\mathcal{D}_t$ 表示这个归一化了的测试样本所属的超球体中的训练样本点的集合。那么，得到分类算法如下所示：

算法 5（RCE 网络分类算法）

begin initialize $j\leftarrow 0, k\leftarrow 0, \mathbf{x}\leftarrow$ 测试模式，$\mathcal{D}_t\leftarrow\{\}$
do $j\leftarrow j+1$
if $D(\mathbf{x},\mathbf{x}'_j)<\lambda_j$ **then** $\mathcal{D}_t\leftarrow\mathcal{D}_t\cup\mathbf{x}'_j$
until $j=n$
if 所有 $\mathbf{x}'_j\in\mathcal{D}_t$ 标记相同 **then return** 所有 $\mathbf{x}_k\in\mathcal{D}_t$ 的标记
else return “模糊”标记
end

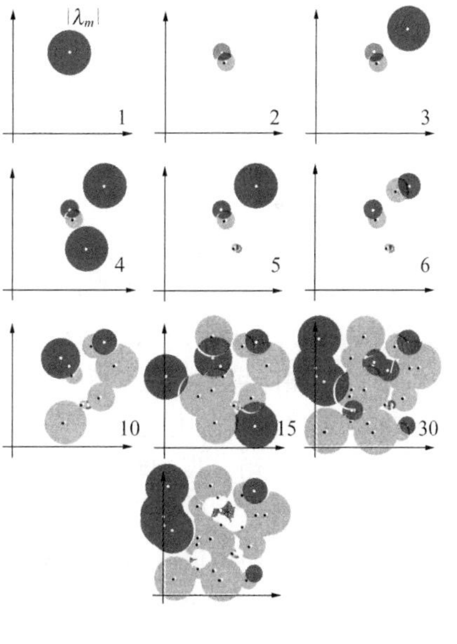

图 4-26 在训练 RCE 网络的过程中，每一个样本点都有一个参数——对应于 d 维空间中的半径——以使得对应的样本点尽可能地包含进最多的同类别的点。如果新的训练样本点被加入，那么这些半径都必须减小，以使得半径之内的点都是同一类别的。在图中，对应于一类的区域为浅红色的，而另一类别的区域则为灰色的。模糊区域则用深红色表示。每一个分量图中，表示出了样本点的数目。最低端的图用不同的颜色表示了不同区域之间的最终的判定界面

4.9 级数展开逼近

至此为止所介绍的非参数方法都有一些缺陷：它们或者要求全部的训练样本都被存储起来，或者要求设计者掌握关于问题本身的大量的信息。由于通常只有大量的训练样本，才能保

证估计的准确性，因此这些算法对存储器容量的要求就十分高了。而且，估计概率密度函数 $p(\mathbf{x})$ 或者对一个新的测试样本 $\mathbf{x}$ 进行分类都可能非常花时间。

在某些情况下，我们有可能修改 Parzen 窗方法来显著地降低计算复杂度。其核心思想是用一个有限的级数来逼近窗函数，而这个级数对窗函数的逼近程度只要能够满足问题的需要即可。如果我们足够幸运，能够找到两类函数 $\boldsymbol{\psi}_j(\mathbf{x})$ 和 $\chi_j(\mathbf{x})$ 满足

$$\varphi\left(\frac{\mathbf{x}-\mathbf{x}_i}{h_n}\right)=\sum_{j=1}^{m} a_j \psi_j(\mathbf{x}) \chi_j(\mathbf{x}_i) \tag{62}$$

那么，我们能够把函数 $\varphi\left(\frac{\mathbf{x}-\mathbf{x}_i}{h_n}\right)$ 对 $\mathbf{x}$ 和 $\mathbf{x}_i$ 的依赖性分开为

$$\sum_{i=1}^{n} \varphi\left(\frac{\mathbf{x}-\mathbf{x}_i}{h_n}\right)=\sum_{j=1}^{m} a_j \psi_j(\mathbf{x}) \sum_{i=1}^{n} \chi_j(\mathbf{x}_i) \tag{63}$$

根据公式(11)，我们有

$$p_n(\mathbf{x})=\sum_{j=1}^{m} b_j \psi_j(\mathbf{x}) \tag{64}$$

其中

196~197

$$b_j=\frac{a_j}{n V_n} \sum_{i=1}^{n} \chi_j(\mathbf{x}_i) \tag{65}$$

如果在某个 m 值下，能够得到一个足够精确的级数，那么这种方法就有非常的优越性了。n 个样本中的信息能够用 m 个系数 b_j 来表示，明显降低了数据量。如果后来又得到了新的训练样本，那么根据公式(65)，系数 b_j 很容易被更新，而同时系数的个数却保持不变。$\boldsymbol{\psi}_j(\cdot)$ 和 $\chi_j(\cdot)$ 都是关于 $\mathbf{x}$ 和 $\mathbf{x}_i$ 的分量的多项式函数，那么对估计 $p_n(\mathbf{x})$ 的级数扩展也是一个多项式函数，而计算多项式函数是非常有效和快速的。并且，使用这个估计 $p(\mathbf{x}|\omega_i)P(\omega_i)$ 就很容易获得多项式分类函数。

然而，对这个方法的局限性也应该进行了解。一个有用的窗函数应具有的关键特性就是在原点处取得最大的峰值，而随着离开中心的距离增加而逐渐衰减。也就是说，函数 $\varphi((\mathbf{x}-\mathbf{x}_i)/h_n)$ 应该在 $\mathbf{x}=\mathbf{x}_i$ 处取得峰值，而在 $\mathbf{x}$ 远离 $\mathbf{x}_i$ 处，对整个 $p_n(\mathbf{x})$ 的贡献应该十分小。不幸的是，多项式函数具有恼人的无界性。这样，在多项式级数中，我们可能发现而在 $\mathbf{x}$ 远离 $\mathbf{x}_i$ 处，$\varphi((\mathbf{x}-\mathbf{x}_i)/h_n)$ 对 $p_n(\mathbf{x})$ 的影响非常大。因此，非常重要的一点是，必须保证每一个窗函数的级数扩展在所关心的区域中是准确的，而这就需要级数的项非常多。

能够使用的级数的类型是非常多的。对积分方程熟悉的读者很自然会认为公式(62)表示对核函数 $\varphi(\mathbf{x},\mathbf{x}_i)$ 用一系列特征基函数进行分解。而实际上，我们不必要计算特征基函数，而只需要选择在所关心区域中正交的函数集，并且得到对原窗函数的最小均方误差逼近。甚至更加简单的，我们还可以对窗函数进行泰勒级数逼近。为了说明问题的简单起见，我们考虑一个一维的例子，使用一个高斯窗函数

$$\begin{aligned}\sqrt{\pi}\,\varphi(u) &= e^{-u^2}\\ &\approx \sum_{j=0}^{m-1}(-1)^j \frac{u^{2j}}{j!}\end{aligned}$$

这个展开对于 $u=0$ 附近最精确，其误差小于 $u^{2m}/m!$。如果我们用 $u=(x-x_i)/h$ 来代替 u，那么我们就得到一个阶为 $2(m-1)$ 的关于 x 和 x_i 的多项式函数。例如，如果 $m=2$，窗函数能够用下式来逼近：

$$\sqrt{\pi}\varphi\left(\frac{x-x_i}{h}\right)\approx 1-\left(\frac{x-x_i}{h}\right)^2$$
$$=1+\frac{2}{h^2}x\,x_i-\frac{1}{h^2}x^2-\frac{1}{h^2}x_i^2$$

这样

$$\sqrt{\pi}\,p_n(x)=\frac{1}{nh}\sum_{i=1}^{n}\sqrt{\pi}\varphi\left(\frac{x-x_i}{h}\right)\approx b_0+b_1x+b_2x^2 \tag{66}$$

其中的系数为

$$b_0=\frac{1}{h}-\frac{1}{h^3}\frac{1}{n}\sum_{i=1}^{n}x_i^2$$

$$b_1=\frac{2}{h^3}\frac{1}{n}\sum_{i=1}^{n}x_i$$ 198

$$b_2=-\frac{1}{h^3}$$

这个简单的级数扩展把 n 个样本携带的信息降为用 3 个系数 b_0,b_1,b_2 来表示。如果 $|x-x_i|$ 的最大值不大于 h 的话，那么这样的逼近就是准确的。不幸的是，这样就使得我们不得不接受一个非常宽的窗口，以至于对于大多数的分辨率来说都是无法接受的。如果我们在级数扩展中引入更多的项，那么能够减小窗口的宽度。如果我们记 $|x-x_i|$ 的最大值为 r，并且利用 $\sqrt{\pi}\varphi((x-x_i)/h)$ 的 m 个项的级数扩展的误差小于 $(r/h)^{2m}/m!$ 这个事实，那么使用对 $m!$ 的斯特林(Stirling)近似，我们发现对 $p_n(x)$ 的逼近的误差为

$$\frac{1}{\sqrt{\pi}h}\frac{(r/h)^{2m}}{m!}\approx\frac{1}{\sqrt{\pi}h\sqrt{2\pi m}}\left[\left(\frac{e}{m}\right)\left(\frac{r}{h}\right)^2\right]^m \tag{67}$$

这样，只有在 $m>e(r/h)^2$ 时，误差才变得小。这就表明为了使窗口大小 h 相对于最远样本距 x 的距离 r 更小，势必要求非常多的项。虽然这个例子非常简单，但对于使用更复杂的级数扩展的高维情况，如果窗口大小可以比较大的时候，这种方法还是非常吸引人的。

本章小结

在模式识别领域的非参数估计方法中，有两种最基本的途径。在第一种途径中，概率密度函数得以被估计，并且被用于后面的分类中。而在后一种途径中，并不估计具体的概率密度函数，而是直接根据样本进行分类。第一种途径的典型代表是 Parzen 窗方法，以及它的一种硬件实现方式——概率神经网络(PNN)。而第二种途径的代表则是 k-近邻方法和几种松弛网络。在训练样本个数无限多时，$k=1$ 最近邻规则的误差率不会超过理论最小误差率——贝叶斯误差率的两倍。基本的 k-近邻方法的计算复杂度非常大，通常，人们使用部分距离、预建立结构、剪辑方法等的手段来降低计算复杂度。而为了处理某些不变性问题，人们提出了切空间距离的概念，并且可以和 k-近邻方法相结合。

模糊分类方法通过使用对“类别隶属度函数”的启发式选择和启发式的合取规则来得到分

类函数。然而这种技术的适用范围仅仅局限于当训练样本过少，或者特征数量比较少，或者设计者的知识是从先验置信得出的场合。

松弛方法（例如势函数）建立包围在原型样本点周围的“吸引盆”。如果一个测试样本点位于一个吸引盆中，它的类别就被归于这个盆所属的类别。RCE 网络是其中的一种方法，这个
199 算法调整吸引盆，以包含周围尽可能多的同一类别的训练样本点。

文献和历史评述

Parzen 在文献[31]中首次提出了用窗函数的方法来估计概率密度函数。Nadaraya[30]和 Watson[45]最早把这一方法用到回归法中。而 Specht[41]把这一方法用于解决模式分类的问题，并且还提出了 PNN 网络的硬件结构[42]。文献[13][14]介绍了最近邻方法，但是 15 年以后，计算机的处理能力得到了大幅度提高以后，这种方法才被真正重视起来，并得到了许多理论性的分析和探讨，以及用于实际的分类场合。Devroye[12]进一步发展了由 Cover 和 Hart[9]最先开展的关于渐进误差界的研究。关于剪辑算法或剪枝算法的研究最初是在文献[20]中提出的，然后，许多类似的算法也被提出了，具体请参见文献[4][44]。文献[32]探讨了 k-近邻规则。而文献[35]分析了 k-近邻规则（Voronoi）的计算复杂度，其中，利用搜索技术的方法，比如 Knuth 的经典研究（文献[26]），被证明是非常有用的。关于降低 k-近邻规则的计算复杂度的研究工作是受到矢量量化和压缩领域的常用方法的启发。文献[18]描述了部分距离方法。Friedman 对高维空间中的一些不很直观的特性、不直接的最近邻算法等问题[16]进行过出色的分析。他和同事还研究了分类时使用树形结构能大大加快搜索速度这一问题[17]。文献[11]中收集了最近邻规则分类的一些经典的论文。

Simard 等人[40]提出了切空间距离的概念，而文献[21]列举了在这一问题上进行的研究成果。Sperduti 和 Stork 等人[43]提出了一种预建立结构和新的搜索准则，加速了基于切空间距离的分类器的搜索速度。切空间距离方法的最大成功是在字符识别上，但是也可以被用于其他场合，只要不变性已知的话。面对一个特定的问题时，对不变性的研究是最有价值的。关于这方面的深入研究，有关计算机视觉请参考文献[29]，有关语音识别，请参考文献[34]。而文献[15]给出了图像变换方面的背景知识。

在模式识别领域使用势函数方法的早期工作可以参考文献[2]和文献[6]。这些工作和后来的许多研究密切相关，包括文献[36-37]所描述的 RCE 网络方法。

关于频率、概率、分级的类别隶属度等概念的哲学讨论可谓是由来已久[28]。Keynes 提出了一个把概率理解为可能性推理的逻辑的理论，能够不依赖于重复性、频率等的概念。而我们宁可采用传统的关于概率的看法，即把它看作假设和结果之间的一种联系，而在模式识别中，这种联系就表现在数据和类别之间。虽然 Keynes 的关于概率的理论[25]被作为一种公理，但 Cox[10]和 Jayne[23]则寻求一种正式的推翻这种理论的途径。

在这场辩论的许多年之后，计算机科学领域开始出现模糊方法这一概念[46]。文献[19]中给出了模糊类别隶属度和概率之间本质相同的论述，而这一论述也是基于 Cox[10]的。Cheeseman[7,8]则提出了反驳模糊方法和主观概率是不同的这一论断。文献[5][27]则对 Cheeseman 的论点进行了反驳。在文献[3]中，读者可以找到许多关于模糊方法的讨论。对这
200 些问题不关心，或者不认为模糊方法比传统的概率方法更适合解决问题的读者，可以参考文献[24]，里面给出了 3000 多篇有用的参考文献。

习题

4.3 节

1. 证明式(19)～(22)对于保证公式(17)和(18)的收敛性是足够了。
2. 考虑一个正态分布 $p(x)\sim N(\mu,\sigma^2)$ 和 Parzen 窗函数 $\varphi(x)\sim N(0,1)$。证明 Parzen 窗估计

$$p_n(x)=\frac{1}{nh_n}\sum_{i=1}^{n}\varphi\left(\frac{x-x_i}{h_n}\right)$$

有如下的性质：

(a) $\bar{p}_n(x)\sim N(\mu,\sigma^2+h_n^2)$。

(b) $\mathrm{Var}[p_n(x)]\approx\dfrac{1}{2nh_n\sqrt{\pi}}p(x)$。

(c) 对于 h_n 较小时，$p(x)-\bar{p}_n(x)\approx\dfrac{1}{2}\left(\dfrac{h_n}{\sigma}\right)^2\left[1-\left(\dfrac{x-\mu}{\sigma}\right)^2\right]p(x)$。

注意，如果 $h_n=h_1/\sqrt{n}$，那么这个结果表示由于偏差而导致的误差率以 $1/n$ 的速度趋向于零，而噪声的标准差以速度 $\sqrt[4]{n}$ 趋于零。

3. 令 $p(x)\sim U(0,a)$ 为 0 到 a 之间的均匀分布，而 Parzen 窗函数为当 $x>0$ 时，$\varphi(x)=e^{-x}$，当 $x\leqslant 0$ 时则为零。

(a) 证明这个 Parzen 窗估计的均值为

$$\bar{p}_n(x)=\begin{cases}0 & x<0\\ \frac{1}{a}(1-e^{-x/h_n}) & 0\leqslant x\leqslant a\\ \frac{1}{a}(e^{a/h_n}-1)e^{-x/h_n} & a\leqslant x\end{cases}$$

(b) 画出当 $a=1$，而 h_n 分别等于 1，1/4，1/16 时的 $\bar{p}_n(x)$ 关于 x 的函数图像。

(c) 为了在区间 $0<x<a$ 的 99% 处都有小于 1% 的误差，那么 h_n 的值应该至少多小？

(d) 在这种情况下，对于 $a=1$，求 h_n 的值。并且画出区间 $0\leqslant x\leqslant 0.05$ 的 $\bar{p}_n(x)$ 的函数图像。

4. 假设在一个 c 类有监督学习过程中，我们对整个分布 $p(\mathbf{x})$ 进行采样，然后用算法 1 来训练一个 PNN 分类器：

(a) 证明如果每一个类的先验概率不同，因此导致每个类别的样本个数不同，但是识别算法本身能够弥补这些问题。

(b) 假设每一个类的先验概率相等，在这种条件下，我们来训练 PNN 网络。但是，我们处理的问题具有一个损失矩阵 λ_{ij}（表示选择类别 ω_i，而实际上的类别却是 ω_j 时，所 201
带来的风险），这时我们该如何处理？

(c) 假设我们在训练之前就已知损失矩阵 λ_{ij}，那么如何训练 PNN 网络，以达到最小的风险。

4.4 节

5. 证明当 $\lim\limits_{n\to\infty}k_n\to\infty$ 和 $\lim\limits_{n\to\infty}k_n/n\to 0$ 时，公式(30)收敛到 $p(\mathbf{x})$。
6. 令 $\mathcal{D}=\{\mathbf{x}_1,\cdots,\mathbf{x}_n\}$ 为 n 个独立的已标记的样本的集合。令 $\mathcal{D}_k(\mathbf{x})=\{\mathbf{x}'_1,\cdots,\mathbf{x}'_k\}$ 为样本

$\mathbf{x}$ 的 k 个最近邻。回忆起根据 k-近邻规则，$\mathbf{x}$ 将被归入 $\mathcal{D}_k(\mathbf{x})$ 中出现次数最多的那个类别。考虑一个 2 类别问题，先验概率为 $P(\omega_1)=P(\omega_2)=1/2$。进一步假设类条件概率密度 $p(\mathbf{x}|\omega_i)$ 在 10 单位超球体内为均匀分布。

(a)证明如果 k 为奇数，那么平均误差率为

$$P_n(e)=\frac{1}{2^n}\sum_{j=0}^{(k-1)/2}\binom{n}{j}$$

(b) 证明在这种情况下，如果 $k>1$，那么最近邻规则比 k-近邻规则有更低的误差率。

(c) 如果 k 随着 n 的增加而增加，同时又受 $k<a\sqrt{n}$ 的限制，那么证明当 $n\to\infty$ 时，$P_n(e)\to 0$。

4.5 节

7. 证明最近邻规则中的 Voronoi 网格必须是凸的。也就是说，对于同一个体积中的两个点 $\mathbf{x}_1,\mathbf{x}_2$，位于连接着两个点的线段上的所有点也必定位于这个体积内部。

8. 容易看到，最近邻规则的误差率 P 在下面两种情况下等价于贝叶斯误差率：$P^*=0$ 时(最好的情况)，或 $P^*=(c-1)/c$ 时(最坏的情况)。我们会思考在介于这两种情况之间时，有没有可能使得 $P=P^*$？

(a)证明在一维情况下，当 $P(\omega_i)=1/c$ 和

$$P(x|\omega_i)=\begin{cases}1 & 0\leqslant x\leqslant\frac{cr}{c-1}\\ 1 & i\leqslant x\leqslant i+1-\frac{cr}{c-1}\\ 0 & \text{其他}\end{cases}$$

时，贝叶斯误差率为 $P^*=r$。

202 (b)证明在这种情况下，最近邻规则的误差率 $P=P^*$。

9. 考虑下面的二维空间的 3-类别问题：

ω_1		ω_2		ω_3	
x_1	x_2	x_1	x_2	x_1	x_2
10	0	5	10	2	8
0	−10	0	5	−5	2
5	−2	5	5	10	−4

(a)画出用最近邻规则区分类别 ω_1 和 ω_2 的决策边界。计算样本均值 $\mathbf{m}_1$ 和 $\mathbf{m}_2$。在同一张图上，画出如果把样本归类为与之最近的样本均值的那个类时的判定边界。

(b)对类别 ω_1 和 ω_3，重复(a)。

(c)对类别 ω_2 和 ω_3，重复(a)。

(d)对类别 ω_1,ω_2 和 ω_3，重复(a)。

10. 证明，最近邻规则的剪辑算法(算法 3)在 d 维空间和 n 个训练样本的情况下，计算复杂度为 $O(d^3 n^{\lfloor d/2\rfloor}\ln n)$。

11. 为了更加深入地了解“维数灾难”这一严重问题，考虑在高维的情况下使用最近邻规则的情况。假设我们有 d 维空间的 n 个训练样本，试图估计单位超球体中的概率密度函

数 $p(\mathbf{x})$。如果 $p(\mathbf{x})$ 比较复杂，那么我们也需要非常稠密的样本集才能做出有效的估计。

(a) 令 n_1 表示 $\mathbf{R}^1$ 中的密集样本的个数。那么在 $\mathbf{R}^d$ 中，为了得到同样的密度需要的样本个数是多少？如果 $n_1=100$，那么在 20 维的空间中，需要的样本个数是多少？

(b) 证明在 $\mathbf{R}^d$ 空间中，样本点之间的距离都比较大并且几乎相同。而且即使仅包含几个点的邻域都有很大的半径。

(c) 求 $l_d(p)$，即：在 d 维空间中，包含有占总点数比率为 p 个点的超立方体的边长 $(0\leqslant p\leqslant 1)$。并且为了更好地理解这个值的实际意义，计算下列值：$l_5(0.01)$，$l_5(0.1)$，$l_{20}(0.01)$，$l_{20}(0.1)$。

(d) 证明所有的样本点都接近整个空间的一个面（例如，d 维空间中单位超立方体）。计算从一个点到与之最近的那个点的 L_∞ 距离。这表明任何点到一个面的距离都比到另一个训练样本点的距离大。说明在这里为什么 L_∞ 距离比欧几里得更适合。这一结果说明几乎所有的样本点都位于一个凸包上，或者是接近一个凸包，并且几乎每一个样本点对于其他样本点都是一个出格点（outlier）。

12. 这里我们将表明如果对特定问题的模型有先验的了解的话，就能够减轻“维数灾难”的问题。假设我们要估计下述形式的函数：

$$y=f(\mathbf{x})+N(0,\sigma^2)$$

(a) 假设真实的函数是线性的，$f(\mathbf{x})=\sum_{j=1}^{d}a_j x_j$，且其逼近为 $\hat{f}(\mathbf{x})=\sum_{j=1}^{d}\hat{a}_j x_j$。当然，对于 $j=1,\cdots,d$，拟合系数为

$$\hat{a}_j=\arg\min_{a_j}\sum_{i=1}^{n}\left[y_i-\sum_{j=1}^{d}a_j x_{ij}\right]^2$$

证明 $\mathcal{E}[f(\mathbf{x})-\hat{f}(\mathbf{x})]^2=d\sigma^2/n$，也就是说，误差随着 d 的增加而线性增加，而不是像“维数灾难”问题中那样，随着 d 的增加而指数增加。 203

(b) 使用一个不同的基函数集 $f(x)=\sum_{i=1}^{n}a_i B_i(x)$，对 (a) 做出推广，其中的 $B_i(x)$ 可以是任何合适的函数，因此，这个事实表明基函数并不一定要是线性函数。

13. 考虑基于具有先验知识 $P(\omega_1)=P(\omega_2)=0.5$ 和分布

$$p(x|\omega_1)=\begin{cases}2x & 0\leqslant x\leqslant 1\\ 0 & \text{其他}\end{cases}$$

和

$$p(x|\omega_2)=\begin{cases}2-2x & 0\leqslant x\leqslant 1\\ 0 & \text{其他}\end{cases}$$

的样本的分类器。

(a) 在这种情况下，求贝叶斯判定规则和贝叶斯误差率。

(b) 假设我们随机地从类别 ω_1 从抽取一个样本点，也从类别 ω_2 中抽取一个样本点，这样来构造一个最近邻规则分类器。同时还假设我们从任一类别中抽取一个测试样本（为了明确起见，我们就规定这个类别为类别 ω_1）。用积分计算误差率 $P_1(e)$ 的数学期望。

(c)问题的条件和假设均与(b)中的相同,积分以计算误差率 $P_2(e)$的数学期望。

(d)对(b)和(c)的结论进行推广,对任意的 n 值,求 $P_n(e)$。

(e)把 $\lim\limits_{n\to\infty} P_n(e)$和贝叶斯误差率进行比较。

14. 使用概率密度函数

$$p(x|\omega_1) = \begin{cases} 3/2 & 0 \leqslant x \leqslant 2/3 \\ 0 & \text{其他} \end{cases}$$

和

$$p(x|\omega_2) = \begin{cases} 3/2 & 1/3 \leqslant x \leqslant 1 \\ 0 & \text{其他} \end{cases}$$

重复习题 13。

15. 对算法 3 进行细化,并且加进一个可选的用于加速算法的模块。假设样本点来自总共 c 个类别,并且对每一个训练样本点,平均有 k个 Voronoi 近邻。这样,新的加速算法平均的加速比将是多少?

16. 考虑最近邻规则中的最简单的剪辑算法(算法 3)。

(a)请给出一个反例,证明这个算法不能保证得到最小的样本点集。(可以考虑一个 2 类别问题,而其中的样本点都被限制在二维笛卡尔坐标网格的交点上。)

(b)设计一种串行的剪辑算法,每一个训练样本点都被依次处理,并且在下一个点到达之前,或被保留,或被抛弃。并且说明,这样的算法产生的最后结果是否依赖于样本点的处理顺序。

204 17. 考虑一种分类问题,总共有 c 个不同的类别,每一个类别的概率分布相同,并且每一个类别的先验概率都是 $P(\omega_i)=1/c$。证明公式(52)所给出的误差率上界

$$P \leqslant P^*\left(2 - \frac{c}{c-1}P^*\right)$$

在本题中的"原信息"的场合下能够取到。

18. 推导公式 54,并且说明你所需的假设条件。

4.6 节

19. 考虑 d 维空间中的欧几里得距离度量

$$D(\mathbf{a}, \mathbf{b}) = \sqrt{\sum_{k=1}^{d}(a_k - b_k)^2}$$

假设我们对每一个坐标轴都进行尺度变换,也就是说 $x'_k = a_k x_k, k=1,2,\cdots,d$。其中 a_k为非负的实数。证明坐标变换后的空间为一个度量空间。并且讨论这一性质对标准的最近邻规则算法的重要性。

20. 证明 Minkowski 距离度量具有成为一种度量所需要的全部 4 种性质。

21. 考虑一种用于求 $\mathbf{x}'$到 $\mathbf{x}$ 的切空间距离非递归的算法,已知矩阵 $\mathbf{T}$ 的列向量就是 $\mathbf{x}'$处的 r 个切向量 $\mathbf{TV}_i$。

(a)按照正文中的处理,并对 $\mathbf{a}$ 参数空间中的平方欧几里得距离进行求梯度,得到求解最优化的 $\mathbf{a}$ 所必需的方程。

(b)求这个方程的一阶导数方程,得到最优化的 $\mathbf{a}$。

(c)计算 $D^2(\cdot,\cdot)$的二阶导数,以证明你在(b)中得到的结果是最小的平方距离,而不是

最大值点或一个反射点(inflection point)。

(d)如果在 d 维空间中有 r 个切向量,那么这个问题的计算复杂度为多少?

(e)在实际应用中(字符识别),递归的算法通常只需要少数几次(5 次左右)迭代就能够得到结果。比较你的解析方法的计算复杂度和迭代方法的计算复杂度。

22. 考虑一个有 n 个原型样本点的切向量分类器情况,每一个样本点是一个 5×5 的手写体字符。假设我们认为这个问题中有 r 种不变性。那么对这样的切向量分类器,其空间复杂度(存储器容量要求)是多少?

23. 双边(two-sided)的切空间距离允许原型训练样本 $\mathbf{x}'$ 和测试点 $\mathbf{x}$ 都能够得到变换。因此,如果 $\mathbf{T}$ 为 $\mathbf{x}'$ 处的 r 个切向量组成的矩阵,$\mathbf{S}$ 则为 $\mathbf{x}$ 处的 r 个切向量组成的矩阵,那么,双边切空间距离为

$$D_{2tan}(\mathbf{x}',\mathbf{x})=\min_{\mathbf{a},\mathbf{b}}[\|(\mathbf{x}'+\mathbf{Ta})-(\mathbf{x}+\mathbf{Sb})\|]$$

(a)如同习题 21 一样,分别计算对参数向量 $\mathbf{a}$ 的梯度和对参数向量 $\mathbf{b}$ 的梯度。

(b)对 $\mathbf{a}$ 和 $\mathbf{b}$,设计递归算法中的更新规则。

(c)证明,对于 $\mathbf{a}$ 和 $\mathbf{b}$,存在着唯一最小值。并且用几何来进行解释。 205

(d)一种递归算法的实现方式是,先逐步更新 $\mathbf{a}$,然后逐步更新 $\mathbf{b}$。对于双向切空间距离分类器,应用这种方法的计算复杂度是多少?

(e)实际上,双边切空间距离分类器的计算复杂度比(d)中得到的结论还要大,请解释为什么会产生这种现象?

24. 考虑习题 23 中所描述的双边切空间距离。假设我们被限制于 d 维空间的 n 个原型样本点,每一个点都有由 r 个切向量组成的矩阵 $\mathbf{T}$,并且假设这些切向量之间线性无关。请问这样的双边切空间距离是否满足成为距离度量的 4 个要求,即非负性、自反性、对称性和三角不等式。

25. 考虑用最近邻规则对 $k\times k$ 的手写体字符的灰度图像进行分类的计算复杂度。在这里,我们不使用切空间距离,而是在计算欧几里得距离之前,搜索全部非线性变换的参数。假设这 r 种非线性变换的每一个需要的操作个数为 $a_i\ k^2$。为了简单起见,我们假设 $a_i\approx 10$。进一步假设为了测试每一个原型样本点,需要 $A\approx 5$,然后才能根据欧几里得距离做出判决。

(a) 给定一个经过变换的图像,请问计算这个图像到一个已经存储的原型样本点的距离需要多少次操作?

(b)每次搜索需要的操作次数?

(c) 假设总共有 n 个原型样本点,请问对于这些变换,寻找最近邻需要多少次操作?

(d)为了简单起见,假设我们不使用降低计算复杂度的技术(比如剪辑算法、部分距离、预建立结构等)。如果 $n=10^6$,$r=6$,每一个基本操作耗时 10^{-9} s,请问对一个测试样本图像进行分类需要多少时间?

26. 这个问题研究在使用“部分距离方法”进行搜索时,r 的取值对最近邻规则分类器的准确率的影响。假设我们有随机分布在 d 维($r<d$)超立方体内的 n 个(n 比较大)样本点。同时我们在这个超立方体内随机选取测试样本点 $\mathbf{x}$,我们需要找到它的最近邻。根据定义,如果使用完整的 d 维空间的欧几里得距离计算公式,那么我们肯定能够找到最近邻点。然而,为了降低计算复杂度,我们使用下述部分距离:

$$D_r(\mathbf{x},\mathbf{x}')=\left(\sum_{i=1}^{r}(x_i-x_i')^2\right)^{1/2}$$

(a)对于固定的 n 值，在 $d=10$ 的情况下，画出使用部分距离能找到真正的最近邻点的概率关于 r 的函数($1\leqslant r\leqslant d$)的图像。

(b)考虑 r 的取值对最近邻规则分类器的准确率的影响。假设这个边长为 1 的超立方体内有 2 种类别，每一种类别的点都有 $n/2$ 个。假设每一类的概率密度函数都可以分解为线性斜坡函数的积，这些函数在一边取得较高的值，而在另一边则为 0。这样，类别 ω_1 的概率密度在 $(0,0,\cdots,0)^t$ 处最大，而在 $(1,1,\cdots,1)^t$ 处为零。而类别 ω_2 的概率密度在 $(1,1,\cdots,1)^t$ 处最大，而在 $(0,0,\cdots,0)^t$ 处为零。猜测这时候的贝叶斯判定面。

206

(c)计算贝叶斯误差率。

(d)求对测试点 $\mathbf{x}$ 进行正确分类的概率关于 r 的函数。其中的测试点 $\mathbf{x}$ 是根据这两类的概率密度函数随机选取的。

(e)如果 $n=10$，为了使得分类误差率小于 1%，那么对这样的部分距离最近邻规则分类器，r 至少应该是多少？

27. 考虑在离散元素的集合中常常使用的 Tanimoto 距离度量。

(a)请问公式(58)给出的 Tanimoto 距离度量是否满足作为距离度量的 4 个基本性质。

$$D_{Tanimoto}(S_1,S_2)=\frac{n_1+n_2-2n_{12}}{n_1+n_2-n_{12}}$$

(b)把下面的 6 个单词看作一些字母的组合：pattern，pat，pots，stop，taxonomy，elementary。使用 Tanimoto 距离度量来对 $\binom{6}{2}=30$ 种可能的两两组合进行排序。

(c)这 6 个模式是否符合三角不等式？

4.7 节

28. 如果有人问你一杯水是“冷”的或者是“热”的，然后你回答水是“温”的。请解释为什么这种“偷换概念”的回答不必说明这杯水隶属于“热”这个类别的隶属度函数是一个小于 1.0 的值。

29. 考虑依据长度和亮度两种特征，对 3 种类别的鱼设计模糊分类器。设计者认为对于长度特征，有 5 种级别：短，中等短，中等，中等长，长。对于亮度特征，有 3 种级别：暗，中等，亮。设计者使用三角函数

$$\hat{T}(x;\ \mu_i,\delta_1)=\begin{cases}1-\frac{|x-\mu_i|}{\delta_1} & x\leqslant|\mu_i-\delta_1|\\ 0 & \text{其他}\end{cases}$$

来计算位于中间级别的特征，而使用开三角函数

$$\hat{C}(x;\mu_i,\delta_2)=\begin{cases}1 & x>\mu_i\\ 1-\frac{x-\mu_i}{\delta_2} & \mu_i-\delta_2\leqslant x\leqslant\mu_i\\ 0 & \text{其他}\end{cases}$$

和其对称的版本来计算极端情况。

假设对于长度 $\delta_1=5$，我们有亮度特征 $\mu_1=5$，$\mu_2=7$，$\mu_3=9$，$\mu_4=11$，$\mu_5=13$。对于长度 $\delta_2=30$，我们有亮度特征 $\mu_1=30$，$\mu_2=50$ 和 $\mu_3=70$。假设设计者认为类别 ω_1 表示“中

等亮度和长”，类别 ω_2 表示“暗和短”，类别 ω_3 表示“中等暗和长”，而连接规则“和”由式(61)定义。

(a)写出判别函数的代数形式。 207

(b)如果每一个“类别隶属度函数”都被一个常数进行尺度变换，那么判定规则会改变吗？

(c)对于测试样本点 $\mathbf{x}=(7.5,60)^t$ 进行分类。

(d)假设我们已经知道(c)中给出的分类结果是错误的，那么我们有没有办法知道导致误差的原因是不是因为类别隶属度函数的个数？或是因为这些函数的形式？或者是因为合取规则？

30. 根据 Cox 公理和书中的符号，证明，如果尺度因子位于 0 到 1 之间，函数为 $F_1(a)=1-a$，$F_2(a,b)=a\times b$。请解释这样的函数形式使得根据 Cox 公理的任何推断系统事实上都等于概率规则。

4.8 节

31. 假设使用 RCE 网络的标准训练算法(算法 4)，所有的半径都被缩减为小于 λ_m。证明不存在训练样本点的子集，能够产生同样的类别判决边界。

4.9 节

32. 考虑窗函数 $\varphi(x)\sim N(0,1)$ 和概率密度函数的估计

$$p_n(x)=\frac{1}{nh_n}\sum_{i=1}^{n}\varphi\left(\frac{x-x_i}{h_n}\right)$$

使用对窗函数的因子分解来逼近这个函数，并且用泰勒级数在原点处展开因子 e^{x-x_i/h_n^2}。

(a)证明对于归一化了的变量 $u=x/h_n$，m 重的逼近为

$$p_{nm}(x)=\frac{1}{\sqrt{2\pi}h_n}e^{-u^2/2}\sum_{j=0}^{m-1}b_ju^j$$

其中

$$b_j=\frac{1}{n}\sum_{i=1}^{n}\frac{1}{j!}u_i^je^{-u_i^2/2}$$

(b)假设 n 个样本点恰好非常紧密地聚集在点 $u=u_0$ 附近。证明只有两重的逼近式在两个点处具有峰值：$u^2+u/u_0-1=0$。

(c)证明如果 $u_0\ll1$，那么其中的一个峰就如我们所希望的那样，位于 $u=u_0$ 附近。而如果 $u_0\gg1$，那么这个峰就移到了 $u=1$ 附近。

(d)为了进一步明了(c)的结果，对 $u_0=0.01,1,10$ 的情况，分别画出 $p_{n2}(u)$ 关于 u 的函数图像(可能需要对纵坐标进行尺度调整)。 208

上机练习

下面的部分练习要使用这个表的数据。

样本	ω_1			ω_2			ω_3		
	x_1	x_2	x_3	x_1	x_2	x_3	x_1	x_2	x_3
1	0.28	1.31	−6.2	0.011	1.03	−0.21	1.36	2.17	0.14
2	0.07	0.58	−0.78	1.27	1.28	0.08	1.41	1.45	−0.38
3	1.54	2.01	−1.63	0.13	3.12	0.16	1.22	0.99	0.69
4	−0.44	1.18	−4.32	−0.21	1.23	−0.11	2.46	2.19	1.31
5	−0.81	0.21	5.73	−2.18	1.39	−0.19	0.68	0.79	0.87
6	1.52	3.16	2.77	0.34	1.96	−0.16	2.51	3.22	1.35
7	2.20	2.42	−0.19	−1.38	0.94	0.45	0.60	2.44	0.92
8	0.91	1.94	6.21	−0.12	0.82	0.17	0.64	0.13	0.97
9	0.65	1.93	4.38	−1.44	2.31	0.14	0.85	0.58	0.99
10	−0.26	0.82	−0.96	0.26	1.94	0.08	0.66	0.51	0.88

4.2 节

1. 研究一些概率密度函数的估计的特性：
   (a) 编写程序，根据均匀分布产生位于单位立方体内的样本点，即 $-1/2 \leqslant x_i \leqslant 1/2$，其中 $i=1,2,3$。共产生 10^4 个点。
   (b) 编写程序，基于这 10^4 个样本点，估计原点附近的概率密度，作为边长为 h 的立方体体积的函数。并且对于 $0<h\leqslant 1$，画出估计的函数图像。
   (c) 估计原点附近的概率密度，使用 n 个样本点，并且选择窗使得恰好包含进 n 个样本点。对于 $n=1,2,\cdots,10^4$，画出估计的函数图像。
   (d) 编写程序，产生服从球形高斯分布的概率密度（其中 $\mathbf{\Sigma}=\mathbf{I}$）并且以原点为中心的样本点。利用你的高斯数据重复(b)和(c)。
   (e) 定性地讨论在一致和高斯密度两种情况下，估计结果对函数形式的依赖性的异同。

4.3 节

2. 考虑对于表格中的数据进行 Parzen 窗估计和设计分类器。窗函数为一个球形的高斯函数，如下所示：

$$\varphi((\mathbf{x}-\mathbf{x}_i)/h) \propto \exp[-(\mathbf{x}-\mathbf{x}_i)^t(\mathbf{x}-\mathbf{x}_i)/(2h^2)]$$

   (a) 编写程序，使用 Parzen 窗估计方法对一个任意的测试样本点 $\mathbf{x}$ 进行分类。对分类器的训练则使用表格中的三维数据。同时令 $h=1$，分类样本点为 $(0.5,1.0,0.0)^t$，$(0.31,1.51,-0.50)^t$，$(-0.3,0.44,-0.1)^t$。
209 (b) 现在我们令 $h=0.1$，重复(a)。

4.4 节

3. 考虑不同维数的空间中，使用 k-近邻概率密度估计方法的效果。
   (a) 编写程序，对于一维的情况，当有 n 个数据样本点时，进行 k-近邻概率密度估计。对表格中的类别 ω_3 中的特征 x_1，用程序画出当 $k=1,3,5$ 时的概率密度估计结果。
   (b) 编写程序，对于二维的情况，当有 n 个数据样本点时，进行 k-近邻概率密度估计。对表格中的类别 ω_2 中的特征 $(x_1,x_2)^t$，用程序画出当 $k=1,3,5$ 时的概率密度估计结果。
   (c) 对表格中的 3 个类别的三维特征，使用 k-近邻概率密度估计方法。并且对下列点处的概率密度进行估计：$(-0.41, 0.82, 0.88)^t$，$(0.14, 0.72, 4.1)^t$，$(-0.81, 0.61, -0.38)^t$。

4.5 节

4. 编写程序,构造下列二维空间的 Voronoi 网格:

(a) 首先,解析地推导出分割两个任意点的直线方程。

(b) 如果已知某个特定的训练样本集$\mathcal{D}$,其中的一个样本点为 $\mathbf{x}\in\mathcal{D}$。编写程序,得到形成这个点的 $\mathbf{x}$ 处的 Voronoi 网格的各条边。

(c) 对表格中的类别 ω_1 和 ω_3 中的特征 x_1 和 x_2,形成 Voronoi 网格。并且画出 Voronoi 图。

(d) 编写程序,对集合$\mathcal{D}$中的全部数据,获得类别判定界面。

(e) 使用算法 3,实现修剪算法。并且对(c)中的数据进行修剪,以得到一个紧凑的数据集合。

(f) 对(e)中获得的紧凑的数据集合,应用(c)和(d)中的程序,形成 Voronoi 网格和判定界面。并且把这个结果和使用全部数据的时候得到的结果进行比较。

5. 通过下面的练习,深入了解在最近邻分类规则中,为了降低计算复杂度,而必须付出准确率代价的这一折中。

(a) 编写程序,从以原点为中心的六维超立方体的均匀分布中,产生 n 个原型样本点。使用这个程序,对类别 ω_1,ω_2,ω_3 和 ω_4 各产生 10^6 个样本点。这些样本点的全体构成了样本集$\mathcal{D}$。

(b) 同样地,使用(a)中的程序,产生具有 $n=100$ 各测试样本的测试样本集$\mathcal{D}_t$。这些测试样本点也是服从以原点为中心的六维超立方体的均匀分布。

(c) 编写程序,实现最近邻规则分类算法。使用这个程序,对测试样本集$\mathcal{D}_t$ 中的样本点进行分类。从现在起,我们认为这个程序得到的分类结果是正确的,因此其测试误差为零。

(d) 使用部分距离方法来加速最近邻分类算法。其中,部分距离的计算只使用特征向量的前 r 个特征。我们定义搜索准确率为测试样本集$\mathcal{D}_t$ 中,被正确地找到对应的实际最近邻的点所占的比例。也就是说,如果 $r=6$,那么这个比例为 100%。对 $1\leqslant r\leqslant 6$,估计搜索准确率。并且画出这个准确率关于 r 的函数图像。为了达到 90%的搜索准确率,r 值必须至少为多少(可将 r 取整)? 210

(e) 估计为了实现这样的搜索,计算机需要的时间关于 r 的函数。如果一个完整的搜索过程需要耗时 T,那么 $T/2$ 需要 r 为多少?这时候的搜索准确率为多少?

(f) 现在,假设我们的搜索准确率用分类准确率来定义。那么对采用部分距离的最近邻分类方法,使用$\mathcal{D}_t$ 重新估计分类准确率。并且对 $1\leqslant r\leqslant 6$ 都画出函数图像。

(g) 对这样定义的准确率,重复(e)。如果一个完整的搜索过程需要耗时 T,那么 $T/2$ 需要 r 为多少?这时候的搜索准确率为多少?

4.6 节

6. 考虑在最近邻规则分类算法中,使用 Minkowski 距离 L_k,而k值又不相同的情况:

(a)对一个 c 类别的问题,使用 Minkowski 距离 L_k,编写程序实现最近邻分类器,其中的k值能够在程序运行期间动态的选择。

(b) 使用表格中的三维数据,对下列点和 $k=1,2,4,\infty$ 的情况,分别进行分类:$(2.21, 1.9, 0.43)^t$,$(-0.15, 1.17, 6.19)^t$,$(0.01, 1.34, 2.60)^t$。

7. 对手写体的字符"4",建立 10×10 的灰度图像模式 $\mathbf{x}'$。

(a)画出对应于 $\mathbf{x}'$的 100 维向量与进行了水平平移之后的向量之间的距离作为位移的函数的图像。

(b)对 $\mathbf{x}'$ 向右平移两个像素，形成切向量 $\mathbf{TV}_1$。编写程序，使用这个 $\mathbf{TV}_1$ 计算平移后的模式的切空间距离。并且画出切空间距离关于测试样本的位移的函数。比较这些图，并且加以解释。

8. 把上题中的手写体字符“4”改成“7”，重复习题 7。

4.7 节

9. 假设为了描述一种水果，可以用 3 种特征：大小、颜色、形状。并且可以用模糊逻辑方法来进行分类。特别地，假设所有的类别隶属度函数都是三角形函数（中心为 μ，半宽度为 δ），或者，在极端情况，为左开或右开的三角形函数。

假设大小特征（以 cm 为单位）的等级是：小（$\mu=2$），中等（$\mu=4$），大（$\mu=6$）和超大（$\mu=8$）。并且在所有情况下，我们都假设三角形函数有 $\delta=3$。假设形状是用“圆形度”来描述的，这里用的是长轴和短轴的比例。细长形（$\mu=2,\delta=0.6$），长方形（$\mu=1.6,\delta=0.3$），椭圆形（$\mu=1.4,\delta=0.2$），球形（$\mu=1.1,\delta=0.2$）。假设这里的颜色特征是用介于红色和黄色之间的程度来描述的：黄色（$\mu=0.1,\delta=0.1$），橘黄色（$\mu=0.3,\delta=0.3$），橙色（$\mu=0.5,\delta=0.3$），橘红色（$\mu=0.7,\delta=0.3$），红色（$\mu=0.9,\delta=0.3$）。模糊逻辑设计
211 者认为下列是对于普通的正常水果的较好描述：

- ω_1 = 樱桃 = {小，球形，红色}
- ω_2 = 橘子 = {中等，球形，橙色}
- ω_3 = 香蕉 = {大，细，黄色}
- ω_4 = 桃子 = {中等，球形，橘红色}
- ω_5 = 李子 = {中等，球形，红色}
- ω_6 = 柠檬 = {中等，长方形，黄色}
- ω_7 = 葡萄 = {中等，球形，黄色}

(a)编写程序，对任意的模式加以分类。

(b)对下列种类的水果进行分类：{大小，形状，颜色} = {2.5，1.0，0.95}，{7.5，1.9，0.2}，{5.0，0.5，0.4}。

(c)假设分类时有一个相应的代价函数，用代价矩阵 λ_{ij} 来描述——λ_{ij} 为在实际类别为 ω_j 时选择了类别 ω_i 的代价。假设代价矩阵为

$$\lambda_{ij}=\begin{pmatrix} 0 & 1 & 1 & 0 & 2 & 2 & 1 \\ 1 & 0 & 2 & 2 & 0 & 0 & 1 \\ 1 & 2 & 0 & 1 & 0 & 0 & 2 \\ 0 & 2 & 1 & 0 & 2 & 2 & 2 \\ 2 & 0 & 0 & 2 & 0 & 1 & 1 \\ 2 & 0 & 0 & 2 & 1 & 0 & 2 \\ 1 & 1 & 2 & 2 & 1 & 2 & 0 \end{pmatrix}$$

对(b)中的几种水果重新进行分类，使代价最小。

4.8 节

10. 研究松弛网络。

(a)编写程序，对三维情况下，实现 RCE 分类器。令最大半径为 $\lambda_m=0.5$。用表格中的 3 个类别中的数据，训练这个分类器。对于这些数据，一个球体被减少了多少次大小（比如，如果同一个球体被减小了两次体积，那么这就是 2 次）？

(b)使用这个分类器，对下面的数据进行分类：$(0.53,-0.44,1.1)^t$，$(-0.49,0.44,$

1.11)^t,(0.51,−0.21,2.15)^t 如果对某一个样本点的类别有二义性,那么请说出它最有可能的类别。

4.9 节

11. 考虑基于对高斯窗函数用泰勒级数展开的分类器。令 k 为二维高斯函数中独立的特征的泰勒级数展开中 x_i 的最高的幂次。下面,考虑表格中的类别 ω_2 和类别 ω_3 中的特征 x_1 和 x_2。对于 $k=2,4,6$,分别对 3 个样本点(0.56,2.3,0.10)^t,(0.60,5.1,0.86)^t 和(−0.95,1.3,0.16)^t 进行分类。 212

参考文献

[1] David W. Aha, editor. *Lazy Learning*. Kluwer, Boston, MA, 1997.

[2] Mark A. Aizerman, Emmanuil M. Braverman, and Leo I. Rozonoer. The Robbins-Monro process and the method of potential functions. *Automation and Remote Control*, 26:1882–1885, 1965.

[3] Claudi Alsina, Enric Trillas, and Llorenc Valverde. On some logical connectives for fuzzy set theory. *Journal of Mathematical Analysis and Applications*, 93(1):15–26, 1983.

[4] David Avis and Binay K. Bhattacharya. Algorithms for computing *d*-dimensional Voronoi diagrams and their duals. In Franco P. Preparata, editor, *Advances in Computing Research: Computational Geometry*, pages 159–180, JAI Press, Greenwich, CT, 1983.

[5] James C. Bezdek and Sankar K. Pal, editors. *Fuzzy Models for Pattern Recognition: Methods that Search for Structures in Data*. IEEE Press, New York, 1992.

[6] Emmanuil M. Braverman. On the potential function method. *Automation and Remote Control*, 26:2130–2138, 1965.

[7] Peter Cheeseman. In defense of probability. In *Proceedings of the Ninth International Joint Conference on Artificial Intelligence*, pages 1002–1009, Morgan Kaufmann, San Mateo, CA, 1985.

[8] Peter Cheeseman. Probabilistic versus fuzzy reasoning. In Laveen N. Kanal and John F. Lemmer, editors, *Uncertainty in Artificial Intelligence*, pages 85–102. Elsevier Science Publishers, Amsterdam, 1986.

[9] Thomas M. Cover and Peter E. Hart. Nearest neighbor pattern classification. *IEEE Transactions on Information Theory*, IT-13(1):21–27, 1967.

[10] Richard T. Cox. Probability, frequency, and reasonable expectation. *American Journal of Physics*, 14(1):1–13, 1946.

[11] Belur V. Dasarathy, editor. *Nearest Neighbor (NN) Norms: NN Pattern Classification Techniques*. IEEE Computer Society, Washington, DC, 1991.

[12] Luc P. Devroye. On the inequality of Cover and Hart in nearest neighbor discrimination. *IEEE Transactions on Pattern Analysis and Machine Intelligence*, PAMI-3(1):75–78, 1981.

[13] Evelyn Fix and Joseph L. Hodges, Jr. Discriminatory analysis: Nonparametric discrimination: Consistency properties. *USAF School of Aviation Medicine*, 4:261–279, 1951.

[14] Evelyn Fix and Joseph L. Hodges, Jr. Discriminatory analysis: Nonparametric discrimination: Small sample performance. *USAF School of Aviation Medicine*, 11:280–322, 1952.

[15] James D. Foley, Andries Van Dam, Steven K. Feiner, and John F. Hughes. *Fundamentals of Interactive Computer Graphics: Principles and Practice*. Addison-Wesley, Reading, MA, second edition, 1990.

[16] Jerome H. Friedman. An overview of predictive learning and function approximation. In Vladimir Cherkassky, Jerome H. Friedman, and Harry Wechsler, editors, *From Statistics to Neural Networks: Theory and Pattern Recognition Applications*, pages 1–61, Springer-Verlag, NATO ASI, New York, 1994.

[17] Jerome H. Friedman, Jon Louis Bentley, and Raphael Ari Finkel. An algorithm for finding best matches in logarithmic expected time. *ACM Transactions on Mathematical Software*, 3(3):209–226, 1977.

[18] Allen Gersho and Robert M. Gray. *Vector Quantization and Signal Processing*. Kluwer Academic Publishers, Boston, MA, 1992.

[19] Richard M. Golden. *Mathematical Methods for Neural Network Analysis and Design*. MIT Press, Cambridge, MA, 1996.

[20] Peter Hart. The condensed nearest neighbor rule. *IEEE Transactions on Information Theory*, IT-14(3):515–516, 1968.

[21] Trevor Hastie, Patrice Simard, and Eduard Säckinger. Learning prototype models for tangent distance. In Gerald Tesauro, David S. Touretzky, and Todd K. Leen, editors, *Advances in Neural Information Processing Systems*, volume 7, pages 999–1006, Cambridge, MA, 1995. MIT Press.

[22] Anil K. Jain and Madras D. Ramaswami. Classifier design with Parzen windows. In Edzard S. Gelsema and Laveen N. Kanal, editors, *Pattern Recognition and Artificial Intelligence*, pages 211–227. Elsevier Science Publishers, New York, 1988.

[23] Edwin T. Jaynes. *Probability Theory: The Logic of Science* (unpublished manuscript), unpublished edition, 1994.

[24] Abraham Kandel. *Fuzzy Techniques in Pattern Recognition*. Wiley, New York, 1982.

[25] John Maynard Keynes. *A Treatise on Probability*. Macmillan, New York, 1929.

[26] Donald E. Knuth. *The Art of Computer Programming*, volume 1. Addison-Wesley, Reading, MA, first edition, 1973.

[27] Bart Kosko. Fuzziness vs. probability. *International Journal of General Systems*, 17(2):211–240, 1990.

[28] Jan Lukasiewicz. Logical foundations of probability theory. In Ludwik Borkowski, editor, *Jan Lukasiewicz: Selected Works*, pages 16–43. North-Holland, Amsterdam, 1970.

[29] Joseph L. Mundy and Andrews Zisserman, editors. *Geometric Invariance in Computer Vision*. MIT Press, Cambridge, MA, 1992.

[30] Elizbar A. Nadaraya. On estimating regression. *Theory of Probability and Its Applications*, 9(1):141–142, 1964.

[31] Emanuel Parzen. On estimation of a probability density function and mode. *Annals of Mathematical Statistics*, 33(3):1065–1076, 1962.

[32] Edward A. Patrick and Frederick P. Fischer, III. A generalized k-nearest neighbor rule. *Information and Control*, 16(2):128–152, 1970.

[33] Witold Pedrycz and Fernando Gomide. *An Introduction to Fuzzy Sets*. MIT Press, Cambridge, MA, 1998.

[34] Joseph S. Perkell and Dennis H. Klatt, editors. *Invariance and Variability in Speech Processes*. Lawrence Erlbaum Associates, Hillsdale, NJ, 1986.

[35] Franco P. Preparata and Michael Ian Shamos. *Computational Geometry: An Introduction*. Springer-Verlag, New York, 1985.

[36] Douglas L. Reilly and Leon N Cooper. An overview of neural networks: Early models to real world systems. In Steven F. Zornetzer, Joel L. Davis, Clifford Lau, and Thomas McKenna, editors, *An Introduction to Neural and Electronic Networks*, pages 229–250. Academic
213~214 Press, New York, second edition, 1995.

[37] Douglas L. Reilly, Leon N Cooper, and Charles Elbaum. A neural model for category learning. *Biological Cybernetics*, 45(1):35–41, 1982.

[38] Bernhard Schölkopf, Christopher J. C. Burges, and Alexander J. Smola, editors. *Advances in Kernel Methods: Support Vector Learning*. MIT Press, Cambridge, MA, 1999.

[39] Bernard W. Silverman and M. Christopher Jones. E. Fix and J. L. Hodges (1951): An important contribution to nonparametric discriminant analysis and density estimation. *International Statistical Review*, 57(3):233–247, 1989.

[40] Patrice Simard, Yann Le Cun, and John Denker. Efficient pattern recognition using a new transformation distance. In Stephen J. Hanson, Jack D. Cowan, and C. Lee Giles, editors, *Advances in Neural Information Processing Systems*, volume 5, pages 50–58, Morgan Kaufmann, San Mateo, CA, 1993.

[41] Donald F. Specht. Generation of polynomial discriminant functions for pattern recognition. *IEEE Transactions on Electronic Computers*, EC-16(3):308–319, 1967.

[42] Donald F. Specht. Probabilistic neural networks. *Neural Networks*, 3(1):109–118, 1990.

[43] Alessandro Sperduti and David G. Stork. A rapid graph-based method for arbitrary transformation-invariant pattern classification. In Gerald Tesauro, David S. Touretzky, and Todd K. Leen, editors, *Advances in Neural Information Processing Systems*, volume 7, pages 665–672, MIT Press, Cambridge, MA, 1995.

[44] Godfried T. Toussaint, Binay K. Bhattacharya, and Ronald S. Poulsen. Application of Voronoi diagrams to nonparametric decision rules. In *Proceedings of Computer Science and Statistics: The 16th Symposium on the Interface*, pages 97–108, North-Holland, Amsterdam, 1984.

[45] Geoffrey S. Watson. Smooth regression analysis. *Sankhyā: The Indian Journal of Statistics, Series A*, 26:359–372, 1964.

[46] Lotfi Zadeh. Fuzzy sets. *Information and Control*, 8(3):338–353, 1965.

第 5 章

线性判别函数

5.1 引言

在第 3 章中我们假设概率密度函数的参数形式已知，于是可以使用训练样本来估计概率密度函数的参数值。在本章中，我们将直接假定判别函数的参数形式已知，而用训练的方法来估计判别函数的参数值。我们将介绍求解判别函数的各种算法，其中一部分基于统计方法，而另一些不是。这里都不要求知道有关的概率密度函数的确切的(参数)形式，从这种意义上来说，它们都属于非参数化的方法。

在这一章中，我们将关注以下形式的判别函数：它们或者是 $\mathbf{x}$ 的各个分量的线性函数，或者是关于以 $\mathbf{x}$ 为自变量的某些函数的线性函数。线性判别函数具有许多优良的特性，因而便于进行分析。就像我们在第 2 章看到的一样，如果内在的概率密度函数恰当的话，那么采用线性判别函数将是最优的，比如通过适当的选择特征提取方法，可以使得各个高斯函数具有相等的协方差矩阵。即使它们不是最优的，我们也愿意牺牲一些分类准确率，以换取处理简便的优点。线性判别函数的计算是相当容易的，另外，当信息比较缺乏时，线性分类器对处于最初的、尝试阶段的分类器来说也是很有吸引力的选择。它们所展示的一些非常重要的原理在第 6 章的神经网络中将得到更充分的应用。

寻找线性判别函数的问题将被形式化为极小化准则函数的问题。以分类为目的的准则函数可以是样本风险(sample risk)，或者是训练误差(training error)，即对训练样本集进行分类所引起的平均损失。但在这里我们必须强调的是：尽管这个准则是很有吸引力的，但它却有很多的问题。我们的目标是能够对新的样本进行分类，但一个小的训练误差并不能保证测试误差(test error)同样小——这是一个吸引人而又非常微妙的问题，我们将在第 9 章中进一步论述这个问题。这里我们将看到，准确计算极小风险线性判别函数通常是很困难的，因此我们将考查一些有关的更易于分析的准则函数。 215

我们的注意力将在很大程度上放在收敛性及各种应用于极小化准则函数的梯度下降法的计算复杂度上。它们当中一些方法的是很相似的，这使得清晰地保持它们之间的不同变得困难，因此，我们在 5.10 节后面的表 5-1 中给出了主要的结论性总结。

5.2 线性判别函数和判定面

一个“判别函数”(discriminant function)是指由 $\mathbf{x}$ 的各个分量的线性组合而成的函数

$$g(\mathbf{x}) = \mathbf{w}^t\mathbf{x} + w_0 \tag{1}$$

这里 $\mathbf{w}$ 是“权向量”(weight vector)，w_0 被称为“阈值权”(threshold weight)或“偏置”(bias)。和我们在第 2 章所看到的一样，一般情况下有 c 个这样的判别函数，分别对应 c 类中的一类。我们在后面将讨论这样的情况，但首先考虑只有两个类别的简单情况。

5.2.1 两类情况

对具有式(1)形式的判别函数的一个两类线性分类器来说，要求实现以下判定规则：如果

$g(\mathbf{x})>0$ 则判定 ω_1，如果 $g(\mathbf{x})<0$ 则判定 ω_2。也就是，如果内积 $\mathbf{w}^t\mathbf{x}$ 大于阈值 $-w_0$ 的话，将 $\mathbf{x}$ 归到 ω_1，反之为 ω_2。如果 $g(\mathbf{x})=0$，那么 $\mathbf{x}$ 可以被随意归到任意一类，但是在本章我们将它们归为未定义的。图 5-1 给出了一个典型的系统实现结构，是第 2 章所讨论的典型的模式识别系统结构的一个例子。

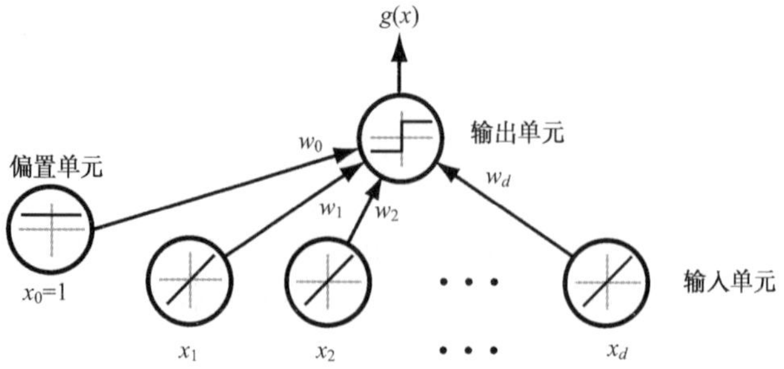

图 5-1 一个简单线性分类器，具有 d 个输入的单元，每个对应一个输入向量在各维上的分量值。每个输入特征值 x_i 被乘以它对应的权 w_i；输出单元为这些乘积的和 $\sum w_i x_i$。因此这 d 个输入单元都是线性的，产生的是它对应的特征的值。唯一的偏差单元总是产生常数 1.0。如果 $\mathbf{w}^t\mathbf{x}+w_0>0$ 的话，输出单元输出 $a+1$，反之为 $a-1$

方程 $g(\mathbf{x})=0$ 定义了一个判定面，它把归类于 ω_1 的点与归类于 ω_2 的点分开来。当 $g(\mathbf{x})$ 是线性的，这个平面被称为"超平面"(hyperplane)。如果 $\mathbf{x}_1$ 和 $\mathbf{x}_2$ 都在判定面上，则
216

$$\mathbf{w}^t\mathbf{x}_1+w_0=\mathbf{w}^t\mathbf{x}_2+w_0$$

或

$$\mathbf{w}^t(\mathbf{x}_1-\mathbf{x}_2)=0$$

这表明，$\mathbf{w}$ 和超平面上的任意向量正交。通常，一个超平面 H 将特征空间分成两个半空间，即对应于 ω_1 类的决策域 $\mathcal{R}_1$ 和对应于 ω_2 的决策域 $\mathcal{R}_2$。因为当 $\mathbf{x}$ 在 $\mathcal{R}_1$ 中时，$g(\mathbf{x})>0$，所以判定面的法向量 $\mathbf{w}$ 指向 $\mathcal{R}_1$，因此，有时称 $\mathcal{R}_1$ 中的任何 $\mathbf{x}$ 在 H 的"正侧"，相应地，称 $\mathcal{R}_2$ 中的任何向量在 H 的"负侧"。

判别函数 $g(\mathbf{x})$ 是特征空间中某点 $\mathbf{x}$ 到超平面的距离的一种代数度量。或许这一点最容易从表达式

$$\mathbf{x}=\mathbf{x}_p+r\frac{\mathbf{w}}{\|\mathbf{w}\|}$$

看出来，这里的 $\mathbf{x}_p$ 是 $\mathbf{x}$ 在 H 上的投影向量，r 是相应的算术距离——如果为正，表示 $\mathbf{x}$ 在 H 的正侧；如果为负，表示 $\mathbf{x}$ 在 H 的负侧。于是，由于 $g(\mathbf{x}_p)=0$，有

$$g(\mathbf{x})=\mathbf{w}^t\mathbf{x}+w_0=r\|\mathbf{w}\|$$

或

$$r=\frac{g(\mathbf{x})}{\|\mathbf{w}\|}$$

特别，从原点到 H 的距离为 $w_0/\|\mathbf{w}\|$。如果 $w_0>0$ 表明原点在 H 的正侧，$w_0<0$ 表明原点在 H 的负侧。如果 $w_0=0$，那么 $g(\mathbf{x})$ 具有齐次形式 $\mathbf{w}^t\mathbf{x}$，说明超平面 H 通过原点。图 5-2 对这些代数结果给出了几何解释。

总之，线性判别函数利用一个超平面判定面把特征空间分割成两个区域。超平面的方向由法向量 $\mathbf{w}$ 确定，它的位置由阈值权 w_0 确定。判别函数 $g(\mathbf{x})$ 正比于 $\mathbf{x}$ 点到超平面的代数距离(带正负号)。当 $\mathbf{x}$ 在 H 正侧时，$g(\mathbf{x})>0$，在负侧时，$g(\mathbf{x})<0$。

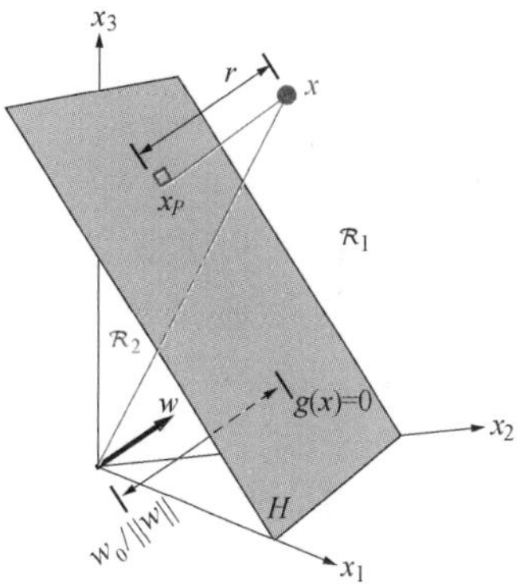

图 5-2 线性判决边界 H，其表达式为 $g(\mathbf{x})=\mathbf{w}^t\mathbf{x}+w_0=0$，将特征空间分为两个半空间$\mathcal{R}_1$（其中$g(\mathbf{x})>0$）和$\mathcal{R}_2$（$g(\mathbf{x})<0$）

5.2.2 多类的情况

利用线性判别函数设计多类分类器有多种方法，例如，可以把 c 类问题转化为 c 个两类问题，其中第 i 个问题是用线性判别函数把属于 ω_i 类的点与不属于 ω_i 类的点分开。更复杂一些的方法是用 $c(c-1)/2$ 个线性判别函数，把样本分为 c 个类别，每个线性判别函数只对其中的两个类别分类，如图 5-3 所示。这两种方法都会产生如无法确定其类型的区域。为此，我们采用在第 2 章采用的方法，通过定义 c 个判别函数

$$g_i(\mathbf{x}) = \mathbf{w}_i^t\mathbf{x}_i + w_{i0} \qquad i = 1,\cdots,c \tag{2}$$

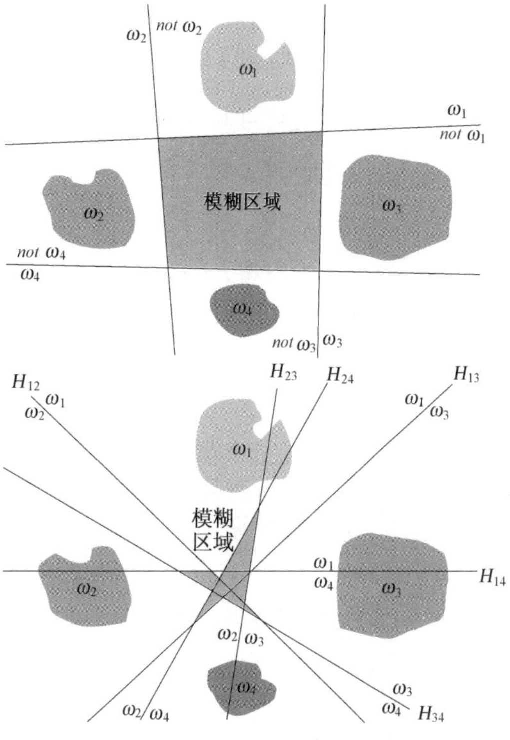

图 5-3 一个 4-类别线性判决边界问题。上图为 ω_i/非 ω_i 二分面，而下图为 ω_i/ω_j 二分面，以及它们对应的判决边界 H_{ij}。粉色区域是不确定区域

如果对一切 $i\neq j$ 有 $g_i(\mathbf{x})>g_j(\mathbf{x})$，则把 $\mathbf{x}$ 归为 ω_i 类；如果 $g_i(\mathbf{x})=g_j(\mathbf{x})$，则拒绝判定。这样得到的分类器称为“线性机”（linear machine），线性机把特征空间分为 c 个判决区域$\mathcal{R}_i$，当 $\mathbf{x}$ 在$\mathcal{R}_i$中时，$g_i(\mathbf{x})$具有最大值。如果$\mathcal{R}_i$和$\mathcal{R}_j$是相邻的，则它们的分界就是超平面 H_{ij} 的一部分，其定义为 217~218

$$g_i(\mathbf{x}) = g_j(\mathbf{x})$$

或

$$(\mathbf{w}_i-\mathbf{w}_j)^t\mathbf{x}+(w_{i0}-w_{j0})=0$$

我们立刻得到：$\mathbf{w}_i-\mathbf{w}_j$ 是 H_{ij} 的法向量，其到 H_{ij} 的距离为$(g_i(\mathbf{x})-g_j(\mathbf{x}))/\|\mathbf{w}_i-\mathbf{w}_j\|$。因此，对线性机来说，重要的是权向量的差而不是权向量本身。这时应该有 $c(c-1)/2$ 个超平面，但在实际问题中，出现在分界面上的超平面的个数往往少于 $c(c-1)/2$，这可从图 5-4 中看出。

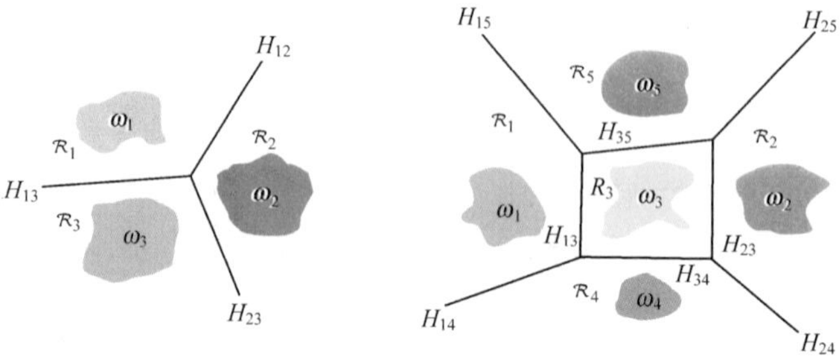

图 5-4 分别由一个 3-类别问题和一个 5-类别问题各自的线性机产生的判定面

很明显，线性机的判决区域是凸的，这肯定限制了分类器的适应性和精确性（参见后面的习题 2 和 3）。特别，每一个判决区域是单连通的，这使得对那些条件概率密度 $p(\mathbf{x}|\omega_i)$为单峰的问题设计线性机是很适合的。然而，我们务必注意：存在某些单峰分布，它们的线性判别函数给出很好的结果，而另一些单峰分布，它们却给出很差的分类结果。

5.3 广义线性判别函数

线性判别函数 $g(\mathbf{x})$可写成

219

$$g(\mathbf{x})=w_0+\sum_{i=1}^{d}w_ix_i \tag{3}$$

系数w_i 是权向量 $\mathbf{w}$ 的分量。通过加入另外的项（$\mathbf{w}$ 的各对分量之间的乘积），我们得到二次判别函数（quadratic discriminant function）

$$g(\mathbf{x})=w_0+\sum_{i=1}^{d}w_ix_i+\sum_{i=1}^{d}\sum_{j=1}^{d}w_{ij}x_ix_j \tag{4}$$

因为 $x_ix_j=x_jx_i$，不失一般性我们可以假设 $w_{ij}=w_{ji}$。由此，二次判别函数就有另外的 $d(d+1)/2$个系数来产生更复杂的分隔面。根据这样的 $g(\mathbf{x})=0$ 定义的分隔面是一个二阶曲面的或者说是“超二次曲面”（hyperquadric surface）。$g(\mathbf{x})$中的线性相关可通过坐标轴变换来消除。我们可以定义一个非奇异的对称矩阵 $\mathbf{W}=[w_{ij}]$，这样分类面的基本特性就可描述为一个尺度变换后的矩阵 $\overline{\mathbf{W}}=\mathbf{W}/(\mathbf{w}^t\mathbf{W}^{-1}\mathbf{w}-4w_0)$。如果 $\overline{\mathbf{W}}$ 是单位矩阵的正的倍数，这个分隔面是一个“超球”（hypersphere）。如果 $\overline{\mathbf{W}}$ 是正定的，这个分隔面是一个“超椭球”（hyperellipsoid）。如果 $\overline{\mathbf{W}}$ 的本征值有正有负，这个分隔面就是“超双曲面”（hyperhyperboloid）（见习题 12）。正如我们在第 2 章看到的，在一般的多变量高斯函数的情况下，我们会遇到这些各种各样的分隔面。

继续加入更高次的项（比如 $w_{ijk}x_ix_jx_k$），我们就得到多项式判别函数（polynomial discriminant function）。这可看作对某一判别函数 $g(x)$做级数展开，然后取其截尾逼近，这就意味着某个广义线性判别函数（generalized linear discriminant function）

$$g(\mathbf{x}) = \sum_{i=1}^{\hat{d}} a_i y_i(\mathbf{x}) \tag{5}$$

或

$$g(\mathbf{x}) = \mathbf{a}^t \mathbf{y} \tag{6}$$

这里 $\mathbf{a}$ 是$\hat{d}$维权向量，$\hat{d}$个分量函数 $y_i(\mathbf{x})$（有时被称为 φ 函数，在本书中将多次用到）可以是 $\mathbf{x}$ 任意的函数。这样的函数对应特征提取子系统的结果。通过巧妙地选择这些函数并使得$\hat{d}$足够大，就可以通过这样的展开来逼近任何想要的判别函数。得到的判别函数并不是 $\mathbf{x}$ 的线性函数，但却是关于的 $\mathbf{y}$ 线性函数。$\hat{d}$个函数 $y_i(\mathbf{x})$的作用只是将 d 维的 $\mathbf{x}$ 空间上的点映射到$\hat{d}$维的 $\mathbf{y}$ 空间上的点。齐次(homogeneous)判别函数 $\mathbf{a}^t\mathbf{y}$ 通过变换空间中一个通过原点的超平面来进行分类。这样，原来的问题就通过从 $\mathbf{x}$ 到 $\mathbf{y}$ 的映射简化为寻找一个齐次线性分类器。

这种方法的优缺点可通过一个简单的例子来说明。考虑二次型判别函数

$$g(x) = a_1 + a_2 x + a_3 x^2 \tag{7}$$

这样就可得到三维向量 $\mathbf{y}$

$$\mathbf{y} = \begin{pmatrix} 1 \\ x \\ x^2 \end{pmatrix} \tag{8}$$ 220

从 x 到 $\mathbf{y}$ 的映射见图 5-5。数据仍保持固有的一维，这是因为改变 x 将导致 $\mathbf{y}$ 沿着一个三维曲线运动。我们可立刻发现如果当 x 是由服从某一个概率密度分布时，得到的密度函数$\hat{p}(\mathbf{y})$是退化的，即曲线之外为 0，在曲线上是无穷大的。这是$\hat{d}>d$ 时，也就是从低维空间到高维空间映射时的一个普遍问题。

由 $\mathbf{a}^t\mathbf{y}=0$ 定义的平面$\hat{H}$将 $\mathbf{y}$ 空间分成两个判决区域$\hat{\mathcal{R}}_1$和$\hat{\mathcal{R}}_2$。图 5-6 给出了当 $\mathbf{a}=(-1,1,2)^t$时的分类平面$\hat{\mathcal{R}}_1$和$\hat{\mathcal{R}}_2$及它们在原始的 x 空间上对应的判决区域$\mathcal{R}_1$ 和$\mathcal{R}_2$。这个二次判别函数 $g(x)=-1+x+2x^2$ 在 $x<-1$ 或 $x>0.5$ 时是正的，所以$\mathcal{R}_1$ 是多连通的。因此虽然在 $\mathbf{y}$ 空间上判决区域是凸的，这并不表明在 $\mathbf{x}$ 空间上也是如此。更一般的情况是，即使$y_i(\mathbf{x})$是个相当简单的函数，该判定面在引出它的 $\mathbf{x}$ 空间上对应的判定面也可能是很复杂的。

图 5-5 映射 $\mathbf{y}=(1,x,x^2)^t$ 把一条直线映射为三维空间中的一条抛物线。由于两类问题，在三维空间中，一个平面就是一个分隔面。因此，由图可见，这产生了原始一维 x 空间的不连通性

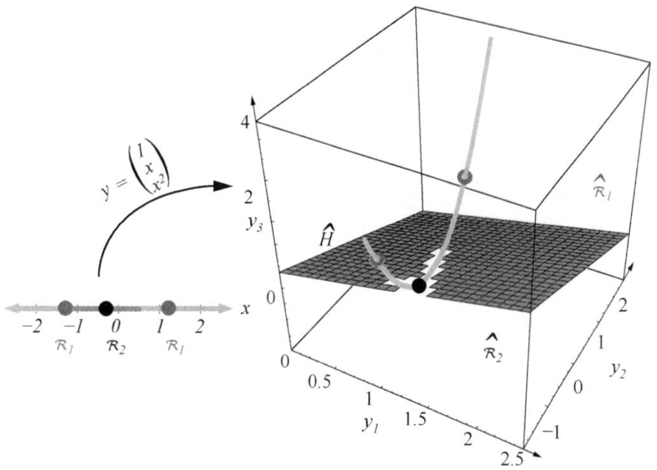

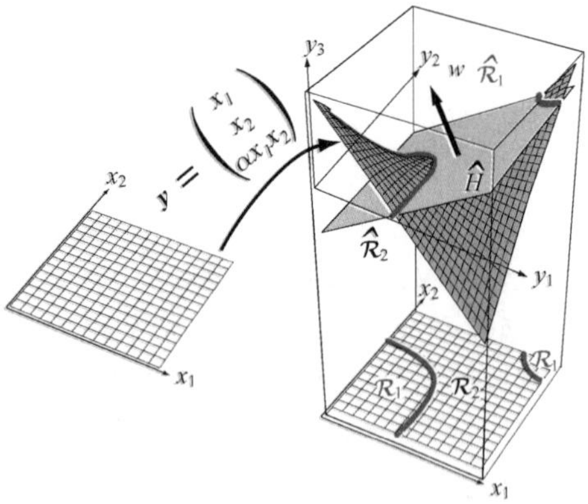

图 5-6　一个二维输入空间 $\mathbf{x}$ 被一个多项式函数映射到 $\mathbf{y}$ 空间。这里的映射是 $y_1=x_1$，$y_2=x_2$ 及 $y_3 \propto x_1 x_2$。在变换空间里一个线性判别式是将该空间分割的超平面。在超空间正侧的点对应 ω_1 类，负侧的对应于 ω_2 类。此时，在 $\mathbf{x}$ 空间中的 $\mathcal{R}_1$ 并不是单连通的

但是，由于“维数灾难”问题，常使得它难以得到实际应用。一个完整的二次型判别函数包含项的个数是 $\hat{d}=(d+1)(d+2)/2$。比如 d 为普通大小时（比如 $d=50$），就要求计算大量的项，包括三阶及更高阶的 $O(\hat{d}^k)$ 项。而且权向量 $\mathbf{a}$ 的 $\hat{d}$ 维分量必须由训练样本计算得到。如果我们考虑到 $\hat{d}$ 决定了判别函数的自由度，这又很自然地要求样本数不少于此自由度的数目（见第 9 章）。显然在通常的情况下，$g(\mathbf{x})$ 的级数展开很容易就达到这样一个程度：需要的计算量和数据量都超出了现有计算设备的处理能力。但是正如我们将在 5.11 节看到的，可通过强制加入大的“边沿”(margin)（或训练样本之间的“间隔”“间隙”）等措施来弥补这个缺点。在这个情形下，并不能从技术上说可以适应所有自由的参数。实际上，我们的处理基于如下的假设，即映射到高维空间并不给数据附加任何错误的结构及相关性。与此不同的是，在多层神经元网络方法中这个问题则是通过使用对输入特征的一个简单非线性函数的多次拷贝来解决的，可参见第 6 章。

虽然对广义线性判别函数潜在的好处并不容易认识到，但是我们至少将 $g(\mathbf{x})$ 写成了更方便的形式 $\mathbf{a}^t\mathbf{y}$，在线性判别函数的一个特例中有

$$g(\mathbf{x}) = w_0 + \sum_{i=1}^{d} w_i x_i = \sum_{i=0}^{d} w_i x_i \tag{9}$$

设 $x_0=1$，我们可以写成

$$\mathbf{y} = \begin{bmatrix} 1 \\ x_1 \\ \vdots \\ x_d \end{bmatrix} = \begin{bmatrix} 1 \\ \\ \mathbf{x} \end{bmatrix} \tag{10}$$

这样的 $\mathbf{y}$ 有时被称为“增广特征向量”(augmented feature vector)。类似地，一个“增广权向量”(augmented weight vector)可写成

221～222

$$\mathbf{a} = \begin{bmatrix} w_0 \\ w_1 \\ \vdots \\ w_d \end{bmatrix} = \begin{bmatrix} w_0 \\ \\ \mathbf{w} \end{bmatrix} \tag{11}$$

这个从 d 维 $\mathbf{x}$ 空间到 $d+1$ 维 $\mathbf{y}$ 空间的映射虽然在数学上几乎没有变化，但却非常有用的。虽然增加了一个常量，但是在 $\mathbf{x}$ 空间上的所有样本间距离在变换后保持不变。得到的 $\mathbf{y}$ 向量都在 d 维的子空间中，也就是 $\mathbf{x}$ 空间自身。由 $\mathbf{a}^t\mathbf{y}$ 确定的超平面判定面 $\hat{H}$ 通过 $\mathbf{y}$ 空间的原点，即使它在 $\mathbf{x}$

空间中对应的超平面可能处于任意的位置。从 $\mathbf{y}$ 到$\hat{H}$的距离为$|\mathbf{a}^t\mathbf{y}|/\|\mathbf{a}\|$，或者是$|g(\mathbf{x})|/\|\mathbf{a}\|$。由于$\|\mathbf{a}\|\geqslant\|\mathbf{w}\|$，此距离小于(至多是等于)从 $\mathbf{x}$ 到 H 的距离。通过使用这种映射，我们将寻找权向量 $\mathbf{w}$ 和权阈值w_0 的问题简化为寻找一个简单的权向量 $\mathbf{a}$(见图 5-7)。

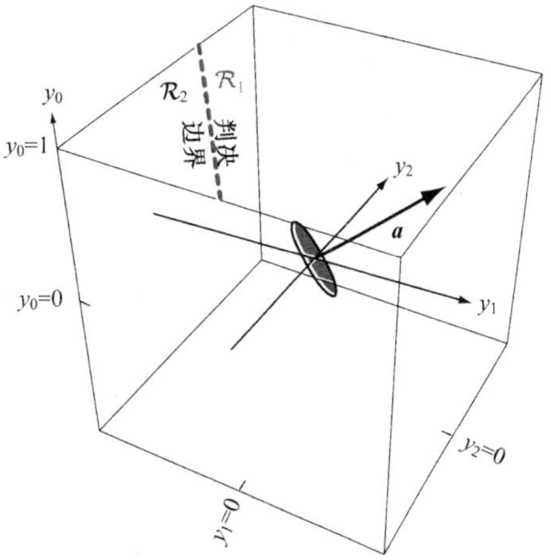

图 5-7 一个三维增广特征空间 $\mathbf{y}$ 和增广权向量 $\mathbf{a}$(在原点)。满足 $\mathbf{a}^t\mathbf{y}=0$ 的点集是一个穿过 $\mathbf{y}$ 空间原点的超平面(用红色表示)，这个平面垂直于 $\mathbf{a}$。这个平面在其原来的二维空间中不一定穿过原点(即立方体顶部虚线所示的判决边界)。因此存在一个增广权向量 $\mathbf{a}$，可以获得 $\mathbf{x}$ 空间中任意的判定线

5.4 两类线性可分的情况

假设我们有一个包含 n 个样本的集合，$\mathbf{y}_1,\mathbf{y}_2,\cdots,\mathbf{y}_n$，一些标记为 ω_1，另一些标记为 ω_2。我们希望用这些样本来确定一个判别函数 $g(\mathbf{x})=\mathbf{a}^t\mathbf{y}$ 的权向量 $\mathbf{a}$。假设我们有理由相信存在一个解，它产生错误的概率是非常小。那么一个很合理的想法是寻找一个能将所有这些样本正确分类的权向量。如果这个权向量存在，这些样本就被称为“线性可分”(linearly separable)的。

对于一个样本 $\mathbf{y}_i$，如果有 $\mathbf{a}^t\mathbf{y}_i>0$ 就标记为 ω_1，如果 $\mathbf{a}^t\mathbf{y}_i<0$ 就标记为 ω_2。这样，我们可以用一种“规范化”(normalization)操作来简化两类样本的训练过程，也就是说对属于 ω_2 的样本，用负号表示而不是标记 ω_2。有了“规范化”，我们可以忘掉这些标记，而寻找一个对所有样本都有 $\mathbf{a}^t\mathbf{y}_i>0$ 的权向量 $\mathbf{a}$。这样的向量被称为“分离向量”(separating vector)，更正规的说法是“解向量”(solution vector)。 223

5.4.1 几何解释和术语

求解权向量的过程可认为是确定“权空间”(weight space)中的一点。每个样本都对解向量的可能位置给出限制。等式 $\mathbf{a}^t\mathbf{y}_i=0$ 确定了一个穿过权空间原点的超平面，$\mathbf{y}_i$ 为其法向量。解向量——如果存在的话——必须在每个超平面的正侧。也就是说，解向量如果存在，必在 N 个正半空间的交叠区，而且该区中的任意向量都是解向量。我们称这样的区域为“解区域”(solution region)，注意请不要将它和任何特定类对应的特征空间的判决区域相混淆。对于二维问题，我们用图 5-8 说明解区域的情况，其中包含了规范化样本和未规范化样本。

从以上讨论可知，解向量如果存在的话，通常不是唯一的。有许多方法引入一些附加要求来对解向量进行限制。一种可能的方法是找到一个单位长度的权向量，它使得从样本到分类平面最小距离达到最大。另一种方法是在所有 i 中寻找满足 $\mathbf{a}^t\mathbf{y}_i\geqslant b$ 的具有最小长度的权向量，这里的 b 是被称为“边沿裕量”(margin)或“间隔”的正常数。正如图 5-9 所示的，新的解区域位于由 $\mathbf{a}^t\mathbf{y}_i\geqslant b>0$ 所产生的正半空间的交叠区，它是在原解区之中，且它和原解区边界被隔开的距离为 $b/\|\mathbf{y}_i\|$。

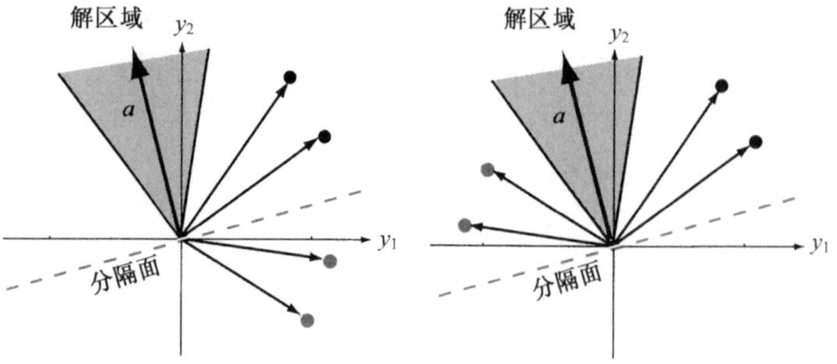

图 5-8　4 个训练样本(黑色属于 ω_1，红色属于 ω_2)和特征空间的解区域。左边的图为原始数据；解向量决定的一个平面将模式分为两类。右图中红色的点已规范化了——比如符号改变了。现在的解向量决定的平面将所有规范化了的点都归到了同一侧

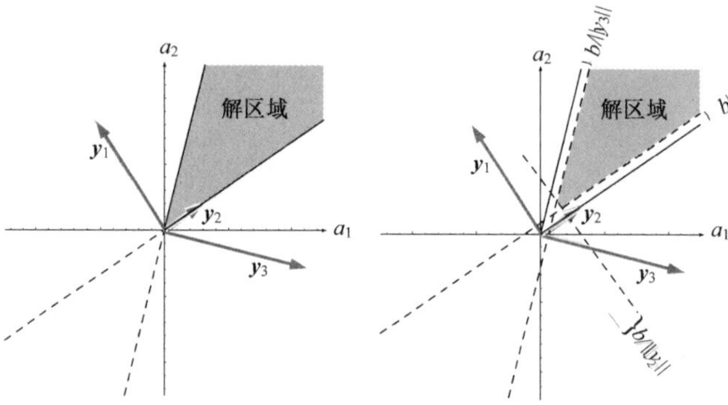

图 5-9　边沿裕量在解区的作用。左图为没有裕量($b=0$)的情况，它和图 5-8 是一样的。右图是 $b>0$ 的情况，解区收缩了 $b/\|y_i\|$

我们一般试图在解区域的"中间"位置来寻找解向量，这背后的动机是一个自然的信念，认为这样的解更能将新的测试样本正确地分类。但在大多数情况下，我们对解区域中的任何解都感到满意。而主要关心的是任何一种可行的递归算法，只要它的递归过程能够不收敛到边界点上即可。这个问题可通过引入一个"边沿裕量"来解决，比如要求对所有的 i 都有 $\mathbf{a}^t\mathbf{y}_i \geq b > 0$。

5.4.2 梯度下降算法

我们在寻找满足线性不等式组 $\mathbf{a}^t\mathbf{y}_i > 0$ 的解时所采用的方法是：定义一个准则函数 $J(\mathbf{a})$，当 $\mathbf{a}$ 是解向量时，$J(\mathbf{a})$ 为最小。这样就将问题简化为一个标量函数的极小化问题——通常可用梯度下降法来解决。梯度下降的原理非常简单。首先从一个随意选择的权向量 $\mathbf{a}(1)$ 开始，计算其梯度向量 $\nabla J(\mathbf{a}(1))$，下一个值 $\mathbf{a}(2)$ 由自 $\mathbf{a}(1)$ 向下降最陡的方向移一段距离而得到，即沿梯度的负方向。通常 $\mathbf{a}(k+1)$ 由等式

$$\mathbf{a}(k+1) = \mathbf{a}(k) - \eta(k)\nabla J(\mathbf{a}(k)) \tag{12}$$

计算，η 是正的比例因子，或者说是用于设定步长的"学习率"(learning rate)。我们希望这样得到的一个权向量序列：最终收敛到一个使 $J(\mathbf{a})$ 极小化的解上。

算法的基本形式是如下的算法 1。

算法 1(基本梯度下降法)

<u>**begin**</u> <u>**initialize**</u> $\mathbf{a}$，阈值 θ，$\eta(\cdot)$，$k \leftarrow 0$

　　<u>**do**</u> $k \leftarrow k+1$

　　　$\mathbf{a} \leftarrow \mathbf{a} - \eta(k)\nabla J(\mathbf{a})$

　　<u>**until**</u> $|\eta(k)\nabla J(\mathbf{a})| < \theta$

```
5     return a
6 end
```

众所周知,梯度下降法存在一些问题。不过,我们将能在构造用来极小化的函数的同时,避免某些最严重的问题。但我们将反复遇到的是:如何选择学习率 $\eta(k)$。如果 $\eta(k)$ 太小,收敛将非常慢;而如果 $\eta(k)$ 太大的话可能会过冲(overshoot),甚至发散(5.6.1 节)。

我们现在考虑一个设定学习率的原则性的方法。假设准则函数可由它在 $\mathbf{a}(k)$ 附近的二阶展开来近似: 224~225

$$J(\mathbf{a}) \approx J(\mathbf{a}(k)) + \nabla J^t(\mathbf{a}-\mathbf{a}(k)) + \frac{1}{2}(\mathbf{a}-\mathbf{a}(k))^t\mathbf{H}\,(\mathbf{a}-\mathbf{a}(k)) \tag{13}$$

这里 $\mathbf{H}$ 是赫森矩阵,它是 $J(\mathbf{a})$ 在 $\mathbf{a}(k)$ 的二阶偏导 $\partial^2 J/\partial a_i \partial a_j$。将式(12)代入式(13)得

$$J(\mathbf{a}(k+1)) \approx J(\mathbf{a}(k)) - \eta(k)\|\nabla J\|^2 + \frac{1}{2}\eta^2(k)\nabla J^t\mathbf{H}\nabla J$$

由此推出(见习题 12),当选择

$$\eta(k) = \frac{\|\nabla J\|^2}{\nabla J^t\mathbf{H}\nabla J} \tag{14}$$

时,可使 $J(\mathbf{a}(k+1))$ 最小化,这里的 $\mathbf{H}$ 依赖于 $\mathbf{a}$,因此间接的依赖于 k。这就是在前面提出的假设条件下的最优选择。请注意如果准则函数 $J(\mathbf{a})$ 在整个关注的区域上是二次的话,$\mathbf{H}$ 是不变的,且 η 是与 k 无关的常数。

还有一个可供选择的方法:忽略式(12)并选择使得二阶展开式最小化的 $\mathbf{a}(k+1)$。这就是牛顿算法。算法 1 中的第 3 行被换为

$$\mathbf{a}(k+1) = \mathbf{a}(k) - \mathbf{H}^{-1}\nabla J \tag{15}$$

由此得到下面的算法 2。

算法 2(牛顿下降法)

1 **begin initialize** $\mathbf{a}$,阈值 θ

2 　　**do**

3 　　　$\mathbf{a} \leftarrow \mathbf{a} - \mathbf{H}^{-1}\nabla J(\mathbf{a})$

4 　　**until** $|\mathbf{H}^{-1}\nabla J(\mathbf{a})| < \theta$

5 　**return a**

6 **end**

(应该指出,牛顿算法对于已讨论过的二次误差函数是可用的,但是对于将要在第 6 章中见到的多层神经网络的非二次误差函数则不能使用。)图 5-10 给出了简单梯度下降法和牛顿下降法的比较。

一般说来,即使有了最佳的 $\eta(k)$,牛顿算法也比梯度下降算法在每一步都给出了更好的步长。但是当赫森矩阵 $\mathbf{H}$ 为奇异矩阵时就不能用牛顿算法了。而且,即使 $\mathbf{H}$ 是非奇异的,每次递归时计算 $\mathbf{H}$ 逆矩阵所需的 $O(d^3)$ 时间可轻易地将牛顿算法带来的好处给抵消了。实际上,将 $\eta(k)$ 设置为比较小的常数 $\|y_k\|^2$,虽然比每一步都使用最优的 $\eta(k)$ 将需要更多步骤来校正,但通常总的时间开销却更少(参见上机练习 1)。 226

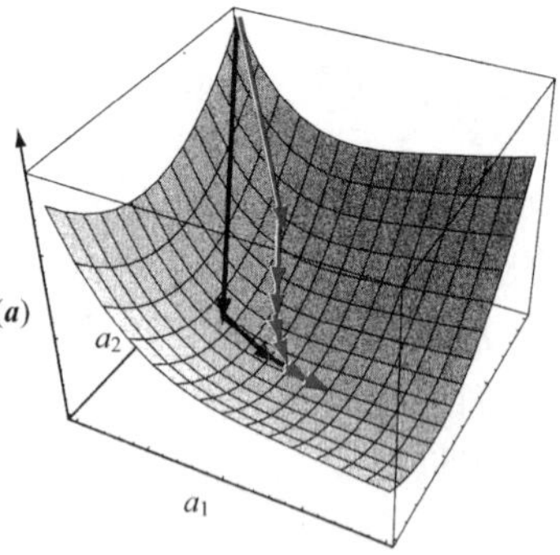

图 5-10　由简单梯度下降法给出的权向量列(红色)和由牛顿(二阶)算法给出的权向量序列(黑色)。即使都使用了最优学习率,牛顿方法每一步都给出了更好的步长。但牛顿方法中求赫森 **H** 逆矩阵额外所需的计算带来的负担使得该方法并不总是合理的,简单下降法可能就足够了

5.5　感知器准则函数最小化

5.5.1　感知器准则函数

现在考虑构造解线性不等式 $\mathbf{a}^t\mathbf{y}_i>0$ 的准则函数的问题。最显然的选择是令 $J(\mathbf{a};\mathbf{y}_1,\cdots,\mathbf{y}_n)$为被 **a** 错分的样本数。可由于这个函数是分段常数函数,对梯度搜索显然不是一个好的选择。一个更好的选择是感知器准则函数(perceptron criterion function):

$$J_p(\mathbf{a})=\sum_{\mathbf{y}\in\mathcal{Y}}(-\mathbf{a}^t\mathbf{y}) \tag{16}$$

这里的$\mathcal{Y}(\mathbf{a})$是被 **a** 错分的样本集(如果没有样本被错分,$\mathcal{Y}$就是空的,这时我们定义 $J_p(\mathbf{a})$为 0)。因为当 $\mathbf{a}^t\mathbf{y}\leqslant 0$ 时,$J_p(\mathbf{a})$是非负的(只当 **a** 是解向量时才为 0,也即 **a** 在判决边界上)。从几何上可知,$J_p(\mathbf{a})$是与错分样本到判决边界距离之和成正比的。图 5-11 给出了一个二维上 J_p 的简单例子。

由于 J_p 梯度上的第 j 个分量为$\partial J_p/\partial a_j$,从等式(16)可知

$$\nabla J_p=\sum_{\mathbf{y}\in\mathcal{Y}}(-\mathbf{y}) \tag{17}$$

梯度下降的迭代公式为

$$\mathbf{a}(k+1)=\mathbf{a}(k)+\eta(k)\sum_{\mathbf{y}\in\mathcal{Y}_k}\mathbf{y} \tag{18}$$

227 这里的$\mathcal{Y}_k$为被 $\mathbf{a}(k)$错分的样本集。这样就得到了如下的感知器算法(见算法 3)。

算法 3(批处理感知器算法)

begin **initialize** $\mathbf{a},\eta(\cdot)$,准则 θ, $k\leftarrow 0$
　　do $k\leftarrow k+1$
　　　$\mathbf{a}\leftarrow\mathbf{a}+\eta(k)\sum_{\mathbf{y}\in\mathcal{Y}_k}\mathbf{y}$
　　until $|\eta(k)\sum_{\mathbf{y}\in\mathcal{Y}_k}\mathbf{y}|<\theta$
return **a**
end

因此寻找解向量的批处理感知器算法可以简单地叙述为:下一个权向量等于被前一个权向量错分的样本的和乘以一个系数。我们使用术语“批处理”是因为注意到一个现象:每次修正权向量时(通常)都要计算成批的样本(我们将很快会看到另一种基于单个样本的方法)。图 5-12

是一个简单的二维例子，这个算法以 $a(1)=0$ 及 $\eta(k)=1$ 开始求得解向量。现在我们将说明在任意的线性可分的问题中，这个算法确实可以得到一个合适的解。

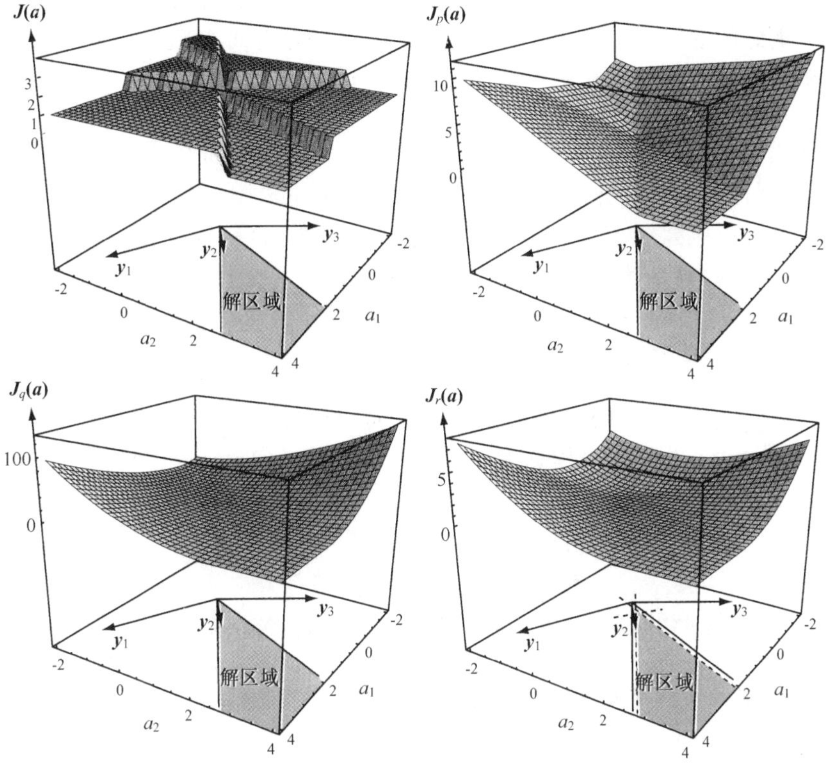

图 5-11 一个使用 4 个学习准则作为权函数的线性分类器。左上为错分模式的总数。右上是感知器准则(式(16))，它是分段线性的，可用于梯度下降。左下是平方误差(式(32))，即使模式是非线性的，由于其具有很好的解析特性而非常有用。右下是具有裕量的平方误差(式(33))。如果希望提高得到的分类器的通用性的话，可通过调节裕量 b 来使得解向量位于 $b=0$ 对应的解区域的中部

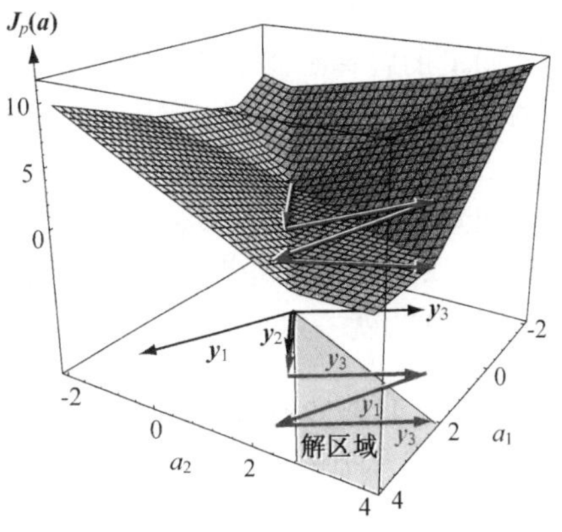

图 5-12 在一个 3-模式问题中，感知器准则 $J_p(\mathbf{a})$ 被引入作为权 a_1 和 a_2 的函数。权向量从 0 开始，算法相继地先将被错误分类的模式规范化，再把这些向量加到权向量上。这个例子中的序列为 $\mathbf{y}_2$，$\mathbf{y}_3$，$\mathbf{y}_1$，$\mathbf{y}_3$，于是向量落在了解区域，递归结束。注意到第二次修正(用 $\mathbf{y}_3$)使得权向量离解区域比第一次修正更远(参考定理 5.1)

5.5.2 单个样本校正的收敛性证明

为了考察感知器算法的收敛性，我们从研究一个容易分析的变形算法开始。与前面对所有的样本对 $\mathbf{a}(k)$ 都进行检查，并且校正被错分的训练样本集 $\mathcal{Y}_k$ 不同的是，我们考虑对每一个

错分的样本都进行纠正。这样我们将顺序考虑输入样本,一旦发现有单个样本错分就修正权向量。出于收敛性证明的目的,只要每个样本在这序列中都可以无限次的出现,这个序列的内在细节就变得无关紧要了。做到这一点最简单的方法是循环的重复使用这些样本,虽然随机地选择通常有更好的性能(5.8.5 节)。由于我们需要保存并可能重复访问所有这些样本,批处理和这个单一处理的感知器算法版本都不是在线运行的。

两个进一步的简化有助于说明这一点。首先,我们暂时将注意力限制在 $\eta(k)$ 为常数的情况上——这被称为"固定增量法"(fixed-increment)。从式(18)可知如果 $\eta(t)$ 是常数时,它仅仅是个乘数因子,因此在固定增量时我们可设 $\eta(t)=1$ 而不失一般性。第二个简化仅仅涉及下标。当样本被看成序列输入时,其中一些会被错分。我们只是遇到分类错误时才改变权向量,
228~229 所以真正要关注的只是被错分的样本。因此我们用上标来注明样本,比如 $\mathbf{y}^1,\mathbf{y}^2,\cdots,\mathbf{y}^k$,其中 $\mathbf{y}^k$ 是样本 $\mathbf{y}_1,\cdots,\mathbf{y}_n$ 中的一个,并且每个 $\mathbf{y}^k$ 都是被错分的。举个例子,考虑循环样本 $\mathbf{y}_1,\mathbf{y}_2,\mathbf{y}_3$,如果加标记的样本是被错分的

$$\overset{\downarrow}{\mathbf{y}_1},\ \mathbf{y}_2,\ \overset{\downarrow}{\mathbf{y}_3},\ \overset{\downarrow}{\mathbf{y}_1},\ \overset{\downarrow}{\mathbf{y}_2},\ \mathbf{y}_3,\ \mathbf{y}_1,\ \overset{\downarrow}{\mathbf{y}_2},\ \ldots \tag{19}$$

那么序列 $\mathbf{y}^1,\mathbf{y}^2,\mathbf{y}^3,\mathbf{y}^4,\mathbf{y}^5,\cdots$ 代表序列 $\mathbf{y}_1,\mathbf{y}_3,\mathbf{y}_1,\mathbf{y}_2,\mathbf{y}_2,\cdots$,这样产生一个序列权向量的固定增量法可写成

$$\begin{array}{ll}\mathbf{a}(1) & \text{任意} \\ \mathbf{a}(k+1)=\mathbf{a}(k)+\mathbf{y}^k & k\geqslant 1\end{array} \tag{20}$$

其中对任何的 k 都有 $\mathbf{a}^t(k)\mathbf{y}^k\leqslant 0$。设 n 为所有模式的数目,算法见算法 4。

算法 4(固定增量单样本感知器)

```
begin initialize a, k←0
      do k←(k+1) mod n
           if y^k 被 a 错分类 then a←a + y^k
      until 所有模式被正确分类
   return a
end
```

固定增量感知器算法是所有用来解线性不等式系统中最简单的一种。在几何上,该算法在权空间上的解释是非常清楚的。由于 $\mathbf{a}(k)$ 错分了 $\mathbf{y}^k$,$\mathbf{a}(k)$ 就不在由 $\mathbf{a}^t\mathbf{y}^k=0$ 所确定的 $\mathbf{y}^k$ 超平面的正侧。将 $\mathbf{y}^k$ 加到 $\mathbf{a}(k)$ 上就是将权向量直接向超平面移动并有可能穿过这个超平面。不管是否穿过这个超平面,新的内积 $\mathbf{a}^t(k+1)\mathbf{y}^k$ 都比旧的内积 $\mathbf{a}^t(k)\mathbf{y}^k$ 大 $\|\mathbf{y}^k\|^2$,而且校正因此将权向量朝好的方向移动(见图 5-13)。

显然,这个算法只在训练样本是线性可分时才会终止。我们现在证明只要样本是线性可分的,这个算法就一定会终止。

■定理 5.1(感知器算法收敛定理) 如果训练样本是线性可分的,算法 4 给出的权向量序列必定终止于某个解向量。

证明 为了寻求一个证明,很自然地会尝试证明每次校正都使得权向量更靠近解区域。也就是证明如果 $\hat{\mathbf{a}}$ 是任意一个解向量的话,都有 $\|\mathbf{a}(k+1)-\hat{\mathbf{a}}\|$ 比 $\|\mathbf{a}(k)-\hat{\mathbf{a}}\|$ 小。虽然这并不总是成立的(参考图 5-13 中的第 6 步和第 7 步),我们将看到只要计算了足够长的步数,这式子将成立。

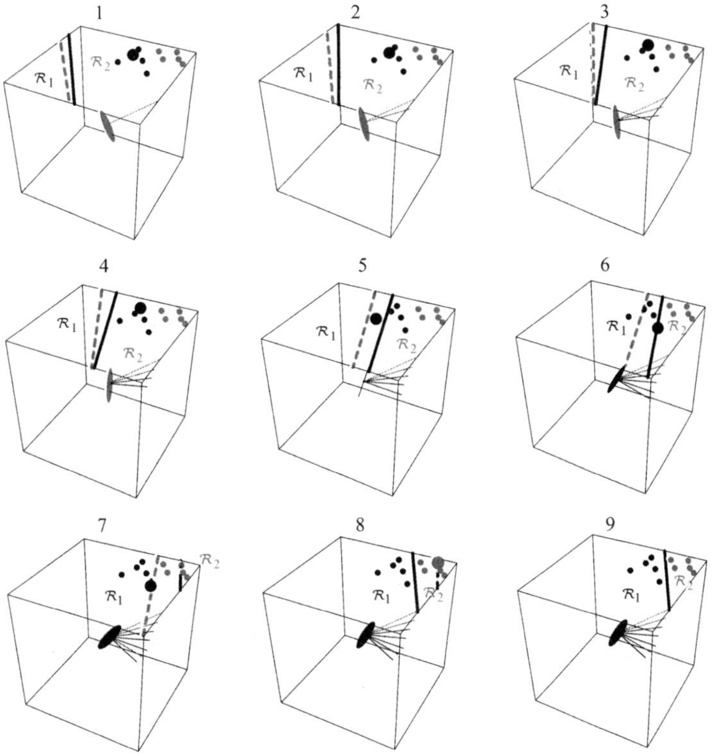

图 5-13 分别属于两类(黑色为 ω_1，红色为 ω_2)的样本在增量特征空间中，以及一个增加的权向量 $\mathbf{a}$。在固定分量法中的每一步，被错分的样本 $\mathbf{y}^k$ 用大黑点表示。一个校正量 $\Delta\mathbf{a}$(正比于样本向量 $\mathbf{y}^k$)被加到权向量中——朝向一个 ω_1 点或者是离开一个 ω_2 点。这使得判定面从虚线位置(上一个修正)移到实线位置上。分步得到的 $\mathbf{a}$ 向量列也被标明出来，最新的点用深色标明。这个例子中，第 9 步就找到了解向量，两类点被得到的判定面很好地分开了

设 $\hat{\mathbf{a}}$ 为任意的解向量，则 $\hat{\mathbf{a}}^t\mathbf{y}_i$ 对所有的 i 都是正的。令 α 为一个正的比例因子。从式(20)得

$$\mathbf{a}(k+1)-\alpha\hat{\mathbf{a}}=(\mathbf{a}(k)-\alpha\hat{\mathbf{a}})+\mathbf{y}^k$$

因此

$$\|\mathbf{a}(k+1)-\alpha\hat{\mathbf{a}}\|^2=\|\mathbf{a}(k)-\alpha\hat{\mathbf{a}}\|^2+2(\mathbf{a}(k)-\alpha\hat{\mathbf{a}})^t\mathbf{y}^k+\|\mathbf{y}^k\|^2$$

由于 $\mathbf{y}^k$ 是被错分的，有 $\mathbf{a}^t(k)\mathbf{y}^k\leqslant 0$，所以

$$\|\mathbf{a}(k+1)-\alpha\hat{\mathbf{a}}\|^2\leqslant\|\mathbf{a}(k)-\alpha\hat{\mathbf{a}}\|^2-2\alpha\hat{\mathbf{a}}^t\mathbf{y}^k+\|\mathbf{y}^k\|^2$$

因为 $\hat{\mathbf{a}}^t\mathbf{y}^k$ 一定是正的，当 α 足够大时，第 2 项将对第 3 项起支配作用。特别是，如果设 β 为模式向量的最大的长度，即

$$\beta^2=\max_i\|\mathbf{y}_i\|^2 \tag{21}$$

并令 γ 为解向量与所有模式向量最小的内积，即

$$\gamma=\min_i\left[\hat{\mathbf{a}}^t\mathbf{y}_i\right]>0 \tag{22}$$ 230~231

就得到不等式

$$\|\mathbf{a}(k+1)-\alpha\hat{\mathbf{a}}\|^2\leqslant\|\mathbf{a}(k)-\alpha\hat{\mathbf{a}}\|^2-2\alpha\gamma+\beta^2$$

如果选

$$\alpha=\frac{\beta^2}{\gamma} \tag{23}$$

我们就有

$$\|\mathbf{a}(k+1) - \alpha\hat{\mathbf{a}}\|^2 \leqslant \|\mathbf{a}(k) - \alpha\hat{\mathbf{a}}\|^2 - \beta^2$$

因此每次校正后,从 $\mathbf{a}(k)$ 到 $\alpha\hat{\mathbf{a}}$ 的平方距离至少减少了 β^2,且过了 k 步校正后,

$$\|\mathbf{a}(k+1) - \alpha\hat{\mathbf{a}}\|^2 \leqslant \|\mathbf{a}(1) - \alpha\hat{\mathbf{a}}\|^2 - k\beta^2 \tag{24}$$

由于这个平方距离不可能是负的,所以经过了不超过 k_0 次校正后序列的校正将终止,其中

$$k_0 = \frac{\|\mathbf{a}(1) - \alpha\hat{\mathbf{a}}\|^2}{\beta^2} \tag{25}$$

由于一碰到错分的样本就会发生一次校正,且每一个样本在序列中都会重复出现无限次,这样当校正结束时,得到的权向量一定把所有的样本正确的分类。(证毕)

---

k_0 给出了校正的次数。如果 $\mathbf{a}(1) = \mathbf{0}$,我们就得到 k_0 的特别简单的表达式

$$k_0 = \frac{\alpha^2\|\hat{\mathbf{a}}\|^2}{\beta^2} = \frac{\beta^2\|\hat{\mathbf{a}}\|^2}{\gamma^2} = \frac{\max\limits_i \|\mathbf{y}_i\|^2 \|\hat{\mathbf{a}}\|^2}{\min\limits_i [\mathbf{y}_i^t\hat{\mathbf{a}}]^2} \tag{26}$$

式(26)中的极值说明问题的难点本质上取决于与解向量最接近正交的样本。不幸的是还没解出这个问题之前,这个式子并不能给我们任何的帮助,这是因为边界是由解向量来表达的,而这是解向量是未知的。通常,当样本基本上是共面的时候,线性可分问题可以是出奇的困难的(上机练习 2)。不管怎么样,只要样本是线性可分的,固定增量算法总能在有限步得到解。

5.5.3 一些直接的推广

由固定增量算法可推广出一些相关的算法。我们将简要地描述两个令人感兴趣的变体。第一个变体引入变增量 $\eta(k)$ 和边沿裕量 b,一旦 $\mathbf{a}^t(k)\mathbf{y}^k$ 没能超出了 b 就进行一个校正即改进为

$$\begin{aligned} \mathbf{a}(1) & \qquad\qquad\qquad 任意 \\ \mathbf{a}(k+1) &= \mathbf{a}(k) + \eta(k)\mathbf{y}^k \quad k \geqslant 1 \end{aligned} \tag{27}$$

这里,对所有的 k 满足 $\mathbf{a}^t(k)\mathbf{y}^k \leqslant b$。因此 n 个模式时我们的算法为下面的算法 5。

算法 5(带裕量的变增量感知器)

1 **begin initialize** $\mathbf{a}$,阈值 θ,裕量 b,$\eta(\cdot)$,$k \leftarrow 0$
2   **do** $k \leftarrow (k+1) \bmod n$
3   **if** $\mathbf{a}^t\mathbf{y}^k \leqslant b$ **then** $\mathbf{a} \leftarrow \mathbf{a} + \eta(k)\mathbf{y}^k$
4   **until** 对于所有 k,$\mathbf{a}^t\mathbf{y}^k > b$
5   **return a**
6 **end**

可以证明当样本为线性可分的时候,如果

$$\eta(k) \geqslant 0 \tag{28}$$

$$\lim_{m\to\infty}\sum_{k=1}^{m} \eta(k) = \infty \tag{29}$$

且

$$\lim_{m \to \infty} \frac{\sum_{k=1}^m \eta^2(k)}{\left(\sum_{k=1}^m \eta(k)\right)^2} = 0 \tag{30}$$

则 $\mathbf{a}(k)$ 收敛于一个解向量,它对所有的 i 满足 $\mathbf{a}^t\mathbf{y}_i > b$(习题 18)。尤其是当 $\eta(k)$ 为正的常数或者它像 $1/k$ 一样递减的话,$\eta(k)$ 将满足以上条件。

另一个有趣的变体是针对我们原来的梯度下降算法 J_p 的:

$$\begin{aligned} &\mathbf{a}(1) \qquad\quad \overset{\text{任意}}{} \\ &\mathbf{a}(k+1) = \mathbf{a}(k) + \eta(k)\sum_{\mathbf{y}\in\mathcal{Y}_k} \mathbf{y} \end{aligned} \tag{31}$$

这里的 $\mathcal{Y}_k$ 是被 $\mathbf{a}(k)$ 错分的训练样本集。很容易看出,如果认识到 $\mathbf{y}_1, \mathbf{y}_2, \cdots, \mathbf{y}_n$ 的一个解向量 $\hat{\mathbf{a}}$ 能将校正向量

$$\mathbf{y}^k = \sum_{\mathbf{y}\in\mathcal{Y}_k} \mathbf{y}$$

正确分类的话,这个算法就能得到解。

写得更详细些的话,这个算法就是以下算法 6。

算法 6(批处理变增量感知器)

1 <u>begin initialize</u> $\mathbf{a}, \eta(\cdot), k \leftarrow 0$
2   <u>do</u> $k \leftarrow (k+1) \bmod n$
3      $\mathcal{Y}_k = \{\}$
4      $j = 0$
5   <u>do</u> $j \leftarrow j+1$
6   <u>if</u> $\mathbf{y}_j$ 被错分类 <u>then</u> 把 $\mathbf{y}_j$ 加进 $\mathcal{Y}_k$
7   <u>until</u> $j = n$
8      $\mathbf{a} \leftarrow \mathbf{a} + \eta(k)\sum_{\mathbf{y}\in\mathcal{Y}_k} \mathbf{y}$
9   <u>until</u> $\mathcal{Y}_k = \{\}$
10   <u>return</u> $\mathbf{a}$
11 <u>end</u>

批处理梯度下降与单样本算法(算法 5)相比的优点在于:它的权向量变化的轨迹是平滑的,这是因为每次修正都使用所有被错分的模式集 —— 错分模式中局部静止的变量趋于被消除,而大尺度的趋势却不是这样。因此,如果样本是线性可分的,且 $\eta(k)$ 满足等式(28)~(30),对 $J_p(\cdot)$ 进行的梯度下降算法生成的权向量列一定会收敛到一个解向量。

令人感兴趣的是,当 $\eta(k)$ 是正常数时,如果它像 $1/k$ 一样递减,或者像 k 一样递增,那么 $\eta(k)$ 就满足前面提到的条件。一般来说,我们总是希望 $\eta(k)$ 随时间而变小。尤其是当有理由相信样本集不是线性可分时,这是因为它能降低少数"坏"样本造成的破坏性效果。但是在可分的情况下,让人觉得奇怪的是 $\eta(k)$ 是递增的却仍能得到解向量。

这个现象揭示了理论和实践观点上的一个不同之处。从理论的观点来看,对任何有限的可分样本集,对任意的初始权向量 $\mathbf{a}(1)$,对任意非负的裕量,对任意满足等式(28)~(30)的比例因子 $\eta(k)$,都能得到解。而从实践的观点来看,我们希望对上面的各个值能做出明智的选择。以裕量 b 为例,如果 b 比每次校正 $\mathbf{a}^t(k)\mathbf{y}^k$ 时的增量 $\eta(k)\|\mathbf{y}^k\|^2$ 小得多的话,很显然它所起的作用是很小的。如果它比 $\eta(k)\|\mathbf{y}^k\|^2$ 小得多的话,就需要好多次校正来满足条件

$\mathbf{a}^t(k)\mathbf{y}^k > b$。所以一个接近 $\eta(k)\|\mathbf{y}^k\|^2$ 的值通常是有效的折中方案。除了 $\eta(k)$ 和 b 的选择，$\mathbf{y}^k$ 分量的比例因子对算法也会产生很大的影响。有了收敛定理并不是说就不需要这些实用的技术。

由感知器算法派生的一个比较接近的算法是 Winnow 算法，它对可分的训练数据是非常有效的。主要的不同在于：感知器算法返回的权向量具有分量 $a_i(i=0,1,\cdots,d)$，而在 Winnow 算法中它们是正比于 $2\sinh[a_i]$ 的。其中有一种叫作“平衡 Winnow 算法”，它有“正的”和“负的”权向量 $\mathbf{a}^+$ 和 $\mathbf{a}^-$，每一个对应于要学习的两类中的一类。当且仅当 ω_1 中的训练模式被错分时才对正权向量进行校正；相反地，当且仅当 ω_2 中的训练模式被错分时才对负权向量进行校正。见算法 7 所述。

算法 7（平衡 Winnow 算法）

<u>**begin**</u> <u>**initialize**</u> $\mathbf{a}^+, \mathbf{a}^-, \eta(\cdot), k \leftarrow 0, \alpha > 1$
    <u>**if**</u> $\mathrm{Sgn}[\mathbf{a}^{+t}\mathbf{y}_k - \mathbf{a}^{-t}\mathbf{y}_k] \neq z_k$（模式被错分类）
234 <u>**then**</u> <u>**if**</u> $z_k = +1$ <u>**then**</u> $a_i^+ \leftarrow \alpha^{+y_i}a_i^+; a_i^- \leftarrow \alpha^{-y_i}a_i^-$ 对于所有 i
        <u>**if**</u> $z_k = -1$ <u>**then**</u> $a_i^+ \leftarrow \alpha^{-y_i}a_i^+; a_i^- \leftarrow \alpha^{+y_i}a_i^-$ 对于所有 i
  <u>**return**</u> $\mathbf{a}^+, \mathbf{a}^-$
<u>**end**</u>

这种 Winnow 算法主要有两个优点。第一个是在训练过程中，两个候选权向量分别朝各自的恒定的方向运动，这表明对于可分数据，由这两个向量确定的“间隔”的大小是始终不会变大的。由此可以推导出收敛性证明，尽管推导过程更加复杂，但是它的收敛性比感知器收敛定理还要更一般化（参见相关文献）。第二个优点是它通常比感知器收敛算法收敛得更快，这是因为通过设定适当的学习率，每个权向量分量的训练都不会发生过冲。这一点在有大量不相关或冗余特征的情况下尤其明显（上机练习 6）。

5.6 松弛算法

我们已经看到利用最小化式（16）的感知器准则函数可以训练一个线性分类器。本节将推广这个做法，提出所谓的“松弛算法”（relaxation procedure），能适应更普通的准则函数及其最小化算法。

5.6.1 下降算法

准则函数 $J_p(\cdot)$ 绝对不是我们所能构造的当 $\mathbf{a}$ 为解向量时取极小值的唯一的准则函数形式。另一个相似而又截然不同的是

$$J_p(\mathbf{a}) = \sum_{\mathbf{y}\in\mathcal{Y}} (\mathbf{a}^t\mathbf{y})^2 \tag{32}$$

这里的 $\mathcal{Y}(\mathbf{a})$ 仍然表示被 $\mathbf{a}$ 错分的训练样本集。J_p 和 J_q 只关注被错分的样本。主要的区别在于 J_q 的梯度是连续的，而 J_p 的梯度却不是。因此 J_q 给出一个更平滑的表面来进行搜索（图 5-11）。不幸的是 J_q 在解区边界是如此的光滑，权向量序列可能会收敛到边界上的一点。花了好多的时间得到的却仅仅是边界上的点 $\mathbf{a}=0$，这无疑是很令人尴尬的。J_q 的另一个问题是它得到的值可能依赖于模值最大的样本向量。所有这些问题均可由以下准则函数来避免：

$$J_r(\mathbf{a}) = \frac{1}{2}\sum_{\mathbf{y}\in\mathcal{Y}} \frac{(\mathbf{a}^t\mathbf{y}-b)^2}{\|\mathbf{y}\|^2} \tag{33}$$

这里的$\mathcal{Y}(\mathbf{a})$是满足$\mathbf{a}^t \mathbf{y} \leqslant b$的样本集。如果$\mathcal{Y}(\mathbf{a})$是空的话,我们定义$J_r$为0。这样$J_r(\mathbf{a})$就不是负数的,当且仅当对所有的训练样本都有$\mathbf{a}^t \mathbf{y} \geqslant b$时才有$J_r(\mathbf{a})$为$0$。$J_r$的梯度由

$$\nabla J_r = \sum_{\mathbf{y} \in \mathcal{Y}} \frac{\mathbf{a}^t \mathbf{y} - b}{\|\mathbf{y}\|^2} \mathbf{y}$$

235

给出,得到改进的方法:

$$\begin{aligned} \mathbf{a}(1) &\quad 任意 \\ \mathbf{a}(k+1) &= \mathbf{a}(k) + \eta(k) \sum_{\mathbf{y} \in \mathcal{Y}} \frac{b - \mathbf{a}^t \mathbf{y}}{\|\mathbf{y}\|^2} \mathbf{y} \end{aligned} \tag{34}$$

这样松弛算法(relaxation procedures)就是如下的算法 8。

算法 8(批处理裕量松弛算法)

```
1 begin initialize a, η(·), b, k ← 0
2        do k ← (k + 1) mod n
3              𝒴ₖ = { }
4              j ← 0
5              do j ← j + 1
6                  if aᵗyʲ ≤ b then 把 yʲ 加进 𝒴ₖ
7              until j = n
8              a ← a + η(k) ∑_{y∈𝒴} (b−aᵗy)/‖y‖² y
9        until 𝒴ₖ = { }
10   return a
11 end
```

和以前一样,我们发现当一次只考虑一个样本(而不是一起考虑)时是很容易证明它是收敛的,就像单样本算法和批处理相比较一样。我们仍只考虑固定增量的情况$\eta(k) = \eta$。这样我们还是只需考虑那些会引起权向量校正的样本序列$\mathbf{y}^1, \mathbf{y}^2, \cdots$。这个类似于式(33)的单样本校正法就是

$$\begin{aligned} \mathbf{a}(1) &\quad 任意 \\ \mathbf{a}(k+1) &= \mathbf{a}(k) + \eta \frac{b - \mathbf{a}^t(k) \mathbf{y}^k}{\|\mathbf{y}^k\|^2} \mathbf{y}^k \end{aligned} \tag{35}$$

这里,对所有的k满足$\mathbf{a}^t(k) \mathbf{y}^k \leqslant b$。算法就是如下的算法 9。

算法 9(单样本裕量松弛算法)

```
1 begin initialize a, η(·), k ← 0
2        do k ← (k + 1) mod n
3              if aᵗyᵏ ≤ b then a ← a + η(k) (b−aᵗyᵏ)/‖yᵏ‖² yᵏ
4        until 对于所有 yᵏ, aᵗyᵏ > b
5   return a
6 end
```

这就是所谓的"单样本裕量松弛算法",它在几何上有一个简单的解释。值

236 $$r(k)=\frac{b-\mathbf{a}^t(k)\mathbf{y}^k}{\|\mathbf{y}^k\|} \tag{36}$$

是 $\mathbf{a}(k)$ 到超平面 $\mathbf{a}^t\mathbf{y}^k=b$ 的距离。由于 $\mathbf{y}^k/\|\mathbf{y}^k\|$ 是超平面的单位法向量,式(35)将 $\mathbf{a}(k)$ 移往超平面,移动的量为从 $\mathbf{a}(k)$ 到超平面距离乘以一个因子 η。如果 $\eta=1$,$\mathbf{a}(k)$ 就移到超平面上了,所以由不等式 $\mathbf{a}^t(k)\mathbf{y}^k\leqslant b$ 产生的张力被"松弛"了(图 5-14)。由式(35)可知经过一步校正后,

$$\mathbf{a}^t(k+1)\mathbf{y}^k-b=(1-\eta)(\mathbf{a}^t(k)\mathbf{y}^k-b) \tag{37}$$

如果 $\eta<1$,那么 $\mathbf{a}^t(k+1)\mathbf{y}^k$ 仍然小于 b,如果 $\eta>1$,那么 $\mathbf{a}^t(k+1)\mathbf{y}^k$ 大于 b。这些情况分别被称为"欠松弛"和"过松弛"。通常我们把 η 限定在 $0<\eta<2$(图 5-14 和图 5-15)。

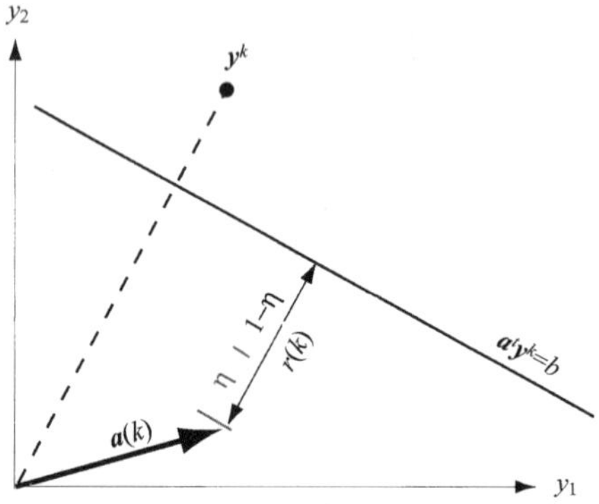

图 5-14 在基本松弛算法的每一步里,权向量都向 $\mathbf{a}^t\mathbf{y}^k=b$ 所确定的超平面移动了它们之间距离的 η 倍

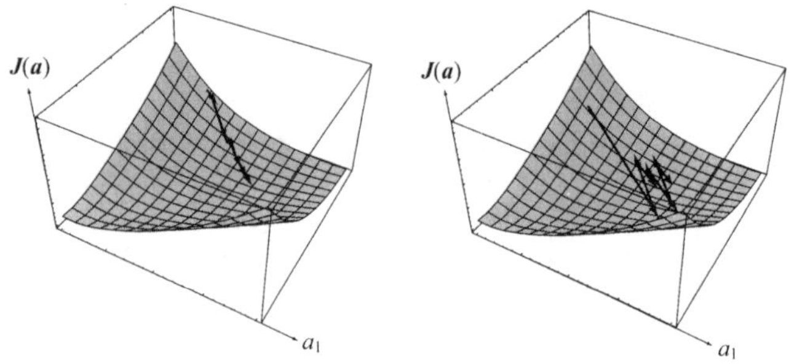

图 5-15 左图,欠松弛($\eta<1$)时,下降是不必要地慢,甚至不收敛;过松弛($1<\eta<2$)描述的是校正过度,不过最终还是会收敛的

5.6.2 收敛性证明

把松弛法应用在线性可分样本上时,所需校正的次数可能是也未必有限。假如是有限的,我们当然可以得到一个解向量。如果不是有限的,我们将看到 $\mathbf{a}(k)$ 收敛于解区域边界上有限的一个向量上。这是因为当 $b>0$ 时,$\mathbf{a}^t\mathbf{y}\geqslant b$ 对应的区域是包含在一个更大的由 $\mathbf{a}^t\mathbf{y}>0$ 确定的区域,这表明 $\mathbf{a}(k)$ 将进入这个更大的区域至少一次,这样在某个有限的 k_0 之后,所有比它大的 k,$\mathbf{a}(k)$ 都将落在这个区域上。

237

证明依赖这样一个事实:如果 $\hat{\mathbf{a}}$ 是解区域中的任意一个向量(比如任何对所有 i 都满足 $\hat{\mathbf{a}}^t\mathbf{y}_i>b$),那么每个 $\mathbf{a}(k)$ 都更加地接近 $\hat{\mathbf{a}}$。从式(35)立刻就可以得到这一点,因为

$$\|\mathbf{a}(k+1)-\hat{\mathbf{a}}\|^2=\|\mathbf{a}(k)-\hat{\mathbf{a}}\|^2-2\eta\frac{(b-\mathbf{a}^t(k)\mathbf{y}^k)}{\|\mathbf{y}^k\|^2}(\hat{\mathbf{a}}-\mathbf{a}(k))^t\mathbf{y}^k+\eta^2\frac{(b-\mathbf{a}^t(k)\mathbf{y}^k)^2}{\|\mathbf{y}^k\|^2} \tag{38}$$

且

$$(\hat{\mathbf{a}} - \mathbf{a}(k))^t \mathbf{y}^k > b - \mathbf{a}^t(k)\mathbf{y}^k \geqslant 0 \tag{39}$$

所以

$$\|\mathbf{a}(k+1) - \hat{\mathbf{a}}\|^2 \leqslant \|\mathbf{a}(k) - \hat{\mathbf{a}}\|^2 - \eta(2-\eta)\frac{(b - \mathbf{a}^t(k)\mathbf{y}^k)^2}{\|\mathbf{y}^k\|^2} \tag{40}$$

由于我们将 η 限制在 $0<\eta<2$ 中，就一定有 $\|\mathbf{a}(k+1)-\hat{\mathbf{a}}\| \leqslant \|\mathbf{a}(k)-\hat{\mathbf{a}}\|$。因此向量序列 $\mathbf{a}(1)$，$\mathbf{a}(2)$，…越来越靠近 $\hat{\mathbf{a}}$，并在 k 趋向无穷大时，距离 $\|\mathbf{a}(k)-\hat{\mathbf{a}}\|$ 到达一个有限的距离 $r(\hat{\mathbf{a}})$。这表明 k 趋向无穷大时，$\mathbf{a}(k)$ 将被限制在以 $\hat{\mathbf{a}}$ 为中心，$r(\hat{\mathbf{a}})$ 为半径的一个超球的表面上。由于这对所有在解区域中的 $\hat{\mathbf{a}}$ 都成立，所以 $\mathbf{a}(k)$ 的极限就在以所有这些可能的解向量为中心的超球面的交集上。

我们现在来证明这些超球面的公共交集是在解区域边界上的一个点。首先假设至少有两个点 $\mathbf{a}'$ 和 $\mathbf{a}''$ 为公共交集上的点。那么对解区域上所有的 $\hat{\mathbf{a}}$ 都有 $\|\mathbf{a}'-\hat{\mathbf{a}}\| = \|\mathbf{a}''-\hat{\mathbf{a}}\|$。但是这又表明解区域是在与 $\mathbf{a}'$ 和 $\mathbf{a}''$ 等距离的 $(\hat{d}-1)$ 维的超平面上，$(\hat{d}-1)$ 维是因为解区域是 $\hat{d}$ 维的。（严格地说，如果对所有的 i 有 $\hat{\mathbf{a}}^t\mathbf{y}_i>0$，那么对所有 $\hat{d}$ 维的向量 $\mathbf{v}$，当 ϵ 足够小时，对 $i=1,2,\cdots,n$ 都有 $(\hat{\mathbf{a}}+\epsilon\mathbf{v})^t\mathbf{y}>0$。）因此，$\mathbf{a}(k)$ 收敛到单个点 $\mathbf{a}$ 上。这个点当然不在解区里，这样序列就是有限的。它也不在解区外，因为每次校正都使得权向量移动了到边界距离的 η 倍，这样就防止向量永远地远离边界，所以极限点一定在边界上。

5.7 不可分的情况

当样本是线性可分的时候，感知器法和松弛法给了我们许多寻找分类向量的简单方法。这些都被称为“误差校正方法”(error-correcting procedure)，这是因为它们只在遇到错分样本时才对权向量进行校正。它们对可分问题的成功之处在于对求得一个无错解进行坚持不懈的搜索。实际上只有在有理由认为最优线性判别函数的误差率比较低的时候才会考虑使用这些方法。 238

当然，即使对训练样本的分离向量已经找到，也不能保证它对独立的测试数据都能很好地分类。我们感觉有种直觉印象，它表明数目少于 $2\hat{d}$ 的样本集很可能是线性可分的——我们会在第 9 章再次考察这一点。因此有人可能会想到：对设计好的样本集使用多次，综合多种因素来获得分类器，并由此确保它在训练和实际数据上的分类性能是相同的。不幸的是，如果使用非常多的数据的话，它们往往不是线性可分的。这样，当样本不是线性可分时了解“误差校正方法”的效果如何就变得非常重要了。

由于不存在可以将不可分数据集中的样本都能正确分类的权向量（由定义可知），显然误差校正过程永远不会结束。这些算法都将产生一个无限的权向量序列，所有的成员都有可能或者不可能得到有用的“解”。在一些特殊的例子中，这些算法在不可分的情况下的行为被全面的研究过。比如，固定增量算法得到的权向量的幅值总是有界的。从经验上得知，校正过程的终止取决于权向量的某个极限点附近时其幅值波动的趋势。从理论的观点来看，如果样本的分量是整数值的话，固定增量算法将产生一个有限状态过程。如果校正过程停在任意一个状态上，权向量可能正处于，也可能不处于好的状态上。如果对校正算法得到的权向量求均值的话，就可以降低偶然选到处于不好状态上的坏向量的风险。

有许多类似的启发式规则被用于修改误差校正算法，并进行了实验研究。修改的目的是在不可分的问题中得到令人接受的结果,同时保持它对可分问题仍能正确分类的性质。最普通的想法是使用变增量 $\eta(k)$,且当k趋向无穷大时 $\eta(k)$趋向 0。$\eta(k)$趋向 0 的速度是相当重要的。如果它太慢的话,得到的结果对那些使得集合为不可分的样本仍然敏感。如果太快,权向量在还没得到最优结果的时候就收敛了。一种选择 $\eta(k)$的方法是令它为当前性能的函数,也即当性能提高的时候减小 $\eta(k)$。另一种方法是选择 $\eta(k)=\eta(1)/k$。当研究"随机逼近"技术的时候,我们发现后一种方法是一种类似问题的理论解。但在展开这个主题之前,我们先考虑一种在可分和不可分情况下都有很好性能的折中方法,它不再试图直接获取"分离向量"。

5.8 最小平方误差方法

我们已经考虑的准则函数都将注意力放在被错分的样本上。现在我们考虑一种包含所有样本的准则函数。前面我们是寻找一个使得所有内积 $\mathbf{a}^t\mathbf{y}_i$ 都为正数的权向量,现在我们尝试使得 $\mathbf{a}^t\mathbf{y}_i=b_i$ 的情况,这里的 b_i 是一些任意取定的正常数。因此我们就将线性不等式求解的
239 问题改为更强的,但也更容易理解的问题,即线性方程组的求解。

5.8.1 最小平方误差及伪逆

线性方程组可用矩阵来简化表达。其中 $\mathbf{Y}$ 为 $n\times\hat{d}$矩阵($\hat{d}=d+1$),它的第 i 行是向量 $\mathbf{y}_i^t$,而 b 是列向量 $\mathbf{b}=(b_1,b_2,\cdots,b_n)^t$。我们的问题化为找到一个权向量 $\mathbf{a}$,它满足

$$\begin{pmatrix} y_{10} & y_{11} & \cdots & y_{1d} \\ y_{20} & y_{21} & \cdots & y_{2d} \\ \vdots & \vdots & & \vdots \\ y_{n0} & y_{n1} & \cdots & y_{nd} \end{pmatrix}\begin{pmatrix} a_0 \\ a_1 \\ \vdots \\ a_d \end{pmatrix}=\begin{pmatrix} b_1 \\ b_2 \\ \vdots \\ b_n \end{pmatrix}$$

即

$$\mathbf{Y}\mathbf{a}=\mathbf{b} \tag{41}$$

如果 $\mathbf{Y}$ 是非奇异的,我们立刻得到解:$\mathbf{a}=\mathbf{Y}^{-1}\mathbf{b}$。但 $\mathbf{Y}$ 是一个长方形的矩阵,通常是行比列多。当方程数多于未知数时,$\mathbf{a}$ 是超定的,通常没有精确的解。但是我们可以寻找一个权向量 $\mathbf{a}$,它使得某个关于 $\mathbf{Ya}$ 和 $\mathbf{b}$ 的函数最小化。如果我们定义一个误差向量

$$\mathbf{e}=\mathbf{Ya}-\mathbf{b} \tag{42}$$

那么就提出一个使得误差向量长度的平方最小化的方法。这就是最小化误差平方和的准则函数(MSE)

$$J_s(\mathbf{a})=\|\mathbf{Ya}-\mathbf{b}\|^2=\sum_{i=1}^{n}(\mathbf{a}^t\mathbf{y}_i-b_i)^2 \tag{43}$$

误差平方和最小化问题是个经典问题。它可用梯度搜索法来解决,就像我们将要在后面要看到的(5.8.4 节)。一个简单的形式相近的解可通过计算梯度

$$\nabla J_s=\sum_{i=1}^{n}2(\mathbf{a}^t\mathbf{y}_i-b_i)\mathbf{y}_i=2\mathbf{Y}^t(\mathbf{Ya}-\mathbf{b}) \tag{44}$$

并令它为 0 来获得。这就得到必要条件

$$\mathbf{Y}^t\mathbf{Y}\mathbf{a} = \mathbf{Y}^t\mathbf{b} \tag{45}$$

这样,我们把解 $\mathbf{Ya}=\mathbf{b}$ 的问题转化为解 $\mathbf{Y}^t\mathbf{Ya}=\mathbf{Y}^t\mathbf{b}$。这个著名的等式具有的最大优点是$\hat{d}\times\hat{d}$ 矩阵 $\mathbf{Y}^t\mathbf{Y}$ 是个方阵,并且通常是非奇异的。当它是非奇异的时候,我们可以得到唯一的解

$$\begin{aligned}\mathbf{a} &= (\mathbf{Y}^t\mathbf{Y})^{-1}\mathbf{Y}^t\mathbf{b}\\ &= \mathbf{Y}^\dagger\mathbf{b}\end{aligned} \tag{46}$$

这里的$\hat{d}\times n$ 矩阵

$$\mathbf{Y}^\dagger \equiv (\mathbf{Y}^t\mathbf{Y})^{-1}\mathbf{Y}^t \tag{47}$$ 240

被称为 $\mathbf{Y}$ 的“伪逆矩阵”。注意到如果 $\mathbf{Y}$ 是方阵且是非奇异的,这个伪逆矩阵就是 $\mathbf{Y}$ 的逆矩阵。还应该注意到 $\mathbf{Y}^\dagger\mathbf{Y}=\mathbf{I}$,但通常 $\mathbf{YY}^\dagger\neq\mathbf{I}$。然而,最小平方误差(MSE)的解总是存在的。特别是,如果 $\mathbf{Y}^\dagger$被定义为更一般的形式

$$\mathbf{Y}^\dagger \equiv \lim_{\epsilon\to 0}(\mathbf{Y}^t\mathbf{Y}+\epsilon\mathbf{I})^{-1}\mathbf{Y}^t \tag{48}$$

可以证明这个极限总是存在的,且 $\mathbf{a}=\mathbf{Y}^\dagger\mathbf{b}$ 是 $\mathbf{Ya}=\mathbf{b}$ 的一个 MSE 解。

MSE 解是由 $\mathbf{b}$ 决定的,我们将会看到 $\mathbf{b}$ 的不同选择给解带来不同的性质。如果 $\mathbf{b}$ 是任意一个固定的值,没有理由相信 MSE 的解在线性可分情况下能得到一个分类向量。但我们却有理由希望通过最小化平方误差准则函数,能够得到一个在可分和不可分情况下都是很有用的判别函数。下面我们将研究解的两个性质来支持这个希望。

例 1 用伪逆矩阵构造线性分类器

假设我们有下图中分别用黑色和红色表示的分属两类的二维点 $\omega_1:(1,2)^t$ 和$(2,0)^t$ 及 $\omega_2:(3,1)^t$ 和$(2,3)^t$。

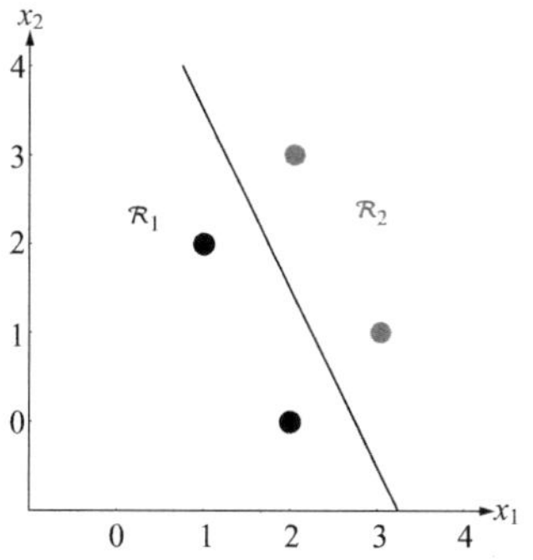

4 个训练点和判决边界 $\mathbf{a}^t\begin{pmatrix}1\\x_1\\x_2\end{pmatrix}=0$,这里的 $\mathbf{a}$ 是通过伪逆法求得的。因此 $\mathbf{Y}$ 矩阵为

$$\mathbf{Y}=\begin{pmatrix}1 & 1 & 2\\ 1 & 2 & 0\\ -1 & -3 & -1\\ -1 & -2 & -3\end{pmatrix}$$ 241

经过几步简单的计算得到伪逆矩阵

$$\mathbf{Y}^{\dagger}=(\mathbf{Y}^t\mathbf{Y})^{-1}\mathbf{Y}^t=\begin{pmatrix} 5/4 & 13/12 & 3/4 & 7/12 \\ -1/2 & -1/6 & -1/2 & -1/6 \\ 0 & -1/3 & 0 & -1/3 \end{pmatrix}$$

我们随意地令所有的裕量都相等——也就是 $\mathbf{b}=(1,1,1,1)^t$。得到解 $\mathbf{a}=\mathbf{Y}^{\dagger}\mathbf{b}=(11/3,-4/3,-2/3)^t$，并由此得到如图所示的判决边界。选择其他的 $\mathbf{b}$ 当然会得到不同的判决边界。

5.8.2 与 Fisher 线性判别的关系

这一节我们将通过适当选择 $\mathbf{b}$ 来说明 MSE 判别函数 $\mathbf{a}^t\mathbf{y}$ 是和 Fisher 线性判别(第 3 章 3.8.2 节)有直接联系的。为了做到这一点，我们必须首先回到原始空间线性判别函数的使用，而不是广义的线性判别函数。我们假设一组 d 维样本集 $\mathbf{x}_1,\mathbf{x}_2,\cdots,\mathbf{x}_n$，其中 n_1 个属于 ω_1 类的样本记为子集 $\mathcal{D}_1$，n_2 个属于 ω_2 类的样本记为子集 $\mathcal{D}_2$。进一步，假设一个从 $\mathbf{x}_i$ 生成的样本 $\mathbf{y}_i$，它通过加上一个阈值分量 $x_0=1$ 而得到"增广模式向量"(augmented pattern vector)。而且如果它被归为 ω_2，那么整个模式向量都乘以 -1，也就是我们在第 5.4.1 节中所见的"规范化"操作。不失一般性，可以假设前 n_1 个样本属于 ω_1，后 n_2 个样本属于 ω_2。这样矩阵 $\mathbf{Y}$ 就可以写成分块矩阵

$$\mathbf{Y}=\begin{bmatrix} \mathbf{1}_1 & \mathbf{X}_1 \\ -\mathbf{1}_2 & -\mathbf{X}_2 \end{bmatrix}$$

$\mathbf{1}_i$ 是 n_i 个 1 的列向量，$\mathbf{X}_i$ 是一个 $n_i\times d$ 矩阵，它的行是属于 ω_i 的样本。我们同样将 $\mathbf{a}$ 和 $\mathbf{b}$ 分隔开来：

$$\mathbf{a}=\begin{bmatrix} w_0 \\ \mathbf{w} \end{bmatrix}$$

且

$$\mathbf{b}=\begin{bmatrix} \dfrac{n}{n_1}\mathbf{1}_1 \\ \dfrac{n}{n_2}\mathbf{1}_2 \end{bmatrix}$$

现在证明 $\mathbf{b}$ 的这个特定选法得出的 MSE 解和 Fisher 线性判别是相关的。

我们先对等式(45)中的 $\mathbf{a}$ 写成分块矩阵形式：

$$\begin{bmatrix} \mathbf{1}_1^t & -\mathbf{1}_2^t \\ \mathbf{X}_1^t & -\mathbf{X}_2^t \end{bmatrix}\begin{bmatrix} \mathbf{1}_1 & \mathbf{X}_1 \\ -\mathbf{1}_2 & -\mathbf{X}_2 \end{bmatrix}\begin{bmatrix} w_0 \\ \mathbf{w} \end{bmatrix}=\begin{bmatrix} \mathbf{1}_1^t & -\mathbf{1}_2^t \\ \mathbf{X}_1^t & -\mathbf{X}_2^t \end{bmatrix}\begin{bmatrix} \dfrac{n}{n_1}\mathbf{1}_1 \\ \dfrac{n}{n_2}\mathbf{1}_2 \end{bmatrix} \tag{49}$$

242 定义样本均值 $\mathbf{m}_i$ 和总体散布矩阵 $\mathbf{S}_W$，

$$\mathbf{m}_i=\frac{1}{n_i}\sum_{\mathbf{x}\in\mathcal{D}_i}\mathbf{x}\qquad i=1,2 \tag{50}$$

和

$$\mathbf{S}_W=\sum_{i=1}^{2}\sum_{\mathbf{x}\in\mathcal{D}_i}(\mathbf{x}-\mathbf{m}_i)(\mathbf{x}-\mathbf{m}_i)^t \tag{51}$$

就可以对等式(49)进行乘法运算，得到

$$\begin{bmatrix} n & (n_1\mathbf{m}_1 + n_2\mathbf{m}_2)^t \\ (n_1\mathbf{m}_1 + n_2\mathbf{m}_2) & \mathbf{S}_W + n_1\mathbf{m}_1\mathbf{m}_1^t + n_2\mathbf{m}_2\mathbf{m}_2^t \end{bmatrix} \begin{bmatrix} w_0 \\ \mathbf{w} \end{bmatrix} = \begin{bmatrix} 0 \\ n(\mathbf{m}_1 - \mathbf{m}_2) \end{bmatrix}$$

由此分解出两个等式，第一个得到用 $\mathbf{w}$ 表达的 w_0 的解：

$$w_0 = -\mathbf{m}^t\mathbf{w} \tag{52}$$

这里 $\mathbf{m}$ 是所有样本的均值。将它代入第二个等式并经过代数运算得

$$\left[\frac{1}{n}\mathbf{S}_W + \frac{n_1 n_2}{n^2}(\mathbf{m}_1 - \mathbf{m}_2)(\mathbf{m}_1 - \mathbf{m}_2)^t\right]\mathbf{w} = \mathbf{m}_1 - \mathbf{m}_2 \tag{53}$$

因为对于任意的 $\mathbf{w}$，向量 $(\mathbf{m}_1 - \mathbf{m}_2)(\mathbf{m}_1 - \mathbf{m}_2)^t\mathbf{w}$ 都是在 $\mathbf{m}_1 - \mathbf{m}_2$ 的方向上，所以就有

$$\frac{n_1 n_2}{n^2}(\mathbf{m}_1 - \mathbf{m}_2)(\mathbf{m}_1 - \mathbf{m}_2)^t\mathbf{w} = (1-\alpha)(\mathbf{m}_1 - \mathbf{m}_2)$$

这里的 α 是一个标量。这样等式(53)就变成

$$\mathbf{w} = \alpha n \mathbf{S}_W^{-1}(\mathbf{m}_1 - \mathbf{m}_2) \tag{54}$$

除了多出一个并不重要的比例因子，它和 Fisher 判别函数的解是一致的。同时，我们得到了阈值权 w_0 和以下判定规则：如果 $\mathbf{w}^t(\mathbf{x} - \mathbf{m}) > 0$ 就归入 ω_1；否则归入 ω_2。

5.8.3 最优判别的渐近逼近

MSE 的解值得推荐的另一个性质是如果 $\mathbf{b} = \mathbf{1}_n$，当样本数趋向无穷多时，它以最小均方误差逼近贝叶斯判别函数

$$g_0(\mathbf{x}) = P(\omega_1|\mathbf{x}) - P(\omega_2|\mathbf{x}) \tag{55}$$

为了证明这一点，我们必须假设样本是按照概率定律

$$p(\mathbf{x}) = p(\mathbf{x}|\omega_1)P(\omega_1) + p(\mathbf{x}|\omega_2)P(\omega_2) \tag{56}$$ 243

独立同分布(i. i. d)抽取的。用增广向量 $\mathbf{y}$ 表示，就由 MSE 解得到级数展开 $g(\mathbf{x}) = \mathbf{a}^t\mathbf{y}$，其中 $\mathbf{y} = \mathbf{y}(\mathbf{x})$。如果定义均方逼近误差为

$$\epsilon^2 = \int [\mathbf{a}^t\mathbf{y} - g_0(\mathbf{x})]^2 p(\mathbf{x})\, d\mathbf{x} \tag{57}$$

那么我们的目标就是当 $\mathbf{a} = \mathbf{Y}^\dagger \mathbf{1}_n$ 时 ϵ^2 达到极小。

如果保持 ω_1 类样本和 ω_2 类样本之间的区别，证明将得到化简。对未规范化的数据，准则函数 J_S 可写成

$$\begin{aligned} J_S(\mathbf{a}) &= \sum_{\mathbf{y}\in\mathcal{Y}_1}(\mathbf{a}^t\mathbf{y} - 1)^2 + \sum_{\mathbf{y}\in\mathcal{Y}_2}(\mathbf{a}^t\mathbf{y} + 1)^2 \\ &= n\left[\frac{n_1}{n}\frac{1}{n_1}\sum_{\mathbf{y}\in\mathcal{Y}_1}(\mathbf{a}^t\mathbf{y} - 1)^2 + \frac{n_2}{n}\frac{1}{n_2}\sum_{\mathbf{y}\in\mathcal{Y}_2}(\mathbf{a}^t\mathbf{y} + 1)^2\right] \end{aligned} \tag{58}$$

利用大数定理，当 n 趋向无穷大时，$(1/n)J_s(\mathbf{a})$ 以概率 1 逼近

$$\bar{J}(\mathbf{a}) = P(\omega_1)\mathcal{E}_1[(\mathbf{a}^t\mathbf{y} - 1)^2] + P(\omega_2)\mathcal{E}_2[(\mathbf{a}^t\mathbf{y} + 1)^2] \tag{59}$$

这里

$$\mathcal{E}_1[(\mathbf{a}^t\mathbf{y} - 1)^2] = \int (\mathbf{a}^t\mathbf{y} - 1)^2 p(\mathbf{x}|\omega_1)\, d\mathbf{x}$$

$$\mathcal{E}_2[(\mathbf{a}^t\mathbf{y}+1)^2]=\int(\mathbf{a}^t\mathbf{y}+1)^2p(\mathbf{x}|\omega_2)\,d\mathbf{x}$$

现在，若把等式(55)写成

$$g_0(\mathbf{x})=\frac{p(\mathbf{x},\omega_1)-p(\mathbf{x},\omega_2)}{p(\mathbf{x})}$$

就有

$$\begin{aligned}\bar{J}(\mathbf{a})&=\int(\mathbf{a}^t\mathbf{y}-1)^2p(\mathbf{x},\omega_1)\,d\mathbf{x}+\int(\mathbf{a}^t\mathbf{y}+1)^2p(\mathbf{x},\omega_2)\,d\mathbf{x}\\&=\int(\mathbf{a}^t\mathbf{y})^2p(\mathbf{x})\,d\mathbf{x}-2\int\mathbf{a}^t\mathbf{y}g_0(\mathbf{x})p(\mathbf{x})\,d\mathbf{x}+1\\&=\underbrace{\int[\mathbf{a}^t\mathbf{y}-g_0(\mathbf{x})]^2p(\mathbf{x})\,d\mathbf{x}}_{\epsilon^2}+\underbrace{\left[1-\int g_0^2(\mathbf{x})p(\mathbf{x})\,d\mathbf{x}\right]}_{\text{独立于 }\mathbf{a}}\end{aligned}\tag{60}$$

244 第二项与权向量 **a** 无关。因此 **a** 将 J_s 最小化的同时也将 ϵ^2($\mathbf{a}^t\mathbf{y}$ 和 $g(\mathbf{x})$的均方差)最小化(图 5-16)。在第 6 章我们将看到许多多层神经网络也具有类似的特性。

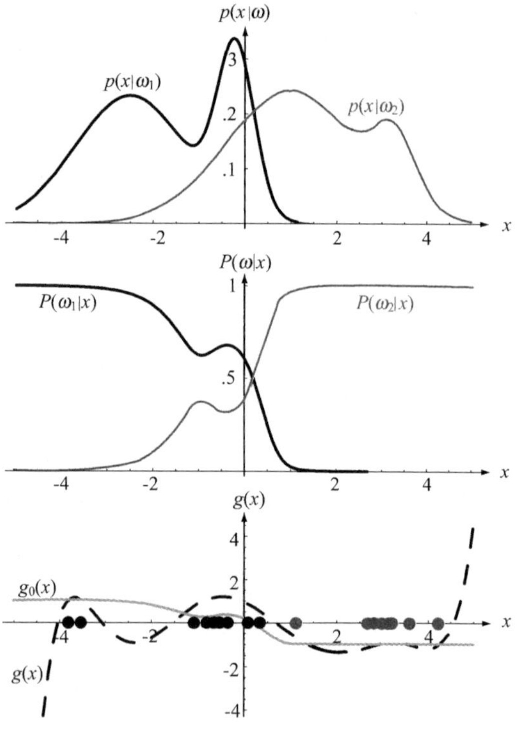

图 5-16 上图为两个类条件概率密度，中图是后验概率，假设它们有同样的先验概率。最小化 MSE 误差的同时也最小化 $\mathbf{a}^t\mathbf{y}$ 与判别函数 $g(\mathbf{x})$(这里是一个 7 次多项式)在所有分布的数据上的均方差，如下图所示。请注意，得到的 $g(\mathrm{x})$在数据点所处的区域内最接近 $g_0(\mathrm{x})$

这个结果让我们对 MSE 有了相当深刻的了解。通过近似 $g_0(\mathbf{x})$，判别函数 $\mathbf{a}^t\mathbf{y}$ 给出了后验概率 $P(\omega_1|\mathbf{x})=(1+g_0)/2$ 和 $P(\omega_2|\mathbf{x})=(1-g_0)/2$ 的直接信息。逼近程度由方程 $y_i(\mathbf{x})$和 $\mathbf{a}^t\mathbf{y}$ 展开的项数决定。然而均方差准则更强调的是 $p(\mathbf{x})$较大的点，而不是那些判定面 $g_0(\mathbf{x})=0$附近的点。因此最近似贝叶斯判别的判别函数并不是一定会将误差的概率极小化。尽管如此，MSE 解仍具有很好的性质并在文献中得到相当的重视。在随机逼近方法和多层神经元网络中，我们还会遇到 $g_0(\mathbf{x})$的均方逼近。

5.8.4 Widrow-Hoff 算法或最小均方算法

我们前面提到 $J_s(\mathbf{a}) = \|\mathbf{Ya}-\mathbf{b}\|^2$ 可通过一个梯度下降法来求极小值。这种无须计算伪逆的方法有两个优点：(1)避免了 $\mathbf{Y}^t\mathbf{Y}$ 是奇异矩阵所带来的问题，(2)避免了大矩阵运算。同 245
时，该计算是一个反馈过程，它可以自动适应由舍入或截断误差所引起的问题。因为

$$\nabla J_s = 2\mathbf{Y}^t(\mathbf{Ya}-\mathbf{b})$$

显然，一种改进的算法为

$$\begin{aligned} &\mathbf{a}(1) \qquad\qquad \text{任意} \\ &\mathbf{a}(k+1) = \mathbf{a}(k) + \eta(k)\mathbf{Y}^t(\mathbf{Ya}(k)-\mathbf{b}) \end{aligned}$$

设 $\eta(1)$ 为任意的正常数，如果 $\eta(k)=\eta(1)/k$，那么这个算法将得到一个收敛于极限向量 $\mathbf{a}$ 的权向量列，$\mathbf{a}$ 满足

$$\mathbf{Y}^t(\mathbf{Ya}-\mathbf{b}) = 0$$

(这就是习题 26 的问题)。所以不管 $\mathbf{Y}^t\mathbf{Y}$ 是不是奇异矩阵，这个算法都能得到一个解。

虽然 $\hat{d}\times\hat{d}$ 矩阵 $\mathbf{Y}^t\mathbf{Y}$ 通常都比 $\hat{d}\times n$ 矩阵 $\mathbf{Y}^\dagger$ 小得多，而通过考虑样本的序列化并使用如下的 Widrow-Hoff 算法，也就是最小均方算法(least-mean-squared，LMS)，所需的存储空间还能够继续减少。

$$\left.\begin{aligned} &\mathbf{a}(1) \qquad\qquad \text{任意} \\ &\mathbf{a}(k+1) = \mathbf{a}(k) + \eta(k)(b(k)-\mathbf{a}(k)^t\mathbf{y}^k)\mathbf{y}^k \end{aligned}\right\} \tag{61}$$

写成算法的形式就是如下的算法 10。

算法 10(LMS 算法)

```
begin initialize a, b, 阈值 θ, η(·), k←0
    do k←(k+1) mod n
        a←a+η(k)(b_k − a^t y^k) y^k
    until |η(k)(b_k − a^t y^k) y^k| < θ
  return a
end
```

粗一看这个下降算法好像和松弛算法是一样的。主要的区别在于松弛算法是误差校正算法，$\mathbf{a}^t(k)\mathbf{y}^k$ 并不等于 b_k，所以校正不会停止。因此 $\eta(k)$ 必须随着 k 增大而减小来保证收敛，通常采用 $\eta(k)=\eta(1)/k$。Widrow-Hoff 算法行为的精确分析即使在确定性情况下也是非常复杂的，并且仅仅表明了权向量序列是趋向于我们想要的收敛解。这里就不去详加分析了。我们将会看到一个随机下降算法得出的一个非常相近的算法。但是要注意到这个解未必给出一个分类向量，即使它的确存在，正如在图 5-17 中的情况一样(上机练习 10)。

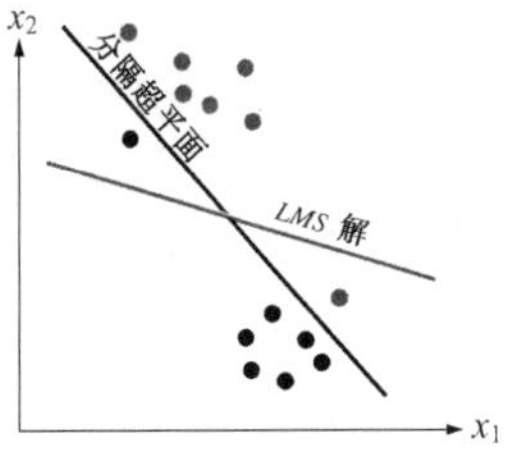

图 5-17　注意 LMS 算法未必收敛于分类超平面，即使这个平面存在。由于 LMS 解将训练点到超平面点的距离平方和最小化，在这个例子中该平面相对于分割超平面顺时针旋转

5.8.5 随机逼近法

所有我们已经考虑过的递归下降算法都被写成了确定性的形式。我们对一个特定的样本集生成一列特定的权向量。在这一节，我们简要考虑一种 MSE 方法，它的样本是随机抽取的，生成的是一个随机权向量序列。我们将在第 7 章主要讲述随机逼近理论，但在这里将不加证明地使用其中的一些主要思想。

假设样本是按以下方式独立抽取的，先按概率 $P(\omega_i)$ 选择一个类别状态，再按概率密度 $p(\mathbf{x}|\omega_i)$ 选择一个样本 $\mathbf{x}$，每个样本都有一个类别标志，我们用 θ 来表示，对于两类问题有当 $\mathbf{x}$ 属于 ω_1 时 θ 为 1，当 $\mathbf{x}$ 属于 ω_2 时 θ 为 -1。这样就得到一个无穷的相互独立的数据序列 $(\mathbf{x}_1, \theta_1), (\mathbf{x}_2, \theta_2), \cdots$，即使类别变量 θ 是双值的，它仍可被看成贝叶斯判别函数 $g_0(\mathbf{x})$ 的含噪声的版本。这可从考察

$$P(\theta = 1|\mathbf{x}) = P(\omega_1|\mathbf{x})$$

及

$$P(\theta = -1|\mathbf{x}) = P(\omega_2|\mathbf{x})$$

得到，所以 θ 的条件均值是

$$\mathcal{E}_{\theta|\mathbf{x}}[\theta] = \sum_{\theta} \theta P(\theta|\mathbf{x}) = P(\omega_1|\mathbf{x}) - P(\omega_2|\mathbf{x}) = g_0(\mathbf{x}) \tag{62}$$

我们希望用有限级数展开

$$g(\mathbf{x}) = \mathbf{a}^t\mathbf{y} = \sum_{i=1}^{\hat{d}} a_i y_i(\mathbf{x})$$

来逼近 $g_0(\mathbf{x})$，基函数 $y_i(\mathbf{x})$ 和项数 $\hat{d}$ 都是已知的。由此我们能找到一个权向量 $\hat{\mathbf{a}}$ 使得均方逼近误差

$$\epsilon^2 = \mathcal{E}[(\mathbf{a}^t\mathbf{y} - g_0(\mathbf{x}))^2] \tag{63}$$

246~247 达到极小。ϵ^2 极小化似乎需要知道贝叶斯判别 $g_0(\mathbf{x})$。实际上从 5.8.3 节中类似的情况就能猜出使 ϵ^2 极小化的 $\hat{\mathbf{a}}$ 也能极小化准则函数

$$J_m(\mathbf{a}) = \mathcal{E}[(\mathbf{a}^t\mathbf{y} - \theta)^2] \tag{64}$$

这很有道理，因为 θ 从本质上来说是 $g_0(\mathbf{x})$ 的一个含噪版本。因为它的梯度为

$$\nabla J_m = 2\mathcal{E}[(\mathbf{a}^t\mathbf{y} - \theta)\mathbf{y}] \tag{65}$$

由此可得有闭合形式的解

$$\hat{\mathbf{a}} = \mathcal{E}[\mathbf{y}\mathbf{y}^t]^{-1}\mathcal{E}[\theta\mathbf{y}] \tag{66}$$

所以处理样本的一种方法是估计 $\mathcal{E}[\mathbf{y}\mathbf{y}^t]$ 和 $\mathcal{E}[\theta\mathbf{y}]$，并由式(66)来求得 MSE 最优线性判别。如果用含噪声的版本 $2(\mathbf{a}^t\mathbf{y}_k - \theta_k)\mathbf{y}_k$ 替代真正的梯度的话，这可得到改进的方法

$$\mathbf{a}(k+1) = \mathbf{a}(k) + \eta(\theta_k - \mathbf{a}^t(k)\mathbf{y}_k)\mathbf{y}_k \tag{67}$$

这基本上就是 Widrow-Hoff 算法。可以证明(习题 23)，如果 $\mathcal{E}[\mathbf{y}\mathbf{y}^t]$ 是非奇异的，且系数 $\eta(k)$ 满足

$$\lim_{m\to\infty} \sum_{k=1}^{m} \eta(k) = +\infty \tag{68}$$

及

$$\lim_{m\to\infty}\sum_{k=1}^{m}\eta^2(k)<\infty \tag{69}$$

$\mathbf{a}(k)$将按均方收敛于 $\hat{\mathbf{a}}$：

$$\lim_{k\to\infty}\mathcal{E}[\|\mathbf{a}(k)-\hat{\mathbf{a}}\|^2]=0 \tag{70}$$

要求 $\eta(k)$具有这些条件的原因是很简单的。第一个条件阻止权向量收敛得太快以至于系统误差永远存在。第二个条件保证了随机波动最终会被抑制。简单地选择 $\eta(k)=1/k$就可以满足这两个条件。但是 $\eta(k)$的这种循序渐进的递减是和问题不相关的，常常导致收敛得极慢。

当然这并不是唯一的极小化 J_m 的下降算法，也不是最好的。比如取 J_m 的二阶偏导矩阵

$$D=2\mathcal{E}[\mathbf{y}\mathbf{y}^t]$$

我们可以得到 J_m(式(15))极小化的牛顿算法：

$$\mathbf{a}(k+1)=\mathbf{a}(k)+\mathcal{E}[\mathbf{y}\mathbf{y}^t]^{-1}\mathcal{E}[(\theta-\mathbf{a}^t\mathbf{y})\mathbf{y}]$$

248

用样本估计代替期望，可得到类似求样本均值时的迭代算法：

$$\mathbf{a}(k+1)=\mathbf{a}(k)+\mathbf{R}_{k+1}(\theta_k-\mathbf{a}^t(k)\mathbf{y}_k)\mathbf{y}_k \tag{71}$$

其中

$$\mathbf{R}_{k+1}^{-1}=\mathbf{R}_k^{-1}+\mathbf{y}_k\mathbf{y}_k^t \tag{72}$$

或得到等价的结果㊀：

$$\mathbf{R}_{k+1}=\mathbf{R}_k-\frac{\mathbf{R}_k\mathbf{y}_k(\mathbf{R}_k\mathbf{y}_k)^t}{1+\mathbf{y}_k^t\mathbf{R}_k\mathbf{y}_k} \tag{73}$$

这个算法也能得到以均方收敛于最优解的权向量序列。它的收敛速度很快，但迭代的每一步的计算量都比较大(上机练习 8)。

这些梯度算法都能被看成准则函数极小化的方法，或者是在有噪情况下寻找梯度的零点。在统计学文献中，像 J_m 和∇J_m 一样具有$\mathcal{E}[f(\mathbf{a},\mathbf{x})]$形式的函数都称为“回归函数”(regression function)，这类的迭代算法就叫“随机逼近算法”(stochastic approximation procedure)。具体有两种著名的方法，它们分别是(1) Kiefer-Wolfowitz 算法，它是对回归函数的极小化，(2) Robbins-Monro 算法，它是寻找回归函数的根。通常对特定的下降法或逼近法证明其收敛的最简单的方法是证明它满足更一般的算法收敛条件。然而，对这些方法的一般性的论述超出了本书的范围，有兴趣的读者可阅读参考文献。

5.9 Ho-Kashyap 算法

前面我们讲述的算法在很多方面都大不一样。感知器和松弛法对线性可分样本集可找到分离向量，但对于不可分的情况就不收敛了。MSE 法不管样本是否可分都能得到一个权向量，当然并不能保证在可分的情况下这个向量一定是分类向量(见图 5-17)。如果裕量 b 是任意选择的，我们只能说 MSE 法使得 $\|\mathbf{Ya}-\mathbf{b}\|^2$ 极小化。如果训练样本刚好是线性可分的，那

㊀ 这个计算 R_k 的递归公式近似等于$(1/k)\mathcal{E}[\mathbf{y}\mathbf{y}^t]^{-1}$，如果 R_k 是奇异的，公式不能使用。

么就存在 $\hat{\mathbf{a}}$ 和 $\hat{\mathbf{b}}$ 满足

$$\mathbf{Y}\hat{\mathbf{a}} = \hat{\mathbf{b}} > 0$$

这里 $\hat{\mathbf{b}}>0$ 是指 $\hat{\mathbf{b}}$ 的分量都是正数。显然，当我们设 $\mathbf{b}=\hat{\mathbf{b}}$ 并应用 MSE 算法就能得到一个分类
249 向量，但是我们无法预知 $\hat{\mathbf{b}}$。不过现在我们可以修改 MSE 算法来同时得到分类向量 **a** 和余向量 **b**。这个重要的思想来自对以下的观察：如果样本是可分的，且在准则函数

$$J_s(\mathbf{a}, \mathbf{b}) = \|\mathbf{Y}\mathbf{a} - \mathbf{b}\|^2 \tag{74}$$

中的 **a** 和 **b** 都是可变的（必须保证 $\mathbf{b}>\mathbf{0}$），那么 J_s 的极小值就是 0，这时的 **a** 就是分离向量。

5.9.1 下降算法

为使式(74)极小化，我们必须对梯度下降法进行修改。J_s 关于 **a** 的梯度是

$$\nabla_{\mathbf{a}} J_s = 2\mathbf{Y}^t(\mathbf{Y}\mathbf{a} - \mathbf{b}) \tag{75}$$

J_s 关于 **b** 的梯度是

$$\nabla_{\mathbf{b}} J_s = -2(\mathbf{Y}\mathbf{a} - \mathbf{b}) \tag{76}$$

对任意的 **b**，我们可令

$$\mathbf{a} = \mathbf{Y}^{\dagger}\mathbf{b} \tag{77}$$

这样一步就使得 $\nabla_{\mathbf{a}} J_s=\mathbf{0}$ 且 J_s 关于 **a** 是极小化的。由于 **b** 必须满足限制条件 $\mathbf{b}>\mathbf{0}$，我们无法自由地更改 **b**，同时还得避免下降法收敛到 $\mathbf{b}=0$。一种防止 **b** 收敛于 **0** 的方法是令初始 **b** 的各分量均为正数并在计算过程中不许使这些分量变小。我们可以通过将初始的 $\nabla_{\mathbf{b}} J_s$ 的所有正分量置为 0 来实现这一点并以此来求得负梯度。为此，我们令 $|\mathbf{v}|$ 为这样一个向量，它的各分量是向量 **v** 的各分量的绝对值，这样得到 $\mathbf{b}(k)$ 的裕量修改规则：

$$\mathbf{b}(k+1) = \mathbf{b}(k) - \eta\frac{1}{2}[\nabla_{\mathbf{b}} J_s - |\nabla_{\mathbf{b}} J_s|] \tag{78}$$

用式(76)和式(77)就得到将 $J_s(\mathbf{a},\mathbf{b})$ 极小化的 Ho-Kashyap 算法：

$$\begin{aligned} &\mathbf{b}(1) > \mathbf{0} \qquad \text{但其他的都任意} \\ &\mathbf{b}(k+1) = \mathbf{a}(k) + 2\eta(k)\mathbf{e}^{+}(k) \end{aligned} \tag{79}$$

$\mathbf{e}(k)$ 是误差向量

$$\mathbf{e}(k) = \mathbf{Y}\mathbf{a}(k) - \mathbf{b}(k) \tag{80}$$

$\mathbf{e}^{+}(k)$ 是 $\mathbf{e}(k)$ 的正数部分

$$\mathbf{e}^{+}(k) = \frac{1}{2}(\mathbf{e}(k) + |\mathbf{e}(k)|) \tag{81}$$

和

250

$$\mathbf{a}(k) = \mathbf{Y}^{\dagger}\mathbf{b}(k), \qquad k = 1, 2, \cdots \tag{82}$$

如果设 $b_{\min}$ 为一个小的收敛准则，Abs[**e**]为 **e** 的正数部分，就得到以下算法 11。

算法 11（Ho-Kashyap 算法）

1 **begin** **initialize** **a**, **b**, $\eta(\cdot)<1$，阈值 $b_{\min}$, $k_{\max}$

2 　　**do** $k\leftarrow(k+1) \bmod n$

3 　　　$\mathbf{e}\leftarrow\mathbf{Y}\mathbf{a}-\mathbf{b}$

```
        e⁺ ← 1/2(e + Abs[e])
        b ← a + 2η(k)e⁺
        a ← Y† b
        if Abs [e] ≤ b_min then return a, b 和 exit
    until k = k_max
  打印 "NO SOLUTION FOUND"
end
```

因为权向量 $\mathbf{a}(k)$完全由裕量向量 $\mathbf{b}(k)$决定，这个算法基本上就是产生一个裕量向量列的算法。初始向量 $\mathbf{b}(1)$是正的，如果 $\eta>0$ 的话，序列 $\mathbf{b}(k)$的所有向量都是正的。有人可能会担心如果 $\mathbf{e}(k)$的所有分量都不是正数的话，$\mathbf{b}(k)$将不会改变，我们也就得不到解。事实上 $\mathbf{e}(k)=0$的话我们仍能得到解，而当 $\mathbf{e}(k)\leqslant 0$ 时，我们可以证明这些样本不是线性可分的。

5.9.2 收敛性证明

我们现在证明：如果样本是线性可分的且 $0<\eta<1$，那么 Ho-Kashyap 算法在有限步内得到一个解。为了使算法收敛，我们需要加入终止条件：一旦找到一个解，或者当出现某个大的准则数时校正停止。然而，在数学上更方便的是此时让循环继续下去，直到误差向量 $\mathbf{e}(k)$或者在有限k步内变为 0，或者当k趋向无穷时 $\mathbf{e}(k)$收敛于 0。

显然存在两种情况，一种是有某些k——不妨设其中一个为k_0——有 $\mathbf{e}(k)=\mathbf{0}$，还有一种就是对所有的 $\mathbf{e}(1)$，$\mathbf{e}(2)$，… 都不为 $\mathbf{0}$。第一种情况，一旦得到了一个零向量，$\mathbf{a}(k)$，$\mathbf{b}(k)$和 $\mathbf{e}(k)$就不再发生变化并对所有的$k\geqslant k_0$ 都有 $\mathbf{Y}\mathbf{a}(k)=\mathbf{b}(k)>\mathbf{0}$。所以一旦得到一个零误差向量，算法自动终止并得到一个解。

现在假设对有限的k，$\mathbf{e}(k)$都不为 $\mathbf{0}$ 的情况。为了说明 $\mathbf{e}(k)$一定会收敛到 $\mathbf{0}$，我们现解决以下问题：我们是否可能得到分量均为非正数的 $\mathbf{e}(k)$因为这是最糟的情况，由于 $\mathbf{e}^+(k)$是 $\mathbf{0}$ 向量，于是就有 $\mathbf{Y}\mathbf{a}(k)\leqslant\mathbf{b}(k)$、$\mathbf{a}(k)$、$\mathbf{b}(k)$、$\mathbf{e}(k)$也不再有变化。还好，只要样本是线性可分的，这种情况就一定不会发生。其证明是很简单的：如果 $\mathbf{Y}^t\mathbf{Y}\mathbf{a}(k)=\mathbf{Y}^t\mathbf{b}(k)$，那么 $\mathbf{Y}^t\mathbf{e}(k)=0$。但如果样本是线性可分的，就一定存在 $\hat{\mathbf{a}}>0$ 和 $\hat{\mathbf{b}}>0$ 满足

$$\mathbf{Y}\hat{\mathbf{a}}=\hat{\mathbf{b}}$$ 251

这就得到

$$\mathbf{e}^t(k)\mathbf{Y}\hat{\mathbf{a}}=0=\mathbf{e}^t(k)\hat{\mathbf{b}}$$

因为 $\hat{\mathbf{b}}$ 是正向量，所以 $\mathbf{e}(k)$要么为 $\mathbf{0}$，要么至少有一个不为 $\mathbf{0}$ 的分量。由于我们已经排除了 $\mathbf{e}(k)=0$的情况，所以在有限步内 $\mathbf{e}^+(k)$一定不为 $\mathbf{0}$。

误差向量总是收敛于 $\mathbf{0}$ 的证明用到了这样的事实：$\mathbf{YY}^\dagger$ 是对称的、半正定的，并满足

$$(\mathbf{YY}^\dagger)^t(\mathbf{YY}^\dagger)=\mathbf{YY}^\dagger \tag{83}$$

虽然这些结论在一般情况下都成立，为了简化证明，我们假设 $\mathbf{Y}^t\mathbf{Y}$ 是非奇异的。这样就有 $\mathbf{YY}^\dagger=\mathbf{Y}(\mathbf{Y}^t\mathbf{Y})^{-1}\mathbf{Y}^t$，显然它是对称的。由于 $\mathbf{Y}^t\mathbf{Y}$ 是正定的，所以$(\mathbf{Y}^t\mathbf{Y})^{-1}$也是正定的。这样对于任意的 $\mathbf{b}$ 就有 $\mathbf{b}\mathbf{Y}(\mathbf{Y}^t\mathbf{Y})^{-1}\mathbf{Y}^t\mathbf{b}\geqslant 0$，所以 $\mathbf{YY}^\dagger$是半正定的。最后由式(83)得

$$(\mathbf{YY}^\dagger)^t(\mathbf{YY}^\dagger)=[\mathbf{Y}(\mathbf{Y}^t\mathbf{Y})^{-1}\mathbf{Y}^t]\,[\mathbf{Y}(\mathbf{Y}^t\mathbf{Y})^{-1}\mathbf{Y}^t]$$

为了证明 $\mathbf{e}(k)$一定收敛于 $\mathbf{0}$，我们联立式(80)和式(82)，消去 $\mathbf{a}(k)$得

$$\mathbf{e}(k)=(\mathbf{YY}^\dagger-\mathbf{I})\mathbf{b}(k)$$

这样由一个常数学习率及式(79)得递归关系式

$$\begin{aligned}\mathbf{e}(k+1) &= (\mathbf{YY}^\dagger - \mathbf{I})(\mathbf{b}(k) + 2\eta\mathbf{e}^+(k)) \\ &= \mathbf{e}(k) + 2\eta(\mathbf{YY}^\dagger - \mathbf{I})\mathbf{e}^+(k)\end{aligned} \tag{84}$$

所以

$$\frac{1}{4}\|\mathbf{e}(k+1)\|^2 = \frac{1}{4}\|\mathbf{e}(k)\|^2 + \eta\mathbf{e}^t(k)(\mathbf{YY}^\dagger - \mathbf{I})\mathbf{e}^+(k) + \|\eta(\mathbf{YY}^\dagger - \mathbf{I})\mathbf{e}^+(k)\|^2$$

第二项、第三项都可以化简。因为 $\mathbf{e}^t(k)\mathbf{Y}=\mathbf{0}$,第二项就写成

$$\eta\mathbf{e}^t(k)(\mathbf{YY}^\dagger - \mathbf{I})\mathbf{e}^+(k) = -\eta\mathbf{e}^t(k)\mathbf{e}^{+t}(k) = -\eta\|\mathbf{e}^+(k)\|^2$$

由于 $\mathbf{YY}^\dagger$ 是对称的且等于 $(\mathbf{YY}^\dagger)^t(\mathbf{YY}^\dagger)$,第三项可化简为

$$\begin{aligned}\|\eta(\mathbf{YY}^\dagger - \mathbf{I})\mathbf{e}^+(k)\|^2 &= \eta^2\mathbf{e}^{+t}(k)(\mathbf{YY}^\dagger - \mathbf{I})^t(\mathbf{YY}^\dagger - \mathbf{I})\mathbf{e}^+(k) \\ &= \eta^2\|\mathbf{e}^+(k)\|^2 - \eta^2\mathbf{e}^+(k)\mathbf{YY}^\dagger\mathbf{e}^+(k)\end{aligned}$$

这样就得到

252

$$\frac{1}{4}(\|\mathbf{e}(k)\|^2 - \|\mathbf{e}(k+1)\|^2) = \eta(1-\eta)\|\mathbf{e}^+(k)\|^2 + \eta^2\mathbf{e}^{+t}(k)\mathbf{YY}^\dagger\mathbf{e}^+(k) \tag{85}$$

由假设可知 $\mathbf{e}^+(k)$ 是非负的且 $\mathbf{YY}^\dagger$ 是半正定的,所以当 $0<\eta<1$ 时 $\|\mathbf{e}(k)\|^2>\|\mathbf{e}(k+1)\|^2$,故序列 $\|\mathbf{e}(1)\|^2,\|\mathbf{e}(2)\|^2,\cdots$ 是单调递减的且必须收敛到一个有限的值 $\|\mathbf{e}\|^2$。但是,要收敛的话 $\mathbf{e}^+(k)$ 必须收敛到 $\mathbf{0}$,也就是 $\mathbf{e}(k)$ 的正分量必须收敛为 $\mathbf{0}$。因为对所有的 k 都有 $\mathbf{e}^t(k)\hat{\mathbf{b}}=0$,$\mathbf{e}(k)$ 的各分量也就收敛到 $\mathbf{0}$。所以,如果样本为线性可分的且 $0<\eta<1$,当 k 趋向无穷大时,$\mathbf{a}(k)$ 收敛到一个解向量上。

如果我们每一步都检查 $\mathbf{Ya}(k)$ 各分量的值且当分量都为正时终止算法,这样我们就在有限步内得到解。这是因为 $\mathbf{Ya}(k)=\mathbf{b}(k)+\mathbf{e}(k)$ 且 $\mathbf{b}(k)$ 的分量是不减少的。所以设 $b_{\min}$ 为 $\mathbf{b}(1)$ 的最小分量,当 $\mathbf{e}(k)$ 收敛到 $\mathbf{0}$ 时,$\mathbf{e}(k)$ 一定在有限步进入超空间 $\|\mathbf{e}(k)\|=b_{\min}$,且此时有 $\mathbf{Ya}(k)>\mathbf{0}$。虽然我们为了化简证明而忽略了终止条件,采用这样的终止条件在实践上一般来说是非常有用的。

5.9.3 不可分的情况

如果上面给出的收敛证明是用来检验可分假设条件的话,它需要两次。第一,$\mathbf{e}^t(k)\hat{\mathbf{b}}=0$ 用来证明有限步内 $\mathbf{e}(k)=\mathbf{0}$ 或者是 $\mathbf{e}^+(k)$ 永远不为 $\mathbf{0}$ 从而校正不会结束。第二,同样的限制条件被用来证明如果 $\mathbf{e}^+(k)$ 收敛于 $\mathbf{0}$ 的话,$\mathbf{e}(k)$ 一定收敛到 $\mathbf{0}$。

如果样本是非线性可分的,$\mathbf{e}^+(k)$ 是 $\mathbf{0}$ 的话 $\mathbf{e}(k)$ 一定收敛于 $\mathbf{0}$ 这样的结论就不成立了。实际上,在非可分的问题中,我们可能得到一个没有正分量的非零误差向量。如果找到的话,算法自动终止,且我们可以证明该样本是线性不可分的。

模式是不可分的,而且 $\mathbf{e}^+(k)$ 又不为 $\mathbf{0}$,这样会发生什么情况呢?此时仍然有

$$\mathbf{e}(k+1) = \mathbf{e}(k) + 2\eta(\mathbf{YY}^\dagger - \mathbf{I})\mathbf{e}^+(k) \tag{86}$$

且

$$\frac{1}{4}(\|\mathbf{e}(k)\|^2 - \|\mathbf{e}(k+1)\|^2) = \eta(1-\eta)\|\mathbf{e}^+(k)\|^2 + \eta^2\mathbf{e}^{+t}(k)\mathbf{YY}^\dagger\mathbf{e}^+(k) \tag{87}$$

所以序列 $\|\mathbf{e}(1)\|^2,\|\mathbf{e}(2)\|^2,\cdots$,也一定收敛,尽管它们并不收敛于 $\mathbf{0}$。如果收敛的话,必须要

求 $e^+(k)$ 在有限步内为 $\mathbf{0}$，或者在 $\|e(k)\|$ 不为零的时候 $e^+(k)$ 也收敛到 $\mathbf{0}$。因此，Ho-Kashyap 算法给了我们在可分条件下的一个分类向量，并且在不可分的时候给出一个不可分的判据。但是判断样本为不可分所需的步数是没有界的。

5.9.4 一些相关的算法

如果令 $\mathbf{Y}^\dagger = (\mathbf{Y}^t\mathbf{Y})^{-1}\mathbf{Y}^t$ 且利用 $\mathbf{Y}^t e(k) = 0$，我们就可以对 Ho-Kashyap 算法做如下修改： 253

$$\mathbf{b}(1) > 0 \quad \text{但其他情况下不定}$$

$$\mathbf{a}(1) = \mathbf{Y}^\dagger \mathbf{b}(1)$$

$$\mathbf{b}(k+1) = \mathbf{b}(k) + \eta(e(k) + |e(k)|)$$

$$\mathbf{a}(k+1) = \mathbf{a}(k) + \eta\mathbf{Y}^\dagger|e(k)| \tag{88}$$

其中

$$e(k) = \mathbf{Y}\mathbf{a}(k) - \mathbf{b}(k) \tag{89}$$

由此得固定学习率的算法（见算法 12）。

算法 12（修改的 Ho-Kashyap 算法）

1 **begin initialize** $\mathbf{a}, \mathbf{b}, \eta < 1$，阈值 $b_{\min}, k_{\max}$

2 $\quad\quad$ **do** $k \leftarrow (k+1) \bmod n$

3 $\quad\quad\quad$ $\mathbf{e} \leftarrow \mathbf{Y}\mathbf{a} - \mathbf{b}$

4 $\quad\quad\quad$ $\mathbf{e}^+ \leftarrow 1/2(\mathbf{e} + \mathrm{Abs}[\mathbf{e}])$

5 $\quad\quad\quad$ $\mathbf{b} \leftarrow \mathbf{b} + 2\eta(k)(\mathbf{e} + \mathrm{Abs}[\mathbf{e}])$

6 $\quad\quad\quad$ $\mathbf{a} \leftarrow \mathbf{Y}^\dagger \mathbf{b}$

7 $\quad\quad\quad$ **if** $\mathrm{Abs}[\mathbf{e}] \leqslant b_{\min}$，**then return** $\mathbf{a}, \mathbf{b}$ 并 **exit**

8 $\quad\quad$ **until** $k = k_{\max}$

9 $\quad\quad$ 打印"NO SOLUTION FOUND"

10 **end**

这个算法与感知器法和松弛法在解线性不等式方面至少有 3 个不同点：(1)它同时修改 $\mathbf{a}$ 和裕量 $\mathbf{b}$，(2)它提供了不可分的证据，(3)它要求计算伪逆矩阵。即使第(3)点的计算只需计算一次，它仍可能是很耗时的，并且如果 $\mathbf{Y}^t\mathbf{Y}$ 是奇异的话还要特殊处理。一个令人感兴趣的算法类似于式(88)但又不需要计算 $\mathbf{Y}^\dagger$，该算法如下：

$$\mathbf{b}(1) > 0 \quad \text{但其他情况不定}$$

$$\mathbf{a}(1) \quad\quad \text{不定}$$

$$\mathbf{b}(k+1) = \mathbf{b}(k) + (e(k) + |e(k)|)$$

$$\mathbf{a}(k+1) = \mathbf{a}(k) + \eta\mathbf{R}\mathbf{Y}^t|e(k)| \tag{90}$$

这里的 $\mathbf{R}$ 是一个任意的常正定 $\hat{d} \times \hat{d}$ 矩阵。我们将证明当适当地选择 η，有解的时候，这个算法也能在有限步得到一个解向量。进一步，如果不存在解，向量 $\mathbf{Y}^t e(k)$ 将变为 0——这说明样本不可分——或收敛于 0。

它的证明是很显然的，不管样本是否可分，由式(89)和式(90)可得

$$e(k+1) = \mathbf{Y}\mathbf{a}(k+1) - \mathbf{b}(k+1)$$

$$= (\eta\mathbf{Y}\mathbf{R}\mathbf{Y}^t - \mathbf{I})|e(k)|$$

其平方为

$$\|\mathbf{e}(k+1)\|^2 = |\mathbf{e}(k)|^t(\eta^2\mathbf{YRY}^t\mathbf{YRY} - 2\eta\mathbf{YRY}^t + \mathbf{I})|\mathbf{e}(k)|$$

由此可得

$$\|\mathbf{e}(k)\|^2 - \|\mathbf{e}(k+1)\|^2 = (\mathbf{Y}^t|\mathbf{e}(k)|)^t\mathbf{A}(\mathbf{Y}^t|\mathbf{e}(k)|) \tag{91}$$

这里

$$\mathbf{A} = 2\eta\mathbf{R} - \eta^2\mathbf{RY}^t\mathbf{R} \tag{92}$$

显然，如果 η 是正的且足够小，$\mathbf{A}$ 就近似等于 $2\eta\mathbf{R}$ 从而是正定的。这样如果 $\mathbf{Y}^t|\mathbf{e}(k)|\neq 0$，就有 $\|\mathbf{e}(k)\|^2 > \|\mathbf{e}(k+1)\|^2$。

此时我们必须区分可分和不可分的情况。可分时，存在 $\hat{\mathbf{a}}>0$ 和 $\hat{\mathbf{b}}>0$ 满足 $\mathbf{Y}\hat{\mathbf{a}}=\hat{\mathbf{b}}$，如果

$$|\mathbf{e}(k)|^t\mathbf{Y}\hat{\mathbf{a}} = |\mathbf{e}(k)|^t\hat{\mathbf{b}} > 0$$

除了 $\mathbf{e}(k)=0$，$\mathbf{Y}^t|\mathbf{e}(k)|$ 都不为 0。所以 $\|\mathbf{e}(1)\|^2$，$\|\mathbf{e}(2)\|^2$，…是单调递减的并收敛于某个有限的值 $\|\mathbf{e}\|^2$。但为了保证收敛，$\mathbf{Y}^t|\mathbf{e}(k)|$ 必须收敛到 0，也就是 $|\mathbf{e}(k)|$ 从而 $\mathbf{e}(k)$ 必须是收敛到 0 的。因为 $\mathbf{e}(k)$ 是从正数开始且永不下降，$\mathbf{a}(k)$ 就一定收敛到一个分类向量上。而且和以前的讨论一样，一定能在有限步内找到一个解。

在不可分的情况下，$\mathbf{e}(k)$ 不会是 0 也不会收敛到 0。可能在某一步时有 $\mathbf{Y}^t|\mathbf{e}(k)|=0$，这提供了不可分的证据。但也可能校正序列一直进行下去而不停止。这个情况下也能推出序列 $\|\mathbf{e}(1)\|^2$，$\|\mathbf{e}(2)\|^2$，…一定收敛到一个有限的不为 0 的 $\|\mathbf{e}\|^2$ 上，且 $\mathbf{Y}^t|\mathbf{e}(k)|$ 一定收敛到 0。这样我们也同样得到不可分情况下的不可分证据。

结束讨论之前，让我们简要地看一看该如何选择 η 和 $\mathbf{R}$。$\mathbf{R}$ 的最简单选法是单位矩阵，这样 $\mathbf{A}=2\eta\mathbf{I}-\eta^2\mathbf{Y}^t\mathbf{Y}$。这矩阵是正定的，保证了当 $0<\eta<2/\lambda_{\max}$ 时是收敛的，$\lambda_{\max}$ 是 $\mathbf{Y}^t\mathbf{Y}$ 的最大本征值。由于 $\mathbf{Y}^t\mathbf{Y}$ 的主对角线之和是 $\mathbf{Y}^t\mathbf{Y}$ 本征值之和，也是 $\mathbf{Y}$ 的本征值的平方和，因此可根据最差值$\hat{d}\,\lambda_{\max}\leqslant\sum_i\|\mathbf{y}_i\|^2$ 来选择 η。

一个更好的方法是每一步都改变 η，来使得 $\|\mathbf{e}(k)\|^2-\|\mathbf{e}(k+1)\|^2$ 取得最大值。由式(91)和式(92)可得

$$\|\mathbf{e}(k)\|^2 - \|\mathbf{e}(k+1)\|^2 = |\mathbf{e}(k)|^t\mathbf{Y}(2\eta\mathbf{R} - \eta^2\mathbf{RY}^t\mathbf{YR})\mathbf{Y}^t|\mathbf{e}(k)| \tag{93}$$

对 η 求微分，得到 η 的最优值

$$\eta(k) = \frac{|\mathbf{e}(k)|^t\mathbf{YRY}^t|\mathbf{e}(k)|}{|\mathbf{e}(k)|^t\mathbf{YRY}^t\mathbf{YRY}^t|\mathbf{e}(k)|} \tag{94}$$

255 取 $\mathbf{R}=\mathbf{I}$，简化为

$$\eta(k) = \frac{\|\mathbf{Y}^t|\mathbf{e}(k)|\,\|^2}{\|\mathbf{YY}^t|\mathbf{e}(k)|\,\|^2} \tag{95}$$

其实也同样可选择矩阵 $\mathbf{R}$。用对称阵 $\mathbf{R}+\delta\mathbf{R}$ 来替换式(93)中的 $\mathbf{R}$，并忽略第二项，就可得

$$\delta(\|\mathbf{e}(k)\|^2 - \|\mathbf{e}(k+1)\|^2) = |\mathbf{e}(k)|\mathbf{Y}[\delta\mathbf{R}^t(\mathbf{I} - \eta\mathbf{Y}^t\mathbf{YR}) + (\mathbf{I} - \eta\mathbf{RY}^t\mathbf{Y})\delta\mathbf{R}]\mathbf{Y}^t|\mathbf{e}(k)|$$

这样，通过选择

$$\mathbf{R} = \frac{1}{\eta}(\mathbf{Y}^t\mathbf{Y})^{-1} \tag{96}$$

使平方误差向量下降达到最大，同时因为 $\eta\mathbf{R}\mathbf{Y}^t=\mathbf{Y}^\dagger$，这样得到的算法实际上就和原始的 Ho-Kashyap 算法是一致的。

*5.10 线性规划算法

感知器法、松弛法和 Ho-Kashyap 法基本上都是求解联立线性不等式的梯度下降法。线性规划技术是一种对由线性等式或线性不等式约束的线性函数的极大化或极小化。这意味着我们可以用它们来作为适合的线性规划函数的约束条件来解线性不等式组。在这一节我们将介绍其中的两种可行的方法。我们并不要求读者一定具有线性规划的知识来理解这些公式，尽管在应用本节的技术时掌握这些知识是非常有用的。

5.10.1 线性规划

一个经典的线性规划问题可描述如下：寻找一个向量 $\mathbf{u}=(u_1,u_2,\cdots,u_m)^t$ 来极小化线性（标量）目标函数

$$z=\boldsymbol{\alpha}^t\mathbf{u} \tag{97}$$

同时满足约束条件

$$\mathbf{A}\mathbf{u}\geqslant\boldsymbol{\beta} \tag{98}$$

这里的 $\boldsymbol{\alpha}$ 是一个 $m\times1$ 的代价向量，$\boldsymbol{\beta}$ 是一个 $l\times1$ 向量，而 $\mathbf{A}$ 是一个 $l\times m$ 的矩阵。“单纯型算法”(simplex algorithm)是这个问题典型的迭代算法（图 5-18）。因为技术上的原因，它要求另一个限制条件 $\mathbf{u}\geqslant0$。

如果把 $\mathbf{u}$ 看成权向量 $\mathbf{a}$，这个限制是无法接受的，因为在大多数情况下解向量有正的分量，也有负的分量。但，假设我们把 $\mathbf{a}$ 写成

$$\mathbf{a}\equiv\mathbf{a}^+-\mathbf{a}^- \tag{99}$$ 256

这里

$$\mathbf{a}^+\equiv\frac{1}{2}(|\mathbf{a}|+\mathbf{a}) \tag{100}$$

$$\mathbf{a}^-\equiv\frac{1}{2}(|\mathbf{a}|-\mathbf{a}) \tag{101}$$

这样 $\mathbf{a}^+$ 和 $\mathbf{a}^-$ 都是非负的且可用 $\mathbf{a}^+$ 和 $\mathbf{a}^-$ 来确定 $\mathbf{u}$ 了，比如我们可接受限制条件 $\mathbf{u}\geqslant0$。

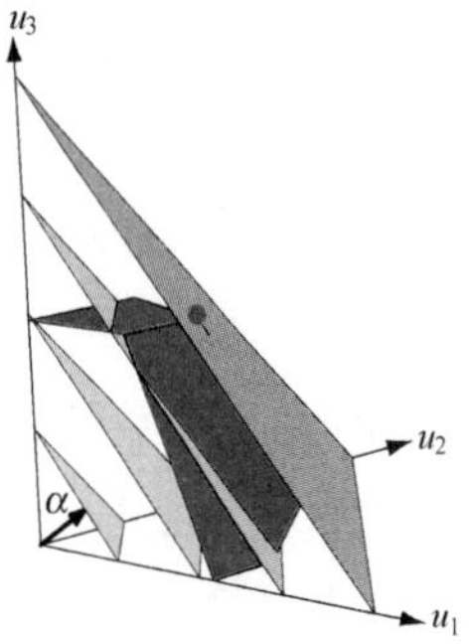

图 5-18 常数 $z=\boldsymbol{\alpha}^t\mathbf{u}$ 的表面用灰色表示，$\mathbf{A}\mathbf{u}=\boldsymbol{\beta}$ 的限制条件用红色表示。单纯型算法找到一个满足限制条件的 z 的极值，在图中就是灰平面和红平面交叉的一个单点

5.10.2 线性可分情况

假设我们有 n 样本集合 $\mathbf{y}_1,\mathbf{y}_2,\cdots,\mathbf{y}_n$ 且我们希望有一个权向量 $\mathbf{a}$ 对所有的 i 都满足 $\mathbf{a}^t\mathbf{y}_i\geqslant b_i>0$。在线性规划问题中是如何来表达的呢？一种方法是引入被称为人工变量的 $\tau\geqslant0$，

满足

$$\mathbf{a}^t\mathbf{y}_i + \tau \geqslant b_i$$

如果 τ 足够大,满足此限制条件没有任何问题;比如 $\mathbf{a}=\mathbf{0}$ 且 $\tau=\max_i b_i$ ⊖。但是这并不能解决我们的原始问题。我们希望的是 $\tau=0$ 时的一个解,它是 τ 满足 $\tau\geqslant 0$ 时所能取最小值而仍能得到解的情况。因此我们考虑由此导出的问题:得到 τ 极小化及 $\mathbf{a}$,这时满足条件 $\mathbf{a}^t\mathbf{y}_i\geqslant b_i$ 且 $\tau\geqslant 0$ 。如果所求得的 τ 为 0,样本就是线性可分且可得到一个解。如果得到的 τ 是一个正数,
257 就没有分类向量,但我们可以证明此时样本是不可分的。

从形式上说,我们的问题是找到一个向量 $\mathbf{u}$ 在满足限制 $\mathbf{Au}\geqslant\boldsymbol{\beta}$ 和 $\mathbf{u}\geqslant 0$ 时使目标函数 $z=\boldsymbol{\alpha}^t\mathbf{u}$极小化,这里

$$\mathbf{A}=\begin{bmatrix}\mathbf{y}_1^t & -\mathbf{y}_1^t & 1\\ \mathbf{y}_2^t & -\mathbf{y}_2^t & 1\\ \vdots & \vdots & \vdots\\ \mathbf{y}_n^t & -\mathbf{y}_n^t & 1\end{bmatrix},\quad \mathbf{u}=\begin{bmatrix}\mathbf{a}^+\\ \mathbf{a}^-\\ \tau\end{bmatrix},\quad \boldsymbol{\alpha}=\begin{bmatrix}\mathbf{0}\\ \mathbf{0}\\ 1\end{bmatrix},\quad \boldsymbol{\beta}=\begin{bmatrix}b_1\\ b_2\\ \vdots\\ b_n\end{bmatrix}$$

因此,线性规划问题就包含 $m=2\hat{d}+1$ 个变量和 $l=n$ 个条件,再加上单纯型算法的约束条件 $\mathbf{u}\geqslant 0$。单纯型算法可在有限步内找到满足 $z=\boldsymbol{\alpha}^t\mathbf{u}=\tau$ 的极小值,并显示一个向量 $\hat{\mathbf{u}}$ 能产生这个值。如果样本是线性可分的,这个极小值 τ 为 0,同时一个解向量 $\hat{\mathbf{a}}$ 由 $\hat{\mathbf{u}}$ 得到。如果样本是不可分的,这个极小值 τ 就是一个正数。作为结果而产生的 $\hat{\mathbf{u}}$ 作为近似解并没多大用处,但至少可证明线性不可分。

5.10.3 极小化感知器准则函数

在各种大量的模式分类应用中,我们不能假设样本是线性可分的。特别是,当模式不可分时,设计者仍然希望获得一个能将尽可能多的样本分类的权向量。但是,误差的数值并不是权向量分量的线性函数,它的极小化不是一个线性规划问题。不过可以证明感知器准则函数极小化问题可被改造成线性规划问题。因为这个准则函数的极小化在可分情况下能产生一个分类向量,而在不可分情况下可以得到一个合理的解,这样的方法是很吸引人的。

回忆一下 5.5 节,基本感知器准则函数是

$$J_p(\mathbf{a})=\sum_{\mathbf{y}\in\mathcal{Y}}(-\mathbf{a}^t\mathbf{y}) \tag{102}$$

这里$\mathcal{Y}(\mathbf{a})$是被 $\mathbf{a}$ 错分的训练样本集。为了避免无用的解 $\mathbf{a}=\mathbf{0}$,我们引入一个正的裕量向量 $\mathbf{b}$ 而改写成:

$$J_p'(\mathbf{a})=\sum_{\mathbf{y}\in\mathcal{Y}'}(b_i-\mathbf{a}^t\mathbf{y}) \tag{103}$$

这里如果 $\mathbf{a}^t\mathbf{y}_i\leqslant b_i$ 时 $\mathbf{y}_i\in\mathcal{Y}'$。显然,$J'_p$ 是 $\mathbf{a}$ 的一个分段线性函数,并不是线性函数,线性规划技术不能马上应用。但通过引入 n 个人工变量和它们的限制条件,我们可以构造一个相当的线性目标函数。考虑如下问题,寻找一个向量 $\mathbf{a}$ 和 $\boldsymbol{\tau}$ 来极小化线性函数

⊖ 根据线性规划的术语,任何一个满足约束的解都称为可行解。如果一个可行解(feasible solution)中的非零变量的个数超过约束方程的个数,这个可行解就被称为基本可行解(basic feasible solution)。这样,解 $\mathbf{a}=\mathbf{0}$ 和 $\tau=\max_i b_i$ 就是一个基本可行解。如果能够得到基本可行解,那么就能够大大简化单纯型算法的应用。

$$z=\sum_{i=1}^{n}\tau_i$$

满足约束

$$\tau_k \geqslant 0 \quad 和 \quad \tau_i \geqslant b_i - \mathbf{a}^t\mathbf{y}_i$$ 258

当然对于任意固定的 $\mathbf{a}$，z 的极小值就刚好是 $J'_p(\mathbf{a})$，这是因为在约束条件下我们所能做得最好的是取 $\tau_i=max[0,\ b_i-\mathbf{a}^t\mathbf{y}_i]$。如果我们使得 z 关于 $\mathbf{t}$ 和 $\mathbf{a}$ 最小化，我们将得到 $J'_p(\mathbf{a})$ 的最小的可能的值。因此将 $J'_p(\mathbf{a})$ 极小化问题转化为一个由线性不等式约束的线性函数 z 的极小化问题。令 $\mathbf{u}_n$ 为一个 n 维的单位向量，我们就得到以下有 $2\hat{d}+n$ 个变量及 $l=n$ 个限制条件的问题：极小化由 $\mathbf{Au}\geqslant\boldsymbol{\beta}$ 及 $\mathbf{u}\geqslant 0$ 约束的 $\boldsymbol{\alpha}^t\mathbf{u}$，其中

$$\mathbf{A}=\begin{bmatrix}\mathbf{y}_1^t & -\mathbf{y}_1^t & 1 & 0 & \cdots & 0\\ \mathbf{y}_2^t & -\mathbf{y}_2^t & 0 & 1 & \cdots & 0\\ \vdots & \vdots & \vdots & \vdots & & \vdots\\ \mathbf{y}_n^t & -\mathbf{y}_n^t & 0 & 0 & \cdots & 1\end{bmatrix},\quad \mathbf{u}=\begin{bmatrix}\mathbf{a}^+\\ \mathbf{a}^-\\ \boldsymbol{\tau}\end{bmatrix},$$

$$\boldsymbol{\alpha}=\begin{bmatrix}\mathbf{0}\\ \mathbf{0}\\ \mathbf{1}_n\end{bmatrix},\quad \boldsymbol{\beta}=\begin{bmatrix}b_1\\ b_2\\ \vdots\\ b_n\end{bmatrix}$$

可取 $\mathbf{a}=\mathbf{0}$ 且 $\tau_i=b_i$ 提供作为基本可行解开始单纯型算法，且单纯型算法将在有限步得到一个使 $J'_p(\mathbf{a})$ 极小化的 $\hat{\mathbf{a}}$。

我们已经描述了两种将寻找线性判别函数作为线性规划问题的方法。也有一些其他可能的方法，还有其他通过对偶导出的表达形式，从计算的观点来看，它们有特殊的意义。总的来说，单纯型算法这类方法只是服从线性约束的对线性函数求极值的复杂的梯度下降法。线性规划算法的编程通常比我们以前提到的简单下降法要复杂得多，并且简单下降法能够很自然地推广到多层神经元网络上。不过，可以直接使用（或者轻松地修改）现成的通用线性规划程序包，以保证得到对可分和不可分的问题都能收敛的优点。

表 5-1 给出在这一节中提出的寻找线性判别函数的多种不同的算法。读者可能很自然地会问哪一个最好，实际上没有哪一个是比别的算法都好的。对它们的选择取决于所希望的特性、编程的难易、样本的数目及样本的维数。如果某个线性判别函数可以得到一个低误差率的话，这些算法当中的任何一个应该都能得到很好的性能。

*5.11 支持向量机

我们已经知道了如何用边沿裕量[⊖]（margin）来训练线性机。支持向量机（Support Vector Machine，SVM）也是基于同样的考虑，但它依赖于对数据的预处理，即，在更高维的空间表达模式，并且通常比原来的特征空间的维数高很多。通过适当的一个到足够高维的非线性映射 $\varphi(\cdot)$，数据（属于两类）总能被一个超平面分割（习题 29）。我们假设每个模式 $\mathbf{x}_k$ 变换到 259
$\mathbf{y}_k=\varphi(\mathbf{x}_k)$；我们就把问题变为如何选择 $\varphi(\cdot)$。对 n 个模式中的每一个，$k=1,2,\cdots,n$，根据模式属于 ω_1 或是 ω_2，我们分别令 $z_k=\pm1$，增广空间 $\mathbf{y}$ 上的判别函数就是

⊖ margin 又译为“分类间隔”或“分类间隙”，简称“间隔”。出于几何解释上的考虑，在本节中我们主要使用“间隔”这种译法。——译者注

表 5-1 获得线性判别函数的下降算法

名 称	准 则	算 法	条 件	备 注
固定增量法	$J_p = \sum_{\mathbf{a}^t\mathbf{y}\leqslant 0}(-\mathbf{a}^t\mathbf{y})$	$\mathbf{a}(k+1)=\mathbf{a}(k)+\mathbf{y}^k$ $(\mathbf{a}^t(k)\mathbf{y}^k\leqslant 0)$	—	若线性可分，收敛到 $\mathbf{a}^t\mathbf{y}>0$ 的解；$\mathbf{a}(k)$ 总是有界
可变增量法	$J'_p = \sum_{\mathbf{a}^t\mathbf{y}\leqslant b}-(\mathbf{a}^t\mathbf{y}-b)$	$\mathbf{a}(k+1)=\mathbf{a}(k)+\eta(k)\mathbf{y}^k$ $(\mathbf{a}^t(k)\mathbf{y}^k\leqslant b)$	$\eta(k)\geqslant 0$ $\sum\eta(k)\to\infty$ $\frac{\sum\eta^2(k)}{(\sum\eta(k))^2}\to 0$	若线性可分，收敛到 $\mathbf{a}^t\mathbf{y}>b$ 的解；若 $0<\alpha\leqslant\eta(k)\leqslant\beta<\infty$，有限收敛
松弛法	$J_r=\frac{1}{2}\sum_{\mathbf{a}^t\mathbf{y}\leqslant b}\frac{(\mathbf{a}^t\mathbf{y}-b)^2}{\Vert\mathbf{y}\Vert^2}$	$\mathbf{a}(k+1)=\mathbf{a}(k)+\eta\frac{b-\mathbf{a}^t(k)\mathbf{y}^k}{\Vert\mathbf{y}^k\Vert^2}\mathbf{y}^k$ $(\mathbf{a}^t(k)\mathbf{y}^k\leqslant b)$	$0<\eta<2$	若线性可分，收敛到 $\mathbf{a}^t\mathbf{y}\geqslant b$ 的解；若 $b>0$，有限收敛到 $\mathbf{a}^t\mathbf{y}>0$ 的解
算法	$J_s=\sum_i(\mathbf{a}^t\mathbf{y}_i-b_i)^2$	$\mathbf{a}(k+1)=\mathbf{a}(k)+\eta(k)(b_k-\mathbf{a}^t(k)\mathbf{y}^k)\mathbf{y}^k$	$\eta(k)>0$ $\eta(k)\to 0$	趋于极小化 J_s 的解
随机逼近法	$J_m=\mathcal{E}\left[(\mathbf{a}^t\mathbf{y}-z)^2\right]$	$\mathbf{a}(k+1)=$ $\mathbf{a}(k)+\eta(k)(z_k-\mathbf{a}^t(k)\mathbf{y}^k)\mathbf{y}^k$ ——— $\mathbf{a}(k+1)=$ $\mathbf{a}(k)+\mathbf{R}(k)(z(k)-\mathbf{a}(k)^t\mathbf{y}^k)\mathbf{y}^k$	$\sum\eta(k)\to\infty$ $\sum\eta^2(k)\to L<\infty$ ——— $\mathbf{R}^{-1}(k+1)=\mathbf{R}^{-1}(k)+\mathbf{y}_k\mathbf{y}_k^t$	涉及数目不定的随机抽取样本。均方收敛到极小化 J_m 的解，并提供对贝叶斯判别的 MSE 逼近
伪逆法	$J_s=\Vert\mathbf{Ya}-\mathbf{b}\Vert^2$	$\mathbf{a}=\mathbf{Y}^\dagger\mathbf{b}$	—	典型的 MSE 解；特别选择 $\mathbf{b}$，将获得 Fisher 的线性判别和对贝叶斯判别的 MSE 逼近

Ho-Kashyap 法	$J_s = \|\mathbf{Ya} - \mathbf{b}\|^2$	$\mathbf{b}(k+1) = \mathbf{b}(k) + \eta(\mathbf{e}(k) + \lvert\mathbf{e}(k)\rvert)$ $\mathbf{e}(k) = \mathbf{Ya}(k) - \mathbf{b}(k)$ $\mathbf{a}(k) = \mathbf{Y}^{\dagger}\mathbf{b}(k)$	$0 < \eta < 1$ $\mathbf{b}(1) > 0$	$\mathbf{a}(k)$是每个$\mathbf{b}(k)$的 MSE 解；若线性可分，有限收敛；若$\mathbf{e}(k) \leqslant 0$，但$\mathbf{e}(k) \neq 0$，样本是不可分的
		$\mathbf{b}(k+1) = \mathbf{b}(k) + \eta(\mathbf{e}(k) + (\lvert\mathbf{e}(k)\rvert)$ $\mathbf{a}(k+1) = \mathbf{a}(k) + \eta\mathbf{RY}^t\lvert\mathbf{e}(k)\rvert$	$\eta(k) = \frac{\lvert\mathbf{e}(k)\rvert^t\mathbf{YRY}^t\lvert\mathbf{e}(k)\rvert}{\lvert\mathbf{e}(k)\rvert^t\mathbf{YRY}^t\mathbf{YRY}^t\lvert\mathbf{e}(k)\rvert}$ $\mathbf{R}$ 渐近正定；$\mathbf{b}(1) > 0$	若线性可分，有限收敛；若$\mathbf{Y}^t\lvert\mathbf{e}(k)\rvert = 0$，但$\mathbf{e}(k) \neq 0$，样本是不可分的
线性规划法	$\tau = \max\limits_{\mathbf{a}^t\mathbf{y}_i \leq b_i}[-(\mathbf{a}^t\mathbf{y}_i - b_i)]$	单纯型算法	$\mathbf{a}^t\mathbf{y}_i + \tau \geqslant b_i$ $\tau \geqslant 0$	在可分和不可分两种情况下有限收敛；仅在可分时解是有用的
	$J'_p = \sum_{i=1}^{n} \tau_i = \sum_{\mathbf{a}^t\mathbf{y}_i \leq b_i} -(\mathbf{a}^t\mathbf{y}_i - b_i)$	单纯型算法	$\mathbf{a}^t\mathbf{y}_i + \tau \geqslant b_i$ $\tau_i \geqslant 0$	在可分和不可分两种情况下有限收敛；仅在可分时解是有用的

$$g(\mathbf{y}) = \mathbf{a}^t \mathbf{y} \tag{104}$$

这里的权向量和变换后的模式向量都是增广的(相应地取 $a_0 = w_0$, $y_0 = 1$)。这样,一个分隔超平面保证

$$z_k g(\mathbf{y}_k) \geqslant 1, \qquad k = 1, \cdots, n \tag{105}$$

如图 5-8 所示。

在第 5.9 节中,间隔 b 是到判定超平面的任何正的距离。训练一个支持向量机的目标是找到一个具有最大间隔(largest margin)的分隔平面;如果间隔越大,得到的分类器也越好。和图 5-2 描述的一样,从超平面到(变换后的)模式 $\mathbf{y}$ 的距离是 $|g(\mathbf{y})| / \|\mathbf{a}\|$,如果正的间隔 b 存在的话,由式(105)推出

$$\frac{z_k g(\mathbf{y}_k)}{||\mathbf{a}||} \geqslant b, \qquad k = 1, \cdots, n \tag{106}$$

我们的目标就是找到一个使得 b 最大化的权向量 $\mathbf{a}$。当然,解向量可以任意地伸缩,同时保持超平面不变,这样就保证了我们加上的限制条件 $b\|\mathbf{a}\| = 1$;也就是方程(104)、(105)的解是 $\|\mathbf{a}\|^2$ 的极小值。

支持向量(support vector,又译"支撑向量")是使式(105)等号成立的(变换后的)模式向量——支持向量是接近超平面的(图 5-19)。支持向量是那些定义最优分割超平面的训练样本,也是那些最难被分类的模式。非形式地说,它们就是对求解分类任务的最富有信息的模式。

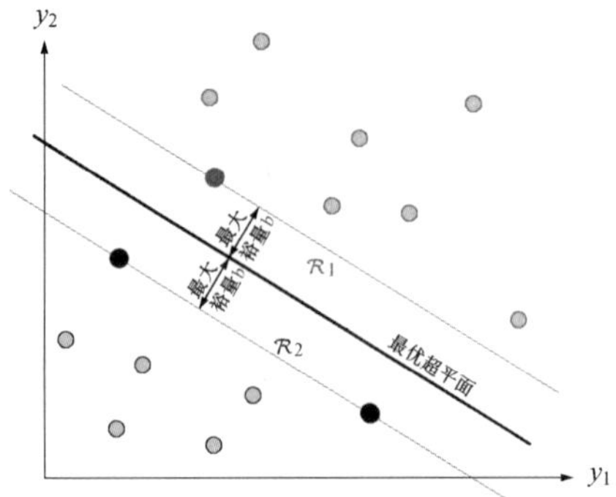

图 5-19 训练一个找最优超平面的支持向量机。这个最优超平面是到最近的训练模式的距离为最大的平面。支持向量是那些(最近的)模式,到超平面的距离为 b。图中有 3 个支持向量,都标明为实心点

260～262

一种训练支持向量机的简单方法是一种建立在对我们熟知的感知器训练法(算法 4)进行一些小的修改的基础之上的。回忆一下感知器学习法,它修改权向量的次数与任何的随机选择的被错分的模式成比例。然而一个支持向量机可通过选择当前被分类得最差的模式来进行训练。在训练的大多数时候,这样的一个模式是在当前判决边界分错的一边,并且离判决边界最远的模式。当训练结束的时候,这样的模式就是支持向量(习题 31)。

然而,在计算中发现最差的模式是非常费时的,这是因为每次更新都要搜索所有训练集来寻找被分得最差的模式。同样的,这种简单的方法只用在小的问题上。在回到对多模式训练 SVM 的更通用的方法之前,我们先来看一看这种分类器的误差率。

如果 N_s 表示支持向量的总数,那么对于 n 个训练模式,广义误差率的期望值是有界的,且为

$$\mathcal{E}_n[\text{误差}] \leqslant \frac{\mathcal{E}_n[N_s]}{n} \tag{107}$$

这里的期望是指对从(静态)分布抽取的所有个数为 n 的训练集而言的。这个误差界是独立于

变换(由 $\varphi(\cdot)$决定)后的向量维数。我们将在第 9 章再考虑这个问题,但现在可以非形式地按"留一法的界"(leave-one-out bound)来理解这一点。假设我们的训练集有 n 个点,对$n-1$个点求 SVM,然后测试剩下的那个点。如果这个点恰好是全体 n 个样本的一个支持向量的话,产生一个误差;反之就不产生。注意到如果我们能找到一个能将数据很好地分类的变换 $\varphi(\cdot)$——那么支持向量的期望个数是很小的——这样式(107)所述的期望误差率会更低。

SVM 的训练

现在我们转到训练 SVM 的问题上。第一步当然是选择将输入数据映射到更高维空间的非线性 φ 函数。通常这个选择反映了设计者在这方面的知识。如果缺乏这样的信息,可以选择多项式、高斯函数或是其他一些基函数。映射后的空间的维数可以是任意高的(虽然在实践中它受计算资源的能力限制)。

我们将从改造原来的方法开始,即将有约束的权向量长度极小化问题转化为无约束的拉格朗日待定因子问题。这样由式(106)及极小化 $\|\mathbf{a}\|$ 的目标,我们构造泛函

$$L(\mathbf{a},\boldsymbol{\alpha})=\frac{1}{2}||\mathbf{a}||^2-\sum_{k=1}^{n}\alpha_k[z_k\mathbf{a}^t\mathbf{y}_k-1] \tag{108}$$

并寻找使 $L()$极小的权向量 $\mathbf{a}$ 和使它极大的待定因子 $\alpha_k\geqslant 0$。式(108)的最后一项表达的是将样本正确分类的目标。可以证明使用 Kuhn-Tucker 构造法(习题 33)可将这个最优化的形式修改为极大化 263

$$L(\boldsymbol{\alpha})=\sum_{k=1}^{n}\alpha_i-\frac{1}{2}\sum_{k,j}^{n}\alpha_k\alpha_j z_k z_j \mathbf{y}_j^t\mathbf{y}_k \tag{109}$$

和给出训练数据的约束条件

$$\sum_{k=1}^{n}z_k\alpha_k=0 \qquad \alpha_k\geqslant 0, \qquad k=1,\cdots,n \tag{110}$$

虽然这些方程可用经典二次规划来求解,但还设计了许多别的方案(见参考文献)。

例 2 XOR 问题的 SVM

异或问题(XOR)是最简单的一个无法直接对特征采用线性判别函数来解决的问题。在 $\mathbf{x}=(1,1)^t$ 的点 1 和在 $\mathbf{x}=(-1,-1)^t$ 的点 3 属于类 ω_1(在图中用红色表示),在$\mathbf{x}=(1,-1)^t$ 的点 2 和在 $\mathbf{x}=(-1,1)^t$ 的点 4 属于类 ω_2(在图中用黑色表示)。通过使用 SVM 的方法,我们预处理它们的特征,将它们映射到一个更高维的空间,在这个空间中它们是线性可分的。有许多这样的 φ 函数,这里我们用最简单的且展开不超过二次的 φ 函数:$1,\sqrt{2}\,x_1,\sqrt{2}\,x_2,\sqrt{2}\,x_1x_2,x_1^2,x_2^2$,这里的$\sqrt{2}$是为了规范化。

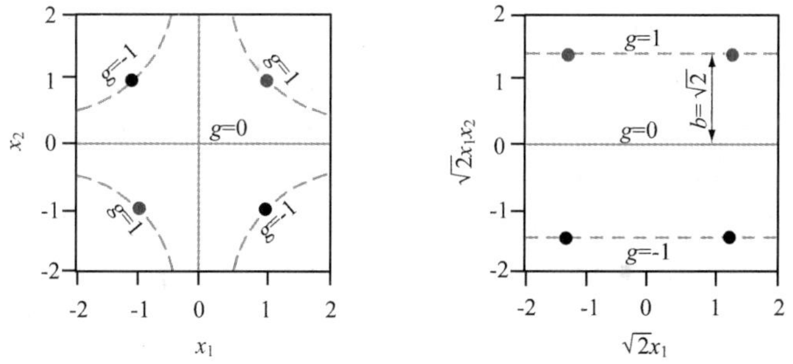

上面左图是 XOR 问题在原始 x_1x_2 空间：两个红色模式属于类 ω_1，两个黑色模式属于类 ω_2。这 4 个训练模式 **x** 被映射到一个六维空间 $1, \sqrt{2}x_1, \sqrt{2}x_2, \sqrt{2}x_1x_2, x_1^2, x_2^2$。在这个空间中，可找到最佳超平面 $g(x_1, x_2)=x_1x_2=0$ 且裕量为 $b=\sqrt{2}$。这个空间的二维投影如右图所示。通过支持向量的超平面是$\sqrt{2}x_1x_2=\pm1$，它对应于在原始特征空间中的双曲线 $x_1x_2=\pm1$。

我们寻求使式(109)最大化，即

264

$$\sum_{k=1}^{4}\alpha_k - \frac{1}{2}\sum_{k,j}^{n}\alpha_k\alpha_j z_k z_j \mathbf{y}_j^t\mathbf{y}_k$$

服从约束条件(式(110))

$$\alpha_1 - \alpha_2 + \alpha_3 - \alpha_4 = 0$$
$$0 \leqslant \alpha_k \qquad k = 1, 2, 3, 4$$

显然从这个问题的对称性可取 $\alpha_1=\alpha_3$，$\alpha_2=\alpha_4$。虽然我们可以运用 5.9 节中描述的循环梯度下降法，对这个小问题我们可以用解析的技术。解得出为 $\alpha_k^*=1/8$，$k=1,2,3,4$。从式(108)中的最后一项可知这 4 个训练样本都是支持向量——当然这有些特殊，原因是 XOR 的高度对称性。

最终的判别函数是 $g(\mathbf{x})=g(x_1, x_2)=x_1x_2$，判定超平面由 $g=0$ 确定，它将训练样本很好地分类。间隔可很容易地由解 $\|\mathbf{a}\|$ 计算出，这里是 $b=1/\|\mathbf{a}\|=\sqrt{2}$。右图给出了间隔从五维变换空间到二维的投影。习题 30 将要求你考虑这个间隔在另外的二维子空间上的投影。

支持向量机方法的一个重要的优点是所获得的分类器的复杂度可以采用支持向量的个数，而不是变换空间的维数来刻画。因此，SVM 往往不像一些别的方法一样容易发生过拟合(overfitting)现象。

5.12 推广到多类问题

并没有一个统一的方法将我们已经讨论过的两类方法扩充到多类的情况中。在 5.2.2 节中，我们定义了一个叫作线性机的多类分类器，它通过计算 c 个线性判别函数

$$g_i(\mathbf{x}) = \mathbf{w}^t\mathbf{x} + w_{i0} \quad i = 1, \cdots, c$$

并令 **x** 为具有最大判别的类来对样本分类。这是对多类的很自然地推广，尤其是从第 2 章的多变量规范问题的结论来看。可以很简单地推广生成的线性判别函数：令 $\mathbf{y}(\mathbf{x})$ 为 **x** 的函数的 $\hat{d}$维向量

$$g_i(\mathbf{x}) = \mathbf{a}_i^t\mathbf{y} \quad i = 1, \cdots, c \tag{111}$$

如果对所有的 $j\neq i$ 都有 $g_i(\mathbf{x})>g_j(\mathbf{x})$，就将 **x** 归为 ω_i。

我们的从两类线性分类器到多类线性机的推广在线性可分的情况下是最简单的。假如有一个标记了的样本集 $\mathbf{y}_1, \mathbf{y}_2, \cdots, \mathbf{y}_n$，有 n_1 个元素的子样本集$\mathcal{Y}_1$ 属于类 ω_1，有 n_2 个元素的子样本集$\mathcal{Y}_2$ 属于类 ω_2，……，有 n_c 个元素的子样本集$\mathcal{Y}_c$ 属于类 ω_c。如果存在一个线性机将所有这些样本都正确地分类的话，我们就称这个集合是线性可分的。也就是说如果这些样本是线性可分的话，就存在一个权向量集 $\hat{\mathbf{a}}_1, \cdots, \hat{\mathbf{a}}_c$，当 $\mathbf{y}_k\in\mathcal{Y}_i$ 时，对所有 $j\neq i$ 都有

265

$$\hat{\mathbf{a}}_i^t\mathbf{y}_k > \hat{\mathbf{a}}_j^t\mathbf{y}_k \tag{112}$$

5.12.1 Kesler 构造法

式(112)定义的分类器令人感兴趣的一点是可通过这样的不等式组将多类问题降为两类问题。现在假设有 $\mathbf{y}\in\mathcal{Y}_1$，等式(112)就变为

$$\hat{\mathbf{a}}_i^t\mathbf{y}_k-\hat{\mathbf{a}}_j^t\mathbf{y}_k>0,\quad j=2,\cdots,c \tag{113}$$

这 $c-1$ 个不等式集可看成以下分类问题：要求找到 $c\hat{d}$维权向量

$$\hat{\boldsymbol{\alpha}}=\begin{bmatrix}\mathbf{a}_1\\ \mathbf{a}_2\\ \vdots\\ \mathbf{a}_c\end{bmatrix}$$

它能正确分类所有 $c-1$ 个 $c\hat{d}$维样本集

$$\boldsymbol{\eta}_{12}=\begin{bmatrix}\mathbf{y}\\ -\mathbf{y}\\ \mathbf{0}\\ \vdots\\ \mathbf{0}\end{bmatrix},\quad \boldsymbol{\eta}_{13}=\begin{bmatrix}\mathbf{y}\\ \mathbf{0}\\ -\mathbf{y}\\ \vdots\\ \mathbf{0}\end{bmatrix},\quad \cdots,\quad \boldsymbol{\eta}_{1c}=\begin{bmatrix}\mathbf{y}\\ \mathbf{0}\\ \mathbf{0}\\ \vdots\\ -\mathbf{y}\end{bmatrix}$$

换句话说，每个 $\boldsymbol{\eta}_{1j}$ 对应于将 ω_1 中的样本和 ω_j“正交化”。更一般情况下，当 $\mathbf{y}\in\mathcal{Y}_i$ 时，我们可以构造 $(c-1)c\hat{d}$维的训练样本 $\boldsymbol{\eta}_{ij}$，对每一个 $\boldsymbol{\eta}_{ij}$，它是 $c\hat{d}$维向量，由 c 个子向量组成，其中第 i 个子向量为 $\mathbf{y}$，第 j 个子向量为 $-\mathbf{y}$，其余都为 $\mathbf{0}$。显然，如果对所有 $j\neq i$ 都有 $\hat{\boldsymbol{\alpha}}^t\boldsymbol{\eta}_{ij}>0$ 的话，这个线性机就对应于能将 $\mathbf{y}$ 正确分类的 $\hat{\boldsymbol{\alpha}}$ 的分量。

这个将数据的维数乘以 c 且将样本数目乘以 $c-1$ 的方法被称为“Kesler 构造法”(Kesler construction)。对它的直接应用并不吸引人，但它的重要性在于它使得我们能够为了证明收敛性可通过将多类误差校正法转化为两类问题来实现。

5.12.2 固定增量规则的收敛性

我们现在用 Kelser 构造法来证明固定增量规则在线性机上的一种推广的收敛性。假设有 n 个线性可分样本集 $\mathbf{y}_1,\mathbf{y}_2,\cdots,\mathbf{y}_n$，我们循环使用它们来得到一个无限序列，这样每个样本都会出现无限多次。令 L_k 表示权向量列为 $\mathbf{a}_1(k),\cdots,\mathbf{a}_c(k)$的线性机。从任意一个初始线性机 L_1 开始，我们希望用这个无限样本序列来构造一个线性机的序列，它们收敛到一个作为解的线性机上。我们要提出一个误差校正法，当且仅当当前的线性机错分了一个样本时才修改权向量。令 $\mathbf{y}^k$ 为需要校正的第k个样本，并假设 $\mathbf{y}^k\in\mathcal{Y}_i$。因为 $\mathbf{y}^k$需要校正，那么就至少存在一个 $j\neq i$ 使得

$$\mathbf{a}_i^t(k)\mathbf{y}^k\leqslant\mathbf{a}_j^t(k)\,\mathbf{y}^k \tag{114}$$ 266

这样，校正 L_k 的固定增量法为

$$\begin{aligned}\mathbf{a}_i(k+1)&=\mathbf{a}_i(k)+\mathbf{y}^k\\ \mathbf{a}_j(k+1)&=\mathbf{a}_j(k)-\mathbf{y}^k\\ \mathbf{a}_l(k+1)&=\mathbf{a}_l(k),\ l\neq i\ \text{且}\ l\neq j\end{aligned} \tag{115}$$

这样，目标类的权向量就增加了这个样本，错分类的权向量就减少了，而其他的权向量都不变(习题 36，上机练习 12)。

我们现在证明这个算法在有限步后一定收敛到一个解线性机上。证明是很简单的。对每

一个线性机，它对应的权向量为

$$\boldsymbol{\alpha}_k = \begin{bmatrix} \mathbf{a}_1(k) \\ \vdots \\ \mathbf{a}_c(k) \end{bmatrix}$$

对每一个样本 $\mathbf{y}\in\mathcal{Y}_i$ 都有如 5.12.1 节所描述的 $c-1$ 个样本 $\boldsymbol{\eta}_{ij}$。特别是对满足等式(114)的向量 $\mathbf{y}^k$，有一个向量

$$\boldsymbol{\eta}_{ij}^k = \begin{bmatrix} \vdots \\ \mathbf{y}^k \\ \vdots \\ -\mathbf{y}^k \\ \vdots \end{bmatrix} \begin{matrix} \\ \leftarrow i \\ \\ \leftarrow j \\ \\ \end{matrix}$$

满足

$$\boldsymbol{\alpha}^t(k)\boldsymbol{\eta}_{ij}^k \leqslant 0$$

而且校正 L_k 的固定增量法也就是校正 $\boldsymbol{\alpha}(k)$ 的固定增量法，即

$$\boldsymbol{\alpha}(k+1) = \boldsymbol{\alpha}(k) + \boldsymbol{\eta}_{ij}^k$$

这样，多类的情况就和两类的情况完全对应上了，在多类的过程中，生成一个样本序列 $\boldsymbol{\eta}^1$，$\boldsymbol{\eta}^2$，…，$\boldsymbol{\eta}^k$，…和权向量序列 $\boldsymbol{\alpha}_1$，$\boldsymbol{\alpha}_2$，…，$\boldsymbol{\alpha}_k$，…。由我们在两类问题的分析可知后一个序列不会是无限的，但经过有限次校正后一定会终止在一个解向量上。因此，序列 L_1，L_2，…，L_k，…必须在有限次校正后终止于某个求解机中。

这种用 Kesler 构造法建立多类方法和两类方法之间的等价关系是一个非常强大的理论
267 工具。它可以扩展到将感知器法和松弛法的结果用到多类情况上，并且对将误差校正法应用在位势函数也同样有效(习题 38)。但不能直接推广到 MSE 方法或线性规划方法上。

5.12.3 MSE 算法的推广

也许将 MSE 法推广到多类问题的最自然最简单的方法是将多类问题看成 c 个两类问题的集合。其中第 i 个问题是得到一个权向量 $\mathbf{a}_i$，它是方程组

$$\mathbf{a}_i^t\mathbf{y} = 1 \quad 对所有\ \mathbf{y} \in \mathcal{Y}_i$$
$$\mathbf{a}_i^t\mathbf{y} = -1 \quad 对所有\ \mathbf{y} \notin \mathcal{Y}_i$$

的最小均方差解。在 5.8.3 节的结论的指引下，我们可以看到，当样本数非常大时，将得到最小均方差解逼近贝叶斯判别函数

$$P(\omega_i|\mathbf{x}) - P(\text{not } \omega_i|\mathbf{x}) = 2P(\omega_i|\mathbf{x}) - 1$$

由这一点可以立刻得到两个结论。第一，提出一种修改寻找权向量 $\mathbf{a}_i$ 的方法，也就是使 $\mathbf{a}_i$ 为方程组

$$\begin{aligned} \mathbf{a}_i^t\mathbf{y} &= 1 \quad \text{对所有}\mathbf{y} \in \mathcal{Y}_i \\ \mathbf{a}_i^t\mathbf{y} &= 0 \quad \text{对所有}\mathbf{y} \notin \mathcal{Y}_i \end{aligned} \tag{116}$$

的最小均方差解，这样 $\mathbf{a}^t\mathbf{y}$ 就以最小均方差逼近 $P(\omega_i|\mathbf{x})$。第二，证明在线性机中得到的判别函数的用法是正确的，即对于一个 $\mathbf{y}$，如果对所有的 $j \neq i$ 都有 $\mathbf{a}_i^t\mathbf{y} > \mathbf{a}_j^t\mathbf{y}$，就将这个 $\mathbf{y}$ 归为 ω_i。

在多类 MSE 问题中伪逆矩阵的解法可被写成两类问题中类似的形式。令 $\mathbf{Y}$ 为 $n \times \hat{d}$ 的训练样本矩阵，假定可以写成

$$\mathbf{Y} = \begin{bmatrix} \mathbf{Y}_1 \\ \mathbf{Y}_2 \\ \vdots \\ \mathbf{Y}_c \end{bmatrix} \tag{117}$$

标记为 ω_i 的样本构成 $\mathbf{Y}_i$ 的行。同样，令 $\mathbf{A}$ 为 $\hat{d} \times c$ 权向量矩阵

$$\mathbf{A} = [\mathbf{a}_1\ \mathbf{a}_2\ \cdots\ \mathbf{a}_c] \tag{118}$$

令 $\mathbf{B}$ 为 $n \times c$ 矩阵

$$\mathbf{B} = \begin{bmatrix} \mathbf{B}_1 \\ \mathbf{B}_2 \\ \vdots \\ \mathbf{B}_c \end{bmatrix} \tag{119}$$ 268

其中 $\mathbf{B}_i$ 的第 i 列为 1，其余列为 0。这样得到的解[㊀]

$$\mathbf{A} = \mathbf{Y}^\dagger\mathbf{B} \tag{120}$$

就是使得“平方”误差矩阵 $(\mathbf{YA}-\mathbf{B})^t(\mathbf{YA}-\mathbf{B})$ 的对角线元素之和极小化的解，这里的 $\mathbf{Y}^\dagger$ 同样是 $\mathbf{Y}$ 的伪逆。

这个结论可以在理论上加以推广。令 λ_{ij} 为当实际的状态是 ω_j 却被归为 ω_i 时造成的损失，并令 $\mathbf{B}$ 的第 j 个子矩阵为

$$\mathbf{B}_j = -\begin{bmatrix} \lambda_{1j} & \lambda_{2j} & \cdots & \lambda_{cj} \\ \lambda_{1j} & \lambda_{2j} & \cdots & \lambda_{cj} \\ \vdots & & & \vdots \\ \lambda_{1j} & \lambda_{2j} & \cdots & \lambda_{cj} \end{bmatrix} \Big\updownarrow n_j \qquad j = 1, \cdots, c \tag{121}$$

那么当样本数趋向无穷大时，得到的解 $\mathbf{A}=\mathbf{Y}^\dagger\mathbf{B}$ 产生的判别函数以最小均方差逼近贝叶斯判别函数

$$g_{0i} = -\sum_{j=1}^{c} \lambda_{ij} P(\omega_i|\mathbf{x}) \tag{122}$$

它的证明可由 5.8.3 节中给出的证明直接推广得到（习题 37）。

㊀ 如果我们令 $\mathbf{b}_i$ 为 $\mathbf{B}$ 的第 i 列，$(\mathbf{YA}-\mathbf{B})^t(\mathbf{YA}-\mathbf{B})$ 对角线元素之和就等于误差向量 $\mathbf{Ya}_i-\mathbf{b}_i$ 长度的平方和。的解 $\mathbf{A}=\mathbf{Y}^\dagger\mathbf{B}$ 不仅使得这个和为最小，同时也使得这个和里的每一项都是最小。

本章小结

本章给出了一些判别函数,它们都是某个参数集的线性函数,而这些参数一般被称为权系数。在所有两类样本集的情况下这些判别都能确定一个判定超平面,它可能是位于样本自身的原始特征空间中,也可能是位于原始特征通过一个非线性函数(通常是线性判别式)映射而得到的空间。

从更广的角度来看,感知器算法这一类技术是通过调整参数来提高与 ω_1 的样本的内积,而降低与 ω_2 的样本的内积。一个更通用的方法是构造准则函数进行梯度下降法。不同的准则函数在计算复杂度和收敛性方面各有不同的优缺点,没有哪个方法说是比别的方法都好。我们也可以通过线性代数运算来直接求得权(参数),比如对小型问题采用伪逆的方法。

在支持向量机中,输入被非线性函数映射到一个更高维的空间,最优超平面就是具有最大"间隔"(margin)的平面。支持向量就是用来确定间隔的(变换后的)样本,它们通常是那些最难被分类,却能给分类器提供最多信息的样本。分类器期望误差率的上界线性依赖于支持向
269 量的期望个数。

对多类问题,线性机产生了由一些部分超平面构成的判定面。为了证明多类算法的收敛性可先将它们转化成两类算法再用两类法的证明。单纯型算法用来寻找由(不等式)约束的一个线性函数的优化,它也能被用来训练线性分类器。

线性判别函数虽然很有用,对任意的很具挑战性的模式识别问题却不具备足够的通用性(比如那些包含多模的或非凸密度的问题),除非能找到一个适当的非线性映射(φ 函数)。这一章我们没有给出如何选择这些函数的原则,但我们将会在第 6 章讲述这个主题。

文献和历史评述

因为线性判别函数是易于分析的,在这方面有极大量的文章,尽管它的内容有限而不值得有这么多文章。历史上,所有这方面的工作都是从 Ronald A. Fisher 的经典论文[5]开始的。文献[9]很好地描述了线性判别函数在模式识别中的应用,它提出了最优化(最小风险)线性判别问题并建议采用适当的梯度下降法从样本中求得解。然而,在不知道内在的分布时,我们对这些方法的适用程度的了解是很有限的,即使是有条件的分析也是很复杂的。用两类方法来设计多类分类器来自文献[16]。Minsky 和 Papert 的《感知器》一书[13]强有力地指出了线性分类器的弱点,但可以用我们将在第 6 章中学习的方法来解决。无差错情况[7,11]下的 Winnow 算法[10]以及更一般情况下的后续工作在"计算(机器)学习"领域非常有用,它们都允许导出收敛的界。

虽然这些工作都是基于统计的,许多从其他观点出发的模式识别的文章出现在 20 世纪 50 年代末和 60 年代初。其中一种观点是神经元网络的,每一个单独的神经元被建模成阈值元,即两类的线性机,这些工作都是从 McCulloch 和 Pitts 的著名的论文[12]开始的。

随着线性机被应用在越来越大的数据集上,维数也越来越高,线性规划由于受它的巨大的计算量的限制也不再流行。随机逼近法便被应用在这类问题上,可参见[21]。

支持向量机的关键思想的早期文章是[2]和[15]。一个更广泛的方法,包括复杂度的控制,可从[18]和[14]中找到——我们将在第 9 章用到它。这个方法的一个清晰的陈述可见于[4],它给我们的例 2 提供了灵感。Guyon 和 Stork 给出了线性机之间的关系综述,其中包括了支持向量机[8]。Kuhn-Tucher 构造法是在[6]中提出并在[17]中使用,它是用在 SVM 训练上,我们在习题 33 中对它进行研究。本章的基础结论是以下三种情形之一。(1)原始的(最初

的)条件有一个最优解时,这两者都能解得并有相等的目标值。(2)原始条件是不可行时,两者都是无界的或者不可行。(3)原始条件是无界的,两者都不可行。 270

习题

5.2 节

1. 讨论线性判别函数法对以下二维的单模(unimodal)和多模(multimodal)问题的应用。
   (a) 绘制两个多模分布,要求有一个线性判别函数能给出一个很好的,或者(有可能的话)是最优的分类器。
   (b) 绘制两个单模分布,要求对最好的线性判别函数都只能给出很差的分类效果。
   (c) 考虑两个圆周对称高斯分布 $p(\mathbf{x}|\omega_i)\sim N(\boldsymbol{\mu}_i, a_i\mathbf{I})$ 且 $P(\omega_i)$, $i=1,2$。其中 $\mathbf{I}$ 是单位矩阵且其他参数可取任意值。不作任何计算,请说明这个两类问题的最优判决边界是否是直线。如果不是的话,请给出一个最优判别函数不是一条直线的例子。
2. 考虑一个线性机,它的判别函数是 $g_i(\mathbf{x})=\mathbf{w}^t\mathbf{x}+w_{i0}$, $i=1,\cdots,c$,证明判决区是凸的,即如果 $\mathbf{x}_1\in\mathcal{R}_i$, $\mathbf{x}_2\in\mathcal{R}_i$,那么 $\lambda\mathbf{x}_1+(1-\lambda)\mathbf{x}_2\in\mathcal{R}_i$, $0\leqslant\lambda\leqslant 1$。
3. 图 5-3 给出了用线性边界分类来设计 c-类分类器的最流行的方法。另一种方法是保存全部 $\binom{c}{2}$ 个线性 ω_i/ω_j 边界,对所有的点依照这些边界通过"投票"(voting)来分类。证明所得的判定面是否一定要为凸。如果不一定的话,构造一个有至少一个非凸判决区的例子。
4. 考虑判别中用的超平面。
   (a) 证明在从超平面 $g(\mathbf{x})=\mathbf{w}^t\mathbf{x}+w_0=0$ 到点 $\mathbf{x}_a$ 的距离为 $|g(\mathbf{x}_a))/\|\mathbf{w}\|$,且对应的点是约束条件 $g(\mathbf{x})=0$ 下的满足使 $\|\mathbf{x}-\mathbf{x}_a\|^2$ 最小的 $\mathbf{x}$。
   (b) 证明 $\mathbf{x}_a$ 到超平面的投影为

$$\mathbf{x}_p=\mathbf{x}_a-\frac{g(\mathbf{x}_a)}{\|\mathbf{w}\|^2}\mathbf{w}$$

5. 考虑 3-类线性机的判别函数 $g_i(\mathbf{x})=\mathbf{w}_i^t\mathbf{x}+w_{i0}$, $i=1,2,3$。
   (a) 它的一个特例是 $\mathbf{x}$ 是二维的且阈值向量 w_{i0} 为 0,画出起点为原点的这些权向量,向量点的 3 条连线以及判决边界。
   (b) 当这 3 个权向量都加上一个常向量 c,上题的图会如何改变?
6. 在多类的情况中,对一个样本集,如果存在一个能将它们正确分类的线性机,那么这个样本集就被称为线性可分的。如果任何标记为 ω_i 类的样本都可被一个简单的超平面分类的话,就被称为"完全线性可分"(totally linearly separable)。证明完全线性可分样本集一定是线性可分的,反之则不成立。(提示:对逆命题,你可以考虑一下习题 5 中分类样本的线性机)。 271
7. 这样的一个样本集是被称为"成对线性可分"(pairwise linearly separable),如果存在 $c(c-1)/2$ 个超平面 H_{ij},每个 H_{ij} 都将 ω_i 和 ω_j 的样本分类开来。证明成对线性可分不一定是线性可分。
8. 令 $\{\mathbf{y}_1,\mathbf{y}_2,\cdots,\mathbf{y}_n\}$ 是一个具有有限个线性可分的训练样本集,令对所有 i 都满足 $\mathbf{a}^t\mathbf{y}_i\geqslant\mathbf{b}$

的向量 $\mathbf{a}$ 为解向量。证明具有最小长度的向量是唯一的(提示:如果存在两个的话,取它们的平均向量)。

9. 向量集 $\mathbf{x}_i$,$i=1,2,\cdots,n$ 的凸包(convex hull)是所有形如

$$\mathbf{x} = \sum_{i=1}^{n} \alpha_i \mathbf{x}_i$$

的向量的集合,其中系数 α_i 为非负数且和为 1。当有两个这样的集合,证明或者它们是线性可分的,或者它们的凸包是相交的。(为了证明这一点,假设这两个结论都成立并考虑处与凸包的交集中的点。)

10. 一个分类器被称为"分段线性机"(piecewise linear machine),如果它的判别函数具有形式

$$g_i(\mathbf{x}) = \max_{j=1,\cdots,n_i} g_{ij}(\mathbf{x}),$$

其中

$$g_{ij}(\mathbf{x}) = \mathbf{w}_{ij}^t \mathbf{x} + w_{ij0}, \quad \begin{array}{l} i = 1,\cdots,c \\ j = 1,\cdots,n_i \end{array}$$

(a) 请说明分段线性机如何能看成对子类中的样本进行分类的线性机。

(b) 证明分段线性机的判决区可能不是凸的,甚至可能是多连通的。

(c) 当 $n_1=2$,$n_2=1$ 时,画出一个一维 $g_{ij}(\mathbf{x})$ 例子,并说明(b)中的结论。

11. 设 d 维向量 $\mathbf{x}$ 的各分量是 1 或 0。当 $\mathbf{x}$ 中的非零向量的个数为奇数时归为类 ω_1,反之则归为类 ω_2(d 位奇偶校验问题)。

(a) 证明当 $d>1$ 时,这种二分法不是线性可分的。

(b) 证明本问题可用一个具有 $d+1$ 维权向量 $\mathbf{w}_{ij}$ 的分段线性机(参见习题 10)解决。(提示:考虑具有形式 $\mathbf{w}_{ij}=\alpha_{ij}(1,1,\cdots,1)^t$ 的向量。)

5.3 节

12. 考虑二次判别函数(式(4))

272

$$g(\mathbf{x}) = w_0 + \sum_{i=1}^{d} w_i x_i + \sum_{i=1}^{d}\sum_{j=1}^{d} w_{ij} x_i x_j$$

并定义对称的非奇异矩阵 $\mathbf{W}=[w_{ij}]$。说明判决边界的基本特性可用尺度矩阵 $\overline{\mathbf{W}}=\mathbf{W}/(\mathbf{w}^t\mathbf{W}^{-1}\mathbf{w}-4w_0)$ 描述如下:

(a) 如果 $\overline{\mathbf{W}}$ 正比于单位矩阵 $\mathbf{I}$,那么判决边界为超平面。

(b) 如果 $\overline{\mathbf{W}}$ 是正定的,判决边界是超椭圆体。

(c) 如果 $\overline{\mathbf{W}}$ 的本征值有正有负,判决边界是超双曲面。

(d) 设 $\mathbf{w}=\begin{pmatrix} 5 \\ 2 \\ -3 \end{pmatrix}$,$\mathbf{W}=\begin{pmatrix} 1 & 2 & 0 \\ 2 & 5 & 1 \\ 0 & 1 & -3 \end{pmatrix}$,它的解有什么特性?

(e) 设 $\mathbf{w}=\begin{pmatrix} 2 \\ -1 \\ 3 \end{pmatrix}$,$\mathbf{W}=\begin{pmatrix} 1 & 2 & 3 \\ 2 & 0 & 4 \\ 3 & 4 & -5 \end{pmatrix}$,它的解有什么特性?

5.4 节

13. 推导 $J(\cdot)$依赖于迭代次数k的表达式(14)。

14. 考虑平方误差和准则函数(式(43))

$$J_s(\mathbf{a})=\sum_{i=1}^{n}(\mathbf{a}^t\mathbf{y}_i-b_i)^2$$

令 $b_i=b$,取如下 6 个训练点:

$$\begin{array}{lll}\omega_1:(1,5)^t & (2,9)^t & (-5,-3)^t\\ \omega_2:(2,-3)^t & (-1,-4)^t & (0,2)^t\end{array}$$

(a) 计算它的赫森矩阵。

(b) 假定二次准则函数,计算最优学习率 η。

5.5 节

15. 在感知器算法的收敛证明中(定理 5.1)取尺度因子 α 为 β^2/γ。

(a) 用 5.5 节的符号,证明如果 $\alpha>\beta^2/(2\gamma)$,那么需要校正的次数的最大值为

$$k_0=\frac{\|\mathbf{a}_1-\alpha\mathbf{a}\|^2}{2\alpha\gamma-\beta^2}$$

(b) 当 $\mathbf{a}_1=\mathbf{0}$ 时,α 为何值时使得 k_0 最小?

16. 修改 5.5.2 节(定理 5.1)中的收敛性证明来证明以下校正方法的收敛性:从一个任意的初始权向量 $\mathbf{a}_1$ 开始,$\mathbf{a}(k)$的校正为

$$\mathbf{a}(k+1)=\mathbf{a}(k)+\eta(k)\mathbf{y}^k$$

校正当且仅当 $\mathbf{a}^t(k)\mathbf{y}^k$不超过裕量 b 时发生,$\eta(k)$具有上下界 $0<\eta_a\leqslant\eta(k)\leqslant\eta_b<\infty$。如果 b 为负数时情况如何? 273

17. 令$\{\mathbf{y}_1,\cdots,\mathbf{y}_n\}$为 d 维线性可分的有限样本集。

(a) 给出一个能在有限步内找到一个分类向量的穷举法。(提示:使用分量为整数值的权向量。)

(b) 求出你的算法的计算复杂度。

18. 考虑准则函数

$$J_q(\mathbf{a})=\sum_{\mathbf{y}\in\mathcal{Y}(\mathbf{a})}(\mathbf{a}^t\mathbf{y}-b)^2$$

这里的$\mathcal{Y}(\mathbf{a})$是满足 $\mathbf{a}^t\mathbf{y}\leqslant b$ 的样本集。假设 $\mathbf{y}_1$ 是$\mathcal{Y}(\mathbf{a}(k))$中唯一的样本。证明 $\nabla J_q(\mathbf{a}(k))=2(\mathbf{a}^t(k)\mathbf{y}_1-b)\mathbf{y}_1$且二阶偏导矩阵为 $\mathbf{D}=2\mathbf{y}_1\mathbf{y}_1^t$。用此结论证明当式(12)采用最优 $\eta(k)$时,梯度下降法为

$$\mathbf{a}(k+1)=\mathbf{a}(k)+\frac{b-\mathbf{a}^t\mathbf{y}_1}{\|\mathbf{y}_1\|^2}\mathbf{y}_1$$

19. 将式(28)至(30)作为条件,证明采用“可变的增量下降规则”的 $\mathbf{a}(k)$,对于所有的 i 在 $\mathbf{a}^t\mathbf{y}_i>b$ 时收敛。

5.6 节

20. 作图,解释 5.6.2 节的证明。注意保证是一般的情况,并标出所有变量。

5.8 节

21. 证明 MSE 解法中的尺度因子 α 和 Fisher 线性判别(5.8.2 节)的对应关系为

$$\alpha = \left[1 + \frac{n_1 n_2}{n}(\mathbf{m}_1 - \mathbf{m}_2)^t \mathbf{S}_W^{-1}(\mathbf{m}_1 - \mathbf{m}_2)\right]^{-1}$$

22. 推广 5.8.3 节的结论，证明使得准则函数

$$J_s'(\mathbf{a}) = \sum_{\mathbf{y}\in\mathcal{Y}_1}(\mathbf{a}^t\mathbf{y} - (\lambda_{21} - \lambda_{11}))^2 + \sum_{\mathbf{y}\in\mathcal{Y}_2}(\mathbf{a}^t\mathbf{y} - (\lambda_{12} - \lambda_{22}))^2$$

极小化的向量 **a** 同时使得 $J'_s(\mathbf{a})$ 渐近地以最小均方差逼近贝叶斯判别函数

$$(\lambda_{21}-\lambda_{11})P(\omega_1|\mathbf{x})-(\lambda_{12}-\lambda_{22})P(\omega_2|\mathbf{x})$$

23. 证明如果 $\mathcal{E}[\mathbf{y}\mathbf{y}^t]$ 是非奇异的，且比率系数 $\eta(k)$ 关于迭代次数 k 满足式(68)和(69)，那么权向量 $\mathbf{a}(k)$ 以均方收敛于 $\hat{\mathbf{a}}$，也就是 $\lim_{k\to\infty}\mathcal{E}[\|\mathbf{a}(k)-\hat{\mathbf{a}}\|^2]=0$，如式(70)所述。
24. 考虑准则函数 $J_m(\mathbf{a})=\mathcal{E}[(\mathbf{a}^t\mathbf{y}(\mathbf{x})-z)^2]$ 和贝叶斯判别函数 $g_0(\mathbf{x})$。

274 (a) 证明

$$J_m = \mathcal{E}[(\mathbf{a}^t\mathbf{y} - g_0)^2] - 2\mathcal{E}[(\mathbf{a}^t\mathbf{y} - g_0)(z - g_0)] + \mathcal{E}[(z - g_0)^2]$$

(b) 用 z 的条件均值为 $g_0(\mathbf{x})$ 来证明使得 J_m 极小化的 $\hat{\mathbf{a}}$ 也使得 $\mathcal{E}[(\mathbf{a}^t\mathbf{y}-g_0)^2]$ 极小化。

25. 用在随机逼近中的 $\mathbf{R}_{k+1}^{-1}=\mathbf{R}_k^{-1}+\mathbf{y}_k\mathbf{y}_k^t$ 的标量表示为 $\eta^{-1}(k+1)=\eta^{-1}(k)+y_k^2$。

(a) 证明它具有闭合形式的表达式

$$\eta(k) = \frac{\eta(1)}{1 + \eta(1)\sum_{i=1}^{k-1} y_i^2}$$

(b) 假设 $\eta(1)>0$ 且 $0<a\leqslant y_i^2\leqslant b<\infty$，证明该系数序列满足 $\sum\eta(k)\to\infty$ 且 $\sum\eta(k)^2\to L<\infty$。

26. 证明对 Widrow-Hoff 或 LMS 法，如果 $\eta(k)=\eta(1)/k$，那么权向量序列收敛于一个极限向量 **a**，并满足 $\mathbf{Y}^\dagger(\mathbf{Y}\mathbf{a}-\mathbf{b})=0$（式(61)）。

5.9 节

27. 考虑以下 6 个数据点：

$$\begin{array}{lll} \omega_1:(1,2)^t & (2,-4)^t & (-3,-1)^t \\ \omega_2:(2,4)^t & (-1,-5)^t & (5,0)^t \end{array}$$

(a) 它们是否线性可分？

(b) 用正文描述的方法，假设 $\mathbf{R}=\mathbf{I}$，用式(85)计算最优学习率 η。

5.10 节

28. 在 5.10.2 节给出的线性规划公式包含了一个极小化的人工变量 τ，且满足约束条件 $\mathbf{a}^t\mathbf{y}_i+\tau>b_i$ 及 $\tau\geqslant 0$。证明得到的权向量使得以下准则函数极小化：

$$J_\tau(\mathbf{a}) = \max_{\mathbf{a}^t\mathbf{y}_i\leq b_i}[b_i - \mathbf{a}^t\mathbf{y}_i]$$

5.11 节

29. 定性地分析为什么当样本取自截然不同的两类（即没有特征点同时归为这两类）时，一定存在一个到更高维的非线性映射使得样本线性可分。
30. 例 2 的图给出了一个 XOR 问题的从二维到五维空间具有最大间隔的支持向量机的图例。该图展示了训练样本和判别函数的轮廓线，即它在由特征 $\sqrt{2}x_1$ 和 $\sqrt{2}x_1x_2$ 确定

的二维平面的投影。现在考虑另外 4 个特征。除了这个例子外的其他 $\binom{4}{2}-1=5$ 对特征组合，做出样本和判别函数 g=±1 对应的直线。在你的图中，这些间隔是否一样？请给出解释。 275

31. 通过修改感知器算法（算法 4），写出一个实现“支持向量机”（SVM）的简单学习算法的伪码程序。对当前最难分的样本的操作，给出详细的数学表达式。解释为什么在训练的后半部，权向量的更新只需用到支持向量。
32. 考虑支持向量机和分属两类的训练样本：

$$\begin{array}{lll} \omega_1:(1,1)^t & (2,2)^t & (2,0)^t \\ \omega_2:(0,0)^t & (1,0)^t & (0,1)^t \end{array}$$

(a) 在图中做出这 6 个训练点，构造具有最优超平面和最优间隔的权向量。

(b) 哪些是支持向量？

(c) 通过寻找拉格朗日待定乘数 α_i 来构造在对偶空间的解，并将它与(a)中的结果比较。

33. 本习题要求你使用 Kuhn-Tucker 定理，将支持向量机中的约束优化问题转化为一个对偶的无约束问题。SVM 的目标是寻找满足（分类）约束条件

$$z_k \mathbf{a}^t \mathbf{y}_k \geqslant 1 \qquad k=1,\cdots,n$$

的具有最小长度的向量 **a**，其中 $z_k=\pm 1$ 表示样本 $\mathbf{y}_k$ 是属于哪个目标类。注意 **a** 和 **y** 是递增的（初始条件为 $a_0=1$ 和 $y_0=1$）。

(a) 考虑联合了 SVM 的无约束条件的优化表达式

$$L(\mathbf{a},\boldsymbol{\alpha})=\frac{1}{2}||\mathbf{a}||^2-\sum_{k=1}^{n}\alpha_k[z_k\mathbf{a}^t\mathbf{y}_k-1]$$

在由 **a** 的分量和 n 个（标量）待定乘数 α_k 确定的空间中，得到的解是一个“鞍点”，而不是一个全局的极大值或极小值。请给出解释。

(b) 下一步按下面给出的方法消除这个（“最初”的）函数对 **a** 的依赖关系（比如通过对它的对偶形式的优化来重新给出表达式）。注意到在原函数的鞍点上有

$$\frac{\partial L(\mathbf{a}^*,\boldsymbol{\alpha}^*)}{\partial \mathbf{a}}=\mathbf{0}$$

对它求偏导数并证明

$$\sum_{k=1}^{n}\alpha_k^* z_k=0 \qquad \alpha_k^*\geqslant 0,\ k=1,\cdots,n$$

(c) 证明在这个反射点上，最优超平面是训练向量的线性组合： 276

$$\mathbf{a}^*=\sum_{k=1}^{n}\alpha_k^* z_k\mathbf{y}_k$$

(d) 由 Kuhn-Tucker 定理（见参考书目）可知，待定乘数 α_k^* 不为 0 仅当它对应的样本 $\mathbf{y}_k$ 满足 $z_k\ \mathbf{a}^t\mathbf{y}_k=0$ 时才成立。证明以下等式成立：

$$\alpha_k^*[z_k\mathbf{a}^{*t}\mathbf{y}_k-1]=0 \qquad k=1,\cdots,n$$

提示：回忆一下，使得 α_k^* 不为 0 的样本(比如 $z_k \mathbf{a}^t \mathbf{y}_k = 1$)是支持向量。

(e) 用(c)和(d)的结论消去权向量，由此构造对偶函数

$$\tilde{L}(\mathbf{a}, \boldsymbol{\alpha}) = \frac{1}{2}||\mathbf{a}||^2 - \sum_{k=1}^{n} \alpha_k z_k \mathbf{a}^t \mathbf{y}_k + \sum_{k=1}^{n} \alpha_k$$

(f) 用(c)中的表达式代换 $\mathbf{a}^*$ 得到对偶函数

$$\tilde{L}(\boldsymbol{\alpha}) = -\frac{1}{2} \sum_{j,k=1}^{n} \alpha_j \alpha_k z_j z_k (\mathbf{y}_j^t \mathbf{y}_k) + \sum_{j=1}^{n} \alpha_j$$

34. 重新计算例 2，$\varphi(\cdot)$保持不变，样本点换为

$$\omega_1:(1,5)^t \quad (-2,-4)^t$$
$$\omega_2:(2,3)^t \quad (-1,5)^t$$

5.12 节

35. 在二维空间中，假设属于 ω_1 的每一个样本点 $\mathbf{y}_i$ 在 ω_2 都有一个对应的点 $-\mathbf{y}_i$(对称)。

(a) 证明分隔超平面(如果存在的话)或 LMS 解一定经过原点。

(b) 考虑如下对称 6 个样本点问题：

$$\omega_1: \ (1,2)^t \quad (2,-4)^t \quad \mathbf{y}$$
$$\omega_2:(-1,-2)^t \quad (-2,4)^t \quad -\mathbf{y}$$

对于一些 $\mathbf{y}$，LMS 解不能确定分隔超平面，请给出这样的 $\mathbf{y}$ 满足的条件。

(c) 对(b)进行推广：假设 ω_1 有 $\mathbf{y}_1$ 和 $\mathbf{y}_2$(已知样本点)，且 ω_2 和 ω_1 是对称的。当 $\mathbf{y}_3$ 满足什么条件时，LMS 解不能分隔这些样本点？

36. 写出基于式(115)的固定增量多类算法的伪代码。讨论一下它的优点和缺点。

37. 推广 5.8.3 节中的讨论来证明：由式(120)得到的解以最小均方差逼近式(122)给出的贝叶斯判别函数。

38. 用 Kesler 构造法建立多类和两类法的等价关系，将感知器法和松弛法推广到多类问
277 题中。

上机练习

一些练习使用了下表中的模式数据。

样本	ω_1		ω_2		ω_3		ω_4	
	x_1	x_2	x_1	x_2	x_1	x_2	x_1	x_2
1	0.1	1.1	7.1	4.2	−3.0	−2.9	−2.0	−8.4
2	6.8	7.1	−1.4	−4.3	0.5	8.7	−8.9	0.2
3	−3.5	−4.1	4.5	0.0	2.9	2.1	−4.2	−7.7
4	2.0	2.7	6.3	1.6	−0.1	5.2	−8.5	−3.2
5	4.1	2.8	4.2	1.9	−4.0	2.2	−6.7	−4.0
6	3.1	5.0	1.4	−3.2	−1.3	3.7	−0.5	−9.2
7	−0.8	−1.3	2.4	−4.0	−3.4	6.2	−5.3	−6.7
8	0.9	1.2	2.5	−6.1	−4.1	3.4	−8.7	−6.4
9	5.0	6.4	8.4	3.7	−5.1	1.6	−7.1	−9.7
10	3.9	4.0	4.1	−2.2	1.9	5.1	−8.0	−6.3

5.4 节

1. 考虑将基本梯度下降(算法 1)和牛顿法(算法 2)应用到表中的数据上。

 (a) 用这两种算法对二维数据给出 ω_1 和 ω_3 的判别。对梯度下降法取 $\eta(k)=0.1$。画出以迭代次数为准则函数的曲线。

 (b) 估计这两种方法的数学运算量。

 (c) 画出收敛时间-学习率曲线。求出无法收敛的最小学习率。

5.5 节

2. 写出实现批处理感知器算法(算法 3)的程序。

 (a) 从 $\mathbf{a}=\mathbf{0}$ 开始,将你的程序应用在 ω_1 和 ω_2 的训练数据上。记下收敛时的步数。

 (b) 将你的程序应用在 ω_2 和 ω_3 的训练数据上。同样记下收敛时的步数。

 (c) 请解释一下它们收敛步数的差别。

3. 所谓的"口袋算法"(pocket algorithm)采用了可以被正确分类的样本的最长序列为准则函数,并可与一些基本学习算法联合使用。比如一种采用交替步进方式运行的基于口袋算法的感知器算法如下:有两个权向量集,一个是普通感知器算法的权向量集;另一个是分开的(并不直接用于训练),装在"你的口袋"中的权向量集。刚开始,两者都是随机选取的。"口袋"权向量在全体数据集进行测试并找出被正确分类的样本(序列)行程最长的(在开始的时候,这个行程是很小的)。感知器权向量和原来一样进行训练,但每次权向量更新后(或有限次权向量更新后),感知器权向量对随机选择的数据点进行测试,来判断可以使正确分类的序列行程最长的点。如果这个长度比口袋权向量更大, 278
则用感知器权向量替换口袋权向量,并且感知器训练继续进行。就这样,口袋权被持续地更新,将被正确分类出的点的行程也越来越长。

 (a) 写出基于口袋算法的单样本感知器算法(算法 4)。

 (b) 用它对 ω_1 和 ω_2 的样本进行分类。口袋权被更新的频度如何?

4. 通过仿真来探究一些方程对感知器算法的收敛率的支配作用。

 (a) 写出 25 个分属两类的三维点,每个点分别服从高斯分布 $p(\mathbf{x}|\omega_i)\sim N(\boldsymbol{\mu}_i,\mathbf{I})$,其中 $\boldsymbol{\mu}_1=\mathbf{0}$,$\boldsymbol{\mu}_2=(4,4,4)^t$。

 (b) 随机选择一个初始权向量 $\mathbf{a}$,并满足约束条件 $\|\mathbf{a}\|=0.1$(比如 $\mathbf{a}$ 在半径为 0.1 的三维球上)。由这个初始权向量及(a)中的数据运行单样本感知器算法(算法 4)。

 (c) 根据式(21)计算 β^2。

 (d) 训练结束时,根据式(22)计算 γ 并验证从式(25)得到的 k_0 和你的仿真的结果是一致的。

5. 证明 ω_3 和 ω_4 的前 5 个点不是线性可分的。请手工构造非线性映射,使得这些点在映射后的特征空间中是线性可分的,并对它们训练一个感知器分类器。这个分类器对剩下的点(变换后)的分类误差如何?

6. 考虑平衡 Winnow 训练算法(算法 7)的一个版本。分类用的样本为第 2 行的样本。比较平衡 Winnow 法与固定增量单样本感知器法(算法 4),比较它们在有大量冗余特征的问题中的收敛率。

 (a) 产生一个具有 2000 个 100 维样本的训练集(分属两个类,每一类有 1000 个样本),这些样本只要前 10 个特征是具有信息的(具体由下面给出)。对属于 ω_1 的每一个样本,它的前 10 个特征是随机且均匀地从 $1\leqslant x_i\leqslant 2$,$i=1,\cdots,10$ 中选出;相反,ω_2 中的样本的前 10 个特征是随机且均匀地从 $-2\leqslant x_i\leqslant -1$,$i=1,\cdots,10$ 中选出。这两类样本的其他特征均从 $-2 \leqslant x_i \leqslant 2$ 中选出。

279 (b) 手工构造出一个很明显的分类超平面。

(c) 当只考虑样本的前 10 个特征时，调整你的学习率使得你的两个算法得到大致相同的收敛率。也就是假设这 2000 个样本只由前 10 个特征构成。

(d) 将你的这两个算法应用在 2000 个 50 维的样本上，这时每个样本的前 10 个特征是有信息的而后 40 个却没有。画出分类误差总数-迭代次数曲线。

(e) 现在将你的算法应用在这 2000 个 100 维的样本全体上。

(f) 总结你在(c)～(e)得到的解。

5.6 节

7. 考虑正文中描述的松弛法。

(a) 设间隔 $b=0.1$，$\mathbf{a}(1)=\mathbf{0}$，对 ω_1 和 ω_3 的数据进行批处理松弛算法（算法 8）。画出准则函数作为训练回合数的函数的曲线。

(b) 设间隔 $b=0.5$，$\mathbf{a}(1)=\mathbf{0}$，重复(a)，定量解释你在收敛率上发现的任何不同。

(c) 修改你的程序使用单样本学习。画出同(a)的准则函数曲线。

(d) 讨论它们的差别及学习率。

5.8 节

8. 写出这样的一个简单样本松弛算法，它按正文所描述的用式(72)修正矩阵 $\mathbf{R}$。将你的算法应用在表中的 ω_1 和 ω_3 的数据上。

5.9 节

9. 编写 Ho-Kashyap 算法（算法 11）并应用到 ω_1 和 ω_3 的数据上。再应用到 ω_4 和 ω_2 的数据上。

5.10 节

10. 写一个处理属于二维 2-类问题的 LMS 程序（算法 10）。设 ω_1 有 21 个点：10 个 $(0,0)^t$ 的拷贝，10 个 $(0,1)^t$ 的拷贝和单点 $(1,-2)^t$。另一类 ω_2 由 10 个 $(1,0)^t$ 的拷贝，10 个 $(1,1)^t$ 的拷贝和一个单点 $(0,3)^t$ 组成。找出 LMS 解的权向量及相应的超平面方程。它能正确分类吗？这两类是线性可分的吗？请给出解释。

5.11 节

11. 写一个执行支持向量机算法的程序。按下面给出的方式用 ω_3 和 ω_4 的数据训练一个 SVM 分类器。对每个样本进行预处理得到新的向量，具有分量 $1, x_1, x_2, x_1^2, x_1x_2$ 和 x_2^2。

(a) 只用 ω_3 和 ω_4 的第一个样本来训练你的分类器并给出分类超平面及间隔。

(b) 用前 2 个样本重复(a)中的操作（共 4 个点）。给出分类超平面方程，间隔及支持向量。

(c) 用前 3 个样本重复(b)中的操作（共 6 个点）。然后再用前 4 个点，……，直到变换后的样本在变换后的空间中不再是线性可分的。

5.12 节

12. 写一个基于 Kesler 构造法的程序，它是从基本 LMS 算法（算法 10）到多类问题的推广。 280

(a) 将它应用到表中的所有 4 个类上。

(b) 用你的算法在两类的模式下求出 ω_i/非 ω_i 的边界，$i=1,2,3,4$ 。找出任何在你的系统下分类是模糊的区域。即你的分类器对该区中的点无法分类。

参考文献

[1] Henry D. Block and Simon A. Levin. On the boundedness of an iterative procedure for solving a system of linear inequalities. *Proceedings of the American Mathematical Society*, 26:229–235, 1970.

[2] Bernhard E. Boser, Isabelle Guyon, and Vladimir Vapnik. A training algorithm for optimal margin classifiers. In David Haussler, editor, *Proceedings of the 4th Workshop on Computational Learning Theory*, pages 144–152, ACM Press, San Mateo, CA, 1992.

[3] Hervé Bourlard and Yves Kamp. Auto-association by multilayer perceptrons and singular value decomposition. *Biological Cybernetics*, 59:291–294, 1988.

[4] Vladimir Cherkassky and Filip Mulier. *Learning from Data: Concepts, Theory, and Methods*. Wiley, New York, 1998.

[5] Ronald A. Fisher. The use of multiple measurements in taxonomic problems. *Annals of Eugenics*, 7 Part II:179–188, 1936.

[6] David Gale, Harold W. Kuhn, and Albert W. Tucker. Linear programming and the theory of games. In Tjalling C. Koopmans, editor, *Activity Analysis of Production and Allocation*, pages 317–329. Wiley, New York, 1951.

[7] Adam J. Grove, Nicholas Littlestone, and Dale Schuurmans. General convergence results for linear discriminant updates. In *Proceedings of the COLT 97*, pages 171–183. ACM Press, 1997.

[8] Isabelle Guyon and David G. Stork. Linear discriminant and support vector classifiers. In Alex Smola, Peter Bartlett, Bernhard Schölkopf, and Dale Schuurmans, editors, *Advances in large margin classifiers*. MIT Press, Cambridge, MA, 1999.

[9] Wilbur H. Highleyman. Linear decision functions, with application to pattern recognition. *Proceedings of the IRE*, 50:1501–1514, 1962.

[10] Nicholas Littlestone. Learning quickly when irrelevant attributes abound: A new linear-threshold algorithm. *Machine Learning*, 2(4):285–318, 1988.

[11] Nicholas Littlestone. Redundant noisy attributes, attribute errors, and linear-threshold learning using Winnow. In Manfred K. Warmuth and Leslie G. Valiant, editors, *Proceedings of COLT 91*, pages 147–156, Morgan Kaufmann, San Mateo, CA, 1991.

[12] Warren S. McCulloch and Walter Pitts. A logical calculus of ideas imminent in nervous activity. *Bulletin of Mathematical Biophysics*, 5:115–133, 1943.

[13] Marvin L. Minsky and Seymour A. Papert. *Perceptrons: An Introduction to Computational Geometry*. MIT Press, Cambridge, MA, 1969.

[14] Bernhard Schölkopf, Christopher J. C. Burges, and Alexander J. Smola, editors. *Advances in Kernel Methods: Support Vector Learning*. MIT Press, Cambridge, MA, 1999.

[15] Bernhard Schölkopf, Christopher J. C. Burges, and Vladimir Vapnik. Extracting support data for a given task. In Usama M. Fayyad and Ramasamy Uthurasamy, editors, *Proceedings of the First International Conference on Knowledge Discovery and Data Mining*, pages 252–257. AAAI Press, Menlo Park, CA, 1995.

[16] Fred W. Smith. Design of multicategory pattern classifiers with two-category classifier design procedures. *IEEE Transactions on Computers*, C-18(6):548–551, 1969.

[17] Gilbert Strang. *Introduction to Applied Mathematics*. Wellesley-Cambridge Press, Wellesley, MA, 1986.

[18] Vladimir Vapnik. *The Nature of Statistical Learning Theory*. Springer-Verlag, New York, 1995.

[19] Šarūnas Raudys. Evolution and generalization of a single neurone: I. Single-layer perceptron as seven statistical classifiers. *Neural Networks*, 11(2):283–296, 1998.

[20] Šarūnas Raudys. Evolution and generalization of a single neurone: II. Complexity of statistical classifiers and sample size considerations. *Neural Networks*, 11(2):297–313, 1998.

[21] Stephen S. Yau and John M. Schumpert. Design of pattern classifiers with the updating property using stochastic approximation techniques. *IEEE Transactions on Computers*, C-17(9):861–872, 1968. 281

第 6 章

多层神经网络

6.1 引言

在第 5 章中，我们介绍了一系列训练分类器的方法，这些分类器通过可修改的权值将输入单元和输出单元相连。特别值得注意的是 LMS 算法，它提供了一种可以降低误差的梯度下降法，即使在模式并非线性可分时也同样适用。不幸的是，从这些网络得到的超平面判别函数以及得出的一类解法，虽然在解决部分实际问题时取得了很好的效果，但在另外一些应用中却无能为力。对于许多问题，单纯用线性判别函数不足以获得最小误差率。

然而，通过明智选择一个非线性 φ 函数，我们可以得到任意判决边界，特别是可以得到对应最小误差率的判别分界面。当然，主要的困难是如何选择最合适的非线性函数。一个蛮干的方法是选取一个完备的基函数集合（比如多项式函数集）。但这样显然不可行，因为分类器会有太多的未知参数需要估计，而训练模式总是太有限（第 9 章）。再或者，我们可能有一些关于分类问题的先验知识，这可以引导我们进行非线性函数的选择。但是如果缺少这些信息，至今尚未发现可以自动找到这些非线性函数的原则性方法或自动生成法。我们所寻求的是一种在训练线性判别函数的同时学习其非线性程度的方法，这就是多层神经网络或多层感知器：决定非线性映射的参数的学习是与控制线性判别函数的参数的学习同时进行的。

回顾前面章节中讲到的两层网的缺陷⊖，并考虑三层网或四层网是如何克服这些问题的。
282 也就是说，多层网络是如何至少在原理上提供了一个对任意分类问题寻求最优解的方法。其实多层神经网络并不神秘，基本上执行的仍然是线性判决，只是该执行过程是在输入信号的非线性映射空间中进行的。这种网络的主要优点是它们提供了相当简单的算法，允许非线性函数的具体形式可以通过训练样本获得。因此这类模型非常强大，具有很好的理论基础，可以应用到大量的实际问题中。

一种很流行的训练多层网络的方法是反向传播算法（backpropagation，简称为“反传算法”或“BP 算法”），或称为“广义 δ 法则”，它是基于误差的梯度下降准则（即 LMS 算法）的一种自然延伸。我们将深入学习反向传播算法，首先是因为它功能强大，易于理解，其次是因为其他很多训练方法都可看作对反向传播法的一种变形或修改。即使对拥有成千上万个参数的复杂模型，对它的反向传播训练也是十分简单的。并且由于有直观的图示表示以及简单的模型设计，设计者可以方便而快捷地测试不同的模型。因此，神经网络是一种可以适应复杂模型的非常灵活的启发式的统计模式识别技术。反向传播法在概念和算法上的简便性，以及它在众多的实际问题中的成功应用，有助于解释为什么它在自适应模式识别领域占据了主流地位。

⊖ 有些作者将这种网络描述成单层网络，因为它们只有一层可修改的权值，但是这里我们将基于单元的层数来称呼它们为两层网。

虽然反向传播算法的基本理论很简单，这里仍然有一些启发式的技巧，其中有些很微妙，可以用来改进性能和提高训练速度。通过对网络本身及其功能的分析，我们可以对输入值的范围、初始权值、期望输出等参数值做出明智的选择。同时还将讨论其他候选训练方案，比如某些方案能够对训练数据做出更快反应，或者根据训练数据自动调整复杂度。

网络结构或拓扑在神经网络分类中起着重要的作用。最优拓扑将取决于手头的实际问题。这使得神经网络的另一个好处尤为明显：对问题领域非正式或启发式的知识可以通过对隐含层的数目、节点单元个数和反馈节点的数目等选择，而轻而易举地嵌入到网络结构中。因此，网络拓扑的设置一般也是一种启发式的选择。通过设置网络拓扑来选择模型，以及通过反向传播算法来估计参数，以上操作在实际应用中的简易性使得分类器的设计者能够十分简便地测试各种可选的模型。

一个深层次的关于神经网络技术应用的问题涉及正则化(regularization)，也就是选择或调整网络的复杂程度。虽然输入和输出节点的数目可以由输入特征空间和类别数给出，但是网络中总的权值或参数的数量却并非如此，至少不那么直接。如果网络有太多的未知参数，则网络的推广能力将变得很差(即，过拟合)。相反，如果网络参数太少，训练数据将得不到充分的学习(即，欠拟合)。如何调整网络的复杂程度以达到最好的推广能力呢？我们将试探多种不同的方法来调整复杂度，并且将在第 9 章重新考虑这些方法的理论基础。

读者必须记住的很重要的一点是：神经网络并没有让设计者放弃对数据和问题领域的了解和掌握。网络提供了一种功能强大且快捷的构造分类器的工具，有了这些工具和技术，就可以通过对大量问题的重复实验和分析来获得直觉和专业知识。 283

6.2 前馈运算和分类

图 6-1 显示的是一个简单的三层神经网络。这个网络由一个输入层，一个隐含层[⊖]和一个输出层组成。它们由可修正的权值互连，这些权值由层间的连线表示。除了连接输入单元，每个单元还连接着一个偏置(bias)。显然，此网络是第 5 章中所研究的两层网络的推广。这些单元的功能近似基于生物学上的神经元，所以它们有时也被称作“神经元”(neuron)。我们要研究的是用这种网络来做模式识别。在模式识别里，输入单元提供特征量，而输出单元激发的信号则成为用来分类的判别函数的值。

为了使读者对这些概念和前馈运算加深理解，我们用下面的例子来说明。考虑如下这个几乎是最简单的非线性问题：异或(XOR)问题(图 6-1)。一个三层网络可以成功解决这个问题，而一个线性判别机却解决不了。

每一个二维输入向量都提供给输入层，而每一个输入单元的输出结果则等于输入向量中对应的那个分量。隐单元对它的各个输入进行加权求和运算而形成标量的“净激活”(net activation，或简称 net)。也就是说，净激活是输入信号与隐含层权值的内积。如第 5 章那样，为简单起见，我们增广输入向量(附加一个特征值 $x_0=1$)和权向量(附加一个值w_0)，这样就可以把净激活写成

$$net_j=\sum_{i=1}^{d}x_iw_{ji}+w_{j0}=\sum_{i=0}^{d}x_iw_{ji}\equiv\mathbf{w}_j^t\mathbf{x} \tag{1}$$

⊖ 我们将任何既不是输入也不是输出的单元称为“隐”单元，因为它们的激发并不为外部环境直接所“见”，该外部环境就是输入或输出。

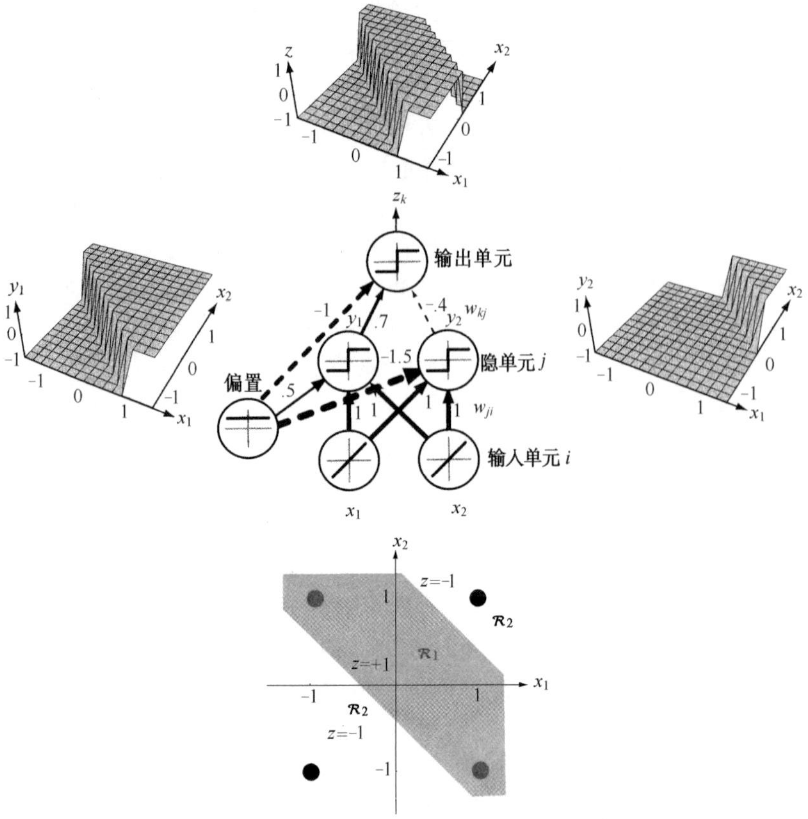

图 6-1 两位奇偶校验或异或问题可以用三层网络解决。底层是二维特征空间 x_1x_2，有 4 个模式需要分类。图中间是三层的网络。输入单元是线性的，它们的特征量通过乘性权值分布到隐单元。这里隐单元和输出单元都是线性阈值单元，接受由各个输入信号和对应权值的乘积的求和信号，以产生净激活，如图所示，如果这个和大于等于 0，则输出一个 +1，反之则输出 −1。实线表示正的或“兴奋”权值，虚线表示负的或“抑制”权值。权值的大小用图中的线的粗细表示，同时也有数字标识。单个的输出单元将隐含层单元输出的加权和信号与偏置加起来以获得净激活，如果这个和大于或等于 0，该单元输出 +1，反之则输出 −1。我们可以用一个图来表示每个单元的输入—输出关系或者叫“激活函数”——$f(net)$ 对 net 的函数。这个函数，在输入单元里是线性的，在偏置项里是一个常数，而其他的是一个阶梯函数或符号函数。我们说这个网络具有 2-2-1 全连接的拓扑结构，表达的是后续各层的单元（不包括偏置）的互连个数

这里下标 i 是输入层单元的索引值，j 是隐含层单元的索引。ω_{ji} 表示输入层单元 i 到隐含层单元 j 的权值。为了跟神经生物学进行类比，这种权或连接被称为“突触”，连接的值叫作“突触权”。每一个隐含层单元激发出一个输出分量，这个分量是它激活的非线性函数 $f(net)$，即

$$y_j = f(net_j) \tag{2}$$

图 6-1 示例是一个简单的阈值函数或符号(sign)函数。

$$f(net) = \mathrm{Sgn}(net) \equiv \begin{cases} 1 & net \geq 0 \\ -1 & net < 0 \end{cases} \tag{3}$$

但是很快我们会发现，其他函数拥有更符合要求的特性而被更广泛地应用。这个 $f(\cdot)$ 有时候也叫作激活函数(activation function)或一个单元的“非线性”。它有着第 5 章所讨论的 φ 函数

的功能。假设不同隐含层和输出单元的“非线性”是相同的，尽管不是严格的相同。

每个输出单元在隐含层单元信号的基础上用类似的方法可以算出它的净激活如下：

$$net_k = \sum_{j=1}^{n_H} y_j w_{kj} + w_{k0} = \sum_{j=0}^{n_H} y_j w_{kj} = \mathbf{w}_k^t \mathbf{y} \tag{4}$$

这里下标 k 为输出层的单元索引，n_H 表示隐含层单元的数目。我们把偏置单元在数学上看成 284～285
等价于一个输出恒为 $y_0=1$ 的隐含层单元。此例中仅有一个输出单元。但是考虑一个更一般的情况，须将其输出单元记为 z_k，这样输出单元对 net 的非线性函数就是

$$z_k = f(net_k) \tag{5}$$

图中我们假设这个非线性函数也是一个符号函数。显然，输出 z_k 也可看成输入特征向量 $\mathbf{x}$ 的函数。当有 c 个输出单元时，可以这样来考虑此网络：计算 c 个判别函数 $z_k=g_k(\mathbf{x})$，并通过使判别函数最大来将输入信号分类。在只有两种类别的情况下，一般只采用单个输出单元，而用输出值 z 的符号来标识一个输入模式。

容易验证，上述给定权值的三层网络的确可以解决异或(XOR)问题。计算 y_1 的隐单元的作用如同两层感知器，它计算判决边界 $x_1+x_2+0.5=0$。输入向量 $x_1+x_2+0.5\geqslant 0$ 导致 $y_1=1$，而其他输入导致 $y_1=-1$。同样，另一隐单元计算的判决边界 $x_1+x_2-1.5=0$。只有 y_1 和 y_2 都等于 $+1$，最终输出单元才激发出 $z_1=+1$。使用逻辑计算的术语，这些单元如同门，其中第一个隐单元是一个或门(OR)，第二个隐单元是一个与门(AND)，输出单元执行

$$\begin{aligned} z_k &= y_1 \text{ AND NOT } y_2 = (x_1 \text{ OR } x_2) \text{ AND NOT } (x_1 \text{ AND } x_2) \\ &= x_1 \text{ XOR } x_2 \end{aligned} \tag{6}$$

这样就得到了图中所示的适当的非线性判决区域——异或问题就解决了。

6.2.1 一般的前馈运算

从上面的示例可明显看出，非线性多层网络(由输入单元，隐单元，输出单元组成)比类似的没有隐单元的网络更具运算能力和表达能力。就是说，非线性多层网络可以实现更多的函数。的确，从 6.2.2 节我们将看到，只要给出足够的隐单元，任何一般形式的函数都可以用它来表示。

显然，我们可以把上面的讨论推广为更多的输入单元、其他的非线性函数、任意多个输出单元。在分类方面，我们有 c 个输出单元，每个类别一个，每个输出单元产生的信号就是判别函数 $g_k(\mathbf{x})$。综合方程(1)，(2)，(4)，(5)，可得到判别函数如下：

$$g_k(\mathbf{x}) \equiv z_k = f\left(\sum_{j=1}^{n_H} w_{kj}\, f\left(\sum_{i=1}^{d} w_{ji} x_i + w_{j0}\right) + w_{k0}\right) \tag{7}$$

这就是一类可以用三层神经网络实现的函数。一般的，正如在 6.8.1 节中所述的那样，激活函数不一定是符号函数。且常常要求激活函数应该是连续可微的。甚至允许输出层的激活函数同隐含层的不一样，或者对每一个单元而言都有不同的激活函数。尽管以后将用到这些网络，但为了简化数学分析以及揭示本质属性，我们可以暂时先假设所有的激活函数是一样的。 286

6.2.2 多层网络的表达能力

人们很自然会提出一个问题：是不是每一个判决都可以用这种三层网络(如式(7)所述)来实现呢？虽被其他人改进但最初源于戈尔莫戈罗夫(Kolmogorov)所给出的答案为“是”。也就是说，任何从输入到输出的连续映射函数都可以用一个三层非线性网络实现，条件是给出足

够数量的隐单元 n_H、适当的非线性函数和权值。特别地，任何后验概率都可以用一个三层网络表示。正如第 2 章中的做法一样，在 c-类分类实例中，我们可以仅仅对网络的输出作用一个 max[·]函数来得到正确的判决边界。

特别地，戈尔莫戈罗夫证明了：只要适当选取的函数Ξ_j 和ψ_{ij}，任何连续函数 $g(\mathbf{x})$都可以定义在单位超立方体 I^n 上($I=[0,1]$，$n\geqslant 2$)，即可以表示为

$$g(\mathbf{x})=\sum_{j=1}^{2n+1}\Xi_j\left(\sum_{i=1}^{d}\psi_{ij}(x_i)\right) \tag{8}$$

可以通过调节我们所关心的输入信号的尺度让它落在超立方体里，这个条件在特征空间里就不受限制了。方程(8)用神经网络的术语表达为：$2n+1$ 个隐单元中的每个都把 d 个非线性函数的和作为输入，每个输入特征 x_i 对应一个非线性函数。每个隐单元输出的是其总净输入的非线性函数Ξ。输出单元仅输出所有隐单元贡献的和。

但是，由于某些原因，戈尔莫戈罗夫定理和实际神经网络的关系有一点点牵强和空洞。事实上，函数Ξ_j和ψ_{ij}都不是通过神经网络中非线性的简单加权和。其实这些函数是很复杂的。由于一些微妙的数学上的原因，它们不是，也不能是平滑的。我们马上会发现，平滑性对梯度下降法学习是很重要的。更重要的是，戈尔莫戈罗夫理论对怎样基于数据寻找非线性函数——基于网络的模式识别的中心问题——提及很少。

对三层网络通用表达能力的更直观的证明由傅里叶理论提出。根据傅里叶理论，任何连续函数 $g(\mathbf{x})$都可以用一些(可能无限个)谐波函数的和来无限逼近(习题 2)。可以想象某个网络，它的隐单元执行这种谐波函数。与傅里叶综合系数相关的隐含层到输出层的权值使得整个网络可以执行期望的函数。非正式地说，我们不需要为目标函数建立类似傅里叶综合(synthesis)的谐函数。相反，不同输入区的足够多的不同幅度、不同符号的“波包”(bump)可以组合起来给出我们所希望的函数。这些局域化的“波包”可以有多种实现方法，比如适当分组的 sigmoid 形(S 形)激活函数(图 6-2)。用傅里叶类比和波包的结构只是一些概念性的工具，它们并不能描述网络究竟怎样运行。简单地说，这些并不是神经网络怎样“工作”的描述：我们并没有找到如何通过训练(6.3 节)简单的网络以建立起类似傅里叶的表达式，网络也没
287 有学习对 S 形函数进行分组以获得子波包。但是，这些类比有助于解释多层网络的表达能力。

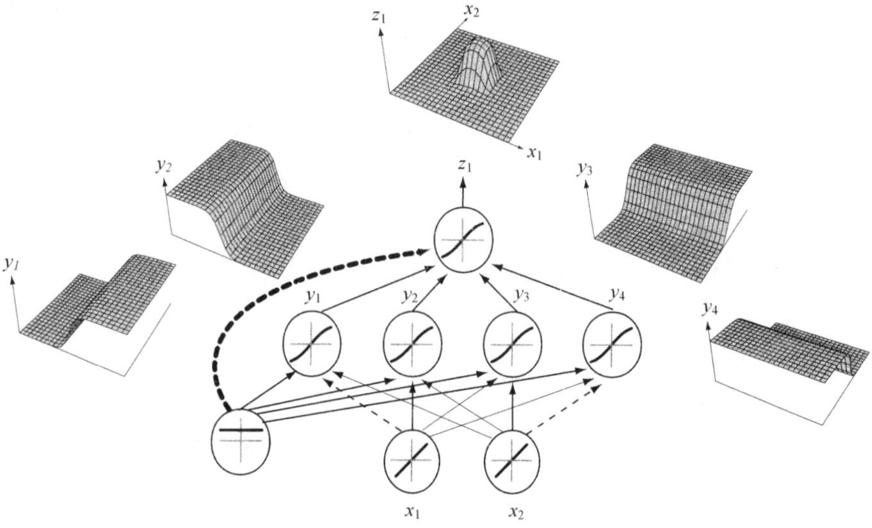

图 6-2 一个 2-4-1 网络(含偏置)以及不同单元的响应函数。每个隐含和输出单元都有 S 形激活函数 $f(\cdot)$。如图所示，每个隐单元的输出都是反向且成对的，所以它们在输出单元产生了“波包”。若给出足够多的隐单元，任何从输入到输出的连续函数都可用这种网络以任意精度近似

上述构造性的描述确实显示任何期望函数都可通过一个三层网络来执行，但是它更多的价值在理论方面，而实用意义并不大。因为这些构造性的结论中既没有给出隐单元数，也没有给出适当的权值。即使假定存在一种构造性的证明，它在模式识别中也没多大用处，因为我们并不知道期望函数是什么，一般来说它跟训练模式之间有很复杂的联系。总之，这些网络表达能力的结论使我们充满信心，但对设计和训练神经网络几乎没有什么实际效用，而后者才是模式识别的主要任务（图 6-3）。

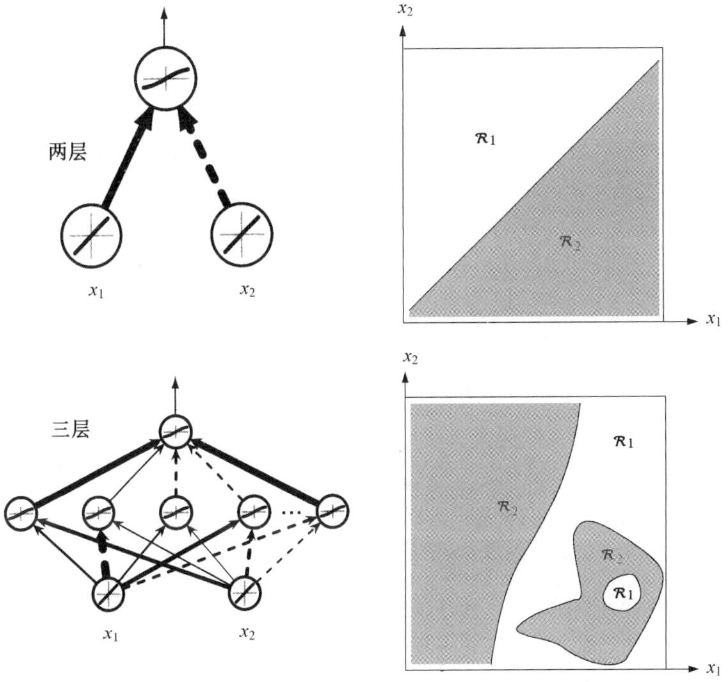

图 6-3　虽然一个两层网络分类器只能实现一个线性判决边界，如果给出足够数量的隐单元，三层、四层及更多层网络就可以实现任意的判决边界。各判决区不必是凸的或是单连通的

6.3　反向传播算法

我们已经看到，任何从输入到输出的映射函数都可以由一个三层网络来执行。现在回到关键问题上来：根据训练样本和期望输出来设置合适的权值。

反向传播算法（或简称为"反传算法"）是多层神经网络有监督训练中最简单也最一般的方法之一，它是第 5 章线性 LMS 算法的自然延伸。其他方法可能更快或具有其他一些特点，但很少比它更有启发价值。LMS 算法可以工作于两层系统，这是因为对于每个输出单元，正比于实际输出和期望输出之间的平方误差值都可以估计出。类似地，在三层网络中，可以很直接地根据其误差，找到隐含层到输出层的权值。其实，这种依赖关系类似于两层网，所以学习规则也是相同的。

可是应该怎样训练输入层到隐含层的权值呢？正是这些权值控制着输入向量的非线性变换。如果一个隐单元的"适当"输出对每种模式都是已知的，那么输入到隐含层的权值就可以调节到很接近它。然而，究竟隐含层单元的输出应该是什么，并没有一个明确的论述。这叫信用分配（credit assignment）问题。反向传播的威力正是在于允许我们对每一个隐单元计算有效误差，并由此推导出一个输入层到隐含层权值的学习规则。

网络有两类基本运算模式：前馈和学习。对于前馈运算，比如前面的例子里描述的 XOR 问题，包括了提供一个模式给输入单元、在网络间传递信号，然后在输出单元得到输出。对于有监督的学习，包括了提供一个输入模式，并改变网络参数使实际输出更加接近期望教师信号或目标值。图 6-4 显示了一个三层网络以及我们所用的标注。

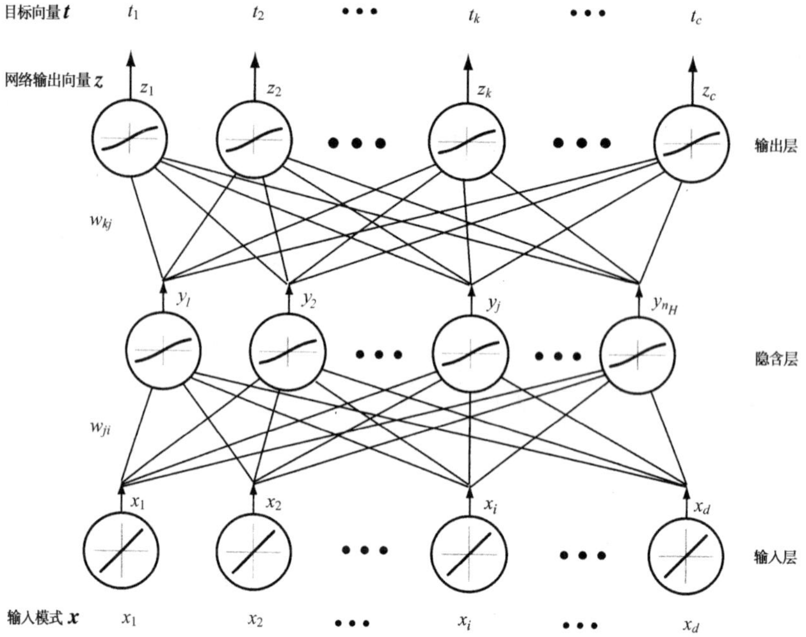

图 6-4　一个 d-n_H-c 完全连接的三层网络以及我们用的标注。在前馈操作里，一个 d 维的输入模式 $\mathbf{x}$ 被提供给输入层；每个输入单元发送它所对应的分量 x_i。n_H 个隐单元中的每一个都计算它的净激活能 net_j，它是输入层信号和隐单元权值 ω_{ji} 的内积。隐单元的输出是 $y_j=f(net_j)$，$f(\cdot)$ 是一个非线性转换函数，这里显示的是 sigmoid。c 个输出单元的工作原理类似于隐含层单元的，计算净激活能 net_k，即隐单元信号和输出单元权值的内积。网络的最终发送信号 $z_k=f(net_j)$ 作为分类用的判别函数。网络训练过程中，这些输出信号和一个引导向量或目标向量 $\mathbf{t}$ 比较，任何差值都用于整个网络的权值训练

6.3.1 网络学习

基本的学习方法是从一个未训练网络开始，向输入层提供一个训练模式，再通过网络传递信号，并决定输出层的输出值。此处的这些输出都与目标值进行比较；任一差值对应一误差。该误差或准则函数是权值的某种标量函数，它在网络输出与期望输出匹配时达到最小。权值向着可以减小误差值的方向调整。现在我们来看一种基于单个模式的学习规则，以后将探讨其他协议。

我们考虑一个模式的训练误差，先定义为输出端的期望输出值 t_k（由教师信号给出）和实际输出值 z_k 的差的平方和，这很像两层网络里的 LMS 算法。

$$J(\mathbf{w}) \equiv \frac{1}{2}\sum_{k=1}^{c}(t_k - z_k)^2 = \frac{1}{2}\|\mathbf{t}-\mathbf{z}\|^2 \tag{9}$$

这里 $\mathbf{t}$ 和 $\mathbf{z}$ 是长度为 c 的目标向量和网络输出向量；$\mathbf{w}$ 表示网络里所有的权值。

288～290 反向传播学习规则是基于梯度下降法的。权值首先被初始化为随机值，然后向误差减小的方向调整。

$$\Delta\mathbf{w} = -\eta\frac{\partial J}{\partial \mathbf{w}} \tag{10}$$

或者用分量形式表示，

$$\Delta w_{pq} = -\eta\frac{\partial J}{\partial w_{pq}} \tag{11}$$

其中 η 是学习率，仅表示权值的相对变化尺度。方程(10)和(11)的优点在于它们的简明：它们仅需要我们在权值空间中只迈出一步以减小准则函数，由式(9)可以清楚地知道这个准则函数不可能为负的，而且，该学习规则保证学习一定可以收敛(病态情况除外)。迭代算法在第 m 次迭代时取一个权向量并将它更新为

$$\mathbf{w}(m+1)=\mathbf{w}(m)+\Delta\mathbf{w}(m) \tag{12}$$

其中 m 是特定模式的索引。

我们现在对三层网络分析方程(11)。考虑第一个隐含层到输出层的权值w_{ij}。由于误差并不是明显决定于w_{jk}，我们必须使用链式微分法则：

$$\frac{\partial J}{\partial w_{kj}}=\frac{\partial J}{\partial net_k}\frac{\partial net_k}{\partial w_{kj}}=-\delta_k\frac{\partial net_k}{\partial w_{kj}} \tag{13}$$

其中单元k的敏感度(sensitivity)定义为

$$\delta_k=-\partial J/\partial net_k \tag{14}$$

此敏感度描述总误差怎样随着单元的激发而变化。对式(9)微分我们发现对于这样一个输出单元，δ_k仅为

$$\delta_k=-\frac{\partial J}{\partial net_k}=-\frac{\partial J}{\partial z_k}\frac{\partial z_k}{\partial net_k}=(t_k-z_k)f'(net_k) \tag{15}$$

式(13)的最后一步推导可由式(4)得到：

$$\frac{\partial net_k}{\partial w_{kj}}=y_j \tag{16}$$

综上所述，这些结果给出了隐含层到输出层的权值更新或学习规则：

$$\Delta w_{kj}=\eta\delta_k y_j=\eta(t_k-z_k)f'(net_k)y_j \tag{17}$$

在输出单元是线性的情况下，即，$f(net_k)=net_k$，$f'(net_k)=1$，则式(17)仅仅是第 5 章中所看到的 LMS 规则。

输入层到隐含层的权值学习规则更微妙，的确，这正是信用分配问题求解的关键。对式(11)再运用链式法则计算

$$\frac{\partial J}{\partial w_{ji}}=\frac{\partial J}{\partial y_j}\frac{\partial y_j}{\partial net_j}\frac{\partial net_j}{\partial w_{ji}} \tag{18}$$ 291

右边的第一项包含了所有的权值w_{kj}，而只需很少的处理：

$$\begin{aligned}\frac{\partial J}{\partial y_j}&=\frac{\partial}{\partial y_j}\left[\frac{1}{2}\sum_{k=1}^{c}(t_k-z_k)^2\right]\\&=-\sum_{k=1}^{c}(t_k-z_k)\frac{\partial z_k}{\partial y_j}\\&=-\sum_{k=1}^{c}(t_k-z_k)\frac{\partial z_k}{\partial net_k}\frac{\partial net_k}{\partial y_j}\\&=-\sum_{k=1}^{c}(t_k-z_k)f'(net_k)w_{kj}\end{aligned} \tag{19}$$

上面的第二步里必须再次用到链式法则。式(19)里输出单元的最终总和可以表示隐单元怎样

影响每个输出单元的误差。仿照式(15),我们可以用式(19)来定义隐单元的敏感度:

$$\delta_j \equiv f'(net_j)\sum_{k=1}^{c} w_{kj}\delta_k \tag{20}$$

式(20)是解决信用分配问题的核心:一个隐单元的敏感度是各输出单元敏感度的加权和,权重为隐含层到输出层权值w_{kj},然后与$f'(net_j)$相乘。因此输入层到隐含层的权值的学习规则就是:

$$\Delta w_{ji} = \eta x_i \delta_j = \eta \underbrace{\left[\sum_{k=1}^{c} w_{kj}\delta_k\right] f'(net_j)\, x_i}_{\delta_j} \tag{21}$$

式(17)和式(21),以及下面所述的学习协议,共同给出了反向传播算法,或更确切地说"误差反向传播"算法。之所以如此命名,是因为在训练过程中一个"误差"(其实是敏感度δ_k)必须从输出层传播回隐含层,以实现式(21)中输入层到隐含层的权值学习(图 6-5)。而本质上,反向传播只是"分层模型"(layered model)里的梯度下降法。在分层模型里对连续函数执行链式法则可以计算准则函数对所有模型权值的导数。

就像所有梯度下降算法一样,反向传播算法的行为取决于初值。尽管从将权值开始设置成 0 显得比较自然,但式(21)表明这将导致很不理想的结果。如果输出层的权值w_{kj}曾经全部为 0,反向传播误差也将为 0,输入层到输出层的权值将不会改变。这就是我们从权值的随机初始值开始处理的原因,这将在 6.8.8 节中继续讨论。

上述学习规则从直观上看也比较有道理。考虑输出单元权值学习的第一个规则(式
292 (17))。单元k上的权值更新的确与$(t_k - z_k)$成正比;如果我们得到理想的输出$(z_k = t_k)$,那么就没有权值变化了。对于最常用的典型 sigmoid 型函数$f(\cdot)$,$f'(net_k)$总是正值。这样,如果y_i和$(t_k - z_k)$都是正的,那么实际输出会太小,因此权值必须增大。实际上,学习规则给出了合适的符号。最后,权值更新应该与输入值成正比。如果$y_j = 0$,那么隐单元j对输出没有影响,也就对误差没有影响,于是改变w_{ji}将不会改变所提供的模式误差。对式(21)进行类似分析可以得到输入层到隐含层权值问题的结论(习题 5)。

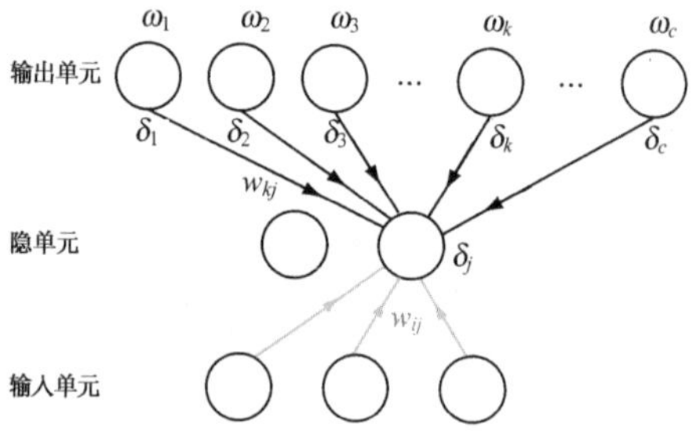

图 6-5 隐单元的敏感度与输出单元的敏感度的加权和成正比:$\delta_j = f'(net_j)\sum_{k=1}^{c} w_{kj}\delta_k$。这样输出单元的敏感度就反向传播"回"隐单元了

尽管我们对特别简单的三层网络这种特殊情况做了分析,但它可以很容易地推广到更一般的网络。如果在标记和符号上再花点时间(见习题 7 和 11),那么反向传播学习算法可以直接推广到如下的前馈网络:

- 输入单元包含偏置单元
- 允许输入单元直接与输出单元和隐单元相连
- 网络多于三层
- 不同层有不同的非线性函数
- 每个单元有它各自的非线性函数

• 每个单元的学习率可以不同

出于稳定性的考虑，如果网络具有同层内部互连，或高层到低层存在反馈连接，那么此时的学习算法将比较困难和微妙。我们将在 6.10.5 节中考虑这种递归网络(recurrent network)。但是首先集中考虑简单情况下的反向传播算法的收敛问题。

6.3.2 训练协议

广义地说，有监督的训练就是给出一个类别标记已知的模式——训练集——找到网络的输出，并调整权值以使实际输出更加接近于期望的目标值。三种最有用的“训练协议”(或“学习协议”)是：“随机训练”(stochastic)、“成批训练”(batch)和“在线训练”(on-line)。在随机训练中，模式是随机地从训练集中取出的，网络权值也根据不同的模式进行更新。这种方法被称为随机是因为训练数据可认为是一个随机变量。在成批训练中，所有的模式已在训练之前全部送往网络中。实际上每种情形我们都必须通过好几次训练数据。在“在线训练”中，每种模 293 式只提供一次，不需要存储器来保存模式[㊀]。

我们用回合(epoch)来描述模式提供的总数，其中一个回合对应于训练集的所有模式都提供(输入层)一次。回合的次数表示训练的相对总量[㊁]。反向传播的随机协议和成批协议在下面的算法 1 步骤中显示。

算法 1(随机反向传播)

1 **begin** **initialize** n_H，$\mathbf{w}$，准则 θ，η，$m \leftarrow 0$

2   **do** $m \leftarrow m+1$

3         $\mathbf{x}^m \leftarrow$ 随机选择模式

4         $w_{ji} \leftarrow w_{ji} + \eta \delta_j x_i$；$w_{kj} \leftarrow w_{kj} + \eta \delta_k y_j$

5   **until** $\|\nabla J(\mathbf{w})\| < \theta$

6   **return** $\mathbf{w}$

7 **end**

在“在线训练”中，算法 1 里的第 3 行替换为训练模式的顺序选择(sequential selection)(习题 9)。第 5 行使算法在准则函数 $J(\mathbf{w})$变化量小于某预设值 θ 时结束。这可能是最简单有效的停止准则，其他准则通常会得出更好的执行效果，这将在 6.8.14 节中讨论。

在“成批训练”中，所有的训练模式都先提供一次，然后它们所对应的权值更新相加；只有这时网络里的实际权值才开始更新。这个过程将一直迭代直到某停止准则满足。

到目前为止，我们只是考虑训练集中单个模式的误差，但实际上我们要考虑一个定义在训练集里所有模式的误差。尽管必须注意避免标记上的歧义，我们可以把这个总训练误差写成是对 n 个单独模式误差的总和：

$$J = \sum_{p=1}^{n} J_p \tag{22}$$

在“随机训练”中，一个权值更新有可能减少某个单个模式的误差，然而却增加了训练全集上的误差。不过，给出大量的这种单次更新，却可以降低式(22)中所给出的总误差。

㊀ 在第 9 章中我们将讨论第四种协议，查询训练，其中网络的输出被用于选择新的训练模式。

㊁ “回合”的提法不用于在线训练，在那里，模式提供的总量采用另外更加合适的度量。

算法 2(成批反向传播)

begin **initialize** n_H, $\mathbf{w}$, 准则, $\theta, \eta, r \leftarrow 0$

  do $r \leftarrow r+1$(增量回合)

294   $m \leftarrow 0$; $\Delta w_{ji} \leftarrow 0$; $\Delta w_{kj} \leftarrow 0$

   do $m \leftarrow m+1$

    $\mathbf{x}^m \leftarrow$选择模式

    $\Delta w_{ji} \leftarrow \Delta w_{ji} + \eta \delta_j x_i$; $\Delta w_{kj} \leftarrow \Delta w_{kj} + \eta \delta_k y_j$

   until $m = n$

   $w_{ji} \leftarrow w_{ji} + \Delta w_{ji}$; $w_{kj} \leftarrow w_{kj} + \Delta w_{kj}$

  until $\|\nabla J(\mathbf{w})\| < \theta$

 return $\mathbf{w}$

end

在“成批反向传播”中,既然权值只有在所有模式出现一次后才更新,我们就不必随机选择模式。我们将在 6.8 节中考虑不同协议的优缺点。

6.3.3 学习曲线

在训练开始之前,训练集上的误差通常很高;随着学习的进展,误差会变得越来越小,由此可显示成一条学习曲线(图 6-6)。(每个模式的)训练误差最终达到一个渐近值,这个值由贝叶斯误差、训练数据的数量以及网络的表达能力(比如权值的个数)共同决定。贝叶斯误差越大或者权的个数越少,该渐近误差值就可能越大。由于成批反向传播对准则函数运用了梯度下降法,训练误差会单调减小。在独立的测试集上的平均误差实际上总是比训练全集上的误差要大。误差大体是下降的,在它保持下降的趋势的同时,局部偶尔也可能增加或发生波动。

除了作为训练样本集以外,对独立选取的其他样本集,这里还有两种概念上不同的用法。一种是为了测试所用网络的现场运行性能,为此我们需要测试集(test set)。另一种是决定什么时候应该停止训练;为此我们使用验证集(validation set)。关于这点,我们将在 6.8.14 节中讨论,在验证集上的误差取得极小值时就可以停止训练。

图 6-6 也显示了一个验证集上的平均误差,验证集是指没有直接用来做梯度下降训练的模式、从而作为仍需要进行分类测试的新模式的间接的代表。验证集也可用作成批协议和随机协议里的停止准则;训练集上的梯度下降训练在一个验证误差达到极小值的时候停止(比如图中靠近回合 5 的地方)。参阅第 9 章深入理解为什么验证技术,或者更一般的交叉验证技术(cross validation),通常可以改进网络的识别率。

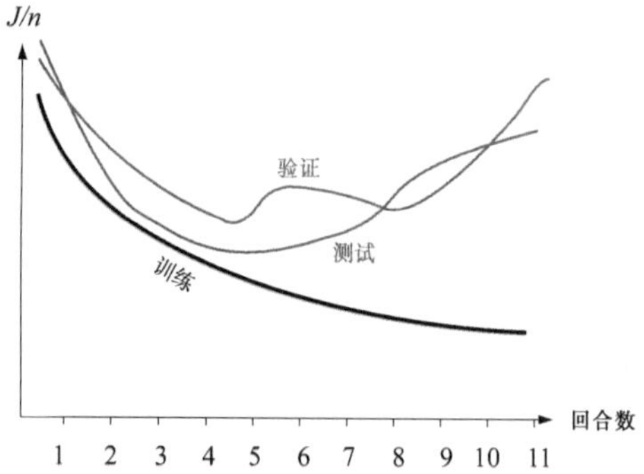

图 6-6 学习曲线显示的是误差准则函数作为训练总量的一个函数。训练总量一般用回合数表示(或者全部训练集提供的次数)。画出单个模式的平均误差图,也就是 $1/n\sum_{p=1}^{n} J_p$。每个模式的“验证误差”和“测试误差”(或广义误差)实际上总是比“训练误差”大。在有些协议中,训练在验证集误差最小的时候停止

6.4 误差曲面

既然反向传播基于准则函数的梯度下降法，我们可以通过研究误差曲面，即函数 $J(\mathbf{w})$，来认识和理解这个算法。当然，这个误差曲面取决于训练和分类任务；然而也存在一条适用于各种实际模式识别问题的误差曲面的通用特性。一个我们关心的问题就是局部极小值；如果有太多的局部极小值充斥在误差表面上，网络就不大可能找到全局最小值。下面我们将要看看这是否一定会导致很差的执行性能。平坦区域的存在也是一个问题，这些区域的误差几乎不随权值的变化而变化。如果这些平坦区域非常多，根据算法 1 和 2 我们可想而知训练必定非常慢。由于训练一般由小的权值开始，$\mathbf{w}\approx\mathbf{0}$ 邻域的误差曲面就可以决定下降的大体方向。这个区域的误差有什么特点呢？绝大多数被关注的实际问题都是高维的。高维误差函数有什么普遍的特性吗？

我们现在就直观考察一些网络系统，来探索上面的问题。

6.4.1 一些小型网络

考虑最简单的三层非线性网络，该网络在这里解决的是一维的 2-类分类问题。图 6-7 中显示的就是 1-1-1 S 形网络（含偏置）。图中所示的数据是线性可分的，最佳判决边界（也就是 $x_1=0$ 附近的某点）将这两个类别分开。在学习过程中，当权值降到全局极小值，就解决了这个问题。

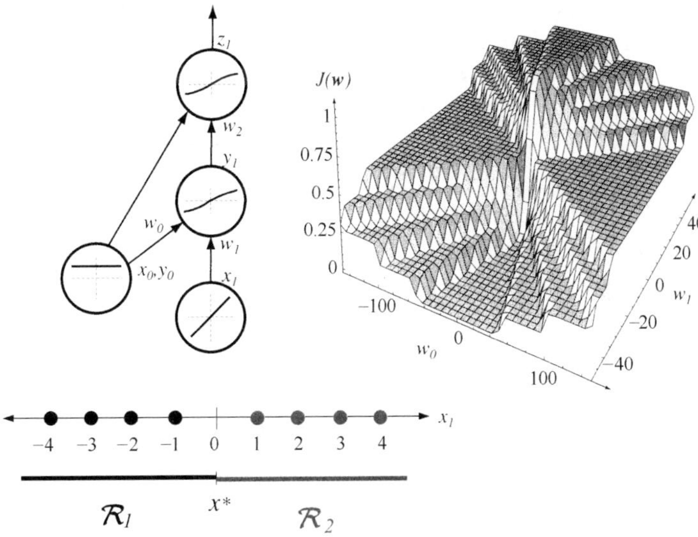

图 6-7 8 个一维模式（每类各 4 个）用一个具有较陡的 S 形隐含和输出单元（含偏置）的 1-1-1 型网络来学习。作为 ω_0 和 ω_1 的函数的误差曲面也显示在图上，其中偏置已被赋为最终值。网络初始权值是随机的，通过随机训练，误差降到全局极小值，如图轨迹所示。注意这里存在一个低误差的解，它对应的判决边界确实把训练点正确地分成两类

这里误差曲面有一个单一（全局）极小值，这个极小值使得判决点把模式分为两个类别。误差曲面上不同的平坦区域粗略地对应不同数量的恰当分类的模式；这个例子中错误分类的模式的数目最大是 4。那些平坦区域，也就是权值变化不引起误差变化的区域，在这里对应于具有大致相同判决的权值集。当 ω_1 增加且 ω_2 变成更小的负数时，误差曲面表明误差值没有变，这个结果可以通过观察网络自身来进行非正式的验证。

现在考虑将同样的网络应用到另一个更难的一维问题，即一个一维线性不可分问题（图 6-8）。首先，可以发现总的误差曲面应该比图 6-7 中的稍微高一些，因为即使最好的可达方法也会导致一个模式被错误分类。跟前面的一样，误差曲面上的不同的平坦区对应于不同数目的已经学习了的模式。然而，不应该把误差平方与分类误差相混淆。比如，这里有两种一

般的错分方式，但有着不同的误差。恰好一个 1-3-1 网络（不是 1-2-1 网络）可以解决这个问题（上机练习 3）。

这些简单的例子能清楚地显示出权值、判决边界以及误差之间对应关系。从中，我们可以看到解决问题的过程对应怎样的误差值降低过程，并且还可以发现当存在一组权对应几乎相同的判决边界时就会出现平坦区。而且，靠近 $\mathbf{w}\approx\mathbf{0}$ 的区域（传统的学习起始区）的误差比较大，而恰好在该区域附近有很大的坡度。如果起始点有所不同，网络还是会下降到相同的最终权值。

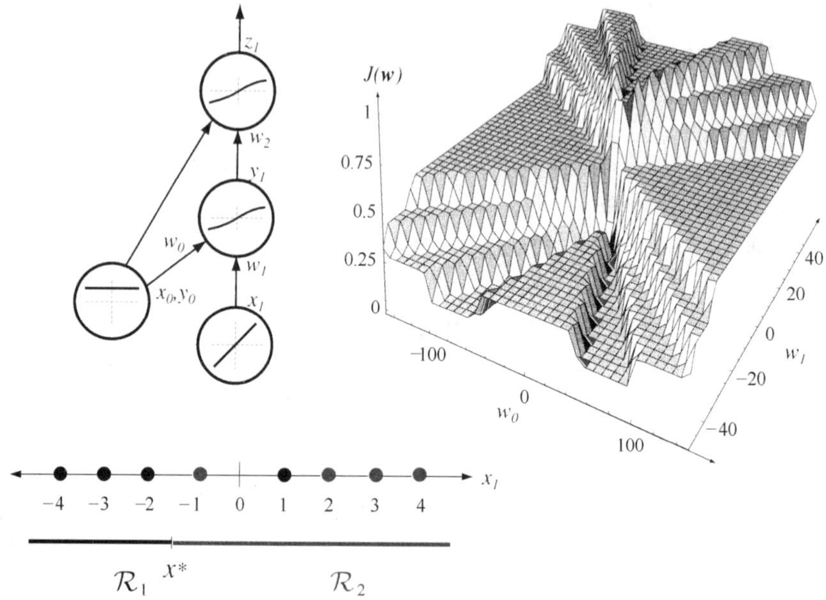

图 6-8 和图 6-7 相似，只是这里的模式是线性不可分，误差曲面比图 6-7 里的也要稍微高一些。同时注意误差曲面上有两种形式的极小误差解；它们对应 $-2<x^*<-1$ 和 $1<x^*<2$，其中有一个模式被误分

6.4.2 异或问题

有一个我们曾经看过的更复杂一些的问题，即异或（XOR）问题。图 6-9 显示的是一个带偏置的 2-2-1 S 形网络的九维权值空间的几种二维片段。这些片段包含误差的一个全局最小。

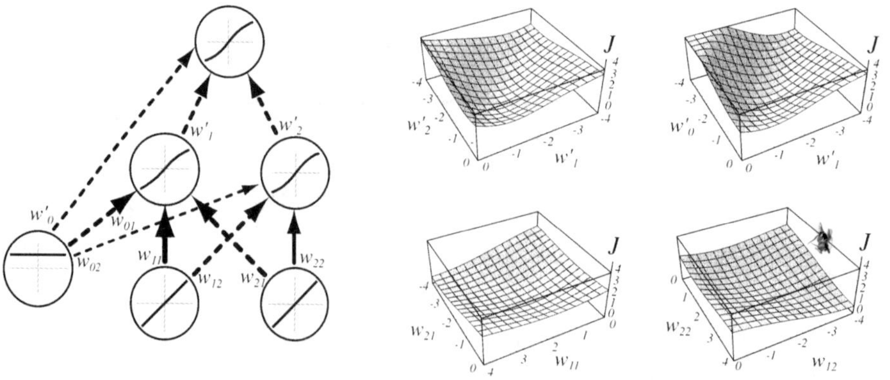

图 6-9 一个解决 XOR 问题的 2-2-1 网络在充分训练后的九维误差曲面里的二维层面

首先应该注意到，这里误差作为一个单个权值的函数的变化比图 6-7、6-8 的问题中误差的变化要来得平稳。这是因为在大网络中单个权值对输出的平均贡献相对要小一些。脊、谷

以及其他各种形状都可以在这个误差曲面上找到。这些极小值对应于 3 种(而不是 4 种)模式分类的解。虽然我们很难用图形来说明,但是误差曲面对于某种离散置换(permutation)是不变的,举例说明,如果两个隐单元的标识对换,且权值也适当改变,误差曲面的形状是不会受影响的(习题 13)。

6.4.3 较大型的网络

可惜的是,我们从考虑小网络的误差曲面所得到的知识,仅仅是给出了大网络怎样运行的一些启示而已,而且有时还很容易引起误导。对于一个具有很多权值、解决较复杂的高维分类问题的网络,随单个权值的改变,误差变化将十分缓慢。并且,误差曲面还可能具有低槽、山谷、峡谷及其他大量的形状。 295~298

尽管低维空间里局部极小值非常多,高维空间里局部极小值问题却有所不同:在学习过程中,高维空间可以给系统提供更多的方式(维数,或自由度)以"避开"障碍或局部极大值。权值个数越过剩,网络越不可能陷入局部极小值。然而,由于存在"过拟合"的危险,网络的权值过分多也是不合要求的,这点将在 6.11 节中讲到。

6.4.4 关于多重极小

多重局部极小出现的可能性正是我们运用迭代梯度下降法的原因之一。解析法找到一个单一全局极小值的可能性很小,尤其是在高维权值空间中。在实际计算中,我们不希望网络陷入具有高的训练误差的局部极小值,因为这通常表明问题的主要特征没有被网络所学会。在这种情况下,常规做法是重新初始化权值再训练一遍,有可能还要改变网络中其他参数(6.8 节)。

在很多问题中,如果误差已经相当低,那么收敛到一个非全局极小值也是可以接受的。而且,由于一般还有停止准则的作用,训练甚至在到达极小值之前就终止,所以网络一定朝着一个全局极小值收敛以达到可接受的性能并不是一件很重要的事了。总之,多重极小值的存在在网络训练中并没有显出多大的困难,一些简单的启发信息通常可以克服这些问题(6.8 节)。

6.5 反向传播作为特征映射

既然隐含层到输出层是一个线性判别函数,多层神经网络所提供的新的计算能力可以归因于输入层到隐含层单元上的表示的非线性弯曲(warping)能力。我们再次借助于 XOR 问题来考察这个变换。

图 6-10 是一个针对 XOR 问题的三层网络。对于 x_1x_2 空间的任何输入模式,我们都可在 y_1y_2 空间显示两个隐单元对应的输出。在初始权值很小的情况下,每个隐单元的净激活是很小的,因此它们的转换函数的线性部分就用上了。这个从 $\mathbf{x}$ 到 $\mathbf{y}$ 的线性转换使模式线性不可分(习题 1)。然而,随着学习的进行,输入层到隐含层的权值在数值上增加,隐含层单元的非线性弯曲并扭曲了从输入层到隐含层单元空间的映射。在学习过程的末尾,由隐含层到输出层的权值得出的线性判决边界是用虚线表示的。输入层的非线性可分问题也就转化成了隐含层单元的线性可分问题。

我们可以用 3 位奇偶校验问题来描述这个扭曲问题。如果输入中的 1 的个数是奇数,那么输出为+1,否则为−1,也就是 XOR 或 2 位奇偶校验问题的一般化(图 6-11)。和前面一样,在学习的早期,隐含层单元在它们的线性范围内进行操作,从而其变换后的数据仍然线性不可分——来自两个类别的模式位于一个立方体的可能顶点(alternating vertex)上。如图所示,经学习后,权值变大,隐单元的非线性表现出来,模式也被移动而变得线性可分了。 299

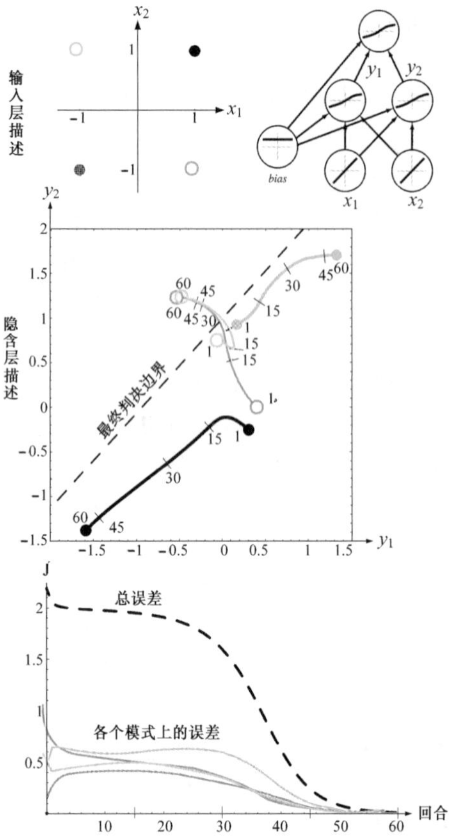

图 6-10　图中所示为一个 2-2-1 反向传播网络(含偏置)以及四模式 XOR 问题。中间那幅图显示 4 种模式所对应的隐单元的 4 种输出。在整个网络的学习过程中,这些输出穿过了 $y_1 y_2$ 空间。在这个空间,在训练的早期(epoch 1)时这两个类别并不是线性可分的。随着输入层到隐含层权值的学习,类别变成了线性可分。虚线是学习的后期时由隐含层到输出层权值所决定的线性判决边界;两类模式的确是被这个边界分开的。最底端的图显示的是学习曲线——定义在各个模式上的误差以及总误差作为回合的函数。注意经常出现的现象是,尽管单个模式上的误差不是单调减小,总的训练误差却是单调减小的

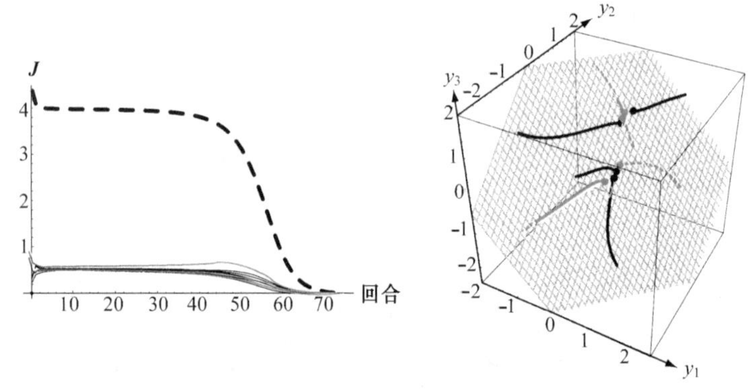

图 6-11　一个 3-3-1 反向传播网络(含偏置)的确可以解决 3 位奇偶校验问题。系统学习时,8 个模式在隐单元($y_1 y_2 y_3$ 空间)的表示以及平面判决边界都是在学习末期由隐含层到输出层权值给出。两类模式确实被这个平面分开。学习曲线显示了单个模式的误差以及作为回合的函数的总误差 J

图 6-12 所示为一个二维的两类问题以及具有 S 形隐单元的 2-2-1 和 2-3-1 网络的模式表示。注意,在只有两个隐单元的网络中,类别已经分开,不过还不足以达到无误差分类。网络的表达能力还不够高。与之相比,三隐单元的网络却可以分开这些模式。一般而言,在 sigmoid 型网络中只要给出足够多的隐单元,任何不同模式集都可以用这种方法学习。

6.5.1　隐含层的内部表示——权值

除了关注网络对模式的变换过程的可视化表示,我们也可以考虑学习过的权值的表示。既然隐含层到输出层的权值只导出一个线性判别式,所以输入层到隐含层的权值才更有意义。特别地,单个隐单元的权值描述了导致隐单元最大激活的输入模式,类似于一个“匹配滤波器”(6.10.3 节)。由于隐单元的激活函数是非线性的,因而它与经典方法如匹配滤波器的对应关

系是不精确的。然而有时，把隐单元处理过程看成寻找“特征组合”(feature grouping)的过程却是很方便的，该特征组合过程对由隐含层到输出层权值实现线性分类是十分有用的。

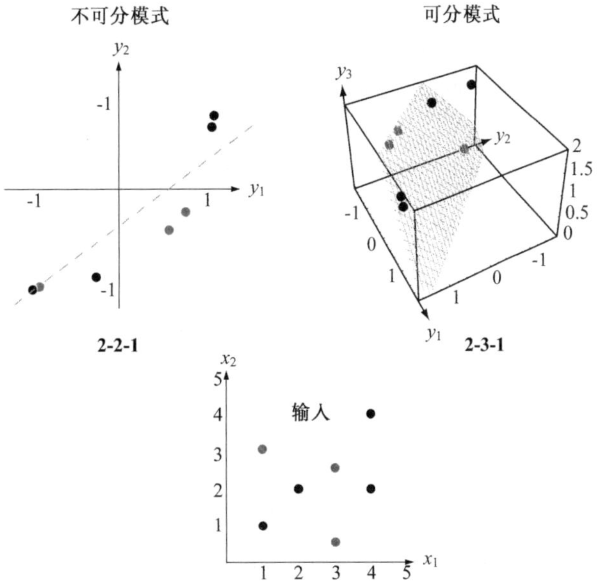

图 6-12 底部图为一个二维两类非线性可分分类问题的 7 种模式。左上图为一个已经把误差完全训练到全局极小值的 2-2-1 S 形网络(含偏置)的隐单元表示。用隐含层到输出层的权值来执行的线性边界用灰色虚线显示。注意，类别几乎在 $y_1 y_2$ 空间线性可分，只有一个训练点被误分了。右上图是模拟一个完全训练的 2-3-1 网络(含偏置)的隐单元表示。由于隐含层的高维表示能力，现在类别变得线性可分；学习过的隐含层到输出层的权值确实得出了一个将类别分开的平面

图 6-13 所示为输入层到隐含层的权值，显示为图像，用来完成简单的字符识别。注意其中一个隐单元似乎“调谐”到或“匹配”到一对水平条，而另一个调谐到一个较低的水平条。这些特征组合都用于构造所呈现模式的各部分。但是，在较复杂的高维问题中，学习后的权值的模式不可能只与我们主观认为的对任务比较适合的特征简单地相关。这可能是因为我们会误会什么是真正的、相关的特征组合；特征间的非线性交互作用可能在某个问题中比较有意义，而且该交互作用并不会在单个隐单元上的权值的模式中显现；或者网络可能具有太多权值，从而对个别特征的选择率较低。因此，尽管对学习后的权值的分析是有启发意义的，但整个过程必须慎重对待。

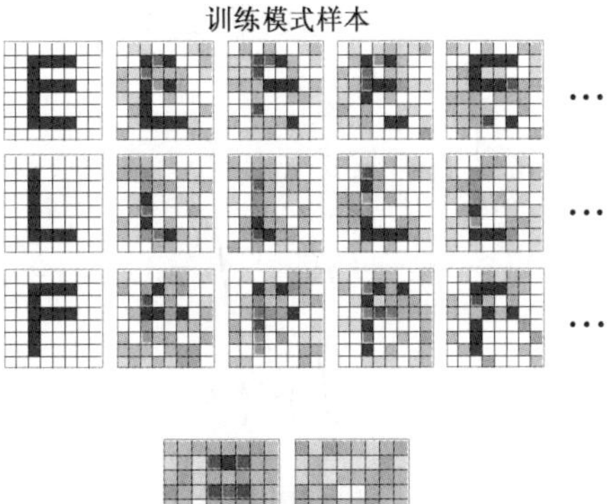

图 6-13 上部的图形表示的是从用来训练对 3 个字符进行分类的 64-2-3 S 形网络的训练集中选出的一些模式。下部的图形显示的是训练后两个隐单元的输入层到隐含层的权值(用模式表示)。注意这些学习后的权值的确描述了用来分类的特征分组形式。但在大型网络中，这些学习后的权值的模式却很难用上述方式解释

一般很难用输入特征来描述隐含层到输出层的权值。不仅隐含层单元自己已经编码了某种抽象模式，而且隐含层单元没有类似于输入单元的自然排序或组织(图 6-13)。再加上隐单元的输出与输入非线性相关，这些使得隐含层到输出层的权值的分析比较困难。我们可以做的是，绘出隐单元的与所关心的输出发生强烈联系的输入权值的模式(上机练习 9)。 300~302

6.6 反向传播、贝叶斯理论及概率

尽管多层神经网络显得有些专门化(ad hoc),我们现在可以证明,当采用均方差准则进行反向传播训练时,多层神经网可产生一个相应于贝叶斯判别函数的最小二乘判别。

6.6.1 贝叶斯判别与神经网络

正如第 5 章中所看到,LMS 算法计算了两层网络的贝叶斯判别函数的逼近。我们现在用两种方法推广这个结论:推广到多类别和推广到用三层神经网络执行的非线性函数。我们用图 6-4 的网络,$g_k(\mathbf{x};\mathbf{w})$是第$k$个输出单元的输出——判别函数对应类别 ω_k。首先回忆贝叶斯公式

$$P(\omega_k|\mathbf{x})=\frac{p(\mathbf{x}|\omega_k)P(\omega_k)}{\sum_{i=1}^{c}p(\mathbf{x}|\omega_i)p(\omega_i)}=\frac{p(\mathbf{x},\omega_k)}{p(\mathbf{x})} \tag{23}$$

以及对任意模式 $\mathbf{x}$ 的贝叶斯判别:选取具有最大判别式函数 $g_k(\mathbf{x})=P(\omega_k|\mathbf{x})$的类 ω_k。

假设我们根据

$$t_k(\mathbf{x})=\begin{cases}1 & \mathbf{x}\in\omega_k\\ 0 & \text{其他}\end{cases} \tag{24}$$

训练一个有 c 个输出单元及一个目标信号的网络。(实践中,如 6.8 节所示,教师信号为±1比较常用。为了简化计算我们在这个推导中用 0-1 值。)对有限个训练样本 $\mathbf{x}$ 的给予单个输出单元k的准则函数的贡献是

$$\begin{aligned}J(\mathbf{w})&=\sum_{\mathbf{x}}[g_k(\mathbf{x};\ \mathbf{w})-t_k]^2 \qquad (25)\\ &=\sum_{\mathbf{x}\in\omega_k}[g_k(\mathbf{x};\ \mathbf{w})-1]^2+\sum_{\mathbf{x}\notin\omega_k}[g_k(\mathbf{x};\ \mathbf{w})-0]^2\\ &=n\left\{\frac{n_k}{n}\frac{1}{n_k}\sum_{\mathbf{x}\in\omega_k}[g_k(\mathbf{x};\ \mathbf{w})-1]^2+\frac{n-n_k}{n}\frac{1}{n-n_k}\sum_{\mathbf{x}\notin\omega_k}[g_k(\mathbf{x};\ \mathbf{w})-0]^2\right\}\end{aligned}$$

其中 n 是训练模式的总数量,ω_k中有 n_k个。在数据取极限情况下,我们可以用贝叶斯公式来表
303 述式(25)如下(习题 17):

$$\begin{aligned}\lim_{n\to\infty}\frac{1}{n}J(\mathbf{w})&\equiv\tilde{J}(\mathbf{w})\\ &=P(\omega_k)\int[g_k(\mathbf{x};\ \mathbf{w})-1]^2p(\mathbf{x}|\omega_k)d\mathbf{x}+P(\omega_{i\neq k})\int g_k^2(\mathbf{x};\ \mathbf{w})p(\mathbf{x}|\omega_{i\neq k})\,d\mathbf{x}\\ &=\int g_k^2(\mathbf{x};\ \mathbf{w})p(\mathbf{x})d\mathbf{x}-2\int g_k(\mathbf{x};\ \mathbf{w})p(\mathbf{x},\omega_k)d\mathbf{x}+\int p(\mathbf{x},\omega_k)\,d\mathbf{x}\\ &=\int[g_k(\mathbf{x};\ \mathbf{w})-P(\omega_k|\mathbf{x})]^2p(\mathbf{x})\,d\mathbf{x}+\underbrace{\int P(\omega_k|\mathbf{x})P(\omega_{i\neq k}|\mathbf{x})p(\mathbf{x})d\mathbf{x}}_{\text{独立于 }\mathbf{w}} \qquad (26)\end{aligned}$$

反向传播规则改变权值以最小化式(26)左边,从而最小化

$$\int[g_k(\mathbf{x};\ \mathbf{w})-P(\omega_k|\mathbf{x})]^2p(\mathbf{x})\,d\mathbf{x} \tag{27}$$

由于这对每个类别ω_k($k=1,2,\cdots,c$)都成立,反向传播训练规则使得它们的和达到最小(习题 22):

$$\sum_{k=1}^{c}\int [g_k(\mathbf{x};\ \mathbf{w}) - P(\omega_k|\mathbf{x})]^2\ p(\mathbf{x})\,d\mathbf{x} \tag{28}$$

这样当样本数量趋于无穷极限时，已训练过的网络的输出将可以近似成一个最小二乘（least-square）意义上的后验概率（posteriori probability），也就是说，输出单元表示一个后验概率，

$$g_k(\mathbf{x};\ \mathbf{w}) \approx P(\omega_k|\mathbf{x}) \tag{29}$$

但是我们在解释这些结果的时候要很小心。一个关键假设是网络的确可以表示函数 $P(\omega_k|\mathbf{x})$；如果隐含层单元个数不够多，这个假设是不成立的。然而，以上结论显示，神经网络具有非常理想的极限特性。

6.6.2 作为概率的输出

在前面的小节里，我们用 0-1 目标值对网络进行训练，这样 c 个输出单元就可以近似表示概率。当确实能给出无限个训练数据时，输出确实代表概率。但是如果这个条件不成立——特别是我们只有有限个训练数据——输出将不能表示概率。比如，我们不能保证它们的和为 1.0。实际上，如果网络输出的和，在输入空间的某个范围内，跟 1.0 相差太远，那么它表明网络没有精确地逼近这个后验值。因此可以调节网络拓扑、隐单元数，或网络的其他环节（6.8 节）。

一个逼近概率的方法是选择指数型的输出单元非线性函数，而不是 sigmoid 型——$f(net_k)\propto e^{net_k}$——并对每种模式将输出和归一化为 1.0， 304

$$z_k = \frac{e^{net_k}}{\sum_{m=1}^{c} e^{net_m}} \tag{30}$$

并用 0-1 目标信号进行训练。这就是 softmax 方法，是"胜者全取"（winner-take-all）非线性函数的光滑版本或连续版本。胜者全取非线性中的最大输出值被转换成 1.0，所有其他输出都减小到 0.0。对每个类别 ω_k 隐单元的表示 $\mathbf{y}$ 可以假定来自一个指数分布（习题 20，上机题 10），对此，softmax 可以给出理论上的证明。

这样，一个用这种方式训练的神经网络分类器可以近似后验概率 $P(\omega_i|\mathbf{x})$，并且它依赖于类别的先验概率。如果将一个已训练好的网络应用于先验概率发生变化的场合，那么可以根据这些先验值的比例重新调节每个网络的输出，$g_i(\mathbf{x})=P(\omega_i|\mathbf{x})$，这是一件很容易的事。当网络将被用于概率估计时，softmax 法是比较合适的。如果网络输出的概率确实是用于分类时，其他一些表示——比如，在输出可以为正或者负，且不需要和为 1.0 的地方——也是可取的。对此，我们将在 6.8.4 节中讨论。

*6.7 相关的统计技术

尽管网络的图形、拓扑表示非常有用且直观，但不能忘了实际执行的前馈运算的数学运算由(7)式表示。许多其他的统计技术都有与该式类似地表示。比如，投影寻踪回归（projection pursuit regression），或简称投影寻踪，执行下式：

$$z = \sum_{j=1}^{j_{max}} w_j f_j(\mathbf{v}_j^t\mathbf{x} + v_{j0}) + w_0 \tag{31}$$

这里，每一对 $\mathbf{v}_j$ 和 v_{j0} 确定输入 $\mathbf{x}$ 到 j_{max} 个不同的 d 维超平面中的一个的映射关系。这些映射通过非线性函数 $f_j(\cdot)$ 来变换，并且输出单元是许多这个函数的值的线性累加。一般可以采用 S 形和高斯函数。$f_j(\cdot)$ 被称为"脊函数"（ridge function），这是因为对于 $f_j(\cdot)$ 的尖峰而言，系

统的输出就像是二维输入空间上的一条脊线(ridge line)。式(31)实现的是到标量函数 z 的一个映射;在一个 c 类分类问题中将有 c 个这样的输出。在实际计算中,这些参数被成组地学习以最小化一个 LMS 误差——例如,首先是 $\mathbf{v}_1$ 的分量及 v_{10},然后是 $\mathbf{v}_2$ 及 v_{20},直到 $\mathbf{v}_{j\,max}$ 及 $v_{j\,max0}$,再是 ω_j 及 ω_0,重复直到收敛。

该模型与我们所看到的三层神经网络有关,其中 $\mathbf{v}_j$ 和 v_{j0} 类似于一个隐单元上的输入层至隐含层的权值,并且其有效输出单元是线性的。在这个模型的隐单元上非线性函数 $f_j(\cdot)$ 比 sigmoid 更一般,其自由参数也比 sigmoid 函数的多。而且,模型的输出允许比 1.0 更大,这可能对一般的回归任务很有必要。而对我们所考虑的分类任务,一个饱和的输出(比如一个

305 sigmoid 函数)将更加合适。

另一个与多层神经网络相关的技术是广义叠加模型(generalized additive model),如下所示:

$$z = f\left(\sum_{i=1}^{d} f_i(x_i) + w_0\right) \tag{32}$$

其中 $f(\cdot)$ 通常还是选择 sigmoid,函数 $f_i(\cdot)$ 对输入特征的运算是非线性的,有时也选为 sigmoid。通过迭代调节各个分量非线性 $f_i(\cdot)$ 的参数来训练该模型。其实,6.2 节中基本的三层神经网络实现的就是广义叠加模型的一个特例(习题 24),尽管采用的训练方式不一样。

还有一个具有很多可调参数的极其灵活的技术是多元自适应回归样条(multivariate adaptive regression spline ,MARS)。在此技术中,局部样条函数(具有连续可导性质的多项式)在初始化过程中被用到。这里的输出是 M 个样条的乘积的加权和:

$$z = \sum_{k=1}^{M} w_k \prod_{r=1}^{r_k} \phi_{kr}(x_{q(k,r)}) + w_0 \tag{33}$$

其中第 k 个基函数是 r_k 个一维样条函数 ϕ_{kr} 的乘积,w_0 是一个标量偏移。样条取决于输入值 x_q,比如一个输入的特征分量,此索引记为 $q(k,r)$。显然,在一个 c 类问题中,每一个类别将有这样的一个输出。

总的来看,MARS 的训练开始于依次沿每一个特征维将数据拟合成样条函数。与数据在误差平方和意义上拟合最好的样条,被保留下来。这就是式(33)中 $r=1$ 的项。接下来,依次考虑其他的每个特征维。对这样的每一维而言,候选样条的选取是利用该样条与先前选取的样条拟合的乘积进行新的拟合,从而给出 $r=1\to2$。这样第二个最好的样条也被保留下来,从而给出 $r=2$ 项。依此类推,样条个数将不断地增加到某个值 r_k,从而获得期望的拟合结果。权值 w_k 通过一个 LMS 准则的梯度下降法进行学习。

出于多种原因,目前实际当中,应用于模式识别研究的多层神经网络已经代替了所有的投影寻踪、MARS 及早期的有关统计技术。反向传播算法比投影寻踪和 MARS 中的学习要简单,尤其在训练模式数和维数较多的情况下;启发式信息可以更简单地嵌入到神经网络中(6.8.12 节);网络允许大量的简化和规则化方法(6.11 节),这在早期方法中并没有直接的对应部分。并且,利用附加的训练数据来改进一个训练好的神经网络,通常比修改基于投影寻踪或 MARS 的分类器要容易一些。

6.8 改进反向传播的一些实用技术

到目前为止,为了简化起见,我们已经忽略了许多实际因素。尽管以上的分析是正确的,

但是,对算法过程的不成熟的实现将导致较慢的收敛速度、较差的执行效果或者其他一些不理想的结果。因而现在我们回过来看一些改进反向传播训练的实用建议。尽管很难给这些建议 306
以严格的数学证明,但它们是基于大量已经认可的启发式经验,并且在许多实际应用中被证明很有用。

6.8.1 激活函数

对于 $f(\cdot)$我们总期望它具有很多优良的性质,但是我们不能忘记如下事实,即只要几条简单性质(如 $f(\cdot)$的连续性以及它的可导性)能够得到满足,那么反向传播就对任何激活函数有效。在任一给定的分类问题中,我们有理由选择某个特定的激活函数。比如,如果我们具有这样的先验信息,即分布是由混合高斯分布所引起的,那么高斯形式的激活函数将是一个恰当的选择。

当没有这样的相关先验信息的指导时,我们将如何要求 $f(\cdot)$的一般性质呢?当然,首先要求 $f(\cdot)$必须存在非线性——否则三层网络将不提供高于两层网络之上的任何计算能力(习题 1)。第二个期望的性质是饱和性——存在最大输出值和最小输出值,这可以限定权值和激活函数的上下边界,因而使得训练次数也是有限的。当输出代表一个概率时,饱和性尤为重要。它在生物神经网络模型中也是很重要的,其中输出代表神经兴奋率。在用于回归的网络中它就不那么重要了,因为其中要求有一个较大的动态范围。

第三个性质是连续性和光滑性——$f(\cdot)$和 $f'(\cdot)$在它们的整个自变量范围内都有定义。回想这样一个事实,$f(\cdot)$的导函数的存在性对推导反向传播学习规则中是至关重要的。因此,该规则将不能工作在阈值函数和符号函数上。反向传播可以工作在分段线性函数上,但这样会增加复杂性而并没有带来多大的效益。

单调性是 $f(\cdot)$的另一个方便但并非必要的性质——我们可能希望它的导函数在整个自变量范围内具有相同的符号,比如,$f'(\cdot)\geqslant 0$。如果 f 不单调且具有多个局部最大值,将在误差曲面上引入附加的和不希望出现的极值。如果采取适当的措施,可以使用非单调激活函数如径向基函数(radial basis function)(6.10.1 节)。另一个期望的性质是当 *net* 值较小时具有线性特性,这使得系统在误差较低时,能够实现一个线性模型。

有一类函数具有以上期望的所有性质,即 S 形函数,例如双曲正切函数 $\tanh(\cdot)$。S 形函数是光滑、可微、非线性且饱和的。如果网络权重较小,它也能实现线性模型。另外一个好处是导函数 $f'(\cdot)$容易用 $f(\cdot)$本身来表达(习题 10)。

在多项式分类器中提到使用 $x_1, x_2, \cdots, x_d, x_1^2, x_2^2, \cdots, x_d^2, x_1x_2, \cdots, x_1x_d$ 等形式的激活函数。训练也是采用梯度下降法。它们的缺点之一是隐单元的输出(φ 函数)对哪怕实际问题来说都会变得非常大(习题 29)。通过引入饱和的 sigmoid 型的激活函数,神经网络可以避免这个问题。

隐含层的 sigmoid 单元提供了输入层的一个分布式的或全局性的表示。也就是说,任何特定的输入 $\mathbf{x}$ 可能通过某几个隐单元产生激发信号。相反,如果隐单元具有仅对一个小范围内的输入产生有意义响应的激活函数,那么一个输入 $\mathbf{x}$ 通常会导致更少的隐单元被激活从而 307
得到一个局部表示(当然,最近邻分类器采用的也是局部表示法)。实践中经常会发现,当只有少数训练点时,分布式的表示将是最优的,因为有更多的数据将影响给定输入区域内的后验概率。

由于以上原因,sigmoid 函数是使用最广泛的激活函数,在以下的大多数情况下我们将主要采用 sigmoid 函数。

6.8.2 sigmoid 函数的参数

假定我们要使用 sigmoid 型的激活函数，那么剩下的工作就是要设定一些参数。最好使函数以 0 为中心并且反对称，或者是一个"归"函数即 $f(-net)=-f(net)$，而不是恒为正值的函数。与 6.8.3 节中所述的数据预处理方法在一起，反对称的 sigmoid 可获得更快的学习速度。输入变量和激活函数的非零均值会使赫森矩阵的本征值变得很大(6.9.1 节)，这将减慢学习速度，以下我们将会看到。

具有下列形式的 sigmoid 函数可以很好地工作：

$$f(net) = a\tanh(b\,net) = a\left[\frac{1-e^{-b\,net}}{1+e^{-b\,net}}\right] = \frac{2a}{1+e^{-b\,net}} - a \tag{34}$$

在这里，函数的动态范围和斜率并不重要，因为影响学习的只是与参数集之间的关系，这些参数包括学习率、输入信号和目标信号的幅值等(习题 23)。为了方便，在式(34)中我们取 $a=1.716$ 和 $b=2/3$——从而保证 $f'(0)\approx 0.5$，并且线性范围为 $-1<net<+1$，以及二阶导数的极值大致发生在 $net\approx\pm 2$ 处(图 6-14)。

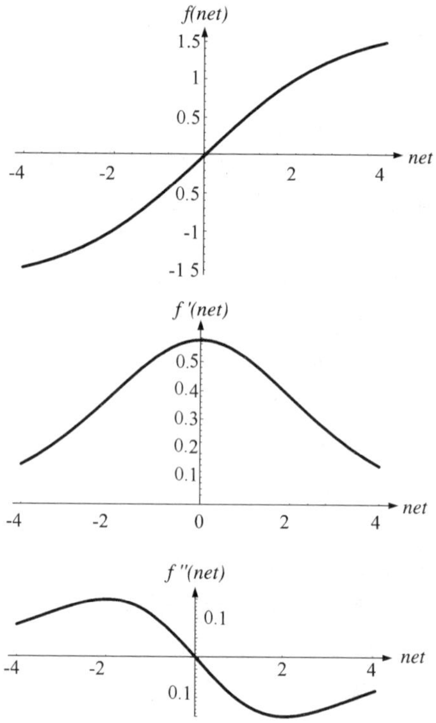

图 6-14 一个有用的激活函数是一个反对称的 sigmoid 函数。对于正文中给定的参数，$f(net)$ 在 $-1<net<+1$ 范围内几乎是线性的，它的二阶导数 $f''(net)$ 在 $net\approx\pm 2$ 附近取得极值

6.8.3 输入信号尺度变换

假设我们使用 2-输入的网络，利用质量(以克为单位)和长度(以米为单位)特征来对鱼进行分类。这种表示法对于一个神经网络分类器来说将具有严重的不足之处：质量的数值将比长度的数值大几个数量级。在训练的过程中，网络将更多的根据质量输入来调节权值——从而误差率几乎不依赖于数值很小的长度值。但是，如果采用同样的物理信息，而质量用千克做单位，长度用毫米做单位，情况就会反过来。当然我们不希望我们的分类器仅根据这些特征中的某一种做判断，仅仅因为它们在(数值)表示上有所不同。甚至对于采用相同单位但不同的(数值)幅度的特征也会产生困难——比如，一条鱼的长度和鱼鳍的厚度均以 mm 为单位进行

测量。

为了避免这样的困难发生，输入模式必须重新进行尺度变换(scaling)，从而使得在全部训练集上，每个特征的均值为 0，并且都具有相同的方差——这里取 1.0，其原因将在 6.8.8 节中阐明。也就是说，必须进行训练数据的“规格化”(normalization)。这种“规格化”的作用同第 2 章提到的应用于训练集上的白化处理类似，只需要在网络训练开始前做一次，即一劳永逸，计算负担并不大(习题 27)。规格化只能够在随机学习和成批学习协议中做，而不能在在线学习协议中做，因为在其中任意一次学习中不可能得到整个数据集。当然，任意的测试模式在被网络分类之前也必须通过同样的规则进行规格化。

6.8.4 目标值

对于模式识别来说，典型的方法是以模式样本和它的类别标记做训练，从而采用“c 中取 1”的方式来表示目标向量。由于输出单元在 ±1.716 处达到饱和(图 6-14)，我们可能会想当然地认为目标值就应该是这个值，但是，这会引起困难：对于任意有限的 net_k 值，输出永远不可能达到饱和值，一定存在误差，整个训练过程将因此无法终止，因为随着 net_k 趋向于 $\pm\infty$，权值将变得非常大。

通过利用教师信号 +1 和 −1(例如 +1 代表目标种类，−1 代表非目标种类)可以避免以上困难。比如，在一个四类问题中，如果模式属于种类 ω_3，则应该使用如下的目标矢量：$\mathbf{t}=(-1,-1,+1,-1)^t$。显然，这种目标值的取法可产生有效的类别学习——此处的输出并不代表一个后验概率(6.6.2 节)。 308~309

6.8.5 带噪声的训练法

当训练集很小时，可以构造一个虚拟的或替代的训练模式来使用，就好像它们是从源分布中抽样出来的正常的训练模式。在没有具体的特定信息时，一个自然的假设就是此替代模式应该加入一个 d 维高斯噪声以获得真实的训练点。特别地，对于 6.8.3 节中所述的规格化的输入信号，附加噪声的方差应该小于 1.0(如 0.1)，且类别标记保持不变。这种有噪声的训练方法实际上可用于任一分类方法，尽管对于高度局部化的分类器(如基于最近邻法的分类器)，它通常并不改善准确率。

6.8.6 人工“制造”数据

如果我们掌握有关模式畸变特性的先验知识，比如，某种“几何不变性”，我们可以人工“制造”(manufacturing)出一些能传达更多信息的训练数据，以代替 6.8.5 节的加有不相关噪声的训练方法。例如，在一个光学字符识别问题中，一输入图像可能以不同角度旋转。因此在训练过程中我们可以选取任意特定的训练模式，并将图像旋转以“制造”出新的训练点，这样可构成一更大的训练集。类似地，我们尺度化一个模式，进行简单的图像处理以模拟出某个黑体字符，等等。如果我们具有预期的旋转角度的范围信息，或者字符笔画的宽窄，则可以“制造”相应的数据。

尽管此方法等价于在最大似然法中嵌入先验信息，但它通常更易于实现，因为我们仅需要构造模式的前向模型。同“加噪声的训练法”一起，“制造”数据的方法可用于大量的模式识别方法中。缺点是需要很大的存贮空间以及整体训练比较慢。

6.8.7 隐单元数

尽管输入和输出单元数分别由输入向量的维数和类别数目决定，但隐单元个数并不简单地与此分类问题的外在特性相关。隐单元个数 n_H 决定了网络的表达能力——从而决定了判决边界的复杂度。如果模式较易分开或线性可分，那么仅需要较少的隐单元；相反，如果模式是从具有较高分散性的复杂概率密度中抽取的，则需要更多的隐单元。在没有更多信息的情况下是没有简单方法可以在训练之前设置隐单元数的。

图 6-15 显示了仅在隐单元个数上有所差别的网络的两类分类问题的训练错误和测试错误。对于较大的 n_H，训练误差率可变得较小，这是因为此网络具有较高的表达能力，可精细地调谐到特定的训练集上。但是，在这种场合下，对测试样本的误差率会高到令人无法接受的地步，是一个“过拟合”的例子，我们将在第 9 章中再次提出这个问题。另一个极端是，如果隐单元数太少，网络将不具备足够的自由度以较好地拟合训练数据，测试误差率依然很高。对隐单元数目，需要寻找某折中值，以获得较低的测试误差率。

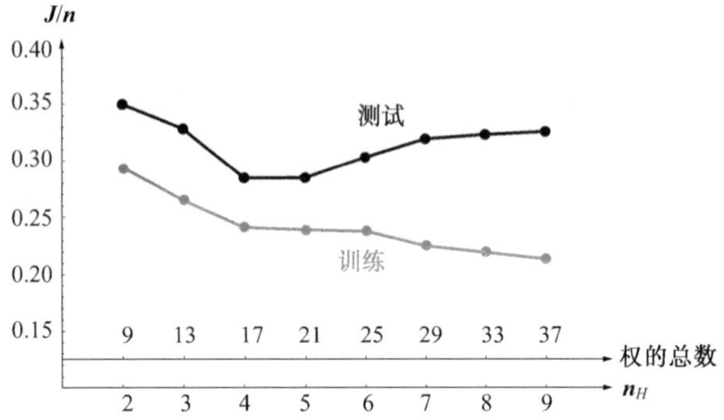

图 6-15 对于充分训练的网络在隐单元数 n_H 不同的情况下，每个模式的分类误差率。每个 2-n_H-1 网络（有偏置）由两类样本中每一类的 90 个二维模式进行训练，这些模式是从 3 个高斯分布的混合分布中取样出来的，因此 $n=180$。测试误差率的最小值取在范围 $4 \leqslant n_H \leqslant 5$（即权值数范围从 17 到 21）内。这也显示了那条经验规则的作用，即选取大致具有 $n/10$ 个权值的网络通常可以获得较低的误差率

隐单元数决定了网络中总的权值数——我们将其看成自由度的个数——从而可以认为，权值数不应该比总的训练点数 n 多。一个简便的经验规则就是选取隐单元的个数，使得网络中总的权值数大致为 $n/10$。这在很多实际问题中都取得较好的效果。但是必须注意，有许多成功的系统引入了更多的隐单元数。一个更基本的方法是根据训练数据相应的调节网络的复杂程度，比如，先从一个较“大”的隐单元个数开始，然后“衰减”权值或者消去权值——我们将在 6.11 节和第 9 章中学习这类技术。

6.8.8 权值初始化

首先，从式(21)中可以看出，我们不能将权值初始化为 0，否则学习过程将不可能开始。因此我们面临着一个选取它们的初始值的问题。假设我们已经固定了网络的拓扑结构，且设置了隐单元数。现在要设置初始权值以获得快速和均衡地学习，后者是说，所有权值几乎同时达到最终的平衡值。非均衡学习的一种形式是某种类别比其他类别先学习好。在这种非理想的情况下，误差率分布比贝叶斯情况相差甚远，总的误差率通常高得不可接受。（前面所述的数据规格化也可促进均衡学习的实现。）

在某一给定层上设置权值时，我们从单个分布中任意选取权值以促进均衡学习。因为数据规格化给出了平均相等的正数和负数，我们也需要正的和负的权值；因此我们从一个均匀分布 $-\tilde{w}<w<+\tilde{w}$ 中选取权值，仍然需要确定 $\tilde{w}$ 的值。如果 $\tilde{w}$ 选得太小，一个隐单元的网络激励将较小，因而只有线性模型将被实现。或者，如果 $\tilde{w}$ 太大，隐单元甚至可能在学习开始前就达到饱和。因为 $net_j \approx \pm 1$ 是线性范围的限定条件，我们设置 $\tilde{w}$ 使得网络在一个隐单元上的激励在范围 $-1<net_j<+1$ 内（图 6-14）。
310~311

为了计算 $\tilde{w}$，考虑一个隐单元可以接收 d 个输入单元的输入。还假设用相同的分布，即一个 $-\tilde{w}<w<+\tilde{w}$ 范围内的均匀分布，来初始化所有的权值。那么平均起来，从方差为 1.0 的任意 d 个变量作为标准输入，通过这样的权值后的净激活为 $\tilde{w}\sqrt{d}$。如前所述，我们希望此净激活限制在 $-1<net<+1$ 范围内。这说明 $\tilde{w}=1/\sqrt{d}$；因此输入权值应该选取在 $-1/\sqrt{d}<w_{ji}<$

$+1/\sqrt{d}$范围内。对从隐含层到输出层权值的讨论相同，这里连接单元数为 n_H；隐含层到输出层权值的初始值应该在$-1/\sqrt{n_H}<w_{kj}<+1/\sqrt{n_H}$范围内。

6.8.9 学习率

原则上，只要学习率足够小以保证收敛，那么它的值仅仅决定网络到达准则函数 $J(\mathbf{w})$最小值的速度，而并不决定最终的权值大小。但实际上，由于网络很少能充分训练到使误差确实达到最小值(6.8.14)，因此学习率实际上可以影响到最后的网络性能。如果某些权值比其他权值收敛得早得多(非均衡学习)，那么网络在整个输入范围内，或者对每一类模式的执行效果可能会不平等。图 6-16 显示了不同学习率在某一维上的收敛效果。

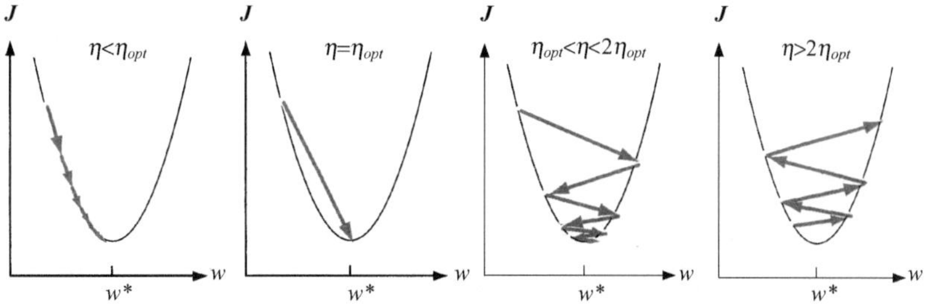

图 6-16 使用不同学习率的某一维二次型准则函数的梯度下降情况。如果 $\eta<\eta_{opt}$，可保证收敛，但训练速度太慢。如果 $\eta=\eta_{opt}$，只需训练一步就可以找到最小误差。如果 $\eta_{opt}<\eta<2\eta_{opt}$，系统将振荡但仍然收敛，只是训练速度太慢。如果 $\eta>2\eta_{opt}$，系统发散

最优的学习率是经过一步学习获得的局部误差最小的那一个。设置学习率的一个基本方法是假设准则函数 $J(\mathbf{w})$可以合理地近似为一个二次函数，于是给出：

$$\frac{\partial^2 J}{\partial w^2}\Delta w=\frac{\partial J}{\partial w} \tag{35}$$

如图 6-17 所示。最优学习率可直接求出：

$$\eta_{opt}=\left(\frac{\partial^2 J}{\partial w^2}\right)^{-1} \tag{36}$$ 312

图 6-17 如果准则函数是二次的(上)，那么它的导数是线性的(下)。最优学习率 η_{opt}保证产生最小误差的权值 w^* 可在一步学习中求出

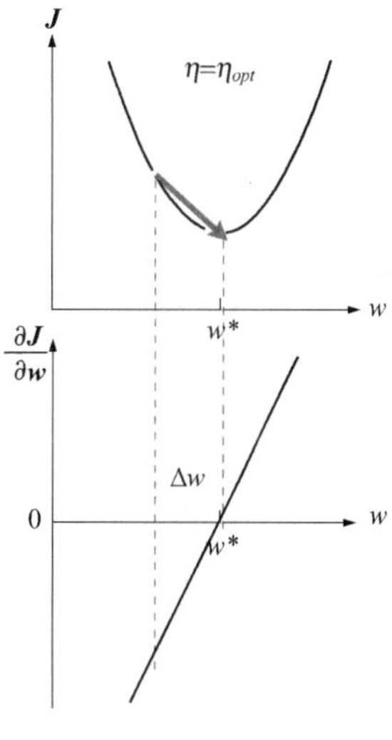

当然可保证收敛的最大学习率为 $\eta_{\max}=2\eta_{opt}$。应该注意到处于 $\eta_{opt}<\eta<2\eta_{opt}$ 范围内的学习率 η 将导致较慢的收敛速度(上机练习 8)。

因此,对于快速且均衡的学习,我们必须计算准则函数对每一权值的二阶导数,并对每一权值分别设置最优学习率。在 6.9 节我们还会回到网络二阶导数计算的问题上来,并且介绍另外的下降和训练算法。对于本节所讨论的 sigmoid 型网络和参数设置的典型问题,我们发现学习率首先设为 $\eta\approx0.1$ 就足够了,然后,如果准则函数在学习过程中发散,则将学习率调小,反之,如果学习速度过慢,则将学习率调大。

6.8.10 冲量项

误差曲面通常有一些“平坦区(plateau)”——是指这样一种区域,其中的斜率 $dJ(\mathbf{w})/d\mathbf{w}$ 非常小。当权值的个数“非常多”而使得最终误差对每个权值的依赖性都很小时,就会产生这些区域。“冲量”(momentum)的概念,大致基于如下的物理定律,即除非受到外力的作用,否则运动的物体将一直保持运动状态。而在反向传播算法中引入“冲量”项的目的在于:允许当误差曲面中存在平坦区时,网络可以以更快的速度学习。该方法将随机反向传播中的学习规则修改为包含了以前权值更新量的 α 倍。设 $\Delta\mathbf{w}(m)=\mathbf{w}(m)-\mathbf{w}(m-1)$,并且设 $\Delta\mathbf{w}_{bp}(m)$ 为 $\mathbf{w}(m)$ 标准反传算法所要求的改变量,反向传播算法于是被修改为含有冲量项的反向传播学习规则:

313

$$\mathbf{w}(m+1)=\mathbf{w}(m)+(1-\alpha)\Delta\mathbf{w}_{bp}(m)+\alpha\Delta\mathbf{w}(m-1) \tag{37}$$

熟悉数字信号处理的人将会意识到这是一个递归的或无限冲激响应低通滤波器(IIR-LPF),目的是用来平滑 $\mathbf{w}$ 的变化。显然,α 不应为负值,并且为了稳定性的考虑 α 应该小于 1.0。如果 $\alpha=0$,算法同标准反向传播相同。如果 $\alpha=1$,反向传播算法所提出的变化将被忽略,且权值向量以恒定的速度变化。如果 α 较小,权值的变化与标准反向传播很接近,如果 α 较大,则变化将比较迟缓。(通常使用的值为 $\alpha\approx0.9$)。因此,冲量的使用“平均化”了随机学习过程中权值的随机更新,增加了稳定性。它可以加快学习过程,甚至可以远离常常引起错误的平坦区(图 6-18)。

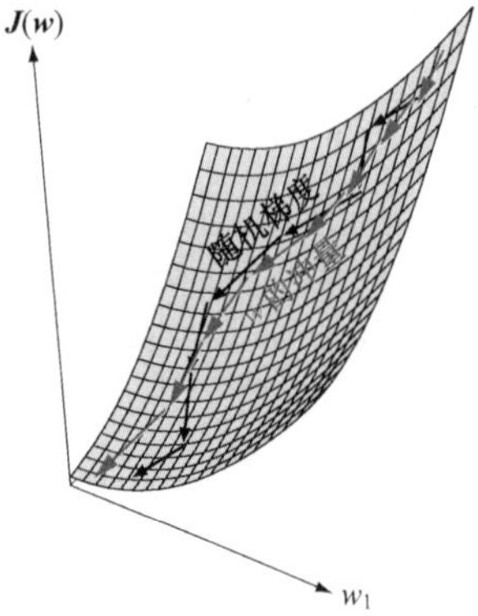

图 6-18 通过式(37)将冲量嵌入随机梯度下降法中(红色箭头),减少了总体梯度方向的偏离,从而加快了学习速度

算法 3 显示了将冲量嵌入梯度下降法中的一种方式。

算法 3(带冲量的随机反向传播)

begin initialize $n_H,\mathbf{w},\alpha(<1),\theta,\eta,m\leftarrow0,b_{ji}\leftarrow0,b_{kj}\leftarrow0$

  do $m\leftarrow m+1$

    $\mathbf{x}^m\leftarrow$随机选择的模式

$b_{ji} \leftarrow \eta(1-\alpha)\delta_j x_i + \alpha b_{ji}$；$b_{kj} \leftarrow \eta(1-\alpha)\delta_k y_j + \alpha b_{kj}$

$w_{ji} \leftarrow w_{ji} + b_{ji}$；$w_{kj} \leftarrow w_{kj} + b_{kj}$

until $\|\nabla J(\mathbf{w})\| < \theta$

return $\mathbf{w}$

end

6.8.11 权值衰减

一种简化网络以及避免过拟合的方法是加入一个启发式规则，即权值应当比较小。没有基本的理由可以解释为什么这种“权值衰减”法常常会提高网络的性能(的确，某些情况下它可能会降低网络性能)，但在大多数情况下它确实可以提高性能。基本的方法是从具有“非常多” 314 的权值的网络开始，然后在训练过程中“衰减”(decay)所有的权值。小权值更加适合线性的模型(习题 1 和 41)。权值衰减法如此普遍的一个原因是它的简便性。每次权值更新之后，每一个权值仅仅只是根据

$$w^{new} = w^{old}(1-\epsilon) \tag{38}$$

进行“衰减”或“收缩”，其中 $0<\epsilon<1$。通过这种方式，对降低误差函数不起作用的权值将变得越来越小，可能对于如此小的一个值，它们可被完全去除掉。而真正对解决问题有用的那些权值不会随便被衰减。这样，在权值衰减中，系统就会在模式误差(式(67))和总权值的某种度量之间获得一种平衡。可证明(习题 42)对于一个新的有效误差或准则函数

$$J_{ef} = J(\mathbf{w}) + \frac{2\epsilon}{\eta}\mathbf{w}^t\mathbf{w} \tag{39}$$

权值衰减和梯度下降是等效的。式(39)右边第二项有时被称为“正则项”(regularization term)，它优先惩罚一个较大的权值。权值衰减的另一种方法使用一个衰减参数，它取决于权值本身的大小，并将惩罚分散于整个网络：

$$J_{ef} = J(\mathbf{w}) + \frac{2\epsilon}{\eta}\sum_{i,j}\frac{w_{ij}^2/(\mathbf{w}^t\mathbf{w})}{1+w_{ij}^2/(\mathbf{w}^t\mathbf{w})} \tag{40}$$

6.8.12 线索

通常我们不具备足够的训练数据以获得理想的分类准确率，并希望增加一些信息和限定条件来提高网络性能。通过线索(hint)进行学习的方法就是增加输出单元来执行一个附加问题，该附加问题不同于但又相关于手头特定的分类问题。扩展网络可能同时由感兴趣的问题和附加问题进行训练。比如，假设我们训练一个网络来对基于某个听觉输入的 c 个音素进行分类。在一个标准的神经网络中应具有 c 个输出单元。通过线索进行学习，我们可能增加两个附加输出单元，一个代表元音，另一个代表辅音。在训练过程中，目标向量必须增广以包含线索输出元。在分类过程中，没有使用线索单元，可以去掉它们和它们的从隐含层到输出层的权值(图 6-19)。

由线索所提供的好处就是改进了特征选择。只要线索与手头分类问题相关，对于线索任务较为有用的特征组合很可能会促进类别的学习。比如，对于将元音发音同辅音区分开来比较有用的特征组合通常很可能对于将/b/从/oo/或者/g/从/ii/中分开来比较有效。或者，可以仅训练线索单元以提高隐单元的表达能力。 315

通过线索进行学习还说明了神经网络的另一个优点：线索信息比基于其他算法的分类器(如最近邻或 MARS)更易于嵌入到神经网络中。

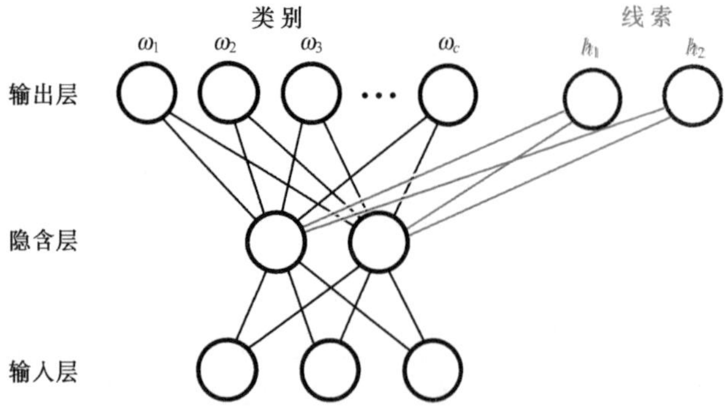

图 6-19 在通过线索的学习中，一个具有 c 种类别单元的标准网络的输出层通过线索单元进行增广。在训练过程中，目标向量也通过线索单元的信号进行增广。以这种方式，输入层到隐含层的权值学习改进了特征组合的效果。线索单元在分类过程中未被使用，因而可以将这些单元以及它们到隐含层的权从训练好的网络中去掉

6.8.13 在线训练、随机训练或成批训练

6.3.2 节中所述的 3 个主要的训练协议各自都具有优缺点。当训练数据很多，或者当内存消耗很大而无法存储数据时，常采用在线学习。而大多数实际的神经网络分类问题都是采用成批或随机协议。

成批学习通常比随机学习慢。为了说明这一点，考虑一个共有 50 个模式的训练集，其中 5 种模式($\mathbf{x}^1$，$\mathbf{x}^2$，…，$\mathbf{x}^5$)的每一种各有 10 个模式。在成批学习中，$\mathbf{x}^1$ 的重复出现所提供的信息同随机情况下 $\mathbf{x}^1$ 的单次出现一样多。比如，假设在成批情况下，学习率已经进行最优设置。只要学习率相应设置得更高一些，成批情况中的 5 种不同模式的单次提供(给网络)就能获得同样的权值变化。当然，实际问题并不需要精确复制各个模式，尽管如此，由于实际数据集通常有高的冗余度，所以上述分析仍然成立。

对于大多数应用——尤其是引入大量冗余的训练集的应用——将采用随机训练。成批训练也适合于不易嵌入随机学习协议的“二阶技术”，因此在某些问题中将被采用，关于这一点我们将在 6.9 节中看到。

6.8.14 停止训练

在具有很多权值的三层网络中，过多的训练会导致较差的测试效果，这是由于网络实现了一个复杂的判决边界因而推广性很差，该判别边界过分调谐到特定的训练数据上，而并非实际分布
316 的一般特性。在第 5 章对两层网络的训练中，我们想怎样训练就怎样训练，而不用担心它会降低最终的识别率，这是因为判决边界的复杂度不变——通常只是一个超平面。出于这种考虑，因此上述现象一般称为“过拟合”(overfitting)，而不是“过训练”(overtraining)。

由于网络权值初始化为较小的值，这些单元执行在它们的线性范围内，整个网络实现线性判别。随着训练的进行，这些单元的非线性逐渐显现出来，判决边界变弯。定性地说，在梯度下降完成之前执行“停止训练”可以避免“过拟合”。实际上，很难预先知道算法 1 中第 5 行的停止准则 θ 应该怎样设置。一个更加简单的方法是，当在一个独立的验证集上的误差达到最小时(图 6-6)，就应该停止训练。第 9 章中我们将寻找支持“验证技术”或更一般的“交叉验证”技术的理论。顺便注意到，权值的衰减行为就好像一种停止训练的形式(图 6-20)。

6.8.15 隐含层数

反向传播算法同样适用于三层、四层或更多层的网络，只要这些层上的单元具有微分激活函数。因为我们已经看到，三层网络足够执行任意复杂的函数映射，于是，除非有特殊的限制或者需要的时候，我们才建议使用多于三层的网络。

图 6-20 当权值初始化为较小的量时,"停止训练"的采用使得最终的权值比继续训练后的值要小。由此,停止训练的行为如同一种权值衰减的形式

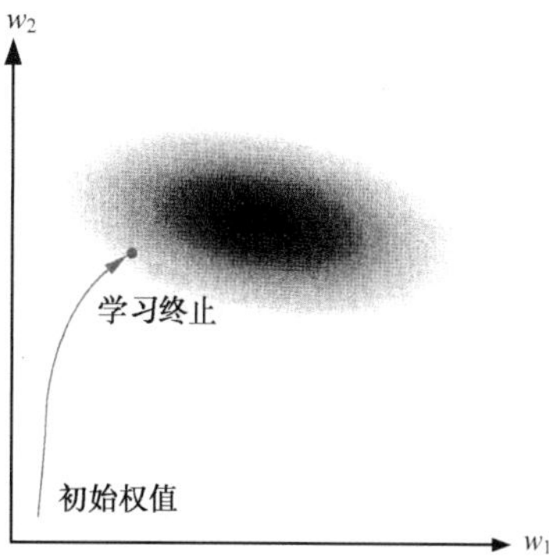

一种可能的需要是对平移、旋转或其他变换的不变性。如果输入层表示光学字符识别系统中的像素图像,一般希望该识别器对这些变换保持不变。四层网络比三层网络更容易学习变换。这是因为在有限的参数范围内,每一层通常能够较容易地学习一种变换——比如仅两个像素的横向平移。那么,当整个不变性的任务可以分布于整个网络时,多个层的堆叠(stack)允许整个网络学习直到 4 个像素的交换。当然,权值初始化、学习率以及数据预处理的讨论同样适用于这种网络。某些函数可以在具有多于一个隐含层的网络中得以更有效的实现(也就是说,只需要更少的总单元数)。不过,实验证明具有多个隐含层的网络更易于陷入局 317
部极小值中。

于是,在没有一个特定的理由要求使用多个隐含层时,仅仅使用一个隐含层进行处理是最简单的。如果有必要,也可以尝试两个隐含层。

6.8.16 误差准则函数

式(9)中的平方误差准则是最常见的训练准则,因为它是非负的,较易计算,且简化了某些定理的证明。然而,其他的训练准则有时候也有一些好处。一种较为普遍的选择是"互熵"(cross entropy),它度量概率分布间的"距离"。n 个模式的互熵的形式如下:

$$J_{ce}(\mathbf{w}) = \sum_{m=1}^{n}\sum_{k=1}^{c} t_{mk}\ln(t_{mk}/z_{mk}) \tag{41}$$

其中 t_{mk} 和 z_{mk} 分别是模式 m 的第 k 个单元的目标值和实际输出值。显然,为将 J 解释为熵,目标值和输出值必须解释为概率,因此必须落于 0 到 1 之间。

还有一种准则函数基于闵可夫斯基误差:

$$J_{Mink}(\mathbf{w}) = \sum_{m=1}^{n}\sum_{k=1}^{c} |z_{mk}(\mathbf{x}) - t_{mk}(\mathbf{x})|^R \tag{42}$$

在第 4 章中有较多的叙述。推导该误差的反向传播规则是一件十分简单的事情(习题 30)。尽管一般情况下该规则比我们所考虑的($R=2$)的平方和误差稍微复杂一些,$1 \leqslant R < 2$ 的闵可夫斯基误差减少了分布中长拖尾的影响,有时可能是离类别判决边界很远的拖尾。因此,设计者可以间接地通过选择 R 的值来调节分类器的局部性;R 值越小,则分类器的局部性越强。

本节介绍的大多数实用的启发式技术可以单独使用,也可以合起来用。尽管它们可能以某些无法预料的方式相互作用。但是由于它们在很多重要的模式识别问题中都很有用,设计者需要掌握所有的方法。

*6.9 二阶技术

我们曾采用误差的二阶分析法来确定最优学习率。也可以用其他的方式来更充分地利用

二阶信息，其中包括对网络中不必要的权值的消去。

6.9.1 赫森矩阵

我们已获得三层网络中误差平方和准则函数的一阶导数，由式(17)和(21)表示。现在来
318 看二阶导数，它在快速学习法以及一些剪枝或规格化算法中有一定的用处。我们将网络中常见的误差平方和准则看成单个的输出，

$$J(\mathbf{w})=\frac{1}{2}\sum_{m=1}^{n}(t_m-z_m)^2 \tag{43}$$

其中 t_m 和 z_m 分别是目标信号和输出信号，n 是总的训练模式数。因此赫森矩阵的元素为

$$\frac{\partial^2 J(\mathbf{w})}{\partial w_{ji}\partial w_{lk}}=\frac{1}{n}\left(\sum_{m=1}^{n}\frac{\partial J}{\partial w_{ji}}\frac{\partial J}{\partial w_{lk}}+\underbrace{\sum_{m=1}^{n}(z-t)\frac{\partial^2 J}{\partial w_{ji}\partial w_{lk}}}_{O(\|\mathbf{t}-\mathbf{z}\|)}\right) \tag{44}$$

我们使用了下标来表示网络的任意权值；因此 i，j，l 和 k 都可赋不同的值来表示输入层到隐含层的权值，或者隐含层到输出层的权值，或者两者的混合。显然赫森矩阵是对称的。式(44)的第二项是高阶无穷小量 $O(\|\mathbf{t}-\mathbf{z}\|)$，它通常较小而被忽略。该近似保证了逼近结果是正定的，从而梯度下降可以继续进行下去。在外积近似下，赫森矩阵可简化为

$$\mathbf{H}=\frac{1}{n}\sum_{m=1}^{n}\mathbf{X}^{[m]t}\mathbf{X}^{[m]} \tag{45}$$

其中上标[m]是模式的索引，$\mathbf{X}=\partial J/\partial\mathbf{w}$ 可以分成两个部分

$$\mathbf{X}=\begin{pmatrix}\mathbf{X}_u\\ \mathbf{X}_v\end{pmatrix} \tag{46}$$

此处 $\mathbf{X}_v$ 指的是对隐含层到输出层权值的导数，$\mathbf{X}_u$ 指对输入层到隐含层权值的导数。对于一个 d-n_H-1 结构的三层神经元网络，这些导数向量可以写为(习题 31)

$$\mathbf{X}_v^t=(f'(net)y_1,\cdots,f'(net)y_{n_H}) \tag{47}$$

及

$$\mathbf{X}_u^t=(f'(net)f'(net_1)y_1x_1,\cdots,f'(net)f'(net_{n_H})y_{n_H}x_{n_H}) \tag{48}$$

式(45)、(47)和(48)表明赫森矩阵的近似计算可通过一种直接的方式进行。

6.9.2 牛顿法

319 可以采用泰勒级数的展开来表达准则函数随权值变化($\Delta\mathbf{w}$)的改变：

$$\begin{aligned}\Delta J(\mathbf{w})&=J(\mathbf{w}+\Delta\mathbf{w})-J(\mathbf{w})\\&\simeq\left(\frac{\partial J(\mathbf{w})}{\partial\mathbf{w}}\right)^t\Delta\mathbf{w}+\frac{1}{2}\Delta\mathbf{w}^t\mathbf{H}\Delta\mathbf{w}\end{aligned} \tag{49}$$

其中 $\mathbf{H}$ 是赫森矩阵。式(49)对 $\Delta\mathbf{w}$ 进行微分，得出使 $\Delta J(\mathbf{w})$ 最小化的条件为

$$\left(\frac{\partial J(\mathbf{w})}{\partial\mathbf{w}}\right)+\mathbf{H}\Delta\mathbf{w}=\mathbf{0} \tag{50}$$

因此，权值的最优变化可表示为

$$\Delta \mathbf{w} = -\mathbf{H}^{-1}\left(\frac{\partial J(\mathbf{w})}{\partial \mathbf{w}}\right) \tag{51}$$

如图 6-17 所示。因此，在梯度下降中使用牛顿法，如果可获得第 m 次迭代时的一个权值估计（即 $\mathbf{w}(m)$），那么采用式(51)可以给出一个更进一步的权值变化的估计，即

$$\begin{aligned}\mathbf{w}(m+1) &= \mathbf{w}(m) + \Delta \mathbf{w} \\ &= \mathbf{w}(m) - \mathbf{H}^{-1}(m)\left(\frac{\partial J(\mathbf{w}(m))}{\partial \mathbf{w}}\right)\end{aligned} \tag{52}$$

在牛顿法中利用式(52)迭代计算 $\mathbf{w}$ 的值。

不过很可惜，这种简单的牛顿法有一些缺点。首先是对于一个具有 N 个权值的网络，算法需要计算存贮以及求逆 $N \times N$ 的赫森矩阵，其计算复杂度高达 $O(N^3)$，这除非一些小问题之外都不切实际。其次，更严重的是，在非二次型误差曲面上该算法可能不收敛，这在实际中经常发生。但是，对牛顿法的理解可以为性能更好的算法（如 6.9.4 节的共轭梯度下降法）的理解提供一个非常好的基础。

6.9.3 Quickprop 算法

一种最简单的利用二阶信息来提高训练速度的方法是 Quickprop（快速传播）算法。在这种方法中，权值假设为独立的，因此下降过程可以对每个权值分别进行优化。误差曲面假设是二次型的，特定的抛物线的系数由接下来的两个估值 $J(w)$ 和 $dJ(w)/dw$ 确定。于是唯一的权值 w 被移动到抛物线的最小值处（图 6-21）。可以证明（习题 35）这种方法可导出如下的权值更新规则，

$$\Delta w(m+1) = \frac{\left.\frac{dJ}{dw}\right|_m}{\left.\frac{dJ}{dw}\right|_{m-1} - \left.\frac{dJ}{dw}\right|_m}\Delta w(m) \tag{53}$$

其中的导数是由 m 和 $m-1$ 次迭代估计得出。

如果误差中的三阶和高阶项不可忽略，或者如果权值独立的假设不成立，那么计算所得的误差极小值将不等于真实的极小值，从而需要更进一步的权值更新。当引入大量的较明显的 320
有用信息时——以减少当表面几乎是平坦的时候的错误估计的影响，或者该步骤实际上增大了误差——这种方法可以比标准的反向传播法快得多。另一个好处是，实际上每一个权值都有自己的学习率，而收敛却是趋于几乎同时完成，从而克服了由非均衡学习而引起的问题。

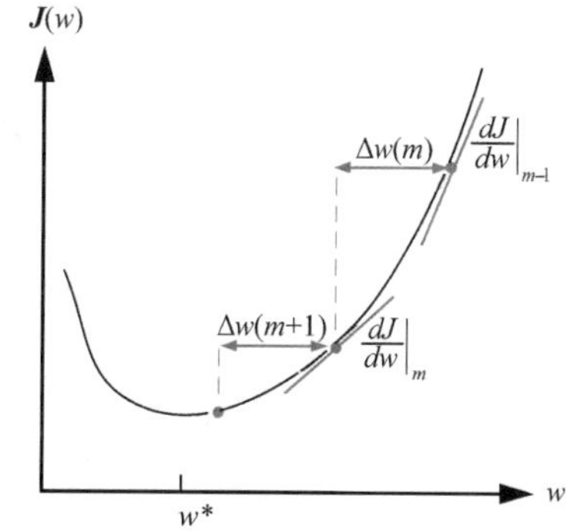

图 6-21 Quickprop 权值更新算法利用了隔开一定的已知间距的两个点处的误差导数，通过式(53)计算下一个权值。如果误差可由一个二阶函数完全表示，那么权值更新过程将最终获得对应最小误差的权值（w^*）

6.9.4 共轭梯度法

另一个较快的学习方法是共轭梯度下降法（conjugate gradient descent），它在权值或参数空间中引入了一系列直线搜索。一次沿着首次下降的方向（如简单的梯度下降）移动直到达到误差的局部极小值。于是计算第二个下降的方向：该方向就是所谓的“共轭方向”，它就是指在

下降过程中梯度方向不改变，而仅仅只是幅值改变的方向。沿该方向下降将不会破坏前面的下降步骤的贡献(图 6-22)。

更详细地说，设 $\Delta\mathbf{w}(m-1)$表示第 $m-1$ 步的一个直线搜索的方向。特别注意没有一个总的变化幅度是由直线搜索所决定的。我们要求接下来的方向 $\Delta\mathbf{w}(m)$满足如下的“共轭条件”：

$$\Delta\mathbf{w}^t(m-1)\mathbf{H}\Delta\mathbf{w}(m)=0 \tag{54}$$

其中 $\mathbf{H}$ 是赫森矩阵。满足式(54)的下降方向对称为“共轭”。如果赫森与单位矩阵成比例，那么这些方向在权值空间中是正交的。共轭梯度需要成批学习，因为赫森矩阵是定义在整个训练集上。

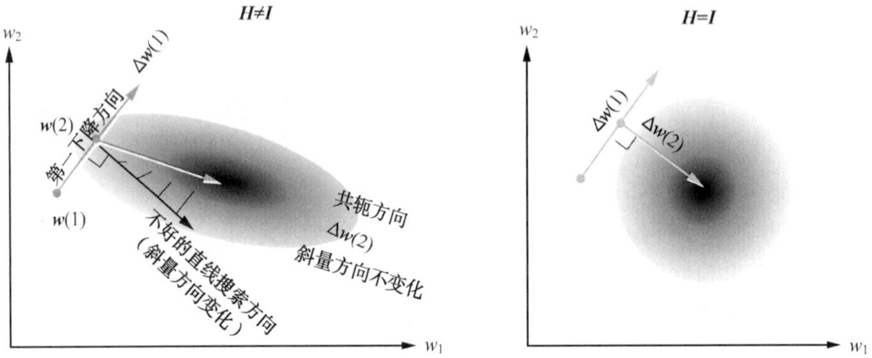

图 6-22 在权值空间中的共轭梯度下降法引入了一系列的直线搜索。如果 $\Delta\mathbf{w}(1)$是首次下降的方向，则第二个下降的方向满足 $\Delta\mathbf{w}^t(1)\mathbf{H}\Delta\mathbf{w}(2)=0$。特别注意沿着此第二个方向，梯度仅在幅度上有所变化，而方向不变；由此，第二次下降并不破坏前面的直线搜索的贡献。在赫森矩阵是对角阵的情况下(右)，直线搜索的方向是正交的

第 m 步的下降方向是梯度方向加上一个沿着前面的下降方向的元素：

$$\Delta\mathbf{w}(m)=-\nabla J(\mathbf{w}(m))+\beta_m\Delta\mathbf{w}(m-1) \tag{55}$$

各项间的相互比例由 β_m 控制。此比例可通过确保第 m 步的下降方向并不破坏第 $m-1$ 步以及前面各步的贡献来获得。通常它可以用如下两个公式中的一个来计算。第一个公式(Fletcher-Reeves 公式)为

$$\beta_m=\frac{[\nabla J(\mathbf{w}(m))]^t\nabla J(\mathbf{w}(m))}{[\nabla J(\mathbf{w}(m-1))]^t\nabla J(\mathbf{w}(m-1))} \tag{56}$$

另一个好一些的公式(Polak-Ribiere 公式)为

$$\beta_m=\frac{[\nabla J(\mathbf{w}(m))]^t[\nabla J(\mathbf{w}(m))-\nabla J(\mathbf{w}(m-1))]}{[\nabla J(\mathbf{w}(m-1))]^t\nabla J(\mathbf{w}(m-1))} \tag{57}$$

它在非二次型误差函数中更加健壮一些。

式(55)和式(37)说明了共轭梯度下降算法类似于计算一个“巧妙”的冲量，其中 β_m 相当于一个冲量的作用。如果误差函数是二次的，那么当迭代次数等于总的权值数时，可保证共轭梯度下降法收敛。

例 1　共轭梯度下降法

考虑寻找以权值空间的原点为中心的一个简单二次准则函数的极小值问题，$J(\mathbf{w})=1/2(0.2w_1^2+w_2^2)=1/2\mathbf{w}^t\mathbf{H}\mathbf{w}$，其中通过简单的求导发现赫森矩阵为 $\mathbf{H}=\begin{pmatrix}0.2&0\\0&1\end{pmatrix}$。我们从任选的一个位置开始下降，在此例的图示中这个任选的位置正好在 $\mathbf{w}(0)=\begin{pmatrix}-8\\-4\end{pmatrix}$。首次的下降方向由简单的梯度确定，该梯度很容易求出：$-\nabla J(\mathbf{w}(0))=-\begin{pmatrix}0.4\,w_1(0)\\2\quad w_2(0)\end{pmatrix}=\begin{pmatrix}3.2\\8\end{pmatrix}$。在一般较复杂的高维问题中，极小值利用直线搜索沿该方向找到；在这里的简单情况下极小值可以通过计算求出，我们发现 $J(\mathbf{w})$ 的极小值满足 321～322

$$\frac{d}{ds}\left[\left[\begin{pmatrix}-8\\-4\end{pmatrix}+s\begin{pmatrix}3.2\\8\end{pmatrix}\right]^t\begin{pmatrix}0.2&0\\0&1\end{pmatrix}\left[\begin{pmatrix}-8\\-4\end{pmatrix}+s\begin{pmatrix}3.2\\8\end{pmatrix}\right]\right]=0$$

解出 $s=0.562$。因此该方向的极小值为

$$\begin{aligned}\mathbf{w}(1)&=\mathbf{w}(0)+0.562(-\Delta J(\mathbf{w}(0)))\\&=\begin{pmatrix}-8\\-4\end{pmatrix}+0.562\begin{pmatrix}3.2\\8\end{pmatrix}=\begin{pmatrix}-6.202\\0.496\end{pmatrix}\end{aligned}$$

现在我们来考虑为下一步下降所采用的共轭梯度。$\mathbf{w}(1)$处的简单的梯度估计为

$$-\nabla J(\mathbf{w}(1))=-\begin{pmatrix}0.4w_1(1)\\2w_2(1)\end{pmatrix}=\begin{pmatrix}2.48\\-0.99\end{pmatrix}$$

很容易证明该方向，图中黑色箭头所示，并不指向全局极小值 $\mathbf{w}^*=0$。我们利用 Fletcher-Reeves 公式（式(56)）来构造共轭梯度方向：

$$\beta_1=\frac{[\nabla J(\mathbf{w}(1))]^t\nabla J(\mathbf{w}(1))}{[\nabla J(\mathbf{w}(0))]^t\nabla J(\mathbf{w}(0))}=\frac{(-2.48\ \ 0.99)\binom{-2.48}{0.99}}{(-3.2\ \ 8)\binom{-3.2}{8}}=\frac{7.13}{74}=0.096$$

对此以及所有的二次误差曲面，Polak-Ribiere 公式（式(57)）将给出同 Fletcher-Reeves 公式相等的值。从而共轭下降方向为

$$\nabla\mathbf{w}(1)=-\nabla J(\mathbf{w}(1))+\beta_1\begin{pmatrix}1.6\\4\end{pmatrix}=\begin{pmatrix}2.788\\-0.223\end{pmatrix}$$

在一个二次误差区域（由阴影部分表示）内的共轭梯度下降如等高线所示，从任意一点 $\mathbf{w}(0)$ 开始，通过一系列的直线搜索不断下降。第一个方向由标准的梯度给出，并在一个误差极小值——点$\mathbf{w}(1)$处结束。从 $\mathbf{w}(1)$ 开始的标准梯度下降将沿着黑色的向量，“破坏”了由第一次下降所获得的某些成果；而且，它将错过全局极小值。相反，共轭梯度（红色向量）并不破坏第一次下降的成果，正好经过全局误差极小值点 $\mathbf{w}^*=\begin{pmatrix}0\\0\end{pmatrix}$

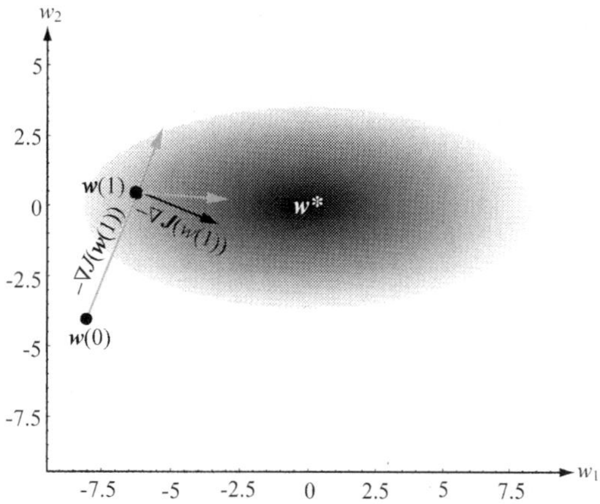

323

由以上可知，我们不采用传统的直线搜索法，而采用微分运算来寻找沿此第二个下降方向的误差极小值：

$$\frac{d}{ds}\left[[\mathbf{w}(1)+s\Delta\mathbf{w}(1)]^t\,\mathbf{H}\,[\mathbf{w}(1)+s\Delta\mathbf{w}(1)]\right]=$$

$$\frac{d}{ds}\left[\left[\begin{pmatrix}-6.202\\0.496\end{pmatrix}+s\begin{pmatrix}2.788\\-0.223\end{pmatrix}\right]^t\begin{pmatrix}0.2&0\\0&1\end{pmatrix}\left[\begin{pmatrix}-6.202\\0.496\end{pmatrix}+s\begin{pmatrix}2.788\\-0.223\end{pmatrix}\right]\right]=0$$

解出 $s=2.23$。这使得下一个极小值为

$$\mathbf{w}(2)=\mathbf{w}(1)+s\Delta\mathbf{w}(1)=\begin{pmatrix}-6.202\\0.496\end{pmatrix}+2.23\begin{pmatrix}2.788\\-0.223\end{pmatrix}=\begin{pmatrix}0\\0\end{pmatrix}$$

的确，共轭梯度搜索法通过两步搜索——正好与空间维数相等——找到了该二次误差函数的全局极小值。

*6.10 其他网络和训练算法

现在我们考虑在某些特殊问题中其他一些可供选择的比较有效的网络和训练法。

6.10.1 径向基函数网络

我们已经讨论了一些利用局部化的基函数（如高斯函数）来估计密度的分类器，例如 Parzen 窗。根据我们对梯度下降算法（尤其是反向传播算法）的讨论，现在考虑训练这些网络的其他方法。具有线性输出单元的“径向基函数”（radial basis function，RBF）网络实现函数运算

$$z_k(\mathbf{x})=\sum_{j=0}^{n_H}w_{kj}\phi_j(\mathbf{x})\tag{58}$$

其中包含一个 $j=0$ 的偏置单元。如果我们定义一个向量 $\mathbf{\Phi}$，它的元素为隐单元的输出，以及一个矩阵 $\mathbf{W}$，它的元素为隐含层到输出层权值，那么式(58)可写为 $\mathbf{z}(\mathbf{x})=\mathbf{W\Phi}$。最小化准则函数

$$J(\mathbf{w})=\frac{1}{2}\sum_{m=1}^{n}\|\mathbf{y}(\mathbf{x}^m;\ \mathbf{w})-\mathbf{t}^m\|^2\tag{59}$$

形式上等价于第 5 章中的线性问题。以 $\mathbf{T}$ 来表示由目标向量组成的矩阵，以 $\mathbf{\Phi}$ 来表示其列向量为 $\mathbf{\Phi}$ 的矩阵，那么权值的解满足

$$\boldsymbol{\phi}^t\boldsymbol{\phi}\mathbf{W}^t=\boldsymbol{\phi}^t\mathbf{T}\tag{60}$$

该解可直接写为：$\mathbf{W}^t=\mathbf{\Phi}^\dagger\mathbf{T}$。$\mathbf{\Phi}^\dagger$ 是 $\mathbf{\Phi}$ 的广义逆矩阵。这种具有线性输出单元的径向基函数或 RBF 网络的一个好处是其求解仅需要利用标准的线性技术。然而，对大矩阵进行求逆的计算
324 量会很大，因此上面的方法通常限制在中等大小的问题中使用。

如果输出单元也具有非线性，即如果网络执行

$$z_k(\mathbf{x})=f\left(\sum_{j=0}^{n_H}w_{kj}\phi_j(\mathbf{x})\right)\tag{61}$$

而不是式(58)，那么可使用标准反向传播法来训练，只需对局部激活函数求导即可。对于分类问题，一般对于输出单元采用 sigmoid 以保证输出值限定在一个固定范围内。而对隐单元（由

于没有采用 sigmoid)，sigmoid 激活函数所提供的计算简便性并未实现，但它并不引起概念上的困难(习题 38)。

6.10.2 特殊的基函数

有时候我们可能有关于某种类别分布形式的特定信息，那么使用相应的特殊隐单元激活函数就很有意义。这样，只需要学习较少的参数就可以拟合给定的数据。这就是通过增加模型的偏置，从而降低拟合的方差(variance)的一个例子，我们将在第 9 章中再次讨论这个十分关键的问题。比如，如果我们知道每一分布源自两个高斯混合密度，那么，自然会利用高斯激活函数，并使用某个学习规则来设置参数，如均值和协方差矩阵元素。这与第 3 章介绍的与模型有关的最大似然技术很接近。

6.10.3 匹配滤波器

在第 2 章中，我们是在整个概率结构已知的理想条件下来考虑分类器的设计问题的。现在来考虑如何对某个特定的已知模式设计一个最优检测器。这将引出匹配滤波器(matched filter)的概念。尽管一种模式的最优检测器必须“匹配”该模式是不容置疑的(用某种方法使之变得更清晰)，但是我们这里的讨论将给出为什么会这样的更深层的理解。匹配滤波器出现在各种检测问题中，尤其是那些时变信号中。尽管该滤波器不是神经网络，但它们与我们将在 6.10.4 节中讨论的卷积神经网络有着密切的联系。并且，传统三层网络的一个隐单元的最大响应恰好发生在输入模式“匹配”到输入层到隐单元的权值所表达的那个模式上(6.5.1 节)。

考虑利用线性检测器来检测一个连续信号 $x(t)$ 的问题。通过它的脉冲响应 $h(t)$，或者最好是用它的逆序脉冲响应 $w(t)=h(t)$ 来描述该检测器。线性检测器对于任意输入 $x(t)$ 的输出通过积分

$$z(T)=\int_{-\infty}^{+\infty} x(t)w(t-T)\,dt \tag{62}$$

给出，其中 T 为信号的相对偏移量。 325

设计一个最优检测器的目的就是找到能给出最大输出 z 的系统响应函数；将未知的滤波函数记为 $\hat{w}(t)$。显然如果选取较大的 $w(t)$，输出也可以任意大。但这对我们没有任何意义，我们所感兴趣的是 $w(t)$ 的形状。因此加一个限定

$$\int_{-\infty}^{+\infty} w^2(t)\,dt = const \tag{63}$$

该限定有时被称为滤波器的能量，类似于一个物理信号(如声波或光波)的总能量。

于是，优化问题就是找出在式(63)的约束下使式(62)的输出达到最大值的响应函数。由于我们的目的是要寻找泛函极值，所以这里引入变分法的计算。明确地说，我们将式(63)求变分，其中加上了一项式(62)与待定乘子 λ 的乘积，并令其值为 0。不失一般性，我们可随意地设置偏移，于是令 $T=0$，从而得出

$$\delta z(0)=\delta\left(\int_{-\infty}^{+\infty}[w^2(t)+\lambda x(t)w(t)]\,dt\right)=0 \tag{64}$$

或者

$$\int_{-\infty}^{+\infty} \underbrace{[2w(t)\delta w(t) + \lambda x(t)\delta w(t)]}_{0\text{代表极值}} \, dt = 0 \tag{65}$$

由于式(65)对于所有的 $\delta w(t)$ 都成立,所以被积式必须为 0,从而得出最优解:最优滤波器响应为

$$\hat{w}(t) = \frac{-\lambda}{2} x(t) \tag{66}$$

简言之,最优检测器具有与目标信号成比例的逆序脉冲响应(图 6-23)。总的幅度由能量常数决定,并由 λ 表示;很容易证明 λ 是负数。最后必须指出,原则上说,以上的技术性的求导运算仅仅说明我们可能获得某个极值;然而,也可以证明此解确实给出了极大值(习题 36)。

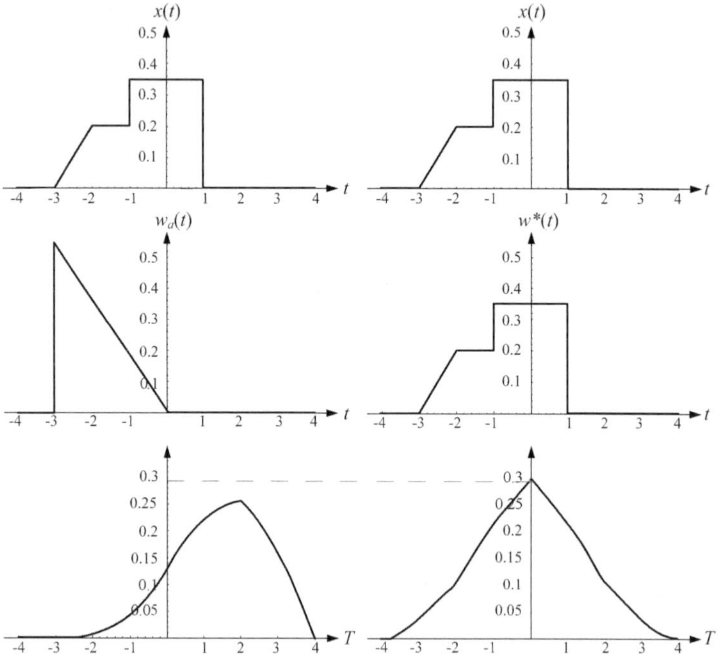

图 6-23 左列显示了信号 $x(t)$,它下面是一任意的响应函数 $w_a(t)$,底部是作为偏移量 T 的函数的滤波器响应,如式(62)所给出。右列显示了输入和响应函数相"匹配"时的情形。两个响应函数 $w_a(t)$ 和 $w^*(t)$ 具有相等的能量。特别注意这种情况下,底部的最大输出比左边非匹配情况下的大

6.10.4 卷积网络

我们可将先验知识结合到网络结构中去。比如,如果要求我们的分类器对于模式的变换不敏感,我们可以在所有的变换中有效地复制该识别器。该方法可用于"时延神经网络"(time delay neural network,TDNN)。

图 6-24 显示了一个典型的 TDNN 结构;该网络结构由输入层、隐含层和输出层组成,这都是我们以前见过的。但是有一个关键性的不同之处,即每一隐单元只从输入层的某一局限的空间范围内接收输入。位于"延迟"处的隐单元(如移位到右边)从具有类似移位的输入层接收输入。训练过程同标准反向传播中的一样,但是增加的约束为对应权值(即移到右边或左边)必须具有相等的值,也即"权值共享"的一个例子。这样,只要整个模式位于输入层的领域中,学习后的权值并不依赖于训练模式的位置。

识别过程中的网络前馈运算同标准三层网络一样,但由于权值共享,最终的输出并不依赖于输入模式的具体位置。该网络通过这样的一个事实而得名,即它是为语音识别或其他时间序列信号的识别而发展起来的,并且得到了成功的应用。这种权值共享技术可以推广到正交

的空间(而非时间)变换中,并可以用于某种光学字符识别系统中,其中,输入图像在输入空间中的位置事先不知道。

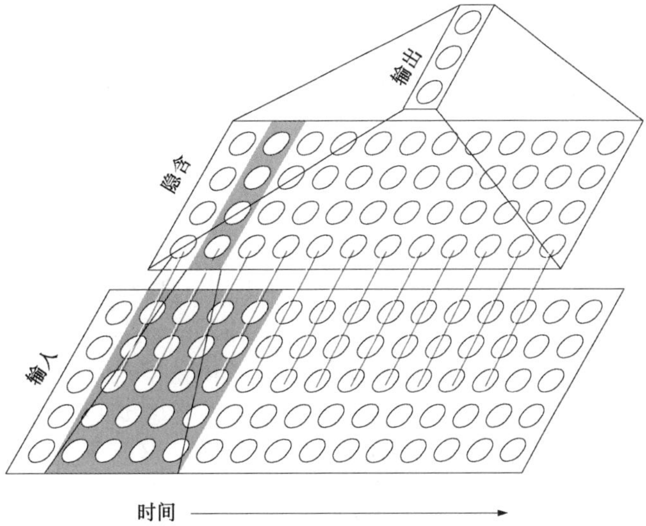

图 6-24　一个时延神经网络(TDNN)利用权值共享来保证了对沿一维的移动也可以将模式识别出来;实际上,这一维通常与时间轴相对应。从而所有用红色显示的权值都赋为相等的值。在此例中,每一时刻有 5 个输入单元。由于我们假设输入模式在持续时间内有 4 个以下的时刻,每一隐单元在一给定的时刻中接收从 4 × 5=20 个输入单元来的输入,如图中灰色区域所示。类似的平移约束也可以加在隐含层到输出层的各单元间

6.10.5　递归网络

到现在为止,我们仅讨论在分类过程中使用前馈信息流的网络;唯一的反馈流就是在训练过程中的误差信号。现在我们转向反馈或"递归网络"(recurrent network)。通常的情况是,这些网络在时间序列预测中的用途很大,但我们在这里仅考虑一种特殊类型的递归网络,它已在静态分类任务中有成功的应用。

图 6-25 说明这样的递归结构。其中的一个,输出单元的值被反馈回来作为辅助输入,增广了普通的模式特征。在分类过程中,一个静态模式 **x** 被送入输入单元,并计算前馈流,然后将其

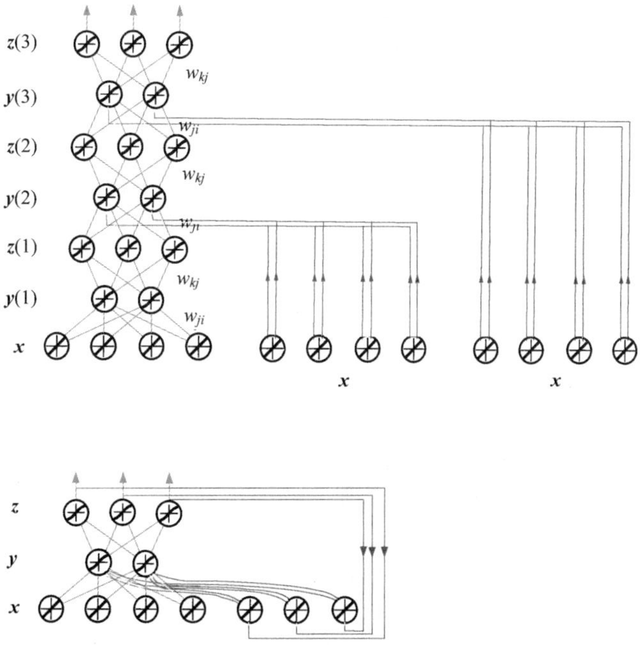

图 6-25　在静态分类中用途很大的递归网络的形式如底图所示的结构,具有红色的递归连接。它在功能上等价于具有很多隐含层和扩展的权值共享的静态网络,如顶图所示

326
~
328

输出反馈回来作为辅助输入。接着，这将引起另外一些隐单元激活，然后产生新的输出激活，等等。最后，激活稳定下来，最终的输出值可用来分类。这样，如果该递归结构按照时间“展开”，那么它就等价于图中顶部所示的静态网络，必须理解的是许多的权值被约束为相等的值。

递归网络在学习具有相当短的时间结构的时序相关信号时被证明是有效的。但当应用于其结构保持较长时间的问题时，该网络并不是很成功，这是因为在训练过程中，误差信号多次经过各层反馈回来后被“稀释”了。

6.10.6 级联相关

利用级联相关(cascade-correlation)技术来训练网络的中心思想十分简单。我们从一个两层网络开始，训练直到到达一个 LMS 误差最小值。如果所得的训练误差足够小，训练就停止。但一般的情况下，误差并不足够小。于是我们固定权值而增加一个隐单元，与输入层和输出层单元完全互连。那么这些新增加的权值将再次利用 LMS 准则被训练。如果所得误差还不够低，那么另一个隐单元将被加入，同样与输入和输出层完全互连。并且，每一个先前的隐单元的输出被乘上一个固定的−1，并输入到所有的新增的隐单元；这将防止新的隐单元具有已经被先前的隐单元所表示出的学习能力。这个新权值再次通过一个 LMS 准则进行训练。从而训练通过增加新的可修正权值得以继续进行，这样(如果需要的话)就再增加一个新的隐单元，训练新的可修正的权值，等等。于是该网络就逐渐“长大”，直到“长”到手头问题的复杂度所决定的规模为止(图 6-26)。级联相关的好处是它通常比传统的反向传播要快，这是因为每次只需要更新较少的权值。

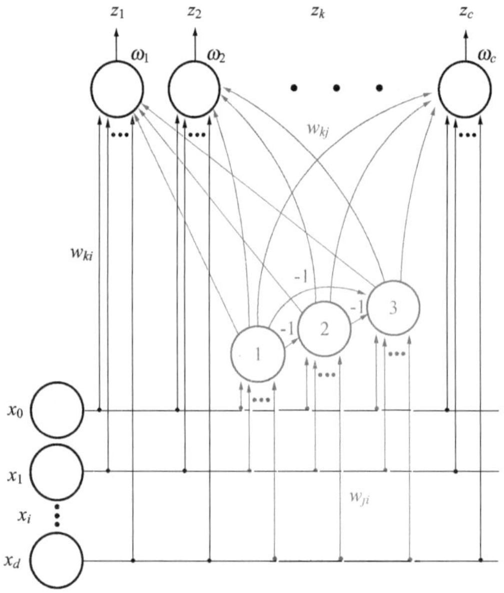

图 6-26 通过级联相关的一个多层网络训练从输入层完全同输出层(黑色)互连开始。这种权值，w_{ki}，利用一个 LMS 准则完全训练，同第 5 章所讨论的一样。如果所得的训练误差并不足够低，第一个隐单元(红色标记 1)被引入，与输入层和输出层完全连接。这些新的红色权值被完全训练，而先前的(黑色)权值保持固定。如果所得训练误差仍然不足够小，第二个隐单元(标记 2)被类似引入，完全互连接；它还接收先前每一个隐单元的乘上−1 的输出。通过这种方式继续训练接下来的隐单元，直到训练误差低到可以被接受的程度

算法 4(级联相关)

1 **begin** **initialize** **a**，准则 $\theta, \eta, k \leftarrow 0$

2 **do** $m \leftarrow m+1$

3 $w_{ki} \leftarrow w_{ki} - \eta \nabla J(\mathbf{w})$

4 **until** $\|\nabla J(\mathbf{w})\| < \theta$

5 **if** $J(\mathbf{w}) > \theta$ **then** 加隐单元 **else** **exit**

  do $m \leftarrow m+1$
    $w_{ji} \leftarrow w_{ji} - \eta \nabla J(\mathbf{w})$; $w_{kj} \leftarrow w_{kj} - \eta \nabla J(\mathbf{w})$
  until $\| \nabla J(\mathbf{w}) \| < \theta$
 return $\mathbf{w}$
end

6.11 正则化、复杂度调节和剪枝

尽管三层网络的输入节点和输出节点数都取决于具体问题本身，但是我们并不能提前知道隐单元数或权值数。如果有权值太多，会因为有太多自由度而使得训练时间太长，并且有过拟合的危险。如果权值数过少，训练集又不够学习。

正则化(regularization)技术的一个常用做法是构造一个新的准则函数，该函数不仅取决于典型的训练误差，还取决于分类器的复杂程度。更确切地说，新的准则函数对高度复杂的模型进行惩罚；在该准则下寻找极小值的过程也就是将训练集上的误差与复杂度进行折中和平衡的过程。形式上，可将新误差写成原来训练集上的误差再加上一个正则项，该项表示对解的约束或期望的属性：

$$J = J_{pat} + \lambda J_{reg} \tag{67}$$

参数 λ 的大小决定了正则项作用的强弱程度。显然权值衰减技术(6.8.11 节)可用于这种形式，其中当权值将较大时，J_{reg} 的值也较大。

另一种方法是消除(elimination)或剪枝(pruning)掉不必要的权值。尽管很自然地会想到，训练之后，应该是那些幅值最小的权值才能被去掉。这种基于幅值的剪枝法也还行得通，尽管可以证明它不是最优的，因为有时，小幅值的权值对于训练数据的学习也是非常关键的。 329~330

Wald 统计法的基本思想是：我们可以估计出模型中的某个参数的重要性，然后就可以消除最不重要的参数。比如在网络中，这样的参数可以是某个权值。最佳脑损伤(optimal brain damage, OBD)算法和它的派生算法最佳脑外科(optimal brain surgeon, OBS)，利用二阶近似来预测训练误差对于某个特定权值的依赖程度，并且消除(剪枝掉)那些权值，如果消除它们能导致的训练误差的增加量最小。

OBD 和 OBS 的基本方法是相同的，即将网络训练到权值 $\mathbf{w}^*$ 处达到误差的局部极小值，于是剪枝掉将导致训练误差增量最小的那个权值。对于整个权值矢量的某个变化 $\delta\mathbf{w}$，预计的误差函数的增量为

$$\delta J = \underbrace{\left(\frac{\partial J}{\partial \mathbf{w}}\right)^t \cdot \delta\mathbf{w}}_{\approx 0} + \frac{1}{2}\,\delta\mathbf{w}^t \cdot \underbrace{\frac{\partial^2 J}{\partial \mathbf{w}^2}}_{\equiv \mathbf{H}} \cdot \delta\mathbf{w} + \underbrace{O(\|\delta\mathbf{w}\|^3)}_{\approx 0} \tag{68}$$

其中 $\mathbf{H}$ 是赫森矩阵。第一项可以去掉，这是因为我们目前正处于一个局部误差极小值处；忽略三阶以及更高阶项。在假定只去掉一个权值的限定下，最小化该函数的一般解为(习题 44)：

$$\delta\mathbf{w} = -\frac{w_q}{[\mathbf{H}^{-1}]_{qq}}\mathbf{H}^{-1} \cdot \mathbf{u}_q \quad \text{及} \quad L_q = \frac{1}{2}\frac{w_q^2}{[\mathbf{H}^{-1}]_{qq}} \tag{69}$$

这里，$\mathbf{u}_q$ 是权值空间中沿着第 q 个方向的单位向量，L_q 是权值 q 的“显著性”(saliency)的一个近似，也即，如果权值 q 被剪枝并且其他权值通过式(69)左边那个方程进行更新时所引起的训

练误差的增量(图 6-27)(习题 45)。

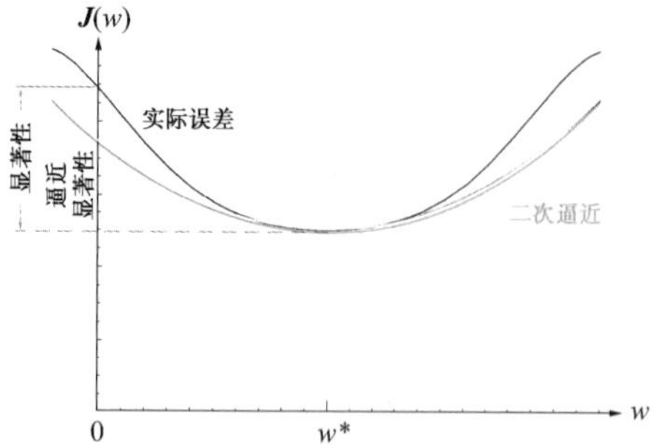

图 6-27　某参数(如权值)的"显著性",是指当该权值置为 0 时所引起的训练误差的增量。可通过实际误差在一个局部极小值 $\mathbf{w}^*$ 附近展开,并将权值置为 0 来近似估计"显著性"。此例中,近似的显著性比实际显著性小;这是一般的情况,但并非总是如此

在式(45)里,我们学习了计算赫森矩阵的外积近似法。注意到式(69)需要用到 $\mathbf{H}$ 的逆矩阵。求逆的一种方法是先从一个较小的值开始,$\mathbf{H}_0^{-1}=\alpha^{-1}\mathbf{I}$,其中 α 是一个小参数,可以等效为一个权值衰减常数(习题 43)。接下来我们依照公式

$$\mathbf{H}_{m+1}^{-1}=\mathbf{H}_m^{-1}-\frac{\mathbf{H}_m^{-1}\mathbf{X}_{m+1}\mathbf{X}_{m+1}^T\mathbf{H}_m^{-1}}{\frac{n}{a_m}+\mathbf{X}_{m+1}^T\mathbf{H}_m^{-1}\mathbf{X}_{m+1}} \tag{70}$$

对每一个模式更新矩阵,其中下标与模式相对应,a_m 随 m 的增大而减小。当整个训练集被提供之后,赫森矩阵的逆将由 $\mathbf{H}^{-1}=\mathbf{H}_n^{-1}$ 给出。图 6-28 说明基于 OBD、OBS 以及网络中某权值幅度的剪枝效果。

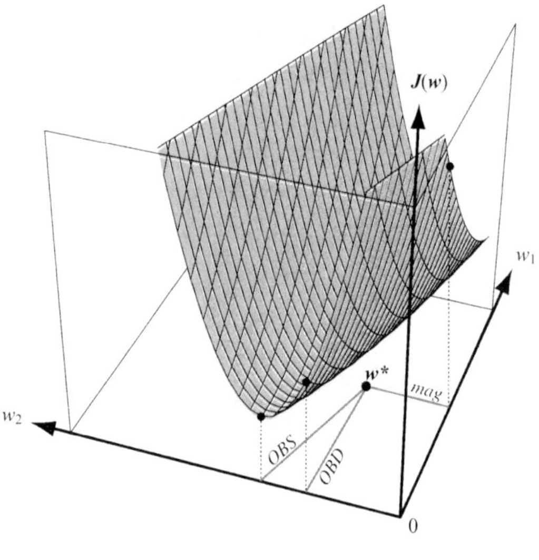

图 6-28　该图显示了作为权值函数的二次误差曲面 $J(\mathbf{w})$ 以及 $\mathbf{w}^*$ 处的全局极小值。在准则函数的二阶近似中,OBD 法假设赫森矩阵是对角化的,而 OBS 法采用完整的赫森矩阵

以算法的形式来说明 OBS 法为:

算法 5(OBS 法)

begin **initialize** $n_H,\mathbf{w},\theta$

　　训练一个适当大的网络达到最小误差

　　do 根据式(70)计算 $\mathbf{H}^{-1}$

　　　　$q^*\leftarrow\arg\min\limits_q w_q^2/(2[\mathbf{H}^{-1}]_{qq})$　(显著性 L_q)

　　　　$\mathbf{w}\leftarrow\mathbf{w}-\frac{w_{q^*}}{[\mathbf{H}^{-1}]_{q^*q^*}}\mathbf{H}^{-1}\mathbf{e}_{q^*}$

```
6         until J(w)>θ
7   return w
8 end
```

另外一个算法，OBD 法，在计算上相对简单一些，这是因为第 3 行的赫森矩阵的逆矩阵的计算对于对角阵来说是比较简单的。当误差大于预先设定为 θ 的某个准则时，以上算法将停止。另一种做法是将第 6 行变为：当由于消除某个权值而引起的 $J(\mathbf{w})$ 的变化大于某个阈值时，算法将停止。 331~332

本章小结

多层非线性神经网络——具有可变权值的两层或多层网络——通过梯度下降法，如反向传播法，来进行训练，以实现由网络拓扑所定义的模型中权值的最大似然估计。要有足够多的隐单元，其中的非线性激活函数 $f(net)$ 允许此网络实现任意的判别边界。

利用该网络中进行学习的一个最大的好处是学习算法的简便性、模型选择的简易性以及容易嵌入各种启发式信息和约束条件。这些启发式包括权值衰减（它惩罚大的权值，从而有效的简化分类器）以及通过线索进行学习（让网络执行一个附属的（相关的）学习任务）。非线性激活函数 $f(net)$ 的参数、模式的预处理、目标值以及权值初始化都可以通过统计学原理求出，并保证快速和均衡学习。3 个基本学习协议是随机学习、成批学习和在线学习。离散剪枝算法如 OBS 和 OBD 对应于"优先选择具有较少的权值"的先验知识，可以避免过拟合。

其他一些网络和训练算法也有各自的优势。比如，当数据呈现聚类结构时，径向基函数用途最大。级联相关网络的训练通常要比反向传播算法快。

文献和历史评述

现在人们认为关于神经网络的最早的讨论之一，源自现代计算机科学的先驱者——阿兰·图灵(Alan Turing)，他在 1948 年的一篇论文中描述了一种他称为"B 型非结构化机器"的神经网络，它由与非门网络所组成[79]。（这篇跨时代的著作被图灵当时所在的实验室领导人查尔斯·达尔文——也就是英国大生物学家和博物学家达尔文的孙子——看作"学生论文"而一笑置之。）McCulloch 和 Pitts 首先提出了描述简单神经元网络行为的基本的算术和逻辑方法[51]。这篇早期著作提出了非递归和递归网络（他们采用了所谓"循环"(circle)的术语），但并不是关于学习。它对神经元的"全或无"或者某个阈值函数的集中讨论，间接推迟了人们对后来将占领这个领域的具有连续值的神经元的讨论。这些作者后来写了一篇极其重要的关于神经系统中特征映射、不变性以及学习的论文，从而使模式识别的概念发展有了大飞跃[58]。

Rosenblatt 的关于（两层）感知的著作（第 5 章）[64，65]可以说是最早从事学习并且第一个包含有关收敛性的证明的文章。大量的随机方法，包括著名的"群鬼堂"算法(Pandemonium)[⊖][69，70]，都被提出来训练具有几个层次或处理器的网络，它保持了阈值函数的主导地位，这些处理器一般都只有逻辑运算功能（"与"或者"或"），而非后来在神经网络中较受欢迎的连续函数。执行线性判别的网络——线性机——的局限性在 20 世纪 50 年代和 60 年代众所周知，并且被它的提倡者[65]和反对者[53]都讨论过。

⊖ 译者注：一种认知心理学和模式识别模型。假设有许多小鬼，每个都专门负责识别某个特定类别（或某个局部特征），一旦发现有匹配，就大声叫起来。匹配得越好，就叫得越响。最终哪个小鬼叫得最响，就判定为哪个类别（或特征）。

一个早期流行的方法是手工设计三层网络，该网络具有固定的输入层到隐含层权值，然后通过训练来学习隐含层到输出层的权值，参考[86]。多层神经网络学习算法中的许多困难，来
333 自线性阈值单元的广泛使用。由于在整个范围内没有可用的导数，所以运用求导法则的方法及所谓的"误差反向传播"，并未获得更多的早期拥护者。

反向传播算法的发展是逐步的，它分了几步，而不是一提出便被全部接受。最早运用的自适应算法来自控制领域，它最终发展为反向传播算法[6]。来自电气工程中的 Kalman 滤波器，利用用模拟误差(预测输出和测量输出的差值)来调整预测器中参数，可参考[30]和[39]。Bryson、Denham 和 Dreyfus 介绍了拉格朗日(Lagrange)法如何用于训练多层网络来进行控制，可参考[7]。我们在[87,88]的最后一章中看到 Widow、Hoff 和其同事们将模拟信号及 LMS 准则用于两层网络的模式识别中。Werbos[83,84]也讨论了一种计算某个函数导数的方法，它基于一个样本点的集合。如果解释得细致一些，它已含有反向传播算法的关键思想。Parker 的早期的独立发展起来的"学习逻辑"(learning logic)[55,56]指出：线性单元层如何可利用足够多的"输入-输出对"来学习。可惜的是，这篇著作由于缺少对有代表性(或有挑战性)问题的仿真，以及缺少相关领域的专业术语，因此未受到充分重视。Le Cun 独自开发了一个三层网络的学习算法[10，但用了法语来发表]，它传播的是目标信号，而不是导数信号；所得的学习算法等价于稍后将指出的标准反向传播算法[11]。

毫无疑问，Rumelhart、Hinton 和 Williams 的论文[67]，后来被扩展成一个完整的、可读性强的[68]中的一章，使得反向传播算法引起了广大读者的注意。显然这些作者非常欣赏该方法的应用能力，在关键性的任务(如 XOR)中阐述它，并将其应用于更一般的模式识别。大量的有关应用的论文和书籍——语音感知、光学字符识别、数据挖掘、金融、游戏以及更多——层出不穷。反向传播算法的历史概况可参考[84]；两篇关于神经处理的发展史的主要论文，包括模式识别中的许多问题，可参考[2]和[3]。一个新型的网络推广包含有产生新模式的研究[22,23]。

关于神经网络的较基础的论文可在[37]和[48]中查到，还有一些优秀教科书，它们与现今著作的不同在于它们对神经网络的重视胜过其他模式识别技术，尤其是[4,29,31,61]和[63]。网络在数学方面的一些扩展研究，其大部分已超出了我们用网络进行模式分类的要求，感兴趣的读者可以参考[21]。网络与标准的统计方法之间的密切联系还在继续研究中，White 拟出一份纲要[85]以及一些书籍(如参考文献[9]和[71])，探索了它们之间大量的内在联系。多层感知器与贝叶斯方法及概率估计的重要关系可在参考文献[5,14,25,45,54,62]和[66]中查到。原始的关于投影寻踪和 MARS 的论文可分别参考[16]和[35]，以及[63]中的一份优秀的综述。

反向传播算法广泛普及不久，又被批评为缺乏生物学上的真实性；特别是 Grossberg[24]，他讨论了这种算法的非局部特性，即突触权值不是通过物理方式传输的。不久，Stork
334 发明了一种局部实现的反向传播法[47,75]，并且指出尽管如此，它仍然是一种无法被生物学接受的模型。

戈尔莫戈罗夫定理与神经网络间的关系的争论——例如文献[13,20,34,38,41,42]和[44]——已集中到它们的表达能力上。三层网络的普遍表达能力的证明是以波包和傅里叶思想为基础的，参考[32]。具有非常规的激活函数的网络的表达能力已在文献[76][77]及其他文献中提出。三层网络可获得准则函数的局部极小值的事实在文献[52]中提出，且一些误差曲面的属性在文献[36]中已做了说明。

赫森矩阵的外积近似与二阶技术的深入分析可在文献[26,46,50]和[60]中查到。级联相

关法训练的三层网络，与通过反向传播法训练的标准三层网络比较，具有较好的执行效果[15]。虽然在 Fukushima 的新认知机[17,18]中所述的学习理论并没有什么新东西，但是它使用多层人工调节的特征检测器和分组学习的混合展示了网络是如何表达平移、旋转及尺度不变性的。匹配滤波器法的提出早于神经网络；Stork 和 Levinson 用匹配滤波器来探索人类视觉响应函数，参考[74]和[78]。

一个权值衰减的简单方法在文献[33]中做了介绍，并且由于 Weigend 和其他人[82]的努力而获得了更大的认可。线索法在文献[1]中做了介绍。在“Wald 检验”[80,81]用于传统统计研究[72]的同时，它在多层网络剪枝中的应用开始于 Le Cun 等人提出的 OBD 法，后来又扩展到非对角化的赫森矩阵[28,26,27]，包括一些加速方法[73]。关于二阶导数计算方法在网络中的应用的展开讨论可参考[8]，剪枝算法的经典讨论可参考[60]。

习题

6.2 节

1. 证明如果隐单元的激活函数是线性的，那么三层网络等价于二层网络。利用该结论解释为什么具有线性隐单元的三层网络不能解决某个非线性可分问题，如 XOR 问题或 d 比特奇偶校验问题。
2. 傅里叶理论可用来证明具有 S 形隐单元的三层神经网络能以任意精度逼近任何后验函数。考虑二维输入和单一输出 $z(x_1,x_2)$，傅里叶理论叙述如下：在很弱的条件下，任何一个这样的函数可写成余弦函数及系数 A_{f1f2} 的无穷和 335

$$z(x_1, x_2) \approx \sum_{f_1} \sum_{f_2} A_{f_1 f_2} \cos(f_1 x_1) \cos(f_2 x_2)$$

(a) 利用三角关系恒等式

$$\cos(\alpha) \cos(\beta) = \frac{1}{2}\cos(\alpha+\beta) + \frac{1}{2}\cos(\alpha-\beta)$$

将 $z(x_1,x_2)$ 写成 $\cos(f_1x_1+f_2x_2)$ 和 $\cos(f_1x_1-f_2x_2)$ 的线性组合。

(b) 证明 $\cos(x)$，或者实际上任意的连续函数 $f(x)$，都可由符号函数的线性组合以任意精度逼近如下：

$$f(x) \approx f(x_0) + \sum_{i=0}^{N} \left[f(x_{i+1}) - f(x_i)\right] \left[\frac{1+\mathrm{Sgn}(x-x_i)}{2}\right]$$

其中 x_i 是 x 的序列值，$x_{i+1}-x_i$ 越小，逼近程度越好。

(c) 将你的结论联合起来，证明 $z(x_1,x_2)$ 可由阶跃函数或符号函数的线性组合来表示，阶跃函数或符号函数的幅度反过来又是输入变量 x_1 和 x_2 的线性组合。解释为什么这说明了具有 S 形隐单元和一个线性输出单元的三层网络可用来近似任何可由傅里叶级数表示的函数。

(d) 你的结论可以保证导数 $df(x)/dx$ 也能被很好地逼近吗？

6.3 节

3. 考虑用 n 个模式进行 m_e 次训练的一个 d-n_H-c 型网络。

(a) 此问题的空间复杂度是多少？（网络参数的存贮和模式存贮都要考虑，但不考虑程序本身）。

(b) 假设网络训练由一个随机模式来训练，时间复杂度是多少？由于它受累计乘法次数的控制，所以将此作为时间复杂度的测度。

(c) 假设网络由成批模式训练，时间复杂度是多少？

4. 证明三层网络中一个隐单元的敏感度 δ 的公式（式(21)）可推广到四层（或更多层）网络中的一个隐单元，其敏感度是下一个更高层次中各单元敏感度的加权和。

5. 用文字解释，为什么训练输入层到隐含层权值的反向传播规则可通过考虑对式(21)中各项的依赖性而具有很直观的意义？

6. 读者可能会猜想，反向传播学习规则应该与 $f'(net)$ 逆相关——权值的变化在输出不变的地方会很大。实际上，如式(17)所示，学习规则在 $f'(net)$ 中是线性的。直观地解释为什么学习规则在 $f'(net)$ 中是线性的。

336 7. 证明式(17)和(21)所示的学习规则在有偏置存在时可以取得很好的效果，其中 $x_0=y_0=1$ 被看成另一个连到隐单元的输入单元。

8. 考虑具有 d 个输入单元、n_H 个隐单元、c 个输出单元以及偏置的一个标准三层反向传播网。

(a) 网络中有多少权值？

(b) 考虑权值对称。特别是，证明如果将每一个权值的符号反向，网络功能不变。

(c) 现在考虑隐单元的对称交换。隐单元上没有标记，因此它们可以相互交换（沿着对应权值）而使网络功能不受影响。证明该等价标记数——对称交换因子——为 $n_H 2^{n_H}$。在 $n_H=10$ 的情况下估计该因子的值。

9. 写出在线反向传播训练的伪码程序，注意区别它和随机过程及批处理过程。

10. 在如下两种情况下，将 sigmoid 的导数用 sigmoid 本身来表示（对于正常数 a 和 b）：

(a) 完全为正的 sigmoid：$f(net)=\dfrac{1}{1+e^{a\,net}}$。

(b) 反对称的 sigmoid：$f(net)=a\tanh(b\,net)$。

11. 将反向传播算法推广到四层以及各单元具有各自的激活函数（光滑可微分）的网络。特别是，设 x_i，y_j，v_l 和 z_k 表示一个四层全连接网络的后续层次中各单元上的激发，由目标值 t_k 训练。设 f_{1i} 为第一层单元 i 的激发，f_{2j} 为第二层，以此类推。对于一般的四层网络写一个程序，用比算法 1 更详细的步骤，计算敏感度，进行权值更新，等等。

6.4 节

12. 解释为什么输入层到隐含层的权值必须相互不等（即随机的），否则学习不能顺利进行（比较上机题 2）。更明确地说，如果权值初始化为相同的值，将出现什么现象？

13. 如果将两个隐单元上的标记互换（且权值适当的变化），误差曲面的形状不受影响。考虑一个 d-n_H-c 型三层网络，有多少种等价的单元标记（以及它们相连的权值）？

14. 说明进行适当的数据预处理可获得更快的收敛速度，至少在一个简单的有偏置的 2-1 网络（两层网络）。设训练数据取自于两个高斯分布，$p(x|\omega_1)\sim N(-0.5,1)$ 和 $p(x|\omega_2)\sim N(+0.5,1)$。设两类的教师信号为 $t=\pm 1$。

(a) 写出作为权值、输入和其他参数的函数的 n 个模式的总误差。

(b) 对权值进行两次微分得到赫森矩阵 $\mathbf{H}$。

(c) 考虑从 $p(\mathbf{x}|\omega_i)\sim N(\boldsymbol{\mu}_i,\mathbf{I})$（其中 $i=1,2$，$\mathbf{I}$ 是 2×2 的单位矩阵）中取出的两套数据集，计算用 $\boldsymbol{\mu}_i$ 表示的赫森矩阵。

(d) 计算由 $\boldsymbol{\mu}_i$ 的元素所表示的赫森矩阵的最大和最小本征值。

(e) 设 $\boldsymbol{\mu}_1=(1,0)^t$ 和 $\boldsymbol{\mu}_2=(0,1)^t$，计算本征值的比，从而得出收敛时间的大小。 337

(f) 现通过去均值并将两维中每一维上的方差归一化为单位值来使数据规格化。也就是，求出两个新的具有 0 均值和相同协方差的分布。通过计算最大和最小本征值的比值来验证你的结论。

(g) 如果 T 表示对未经处理的数据的总的训练时间，写出对已作预处理的数据所需的时间(比较上机习题 12)。

15. 考虑推导简单的梯度下降法的收敛时间的界。假设误差函数可由具有 d 个本征值 $\lambda_1,\lambda_2,\cdots,\lambda_d$ 的赫森矩阵 $\mathbf{H}$ 来表示，其中 $\lambda_{\max}$ 和 $\lambda_{\min}$ 为该集合中的最大和最小值。设对于某一维学习率已经设置为最优值，如式(36)所示。

(a) 以适当的本征值，即 $\lambda_{\max}$ 或 $\lambda_{\min}$，来表示最优学习率。

(b) 叙述一种学习的收敛准则。

(c) 用所给的变量，计算该系统达到该收敛准则的时间。

16. 假设准则函数 $J(\mathbf{w})$ 已被一赫森矩阵 $\mathbf{H}$ 表示成二阶形式。

(a) 证明如果学习率满足 $\eta<2/\lambda_{\max}$，其中 $\lambda_{\max}$ 是 $\mathbf{H}$ 的最大本征值，那么可保证学习收敛。

(b) 证明学习时间取决于 $\mathbf{H}$ 的非负本征值的最大值与最小值的比值。

(c) 解释为什么"规格化"训练数据可以减少训练时间。

(d) 此标准化与第 2 章中的白化变换有什么联系？

6.6 节

17. 完成导出式(26)的推导步骤。

18. 证明最小均方误差条件的解之一将产生实际上是后验概率的输出。按如下的步骤来做：

(a) 为了求出式(28)中的 $\tilde{J}(\mathbf{w})$ 的极小值，计算它的导数 $\partial\tilde{J}(\mathbf{w})/\partial\mathbf{w}$，它由两个积分式的和组成。设 $\partial\tilde{J}(\mathbf{w})/\partial\mathbf{w}=0$ 得出自然解。

(b) 应用贝叶斯规则和归一化 $P(\omega_k|\mathbf{x})+P(\omega_{i\neq k}|\mathbf{x})=1$ 来证明输出 $z_k=g_k(\mathbf{x};\mathbf{w})$ 实际上等于后验概率 $P(\omega_k|\mathbf{x})$。

19. 在寻找后验概率的最小二乘拟合的反向传播的推导中，暗示了网络的确是可以表示实际的分布的。解释推导过程中的什么地方可以说明这一点，并且如果该假设不合法，那么在接下来的步骤中什么将不成立？

20. 证明 softmax(软极大法)输出(式(30))实际上可以近似后验概率，前提是隐单元的输出 $\mathbf{y}$，服从指数分布 338

$$p(\mathbf{y}|\omega_k)=\exp[A(\tilde{\mathbf{w}}_k)+B(\mathbf{y},\phi)+\tilde{\mathbf{w}}_k^t\mathbf{y}]$$

对于 n_H 维矢量 $\tilde{\mathbf{w}}_k$ 和 $\mathbf{y}$，以及标量 ϕ、标量函数 $A(\cdot)$ 和 $B(\cdot,\cdot)$。按如下的步骤进行处理：

(a) 给出 $p(\mathbf{y}|\omega_k)$，利用贝叶斯公式写出后验概率 $P(\omega_k|\mathbf{y})$。

(b) 用你的结论解释参数 $A(\cdot)$，$\tilde{\mathbf{w}}_k$，$B(\cdot,\cdot)$ 以及 ϕ。

21. 考虑一个用于分类的三层网络，其输出单元引入 softmax 法(式(30))，由 0-1 信号进行训练。

(a) 如果准则函数(每个模式)是误差平方和，即

$$J(\mathbf{w})=\frac{1}{2}\sum_{k=1}^{c}(t_k-z_k)^2$$

推导出学习规则。

(b) 如果准则函数为互熵,即

$$J_{ce}(\mathbf{w}) = \sum_{k=1}^{c} t_k \ln \frac{t_k}{z_k}$$

再推导出学习规则。

22. 显然如果判别函数 $g_{k_1}(\mathbf{x};\mathbf{w})$和 $g_{k_2}(\mathbf{x};w)$独立,式(28)的推导将由式(27)接下来。证明,不管这些功能是否使用同样的输入层到隐含层权值来实现,该推导过程仍然合法。判别函数是独立的吗?

6.7 节

23. 证明 sigmoid 函数的斜率和学习率一起决定了学习时间。
   (a) 也就是,证明如果 sigmoid 函数的斜率通过加入一个 γ 系数而增加,学习率通过加入一个 $1/\gamma$ 因子而减小,那么总的学习时间保持不变。
   (b) 如果这种关系成立,那么输入是否一定要重新尺度化?
24. 通过详细的描述式(7)和式(32)间的对应关系,证明 6.2 节中的基本的三层神经网络是广义叠加模型的特例。
25. 证明如果其输入是正态分布,sigmoid 型激活函数传递的信息量最大。回想熵(一种信息度量)定义为 $H = \int p(y)\ln[p(y)]dy$。
   (a) 考虑一个连续的输入变量 x 从密度 $p(x) \sim N(0,\sigma^2)$中取样,该分布的熵是多少?
   (b) 设样本 x 经过一反对称 sigmoid 型函数,给出 $y=f(x)$,其中过零的 sigmoid 发生在高斯输入的峰值,且线性区域的有效宽度等于 $-\sigma<x<+\sigma$。式(34)的 a 和 b 的值应为多少?

339

   (c) 计算输出分布 $p(y)$的熵。
   (d) 如果设激活函数是狄拉克函数 $\delta(x-0)$,所得的输出分布 $p(y)$的熵是多少?
   (e) 用文字总结(c)和(d)的结论。

6.8 节

26. 考虑 S 形激活函数

$$f(net) = a\tanh(b\,net) = a\left[\frac{1-e^{-b\,net}}{1+e^{-b\,net}}\right] = \frac{2a}{1+e^{-b\,net}} - a$$

   (a) 证明它的导数 $f'(net)$可简单的写成 $f(net)$的形式。
   (b) 在 $net = -\infty$、0、$+\infty$时 $f(net)$、$f'(net)$、$f''(net)$分别是多少?
27. 考虑如正文中所述的标准数据的计算量
   (a) 标准化 n 个 d 维模式的训练集的计算复杂度是多少?
   (b)估计训练的计算复杂度。利用提示信息选取 6.8.7 节中所述的网络大小(如权值数),设训练次数为 nd。
   (c) 利用(a)和(b)中的结论将标准化的计算量表示成一个比值。(设未知常数为1.0。)
28. 对于式(42)的闵可夫斯基误差及任意的 R,推导一个三层网络的梯度下降学习规则,该三层网络具有线性输入单元以及 S 形隐含和输出单元。证明当 $R=2$ 时该结论可得出式(17)和式(21)。
29. 考虑一个 d-n_H-c 型三层神经网络,它的输入单元是线性的,输出单元是 S 形的,但每

一个隐单元执行一个特殊的多项式函数，由一个误差平方和准则进行训练。更明确地说，设隐单元 j 的输出由

$$o_j = w_{ji}x_i + w_{jm}x_m + q_j x_i x_m$$

给出，i 和 $m \neq i$ 是两个预先指定的输入。

(a) 写出对于输入到隐含权值和标量参数 q_i 而言的梯度下降学习规则。

(b) 对于隐含到输出单元权值而言的学习规则是否不同于课文中所述的标准三层网络？

(c) 这样的网络和它的学习规则的优点和缺点可能是什么？

30. 对于式(42)所定义的闵可夫斯基误差，推导反向传播学习规则。证明你的结论在 $R=2$时将得出标准的学习规则。对于 Manhattan 度量，即不需要参考 R 的值，重新推导你的结论。 340

6.9 节

31. 写出一个三层网络误差平方和的赫森矩阵的中间推导步骤，如式(47)所示。

32. 在互熵误差准则下重做 31 题。

33. 设一误差函数的赫森矩阵正比于单位矩阵，即 $\mathbf{H} \propto \mathbf{I}$。

(a) 证明在这种情况下，用于共轭梯度下降法的 Polak-Ribiere 公式和 Fletcher-Reeves 公式，即式(57)和式(56)，得出 $\beta=0$。

(b) 对你的结果作一说明。特别说明为什么比例于单位矩阵的赫森矩阵，以上两种方法将得出相同的 β 值，并且为什么所得出的 β 值为 0。

34. 考虑一误差曲面，它可由与训练集上的误差平方和相关联的正定的赫森矩阵来近似。用 $\mathbf{w}^*$ 来表示网络的最优权值向量，即位于全局极小值处，用 $\Delta\mathbf{w}=\mathbf{w}-\mathbf{w}^*$ 来表示一任意权值向量与该权值向量的差距。证明沿共轭梯度下降法所给的方向运动，最初衰减为 $\|\Delta\mathbf{w}\|$，从而该过程将收敛。

35. 基于正文中的讨论，推导出式(53)的 Quickprop 学习规则，请说明你需要用到的所有的假设条件。

6.10 节

36. 证明式(66)所示的匹配滤波器将给出一个如下所示的极大值(不仅仅是一个极值)所规定的期望信号为 $x(t)$。

(a) 用$w(t)=w^*(t)+h(t)$来表示一试验权值函数，其中$w^*(t)$为匹配滤波器。要求该试验权值函数满足式(63)的限定条件，即

$$\int_{-\infty}^{+\infty} w^2(t)\,dt = \int_{-\infty}^{+\infty} w^{*2}(t)\,dt$$

将该式的左边展开来证明

$$-2\int_{-\infty}^{+\infty} h(t)w^*(t)\,dt = \int_{-\infty}^{+\infty} h^2(t)dt \geq 0 \qquad (71)$$

(b) 由式(62)，用 z^* 来表示与目标输入相匹配的滤波器的输出，利用(a)中的结论证明试验权值的输出为

$$z = z^* - \frac{1}{-\lambda}\int_{-\infty}^{+\infty} h^2(t)\,dt$$

341 (c) λ 的符号由 z^* 的符号决定。利用式(66)说明 λ 的符号与 z^* 的符号相反。

(d) 利用以上所有的结论证明，当且仅当对所有的 t 有 $h(t)=0$ 时，$z^*=z$，即匹配滤波器 $w^*(t)$ 保证输出达到最大值，且 $w^*(t)$ 是唯一的。

37. 在三层 sigmoid 网络中，对于互熵误差，试推导 OBD 和 OBS 的基本方程（也就是类似于式(69)）。

38. 推导三层径向基函数神经网络的学习规则，其中隐单元是球状高斯的，其均值 $\boldsymbol{\mu}$ 及幅度通过数据进行学习。

6.11 节

39. 考虑一个一般的常数矩阵 $\mathbf{K}$ 及可变参数向量 $\mathbf{x}$。

(a) 利用对各个分量显式的使用求和符号来推导如下的导数公式：

$$\frac{d}{d\mathbf{x}}[\mathbf{x}^t\mathbf{K}\mathbf{x}] = (\mathbf{K}+\mathbf{K}^t)\mathbf{x}$$

(b) 简单地证明，在 $\mathbf{K}$ 是对称的情况下（比如赫森矩阵 $\mathbf{H}=\mathbf{H}^t$），有

$$\frac{d}{d\mathbf{x}}[\mathbf{x}^t\mathbf{H}\mathbf{x}] = 2\mathbf{H}\mathbf{x}$$

它用来推导 OBD 和 OBS 方法。

40. 权值衰减等价于对具有一个“复杂程度”项的误差进行梯度下降。

(a) 证明在权值衰减规则 $w_{ij}^{new} = w_{ij}^{old}(1-\epsilon)$ 中，它等价于执行一个误差函数 $J_{ef} = J(\mathbf{w}) + \frac{2\epsilon}{\eta}\mathbf{w}^t\mathbf{w}$（式(39)）的梯度下降。

(b) 用权值衰减常数 ϵ 和学习率 η 来表示 γ。

(c) 类似地，证明如果 $w_{mr}^{new} = w_{mr}^{old}(1-\epsilon_{mr})$ 其中 $\epsilon_{mr} = 1/(1+w_{mr}^2)^2$，那么新的有效误差函数是 $J_{ef} = J(\mathbf{w}) + \gamma\sum_{mr} w_{mr}^2/(1+w_{mr}^2)$，以 η 和 ϵ_{mr} 的形式求出 γ。

(d) 考虑一个具有较大幅值范围的权值的网络。定性地描述两种不同的权值衰减方法是如何影响网络的。

41. 证明式(38)的权值衰减规则等价于倾向于小权值的先验模型。

42. 证明式(38)的权值衰减规则可导出式(39)的 J_{reg}。

43. 式(69)的 OBS 需要求 $\mathbf{H}$ 的逆。一种计算此逆矩阵的方法是从一个小值开始，$\mathbf{H}_0^{-1} = \alpha^{-1}\mathbf{I}$，通过式(70)重复估算 $\mathbf{H}^{-1}$。在这种情况下，证明 α 相当于一个权值衰减常数。

44. 从式(68)的准则函数的泰勒级数展开式，推导 OBS 算法的关键公式，式(69)。

342 45. 考虑 OBS 过程的计算量如下：

(a) 求出 OBS 方法中做一步的空间和时间计算复杂度。

(b) 求出消除 OBS 中第一个权值的空间和时间计算复杂度。如果利用 Shur 的分解方法，消除接下来的权值的空间和时间复杂度是多少？

(c) 求出完成 OBD 的一步（不用再训练）的空间和时间计算复杂度。

(d) 计算 OBD 中的“显著性”，假设对于所有的 $i\neq j$ 有 $\mathbf{H}_{ij}=0$。

上机练习

有些练习需要用到如下的三维数据，这些数据分别从三个类别（记为 ω_i）中抽取。

样本	ω_1			ω_2			ω_3		
	x_1	x_2	x_3	x_1	x_2	x_3	x_1	x_2	x_3
1	1.58	2.32	−5.8	0.21	0.03	−2.21	−1.54	1.17	0.64
2	0.67	1.58	−4.78	0.37	0.28	−1.8	5.41	3.45	−1.33
3	1.04	1.01	−3.63	0.18	1.22	0.16	1.55	0.99	2.69
4	−1.49	2.18	−3.39	−0.24	0.93	−1.01	1.86	3.19	1.51
5	−0.41	1.21	−4.73	−1.18	0.39	−0.39	1.68	1.79	−0.87
6	1.39	3.16	2.87	0.74	0.96	−1.16	3.51	−0.22	−1.39
7	1.20	1.40	−1.89	−0.38	1.94	−0.48	1.40	−0.44	0.92
8	−0.92	1.44	−3.22	0.02	0.72	−0.17	0.44	0.83	1.97
9	0.45	1.33	−4.38	0.44	1.31	−0.14	0.25	0.68	−0.99
10	−0.76	0.84	−1.96	0.46	1.49	0.68	−0.66	−0.45	0.08

6.2 节

1. 考虑一个 2-2-1 型的网络及偏置，其隐单元和输出单元的激活函数为 S 形函数：

$$y_j = a\ \tanh(b\ net_j)，且\ a=1.716, b=2/3$$

(a) 设描述输入层到隐含层权值（w_{ji}，$j=1,2$，$i=0,1,2$）及隐含层到输出层权值（w_{kj}，$k=1$，$j=0,1,2$）的矩阵分别为

$$\begin{pmatrix} 0.5 & -0.5 \\ 0.3 & -0.4 \\ -0.1 & 1.0 \end{pmatrix} \quad 及 \quad \begin{pmatrix} 1.0 \\ -2.0 \\ 0.5 \end{pmatrix}$$

该网络被用来根据输出信号的符号，将模式分类为两种类别中的一种。根据网络所给出的种类将二维 x_1x_2 输入空间（$-5 \leqslant x_1, x_2 \leqslant +5$）用黑色或白色绘出。

(b) 利用下面的权值矩阵重复(a)：

$$\begin{pmatrix} -1.0 & 1.0 \\ -0.5 & 1.5 \\ 1.5 & -0.5 \end{pmatrix} \quad 及 \quad \begin{pmatrix} 0.5 \\ -1.0 \\ 1.0 \end{pmatrix}$$ 343

6.3 节

2. 构造一个加偏置 3-1-1 型 sigmoid 网络，训练它用来将模式分到上表中的 ω_1 和 ω_2 类中。利用随机反向传播（算法 1）及学习率 $\eta=0.1$ 和 6.8.2 节中的式(34)所述的 sigmoid函数。

(a) 在范围 $-1 \leqslant \omega \leqslant +1$ 内随机初始化所有权值，绘出一学习曲线——训练误差作为回合的函数。

(b) 现重复(a)，但此时权值在每一层上被初始化为相同的值。特别是，设所有输入到隐含权值初始化为 $w_{ji}=0.5$，所有隐含到输出权值初始化为 $w_{kj}=-0.5$。

(c) 说明以上学习曲线间的不同之处（比较习题 12）。

3. 考虑非线性可分的分类问题，示于图 6-8。

(a) 通过成批反向传播（算法 2）来训练一个加偏置 1-3-1 S 形网络来解决该问题。

(b) 通过沿着 x 轴的分类点显示出你的判决边界。

(c) 对于一个 1-2-1 网络重复以上问题。

(d) 检查你的 1-3-1 网络的判决边界(或者手工构造一个最优的)并解释为什么没有一个具有 S 形隐单元的 1-2-1 型网络可获得这样的判决边界。

4. 对于加偏置 2-2-1 型网络写一个反向传播程序来解决 XOR 问题(比较图 6-1)。

(a) 显示输入层到隐含层权值并分析每一个隐单元的功能。

(b) 在 $y_1 y_2$ 空间中绘出每一种模式的代表点以及最终的判决边界。

(c) 尽管未用于一个训练模式,在你的 $y_1 y_2$ 空间中显示出 $\mathbf{x}=\mathbf{0}$ 的代表点。

5. 对于一个加偏置 3-3-1 型网络,写一个基本的反向传播程序来解决 3 位奇偶校验问题,其中每一个输入具有值±1。也就是说,如果具有+1 值的输入个数为偶数,那么输出为+1,如果该输入数为奇数,则输出为−1。

(a) 显示出输入层到隐含层权值,并分析每一个隐单元的功能。

(b) 从新的随机点重新训练几次,直到得到一个局部(而非全局)极小值。分析隐单元的功能。

(c) 对于局部极小值,有多少模式被正确的分类?为什么?

6. 寻找隐单元数对一个加偏置 $2\text{-}n_H\text{-}1$ 神经网络分类器在一个二维两类问题中的分类精确度的影响,其中 $p(\mathbf{x}|\omega_1)\sim N(\mathbf{0},\mathbf{I})$ 及 $p(\mathbf{x}|\omega_2)\sim N\left(\begin{pmatrix}1\\0.5\end{pmatrix},\begin{pmatrix}3&1\\1&2\end{pmatrix}\right)$。

(a) 产生 100 个点的训练集,每一类 50 个点,以及独立的 40 个点的集合(每一类 20 个点)。

(b) 用不同的隐单元数,$1\leqslant n_H\leqslant 10$,对你的网络进行完全训练,对每一个训练后的网络,绘出训练和测试误差率,如图 6-15 所示。多少个隐单元数可以给出最小的训练误差率?多少个隐单元数可以给出最小的测试误差率?(将后者称为 n_H^*。)

344

(c) 重新初始化一个 $2\text{-}n_H^*\text{-}1$ 网络并训练它。绘出学习曲线,即训练误差与验证误差作为训练次数的函数。设在此验证误差的极小值时将停止训练,在此停止点处的验证误差值是多少?

(d) 比较并解释(c)中的验证误差极小值与(b)中的 n_H^* 个隐单元的对应的验证误差的区别。

7. 以一个任意的二维 2-类分类问题来训练一个在每一个隐单元上具有不同的激活函数的 2-4-1 型网络。此问题具有从单元正方随机选择的 2^k 个模式。试估计期望误差为 25%的 k,并讨论结果。

6.4 节

8. 考虑一个具有 S 形激活函数的 3-1-3 型网络(加偏置),用上面表格中的数据来训练该网络。

(a) 计算赫森矩阵 $\mathbf{H}$。

(b) 求 $\mathbf{H}$ 的本征值和本征向量。

6.5 节

9. 证明网络的隐单元在如下的光学字符识别问题中可以找到有意义的特征组合。

(a) 设输入空间由 8 × 8 的像素格点组成。通过如下的方式对 B 类别产生 100 个训练模式。从代表 B 的一个块状字母开始,其中"黑"像素具有值−1.0,"白"像素具有值+1.0。通过加入与每个像素点无关的独立的随机噪声,产生此 B 模型的 100 个不同的版本。设噪声为－0.5 到＋0.5 间的均匀分布。对于 O 和 E，重复以上步骤。通过这种方式可产生具有 300 个训练模式的一个集合 D。

(b) 利用你的训练集 D 训练一个 64-3-3 型网络(加偏置)。

(c) 将输入层到隐含层权值显示为一个 8×8 图像。对于每一个隐单元分别显示。

(d) 说明(c)中显示的权值的模式。

6.6 节

10. 考虑训练一个三层网络来估计如下 4 个等概率的三维数据：

(a) 首先产生 4000 个模式的训练集 D，下面每一个高斯分布 $p(\mathbf{x}|\omega_i)\sim N(\boldsymbol{\mu}_i,\boldsymbol{\Sigma}_i)$，$i=1,2,3,4$，有 1000 个模式： 345

i	$\boldsymbol{\mu}_i$	$\boldsymbol{\Sigma}_i$
1	$\mathbf{0}$	$\mathbf{I}$
2	$\begin{pmatrix}0\\1\\0\end{pmatrix}$	$\begin{pmatrix}1&0&1\\0&2&2\\1&2&5\end{pmatrix}$
3	$\begin{pmatrix}-1\\0\\1\end{pmatrix}$	Diag[2,6,1]
4	$\begin{pmatrix}0\\0.5\\1\end{pmatrix}$	Diag[2,1,3]

(b) 利用 D 中的 4000 个模式训练一个 3-3-4 型网络(加偏置)，使用式(30)所给的软极大法目标值。

(c) 利用你的训练网络估计如下 5 个模式：$\mathbf{x}_1=(0,0,0)^t$，$\mathbf{x}_2=(-1,0,1)^t$，$\mathbf{x}_3=(0.5,-0.5,0)^t$，$\mathbf{x}_4=(-1,0,0)^t$，$\mathbf{x}_5=(0,0,0)^t$ 的每一个的后验概率。

(d) 利用该网络将 5 个测试模式分类。

(e) 利用第 2 章的技术计算 5 个测试模式的后验概率。与(c)中的结果进行比较。

6.7 节

11. 考虑几个梯度下降法运用于一维的某个准则函数：具有固定学习率 η 的简单梯度下降法、优化下降法、牛顿法以及 Quickprop 法。首先考虑准则函数 $J(w)=w^2$，显然在 $w=0$处有极小值 $J=0$。在所有的情况下都从$w(0)=1$ 处开始下降。为明确起见，我们考虑当 $J(\mathbf{w})<0.001$ 时收敛完成。

(a) 绘出作为 η 的函数的收敛步数，其中 η 为 0.01，0.03，0.1，0.3，1.3。

(b) 通过式(36)计算最优学习率 η_{opt}，证明此值与(a)中的结论相一致。

(c) 通过式(53)的 Quickprop 规则计算权值更新。

6.8 节

12. 说明数据预处理可以使学习时间大量减少。考虑对于两类分类问题的某个单一的线性输出单元，在教师信号为±1 及平方误差准则下。

(a) 写一个程序，基于训练样本来训练三个权值。

(b) 从两种类别 $P(\omega_1)=P(\omega_2)=0.5$ 及 $p(\mathbf{x}|\omega_i)\sim N(\boldsymbol{\mu}_i,\mathbf{I})$的每一类产生 20 个样本，其中 $\mathbf{I}$ 是 2×2 的单位矩阵 $\boldsymbol{\mu}_1=(0,1)^t$，$\boldsymbol{\mu}_2=(1,-1)^t$。

(c) 通过尝试一些值找出经验上的最优学习率。

(d) 训练到最小误差。在这种情况下为什么没有"过训练"的危险?

(e) 为什么可以肯定该网络至少可能获得最小(贝叶斯)误差?

(f) 产生 100 个测试样本,每个类别 50 个,估计误差率。

(g) 现通过与均值相减并将每一维规格化为标准方差来预处理数据。

(h) 重复以上步骤,找出最优学习率。

346 (i) 求(变换后的)测试集上的误差率。

(j) 验证两种情况下的准确率实际上是一样的(任何差别可能是由随机效应所造成的)。

(k) 用文字说明这些结论的内在原因。

参考文献

[1] Yaser S. Abu-Mostafa. Learning from hints in neural networks. *Journal of Complexity*, 6(2):192–198, 1990.

[2] James A. Anderson, Andras Pellionisz, and Edward Rosenfeld, editors. *Neurocomputing 2: Directions for Research*. MIT Press, Cambridge, MA, 1990.

[3] James A. Anderson and Edward Rosenfeld, editors. *Neurocomputing: Foundations of Research*. MIT Press, Cambridge, MA, 1988.

[4] Christopher M. Bishop. *Neural Networks for Pattern Recognition*. Oxford University Press, Oxford, UK, 1995.

[5] John S. Bridle. Probabilistic interpretation of feedforward classification network outputs, with relationships to statistical pattern recognition. In Françoise Fogelman-Soulié and Jeanny Hérault, editors, *Neurocomputing: Algorithms, Architectures and Applications*, pages 227–236, Springer-Verlag, New York, 1990.

[6] Arthur E. Bryson, Jr., Walter Denham, and Stuart E. Dreyfus. Optimal programming problem with inequality constraints. I: Necessary conditions for extremal solutions. *American Institute of Aeronautics and Astronautics Journal*, 1(11):2544–2550, 1963.

[7] Arthur E. Bryson, Jr. and Yu-Chi Ho. *Applied Optimal Control*. Blaisdell, Waltham, MA, 1969.

[8] Wray L. Buntine and Andreas S. Weigend. Computing second derivatives in feed-forward networks: A review. *IEEE Transactions on Neural Networks*, 5(3):480–488, 1991.

[9] Vladimir Cherkassky, Jerome H. Friedman, and Harry Wechsler, editors. *From Statistics to Neural Networks: Theory and Pattern Recognition Applications*. NATO ASI. Springer, New York, 1994.

[10] Yann Le Cun. A learning scheme for asymmetric threshold networks. In *Proceedings of Cognitiva 85*, pages 599–604, Paris, France, 1985.

[11] Yann Le Cun. Learning processes in an asymmetric threshold network. In Elie Bienenstock, Françoise Fogelman-Soulié, and Gerard Weisbuch, editors, *Disordered Systems and Biological Organization*, pages 233–240, Les Houches, Springer-Verlag, France, 1986.

[12] Yann Le Cun, John S. Denker, and Sara A. Solla. Optimal Brain Damage. In David S. Touretzky, editor, *Advances in Neural Information Processing Systems*, volume 2, pages 598–605. Morgan Kaufmann, San Mateo, CA, 1990

[13] George Cybenko. Approximation by superpositions of a sigmoidal function. *Mathematical Control Signals Systems*, 2:303–314, 1989.

[14] John S. Denker and Yann Le Cun. Transforming neural-net output levels to probability distributions. In Richard Lippmann, John Moody, and David Touretzky, editors, *Advances in Neural Information Processing Systems*, volume 3 , pages 853–859. Morgan Kaufmann, San Mateo, CA, 1991.

[15] Scott E. Fahlman and Christian Lebiere. The Cascade-Correlation learning architecture. In David S. Touretzky, editor, *Advances in Neural Information Processing Systems*, volume 2, pages 524–532. Morgan Kaufmann, San Mateo, CA, 1990.

[16] Jerome H. Friedman and Werner Stuetzle. Projection pursuit regression. *Journal of the American Statistical Association*, 76(376):817–823, 1981.

[17] Kunihiko Fukushima. Neocognitron: A self-organizing neural network model for a mechanism of pattern recognition unaffected by shift in position. *Biological Cybernetics*, 36:193–202, 1980.

[18] Kunihiko Fukushima, Sei Miyake, and Takayuki Ito. Neocognitron: A neural network model for a mechanism of visual pattern recognition. *IEEE Transactions on Systems, Man, and Cybernetics*, SMC-13(5):826–834, 1983.

[19] Federico Girosi, Michael Jones, and Tomaso Poggio. Regularization theory and neural networks architectures. *Neural Computation*, 7(2):219–269, 1995.

[20] Federico Girosi and Tomaso Poggio. Representation properties of networks: Kolmogorov's theorem is irrelevant. *Neural Computation*, 1(4):465–469, 1989.

[21] Richard M. Golden. *Mathematical Methods for Neural Network Analysis and Design*. MIT Press, Cambridge, MA, 1996.

[22] Igor Grebert, David G. Stork, Ron Keesing, and Steve Mims. Connectionist generalization for productions: An

example from Gridfont. *Neural Networks*, 5(4):699–710, 1992.

[23] Igor Grebert, David G. Stork, Ron Keesing, and Steve Mims. Network generalization for production: Learning and producing styled letterforms. In John E. Moody, Stephen J. Hanson, and Richard P. Lippmann, editors, *Advances in Neural Information Processing Systems*, volume 4, pages 1118–1124. Morgan Kaufmann, San Mateo, CA, 1992.

[24] Stephen Grossberg. Competitive learning: From interactive activation to adaptive resonance. *Cognitive Science*, 11(1):23–63, 1987.

[25] John B. Hampshire, II and Barak A. Pearlmutter. Equivalence proofs for multi-layer Perceptron classifiers and the Bayesian discriminant function. In David S. Touretzky, Jeffrey L. Elman, Terrence J. Sejnowski, and Geoffrey E. Hinton, editors, *Proceedings of the 1990 Connectionst Models Summer School*, pages 159–172. Morgan Kaufmann, San Mateo, CA, 1990.

[26] Babak Hassibi and David G. Stork. Second-order derivatives for network pruning: Optimal Brain Surgeon. In Stephen J. Hanson, Jack D. Cowan, and C. Lee Giles, editors, *Advances in Neural Information Processing Systems*, volume 5, pages 164–171. Morgan Kaufmann, San Mateo, CA, 1993.

[27] Babak Hassibi, David G. Stork, and Greg Wolff. Optimal Brain Surgeon and general network pruning. In *Proceedings of the International Conference on Neural Networks*, volume 1, pages 293–299. IEEE, San Francisco, CA, 1993.

[28] Babak Hassibi, David G. Stork, Gregory Wolff, and Takahiro Watanabe. Optimal Brain Surgeon: Extensions and performance comparisons. In Jack D. Cowan, Gerald Tesauro, and Joshua Alspector, editors, *Advances in Neural Information Processing Systems*, volume 6, pages 263–270. Morgan Kaufmann, San Mateo, CA, 1994.

[29] Mohamad H. Hassoun. *Fundamentals of Artificial Neural Networks*. MIT Press, Cambridge, MA, 1995.

[30] Simon Haykin. *Adaptive Filter Theory*. Prentice-Hall, Englewood Cliffs, NJ, second edition, 1991.

[31] Simon Haykin. *Neural Networks: A Comprehensive Foundation*. Macmillan, New York, 1994.

[32] Robert Hecht-Nielsen. Theory of the backpropagation neural network. In *Proceeding of the International Joint Conference on Neural Networks (IJCNN)*, volume 1, pages 593–605. IEEE, New York, 1989.

[33] Geoffrey E. Hinton. Learning distributed representations of concepts. In *Proceedings of the Eighth Annual Conference of the Cognitive Science Society*, pages 1–12. Lawrence Erlbaum Associates, Hillsdale, NJ, 1986.

[34] Kurt Hornik, Maxwell Stinchcombe, and Halbert L. White, Jr. Multilayer feedforward networks are universal approximators. *Neural Networks*, 2(5):359–366, 1989.

[35] Peter J. Huber. Projection pursuit. *Annals of Statistics*, 13(2):435–475, 1985.

[36] Don R. Hush, John M. Salas, and Bill G. Horne. Error surfaces for multi-layer Perceptrons. In *Proceedings of International Joint Conference on Neural Networks (IJCNN)*, volume 1, pages 759–764. IEEE, New York, 1991.

[37] Anil K. Jain, Jianchang Mao, and K. Moidin Mohiuddin. Artificial neural networks: A tutorial. *Computer*, 29(3):31–44, 1996.

[38] Lee K. Jones. Constructive approximations for neural networks by sigmoidal functions. *Proceedings of the IEEE*, 78(10):1586–1589, 1990.

[39] Rudolf E. Kalman. A new approach to linear filtering and prediction problems. *Transactions of the ASME, Series D, Journal of Basic Engineering*, 82(1):34–45, 1960.

[40] Andreæi N. Kolmogorov. On the representation of continuous functions of several variables by superposition of continuous functions of one variable and addition. *Doklady Akademiia Nauk SSSR*, 114(5):953–956, 1957.

[41] Věra Kůrková. Kolmogorov's theorem is relevant. *Neural Computation*, 3(4):617–622, 1991.

[42] Věra Kůrková. Kolmogorov's theorem and multilayer neural networks. *Neural Computation*, 5(3):501–506, 1992.

[43] Chuck Lam and David G. Stork. Learning network topology. In Michael A. Arbib, editor, *The Handbook of Brain Theory and Neural Networks*. MIT Press, Cambridge, MA, second edition, 2001.

[44] Alan Lapedes and Ron Farber. How neural nets work. In Dana Z. Anderson, editor, *Advances in Neural Information Processing Systems*, pages 442–456. American Institute of Physics, New York, 1988.

[45] Dar-Shyang Lee, Sargur N. Srihari, and Roger Gaborski. Bayesian and neural network pattern recognition: A theoretical connection and empiricial results with handwritten characters. In Ishwar K. Sethi and Anil K. Jain, editors, *Artificial Neural Networks and Statistical Pattern Recognition: Old and New Connections*, chapter 5, pages 89–108. North-Holland, Amsterdam, 1991.

[46] Kenneth Levenberg. A method for the solution of certain non-linear problems in least squares. *Quarterly Journal of Applied Mathematics*, II(2):164–168, 1944.

[47] Daniel S. Levine. *Introduction to Neural and Cognitive Modeling*. Lawrence Erlbaum Associates, Hillsdale, NJ, 1991.

[48] Richard Lippmann. An introduction to computing with neural nets. *IEEE ASSP Magazine*, pages 4–22, April 1987.

[49] David Lowe and Andrew R. Webb. Optimized feature extraction and the Bayes decision in feed-forward classifier networks. *IEEE Transactions on Pattern Analysis and Machine Intelligence*, PAMI-13(4):355–364, 1991.

[50] Donald W. Marquardt. An algorithm for least-squares estimation of non-linear parameters. *Journal of the Society for Industrial and Applied Mathematics*, 11(2):431–441, 1963.

[51] Warren S. McCulloch and Walter Pitts. A logical calculus of ideas imminent in nervous activity. *Bulletin of Mathematical Biophysics*, 5:115–133, 1943.

[52] John M. McInerny, Karen G. Haines, Steve Biafore, and Robert Hecht-Nielsen. Back propagation error surfaces can have local minima. In *International Joint Conference on Neural Networks (IJCNN)*, volume 2, page 627. IEEE, New York, 1989.

[53] Marvin L. Minsky and Seymour A. Papert. *Perceptrons: An Introduction to Computational Geometry*. MIT Press, Cambridge, MA, 1969.

[54] Hermann Ney. On the probabilistic interpretation of neural network classifiers and discriminative training criteria. *IEEE Transactions on Pattern Analysis and Machine Intelligence*, PAMI-17(2):107–119, 1995.

[55] David B. Parker. Learning logic. Technical Report S81-64, File 1, Stanford University Office of Technology Licensing, 1982.

[56] David B. Parker. Learning logic. Technical Report TR-47, MIT Center for Research in Computational Economics and Management Science, 1985.

[57] Fernando Pineda. Recurrent backpropagation and the dynamical approach to adaptive neural computation. *Neural Computation*, 1(2):161–172, 1989.

[58] Walter Pitts and Warren S. McCulloch. How we know universals: The perception of auditory and visual forms. *Bulletin of Mathematical Biophysics*, 9:127–147, 1947.

[59] Tomaso Poggio and Federico Girosi. Regularization algorithms for learning that are equivalent to multilayer networks. *Science*, 247(4945):978–982, 1990.

[60] Russell Reed. Pruning algorithms—a survey. *IEEE Transactions on Neural Networks*, TNN-4(5):740–747, 1993.

[61] Russell D. Reed and Roberg J. Marks II. *Neural Smithing: Supervised Learning in Feedforward Artificial Neural Networks*. MIT Press, Cambridge, MA, 1999.

[62] Michael D. Richard and Richard P. Lippmann. Neural network classifiers estimate Bayesian *a-posteriori* probabilities. *Neural Computation*, 3(4):461–483, 1991.

[63] Brian D. Ripley. *Pattern Recognition and Neural Networks*. Cambridge University Press, Cambridge, UK, 1996.

[64] Frank Rosenblatt. The Perceptron: A probabilistic model for information storage and organization in the brain. *Psychological Review*, 65(6):386–408, 1958.

[65] Frank Rosenblatt. *Principles of Neurodynamics*. Spartan Books, Washington, DC, 1962.

[66] Dennis W. Ruck, Steven K. Rogers, Matthew Kabrisky, Mark E. Oxley, and Bruce W. Suter. The multilayer Perceptron as an approximation to a Bayes optimal discriminant function. *IEEE Transactions on Neural Networks*, TNN-1(4):296–298, 1990.

[67] David E. Rumelhart, Geoffrey E. Hinton, and Ronald J. Williams. Learning internal representations by back-propagating errors. *Nature*, 323(99):533–536, 1986.

[68] David E. Rumelhart, Geoffrey E. Hinton, and Ronald J. Williams. Learning internal representations by error propagation. In David E. Rumelhart, James L. McClelland, and the PDP Research Group, editors, *Parallel Distributed Processing*, volume 1, chapter 8, pages 318–362. MIT Press, Cambridge, MA, 1986.

[69] Oliver G. Selfridge. Pandemonium: A paradigm for learning. In *Mechanisation of Thought Processes: Proceedings of a Symposium held at the National Physical Laboratory*, pages 513–526, London, 1958. HMSO.

[70] Oliver G. Selfridge and Ulrich Neisser. Pattern recognition by machine. *Scientific American*, 203(2):60–68, 1960.

[71] Ishwar K. Sethi and Anil K. Jain, editors. *Artificial Neural Networks and Statistical Pattern Recognition: Old and New Connections*. North-Holland, Amsterdam, The Netherlands, 1991.

[72] Suzanne Sommer and Richard M. Huggins. Variables selection using the Wald test and a robust CP. *Applied Statistics*, 45(1):15–29, 1996.

[73] Achim Stahlberger and Martin Riedmiller. Fast network pruning and feature extraction using the unit-OBS algorithm. In Michael C. Mozer, Michael I. Jordan, and Thomas Petsche, editors, *Advances in Neural Information Processing Systems*, volume 9, pages 655–661. MIT Press, Cambridge, MA, 1997.

[74] David G. Stork. *Determination of symmetry and phase in human visual response functions: Theory and Experiment*. Ph.D. thesis, University of Maryland, College Park, MD, 1984.

[75] David G. Stork. Is backpropagation biologically plausible? In *Proceedings of the International Joint Conference on Neural Networks (IJCNN)*, pages II–241–246. IEEE, New York, 1989.

[76] David G. Stork and James D. Allen. How to solve the n-bit parity problem with two hidden units. *Neural Networks*, 5(6):923–926, 1992.

[77] David G. Stork and James D. Allen. How to solve the n-bit encoder problem with just one hidden unit. *Neurocomputing*, 5(3):141–143, 1993.

[78] David G. Stork and John Z. Levinson. Receptive fields and the optimal stimulus. *Science*, 216(4542):204–205, 1982.

[79] Alan M. Turing. Intelligent machinery. In Darrell C. Ince, editor, *Collected Works of A. M. Turing: Mechanical Intelligence*. Elsevier Science Publishers, Amsterdam, The Netherlands, 1992.

[80] Abraham Wald. Tests of statistical hypotheses concerning several parameters when the number of observations is large. *Transactions of the American Mathematical Society*, 54(3):426–482, 1943.

[81] Abraham Wald. *Statistical Decision Functions*. Wiley, New York, 1950.

[82] Andreas S. Weigend, David E. Rumelhart, and Bernardo A. Huberman. Generalization by weight-elimination with application to forecasting. In Richard P. Lippmann, John E. Moody, and David S. Touretzky, ed-

itors, *Advances in Neural Information Processing Systems*, volume 3, pages 875–882. Morgan Kaufmann, San Mateo, CA, 1991.

[83] Paul John Werbos. *Beyond Regression: New Tools for Prediction and Analysis in the Behavioral Sciences*. Ph.D. thesis, Harvard University, Cambridge, MA, 1974.

[84] Paul John Werbos. *The Roots of Backpropagation: From Ordered Derivatives to Neural Networks and Political Forecasting*. Wiley, New York, 1994.

[85] Halbert L. White, Jr. Learning in artifical neural networks: A statistical perspective. *Neural Computation*, 3(5):425–464, 1989.

[86] Bernard Widrow. 30 years of adaptive neural networks: Perceptron, Madaline, and Backpropagation. *Proceedings of IEEE*, 78(9):1415–1452, 1990.

[87] Bernard Widrow and Marcian E. Hoff, Jr. Adaptive switching circuits. *1960 IRE WESCON Convention Record*, pages 96–104, 1960.

[88] Bernard Widrow and Samuel D. Stearns, editors. *Adaptive Signal Processing*. Prentice-Hall, Englewood Cliffs, NJ, 1985. 347 ≀ 349

第 7 章

随机方法

7.1 引言

学习在构造模式分类器中起着中心的作用。正如我们前面看到的那样，通常的做法是，首先假设一个单参数或多参数的模型，然后根据训练样本来估计各参数的取值。当模型相当简单并且低维时，可以采用解析的方法，比如求函数导数，来显式求解方程以获得最优参数。如果模型相对复杂一些，则可以通过计算局部的导数而采用梯度下降算法来解，比如神经网络或其他一些最大似然方法。而对于高维和复杂的模型，由于经常出现许多局部极值，这时必须利用各种处理技巧，比如在多个不同的起始点展开(多次)搜索，并且采用某种置信度来确认一个可接受的局部极值点已被发现。

当模型变得越发复杂后，上述方法也越来越不尽人意。一种天真的处理方法，即在整个可行参数空间内穷举搜索，将会很快失去控制，因而对现实问题完全不可行。如果问题越复杂，或者先验知识和训练样本越少，我们对能够自动搜索可行解的复杂搜索算法的依赖性就越强。本章中我们将研究参数搜索的随机方法，其中随机性起了关键的作用。通常的做法是使搜索朝着预期最优解的区域前进，同时允许一定程度的随机扰动，以利于发现好的解。

本章将主要研究两大类通用随机搜索方法。其一，以玻耳兹曼学习机作为范例，是一种来自物理学(更明确地说，是统计力学)的概念和技术。其二，以遗传算法为范例，源自生物学的若干概念，特别是有关进化的数学理论。前者已形成高度发展和严格的理论，并且在模式识别中取得很多成功，因而将花主要的篇幅讲述。后者则更具启发性和灵活性，当计算资源充足时，不失是一个很吸引人的方法。

我们将利用一些足够简单的，完全可以采用标准梯度算法来求解的例子，来介绍这些技术。虽然这样，值得再次强调的是：这些随机方法最适合求解非常复杂(常规方法难以奏效的)

350 的问题。不过，由于这些方法计算代价很大，如果没有计算机的帮助，几乎没有任何用处。

7.2 随机搜索

我们先从非常重要和具有代表性的二次型优化问题谈起。虽然二次型的优化问题也存在解析解，但是当问题规模变大时，解析解的性能并不理想。因此，在这里，我们将集中研究在多个候选解中搜索最优解的方法，特别是那些对模式识别有用的随机搜索方法。

假设给定多个变量 $s_i, i=1,\cdots,N$，其中每个变量的数值都取两个离散值之一。为简单起见，记它们为± 1。优化问题是这样描述的：确定 N 个 s_i 的合适取值，使下述代价函数或能量函数最小：

$$E=-\frac{1}{2}\sum_{i,j=1}^{N} w_{ij}s_i s_j \tag{1}$$

其中的权值w_{ij}是对称的，取值可正可负。可以令到自身的反馈权为零(即$w_{ii}=0$)，因为非零的w_{ii}只不过在E上增加一个与s_i无关的常数,并不影响问题的本质。这个优化问题能用网络和节点的方式图示,其中的双向链(或互连)对应于权重。图 7-1 就是这样一个网络,其中的记号在下面将被用到。

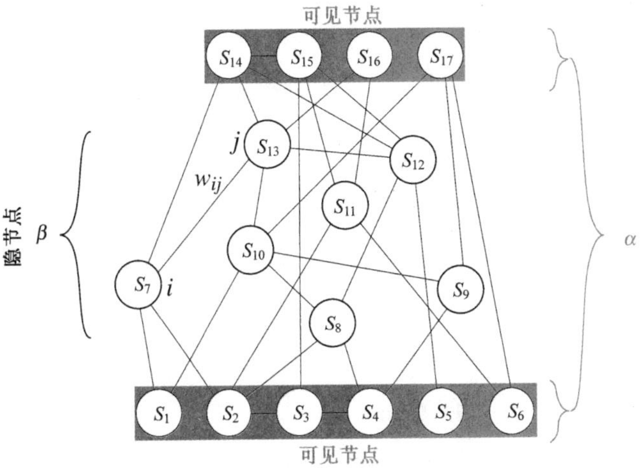

图 7-1 式(1)这类优化问题可视作节点或单元网络的形式,其中每个节点可取值$s_i=+1$或$s_i=-1$。每一对节点间有一个双向互连权重w_{ij},如果两节点间权重为 0,就不再画出(由于我们讨论的网络可以任意互连,所以不存在像多层神经元网络那种分层结构)。最优化就是搜索一个使式(1)中的能量最小的构型(即所有s_i的状态值)。在神经网络中以前我们习惯在节点的圆圈里写函数值,而此处所谓的玻耳兹曼网络中标出的是节点状态。整个网络的构型用一个整数γ表示,因为图中有 17 个二元节点,所以$0\leqslant\gamma<2^{17}$。当上述网络用于模式识别时,用于输入和输出的节点称为可见节点(或显节点),而其他的是隐节点。可见节点和隐节点的状态分别用α和β表示。在图中有$0\leqslant\alpha\leqslant 2^{10}$,$0\leqslant\beta\leqslant 2^{7}$

这个网络存在一个物理学上的类比,并且这将指导我们后面的求解的工作。想象一下该网络代表N个物理磁体,每个磁体的北极要么指向上部($s_i=+1$),要么指向下部($s_i=-1$)。w_{ij}是描述磁体间的物理分离度的函数。每对磁体间存在一个交互作用能量,即$E_{ij}=-\frac{1}{2}w_{ij}s_is_j$,是由它们各自的状态、分离情况以及其他物理特性决定的。系统的总能量就是这些交互能量的求和,如式(1)所示。优化的任务就是在由这些磁体组成的集团的所有构型(configuration)当中寻找到最稳定的构型,也就是对应于最低能量的那个构型。诚然,一般的优化问题存在于各种应用场合(虽然其中的权重未必有物理含义[⊖]),我们尤其感兴趣的是它们在学习问题中的应用。

除非是很小的问题或极少的互连,否则不可能直接求解有N个s_i的能量最小化问题,因为其构型数目高达2^N(习题 4)。我们可能试图用一个"贪心"算法搜索最优的构型。做法是,先随机选取每个节点的起始状态,然后顺序考查每个节点,计算与之相联系的$s_i=+1$状态和$s_i=-1$状态的能量,选取能够降低能量的状态迁移。这种判断只用到了直接与之相连的具有非零权重的邻接节点。但是,这种"贪心"搜索算法成功的可能性极小,因为系统常常会陷入局部能量极小处或者根本不收敛(参见上机练习 1),必须考虑采用其他的搜索方法。

⊖ 一般化的能量函数又称为 Lyapunov 函数或目标函数,也可应用于各种不同的问题领域。

7.2.1 模拟退火

在物理中，让一个多磁体系统或合金中的多原子系统到达最低能量的方法称为“退火”
351 (annealing)。在物理学上的退火中，系统首先被加热，保证其每一组分(磁体)具有充分的随机性。这样做的结果是，每个变量都可以临时地取某个能量意义上不稳定的值。系统因而可以跃迁到若干具有较高能量的状态。退火过程中，系统温度缓慢的逐步降低，直到零温度态。此时不再有随机变动，系统被松弛到一个很低的能量构型，完成退火。这种退火操作相当有效，因为即使在中等程度的高温下系统也能逐渐朝着总体能量最低的构型区前进，因而发现最优构型的可能性很大。随着温度的下降，系统发现全局最小能量的概率在增加。模拟退火方法适应于各种能量函数(或能量“地形曲面”)的情况，虽然偶尔也会遇到类似图 7-2 示出的“高尔夫球场”那样的成功概率很小的病态情形。好在，在学习问题中通常很少遇到这种病态情况。

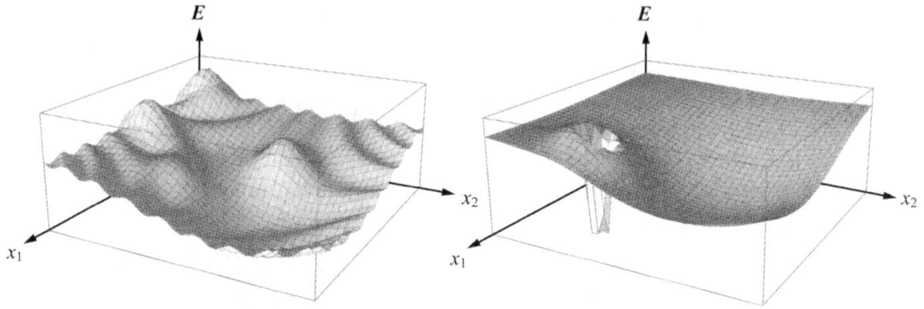

图 7-2　左边的能量函数或能量地形很适合用模拟退火之类的优化求解方法。这类方法利用了随机性，在一控制参数(或温度)的控制下能避免陷入局部极小因而能发现全局最小点，就好像有一个球一边震动，一边在该地形曲面上滚动一样。右边的病态的“高尔夫球场”类型，则很不适合模拟退火求解，因为其能量最小点的区域太小了，而且被一些局部能量高峰阻隔。这种构型空间的问题，我们还将在图 7-6 中做更清晰的解释

7.2.2 玻耳兹曼因子

物理学已经充分研究了由大量的交互作用的组分(元素)组成的物理体系在温度 T 时的
352 统计特性，例如气体中的大量分子集合或固体中的磁性原子。其中，只需很少的自然假定就可以得到的一个关键结论是：系统位于一个特定(离散)构型 γ 具有能量 E_γ 的概率由

$$P(\gamma)=\frac{e^{-E_\gamma/T}}{Z(T)} \tag{2}$$

给出，其中 $Z(T)$ 是一个归一化常数。式中的分子部分称为“玻耳兹曼因子”，而分母部分是所谓的“配分函数”(partition function)。它等于玻耳兹曼因子对所有构型的求和

$$Z(T)=\sum_{\gamma'} e^{-E_{\gamma'}/T} \tag{3}$$

其作用是保证公式(2)确实是一个真正的概率[⊖]。

由于总的构型数目高达 2^N，对实际物理系统来说，只有非常简单系统的 $Z(T)$ 才能计算出。幸运的是，下面我们将看到，模拟退火算法并不需要计算配分函数。

⊖ 在物理系统的玻耳兹曼因子中还有一个所谓的“玻耳兹曼常数”，它可以将温度转换为能量，但在这里我们可以通过规格化温度参数而省略这个过程。

玻耳兹曼因子在我们的讨论中具有根本的重要性，所以完全值得多费些篇幅来讲解它，至少用一种非正式的讲解方式。考虑一种有所区别的但又有关系的系统：在一均匀外部磁场作用下的由大量无交互作用磁体(即它们之间无互连权)组成的系统。如果其中一个磁体指向上方，$s_i=+1$(即与外部磁场同方向)，则它对整个系统贡献一点正的能量。如果该磁体指向下方，则贡献一小负能量。于是，这个磁体集团的总能量就正比于上方向磁体个数。系统具有特定能量的概率因而与具有这个能量的构型的个数有关。考虑能量最高的那种构性，即所有磁体都朝上。具有这种能量的构型方式只有一种，即 $\binom{N}{N}=1$。次高能量的构型是指仅有一个磁体指向下方而其他都朝上的情况，于是共有 $\binom{N}{1}=N$ 种构型。再低一些能量，则应该有两个磁体朝下。这种构型的数目是 $\binom{N}{2}=N(N-1)/2$，依次类推。这样，可以看出，随着能量的提高，可能的构型数目是呈指数下降。由于磁体间统计独立，当 N 很大时，在能量 E 处发现构型的可能性也指数下降(参见习题 7)。总的来说，式(2)中玻耳兹曼因子的指数项来源于下述事实，即随着温度的上升，允许构型的数目以指数减少。而且，大致来说，高温给了系统更多的能量，使出现高能量构型的概率增大。这也定性地解释了玻耳兹曼因子中概率对 T 的相依关系：在高温时，所有构型的概率分布大致平均，而低温时，系统则集中分布在具有最低能量的构型周围。 353

现在我们开始考虑磁体之间存在表示交互作用的互连权的情况，问题稍稍有点儿复杂。现在，每个磁体朝上或朝下所涉及的能量将与其他磁体的状态有关。虽然如此，当 N 很大时，构型数目与构型能量之间的指数下降关系仍然保持不变，正如式(2)中玻耳兹曼因子那样。

模拟退火(simulated annealing)算法

上述讨论和物理类比为一般性的优化问题提供了下述寻找最优构型的“模拟退火”算法。首先将网络随机初始化，并设定一个高的初始“温度”$T(1)$(当然，在仿真中 T 仅仅是一个控制随机程度的参数，并非真正的物理温度)。然后，随机选择一个节点 i，假定其现在的状态是 $s_i=+1$，计算在这种构型下系统总能量 E_a，接着，再计算如果改变到候选状态，即 $s_i=-1$ 时，对应的系统总能量 E_b。如果候选状态的能量 $E_b<E_a$，则接受这次状态改变。如果能量 E_b 反而更高，则按照如下概率接受这个状态改变：

$$e^{-\Delta E_{ab}/T} \tag{4}$$

其中 $\Delta E_{ab}=E_b-E_a$。这个偶尔能接受能量增加的状态改变的特点对模拟退火算法的成功起着关键作用，并且使之有别于常规的简单梯度下降算法或“贪心”算法。

模拟退火算法主要的优势在于它使系统有可能从局部极小处跳出。例如，当温度非常高时，每个构型都有几乎相同的玻耳兹曼因子，即 $e^{-E/T}\approx e^0$。如果用配分函数归一化，可见每个构型出现机会几乎均等，这表明每个节点取 $+1$ 或 -1 的可能性相同(习题 6)。

算法持续的多次随机轮询(选择并测试)节点，并根据以上方式进行状态改变。然后，逐渐将温度下降，重复下一轮操作。现在，根据式(4)，接受能量增加的候选状态迁移的概率也逐步下降。算法继续进行，直到每个节点都被访问多次后，温度进一步下降，查询过程也重复进行。当温度非常低时，接受能量增加的状态迁移的概率非常小，此时的系统行为就像贪心算法一样。模拟退火算法终止于温度很低的情况(接近于 0 温度)。如果冷却过程充分的慢，那么系统落在最低能量状态的概率也将非常的大，并且有望是全局最小点。

由于是两状态间的能量差决定了接受概率，所以我们只考虑与查询节点相邻接的节点状
354 态。而所有其他节点都保持不变，它们对总体能量的贡献也不变。

令$\mathcal{N}_i$是与节点 i 直接相连具有非零权值的节点集合。如果网络是全互连的，并且任意权都非零，则一共有 $N-1$ 个这样的节点。令 Rand $[0,1)$ 表明比 1 小的的随机正实数。利用这些记号，随机模拟退火算法列表如下：

算法 1(随机模拟退火)

```
1  begin initialize T(k), k_max, s_i(1), w_ij    i,j=1,…,N
2        k←0
3        do k←k+1
4           do 随机地选择节点 i;假设它的状态为 s_i
5                E_a←−1/2 Σ_j^{N_i} w_ij s_i s_j
6                E_b←−E_a
7                if E_b<E_a
8                     then s_i←−s_i
9                     else if e^{−(E_b−E_a)/T(k)} >Rand[0,1)
10                         then s_i←−s_i
11          until 所有节点轮询多次
12       until k=k_max或停止准则满足
13    return E, s_i, i=1,…,N
14 end
```

由于一次只轮询一个节点，所以有时也称之为串行模拟退火。注意第 5 行的 E_a 只同与被轮询节点相连的节点有关，而与式(1)的 E 有所不同。但这样做并没有什么不妥，因为第 9 行表明仅仅是能量的差确定了接受概率。

本算法有几个环节值得仔细考虑——尤其是起始温度、温度下降的速率、终止温度和终止准则。

函数 $T(k)$（这里，k是迭代的次数）被称为冷却进度或退火进度。$T(1)$应该足够高，以使得全部构型有大致一样的概率。这就要求初始温度应该比不同构型之间的最大的能量差还要大。如此高的温度能保证系统能自由迁移到任何需要的构型上。因为初始构型是随机确定的，因而往往远离最优构型。温度应该十分缓慢地逐渐地下降，使系统能够到达状态空间的任何区域，同时又避免陷入不希望的局部极小处。关于这一点以后还要仔细讨论。最少的情况下，要求退火过程应有 $N/2$ 次跃迁，因为一个全局最优与一个任意构型的差异至少有这么多步（实际当中，需要轮询的次数比这个数字可能要高好几个数量级）。退火过程的最终温度应该要求足够低（或者等价地说，k_{max}要充分地大，或者停止准则的设定已经很合理），这样系统
355 从全局最小处偶然跳出的概率小的可以忽略。而且，我们可能需要记录当前这次搜索所找到的最优构型，并且以后可能要用到它——当这次随机搜索最终返回的构型不够好时——这个方法我们在 7.3.4 节还将再次谈到。图 7-3 显示了在退火的初期，此时温度很高，系统可搜索很大范围的构型。接着随着温度的降低，只有那些“接近”全局最小的状态才被检验。整个退火过程中，每次迁移都对应一个单元的状态改变。

一种典型的退火进度利用了公式 $T(k+1)=cT(k)$，其中 $0<c<1$。如果不考虑计算资

源问题的话，初始温度、c 值和 k_{max} 都适宜设得高一些。实际问题表明，处于 $0.8 < c < 0.99$ 之间的 c 值可以工作得很好。在实践中，该算法运行较慢，常需要很多次迭代，并且需要多次访问节点。尽管如此，除非规模极小的问题，该算法还是要比穷举搜索快（习题 5）。我们将在 7.3.4 节介绍有关学习参数设定时再次讨论这个问题。

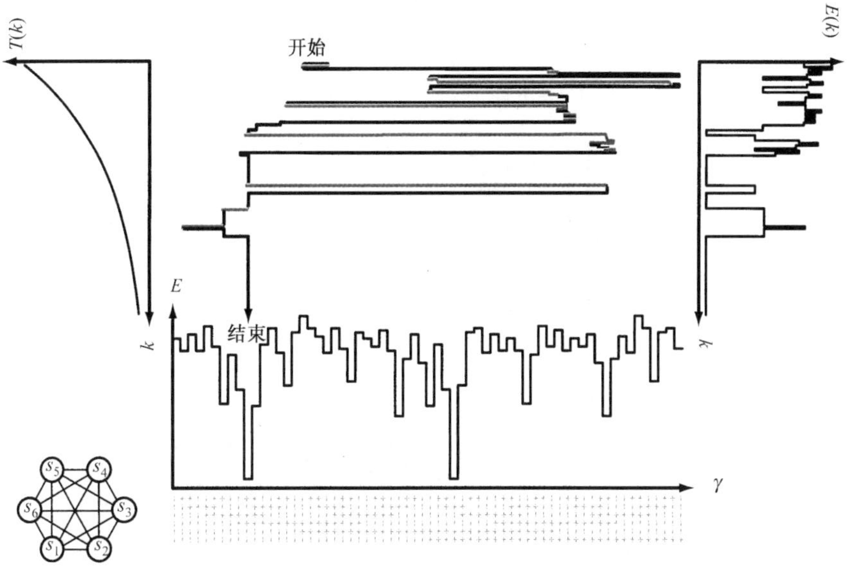

图 7-3 随机模拟退火（算法 1）利用随机性，在控制参数（或"温度"）$T(k)$ 的控制下在一离散空间中寻找能量极小。图中共有 $N=6$ 个变量。于是一共有 $2^6 = 64$ 种构型。分别用"+"和"−"符号标记的构型空间示于图的下方。某次随机选择的权重下根据式（1）得出的能量显示在图中右边。每次系统跃迁对应于一个 s_i 的变动（图中的各个构型的排列方式使得相邻位置只有一个节点状态发生改变。当然，实际中单一节点状态改变并不按图中的顺序），因为系统总能量不会因为全局的节点状态都反号而改变，所以存在两个"全局"极小。左上角的图形示出了退火进度，即温度随着迭代次数 k 的增加而下降的形态。中上部的图示出了采用算法 1 的一次构型搜索轨迹。图中的红颜色的轨迹表示对应能量上升的跃迁，而深轨迹对应能量下降。随着退火的进展，能量上升的概率越来越小。右边的曲线示出了总能量下降至全局极小的过程

图 7-3 显示的是构型空间中的一条搜索轨迹图。另一个更有用的特性图是随着退火的逐渐进行，各个构型的概率分布特性。图 7-4 显示了这种概率分布在退火中 4 种不同温度下的形态。特别要注意的是，当最终温度很低时，概率分布都集中在全局最小处，而这正是我们所期望的。虽然图中表明在温度为正时所有状态都存在正的访问概率，但是我们必须认识到实际中每次退火迭代过程中只能访问其中很少一部分构型。简而言之，尤其对于大问题，在大多数情况下并不需要访问所有的构型。也正因为这个原因，退火算法要比穷举搜索更有效。 356

7.2.3 确定性模拟退火

随机模拟退火运行很慢，部分原因在于在其中搜索的全部的构型空间的离散本质，也就是说，构型空间是一个 N-维超立方体。每一次搜索轨迹都只能沿着超立方体的一条边，状态只能落在超立方体的顶点上，因此失去了完整的梯度信息。而梯度信息是可以用超立方体内部的模拟（连续）状态值提供的。另外一种运行更快的可选方案是：在搜索中允许节点取模拟状态值，而在搜索的终止时，这些状态值被强制到最优化所需的 $s_i = \pm 1$。这种确定性的退火方法也源自物理学的类比。考虑单一的节点 i（一个磁体），与其他几个节点相连。其中，每个节

点都对 i 施加一个力使它朝上或朝下。在确定性退火中，把所有这些外力全部加起来就得到 s_i 的外力的模拟值。如果该值是很大的正值，则强制 $s_i \approx +1$；如果是很大的负值，则令 $s_i \approx -1$；但在一般情况下，通常 s_i 取介于其中间的值。这个模拟的 s_i 值同样依赖于温度。在高温时（大的随机性）即使很大的朝上的力也不能确保 $s_i = +1$，而当温度很低时，很小的外力就可以使 $s_i = +1$ 或 -1。如果令 $l_i = \sum_j w_{ij} s_j$ 表示施加在节点 i 上的外力，则更新后的状态值成为

$$s_i = f(l_i, T) = \tanh[l_i / T] \tag{5}$$

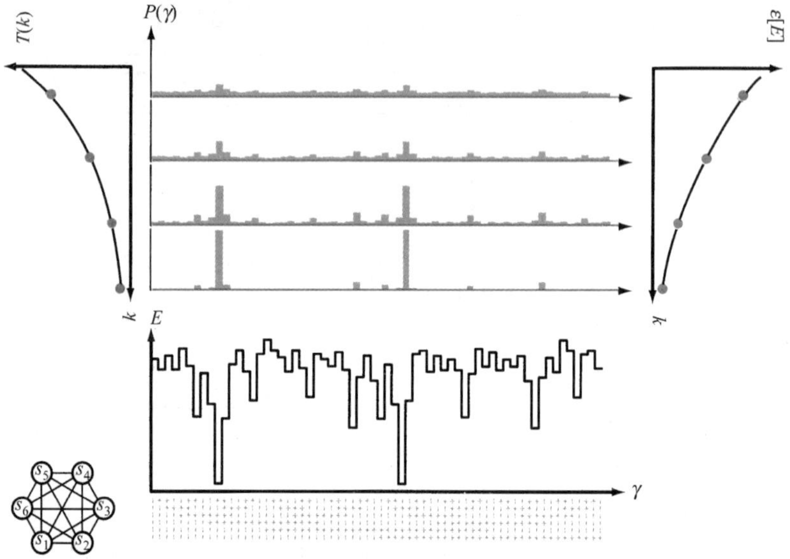

图 7-4 在一次缓慢退火过程中，在 4 种不同温度下构型 γ 的概率 $P(\gamma)$ 的估计（数据估计取自多次仿真运行，与理论值 $e^{-E_\gamma/T}$ 十分接近）。初期，当温度 T 很高时，各个构型的出现概率几乎一样。后来，在较低的温度，分布非常集中在能量最小处附近。能量的数学期望 $\varepsilon[E]$（对 T 温度时求平均），随着退火的进行而逐渐地下降

这里的响应函数 $f(\cdot,\cdot)$ 有一个隐含的重新规格化的作用，如图 7-5 所示。广义地看，确定性退火就是设定一个退火进度，然后在每一个温度上寻找每个 s_i 在（热）平衡态的模拟数值。该模拟值只不过就是温度 T 时离散的 s_i 的（数学）期望（即均值）（参见习题 8）。当温度很低时（即在退火终止时），该变量将取极限值 ± 1，如图 7-5 中的低温曲线。

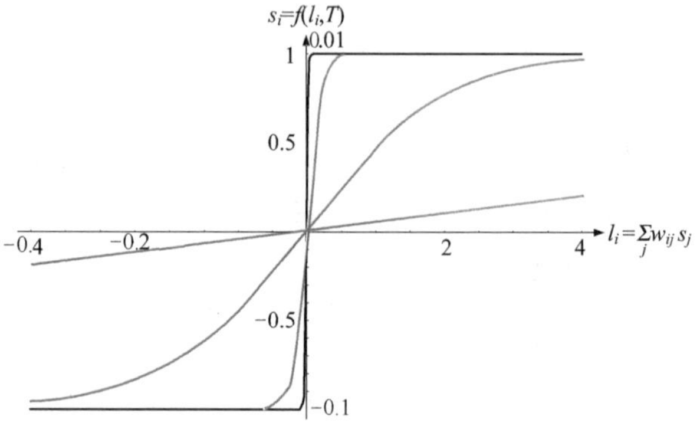

图 7-5 在确定性退火中，每个节点的状态可在范围 $-1 \leqslant s_i \leqslant +1$ 内连续取值，其数值等于系统中二值状态在温度 T 是的数学期望。换句话说，用模拟状态值 s_i 代替离散状态的期望 $\varepsilon[s_i]$。令 l_i 表示与节点 s_i 相连的所有其他节点的外力。正的外力越大，模拟值 s_i 也接近 $+1$，反之，负方向越大，越接近 -1。T 表示温度参数。高温时有较大的随机性，即使很大的外力，也难以保证 $s_i \approx +1$。而温度低时随机性小，很小的正外力就使得 $s_i \approx +1$。在退火终止时，节点具有数值 $s_i = +1$ 或 $s_i = -1$

在连续情形下考虑能量地形曲面将有指导意义。正如式（1）和图 7-6 示出那样，能量 E 对其变量的偏导数是线性的。这样在任何平行于坐标轴的截面上将不存在局部极小值。同样，注意到在图中整个能量体积之内并没有稳定的局部能量极小处。所以能量极小只能发生在各个角点，即 $s_i = \pm 1$ 的极限值处，而这正是优化所期望的。这种搜索方法有时也称为“均场退火”（mean-field annealing），因为每一个节点的响应都决定于与之相连的所有节点形成的

平均外力场的作用。本质上来说，该方法是对其他所有磁体对节点 i 施加的力的效应的一个近似，而忽略了其之节点间的相互作用以及它们受节点 i 的反作用力的影响。这种退火被称为是“确定性”的，是因为从原理上讲，随着温度的下降，我们可以“确定”的求解出决定 s_i 的值的方程组。本算法自身具有并行化的特性，比如每个节点 s_i 都可同步地确定性地更新。而在本质为串行的计算机仿真试验中，每次只可更新一个节点。虽然访问节点的次序可用伪随机数来确定，但算法在原则上是确定性的——在搜索中不存在任何内在的随机性。如果 s_i 令表示单元 i 的初始状态值，算法描述如下：

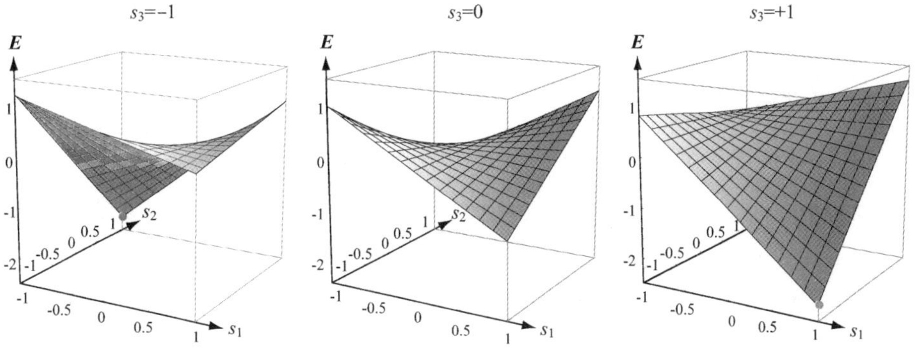

图 7-6　如果状态值假设是模拟值（例如均场退火中），式(1)的能量通常是二次型，并且在边界上取极值 $s_i=1$。图中示出的是 $N=3$ 个节点的任意权 w_{ij} 全互连网。因为总的能量曲面是三维的，曲面是 s_3 的 3 种取值情况。能量对每个坐标轴方向都是线性的。并且，能量对状态值的对称变换是不变的，即 $s_i \leftrightarrow -s_i$。在这个例子中，全局最小值出现在 $s_1=-1, s_2=+1, s_3=-1$ 和与其对称的状态

算法 2（确定性模拟退火）

```
begin initialize T(k), w_ij s_i(1),   i,j=1,…,N
        k←0
        do k←k+1
              随机地选择节点 i
              l_i←∑_j^{N_i} w_ij s_j
              s_i←f(l_i, T(k))
           until k=k_max 或收敛准则满足
     return E, s_i, i=1,…,N
end
```

在实践中，确定性退火和随机退火给出相似的解。对于大规模的现实问题，确定性退火要 357~359
快很多，有时可以快 2～3 个数量级。

模拟退火同样适用于其他类型的优化问题。比如，寻找函数 $\sum_{i,j,k} w_{ijk}s_is_js_k$ 的最小值。我们不准备讨论这类高阶问题，尽管它们也能成为学习的基础之一。

7.3 玻耳兹曼学习

为了进行模式识别，我们将用图 7-1 示出的网络结构，并指定某些节点作为输入节点，而另一些是输出节点，如图 7-7 所示。其中输入节点接受二值化的特征信息，而输出节点采用熟知的 c 中选 1 的方式，表示输出的类别。在分类中，输入节点的值保持不变，即始终箝位在输

入模式的特征之上。其他节点进行退火处理，直到找到最低能量态，也就是最可取的构型。分类信息于是可以从输出单元的值中读出。当然，准确的识别要求有恰当的互连权重。这样，我们转而讨论从训练中学习权重的方法。对这种学习有两类紧密相关的方法，一种基于随机退火，而另一种则是确定性模拟退火。

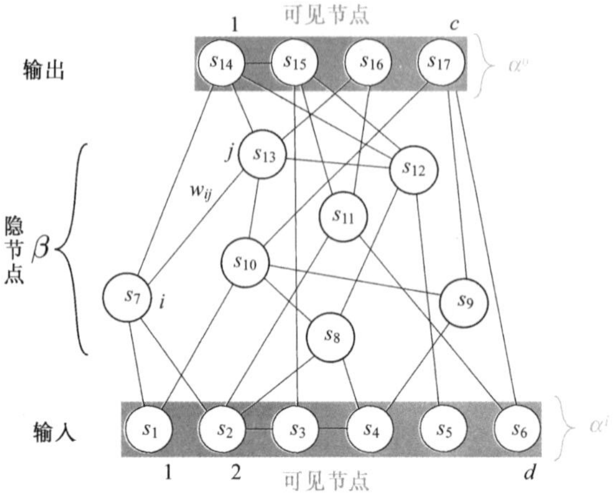

图 7-7 当图 7-1 那样的网络用于学习时，区别两类可见单元是很重要的。即 d 个输入单元和 c 个输出单元（它们的作用是接收外部特征和类别信息），当然还包括对隐单元的区分。整个网络的状态用整数 γ 标记。因为这里有 17 个二值节点，所以 γ 限制在 $0\leqslant\gamma<2^{17}$ 间。输入可见节点的状态用 α^i 表示，而输出可见节点用 α^o（上标并不是值数，仅分别表示输入或输出）。在图中的情况下，α^i 的范围是 $0\leqslant\alpha^i<2^d$。α^o 的范围是 $0\leqslant\alpha^o<2^c$。隐节点的状态用 β 标记，其范围为 $0\leqslant\beta<2^{N-c-d}$

7.3.1 可见状态的随机玻耳兹曼学习

在转向我们的中心（问题）（即从训练模式中学习分类信息）之前，让我们首先考虑另外一种学习问题。也就是说，假定全部可见单元的概率分布已知为 $Q(\alpha)$，现在要求实际经由随机
360 仿真所获得的对于给定样本集合的概率分布 $P(\alpha)$ 与已知的 $Q(\alpha)$ 相一致。在这种学习问题中，期望的概率分布可以从包含输入特征和输出类别信息的训练样本中统计出。实际得到的概率分布是在输入节点和输出节点都不箝位的情况下，经由退火过程实现的。

我们现在开始区别对待可见单元（即输入节点和输出节点）的构型和隐单元的构型。前者用 α 表示，后者用 β 表示，如图 7-1 所示。注意到式(4)中用 a,b 表示系统的不同构型，而这里的 α 和 β 则分别对应可见单元集和隐单元集的构型。

可见构型的概率等于所有可能的隐状态构型的求和：

$$P(\alpha)=\sum_{\beta}P(\alpha,\beta)$$

$$=\frac{\sum_{\beta}e^{-E_{\alpha\beta}/T}}{Z}\tag{6}$$

其中 $E_{\alpha\beta}$ 是对应可见单元和隐单元构型的系统能量。Z 是系统总的配分函数。式(6)是从式(3)变化而来，它表明为了寻找给定可见状态 α 的概率，对所有可能的与 α 一致的隐状态求和。对实际分布和期望分布差异的一个自然度量是相对熵，Kullback-Leibler 距离或 Kullback-Leibler散度(Kullback-Leibler divergence)，即

$$D_{KL}(Q(\alpha),P(\alpha))=\sum_{\alpha}Q(\alpha)\log\frac{Q(\alpha)}{P(\alpha)}\tag{7}$$

易知 D_{KL} 非负，并且当且仅当 $P(\alpha)=Q(\alpha)$ 时才为零（参见附录 A.7.2）。注意公式(7)仅与可见单元有关，而与隐单元无关。

学习的过程基于相对熵的梯度下降算法。训练模式集确定了 $Q(\alpha)$，我们的目的是确定合适的权值，使得在温度 T 上实际分布 $P(\alpha)$ 与 $Q(\alpha)$ 尽可能地接近。于是取一个未经训练的网

络，并按照如下方式更新每一个权重：

$$\Delta w_{ij} = -\eta \frac{\partial D_{KL}}{\partial w_{ij}} = \eta \sum_{\alpha} \frac{Q(\alpha)}{P(\alpha)} \frac{\partial P(\alpha)}{\partial w_{ij}} \tag{8}$$

其中，η 是学习率（学习步长）。注意，$P(\cdot)$依赖于权值，而 $Q(\cdot)$则不然。因此$\partial Q(\alpha)/\partial w_{ij}=0$。从式(1)和(6)可得

$$\begin{aligned}\frac{\partial P(\alpha)}{\partial w_{ij}} &= \frac{\sum_{\beta} e^{-E_{\alpha\beta}/T} s_i(\alpha\beta)s_j(\alpha\beta)}{TZ} - \frac{\left(\sum_{\beta} e^{E_{\alpha\beta}/T}\right)\sum_{\lambda\mu} e^{-E_{\lambda\mu}/T} s_i(\lambda\mu)s_j(\lambda\mu)}{TZ^2} \\ &= \frac{1}{T}\left[\sum_{\beta} s_i(\alpha\beta)s_j(\alpha\beta)P(\alpha,\beta) - P(\alpha)\mathcal{E}[s_is_j]\right]\end{aligned} \tag{9}$$ 361

其中 $s_i(\alpha\beta)$是节点 i 在由 α，β 确定的构型空间中的状态。当然，如果节点 i 是可见单元，则只有 α 的值才是有关的，而如果 i 属于隐节点，则只有 β 的值有关（我们的记法包含了两种情况）。期望值$\mathcal{E}[s_is_j]$取自温度 T 时的统计。通过合并式(8)和(9)的项，权值更新公式成为

$$\begin{aligned}\Delta w_{ij} &= \frac{\eta}{T}\left[\sum_{\alpha}\frac{Q(\alpha)}{P(\alpha)}\sum_{\beta} s_i(\alpha\beta)s_j(\alpha\beta)P(\alpha,\beta) - \sum_{\alpha} Q(\alpha)\mathcal{E}[s_is_j]\right] \\ &= \frac{\eta}{T}\left[\sum_{\alpha\beta} Q(\alpha)P(\beta|\alpha)s_i(\alpha\beta)s_j(\alpha\beta) - \mathcal{E}[s_is_j]\right] \\ &= \frac{\eta}{T}\left[\underbrace{\mathcal{E}_Q[s_is_j]_{\alpha\text{箝位}}}_{\text{学习}} - \underbrace{\mathcal{E}[s_is_j]_{\text{自由}}}_{\text{非学习}}\right]\end{aligned} \tag{10}$$

其中 $P(\alpha,\beta)=P(\beta|\alpha)P(\alpha)$。我们已定义

$$\mathcal{E}_Q[s_is_j]_{\alpha\text{箝位}} = \sum_{\alpha\beta} Q(\alpha)P(\beta|\alpha)s_i(\alpha\beta)s_j(\alpha\beta) \tag{11}$$

这个值是当可见构型 α 中的可见单元保持固定——箝位——时变量 s_i 和 s_j 的相关值对训练样本依概率 $Q(\alpha)$取加权平均。

式(10)右边第一项可以不严格地称为“学习分量”或者教师分量（因为这些可见单元的值固定箝位到教师信号给定的值上）。而第二项称为非学习分量或学生分量（在其中变量允许任意的变动）。如果$\underbrace{\mathcal{E}_Q[s_is_j]_{\alpha\text{箝位}}}_{\text{学习}}=\underbrace{\mathcal{E}[s_is_j]_{\text{自由}}}_{\text{非学习}}$，则有 $\Delta w_{ij}=0$。于是，我们得到期望的权值。非学习分量的存在降低了节点间虚假相关的出现——所谓“虚假”是指它们并非真正源自训练样本。一个基于上述推导的学习算法需要将训练样本中每一个模式多次提供给网络，然后用式(10)调节权重，就像我们以前看到的其他各种训练方法一样（例如反向传播算法，第 6 章）。

输入-输出联想的随机学习

现在开始考虑学习输入-输出映射的问题——也是模式识别最感兴趣的问题。我们希望通过学习建立起输入节点的（可见）状态 α^i 到输出节点状态 α^o 之间联想关系，如图 7-7 所示。形式化地说，使 $P(\alpha^o|\alpha^i)$与 $Q(\alpha^o|\alpha^i)$的距离应尽可能地接近。刻画这个距离最合适的指标是下述用每个输入样本的概率加权的 Kullback-Leibler 散度：

$$\overline{D}_{KL}(Q(\alpha^o|\alpha^i), P(\alpha^o|\alpha^i)) = \sum_{\alpha^i} P(\alpha^i) \sum_{\alpha^o} Q(\alpha^o|\alpha^i)\log\frac{Q(\alpha^o|\alpha^i)}{P(\alpha^o|\alpha^i)} \tag{12}$$

正如式(8)那样，所谓学习，就是调节互连权重，以降低上述加权距离的值，即

362

$$\Delta w_{ij} = -\eta\frac{\partial \overline{D}_{KL}}{\partial w_{ij}} \tag{13}$$

完整学习规则的推导过程与推导式(11)的方法很接近。唯一的区别在于输入单元对学习分量和非学习分量都箝位(参见习题 11)。最终的权值更新结果为

$$\Delta w_{ij} = \frac{\eta}{T}\left[\underbrace{\mathcal{E}_Q[s_i s_j]_{\alpha^i\alpha^o\text{ 箝位}}}_{\text{学习}} - \underbrace{\mathcal{E}[s_i s_j]_{\alpha^i\text{ 箝位}}}_{\text{非学习}}\right] \tag{14}$$

在 7.3.3 节中我们将提供更好的、确定性的玻耳兹曼学习算法的伪代码。但是这里让我们首先利用一般的方法，即式(14)学习一个简单模式，以期对算法获得更多的直观认识。图 7-8 示出了一个 7-节点的网络，用输入模式 $s_1=+1$，$s_2=+1$ 以及输出模式 $s_6=-1$，$s_7=+1$来训练该网络。在典型的 c 中取一的表达中，这个期望输出信号意味着输出类别 ω_2。因为不管是训练过程还是分类过程，输入节点 s_1 和 s_2 都被箝位到$+1$ 值，所以在图的右边我们只显示出 $2^5=32$ 种构型。对应于随机确定的权重的训练前的能量(式(1))在图中用黑线表示。而利用式(14)训练后的能量在图中用红色的线表示。可以看出二者之间有变化。并且注意到，正如我们希望的那样，所有具有期望输出的模式的能量，都因为训练而降低了。因此，当输入节点保持箝位，而网络继续退火，则期望输出被找到的可能性变得更大。

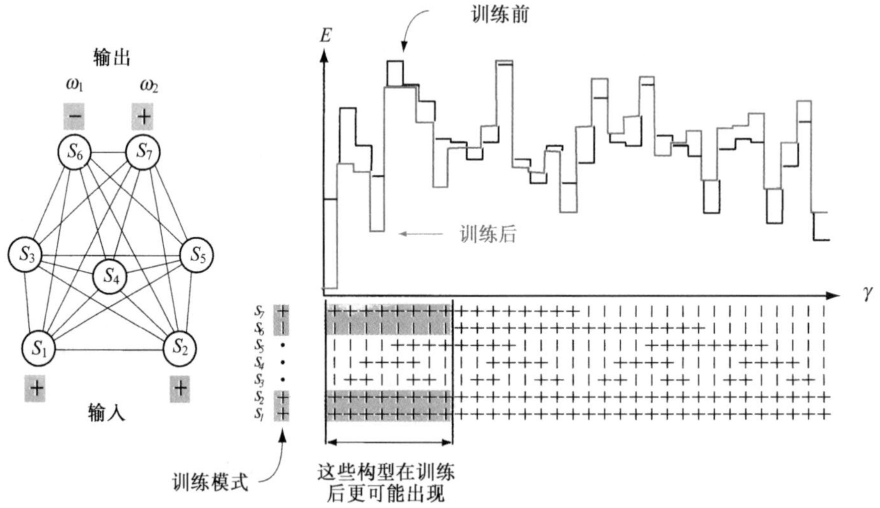

图 7-8 一个 7-单元全互连的玻耳兹曼网用玻耳兹曼学习算法训练为对输入模式 $s_1=+1$，$s_2=+1$赋类别值 ω_2。在训练中，输出节点 s_7(对应类别 ω_2)被箝位到$+1$，而输出节点 s_6(对应类别 ω_1)被箝位到-1。所有 $2^5=32$ 个具有 $s_1=+1$，$s_2=+1$ 的模式及其能量示于图的右边。图中的黑线是训练前的能量值，而红线是训练后的能量值。特别注意到，在训练后，所有代表完整模式的构型的能量值都下降了，这意味着它们更可能出现。除此之外并无其他模式在训练后变得可能性降低。这样训练充分后，当输入 $s_1=+1$，$s_2=+1$，网络经过退火，$s_6=-1$ 和
363 $s_7=+1$ 的出现概率大大增加，而这正是我们所期望的

式(14)中的权值更新公式与我们在第 5 章和第 6 章遇到的那些稍微有点不同,因而值得仔细解释一下。图 7-9 显示的是图 7-8 中单个模式学习的详细情况。由于 s_1 和 s_2 始终被箝位,并且$\mathcal{E}_Q[s_1 s_2]_{\alpha^i\alpha^o\text{箝位}}=1=\mathcal{E}[s_1 s_2]_{\alpha^i\text{箝位}}$,这样(根据式(14))权重$w_{12}$不会变动。考虑涉及 s_1 和 s_7 的更一般的情形。在学习阶段,这两个节点都被箝位到+1,因此其相关值也为+1。而在非学习阶段,输出节点 s_7 允许自由变动,导致相关值降低。事实上,它碰巧成了负值。这样,学习律就必须试着增加w_{17}的值,以使得输入 $s_1=+1$ 将导致输出 $s_7=+1$,正如右边的矩阵所显示的那样。因为隐单元仅仅弱相关(或者反相关),所以与隐单元相连的权重变化很小。

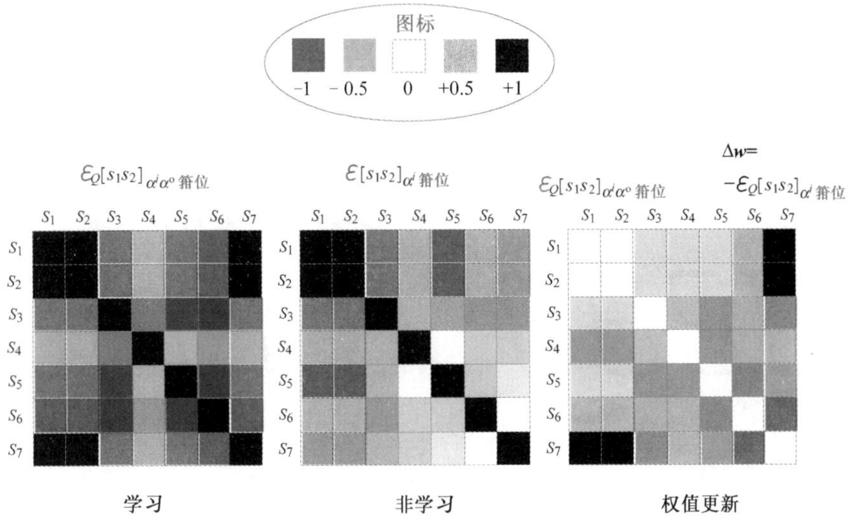

图 7-9　对图 7-8 的 7-单元网络的单个模式的玻耳兹曼学习过程在这里示出。左边的(对称)矩阵是单元间学习分量的相关值,其中输入节点和输出节点都有箝位,即 $s_1=+1, s_2=+1, s_6=-1, s_7=+1$。中间的矩阵显示了非学习分量,其中输入节点有箝位,而输出节点允许任意变动。根据式(14)权值更新过程必须正比于两个矩阵间的差异,正像右边矩阵示出的那样。例如,注意到由于 s_1, s_2 的学习相关和非学习相关都很大(因为它们都被箝位了),所以权值不需要改变,即 $\Delta w_{12}=0$。而s_1 和 s_7 的学习相关很大,而非学习相关很小,所以需要较大的更新,如右边矩阵所示

在学习很多模式时,每个模式依次被馈入,并且按照前面的公式进行权值更新。当对全部模式的实际输出与期望输出吻合或大致吻合时,学习过程即告结束(参见 7.3.4 节)。这种随机学习的优点在于,如果发现误差高得难于接受,就只增加温度和退火——无需对权值重新初始化和重新启动完全退火。 364

7.3.2　丢失特征和类别约束

玻耳兹曼训练算法(包括 7.3.3 节将讨论的一种更好实现)的一个关键的优点在于:不管在学习阶段,还是识别阶段,它都能够处理丢失特征的情况。训练中如果遇到一个缺损的二值模式,则对应于丢失的那个特征的输入节点的值允许发生改变——也就是说,可以暂时地将它看作隐节点,而不是箝位输入节点。这样做的结果是,在退火过程中,该节点的值可以自动调整,以使它与其他节点,以及与整个网络的状态保持最大程度的相容(习题 14)。同样,在识别缺损模式时,任何的对应于丢失特征的节点也都不被箝位,而允许在退火过程中自由变动。

一些辅助的知识或约束可被嵌入到玻耳兹曼网络的分类阶段。假设有一个 5-类分类问题,假如事先已知某测试样本既不属于 ω_1,也不属于 ω_4(这种约束可能来自上下文信息,或者

来自上一级分类器的(粗)分类结果)。这样,在分类阶段,就可以把对应于 ω_1 和 ω_4 的输出类别节点在退火过程中强制箝位到 $s_i=-1$,而最终的分类结果可以照读不误。

当然,这个例子的可能的分类结果只能在非箝位输出节点上读到,即 $\omega_2,\omega_3,\omega_5$。施加这种约束可以使得分类率提高(习题 15)。

模式补足

"模式补足"问题指的是:只给定模式的一部分,要求估计出完整的模式。从这里可以看出,模式补足问题与缺损模式的分类问题有直接的联系,因而自然也可以采用玻耳兹曼网络来研究。首先,用一组有代表性的训练样本来训练一个全互连网。该网络可以有隐单元,也可以没有。如前所述,输入可见单元对应于模式特征分量。当输入一个部分或缺损模式时,可见单元中只有对应未缺损特征的那些节点才被箝位到相应的值上,而其他节点允许变动。然后,网络开始退火,则有待估计的那些特征就会显现在另外的可见单元上,如图 7-10 所示(上机练习 4)。如果能够事先知道待补足模式的类别,并且在对应输出类别节点上箝位,那么得到的模式补足结果会更精确。

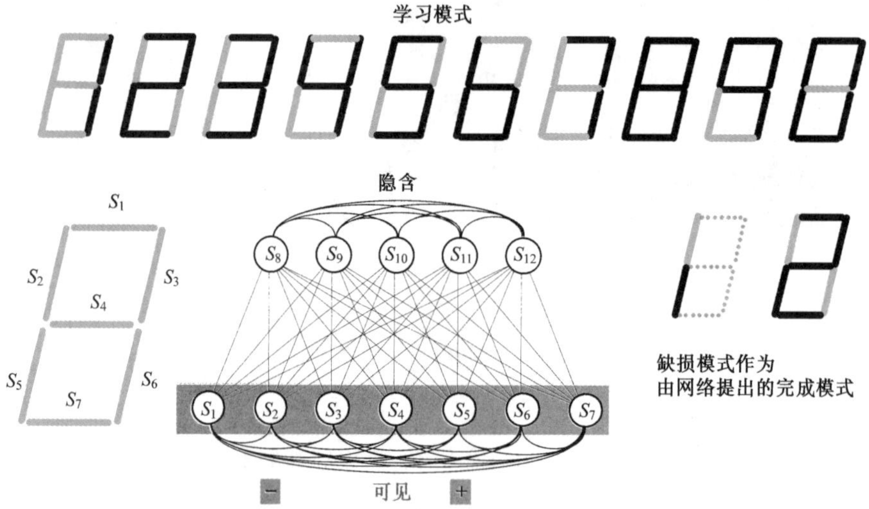

图 7-10　玻耳兹曼网络能够用于模式补足,也就是填充缺损模式中的位置特征。这里,一个具有 5 个隐单元的 12-单元的网络用 10 个 7-段数字模式来训练。图的左下部示出了特征和节点的对应关系。图的上部,黑的笔画对应于+1,红的对应−1。考虑图右边的缺损模式,只有两个笔画 $s_2=-1,s_5=+1$ 给出,其余 5 个都未知。经过网络退火,另外 5 个笔画都得到了最大可能的值,如图最右边所示

玻耳兹曼网络中如果没有隐节点或者类别节点,那么它将非常类似所谓的 Hopfield 网络,或 Hopfield 自联想网络(习题 12)。这种网络只存储模式本身,而不存储模式的类别标记。其学习规则无须采用式(14)那种完整的玻耳兹曼算法。相反地,它的权值是人工设定的。权值的大小正比于特征向量对全体训练样本平均了的相关值,即

$$w_{ij}\propto\mathcal{E}_Q[s_is_j] \tag{15}$$

其中 $w_{ii}=0$;而且这里不需考虑温度。这种学习算法显然要比采用真正退火的玻耳兹曼学习快很多。但是,尽管在确保网络已经被充分训练过(如玻耳兹曼学习中的充分退火)的前提下,我们也无法保证学习阶段和测试阶段系统的平衡态相关值是相等的,即 $\Delta w_{ij}=0$(参见习题 13)。

上述 Hopfield 网的成功很难推广到实际的模式识别问题中，其中部分的理由在于 Hopfield 网缺少表示输出类别的节点。不过，有时对于简单的低维模式补足问题，或者自联想问题，它还是挺有用的。特别是，假定一个这样的网络已经学习了很多种模式，这些模式以构型的形式存储在网络中。当输入一个含噪模式或缺损模式时，网络就可以迭代演化到相应的存储的构型。不过可惜的是，业已证明，一个 Hopfield 网最多只能存储 0.14d 个 d 维模式，这确实太有限了。而且，如果训练模式的分布不够随机，则可以存储的模式数目可能会更低。而对于我们前面讨论过的玻耳兹曼网络，通过简单地增加隐单元的个数就能存储更多的模式。

由于玻耳兹曼网含有环路和反馈连接，所以对已经学习的模式的隐节点内部表达进行解释常常很困难。但虽然如此，有时从输入节点的权矩阵的图样上可以看出特征组织的情况，而这对于分类往往很重要。

7.3.3 确定性玻耳兹曼学习

具有隐单元的玻耳兹曼随机学习算法的计算复杂度相当高，每个模式都要多次提供给网络，而且每个单元都要多次轮询。正如“均场退火算法”优于随机退火算法一样，玻耳兹曼网络的均场版本也明显优越于其随机版本。确定型玻耳兹曼学习的基本方法就是对状态变量允许模拟取值，并且采用式(14)进行均场退火。如确定型退火结束时提到的那样，模拟状态值会自动收敛到问题所需要的±1 上。明确地说，令$\mathcal{D}$表示训练模式 **x** 的集合，**x** 中包含模式特征和类别标记，确定性玻耳兹曼学习算法过程如下： 365~366

算法 3(确定性玻耳兹曼学习算法)

1 **begin** **initialize** $\mathcal{D}, \eta, T(k), w_{ij}$ $i, j=1, \cdots, N$
2 　**do** 随机选择训练模式 **x**
3 　　状态 s_i 随机化
4 　　退火网络用输入和输出箝位
5 　　在最后的低 T，计算$[s_i s_j]_{\alpha^i\alpha^o \text{箝位}}$
6 　　状态 s_i 随机化
7 　　退火网络用输入箝位而输出自由
8 　　在最后的低 T，计算$[s_i s_j]_{\alpha^i \text{箝位}}$
9 　　$w_{ij} \leftarrow w_{ij} + \eta / T[[s_i s_j]_{\alpha^i\alpha^o \text{箝位}} - [s_i s_j]_{\alpha^i \text{箝位}}]$
10 　**until** $k=k_{\max}$或收敛准则满足
11 　**return** w_{ij}
12 **end**

利用均场理论，可以在考虑梯度的基础上高效的计算相关函数的均场近似。每个状态的模拟数值可以替代平均数值$\mathcal{E}[s_i]$，并且从理论上，可以用迭代求解一个非线性方程组的方法获得。相关函数的均值于是可以用下面的近似公式求出，$\mathcal{E}[s_i s_j] \approx \mathcal{E}[s_i]\mathcal{E}[s_j] \approx s_i s_j$，如算法第 5 行和第 8 行所示。

7.3.4 初始化和参数设置

正如其他所有分类器一样，Boltamann 网络中也有若干相关的参数需要设置。首先是网络的拓扑结构和隐单元的数目。二进制的特征向量的位数和模式的类别数目已经确定了可见单元(含输入节点和输出节点)的数目。当对问题没有更深入的了解时，通常假定网络是全互连的。于是，只剩下隐单元的数目需要人工设定。另外一种可选的拓扑方案是消除输入节点之间的互连，对输出节点也同样处理(这种网络的优点是训练速度非常快，但由此引起的代价是对模式补足或缺损模式识别问题效果不好）。诚然，一般来说，分类问题越复杂，所需的隐单元数目就越大。但是问题来了：究竟多少隐单元是合适的呢？

假定训练样本集$\mathcal{D}$中含有 n 个不同的输入-输出对，则所需的最少隐单元数的一个上界应该是 n，这意味着每个模式都对应一个隐单元。当模式 i 输入时，有唯一隐单元$s_i=+1$，而其他隐单元都取-1。对这种内部表达方式，可以通过如下的方法来确保。即对于特定的隐单元 i，令那些与 i 相连的权w_{ij}取正值，其中的 j 是指对应输入模式中具有$+1$ 特征的输入节点；而令其他那些与 i 相连的权w_{ij}取负值，这里的 j 是指对应输入模式中具有-1 特征的输入节点；隐单元与输出节点的连接权，如果输出节点的类别恰好对应该模式的实际类别，则取正值，否则取负值。以上方法所获得的内部表达与概率神经网络在实现 Parzen 窗估计时的结果很相似(参见第 4 章)。自然，这种表达方式对于模式类别增多、互连权的数目呈指数增长的情形是
367 不适用的，因为训练过程将变得很慢，推广性能也会变差。

由于隐单元的状态都是二值的，为了表示 n 个不同的二值的项，至少需要$\lceil \log_2 n \rceil$比特。因此能够表示 n 个不同模式最少的隐单元数也是$\lceil \log_2 n \rceil$。尽管如此，这个隐节点个数的下界仍然不够紧，因为有可能存在这样的情况，即无法找到合适的权值组合能够唯一表达各个模式(习题 16)。除了上述分析以外，我们很难对所需的隐单元数给出更明确的结论，因为这常常和具体分类问题的内在复杂度有关。不过，就像我们在反向传播网络(第 6 章)所作的那样，首先给玻耳兹曼网络“非常多”的节点，然后运用“权值衰减”的技巧往往可以改进它的性能。在训练中，如果 s_i 和 s_j 都是正值或者都是负值，那么就在w_{ij}上增加一个小量ϵ。而如果在非学习阶段，则减去这个小量ϵ。通常在训练中还要逐渐减小这个ϵ。这种“权值衰减”的运用，可以减轻那些错误相关的影响，消去无用的权，从而提高了推广能力。

玻耳兹曼网络相比反向传播网络的优越性还表现在，反向传播网络会因隐单元数目过多而性能下降，但是玻耳兹曼网络却不会。这是因为在学习中，玻耳兹曼网存在一个平滑判决边界的状态统计平均过程，而在反向传播网中没有等价的处理过程。诚然，上述统计平均，也势必导致玻耳兹曼计算代价增加。

下面我们接着讨论权值的初始化问题。当然可以将所有权值都初始化为零，但这样做将导致训练过程不必要的慢。在没有其他任何信息的前提下，大致可以估计大约有一半的权值取正，而另一半取负。在一个具有全互连隐节点的网络中，由于根本没有办法区别某一个特定的隐节点，所以我们可以任意令一半的节点权为正，另一半的节点权为负。初始的权值如果限于一定的合适的范围，将有利于提高学习速度。假定一个全互连网络有 N 个单元，(于是每个单元的互连权数 $N-1\approx N$)。进一步假定状态在任意时刻变化到$+1$ 或-1 的概率相同。我们要寻找这样的初始权，以使得作用在每个单元上的净外力是一个方差为 1.0 的随机数。大致的权值范围可参考图 7-5，图中表明可用$-\sqrt{3/N}<\omega_{ij}<+\sqrt{3/N}$的随机数来初始化权值，参见习题 17。

如果迭代次数很多，比如数千次，那么即使冷却系数 $c=0.99$ 也会嫌小。这种情况下，我们可以选用 $c=e^{-1/k_0}$，于是 $T(k)=T(1)e^{-k/k_0}$，其中 k_0 是一个衰减常数。初始温度 $T(1)$应当设置得很高，以保证所有状态都被允许。但是对于 $T(1)$，我们又希望它被设置得足够低，以减少训练时间。可接受的初始温度的下界与具体问题有关，但是我们可以通过在几个候选温度上进行简单的仿真试验，观察状态迁移的情况来确定其经验值。假设 m_1 是本次退火中对应能量下降的状态迁移的数目(即可接受的状态改变)，m_2是对应能量下降的状态迁移的数目。令$\mathcal{E}_+[\Delta E]$表示状态改变过程中的平均能量上升。于是，利用式(4)，我们发现在退火开始时，

状态的接受概率为：

$$R=\frac{\text{接受的状态迁移数目}}{\text{总的状态迁移数目}}\approx\frac{m_1+m_2\cdot\exp[-\mathcal{E}_+[\Delta E]/T(1)]}{m_1+m_2} \tag{16}$$ 368

重新排列上面的项，我们得到初始温度应该服从

$$T(1)=\frac{\mathcal{E}_+[\Delta E]}{\ln[m_2]-\ln[m_2R-m_1(1-R)]} \tag{17}$$

由设计者给定的初始温度对应的状态接受概率 R 不一定是预期的 1.0。即便如此，它仍然服从式(17)。合适的 $T(1)$ 可利用如下一个简单的迭代过程找到。首先，令 $T(1)=0$，执行 m_0 次单元轮询测试，根据仿真试验分别统计对应接受的能量下降和能量上升的状态迁移次数，分别用 m_1 和 m_2 表示。一般说来，$m_1+m_2<m_0$。原因是许多的能量上升的状态改变过程被拒绝接受。然后，利用式(17)和统计出的 m_1 和 m_2 计算新的 $T(1)$。接着执行新一轮 m_0 次轮询测试，得到 m_1 和 m_2 新值，进而得到 $T(1)$ 的新值。如此重复继续下去，直到 $m_1+m_2\approx m_0$ 为止。此时的 $T(1)$ 对应的接受率 $R\approx1$，因此可选用它作为初始温度。实践中，上述算法可以很快地收敛到合适的 $T(1)$ 上。

另外一个重要的待设置的参数是式(14)中的学习率 η。回想一下，学习过程是利用衡量可见单元的实际分布与期望分布的差异的 Kullback-Leibler 散度的梯度下降来实现的。在第 6 章中，多层神经网络学习率的界是通过计算误差曲率来导出的。并且还找到了确保稳定性的前提下学习率的上界。这种曲率的计算要基于赫森矩阵，也就是误差函数对权值的二阶导数矩阵。对 N 单元全互连玻耳兹曼网，它的 $N(N-1)/2$ 个互连权用向量 $\mathbf{w}$ 表示。其曲率与 $\mathbf{w}^t\mathbf{H}\mathbf{w}$ 成正比，其中

$$\mathbf{H}=\frac{\partial^2\overline{D}_{KL}}{\partial\mathbf{w}^2} \tag{18}$$

就是相应的赫森矩阵。Kullback-Liebler 散度可利用式(12)计算。对分类问题做很弱的假定就可以估计赫森矩阵，而出于稳定性的考虑，要求 $\eta\leqslant T^2/N$(习题 18)。注意到在高温 T 时，允许适用较大的学习率，因为此时误差曲面已经被高的随机性大大平滑了。

一种实用的启发式，而非技术性的参数设置手段，也能多少提供一些计算上的加速。即在退火的早期，允许多个单元同步更新其状态。能量的变化和接受概率的计算方法一如从前。当然，在退火快结束时，应该恢复到一次测试一个单元的异步轮询方式，以保证能够充分搜索最优构型的细节。还有一种偶尔采用的做法也能够提高最终解的质量，即在退火过程中存储当前的最优构型，然后再继续退火更新。如果退火得到一个比存储的构型还要差的结果，那么可重新启用存储的构型。

玻耳兹曼学习算法有两种基本的停止准则。第一种停止准则用来确定何时应该终止某次单一的退火过程(包括学习阶段和非学习阶段)。这里，最终的温度应当足够的低，以保证不接受任何能量上的上升。这种信息可以方便地从"能量-迭代次数"图中读出，就像图 7-3 左边那样。在退火末期，全部 N 个单元被逐一轮询检验，以确保最终构型确实对应局部能量极小(当 369
然未必一定是全局最小)。第二种停止准则控制的是每个训练样本提供给网络的次数。当然，准则的恰当与否还取决于具体问题的内在复杂度。一般说来，"过度训练"问题在玻耳兹曼网络中考虑得相对比较少，而不像基于梯度下降的多层神经网络那样。原因在于玻耳兹曼网络的状态平均过程平滑了判决边界，而多层神经网络的过度训练使得判决微调到特定的训练集上。一个合理的判定玻耳兹曼网训练停止的方法是监视其验证集(validation set)的分类误差率(参见

第 9 章)。如果误差率不再发生显著的改变,则停止训练过程。

*7.4 玻耳兹曼网络和图示模型

虽然我们以前考虑的主要是全互连的玻耳兹曼网络,但是其学习算法(算法 3)同样适用于具有任意连接拓扑的网络结构。而且修改标准的玻耳兹曼学习算法也比较容易,比如嵌入各种约束,例如权值共享等。因此,几种流行的识别器结构,即所谓的“图示模型”(graphical model),例如贝叶斯置信网或者隐马尔可夫模型(HMM),都存在与之对应的结构化玻耳兹曼网络模型,并且可采用新的学习算法。

回想一下第 3 章,一个 HMM 具有 n 个离散的隐状态和可见状态。在每个离散的时间步上,系统可能位于某个隐状态上,并且激发一个可见状态,分别用 $\omega(t)$ 和 $v(t)$ 表示。在相邻的连续时间步上,隐状态间的状态转移概率为

$$a_{ij} = P(\omega_j(t+1)|\omega_i(t)) \tag{19}$$

隐状态到可见状态的转移概率为

$$b_{jk} = P(v_k(t)|\omega_j(t)) \tag{20}$$

常规做法是采用前向-后向算法或 Baum-Welch 算法(第 3 章算法 5)从具有 T_f 个可见状态[⊖] $\mathbf{V}^{T_f}=\{v(1),v(2),\cdots,v(T_f)\}$的模式样本中学习上述参数。

回想一下,一个 HMM 能够按时间“展开”为一个格结构(trellis)。一种具有同样的格拓扑的玻耳兹曼网络——所谓的玻耳兹曼链(Boltzmann chain),可实现与相应 HMM 同样的分类功能(图 7-11)。尽管直接用多值数据表示离散状态常常能简化工作,但是我们暂时仍然采用二值化节点表达,其值取 $s_i=0$ 或 $s_i=+1$,而不是以前的±1。借助这种表达,通用能量公式(式(1))对含有可见状态 $\mathbf{V}^{T_f}$ 和隐状态 $\boldsymbol{\omega}^{T_f}=\{\omega(1),\omega(2),\cdots,\omega(T_f)\}$特定序列的一个特例可以写作

370

$$E_{\boldsymbol{\omega}\mathbf{V}} = E[\boldsymbol{\omega}^{T_f},\mathbf{V}^{T_f}] = -\sum_{t=1}^{T_f-1} A_{ij} - \sum_{t=1}^{T_f} B_{jk} \tag{21}$$

其中,参数 A_{ij} 和 B_{jk} 的特定取值隐含的取决于该序列。前面采用的二值化节点表达也隐含表明,只有那些连接有状态值 $s_i=+1$ 节点的权才出现在能量公式中。每一个“合法”构型,即每个时刻只包含一个隐状态和一个可见状态,同样表明存在一系列的 A_{ij} 和 B_{jk}(习题 20)。如下的配分函数是所有合法状态的求和,可用于归一化处理。

$$Z = \sum_{\boldsymbol{\omega}\times\mathbf{V}} e^{-E_{\boldsymbol{\omega}\mathbf{V}}/T} \tag{22}$$

在温度 T 时,根据玻耳兹曼链与展开的 HMM 格的对应关系,有

$$A_{ij} = T\ln a_{ij} \qquad 和 \qquad B_{jk} = T\ln b_{jk} \tag{23}$$

(正如以前在讨论 HMM 时一样,我们假定初始的隐状态已知。所以这两种方法中,都不必考虑先验概率的对应关系。)结构化玻耳兹曼网络的 0-1 表达方式根据式(21)能清楚地表明它与

⊖ 此处用 T_f 计算离散的时间步数,以求避免与玻耳兹曼模拟中的温度 T 混淆。

HMM 的联系。不过采用 $s_i=\pm1$ 的方式同样是可行的。虽然此时与 HMM 中的转移概率的对应关系不再简单，但是相应的结构化玻耳兹曼网络的权值同样可以用 7.3 节的算法来训练(参见习题 21)。

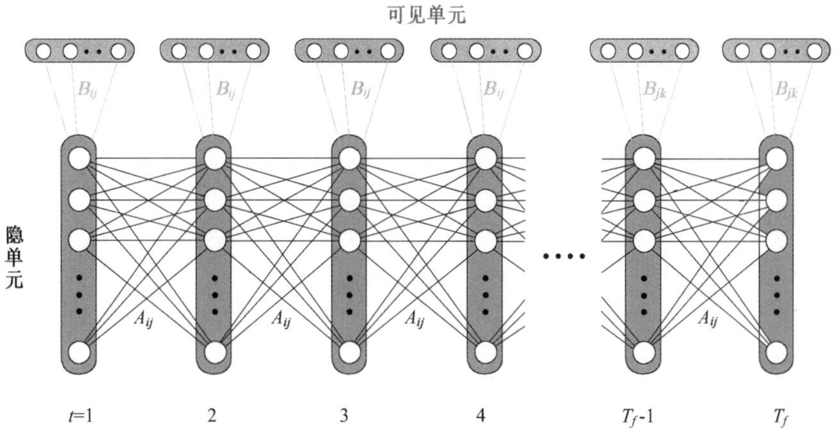

图 7-11 隐马尔可夫模型可以按照时间展开为格结构(trellis)，并用玻耳兹曼链的形式表示。离散的隐状态按列组织，并且通过权矩阵 A_{ij}(对应于 HMM 中的转移概率 a_{ij})完全互连。离散的可见状态按行组织，同样与通过权 B_{jk}(对应于转移概率 $b_{j\,k}$)与隐状态全互连。用单一样本，或者 T_f 个可见状态的列表，来训练该网络。可见节点要箝位，并采用有约束的玻耳兹曼算法训练，其中的约束是每个时间移位上用特定的 A_{ij} 标记的权值都具有相同的数值

其他图示模型

类似地，除了隐马尔可夫模型(HMM)以外，还有很多的图示模型都能找到其对应的结构化玻耳兹曼网络模型。最普遍的比如贝叶斯信任网(或有向无环图)，其中每个节点的值取自若干离散状态集合，节点之间依据条件概率互连(参见第 2 章)。正如前面讨论 HMM 时所作的一样，如果贝叶斯信任网的节点的离散状态也是二值化的，则它与玻耳兹曼网的对应关系最清楚。虽然如此，在实践中，因为采用多值状态的表达方式能够更自然的嵌入约束，因而常常更受欢迎(上机练习 7)。

实践中，有时会遇到一种迷人的模式识别问题，即一个时序信号中存在两种内在的时间尺度。例如金融市场中每日的快变行为信号中叠加有季节的起伏。标准的 HMM 通常值有单一的时间尺度，因而不适合求解这种问题。我们可以寻求将两个 HMM，它们可能有不同的隐状态数，互连在一起的方案。然而，常规的前向-后向算法对于有闭环的模型通常不收敛，而两个互连的 HMM 恰恰属于这种情况。因此，此时采用对应的结构化玻耳兹曼网就显得特别必要。我们可以将两个玻耳兹曼链互连，就像图 7-12 那样，构成一个所谓的"玻耳兹曼拉链"(Boltzmann zipper)。这种结构特有的一个好处是，它不仅可以(通过快链)学习快变过程，还可以同时(通过慢链)学习慢变过程。其中链间的互连在图中用权矩阵 **E** 表示，用于学习快链和慢链间的相关性。不过与式(23)不同之处在于，权矩阵 **E** 并非简单对应于转移概率(习题 22)。 371~372

玻耳兹曼拉链可以用于诸如声学语音识别等问题。其中，快链学习单个音素的结构及其转变，慢链学习整个单词或整个短语中更"大"的韵律和重音结构。

相关的应用还包括唇语，其中，快链学习声音的转换，而慢链学习那些较慢的转换，例如图像中说话者的嘴唇、下颚和舌头的变化过程。

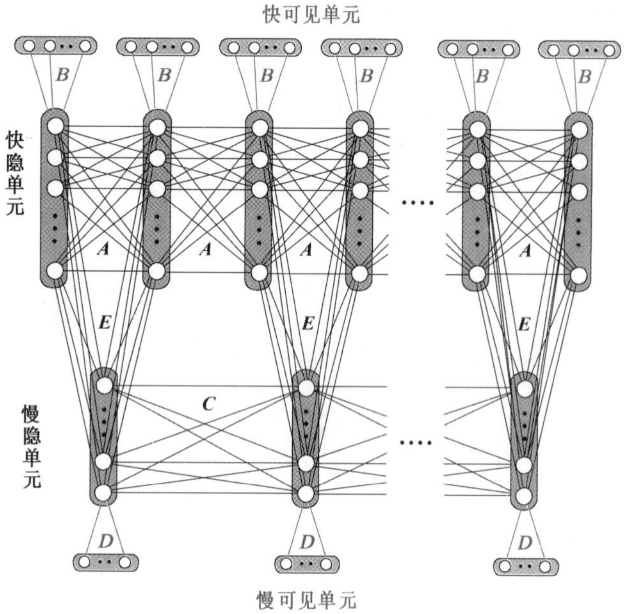

图 7-12 一个玻耳兹曼拉链由两个玻耳兹曼链组成，其中隐单元间存在互连。每条子链在采样时间尺度上有区别，因而捕捉了不同尺度的时序结构。相关值是利用隐节点间的互连权矩阵(用 $\boldsymbol{E}$ 表示)来学习。而对有互连的 HMM 模型训练学习不同的时间尺度结构常常较困难

*7.5 进化方法

受到生物学的启发，分类器设计的进化方法利用了随机搜索技术来实现最优分类。这类算法自身很适合采用大规模并行计算机来实现。从广义的观点来看该类算法是如下进行的。首先，生成若干个分类器，称为一个种群(population)，其中的每一个个体分类器都或多或少的与其他个体有所不同。然后，依据一个典型的分类任务的完成情况，比如统计训练样本的识别率，可对每一个个体分类器进行评价或估计得分(score)。为了同生物学的术语进行类比，得分(一个标量)有时被称为“适应度”或“适值函数”(fitness)。这样，将分类器按照得分高低排序，并且保留其中一部分得分高的分类器。同样用生物学的术语，这就是“适者生存”(survival of the fittest)。现在，我们随机地改变一下“生存”下来的分类器，以产生下一代(子代或后代)种群。部分子代分类器将有比其父代更高的得分，而另一部分的得分较低。重复进行上述过程。评价每一个分类器性能，保留其中分数最高的，随机改变以产生下一代，继续反复执行。从某种程度上来说，正因为有一个排序和挑选的过程，每一代的平均得分都要比上一代略高一些。如果到了某一代，其中性能最好的那个分类器个体的得分已经超过了某个预期的判决门限，则进化过程停止。

本法由于采用了随机扰动的方法，这将依赖于分类器的基本表达方式。这里我们主要介绍两种表达方式：基于二进制位串的(用于基本遗传算法)，基于计算机程序片段的(用于遗传规划算法)。两种方法共同的和关键的特点在于有时允许分类器有较大改变。这种大的改变和允许随机扰动意味着进化算法即使在极度复杂的非连续空间或“适应度地形曲面”情况下，也能搜索到好的解。而这种情况通常很难用梯度下降算法求解。

7.5.1 遗传算法

在基本遗传算法中，每个分类器的基本表达是一个二进制位串，称为染色体。从染色体到特征及分类器其他环节的映射同问题领域有关。设计者往往有很大的自由来指定上述映射。在模式分类中，个体的得分常常选用对训练样本分类正确率的某种单调函数，有时可能还加上防止“过拟合”的惩罚项。可用一个预期的适应度值 θ 作为停止准则。在深入研究以上要点之

前，我们首先进一步明确一下基本遗传算法的结构，然后再转向讨论位于算法中心地位的遗传算子的概念。后面还将谈到交叉率 P_{co} 和变异率 P_{mut} 的问题。 373

图 7-13 示出了采用算法 4 的分类器种群的进化过程。

算法 4（基本遗传算法）

1 **begin** **initialize** $\theta, P_{co}, P_{mut}, L, N$-位染色体
2 　　**do** 确定每个染色体的适应度，$f_i, i=1,\cdots,L$
3 　　　　染色体排序
4 　　　　**do** 选择得分最高的两个染色体
5 　　　　　**if** Rand$[0,1)<P_{co}$ 　**then** 交叉一对随机选择的位
6 　　　　　　　　　　　　　　　**else** 以概率 P_{mut} 改变每一位；删除父染色体
7 　　　　**until** N 个子代被创建
8 　　**until** 任何染色体的得分 f 超过 θ
9 　**return** 最高适应度的染色体（最佳分类器）
10 **end**

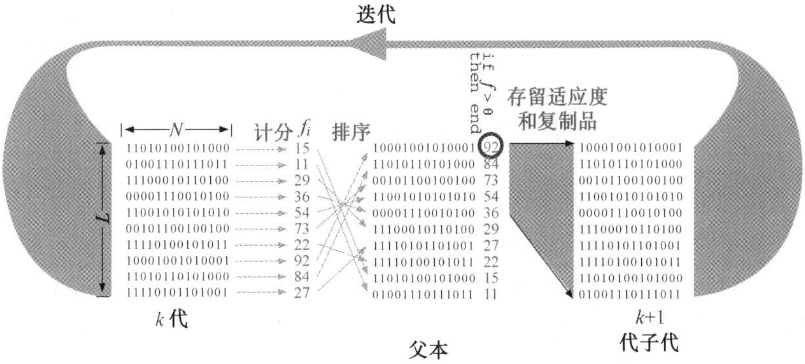

图 7-13　基本遗传算法是一个随机迭代搜索算法。在第 k 代的种群中存在 L 个分类器个体，其中每一个都是用一个长度为 N 的二进制位串表示，称为染色体（在图的左边）。每个分类器根据它的分类任务的完成情况进行评价或计分，这样得到 L 个标量 f_i。染色体根据得分来排序。按照得分由高到低顺序，对部分染色体执行诸如复制、交叉、变异等遗传运算以得到染色体的下一代。重复上述循环直到某个分类器超过某个预定的得分门限值

遗传算子

有 3 种基本遗传算子控制着染色体的遗传复制过程，也就是算法 4 的 6、7 行描述的产生子代的过程和改变染色体的过程（如图 7-14）。

复制（replication）　染色体被原样复制一遍，不发生任何改变。 374

交叉（crossover）　交叉是把两条染色体混合或配对的过程，得到两条新的染色体。在染色体上随机确定一个位置并截断，将 A 染色体的第一部分与 B 染色体第二部分连接，另一半也如此。一条染色体发生交叉的概率在算法 4 中用 P_{co} 表示。

变异（mutation）　变异是允许每个位以一个很小的概率改变自身，比如从 0 变成 1，或者相反。变异的概率在算法 4 中用 P_{mut} 表示。

还有其他一些遗传算子也可能被采用，例如反转，即染色体头尾颠倒一次。该算子用的机会并不多，因为反转操作往往会将本来适应度已经很高的父本染色体，变成得分很低的子代染

色体。以后,我们还将介绍另外一种算子——插入(insertion)。

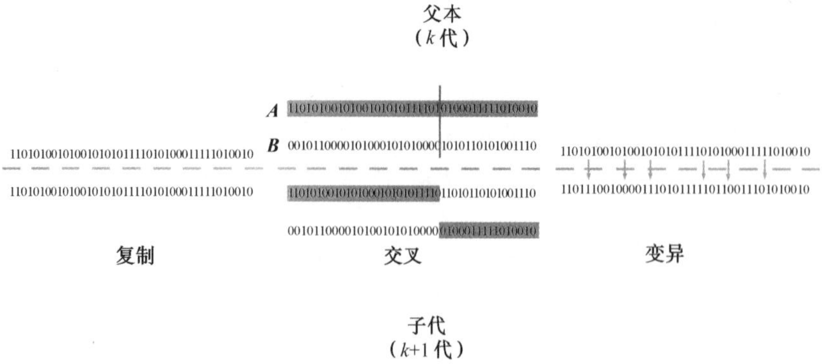

图 7-14　由 3 种基本遗传算子可以将染色体变换成其子代染色体。在复制中,染色体不发生改变。交叉是把两条染色体混合或配对的过程,得到两条新的染色体。在染色体上随机确定一个位置并截断,将 A 染色体的第一部分与 B 染色体第二部分连接,另一半也如此。变异是给每个位赋一个很小的改变自身的概率

染色体表达

用遗传算法设计分类器时,必须指定从染色体自身到分类器各个特性的映射关系。当然,这种映射依赖于分类器的具体形式和问题的领域。最早期和最简单的一种表达方法是令染色体中各个位表示一个具有固定权值的两层感知器网络的各个特征(参见第 5 章)。这种特殊的映射方法的主要优点是,染色体中不同的片段不因交叉运算而改变,这使得识别器可以分别识别输入特征的不同部分,例如印刷字符的上一半和下一半。这样做的结果是,交叉运算有时会为一个印刷字符的上半部分从某个染色体中取得好的片段,而为下半部分从另一个染色体中
375 取得好片段,因而合成一个总体性能优越的分类器。

另一种表达方法是令染色体的不同片段表示一个具有固定拓扑的多层神经网络的各个权值。类似地,染色体也可以用于表达网络的具体拓扑结构。比如,某个特定位的置位表明某两个特定的神经元之间存在互连。还有一种自然的表达方法,即用各个位去表达一棵判决树分类器的特性,如图 7-15 所示。

得分

对 c-类分类问题,通常最简便的做法是进行 c 次二分法操作,每一次将一个不同类别 ω_i 与其他所有类别 ω_j,$j\neq i$,区分开。进行分类时,测试模式依次提供给每一个二分法,并进行相应的类别标记。分类器的设计目标是对新模式同样具有高的识别率,或者低的预期分类代价(假如每次决策都有相应代价的话)。上述目标将体现在遗传算法的得分和选择机制中。用训练样本集合的分类正确率作为得分标准是很自然的做法。正如我们以前多次看到的那样,分类器存在过分微调到特定训练集上的危险(可以非正式地用一般学习问题中的术语"过拟合"来表述这种搜索中的危险)。一种避免"过拟合"的方法是在适应度函数中增加对分类器复杂度的惩罚项。另外一种方法是运用停止准则。由于对分类器复杂度的准确衡量和停止准则的恰当选择都和具体问题有关,这些参数的设置很难有明确的方针。因此在实践中,设计者必须做好针对具体问题具体探究这些参数的准备。

选择

所谓选择,是指确定在某一代中哪些染色体可以作为父本为下一代提供遗传信息。到这

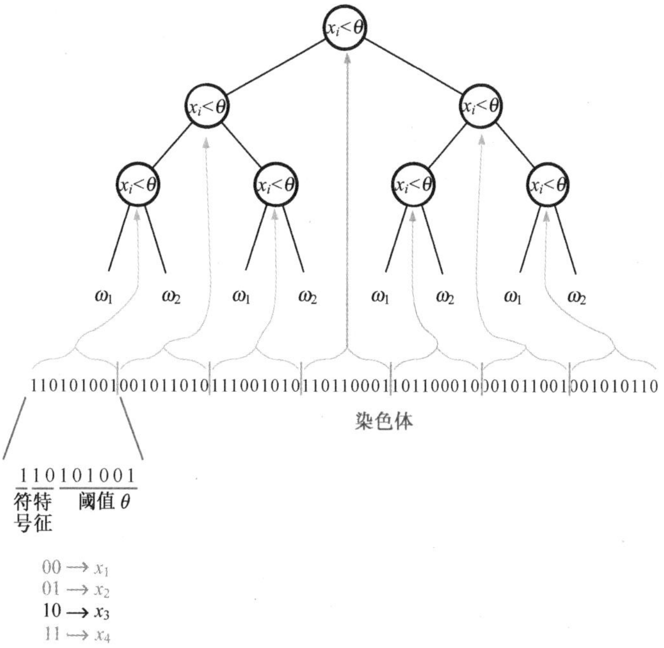

图 7-15　利用遗传算法进行模式识别的一种自然映射方法是：从一个二进制串到一棵二叉分类树。这里示出的是一个简单二叉判定树。本例中每个节点都查询如下问题："Is $\pm x_i < \theta$?"，并且用一个 9-位的串来表达。其中最高位表示其符号，接着的两位是待查询的特征，余下的 6 位是阈值 θ 的二进制。例如，图中最左边的节点编码了规则："Is $+x_3 < 41$?"。（在实践中，4-特征的问题常常需要更大一些的树。）分类时，测试模式首先提供给顶层节点，根据其判决，分支到左边或者右边的下层节点。持续上述过程直到模式获得一个最终的类别标记为止（参考第 8 章）

里为止，我们都假定染色体已经被打分，并且按照适应度高低排序和选择，直到生成下一代为止。这有利于种群向着得分高的方向进化。

虽然如此，从每一代进化到下一代所获得的平均性能改良还依赖于每一代中个体间得分的差异程度的大小。并且由于标准适值选择机制未必能给出差异足够大的子代，其他的选择机制被证明更有效。其中，主要的方法有所谓的"比例适值选择"或"比例适值复制"，即，选中某条染色体的概率正比于其适值函数。这样，对于高适应度的染色体会优先做出选择，但是，对于低适应度的染色体也偶尔会被选中，由此保留了种群的多样性，提高了种群的差异。

该方法的另一种小小的修改是令选择概率正比于适应度的某个单调递增函数。如果该函数具有正的二阶导数，那么高适应度染色体被选中的概率就被增强了。上述做法的一个版本受了式(21)的玻耳兹曼因子的启发。即具有适值 f_i 的染色体 i 被选中概率为

$$P(i) = \frac{e^{f_i/T}}{\mathcal{E}[e^{f_i/T}]} \tag{24}$$

其中的期望示对当前代求出的，T 是控制参数，可以不严格的认为是温度。在进化的早期，温度要设得很高，允许所有的染色体可以等概率的选择。而在进化的后期，温度要求很低，以保证选择集中在最优分类器周围。以上搜索过程用生物学的类比就是，在搜索的早期，种群保持充分的多样性，并且在整个适值地形曲面上广泛的搜索可行区域；到后来，种群保持特异性，集中在一个很小的最有希望的最优分类器周围搜索。

7.5.2　其他启发式方法

偶尔也采用其他一些启发式规则。其一，是有关交叉率 P_{co} 和变异率 P_{mut} 的自适应调节的。如果这些"率"太低，那么从一代进化到下一代所引起的平均性能改善将很少，搜索过程也将不切实际的长。相反的，如果这些"率"太高，那么进化将失去方向，而变成十分低效的盲目

376 ~ 377 随机搜索。我们可以通过监视每一代的平均适值函数的改善情况来调整交叉率和变异率，以保证上述改善的迅速进行。在实践中，可以把上述“率”也同样编码在染色体串中，好让算法本身为它们也进化出合适的值。

另外一种启发式时采用 3-元组或 n-元组来表示染色体，而不是常规的二进制位串。这种表示方式虽然在算法层次上几乎没有改进，但是却可以使分类映射关系更加自然和易于计算。比如，一个 3-元组染色体可能更适合去描述具有 3 分支的判定树分类器。有时，也可以采用不等长的染色体串去实现映射。例如，如果染色体的位串用来代表神经网络的权，那么，更长的染色体串表示更多隐节点的网络。在这种情况下，可运用“插入”遗传算子，它可以依一个小概率将若干位插入到另外一个染色体的某个随机位置上。这种“凌乱”的遗传算法与下面将要讲到的遗传规划有很好的对应关系。

7.5.3 遗传算法如何起作用

由于当中牵扯到许多启发式的选择问题以及参数设置问题，所以很难对分类器设计的进化计算方法作严格的理论陈述。搜索时间和分类性能依赖于位串的长度、种群的规模、交叉和变异率、特征选取和染色体到分类器的映射关系、问题的内在复杂度，以及与其他启发式有关的参数设置等问题。

如果限制遗传算法只能运用变异和复制算子，那么它就退化为一个典型的随机搜索算法。而交叉运算的引入——它将两个不同的染色体交配——提供了一种完全不同的搜索方式。这种方式在随机文法中(第 8 章)根本没有对应的算法。交叉通过选择、反转和“重组”染色体片段起作用。如果这些片段能够忠实的代表基本功能模块，那么遗传算法可望得到更好的性能。而要确保这一点的唯一途径是对问题领域和分类器形式有充分的先验知识。

*7.6 遗传规划

遗传规划与基本遗传算法有同样的算法结构，但是在分类器的表达上有所不同。染色体不再由位串组成，而是采用了由数学运算符和变量构成的计算机代码片段。遗传算子多少也有些改变，并且“插入”算子将起到相当重要的作用。如图 7-16 所示，有 4 种基本的遗传规划算子：

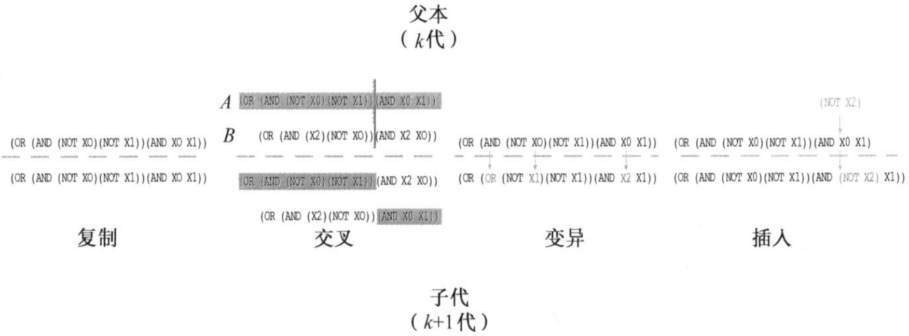

图 7-16 遗传规划的 4 种基本运算，用于将一代的片段变成下一代。复制并不改变片段。交叉是将两个片段混合或交配。其中在片段 A 的某个随机选择的允许位置截断，对片段 B 也这样，然后将 A 的前半部分和 B 的后半部分连接，另一半也如此，这样就得到两个子代片段。在变异中，随机选择的元素以小概率替换另外的元素，但是要替换的元素必须是同一类型。举例来说，数字可以换成数字，单变量运算符可以换成单变量运算符等。对于插入，一个随机选择的元素以小概率更换为相容的片段，以保证文法合法和有意义

复制 将片段简单的不加任何改变的复制一遍。

交叉 将两个片段混合或者交配，在代码片段 A 上随机确定一个位置并截断，将 A 的第一部分与片段 B 的第二部分连接，另一半也如此。这样得到两条新的片段。

变异 变异是允许片段中每个元素以一个很小的概率改变自身。这种改变必须要遵守片段的文法规则。例如，一个数字可以改变为另外一个数字，一个单变量的运算符可以用另外一个同类型的运算符替代，等等。

插入 插入运算是将一个片段中的一个元素用另外一个随机选择的片段代替。

在 c-类分类问题中，与遗传算法中的做法相同，最简单的是进行 c 次二分法操作。如果某个分类器的输出为正值，则测试样本属于该类，否则不属于该类。

遗传表达

一个规划过程可以用某种计算机语言来表示。语言的选择可以影响规划问题的复杂度。语法复杂的语言，比如 C 或 C++，因其过于复杂而不宜采用。语法简单的语言，比如 Lisp，就有其优越性。很多 Lisp 表达式都可以写作如下的形式：(〈operator〉〈operand〉〈operand〉)，即(〈操作符〉〈操作数〉〈操作数〉)。这里的〈operand〉可以是常量、变量或其他表达式。例如，表达式(＋ x 2)和(∗ 3 (＋ y 5))分别是算术表达式(x＋2)和 3∗(y＋5)的合法的 Lisp 形式。这种表达式易于用二叉树的形式表示，其中的操作符是一个节点，而两个操作数分别是左右分支(图 7-17)。

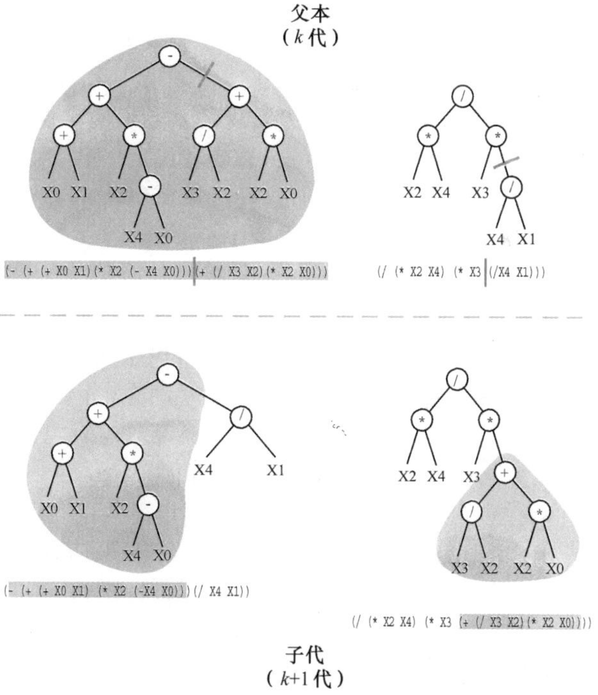

图 7-17 与图 7-15 和第 8 章的判定树不同的是，这里的树仅仅为了说明实现单一函数的 Lisp 表达式。例如，右上角的树实现 $(x_2 x_4)/(x_3(x_4/x_1))$。在父本树上随机选择容许截断位置进行交叉运算，父树 1 的左边与父树 2 的右边相连，另一半也一样。得到两个子树。得到的逻辑函数具有隐含的阈值，可以用于分类。如果为正，则是 ω_1 类，否则不是 ω_1 类

无论使用何种语言，遗传规划中的变异运算必须用常量或变量来替换常量或变量。运算符也必须用相容的运算符来替换。同样，运算的结果也必须是满足合法句法规则有效结果。然而有时也会产生不合句法规则的结果片段，此时，常规的做法是运用一个“打包器”(wrapper)，它是一段程序，其作用是判断某个片段是否合法，用它可以删除不合法的片段。

与遗传算法一样，要给遗传规划找一个严格的理论表述几乎是不可能的。即可以从某个

具体领域(比如控制或函数优化问题)的模拟试验学到很多经验法则,也无法保证可以推广到其他领域,比如分类问题。诚然,只有当与分类器的表达方式相匹配,以及运算符比较简单(比如说乘法、除法、平方根及逻辑取反等)时,本方法的工作表现才最好。

虽然这样,我们还是认为,随着计算费用的持续下降,模式分类的问题将更多的借助于强
378~380 大的计算能力,而不是更加精巧和细致的分类器设计来解决。在这种趋势中,进化计算方法是大有前途的方法。

本章小结

当一个模式识别问题涉及离散的模型,或者有过高的复杂度,而常规的解析方法或梯度下降算法都无能为力时,那么可以尝试采用随机搜索技术,即在某个层次上运用随机性去搜索模型参数。模拟退火,来源于物理学中的金属退火处理,由下述过程构成:随机扰动系统,同时逐渐降低系统的随机程度,直到最终得到一个最优解。玻耳兹曼算法则通过训练网络的互连权,使得最终得到正确输出的概率提高。这种算法一方面基于模拟退火,另一方面又运用了Kullback-Liebler 散度的梯度下降过程。该散度可以用来刻画两种情况下的输出可见状态的概率分布的差异度。第一种情况是输出节点箝位到已知训练类别上。而另一种情况是在满足网络总能量前提下允许输出节点自由变动时的概率分布。

一些图示模型,比如 HMM 或贝叶斯信任网,都可以找到对应的结构化玻耳兹曼网络实现,这也促成了玻耳兹曼算法的新的应用领域。基于进化的搜索方法——遗传算法和遗传规划——能够在设计者指定的空间中展开高度并行化的随机搜索。遗传算法中的基本表达方式是二进制位串,或称为染色体,但在遗传规划中采用的是计算机代码片段。种群的差异性是通过交叉变异和插入等遗传算子来实现的。与所有分类方法一样,特征选择的越好,分类性能就越好。有时还需要选择若干启发式,或者设定一些参数。

随着计算费用的持续降低,这种计算密集型的算法,如玻耳兹曼网络或进化计算方法,将变得越来越流行。

文献和历史评述

搜索问题是计算机科学和人工智能的中心研究兴趣之一。由于其范围太宽,无法在这里展开讨论,虽然如此,诸如深度优先、宽度优先、分支界定 A^* 等算法[20]等技术,也经常出现在模式识别的应用中。因此,对实践者来说,有必要具有相关的基础知识。一个好的综述可以参考[34]。有许多关于人工智能的教科书,比如[47,55]和[67]。说到严格性和完整型,恐怕没有别的文献可以同 Knuth 的著作[33]相提并论。

有一个所谓的“无穷猴子定理”是由 Arthur Eddington 爵士提出的。它是说,如果有非常多只猴子,每一只都在连续敲打自己的一台打字机,总有一天,将有一只猴子可以碰巧“打出”《哈姆雷特》剧本。这个定理反映了搜索问题的两个方面折中的一个极端情况,即有关最优解存在的位置的先验信息和搜索最优解所付出的努力的多少。

在 20 世纪 50 年代初,电子计算机的投入使用,使得早先的高度随机搜索的算法尝试成为可能。其中,特别值得注意的是 Metropolis 及其同事的有关化学过程模拟的先驱工作 [41]。而随机方法用于模式识别的最有影响力的早期工作是 Selfridge 完成的“混杂学习算法”(Pandemonium)[57]。Kirpatrick、Gelatt、Vecchi[31]与 Černý[64]各自独立的将玻耳兹曼因子的概念引入随机搜索,开创了模拟退火算法的先河。用我们现有程度的数学基础讲解的有
381 关玻耳兹曼算法的统计物理原理可以从[32]中找到。

随机二元体系的物理模型是由 Wilhemlm Lenz 与 1920 年提出，但后来这个模型更多地与他的博士生 Ernst Ising 联系在一起，并且被 Rudolf Peierls 于 1936 年正式称为“Ising 模型”（伊辛模型）。后来它衍生了大量的理论和仿真成果[21]。

Ackley，Hinton 和 Sejnowski 提出将模拟退火用于学习算法[2]。关于这方面的一本好的参考书是[1]，它讨论了温度初始化的方法，并且是图 7-10 的来源。Peterson 和 Anderson 引进了确定性退火和均场玻耳兹曼学习算法。他们还指出在个别的情况下，均场退火将导致非最优解[51]。Hinton 指出确定性玻耳兹曼学习等价于在权值空间内执行最速下降方法[22]。

有很多论文研究了结构化玻耳兹曼网络，包括 Hopfield 有影响力的关于模式补足和自联想的论文[26]。关于本书引用的 Hopfiled 网的线性存储能力，以及部分存储的 $n\log n$ 关系，可以在[40，65]和[66]找到。文章中提出的学习规则，可以从[59][60]的学习矩阵中找到起源。和谐网（harmonium），另外一种两层玻耳兹曼网络的变形，更多出于历史上的兴趣[15][58]。玻耳兹曼网络于图示模型（如 HMM）的关系可以参考[28][38][56]，其中[56]是本书 7.4 节讨论的源泉。在玻耳兹曼机中实现约束的方法是由[43]提出的，而[50]介绍了一个二阶剪枝算法。

玻耳兹曼学习已经用到很多的实际的模式识别问题中。其中最突出的有语音识别[8][52]、随机图像恢复或模式补足[17]。因为玻耳兹曼计算代价虽高，但是适合 VLSI 实现，文献[24][44][45]介绍了专用芯片的研制过程。图 7-3 的构型排列的顺序是一种格雷码（Gray code），文献[19]给出了构造这种码的一种优美的方法。

一些受生物学进化启发的一些早期方法由文献[13][14]提出。但它们的计算能力都太差了，以至于只能适用于（规模很小的）“玩具问题”。随后，Rechenberg 提出“进化策略”（evolution strategies），并且用到了空气声学的设计问题[53]。他的早期工作并没有引入候选种群的概念，也没有关键的交叉算子。“进化程序”——另外一种早期进化计算的尝试——会保留性能好的父代，但“进化策略”通常不会。两种方法都没有引入交配（即交叉）算子。Holland 在 1975 年提出了“遗传算法”[25]，正像该算法自身的行为一样，研究者也对各种问题进行了广泛的摸索和探索，比如搜索问题、优化问题、模式识别问题等，以期发现该算法最适合的问题类型。文献[6]是一篇综述，教科书的数量也在迅速增加[18][42]，其中后一本中有较严格的数学方法。Koza 关于遗传规划那本书里提供了很好的介绍和生动的仿真实例[35][36]，但可惜其中很少有关于模式识别的例子。还有很多关于进化计算在模式识别中应用的论文集，比如[49]。文献[12]是有关进化计算历史上重要的论文合集，不能不推荐，虽然它的标题容易误导读者。有关学习和进化之间的相互作用关系，有一个迷人的效应，即 Baldwin 效应[23]。它表明学习会影响进化的速度。太多的学习和太少的学习一样都将减缓进化速度[29]。382
进化方法有时会导致“非最有优解”或“笨拙的解”，自然界中这种现象也时有发生[61][62]。

习题

7.1 节

1. 无穷猴子定理的一种版本是：如果有一只长生不老的猴子一刻不停地随机地敲打键盘，最终将打出《哈姆雷特》剧本。试估计其所需时间。假定每秒打两个字符，而剧本有 50 页，每页 80 行，每行 40 字符。假定只需要 30 种不同的字符，包括 26 个英文字母、空格、句点、回车和感叹号。试着与宇宙的年龄 10^{10} 年比较一下。

7.2 节

2. 证明具有式(1)的形式和非对称连接矩阵的任何优化问题，都有一个等价的具有对称连接矩阵的优化问题。
3. 图 7-2 左边的能量地形曲面过分复杂，因下述原因容易误导读者：
   (a) 对式(1)的优化问题，讨论图中的连续空间与离散空间的差异。
   (b) 图中示出在空间的中部有一个局部能量极小点，问对于离散空间，是否存在中部的极小点？
   (c) 如果令坐标轴是连续的状态变量 s_i(比如在均场退火中)，若 s_i 服从 sigmoid 函数(图 7-5)，试问能量地形是否可以是非单调的，就像图 7-2 那样？
4. 考虑对于二值单元和任意的权连接 w_{ij} 的最小化式(1)的穷举搜索算法，假定单个处理器构型的测试时间是 10^{-8} s，问对 $N=100$ 的系统穷举测试需要多少时间？对于 $N=1000$ 呢？
5. 假定一个处理器计算一次乘加 $w_{ij}s_is_j$ 的时间是 10^{-10} s，若要优化式(1)的能量函数 $E=-1/2\sum_{ij}w_{ij}s_is_j$，问
   (a) 在一些简化的假定下，试写出对 N 节点全互连网络穷举搜索该能量函数时所花时间的估计公式？
   (b) 对于 $N=1,\cdots,10^5$，用 log-log 坐标绘出你的公式。
   (c) 多大规模的网络可以在一天、一年、一个世纪内穷举搜索完毕？
6. 进行必要的数学假定，并解析证明对于 N 节点有互连的网络，当温度很高时，每一种构型都是彼此类似的。

383

7. 用如下方式推导出玻耳兹曼因子的指数形式。考虑由 $M+N$ 个独立磁体组成的孤立集，每一个可取 $s_i=+1$，$s_i=-1$ 两个状态。作用一个外界均匀磁场；这意味着，$s_i=+1$时状态的能量取正，可令它为+1；而 $s_i=-1$ 时状态的能量取负，可令它为−1。系统的总能量为朝上的磁体个数减去朝下的磁体个数，即 $E_T=k_u-k_d$，(注意 $k_u+k_d=M+N$ 与总能量无关)。描述该系统的一个基本统计假设是各个磁体间不相关。于是子系统(比如由 N 个磁体组成的系统)具有特定能量的概率正比于所有的具有该能量的构型的数目。
   (a) 考虑 N 个磁体构成的子系统，具有能量 E_N，写出所有具有 E_N 能量的构型的数目的表达式 $K(N,E_N)$。
   (b) 考虑 M 个磁体构成的子系统，具有能量 E_M，写出所有具有 E_M 能量的构型的数目的表达式 $K(M,E_M)$。
   (c) 因为两个子系统独立，所以系统具有总能量 $E_T=E_N+E_M$ 的方式一共有 $K(N,E_N)K(M,E_M)$种，写出其表达式。
   (d) 在统计物理学中，如果 $M\gg N$，则子系统 M 就称为“热库”或“热浴”(heat bath)。在这种情况下，写出(c)中结果的级数展开式。
   (e) 用的结果证明 E_N 具有玻耳兹曼因子的形式 e^{-E_N}。
8. 证明式(5)给出的状态的模拟值是如下简单情况下在温度 T 时二值变量的数学期望。考虑一个单一磁体，作用上一个外界磁场，在状态 s 为+1时能量为 $+E_0$，在状态 s 为−1时能量为 $-E_0$。
   (a) 根据式(3) 对两种可能状态求和，试着构造配分函数 Z。
   (b) 回想一下，在状态 $s=+1$ 发现系统存在的概率等于其玻耳兹曼因子除以配分函数(式

(2))。定义系统的状态模拟值是$s=\mathcal{E}[s]=P_\gamma(s=+1)(+1)+P_\gamma(s=-1)(-1)$。证明它满足式(5)。

(c) 证明在一个大系统里,其他 $N-1$ 个磁体可认为是产生了一个外界均匀磁场(即均场近似),试证明另外一个单一磁体的模拟状态值遵循式(5)中的函数形式。

9. 考虑玻耳兹曼网络用于 XOR 问题。已知均是全互连网络。

(a) 证明一个 2-输入,1-输出(它的符号给出分类结果)是不能实现 XOR 的。(提示,可利用权值的一组不等式关系,试着推出矛盾。)

(b) 证明一个 2-输入,2-输出(其中每个表示一类)是不能实现 XOR 的。

(c) 证明一个 2-输入,1-隐单元,2-输出(其中每个表示一类)可以实现 XOR。 384

10. 考虑一个 2-输入,1-隐单元,1-输出的全互连玻耳兹曼网络,试着手工构造所有权值,使之实现 XOR。

7.3 节

11. 列出从式(12)推导式(14)的中间步骤。注意与式(10)的区别。

12. 确定一个 6-单元 Hopfield 网的权值,利用如下模式以及式(15)的学习规则:

$$\mathbf{x}^1=\{+1,+1,+1,-1,-1,-1\}$$
$$\mathbf{x}^2=\{+1,-1,+1,-1,+1,-1\}$$
$$\mathbf{x}^3=\{-1,+1,-1,-1,+1,+1\}$$

(a) 通过扰动 6 个单元的任一个,观察其能量变化,说明每个模式都对应一个局部极小。

(b) 验证模式的对称形式也是一个同样能量的局部极小。

13. 用 8-单元网络,以及如下模式重作 12 题:

$$\mathbf{x}^1=\{+1,+1,+1,-1,-1,-1,-1,+1\}$$
$$\mathbf{x}^2=\{+1,-1,+1,+1,+1,-1,+1,-1\}$$
$$\mathbf{x}^3=\{-1,+1,-1,-1,+1,+1,-1,+1\}$$

14. 说明在训练玻耳兹曼网络中,对缺损模式中丢失的特征通常等价于假定了一个适当的值。也就是说,给定其他的箝位状态,未箝位的特征实际上用的是其最可能的特征值来替代。

15. 说明一个模式不属于某类别子集的约束是如何提高网络的分类性能的。即如果将错误输出节点箝位到-1,如何能够提高正确分类输出节点的概率,直至在退火结束时输出节点变成$+1$?

16. 正文给出了玻耳兹曼网络隐单元数目的下界,当训练 n 个模式,对应的下界是$\lceil \log_2 n \rceil$,但是该下界并不紧,因为有可能没有权值能够满足模式表达的需要。试着用 3-输入单元、3-隐单元和单输出的玻耳兹曼网络求解 3-位奇偶校验问题来说明。

(a) 证明隐单元的表达必须与输入单元等价。

(b) 证明不存在 2-层的玻耳兹曼网络可以求解 3-位奇偶校验问题,并用它来说明我们的下界不紧的结论。 385

17. 考虑全互连玻耳兹曼网络中的 N 权值初始化问题。令有 $N-1\approx N$ 权值连接到每个节点。假定任何节点处于状态$+1$,-1 的机会都是 0.5。我们寻找这样的权值初始化的方案,使得每个单元上的净激活的方差大约为 1.0,也就是 sigmoid 函数的末端线性

区。l_i 的方差为

$$\mathrm{Var}[l_i] = \sum_{j=1}^{N} \mathrm{Var}[w_{ij}s_j] = N\mathrm{Var}[w_{ij}]\mathrm{Var}[s_j]$$

令 $\mathrm{Var}[l_i]=1.0$，求解 $\mathrm{Var}[w_{ij}]$，由此说明权值初始化的范围是 $-\sqrt{3/N}<w_{ij}<+\sqrt{3/N}$。

18. 证明在某些合理的条件下，式(14)的学习率应满足 $\eta\leqslant T^2/N$，以保证稳定性。

(a) 对式(14)求导，得出赫森矩阵为

$$\mathbf{H} = \frac{\partial^2 \overline{D}_{KL}}{\partial \mathbf{w}^2} = \frac{\partial^2 \overline{D}_{KL}}{\partial w_{ij}\partial w_{uv}} = \frac{1}{T^2}\left[\mathcal{E}[s_i s_j s_u s_v] - \mathcal{E}[s_i s_j]\mathcal{E}[s_u s_v]\right]$$

(b) 利用它证明

$$\mathbf{w}^t\mathbf{H}\mathbf{w} \leqslant \frac{1}{T^2}\mathcal{E}\left[\left(\sum_{ij}|w_{ij}|\right)^2\right]$$

(c) 假定我们对权归一化($\|\mathbf{w}\|=1$)并且有

$$\sum_{ij} w_{ij} \leqslant \sqrt{N}$$

利用这个事实以及(b)的结果，证明 $\overline{D}_{KL}$ 的曲率满足

$$\mathbf{w}^t\mathbf{H}\mathbf{w} \leqslant \frac{1}{T^2}\mathcal{E}\left[\left(\sqrt{N}\right)^2\right] = \frac{N}{T^2}$$

(d) 利用稳定性要求学习率是曲率的倒数的事实，证明学习率必须限制在 $\eta\leqslant T^2/N$。

7.4 节

19. 对任一 HMM，对存在一个等价的玻耳兹曼链，它可实现同样的概率模型。但是反命题是不成立的，即对任何玻耳兹曼链，未必有等价的 HMM。试着证明之。(提示：考虑 HMM 中的概率只能取正，并且满足求和归一化，但是玻耳兹曼的权值没有任何
386 限制。)

20. 图 7-11 中的玻耳兹曼链存在多少条合法的路径？将其表示成时间步、隐单元数和可见单元数的函数。

21. 正文中讨论玻耳兹曼链和 HMM 关系时假定初始隐状态已知。如果初始隐状态未知，试着说明式(21)将增加一项表示系统具有某个隐状态的概率。

22. 考虑图 7-12 的玻耳兹曼拉链。互连矩阵 **E** 用来学习快链和慢链之间的相关性。证明与式(23)不同的是，**E** 并非简单对应于转移概率。特别是，说明它没有必要归一化。它一定是正的吗？

7.5 节

23. 考虑 N-位组成的规模为 L 的染色体种群。

(a) 证明不同的种群数目为 $\binom{L+2^N-1}{2^N-1}$。

(b) 假定有 $1\leqslant L_s\leqslant L$ 个个体被选择用来复制，将父本可能的集合数目表示成 L 和 L_s 的函数。

(c) 证明(b)中若 $L_s=L$，则退化成(a)中的情况。

(d) 说明(b)中若 $L_s=1$ 时给出 L 的情况。

7.6 节

24. 对下列每个代码片段，标记出可以取两个或多个操作数的交叉操作符、乘法操作符(*)以及加法操作符(+)的合理的截断位置。

(a) (*(X0(+x4 x8))x5(SQRT 5))

(b) (SQRT(X0(+ x4 x8)))

(c) (* (−(SIN X0)(*(TAN 3.4) (SQRT X4)))

(d) (* (X0(+x4 x8))x5(SQRT 5))

(e) 将下列 Lisp 符号分组，使每个组内的符号在进行遗传规划时可用组内其他符号代替：

{+, X3, NOR, *, X0, 5.5, SQRT, /, X5, SIN, −, −4.5, NOT, OR, 2.7, TAN} 387

上机练习

以下的两个练习采用了下表中的数据，其中+表示+1，−表示−1。

ω_1	ω_2	ω_3
−−+−+−++	−++−+++−	+++++−++
−−++−+++	−++−+−−−	+−+−++−+
+++++−−+	−+++−++−	+−++−+++
−+−+−++−	−++−−+−+	+−++−+−−
−−−−+++−	−+−−−−++	+−++−++−
−−−++++−	−+−−++−+	+−−+−++−
−+−+++−−	−−+−++−−	+++−+−−+
−+−++−−+	−+−+−+++	+−++−+−+
+−+−+−++	−−−++−++	++−−+−++
+−+−−+++	−++−++−+	+−−+−++−

7.2 节

1. 考虑一个 N-单元全互连网络，其权值在 $-1/\sqrt{N}<w_{ij}<+1/\sqrt{N}$ 范围内随机选取。要求根据式(1)搜索全局最小能量。

(a) 令 $N=10$，写一个程序能够在网络的 2^N 种构型中寻找全局最小能量，并验证存在两个全局最小能量。

(b) 写一个程序执行下述梯度下降算法：对某一种构型，找到改变它的状态能引起能量下降的具有最小序号的单元。继续迭代执行，直到系统收敛。绘出能量对迭代次数的关系图。

(c) 采用随机查询节点的方式重复(b)的问题。

(d) 当 $N=100,1000,10\,000$ 时重做(b)。

(e) 讨论你的结果,尤其要注意收敛性及局部极小问题。

2. 实现一个随机模拟退火算法,并对下述 6-单元网络实现能量最小化。已知权值矩阵为

388

$$\mathbf{w}=\begin{pmatrix} 0 & 5 & -3 & 4 & 4 & 1 \\ 5 & 0 & -1 & 2 & -3 & 1 \\ -3 & -1 & 0 & 2 & 2 & 0 \\ 4 & 2 & 2 & 0 & 3 & -3 \\ 4 & -3 & 2 & 3 & 0 & 5 \\ 1 & 1 & 0 & -3 & 5 & 0 \end{pmatrix} \tag{25}$$

(a) 令温度初始 $T(1)=10,T(m+1)=cT(m),c=0.9$。

(b) 重做(a),但是 $T(1)=5,c=0.5$ 。

3. 用确定性模拟退火算法重做上机练习 2。

7.3 节

4. 训练一个具有 8-输入,10-类别输出的玻耳兹曼网络,实现 7-段数码识别(如图 7-10 所示)。

(a) 利用网络进行 10 个数码的识别,并验证左右数码均学习了。

(b) 用下述做法考察网络的模式补足能力,对某个数码的 2^8 种任一个可能模式都进行一次模式补足。通过增加隐单元来验证对某些容易混淆的数码的补足能力的增强。

5. 利用一个 8-输入、n_H 个隐单元、2-输出的玻耳兹曼网络实现 2-类分类问题。

(a)对于 $n_H=4$ 用上表的 ω_1 和 ω_2 训练,并试着分类如下模式:

−−−−+−++,−++−++++,++++++++

(b) 用 $n_H=6$,重做(a)。

(c) 用上表的 ω_1 和 ω_3,重做(a)。

(d) 用上表的 ω_2 和 ω_3,重做(a)。

6. 用下列玻耳兹曼网络实现模式补足。有 8-输入、n_H 个隐单元、无输出类别单元。补足的模式可以从输入节点上读出。

(a) $n_H=8$,用网络训练 ω_1 的 10 个样本,并用来补足如下模式:001010 * , * 1011001,0000 *110。

(b) 令 $n_H=2$,重做(a)。

(c) 解释(a)、(b)的差异。

7.4 节

7. 考虑一个具有 2-输入,1-输出的贝叶斯置信网(第 2 章)。其中输入节点只同输出节点相连,并无其他互连。第一个输入节点的可能状态是 $\mathbf{x}=100,010$ 或 001,而第二个节点的可能状态为 $\mathbf{y}=1000,0100,0010$ 或 0001。输出节点为 $\mathbf{z}=10$ 或 01。

389 (a) 构造一个等价的结构化玻耳兹曼网络。

(b) 利用给定的概率训练该网络,提供的训练样本如下:

概　率	**x**	**y**	**z**
0.2	100	0001	10
0.3	010	1000	10
0.4	100	0100	01
0.1	001	0010	01

(c) 假定 **z** 表示的是 2 中取 1 的分类结果,试着对下述模式分类:
{001, 0010} , {100,000 * },其中 * 表示丢失特征。

7.5 节

8. 根据图 7-15 的表达方式,用遗传算法进化出 2-类分类问题的分类树(需要提前看一看第 8 章的内容),令种群规模 $L=15$,根据适应度每次选取 5 个染色体,其中的适应度取自如下数据的分类准确度:

ω_1:(1,5,−1, 3),(−1,5,2,2),(2,3,−1,0),(−3,4,−2,−1)

ω_2:(−1,−3,1,2),(−2,4,−3,0),(−3,5,1,1),(1,−2,0,0)

利用你的分类器来分类如下数据:(−1,4,1,1),(−2,4,−1,1),(3,3,0,1)。

7.6 节

9. 考虑用下述 4-特征的两类分类问题,特征范围为

$$-1\leqslant x_i\leqslant +1, i=1,2,3,4$$

(a) 随机在 4 维空间内生成 50 个训练样本点,其类别由下式给出:

$$\omega_1: x_1+0.5x_2-0.3x_3-0.1x_4<0.5$$

$$\omega_2: -x_1+0.2x_2+x_3-0.6x_4<0.2$$

如果随机选择的点仅仅满足其中一个不等式,则标记相应类别。若两个都满足,则以 50% 概率任意标记。若两个都不满足,则重新选择。

(b) 用遗传规划来进化一个 Lisp 逻辑表达,使得它对 ω_1 为 TRUE,对 ω_2 为 FALSE。设种群规模为 100,每次选择 10 个父代片段,绘出适应度-进化图。 390

(c) 重复(a)(b),但其类别由下式给出:

$$\omega_1: 0.5x_1-0.3x_2^2+x_1x_2-0.2x_3-0.4x_4<0.3$$

$$\omega_2: 0.2x_1+x_1x_2-0.3x_3+0.6x_1x_4<0.7$$

参考文献

[1] Emile Aarts and Jan Korst. *Simulated Annealing and Boltzmann Machines: A Stochastic Approach to Combinatorial Optimization and Neural Computing*. Wiley, New York, 1989.

[2] David H. Ackley, Geoffrey E. Hinton, and Terrence J. Sejnowski. A learning algorithm for Boltzmann machines. *Cognitive Science*, 9(1):147–169, 1985.

[3] Rudolf Ahlswede and Ingo Wegener. *Search Problems*. Wiley, New York, 1987.

[4] Frantzisko Xabier Albizuri, Alicia d'Anjou, Manuel Graña, Francisco Javier Torrealdea, and Mari Carmen Hernandez. The high-order Boltzmann machine: Learned distribution and topology. *IEEE Transactions on Neural Networks*, TNN-6(3):767–770, 1995.

[5] David Andre, Forrest H. Bennett III, and John R. Koza. Discovery by genetic programming of a cellular automata rule that is better than any known rule for the majority classification problem. In John R. Koza, David E. Goldberg, David B. Fogel, and Rick L. Riolo, editors, *Genetic Programming 1996: Proceedings of the First Annual Conference*, pages 3–11. MIT Press, Cambridge, MA, 1996.

[6] Thomas Bäck, Frank Hoffmeister, and Hans-Paul Schwefel. A survey of evolution strategies. In Rik K. Belew and Lashon B. Booker, editors, *Proceedings of the Fourth International Conference on Genetic Algorithms*, pages 2–9. Morgan Kaufmann, San Mateo, CA, 1991.

[7] J. Mark Baldwin. A new factor in evolution. *American Naturalist*, 30:441–451, 536–553, 1896.

[8] John S. Bridle and Roger K. Moore. Boltzmann machines for speech pattern processing. *Proceedings of the Institute of Acoustics*, 6(4):315–322, 1984.

[9] Lawrence Davis, editor. *Genetic Algorithms and Simulated Annealing*. Research Notes in Artificial Intelligence. Morgan Kaufmann, Los Altos, CA, 1987.

[10] Lawrence Davis, editor. *Handbook of Genetic Algorithms*. Van Nostrand Reinhold, New York, 1991.

[11] Michael de la Maza and Bruce Tidor. An analysis of selection procedures with particular attention paid to proportional and Boltzmann selection. In Stephanie Forrest, editor, *Proceedings of the 5th International Conference on Genetic Algorithms*, pages 124–131. Morgan Kaufmann, San Mateo, CA, 1993.

[12] David B. Fogel, editor. *Evolutionary Computation: The Fossil Record*. IEEE Press, Los Alamitos, CA, 1998.

[13] Lawrence J. Fogel, Alvin J. Owens, and Michael J. Walsh. *Artificial Intelligence through Simulated Evolution*. Wiley, New York, 1966.

[14] Lawrence J. Fogel, Alvin J. Owens, and Michael J. Walsh. *Intelligence through Simulated Evolution*. Wiley, New York, updated and expanded edition, 1999.

[15] Yoav Freund and David Haussler. Unsupervised learning of distributions on binary vectors using two layer networks. In John E. Moody, Stephen J. Hanson, and Richard P. Lippmann, editors, *Advances in Neural Information Processing Systems 4*, pages 912–919. Morgan Kaufmann, San Mateo, CA, 1992.

[16] Conrad C. Galland. The limitations of deterministic Boltzmann machine learning. *Network*, 4(3):355–379, 1993.

[17] Stewart Geman and Donald Geman. Stochastic relaxation, Gibbs distributions, and the Bayesian restoration of images. *IEEE Transactions on Pattern Analysis and Machine Intelligence*, PAMI-6(6):721–741, 1984.

[18] David E. Goldberg. *Genetic Algorithms in Search, Optimization and Machine Learning*. Addison-Wesley, Reading, MA, 1989.

[19] Richard W. Hamming. *Coding and Information Theory*. Prentice-Hall, Englewood Cliffs, NJ, second edition, 1986.

[20] Peter E. Hart, Nils Nilsson, and Bertram Raphael. A formal basis for the heuristic determination of minimum cost paths. *IEEE Transactions of Systems Science and Cybernetics*, SSC-4(2):100–107, 1968.

[21] John Hertz, Anders Krogh, and Richard G. Palmer. *Introduction to the Theory of Neural Computation*. Addison-Wesley, Redwood City, CA, 1991.

[22] Geoffrey E. Hinton. Deterministic Boltzmann learning performs steepest descent in weight space. *Neural Computation*, 1(1):143–150, 1989.

[23] Geoffrey E. Hinton and Stephen J. Nowlan. How learning can guide evolution. *Complex Systems*, 1(1):495–502, 1987.

[24] Yuzo Hirai. Hardware implementation of neural networks in Japan. *Neurocomputing*, 5(1):3–16, 1993.

[25] John H. Holland. *Adaptation in Natural and Artificial Systems: An Introductory Analysis with Applications to Biology, Control and Artificial Intelligence*. MIT Press, Cambridge, MA, second edition, 1992.

[26] John J. Hopfield. Neural networks and physical systems with emergent collective computational abilities. *Proceedings of the National Academy of Sciences of the USA*, 79(8):2554–2558, 1982.

[27] Hugo Van Hove and Alain Verschoren. Genetic algorithms and trees I: Recognition trees (the fixed width case). *Computers and Artificial Intelligence*, 13(5):453–476, 1994.

[28] Michael I. Jordan, editor. *Learning in Graphical Models*. MIT Press, Cambridge, MA, 1999.

[29] Ron Keesing and David G. Stork. Evolution and learning in neural networks: The number and distribution of learning trials affect the rate of evolution. In Richard P. Lippmann, John E. Moody, and David S. Touretzky, editors, *Advances in Neural Information Processing Systems 3*, pages 804–810. Morgan Kaufmann, San Mateo, CA, 1991.

[30] James D. Kelly, Jr. and Lawrence Davis. A hybrid genetic algorithm for classification. In Raymond Reiter and John Myopoulos, editors, *Proceedings of the 12th International Joint Conference on Artificial Intelligence*, pages 645–650. Morgan Kaufmann, San Mateo, CA, 1991.

[31] Scott Kirkpatrick, C. Daniel Gelatt, Jr., and Mario P. Vecchi. Optimization by simulated annealing. *Science*, 220(4598):671–680, 1983.

[32] Charles Kittel and Herbert Kroemer. *Thermal Physics*. Freeman, San Francisco, CA, second edition, 1980.

[33] Donald E. Knuth. *The Art of Computer Programming*, volume 3. Addison-Wesley, Reading, MA, first edition, 1973.

[34] Richard E. Korf. Optimal path finding algorithms. In Laveen N. Kanal and Vipin Kumar, editors, *Search in Artificial Intelligence*, chapter 7, pages 223–267. Springer-Verlag, Berlin, Germany, 1988.

[35] John R. Koza. *Genetic Programming: On the Programming of Computers by Means of Natural Selection*. MIT Press, Cambridge, MA, 1992.

[36] John R. Koza. *Genetic Programming II: Automatic Discovery of Reusable Programs*. MIT Press, Cambridge, MA, 1994.

[37] Vipin Kumar and Laveen N. Kanal. The CDP: A unifying formulation for heuristic search, dynamic programming, and branch & bound procedures. In Laveen N. Kanal and Vipin Kumar, editors, *Search in Artificial Intelligence*, pages 1–27. Springer-Verlag, New York, 1988.

[38] David J. C. MacKay. Equivalence of Boltzmann chains and hidden Markov models. *Neural Computation*, 8(1):178–181, 1996.

[39] Robert E. Marmelstein and Gary B. Lamont. Pattern classification using a hybrid genetic program decision tree approach. In John R. Koza, Wolfgang Banzhaf, Kumar Chellapilla, Kalyanmoy Deb, Marco Dorigo, David B. Fogel, Max H. Garzon, David E. Goldberg, Hitoshi Iba, and Rick Riolo, editors, *Genetic Programming 1998: Proceedings of the Third Annual Conference*, pages 223–231. Morgan Kaufmann, San Mateo, CA, 1998.

[40] Robert J. McEliece, Edward C. Posner, Eugene R. Rodemich, and Santosh S. Venkatesh. The capacity of the Hopfield associative memory. *IEEE Transactions on Information Theory*, IT-33(4):461–482, 1985.

[41] Nicholas Metropolis, Arianna W. Rosenbluth, Marshall N. Rosenbluth, Augusta H. Teller, and Edward Teller. Equation of state calculations by fast computing machines. *Journal of Chemical Physics*, 21(6):1087–1092, 1953.

[42] Melanie Mitchell. *An Introduction to Genetic Algorithms*. MIT Press, Cambridge, MA, 1996.

[43] John Moussouris. Gibbs and Markov random sys-

tems with constraints. *Journal of Statistical Physics*, 10(1):11–33, 1974.

[44] Michael Murray, James B. Burr, David G. Stork, Ming-Tak Leung, Kan Boonyanit, Gregory J. Wolff, and Allen M. Peterson. Deterministic Boltzmann machine VLSI can be scaled using multi-chip modules. In Jose Fortes, Edward Lee, and Teresa Meng, editors, *Proceedings of the International Conference on Application-Specific Array Processors ASAP-92*, volume 9, pages 206–217. IEEE Press, Los Alamitos, CA, 1992.

[45] Michael Murray, Ming-Tak Leung, Kan Boonyanit, Kong Kritayakirana, James B. Burr, Greg Wolff, David G. Stork, Takahiro Watanabe, Ed Schwartz, and Allen M. Peterson. Digital Boltzmann VLSI for constraint satisfaction and learning. In Jack D. Cowan, Gerald Tesauro, and Joshua Alspector, editors, *Advances in Neural Information Processing Systems*, volume 6, pages 896–903. MIT Press, Cambridge, MA, 1994.

[46] Dana S. Nau, Vipin Kumar, and Laveen N. Kanal. General branch and bound, and its relation to A* and AO*. *Artificial Intelligence*, 23(1):29–58, 1984.

[47] Nils J. Nilsson. *Artificial Intelligence: A New Synthesis*. Morgan Kaufmann, San Mateo, CA, 1998.

[48] Mattias Ohlsson, Carsten Peterson, and Bo Söderberg. Neural networks for optimization problems with inequality constraints: The knapsack problem. *Neural Computation*, 5(2):331–339, 1993.

[49] Sankar K. Pal and Paul P. Wang, editors. *Genetic Algorithms for Pattern Recognition*. CRC Press, Boca Raton, FL, 1996.

[50] Morton With Pederson and David G. Stork. Pruning Boltzmann networks and Hidden Markov Models. In *Thirteenth Asilomar Conference on Signals, Systems and Computers*, volume 1, pages 258–261. IEEE Press, New York, 1997.

[51] Carsten Peterson and James R. Anderson. A mean-field theory learning algorithm for neural networks. *Complex Systems*, 1(5):995–1019, 1987.

[52] Richard W. Prager, Tim D. Harrison, and Frank Fallside. Boltzmann machines for speech recognition. *Computer Speech and Language*, 1(1):3–27, 1986.

[53] Ingo Rechenberg. Bionik, evolution und optimierung (in German). *Naturwissenschaftliche Rundschau*, 26(11):465–472, 1973.

[54] Ingo Rechenberg. Evolutionsstrategie – optimierung nach prinzipien der biologischen evolution (in German). In Jörg Albertz, editor, *Evolution und Evolutionsstrategien in Biologie, Technik und Gesellschaft*, pages 25–72. Freie Akademie, 1989.

[55] Stuart Russell and Peter Norvig. *Artificial Intelligence: A Modern Approach*. Prentice-Hall Series in Artificial Intelligence. Prentice-Hall, Englewood Cliffs, NJ, 1995.

[56] Lawrence K. Saul and Michael I. Jordan. Boltzmann chains and Hidden Markov Models. In Gerald Tesauro, David S. Touretzky, and Todd K. Leen, editors, *Advances in Neural Information Processing Systems*, volume 7, pages 435–442. MIT Press, Cambridge, MA, 1995.

[57] Oliver G. Selfridge. Pandemonium: A paradigm for learning. In *Mechanisation of Thought Processes: Proceedings of a Symposium held at the National Physical Laboratory*, pages 513–526. HMSO, London, 1958.

[58] Paul Smolensky. Information processing in dynamical systems: Foundations of Harmony theory. In David E. Rumelhart and James L. McClelland, and the PDP Research Group editors, *Parallel Distributed Processing*, volume 1, chapter 6, pages 194–281. MIT Press, Cambridge, MA, 1986.

[59] Karl Steinbuch. Die lernmatrix (in German). *Kybernetik (Biological Cybernetics)*, 1(1):36–45, 1961.

[60] Karl Steinbuch. *Automat und Mensch (in German)*. Springer, New York, 1971.

[61] David G. Stork, Bernie Jackson, and Scott Walker. Non-optimality via pre-adaptation in simple neural systems. In Christopher G. Langton, Charles Taylor, J. Doyne Farmer, and Steen Rasmussen, editors, *Artificial Life II*, pages 409–429. Addison Wesley, Reading, MA, 1992.

[62] David G. Stork, Bernie Jackson, and Scott Walker. Nonoptimality in a neurobilogical systems. In Daniel S. Levine and Wesley R. Elsberry, editors, *Optimality in Biological and Artificial Networks?*, pages 57–75. Lawrence Erlbaum Associates, Mahwah, NJ, 1997.

[63] Harold Szu. Fast simulated annealing. In John S. Denker, editor, *Neural Networks for Computing*, pages 420–425. American Institute of Physics, New York, 1986.

[64] Vladimír Černý. Thermodynamical approach to the traveling salesman problem: An efficient simulation algorithm. *Journal of Optimization Theory and Applications*, 45:41–51, 1985.

[65] Santosh S. Venkatesh and Demetri Psaltis. Linear and logarithmic capacities in associative neural networks. *IEEE Transactions on Information Theory*, IT-35(3):558–568, 1989.

[66] Gérard Weisbuch and Françoise Fogelman-Soulié. Scaling laws for the attractors of Hopfield networks. *Journal of Physics Letters*, 46(14):623–630, 1985.

[67] Patrick Henry Winston. *Artificial Intelligence*. Addison-Wesley, Reading, MA, third edition, 1992. 391 ≀ 393

第 8 章

非度量方法

8.1 引言

前面，我们研究了基于连续实数或离散数值的特征向量的模式识别问题。在所有这些情况中，都涉及了向量间距离(distance)度量(metric)的概念。例如，在最近邻分类器中，距离的概念是最明显不过了，这也是这个分类方法的根本思想所在。在神经网络中，如果两个输入向量足够相似(接近)，那么它们的输出也将很相似。实践中，大多数模式识别方法研究这类问题，其中特征向量是实数的，并且有距离的概念。

然而，假定某个分类问题中需要用到"语义数据"(nominal data)，或称为"标称数据"或"名义数据"，例如，实例描述数据是离散的，其中没有任何相似性的概念，甚至没有次序的关系。考虑这样一个问题，试图用牙齿的信息对鱼和海洋哺乳动物分类。一些鱼的牙齿细小而精致(如巨大的须鲸)，这种牙齿用于在海里筛滤出微小的浮游生物来吃。另一些有成排的牙齿(比如鲨鱼)。一些海洋动物，如海象，有长长的牙齿。而另外一些，如鱿鱼，则根本没有牙齿。这里，并没有一个清楚的概念来表示关于牙齿的相似性(或距离度量)。例如，须鲸和海象的牙齿之间并不比鲨鱼与比目鱼之间更相似。

于是在本章中，我们的注意力从以实向量形式表示的模式，转向以非度量(nonmetric)的语义属性来表示的模式。一种常用的方法使用所谓的"属性 d-元组"(property d-tuple)给有限的属性赋值。例如，考虑用如下四种属性描述一种水果的情况：颜色、纹理、味道和尺寸。这样，某种水果的 4-元组表达是{红色，有光泽，甜，小}(即"颜色=红"，"纹理=有光泽"，"味道=甜"，"尺寸=小"的简短表达)。另一种表示此类模式的常用方法是用不等长语义属性的字符串，例如，一个 DNA 片段的碱基对，如"AGCTTCAGATTCCA"。这种列表(或串)本身也可能是某种子分类器的输出结果，就像我们以前学到的那些一样。举个例子，可训练一个神经网络，使之能识别汉字或日文中的基本笔画(大约有十几种)。然后把这些由基本笔画的语义属性组成的列表作为输入送到另一个分类器，最终才识别出一个整字。

394 如何最好地运用语义数据来进行分类？最关键的是，如何有效地从这些非度量的数据中学习和发现类别信息？如果串本身存在结构，该如何恰当的表达该结构？通过上述问题的思考，将导致偏离原来的基于连续概率分布和距离度量的思路，而研究以规则或语法结构表达的模式识别问题。

8.2 判定树

利用一系列的查询问答来判断和分类某模式是一种很自然和直观的做法。后一个问题的提法依赖于前一个问题的回答。这种"问卷表"方式的做法对非度量数据特别有效，因为回答问题时的"是/否""真/假""属性值"等并不涉及任何距离测度概念。

上述问题集直接可以用有向的判定树(decision tree)的形式表示，简称为树(tree)，树的首节点(称为根节点)显示在最上端，下面顺序(有向)地与其他节点通过链(或分支)相连。继续上述构造过程,直至到达没有后续的终端节点(称为“叶节点”)(图 8-1)。8.3 节和 8.4 节会讲述创建一棵树的方法。在这里,我们先来看它如何用于分类。树分类过程的第一步要从根节点开始,首先对模式的某一属性的取值提问。与根节点相连的不同链或分支,对应这个属性的不同取值。根据不同的回答,我们转向相应的后续子节点。树的各分支必须是互斥的并且要覆盖整个概念空间,也就是说,一次只可能沿唯一分支展开。第二步,即在已经到达的节点处作同样的分支判断,即把它作为一棵子树的根节点。继续这一过程,直到到达叶节点,这时表明已经没有其他问题可问了。每一个叶节点上都附有一个相应的类别标记,测试样本就被标记为它所到达的叶节点的类别标记。

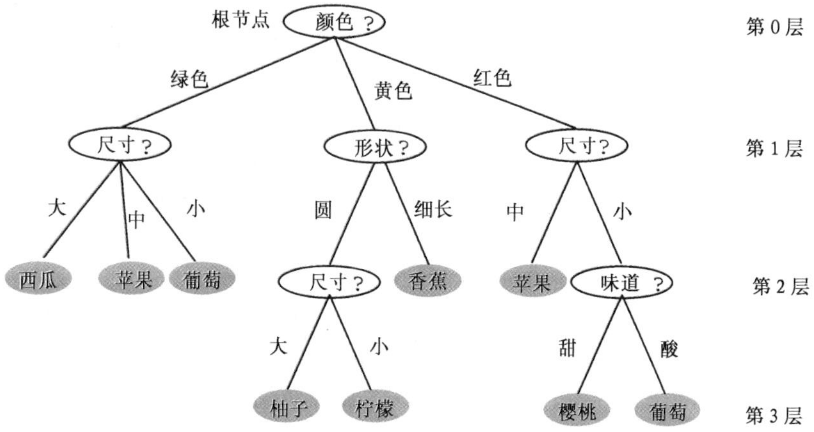

图 8-1 判定树的一次基本的自上而下的判别分类操作。每个节点处查询的问题是关于模式的一个属性的,而向下的链对应可能的回答。连续访问节点,直到到达某个叶节点,就可以从叶节点处读出类别标记。注意到问题“尺寸?”出现在多个节点处,并且节点的分支数目存在不同,许多叶节点具有同样的类别标记(例如“苹果”)

图 8-1 示出的简单的判定树也显示了树分类方法相比其他分类器(如神经网络)的优点之一,即可表示性。也就是说,树中所体现的语义信息,容易直接用逻辑表达式表示出。这种“可表示性”有两重意义。首先,易于将某特定测试模式用从根节点开始,沿着判定树的对应路径,直到叶节点的所有判决的“逻辑合取式”(conjunction)表达。这样,如果属性表是{味道、颜色、形状、尺寸},则模式 $\mathbf{x}$={甜、黄、细长、中等},就可以识别为**香蕉**,因为香蕉的(颜色=黄)AND (形状=细长)。第二,我们也能利用合取式和析取式构造一个逻辑表达式,进而获得这个模式的明确描述(习题 8)。例如,树中同样表示出**苹果**=(绿色 AND 中等大小)OR(红色 AND 中等大小)[⊖]。

从树中(特别是较大的树)获得的规则通常很复杂,因而必须简化后才易于表达。上述例子中,苹果也能用如下规则表达,**苹果**=(中等大小 AND NOT 黄色)。

树分类器的另一个优点是分类的速度很快,因为只需一系列简单的查询。最后,我们注意到树提供了一种很自然的嵌入人类专家的先验知识的机制。在实际中,不管怎样,当问题比较简单以及训练样本很少时,这类专家知识十分有效。

⊖ 这里我们仍然用黑体表示模式,尽管它们也许不再是实数向量,而是语义结构,因而就不符合实向量的运算法则。同样原因,用“属性”表示语义数据或实矢量,但特征仅指实矢量。

8.3 CART

现在，我们来研究基于训练样本构造或“生成”一棵判定树的问题。假定已知一个有类别标记的训练样本集$\mathcal{D}$，并且已经确定了一个用于判定模式的属性集，但并不知道如何把测试问题组织成一棵树。很明显，任何判定树都应该把训练样本集逐步划分成越来越小的子集。理想的情况是每个子集中的所有样本均有同种类别标记。如果是这样，则称该子集是“纯”的子集，树的分支操作将因此结束。而通常情况下，子集中的类别标记仍有混杂。这时，我们必须选择，要么停止分叉，接收这不完美的判决，要么另外选取一个属性进一步生长该树。这很明显是一种递归结构的树的生长过程。数据表示在每个节点上，要么该节点已经是叶节点(并且有对应的类别标记)，要么利用另一种属性，继续分裂成子集。不过分类和回归树(Classification And Regression Tree，CART)是仅有的一种通用的树生长算法。

395~396 CART 提供一种通用的框架，利用它，可以实例化为各种各样不同的判定树。按照CART，有 6 个问题需要回答。

- 属性的值应当是完全二值的还是多值的？也就是说，节点处的分支数应该是多少？
- 如何确定某节点处应该测试哪个属性？
- 何时可以令某节点成为叶节点？
- 如果树生长得“过大”，怎样使其变小变简单，即如何“剪枝”？
- 如果叶节点仍不“纯”，那么怎样给它赋类别标记？
- 缺损的数据如何处理？

下面我们来依次考虑这些问题。

8.3.1 分支数目

节点处的一次判别称为一个分支，它对应于将训练样本划分成子集。根节点处的分支对应于全部训练样本。其后每一次判决都是一次子集划分过程。分支的数目与前面的问题 2 紧密相关。因为问题 2 确定了在该节点处根据哪个属性分叉。一般来说，节点的分支数目是由树的设计者确定的，并且在一棵树上也可能有不同的值(如图 8-1)。从一个节点中分出去的分支链的数目有时称为节点的分支系数或分支率(branching ratio)，用 B 表示。然而有这样一个事实，即每一个判别(以及每一棵树)都可以用二值判别表示出(习题 2)。例如，图 8-1 中根节点测试的水果颜色($B=3$)可以用图 8-2 中的两个二值节点来表示：首先可以问是否是绿色？在回答“否”的分支上继续询问是否是黄色？正由于二叉树(binary tree)具有万能的表达能力，并且在训练上很简便，所以我们在下面集中讨论这种树(图 8-2)。

8.3.2 查询的选取与节点不纯度

在树的设计过程中关注的焦点大多集中在考虑在每个节点处应该选取测试或查询哪一个属性⊖。对非数值数据而言，在节点处作查询进而划分数据的过程并没有直接的几何解释。而对于数值数据，用判定树方法得到的分类边界却存在较为直观的图示几何解释。例如，当在节点处问及“Is $x_i \leqslant x_{is}$?”时，会导致垂直于 x 坐标轴的一个超平面的判决边界以及相应判决区域(如图 8-3)。构造树的过程一个基本原则是“简单”：我们期望获得的判定树简单、紧凑，

⊖ 当然问题可能更加复杂，因为并无理由表明不能在一个节点处同时查询多个属性。例如，可以是许多属性的逻辑组合，比如用“(尺寸＝中) AND (NOT(颜色＝黄色))”作为查询项。我们把每节点只涉及单一属性的树称为单调树(monothetic)，而把节点涉及超过两个属性的树称为复合树(polythetic)。简单起见，通常是研究单调树。不管怎样，最关键的是每节点处判定必须是严格定义的，不允许有模糊性，每个判定只能导致唯一分支。

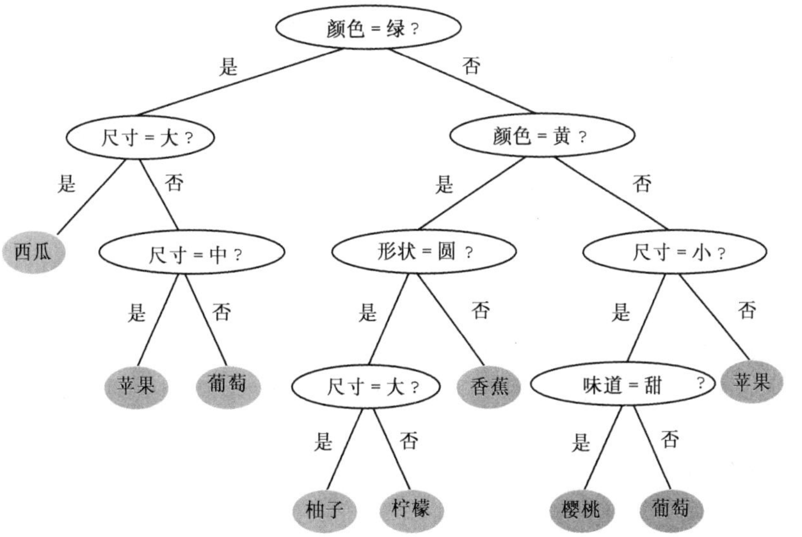

图 8-2 任何一个具有任意分支率的树都可以用二叉树(即分支率 $B=2$)等价表示。这里示出的二叉树,只有是和否两个分支,实现的是与图 8-1 的树同样的分类功能

只有很少的节点。这是 Occam 剃刀原则的一个版本,即能够解释数据的最简单的模型就是最好的模型(参见第 9 章)。本着这一目标,应试图寻找这样一个查询 T,它能使后继节点数据尽可能"纯"。为了形式化的表达上述想法,我们定义一个"不纯度"(impurity)的指标。很显然,定义"不纯度"要比定义"纯度"指标更加便利。业已出现几种不同的数学公式用以测量"不纯度",但它们都具有相同的特性。用 $i(N)$表示节点 N 的"不纯度",当节点上的模式数据均来自同一类别时,我们要求 $i(N)=0$;而若类别标记均匀分布时,$i(N)$应当很大。

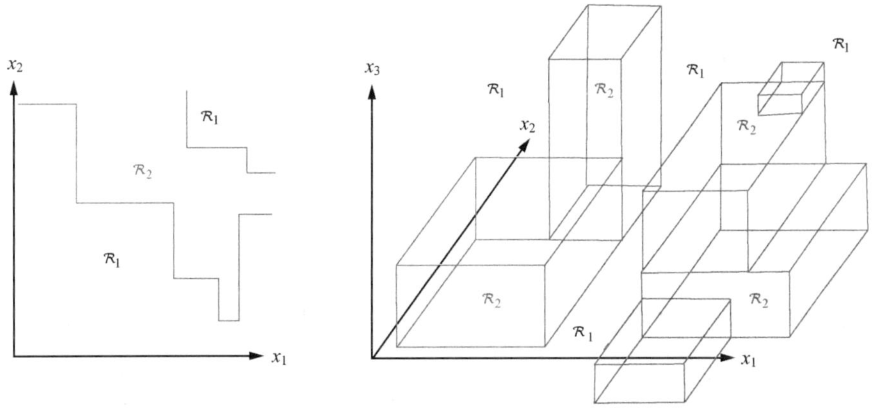

图 8-3 单调的判定树产生的分界面垂直于所查询的特征轴,在两类问题中,划分的类别区域用$\mathcal{R}_1$和 $\mathcal{R}_2$表示,图中左右分别示出了二维和三维的情况,用这种方式,即使很复杂的分类面,也可以近似表示出

最流行的测量是"熵不纯度"(entropy impurity),亦称为"信息量不纯度"(information impurity): 397~398

$$i(N)=-\sum_j P(\omega_j)\log_2 P(\omega_j) \tag{1}$$

这里 $P(\omega_j)$是节点 N 处属于 ω_j 类模式样本数占总样本数的频度⊖。根据众所周知的熵的特性，如果所有模式的样本都来自同一类别，则不纯度为零，否则是大于零的正值，当所有类别以等概率出现时，熵值取最大值。

另一种不纯度的定义在两类分类问题中特别有用。根据当节点样本均来自单一类别时不纯度为 0 的思想，可用如下多项式形式定义不纯度：

$$i(N) = P(\omega_1)P(\omega_2) \tag{2}$$

这也能解释为"方差不纯度"，因为在某种合理的假设下，该值与两类分布的总体分布方差有关（习题 10）。

一种推广了的可用于多类分类问题的方差不纯度，称为"Gini 不纯度"：

$$i(N) = \sum_{i \neq j} P(\omega_i)P(\omega_j) = 1 - \sum_j P^2(\omega_j) \tag{3}$$

这也正是当节点 N 的类别标记任意选取时对应的误差率。当类别标记等概率时"Gini 不纯度"指标的峰度特性比"熵不纯度"要好。

"误分类不纯度"可以定义为

$$i(N) = 1 - \max_j P(\omega_j) \tag{4}$$

用它可衡量节点 N 处训练样本分类误差的最小概率。该指标在前面讨论过的不纯度指标中当等概率标记时具有最好的峰值特性。然而它存在不连续的导数值，因而当在连续参数空间搜索最大值时会出现问题。图 8-4 示出了两类情况下，不纯度指标作为其中一个类别概率的函数的图形。

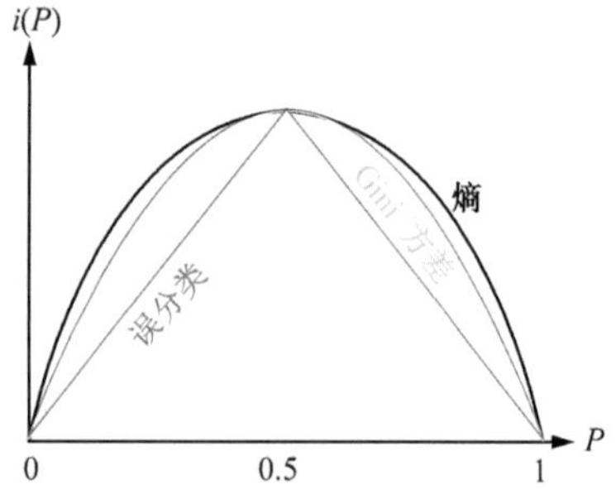

图 8-4　两类分类问题中，几个不纯度指标都在等类别概率时达到峰值点。其中，方差不纯度和 Gini 不纯度完全一致。熵、方差、Gini、误分类这 4 个指标分别用式(1)～(4)计算，但并不直接影响最终的学习和分类性能。为便于比较，图中 4 个指标的幅度和电平已经被调整过

现在开始思考关键的问题：给定一部分树，目前已生长到节点 N，要求对该节点作属性查询 T，问应该如何选择待查询值 s？一个很明显的启发式的思路是选择那个能够使不纯度下降最快的那个查询。不纯度的下降落差可记作：

$$\Delta i(N) = i(N) - P_L i(N_L) - (1 - P_L) i(N_R) \tag{5}$$

其中 N_L和 N_R分别是左、右子节点，$i(N_L)$，$i(N_R)$是相应的不纯度。P_L是当查询 T 被采纳时，树由 N 生长到 N_L的概率。这样最佳的查询值 s 就是那个能最大化 $\Delta i(T)$的值。如果采用熵不纯度指标，则不纯度的下降差就是本次查询所能提供的信息增益。由于二叉树的每次查询仅仅给出是/否的回答，所以每次分支所引起的熵不纯度的下降差不会超过 1 位（习题 5）。

⊖ 这里我们有点混用符号，因为通常是用 P 表示概率，而用 $\hat{P}$ 表示频度的。更严格的记法是 $\hat{P}(\mathbf{x} \in \omega_j | N)$，即节点 N 处的属于 ω_j 的训练样本 $\mathbf{x}$ 占 ω_j 的比例（如果它们没有在 N 之前就被分出的话）。但简单起见，在上面我们并未采用这种记法。

判决式的一般形式决定了在节点处寻找最优决策的方式。因为判定准则是基于不纯度函数的极值的，因此对该函数适当修改，比如加上一常数或乘上一个总体尺度因子，将不影响最终的结果。设计者大多选择那些容易计算的函数，比如基于单个特征或属性的，从而给出一棵单调树。如果判决式是基于语义的非数值属性值，我们必须充分搜索训练样本的全部可能的子集，以找到能使 Δi 最大的那条规则。而若当特征值是实数的，并且树对应于复合树，则可以采用梯度下降算法寻找分支超平面(参考 8.3.8 节)。二叉树更多地被采用的一个重要原因是其节点处的判别是一个一维优化过程。如果分支系数大于 2，就必须采用二维或更高维的优化技术，那通常要困难得多。

有时，可能会有多个不同的查询 s 的分支都导致同样的不纯度落差，问题是如何做出选择。比如，如果特征是实数的，变量 x 在区间 $x_l<x_s<x_u$ 中任何一点的分支都导致相同的最大落差。常规的解决方法是要么取其中位点 $x_s=(x_l+x_u)/2$，要么取加权平均 $x_s=(1-P)x_l+x_uP$，其中 P 是节点向左分支的概率。计算复杂度可以作为进行选择的决定性因素，因为除此之外，并无深层的理论说明应该选择这个而不选择那个。注意到式(5)的优化是局部进行的，也即一次只处理一个节点。对绝大多数这类的贪心算法而言，无法确保顺序的局部优化过程会得到全局最优。在实践中，即使经过训练也未必一定能得到最小的树。然而，确定合理的不纯度函数和学习算法之后，我们总能继续子树的分支直到在叶节点处得到最小可能的不纯度。不过，仍然无法保证该不纯度一定为零，因为如果有两个模式，虽然来自不同类别，但有相同的属性表示，这样的不纯度也会比零大。

在树的生长过程中，有时会出现“误分类不纯度”不再下降，而 Gini 不纯度却仍在下降的现象。因此，虽然最终的目标都是分类，但我们更倾向用 Gini 指标，因为它“预感”到后续的分支也许会更有用。考虑下面的情况，如果节点 N 处有 90 个 ω_1 类模式和 10 个 ω_2 类模式，易知此时的“误分类不纯度”是 0.1。若假定后续的分支将不再可能出现 ω_2 占优的情形，于是，不管怎样分支，“误分类不纯度”指标将保持 0.1 不变。所以我们可以随意假定有 70 个 ω_1 和 0 个 ω_2 被分到右边，而 20 个 ω_1 和 10 个 ω_2 被分到左边。尽管这样的分支结果令人满意，但从“误分类”指标上(=0.1)却丝毫看不出来。相反，Gini 指标缺明显显示出不纯度的下降。简而言之，Gini 不纯度指标指出这是一次好的分支，而“误分类指标”却无能为力。 399～400

在多类问题的二叉树生长过程中，采取“二分法”准则是有用的。问题的总体目标是对 c 个类别进行最好的子集划分。也就是说，候选的“超类”$\mathcal{C}_1$ 包括全部来自某类别的一个样本子集，而超类 $\mathcal{C}_2$ 是由全部的其他类别的样本组成。记类别的取值范围是 $\mathcal{C}=\{\omega_1,\omega_2,\cdots,\omega_c\}$。在每个节点处，判别使得类别划分为 $\mathcal{C}_1=\{\omega_{i_1},\omega_{i_2},\cdots,\omega_{i_k}\}$ 类和 $\mathcal{C}_2=\mathcal{C}-\mathcal{C}_1$ 类。对每一个候选的分支 s，我们计算其不纯度的变化量 $\Delta i(s,\mathcal{C}_1)$，就像标准的 2-类问题所作的那样。即寻找使 Δi 变化最大的那个分裂 $s^*(\mathcal{C}_1)$。最后，我们得到使 $\Delta i(s^*(\mathcal{C}_1),\mathcal{C}_1)$ 最大的超类 $\mathcal{C}_1^*$。上述不纯度的计算策略着眼于大处—能够从宏观上把握问题的结构(习题 4)。

虽然表面上令人感到奇怪，但是实践中会发现选择不同形式的不纯度函数对最终的分类效果及其性能影响很小。熵不纯度因其计算简单，并且来源于信息论而被普遍采用，当然 Gini 不纯度也同样受到重视。我们将看到，在实践中，反倒是停止判决和剪枝算法，即何时停止节点分支和怎样合并叶节点，要比不纯度函数的选择对最终分类正确率影响更大。

多重分支

尽管我们集中研究二叉树，但也简单地介绍一下允许树的节点分支率在训练过程变动的情况，在后面讲述 ID3 算法时(8.4.1 节)还要回到这个问题。这种情况下，我们试着将式(5)

推广到如下多重分支的情况：

$$\Delta i(s)=i(N)-\sum_{k=1}^{B}P_k i(N_k) \tag{6}$$

这里 P_k 是分支到节点 N_k 的训练样本占的比例，且满足 $\sum_{k=1}^{B}P_k=1$。然而式(6)存在缺点，即尽管大 B 值的判决比小 B 值的优先级高，但是它未必对应更有意义的划分结构。例如，即使划分的数据接近随即分布，对应大 B 值的不纯度指标也比小 B 值的下降得多。为避免这一缺点，式(6)中的不纯度变化量应该根据“增益比不纯度”进行规格化为(习题 17)：

$$\Delta i_B(s)=\frac{\Delta i(s)}{-\sum_{k=1}^{B}P_k\log_2 P_k} \tag{7}$$

401 同以前一样，最优的分支对应于 $\Delta i_B(s)$ 最大的那个。

8.3.3 分支停止准则

本小节考虑二叉树的训练分支过程何时应该停止的问题。如果我们持续生长树，直到所有的叶节点都到达最小的不纯度为止，那么数据一般将被“过拟合”(参见第 9 章)。最极端的情况下(当然很少见)，即所有的叶节点只对应单一的训练样本，那么分类树就退化成为一个方便的查找表，这样，对有较大贝叶斯误差的噪声信号的推广性能就不可能很好。相反，如果分支停止得太早，那么对训练样本的误差就不够小，导致分类性能很差。

究竟何时应该停止分支？常规的做法之一，是验证和交叉验证技术(validation and cross-validation)，将在第 9 章讨论。验证技术是指，首先用部分的训练样本(如 90%)来训练树，然后用剩余的(10%)部分作为验证。持续节点分支，直到对于验证集的分类误差最小化为止(交叉验证则依赖于若干独立选择的子集)。另外一种做法是预先设定一个不纯度下降差的(小)门限值。当候选分支使得节点的不纯度的下降差小于这个门限，即 $\max_s \Delta i(s)\leqslant\beta$ 时，则停止分支。这种做法具有两个优点。其一，与交叉验证不同的是，全部样本都可用来训练。其二，树的各层上都可能存在叶节点，这对输入数据中存在不同复杂度的情况非常关键(这样一棵非平衡树，对不同的测试样本存在不同数目的判定过程)。但该方法也有一个根本缺点：即门限值的预先设定相当困难，因为最终性能与门限大小并无直接的函数关系(上机练习 2)。一种简单的设定方法是监视每个节点代表的样本数目是否少于某值，比如 10 个，或者少于某个固定的比例，如 5%。这很像 k-近邻分类器的做法，当样本分布密集时，分割的子集就小；当样本稀疏时，分割的子集就大。

还有一种做法用高的复杂度换取高的准确率，它通过最小化如下这个新定义的全局指标来达到目的：

$$\alpha\cdot size+\sum_{\text{叶节点}} i(N) \tag{8}$$

这里的 $size$ 表示节点或分支的数目，α 是一个正常数(有点像神经网络中用以惩罚权重或节点的正则化方法)。如果 $i(N)$ 采用熵不纯度指标，那么式(8)与第 9 章将学到的“最小描述长度”(MDL)的思想很一致。所有叶节点的不纯度的求和表征了使用该分类树对训练样本进行分类时的不确定性(以位计)。而其中的 $size$ 是可以用于衡量这个树分类器的复杂度(也以位计)。不过 α 的设定也非易事，因为它也与最终分类性能无简单的相关关系。

另外一种停止分类的准则基于不纯度下降的统计显著性分析。在构造树的过程中，估计目前全部已有节点的不纯度降差 Δi 的概率分布。我们假定它就是 Δi 的总体分布。对某一候选的节点分支而言，我们检验它与上述分布是否存在统计差异，比如用 χ^2 检验（参见附录A.6.1）。如果某个候选分支的不纯度下降统计不显著，则停止分支（习题15）。 402

该技术的一种变形，即"假设检验"技术也能被采用。它甚至能处理当对 Δi 的先验分布的知识很少的情况。要确定候选分支是否有统计上的"意义"，即判断该分支是否明显有别于一次随机分支。假定节点 N 处存在 n 个模式样本（n_1 个 ω_1 类，n_2 个 ω_2 类），我们期望检验候选分支 s 是否与随机分支有明显的区别。假定某个候选分支将 Pn 个模式送到左分支，而让 $(1-P)n$ 个模式送去右分支。此分支假如是随机划分的，则应该有 Pn_1 个 ω_1 和 Pn_2 个 ω_2 去了左边，而其他的都去了右边。我们用 χ^2 统计量来定量估计这次分支 s 与（加权的）随机分支的偏离度。在两类情况下，该偏离度是

$$\chi^2 = \sum_{i=1}^{2} \frac{(n_{iL} - n_{ie})^2}{n_{ie}} \tag{9}$$

其中 n_{iL} 是在决策 s 下 ω_i 类的样本送往左分支的数目，而 $n_{ie}=Pn_i$ 是对应的随机分支情况下的值。当两者相同时，χ^2 统计量取零点。而反过来，如果 χ^2 统计量越大，说明差异也越大。当 χ^2 大于某临界值时（多用查表的方法得到（参见附录A.6.1）），就可拒绝零假设（null hypothesis），因为 s 的显著性差异已经超过某概率值或置信水平，例如0.01或0.05。置信水平的临界值与问题的自由度有关。在上面的问题中，自由度很小，恰恰是1，因为对某给定概率 P，如果 n_{1L} 值已知，那么其他所有的值（n_{1R}, n_{2L}, n_{2R}）也都确定了。当某个节点"最显著"的分支生成的 χ^2 统计量比给定的置信水平还要低，则应停止该节点的分支。

8.3.4 剪枝

有时，分支会因算法缺少足够的前瞻性而过早停止，这称为"视界局限效应"。在节点 N 处进行的最优分支决策根本不考虑对其下面一层的节点的最优决策的影响。一旦停止分支，使得节点 N 成为叶节点，就断绝了其后继节点进行"好"的分支操作的任何可能性。这样一来，停止条件或许对获得全局的最优识别率来说，是"邂逅"的"太早"了。不严格地说，已停止的分支会误导学习算法，导致产生这样一棵树，它的不纯度降差最大的地方过分靠近根节点。

另一种主要的停止分支的方法是剪枝（pruning）。在剪枝过程中，树首先要充分生长，直到叶节点都有最小的不纯度值为止，因而没有任何推定的"视界局限"。然后，对所有相邻的成对叶节点（它们连到同一个公共父节点上），考虑是否应该消去它们。如果消去它们能引起令人满意的（很小的）不纯度增长，那么执行消去，并令它们的公共父节点成为新的叶节点（该父节点自身当然也可能在以后的处理中被成对消去）。显见，这种"合并"或"联合"两个叶节点的做法与节点分支的过程恰恰相反。经过上述剪枝后，叶节点常常会分布在很宽的层次上，树也变得非平衡了。从叶节点开始剪枝的做法虽然很普遍，但却并非必需。基于代价复杂度的剪枝技术可以直接用叶节点一次替换一棵复杂的子树。8.4.2节的C4.5算法甚至能消去任意一个测试节点，因而可以用一个分支替换一棵子树。 403

剪枝技术的优点是克服了"视界局限"效应。而且，因为无须保留部分样本用于交叉验证，所以可以充分利用全部训练集的信息。很自然，这会导致计算量代价比分支停止方法大大增加。特别对于大样本集，甚至大到几乎无法实现。不过对于小样本集的情况，由于计算代价低，剪枝方法优于分支停止方法。有时，我们前面所谓的"停止分支"技术和"剪枝"技术，也分别被称为"预剪枝"技术和"后剪枝"技术。

有一种在概念上有所不同的剪枝方法采用了规则。每一个叶节点都附有一条规则，是从根节点到这个叶节点的路径上的所有决策的逻辑合取式。这样，一棵树可用规则集的一个很大的列表来表示，其中每个叶子对应一条规则。有时，其中一些规则可被简化，如果在决策序列中存在冗余的判决的话。消去不相关的前提规则，也能简化逻辑表达，而不影响分类函数和推广能力。剪枝的终极目标，是提高系统的推广能力。我们消去那些规则，目的是提高验证集的识别率(上机练习 5)。这种技术非常有效，甚至能消去非常靠近根节点的叶节点。

"规则剪枝"技术的好处之一在于它允许在特定节点 N 处能够考虑上下文信息的区别。例如，节点 N 处的判决规则，对某些输入(如模式 $\mathbf{x}_1$)是必要的，却对模式 $\mathbf{x}_2$ 的输入无关紧要，因此有可能消去。倘若采用传统的节点剪枝技术，节点 N 只能要么被消去要么被保留。而在"规则剪枝"中，则可根据具体的输入模式是 $\mathbf{x}_1$ 或者 $\mathbf{x}_2$，来决定何时该保留何时该消去。

最后，还有一个好处，简化了的规则可用于更好的类别表达。尽管规则剪枝并非原始的 CART 方法的组成部分，但它很容易嵌入 CART 之中。我们将在 8.4.2 节中讨论一个规则剪枝的例子。

8.3.5 叶节点的标记

给每个叶节点赋类别标记是最容易的一步。如果节点持续的尽可能被分支，那么每个叶节点都只包括单一的样本，那么该类别的标记就是叶节点的标记。多数情况下，无论是否曾用过分支停止或剪枝技术，叶节点一般有正的不纯度。这样就应该用其中占优(势)的样本类别来标记。没有必要要求非常小的不纯度值，因为它往往可能表明这棵树存在"过拟合"的现象。例 1 说明上述步骤。

404 **例 1 一棵简单的判定树**

考虑用如下二维空间的 $n=16$ 点训练采用熵不纯度(式(1))的二叉 CART 树($B=2$)。

ω_1(黑)	
x_1	x_2
.15	.83
.09	.55
.29	.35
.38	.70
.52	.48
.57	.73
.73	.75
.47	.06

ω_2(红)	
x_1	x_2
.10	.29
.08	.15
.23	.16
.70	.19
.62	.47
.91	.27
.65	.90
.75	.36* (.32†)

训练样本和对应的(未剪枝)树示于下页图的上部。非叶节点的不纯度已标出。叶节点不纯度均为 0。如果图中标有"*"的样本往下稍微偏一点儿，到"†"处，则产生的树和判决区域会有很大不同，示于下部。

根节点的不纯度等于

$$i(N_{root}) = -\sum_{i=1}^{2} P(\omega_i)\log_2 P(\omega_i) = -[0.5\log_2 0.5 + 0.5\log_2 0.5] = 1.0$$

为简单计，考虑平行于特征轴的分支，即"Is $x_i < x_{is}$?"的形式。通过在 $n-1$ 个位置处对 x_1 和 x_2 进行穷举搜索，并利用式(5)，我们发现对应最大的不纯度下降的位置是 $x_{1s}=0.6$，这

也就是根节点的判据。继续对其子树进行上述过程，直到每个叶节点都是有唯一的类别标记（即不纯度＝0），如图所示。如果要进行剪枝，左下方的叶子对将最早被消去，因为它们对应最小的不纯度增长。在本例中，采用合适门限值的停止分支技术也将给出同样的结果树，但通常情况下，特别是对大的树或多次剪枝，二者的最终结果树是不同的。例子中给定的训练样本集，表明树的生长对训练样本点的精细位置变动很敏感。例如图中标有 * 的 ω_2 类样本的稍微移动（标有†）。树的这种不稳定性，主要由树的早期判定的离散性和“贪婪”性所致。

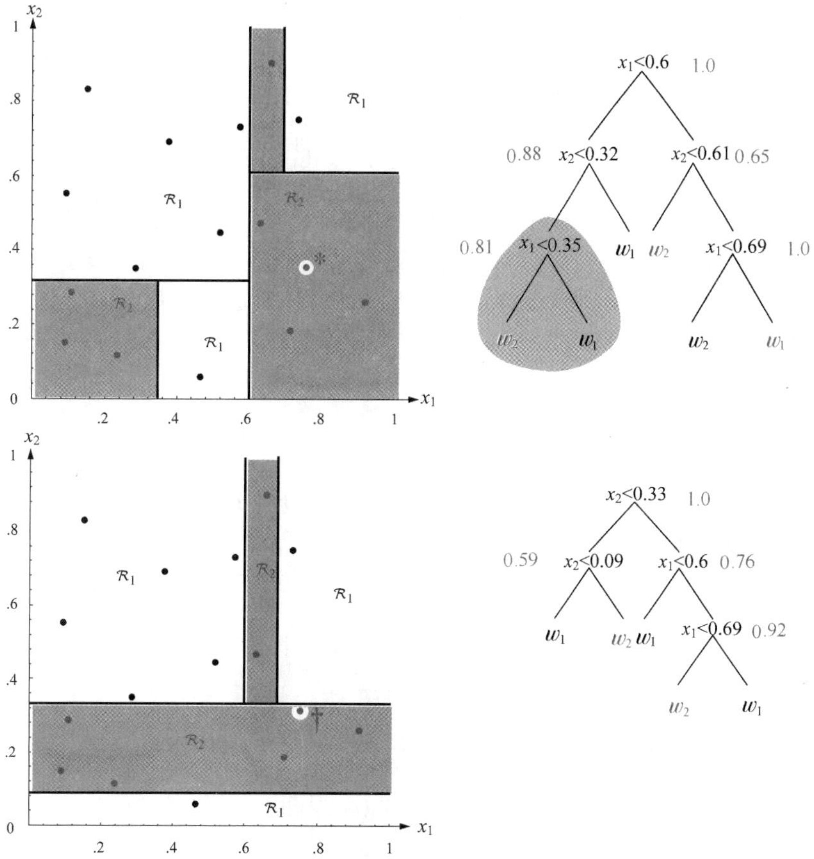

例 1 非正式地提出了对训练点的不稳定性或稳定性的概念。当然，用稍微有所不同的训练集去训练任何普通的分类器，其最终效果都会有所不同。但是对于 CART，即便很小的样本点变动也会导致截然不同的最终判决结果。这是由这种树分类器创建过程中固有的离散性和“贪婪”性引起的。不稳定性也表明对该树进行渐增式或离线式的训练会得到很不一样的分类器，即便在训练样本集一样的情况下也不例外。

8.3.6 计算复杂度

假如给定 n 个 d 维训练样本，希望构造一棵二叉树，并使用熵不纯度，采用平行于特征轴的方向划分，来解决 2-类分类问题，问这种计算的时间和空间复杂度如何？

在根节点（第 0 层），首先要将全部训练数据排序。于是对 d 中的任何一维特征，需要 $O(n\log n)$ 次计算。熵值的计算量是 $O(n)+(n-1)O(d)$，因为要检查 $n-1$ 个可能的分支点。

于是根节点总的计算量是 $O(dn\log n)$。分析平均的情况，大致各有一半的训练样本点平均向两边分支。上述分析表明每一个第一层的节点分支的计算复杂度为 $O\left(d\,\frac{n}{2}\,\log(n/2)\right)$。又因为第一层共有两个节点，所以总计算量为 $O(dn\log(n/2))$。同样，第二层有 $O(dn\log(n/4))$。依此类推。由于树的总层数为 $O(\log n)$，对全部层求和得到总的平均时间复杂度为 $O(dn(\log n)^2)$。对识别而言，总的时间复杂度与树的深度相同—即总层数 $O(\log n)$。在某些简化条件下（比如，假设每个叶节点上只有一个样本点），空间复杂度直接就是节点的数目，$1+2+4+\cdots+n/2\approx n$，即 $O(n)$（参见习题 9）。

值得强调的是，上面的假设条件（如节点的平均划分）很少严格成立，而且，训练中启发式
405~406 技术可用于分支搜索的加速。但是，对某固定的维数 d 来说，训练时的 $O(dn^2\log n)$ 和识别时的 $O(\log n)$ 是很好的经验数值。它指出训练要远比识别来得复杂，二者的差异在问题规模变大时更加严重。

对实值数据而言，有几种技术可用于降低树训练时的复杂度。其中最简单的一种是从训练集定义域的中间位置选定分支 x_{is}，然后对左右各一半的值递归进行分支。由于最优分支总是出现在相邻点分属不同类的那个临界值处，所以可以只通过测试其取值的范围端点来进行。这些及其他相关技术可以适当降低训练复杂度。对于包含语义（标称）信息的模式数据，候选分支可能覆盖属性的每一个子集，也可能只有单个数据。此时，设计者对特征的深刻洞察有望降低计算负担（参见习题 3）。

8.3.7 特征选择

与大多数模式识别技术一样，“恰当”的特征会充分发挥 CART 及其他树分类方法的性能（图 8-5）。对实值特征向量来说，可在建造树之前应用标准的数据预处理技术。主分量分析是

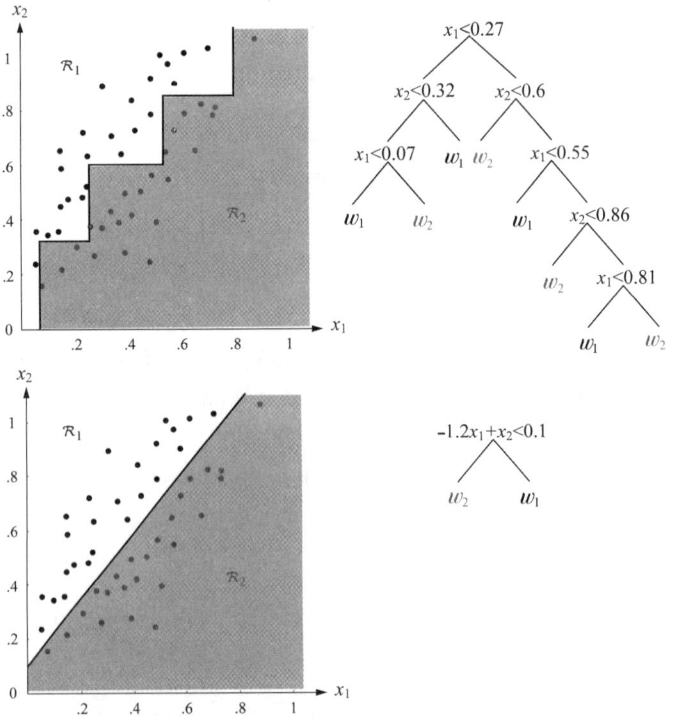

图 8-5 如果节点判别所使用的类型与训练数据不匹配，将导致十分复杂的判定面。比如图的上部时采用平行与特征轴的方式划分数据。然而，（在图的下部）如果找到恰当的判别形式，树和判定面都会很简单（在这里采用的是特征的线性组合）

一种有效的预处理手段，因为它能找到数据的“重要性”轴（即主轴），从而找到简单的判决轴方 407
向。然而，如果不同区域的主轴有不同的方向，那么，单一的判决轴方向是不够的。这时，我们可以利用其他的技术——例如在 8.3.8 节中，允许分支可沿任意的分支方向，往往也能给出更少的和更紧凑的树。

8.3.8 多元判定树

如果实值数据的“自然”的分支轴并不平行于特征轴，或者总体样本数据的分布过于复杂或不可接受，那么上述方法的效率和推广性都将很差（如图 8-6）。即使剪枝也无法给出好的分类器。最简单的解决方案是允许分支可以不平行于特征轴，也即采用一般的线性分类器。该分类器可以用基于分类或误差平方和准则的梯度下降算法来训练（参见第 5 章）。当训练样本较大时，靠近根的节点训练过程会很慢，但远离根的节点训练将很快，因为它的训练只涉及很小的样本子集。由于每个节点处的线性函数可被很快地计算出，所以识别的过程仍保持相当快。

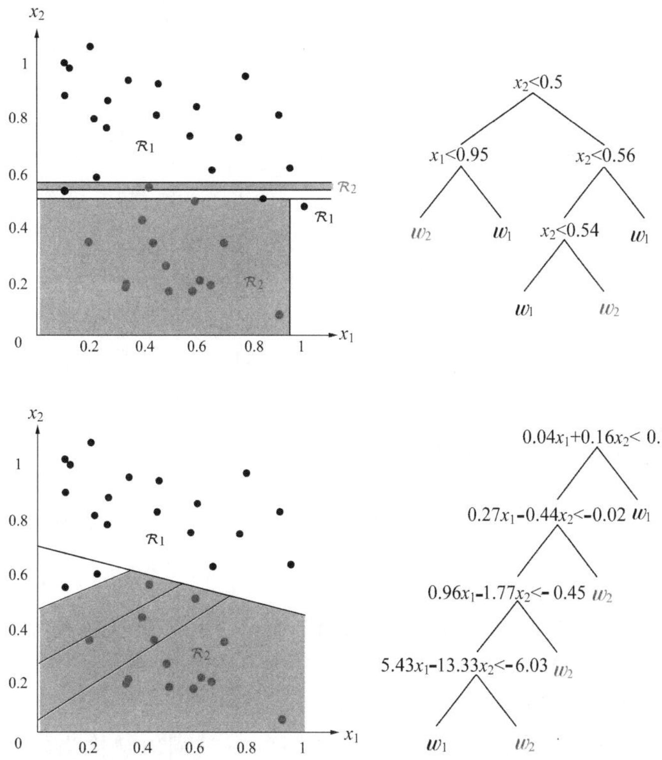

图 8-6 一种采用一般线性判别面的多元分类树可以产生任意直线分界面。当然在很多感兴趣的问题中，模式间很少是线性可分的，这样 LMS 算法会更有用，尽管它得到的分类误差未必最小（第 5 章）。这里的树可以用 8.4.2 节提出的方法来化简

8.3.9 先验概率和代价函数

到目前为止，我们都假定任何一类 ω_i 在训练样本集和测试样本集中出现的概率相同。如果情况并非如此，当实际分类任务中出现的频率不同时，就需要一种控制树生长的方法，使得实际的误差率更低。最直接的做法是对每个样本依据先验频率加权（习题 16）。另外，我们也需要一个广义的代价函数，而不局限于误分类率或 0-1 代价。在第 2 章中，上述广义的代价函数的信息以代价矩阵 λ_{ij} 的形式表示，即将 ω_j 的样本误分类为 ω_i 所引起的代价。代价函数的信息能容易的嵌入 Gini 不纯度的公式中，成为加权 Gini 不纯度。

以上讨论可用于训练过程。代价函数也可以直接嵌入到其他的不纯度函数中（如习题 11）。

$$i(N)=\sum_{ij}\lambda_{ij}P(\omega_i)P(\omega_j) \tag{10}$$

8.3.10 属性丢失问题

模式分类问题在训练中或识别中常常会遇到属性丢失的问题。首先考虑训练树分类器时遇到部分样本特征丢失情况。一种天真的做法是把那些缺陷的样本统统不予考虑:这导致很大的浪费,并且只有当完整样本足够多时才适用。一种更好的方法是按前面所讲的(8.3.2 节)继续进行训练,只是在计算节点 N 的不纯度时,只利用存在的属性信息。假定在 N 处有 n 个训练样本,除了一个样本的属性 x_3 丢失以外,其他每个都有 3 个属性。为找到 N 处的最好分支,用属性 x_1 计算全部 n 个点,再用属性 x_2 计算 i 个点,最后用 x_3 只算 $n-1$ 个未缺损的样本。像以前一样计算,每次分支都有一个对应的不纯度下降,虽然这里涉及不同的样本数目。同样如以前一样,最优的分支对应最大的不纯度下降。这种过程还可以直接推广到多重分支、多个缺损模式、甚至丢失多个属性的情况(习题 14)。

现在,来考虑如何构造一棵能够分类缺损模式的树的问题。上面提到的树不能直接用于缺少属性的模式分类(8.4.2 节是个例外)。这样,如果我们怀疑测试样本中有缺损,那么必须修改 8.3.2 节中的训练过程。分类过程基本上还是在每个节点处尽量采用传统的判决(称为"主"判决)(也就是说,只应用缺损模式中的保有的特征)。而对丢失了的特征改用别的专门的判决查询。

在训练中,除了为"主分支"(primary split)以外,每个非终端的节点 N,都有一个有序的"替代分支"集(surrogate split),其中包括属性标记和规则。第一个这样的"替代分支"与"主分支"一起,最优化一个称为"预期合作"(predictive association)的指标。对分支 s_1 与 s_2 的"预期合作"指
408～409 标,可以简单地通过 s_1 与 s_2 的判决把样本以同样方式分到左边的数据加上以同样的方式分到右边的数目来计算。对第二替代分支可做类似的定义,即用其他的特征来最优的逼近"主分支"的子集划分方式。自然,当进行测试模式不足的分类的,我们使用不涉及测试模式的缺省属性的第一个替代分支。这种缺省值策略对应于一个线性模型,该模型用与它强相关的非缺省属性的值代替模式的缺损值。此策略最充分地利用属性间的(局部)联系的优点在属性值缺损时确定分支。与替代分支最密切的方法是虚值方法,其中缺损值用它的最或然值赋给。

例 2　替代分支和属性丢失

考虑用熵不纯度构造一棵单调树,有下面 10 个训练样本。因为该树可能被用于识别 10 个有缺损的样本,故给每个节点都提供替代分支方案。

在所有基于单一特征的分支中,主分支"Is $x_1<5.5$?",对整个训练集最小化"熵不纯度"。第一替代分支必须采用不同于 x_1 的特征:它的阈值被恰当的设定,使之有类似主分支的划分方式。这里是"Is $x_3<3.5$?"。同样,第二替代分支只剩下 x_2 特征可用,它的阈值也根据使之与主分支类似的原则来选取,这里是"Is $x_2<3.5$?"。图中与主分支同样方向划分的样本被打上了标记。它们的数目是与主分支在一起的"预期合作"值。

识别中,被测样本中若包含 x_1,则首先用主分支判决"Is $x_1<5.5$?"。然而如果 x_1 有缺损,成为$(*,2.4)^t$ 时,(这里 $*$ 表示丢失的特征),就需用第一替代分支"Is $x_3<3.5$?"来判决右边,类似地,模式$(*,2,*)^t$ 可以用第二替代分支,"Is $x_2<3.5$?"送往左边。通过对所有 3 个特征的穷举搜索,我们发现根节点的主分支应该是"Is $x_1<5.5$?",它将$\{\mathbf{x}_1,\mathbf{x}_2,\mathbf{x}_3,\mathbf{x}_4,\mathbf{x}_5,\mathbf{y}_1\}$送往左边,而$\{\mathbf{y}_2,\mathbf{y}_3,\mathbf{y}_4,\mathbf{y}_5\}$在右边,正如图中所示。

现在开始寻找第一替代方案，这里必须采用 x_2 或 x_3。仍通过穷举搜索，我们发现“Is $x_3 <$ 3.5?”具有与主分支在一起最大的“预期关联”。这里是 8，因为图中有 8 个样本被同方向的划分。第二替代分支只能用剩下的 x_2。我们发现用规则“Is $x_2 <$ 3.5?”可得到最高的“预期关联”，这里是 6(很偶然的，这种分支并不对应最优的不纯度下降。我们选择它是因为它最接近主分支的划分)。以上虽然只描述了根节点的分支，其他节点的做法采用相同的概念，但是更为简单，因为样本点变少了。

$$\omega_1: \overset{\mathbf{x}_1}{\begin{pmatrix}0\\7\\8\end{pmatrix}}, \overset{\mathbf{x}_2}{\begin{pmatrix}1\\8\\9\end{pmatrix}}, \overset{\mathbf{x}_3}{\begin{pmatrix}2\\9\\0\end{pmatrix}}, \overset{\mathbf{x}_4}{\begin{pmatrix}4\\1\\1\end{pmatrix}}, \overset{\mathbf{x}_5}{\begin{pmatrix}5\\2\\2\end{pmatrix}}$$

$$\omega_2: \overset{\mathbf{y}_1}{\begin{pmatrix}3\\3\\3\end{pmatrix}}, \overset{\mathbf{y}_2}{\begin{pmatrix}6\\0\\4\end{pmatrix}}, \overset{\mathbf{y}_3}{\begin{pmatrix}7\\4\\5\end{pmatrix}}, \overset{\mathbf{y}_4}{\begin{pmatrix}8\\5\\6\end{pmatrix}}, \overset{\mathbf{y}_5}{\begin{pmatrix}9\\6\\7\end{pmatrix}}$$

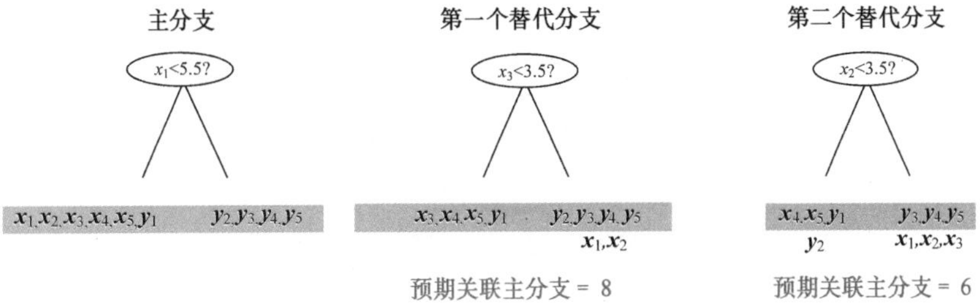

属性丢失未必都是坏事，有时反而能提供某些信息。比如在医疗诊断中，一个属性(如血糖水平)不见了，也许意味着医师不知什么原因没有测量它。如此，丢失属性可作为一个新特征用于分类中。

8.4 其他树方法

上面讨论的基本技术可以嵌入到几乎所有的树分类器中去。实际上，我们上面的讨论早已超出了最原始的 CART 所涉及的核心技术了。虽然大多数的树生长算法都选用了熵不纯度的公式，但对于停止规则、剪枝方法和丢失属性的处理，都有多种不同的选择方案。这里只讨论另外两种流行的树算法。

8.4.1 ID3

ID3 的名称由来是因为它是一系列的“交互式二分法”程序的第 3 版(interactive dichotomizer-3)。它的设计意图只是采用处理“语义(无序)数据”。如果问题涉及实值变量，则首先装填到整数格子中，其中的间隔被当作无序语义属性来处理。每个分支具有分支因子 B_j，B_j 等于离散属性格子的数目。在 ID3 的实际应用中，由于很少只用二分树，所以常需利用“增益比不纯度”(8.3 节)。这种树的层数与属性变量的个数相同。生长算法持续进行，直到所有叶节点都为纯，或者没有其他待分支的变量为止。虽然在 ID3 的标准版本中没有剪枝操作，但是也可以直接运用前面提到的剪枝技术(上机习题 3)。

8.4.2 C4.5

C4.5 算法是 ID3 的后继和改进，也是最流行的分类树方法。其中实值变量的处理如
410~411 CART 一样，对语义属性则采用多重分支($B>2$)。不纯度的计算同 ID3 一样是“增益比不纯度”(式(7))。本算法利用了分支的统计显著性的启发式技术来实现剪枝。

C4.5 与 CART 的一个显著差别是对缺损模式的处理上。在训练阶段，C4.5 并没有为后继的缺损模式的分类提供专门的考虑。特别是，并没有提前计算替代分支。如果分支率为 B 的节点 N 查询某个丢失的特征时，C4.5 将遵循所有 B 个可能的回答，直到下层 B 个叶节点。最终的分类结果是依据 B 个叶节点的加权标志，其中权值是在 N 处进行的各种判决的概率值(这些概率取自训练样本在 N 出判决的情况)。N 的每一个后继节点都可看作实现部分分类模型的一棵子树的根。这种处理“丢失属性”的方案，就是用训练样本在 N 点导致的判决概率 $P(N)$，对与 N 对应的部分分类模型进行加权。与 CART 中的替代分支方案不同的是，本算法没有利用特征间的相关性。正因为 C4.5 没有替代分支的概念，因而也没必要存储它们，所以如果很关心算法的空间(存储)复杂度时，本算法要比 CART 优越得多。C4.5 算法能够实现基于树规则的剪枝。每个叶子都关联一条规则，该规则可从树的根节点直到叶节点的路径上以逻辑合取式的形式读出。一种所谓“C4.5 规则”的技术能消除规则中冗余的父本节点。为了理解这一点，考虑图 8-6 下方树的最左边的叶子，它对应下述规则：

$$
\begin{aligned}
IF[\quad & (0.04x_1 + 0.16x_2 < 0.11) \\
& AND\ (0.27x_1 - 0.44x_2 < -0.02) \\
& AND\ (0.96x_1 - 1.77x_2 < -0.45) \\
& AND(5.43x_1 - 13.33x_2 < -6.03)] \\
THEN \quad & \mathbf{x} \in \omega_1
\end{aligned}
$$

这条规则可以简化为

$$
\begin{aligned}
IF[\quad & (0.04x_1 + 0.16x_2 < 0.11) \\
& AND(5.43x_1 - 13.33x_2 < -6.03)] \\
& THEN\ \ \mathbf{x} \in \omega_1
\end{aligned}
$$

如图 8-6 所示，特别注意到即使靠近根节点的信息也能被 C4.5 规则剪枝。这比利用叶子合并的不纯度剪枝技术更加通用。

8.4.3 哪种树分类器是最优的

在第 9 章中，我们将就不同分类器的对比展开一般性的讨论。本节，我们只对树分类器中各种不同的实现步骤做对比研究。这样要比直接比较树分类器的不同的具体实现(如 CART、ID3、C4.5 等)更有意义。毕竟，只要仔细地设计，设计者可以选用任何的恰当的特征预处理技术、不纯度测量技术、停止准则及剪枝技术等来构建一棵分类树。许多基本原则适合于各种模式分类器的各个环节。这是很自然的，如果设计者对特征预处理有深入的理解，那么
412 就应该充分利用。在 ID3 的早期版本中，对实值变量的装填过程并没有用到次序的信息，那么若不会导致计算代价太大的话，就应该试着去利用。熵不纯度在大多数情况下工作得很好，因而一般是缺省选用的。通常，剪枝技术要比分支停止技术或交叉验证技术更多被采用，因为它充分利用了训练集的信息。当然，剪枝很大的样本集时计算代价很高。对于含较多噪声和具有统计本性的问题，规则剪枝用的相对较少。但是，如果模式的确是利用规则产生的，它确实

可起到化简的作用。类似，判定树不适合去推断出十分简单的概念，比如，当一半以上的二值离散属性都取+1值时。像大多数分类问题一样，只有通过对广泛问题的试验，才可以获得丰富经验和对问题的深刻洞察。没有任何一种树的算法是主导性的或者被主导。

对相当大范围的应用来说，树分类器要比以前讨论过的很多分类器，如神经网络分类器和最近邻分类器等，能生成更精确的分类结果。特别在对分类器应采用的合适形式的先验信息不足的情况下。对于非度量数据，树分类器特别有用。也正因为这个理由，它成为模式识别研究中一个重要的工具。

*8.5 串的识别

假定模式是以离散的有序序列或串的形式表达的，比如英语单词中的字母序列，或基因中的 DNA 序列，如“AGCTTCGAATC”（字母 A、G、C、T 分别代表核酸的腺嘌呤、鸟嘌呤、胞嘧啶、胸腺嘧啶）。对这种离散符号串进行的模式分类在很多方面有别于前面讲过的普通的技术。因为串的基元，被称为“字符”“字”或“符号”，都是语义属性，在它们之间没有明显的距离度量概念。

串并不是向量，不过我们还是用熟悉的黑体字母（如 **x**=“AGCTTC”）来表达一个模式、一个串、一个模板或一般地说一个单词（当然，它未必与自然语言如英语、法语中单词的含义一致）。一段很长的子串常叫作文本。**x** 中任何一段连续的串，称为子串或片段，或者更常用的说法 **x** 的一个因子。例如“GCT”是“AGCTTC”的一个因子。

关于串的计算问题有很多。对模式识别来说，以下一些问题至关重要：

- **串匹配** 给定串 **x** 和文本 *text*，判定 **x** 是否是 *text* 的一个因子。如果是，给出它在哪个位置出现。
- **编辑距离** 给定两个串 **x** 和 **y**，计算能够将 **x** 转化为 **y** 的最少的基本操作次数。基本操作包括字符插入、字符删除和字符替换。
- **容错的串匹配** 给定 **x** 和文本 *text*，在文本中寻找与 **x** 匹配代价最小的因子位置。
- **带“通配符”的匹配** 本问题与基本串匹配类似，除了多了一个特殊符号ϕ，称为通配符（don't-care symbol），它可与任何字符相匹配。 413

现在，我们开始考虑在模式识别中这些串的基本操作的用途。基本的串匹配可看作模板匹配的一个极端情形，比如在某个大的电子文集，如一本电子版的小说或数字图书馆中找到某特定的英语单词。再比如，假定有一本大部头的小说，比如梅尔维尔（Herman Melville）的《白鲸记》（*Moby Dick*），我们希望判断一下它究竟和“鱼”有关，还是与“打猎”有关。于是，与鱼有关的测试串（或关键词）可能包含：“鲑鱼”“鲸鱼”“捕鱼”“海洋”等，而与打猎有关的可能包括“枪”“子弹”“射击”等。串匹配能够给出文本中关键词出现的次数。简单根据出现次数的统计就可用于文本的主题的分类（对于后期判断，其他一些更复杂的技术也常被采用）。

“带通配符的串匹配”问题与标准串匹配密切相关，尽管，我们将看到二者的最优算法是不同的。考虑如下情况，在 DNA 序列分析中获得一 DNA 片段，比如 **x**=“AGCCG $\phi\phi\phi\phi\phi$ GACTG”，其最前和最后的部分（称为主体）对编码蛋白质非常关键，然而其中间有 5 个字母组成的部分却已知非常惰性，对编码不起任何作用。如果给定一段很长的 DNA 序列（文本），“带通配符的串匹配”算法可以判定是否该文本中能产生特定的蛋白质。

串的各种操作中对模式分类最有用当属编辑距离了，这能容易的用最近邻分类算法的术语来理解（第 4 章）。回想一下，每个有类别标记的模式原型被分开存储。未知的测试样本是通过与其距离最近的模式原型来获得分类。假定这里的模式原型是串，被测串就要与已存储的原型串进行最近邻的比较和判断。例如语音识别器对发音中 10ms 的声音片段进行最可能的音素标记，得到一个离散的音素串，如“tttoooonn”。于是可用编辑距离寻找与之最接近的训练样本串，从而得到类别标记。

上述方案的主要困难在于：对于串，我们显然缺乏相关的度量或距离的一般概念。为了能够处理下去，我们必须为串之间的比较引入一个距离的概念。正如我们下面要看到的，所谓的串之间的“编辑距离”，是指将一个测试串变换成原型串所需的最少的基本操作次数。

“容错的串匹配”问题包含两方面的含义：一是基本串匹配，二是编辑距离。问题的目的是在文本中发现所有与 **x** 足够接近的因子。对于接近度的衡量，我们选择了“编辑距离”。它与基本串匹配问题的差别仅在于匹配允许一个“错误容限”(tolerance)。容错的串匹配，比如，可在一个可能存在拼写错误的数字文本中搜索关键字时找到应用。

很自然，确定该考虑操作哪一个“串”是与特定问题相关的。然而，即使给定目标串和错误容限等，上述串匹配问题只不过是在概念上十分简单而已。真正的困难在于现实中的问题规模的扩大。比如在人类基因中的 3×10^9 个碱基对中发现特定 DNA 片段，或在电子版
414 的《战争与和平》中 3×10^7 字符中搜索某个单词，或者一个海量数字书库中的大约 10^{13} 个字母的规模。对这种情况，只有努力通过大量的技巧和启发式的帮助，才能使问题在计算上现实可行。

下面将详细讨论串的 4 种操作。

8.5.1 串匹配

串匹配中最有用和最基本的操作就是测试一个候选串 **x** 是否是文本的一个因子。很自然，假定文本 *text* 中的字符个数用 length[*text*]或 $|text|$ 表示，比 **x** 中的多。当然，为了计算上的意义，一般有 $|text|\gg|\mathbf{x}|$。每个离散字符均取自一字母表 $\mathcal{A}$。例如，二进制或十进制数字、英文字母或 4 个 DNA 碱基，即 $\mathcal{A}=\{0,1\}$ 或 $\{0,1,2,\cdots,9\}$ 或 $\{a,b,c,\cdots,z\}$ 或 $\{A,G,C,T\}$。一个位移 s 定义为将 **x** 的首字符在 *text* 中偏移 $s+1$ 个位置的操作。串匹配的基本问题是问在 *text* 中是否存在一个有效匹配，使 **x** 中的字符与 *text* 中恰一一对应。一般的串匹配就是要找到所有的有效位移(图 8-7)。

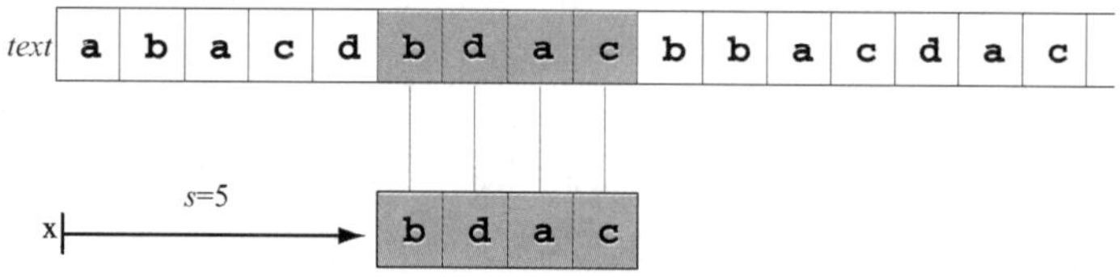

图 8-7 一般串匹配是在 *text* 中找全部位移对应 **x** 的地方。这样的位移称为有效位移。在图中，**x**=“bdac”确定是 *text* 的因子，而且 $s=5$ 是唯一有效位移

最直接的串匹配算法就是依次位移和测试是否有效。如下是“朴素的串匹配算法”(naive string-matching)。

算法 1(朴素的串匹配算法)

begin initialize $\mathcal{A}$, **x**, *text*, $n\leftarrow$ length[*text*], $m\leftarrow$ length[**x**]
　　$s\leftarrow0$
　　while $s\leqslant n-m$
　　　if $\mathbf{x}[1\cdots m]=text[s+1\cdots s+m]$
　　　　then 打印“模式出现在位移”s
　　　　　$s\leftarrow s+1$

```
    return
end
```

算法 1 明显不是最优的算法。在最坏的情况下需要 $\Theta((n-m+1)m)$ 次计算。如果 *text* 和串 **x** 都是随机的，那么本算法相当有效（参见习题 18）。朴素的串匹配算法的弱点在于每次候选位移信息并未被其后继的位移过程充分利用。另一种更复杂的 Boyer-Moore 算法，则巧妙地利用了这种信息。 415

算法 2（Boyer-Moore 算法）

```
1  begin initialize 𝒜, x, text, n←length[text], m←length[x]
2         ℱ(x)←最后出现的函数
3         𝒢(x)←好后缀函数
4         s←0
5         while s≤n−m
6            do j←m
7            while j>0 and x[j]=text[s+j]
8                do j←j−1
9                if j=0
10           then 打印"模式出现在偏移"s
11                   s←s+𝒢(0)
12              else s←s+max[𝒢(j), j−ℱ(text[s+j])]
13    return
14 end
```

暂时先不管函数 $\mathcal{F}$ 和 $\mathcal{G}$ 的含义，我们看到 Boyer-Moore 算法很像朴素的串匹配算法，除了有两点不同。其一，在每个候选位移时，串匹配是逆序进行的，也即从后向前（第 8 行），其二，第 11 和 12 行表明，新的位移增量可以不是 1。算法 2 的威力来自两个启发式规则，使得位移可以大步前进。字符的比较，通过"好后缀"启发式规则和"坏字符"启发式规则可以并行地独立地进行。如果检测到一个错误匹配，那么每个启发式都将提供一个偏移增量加在 s 上，基于 s 可以安全的跳过许多字符而不会漏掉任何一个有效位移。偏移量越大，s 相应增加得越快。

"坏字符启发式规则"（bad-character heuristic）利用 *text* 中最右边与位移后的 **x** 不匹配的那个字符。由于字符比较是从右向左进行，所以可以很快地（高效地）发现坏字符。因为目前的位移无效，所以可以直接对偏移量增加一个量，而不必再做其他字符的比较。坏字符启发式得出的增量是将 **x** 中从右数最先遇到的坏字符向左位移直到与 *text* 中的坏字符对齐所需的偏移量。这样做能确保没有"有效位移"被跳过（图 8-8）。

现在考虑"好后缀启发式规则"（good-suffix heuristic），它与上一个启发式是并行工作的，同样也得出一个安全的位移增量。所谓 **x** 的"后缀"，一般是指 **x** 最右端的一个子串或 **x** 的因子（类似地，"前缀"是要包含 **x** 最左端的子串）。在位移 s 中，若 **x** 的后缀与 *text* 中右边的连续字符匹配，则称其为"好后缀"或"匹配后缀"。与前面一样，因为字符从右向左匹配，所以发现"好后缀"的比较次数很少。一旦比较到一个不匹配的字符，则串 **x** 就可大幅向右偏移，直到在 *text* 中有发现一个好后缀为止。这也保证了不会跳过有效移位。两个启发式同时给出安全增量，Boyer-Moore 算法会选择其中较大的一个。启发式规则依赖于函数 $\mathcal{F}$ 和 $\mathcal{G}$。$\mathcal{F}(\mathbf{x})$ 是"最后出现函数”(last-occurrence function),仅仅是 **x** 的字母表中每个字母从右数最先遇到时的位置
416 表(位置仍是从左边开始计数的)。对图 8-8 中的模式,该位置表包括:a,6;e,8;i,4;m,5;s,9 和 t,8。其他 20 个未出现的字母赋 0 值。构造表的过程很容易并且只需要做一次(习题 22),所以并不太影响 Boyer-Moore 算法的计算代价。

“好后缀函数”$\mathcal{G}(\mathbf{x})$创建一个表,它为 **x** 的每一个可能的后缀都给出其第二次在 **x** 中最右端出现的位置。在图 8-8 的例子中,后缀“s”也出现在 **x** 的第二个位置。另外,后缀“es”出现在首位置,后缀“tes”并未再次出现,导致其他的后缀也不可能再次出现,所以全赋 0 值。这样 $\mathcal{G}(\mathbf{x})$中只有两个非零项:s,2;es,1。

在实践中,以上两个启发式使本算法非常适合串行计算机实现。另外有一些有利的算法概念也迅速被采纳,它们包括能使 **x** 高效递增位移的预先计算函数,及适合于并行计算的问题划分方法。

许多应用问题需要多个串的搜索,比如在文本中查找若干关键词。有时某个目标串是其他目标串的因子。假定我们宁可要找更长的串,而并非它的一个因子串。于是,对关键词包括“beat”“eat”“be”的情况,我们宁可从文本 *text*=“when _ chris _ beats _ the _ drum”找出“beat”,而非其他两个,虽然它们的确就“在”那里。这是“子集-超集”问题的一个例子。虽然这很有些偏向长串,但从概念上讲这种做法还是很直接的(上机练习 8)。

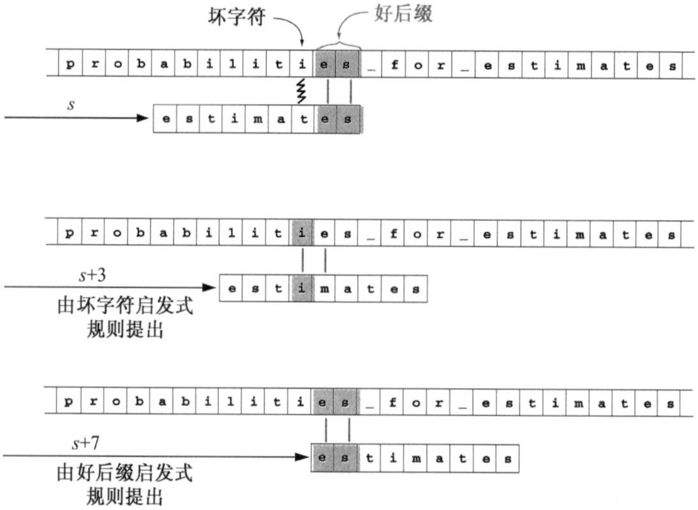

图 8-8 利用 Boyer-Moore 算法进行串匹配利用了从某个位移 s 到其后面的位移所提供的信息。这个算法一般要比一次只移动一个位置的朴素串匹配算法计算量小。顶部的图示出了文本 *text* 和模式 **x** 的一次无效位移。匹配是从右向左进行的。最早配上的两个字符是“es”,这是一个好后缀。然后接着最早不匹配的 *text* 中的“i”称为“坏字符”。坏字符启发式要求根据 **x** 中“i”的出现位置将位移增加 3,如图中部。底部的图显示了好后缀启发式的作用,根据 **x** 中的“好后缀函数”要求移位增加 7。Boyer-Moore 算法的第 11 行和 12 行说明从两个增量中选择较大的一个,这里是 7。接着下来的位移操作,尽管在图中没有再绘出,但是我们可以自己计算出,即再经过一个增量为 7 的位移,就发现了有效匹配

8.5.2 编辑距离

利用编辑距离(edit distance)进行串识别的根本思想来源于最近邻分类器(第 4 章)。首先存储全部的赋有类别标记的原型样本串,测试串依次与存储的原型串进行比较,并计算“距

离”或相似性得分，然后按照最近邻的类别来标记。

与第 4 章的实值变量不同，串之间的相似性或差异性，并无很显然的测量。例如，并不清楚“abbccc”究竟与“aabbcc”更接近，还是与“abbcccb”更接近。为了处理，我们引入了一种衡量串之间距离的度量。这种 **x** 与 **y** 之间的“编辑距离”描述从 **x** 变到 **y** 所需的最少的基本操作的步数。这里的基本操作包括：

- **替换** **x** 中一个字符被 **y** 中对应字符换掉。
- **插入** **y** 中一个字符插入到 **x** 中，使 **x** 长度加 1。
- **删除** **x** 中一个字符被删去，使 **x** 长度减 1。

有时，也会考虑第 4 种操作互换（interchange），又称旋换（twiddle）或换位（transposition），它将 **x** 中两个邻接字符的位置互换。这样一次互换可将 **x**=“asp”变成 **y**=“sap”。因为这种互换可表示成两次替换，所以我们并不常用它。

令 **C** 是一个 $m \times n$ 的与代价（或“距离”）有关的整数矩阵，令 $\delta(\cdot, \cdot)$ 表示 Kronecker **Δ** 函数的推广，它在两变量（字符）匹配时取 1，反之取 0。基本的编辑距离算法如下所示：

算法 3(基本编辑距离)

```
1  begin initialize A, x, y, m ← length[x], n ← length[y]
2          C[0,0] ← 0
3          i ← 0
4          do i ← i + 1
5             C[i,0] ← i
6          until i = m                                                          417~418
7          j ← 0
8          do j ← j + 1
9             C[0,j] ← j
10         until j = n
11         i ← 0; j ← 0
12         do i ← i + 1
13            do j ← j + 1
14            C[i,j] = min[C[i-1,j]+1, C[i,j-1]+1, C[i-1,j-1]+1-δ(x[i],y[j])]
                           (插入)       (删除)       (不变/交换)
15            until j = n
16         until i = m
17    return C[m,n]
18 end
```

第 4 到 10 行用离开 $i=0, j=0$ 点的整数“步数”初始化了 **C** 的最左列和最顶行。算法的核心：第 14 行是逐行寻找 **C** 中的最小代价元素（图 8-9）。本算法因而也是局部的和贪心的，因为每一列的距离值只与它前一列有关。线性规则技术也能用于寻找全局最优，但常涉及很大的计算量（习题 28）。

如果插入和删除代价相等，那么矩阵具有对称性。然而，我们也可通过在第 14 行中对不同的基本操作使用不同的代价函数来推广该算法。比如，插入比替换的代价高两倍。在推广的情况下，诸如对称性或三角不等式性质将不再保持，编辑距离也不再是一个严格意义上的真正度量了(习题 27)。

如图 8-9 所示,**x**=“excused”能利用一次替换和两次插入转化成 **y**=“exhausted”,下表列出了转换过程及对应 **C** 的元素。这个例子中基本操作的代价是 1,编辑距离可从 **C** 的汇聚点(右下角)读出,**C**(7,9)=3。

x	excused	源串	**C**[0,0]=0
	exhused	用 h 代换 c	**C**[3,3]=1
	exhaused	插入 a	**C**[3,4]=2
	exhausted	插入 t	**C**[5,7]=3
y	exhausted	目标串	**C**[7,9]=3

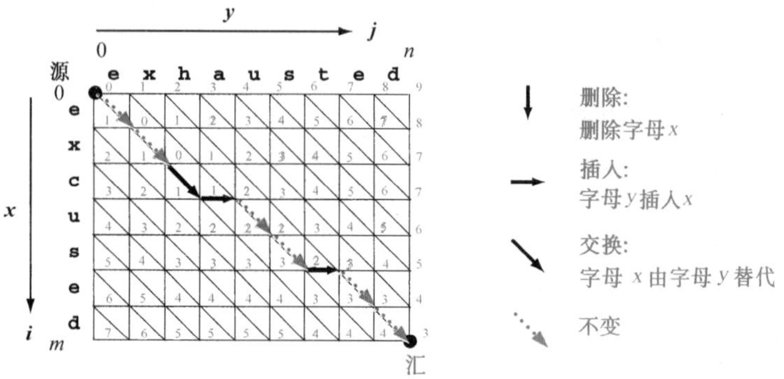

图 8-9　串 **x** 和串 **y** 之间的编辑距离的计算如图所示。算法 3 从图中的源 $i=0, j=0$ 开始,然后逐列填充代价矩阵,直到右下角的汇 **C**[$i=m,\ j=n$]。从中可以读出“excused”和“exhausted”之间的编辑距离是 3

8.5.3 计算复杂度

很显然,算法 3 具有 $O(mn)$ 的时间复杂度,其空间存储复杂度是 $O(m)$,因为在计算 **C**[i,j]($i=0$ 到 m)时,只需存储前一列的元素。由于串匹配的编辑距离在整个计算机科学中都十分重要,已有大量的算法被提出。在这里我们不准备深究其细节(可参考相应文献),而仅仅指出确实存在结构很复杂的串匹配算法,但是其时间复杂度只有 $O(m+n)$。

8.5.4 容错的串匹配

“容错的串匹配”问题存在几种不同的描述版本。这里我们研究的是:给定一个串 **x** 和一段文本 *text*,寻找恰当的移位使得 **x** 与 *text* 的一个因子的编辑距离最小(图 8-10)。容错串匹配的算法很像是编辑距离算法。令 **E** 是一个代价矩阵,类似于算法 3 中的 **C**,试图寻找一个移位,使与 *text* 的因子的距离最小,或形式化的表示为 min**C**[**x**,**y**],其中主 **y** 是 *text* 的任一因子。为达到此目的,算法必须计算 **E**,其元素是

$$\mathbf{E}[i,j]=\min[\mathbf{C}(\mathbf{x}[1\cdots i],\mathbf{y}[1\cdots j])]$$

两个问题(无错误或容错)的根本区别在于:在容错算法中 **E**[0,j]被初始化为 0,而不是基本算法中的 j。这种初始化的方法突出了这样的事实,即 **x** 的“空”的前缀可以任意匹配 *text* 的空因子,而无任何代价。

两种次要的启发式规则可用于降低容错匹配的计算负担。第一,除非在很不寻常的情况下,候选因子的长度大致与 length[**x**]相同。第二,对每一个候选位移,编辑距离一旦超过当前的最小值,计算就可以被中止。在实践中,后一个启发式在降低计算量上效果显著。否则的话,本算法的计算量与基本编辑距离算法几乎一样。

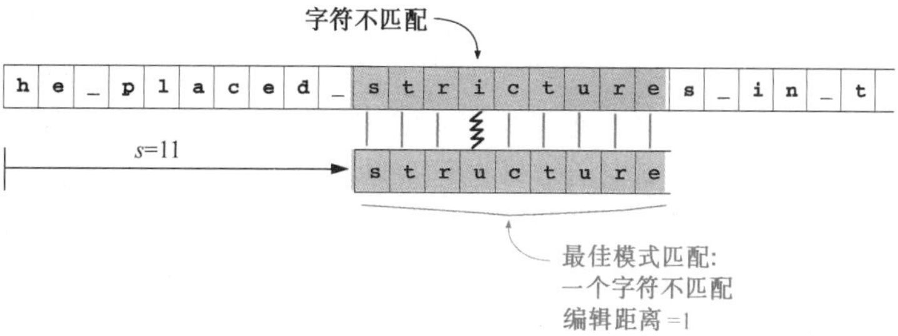

图 8-10 容错的串匹配是要找到 **x** 与文本中的因子的编辑距离最小的有效位移 s。在这里，最小的编辑距离是 1，对应 $u \to i$，有效位移是 $s=11$

8.5.5 带通配符的串匹配

有通配符的串匹配，在形式上与基本串匹配算法一样，除了在 **x** 或 *test* 中存在一通配符ϕ可以与任何字符匹配(图 8-11)。很明显，修改"简单串匹配"算法，使之能处理有ϕ符号的情况就成了"带通配符的串匹配"算法。但上述算法仍然像"朴素串匹配"算法一样存在效率低下的缺点(习题 29)。然而，试图推广 Boyes-Moore 算法使之包含ϕ字符的努力显得十分困难，并且毫无成效。最有效的算法要属"计算机算术"(computer arithmetic)的某些基本方法。这虽然很吸引人，但会偏离本书的中心议题，即模式识别的范畴。上述用于串匹配的技术可推广用于真个模式识别系统中，只要有某种特殊类型的"误差容限"。

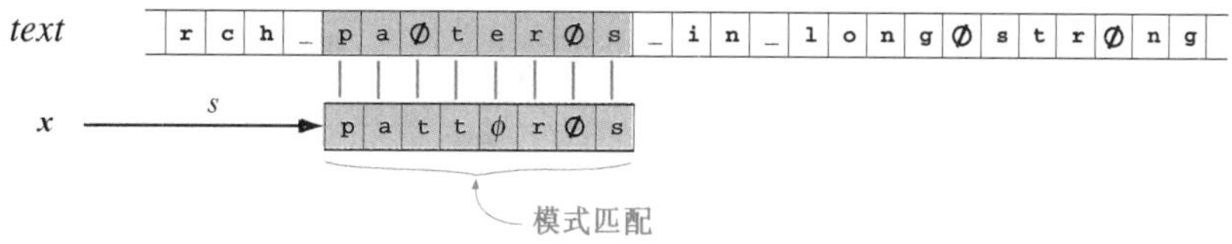

图 8-11 带通配符的串匹配与基本串匹配算法基本相同，除了这里允许有"通配符"，它可以与任何字符匹配。图中表示一个唯一的有效位移

虽然学习是贯穿模式识别中一个普遍和基本的技术，但是在串匹配中，其功用却很有限。这是因为设计者通常明确地知道他想搜索的是哪一个串，而根本用不着去学习。当然，如果一个串匹配算法是作为更大的模式识别系统的一个部件，那么其输出结果，却可再进行学习。

8.6 文法方法

到目前为止，我们尚未仔细考虑可以用来产生串中的字符序列的任何细致的模型。从现在开始，研究一类特别的规则，它可以产生某种串，其中的结构是串的最本质的特征。通常这种结构是分层次的。最高的或最抽象层具有很简单的形式，但其下的层次具有越来越复杂的形式。例如，在最抽象层上，串"The history book clearly describes several wars"只不过是"一个句子"。但在更细致的层次上，它可表达成"一个名词短语后跟一个动词短语"，其中名词短语又可进一步展开，动词短语亦如此。上述展开可继续进行，直到到达单个的单词如"The"等。这些单词只是作为串中的"字符"或"原子"，它们没有更细的结构，不能再展开。 419~421

还可考虑合法的电话号码串：包括地区代码、国内代码和国际代码。上述号码具有严格的结构。先是检查国家代码是否存在，若没有，可能存在国内代码，如果国家代码已存在，则紧接着应是所允许的城市代码。对每个城市代码，会有允许的分局码和本机号码等。正如我们将看到的，上述结构容易用文法的形式明确表示。并且，如果结构的确存在，利用文法的识别可提高正确率。例如，文法方法可用于对一个完整的模式识别系统提供特殊的约束，该系统以统计识别器作为组成部件。考虑一个用于数学的光学字符识别 OCR 系统，它输入点阵图像，识别和输出数学公式。数学符号中常具有一个"空槽"，用于填充某特定的其他符号。上述过程可以用文法来表达。于是，积分号上下各有一个空槽，分别填入取自某特定有限集合的积分的上下限(实际上，许多数学排版软件都采用了文法，以避免作者误敲出非法的公式)。能够识别积分的一完整识别系统，能够利用文法来限制特定槽的候选类别，以提高总体识别率。类似的，考虑利用语音识别电话号码进行自动拨号的应用。一个统计或(HMM)隐马尔可夫识别器应检测出单词，识别诸如“8”或“100”等数字。后继的一个基于正则文法的处理模块应充分利用电话号码有严格约束的事实，正如前面讲过的那样。

还将研究在某一层次上很简洁的规则是如何被扩展到下一层，形成很复杂的表示。通常把通过规则产生的串，叫作“句子”(sentence)，其中的规则称为“文法”(grammar)，记作 G(很自然的，它与自然语言如英语或法语中的概念并无直接的关系)。相应的模式识别的任务是：给定一句子和一文法，要求判定该句子是否可由该文法产生。

8.6.1 文法

“文法”的概念十分普遍和有用。严格地说，一个文法 G 包括以下 4 个要素：

- **符号集**(symbol) 每一个句子都是由取自一字母表$\mathcal{A}$的字符串组成。这些字符又称为基元符、终止符或字母。为了记录，通常包括一个空号(null)或空串(empty string)是方便的，可用 ϵ 表示，其长度为 0。ϵ 加在任何串 $\mathbf{x}$ 上，并不影响 $\mathbf{x}$ 本身。
- **变元**(variable) 又称为非终止符、中间符(intermediate symbol)，有时也叫内部符号(internal symbol)，都取自一个集合$\mathcal{I}$。
- **根符号**(root symbol) 也称为起始符(starting symbol)，是一种特殊的内部符号，是所有导出的序列的源头。根符号取自集合$\mathcal{S}$。
- **产生式**(production) 产生式规则(production rule)集、重写规则(rewrite rule)集或简称“规则”集，记为$\mathcal{P}$，表明了如何将一系列变元和符号转化为其他的变元和符号。规则
422 决定了文法可产生的核心结构。例如如果 A 是一个内部符，c 是一终止符，重写规则 $cA \to cc$ 表明，一旦串中出现了 cA 片段，它就可替换为 cc。

这样，文法的一般表达就包括它的字母表、它的变元、特定的初始符和重写规则，即 $G=(\mathcal{A},\mathcal{I},\mathcal{S},\mathcal{P})$。所谓用文法 G 所生成的语言$\mathcal{L}(G)$，是指所有的(可能有无穷多)能通过 G 产生的串的集合。

考虑两个例子。第一个很简单并且抽象。令$\mathcal{A}=\{a,b,c\}$，$\mathcal{S}=S$，$\mathcal{I}=\{A,B,C\}$，及

$$\mathcal{P}=\left\{\begin{array}{llll}\mathbf{p}_1: & S \to \mathrm{a}SBA \ OR \ \mathrm{a}BA & \mathbf{p}_2: & AB \to BA \\ \mathbf{p}_3: & \mathrm{b}B \to \mathrm{bb} & \mathbf{p}_4: & \mathrm{b}A \to \mathrm{bc} \\ \mathbf{p}_5: & \mathrm{c}A \to \mathrm{cc} & \mathbf{p}_6: & \mathrm{a}B \to \mathrm{ab}\end{array}\right\}$$

为了使规则表达更紧凑，我们将具有相同前提的规则用或者合并了。例如，$\mathbf{p}_1$ 其实是两条规则 $S \to aSBA$ 和 $S \to aBA$ 的缩并。如果按以下顺序对 S 应用重写规则，可以得到如下两种情况：

根	S
$\mathbf{p}_1$	aBA
$\mathbf{p}_6$	ab$A$
$\mathbf{p}_4$	abc

根	S
$\mathbf{p}_1$	aSBA
$\mathbf{p}_1$	aaBABA
$\mathbf{p}_6$	aabABA
$\mathbf{p}_2$	aabBAA
$\mathbf{p}_3$	aabbAA
$\mathbf{p}_4$	aabbcA
$\mathbf{p}_5$	aabbcc

通过上述重写规则的应用，再也找不到能与规则的左边(前提)相匹配的项，于是过程完成。这种将初始符转化为最终串的过程称为一次“生成”(production)。上面的两个“生成”都属于用文法 G

产生的语言$\mathcal{L}(G)$。实际上，由习题 38 可以看出该文法生成的语言是$\mathcal{L}(G)=\{a^nb^nc^n \mid n\geqslant 1\}$。

一个复杂得多的文法当然要属英语了。所谓的"字母表"在这里是指全部的英文单词（大约有数万个），$\mathcal{A}=\{$the, history, book, sold, over, 1000, copies, …$\}$。而中间符号是$\mathcal{I}=\{\langle$noun$\rangle$, $\langle$verb$\rangle$, $\langle$noun phrase$\rangle$, $\langle$verb phrase$\rangle$, $\langle$adjective$\rangle$, $\langle$adverb$\rangle$, $\langle$adverbial phrase$\rangle\}$，根符号是$\mathcal{S}=\langle$sentence$\rangle$。一个严格限制的英语文法规则集是：

$$\mathcal{P}=\left\{\begin{array}{rl} \langle sentence\rangle & \rightarrow \langle noun\ phrase\rangle\langle verb\ phrase\rangle \\ \langle noun\ phrase\rangle & \rightarrow \langle adjective\rangle\langle noun\ phrase\rangle \\ \langle verb\ phrase\rangle & \rightarrow \langle verb\ phrase\rangle\langle adverbial\ phrase\rangle \\ \langle noun\rangle & \rightarrow \texttt{book}\ OR\ \texttt{theorem}\ OR\ \ldots \\ \langle verb\rangle & \rightarrow \texttt{describes}\ OR\ \texttt{buys}\ OR\ \texttt{holds}\ OR\ \ldots \\ \langle adverb\rangle & \rightarrow \texttt{over}\ OR\ \ldots \end{array}\right\}$$

当然，上述这个英语文法的子集不可避免会生成毫无意义的句子。比如，如下的句子"Squishy green dreams hop heuristically"（咯吱咯吱的绿色的梦启发式地单脚跳）就可用上述子集产生。图 8-12 表示用导出树表示的生成步骤，其中根符号显示在图的最顶部，而最下方 423
的是终止符。

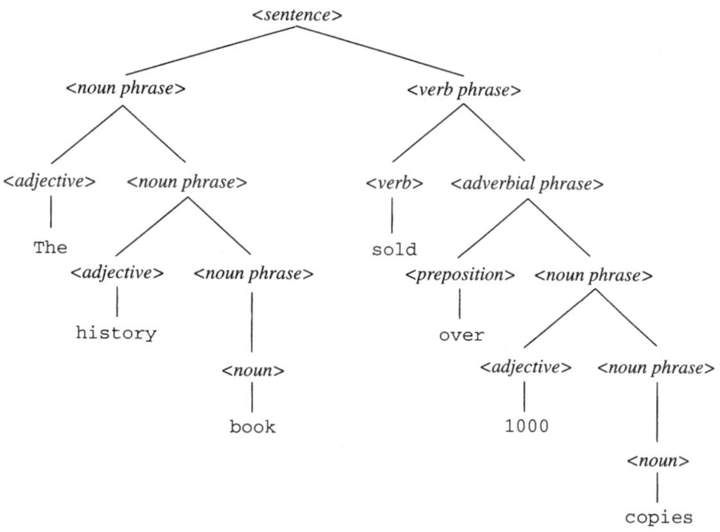

图 8-12 这棵导出树显示了部分英文文法，它可以从根符号（这里是$\langle$*sentence*$\rangle$）转化成一个英文句子或者说是元素的串（这里是英文单词的串），叶子是从左向右读出的

8.6.2 串文法的类型

根据产生式的规则结构的类型不同，可将文法主要分为 4 种。正如以上所看到的，重写规则据有 $\alpha\rightarrow\beta$ 的形式，其中 α 和 β 都是用中间符号和终止符号构成的串。

0 型文法（自由文法或无约束文法） 自由文法对重写规则，以及可产生的串的结构无任何限制。原则上说，可以表达任意的规则集合。这种通用性的代价是它的学习时间可能不现实的长。可以说，0 型文法对产生的句子不提供任何约束信息，所以，在模式识别当中没有任何作用。

1 型文法（上下文有关文法） 如果产生式具有如下形式：

$$\alpha I\beta\rightarrow\alpha x\beta$$

其中 α 和 β 是由中间符号和终止符号构成的串，I 是一中间符号，x 是非空的中间符号或终止符号。换句话说，如果 I 的左边是 α，并且其右边是 β，则 I 能改写为 x。

2 型文法（上下文无关文法） 如果产生式的形式为 $I\rightarrow x$，其中 I 是一个中间符号，x 是终止符号或中间符号。即允许 I 被重写为 x，而不像 1 型文法那样与 I 的上下文有关。 424

3 型文法（有限状态文法或正则文法） 文法是正则的，如果其每条产生式都具有

$$\alpha \to z\beta \quad \text{或} \quad \alpha \to z$$

的形式，其中 α 和 β 均由中间符号构成，z 是一非空终止符号。本文法也称为“有限状态文法”，是因为它能用一有限状态机（finite state machine）来产生（可从图 8-16 中看出）。

利用 i 型文法产生的语言称为 i 型语言，记做 $L(i)$。还可看到 i 型文法包含了所有的 $i+1$ 型文法。这形成了不同文法类型的严格的层次关系[⊖]。

任何上下文无关文法都可以转化为所谓的 Chomsky 范式（CNF），它的形式为

$$A \to BC \quad \text{和} \quad A \to z$$

其中 A,B,C 都是中间符号（取自 $\mathcal{I}$），z 是一个终止符号。对任何一个上下文无关文法 G，都有一个对应的 G' 具有 CNF 形式，使得 $\mathcal{L}(G)=\mathcal{L}(G')$（参见习题 36）。

例 3 数字读法的文法

为了更好地理解上文，考虑一个能产生 1～999999 的数字的英语读法的文法。其字母表包含 29 个基本终止符号，即英语口语的 $\mathcal{A}=\{one, two, \cdots, ten, eleven, \cdots, twenty, thirty, \cdots, ninety, hundred, thousand, \cdots\}$。中间符号有 6 个，分别对应六位数、三位数、两位数和表示十几的发音等，如下所示：

$$\mathcal{I}=\{digits6, digits3, digits2, digit1, teens, tys\}$$

根符号对应于一个 1～999999 的数。根据英语口语发音规律所形成的产生式规则为

425

$$\mathcal{P}=\left\{\begin{array}{r l} digits6 & \to digits3\ thousand\ digits3 \\ digits6 & \to digits3\ thousand\ OR\ digits3 \\ digits3 & \to digit1\ hundred\ digits2 \\ digits3 & \to digit1\ hundred\ OR\ digits2 \\ digits2 & \to teens\ OR\ tys\ OR\ tys\ digit1\ OR\ digit1 \\ digit1 & \to one\ OR\ two\ OR\ \ldots\ nine \\ teens & \to ten\ OR\ eleven\ OR\ \ldots\ nineteen \\ tys & \to twenty\ OR\ thirty\ OR\ \ldots\ OR\ ninety \end{array}\right\}$$

文法输入 *digits*6，逐步运用产生式，直到生成最终的字母表元素，如图所示。因为它含有一条规则“*digits*6 → *digits*3 *thousand*”，所以肯定不属于 3 型文法。并且容易验证这是一个 2 型文法。

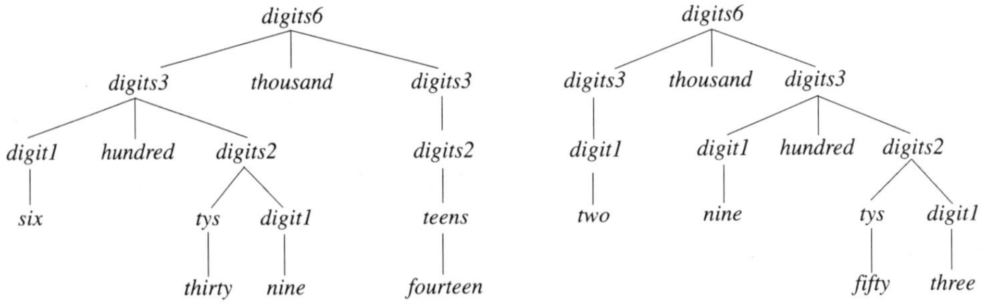

639014　　　　　　　　2953

这两棵导出树说明文法 G 是如何产生 639014 和 2953 的读法的。最后的终止符号串从左至右读出。

⊖ 即 $L(0)\supset L(1)\supset L(2)\supset L(3)$。——译者注

8.6.3　利用文法的识别

在形式上,利用文法的识别与模式识别的一般方法非常相似。假定我们猜测某个给定的测试句子是利用以下 c 种不同的文法之一生成的。它们是 $G_1,G_2,\cdots,G_c$,分别可视作不同的模型或类别。句子 $\mathbf{x}$ 的类别标记将根据由哪一个文法可以产生它而定,或者等价地说,要测试 $\mathbf{x}$ 属于哪一种语言 $\mathcal{L}(G_i)$。

到目前为止,我们的工作都是前向的,即,从根节点开始产生一导出树,直到最终的句子。然而对识别来说,必须采用相反的过程。也就是说,给定一特定的 $\mathbf{x}$,要求发现 G 中的一个导出树,它能推导出 $\mathbf{x}$。这个过程,称为分析(parsing),要比前向的导出树的过程困难得多。下面先讨论一种通用的分析方法,同时也会简单提及其他两种。

"自底向上"分析

"自底向上"分析(bottom-up parsing)开始于被测句子 $\mathbf{x}$,试图去化简它,就像根符号(初始符)表示的那样。基本的步骤是反向运用产生式 $\mathcal{P}$ 中的备选导出式,即发现其右边推导出的串(即规则的结论部分)与 $\mathbf{x}$ 中的部分串匹配的重写规则,然后用相应规则的左边(即规则的前提部分)替换之。这就是所谓的 Cocke-Younger-Kasami 算法(CYK 算法)中运用的方法,通过"自底向上"地填一个"分析表"来实现。文法要求表达为 Chomsky 范式,使得产生式具有形式 $A{\rightarrow}BC$。这种文法虽然不能包含所有的类别,但其适用范围很宽。表中的项是部分有效推导的候选串。如果表中出现了初始符 S,那么可确信可以从 S 导出被测句子,于是 $\mathbf{x}\in\mathcal{L}(G)$。在下面的算法中,令 $x_i(i=1,\cdots,n)$ 表示待分析的串中的终止符号。

426

算法 4(自底向上的分析)

```
 1  begin initialize G={A,I,S,P},x=x₁x₂···xₙ
 2       i←0
 3       do i←i+1
 4           V_{i1}←{A|A→x_i}
 5       until i=n
 6       j←1
 7       do j←j+1
 8         i←0
 9         do i←i+1
10           V_{ij}←φ
11           k←0
12           do k←k+1
13             V_{ij}←V_{ij}∪{A|A→BC∈P,B∈V_{ik}且C∈V_{i+k,j-k}}
14           until k=j-1
15         until i=n-j+1
16       until j=n
17       if S∈V_{1n} then 打印"x 的分析在 G 中获得成功"
18  return
19  end
```

利用下一个简单的抽象例子,来考虑算法 4 中的操作。文法 G 有两个终止符号和 3 个中

间符号：$\mathcal{A}=\{a,b\}$，$\mathcal{I}=\{A,B,C\}$，根符号是 S，有 4 个产生式规则：

$$\mathcal{P}=\left\{\begin{array}{lll}\mathbf{p}_1: & S & \rightarrow AB\ OR\ BC \\ \mathbf{p}_2: & A & \rightarrow BA\ OR\ \mathrm{a} \\ \mathbf{p}_3: & B & \rightarrow CC\ OR\ \mathrm{b} \\ \mathbf{p}_4: & C & \rightarrow AB\ OR\ \mathrm{a}\end{array}\right\}$$

图 8-13 表示一个用算法 4 对输入串 $\mathbf{x}$=“baaba”生成的分析表。沿表的最低一行是串中的每个字符 x_i。算法的 2～5 行表明，用可能导出 $\mathbf{x}$ 的字符的内部符号填充第一行($j=1$)。其中 $i=1$ 和 $i=4$ 的表项，根据规则 $\mathbf{p}_3: B\rightarrow \mathrm{b}$ 可知应该填入 B。其他表项基于规则 $\mathbf{p}_2$ 和 $\mathbf{p}_4$，应该填入 A，C。

图 8-13　自底向上分析算法用取自部分有效导出的符号来填充分析表。算法 4 并不给出图中的连线，但如果顺着它从根符号向下读时，可验证确定存在一个有效导出

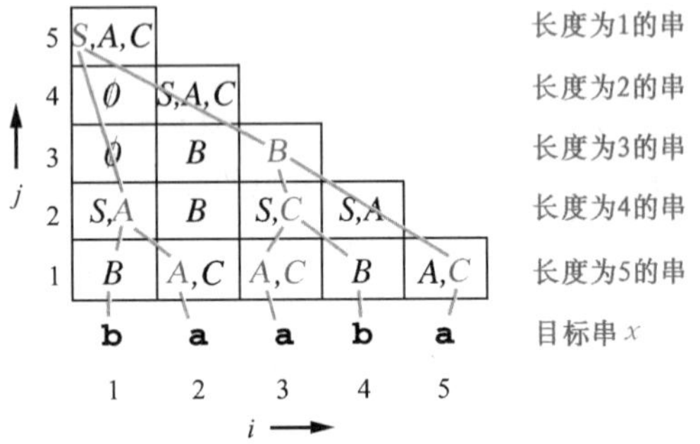

算法的核心计算在第 13 行，它用那些能产生其下面行中的串的片段的符号来填充整个表，因此，这也必须是有效导出的一部分(如果的确发现一个的话)。例如，表项 $i=1$，$j=2$ 中必须包含任何能产生其下面的行中的片段的符号。这样根据规则 $\mathbf{p}_1: S\rightarrow BC$，它就必须含有 S。又根据规则 $\mathbf{p}_2: A\rightarrow BA$，它同样应含有 A。依据算法最内层的循环 k(第 12～14 行)，要寻找能够扩展一定范围的规则的最左边，例如，表项 $i=3$，$j=3$ 应包含 B，因为根据 $k=2$ 和规则 $\mathbf{p}_3$，我们有 $B\rightarrow CC$(参见图 8-14)。

图 8-14 示出了在填充剖析表中某特定表项单元的过程。序列垂直向上扫描直到待填的单元，同时也有一个从该单元沿对角线向下扫描的操作。这确保了不漏过从顶层节点开始的任何有效导出路径(path)。如果顶层节点已包含根符号 S，则说明被测串已经被成功分析出。也就是说，确实存在一个有效的产生过程能从 S 到达串 $\mathbf{x}$。

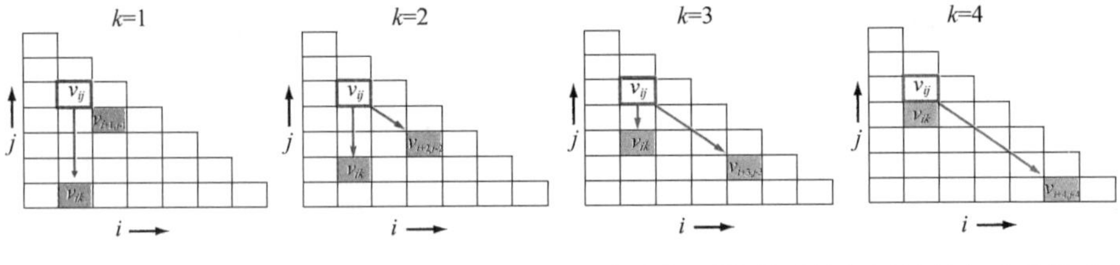

图 8-14　算法 4 的最内层循环要用其右边项对应于表中加阴影单元的规则的最左边符号来填充单元 V_{ij}。随着 k 的增加，单元要垂直向上扫动，同时又有一个沿对角线向下的过程。加阴影的单元表示出在导出中可能的导出项

为了理解该表如何被填充，首先考虑第一行 $j=1$。表项单元 $j=4$，$i=1$，应该填 B，因为根据规则 $\mathbf{p}_3$，B 是唯一可能直接导出下面的 b 的中间符号。同样 $i=1$，$j=1$ 也是如此。其他 3 个单元应包含 A 和 C，因为它们是仅有的能导出 a 的中间符号。图 8-15 的导出树验证了上述分析是正确的。

采用算法 4 的自底向上分析的计算复杂度相当高。第 13 行最内层的循环要执行 n 次(或稍少一些),第 7 行和第 9 行有 $O(n^2)$ 次,这也是空间复杂度的量级。总的时间复杂度为$O(n^3)$。

图 8-15 "babaa"的有效导出作为基于文法 G 的自底向上分析算法的结果,可以从图 8-13 中读出

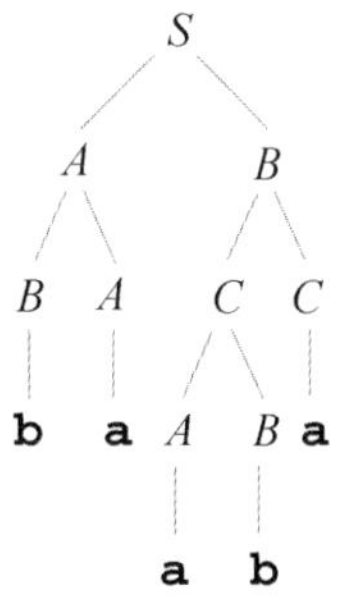

"自顶向下"分析及其他分析方法

顾名思义,"自顶向下"分析(top-down parsing)从根节点开始,持续运用$\mathcal{P}$中的产生式,直到能导出被测句子 **x**。但是因为只进行一次推导就得到句子 **x** 的情况很少见。所以必须有一些准则来指导重写规则的选用。这种准则可能先从句子中第一个(最左边)字符开始(比如,序找能产生该字符的最简短的重写规则集),然后递归地扩展产生式以导出后继的字符,或替代句子中的起始字符和最右端字符。

前面讲述的"自底向上"和"自顶向下"分析算法都是很一般的算法形式,还有其他一些在空间和时间复杂度上略有不同的算法。很多分析方法基于产生文法自身的内在模型。一种流行的模型就是有限状态机。这种机器包含若干节点和转移链。其中每个节点都可以发出一个符号,如图 8-16 所示。

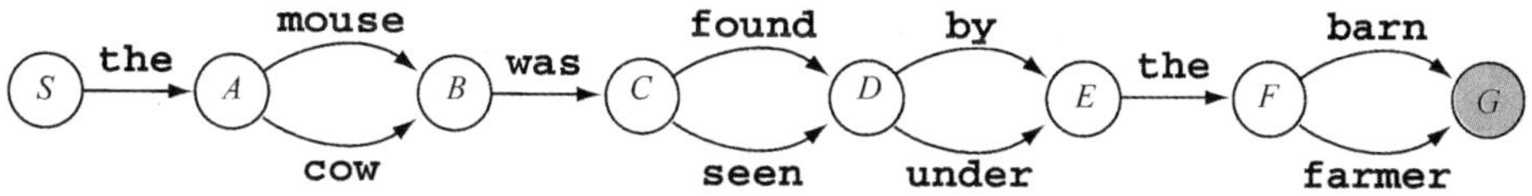

图 8-16 一种有限状态机,其节点可激发出终止符("the","mouse"等),并且转移到其他节点。这种操作能够用文法来描述。例如,该机器的重写规则包括:$S\rightarrow$the$A$,$A\rightarrow$mouse$B$ *OR* cow$B$,等等。上述规则清楚地表明该有限状态机可以实现 3 型文法。最终的内部节点(有阴影)可以导向空符号 ϵ 。这样的有限状态机有时是有利的,因为能够清楚地解释和学习带有节点和链接的方法。但在 8.7 节我们会看到进行文法学习的更一般方法,那些方法适用于更广泛的文法模型。

8.7 文法推断

在许多应用中,文法都是手工设计而成的。然而,学习在模式识别的研究中起着极为重要的作用,因此期望从一些样本句子中学习(出)产生它们的文法是很自然的想法。当试图尝试一般的学习方法时,很快就陷入了困难,其中根本的原因在于基于文法的方法和基于统计的方法所提出的问题领域是如此的不同。首先,对大多数语言来说,存在有许多种(经常有无穷多种)文法可以产生它。如果两个文法 G_1 和 G_2 都生成同样的语言(并且没有其他句子),那么这种歧义将导致识别没有结果。因为学习总是基于一个有限的训练样本集合,所以这里的文法学习问题是欠约束的,即与训练样本相容的文法数目有无穷个,因此无法确定唯一的源文法。 427~429

有两种主要技术可以使从实例中推断文法的问题变得可以解决。第一种技术同时采用了正例和反例。也就是说，不仅采用了已知可以从文法中导出的正的句子集合$\mathcal{D}^+$，也采用了已知不可能从文法中导出的反的句子集合$\mathcal{D}^-$。在多类分类问题中，从 G_i 中取得正例，而从所有的 $G_j, j\neq i$ 中取得反例的做法是很平常的。但即使正反例都已得到，一个有限的训练集也很少能确定唯一的文法。这时，可采用第二种技术，即，对问题施加前提条件和约束。举一个很平常的例子，我们要求候选文法的字母表只能由训练句子中出现的符号组成。并且要求产生式中的每一条规则都要被使用。我们寻求能够解释训练样本的“最简单”的文法。这里“简单”是指重写规则的个数最少，或其长度的和最短，或其他一些自然的判据。这也是Occam剃刀原理的一个版本，即足够解释数据的最简单的解释常常是最好的解释(参见第 9 章)。从广义的观点看，学习过程是如下进行的。首先猜测一个初始文法 G^0。指定文法的类型(1 型、2 型和 3 型)，从而对候选规则的形式加以约束，常常是有利的。当缺少其他先验信息时，常规的做法是使得 G^0 尽可能简单。然后再根据需要逐渐扩展产生式规则集。逐个从$\mathcal{D}^+$ 中取出正例样本 $\mathbf{x}_i^+$。如果 $\mathbf{x}_i^+$ 不能用现有文法分析出，则新提出的规则将加入$\mathcal{P}$中。一条新规则只有当它不仅能成功分析出所有正例 $\mathbf{x}_i^+$，并且不能分析出任何一个反例时，才能被接受。

详细的文法推断算法给出如下：

算法 5(文法推断)(概述)

1 **begin** **initialize** $\mathcal{D}^+, \mathcal{D}^-, G^0$

2 　　$n^+ \leftarrow |\mathcal{D}^+|$ ($\mathcal{D}^+$ 中的实例数)

3 　　$\mathcal{S} \leftarrow S$

4 　　$\mathcal{A} \leftarrow \mathcal{D}^+$ 中的实例数中的字符集

5 　　$i \leftarrow 0$

6 　　**do** $i \leftarrow i+1$

7 　　　　从$\mathcal{D}^+$ 读 $\mathbf{x}_i^+$

8 　　　　**if** $\mathbf{x}_i^+$ 不能由 G 分析

9 　　　　　**then** **do** 提出对$\mathcal{P}$的新产生式和对$\mathcal{I}$的新变量

10 　　　　　　接受修改，如果 G 分析 $\mathbf{x}_i^+$ 而在$\mathcal{D}^-$ 中没有串

11 　　**until** $i = n^+$

12 　　删除多余的产生式

13 　**return** $G \leftarrow \{\mathcal{A}, \mathcal{I}, \mathcal{S}, \mathcal{P}\}$

14 **end**

非形式地说，算法 5 持续加入新的从$\mathcal{D}^+$ 中连续选择的句子所要求的重写规则，只要该重写规则不允许$\mathcal{D}^-$ 的任何一句子被分析。算法第 9 行并没有表明如何选择特定的规则，但在实践中，规则常取自预先定义的一个集合(最简单的先取)，或者是根据有关产生句子的内在模型
430 的专门知识。

例 4　文法推断

考虑从下述正例和反例中推断文法 G 的问题：$\mathcal{D}^+ = \{\mathrm{a, aaa, aaab, aab}\}$，$\mathcal{D}^- = \{\mathrm{ab, abc, abb, aabb}\}$。显然，字母表是$\mathcal{A} = \{\mathrm{a, b}\}$。我们只给 G^0 一个内部符号，以及一个最简单的规则$\mathcal{P} = \{S \rightarrow A\}$。

i	$\mathbf{x}_i^+$	$\mathcal{P}$	$\mathcal{P}$产生$\mathcal{D}^-$？
1	a	$S\to A$ $A\to$a	否
2	aaa	$S\to A$ $A\to$a $A\to$aA	否
3	aaab	$S\to A$ $A\to$a $A\to$aA $A\to$ab	是：ab $\in\mathcal{D}^-$
	aaab	$S\to A$ $A\to$a $A\to$aA $A\to$aab	否
4	aab	$S\to A$ $A\to$a $A\to$aA $A\to$aab	否

上表显示了算法的过程。第一个正例 a，需要一个重写规则 $A\to$a，这条规则拒绝$\mathcal{D}^-$中任何一个句子，因而被接受。当 $i=3$ 时，新提出的规则 $A\to$ab 虽然允许导出 $\mathbf{x}_3^+$，但因为它也能导出$\mathcal{D}^-$的一个句子所以被拒绝。另一个提出的规则，$A\to$aab 被接受。推断出的文法共有 4 条规则，示于表的第 4 部分。

上述方法的描述相当一般。通过对候选重写规则的类型施加更多限制，比如根据设计者关于文法类型的推定，可以得到更专门化的方法。对于 3 型文法，可以考虑用有限状态机的方式来学习，那样，学习过程就包括添加新节点和转移链（可参考具体文献）。

*8.8 基于规则的方法

如果类别是用实体间的一般关系所刻画的，而非一些具体示例，那么基于规则来设计分类器的想法将很吸引人。基于规则的方法是人工智能算法不可或缺的一部分。但是由于在模式识别中却应用的不多，所以我们将这里将给出一个简短的综述，并且主要集中讨论一类用途广泛的可以学习一般关系的 if-then 规则。

一个很简单的 if-then 规则的例子如下：

$$\textit{IF}\ \texttt{Swims(x)}\ \textit{AND}\ \texttt{HasScales(x)}\ \textit{THEN}\ \texttt{Fish(x)}$$

当然，这是断言如果一个东西 $\mathbf{x}$ 具有游泳的特性，并且还有鳞，那么它是鱼。

规则的最大优点是其容易被解释，所以可用于数据库的应用里，在那里，信息常被编码成 431
实体间的关系。这种方法的缺点之一是缺少自然的概率的概念，因而，当问题中存在较大噪声或很大的贝叶斯误差时，规则的运用多少有些困难。

一个“谓词”（predicate），比如 Man(·)，HasTeeth(·)，及 AreMarried(·，·)等，是一个能输出True 或 False 的逻辑测试[㊀]。谓词可用于各种问题，无论其数据是数值性的、非数值的、语言学的、串或其他的广义类型。自然地，谓词的选择及其求值强烈地依赖于具体问题。在实践中，这是一个比规则的学习更为困难的任务。例如，下图 8-17 示出了利用规则对拱形

㊀ 我们将忽略谓词不确定的情况。

结构分类的例子。这里的规则应当涉及 Touch(•,•)或 Supports(•,•,•)等谓词,分别表明是否两个块碰触(touch),或者是否有两个块支持(support)起第三个。根据场景的像素图像对上述谓词求值是计算机视觉中一个非常困难的任务。

主要有两种 if-then 规则:命题逻辑(无变元)和一阶逻辑。命题逻辑规则用来陈述某个特定的事件。比如

IF Male(Bill) *AND* IsMarried(Bill) *THEN* IsHusband(Bill)

其中 Bill 是某一特定的原子项。因为其属性已经固定的,所以 Bill 属于一个(逻辑)常量。命题逻辑的缺点在于它并未提供对很多事件间的一般关系提供一个通用的表达方法。例如,即使我们知道 Male(Edward)和 IsMarried(Edward)都返回 True,上述命题规则也无法告知我们 Edward 也是一位丈夫,因为那条规则只对特定的常量 Bill 成立。

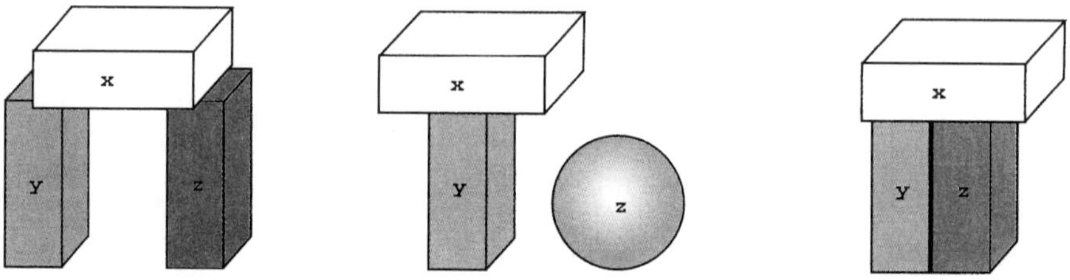

图 8-17　利用式(11)的规则可以将左边的结构分类为"拱形",而右边的两个不是。在实践中,对谓词本身的求值才是最困难的。例如 Touch(x,y)和 Supports(x, y, z)

这个缺点可以在"一阶逻辑"中得到克服,"一阶逻辑"就是指含有变元的谓词逻辑。比如

IF Eats(x,y) *AND* HasFlesh(x) *THEN* Carnivore(y)

这里 x 和 y 都是变元。这条规则表明,任给 x 和 y,如果 y 吃(eat)x,并且 x 有肉,则 y 是食肉动物。很明显这是对许许多多事例的一个有力的概括——一阶逻辑规则的表达能力比传统的
432 命题逻辑要强得多。其能力也可以从下述规则中看出:

IF Male(x) *AND* IsMarried(x,y) *THEN* IsHusband(x)

IF Parent(x,y) *AND* Parent(y,z) *THEN* GrandParent(x,z)

以及

IF Spouse(x,y) *THEN* Spouse(y,x)

一阶逻辑规则中也允许代入常量,例如,

IF Eats(Mouse,Cat) *AND* HasFlesh(Mouse) *THEN* Carnivore(Cat)

其中 Mouse 和 Cat 都是逻辑常量。

If-then 规则中同样可以嵌入能返回数值的函数,比如下面的例子:

IF Male(x) *AND* (Age(x) < 16) *THEN* Boy(x)

这里,Age(x)是一个能返回年龄的函数,而表达式或项(Age(x)<16)可返回 True 或 False。上述规则表明"一个男性,如果其年龄小于 16 岁,则他是个男孩"。假如我们用的是判定树或其他什么统计技术,即使给大量的样本数据,也很难完美的学到这条精辟的规则。怎样用给定一个一阶谓词逻辑规则集进行模式分类的方法已经很清楚了:只需要对输入的未知模式,代入规则进行求值即可。于是考虑如下的很长的规则:

$$\textit{IF}\ \texttt{IsBlock(x)}\ \textit{AND}\ \texttt{IsBlock(y)}\ \textit{AND}\ \texttt{IsBlock(z)}$$
$$\textit{AND}\ \texttt{Touch(x,y)}\ \textit{AND}\ \texttt{Touch(x,z)}\ \textit{AND}\ \texttt{NotTouch(y,z)} \tag{11}$$
$$\textit{AND}\ \texttt{Supports(x,y,z)}\ \textit{THEN}\ \texttt{Arch(x,y,z)}$$

其中 Supports(x,y,z)表示 x 被 y 和 z 支持着。我们再次强调,设计一个能对 IsBlock(•), Support(•,•,•)求值的计算机视觉算法十分困难。对此我们唯一能说的是:设计这些算法部件的工作往往代表了整个分类器系统设计工作量中最大的部分。虽然这样,但是一旦获得了上述部分的可靠算法,就可以使用规则将简单的结构分类成“拱形”或“非拱形”(图 8-17)。

规则的学习

现在我们很快地转向这种 if-then 规则的学习问题。前面我们已经看到几种学习规则的方法。例如,可以通过 CART、ID3、C4.5 等算法训练一棵判定树,然后简化这棵树,并且从中以提取规则(8.4 节)。当数据是基于文法产生的时,我们可以用 8.7 节的方法来推断出特定的文法规则。而下述学习方法区别于其他算法的一个关键特征在于它可以学习变元的一阶谓词规则。与文法推断一样的是,该方法也基于一系列的正例和反例($\mathcal{D}^+,\mathcal{D}^-$)来学习。在学习一条规则时,不断迭代的去掉那些可以被解释的样本。这种被称为“序贯覆盖”的学习算法最终将推导出可“覆盖”所有训练样本的逻辑析取集。学习结束后,通常还要利用标准的逻辑处理工具来简化和输出结果逻辑规则。 433

设计者首先要根据问题领域的先验知识来指定所需的谓词及函数。算法先从运用上述谓词和函数的最一般的规则开始考虑,试图去发现“最好”的简单规则。这里的“最好”意味着这条规则应该解释尽可能多的训练样本。算法然后搜索规则的所有求精,同样选择其中最好的结果。上述过程迭代执行直到无法进一步求精,或者能解释的项数已达到最大为止。基于此,一条(可能有些复杂的)if-then 规则,就被“学习”了(图 8-18)。序贯覆盖算法迭代执行上述过程,就可以得到一个产生式规则集合。

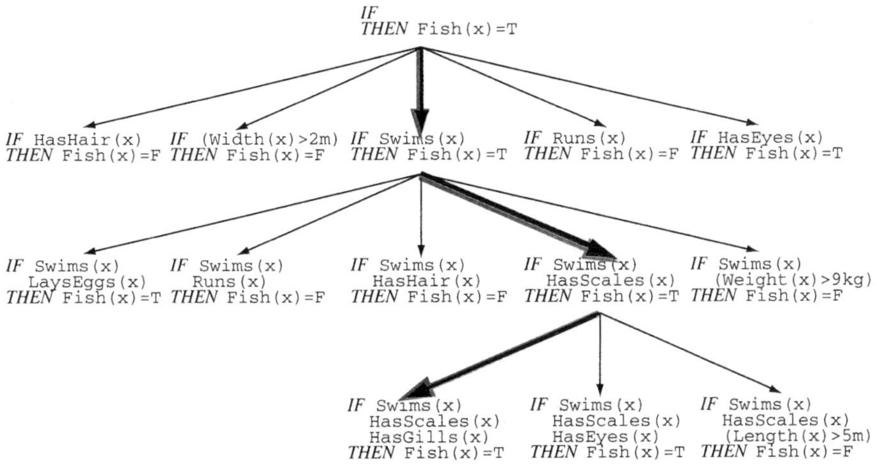

图 8-18 在序贯覆盖算法中,候选的规则通过一系列求精过程来搜索。首先发现那些“最好”的单个条件谓词,所谓“最好”是指可以解释最多的数据。然后添加其他谓词,选择最好的复合规则,如此继续

另一个通用的方法首先搜索所有的只有单一属性的规则,然后搜索所有的含有两个谓词的单个逻辑合取式,再就是多个逻辑合取式,以此类推。注意到这个算法的“贪婪性”,因而结果并非最优。也就是说,未必生成最紧凑的规则集。

本章小结

非度量数据由语义属性的列表构成。这种列表可以是有序(如串)或者无序的。CART、ID3 和 C4.5 等基于树的方法,根据回答一系列问题(经常是二值的)来进行分类。设计者选择问题的形式,并从根节点开始,将节点分支,使其表达的“纯度”增加,进而生长起一棵树。业已展了多种可选用的不纯度函数指标,比如“误分类不纯度”“方差不纯度”及“Gini 不纯度”等。然而,熵不纯度的应用范围最广。为避免“过拟合”以及提高“推广能力”,可采用分支停止技术(声明一个节点称为叶节点,不纯度接近零),或者对树进行剪枝处理以获得不纯度最小化的叶节点。树分类器十分灵活,适用于很多种问题领域,包括有度量数据、无度量数据或二者的组合。

当要求对有非数值符号组成的串进行比较时,我们采用了编辑距离,它是一种测量从一个
434 串转化到另一个所需的必要的基本操作次数(包括插入、删除和交换)。虽然一般的编辑距离并非真正意义的度量,但是它可用于最近邻串分类。串匹配算法用于检查一个被测串是否在一个长文本中出现。基本串匹配算法所要求的完美匹配的要求也可以被放松,比如用“容错串匹配”或“有通配符的串匹配”。这些基本的串和模式匹配算法都很简单且直接;但若用到大规模的问题上还需计算效率更高的算法。

基于文法的方法假定串是由某种特定的规则产生的。这类规则可以用文法表达。一个文法 G 由一个字母表、中间符号、一个初始符号(或根符号)以及最为关键的重写规则集(或“产生式”集)组成。4 种不同类型的文法——自由文法、上下文有关文法、上下文无关文法及正则文法——对符号转换的性质作了不同的假设。“分析”的作用是输入一个串 $\mathbf{x}$,判断它是否属于由文法 G 产生的语言,如果是,则要导出它。基于文法的方法最适合高度结构化的场合,特别是具有层次结构的问题。文法推断通常用很多正例和反例的样本串(即可由文法 G 产生的,以及不能由文法 G 产生的)来推断出产生式规则集。

基于规则的系统采用命题逻辑(无变元)或者一阶谓词逻辑来表达模式类别。广义地说,规则可以通过连续运用非常复杂的复合规则,来“序贯覆盖”训练样本集的方法来学习。

文献和历史评述

有关判定树的工作大多基于连续数值特征,尽管它的一个关键特性就是它同样适合离散的语义特征。树分类器的许多基础都来自对概念学习系统(Concept Learning System,CLS)的研究(文献[42]),但有关 CART 的一本重要的书[10]为它提供了坚实的统计基础,并且重新唤醒了它的兴趣。Quinlan 是树分类器的先驱和倡导者,是他提出了 ID3[66]、C4.5[69]和用 MDL 描述来剪枝[56,71]。一个好的综述可参考文献[61],文献[11]给出了多元判定树方法的比较。基于概率的分支和剪枝判据的讨论可参考[53],而基于信息度量的做法可以从[52]中找到。Gini 指标最早出现在类别数据的方差分析中[47]。文献[85]探索了判定树的渐增式或在线学习算法。有关树中变元丢失的问题请参考[10]和[67],其中提出了更为普遍的算法。文献[78]还提供了一种不寻常的并行“神经”树搜索算法。

编辑距离最早出现在 70 年代[64]。Wagner 和 Fischer 在一篇关键论文中提出了基本算法,并且指出其最优性[88]。数字信息(特别是各种语言的电子文本)的激增,引起了关于串匹配及相关处理的研究工作。一个优秀的回顾可参考[5]和另外两本讲述全面的书籍[23]和[82]。有关串算法的计算复杂度可参见[21,第 34 章]。文献[9]提出了算法 2 的一个快速实

现，有关它的复杂度和加速比及改进在[4,18,24,35,40]和[83]中被讨论。允许进行块一级变换的半编辑距离在文献[48]中讨论。一些复杂的串操作——比如二维串匹配，最大公共子串 435 及图匹配——在模式识别中也有所应用。[26]讨论了将统计方法用于串。有限状态自动机在串匹配的很多问题中都获得应用[23，第 7 章]，另外也在时间序列预测及转换——(例如，将字符式转换成二进制表达)中找到应用[43]。串匹配技术已应用到 DNA 序列识别和文本识别，并且成为涉及大规模文本数据库应用中的模式识别和模板匹配的基本技术[14]。有关串操作的专用硬件的文献也在不断增长，其中 Splash-2 系统[12]就是一个首要的范例。

关于文法的形式化研究，包括文法的类型，开始于 Chomsky[16]，关于文法推断的早期阐述[39，第 6 章]是本章中许多讨论的起源。基于分析(拉丁语 pars orationis 语言分解)的识别是自动语言理解的基础。许多有关三维形体识别的早期工作是建立在描述角点和边缘关系“拱”“塔”等积木块结构的复杂文法的基础上。但很快就发现，这种方法很脆弱，任何特征提取的错误、遮挡、甚至模型的轻微失配都会使它失败。因此，基于文法的方法大部分退出了形体识别和场景分析的领域[60,25]，但对于识别一些简单的、高度结构化的图形，比如电气线路，简单的地图，甚至中文(日文的汉字)等还是应用的很多。文献[13,14,32,33,34]和[62]有关于句法(结构)模式识别的基本思想的有用的评述。有关分析的综述可参考[3]和[28]。文献[59]有关于文法推断的综述。分析 3 型文法的复杂度与串长成线性正比关系，2 型的复杂度是低阶多项式，1 型是指数复杂度等，对此结论感兴趣的读者可参考[76]。业已存在大量的分析自然语言和语音的研究工作，[75]是一本优秀的人工智能的教科书，其中对上述专题给了很好的讨论和丰富的文献。从例子中推断文法的研究也有很多，比如 Crespi-Reghizzi 算法(上下文无关)[22]。如果查询过程可以交互的实现，那么文法学习过程可以被加速，关于此，可参考[81]。

本章讲述的相应方法能容易的推广到随机文法，即规则上可以附带一个概率标记[20]。文法可以表明类别的先验概率。例如，语言$\mathcal{L}$上的全部合法句子呈现均匀分布。当随机文法发生变动时，可应用误差-校正分析器[50,84]。也可以对语言附带一种概率标记[8]。

基于规则的方法是专家系统的基础。它们在人工智能的各个分支获得了广泛的应用，例如规则、导航、预测等。但在模式识别中的应用相对要少很多。早期的有影响系统包括 DENDRAL 用于从大量光谱中推断化学结构[29]，PROSPECTOR 用于找寻矿产储藏[38]，及 MYCIN 辅助医疗诊断[79]。早期的运用规则归纳的模式识别研究包括 Michalski 的[57,58]。图 8-17 取自 Winston 的有关学习简单几何结构及其关系的有影响的工作[91]。规则的学习也可称为基于归纳的逻辑规划，Clark 和 Niblett 在这方面做出了很多贡献，特别是他们提出的 CN2 规划算法[17]。Quinlan，也就是对树分类器的理论和应用做出巨大贡献的人，在[68]中提出了 FOIL 算法，其中采用了 MDL 判决来停止一阶规则的学习。有关归纳逻辑的文 436 献有[46]和[73]。关于一般的机器学习的论著可参考[44][61]。

习题

8.2 节

1. 当测试模式用判定树进行分类时，模式要经历一系列的查询，对应于从根节点到叶子的一条路经。证明对于任何判定树，都存在一棵功能上等价的树，但其中的节点对应截然不同的查询。也就是说，对于任意一棵树，证明总可以构造一棵功能等价的树，其中没有任何一个模式两处进行同样的查询。

8.3 节

2. 考虑非二叉分类树。

(a) 证明对任何一棵树，树上可能存在不同的分支率，存在二叉树可以实现同样的分类功能。

(b) 考虑一棵只有两层的数，一个根节点和 B 个叶节点，($B\geqslant 2$)，试问，如果用二叉树实现同样的功能，其层树的上限和下限分别是多少？（用以 B 为自变量的函数表示）。

(c) 前提如(b)，问其节点数目的上限和下限是多少？

3. 比较单调树和复合树分类器的计算复杂度，它们有同一训练样本集合。假定每类各有 $n/2$ 个样本，每个样本有 d 个属性，每个属性有 k 个可能的离散值。假定最优的分支均匀划分模式集合。

(a) 单调树将有多少层？复合树呢？

(b) 用给定的变量，问要找到最优的分支，单调树的复杂度是多少？复合树呢？

(c) 比较这两棵树总的训练复杂度。

4. 这里的任务是比较用两种不纯度训练树分类器的计算复杂度。假设分支仅仅依据一个属性。假定有 c 类模式，$\omega_1, \omega_2, \cdots, \omega_c$，每类 n/c 个 d 维样本，问题是：

(a) 在根节点处有多少种非平凡的两个超类划分？

(b) 在所有上述超类划分中，寻找具有最小熵不纯度的划分所需计算复杂度是多少？

(c) 利用上述问题的结果，估计在根节点处进行划分的复杂度。

437 (d) 假定为简单起见，每次划分都得到两个同等大小的子集，并且每个叶子只有一个模式样本。用给出的数据计算树的层数。

(e) 任何节点所代表的模式类别数自然与该节点的所在的层次有关，比如，根节点要代表所有 c 个类别，而比叶子仅仅高一层的节点只代表两类（具体是哪两类和特定的节点有关），在一些简化的假定下，写出节点的类别数同节点层数的函数关系式。（提示：可以用$\lfloor x \rfloor$和$\lceil x \rceil$符号，参见附录 A.1。）

(f) 利用(e)的结果和模式的数目，计算在 L 层的计算复杂度。

(g) 估计训练完整的树的计算复杂度。

(h) 假定，$n=2^{10}$，$d=6$，$c=16$，假定某处理器一次基本运算的时间花费是 10^{-10} s，大概估计一下用两种判据分类所需要的时间。分类一个模式所花费的时间是多少？

5. 考虑利用熵不纯度训练一棵二叉树，可参考式(1)和(5)。

(a) 经过单次是/否的查询判断，所引起的不纯度下降总是比 1 比特小。

(b) 对例 1 中的两棵树，验证一下每次分支都引起不纯度下降，但是下降差总是小于 1 比特。虽然这样，解释一下为什么某个节点的不纯度却可能比后继节点还小。

(c) 将(a)的结果推广到任意分支率的情况。

6. 令 $P(\omega_1), \cdots, P(\omega_c)$ 表示二叉分类树节点 N 处的类别概率，并且有 $\sum_{j=1}^{c} P(\omega_j)=1$，假定 N 处的不纯度 $i(P(\omega_1), \cdots, P(\omega_c))$ 是概率的严格凹函数，也就是说，任给概率

$$\begin{aligned} i_a &= i(P^a(\omega_1), \ldots, P^a(\omega_c)) \\ i_b &= i(P^b(\omega_1), \ldots, P^b(\omega_c)) \end{aligned} \tag{12}$$

以及

$$i^*(\boldsymbol{\alpha})=i(\alpha_1P^a(\omega_1)+(1-\alpha_1)P^b(\omega_1),\ldots,\alpha_cP^a(\omega_c)+(1-\alpha_c)P^b(\omega_c))$$

那么，对于 $0\leqslant\alpha_j\leqslant1$ 及 $\sum_{j=1}^{c}\alpha_j=1$ 我们有 $i_a\leqslant i^*\leqslant i_b$。

(a) 证明对于任何的分支，我们有 $\Delta i(s,t)\geqslant0$，其中当且仅当 $P(\omega_j|T_L)=P(\omega_j|T_R)=P(\omega_j|T)$，$j=1,\cdots,c$ 时取等号。换句话说，对于凹的不纯度函数，分支只会降低不纯度。

(b) 证明熵不纯度公式(1)是凹函数。

(c) 证明 Gini 公式(3)不纯度是凹函数。 438

7\. 说明正文中的替代分支方法等价于对丢失的特征作了“信息最丰富”的假定，试着用数学的术语说明“信息最丰富”的含义。

8\. 考虑一个 2-类分类问题，采用如下的训练模式：

ω_1	ω_2
0110	1011
1010	0000
0011	0100
1111	1110

(a) 用熵不纯度(式(1))手工生成一棵未剪枝的分类树。

(b) 利用简单的逻辑表达式简化规则对上面得到的类别进行简化，以得到最简单的逻辑表达式(使用最少的 AND 和 OR)。

9\. 证明对一个未剪枝的、全训练和均匀分支率的树进行分类的时间复杂度是 $O(\log n)$，其中 n 是训练样本的个数。对均匀的分支率 B，试写出测试单个模式时所需的查询次数(表示成 B 的函数)。

10\. 考虑 2-类分类问题中的不纯度作为 $P(\omega_1)$ 的函数关系。(当然也隐含了 $P(\omega_2)=1-P(\omega_1)$)说明最简单和合理的多项式形式的不纯度函数与样本方差有如下关系：

(a) 已知不纯度函数是 $P(\omega_1)$ 的多项式函数，试说明为什么 i 至少应该是二次型。

(b) 在给定的边界条件 $i(P(\omega_1)=0)=i(P(\omega_1)=1)=0$ 下，写出最简单的二次型形式，并说明它符合 $i\propto P(\omega_1)P(\omega_2)$。

(c) 假定所有 ω_1 类的样本都赋值 1.0，而所有 ω_2 类的样本都赋值 0，在双正态分布下试证明不纯度测量正比与总体分布的方差。并解释之。

11\. 说明用代价矩阵 λ_{ij} 表达的一般代价，如何嵌入到“误分类不纯度”式(4)的计算中。当训练一棵多类分类树时，写出其训练算法的伪码程序。并写出分类伪码程序。已知初始的 λ_{ij} 已经设好，训练样本为 $\mathbf{x}$。

12\. 在本题中，你要在缺少大量样本的前提下创建一棵 2-类二叉分类树。已知 $P(\omega_1)=P(\omega_2)=1/2$，$p(x|\omega_1)\sim N(0,1)$ 和 $p(x|\omega_2)\sim N(1,2)$，并且所有的节点都有形式“Is $x\leqslant x_s$?”，x_s 是阈值。每棵二叉树都很小，即一共有一个根节点、两个非终端节点和 4 个叶节点。对下列 4 个不纯度指标，试给出所有的分支准则。(即 3 个非终端节点处的 x_s)及最终测试误差。如果可能，可以用误差函数 $erf(\cdot)$ 表示你的结果。同样，数值解也是需要的。 439

(a) 熵不纯度。

(b) Gini 不纯度。

(c) 误分类不纯度。

(d) 有一种基于 Kolmogorov-Smirnov 检验的分支准则：令单变量 x 对每一分支的累积分布是 $F_i(x)$，$i=1,2$，二分支准则是最大化该累积分布的差异，即

$$\max_{x_s} |F_1(x_s) - F_2(x_s)|$$

(e) 用第 2 章给出的方法计算贝叶斯判定面及贝叶斯误差。

13. 对两个一维柯西分布，重做(12)题。

$$p(x|\omega_i) = \frac{1}{\pi b_i} \cdot \frac{1}{1+\left(\frac{x-a_i}{b_i}\right)^2} \quad, \ i = 1, 2$$

其中，$P(\omega_1)=P(\omega_2)=1/2$，$a_1=0$，$b_1=1$，$a_2=1$，$b_2=2$(这里只要求数值解)。

14. 推广属性丢失问题至多个特征丢失和多个缺损模式的情况。特别地，写出 d 维特征中可能丢失多个特征的二叉分类树的伪码程序。

15. 在生长一棵判定树时，有一个节点代表了以下六维二进制模式。已知候选判别是基于单个特征值做出的。

ω_1	ω_2
110101	011100
101001	010100
100001	011010
101101	010000
010101	001000
111001	010100
100101	111000
011000	110101

(a) 应该选择哪个特征进行分支？

(b) 回想在停止分支时采用的统计显著性差异的方法。在本例中零假设是什么？

(c) 计算(a)中你的判别的 χ^2 统计量。问它是否在 0.01 置位水平上存在显著差异？分支是否该停止？

(d) 当水平设为 0.05 时重做(c)。

16. 考虑下面的模式，其中每一个有 4 个二进制值的属性。注意到第一个模式对两类均相同。

440

ω_1	ω_2
1100	1100
0000	1111
1010	1110
0011	0111

(a) 手工创建一棵二叉分类树。训练你的树知道叶子具有最小的不纯度为止。

(b) 如果在训练时，事先知道二类的先验概率不同，而是 $P(\omega_1)=2P(\omega_2)$，根据该数据，修改你的训练方法，重新生成一棵树。

8.4 节

17. 考虑一个二叉分类树，用来分类一个由两部分组成的模式，其中第一部分是二进制值 0 或 1，而第二部分取值 A～F：

ω_1:	1A	0E	0B	1B	1F	0D
ω_2:	0A	0C	1C	0F	0B	1D

对根节点进行分支，试比较如下方法。

(a) 用熵不纯度，并且对第一部分采用 2-分支，第二部分采用 6-分支。

(b) 改用增益比不纯度，重做(a)。

(c) 比较(a)(b)，说明当存在不同分支系数时，采用增益比不纯度的好处。

8.5 节

18. 考虑串 $\mathbf{x}$ 和文本 $text$，分别具有长度 m 和 n，均来自字母表 A，A 中有 d 个字母。使用朴素串匹配算法(算法 1)，当出现匹配错误而从算法第 4 行循环中跳出。证明所需的平均单个字符比较的次数对随机串来说为

$$(n-m+1)\frac{1-d^{-m}}{1-d^{-1}} \leqslant 2(n-m+1)$$

19. 考虑用 Boyer-Moore 算法(算法 2)对 3-字符的字母表$\mathcal{A}=\{a,b,c\}$中的串比较的问题。对下述串，研究其“好后缀函数”$\mathcal{G}$和“最后出现函数”$\mathcal{F}$：

(a) “acaccacbac”

(b) “ababababcbcbaaabcbaa”

(c) “cccaaababaccc”

(d) “abbabbabbcbbabbcbba”

441

20. 考虑图 8-8 上部所示的串匹配问题。假定文本开始于“probabilities”的首字符。

(a) 若采用朴素串匹配算法，需要进行多少次基本字符比较才能找到一个有效移位？

(b) 若采用 Boyer-Moore 算法呢？

21. 对下列文本，确定要找出所有的“abcca”的有效移位所需的基本字符比较次数。给出朴素的串匹配算法(算法 1)和 Boyer-Moore 算法(算法 2)的结果。

(a) “abcccdabacabbca”

(b) “dadadadadadadad”

(c) “abcbcabcabcabc”

(d) “accabcababacca”

(e) “bbccacbccabbcca”

22. 试着写出伪码程序，要求实现 Boyer-Moore 算法(算法 2)中的“最后出现函数”$\mathcal{F}$的有效计算。已知字母表$\mathcal{A}$的长度为 d，串长为 m。

(a) 在最坏的情况下，你的计算$\mathcal{F}$的算法的时间复杂度是多少？

(b) 在最坏的情况下，你的计算$\mathcal{F}$的算法的空间复杂度是多少？

(c) 如果 $d=26$，字母表是英文字母，对下列串，$\mathbf{x}$=“bonbon”，$\mathbf{x}$=“marmalade”，$\mathbf{x}$=“abcdabdabcaabcda”，估计计算$\mathcal{F}$的基本操作次数。

23. 考虑取自下述三元组字母表$\mathcal{A}=\{a,b,c\}$的训练样本：

ω_1	ω_2	ω_3
aabbc	bccba	caaaa
ababcc	bbbca	cbcaab
babbcc	cbbaaaa	baaca

利用简单的编辑距离对下列串进行分类。有歧义时列出所有候选。

(a) “abacc”

(b) “abca”

(c) “ccbba”

(d) “bbaaac”

24. 但用如下的数据：重做(23)题

(a) “ccab”

(b) “abdca”

(c) “abc”

(d) “bacaca”

25. 重做(23)题，但假定不同的串运算有不同的代价。特别是，替代一次的代价是插入和删除的两倍。

442 26. 考虑下述情况，即编辑距离中的代价只能取正值，而非任意取值。

(a) 对一个“度量”来说，有哪些性质必须满足？哪些未必要满足？

(b) 对不必满足的性质，构造一个反例。

27. 考虑代价只能取正值编辑距离。问它是否具有以下 4 个度量性质：

(1)非负性，(2)反射性，(3)对称性，(4)三角不等式。

28. 算法 3 在计算两串 **x** 和 **y** 的编辑距离时，采用了“贪心”的策略，因而未必给出全局最优的结果。在下面的问题中，令 $|\mathbf{x}|=n_1$，$|\mathbf{y}|=n_2$。

(a) 写出将 **x** 变成的所有穷举检验的计算复杂度。(不考虑中间结果串的长度比 $\min[n_1,n_2]$ 还小，比 $\max[n_1,n_2]$ 还大的情况。)

(b) 回想第 5 章，写一段用线性规划计算编辑距离的程序。

29. 考虑一个串 **x** 和一个文本 *text*，分别长 m 和 n，均来自有 d 个字符的字母表 $\mathcal{A}$。

(a) 修改朴素串匹配算法，使之包含通配符。

(b) 运用习题 18 的假定，但是 **x** 中有 k 个通配符，*text* 中没有通配符，写出对其他随机串的平均比较次数。

(c) 说明 $k=0$ 的极限情况与习题 18 一致。

(d) 说明 $k=m$ 的极限情况的含义。

8.6 节

30. 在 Lisp 语言中，数学表达式具有形式(运算，操作数$_1$，操作数$_2$)，其中表达式可以嵌套，例如(quotient (plus 4 9) 6)。

(a) 对 4 种基本算术运算加减乘除和自然数 1～9，写出简单的文法规则(注意，字母表中应该包含圆括号)。

(b) 手工判断如下表达式可否由你的文法导出。如果可以，绘制导出树。

- (times (plus (difference 5 9) (times 3 8))(quotient 2 6))
- (7 difference 2)
- (quotient (7 plus 2) (plus 6 3))
- ((plus) (6 2))
- (difference (plus 5 9) (difference 6 8))

31. 考虑语言 $\mathcal{L}(G)=\{a^n b \mid n\geq 1\}$。

(a) 手工构造一个能产生该语言的文法 G。

443 (b) 利用 G 绘制串“ab”和“aaaaab”的导出树。

32. 考虑文法 G:$\mathcal{A}=\{\text{a,b,c}\}$ $\mathcal{S}=S$,$\mathcal{I}=\{A,B\}$,$\mathcal{P}=\{S\to \text{c}A\text{b}, A\to aBa, B\to \text{a}B\text{a}, B\to \text{cb}\}$。
   (a) G 是什么类型的文法?
   (b) 证明该文法可以产生语言$\mathcal{L}(G)=\{\text{ca}^n\text{cba}^n\text{b}\mid n\geqslant 1\}$。
   (c) 给出如下两串的导出树:“caacbaab”“cacbab”。
33. 回文是这样的一种句子,它的顺读和倒读都是一样的。例如“i”“tat”“boob”“sitonapotatopanotis”。
   (a) 写一个文法,可以生成用 26 个英文字母组成的所有回文。写出“noon”和“bib”的导出树。
   (b) 你的文法类型是什么?
   (c) 写一个文法,可以生成如下单词,即由一个首字母后跟一个回文组成。例如“pi”“too”“stat”,试着些写出它们导出树。
34. 考虑例 3 中的文法 G。
   (a) 对数字 1~999 一共有多少种可能的导出方式?
   (b) 对数字 1~999999 一共有多少种可能的导出方式?
   (c) 文法 G 是否对每一个数字(最多 6 位),都有多于一种的导出方式?
35. 回想一下 ϵ 是空串,它被定义为长度为零,并且只出现在终止串中。考虑如下文法,G:$\mathcal{A}=\{\text{a}\}$,$\mathcal{S}=S$,$\mathcal{I}=\{A, B, C, D, E\}$,以及产生式

$$\mathcal{P}=\left\{\begin{array}{llll} S & \to AC\text{a}B & C\text{a} & \to \text{a}\text{a}C \\ CB & \to DB & CB & \to E \\ \text{a}D & \to D\text{a} & \text{a}D & \to AC \\ \text{a}E & \to E\text{a} & AE & \to \epsilon \end{array}\right\}$$

   (a) 注意 A 和 B 是分别如何表示句子的开始和结束的,C 是一个对 a 加倍复制的标志(当它从左向右滑过单词时)。证明该文法可以生成的语言为$\mathcal{L}(G)=\{\text{a}^{2^n}\mid n>0\}$。
   (b) 对于“aaaa”,“aaaaaaaa”写出其导出树。
36. 研究 Chomsky 范式。
   (a) 证明如下的文法 G 不是 Chomsky 范式:

$$\mathcal{A}=\{\text{a,b}\},\mathcal{S}=S,\mathcal{I}=\{A,B\}$$

$$\mathcal{P}=\left\{\begin{array}{ll} S & \to \text{b}A \ OR\ \text{a}B \\ A & \to \text{b}AA\ OR\ \text{a}S\ OR\ \text{a} \\ B & \to \text{a}BB\ OR\ \text{b}S\ OR\ \text{b} \end{array}\right\}$$

   (b) 证明如下的文法 G'是 Chomsky 范式。

$$\mathcal{A}=\{\text{a,b}\},\mathcal{S}=S,\mathcal{I}=\{A,B,C_a,C_b,D_1,D_2\}$$ 444

$$\mathcal{P}=\left\{\begin{array}{llll} S & \to C_bA\ OR\ C_aB & D_1 & \to AA \\ A & \to C_aS\ OR\ C_bD_1\ OR\ \text{a} & D_2 & \to BB \\ B & \to C_bS\ OR\ C_aD_2\ OR\ \text{b} & C_a & \to \text{a} \\ & & C_b & \to \text{b} \end{array}\right\}$$

   (c) 证明将 G 的重写规则按照如下方式变成 G'的重写规则后,两文法是等价的。注意到,$A\to\text{a}$,$B\to\text{b}$ 被两个文法都已经接受,于是主要考虑 G 的其他规则。首先将 $S\to\text{b}A$ 变成 $S\to C_bA$ 和 $C_b\to\text{b}$。然后,将 $A\to\text{a}S$ 变成 $A\to C_aS$ 和 $C_a\to\text{a}$。依此类推,注意在推导时心里记住 G'种的规则形式。

(d) 试在文法 G 和 G' 给出"aabab"一个推导。

37. 证明下列语言不是上下文无关语言。

(a) $\mathcal{L}(G) = \{a^i b^j c^k \mid i < j < k\}$。

(b) $\mathcal{L}(G) = \{a^i \mid i$ 是素数$\}$。

38. 考虑如下文法 $G: \mathcal{A} = \{a, b, c\}, \mathcal{S} = S, \mathcal{I} = \{A, B\}$,

$$\mathcal{P} = \left\{ \begin{array}{ll} S \rightarrow aSBA \ OR \ aBA & AB \rightarrow BA \\ bB \rightarrow bb & bA \rightarrow bc \\ cA \rightarrow cc & aB \rightarrow ab \end{array} \right\}$$

证明它可以生成语言 $\mathcal{L}(G) = \{a^n b^n c^n \mid n \geqslant 1\}$。

39. 试用例 3 的文法手工分析如下数字的读法。如果分析成功,则给出其导出树。

(a) *three hundred forty two thousand six hundred nineteen*

(b) *thirteen*

(c) *nine hundred thousand*

(d) *two thousand six hundred thousand five*

(e) *one hundred sixty eleven*

8.7 节

40. 令 $\mathcal{D}_1 = \{ab, abb, abbb\}$ 和 $\mathcal{D}_2 = \{ba, aba, babb\}$ 分别是文法 G_1 和 G_2 的正例,

(a) 假定两个文法都是 3-型文法,试写出一些候选的重写规则。

(b) 用 $\mathcal{D}_1$ 作为正例,$\mathcal{D}_2$ 作为反例,试推断文法 G_1。

(c) 用 $\mathcal{D}_2$ 作为正例,$\mathcal{D}_1$ 作为反例,试推断文法 G_2。

(d) 用你得到的文法对下列句子分类。把不能在 $\mathcal{D}_1$ 或 $\mathcal{D}_2$ 中或同时"模糊"的类别标记。"bba","abab","bbb","abbbb"。

8.8 节

41. 对后面列举的每一个陈述,用谓词 Male($\cdot$),Female($\cdot$),Parent($\cdot,\cdot$),Married($\cdot,\cdot$),写出一个等价的规则。

(a) Sister($\cdot,\cdot$),其中 Sister(x,y)=True 意味着 x 是 y 的姐妹。

(b) Father($\cdot,\cdot$),其中 Father(x,y)=True 仅意味着 x 是 y 的父亲。

(c) Grandmother($\cdot,\cdot$),其中 Grandmother(x,y)=True 仅意味着 x 是 y 的祖母。

(d) Husband($\cdot,\cdot$),其中 Husband(x,y)=True 仅意味着 x 是 y 的丈夫。

(e) IsWife($\cdot$),其中 IsWife(x)=True 仅意味着 x 是妻子。

(f) Siblings($\cdot,\cdot$)

(g) FirstCousins($\cdot,\cdot$)

上机练习

以下几个练习可以采用下表中的数据,它取自 3-类模式,每类有 5 个离散特征,表头给出了取值的范围。注意样本个数有所不同,每个特征可以取的值的范围也不同。

样本	类别	$A-D$	$E-G$	$H-J$	$K-L$	$M-N$
1	ω_1	A	E	H	K	M
2	ω_1	B	E	I	L	M
3	ω_1	A	G	I	L	N
4	ω_1	B	G	H	K	M
5	ω_1	A	G	I	L	M
6	ω_2	B	F	I	L	M
7	ω_2	B	F	J	L	N
8	ω_2	B	E	I	L	N
9	ω_2	C	G	J	K	N
10	ω_2	C	G	J	L	M
11	ω_2	D	G	J	K	M
12	ω_2	B	D	I	L	M
13	ω_3	D	E	H	K	N
14	ω_3	A	E	H	K	N
15	ω_3	D	E	H	L	N
16	ω_3	D	F	J	L	N
17	ω_3	A	F	H	K	N
18	ω_3	D	E	J	L	M
19	ω_3	C	F	J	L	M
20	ω_3	D	F	H	L	M

8.3 节

1. 写一个生成二叉分类树的通用程序，并用上表的数据来训练树，采用熵不纯度。
   (a) 采用(未剪枝)树来分类下列数据： 446
   $\{A, E, I, L, N\}$，$\{D, E, J, K, N\}$，$\{B, F, J, K, M\}$，$\{C, D, J, L, N\}$
   (b) 剪枝某个叶节点，保证由此导致的不纯度的增加最小。
   (c) 修改程序，使之能够适用于非二叉树，其中的分支率 B 可以根据不同节点自动确定，采用增益比不纯度，并重做(a)。
2. 回想一下，有一种停止准则是说，如果不纯度的落差小于某个门限值就停止分支。即 $\max_s \Delta i(s) \leqslant \beta$，其中，$s$ 是分支，β 是门限。利用下述试验来研究分类器的推广能力和 β 的关系。
   (a) 产生 200 个样本点，其中各有 100 个分别服从如下正态分布：

$$p(\mathbf{x}|\omega_1) \sim N\left(\begin{pmatrix}-0.25\\0\end{pmatrix}, \mathbf{I}\right) \quad \text{和} \quad p(\mathbf{x}|\omega_2) \sim N\left(\begin{pmatrix}+0.25\\0\end{pmatrix}, \mathbf{I}\right)$$

   (b) 写一个程序能够生成树，并且采用上述停止准则。
   (c) 给出当 β=0.01，0.02，0.03，…的推广能力与 β 的关系图。
   (d) 根据上图讨论你有关推广能力的结论。

8.4 节

3. 写一个训练 ID3 判定树的程序，其中树的节点分支率 B 等同于每个属性装填的离散值的个数，采用增益比不纯度。
   (a) 利用你的程序对表中的 ω_1 和 ω_2 训练一棵树。
   (b) 利用你的树分类如下数据：$\{B, G, I, K, N\}$，$\{C, D, J, L, M\}$。
   (c) 写出(b)的分类逻辑表达式，并化简。
   (d) 写出描述类别 ω_1 和 ω_2 的逻辑表达式。

4. 考虑基于树的分类器用于缺损模式问题。

(a) 写一个程序,要求能够对表中的 ω_1 和 ω_2 分类,要求只利用 1～10 号样本,并采用熵不纯度。对每个节点存储其主分支和 4 个替代分支。

(b) 用你的树分类如下模式,其中 * 表示丢失的特征。

- $\{A,F,H,K,M\}$
- $\{*,G,H,K,M\}$
- $\{C,F,I,L,N\}$
- 447 $\{B,*,*,K,N\}$

(c) 现在,写一个可以利用缺损模式来训练的程序,训练样本除了 1～10 以外再加上如下 4 个。

- $\omega_1:\{*, F, I, K, N\}$
- $\omega_1:\{B, G, H, K, *\}$
- $\omega_2:\{C, G, *, L, N\}$
- $\omega_2:\{*, F, I, K, N\}$

(d) 利用(c)的树重新测试(b)。

5. 用全部 20 个样本训练树分类器 ω_i, $i=1, 2, 3$,采用熵不纯度,不采用剪枝和停止准则。

(a) 用一个规则来表示你的树。

(b) 利用穷举搜索找到这样的规则,如果删除它所引起的分类误差的增加最小。

8.5 节

6. 写一个程序实现朴素的串匹配算法(算法 1),插入一个条件分支语句,以使得任何匹配错误发生时(即非法转移)都能从最内层循环跳出。增加一个统计字符比较次数的语句。

(a) 写一个小程序,从含有 d 个字符的字母表,产生长度为 n 的文本,并产生测试串 $\mathbf{x}$,其长度为 m。已知 $d=5$, $n=1000$, $m=10$。

(b) 比较你统计出的次数,并与习题 18 的理论结果相比较。测试 $m=\{10,15,20\}$ 和 $n=\{100,1000,10000\}$ 的情况。

7. 写一个实现 Boyer-Moore 算法(算法 2)的程序,字母表长度 d。

(a) 写一个子程序,实现"好后缀函数"$\mathcal{G}$。令 $d=3$,并用如下串测试你的子程序。$\mathbf{x}_1=$"abcbab", $\mathbf{x}_2=$"babab"。

(b) 写一个子程序,实现"最后出现函数"$\mathcal{F}$。令 $d=3$,并用如下串测试你的子程序。$\mathbf{x}_1=$"abcbab", $\mathbf{x}_2=$"babab"。

(c) 合并(a)、(b)中的例程写出完整的 Boyer-Moore 程序,从字母表 $\mathcal{A}=\{a,b,c\}$ 产生一个长 $n=10000$ 的文本,并从中搜索 $\mathbf{x}_1$, $\mathbf{x}_2$。

(d) 在某些统计假设下,估计 $\mathbf{x}_1$, $\mathbf{x}_2$ 的出现次数,并与(c)实际测出的比较一下。

8. 写一个程序研究串匹配的子集-超集问题。即搜索某个具有多重子串的数据,其中某些是另一些的因子。

(a) 令 $\mathbf{x}_1=$"beats", $\mathbf{x}_2=$"beat", $\mathbf{x}_3=$"be", $\mathbf{x}_4=$"at", $\mathbf{x}_5=$"eat", $\mathbf{x}_6=$"sat",

448

$$text = \underbrace{\text{“beats\_beats\_beats\_....\_beats”}}_{100\times}$$

从文本中搜索所有可能的因子,但不返回是其他测试串的因子的那些串。

(b) 重复(a)但文本是重复 100 次的“repeatable _”,测试串是“repeatable”“pea”“table”“tab”“able”“peat”“a”。

8.6 节

9. 写一个分析正文

$$\mathcal{A}=\{\mathrm{a},\mathrm{b}\},\mathcal{I}=\{A,B\},\mathcal{S}=S,\text{ and }\mathcal{P}=\left\{\begin{array}{lll}\mathbf{p}_1: & S & \rightarrow AB\ OR\ BC\\ \mathbf{p}_2: & A & \rightarrow BA\ OR\ \mathrm{a}\\ \mathbf{p}_3: & B & \rightarrow CC\ OR\ \mathrm{b}\\ \mathbf{p}_4: & C & \rightarrow AB\ OR\ \mathrm{a}\end{array}\right\}$$

中的文法的分析程序。利用你的分析程序分析下列串,要求给出完整的分析树,如果成功还要给出导出树。

- “aaaabbab”
- “ba”
- “baabab”
- “babab”
- “aaa”
- “baaa”

10. 考虑如下正文中描述的文法 G:$\mathcal{A}=\{\mathrm{a}\}$,$\mathcal{S}=S$,$\mathcal{I}=\{A,B,C,D,E\}$,

$$\mathcal{P}=\left\{\begin{array}{llll}S & \rightarrow AC\mathrm{a}B & C\mathrm{a} & \rightarrow \mathrm{aa}C\\ CB & \rightarrow DB & CB & \rightarrow E\\ \mathrm{a}D & \rightarrow D\mathrm{a} & \mathrm{a}D & \rightarrow AC\\ \mathrm{a}E & \rightarrow E\mathrm{a} & AE & \rightarrow \epsilon\end{array}\right\}$$

注意 A,B 分别表示串的开头和结尾,C 是 a 重复一次的标志。

(a) 证明该文法可以生成如下语言:$\mathcal{L}(G)=\{\mathrm{a}^{2^n}\mid n>0\}$。

(b) 显示串“aaaa”和“aaaaaaaa”的导出树。

11. 写一个程序,要求利用下述正例和反例推断出文法 G。

(a) $\mathcal{D}^+=\{\mathrm{abc},\mathrm{aabbcc},\mathrm{aaabbbccc}\}$

(b) $\mathcal{D}^-=\{\mathrm{abbc},\mathrm{abcc},\mathrm{aabcc}\}$

候选规则如下:

$$\begin{array}{lll}S\rightarrow \mathrm{a}SBA & AB\rightarrow BA & \mathrm{c}B\rightarrow \mathrm{a}C\\ S\rightarrow \mathrm{b}SBA & BA\rightarrow AB & \mathrm{b}A\rightarrow \mathrm{bc}\\ S\rightarrow \mathrm{a}BA & \mathrm{b}B\rightarrow \mathrm{bb} & \mathrm{b}C\rightarrow \mathrm{bc}\\ S\rightarrow \mathrm{a}SB & \mathrm{b}C\rightarrow \mathrm{ba} & \mathrm{a}B\rightarrow \mathrm{ab}\\ S\rightarrow \mathrm{a}SA & \mathrm{c}A\rightarrow \mathrm{cc} & \mathrm{a}B\rightarrow \mathrm{ca}\end{array}$$ 449

推断过程如下:

(a) 实现一般的自底向上分析器(算法 4)。

(b) 实现一般的自顶向下分析器(算法 5)。

(c) 组合利用(a)(b),实现文法推断。

参考文献

[1] Alfred V. Aho, John E. Hopcroft, and Jeffrey D. Ullman. *The Design and Analysis of Computer Algorithms*. Addison-Wesley, Reading, MA, 1974.

[2] Alfred V. Aho, John E. Hopcroft, and Jeffrey D. Ullman. *Data Structures and Algorithms*. Addison-Wesley, Reading, MA, 1987.

[3] Alfred V. Aho and Jeffrey D. Ullman. *The Theory of Parsing, Translation, and Compiling, volume 1: Parsing*. Prentice-Hall, Englewood Cliffs, NJ, 1972.

[4] Alberto Apostolico and Raffaele Giancarlo. The Boyer-Moore-Galil string searching strategies revisited. *SIAM Journal of Computing*, 51(1):98–105, 1986.

[5] Ricardo Baeza-Yates. Algorithms for string searching: A survey. *SIGIR Forum*, 23(3,4):34–58, 1989.

[6] Alan A. Bertossi, Fabrizio Luccio, Elena Lodi, and Linda Pagli. String matching with weighted errors. *Theoretical Computer Science*, 73(3):319–328, 1990.

[7] Anselm Blumer, Janet A. Blumer, Andrzej Ehrenfeucht, David Haussler, Mu-Tian Chen, and Joel I. Seiferas. The smallest automaton recognizing the subwords of a text. *Theoretical Computer Science*, 40(1):31–55, 1985.

[8] Taylor L. Booth and Richard A. Thompson. Applying probability measures to abstract languages. *IEEE Transactions on Computers*, C-22(5):442–450, 1973.

[9] Robert S. Boyer and J. Strother Moore. A fast string-searching algorithm. *Communications of the ACM*, 20(10):762–772, 1977.

[10] Leo Breiman, Jerome H. Friedman, Richard A. Olshen, and Charles J. Stone. *Classification and Regression Trees*. Chapman & Hall, New York, 1993.

[11] Carla E. Brodley and Paul E. Utgoff. Multivariate decision trees. *Machine Learning*, 19(1):45–77, 1995.

[12] Duncan A. Buell, Jeffrey M. Arnold, and Walter J. Kleinfelder, editors. *Splash 2: FPGAs in a Custom Computing Machine*. IEEE Computer Society, Los Alamitos, CA, 1996.

[13] Horst Bunke, editor. *Advances in Structural and Syntactic Pattern Recognition*. World Scientific, River Edge, NJ, 1992.

[14] Horst Bunke and Alberto Sanfeliu, editors. *Syntactic and Structural Pattern Recognition: Theory and Applications*. World Scientific, River Edge, NJ, 1990.

[15] Wray L. Buntine. Decision tree induction systems: A Bayesian analysis. In Laveen N. Kanal, Tod S. Levitt, and John F. Lemmer, editors, *Uncertainty in Artificial Intelligence 3*, pages 109–127. North-Holland, Amsterdam, 1989.

[16] Noam Chomsky. *Syntactic Structures*. Mouton, The Hague, Netherlands, 1957.

[17] Peter Clark and Tim Niblett. The CN2 induction algorithm. *Machine Learning*, 3(4):261–284, 1989.

[18] Richard Cole. Tight bounds on the complexity of the Boyer-Moore string matching algorithm. In *Proceedings of the Second Annual ACM-SIAM Symposium on Discrete Algorithms*, pages 224–233, San Francisco, CA, 1991.

[19] Livio Colussi, Ziv Galil, and Raffaele Giancarlo. On the exact complexity of string matching. In *Proceedings of the 31st Annual Symposium on Foundations of Computer Science*, pages 135–144, 1990.

[20] Craig M. Cook and Azriel Rosenfeld. Some experiments in grammatical inference. In Jean-Claude Simon, editor, *Computer Oriented Learning Processes*, pages 157–171. Springer-Verlag, NATO ASI, New York, 1974.

[21] Thomas H. Cormen, Charles E. Leiserson, and Ronald L. Rivest. *Introduction to Algorithms*. MIT Press, Cambridge, MA, 1990.

[22] Stefano Crespi-Reghizzi. An effective model for grammatical inference. In C. V. Freiman, editor, *Proceedings of the International Federation for Information Processing (IFIP) Congress, Ljubljana Yugoslavia*, pages 524–529. North-Holland, Amsterdam, 1972.

[23] Maxime Crochemore and Wojciech Rytter. *Text Algorithms*. Oxford University Press, Oxford, UK, 1994.

[24] Min-Wen Du and Shih-Chio Chang. Approach to designing very fast approximate string matching algorithms. *IEEE Transactions on Knowledge and Data Engineering*, KDE-6(4):620–633, 1994.

[25] Richard O. Duda and Peter E. Hart. Experiments in scene analysis. *Proceedings of the First National Symposium on Industrial Robots*, pages 119–130, 1970.

[26] Richard M. Durbin, Sean R. Eddy, Anders Krogh, and Graeme J. Mitchison. *Biological Sequence Analysis: Probabilistic Models of Proteins and Nucleic Acids*. Cambridge University Press, Cambridge, UK, 1998.

[27] John Durkin. Induction via ID3. *AI Expert*, 7(4):48–53, 1992.

[28] Jay Earley. An efficient context-free parsing algorithm. *Communications of the ACM*, 13:94–102, 1970.

[29] Bruce G. Buchanan, Edward A. Feigenbaum and Joshua Lederberg. On generality and problem solving: A case study using the DENDRAL program. In Bernard Meltzer and Donald Michie, editors, *Machine Intelligence 6*, pages 165–190. Edinburgh University Press, Edinburgh, Scotland, 1971.

[30] Usama M. Fayyad and Keki B. Irani. On the handling of continuous-valued attributes in decision tree generation. *Machine Learning*, 8:87–102, 1992.

[31] Edward A. Feigenbaum and Bruce G. Buchanan. DENDRAL and Meta-DENDRAL: Roots of knowledge systems and expert system applications. *Artificial Intelligence*, 59(1–2):233–240, 1993.

[32] King-Sun Fu. *Syntactic Pattern Recognition and Applications*. Prentice-Hall, Englewood Cliffs, NJ, 1982.

[33] King-Sun Fu and Taylor L. Booth. Grammatical inference: Introduction and Survey–Part I. *IEEE Transactions on Pattern Analysis and Machine Intelligence*, PAMI-8(3):343–359, 1986.

[34] King-Sun Fu and Taylor L. Booth. Grammatical inference: Introduction and Survey–Part II. *IEEE Transactions on Pattern Analysis and Machine Intelligence*, PAMI-8(3):360–375, 1986.

[35] Zvi Galil and Joel I. Seiferas. Time-space-optimal string matching. *Journal of Computer and System Sciences*, 26(3):280–294, 1983.

[36] E. Mark Gold. Language identification in the limit. *Information and Control*, 10:447–474, 1967.

[37] Dan Gusfield. *Algorithms on Strings, Trees and Sequences*. Cambridge University Press, New York, 1997.

[38] Peter E. Hart, Richard O. Duda, and Marco T. Einaudi. PROSPECTOR–a computer-based consultation system for mineral exploration. *Mathematical Geology*, 10(5):589–610, 1978.

[39] John E. Hopcroft and Jeffrey D. Ullman. *Introduction to Automata Theory, Languages, and Computation*. Addison-Wesley, Reading, MA, 1979.

[40] R. Nigel Horspool. Practical fast searching in strings. *Software–Practice and Experience*, 10(6):501–506, 1980.

[41] Xiaoqiu Huang. A lower bound for the edit-distance problem under an arbitrary cost function. *Information Processing Letters*, 27(6):319–321, 1988.

[42] Earl B. Hunt, Janet Marin, and Philip J. Stone. *Experiments in Induction*. Academic Press, New York, 1966.

[43] Zvi Kohavi. *Switching and Finite Automata Theory*. McGraw-Hill, New York, second edition, 1978.

[44] Pat Langley. *Elements of Machine Learning*. Morgan Kaufmann, San Francisco, CA, 1996.

[45] Karim Lari and Stephen J. Young. Estimation of stochastic context-free grammars using the inside-out algorithm. *Computer Speech and Language*, 4(1):35–56, 1990.

[46] Nada Lavrač and Saso Džeroski. *Inductive Logic Programming: Techniques and Applications*. Ellis Horwood (Simon & Schuster), New York, 1994.

[47] Richard J. Light and Barry H. Margolin. An analysis of variance for categorical data. *Journal of the American Statistical Association*, 66(335):534–544, 1971.

[48] Dan Lopresti and Andrew Tomkins. Block edit models for approximate string matching. *Theoretical Computer Science*, 181(1):159–179, 1997.

[49] M. Lothaire, editor. *Combinatorics on Words*. Cambridge University Press, New York, second edition, 1997. M. Lothaire is a joint pseudonym for the following: Robert Cor, Dominque Perrin, Jean Berstel, Christian Choffrut, Dominque Foata, Jean Eric Pin, Guiseppe Pirillo, Christophe Reutenauer, Marcel P. Schutzenberger, Jadcques Sakaroovitch, and Imre Simon.

[50] Shin-Yee Lu and King-Sun Fu. Stochastic error-correcting syntax analysis and recognition of noisy patterns. *IEEE Transactions on Computers*, C-26(12):1268–1276, 1977.

[51] Maurice Maes. Polygonal shape recognition using string matching techniques. *Pattern Recognition*, 24(5):433–440, 1991.

[52] Ramon López De Mántaras. A distance-based attribute selection measure for decision tree induction. *Machine Learning*, 6:81–92, 1991.

[53] J. Kent Martin. An exact probability metric for decision tree splitting and stopping. *Machine Learning*, 28(2–3):257–291, 1997.

[54] Andres Marzal and Enrique Vidal. Computation of normalized edit distance and applications. *IEEE Transactions on Pattern Analysis and Machine Intelligence*, PAMI-15(9):926–932, 1993.

[55] Gerhard Mehlsam, Hermann Kaindl, and Wilhelm Barth. Feature construction during tree learning. In Klaus P. Jantke and Steffen Lange, editors, *Algorithmic Learning for Knowledge-Based Systems*, volume 961 of *Lecture Notes in Artificial Intelligence*, pages 391–403. Springer-Verlag, Berlin, 1995.

[56] Manish Mehta, Jorma Rissanen, and Rakesh Agrawal. MDL-based decision tree pruning. In *Proceedings of the First International Conference on Knowledge Discovery and Data Mining (KDD'95)*, pages 216–221, 1995.

[57] Ryszard S. Michalski. AQVAL/1: Computer implementation of a variable valued logic system VL1 and examples of its application to pattern recognition. In *Proceedings of the First International Conference on Pattern Recognition*, pages 3–17, 1973.

[58] Ryszard S. Michalski. Pattern recognition as rule-guided inductive inference. *IEEE Transactions on Pattern Analysis and Machine Intelligence*, PAMI-2(4):349–361, 1980.

[59] Laurent Miclet. Grammatical inference. In Horst Bunke and Alberto Sanfeliu, editors, *Syntactic and Structural Pattern Recognition: Theory and Applications*, chapter 9, pages 237–290. World Scientific, River Edge, NJ, 1990.

[60] William F. Miller and Alan C. Shaw. Linguistic methods in picture processing–A survey. *Proceedings of the Fall Joint Computer Conference FJCC*, pages 279–290, 1968.

[61] Tom M. Mitchell. *Machine Learning*. McGraw-Hill, New York, 1997.

[62] Roger Mohr, Theo Pavlidis, and Alberto Sanfeliu, editors. *Structural Pattern Recognition*. World Scientific, River Edge, NJ, 1990.

[63] Stephen Muggleton, editor. *Inductive Logic Programming*. Academic Press, London, UK, 1992.

[64] Saul B. Needleman and Christian D. Wunsch. A general method applicable to the search for similarities in the amino-acid sequence of two proteins. *Journal of Molecular Biology*, 48(3):443–453, 1970.

[65] Partha Niyogi. *The Informational Complexity of Learning: Perspectives on Neural Networks and Generative Grammar*. Kluwer, Boston, MA, 1998.

[66] J. Ross Quinlan. Learning efficient classification procedures and their application to chess end games. In Ryszard S. Michalski, Jaime G. Carbonell, and Tom M. Mitchell, editors, *Machine Learning: An Artificial Intelligence Approach*, pages 463–482. Morgan Kaufmann, San Francisco, CA, 1983.

[67] J. Ross Quinlan. Unknown attribute values in induction. In Alberto Maria Segre, editor, *Proceedings of the Sixth International Workshop on Machine Learning*, pages 164–168. Morgan Kaufmann, San Mateo, CA, 1989.

[68] J. Ross Quinlan. Learning logical definitions from relations. *Machine Learning*, 5(3):239–266, 1990.

[69] J. Ross Quinlan. *C4.5: Programs for Machine Learning*. Morgan Kaufmann, San Francisco, CA, 1993.

[70] J. Ross Quinlan. Improved use of continuous attributes in C4.5. *Journal of Artificial Intelligence*, 4:77–90, 1996.

[71] J. Ross Quinlan and Ronald L. Rivest. Inferring decision tress using the minimum description length principle. *Information and Computation*, 80(3):227–248, 1989.

[72] Stephen V. Rice, Horst Bunke, and Thomas A. Nartker. Classes of cost functions for string edit distance. *Algorithmica*, 18(2):271–180, 1997.

[73] Eric Sven Ristad and Peter N. Yianilos. Learning string-edit distance. *IEEE Transactions on Pattern Analysis and Machine Intelligence*, PAMI-20(5):522–532, 1998.

[74] Ron L. Rivest. Learning decision lists. *Machine Learning*, 2(3):229–246, 1987.

[75] Stuart Russell and Peter Norvig. *Artificial Intelligence: A Modern Approach*. Prentice-Hall Series in Artificial Intelligence. Prentice-Hall, Englewood Cliffs, NJ, 1995.

[76] Wojciech Rytter. On the complexity of parallel parsing of general context-free languages. *Theoretical Computer Science*, 47(3):315–321, 1986.

[77] David Sankoff and Joseph B. Kruskal. *Time Warps, String Edits, and Macromolecules: The Theory and Practice of Sequence Comparison*. Addison-Wesley, New York, 1983.

[78] Janet Saylor and David G. Stork. Parallel analog neural networks for tree searching. In John S. Denker, editor, *Neural Networks for Computing*, pages 392–397. American Institute of Physics, New York, 1986.

450 ~ 452 [79] Edward H. Shortliffe, editor. *Computer-Based Medical Consultations: MYCIN*. Elsevier/North-Holland, New York, 1976.

[80] Temple F. Smith and Michael S. Waterman. Identification of common molecular sequences. *Journal of Molecular Biology*, 147:195–197, 1981.

[81] Ray J. Solomonoff. A new method for discovering the grammars of phrase structure languages. In *Proceedings of the International Conference on Information Processing*, pages 285–290, 1959.

[82] Graham A. Stephen. *String Searching Algorithms*, volume 3. World Scientific, River Edge, NJ, Lecture Notes on Computing, 1994.

[83] Daniel Sunday. A very fast substring search algorithm. *Communications of the ACM*, 33(8):132–142, 1990.

[84] Eiichi Tanaka and King-Sun Fu. Error-correcting parsers for formal languages. *IEEE Transactions on Computers*, C-27(7):605–616, 1978.

[85] Paul E. Utgoff. Incremental induction of decision trees. *Machine Learning*, 4(2):161–186, 1989.

[86] Paul E. Utgoff. Perceptron trees: A case study in hybrid concept representations. *Connection Science*, 1(4):377–391, 1989.

[87] Uzi Vishkin. Optimal parallel pattern matching in strings. *Information and Control*, 67:91–113, 1985.

[88] Robert A. Wagner and Michael J. Fischer. The string-to-string correction problem. *Journal of the ACM*, 21(1):168–178, 1974.

[89] Sholom M. Weiss and Nitin Indurkhya. Decision tree pruning: Biased or optimal? In *Proceedings of the* 12th *National Conference on Artificial Intelligence*, volume 1, pages 626–632. AAAI Press, Menlo Park, CA, USA 1994.

[90] Allan P. White and Wei Zhong Liu. Bias in information-based measures in decision tree induction. *Machine Learning*, 15(3):321–329, 1994.

[91] Patrick Henry Winston. Learning structural descriptions from examples. In Patrick Henry Winston, editor, *The Psychology of Computer Vision*, pages 157–209. McGraw-Hill, New York, 1975.

第 9 章

独立于算法的机器学习

9.1 引言

在前面几章中，我们已经看到了很多模式识别的学习算法和技术。面对各种各样的算法，每个人可能都会疑惑究竟哪一个算法才是“最好的”。当然，我们可能更偏爱某些算法，仅仅因为它们有相对较小的计算复杂度；或者更喜欢另外的一些算法，原因是它们考虑了数据形式的先验知识（比如离散数据、连续数据、无序表、串等）。虽然这样，还有许多的分类问题，我们对于它们根本没有考虑或很少考虑过关于“偏爱”的问题，或者说，对于它们，我们只希望能够比较不同的算法，看看它们是否等价，或者是否存在相似之处？在这种情况下，要回答的问题是：是否真的存在什么理由可以使我们更偏爱其中的某一种算法，而不是其他算法？比如说，假设有两个分类器在训练集上有同样好的性能，但我们却通常认为：其中较简单的一个在测试集上能得到更好的效果。但是，是否这一款“Occam 剃刀原理”真的这么可靠吗？同样地，我们通常也倾向于对判别函数施加平滑性的约束。那么，是否“更简单”（simpler）或者“更平滑”（smoother）的分类器一定具有更好的推广能力呢？如果答案是肯定的，那么，原因何在呢？在本章中，我们将讨论这些与统计模式识别的理论基础和哲学基石有关的问题。到目前为止，相信读者对于具体的算法已经有了一些体会和经验，这将有助于在一般的学习理论的框架中理解上述问题。

在某些领域，存在严格的守恒定理和约束法则——比如物理学中的能量守恒、电荷守恒和动量矩守恒。还比如热力学第二定律，它表明一个封闭的系统的熵永远不会下降。不管外力的配置如何、大小如何，这些定理始终成立。正是由于这些定理所具有的重大意义，我们自然会问：在模式识别领域是否存在类似的、不依赖于特定分类器和学习算法选择的普适定理？是否存在某些基本的结论，它们不管设计者有多么聪明、模式的数量和分布特性如何、分类任务的本质如何，都始终有效？

诚然，知道分类器的正确率存在一个界限（即贝叶斯误差率）是非常有用的，有时候，至少在理论上，它可以用来比较分类器的性能极限。然而在实践中，我们极少（假如曾经有过的话，）能够准确知道贝叶斯误差率。即使假设已经知道贝叶斯误差率，这除了告诉我们进一步的训练以及数据采集都用处不大以外，并不能很好地帮助我们来改进设计分类器。因此，贝叶斯误差率更大的价值在于理论方面。那么，其他的对设计分类器具有更多实践意义的基本原理和基本性质又是什么呢？ 453

在讨论这些问题之前，先来澄清一下本章的标题“独立于算法的机器学习”的含义。首先，它是指其数学基础不依赖于所采用的特定分类器和特定学习算法。我们随后要讨论的“偏差和方差”（bias and variance）的内容，对于神经网络、最近邻法或者依赖于模型的最大似然法都同样有效。第二是指：这些技术可以与各种不同的学习算法组合使用，或者，为它们提供应用指导。例如，“交叉验证”和“重采样”方法可应用于任何一种训练算法。当然，从算法的广义定义来说，它们本身也是一种算法。从技术上讲，我们单独讨论这些方法，是因为它们的广泛适用，并且不依赖于具体的学习算法的细节。

在本章中我们将首先看到，不存在任何一种模式分类算法具有“与生俱来”的优越性，甚至都不比随机猜测的(结果)好。只有了解了问题的具体类型、先验分布情况以及其他一些信息，才能确定哪种形式的分类器将提供最好的性能。我们将研究几种定量刻画并且调节某个学习算法与给定问题的“匹配”(matching)程度的方法。对于任意具体问题，不同的分类器之间当然存在一些差别。我们将表明，在某些假定下，可以估计出分类器的准确率(甚至在分类器完成训练之前)，并且可以对不同的分类器进行比较。最后，我们还将看到，可以组合不同的子分类器或“专家”分类器实现一个“大”的集成分类器，各个子分类器允许采用不尽相同的学习算法。

本章中，我们将会为模式识别的实践者提供至关重要的结论，而跳过了它们的严格的数学证明，对此感兴趣的读者可以参考后面的“文献和历史评述”一节中的原始文献。

9.2 没有天生优越的分类器

现在我们开始转到上面提到的一个中心问题：如果仅仅对分类器的推广性能感兴趣，那么，是否有理由认为一个分类器或学习算法比另一个更好？如果对具体分类任务的本质不做任何先验假设，那么是否能够期望某个分类算法一定优越(或者一定低劣)——哪怕要比较的对象仅仅是随机猜测(算法)？

9.2.1 没有免费的午餐定理

“没有免费的午餐定理㊀”(No Free Lunch Theorem，NFL 定理)的结论是：对于上述问题以及相关的问题的回答是：“不”。如果目的是得到更好的推广性能，那么，不存在与“语境无关”(context-free，上下文无关)或与“应用无关”(usage-free)的任何理由来认定某种学习或分类算法比另外一种更好。如果某种算法对某个特定的问题看上去比另一种算法更好，那么其原因仅仅是它更适合这一特定的模式分类任务，而并非泛泛地说该算法就是“优越”。当面对一个新的分类问题，对 NFL 定理的深刻理解会提醒我们应该注意的是事物的本质——先验信息、数据的分
454 布、训练样本的数量、代价或奖励函数。这一定理同样证实了我们对于如下“研究”的怀疑态度——这些“研究”旨在说明某种学习算法或识别算法具有天生的优越性。

首先让我们更进一步的来考虑有关评定一个分类器推广能力的方法。到目前为止，我们都是通过一个独立采样的测试集(相比于训练集)来估计该性能。在某些情况下，当用于分类器的比较时，会出现意想不到的缺点。例如，对一个离散问题，当训练集和测试集都很大时，它们必定会有重叠，即我们将测试到训练过的模式。并且，事实上任何一种很强的算法，如最近邻法，非修剪的判定树，或是有足够多隐节点数目的神经网络，对于训练集自身都可以学习得很完美。另外，对低噪声或低贝叶斯错误率的情况，如果采用足够有效的算法去学习训练集，那么其独立同分布(i. i. d.)误差率的上界将随训练集大小的增加而下降。

因此，为了比较不同的学习算法，我们将采用“非训练集误差率”(off-training set error)，即不在训练集中的测试错误。如果训练集非常的大，那么非训练集的数据量的最大尺寸必定会较小。

㊀ 这个聪明的名称是由 David Haussler 提出的。

简单起见，考虑两类问题。设训练集$\mathcal{D}$中有模式 $\mathbf{x}^i$，以及由将被学习的未知目标函数 $F(\mathbf{x})$所产生相连的类别标记 $y_i=\pm 1$，$i=1$，…，n，即 $y_i=F(\mathbf{x}^i)$。在大多数感兴趣的情况下，$F(\mathbf{x})$中含有随机成分，相同的输入可能会被分到不同的类别中，导致非零的贝叶斯误差率。首先我们假定特征集是离散的，这样做可以简化符号，并且可以使用求和式和概率，分别来代替积分和密度函数。下述结论对连续情况下同样成立，但是所需技术细节将给我们的讨论添麻烦。

令$\mathcal{H}$表示（离散）的假设集，或者说是将被学习的可能的参数集合。某个特定的假设 $h(\mathbf{x})\in\mathcal{H}$可以是神经网络中的量化权值、泛函模型中的参数 $\boldsymbol{\theta}$ 或者树中的决策规则集，等等。首先，$P(h)$是关于训练后将产生结果 h 的先验概率。注意这里的 $P(h)$并不是 h 为真的概率。下一步，令 $P(h|\mathcal{D})$表示算法在集$\mathcal{D}$上训练而产生假设 h 的概率。在确定性的学习算法当中（比如最近邻和判定树），$P(h|\mathcal{D})$除了 h 以外，其他处处为零。而对于随机学习方法（例如神经网络训练是从随机的初始权中开始的），或随机玻耳兹曼学习，$P(h|\mathcal{D})$可以是一个更广的分布。令 E 为 0-1 损失函数或者其他损失函数的误差。

到底该怎样来判定某个学习算法的推广性能呢？由于没有给出目标函数，一个很自然的度量方法是给定$\mathcal{D}$情况下的错误率对所有可能的目标求和所得出的期望值。这种度量值可以描述为分布 $P(h|\mathcal{D})$和 $P(F|\mathcal{D})$之间的加权“内积”如下：

$$\mathcal{E}[E|\mathcal{D}]=\sum_{h,F}\sum_{\mathbf{x}\notin\mathcal{D}}P(\mathbf{x})[1-\delta(F(\mathbf{x}),h(\mathbf{x}))]P(h|\mathcal{D})P(F|\mathcal{D}) \tag{1}$$

其中，假定没有噪声。$\delta(\cdot,\cdot)$是我们熟知的 Kronecker δ 函数，它当两个参数一致时函数值为 1，否则为 0。公式（1）表明：一个固定的训练集$\mathcal{D}$的期望误差率，与对所有可能的输入利用它们的概率 $P(\mathbf{x})$的加权和，以及后验概率 $P(h|\mathcal{D})$与真实的 $P(F|\mathcal{D})$的“匹配”情况有关。这 455
个公式提供的重要观点是，如果没有关于 $P(F|\mathcal{D})$的先验知识，我们将不能检验某一特定算法 $P(h|\mathcal{D})$，包括它的推广性能。

当实际函数是 $F(\mathbf{x})$，第k个候选算法的概率是 $P_k(h(\mathbf{x})|\mathcal{D})$时，非训练集的期望误差率是

$$\mathcal{E}_k(E|F,n)=\sum_{\mathbf{x}\notin\mathcal{D}}P(\mathbf{x})[1-\delta(F(\mathbf{x}),h(\mathbf{x}))]P_k(h(\mathbf{x})|\mathcal{D}) \tag{2}$$

尽管我们不准备给出正式的证明，但是讲到这里，已经可以给出“没有免费的午餐”定理的准确描述。

■ **定理 9.1（没有免费的午餐）**（no free lunch，NFL） 对于任意两个学习算法 $P_1(h|\mathcal{D})$和 $P_2(h|\mathcal{D})$，以下陈述是正确的，并且与样本的分布 $P(\mathbf{x})$及训练点的个数 n 无关：

1. 对所有的目标函数 F 求平均，有$\mathcal{E}_1(E|F,n)-\mathcal{E}_2(E|F,n)=0$。
2. 对任意固定的训练集$\mathcal{D}$，对所有的 F 求平均，有$\mathcal{E}_1(E|F,\mathcal{D})-\mathcal{E}_2(E|F,\mathcal{D})=0$。
3. 对所有先验知识 $P(F)$求平均，有$\mathcal{E}_1(E|n)-\mathcal{E}_2(E|n)=0$。
4. 对任意固定的训练集$\mathcal{D}$，对所有的 $P(F)$求平均，有$\mathcal{E}_1(E|\mathcal{D})-\mathcal{E}_2(E|\mathcal{D})=0$。

第 1 部分说明对所有可能的目标函数求平均，得到的所有学习算法的非训练集误差的期望值都是相同的。也就是说，对于任意给定的两个学习算法，有下式成立：

$$\sum_{F}\sum_{\mathcal{D}} P(\mathcal{D}|F)\left[\mathcal{E}_1(E|F,n)-\mathcal{E}_2(E|F,n)\right]=0 \tag{3}$$

简言之，不管我们有多么聪明，能够选择“好”的学习算法 $P_1(h|\mathcal{D})$ 和“坏”学习算法 $P_2(h|\mathcal{D})$（甚至有可能只是随机猜测算法，或者只输出一个常数结果），如果所有的目标函数是平等的，那么“好”的算法并不可能比“坏”算法做得更好。更一般的描述是，不存在某个 i 和 j，使得对所有的 $F(\mathbf{x})$ 都有 $\mathcal{E}_i(E|F,n)>\mathcal{E}_j(E|F,n)$。更进一步地说，不管采用何种学习算法，至少存在一个目标函数，能够使得随机猜测算法是更好的算法。

假定我们所考虑的训练集可以通过任何算法来学习，第 2 部分表明了：即使知道了训练集 $\mathcal{D}$，那么对所有的目标函数求平均，也没有一种学习算法可以比另一种更优秀，即

$$\sum_{F}\left[\mathcal{E}_1(E|F,\mathcal{D})-\mathcal{E}_2(E|F,\mathcal{D})\right]=0 \tag{4}$$

定理第 3 部分和第 4 部分考虑了具有非均匀分布的目标函数，对此也有相似的描述，例 1
456 提供了一个基本的解释。

例 1　二值数据没有免费的午餐

考虑输入矢量由 3 个二值特征组成，以及一个特定的目标函数 $F(\mathbf{x})$，如下表所示。假设一个（确定性的）学习算法 1 认为每一个模式都归类为 ω_1，除非被训练过。而算法 2 则认为每个模式都归类为 ω_2，除非被训练过。这样当在 $\mathcal{D}$ 中训练次数 $n=3$ 时，每一个算法返回一个假设，h_1 和 h_2。在这种情况下期望的“非训练集误差率”为 $\mathcal{E}_1(E|F,\mathcal{D})=0.4$ 和 $\mathcal{E}_2(E|F,\mathcal{D})=0.6$。

	$\mathbf{x}$	F	h_1	h_2
$\mathcal{D}$	000	1	1	1
	001	−1	−1	−1
	010	1	1	1
	011	−1	1	−1
	100	1	1	−1
	101	−1	1	−1
	110	1	1	−1
	111	1	1	−1

对于这一目标函数，很显然算法 1 优于算法 2。但是请注意一点，即，设计者事先并不可能知道 $F(\mathbf{x})$——确实，我们假定并没有关于 $F(\mathbf{x})$ 的先验信息。而事实上，所有的目标函数都是平等的，这意味着 $\mathcal{D}$ 无法为 $F(\mathbf{x})$ 提供有关的一点点信息。如果我们想对所有的算法进行比较，就必须对所有可能的目标函数求平均。NFL 定理的第 2 部分表明对所有可能的目标函数求平均，那么这两个算法的非训练集误差率将没有任何差别。在表中 2^5 种不同的目标函数中与训练集 $n=3$ 的 $\mathcal{D}$ 模式集相一致的，确实存在另外一个目标函数，它的输出是每一个非训练集模式输出的求“反”，这就使得算法 1 和算法 2 的性能也相反，因而使得它们对定理第 2 部分的贡献相互抵消，因此定理的第 2 部分或公式(4)都成立。

图 9-1 表示定理 9.1 的第 1 部分可以推出的结果。6 个方块表明了所有可能的分类问题，注意到这里并不是标准的特征空间。如果一个学习系统对某些问题集的性能比较好——比平均推广性能要好——那么，它肯定在另外一些地方比平均性能要差，如图 9-1a 所示。没

有哪个系统可以在全部函数集的全部地方都做得很好(图 9-1d),否则的话,将与“没有免费的午餐定理”矛盾。

总而言之,所有的有关“某个学习或识别算法 1 比算法 2 更好”的说法,都无可避免地要涉及某个相关的目标函数。因此,在推广性能上也存在一个普适的“守恒率”:对每一个可行的二值分类学习算法来说,它们的性能对所有可能的目标函数的求和结果确切地为零。这样,如果我们不在一些问题上付出数量相等的负的性能代价的话,那么是根本不可能在另外一些问题上得到正的性能提高的。这样,如果我们预期不会采用某些特定的算法去解决某个问题,那么可以对这个问题的性能做一些折中,而相应的提高另外那些我们预期会遇到的问题的性能。这个结论,与 NFL 定理的其他结论在一起,共同强调的是:学习算法必须要做一些与问题领域有关的“假设”(assumptions)。该定理的另外一个实践意义在于:即使是一个非常流行并且有坚实的理论基础的算法,也会对某些问题上得到很差的结果,假如该问题的后验恰好与学习算法不“匹配”时。实践者必须明白这种现实问题中的可能性。所谓“专家”,也不过只擅长一个很小的专门领域。即使是功能强大的算法(例如神经网络),也不能解决所有的问题。掌握更多的不同种类的技术,是实践者面对任意的新的分类问题时仍能保持从容不迫态度的最佳保证。 457

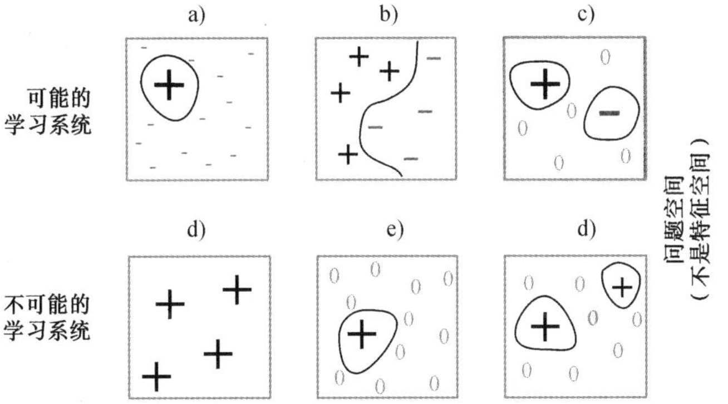

图 9-1 “没有免费的午餐定理”表明了非训练集上的推广性能,上面一行图是可能发生的情况,而下面一行是不可能发生的情况。每一个方格代表与训练数据集一致的所有可能的分类问题(这里采用的不是我们熟悉的特征空间)。图中的“+”号表示推广性能比平均性能要好,而“—”号表示比平均性能要差。(“0”表示恰好是平均性能),这些符号的尺寸表示的是“好”或“差”的程度的大小。例如,图 a 表示的是分类器的推广性能在一个小区域比平均性能好很多,但在其他广大的区域比平均性能都稍微差一点。同样,图 b 表示的是在一半的区域推广性能较好,而另一半的性能较差的情况。对问题的所有地方的推广性能都好的情况(图 d)是不可能出现的。图 e 表示的是只在一个小区域中比平均性能要好,而其他区域都为平均性能的情况也是不可能出现的

*9.2.2 丑小鸭定理

“没有免费的午餐定理”表明:在没有“假设”的前提下,我们没有理由偏爱某一学习或分类算法而轻视另外一个。一个类似的定理研究的是特征和模式的关系。粗略地讲,“丑小鸭定理”表明的是:在没有“假设”的前提下,也不存在“优越”的或“最好”的特征表达,并且,即使是模式之间的“相似”的概念也“隐含”地依赖若干“假设”,不管该“假设”是正确的,还是不正确的。

由于我们只使用离散表示,所以可以使用逻辑表达式或“谓词”来描述一个模式,与第 8 章的做法很相似。如果利用 fi 表述一个二值特征属性,那么一个特定的模式可以用谓词描述为

“$f_1 AND\ f_2$”，另一个模式可能被描述为“$NOT\ f_2$”，等等。这样，我们也有包括模式本身的谓
458 词表达式。例如“$\mathbf{x}_1\ OR\ \mathbf{x}_2$”[⊖]。图 9-2 表示怎样用 Venn 图来表述一个模式。

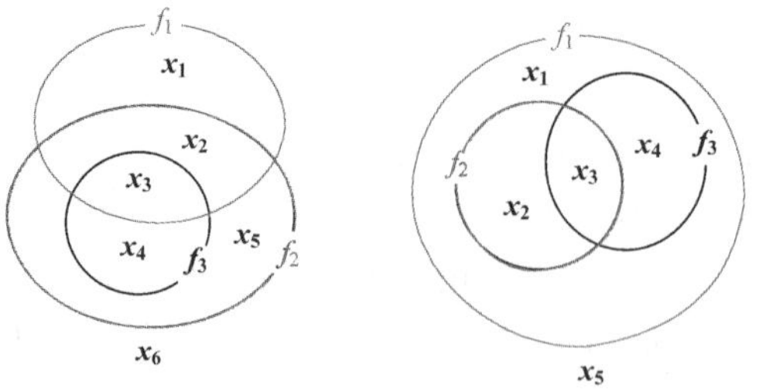

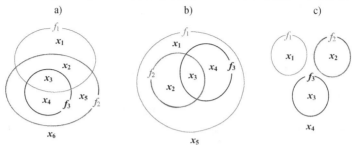

图 9-2　用二值特征 f_i 的 d-元组表示的模式 $\mathbf{x}_i$（这里 $d=3$），可以绘制在 Venn 图中，这个图依赖于分类问题本身及其有关的约束。例如，f_1 是描述属性“有腿”的二值特征，f_2 是描述“有右臂”的特征，f_3 是“有右手”。这样，$\mathbf{x}_1$ 表示一个“有腿”但是没有“右手”和“右臂”的人，$\mathbf{x}_2$ 表示一个“有腿”和“右臂”但是没有“右手”的人，等等。注意，Venn 图中含有了一个真“人”的生物学上的约束，例如：不存在一个有右手而无右臂的人。图 c 表达了另外一种生物学约束，即，人类眼睛颜色是互斥的，不存在眼睛颜色有两种的人。这里的属性 f_1，f_2，f_3 可能表示“棕色”“绿色”“蓝色”，而模式 $\mathbf{x}_i$ 表示一个人

下面我们需要对谓词计数（counting），为了清楚起见，考虑一个特定的 Venn 图是很有帮助的，比如图 9-3。这是最普通的基于两个特征的 Venn 图。因为任何一个 f_1 和 f_2 的构型，其实就是一个模式。在这里，谓词可以简单表示为 $\mathbf{x}_1$，或稍微复杂一些，例如“$\mathbf{x}_1\ OR \mathbf{x}_2\ OR\ \mathbf{x}_4$”，等等。

图 9-3　对两个特征无约束的 Venn 图，这样所有 4 种二值属性向量都可能出现

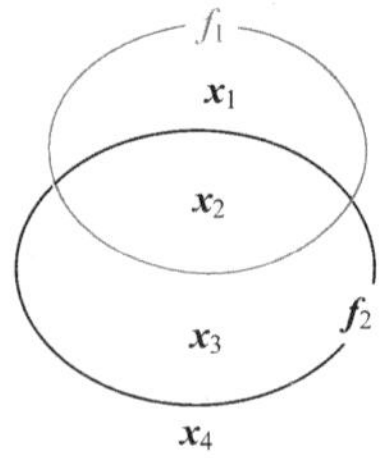

谓词的“阶”r 是一个谓词表达式所能包含最简单或不可再分的元素的数目。下面表格表示图 9-3 中的 1 阶、2 阶和 3 阶谓词的 Venn 图。没有显示出的是一种实际存在的阶数为 4 的
459 一个谓词，即 $\mathbf{x}_1, \cdots, \mathbf{x}_4$ 的析取式，该逻辑值为真（true）。令 n 表示 Venn 图中的区域的总个数（即可能的不同模式的数目），那么 r 阶谓词一共有 $\binom{n}{r}$ 个，如下表所示。

rank $r=1$

$\mathbf{x}_1$	f_1 AND NOT f_2
$\mathbf{x}_2$	f_1 AND f_2
$\mathbf{x}_3$	f_2 AND NOT f_1
$\mathbf{x}_4$	NOT (f_1 OR f_2)

$\binom{4}{1}=4$

rank $r=2$

$\mathbf{x}_1$ OR $\mathbf{x}_2$	f_1
$\mathbf{x}_1$ OR $\mathbf{x}_3$	f_1 XOR f_2
$\mathbf{x}_1$ OR $\mathbf{x}_4$	NOT f_2
$\mathbf{x}_2$ OR $\mathbf{x}_3$	f_2
$\mathbf{x}_2$ OR $\mathbf{x}_4$	NOT(f_1 AND f_2)
$\mathbf{x}_3$ OR $\mathbf{x}_4$	NOT f_1

$\binom{4}{2}=6$

rank $r=3$

$\mathbf{x}_1$ OR $\mathbf{x}_2$ OR $\mathbf{x}_3$	f_1 OR f_2
$\mathbf{x}_1$ OR $\mathbf{x}_2$ OR $\mathbf{x}_4$	f_1 OR NOT f_2
$\mathbf{x}_1$ OR $\mathbf{x}_3$ OR $\mathbf{x}_3$	NOT(f_1 AND f_2)
$\mathbf{x}_2$ OR $\mathbf{x}_3$ OR $\mathbf{x}_4$	f_2 OR NOT f_1

$\binom{4}{3}=4$

⊖ 从技术上讲，我们应该用集合的运算符（例如‘∪’）来表示 *Venn* 图的关系，而不是这里的逻辑 *OR* 等，但为了与本书其他内容一致，我们还是选用后者。

在没有任何限制的条件下，谓词总个数为

$$\sum_{r=0}^{n}\binom{n}{r}=(1+1)^n=2^n \tag{5}$$

同样，对于 $d=4$ 的情况(图 9-3)，一共有 16 种可能谓词。而对于图 9-2，由于其中的 Venn 图中含有限制，所以这一公式不成立。

现在我们回到中心的问题：在没有先验信息的前提下，是否存在一个原则性的理由来判定任意两个不同的模式，相比于另外两个不同的模式，具有更多(或更少的)相似性呢？一个自然和熟悉的判定方法是根据统计两个模式共享的特征或属性的数目。但是，即使这种明显的度量也遇到了概念上的困难。

为了理解上述困难，首先来考虑一个简单的例子。假定 f_1 和 f_2 分别表示“右眼瞎”和“左眼瞎”。如果我们利用共享特征的方法来度量相似程度，那么，一个人 $\mathbf{x}_1=\{1, 0\}$(只是瞎了右眼)，与另一个人 $\mathbf{x}_2=\{0, 1\}$(只是瞎了左眼)具有最大程度的不同。特别是，$\mathbf{x}_1$ 与全瞎的人以及视力正常更相似，反而与 $\mathbf{x}_2$ 不相似。但是这一结果显然不能让人满意。我们能够很简单地想象很多情况，一个左眼瞎的人“理应”与右眼瞎的人更相似。比如说，对这种人还是允许开汽车的。一个瞎了一只眼的人显然与完全瞎的人有本质的不同，全瞎的人是不能开汽车的。

第二，总是存在多种方式可以用来表示特征向量或属性元组。例如在上例中，我们能够用另外的特征 f_1' 和 f_2' 分别表示“右眼瞎”和“两只眼情况相同”，那么有 4 种人可以通过下表来描述。

	f_1	f_2	f_1'	f_2'
$\mathbf{x}_1$	0	0	0	1
$\mathbf{x}_2$	0	1	0	0
$\mathbf{x}_3$	1	0	1	0
$\mathbf{x}_4$	1	1	1	1

460

当然还存在其他的表示方式。每种方式都或多或少的适合于某一特定问题。在缺少先验信息的条件下，不存在原则性的理由表明一种表达比另外一种表达更好。

我们现在必须面对这样一个问题：即给定表达方式后，对两种模式的相似程度给出一个原则性的度量标准。在这种条件下，仅有的一个可行的度量标准就是模式间所共享的谓词数目(而不是共享的特征数目)。考虑两个(在特定表达下)不同的模式 $\mathbf{x}_i$ 和 $\mathbf{x}_j$，其中 $i\neq j$。先不考虑问题当中存在的限制条件(比如那个 Venn 图)，显然两个模式没有共享秩 $r=1$ 的谓词。有且仅有一个秩 $r=2$ 的谓词，它是 $\mathbf{x}_i$ 或 $\mathbf{x}_j$。秩 $r=3$ 的谓词一定包含 3 个模式，其中两个是 $\mathbf{x}_i$ 和 $\mathbf{x}_j$。由于总共有 d 个模式，因此 $\mathbf{x}_i$ 和 $\mathbf{x}_j$ 共享的秩 $r=3$ 的谓词一共有 $\binom{d-2}{1}=d-2$ 个。同样，对于任意秩 r，两个模式共享 $\binom{d-2}{r-2}$ 个谓词，其中 $2\leqslant r\leqslant d$。两个模式共享的谓词是分别取各种秩时的和

$$\sum_{r-2}^{d}\binom{d-2}{r-2}=(1+1)^{d-2}=2^{d-2} \tag{6}$$

注意关键性的结果：式(6)与 $\mathbf{x}_i$ 和 $\mathbf{x}_j$ 的选择(只要它们是不同的)无关。因此我们得到如下的结论：两个不同的模式所共享的谓词个数是一个与模式本身无关的常数。(习题 11)由此

总结到:如果采用模式共享的谓词个数来判断相似程度,那么任何两个不同的模式都具有“同样的相似程度”下面的定理中正式阐述了这一点:

■ **定理 9.2(丑小鸭定理)**(Ugly Duckling)[⊖] 如果只使用有限的谓词集合来区分待研究的任意两个模式的,那么任意这样两个模式所共享的谓词的数目是一个与模式的选择无关的常数。此外,如果模式的相似程度是基于两个模式共享的谓词的总数,那么任何两个模式都是“等相似”的。

概括来说,丑小鸭定理阐述了一些非常基础但是经常被忽视的事情:不存在与问题无关的“优越”的或“最好”的特征集合或属性集合。另外,虽然上述定理是根据二值属性 d 元组得到的,但是对连续特征空间同样适用,只要这个空间可以(以任意分辨率)离散化。此定理使我们认识到:即使是两个模式之间的“相似程度”这样一个看起来很简单的概念,也建立在依赖于问题领域的隐含“假设”的基础上。

9.2.3 最小描述长度

有时,人们声称“最小描述长度原理”(Minimum Description Length,MDL)给出了一个选择某种分类器而非另外一种的正当理由。特别是,要求去选择一个“简单”而非“复杂”的分类器。简单而言,这种方法旨在为某种模式类(好像是“信号”)中的所有成员找到了某种不可约的、最小的表达方式;而个体模式中的所有变形都被认为是“噪声”。这种方法的理由在于:通
461 过适当简化模式,可以使“信号”被保留而“噪声”被忽略。由于这个原理经常被引用,所以充分理解它能导出什么,不能导出什么,以及它与“没有免费的午餐定理”的关系就十分重要。为了做到这一点,我们首先要理解“算法复杂度”的概念。

算法复杂度

算法复杂度——也被称为戈尔莫戈罗夫复杂度、Kolmogorov-Chaitin 复杂度、描述复杂度、最短的程序长度或者算法熵,它试图发现一个二进制串的内部复杂度。(事先假定分类器和模式都可以用这样的串描述)。“算法复杂度”的理解可以用“通信”来类比,这也是信息论的最早应用(附录 A.7)。如果发送端和接收端就某种通信规范方法 L(比如一种编码协议或压缩技术)达成一致,那么消息 x 可以用 y 来传输,并解码给出某种固定的方法 L,表示为 $L(y)=x$。x 的传输代价就是被传输的消息 y 的长度,也就是 $|y|$。因此最小代价就是这样一个具有最小长度的消息,表示为 $\min\limits_{y:L(y)=x}|y|$。

算法复杂度可以利用与通信类似的方式来定义,只不过不用固定的解码方法,在这里,我们考虑在一台“抽象计算机”上运行的程序。所谓“抽象计算机”,就是只定义功能(比如存储、处理等),而不考虑具体硬件限制的计算机器。考虑一台抽象计算机,它将一个二进制串 y 作为输入程序,在输出一个串 x 后停机。在这种情况下,y 被认为是 x 的一种抽象编码或抽象描述。

一种“万能”(universal)的描述应该独立于规范(至多只相差一个加性常数),它不应依赖

⊖ 这个定理的有趣但奇怪的名称来自下面这段违背直觉的陈述:假定相似度是基于共享的谓词个数,那么,一只丑小鸭 A 与一只美丽天鹅 B 的相似性,与 B 同另外一只美丽天鹅 C 的相似性是一样的,假如它们的项彼此有不同的话。

于规范是否是用 C++、Lisp、Java 等来实现的。这样一种描述允许我们可靠地对不同的二进制串 x_1 和 x_2 进行复杂度的比较。这样的方法将度量数据的固有信息量(inherent information),即在没有任何先验的情况下,必须要被传输的(没有任何冗余的)数据量。一个二进制串 x 的戈尔莫戈罗夫复杂度(表示为 $K(x)$)被定义为:能够输出 x 的最短程序串 y 的长度(长度以比特为单位),就是说,在没有任何其他数据的条件下,可以计算出串 x,然后停机。形式上,我们写成

$$K(x) = \min_{|y|}[U(y) = x] \tag{7}$$

其中 U 代表一个抽象的万能"图灵机"(Turing machine)或者"图灵计算机"(Turing computer)。就我们的目的而言,完全可以说"图灵机"是"万能"或"通用"的,"通用"的意思是指:用它可以实现任何算法和计算任何"可计算的函数"(computable function)。戈尔莫戈罗夫复杂度是关于 x 的"不可压缩性"(incompressibility)的度量,与"最小充分统计量"类似(第 3 章),后者是一种最优的描述某种分布的(最小的)不可压缩的度量。

考虑下面的例子。假设 x 由 n 个"1"组成的串 x="111111…1111",这确实是个非常"简单"的串。如果要指明一个可以产生串 x 的包含输出"1"的循环的通用程序,该程序的长度为 k 比特,那么我们只需要 $\log_2 n$ 比特数就可以保证循环 n 次——达到停机的条件。因此串 x 的戈尔莫戈罗夫复杂度就是 $K(x)=O(\log_2 n)$。下面考虑超越数 π,它的二进制序列看起来是无穷随机数字串"$11.001001000011111101101010100 01\cdots_2$"但是,事实上,$\pi$ 仅包含了几个比特的信息:即可生成上述串到任意位数的程序最小长度。非正式地说,我们可以认为 π 的算法复杂度是一个常数,通常写成 $K(\pi)=\mathcal{O}(1)$,它表示 $K(\pi)$ 不会随着需要位数的增加而增长。另一个例子是一个"真正"随机的二进制串,它不能被(压缩)表示为更短的串;它的算法复杂度是它的长度的若干倍。对于这样的串,我们写成 $K(x)=\mathcal{O}(|x|)$,表示 $K(x)$ 随 x 的长度一起增长(习题 13)。 462

9.2.4 最小描述长度原理

我们现在转向一个简单"朴素"的"最小描述长度"原理,并且介绍它在模式识别中的应用。假设每一类别中的所有成员都共享部分特征,但其他特征都不相同。于是,模式识别器必须在忽略次要(或者随机)特征的同时,试图学习属于类别本身的公共的或本质的特性。戈尔莫戈罗夫复杂度的目的在于提供一种"简单性"的客观度量,并且用于提供事物的"本质"特性的描述。

假设我们要用训练集$\mathcal{D}$来设计一个分类器。最小描述长度(MDL)原理指出:我们必须使模型的算法复杂度,以及与该模型相适应的训练数据的描述长度的和最小,也就是

$$K(h, \mathcal{D}) = K(h) + K(\mathcal{D}|\, h) \tag{8}$$

因此我们要寻找一个遵从 $h^* = \arg\min_h K(h, \mathcal{D})$ 的模型 h^*,正如习题 14 中所研究的那样。(这里的"朴素 MDL 原理"的其他变体对式(8)采用了加权求和的形式。)实际中,一个分类器的算法复杂度要根据所选择的抽象计算机的种类来确定,这意味着其复杂度最多附加一个加性常数。

最小描述长度原理(MDL)一个显著应用是判定树分类器的设计(第 8 章)。在这种情况下,一个模型 h 用于指明树及其节点上的判决;因此模型的算法复杂度与节点数成比例。在模型中给出的数据复杂度可以根据数据的熵(单位为比特)的形式来表示,即所有叶节点上数据的熵的加权和。因此,如果采用基于熵的准则来剪枝这棵树,那么必然隐含存在一种全局代价

准则,它与最小化式(8)的一般形式是等价的(上机习题 1)。

理论上可以证明,如果有越来越多的数据(极限情况),那么用最小描述长度原理设计的分类器能够收敛到理想或真正的模型上。这确实是一个很好的性质。然而,它却无法证明当数据有限时也能获得更好的性能。因为假如这样,将明显违反“没有免费的午餐定理”。而且,实际情况中要计算最小描述长度通常是比较困难的,因为我们不可能聪明到可以发现“最好”的描述方法的程度(习题 17)。假设某个特定的分类器与一个抽象计算机之间存在对应关系,那么,在这种情况下,很容易确定出可以产生该分类器所需要的程序串的长度,但是它未必是最小的串。为了确定算法复杂度,我们不得不在所有可能产生该分类器的程序中执行一个相当困难的搜索过程。

最小描述长度原理可以用贝叶斯的观点来考虑。用目前的术语,假定数据和“假设”

463 (hypotheses)都是离散的,那么贝叶斯公式为

$$P(h|\mathcal{D}) = \frac{P(h)P(\mathcal{D}|h)}{P(\mathcal{D})} \tag{9}$$

最优假设 h^* 是使后验概率最大的那个假设,也就是

$$\begin{aligned} h^* &= \arg\max_h[P(h)P(\mathcal{D}|h)] \\ &= \arg\max_h[\log_2 P(h) + \log_2 P(\mathcal{D}|h)] \end{aligned} \tag{10}$$

这与我们在第 3 章中看到的一样。注意到一个串 $\mathbf{x}$ 可用 $-\log_2 P(x)$ 作代价下界来进行传输或者描述,正如香农最优编码定理所规定的。因此香农定理在最小描述长度(式(8))和贝叶斯方法(式(10))之间架设了一座桥梁。最小描述长度原理表明:更偏爱较简单的模型(有较小的算法复杂度),这相当增加了往“简单性”方向的偏差(bias)。在实践中,用描述长度来表示先验信息,要比用分布函数要容易得多(习题 16)。在 9.3 节中我们将会再次讨论有关问题,特别是关于“模型简化”和“数据拟合”这个“偏差-方差两难问题”的折中。

实验发现,基于 MDL 原理设计的分类器对很多问题能工作得很好。如同前面提到的,该原理通过对先验信息施加朝向“简单性模型”方向的偏差来起作用。然而,在 9.2.5 节中我们将会看到,使得上述实验大量成功背后的理由并非普遍。

MDL 原理的最大好处之一是它提供了一种计算上明确的方法,用于折中模型的复杂程度和数据的拟合程度。对一些启发式的方法,比如剪枝的神经网络,将网络的算法复杂度(比如单元或者权的数目)和相应于模型的数据的熵进行比较是一件困难的事。

9.2.5 避免过拟合及 Occam 剃刀原理

在模式分类器的讨论中,我们曾提到可以利用“规则化”“剪枝”“惩罚项”以及“最小化描述长度”等技术来避免出现“过拟合”。“没有免费的午餐”定理对上述技术提出了质疑。如果根本不存在与问题无关的理由,使得我们可以偏爱一种算法而不是另一种,那么,为什么我们又普遍提倡“避免过拟合”呢?或者说,对于给定的训练误差,为什么我们一般会“偏爱”具有较少特征和参数的简单的分类器呢?

事实上,无论是“避免过拟合”还是“最小化描述长度”都没有与生俱来的优越性;这类技术相当于对分类器的形式或者参数的形式施加一种“偏差”,或者说是“偏爱”。它们之所以在实践中起作用,仅仅是因为这恰好与它们所要解决的问题“匹配”。成功的经验取决于特定的学习算法与实际问题“匹配”,而不是“避免过拟合”技术带来的好处。有时,“避免过拟合”的做法反而会导致更差的性能。“避免过拟合”的效果也依赖于具体表达方式的选择;如果特征空间

被映射到一个新的、形式上等价的空间，同样的“避免过拟合”技术会导致不同的结果。

根据“没有免费的午餐定理”的负面结论，我们可以更加深入的探究 MDL 原理的频繁“成功”经验，以及更加一般化的哲学原则——Occam 剃刀原理(Occam's razor)。在 Occam 剃刀原理最初的形式中，它仅仅说明：除非必要，“实体”(或“解释”)不应该随便增加。但在模式识 464
别中，它被认为是一种忠告，即设计者不应该选用比“必要”更加复杂的分类器，其中所谓“必要”是由训练数据的拟合情况所决定的。“没有免费的午餐定理”已经证明了“简单”的分类器(或者较“复杂”的)本身并没有任何优越性——“简单”分类器既不是独一无二的，也并非普遍的有效。

Occam 的剃刀原理的普遍运用和频繁成功仅仅暗示了：到目前为止，我们遇到的各类问题都具有某种独特的性质。我们“偏爱”用简单的分类器来解决问题的理由是什么？一个合理的猜测是：长期的进化过程，使我们自身的“模式识别仪器”面临强大的(自然)选择的压力——要求执行更简单的计算、需要更少的神经元、花费更短的时间，等等，导致我们的分类系统趋向于“简单”的方案。我们很可能忽视了那些 Occam 的剃刀原理不成立的问题。类似地，研究人员在考察更复杂的算法之前，首先会倾向于研究简单的算法。例如，人们首先研究了感知器，然后到多层神经网络，到剪枝的神经网络，到拓扑结构可学习的网络，直到神经网络与规则技术的综合方法，等等，每个算法都比它的前任更加复杂。每种方法都会解决一些问题，而不是那些“更复杂”的方法。比如基本的感知器就无法识别光学字符；一个简单的三层神经网络不足以识别与说话人无关的语音信号。因此我们的设计方法论本身已经强加了对“简单”分类器的偏向；当分类器已经“足够好”时，我们通常会马上停止研究。所谓的“满意原则”(satisficing)，即实现一个“合适”的解(尽管未必是“最优”的解)已经足够了。这(可能)是许多实际模式识别系统甚至人类认知系统成功的基础。

Occam 剃刀原理成立的另外一个理由来自对学习算法我们可能非常需要和期望的一个性质。如果假设从平均效果来看，加入更多的训练数据不会使一个分类器的推广性能下降，那么就可以推导出一款 Occam 剃刀原理。不过请注意，上述期望的性质等价于给目标函数强加了某种非均匀的先验信息；尽管我们确实希望拥有上述性质，但它毕竟只是一个前提假设，而无法进行证明。最后要说明的是，“没有免费的午餐定理”还暗示我们不可能用训练数据实现这样的一个系统：即利用此系统，我们可以将那些该分类器可以很好推广的新问题与那些不能很好推广的新问题区分开来。

9.3 偏差和方差

我们已经知道如果对问题的类别概率不作任何限制，那么是没有普适的最优分类器的。因此，对任何给定的问题，实践者必须做好充分的准备去研究探索大量的方法或模型。下面我们将定义两种度量，用于测量学习算法与给定分类问题的“匹配”和“校准”程度，这就是“偏差和方差”。“偏差”度量的是匹配的“准确性”和“质量”：一个高的偏差意味着一个坏的匹配。而“方差”度量的是匹配的“精确性”和“特定性”：一个高的方差意味着一个弱匹配。设计者可以调整分类器的偏差和方差，但是重要的“偏差-方差关系”表明这两项是非独立的；事实上，对于给定的均方误差，它们服从“守恒律”[⊖]的形式。虽然这样，假如有一点先验知识或者甚至仅凭运气，也可以建造出具有不同均方误差的分类器。 465

⊖ 更准确的类比是物理学中的“测不准关系”或“互补律”。——译者注

9.3.1 回归中的偏差和方差关系

偏差和方差关系在回归和曲线拟合的场合中是很容易理解的。假设存在一个真实(但是未知)的函数 $F(\mathbf{x})$,它的输出是带有噪声的连续值。我们试图用由 $F(\cdot)$产生的集合$\mathcal{D}$中的 n 个样本来估计 $F(\cdot)$。待估计的回归方程表示为 $g(\mathbf{x};\mathcal{D})$。我们感兴趣的是逼近性能对训练集$\mathcal{D}$的依赖关系。由于数据的选取随机性,对于有限大小的某些数据集逼近性能可能会很好,但是对其他同样大小的数据集,该逼近性能可能会很差。估计算子的有效性的自然度量可以用偏离最优情况的均方误差来表示,也即我们对所有大小为 n 的训练集$\mathcal{D}$求平均,得到(习题 18)

$$\mathcal{E}_{\mathcal{D}}\left[(g(\mathbf{x};\ \mathcal{D})-F(\mathbf{x}))^2\right] = \underbrace{(\mathcal{E}_{\mathcal{D}}[g(\mathbf{x};\ \mathcal{D})-F(\mathbf{x})])^2}_{\text{偏差}^2}+\underbrace{\mathcal{E}_{\mathcal{D}}\left[(g(\mathbf{x};\ \mathcal{D})-\mathcal{E}_{\mathcal{D}}[g(\mathbf{x};\ \mathcal{D})])^2\right]}_{\text{方差}} \tag{11}$$

右边的第一项就是“偏差”(平方),代表的是期望值和真实值(一般情况下未知)之间的差异;第二项是“方差”项。这样,一个小的“偏差”意味着从平均意义上来说,我们可以从$\mathcal{D}$中准确的估计出 $F(\cdot)$。另外,一个小的“方差”意味着 $F(\cdot)$的估计并不随训练集的波动而有发生较大改变。即使估计算子是无偏的(即,期望值等于真实值),由于方差项的原因,也有可能出现很大的均方误差。

式(11)表明均方误差可以用偏差项和方差项的和的形式来表示。“偏差和方差两难”或者“偏差和方差折中”是一个很普遍的现象:一个算法如果逐渐提高对训练数据的适应性(比如,设计更多的自由参数),那么它将趋向于更小的偏差,但是会导致更高方差。不同种类的回归方程 $g(\mathbf{x};\ \mathcal{D})$,比如线性的、二次型的、混合高斯的,等等,将有不同的总体误差。尽管如此,它们仍然服从式(11)。

举个例子,假设真实的目标方程 $F(x)$是一个有噪声的一元三次多项式,如图 9-4 所示。我们试图基于采样训练集$\mathcal{D}$来估计这个方程。图中(a)列表示的是一个很差的估计 $g(x)$,它采用一个固定的独立于训练数据的线性方程。对于从 $F(x)$中采样的含有噪声的不同训练集,它都是固定不变的。最下方的图给出了基于式(11)的均方误差的直方图。图中显示了一个尖峰,其位置有相当大的误差,表明这个估计算子太差了,存在很高的偏差,但是,这个固定的模型的估计方差却为零。(b)列也是固定的线性模型,但碰巧它是 $F(\mathbf{x})$的一个较好的估计。它同样也有一个零方差,但它的偏差要比(a)列中的那个模型要小一些。大概设计者为了得到这个改善后的估计,利用了 $F(x)$的一些先验知识。

(c)列中的模型是一个系数可训练的三次曲线;如果$\mathcal{D}$中包括无穷多个训练点,那么它能精确地学习给定的 $F(x)$。注意到,它为图中每个训练集合找到的匹配都十分好,因此偏差很小,如最下方的图所示。(d)列的模型对 x 是线性的,但是它的斜率和截距是由训练数据确定的。基于此,(d)列中的模型要比(a)列和(b)列中的模型的偏差小。

总的来说,对给定的目标方程 $F(x)$,如果候选模型的参数很多(通常产生较小的偏差),那
466 么它会很好地拟合数据,但是会导致较高的方差。相反地,如果这个模型参数较少(通常对应较大的偏差),那么数据拟合性能将不会特别好,但拟合的程度对于不同的数据集变化不会太大(较低的方差)。获得较小偏差和较小方差的最好方法是尽量了解目标方程的先验信息。事实上,我们永远不可能同时得到零偏差和零方差;当然唯一的例外情况是这样的一个学习问题:即问题的答案是我们事先已知的。此外,只要模型足够一般,以至于有能力表达目标方程,那么采用大量的训练数据将会使性能得到改善。对偏差和方差关系的考察有助于解释我们如下作法的理由,即尽可能地去寻找关于解的形式的精确的先验信息,以及利用尽可能多的训练

样本。学习算法与给定问题的匹配情况是至关重要的。

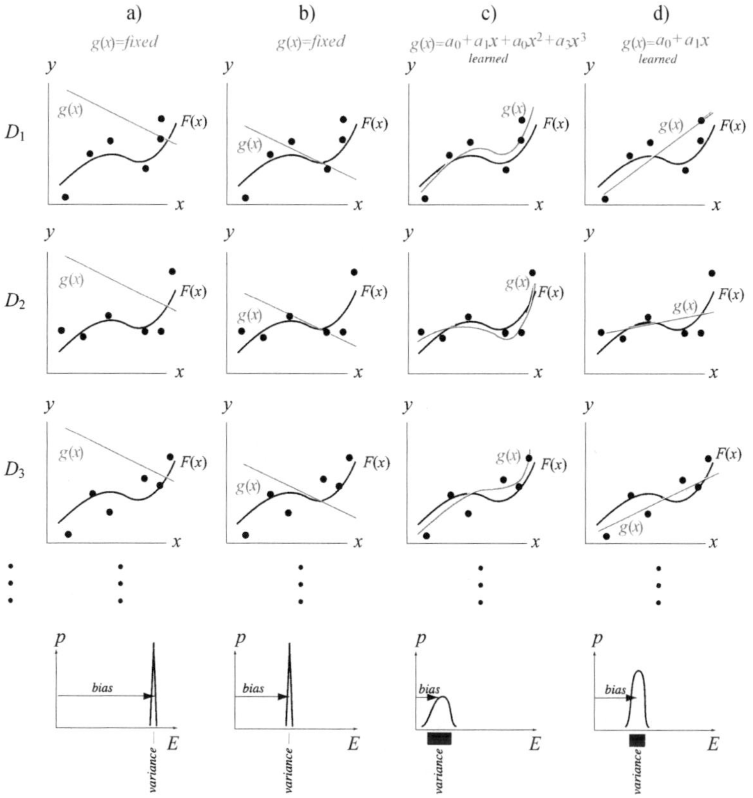

图 9-4 偏差和方差两难问题可以在回归分析领域中清楚地图示。每一列对应一个不同的模型，每一行表示从含有噪声的真实函数 $F(x)$ 中随机采样的不同的训练集 $\mathcal{D}_i$（大小均为 $n=6$）。基于式(11)算出的均方误差 $E=\mathcal{E}_{\mathcal{D}}[(g(x)-F(x))^2]$ 的概率函数示于下方的图。(a)列示出的是一个很差的模型：一个与训练集无关的参数固定的线性模型。该模型有很大的偏差，但方差为零。(b)列示出的是一个有些改进的线性模型，尽管其参数也固定，也与训练集无关，但是它碰巧有较小的偏差，且方差也为零。(c)列是一个三次模型，其中的参数在均方误差意义上被训练使得数据可以很好地拟合。该模型有低的偏差和中等程度的方差。(d)列采用参数可调的线性模型，并且参数已经过训练，该模型有中等偏差和中等的方差。如果训练集中样本个数 $n\to\infty$，那么，(c)列模型的偏差可以非常小（仅仅由随机噪声引起）。但(d)列却不然。随着 $n\to\infty$，图中所有模型的方差都会趋于零

9.3.2 分类中的偏差和方差关系

在回归分析中，理解偏差和方差的分解和两难问题是很简单的事。不过，我们更感兴趣的是它们在分类中的意义，这多少有些复杂。在一个两类分类问题中，我们令目标（判别）函数的值为 0 或者 +1，也就是

$$F(\mathbf{x}) = \Pr[y=1|\mathbf{x}] = 1 - \Pr[y=0|\mathbf{x}] \tag{12}$$

初步考虑，我们看到回归中的均方误差函数（式(11)）并不适合分类问题。毕竟，即使在拟合的均方误差很差的情况下，也可能得到精确的分类，甚至有可能达到最小（贝叶斯）误差。这是因为采用 0-1 损失函数的判别规则总是选择最大的后验概率 $P(\omega_i|\mathbf{x})$，而不在乎它究竟大了多少。不过，通过考虑 y 的数学期望，我们也可以将分类纳入前面看到的回归的框架中。为此，考虑如下一个判别函数：

$$y = F(\mathbf{x}) + \epsilon \tag{13}$$

其中ϵ是一个零均值的随机变量。简单起见，假设它是一个方差的中心二项分布。目标函数于是可以写成

$$F(\mathbf{x}) = \mathcal{E}[y|\mathbf{x}] \tag{14}$$

现在的目的是要找到估计 $g(\mathbf{x};\mathcal{D})$，使均方误差最小，如式(11)一样。

$$\mathcal{E}_{\mathcal{D}}[(g(\mathbf{x};\ \mathcal{D}) - y)^2] \tag{15}$$

这样，使用 9.3.1 节中的回归方法就得到了可以用于分类的估计 $g(\mathbf{x};\ \mathcal{D})$。

为简单起见，假设先验概率相等，$P(w_1)=P(w_2)=0.5$，那么贝叶斯判决门限就是 1/2，而判决边界是所有满足 $F(\mathbf{x})=1/2$ 的点的集合。对一个给定的训练集$\mathcal{D}$，如果分类错误率 $\Pr[g(\mathbf{x};\mathcal{D})=y]$对所有的点 $\mathbf{x}$ 求平均后，能符合贝叶斯判据：

$$\Pr[g(\mathbf{x};\ \mathcal{D}) = y] = \Pr[y_B(\mathbf{x}) \neq y] = \min[F(\mathbf{x}), 1 - F(\mathbf{x})] \tag{16}$$

那么我们就真正得到了最小误差。如果不是这样，那么预测将导致增误差的增加：

$$\begin{aligned}\Pr[g(\mathbf{x};\ \mathcal{D})] &= \max[F(\mathbf{x}), 1 - F(\mathbf{x})] \\ &= |2F(\mathbf{x}) - 1| + \Pr[y_B(\mathbf{x}) = y]\end{aligned} \tag{17}$$

467～468 通过对大小为 n 的所有数据集求平均得到：

$$\Pr[g(\mathbf{x};\ \mathcal{D}) \neq y] = |2F(\mathbf{x}) - 1|\Pr[g(\mathbf{x};\ \mathcal{D}) \neq y_B] + \Pr[y_B \neq y] \tag{18}$$

式(18)表明分类错误率与 $\Pr[g(\mathbf{x};\mathcal{D})\neq y_B]$呈线性比例关系。它可以被看成“边界误差”，即对最优(贝叶斯)判决边界估计的不正确度(习题 19)。

由于训练集中存在随机波动，边界误差将依赖于 $p(g(\mathbf{x};D))$，即在给定的训练集 D 情况下获得特定的判别函数估计的概率密度。该误差也就是贝叶斯判决值为 1/2 的对边的拖尾的面积，正如第 2 章看到的那样。

$$\Pr[g(\mathbf{x};\ \mathcal{D}) \neq y_B] = \begin{cases} \int_{1/2}^{\infty} p(g(\mathbf{x};\ \mathcal{D}))\, dg & F(\mathbf{x}) < 1/2 \\ \int_{-\infty}^{1/2} p(g(\mathbf{x};\ \mathcal{D}))\, dg & F(\mathbf{x}) \geqslant 1/2 \end{cases} \tag{19}$$

如果做一个简便的假定，即 $p(g(\mathbf{x};\ \mathcal{D}))$是高斯函数，于是发现(习题 20)

$$\begin{aligned}\Pr[g(\mathbf{x};\ \mathcal{D}) \neq y_B] &= \Phi\left[\mathrm{Sgn}[F(\mathbf{x}) - 1/2]\frac{\mathcal{E}_{\mathcal{D}}[g(\mathbf{x};\ \mathcal{D})] - 1/2}{\sqrt{\mathrm{Var}[g(\mathbf{x};\ \mathcal{D})]}}\right] \\ &= \Phi\Big[\underbrace{\mathrm{Sgn}[F(\mathbf{x}) - 1/2][\mathcal{E}_{\mathcal{D}}[g(\mathbf{x};\ \mathcal{D})] - 1/2]}_{\text{边界偏差}}\underbrace{\mathrm{Var}[g(\mathbf{x};\ \mathcal{D})]^{-1/2}}_{\text{方差}}\Big]\end{aligned} \tag{20}$$

其中

$$\Phi[t] = \frac{1}{\sqrt{2\pi}}\int_t^{\infty} e^{-1/2u^2}du = \frac{1}{2}[1 - \mathrm{erf}(t/\sqrt{2})] \tag{21}$$

erf[•]是熟知的误差函数(附录 A.5)。

由上，我们已经将“边界误差”(boundary error)表示成了“边界偏差”(boundary bias)项和“方差”项的组合，类似于回归中的偏差-方差关系(式(11))。式(20)显示了边界误差中的“方

差”项对“边界偏差”项的关系是高度非线性的。而且当“方差”很小时，对“边界偏差”的符号将十分敏感。回归中偏差(平方)和方差服从加性关系，而对分类来说，它们的关系是非线性乘性的。边界偏差的符号影响了方差在误差中的作用。出于这个理由，一般来说，小的“方差”对于精确分类是重要的，而小的“边界偏差”则不是。或者换一种方式说，在分类时，“方差”通常支配着“边界偏差”。这意味着在实践中，只要能保持方差很小，就不必特别在意估计是否有偏。很多调整分类器的特殊方法——例如，剪枝神经网络或判定树，调节自由参数的个数，等等——都是通过调整分类器的偏差和方差。在 9.5 节中我们将会讨论适用各种分类器的其他一些方法。与回归中的偏差和方差两难问题类似的是，随着分类器对训练样本适应性的提高(比如采用更多的自由参数)，可以获得更小的方差，然而有更大的方差。

作为分类中偏差和方差的示例，我们考虑一个简单的两类问题，其中样本是从二维高斯分布中抽取出来的，每类都用向量参数化为 $p(\mathbf{x}|\omega_i)\sim N(\boldsymbol{\mu}_i,\boldsymbol{\Sigma}_i),i=1,2$。真实的分布具有对角形的协方差，如图 9-5 的顶部所示。对于每个种类，我们只有几个样本，并根据最大似然准则 469
用 3 种不同的高斯模型来估计参数。(a)列显示的是最普通的高斯分类器；每个分量分布都有任意的协方差矩阵。(b)列显示的是各分量具有对角形协方差的分类器。(c)列显示的是限制最强的模型：其协方差等于单位阵，即圆形对称高斯分布。图中左边的列对应了较小的偏差，而右边的列对应较大的偏差。

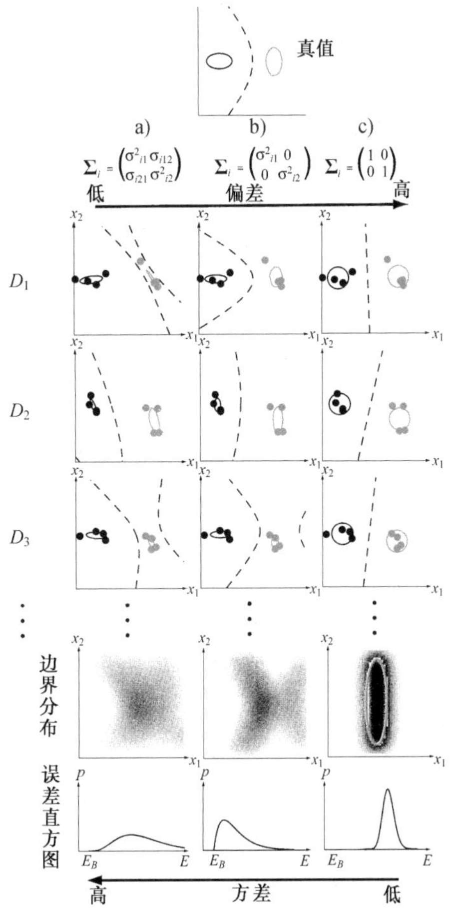

图 9-5 分类中的(边界)偏差和方差折中关系可以用二维高斯分布问题来图示。顶部的图示出了真实的分布和对应的贝叶斯判决边界。中间的 9 个图是不同的分类边界的学习结果。每行都对应一种从真实分布中随机选出的大小为 8 的训练集。(a)列用的是任意的高斯分布模型，并采用 ML 法训练。其对不同的训练集的判决边界很不相同，意味着本模型有较大的方差。而(b)列对应于具有对角化协方差矩阵的高斯模型，它的判决边界对不同行的差异就小一些，说明其方差较小。(c)列则是用一个具有单位阵协方差的高斯模型(即线性模型)拟合数据的结果。这里，不同行的判决边界几乎相同，说明它的方差很小

图 9-5 中的每一行代表一个不同的从真实分布(顶部所示)中随机选取的训练集和由此产生的分类器。注意到在高偏差的情况下,绝大多数的特征点都能正确分类,而与特定的训练集无关(即,具有低的方差),但是在小偏差的情况下,很多点的分类情况都改变了(对应于有高的方差)。一般而言,得到小偏差的代价是高的方差,它们之间的关系是非线性乘性的。

在图的底部,3 个密度图显示了判决边界的位置是怎样随着训练集的不同而改变的。最左边的密度图显示了一个非常宽的分布(高的方差)。最右边的图显示了一个窄而尖峰的分布(低的方差)。为了可视化的显示偏差,想象我们对所有可能的数据集运行学习算法而得到判决边界,并进行空间平均。对于最左边的算法来说,这些边界的平均将会等于真实的判决边界——意味着这个算法没有偏差。而最右边的平均会是一条垂线,因此有较大的边界误差——这是 3 个算法中偏差最大的算法。推广性错误的分布已显示在底部。

对于给定的偏差,方差将会随着 n 的增加而减小。自然的,如果我们采用一个非常大的样本集($n\to\infty$)进行训练,则所有的误差分布都会变得非常窄,并且移到较小的 E 值上。如果一个模型足够有能力表达一个最优判决边界,那么它的错误分布在 n 非常大的情况下会逼近于一个在 $E=E_B$(贝叶斯误差)处的 δ 函数。如同上面提及的,为了得到所需要较小的推广误差,小的方差要比小的偏差重要得多。而要得到理想的零偏差和零方差的唯一方法就是事先就知道真实的模型(或者是极度幸运的猜中),但这种情况下已经根本不需要任何学习。偏差和方差可以利用 n 大的训练集和对 $F(\mathbf{x})$的形式的精确的先验知识来降低。而且,随着 n 的增大,必须在模型 g 中添加更多的参数,这样才能使数据得到拟合(减小偏差)。为了基于有限的训练集得到最好的分类,有必要得到与真实分布(未知的)的形式相匹配的模型;这通常需要先验知识。

9.4 统计量估计中的重采样技术

当我们对一个新的具有未知概率分布的模式识别问题应用某些学习算法时,如何才能确定其偏差和方差?图 9-4 和图 9-5 中暗示了一种使用多个样本的方法,其灵感源自正规的“重
470~471 采样”技术。本节中,我们将专门讨论这种方法。之后,仍将回到最终目标上来,即使用“重采样”技术来提高分类器的准确率(9.5 节)。

9.4.1 刀切法(jackknife)

我们首先来看“重采样技术”如何能得到一个更具有信息的一般统计量的估计。假设有一个大小为 n 的样本集$\mathcal{D}$,其中的样本点 $x_i(i=1,\cdots,n)$都服从一个一维分布。那么,我们所熟悉的对于均值的估计就是

$$\hat{\mu}=\frac{1}{n}\sum_{i=1}^{n}x_i \tag{22}$$

类似地,对估计均值的精度的度量就是样本方差,定义为

$$\hat{\sigma}^2=\frac{1}{n(n-1)}\sum_{i=1}^{n}(x_i-\hat{\mu})^2 \tag{23}$$

假设我们实际感兴趣的是中值点,也就是说,分布中的一半的点比该点大,而另一半比该点小。尽管我们可以显式地求得这个点,但是,并没有一种类似于式(23)的直接的推广,使得我们可以预测中值点估计的误差或散布程度。同样的困难也存在于其他形式的统计量的估计中,比如“模态”估计(即数据集中最具代表性的具有最大频率的点),25%分位点等。“刀切法”

(jackknife)[⊖]和"自助法"(bootstrap)是两种最流行并且具有理论基础的重采样方法，能够对任意的统计量，做出类似式(22)和式(23)的推广。

在重采样理论中，我们经常使用这样的统计量：即在计算时，故意剩余(不用)某一个样本点。可以用特殊的下标来表示这个技巧。例如，"留一法"均值估计就是

$$\mu_{(i)}=\frac{1}{n-1}\sum_{j\neq i}^{n}x_j=\frac{n\bar{x}-x_i}{n-1} \tag{24}$$

也就是说，这样定义的样本均值去掉了第 i 个样本。下面，我们定义均值(指真实的均值)的"刀切法"估计为

$$\mu_{(\cdot)}=\frac{1}{n}\sum_{i=1}^{n}\mu_{(i)} \tag{25}$$

也就是说，均值的刀切法估计被定义为各个"留一法"均值的平均。容易证明，均值的传统估计就等于均值的刀切法估计，即 $\hat{\mu}=\mu_{(\cdot)}$(习题 23)。类似地，刀切法估计的方差服从

$$\text{Var}[\hat{\mu}]=\frac{n-1}{n}\sum_{i=1}^{n}(\mu_{(i)}-\mu_{(\cdot)})^2 \tag{26}$$ 472

应用于均值，刀切法方差估计就等价于式(23)的传统方差(习题 26)。

把方差的估计写成式(26)的形式的主要好处是，它可以推广到任意的其他估计算子 $\hat{\theta}$，比如中值，25%分位点，或者模态。具体过程为，首先用"留一法"计算统计量，然后用

$$\hat{\theta}_{(i)}=\hat{\theta}(x_1,x_2,\cdots,x_{i-1},x_{i+1},\cdots,x_n) \tag{27}$$

代替 $\mu_{(i)}$，并且用 $\hat{\theta}_{(\cdot)}$ 代替(25)和(26)式中 $\mu_{(\cdot)}$。

刀切法偏差估计

这里的"偏差"的概念要比 9.3 节中所描述的概念更为广义。事实上，这一概念可以应用于任何统计量的估计中。这里我们定义估计算子 θ 的"偏差"为真实值和期望值之间的差异，也就是

$$bias=\theta-\mathcal{E}[\hat{\theta}] \tag{28}$$

刀切法可用于上述偏差的估计。其具体过程为，首先在集合 $\mathcal{D}$ 中按顺序删除 x_i，每次只删除一个，然后计算估计量 $\hat{\theta}_{(\cdot)}=\frac{1}{n}\sum_{i=1}^{n}\hat{\theta}_{(i)}$。这样，偏差的刀切法估计就是(习题 21)

$$bias_{jack}=(n-1)(\hat{\theta}_{(\cdot)}-\hat{\theta}) \tag{29}$$

重新组合上式右边各项，可得到 $\hat{\theta}$ 的刀切法估计为

$$\tilde{\theta}=\hat{\theta}-bias_{jack}=n\hat{\theta}-(n-1)\hat{\theta}_{(\cdot)} \tag{30}$$

使用式(30)的好处是，它是真实偏差的一个无偏估计(习题 25)。

刀切法方差估计

现在，我们寻找任一统计量 θ 的方差的刀切法估计。首先，回忆传统的方差的定义是

$$\text{Var}[\hat{\theta}]=\mathcal{E}\big[[\hat{\theta}(x_1,x_2,\ldots,x_n)-\mathcal{E}[\hat{\theta}]]^2\big] \tag{31}$$

⊖ 刀切法(jackknife)，也被称为"留一法"(leave one out)，其思想是由 Maurice Quenouille 提出的。而这个方法的奇怪的称谓，是 John W. Tukey 命名的，因为这个方法在许多问题的处理中都非常方便而且有用。

类似于式(26),方差的刀切法估计定义为

$$\mathrm{Var}_{jack}[\hat{\theta}] = \frac{n-1}{n}\sum_{i=1}^{n}[\hat{\theta}_{(i)} - \hat{\theta}_{(\cdot)}]^2 \tag{32}$$

例 2 “模”的偏差和方差的刀切法估计

考虑下面的简单例子。我们对下列 6 个数据点的“模”感兴趣:$\mathcal{D}=\{0,10,10,10,20,20\}$。从概率分布直方图中,很容易看到,出现最频繁的点就是$\hat{\theta}=10$。对“模”的刀切法估计就是:

473 $$\hat{\theta}_{(\cdot)} = \frac{1}{n}\sum_{i=1}^{n}\hat{\theta}_{(i)} = \frac{1}{6}[10+15+15+15+10+10] = 12.5$$

其中,当 $i=2,3,4$ 时,我们利用了下面的事实:具有两个相等的峰的分布的“模”就是这两个峰的中点。这样,$\hat{\theta}_{(\cdot)}>\hat{\theta}$ 的事实就说明了刀切法估计比传统的估计考虑进了更多的关于分布本身的信息。

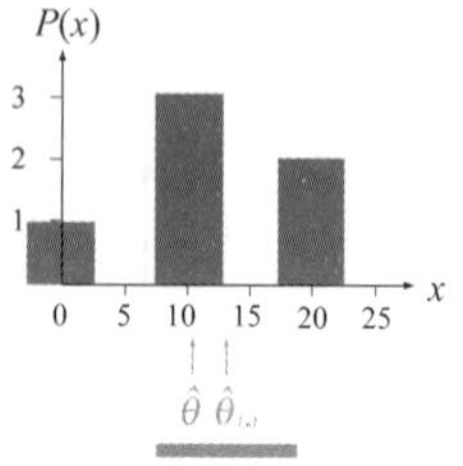

一个 $n=6$ 点的概率分布的直方图。其中的“模”值为 10,而刀切法估计的“模”值则为 12.5。方差的刀切法估计的平方根是关于“模”的散布的自然测度。这个散布程度在图中用下部的红色的横杠表示。

关于“模”的估计的偏差的刀切法估计,可以用式(29)来计算:

$$bias_{jack} = (n-1)(\hat{\theta}_{(\cdot)} - \hat{\theta}) = 5(12.5-10) = 12.5$$

类似地,方差的刀切法估计可以用式(32)来计算:

$$\begin{aligned}\mathrm{Var}_{jack}[\hat{\theta}] &= \frac{n-1}{n}\sum_{i=1}^{n}(\hat{\theta}_{(i)} - \hat{\theta}_{(\cdot)})^2 \\ &= \frac{5}{6}[(10-12.5)^2 + 3(15-12.5)^2 + 2(10-12.5)^2] = 31.25\end{aligned}$$

这个方差的平方根 $\sqrt{31.25}\approx 5.6$,是有效的标准差。直方图下面的 2 倍于这个宽度的红色横杠,表明传统的“模”的估计结果落在这个容限区间内。

采用刀切法重采样技术得到的一般统计量(比如“模”)的估计,通常比传统估计方法要好。当然,这个方法的计算复杂度也更大(习题 27)。

9.4.2 自助法(bootstrap)

一个自助数据集,就是从原始训练集$\mathcal{D}$中随机选择 n 个样本点组成的一个新的训练集。(由于原始数据集$\mathcal{D}$的大小就是 n,因此自助数据集中不可避免地存在着重复的样本点。)在“自助法估计[⊖]”(bootstrap estimation)中,这个选择过程被独立地重复 B 次,由此得到 B 个互相
474 独立的自助数据集。某个统计量 θ 的自助估计值,可记作$\hat{\theta}^{*(\cdot)}$,它定义为对独立的 B 个自助数据集的估计值的平均,即

$$\hat{\theta}^{*(\cdot)} = \frac{1}{B}\sum_{b=1}^{B}\hat{\theta}^{*(b)} \tag{33}$$

其中,$\hat{\theta}^{*(b)}$是对第 b 个自助数据集估计的统计量。

⊖ bootstrap 这个词来自(德国)拉斯伯(Rudolf Erich Raspe)的幻想小说《吹牛大王历险记》(*The adventures of Baron Munchhausen*),小说中的主人公能够不依赖外界的支撑,而是直接通过提起自己的鞋带就能使自己骑上马。这个名词的另一个应用场合就是当计算机启动时,我们必须先运行一个引导程序,然后才能运行其他程序。

自助法偏差估计

偏差的自助法估计是(习题 28)

$$bias_{boot} = \frac{1}{B}\sum_{b=1}^{B}\hat{\theta}^{*(b)} - \hat{\theta} = \hat{\theta}^{*(\cdot)} - \hat{\theta} \tag{34}$$

上机练习 3 显示了自助法如何应用于那些很难进行计算和分析的统计量,例如“修剪的均值”(trimmed mean),其中直方图的一部分(例如,最高或者最低的 5%)已经被修剪掉了。

自助法方差估计

方差的自助法估计定义为

$$\mathrm{Var}_{boot}[\theta] = \frac{1}{B}\sum_{b=1}^{B}\left[\hat{\theta}^{*(b)} - \hat{\theta}^{*(\cdot)}\right]^2 \tag{35}$$

如果统计量 θ 就是均值,那么当 $B\to\infty$ 时,方差的自助法估计就是传统估计得到的方差(习题 22)。总的说来,B 值越大,对一个统计量及其方差的自助法估计就越令人满意。自助法的一个优点是,能够自动适应现有的计算机资源。例如,如果计算机的计算能力很强,那么就可以使用很大的 B 值。相比之下,刀切法严格要求做 n 次重复,如果少于这个次数,得到的估计结果就不好,而如果多于这个次数,也并不能进一步改善效果。

9.5 分类器设计中的重采样技术

上一节探讨了估计统计量时的重采样技术,也对现有分类器的精确度进行了分析,但是并没有涉及分类器设计的问题。在本节中,我们将研究一些分类器设计中的重采样技术,这些技术往往与其他的分类器设计方法结合使用,并且已被证明是非常有效的。这些方法还与我们将在 9.6 节中介绍的评估和对比不同分类器模型的技术有关。

9.5.1 bagging 算法

一个通用的缩略语“arcing”(adaptive reweighting and combining,自适应的权值重置和组合)是指这样的过程:重新使用或选择数据,以期达到改善分类器性能的目的。在 9.5.2 节中,我们将介绍一种最流行的 arcing 方法,也就是 AdaBoost 方法。但是在这里,我们首先介绍一个最简单的版本,也就是 bagging 算法。这个名字来自 bootstrap aggregation(自助聚集),它表示如下过程:从大小为 n 的原始数据集 $\mathcal{D}$ 中,分别独立随机地抽取 n' 个数据($n'<n$)形成自助数据集,并且将这个过程独立进行许多次,直到产生很多个独立的自助数据集。然后,每一个自助数据集都被独立地用于训练一个“分量分类器”(component classifier)。最终的分类判决将根据这些“分量分类器”各自的判决结果的投票来决定[⊖]。通常,这些分量分类器的模型形式都是一样的,例如,它们可能都是 HMM 分类器,或者都是神经网络分类器,或者都是判定树,等等。当然它们的具体模型参数可能不同,这是由于各自的训练集的不同而引起的。 475

如果训练数据的较小的变化,就能够导致分类器的显著改变,以及分类准确率的较大变化,那么这种分类或学习算法就可以被非正式的称为“不稳定”(unstable)。例如,我们在第 8 章中看到,使用“贪心算法”训练的判定树,就有可能是不稳定的——仅仅由于单个样本点的位

⊖ 在 9.7 节中,我们将遇到分量分类器的其他名称(译者注:比如,“子分类器”“专家分类器”)。但在这里,我们只需要记住这里的“分量”一词并不是指特征向量中的各个分量,而是指组成一个总体分类器(系综)中的许多平等的成分分类器,总分类器的分类结果是由这些分量分类器的结果投票决定的。

置微小变化，都有可能导致最后的判定树完全不同。一般说来，bagging 算法能够提高“不稳定”分类器的识别率，因为它相当于对不连续处进行了平均化的处理。然而，并没有理论推导或仿真实验表明它可以适用于所有的“不稳定”分类器。

bagging 算法是我们遇到的第一个“多分类器系统”，其中，最后的分类结果取决于许多分量分类器的输出。而 bagging 法中的最基本的判决规则，就是对各个分量分类器的判决结果使用投票表决原则。在 9.7 节中，我们还将讨论其他多分类器系统，而且注意力将集中在如何根据多个分量分类器的输出结果，组合出单一的判决。

9.5.2 boosting 法

“boosting 法”(增强法)的目标是提高任何给定的学习算法的分类准确率。在 boosting 法中，我们首先根据已有的训练样本集设计一个分类器，要求这个分类器的准确率比平均性能要好。然后，依次顺序地加入多个分量分类器系统，最后形成一个集成分类器，它对训练样本集的准确率能够任意的高。在这种情况下，我们说，分类准确率被增强了。概括地说，本方法依次训练一组分量分类器，其中每个分量分类器的训练集都选择自已有的其他各个分类器所给出的“最富信息”(most informative)的样本点组成。而最终的判决结果则是根据这些分量分类器的结果共同决定。

为了说明问题，我们考虑对一个两类问题如何使用 boosting 方法创建 3 个分量分类器。首先，我们从大小为 n 的原始样本集$\mathcal{D}$中随机选取 n_1 个样本点(不放回)，组成样本集$\mathcal{D}_1$。然后，我们就根据$\mathcal{D}_1$，训练出第一个分类器，记为 C_1。分类器 C_1 只要求是一个弱学习器就可以了。也就是说，它只需要比随机猜测的结果高一点的准确率就行了。(当然，这是最低要求。弱分类器在训练样本集上的准确率也可能有很高的。如果这样，boosting 法的好处就不明显了。)现在，我们要构造第二个样本集$\mathcal{D}_2$，也就是由根据分类器 C_1 最富信息的那些样本点组成。更明确地说，$\mathcal{D}_2$中一半的样本应该能被 C_1 正确分类，而另一半则被 C_1 错分(习题 30)。具体的构造方式可以如下：我们采用抛硬币的方法，如果是正面，那我们就选取那些$\mathcal{D}$中剩余的样本点，一个接一个地送入 C_1 进行分类，直到遇到第一个被错分的样本点为止。于是我们
476 就把这个样本点加入集合$\mathcal{D}_2$。然后再抛一次硬币，如果结果还是正面，那么继续前一过程，把错分的样本加入$\mathcal{D}_2$；如果是反面，那么我们选取一个被 C_1 正确分类的样本点。使用这样的操作流程，在最后产生的集合$\mathcal{D}_2$中，将有一半的样本被 C_1 正确分类，而另一半的样本被 C_1 错误地分类。这样，$\mathcal{D}_2$就是 C_1 所产生的最富信息的集合。现在，我们就可以利用$\mathcal{D}_2$训练一个新的分类器，记为 C_2。

下面，我们继续构造第三个训练样本集$\mathcal{D}_3$。其构造方式如下，我们在$\mathcal{D}$中剩余的样本中选取样本点，并且用 C_1 和 C_2 进行分类，如果 C_1 和 C_2 判决的结果不同，那么就把这个样本加入$\mathcal{D}_3$，否则就忽略这个样本点。然后，用$\mathcal{D}_3$训练新的分类器，记为 C_3。

现在我们就可以用这 3 个分量分类器来对一个新的样本 $\mathbf{x}$ 进行分类了。例如，如果 C_1 和 C_2 的判决结果相同，那么就把 $\mathbf{x}$ 标记为这个类别。如果 C_1 和 C_2 的判决结果不同，那么就把 $\mathbf{x}$ 标记为 C_3 判决得到的类别(图 9-6)。

这里，我们跳过了 boosting 算法中的一个实际细节：即如何选取第一个训练样本集$\mathcal{D}_1$的大小 n_1。当然，我们总是希望最后的总体分类器用到了$\mathcal{D}$中的所有的样本。而且，由于总体分类器的判决结果是由 3 个分量分类器共同决定的，我们希望这 3 个分类器的训练样本集大小尽可能平衡，即 $n_1 \approx n_2 \approx n_3 \approx n/3$。因此，一个最初的想法就是令 $n_1 = n/3$，然后依次构建这 3 个分量分类器。但是，如果分类问题本身比较简单，只凭 C_1 就足以正确分类大多数样本点，那么 C_1 所需的样本点将比 C_2 多，最少的是 C_3，因而不能充分利用$\mathcal{D}$中的所有样本点。另一个极

端情况是，如果分类问题本身非常困难，那么对 C_1 来说，“最富信息”的样本数量将非常大，因此 n_2 就会变得非常大。于是，在实践中常常需要将 boosting 过程重复几次，每次都调整 n_1，目的是最后能够尽可能地利用全部的样本点。理想的情况是，3 个分量分类器所使用的样本点数量基本上是平衡的。在上述划分数据集的过程中，也可以使用一些启发式的知识（上机练习 6）。

上述的 boosting 方法也可以被递归地使用，即对分量分类器本身也进行 boosting。用这种方式，可以获得非常小的分类误差率。甚至，在类别之间可分的情况下可以达到零误差。

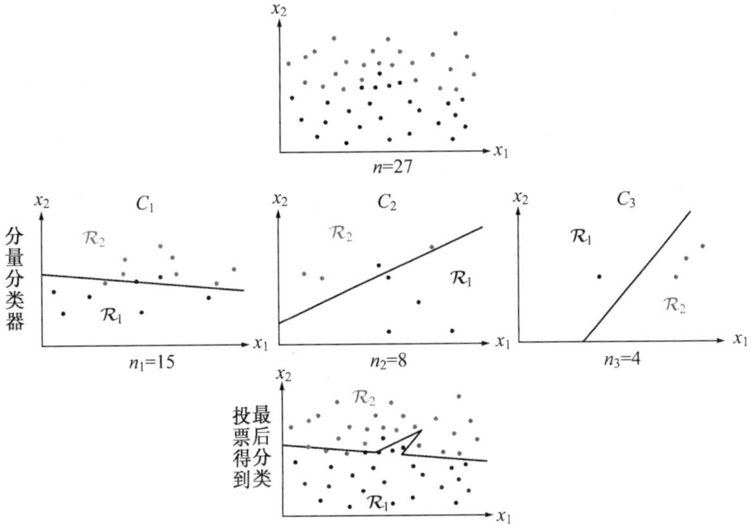

图 9-6 最上图显示了一个二维的两类分类问题。中间一行表示了用 LMS 算法（参见第 5 章）训练得到的 3 个线性分量分类器 C_k，它们各自的训练样本集都是通过基本的 boosting 方法得到的。最终的总体分类器的判决结果是由这 3 个分量分类器投票决定的，得到的是一个非线性分类器，示于图的下部。只要分量分类器都是弱分类器（即它们的分类效果只要求比随机猜测好），那么，最后的集成分类器的（对整个训练集 $\mathcal{D}$ 的）性能将比任何一个分量分类器都好。当然，也比在整个训练集上训练的单个常规分类器好

AdaBoost *方法*

基本 boosting 方法有许多不同的变形。其中最流行的一种就是 AdaBoost 方法，这个名称是“adaptive boosting”（自适应增强）的缩写。这个方法允许设计者不断地加入新的“弱分类器”，直到达到某个预定的足够小的误差率。在 AdaBoost 方法中，每一个训练样本都被赋予一个权重，表明它被某个分量分类器选入训练集的概率。如果某个样本点已经被准确地分类，那么在构造下一个训练集中，它被选中的概率就被降低；相反，如果某个样本点没有被正确分类，那么它的权重就得到提高。通过这样的方式，AdaBoost 方法能够“聚焦于”那些较困难（更富信息）的样本上。在具体实现上，最初令每个样本的权重都相等。对于第 k 次迭代操作，我们就根据这些权重来选取样本点，进而训练分类器 C_k。然后就根据这个分类器，来提高被它错分的那些样本点的权重，并降低可以被正确分类的样本权。然后，权重更新过的样本集被用来训练下一个分类器 C_{k+1}。整个训练过程如此进行下去。

我们用 $\mathbf{x}^i$ 和 y_i 表示原始样本集 $\mathcal{D}$ 中的样本点和它们的标记。用 $W_k(i)$ 表示第 k 次迭代时全体样本的权重分布。这样就有如下所示的 AdaBoost 算法。

算法 1(AdaBoost 方法)

1 <u>**begin**</u> <u>**initialize**</u> $\mathcal{D}=\{\mathbf{x}^1, y_1, \cdots, \mathbf{x}^n, y_n\}, k_{\max}, W_1(i)=1/n, i=1, \cdots, n$
2 $\quad k \leftarrow 0$
3 $\quad\quad$ <u>**do**</u> $k \leftarrow k+1$
4 $\quad\quad\quad$ 训练使用按照 $W_k(i)$采样的$\mathcal{D}$的弱学习器 C_k
5 $\quad\quad\quad$ $E_k \leftarrow$对使用 $W_k(i)$的$\mathcal{D}$测量的 C_k的训练误差
6 $\quad\quad\quad$ $\alpha_k \leftarrow \frac{1}{2}\ln[(1-E_k)/E_k]$
7 $\quad\quad\quad$ $W_{k+1}(i) \leftarrow \frac{W_k(i)}{Z_k} \times \begin{cases} e^{-\alpha_k} & \text{如果 } h_k(\mathbf{x}^i)=y_i\text{(正确地被分类)} \\ e^{\alpha_k} & \text{如果 } h_k(\mathbf{x}^i)\neq y_i\text{(不正确地被分类)} \end{cases}$
8 $\quad\quad$ <u>**until**</u> $k=k_{\max}$
9 $\quad$ <u>**return**</u> C_k 和 $\alpha_k \quad k=1, \cdots, k_{\max}$(带权值分类器的集成)
477~478 10 <u>**end**</u>

注意在第 5 行中,当前的权重分布必须考虑到分类器 C_k的误差率。在第 7 行,Z_k只是一个归一化系数,使得 $W_k(i)$能够代表一个真正的分布,而 $h_k(\mathbf{x}^i)$是分量分类器 C_k给出的对任一样本点 $\mathbf{x}^i$ 的标记(+ 1 或− 1)。第 8 行中的迭代停止条件可以被换为判断当前误差率是否小于一个阈值。

最后的总体分类的判决可以使用各个分量分类器加权平均来得到:

$$g(\mathbf{x}) = \left[\sum_{k=1}^{k_{\max}} \alpha_k h_k(\mathbf{x})\right] \tag{36}$$

这样,最后的判定规则简单的就是 $\mathrm{Sgn}[g(\mathbf{x})]$。

除了病态的情况,在大多数场合,只要每个分量分类器都是弱学习器,那么如果 $k_{\max}$足够大,集成分类器的总体训练误差概率就能够任意小。为了理解这一点,我们注意到弱学习器 C_k的误差概率可以写成 $E_k=1/2-G_k$,其中 G_k是某个正值。这样,集成分类器的训练误差概率就是(习题 32)

$$\begin{aligned} E &= \prod_{k=1}^{k_{\max}} \left[2\sqrt{E_k(1-E_k)}\right] = \prod_{k=1}^{k_{\max}} \sqrt{1-4G_k^2} \\ &\leqslant \exp\left(-2\sum_{k=1}^{k_{\max}} G_k^2\right) \end{aligned} \tag{37}$$

如图 9-7 所示。在实际应用中,通常令 $k_{\max}$比达到零误差率所需要的值要小一些,这样做的好处是增强分类器的推广能力。

虽然在原理上,比较大的 $k_{\max}$值可能导致过拟合,但是仿真实验却表明,甚至当 $k_{\max}$非常大时,过拟合现象也很少发生。这可能就是 AdaBoost 方法的迷人之处。

初看起来,boosting 方法好像违背了“没有免费的午餐定理”,因为对于整个训练样本集而言,集成分类器的性能总是比单一分量分类器要好。毕竟,根据式(37),随着分量分类器数量的增长,分类误差率成指数快速衰减。然而,并没有违反定理,因为 boosting 法只有在确保分量分类器比随机猜测好的前提下,才能提高总体分类器的准确率,而前提并非总能保证。而且，对训练集能指数衰减，并不保证"非训练集"上的推广误差率也很小，如同我们在 9.2.1 节中所看见的那样。不过，对许多实际的应用，AdaBoost 方法确实被证明是非常有效的。

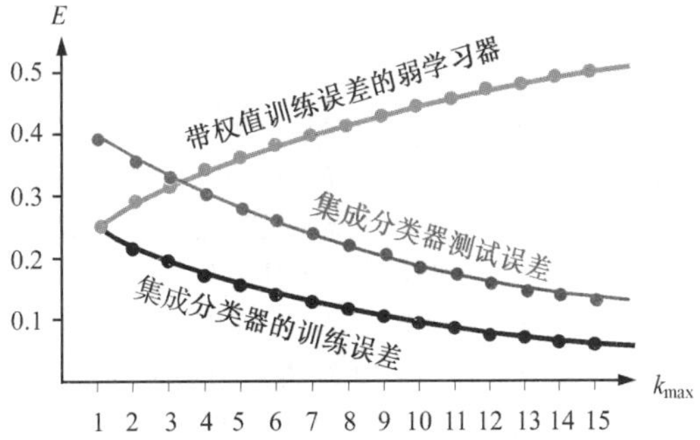

图 9-7 采用 AdaBoost 方法，能够使训练误差率随着 k_{max} 的增加而呈指数衰减。因为 AdaBoost 方法"聚焦于"那些难于分类的样本点，因此，各个分量分类器的误差率都依次比它的前一个要高。然而，只要每一个分量分类器都比随机猜测好，那么，式(36)给出的加权的集成分类器的判决保证了式(37)给出的训练误差率持续地降低。通常，人们发现，测试误差率也随之降低，如图中的红色曲线所示

9.5.3 基于查询的学习

在前面几节中，我们在假设训练样本集中的各个样本点的类别标记已知的情况下，使用重采样技术来提高分类器的性能。在某些应用场合，样本的类别是未标记的。在第 10 章中，我们将更加深入地考虑一般的无监督的学习问题。不过在这里，假设还是存在某种方法(可能花费很高的代价)可以对任一样本进行标记。因此，我们的主要困难是，如何确定哪些样本点"最富信息"(对改进分类器最重要)，如果它们被标记并用作训练样本的话。这些样本点将被用作"查询项"递交给一个"神谕"(oracle)——一个能够永远无错的标记样本点的教师。这种方法还有许多别的提法，比如"基于查询的学习"，"主动学习"，或者"交互式学习"，等等，它可以被看作"重采样技术"的一个特例。这种方法的一种改进版本称为"基于代价的学习"，其中，对获取一个新样本点，都赋予一个代价值。而任务就变成最小化一个总体代价，它包含分类准确率以及数据采集的代价。

在如下的场合中，使用"基于查询的学习"可能是合适的：比如，我们需要进行手写数字的识别，而数据库中已有的像素图像数目太多，以至于不可能手工进行标记。这样，我们可以进行如下操作：首先，随机选取一部分样本点，把它们递交给"神谕"，然后根据"神谕"提供的标记结果来训练分类器。然后，我们使用基于查询的学习方法，即从训练集中选择一些未标记的样本点，并递交给用户(即"神谕")，再次要求标记。非正式地说，我们可以想到"最富信息"的那些样本点应该位于分类界面附近。

更一般地说，我们从最基本的情况开始考虑。设想，我们已经有了一个已标记的小样本训练集得到的弱分类器，有两种相关的选择"更富信息"(也就是现有分类器最不确定的)样本点的方法。在"基于信任度的查询选择方法"中(confidence-based query selection)，分类器计算每一类的判别函数 $g_i(\mathbf{x}), i=1,\cdots,c$，那个"最富信息"的样本点就是使得最大的两个判别函数的值基本相等的点。一些启发式的搜索方法可以用于寻找这样的样本点(参见习题 31)。

第二种方法，被称为"基于投票的选择方法"(voting-based selection)或称为"基于委员会的查询方法"(committee-based query selection)。本法类似于上一种方法，但它还能够用于多分类器的场合——由多个分量分类器组成一个总体分类器(9.7 节)。每个未标记的样本点都被输入 k 个分量分类器中，而使得各个分量分类器的判决结果最不一致的样本点就被认为是最富信息的样本，因此将被递交给"神谕"来确定其类别。"基于投票的选择方法"可以用于判别函数不是模拟值的场合，比如，判定树、基于规则的方法或者 k-近邻分类器。在上述两种方法中，由"神谕"标记的样本点都被用来以传统方法训练分类器(在 9.7 节中，我们将研究如何训练一个集成分类器)。 479~480

显然,"基于查询的学习"方法并不直接利用样本的先验分布知识。特别是,在许多问题中,使用这样的方法,将导致分类界面附近的样本点(最富信息)的出现概率很高,而不是在先验概率最高的区域,如图 9-8 所示。"基于查询的学习"方法的好处之一是,我们不必猜测样本的分布情况,而可以直接应用一些非参数方法(比如最近邻分类方法等),来直接得到判决边界。

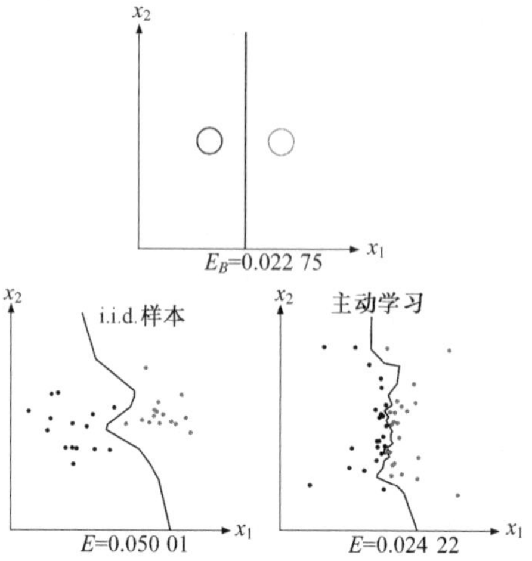

图 9-8 "主动学习"技术能够用于建造比以独立同分布(i. i. d.)方式采样的分类器的性能更好的分类器。上图显示一个二维两类问题,每一类都具有高斯先验。贝叶斯判决边界是一条直线,并且贝叶斯误差率 E_B 约等于0.022 75。左下图显示用 30 个 i. i. d. 采样的样本点训练得到的最近邻分类器。注意,其中的大多数点都远离判决边界。右下图显示使用主动学习技术后的结果。最初的 4 个点取自特征空间的极端。接下来的那些查询点则被选择为已经被分类器使用的两个点的中间,每个点随机地选自两类中的每一个。通过这样的方式,被递交给"神谕"的点都依次聚焦在真正的判决边界附近。最后的分类器的广义误差率为 $E=0.024\ 22$,这要比左图的 $E=0.050\ 01$ 低得多

如果查询样本集并不大,而且假如有办法可以"生成"查询样本的话,我们仍然可以使用"基于查询的学习"方法。举例说明,假设我们只有数量较少的已被标记的手写体字符的样本,并且有一些图像处理算法,能够变换这些图像,产生新的可以递交给"神谕"的样本图像。例如,一个图像可以被旋转、放缩、剪切、细化并添加噪声。进一步,通过"内插"或者某些专门的
481 "混合"图像的技术,我们甚至还可能产生一些介于两类别之间的中间图像。基于这种"生成"的查询样本,我们就能够探索特征空间中最不确信的那些区域(图 9-8)。

9.5.4 arcing、基于查询的学习、偏差和方差

在第 3 章和许多其他地方,我们都强调了用于训练分类器的样本需要取自被测试样本的分布中。重采样技术(特别是"基于查询的学习"方法)似乎违反了这个原则。为什么用经过很强加权的数据集来训练分类器,比起那些独立同分布(i. i. d.)采样的数据集来,反而更能够得到更好的性能?为什么重采样不导致更坏的结果,达到重采样分布与独立同分布偏离的程度?

事实上,如果我们采用真实分布的模型,然后用"基于查询的学习"获得的严重歪斜的(skewed)分布来进行分类器训练,那么,得到的正确率也很可能低得无法接受。然而,考虑如下两个互相有关联的要点:第一,"重采样技术"一般总是被用于那些并不直接对分布进行建模的学习算法。这样,即使知道每个类别的先验概率,我们所使用的也是一些非参数方法,比如,最近邻算法、径向基函数、RCE 分类器等。这样,在使用"基于查询的学习"方法时,我们并没有像第 3 章那样,试图去估计某个模型的参数,而是直接寻找判决边界。

第二,如果采用 AdaBoost 等技术,随着分量分类器数目的增加,诸如"一般 boosting 算法"和"AdaBoost 算法"等技术可以有效地扩展可实现的函数类型范围,如图 9-6 所示。尽管最终的分类器确实可以用参数形式表示,但是因为输入参数空间已经被大大扩展了,它远比单个的分量分类器可实现的分布形式要多。

从广义的观点看,重采样技术、boosting 技术等相关技术都是一些调整"可实现判别函数"类型的启发式方法。通过这样的方法,设计者能够通过间接地调整"偏差和方差",使得最终的分类

器能够"匹配"手头的问题。这些技术的威力在于,它们能够和任何学习算法结合使用。例如,可以用它来调整两层感知器,使之适合给定问题的复杂程度,而用其他方法,则很难达到这个目的。

9.6 分类器的评价和比较

至少有两个理由使得我们希望知道某个分类器对给定问题的推广程度。其一是评价该分类器性能,看它是否足够好,足够适合给定的问题。其二是为了比较不同的分类器,选出更好的设计方案。评价最终推广性能总是不可避免地对分类器本身或要解决的问题(或包括二者在内)做出一些假设,并且当假设与实际情况不符时,分类任务往往会失败。我们要强调的是,下面将提出的所有方法都是启发式的。的确,假如存在某个简单方法对任意给定的新问题都能在两个分类器中找到其中一个"更好"的,那么我们自然可以把这个方法嵌入到任何"学习"算法中,从而违背"没有免费的午餐定理"。有时,上述假设是显式的(例如在参数模型中)。但更多的时候,这些假设常常是隐式的,与最终评价并无明显的关系(比如某些经验方法),因而不易被察觉出。 482

9.6.1 参数模型

评价推广能力的方法之一是利用所假设的参数模型来计算。例如,在两类多元正态情况下,我们可以通过代入未知参数的均值或协方差的估计,来估计误差率的 Bhattacharyya 或 Chernoff 上界(第 2 章)。然而这种方法存在 3 个问题。第一,这种误差率的估计几乎总是过分乐观。训练样本独有的(或不典型的)特性未能被揭示出。第二,我们总是怀疑一个假设的参数模型的有效性。除了评价性能很差的情况下,我们也不敢(过分)相信某个相同的模型。最后,在很多一般情况下,分布的形式并不简单,即使在概率结构完全知道的前提下,对它进行误差率的精确估计也很困难。

9.6.2 交叉验证

在简单的"验证"(validation)中,我们随机地把标记号的训练样本集$\mathcal{D}$分成两部分:其一作为常规的训练集,用于调整分类器参数;其二作为所谓的"验证集"(validation set),用于评价推广误差(generalization error)。因为最终的目的是获得低的推广误差,我们训练分类器以求达到一个很低的推广误差,如图 9-9 所示。一个基本的要求是验证集(或测试集)当中不应该包含用于训练分类器时的训练样本集,否则会导致"用训练集进行测试[⊖]"的方法论上的错误。

上述技术的一个简单的扩展是所谓的"m 重交叉验证"(m-fold cross validation)。这里,训练集被随机划分为 m 个不相交的组,每组有 n/m 个样本点,其中 n 是$\mathcal{D}$中的样本总数。分类器要训练 m 次,每次都留出 m 组中的一组作为验证集。估计出的推广误差是 m 个误差的平均值。当 $m=n$ 时的极端情况就是将在 9.6.3 节讨论的"留一法"。

这种技术可以用到几乎所有的分类方法,其中学习算法或参数调节的具体形式取决于一般的训练方法。例如,在具有固定拓扑的神经网络中,训练的总量是由"回合数"(epoch)(或训练集提供的总次数)来确定的。另外,隐节点的个数可利用交叉验证技术来确定。同样,Parzen 窗技术(第 4 章)中高斯函数的宽度以及 k-近邻分类器中的数值也可用验证技术或交叉验证技术来确定。

"验证"是一种启发式技术,因而未必(确实也不能够)对所有情况都能提高分类性能。虽然如此,由于验证技术简单易用,对许多实际问题也的确能有效提高分类性能。在确定验证集占总样本集$\mathcal{D}$的比例 $\gamma(0<\gamma<1)$时也有几种验证方法。在几乎所有的情况下,常常选一个小

⊖ 一个相关但是不太明显的问题,即"用测试数据进行训练",在分类器用同样的测试数据重复训练多次(即历经一个很长的改进过程)时会经常出现。除非得到新的测试样本,这种形式的"用测试数据进行训练"容易引起忽视。

的 γ，这是因为验证集通常用于确定分类器的某个单个的总体性能（比如，决定何时该停止调节参数），而不是分类器的大量的待学习的参数。如果分类有很多的自由参数（或自由度），那么$\mathcal{D}$中绝大部分样本都应该用作训练集。也就是说，γ 必须很小。一个常规的缺省做法是令 $\gamma=0.1$，这个值常常很有效。最后，如果分类器的自由度比训练样本的个数相对较小，那么预期的推广误差将与 γ 的选择关系不大。

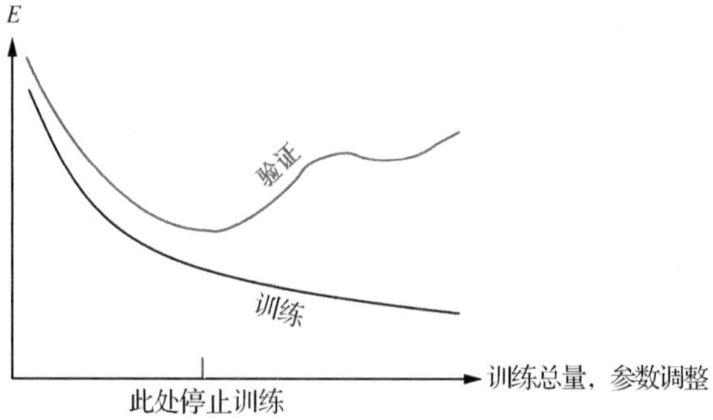

图 9-9　在验证中，数据集$\mathcal{D}$被分为两部分。第一部分（例如采用 90％的样本）用作标准的训练集，用于训练分类器的自由参数。第二部分（例如剩下的 10％样本）用作验证集，用于测试推广性能。对大多数问题，训练误差会随着训练的进行而单调下降，在图中用黑线表示。而在验证集上误差典型的情况是：首先单调下降，然后会上升，后者表示出现了对训练集“过拟合”的现象。在验证中，训练（或参数调整）通常在验证集误差到达第一个局部极小时就停止。在更一般的交叉验证中，要利用多个独立产生的验证集

我们再次指出交叉验证技术也是一种启发式技术，未必对各种情况都适用。确定，存在某种问题不采用交叉验证是好的——例如，当验证集的误差是首次达到局部最大时就停止参数调节。同样，对任何具体的问题，设计者应当准备好去探究不同的 γ 值，并在性能不可能再改进的情况下完全放弃交叉验证的方法（上机练习 7）。

交叉验证从本质上说属于一种经验方法。一旦我们用交叉验证技术训练了一个分类器，那么其验证误差将给出在未知测试集上的最终分类准确度的一个估计。如果分类器真实但未知的误差率是 P，而 n' 个独立的随机抽取的实验样本中误分类的样本数为 k，则 k 满足二项式分布

$$P(k)=\binom{n'}{k}p^k(1-p)^{n'-k} \tag{38}$$

所以被分错样本的比率恰恰是 p 的最大似然估计（习题 40）：

$$\hat{p}=\frac{k}{n'} \tag{39}$$

二项分布的参数 p 的这种估计的性质是大家知道的。在图 9-10 中显示 p 的 95％置信区间与
483～484 $\hat{p}$ 和 n' 的关系。对于给定的 $\hat{p}$ 值，真值 p 以 95％的概率落在样本检验数为 n' 的上下两条曲线之间。这些曲线表明，除非 n' 足够大，否则使用最大似然估计的结论就应谨慎。例如当 50 个样本以 95％的概率测试无误差，则真正的误差率在 0％～8％之间，当分类器对 250 个以上样本测试无误差才可相信真正的误差率在 2％以下。

9.6.3　分类准确率的“刀切法”和“自助法”估计

进行分类器比较的方法与 9.4.1 节和 9.4.2 节介绍的“刀切法”和“自助法”关系密切。在分类中采用“刀切法”的做法是很直接的。对给定算法我们进行 n 次独立的训练，每次都使用同样的训练集$\mathcal{D}$，但是每次又都去除一个不同的样本点。这无非是 $m=n$ 极端情况下的“m 重

交叉验证”技术。用每次训练所得的分类器对单个删除样本点进行测试,因此“刀切法”准确率估计就是“留一法”准确率估计的平均值。不过这里的计算复杂度将很高,特别是当 n 很大时(习题 29)。“刀切法”一般能给出很好的估计,因为得到的 n 个分类器中的每一个都与最终进行测试的分类器相似(仅仅相差一个训练点)。同样,这种估计的方差的刀切法估计由式(32)的简单推广给出。刀切法一个特别的好处,在于它能提取两个分类器进行比较时的“置信度”或“统计显著性”的度量。

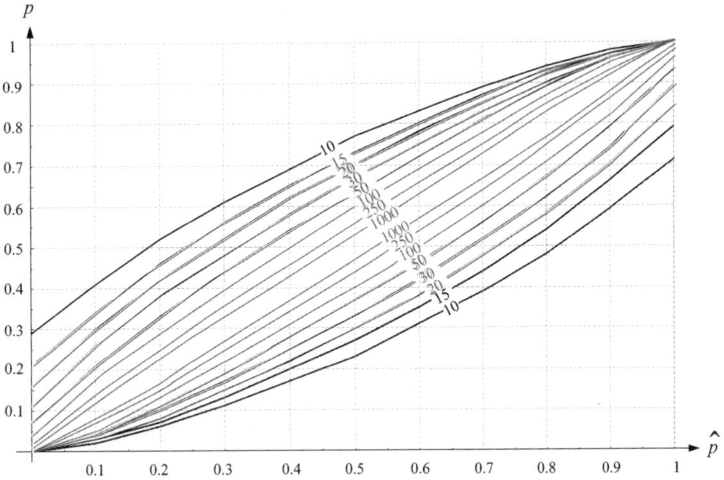

图 9-10 给定误差率的估计 $\hat{p}$ 的 95%置信区间能够从式(38)中导出。对每个 $\hat{p}$,真实的概率有 95%的机会落在测试数为 n' 的上下两条曲线间。测试样本数越多,估计的精度越高,因而区间越小

假定有两个训练好的分类器 C_1 和 C_2,利用“刀切法”估计分别有 85%和 80%的准确率,是否一定可以说 C_1 比 C_2 性能好?为了回答这个问题,我们去计算分类准确率方差的刀切法估计,并且应用常规的假设检验技术去判断 C_1 是否在统计意义上优于 C_2(图 9-11)。 485

在采用“自助法”估计分类器准确率时,存在几种推广途径。最简单的方法之一是先训练 B 分类器,每次都采用不同的自助数据集,并且用另外的自助数据集来测试。最终得到自助法估计出的分类准确率就是上述各个自助准确率的平均值。在实践中,自助法估计算法有过高的计算复杂度,使得并不值得用它去获得可能的估计性能的改善(参考 9.5.1 节)。

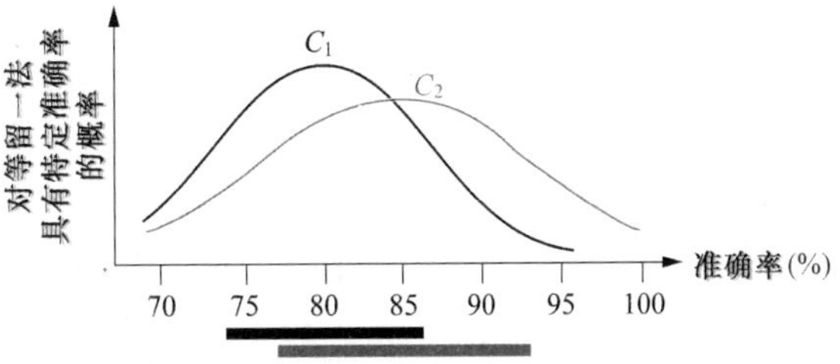

图 9-11 “刀切法”估计可以用于对比分类器的准确率。C_1 和 C_2 的刀切法估计值分别是 80%和 85%,其总宽度(即两倍的标准差)的估计分别是 12%和 15%,用图下方的横杠表示。对上述情况,在某些置信度水平上,常规“假设检验技术”表明它们并无显著的差异

9.6.4 最大似然模型比较

首先回想第 3 章中我们用最大似然法进行参数估计。给定一个具有未知参数向量 $\boldsymbol{\theta}$ 的模型,我们试图找到能最大化训练样本的概率 $p(\mathcal{D}|\hat{\boldsymbol{\theta}})$ 的参数的估计 $\hat{\boldsymbol{\theta}}$。最大似然模型比较(model comparison)或最大似然模型选择(model selection)——有时也称为“ML-II”——是上述技术的一种直接推广。推广的目的是选择最能解释训练数据的模型。具体方法如下。

再次令 $h_i \in \mathcal{H}$ 表示候选的假设或模型(为简单起见,令它是离散的),并令 $\mathcal{D}$ 表示训练样本数据。对任何给定模型的后验概率可依贝叶斯规则写作下式:

$$P(h_i|\mathcal{D}) = \frac{P(\mathcal{D}|h_i)P(h_i)}{p(\mathcal{D})} \propto P(\mathcal{D}|h_i)P(h_i) \tag{40}$$

其中我们很少需要用归一化因子 $p(\mathcal{D})$。与数据有关的项 $P(\mathcal{D}|h_i)$是 h_i 的证据因子项，而 $P(h_i)$是我们对假设空间的主观的先验知识，它反映的是在数据到来之前，我们对某一模型的信任程度。实践中，对后验概率起决定作用的常常是与数据有关的项 $P(\mathcal{D}|h_i)$，而 $P(h_i)$常被忽略不计。在最大似然模型比较中，我们首先进行候选模型的最大似然参数估计，然后计算对
486 应的每一模型最大似然值，最后选出式(40)中具有所示的最大似然的模型(图 9-12)。

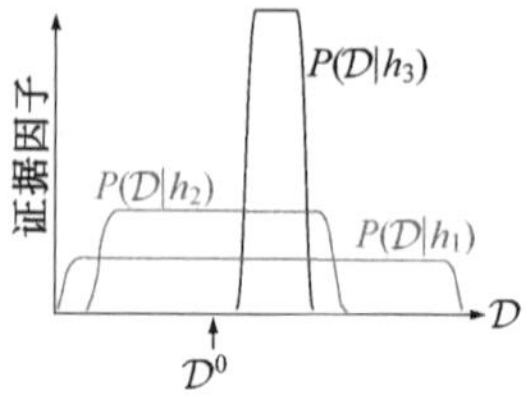

图 9-12　3 种具有不同表达能力或复杂程度的证据因子(即在给定模型的情况下，产生不同训练集的概率)。模型 h_1 的表达能力最强，因为它可以适应很宽范围的数据集。模型 h_3 是最受限的模型。如果实际观测到的数据集是$\mathcal{D}^0$，那么根据“最大似然模型选择方法”我们应该选择模型 h_2，因为在$\mathcal{D}^0$上它具有最高的证据因子。也就是说，模型 h_2 与给定的数据集“匹配”得最好

9.6.5　贝叶斯模型比较

贝叶斯模型比较在计算式(40)的后验概率时利用了完整的先验信息。特别是对特定的假设模型的证据因子是积分式

$$P(\mathcal{D}|h_i) = \int p(\mathcal{D}|\boldsymbol{\theta}, h_i)p(\boldsymbol{\theta}|\mathcal{D}, h_i)\, d\boldsymbol{\theta} \tag{41}$$

其中，$\boldsymbol{\theta}$ 是给定模型的参数。通常，后验概率 $P(\boldsymbol{\theta}|\mathcal{D},h_i)$会在 $\hat{\boldsymbol{\theta}}$ 处出现尖峰，因此上述证据积分可近似表示为

$$P(\mathcal{D}|h_i) \simeq \underbrace{P(\mathcal{D}|\hat{\boldsymbol{\theta}}, h_i)}_{\text{最佳匹配似然}}\ \underbrace{p(\hat{\boldsymbol{\theta}}|h_i)\Delta\boldsymbol{\theta}}_{\text{Occam 因子}} \tag{42}$$

在数据到来之前，模型 h_i 具有很宽的参数选择范围，可用 $\Delta^0\boldsymbol{\theta}$ 来表示，如图 9-13 所示。当数据到来之后，变成一个较小的与数据集$\mathcal{D}$相当的(或相一致的)范围，记作 $\Delta\boldsymbol{\theta}$。式(42)中的 Occam 因子为

$$\begin{aligned}\text{Occam 因子} &= p(\hat{\boldsymbol{\theta}}|h_i)\Delta\boldsymbol{\theta} = \frac{\Delta\boldsymbol{\theta}}{\Delta^0\boldsymbol{\theta}} \\ &= \frac{\text{与}\mathcal{D}\text{等量的参数空间的体积}}{\text{与任何数据空间等量的参数空间的体积}}\end{aligned} \tag{43}$$

它是以下两个参数空间的体积比：(1)对应于$\mathcal{D}$的参数空间，(2)与$\mathcal{D}$无关的先验参数空间。Occam 因子具有小于 1.0 的幅值，这是因为数据的到来使得假设的空间发生坍塌。如果到来的训练数据越多，那么，与数据集相当的参数空间将越小，即坍塌得越严重，对应的 Occam 因子也越小(图 9-13)。

自然地，一旦采用式(40)和(42)对不同候选模型计算出后验概率，那么就会选择具有最大后验概率的那个模型(具有讽刺意味的是，这种“贝叶斯模型选择法”本身并不是真正意义的
487 “贝叶斯方法”，因为“贝叶斯方法”在进行判别时要求对所有的可能的模型都平均)。

h_i的证据因子，即 $P(\mathcal{D}|h_i)$，在进行最大似然参数$\hat{\boldsymbol{\theta}}$设置时被我们忽略了，然而在这里的“模型选择”中，它起着中心的作用。正如我们曾经提到的，在实践中，式(40)的证据因子项决定了先验信息。把它忽略不计的典型做法常常是主观武断的，因而引起不少问题(习题 39，上机练习 9)。本节介绍的算法表现出一种对简单模型(小的 $\Delta\boldsymbol{\theta}$)的固有的偏爱，而“过分复杂”的模型(大的 $\Delta\boldsymbol{\theta}$)通常会自动引入一项“惩罚项”。(当然，这里的“过分复杂”是针对具体数据而言的。)

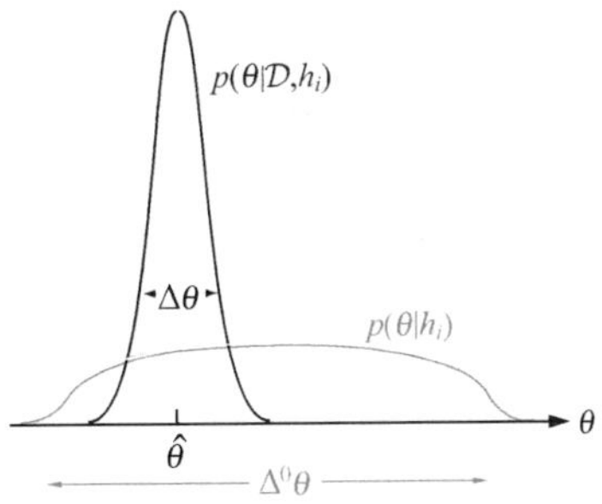

图 9-13 当没有训练数据时，一个特定的模型 h_i 容许很宽范围（用 $\Delta^0\theta$ 表示）的可能参数取值。当提供特定的训练集$\mathcal{D}$后，只容许很窄的参数取值范围（用 $\Delta\theta$ 表示）。Occam 因子，即$\Delta\theta/\Delta^0\theta$，反映的是模型参数空间随着训练数据集$\mathcal{D}$的输入所导致的坍塌比率。在实践中，如果证据因子用以 $\hat{\theta}$ 为中心的 p 维高斯近似，那么 Occam 因子可以简单地计算出来

一般而言，式(41)的积分过于复杂而很难进行解析计算，甚至用数值方法求解也是很困难的。尽管如此，如果 $\boldsymbol{\theta}$ 是一个 p 维向量，并且后验分布可假定为高斯的，那么 Occam 因子可直接计算如下（习题 38）。

$$P(\mathcal{D}|h_i) \simeq \underbrace{P(\mathcal{D}|\hat{\boldsymbol{\theta}}, h_i)}_{\text{最佳匹配似然}} \underbrace{p(\hat{\boldsymbol{\theta}}|h_i)(2\pi)^{k/2}|\mathbf{H}|^{-1/2}}_{\text{Occam 因子}} \tag{44}$$

其中

$$\mathbf{H} = \frac{\partial^2 \ln p(\boldsymbol{\theta}|\mathcal{D}, h_i)}{\partial \boldsymbol{\theta}^2} \tag{45}$$

$\mathbf{H}$ 是赫森矩阵——二阶偏导矩阵，用于度量$\hat{\boldsymbol{\theta}}$附近的后验概率的“尖峰”程度。注意这种高斯近似法并不依赖于特征数据的分布模型是否真的是高斯的。相反，它基于这样的假定，即证据因子的分布是大量独立的不相关随机过程的产物，因而服从“大数定律”。贝叶斯模型选择中的积分利用了对证据的高斯近似而得到简化。因为只涉及微分运算的赫森矩阵的求解过程几乎总是比高维的数值积分要简单，这样，相比于“最大似然模型选择法”而言，这种“贝叶斯模型选择法”的计算并不显得过于复杂了。 488

当模型存在如下退化情况时可能会引起问题，即当几个参数同时改变而分类准则却固定不变（因而似然也不变）时。这种退化的情况会导致“过分计数”（over counting）而修改了特征空间的体积。在神经网络模型中，由于其中的参数化方法容许存在各种等价的权配置方案，因而这种退化现象是很常见的（第 6 章）。对这种情况，我们必须在式(42)的右边乘上$\hat{\boldsymbol{\theta}}$的退化项以对 Occam 因子进行改变，这样才可获得证据因子的恰当的估计（习题 43）。

贝叶斯模型选择与没有免费的午餐定理

看起来好像统计模式识别的两个深层概念间存在根本的矛盾。一方面，“没有免费的午餐定理”表明在没有任何先验信息的条件下，没有任何理由偏爱任何一种分类算法。而另一方面，“贝叶斯模型选择算法”又确实给出了在理论上有根有据的结论使我们可以放心地选择两个分类算法中较好的一个。

考虑两个“复合”算法，算法 A 和算法 B，其中的每个算法又都可能用到另外两个算法（记作算法 1 和算法 2）。对任给的问题，算法 A 采用了“贝叶斯模型选择方法”，选出并使用算法 1和算法 2 当中较好的一个。而算法 B 则采用“反贝叶斯模型选择方法”，即只使用算法 1 和算法 2 当中较差的一个。那么，算法 A 的性能将可靠地比算法 B 优越——这与“没有免费的午餐定理”矛盾。

解决上述这种表面的矛盾的出路何在呢？在“贝叶斯模型选择”中，我们通常假定模型在整个模型空间$\mathcal{H}$中是均匀分布的，而忽略了先验信息。这种假定并没有考虑到特定模型与最终目标函数的对应方式（也就是说，从输入数据到类别标记的映射方式）。因此“贝叶斯模型选择法”通常对应于采用了一种目标函数非均匀分布的先验信息。并且，由于模型选择存在随意性，上述的非均匀的先验分布也会因此发生改变。事实上，这种模型选择的随意性在统计学中

已经广为人知。一个真正好的实践者是不会运用所谓的“不偏袒原则”(principle of indifference)而武断地假定先验模型一定是均匀分布的,如同“贝叶斯模型选择”所要求的那样。确实,如果不仔细研究模型选择过程而选择一个剪裁过的先验模型,那么将很容易导致许多统计学文献中的“悖论”问题(习题 39)。

“没有免费的午餐定理”同时也表明:如果存在某种特定的非均匀的先验分布,那么就有可能允许某个算法可以得到比随机猜测更好(甚至有可能是“最好”的)的结果。从实际现象来看,“贝叶斯模型选择”相当于恰好采用了某种与现实世界中的问题十分“匹配”的非均匀先验。

9.6.6 问题平均误差率

前面我们已经说明,只用比较少的样品所涉及的分类器对新数据进行分类时,性能是不会好的。所以分类误差率应是样品数目的一个函数,当 n 无限增大时,这个误差率会降低到某个
489 极小值。为了方便分析问题,我们必须做这样几步工作:

1. 根据样本来估计未知参数。
2. 用这些估计值去确定分类器。
3. 对得到的分类器计算其分类误差率。

一般情况下,这一分析过程十分复杂,最后的结果同许多因素有关,例如同抽取的特定样本有关,同决定分类器的方法有关,同假定的未知概率的结构有关。但若用直方图作为未知概率密度的近似,并进行某些适当的平均,那么我们还是可以得到一些有启发意义的结论。

考虑一个先验概率相同的二类问题。假设把特征空间划分成 m 个不相交的单元$\mathcal{C}_1,\cdots,\mathcal{C}_m$。如果在一个单元中条件概率密度 $p(\mathbf{x}|\omega_1)$,$p(\mathbf{x}|\omega_2)$的变化不明显,那么它们就不需要知道 $\mathbf{x}$ 的确切值,而只要知道 $\mathbf{x}$ 落在哪一个单元中就够了。这样就把问题简化为离散情况了。设 $p_i=P(\mathbf{x}\in\mathcal{C}_i|\omega_1)$,$q_i=P(\mathbf{x}\in\mathcal{C}_i|\omega_2)$,因为已假定 $P(\omega_1)=P(\omega_2)=1/2$,所以向量 $\mathbf{p}=(p_1,p_2,\cdots,p_m)^t$ 和 $\mathbf{q}=(q_1,q_2,\cdots,q_m)^t$ 就决定了问题的概率结构。于是贝叶斯判定规则就是:如果 $\mathbf{x}$ 落在$\mathcal{C}_i$中,且如果 $p_i>q_i$,则把 $\mathbf{x}$ 归类于 ω_i。这样的判定所产生的贝叶斯分类误差率为

$$P(E|\mathbf{p},\mathbf{q})=\frac{1}{2}\sum_{i=1}^{m}\min[p_i,q_i] \tag{46}$$

当参数 $\mathbf{p}$ 和 $\mathbf{q}$ 都未知,并且必须由样本集去估计出时,这时得到的误差率比上述贝叶斯误差率要大。确切的解答将同样本集本身有关,同获得分类器的方法也有关。假定样本集中有一半标记为 ω_1,另一半标记为 ω_2,用 n_{ij} 表示落在$\mathcal{C}_i$ 中并标记为 ω_j 的样本个数,再假定我们将最大似然估计 $\hat{p}_i=2n_{i1}/n$,$\hat{q}_i=2n_{i2}/n$ 视作真值来设计分类器,则此时的分类判定变成:如果 $\mathbf{x}$ 落在$\mathcal{C}_i$中,且如果 $n_{i1}>n_{i2}$,则把 $\mathbf{x}$ 归类于 ω_1。在所有这些假设的前提下,这个分类器的误差率是

$$P(E|\mathbf{p},\mathbf{q},\mathcal{D})=\frac{1}{2}\sum_{n_{i1}>n_{i2}}q_i+\frac{1}{2}\sum_{n_{i1}\leqslant n_{i2}}p_i \tag{47}$$

要计算这个误差率必须知道真正的条件概率 $\mathbf{p}$ 和 $\mathbf{q}$,以及训练样本,或者至少必须知道数目 n_{ij}。不同的 n 个随机样本集将会对 $P(E|\mathbf{p},\mathbf{q},\mathcal{D})$产生不同的数值。我们可以利用这样一个事实,即 n_{ij} 具有多项式分布,这是对 n 个随机样本的全部可能的集合求平均值得到的,得到平均误差概率 $P(E|\mathbf{p},\mathbf{q},n)$。粗略地说,这是我们对 n 个样本所能期望的典型误差率。然而要计算这个平均误差率还要求知道一个基本问题,即 $\mathbf{p}$ 和 $\mathbf{q}$ 的值。如果 $\mathbf{p}$ 和 $\mathbf{q}$ 相差很大,则平均误差率接近于零,而若 $\mathbf{p}$ 和 $\mathbf{q}$ 很接近,则平均误差率就接近 1/2。

消除答案对这个问题依赖性的彻底的办法是在所有可能的问题空间上对解答求平均。这就是说，对未知参数 **p** 和 **q** 假定一个先验分布，然后对此 **p** 和 **q** 求 $P(E|\mathbf{p},\mathbf{q},n)$ 的平均值。这样就可以得到一个所谓的“问题平均误差概率”(problem-average probability of error)，记作 $\overline{P}(E|m,n)$，这是一个仅与单元数 m、样品数 n 和先验分布有关的一个量。 490

自然，选定 **p** 和 **q** 的先验分布是很难的。为偏向于容易的问题，可选 $\overline{P}$ 接近于 0，而对于困难的问题，则选择 $\overline{P}$ 接近 1/2。还没有明确的办法使选择的先验分布同通常遇到的问题相“匹配”。一种大胆的做法就是认为各种问题的出现是“均匀分布”的，也就是说，假定向量 **p** 和 **q** 是均匀分布在如下的“单纯型”(simplex)上：

$$
\begin{aligned}
p_i \geqslant 0 \qquad & \sum_{i=1}^{m} p_i = 1 \\
q_i \geqslant 0 \qquad & \sum_{i=1}^{m} q_i = 1
\end{aligned}
\tag{48}
$$

注意这种 **p** 和 **q** 空间的“均匀分布”并不对应于 9.6.5 节所声称的先验分布或目标函数的“均匀分布”。

图 9-14 综述了仿真试验，并显示当样本数 n 固定时，$\overline{P}$ 作为单元数 m 的函数曲线。从图中可以看出，当样品数无限多时，最大似然估计是非常好的，而 $\overline{P}$ 是贝叶斯误差率在所有问题空间上的平均。对应于 $\overline{P}(E|m,\infty)$ 的曲线从 $m=1$ 时值的 0.5 随 m 无限增加而迅速趋于 0.25。当 $m=1$ 时，$\overline{P}=0.5$，这也是合理的，因为这正好是两个极端值 0 和 0.5 的一半。对问题进行平均的误差率这样高只是表明有许多毫无解决办法的困难的分类问题被包含在这个平均值中，显然并非一般的模式识别问题都有这样高的误差率。

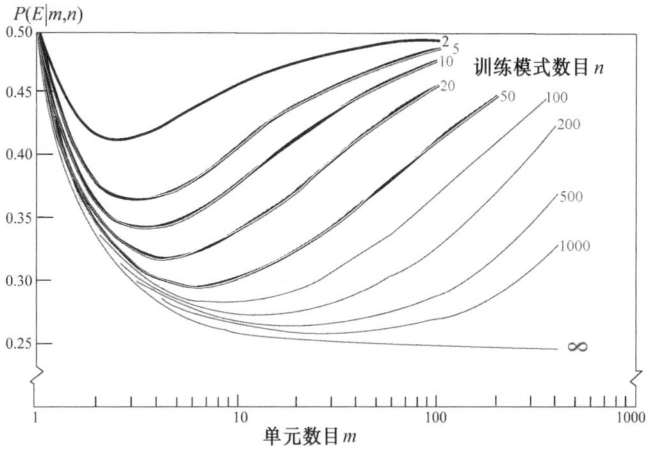

图 9-14 2-类问题对给定样本个数 n 的误差率 E，可以通过如下方式来估计，即划分特征空间为 m 个相同尺寸的单元，并且依据落在该单元的最频繁的类别对一个测试样本标记。本图显示了在给定 m 和 n 的情况下对大量的随机问题进行平均的“问题平均误差率”

然而这些曲线的最有趣的性质是：对每一有限样本数的曲线来说，都有一个最佳的单元数。这一点表明，当样本数有限时，如果特征很多的话，则分类器的性能会变坏。在这种情况下为何出现这种现象是很清楚的，因为在开始时，增加单元数可以使两类的“类条件概率分布”(分别被表示为向量 **p**,**q**)更容易区分，从而可以使分类器性能得到改善。但当单元数太多时，就会没有足够的样品去充填这些单元，结果在多数单元中的样本数目变为零，于是不得不回过头来采用效率不高的先验概率来进行分类。所以对有限的 n，当 m 趋于无穷时，$\overline{P}(E|m,n)$ 就趋于 1/2。

使 $\overline{P}(E|m,n)$ 取极小值的 m 是非常小的。当 $n=500$ 个样本时，大约 $m=20$。如果我们

把每一个特征坐标分成 7 个区间来划分单元，则对 d 个特征就有 $m=l^d$ 个单元。若 $l=2$，这当然是极粗糙的离散化。但这意味着若采用多于 4 个或 5 个二值特征，则不但不能改善性能，反而会使性能变坏。这是一个非常悲观的结论，当然平均误差率为 0.25 的这个结论也同样是悲观的。但这些数值是面向全部可能的问题时的先验概率的结果。对一个特定问题来说，并没有这么严重。从上述分析所能学到的要点有两个：其一是，分类器的性能确实依赖于训练样本数；另一个是，当样本数固定时，特征数增加到超过某一点后，其效果可能适得其反。

9.6.7 从学习曲线预测最终性能

对一个庞大的数据集进行训练的计算量是巨大的，在高性能的计算机上有时可能花费数天、数周甚至几个月的时间。如果我们准备研究和比较几种不同的分类技术，那么所需的总的时间通常长得让人无法接受。于是我们试图找到一个无须对全部数据都充分训练就可对不同的分类器进行比较的技术。如果我们可以快速有效地找出最有希望的模型，那么剩下的只不过是对它进行充分训练就可以了。

方法之一是用分类器对相对较少的样本进行训练后的性能来预测它对一个非常大的训练集的性能。上述性能可以用测试误差对训练集的尺寸的函数关系图来揭示，如图 9-15 所示，这也是一种（特殊形式的）“学习曲线”。图 9-15 显示了用独立的不同尺寸 $n'\leqslant n$ 的训练集对分类器充分训练后所得到的误差率（注意，这种形式的学习曲线是单调下降的，而不像图 9-9 那种曲线存在“过训练”（over-training）的现象）。

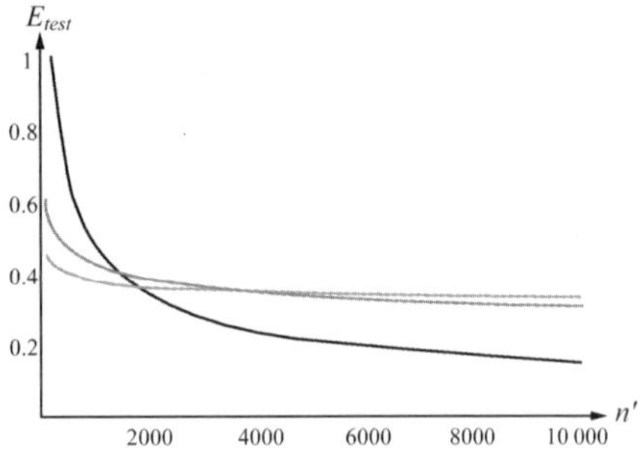

图 9-15 3 个分类器的测试误差，每个都用 n' 个样本充分训练。误差以典型的指数律单调下降。注意 $n'=500$ 的测试误差和 $n'=10\ 000$ 的渐近误差的排序情况是不同的

对很多现实问题，上述单调下降的曲线可以用指数函数

$$E_{test}=a+\frac{b}{n'^{\alpha}} \tag{49}$$

充分描述，其中 a，b 和 $\alpha\geqslant 1$ 取决于具体分类器和分类任务。

对非常大的 n' 的极端情况，训练误差将等同于测试误差，因为它们都代表了整个问题空间。这样我们可以用另一个指数函数

$$E_{train}=a-\frac{c}{n'^{\beta}} \tag{50}$$

来描述训练误差，它有同样的渐近误差值。

如果该分类器的威力足够强，那么该渐近误差 a 将等于贝叶斯误差。而且，如此一个威力强大的分类器可以很快地、完美地学习好一个小的训练样本集，使得训练误差（相对于 n' 来说）很快在较小的 n' 处取零值，如图 9-16 所示。

下面我们来估计渐近误差 a，利用一个小规模和中规模的训练集上的训练误差和测试误差。根据式(49)和(50)，我们有

图 9-16　在具有不同尺寸 n' 的数据子集上的训练误差和测试误差曲线。当 n' 很小时，由于训练样本可以被完美的学习，所以对应的训练误差为零。但尺寸趋于正无穷大时，训练误差和测试误差都趋向于同一个渐近误差值 a。当分类器足够强大，并且数据是独立同分布采样的，那么该渐近误差就是贝叶斯误差率 E_B

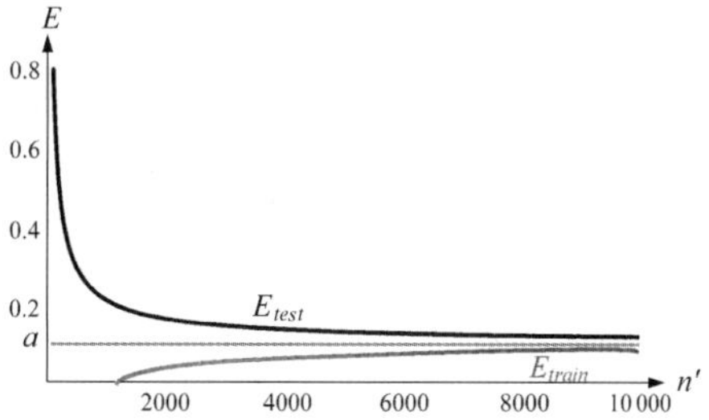

$$E_{test} + E_{train} = 2a + \frac{b}{n'^{\alpha}} - \frac{c}{n'^{\beta}} \tag{51}$$ 491~493

$$E_{test} - E_{train} = \frac{b}{n^{\alpha}} + \frac{c}{n^{\beta}}$$

如果假定 $\alpha=\beta$ 和 $b=c$，那么式(51)可写成

$$\begin{aligned} E_{test} + E_{train} &= 2a \\ E_{test} - E_{train} &= \frac{2b}{n'^{\alpha}} \end{aligned} \tag{52}$$

在上述假定下，对小规模和中规模的 n' 测量其训练误差和测试误差就成了很简单的事。将它绘在 log-log 坐标空间，即可估计出 a，如图 9-17 所示。即使在 $\alpha=\beta$ 和 $b=c$ 不成立的情况下，差值 $E_{test}-E_{train}$ 仍然能够在 log-log 图中保持直线形式，并且求和项 $s=b+c$ 可以从 $\log[E_{test}+E_{train}]$ 曲线中读出。对于某些服从 $b+c=s$ 的 b 和 c 的经验值，$cE_{test}+bE_{train}$ 也是一条直线，从而 a 可以估计出(习题 42)。一旦已经对每个候选分类器估计出 a 值，那么具有最小的 a 的分类器就可被选取，并且接着在完整的训练集 $\mathcal{D}$ 上进行充分的训练。

图 9-17　如果测试误差和训练误差对样本集尺寸的函数关系服从指数律(式(49)和(50))，那么在 log-log 坐标平面上，误差的和与误差的差的对数都是直线。渐近误差 a 就是简单的 $\log[E_{test}+E_{train}]$

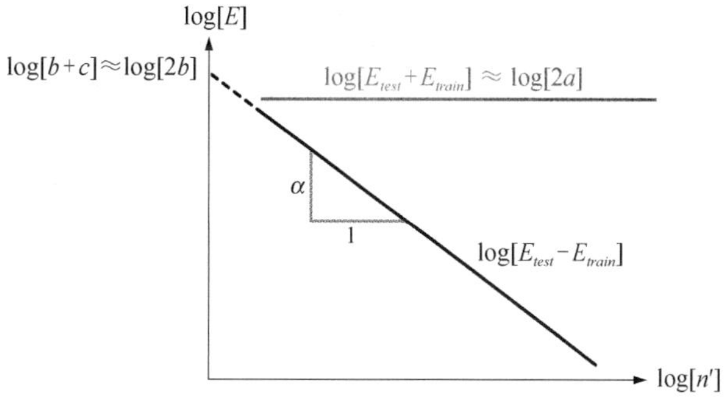

9.6.8　单个分割平面的能力

考虑对 d 维空间用超平面 $\mathbf{w}^t\mathbf{x}+w_0=0$ 进行分割的问题，其中超平面可以用感知器算法来训练(第 5 章)。假定我们有 n 个位于一般位置的样本点(d 维空间的点，如果没有 $d+1$ 个点落在 $d-1$ 维子空间，则称这些点是在"一般位置")。假定每一个点都标记为 ω_1 或者 ω_2 类。在所有这些 d 维的 n 个点中，一共有 2^n 个可能的二分法方案，但是其中只有占到 $f(n,d)$ 比率的"线性二分法"(linear dichotomy)。后者是这样一些二分法，其中存在某一超平面能把属于 ω_1 类的点与属于 ω_2 类的点分割开来。这一比率 $f(n,d)$ 可以表示为(习题 41)

$$f(n,d) = \begin{cases} 1 & n \leqslant d+1 \\ \dfrac{2}{2^n}\displaystyle\sum_{i=0}^{d}\binom{n-1}{i} & n > d+1 \end{cases} \tag{53}$$

图 9-18 画出了几种 d 值的图形。

为了更充分地理解上述结论，考虑 4 个点的一维情况。根据式(53)，我们有 $f(n=4,$
494 $d=1)=0.5$。下表显示了所有 16 个可能的模式标记(例如 0010 表示的是类别标记 $\omega_1\omega_1\omega_2\omega_1$)。表中的"×"号是指这种排列方式是"线性可分"的，也就是说单点的分界面就可把所有 ω_1 类模式与 ω_2 类模式分割开。根据式(53)也确实有一半的点(8/16)可以线性分开。

Labels	可线性分开?
0000	×
0001	×
0010	
0011	×
0100	
0101	
0110	
0111	×

Labels	可线性分开?
1000	×
1001	
1010	
1011	
1100	×
1101	
1110	×
1111	×

从图 9-18 可以看出，当点数 $n\geqslant d+1$ 时，所有二分法都是线性的。这意味着一个超平面并不受到对 $d+1$ 或更少的点进行正确分类时所要求的"过约束"。事实上，如果 d 很大，则只有当 n 占到 $2(d+1)$ 的相当比率时，问题才开始变得困难。在 $n=2(d+1)$ 处的这个点，有时被称为超平面的"能力"(capacity)。在这里，可能的二分法当中仍然有一半的线性二分法。于是，当样本数尚未达到特征空间或问题集合的维数的若干倍时，一个线性判别不会有效地"超定"(over-determined)。这通常表达为"在训练结束之前，推广是不可能进行的"⊖。另一方面，从平均意义上看，假如特征空间的维数大于 $n/2-1$，那么也不能期望一个线性分类器能够"匹配"给定的问题。

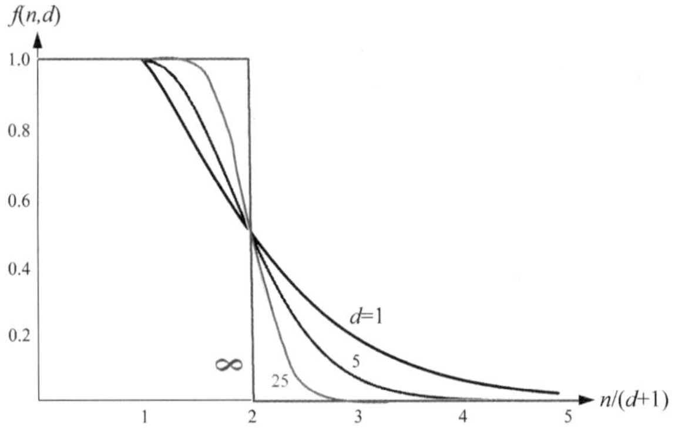

图 9-18 d 维空间中的 n 个样本点的线性二分法所占的比率，由式(53)给出

9.7 组合分类器

我们已经提到某种分类器，它的输出要根据若干"分量分类器"(或"子分类器")的输出而
495 定(9.5.1 节和 9.5.2 节)。这种总体分类器有时也称为"混合专家"(mixture-of-expert)模型或"集成分类器"(ensemble classifier)、"模块式分类器""投票表决分类器"。这种"分类器系综"尤其当每个分量分类器都分别对特征空间的不同区域进行了充分训练(因而成为一个"专家")时，特别有效。我们首先考虑"分量分类器"直接给出概率估计的情况。然后在 9.7.2 节

⊖ 译者注：换句话说，如果只用较少的训练样本训练线性判别函数，那么它将无法对新样本进行有效的推广。

中将考虑"分量分类器"直接给出"c 中取 1"的排序的情况。

9.7.1 有判别函数的分量分类器

假设每个模式都是取自某混合模型(mixture model),首先根据分布 $P(r|\mathbf{x},\boldsymbol{\theta}_0^0)$随机选取一个用 r 标记的过程或函数($1\leqslant r\leqslant k$),$\boldsymbol{\theta}_0^0$ 是参数向量。然后被选出的过程将根据$P(y|\mathbf{x},\boldsymbol{\theta}_r^0)$产生一个输出 y(即一个类别标记),其中的参数向量 $\boldsymbol{\theta}_r^0$ 表示该过程的自然状态(上标 0 代表的是产生的模型的特性。在下面,没有上标的项用来表示分类器中的参数)。这样产生 $\mathbf{y}$ 的总的概率可由下式对全部过程的求和得出:

$$P(\mathbf{y}|\mathbf{x},\boldsymbol{\Theta}^0)=\sum_{r=1}^{k}P(r|\mathbf{x},\boldsymbol{\theta}_0^0)P(\mathbf{y}|\mathbf{x},\boldsymbol{\theta}^0) \tag{54}$$

其中 $\boldsymbol{\Theta}^0=[\boldsymbol{\theta}_0^0,\boldsymbol{\theta}_1^0,\boldsymbol{\theta}_2^0,\cdots,\boldsymbol{\theta}_k^0]^t$ 表示全部有关的参数向量。式(54)描述了一个"混合分布",它可以是连续的,也可以是离散的。

图 9-19 显示出一个这样的集成分类器的基本结构,其任务是将测试模式 $\mathbf{x}$ 分成 c 类中的一类。这种结构适合于我们假设的混合模型。一个测试模式 $\mathbf{x}$ 将被提供给 k个分量分类器,每一个都输出 c 个标量的判别函数值(每个对应一类)。这样对分量分类器 r 的 c 个判别值组织在一起,记作 $\mathbf{g}(\mathbf{x},\boldsymbol{\theta}_r)$,并且有

$$\sum_{j=1}^{c}g_{rj}=1 \qquad \text{对所有 } r \tag{55}$$

分量分类器 r 输出的全部判别值都乘上一个标量系数w_r,w_r的值由一个"选通子系统"(gating subsystem)给定,其中具有参数 $\boldsymbol{\theta}_0$,下面我们将使用混合密度的条件均值,可由式(54)计算:

$$\boldsymbol{\mu}=\mathcal{E}[\mathbf{y}|\mathbf{x},\boldsymbol{\Theta}]=\sum_{r=1}^{k}w_r\boldsymbol{\mu}_r \tag{56}$$

其中 $\boldsymbol{\mu}_r$ 代表与 $P(\mathbf{y}|\mathbf{x},\boldsymbol{\theta}_r^0)$有关的条件均值。

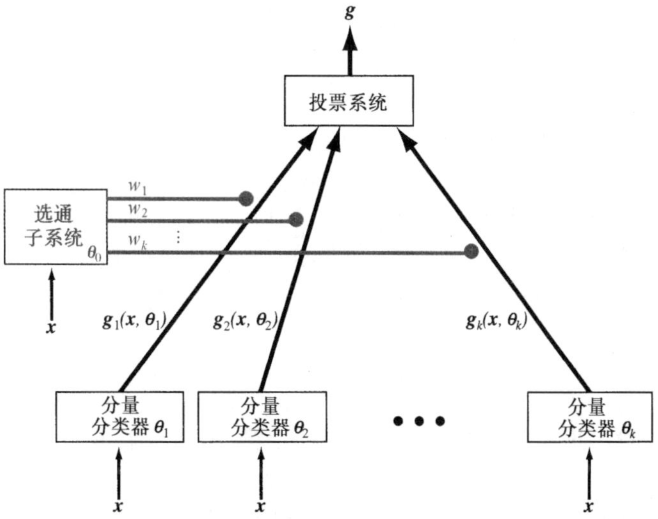

图 9-19 由 k个"分量分类器"或"专家"组成的"混合专家"组合分类器结构。其中每个分量分类器都有一个可训练的参数 θ_i,$i=1,2,\cdots,k$。对每个输入模式 $\mathbf{x}$,每个分量分类器 i 都给出一个类别隶属度 $g_{ir}=P(r|\mathbf{x},\boldsymbol{\theta}_i)$的估计输出。这些输出接着通过"选通子系统"用 $\boldsymbol{\theta}_0$ 加权,并送入"投票系统"表决,得到最后的判别结果

"混合专家"结构被训练使得每个分量分类器都能对应于混合模型中的一个过程,而"选通子系统"则表达了式(54)中的混合参数 $P(r|\mathbf{x},\boldsymbol{\theta}_0^0)$的模型。最终的目标是寻找一组参数,可以最大化对集合$\mathcal{D}$中 n 个训练样本 $\mathbf{x}^1,\cdots,\mathbf{x}^n$ 的对数似然函数

496
~
497

$$l(\mathcal{D}, \mathbf{\Theta}) = \sum_{i=1}^{n} \ln\left(\sum_{r=1}^{k} P(r|\mathbf{x}^i, \boldsymbol{\theta}_0) P(\mathbf{y}^i|\mathbf{x}^i, \boldsymbol{\theta}_r)\right) \tag{57}$$

一个直接的求解法是使用对参数的梯度下降，其中导数为（习题 44）

$$\frac{\partial l(\mathcal{D}, \mathbf{\Theta})}{\partial \boldsymbol{\theta}_r} = \sum_{i=1}^{n} P(r|\mathbf{y}^i, \mathbf{x}^i) \frac{\partial}{\partial \boldsymbol{\theta}_r} \ln[P(\mathbf{y}^i|\mathbf{x}^i, \boldsymbol{\theta}_r)] \quad r = 1, \cdots, k \tag{58}$$

和

$$\frac{\partial l(\mathcal{D}, \mathbf{\Theta})}{\partial g_r} = \sum_{i=1}^{n} (P(r|\mathbf{y}^i, \mathbf{x}^i) - w_r^i) \tag{59}$$

这里 $P(r|\mathbf{y}^i, \mathbf{x}^i)$ 是过程 r 在给定输入 $\mathbf{x}^i$ 和输出 $\mathbf{y}^i$ 前提下的条件后验概率。而且，w_r^i 就是给定输入 $\mathbf{x}^i$ 选择过程 r 的先验概率 $P(r|\mathbf{x}^i)$。根据式（59）可知，梯度下降法的使用使得先验概率逐渐收敛于后验概率上。也可采用期望最大化（EM）算法来训练本结构（第 3 章）。

最终的判决是简单地选择经投票系统后的具有最大判别值的那个类别。或者也可对每个分量分类器采取“胜者全取”策略，也就是分量分类器只保留具有最大判别值 g_{rj} 的那个类别。这种策略显然仅是次优的，但是由于其简单易用，并且当每一个专家都专门训练了特征空间中相互分离的区域时，也能工作得很好。

我们跳过了一个问题：即应该采用多少个分量分类器呢？当然，如果我们已有关于混合密度的分量过程的数目的先验知识，那么就可用它来指导 k 的选择，但在缺少上述信息的前提下，我们可以去试探不同的 k 值，由此来定制完全的集成分类器的偏离和方差。典型的情况是，如果混合密度中的真实分量个数是 k^*，那么由 k 个（$k > k^*$）“专家混合”而成的组合分类器的推广性能一般比 k' 个（$k' < k^*$）“混合专家”更好，这是因为多出来的那些分量分类器通过复制其他分量分类器提供了冗余的信息。

9.7.2 无判别函数的分量分类器

有时我们会利用一些充分训练了的分量分类器来构造集成分类器，其中可能有些分量分类器自身并不包含判别函数。例如，我们可能有 4 个分量分类器：一个 k-近邻分类器，一个判定树，一个神经网络和一个基于规则的分类器（它们都用同样的问题训练过）。神经网络给出的是 c 类模拟值，规则系统只给出某个类别标记（c 中取 1），k-近邻分类器给出的是 c 类的排序关系。

为了组合使用这些分量分类器，我们必须将它们的输出都转化为服从式（55）的判别值，从而可再次采用图 9-19 中的框架。实现上述目标的一些最简单的启发式规则列举如下：

输出模拟值 如果分量分类器的输出是模拟值 $\tilde{g}_i$，则可以用“软极大法”（softmax）将其转化为

$$g_i = \frac{e^{\tilde{g}_i}}{\sum_{j=1}^{c} e^{\tilde{g}_i}} \tag{60}$$

输出排序关系 如果输出是一个排序表，我们可以假设判别函数值的次序同它一致，但要进行归一化，以保证其和为 1。

输出“c 中取 1” 如果输出是 c 中取 1 的形态，其中一个类别被确定，我们令 $g_j = 1.0$ 代表对应于被选定的类别 j，而对其他类别都取零。

下表给出了一些简单的例子。

模拟值		排序关系		c中取1	
$\tilde{g}_i$	g_i	$\tilde{g}_i$	g_i	$\tilde{g}_i$	g_i
0.4	0.158	3	4/21=0.194	0	0.0
0.6	0.193	6	1/21=0.048	1	1.0
0.9	0.260	5	2/21=0.095	0	0.0
0.3	0.143	1	6/21=0.286	0	0.0
0.2	0.129	2	5/21=0.238	0	0.0
0.1	0.111	4	3/21=0.143	0	0.0

498

一旦分量分类器的输出已被转化为有效的判别函数值，那么分量分类器就可固定下来，但“选通子系统”还要用式(59)来训练。本方法特别适用于利用几个已经训练好的分量分类器进行投票表决的场合。

本章小结

“没有免费的午餐定理”说明，在缺少关于问题的先验信息的情况下，没有任何理由可以“偏爱”某种学习算法或分类模型。“丑小鸭定理”说明，在给定一个有限的用于区别不同模式的特征集的前提下，两个不同模式所共享的谓词的数目是一个常量，并且该值并不依赖于二者择一的选择。以上两个定理强调的都是：有必要深入地考察恰当的特征以及数据与算法的“匹配”程度。不存在与问题领域无关的“最优”的学习算法或模式识别系统，也不存在与问题无关的“最优”的特征。简言之，单纯依赖于正规的理论或算法都是不够的，模式分类本质上属于一门实验科学。

有两种方式可以描述分类器和给定问题的“匹配”程度，它们是偏差和方差。“偏差”度量的是“匹配”的“准确度”或“匹配品质”(一个高的偏差意味着很差的匹配)，而方差测量的是匹配的“精确度”或匹配的“具体性”(一个高的方差意味着较弱的匹配)。“偏差-方差两难问题”是说如果增加一个学习算法的灵活性，能够自适应地“匹配”训练数据(例如，具有更多的自由参数)，那么它将具有更小的偏差，但会有更大的方差。对分类问题而言，偏差和方差之间存在某种非线性关系。并且在分类中，小的方差要比小的偏差的意义更为重要。如果分类器的模型可以用二进制串的形式来表达，那么“最小描述长度原理”(MDL)说明，最优的模型就是那个具有最短的模型描述和训练数据的模型。这个普遍的原理可以推广到某些特定的模型上去，比如神经网络的权值衰减和剪枝的启发式，某些特定模型的正则化，等等。

“重采样技术”背后的思想内涵在于，从给定的数据集中(例如自助法，刀切法，boosting法和 bagging 法)抽取多个数据子集，使得有可能计算任意统计量的值及其范围。在分类中，boosting 法能够调节整个分类器对特定问题的匹配程度(也就是“偏差和方差”的关系)，甚至适用于任意基本的分类器。在“基于查询的学习算法”中，分类器将对查询的模式提交给一个“神谕”，由“神谕”给出其类别标记。当提供查询的模式是其中“最富信息”的模式——也即现有分类器最拿不准的模式——的时候，这种学习算法将最有效。

有许多种方法可以用于评估分类器的最终性能，以及比较不同分类器的性能。每种方法都基于一些假定，例如参数模型是已知的，或已知学习曲线的形式。“交叉验证”“刀切法”和“自助法”是一些密切相关的技术，它们都利用训练样本的一个子集来估计分类器的准确度。“最大似然模型选择法”和“贝叶斯模型选择法”是原先用于参数估计的相应算法的推广，可用于不同模型的比较和选择。“贝叶斯模型选择法”的一个中心概念是“Occam 因子”，它刻画了所允许的参数空间的体积因训练数据的加入(约束)而坍塌的情况。这种方法会惩罚那些“过分

499 复杂”的模型，其中“过分复杂”是相对具体数据集而言的。

把几个分离的“分量分类器”或“专家分类器”的输出结果组合在一起的方法有很多种，比如线性加权、胜者全取，等等。当各个分量分类器的判别规则有所不同，以及能提供互补的信息时，总体分类器的性能通常总会有所改善。

文献和历史评述

“没有免费的午餐定理”出现于文献[110]以及在 Wolpert 的有关推广性理论的文集中[109]。Schaffer 的“推广中的守恒律”有该定理一部分的重新表述，并且是图 9-1 的源泉[83]。“丑小鸭定理”在[105]中进行了证明，同时其中还有它的一些哲学上的思考[79]。

有关“戈尔莫戈罗夫复杂度”的一些基础性工作出现在文献[57,58,93]和[94]中，但一个基本的综述[14]和 Chaitin 的著作[15]以及 Li 和 Vitányi 的书[66]更容易理解。Barron 和 Cover 最早利用“MDL 原理”来估计密度[7]。“MDL 原理”有多个不同的版本[80,81]，比如“赤迟信息准则”(akaike information criterion, AIC)[1,2]和贝叶斯信息准则(BIC)[86](与标准 MDL 的不同之处在于，它们采用了对模型加权惩罚的方式)。类似地，网络信息准则(NIC)可用来比较具有同样结构的神经网络[73]。更一般地说，神经网络中的“剪枝”和一般“正则化方法”都可看作“MD”原理的一种应用，只不过采用了不同的模型以及数据拟合的度量罢了[65]。

卡尔·波普尔(Karl Popper)曾经评论道：“‘Occam 剃刀’没有多少实用价值，因为它没有给出明确的关于‘简单性’的准则或度量。”[76]。其他一些哲学家也认同这个观点[92]。这里值得指出的是“Occam 剃刀原则”(即牛顿在其《原理》一书中给出的：“Natura enim simplex est，er rerum causis superfluis non luxuriat”(大自然偏爱简单，而不喜欢多余的浮夸)[74])存在多种表述方式。

其中有一个版本是伊壁鸠鲁㊀在《给 Pythocles 的一封信》中提到的：我们现在称之为“多重解释原则”(principle of multiple explanation)或“漠视原则”(principle of indifference)的论题，即如果有几个理论都能与给定的数据相一致，那么保留所有这些理论。

另一个版本是“贝叶斯方法”的重新表述，“一个模型(或假设)为真的概率与以下两项的乘积成正比：其一是设计者关于该模型的先验信任度；其二是在给定假设的条件下产生给定数据的条件概率。”在这种情况下，Occam 剃刀将偏爱“简单”的分类器。也就是说，当考虑到实际分类时所付出的代价(或复杂程度)以及“有限合理性原则”(principle of bounded rationality)时，我们通常会满足于当前的“合适的解”，而没有必要一定是“最优解”[89]。文献[45]通过实验研究表明简单的分类器通常也可以工作得很好。

回归中的基本“偏差-方差分解”和“偏差-方差两难问题”[37]在很多统计学的书中都可以找到[16,41]。Geman 等人在介绍神经网络时给了一个很清楚的表述，但是他们关于“分类”问题的讨论只是间接地与关于“回归”的数学推导有关[35]。我们关于分类(0-1 损失函数)的讨论是基于 Friedman 的重要论文[32]。对其他非二次型代价函数的“偏差-方差分解”在文献[42]当中获得研究。

Quenouille 于 1956 年引进了“刀切法”[78]。“重采样技术”的理论基础由 Efron 的书
500 [28]清楚地给出，对它的实践指导书有[25]和[36]。有关误差估计的“自助法”技术的论文是[48]。Breiman 尤其积极致力于介绍和研究“重采样技术”在估计和分类器设计中的应用，例如 bagging 法[11]和通用的 arcing 法[13]。AdaBoost[31]建立在 Schapire 的关于“弱分类器”的性能分析[84]及 Freund 的关于“学习理论”的早期研究[30]的基础上。对多类问题的

㊀ 公元前 342～公元前 270，古希腊杰出的唯物主义和无神论者。——译者注

boosting 技术要比两类问题更复杂,在[85]中有研究。Angluin 早期的关于"概念学习"的查询方法[3]后来被 Cohn 和其他人[18,20]推广为"主动学习",并且成为聚集大型数据库的工作基础,比如文献[95,96]和[100]所作的讨论。

交叉验证技术由 Cover[23]提出,并且广泛地与分类方法结合使用,比如神经网络方法。在不同条件下的估计误差的文献包括[34,104]和[111]。文献[39]是一篇出色的论文,它推导出了为获得分类准确度的正确估计所需的测试集的大小。Bowyer 和 Phillip 的书涵盖了计算机视觉方面的实验评价技术[10],有不少方法可同样适用于更一般的模式分类领域。

"最大似然模型选择法"(ML-II)最早源于贝叶斯本人,但早期的一个更技术性的成果在[38]中。Mackay 的一系列论文使贝叶斯模型选择方法得到复兴,虽然他的主要兴趣在于神经网络和内插技术[67,68,69,70]。这些模型选择方法与"MDL 原则"[80]及所谓的"最大熵方法"(Maximum Entropy,ME)有着微妙的联系。但对于后者,多少有些脱离我们讨论的主题。Cortes 及其同事最早开创了用学习曲线估计分类器最终性能的研究[21][22]。关于任意情况下获得贝叶斯误差率时的收敛性分析的研究可以考虑[6]。Hughes 最早进行了图 9-14 的计算[46]。

有关"组合分类器技术"的书籍有[55][56],以及专门面向神经网络组合的[9]和[88]。Perrone 和 Cooper 描述了"专家"意见不一致的用处[75]。Dasarathy 的书[24]中有精彩的理论综述(但他更多关注"多传感器信息融合",而并非直接面向多分类器组合)和一些重要的原始文献[43,61][97]。最简单的将"c 中取 1"和排序关系(rank)转化为可以集成的数值表示的启发式规则在[63]中都有讨论。"层次混合专家结构"及其学习算法最早在[51][52]中得到讨论。一种特殊的层次多分类器技术在[12,90,91]和[108]中有介绍,其中每层都采用高斯核函数估计,在更高层上也采用高斯核函数的投票机制。

本章中我们跳过了很多关于"计算学习理论"的正规的研究内容。这部分内容主要由收敛性分析、渐近性及计算复杂度等组成,并且多采用一些简化的或一般化的例子来研究。Anthony 和 Biggs 的短小精悍及优雅的书[5]是个很好的入门导引。更宽范围的内容可参考[49,53]和[72]。很可能其中对模式识别实践者最有用的工作要属于上面提到的"弱学习器"和 boosting 法。由 Valiant 提出的"概率逼近正确性(PAC)"理论框架[99]在"计算学习理论"中影响重大,但对指导模式识别系统的实践却没有太大作用。一个稍微宽松一些的形式,"概率几乎贝叶斯"(PAB)在文献[4]中有介绍。

Vapnik 和 Chervonenkis 的"结构化风险最小化"[103]的工作以及后来的 VC 理论(例如 501
VC 维的概念)[101,102]导出了期望误差率界限,其影响主要在理论学术界。这个误差界限在实践中是很松的[19][107]。

习题

9.2 节

1. 一个关于推广能力的"守恒律"表明:一种算法在某些学习条件下正的推广性能必定会被其他条件下的负的推广性能所抵消。考虑一个可能违背这个规律的非常简单的学习算法。对于每个测试模式,所谓的"多数学习算法"(majority learning)的预测结果仅仅是训练数据中最普遍的那个类别。
   (a)证明:对于一给定特征的所有两类问题求平均,其"偏离训练集误差"为 0.5。
   (b)对于"少数学习算法"(minority learning)——其预测的类别标记是训练数据中最少出现的类别,重复(a)。

(c)利用(a)和(b)的结论，解释“没有免费的午餐定理”的第 2 部分(定理 9.1)。

2. 证明定理 9.1 的第 1 部分，即对所有的目标函数 F 求一致平均，得到$\mathcal{E}_1(E|F,n)-\mathcal{E}_2(E|F,n)=0$。总结并解释该结论。

3. 证明定理 9.1 的第 2 部分，即对于任何给定的训练集$\mathcal{D}$，对所有的 F 求一致平均，得到$\mathcal{E}_1(E|F,\mathcal{D})-\mathcal{E}_2(E|F,\mathcal{D})=0$。总结并解释该结论。

4. 证明定理 9.1 的第 3 部分，即对所有先验概率 $P(F)$求一致平均，得到$\mathcal{E}_1(E|n)-\mathcal{E}_2(E|n)=0$。总结并解释该结论。

5. 证明定理 9.1 的第 4 部分，即对于任何给定的训练集$\mathcal{D}$，对所有的 $P(F)$求一致平均，得到$\mathcal{E}_1(E|\mathcal{D})-\mathcal{E}_2(E|\mathcal{D})$。总结并解释该结论。

6. 假设一种算法对大多数问题的执行效果比平均情况要好一些，而只是在少数问题中表现得糟糕，那么可以把该算法称为“较好”的算法。请解释为什么“没有免费的午餐定理”并不排除这种意义下“较好”算法的存在。

7. 请用一个简单的反例证明“没有免费的午餐定理”(定理 9.1)的各个部分中的“平均”必须是“一致”的。比如，想象抽样分布是一个狄拉克 δ 分布，其中心落在单个的目标函数上，算法 1 可以准确地预测出这个目标函数，而算法 2 却在任何预测情况下跟定理 1 相反。

(a)第 1 部分；

(b)第 2 部分；

502 (c)第 3 部分；

(d)第 4 部分。

8. 请简述“没有免费的午餐定理”是怎样表明你不能用训练数据来区分可以很好推广的新问题和不能很好推广的新问题。请用反证法证明，即如果你能够区分这种问题，那就推翻了“没有免费的午餐定理”。

9. 请用下面两种方法证明式(5)的 $\sum_{r=0}^{n}\binom{n}{r}=(1+1)^n=2^n$：

(a)用 x 和 y 的幂与系数乘积的总和来表示多项式$(x+y)^n$ 的展开式。然后，将 x,y 做一个简单的替换。

(b)用归纳法证明这个关系式。设 $K(n)=\sum_{r=0}^{n}\binom{n}{r}$。首先证明对于 $n=1$ 的情况等式成立，即 $K(1)=2^1$。接着证明对于任意 n，$K(n+1)=2K(n)$成立。

10. 对于k个二值特征 $f_1,\cdots,f_k$，考虑几种不同的 Venn 图的个数(图 9-2 表示 $k=3$ 的情况下的几种图)。

(a)当$k=2$ 时，有多少功能不同的 Venn 图存在？绘出这些图。对于每种情况，指出有几种区域存在，即能表示几种功能不同的模式。

(b)当$k=3$ 时，重复(a)。

(c)对于任意的k，有几种功能不同的 Venn 图？

11. 书中给出了丑小鸭定理(定理 9.2)的一种证明。以下的问题要求你填充一些细节并解释一些暗示。

(a)书中的讨论假定分类问题没有限制条件，它可以用最基本的 Venn 图来表示，其中给出了每个秩 r 的所有谓词。如果我们知道存在限制的情况下，如图 9-2(b)及(c)所示，那么方差会如何变化？

(b)有人看见了由同一汽车厂在同一年制造的 2 辆汽车 A 和 B，它们都有 4 扇车门以及相同类型的发动机，它们的区别仅在于一辆是红色的，而另一辆是绿色的。C 车由另外一个厂制造，它有不同于 A，B 的发动机，只有 2 扇车门，并且是蓝色的。请尽可能详细地解释，为什么在这种看起来很明显的情况下，实际上并不存在把 A 和 B 看作比 B 和 C 更“相似”的先验理由？

12. 假设我们用一种特定的秩 r^* 的谓词来描述各种模式。证明“丑小鸭定理”（定理9.2）适用于任何单层的 r^*，从而适用任意层的谓词。

13. 进行一些简单的假设，利用 $O(\cdot)$ 标记说明如下的二进制串的戈尔莫戈罗夫复杂度：

(a) $\underbrace{010110111011110\cdots}_{n}$

(b) $\underbrace{000\cdots00100\cdots000}_{n}$

(c) $e=10.10110111111000010\cdots2$

(d) $2e=101.0110111111000 0101\cdots2$

(e) π 的二进制数，但是将每个第 100 个数字置为 1。 503

(f) π 的二进制数，但是将每个第 n 个数字置为 1。

14. 回到我们对“没有免费的午餐定理”及“戈尔莫戈罗夫复杂度”的讨论上来。假设利用一个均匀分布 $P(h|\mathcal{D})$ 的学习算法，这时(8)式中 $K(h,\mathcal{D})=K(\mathcal{D})$。请说明并解释你的结论。

15. 考虑两个二进制串 x_1 和 x_2，请解释为什么对于某些正常数 c，它们的戈尔莫戈罗夫复杂度遵循 $K(x_1,x_2)\leqslant K(x_1)+K(x_2)+c$ 的原则。

16. 考虑设计一个第 8 章的通用树分类器，要求分别用“最小描述长度原则”以及“对先验施加约束”的方法。

 (a) 假设我们利用“最小描述长度原则”设计一个树分类器，它的总熵（比特数）包含两项：树的数据熵以及树的节点数。这在形式上等价于用“优先选择较小的树”的先验概率的“最大似然技术”来训练树的情况。请给出对应的先验概率 $P(K)$ 的函数形式，这里 K 是树的总节点数。请指出你必须进行的假设。

 (b) 假设用“最大似然技术”来训练一个树分类器，它的节点数的先验概率随着节点数的减少而指数级减少，即 $P(K)\propto e^{-K}$。请给出等价的“最小描述长度原理”的函数形式，使之能最终得到同样的分类结果。

17. 下面将研究“Berry 悖论”，它与“说谎者悖论”（即著名的“这句话是错的”悖论）及罗素和哥德尔在集合论中使用的一些悖论有关系。“Berry 悖论”间接地显示了戈尔莫戈罗夫复杂度的概念可以非常复杂或者微妙。考虑用语句来表达正整数的例子，比如，“一个人的手指的数目”或者“小于一百万的素数的个数”。请解释为什么如下的解释是一个悖论：“the least number that cannot be defined in less than twenty words”（不能用少于 20 个单词来表达的最小数字）。并解释它是如何同计算“戈尔莫戈罗夫复杂度”联系在一起的。

9.3 节

18. 请展开式(11)的左边，得到等式的右边，即用偏差^2 和方差的和的形式来表示均方误差。偏差可以是负数吗？方差可以是负数吗？

19. 请给出得到式(18)的步骤，即

$$\Pr[g(\mathbf{x};\mathcal{D})\neq y]=|2F(\mathbf{x})-1|\Pr[g(\mathbf{x};\mathcal{D})\neq y_B]+\Pr[y_B\neq y]$$

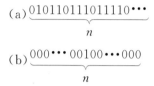

这里目标函数是 $F(\mathbf{x})$，$g(\mathbf{x};\mathcal{D})$是计算的判别值，$y_B$ 是贝叶斯判别值。

20. 假设对于模式 $\mathbf{x}$ 用数据集$\mathcal{D}$训练的学习算法，得到特定的判别值的概率是 $p(g(\mathbf{x};\mathcal{D}))$，请
504 指出 $p(g(\mathbf{x};\mathcal{D}))$服从高斯分布。请利用这个高斯假设以及式(19)得到式(20)。
21. 请推导出式(29)中的偏差的刀切法估计。
22. 请证明当 $B\to\infty$时，均值方差的自助法估计等价于均值方差的传统估计。

9.4 节

23. 请证明式(24)中的“留一法”均值估计 $\mu(\cdot)$等价于式(22)的样本均值 $\hat{\mu}$。
24. 如果当数据趋于无限时，某个估计收敛于真实值，那么这个估计可以称为“一致”的。请证明式(22)的标准均值对于分布 $p(x)\sim\tan^{-1}(x-a)$以及任何有限的实常数 a 来说是不“一致”的。
25. 证明式(30)给出的一个任意统计 θ 的刀切法估计对于估计的真实偏差来说是无偏的。
26. 请证明式(26)对于均值的方差的刀切法估计等于式(23)给出的传统估计。
27. 考虑一维空间上的 n 个点。利用标记 $O(\cdot)$来表示以下各个估计的计算复杂度。
    (a)均值的刀切法估计；
    (b)中值的刀切法估计；
    (c)标准差的刀切法估计；
    (d)均值的自助法估计；
    (e)中值的自助法估计；
    (f)标准差的自助法估计。
28. 请推导出式(34)中的偏差的自助法估计。

9.5 节

29. 未剪枝的最近邻分类器(第 4 章)的精度和方差的完整的刀切法估计的计算复杂度是多少？
30. 在应用于两类问题的标准 boosting 法中，我们必须产生一个对于当前的分类器含有“最富信息”的数据集。为什么这意味着只有一半模式能够被正确地分类，而不是任何一个模式都不能被正确分类？对于 c-类问题，“最富信息”集中的哪部分模式必定被错误地分类？
31. 在“主动学习”算法中，学习能通过产生具有“最富信息”的模式(即对它们来说，两个最大的判别值是接近相等的)而得到加速。请考虑两类的情况，对特征空间中的任何点 $\mathbf{x}$，分类器返回的判别函数值是 g_1 和 g_2。请写出下述伪代码：输入 $\mathbf{x}_1$(分类为 ω_1)和 $\mathbf{x}_2$(分类为 ω_2)，要求很快地发现一个新的点 $\mathbf{x}_3$，它“接近”于当前的判决边界，因而是“最富信息”的。假设判别函数在 $\mathbf{x}_1$ 和 $\mathbf{x}_2$ 的连线上是单调的。
32. 考虑具有任意数目的分量分类器的 AdaBoost 算法。
505 (a)清楚阐述你的所有假设，推导出式(37)中对整个增强系统的集成训练误差。
    (b)我们知道一个应用于两类问题的“弱分类器”的训练误差对于某些正数 G_k 来说可以写成 $E_k=1/2-G_k$，第一个分量分类器的训练误差是 $E_1=0.25$。假设对于所有从 1 到 $k_{\max}$的 k，$G_k=0.05$。请绘出如图 9-7 所示的式(37)给出的集成(总体)测试误差的上界。
    (c)如果 G_k 作为 k的函数是衰减的，假设对于所有的 $k=1$ 到 $k_{\max}$，$G_k=0.05/k$，请重复问题(b)。

9.6 节

33. “没有免费的午餐定理”表明如果所有的问题是等概率的，那么“交叉验证”技术会成

功，也会失败，其概率差不多。证明如下：考虑算法 1 是标准交叉验证，而算法 2 是“反交叉验证”，它建议在验证集选择效果最差的模式。请证明如果总的来说“交叉验证”比“反交叉验证”好，那么我们就推翻了“没有免费的午餐定理”。

34. 假设我们知道一个模式分类任务的数据要么来自均匀分布 $p(x)\sim U(x_l,x_u)$，要么来自正态分布 $p(x)\sim N(\mu,\sigma^2)$，但是并没有理由更偏爱哪一种分布。我们选取的样本数据是$\mathcal{D}=\{0.2,0.5,0.4,0.3,0.9,0.7,0.6\}$。
(a)求均匀分布模型的 x_l 及 x_u 的最大似然估计；
(b)求高斯模型的 μ 和 σ 的最大似然估计；
(c)根据“最大似然模型选择方法”应该选取哪种模式？

35. 假设我们认为模式分类的数据要么服从均匀分布 $p(x)\sim U(0,x_u)$，要么服从正态分布 $p(x)\sim N(\mu,\sigma^2)$，但是我们并没有理由更偏爱哪一种分布。我们选取的样本数据是$\mathcal{D}=\{0.2,0.5,0.4,0.3,0.9,0.7,0.6\}$。
(a)求均匀分布模型的 x_u 的最大似然估计；
(b)求高斯模型的 μ 和 σ 的最大似然估计；
(c)根据“最大似然模型选择方法”应该选取哪种模式？
(d)叙述你在这里所用的方法与习题 34 所用的方法(虽然不一定要求解出这个问题)的差别。特别是，我们从这两个候选模型有不同个数的自由参数的事实，可以得出什么结论？

36. 考虑下列 3 个候选一维分布，它们都由一个未知“中心值”所参数化：
- 高斯分布：$p(x)\sim N(\mu,1)$
- 三角分布：$p(x)\sim T(\mu,1)=\begin{cases}1-|x-\mu| & |x-\mu|<1\\ 0 & \text{其他}\end{cases}$
- 均匀分布：$p(x)\sim U(\mu-1,\mu+1)$

我们已知数据$\mathcal{D}=\{-0.9,-0.1,0,0.1,0.9\}$，很明显，每个模式的最大似然解$\hat{\mu}=0$。 506
(a)利用最大似然模型选择来决定这些数据的最好的模型。阐述你所进行的任何假设。
(b)假设我们确信每个模型的中心必位于区间$-1\leqslant\mu\leqslant1$。请计算每个模型及所给数据的 Occam 因子。
(c)利用“贝叶斯模型选择法”确定给定$\mathcal{D}$的“最佳”模型。

37. 利用式(38)，产生如图 9-10 所示的曲线。请分析证明这些曲线对于 $\hat{p}\to(1-\hat{p})$和 $p\to(1-p)$的交换是对称的。解释其对称性的原因。

38. 令模式 h_i 用k维参数矢量 $\boldsymbol{\theta}$ 来表示。简述你的假设，并且证明 Occam 因子可以表示为

$$p(\hat{\boldsymbol{\theta}}|h_i)(2\pi)^{k/2}|\mathbf{H}|^{-1/2}$$

正如式(44)所示，这里赫森矩阵 $\mathbf{H}$ 是式(45)中定义的二阶导数矩阵。

39. “贝特朗(Bertrand)悖论”表明，一个“均匀分布”模型的思想可能是有问题的，它导致我们对“漠视原则”(principle of indifference)(如上机练习 9)的质疑。考虑下面的问题：给你一个圆，求一个随机选择的弦比它的内接等边三角形的边长要大的概率。
下面是这个问题的 3 种可能的解法以及它们的证明，如下图所示：
(1) 由弦的定义可知，弦连接了圆上的两点。我们可以随意地旋转图形，使得其中的一点置于圆的上方。另外一点等概率地落在圆的任意一点上。如左边图所示，其中 1/3 的点(红点)可以使弦长大于其内接等边三角形的边长。因此，弦长大于其内接等边三角形边长的概率为 $P=1/3$。

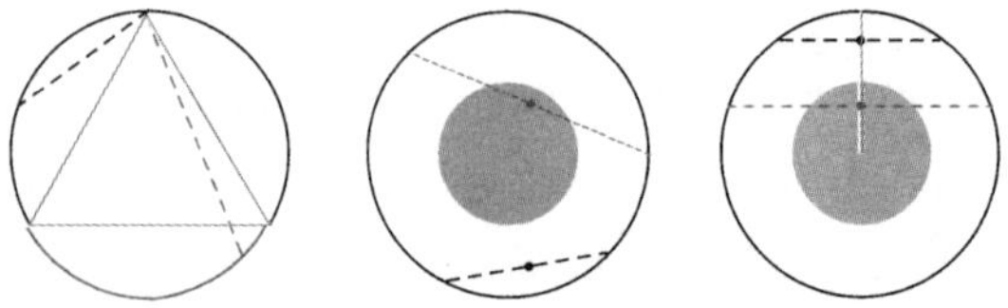

$P=1/3$　　$P=1/4$　　$P=1/2$

(2) 弦由它的中心点的位置唯一决定。如果中心点所在的半径是在大圆一半的同心圆的里面，那么会产生一条弦，它的长度大于大圆的内接等边三角形的边长。因为小圆的面积是大圆的 1/4，因而其概率是 $P=1/4$。

(3) 我们可以任意地旋转，使弦的中心点位于一条垂直线上。如果中点距离圆心小于半径的 1/2，这条弦将比其内接等边三角形的边长要长。于是，其概率
507 是$P=1/2$。

请解释为什么我们几乎没有任何理由“偏爱”使用哪种解法，因此问题的解是“未完善定义的”(ill-defined)。利用你的答案来调和“贝叶斯模型选择方法”与“没有免费的午餐定理”的关系(定理 9.1)。

40. 如果 n' 个独立随机选取的测试集中有 k 个错分类的模式，那么如式(38)所示，k 具有二项式分布

$$P(k)=\binom{n'}{k}p^k(1-p)^{n'-k}$$

请证明 p 的最大似然估计是 $\hat{p}=k/n'$，如式(39)所示。

41. 推导 $f(n,d)$ 的关系式，已知从线性可分的 d 维空间中任意选取的 n 个点的二分法，如式(53)所示。请解释为什么对 $n\leqslant d+1$ 有 $f(n,d)=1$。

42. 写出一个算法的伪代码来确定大 n' 时测试误差的极限值，假设由式(52)描述的误差按指数律递减，如图 9-17 所示。

43. 假设一个标准的三层神经网络有 d 个输入单元，n_H 个隐含单元，一个偏置以及 $c=2$ 个输出单元，通过两类问题训练(第 6 章)。请考虑最终权值赋值的退化情况。也就是说，有多少种方式可以让权值在判别规则不改变的情况下重新赋值？请解释这种退化情况如何嵌入到“贝叶斯模型选择方法”中。

9.7 节

44. 令 $\mathbf{x}^i$ 和 $\mathbf{y}^i$ 分别表示输入和输出向量，r 是混合模型中的索引($1\leqslant r\leqslant k$)。利用贝叶斯公式

$$P(r|\mathbf{y}^i,\mathbf{x}^i)=\frac{P(r|\mathbf{x}^i)P(\mathbf{y}^i|\mathbf{x}^i,r)}{\sum_{q=1}^{k}P(q|\mathbf{x}^i)P(\mathbf{y}^i|\mathbf{x}^i,q)}$$

推导用于“混合专家模型”的梯度下降学习算法中的式(58)和式(59)。

45. 假设“混合专家分类器”有 k 个 d 维空间中任意均值和方差的高斯分量分类器 $N(\boldsymbol{\mu},\Sigma)$。推导出特定的分量分类器参数以及“选通子系统”的学习规则，即式(58)和式(59)的特例。

上机练习

508 有几道练习将用到下面的从 4-类(记为 ω_i)中抽样出的三维数据。

样本	ω_1			ω_2			ω_3			ω_4		
	x_1	x_2	x_3	x_1	x_2	x_3	x_1	x_2	x_3	x_1	x_2	x_3
1	2.5	3.4	7.9	4.2	4.9	11.3	2.9	15.5	4.6	16.9	12.4	0.2
2	4.3	4.4	7.1	11.7	5.3	10.5	3.6	13.9	9.8	12.1	16.8	2.1
3	7.1	0.8	6.3	8.4	11.1	6.6	10.3	6.1	12.3	13.7	12.1	5.5
4	1.4	−0.2	2.5	8.2	10.4	4.9	8.2	5.5	7.1	11.9	13.4	3.4
5	3.9	4.3	3.4	5.3	7.7	8.8	13.3	4.7	11.7	14.5	15.5	2.8
6	3.2	6.8	5.1	7.9	4.5	9.5	6.6	8.1	16.7	15.6	14.9	4.4
7	7.3	6.5	7.1	10.7	6.9	10.9	12.2	5.1	5.9	16.2	12.3	3.2
8	−0.7	3.1	8.1	9.6	9.7	7.3	15.6	3.3	10.7	12.2	16.3	3.2
9	2.8	5.9	2.2	8.2	11.2	6.3	4.6	10.1	13.8	14.5	12.9	−0.9
10	6.1	7.6	4.3	5.3	10.1	4.9	9.1	4.4	8.9	15.8	15.6	4.5

9.2 节

1. 考虑使用最小描述长度原理设计二叉判决树分类器(第 4 章)。在每个节点上的查询采用“Is $x_i>\theta$?”(或者“Is $x_i<\theta$?”)的形式。每个这种问题指定 5 比特：2 比特表示要查询的特征(x_1,x_2 或 x_3),1 比特表示比较的结果是“>”还是“<”,4 比特表示每个整数 θ($0\leqslant\theta\leqslant16$)。假设这种分类器的戈尔莫戈罗夫复杂度是所有问题的比特数的和(至多差一个加性常数)。给定树分类器,假设数据的“戈尔莫戈罗夫复杂度”仅是叶上数据的熵,它也用比特表示。

 (a)用上表所示的 4 类问题中的数据来训练该树。从一个根节点开始逐步扩展训练树,每次生长一个节点,直到每个节点尽可能纯。请描绘出作为总节点数的函数的下述戈尔莫戈罗夫复杂度:(1)分类器,(2)与分类器有关的数据,(3)它们的和(式(8))。证明该树(包括节点上的问题)具有最小的描述长度。

 (b)“最小描述长度原理”给出了一种原则性方法,可用于比较不同的分类器,这些分类器的参数(例如阈值或权重)具有不同的分辨率。如果只利用 3 比特来指定树节点上的每个阈值 θ,试重复(a)。

 (c)假设以上分类器的戈尔莫戈罗夫复杂度中的加性常数是相等的,请问哪种分类器具有最小描述长度?

9.3 节

2. 通过仿真,举例说明偏差-方差分解以及回归中的偏差-方差两难问题。假设目标函数 $F(x)=x^2$,高斯噪声的方差是 0.1。首先通过选择在 $-1\leqslant x\leqslant1$ 上均匀分布的 x 的值,并将在 $F(x)$ 上附加噪声,任意产生 100 个数据集,每个集的大小 $n=10$。训练(a)～(d)中的每个回归函数的任意一个自由参数 a_i(用最小平方误差准则),每次只训练一组数据。做出式(11)(图 9-4)中的误差平方和的直方图。对每个模型,利用你得到的结果去估计偏差和方差。

 (a)$g(x)=0.5$

 (b)$g(x)=1.0$

 (c)$g(x)=a_0+a_1x$

 (d)$g(x)=a_0+a_1x+a_2x^2+a_3x^3$ 509

 (e)如果有 100 个数据集,其大小 $n=100$,重复问题(a)～(d)。

 (f)总结以上结论,特别考虑:(1)偏差-方差分解和两难问题;(2)对数据集大小的依赖关系。

9.4 节

3. 分布的“修剪均值”是指分布的这样一种样本均值，在其中删除了最高和最低点的一部分数据(例如去掉 10%)。自然，与传统样本均值相比，“修剪均值”对“外层点”的存在并不敏感。

(a)说明当 $\alpha\to 0.5$ 时，分布的“修剪均值”就等于其中值。

(b)当数据集$\mathcal{D}$为上表中 ω_2 类的 10 个模式的 x_3 个值。写一个程序来确定：(i)$\mathcal{D}$的中值的刀切法估计；(ii)该估计的方差的刀切法估计。

(c)当 $\alpha=0.1$ 时，对于修剪均值和它的方差，重复(b)。

(d)当 $\alpha=0.2$ 时，对于修剪均值和它的方差，重复(b)。

(e)当$\mathcal{D}$在 $x_3=20$ 含有一个附加的“外层点”时，重复(b)～(d)。

(f)请解释你的结果，特别是考虑到修剪均值对外层点的影响。

9.5 节

4. 写一个程序实现 AdaBoost 过程(算法 1)，其中分量分类器利用线性判别函数，并采用基本 LMS 算法(第 5 章)来训练。

(a)将你的系统应用于分类上表中 ω_1 类的 10 个点和 ω_2 类的 10 个点的问题中。绘出训练误差作为分量分类器个数的函数图形，并保证该图在推广到足够高的 $k_{\max}$时，训练误差几乎为 0。

(b)定义一个“超类”，它包含表中的 ω_1 和 ω_2 类的所有模式，同时定义另一个“超类”包含 ω_3 和 ω_4 中的所有模式。重复(a)以判别这些超类。

(c)比较和解释(a)和(b)的结果，特别要注意对比不同分类问题的相对难度。

5. 研究“主动学习”的作用。考虑二维两类问题，其中先验概率是高斯形式的，$p(\mathbf{x}|\omega_i)\sim N(\boldsymbol{\mu}_i,\boldsymbol{\Sigma}_i)$，其中 $\boldsymbol{\mu}_1=\begin{pmatrix}+5\\+5\end{pmatrix}$，$\boldsymbol{\mu}_2=\begin{pmatrix}-5\\-5\end{pmatrix}$，$\boldsymbol{\Sigma}_1=\boldsymbol{\Sigma}_2=\begin{pmatrix}20 & 0\\0 & 20\end{pmatrix}$，且 $P(\omega_1)=P(\omega_2)=0.5$。在这个问题中，数据限定在 $-10\leqslant x_i\leqslant+10$ 的范围内，$i=1,2$。

(a)凭观察说明贝叶斯分类器，这将作为(c)中“神谕”所使用的判决。

(b)产生 100 个点的训练集合，其中 50 个根据 $p(\mathbf{x}|\omega_1)$标记为 ω_1，类似的另外 50 个根据 $p(\mathbf{x}|\omega_2)$标记为 w_2。利用你的数据训练一个最近邻分类器(第 4 章)，在二维空间上绘制判决边界。

510

(c)假设此时存在一个“神谕”，它可以根据你在(a)中的回答来标记任何查询的模式，这是一种特殊的主动学习形式。为了开始学习，我们首先根据 $-10\leqslant x_i\leqslant+10(i=1,2)$范围内的均匀分布选取 10 个点。对于每个集合，根据“神谕”标记这些点来得到$\mathcal{D}_1$ 和$\mathcal{D}_2$。现在产生新的查询点：从$\mathcal{D}_1$ 和$\mathcal{D}_2$ 中分别任意选择一点，在这两点的中点上产生一个查询点。根据“神谕”标记这个点，把它加到合适的集合$\mathcal{D}_j$ 中去。这样继续下去，直到总的标记点数达到 100。现在利用所有的这些点，产生一个最近邻分类器，在二维空间中描绘出判决边界。

(d)定量比较(a)、(b)、(c)中的分类器，解释你的结果。

6. 在采用有 3 个分量分类器的简单 boosting 问题中，我们希望能够使用所有的 n 个训练点，并且希望每个分量分类器都使用大致相等的模式个数(即 $n_1\approx n_2\approx n_3\approx n/3$)。

(a)产生一个包含 $n=300$ 的二维的训练集$\mathcal{D}$，其中两类中的每一个都有 150 个点。画出你的样本，根据它们的对角来定义正方形中的“均匀分布”，特别是

- $p(\mathbf{x}|\omega_1) \sim U\left(\begin{pmatrix}0\\0\end{pmatrix},\begin{pmatrix}3\\3\end{pmatrix}\right)$
- $p(\mathbf{x}|\omega_2) \sim U\left(\begin{pmatrix}1\\1\end{pmatrix},\begin{pmatrix}4\\4\end{pmatrix}\right)$

(b)假设每个分量分类器是一个简单的二叉判定树，它包含一个根节点，两个子节点，4个叶节点，基于一个“熵不纯度”来进行训练（第 8 章）。利用 boosting 法训练一个 3-分量分类器。从 $n_1=n/3=100$ 个模式开始。

(c)根据你在(b)中仿真得到的 n_2 和 n_3 的值，用一个简单的启发式来确定合适的 n_1 的值。具体说来，如果你得到的 n_1 太小，那么需要重新初始化 n_1 为最大可能值 300 与当前值的平均值，得到新的 n_1 值。相反，当 n_1 过大时，则应该重新初始化 n_1 为最小可能值 0 与当前值的平均值。

(d)为了达到一个“可接受”的 n_1 的初始值，需要运用 boosting 算法多少次？并解释你的“可接受”的概念。

9.6 节

7. 研究这样一种情况，即“验证技术”未必会改善分类器的性能。分类器都是“k-近邻分类器”（第 4 章），其中 k 是通过“验证技术”来设置的。考虑一个二维的两类问题，其先验分布在范围 $0\leqslant x_i\leqslant 1(i=1,2)$ 内是均匀分布。

(a)首先形成一个 20 个点的测试集 $\mathcal{D}_{test}$——10 个点属于 ω_1，10 个点属于 ω_2——并根据“均匀分布”的方式任意选出。

(b)接下来产生 100 个点——每类 50 个模式。置 $\gamma=0.1$，将该集合划分成一个训练集 $\mathcal{D}_{train}$（90 个点）和一个验证集 $\mathcal{D}_{Val}$（10 个点）。 511

(c)现在产生一个“k-近邻分类器”，其中 k 一直增加到验证误差的第一个极小值被找到。（限定 k 为奇数值，以避免出现不分胜负的情况。）现利用测试集来确定该分类器的误差。

(d)重复(c)，但通过验证误差的第一个极大值来确定 k。

(e)重复(c)和(d)5 次，注意所有 10 种情况下的测试误差。

(f)讨论你的结论——尤其是，它们是如何依赖于（或不依赖于）其数据是“均匀分布”的事实的。

8. 考虑 3 个候选的一维分布模型，每个都通过一个未知值给其“中心”给定参数：

- 高斯分布：$p(x)\sim N(\mu,\sigma^2)$
- 三角形分布：$p(x)\sim T(\mu,1)=\begin{cases}1-|x-\mu| & |x-\mu|<1\\ 0 & \text{其他}\end{cases}$
- 均匀分布：$p(x)\sim U(\mu-2,\mu+2)$

假定对于每种模型，其中心必定落在 $-1<\mu<1$ 范围内，且对于高斯分布有 $0\leqslant\sigma^2\leqslant 1$。还假设我们已获得数据 $\mathcal{D}=\{-0.9,-0.1,0.0,0.1,0.9\}$。显然，最大似然解 $\hat{\mu}=0$ 适用于每一种模型。

(a)估计每种情况下的 Occam 因子。

(b)利用“贝叶斯模型选择方法”选出这些模型中的最优者。

9. 习题 39 描述了“贝特朗悖论”，它是有关在一个圆中随机选取的弦的长度比其内接等边三角形的边长还要长的概率。

(a)利用习题 39 的解法(1)的思路，写一个程序来产生一些弦。产生 1000 个这样的弦，并通过实验来估计弦长比内接等边三角形的边长还要长的概率。

(b)重复(a)，假定利用解法(2)的思路。

(c)重复(a)，假定利用解法(3)的思路。

(d)解释为什么几乎没有任何理由可以表明其中某个解法优于另外的解法。也就是说，所给的问题的解是“未完善定义”的。

(e)将你的回答同“没有免费的午餐理论”(定理 9.1)以及“贝叶斯模型选择法”联系起来。

9.7 节

10. 为上表中的数据创建一个多分类器系统。同上机练习 4 一样，定义两个“超类”，其中 ω_1 和 ω_2 中的 20 个点形成一个超类 ω_A，其余的 20 个点形成超类 ω_B。

(a)假设第一个分量分类器采用高斯先验分布，其均值 $\boldsymbol{\mu}_i$ 是任意的，而协方差是利用最大似然法(第 3 章)估计的。统计对 ω_A 和 ω_B 所得的训练误差是多少？

(b)设第二个分量分类器也采用高斯先验分布，但协方差矩阵是任意的。用 ω_A 和 ω_B 测量出的训练误差是多少？

(c)通过梯度下降法(式(58)和(59))训练这两个分量分类器，问总体分类器系统的训练误差是多少？

512

参考文献

[1] Hirotugu Akaike. On entropy maximization principle. In Paruchuri R. Krishnaiah, editor, *Applications of Statistics*, pages 27–42. North-Holland, Amsterdam, 1977.

[2] Hirotugu Akaike. A Bayesian analysis of the minimum AIC procedure. *Annals of the Institute of Statistical Mathematics*, 30A(1):9–14, 1978.

[3] Dana Angluin. Queries and concept learning. *Machine Learning*, 2(4):319–342, 1988.

[4] Svetlana Anoulova, Paul Fischer, Stefan Pölt, and Hans-Ulrich Simon. Probably almost Bayes decisions. *Information and Computation*, 129(1):63–71, 1996.

[5] Martin Anthony and Norman Biggs, editors. *Computational Learning Theory: An Introduction*. Cambridge University Press, Cambridge, UK, 1992.

[6] András Antos, Luc Devroye, and László Györfi. Lower bounds for Bayes error estimation. *IEEE Transactions on Pattern Analysis and Applications*, PAMI-21(7):643–645, 1999.

[7] Andrew R. Barron and Thomas M. Cover. Minimum complexity density estimation. *IEEE Transactions on Information Theory*, IT-37(4):1034–1054, 1991.

[8] Charles H. Bennett, Péter Gács, Ming Li, Paul M. B. Vitányi, and Wojciech H. Zurek. Information distance. *IEEE Transactions on Information Theory*, IT-44(4):1407–1423, 1998.

[9] Christopher M. Bishop. *Neural Networks for Pattern Recognition*. Oxford University Press, Oxford, UK, 1995.

[10] Kevin W. Bowyer and P. Jonathon Phillips, editors. *Empirical Evaluation Techniques in Computer Vision*. IEEE Computer Society, Los Alamitos, CA, 1998.

[11] Leo Breiman. Bagging predictors. *Machine Learning*, 26(2):123–140, 1996.

[12] Leo Breiman. Stacked regressions. *Machine Learning*, 24(1):49–64, 1996.

[13] Leo Breiman. Arcing classifiers. *The Annals of Statistics*, 26(3):801–824, 1998.

[14] Gregory J. Chaitin. Information-theoretic computational complexity. *IEEE Transactions on Information Theory*, IT-20(1):10–15, 1974.

[15] Gregory J. Chaitin. *Algorithmic Information Theory*. Cambridge University Press, Cambridge, UK, 1987.

[16] Vladimir Cherkassky and Filip Mulier. *Learning from Data: Concepts, Theory, and Methods*. Wiley, New York, 1998.

[17] Bertrand S. Clarke and Andrew R. Barron. Information theoretic asymptotics of Bayes methods. *IEEE Transactions on Information Theory*, IT-36(3):453–471, 1990.

[18] David Cohn, Les Atlas, and Richard Ladner. Improving generalization with active learning. *Machine Learning*, 15(2):201–221, 1994.

[19] David Cohn and Gerald Tesauro. How tight are the Vapnik-Chervonenkis bounds? *Neural Computation*, 4(2):249–269, 1992.

[20] David A. Cohn, Zoubin Ghahramani, and Michael I. Jordan. Active learning with statistical models. In Gerald Tesauro, David S. Touretzky, and Todd K. Leen, editors, *Advances in Neural Information Processing Systems*, volume 7, pages 705–712. MIT Press, Cambridge, MA, 1995.

[21] Corinna Cortes, Larry D. Jackel, and Wan-Ping Chiang. Limits on learning machine accuracy imposed by data quality. In Gerald Tesauro, David S. Touretzky, and Tood K. Leen, editors, *Advances in Neural Information Processing Systems*, volume 7, pages 239–246. MIT Press, Cambridge, MA, 1995.

[22] Corinna Cortes, Larry D. Jackel, Sara A. Solla, Vladimir Vapnik, and John S. Denker. Learning curves: Asymptotic values and rate of convergence. In Jack D. Cowan, Gerald Tesauro, and Joshua Alspector, editors, *Advances in Neural Information Processing Systems*, volume 6, pages 327–334. Morgan Kaufmann, San Francisco, CA, 1994.

[23] Thomas M. Cover. Learning in pattern recognition. In Satoshi Watanabe, editor, *Methodologies of Pattern Recognition*, pages 111–132. Academic Press, New York, 1969.

[24] Belur V. Dasarathy, editor. *Decision Fusion*. IEEE Computer Society, Washington, DC, 1994.

[25] Anthony Christopher Davison and David V. Hinkley, editors. *Bootstrap Methods and Their Application*. Cambridge University Press, Cambridge, UK, 1997.

[26] Tom G. Dietterich. Overfitting and undercomputing in machine learning. *Computing Surveys*, 27(3):326–327, 1995.

[27] Robert P. W. Duin. A note on comparing classifiers. *Pattern Recognition Letters*, 17(5):529–536, 1996.

[28] Bradley Efron. *The Jackknife, the Bootstrap and Other Resampling Plans*. Society for Industrial and Applied Mathematics (SIAM), Philadelphia, PA, 1982.

[29] Epicurus and Eugene Michael O'Connor (Editor). *The Essential Epicurus: Letters, Principal Doctrines, Vatican Sayings, and Fragments*. Prometheus Books, New York, 1993.

[30] Yoav Freund. Boosting a weak learning algorithm by majority. *Information and Computation*, 121(2):256–285, 1995.

[31] Yoav Freund and Robert E. Schapire. A decision-theoretic generalization of on-line learning and an application to boosting. *Journal of Computer and System Sciences*, 55(1):119–139, 1995.

[32] Jerome H. Friedman. On bias, variance, 0/1-loss, and the curse-of-dimensionality. *Data Mining and Knowledge Discovery*, 1(1):55–77, 1997.

[33] Kenji Fukumizu. Active learning in multilayer perceptrons. In David S. Touretzky, Michael C. Mozer, and Michael E. Hasselmo, editors, *Advances in Neural Information Processing Systems*, volume 8, pages 295–301. MIT Press, Cambridge, MA, 1996.

[34] Keinosuke Fukunaga and Raymond R. Hayes. Effects of sample size in classifier design. *IEEE Transactions on Pattern Analysis and Machine Intelligence*, PAMI-11:873–885, 1989.

[35] Stewart Geman, Elie Bienenstock, and René Doursat. Neural networks and the bias/variance dilemma. *Neural Networks*, 4(1):1–58, 1992.

[36] Phillip I. Good. *Resampling Methods: A Practical Guide to Data Analysis*. Birkhauser, Boston, MA, 1999.

[37] Ulf Grenander. On empirical spectral analysis of stochastic processes. *Arkiv Matematiki*, 1(35):503–531, 1951.

[38] Stephen F. Gull. Bayesian inductive inference and maximum entropy. In Gary L. Ericson and C. Ray Smith, editors, *Maximum Entropy and Bayesian Methods in Science and Engineering 1: Foundations*, volume 1, pages 53–74. Kluwer, Boston, MA, 1988.

[39] Isabelle Guyon, John Makhoul, Richard Schwartz, and Vladimir Vapnik. What size test set gives good error rate estimates? *IEEE Transactions on Pattern Analysis and Machine Intelligence*, PAMI-20(1):52–64, 1998.

[40] Lars Kai Hansen and Peter Salamon. Neural network ensembles. *IEEE Transactions on Pattern Analysis and Machine Intelligence*, PAMI-12(10):993–1001, 1990.

[41] Trevor J. Hastie and Robert J. Tibshirani. *General Additive Models*. Chapman & Hall, London, 1990.

[42] Thomas Heskes. Bias/variance decompositions for likelihood-based estimators. *Neural Computation*, 10(6):1425–1433, 1998.

[43] Imad Y. Hoballah and Pramod K. Varshney. An information theoretic approach to the distributed detection problem. *IEEE Transactions on Information Theory*, IT-35(5):988–994, 1989.

[44] Wassily Hoeffding. Probability inequalities for sums of bounded random variables. *Journal of the American Statistical Association*, 58(301):13–30, 1963.

[45] Robert C. Holte. Very simple classification rules perform well on most commonly used data sets. *Machine Learning*, 11(1):63–91, 1993.

[46] Gordon F. Hughes. On the mean accuracy of statistical pattern recognizers. *IEEE Transactions on Information Theory*, IT-14(1):55–63, 1968.

[47] Robert A. Jacobs. Bias/variance analyses of mixtures-of-experts architectures. *Neural Computation*, 9(2):369–383, 1997.

[48] Anil K. Jain, Richard C. Dubes, and Chaur-Chin Chen. Bootstrap techniques for error estimation. *IEEE Transactions on Pattern Analysis and Applications*, PAMI-9(5):628–633, 1998.

[49] Sanjay Jain, Daniel Osherson, James S. Royer, and Arun Sharma. *Systems that Learn: An Introduction to Learning Theory*. MIT Press, Cambridge, MA, second edition, 1999.

[50] Chuanyi Ji and Sheng Ma. Combinations of weak classifiers. *IEEE Transactions on Neural Networks*, 8(1):32–42, 1997.

[51] Michael I. Jordan and Robert A. Jacobs. Hierarchies of adaptive experts. In John E. Moody, Stephen J. Hanson, and Richard P. Lippmann, editors, *Advances in Neural Information Processing Systems 4*, pages 985–992. Morgan Kaufmann, San Mateo, CA, 1992.

[52] Michael I. Jordan and Robert A. Jacobs. Hierarchical mixtures of experts and the EM algorithm. *Neural Computation*, 6(2):181–214, 1994.

[53] Michael J. Kearns. *The Computational Complexity of Machine Learning*. MIT Press, Cambridge, MA, 1990.

[54] Gary D. Kendall and Trevor J. Hall. Optimal network construction by minimum description length. *Neural Computation*, 5(2):210–212, 1993.

[55] Josef Kittler. Combining classifiers: A theoretical framework. *Pattern Analysis and Applications*, 1(1):18–27, 1998.

[56] Josef Kittler, Mohamad Hatef, Robert P. W. Duin, and Jiri Matas. On combining classifiers. *IEEE Transactions on Pattern Analysis and Applications*, PAMI-20(3):226–239, 1998.

[57] Andreæi N. Kolmogorov. Three approaches to the quantitative definition of information. *Problems of Information and Transmission*, 1(1):3–11, 1965.

[58] Andreæi N. Kolmogorov and Vladimir A. Uspensky. On the definition of an algorithm. *American Mathematical Society Translations, Series 2*, 29:217–245, 1963.

[59] Eun Bae Kong and Thomas G. Dietterich. Error-correcting output coding corrects bias and variance. In *Proceedings of the Twelfth International Conference on Machine Learning*, pages 313–321. Morgan Kaufmann, San Francisco, CA, 1995.

[60] Anders Krogh and Jesper Vedelsby. Neural network ensembles, cross validation, and active learning. In Gerald Tesauro, David S. Touretzky, and Todd K. Leen, editors, *Advances in Neural Information Processing Systems*, volume 7, pages 231–238. MIT Press, Cambridge, MA, 1995.

[61] Roman Krzysztofowicz and Dou Long. Fusion of detection probabilities and comparison of multisensor systems. *IEEE Transactions on Systems, Man and Cybernetics*, SMC-20(3):665–677, 1990.

[62] Sanjeev R. Kulkarni, Gábor Lugosi, and Santosh S. Venkatesh. Learning pattern classification – A survey. *IEEE Transactions on Information Theory*, IT-44(6):2178–2206, 1998.

[63] Dar-Shyang Lee and Sargur N. Srihari. A theory of classifier combination: The neural network approach. In *Proceedings of the Third International Conference on Document Analysis and Recognition (ICDAR)*, volume 1, pages 14–16. IEEE Press, Los Alamitos, CA, 1995.

[64] Sik K. Leung-Yan-Cheong and Thomas M. Cover. Some equivalences between Shannon entropy and Kolmogorov complexity. *IEEE Transactions on Information Theory*, IT-24(3):331–338, 1978.

[65] Ming Li and Paul M. B. Vitányi. Inductive reasoning and Kolmogorov complexity. *Journal of Computer and System Sciences*, 44(2):343–384, 1992.

[66] Ming Li and Paul M. B. Vitányi. *Introduction to Kolmogorov Complexity and Its Applications*. Springer, New York, second edition, 1997.

[67] David J. C. MacKay. Bayesian interpolation. *Neural Computation*, 4(3):415–447, 1992.

[68] David J. C. MacKay. Bayesian model comparison and backprop nets. In John E. Moody, Stephen J. Hanson, and Richard P. Lippmann, editors, *Advances in Neural Information Processing Systems*, volume 4, pages 839–846. Morgan Kaufmann, San Mateo, CA, 1992.

[69] David J. C. MacKay. The evidence framework applied to classification networks. *Neural Computation*, 4(5):698–714, 1992.

[70] David J. C. MacKay. A practical Bayesian framework for backpropagation networks. *Neural Computation*, 4(3):448–472, 1992.

[71] Armand Maurer. *The Philosophy of William of Ockham in the Light of Its Principles*. Pontifical Institute of Mediaval Studies, Toronto, Ontario, 1999.

[72] Tom M. Mitchell. *Machine Learning*. McGraw-Hill, New York, 1997.

[73] Noboru Murata, Shuji Hoshizawa, and Shun-ichi Amari. Learning curves, model selection and complexity in neural networks. In Stephen José Hanson, Jack D. Cowan, and C. Lee Giles, editors, *Advances in Neural Information Processing Systems*, volume 5, pages 607–614. MIT Press, Cambridge, MA, 1993s.

[74] Isaac Newton and Alexander Koyre (Editor). *Isaac Newton's Philosophiae Naturalis Principia Mathematica*. Harvard University Press, Cambridge, MA, third edition, 1972.

[75] Michael Perrone and Leon N Cooper. When networks disagree: Ensemble methods for hybrid neural networks. In Richard J. Mammone, editor, *Artificial Neural Networks for Speech and Vision*, pages 126–142. Chapman & Hall, London, 1993.

[76] Karl Raimund Popper. *Conjectures and Refutations: The Growth of Scientific Knowledge*. Routledge Press, New York, fifth edition, 1992.

[77] Maurice H. Quenouille. Approximate tests of correlation in time series. *Journal of the Royal Statistical Society B*, 11:18–84, 1949.

[78] Maurice H. Quenouille. Notes on bias in estimation. *Biometrika*, 43:353–360, 1956.

[79] Willard V. Quine. *Ontological Relativity and other Essays*. Columbia University Press, New York, 1969.

[80] Jorma Rissanen. Modelling by shortest data description. *Automatica*, 14(5):465–471, 1978.

[81] Jorma Rissanen. *Stochastic Complexity in Statistical Inquiry*. World Scientific, Singapore, 1989.

[82] Steven Salzberg. On comparing classifiers: Pitfalls to avoid and a recommended approach. *Data Mining and Knowledge Discovery*, 1(3):317–327, 1997.

[83] Cullen Schaffer. A conservation law for generalization performance. In William W. Cohen and Haym Hirsh, editors, *Proceeding of the Eleventh International Conference on Machine Learning*, pages 259–265. Morgan Kaufmann, San Francisco, CA, 1994.

[84] Robert E. Schapire. The strength of weak learnability. *Machine Learning*, 5(2):197–227, 1990.

[85] Robert E. Schapire. Using output codes to boost multiclass learning problems. In *Machine Learning: Pro-*

ceedings of the Fourteenth International Conference, pages 313–321. Morgan Kaufmann, San Mateo, CA, 1997.

[86] Gideon Schwarz. Estimating the dimension of a model. *Annals of Statistics*, 6(2):461–464, 1978.

[87] Holm Schwarze and John Hertz. Discontinuous generalization in large committee machines. In Jack D. Cowan, Gerald Tesauro, and Joshua Alspector, editors, *Advances in Neural Information Processing Systems*, volume 6, pages 399–406. Morgan Kaufmann, San Mateo, CA, 1994.

[88] Amanda J. C. Sharkey, editor. *Combining Artificial Neural Nets: Ensemble and Modular Multi-Net Systems*. Springer-Verlag, London, 1999.

[89] Herbert Simon. Theories of bounded rationality. In C. Bartlett McGuire and Roy Radner, editors, *Decision and Organization: A Volume in Honor of Jacob Marschak*, chapter 8, pages 161–176. North-Holland, Amsterdam, 1972.

[90] Padhraic Smyth and David Wolpert. Stacked density estimation. In Michael I. Jordan, Michael J. Kearns, and Sara A. Solla, editors, *Advances in Neural Information Processing Systems*, volume 10, pages 668–674. MIT Press, Cambridge, MA, 1998.

[91] Padhraic Smyth and David Wolpert. An evaluation of linearly combining density estimators via stacking. *Machine Learning*, 36(1/2):59–83, 1999.

[92] Elliott Sober. *Simplicity*. Oxford University Press, New York, 1975.

[93] Ray J. Solomonoff. A formal theory of inductive inference. Part I. *Information and Control*, 7(1):1–22, 1964.

[94] Ray J. Solomonoff. A formal theory of inductive inference. Part II. *Information and Control*, 7(2):224–254, 1964.

[95] David G. Stork. Document and character research in the Open Mind Initiative. In *Proceedings of the International Conference on Document Analysis and Recognition (ICDAR99)*, pages 1–12, Bangalore, India, September 1999.

[96] David G. Stork. The Open Mind Initiative. *IEEE Expert Systems and Their Application*, 14(3):19–20, 1999.

[97] Stelios C. A. Thomopoulos, Ramanarayanan Viswanathan, and Dimitrios C. Bougoulias. Optimal decision fusion in multiple sensor systems. *IEEE Transactions on Aerospace and Electronic Systems*, AES-23(5):644–653, 1987.

[98] Godfried T. Toussaint. Bibliography on estimation of misclassification. *IEEE Transactions on Information Theory*, IT-20(4):472–279, 1974.

[99] Les Valiant. Theory of the learnable. *Communications of the ACM*, 27(11):1134–1142, 1984.

[100] Jean-Marc Valin and David G. Stork. Open Mind speech recognition. In *Proceedings of the Automatic Speech Recognition and Understanding Workshop (ASRU99)*, Keystone, CO, 1999.

[101] Vladimir Vapnik. *Estimation of Dependences Based on Empirical Data*. Springer-Verlag, New York, 1995.

[102] Vladimir Vapnik. *The Nature of Statistical Learning Theory*. Springer-Verlag, New York, 1995.

[103] Vladimir Vapnik and Aleksei Chervonenkis. *Theory of Pattern Recognition*. Nauka, Moscow, Russian edition, 1974.

[104] Šarūnas Raudys and Anil K. Jain. Small sample size effects in statistical pattern recognition: Recommendations for practitioners. *IEEE Transactions on Pattern Analysis and Applications*, PAMI-13(3):252–264, 1991.

[105] Satoshi Watanabe. *Pattern Recognition: Human and Mechanical*. Wiley, New York, 1985.

[106] Ole Winther and Sara A. Solla. Optimal Bayesian online learning. In Kwok-Yee Michael Wong, Irwin King, and Dit-Yan Yeung, editors, *Theoretical Aspects of Neural Computation: A Multidisciplinary Perspective*, pages 61–70. Springer, New York, 1998.

[107] Greg Wolff, Art Owen, and David G. Stork. Empirical error-confidence curves for neural network and Gaussian classifiers. *International Journal of Neural Systems*, 7(3):363–371, 1996.

[108] David H. Wolpert. On the connection between in-sample testing and generalization error. *Complex Systems*, 6(1):47–94, 1992.

[109] David H. Wolpert, editor. *The Mathematics of Generalization*. Addison-Wesley, Reading, MA, 1995.

[110] David H. Wolpert. The relationship between PAC, the statistical physics framework, the Bayesian framework, and the VC framework. In David H. Wolpert, editor, *The Mathematics of Generalization*, pages 117–214. Addison-Wesley, Reading, MA, 1995.

[111] Frank J. Wyman, Dean M. Young, and Danny W. Turner. A comparison of asymptotic error rate for the sample linear discriminant function. *Pattern Recognition*, 23(7):775–785, 1990.

513 ~ 516

第 10 章

无监督学习和聚类

10.1 引言

在前面,我们一直假定在设计分类器时,训练样本集中每个样本的类别归属是“被标记了”的(labeled)。这种利用已标记样本集的方法称为“有监督”(supervised)或“有教师”方法。在本章中,我们将介绍一些“无监督”(unsupervised)或“无教师”方法,用来处理未被标记的样本集。

也许有人疑惑为什么要考虑这样一个看来不像会有什么前途的问题,甚至担心这类问题即使在原理上也是行不通的,但是至少有 5 个理由使我们相信“无监督”方法是非常有用的。第一,收集并标记大型样本集是非常费时费力的工作。比如,记录语音信息是相当方便的,但是要准确地标记出每个发音所对应的单词或音素的代价却是巨大的。如果能先在一个较小的样本空间上粗略地训练一个分类器,随后,允许它以自适应的方式处理大量的无监督的样本,我们就能节省大量的时间和精力。第二,也许有人希望逆向解决问题:先用大量未标记的样本集来自动地训练分类器,再人工地标记数据分组(grouping)的结果。这种方法比较适合“数据挖掘”(data mining)方面的大型应用,因为这些应用常常事先不知道待处理数据的具体情况。第三,存在很多应用,待分类模式的性质会随着时间发生缓慢变化。例如,自动食品分类器中的食品会随着季节更换而改变。如果这种性质的变化能在无监督的情况下捕捉到,分类器的性能就会大幅提升。第四,可以用无监督的方法提取一些基本特征,这些特征对进一步分类会很有用。事实上很多无监督方法都可以以独立于数据的方式工作,为后续步骤提供“灵巧预处理”和“灵巧特征提取”等有效的前期处理。第五,在任何一项探索性的工作中,无监督的方法都可以向我们揭示观测数据的一些内部结构和规律。如果能够通过这些方法得到一些有价值
517 的信息,那么就能更有效地设计具有针对性的分类器了。

从原理上讲,究竟能不能直接从未标记的样本中学到一些有用的东西呢?这完全取决于我们是否愿意去接受一些假设(assumption)。毕竟,任何理论的证明都是以一些假设为前提的。下面,就从一个十分严格的假定开始,即样本的概率密度的函数形式是已知的,而待估计的是一些未知的参数向量。非常有趣的是,基于这个假设的无监督问题的解在形式上与第 3 章中提到的有监督问题的解几乎是一样的,但是在无监督情况下,一般参数化问题的常见困难依然存在,并且在计算上也同样复杂。于是我们必须尝试以多种方式重新描述问题,其中之一是将问题陈述为对数据分组(grouping)或聚类(clustering)的处理。尽管得到的聚类算法(clustering procedure)没有很明显的理论性,但它们确实是模式识别研究中非常有用的一类技术。

10.2 混合密度和可辨识性

对于待研究的问题,假设概率结构完全是已知的,只有参数是未知的。更具体地说,可进行如下假设:

1. 所有样本都来自 c 种类别，c 是已知的；
2. 每种类别的先验概率 $P(\omega_j)$，$j=1,\cdots,c$ 也是已知的；
3. 样本的类条件概率密度具有确定的数学形式 $p(\mathbf{x}|\omega_j,\boldsymbol{\theta}_j)$，$j=1,\cdots,c$；
4. 参数向量 $\boldsymbol{\theta}_1,\cdots,\boldsymbol{\theta}_c$ 是未知的；
5. 样本类别未被标记。

假设样本是这样产生的：先以概率 $P(\omega_j)$ 决定其所属类别 ω_j，接着根据概率密度 $p(\mathbf{x}|\omega_j,\boldsymbol{\theta}_j)$ 生成一个具体的样本。于是，对于给定样本 $\mathbf{x}$，其产生的概率为

$$p(\mathbf{x}|\boldsymbol{\theta})=\sum_{j=1}^{c}p(\mathbf{x}|\omega_j,\boldsymbol{\theta}_j)P(\omega_j) \tag{1}$$

其中，$\boldsymbol{\theta}=(\boldsymbol{\theta}_1,\cdots,\boldsymbol{\theta}_c)^t$ 是参数向量。出于明显的理由，这样的概率密度形式被称为“混合密度”，而条件概率密度 $p(\mathbf{x}|\omega_j,\boldsymbol{\theta}_j)$ 称为“分量密度”(component density)，先验概率 $P(\omega_j)$ 称为“混合参数”。有些时候，混合参数与 $\boldsymbol{\theta}$ 都是未知的，但我们现在先不考虑这种情况。

这样，我们的目标就是使用从混合密度中取出的样本去估计未知的参数向量 $\boldsymbol{\theta}$。一旦知道了 $\boldsymbol{\theta}$，就能将样本的混合密度分解为它的基本分量，并据此设计最大后验(MAP)分类器。在具体动手寻找问题的答案前，让我们先从理论上考虑一下是否有可能由混合密度恢复 $\boldsymbol{\theta}$。假设样本数量是无穷的，用第 4 章提到的非参数(nonparametric)技术就可获得任意样本 $\mathbf{x}$ 上的概率 $p(\mathbf{x}|\boldsymbol{\theta})$。如果仅仅存在一个 $\boldsymbol{\theta}$ 满足 $p(\mathbf{x}|\boldsymbol{\theta})$，那么理论上就应该存在解。如果几个不同 518 的 $\boldsymbol{\theta}$ 取值都产生同样的 $p(\mathbf{x}|\boldsymbol{\theta})$，那么就不可能得到一个唯一的解。

所有这些分析使得我们给出如下定义：密度 $p(\mathbf{x}|\boldsymbol{\theta})$ 被称为是可辨识的(identifiable)，如果 $\boldsymbol{\theta}\neq\boldsymbol{\theta}'$ 能推导出存在某个 $\mathbf{x}$ 使得 $p(\mathbf{x}|\boldsymbol{\theta})\neq p(\mathbf{x}|\boldsymbol{\theta}')$。换一种说法，如果无论样本的数量有多少，都不存在唯一的解 $\boldsymbol{\theta}$，那么密度 $p(\mathbf{x}|\boldsymbol{\theta})$ 是不可辨识的(not identifiable)。最坏的情况并不是不存在唯一解，而是参数向量 $\boldsymbol{\theta}$ 的任何部分都无法求出，对应这种情况的混合密度就是“完全不可辨识的”(completely unidentifiable)。值得注意的是，$\boldsymbol{\theta}$ 的可辨识性是模型的基本性质，与具体的参数估计方法无关。正如所预料的那样，对于可辨识混合密度的研究会容易许多，而且幸运的是，我们遇到的大多数混合密度确实是可辨识的，如同现实问题中大多数复杂的和高维的密度函数一样。

离散分布的混合却并不总是那么容易处理。比如样本 $\mathbf{x}$ 取值 0 或 1，混合概率 $P(\mathbf{x}|\boldsymbol{\theta})$ 为

$$\begin{aligned}P(\mathbf{x}|\boldsymbol{\theta})&=\frac{1}{2}\theta_1^{\mathbf{x}}(1-\theta_1)^{1-\mathbf{x}}+\frac{1}{2}\theta_2^{\mathbf{x}}(1-\theta_2)^{1-\mathbf{x}}\\&=\begin{cases}\frac{1}{2}(\theta_1+\theta_2) & \mathbf{x}=1\\ 1-\frac{1}{2}(\theta_1+\theta_2) & \mathbf{x}=0\end{cases}\end{aligned}$$

举个例子，假设根据数据可得出 $p(\mathbf{x}=1|\boldsymbol{\theta})=0.6$，$P(\mathbf{x}=0|\boldsymbol{\theta})=0.4$，那么就完全获得了 $P(\mathbf{x}|\boldsymbol{\theta})$，但是仍然无法确定 $\boldsymbol{\theta}$，也就无法提取出分量密度。至多可以说 $\theta_1+\theta_2=1.2$。因此这个例子中的混合概率分布就是“完全不可辨识的”，这种情况下的无监督学习也是不可能实现的。在另外一些类似的情况下，我们或许可以估计单个参数或部分参数的值，但不是全部(习题 3)。

上面这种不可辨识的问题常常与离散分布一起出现。如果混合分布的组成分量过多，未知参数的个数会多于独立方程的个数，可辨识性就成了非常严峻的问题。对于连续分布来说，也许会在某些特殊的分布情况中出现计算困难，但总体来说问题不是那么严重。混合正态分

布通常是可辨识的。不过也有例外，在一个由两个分量密度组成的混合密度

$$p(\mathbf{x}|\boldsymbol{\theta}) = \frac{P(\omega_1)}{\sqrt{2\pi}} \exp\left[-\frac{1}{2}(\mathbf{x}-\theta_1)^2\right] + \frac{P(\omega_2)}{\sqrt{2\pi}} \exp\left[-\frac{1}{2}(\mathbf{x}-\theta_2)^2\right] \tag{2}$$

中，如果 $P(\omega_1)=P(\omega_2)$，那么由于 θ_1 与 θ_2 是可交换的而不影响 $p(\mathbf{x}|\boldsymbol{\theta})$，该混合密度是不可辨识的。为了避免不必要的复杂化，我们承认不可辨识性是一个问题，因此今后将假定所涉及的混合密度都是可辨识的。

10.3 最大似然估计

考虑由 n 个样本组成的集合 $\mathcal{D}=\{\mathbf{x}_1,\cdots,\mathbf{x}_n\}$。这些样本都是未标记的，并且是独立地从一

519 个混合密度采样出来的。混合密度为

$$p(\mathbf{x}|\boldsymbol{\theta}) = \sum_{j=1}^{c} p(\mathbf{x}|\omega_j, \boldsymbol{\theta}_j) P(\omega_j) \tag{1}$$

其中，参数向量 $\boldsymbol{\theta}$ 具有确定但未知的值。我们定义样本集的似然函数具有下面的联合概率密度形式：

$$p(\mathcal{D}|\boldsymbol{\theta}) \equiv \prod_{k=1}^{n} p(\mathbf{x}_k|\boldsymbol{\theta}) \tag{3}$$

使得该密度达到最大的参数值 $\hat{\boldsymbol{\theta}}$ 就是 $\boldsymbol{\theta}$ 的最大似然估计 $p(\mathcal{D}|\boldsymbol{\theta})$。

如果 $p(\mathcal{D}|\boldsymbol{\theta})$是关于 $\boldsymbol{\theta}$ 的可微函数，我们就可以推出一些 $\hat{\boldsymbol{\theta}}$ 的必要条件。令 l 是似然函数的对数，$\nabla_{\boldsymbol{\theta}_i} l$ 为 l 关于 $\boldsymbol{\theta}_i$ 的梯度，那么

$$l = \sum_{k=1}^{n} \ln p(\mathbf{x}_k|\boldsymbol{\theta}) \tag{4}$$

并且

$$\nabla_{\boldsymbol{\theta}_i} l = \sum_{k=1}^{n} \frac{1}{p(\mathbf{x}_k|\boldsymbol{\theta})} \nabla_{\boldsymbol{\theta}_i} \left[\sum_{j=1}^{c} p(\mathbf{x}_k|\omega_j, \boldsymbol{\theta}_j) P(\omega_j)\right] \tag{5}$$

假设参数向量 $\boldsymbol{\theta}_i$ 和 $\boldsymbol{\theta}_j$ 是互相独立的($i \neq j$)，通过引入后验概率

$$P(\omega_i|\mathbf{x}_k, \boldsymbol{\theta}) = \frac{p(\mathbf{x}_k|\omega_i, \boldsymbol{\theta}_i) P(\omega_i)}{p(\mathbf{x}_k|\boldsymbol{\theta})} \tag{6}$$

我们发现对数似然的梯度可以写成有趣的形式

$$\nabla_{\boldsymbol{\theta}_i} l = \sum_{k=1}^{n} P(\omega_i|\mathbf{x}_k, \boldsymbol{\theta}) \nabla_{\boldsymbol{\theta}_i} \ln p(\mathbf{x}_k|\omega_i, \boldsymbol{\theta}_i) \tag{7}$$

当 l 最大时，l 在各个 $\boldsymbol{\theta}_i$ 方向上的梯度为 0，于是最大似然估计 $\hat{\boldsymbol{\theta}}_i$ 必须满足

$$\sum_{k=1}^{n} P(\omega_i|\mathbf{x}_k, \hat{\boldsymbol{\theta}}) \nabla_{\boldsymbol{\theta}_i} \ln p(\mathbf{x}_k|\omega_i, \hat{\boldsymbol{\theta}}_i) = 0 \qquad i = 1, \cdots, c \tag{8}$$

对这个方程求解 $\hat{\boldsymbol{\theta}}_i$，就可以得到最大似然估计。

不难将这些结果推广到把先验概率 $P(\omega_i)$ 也包括在未知量之中。这时候，问题转化为寻找 $\boldsymbol{\theta}$ 和 $P(\omega_i)$ 使得 $p(\mathcal{D}|\boldsymbol{\theta})$ 取最大值，并且要满足

$$P(\omega_i) \geqslant 0 \qquad i = 1, \cdots, c \tag{9}$$

和

$$\sum_{i=1}^{c} P(\omega_i) = 1 \tag{10}$$

520

令 $\hat{P}(\omega_i)$ 表示 $P(\omega_i)$ 的最大似然估计，$\hat{\boldsymbol{\theta}}_i$ 为 $\boldsymbol{\theta}_i$ 的最大似然估计。可以证明（见习题 6），如果似然函数是可微的，并且 $\hat{P}(\omega_i)$ 对每个 i 都不为 0，则 $\hat{P}(\omega_i)$ 和 $\hat{\boldsymbol{\theta}}_i$ 必须满足下面的条件：

$$\hat{P}(\omega_i) = \frac{1}{n}\sum_{k=1}^{n} \hat{P}(\omega_i|\mathbf{x}_k, \hat{\boldsymbol{\theta}}) \tag{11}$$

和

$$\sum_{k=1}^{n} \hat{P}(\omega_i|\mathbf{x}_k, \hat{\boldsymbol{\theta}}) \boldsymbol{\nabla}_{\boldsymbol{\theta}_i} \ln p(\mathbf{x}_k|\omega_i, \hat{\boldsymbol{\theta}}_i) = 0 \tag{12}$$

其中

$$\hat{P}(\omega_i|\mathbf{x}_k, \hat{\boldsymbol{\theta}}) = \frac{p(\mathbf{x}_k|\omega_i, \hat{\boldsymbol{\theta}}_i)\hat{P}(\omega_i)}{\sum_{j=1}^{c} p(\mathbf{x}_k|\omega_j, \hat{\boldsymbol{\theta}}_j)\hat{P}(\omega_j)} \tag{13}$$

对上面的方程进一步说明。式(11)是说一个类别概率的最大似然估计是从每个样本导出的估计的平均——每个样本的权值相等。式(13)完全体现了贝叶斯定理的思想，但请注意等号右边的分子取决于 $\hat{\boldsymbol{\theta}}_i$ 而不是整个参数向量 $\hat{\boldsymbol{\theta}}$。式(12)显得有点复杂，如果假设 $n=1$，它就退化为比较容易理解的形式。由于 $\hat{P}\neq 0$，这种情况仅仅意味着概率密度函数对参数 $\boldsymbol{\theta}_i$ 最大化，而这正是最大似然解的要求。

10.4 对混合正态密度的应用

下面要研究的混合正态密度模型是非常有意义的，它的每个分量密度都是多元正态分布 $p(\mathbf{x}|\omega_i,\boldsymbol{\theta}_i)\sim N(\boldsymbol{\mu}_i,\boldsymbol{\Sigma}_i)$。下表列出了一些从该模型引申出来的不同情况，每种情况都对应不完全相同的变量。如果某些变量是已知的就用×表示，如果是未知的，就用？表示。

情况	$\boldsymbol{\mu}_i$	$\boldsymbol{\Sigma}_i$	$P(\omega_i)$	c
1	?	×	×	×
2	?	?	?	×
3	?	?	?	?

情况 1 是最简单的，并由于其教学上的意义，我们将给出详细的解释。情况 2 更接近实际，当然也会更复杂。情况 3 表示我们对给出的一组样本数据没有任何知识，遗憾的是，最大似然方法无法解决它。我们将在 10.10 节讨论，在类别数目未知的情况下如何处理这个问题。 521

10.4.1 情况 1：均值向量未知

如果所有的参数中只有均值向量 $\boldsymbol{\mu}_i$ 是未知的，那么 $\boldsymbol{\theta}_i$ 中必然含有 $\boldsymbol{\mu}_i$，所以式(8)可以用来得到最大似然估计的必要条件。因为对数似然函数为

$$\ln p(\mathbf{x}|\omega_i, \boldsymbol{\mu}_i) = -\ln\left[(2\pi)^{d/2}|\boldsymbol{\Sigma}_i|^{1/2}\right] - \frac{1}{2}(\mathbf{x}-\boldsymbol{\mu}_i)^t\boldsymbol{\Sigma}_i^{-1}(\mathbf{x}-\boldsymbol{\mu}_i) \tag{14}$$

它的导数是

$$\nabla_{\boldsymbol{\mu}_i} \ln p(\mathbf{x}|\omega_i, \boldsymbol{\mu}_i) = \boldsymbol{\Sigma}_i^{-1}(\mathbf{x} - \boldsymbol{\mu}_i) \tag{15}$$

于是,根据式(8),最大似然估计 $\hat{\boldsymbol{\mu}}_i$ 必须满足

$$\sum_{k=1}^{n} P(\omega_i|\mathbf{x}_k, \hat{\boldsymbol{\mu}})\boldsymbol{\Sigma}_i^{-1}(\mathbf{x}_k - \hat{\boldsymbol{\mu}}_i) = 0, \qquad \hat{\boldsymbol{\mu}} = (\hat{\boldsymbol{\mu}}_1, \cdots, \hat{\boldsymbol{\mu}}_c)^t \tag{16}$$

将上式左右同时乘以 $\boldsymbol{\Sigma}_i$ 并重新整理,就可以得到解

$$\hat{\boldsymbol{\mu}}_i = \frac{\sum_{k=1}^{n} P(\omega_i|\mathbf{x}_k, \hat{\boldsymbol{\mu}})\mathbf{x}_k}{\sum_{k=1}^{n} P(\omega_i|\mathbf{x}_k, \hat{\boldsymbol{\mu}})} \tag{17}$$

这个等式从直觉上说也是非常令人满意的。它表明 $\boldsymbol{\mu}_i$ 的最大似然估计不过就是样本的加权平均。第 k 个样本的权值就是 $\mathbf{x}_k$ 属于第 i 类别的可能性。如果 $P(\omega_i|\mathbf{x}_k,\hat{\boldsymbol{\mu}})$恰好在某些样本上为 1.0 而在其他样本上为 0.0,那么 $\hat{\boldsymbol{\mu}}_i$ 就是属于第 i 类的样本的均值。更一般地,假定 $\hat{\boldsymbol{\mu}}_i$ 非常接近于 $\boldsymbol{\mu}_i$ 的真实值,以至于 $P(\omega_i|\mathbf{x}_k,\hat{\boldsymbol{\mu}})$真正成为 ω_i 的后验概率。如果我们把 $P(\omega_i|\mathbf{x}_k,\hat{\boldsymbol{\mu}})$ 看成来自第 i 类和具有值 $\mathbf{x}_k$ 的那些样本的一部分,则可知式(17)给出的 $\hat{\boldsymbol{\mu}}_i$ 实质上是来自第 i 类的样本的平均值。

遗憾的是,式(17)并没有给出 $\hat{\boldsymbol{\mu}}_i$ 的解析形式,即使用 $p(\mathbf{x}|\omega_i,\hat{\boldsymbol{\mu}}_i)\sim N(\hat{\boldsymbol{\mu}}_i,\boldsymbol{\Sigma}_i)$替换

$$\hat{\boldsymbol{\mu}}_i(j+1) = \frac{\sum_{k=1}^{n} P(\omega_i|\mathbf{x}_k, \hat{\boldsymbol{\mu}}(j))\mathbf{x}_k}{\sum_{k=1}^{n} P(\omega_i|\mathbf{x}_k, \hat{\boldsymbol{\mu}}(j))}$$

我们也只能得到一个以错综复杂方式耦合的非线性方程组。这个方程组的解通常不是唯一的,我们必须验证每个解,以确保找到那个能使似然函数最大化的解。

另一方面,如果我们能得到一个较好的初始估计值 $\hat{\boldsymbol{\mu}}_i(0)$,式(17)则提供下面的迭代的方法来改善估计值:

$$P(\omega_i|\mathbf{x}_k, \hat{\boldsymbol{\mu}}) = \frac{p(\mathbf{x}_k|\omega_i, \hat{\boldsymbol{\mu}}_i)P(\omega_i)}{\sum_{j=1}^{c} p(\mathbf{x}_k|\omega_j, \hat{\boldsymbol{\mu}}_j)P(\omega_j)} \tag{18}$$

这个方法本质上是一种梯度上升算法(或者称为"爬山算法"),用来最大化对数似然函数。如果分量密度函数之间的重叠很少,不同类别之间的耦合就会很少,迭代算法的收敛就会很快。但是,即使收敛真的实现了,我们也只能保证这时候的梯度为零。就像所有的梯度方法一样,
522 这种迭代算法不保证得到全局最优的解。同时请注意,如果模型本身就有错误(比如类别数目假设错了),那么由式(18)的迭代方法得到的结果反而会更差。

为了说明梯度搜索在无监督学习过程中可能出现的问题,下面考虑一个由两个分量组成的一维混合正态模型:

$$p(x|\boldsymbol{\mu}_1, \boldsymbol{\mu}_2) = \underbrace{\frac{1}{3\sqrt{2\pi}}\exp\left[-\frac{1}{2}(x - \boldsymbol{\mu}_1)^2\right]}_{\omega_1} + \underbrace{\frac{2}{3\sqrt{2\pi}}\exp\left[-\frac{1}{2}(x - \boldsymbol{\mu}_2)^2\right]}_{\omega_2} \tag{19}$$

其中 ω_i 表示高斯分量。下表中的 25 个样本就是依次从这个模型中抽取得到的,且令 $\boldsymbol{\mu}_1=-2$ 和 $\boldsymbol{\mu}_2=2$。让我们用这些样本计算对数似然函数

$$l(\boldsymbol{\mu}_1, \boldsymbol{\mu}_2) = \sum_{k=1}^{n} \ln p(x_k|\boldsymbol{\mu}_1, \boldsymbol{\mu}_2) \tag{20}$$

$\boldsymbol{\mu}_1$ 和 $\boldsymbol{\mu}_2$ 取不同的值。图 10-1 表示 l 是如何随 $\boldsymbol{\mu}_1$，$\boldsymbol{\mu}_2$ 变化的。图中 l 的最大值出现在 $\hat{\boldsymbol{\mu}}_1=-2.130$ 和 $\hat{\boldsymbol{\mu}}_2=1.668$ 处，这个估计值还算比较靠近真实值 $\boldsymbol{\mu}_1=-2$，$\boldsymbol{\mu}_2=2$。但是，l 在 $\hat{\boldsymbol{\mu}}_1=2.085$ 和 $\hat{\boldsymbol{\mu}}_2=-1.257$ 处达到了另一个局部最大值，而且这个局部最大值与全局最大值大小接近。大体上说，这个解对应的是交换 $\boldsymbol{\mu}_1$ 和 $\boldsymbol{\mu}_2$。请注意，如果两个分量先验的概率是相等的，交换 $\boldsymbol{\mu}_1$ 和 $\boldsymbol{\mu}_2$ 不会影响对数似然函数的值。因此，正如前面提到过的，当混合密度模型是不可辨识的时候，最大似然解不是唯一的。

k	$\mathbf{x}_k$	ω_1	ω_2
1	0.608		×
2	−1.590	×	
3	0.235		×
4	3.949		×
5	−2.249	×	
6	2.704		×
7	−2.473	×	
8	0.672		×

k	$\mathbf{x}_k$	ω_1	ω_2
9	0.262		×
10	1.072		×
11	−1.773	×	
12	0.537		×
13	3.240		×
14	2.400		×
15	−2.499	×	
16	2.608		×

k	$\mathbf{x}_k$	ω_1	ω_2
17	−3.458	×	
18	0.257		×
19	2.569		×
20	1.415		×
21	1.410		×
22	−2.653	×	
23	1.396		×
24	3.286		×
25	−0.712	×	

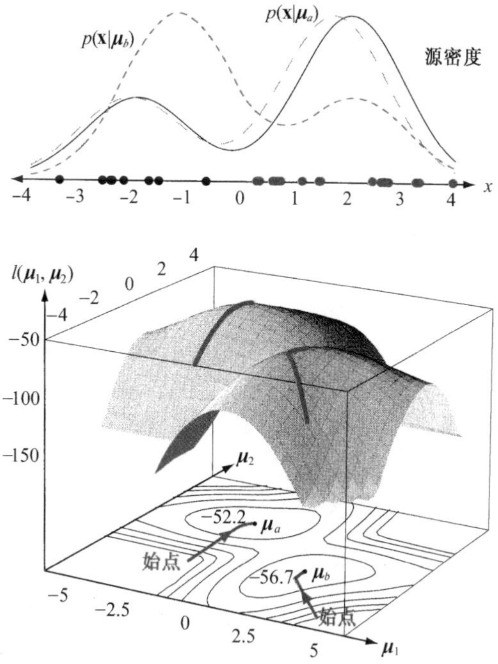

图 10-1　(上图)产生样本的混合密度以及基于样本集的最大似然估计的结果。(下图)两个单变量高斯密度的混合模型的对数似然估计是表中数据的均值函数。红色线表示迭代最大似然估计的轨迹。两个局部最优的对数似然分别是 −52.2 和 −56.7，对应图中的两个密度估计

通过比较真实的混合密度和估计出的混合密度，我们可以得到关于多解性的一些本质认识。图 10-1 中的上图显示真实的混合密度，同时显示了根据两个最大似然的解得到的估计的密度。25 个样本用分布在横坐标上的点表示，属于 ω_1 的用黑色，属于 ω_2 的用红色。请注意真实混合密度的两个峰的位置分别代表两类样本数据的中心，而两个估计的混合密度的峰也一样。对应较小对数似然函数的估计虽然是较大似然函数估计的镜像，但它的峰也大致代表了两大类样本数据。从表面上看，两个都差不多有用，没有哪个比另外的更好一些。

式(18)可以用来迭代式(17)的解，但是结果取决于初始值 $\hat{\boldsymbol{\mu}}_1(0)$ 和 $\hat{\boldsymbol{\mu}}_2(0)$。图 10-1 中的下图给出两个对应不同初始值的迭代轨迹。尽管在图中没有标出，但是容易知道，如果恰巧 $\hat{\boldsymbol{\mu}}_1(0)=\hat{\boldsymbol{\mu}}_2(0)$，那么迭代一步马上就可以到达一个鞍点，完成收敛。这并非偶然，而是因为此

时等式 $P(\omega_i|\mathbf{x}_k,\hat{\boldsymbol{\mu}}_1(0),\hat{\boldsymbol{\mu}}_2(0))=P(\omega_i)$成立。在这种情况下，式(18)将所有样本的均值同样地赋给$\hat{\mu}_1$ 和$\hat{\mu}_2$，以及以后的迭代过程。显然，这是一种普遍现象，如果初始点没有偏离搜索的对称位置，将很容易得到鞍点解。

10.4.2 情况 2：所有参数未知

如果参数 $\boldsymbol{\mu}_i$，$\boldsymbol{\Sigma}_i$ 和 $P(\omega_i)$都是未知的，而且对协方差矩阵没有任何其他约束，那么由最大似然方法得到的是奇异解，因而没有任何用处。下面用一个一维的简单例子来说明这个问题。令 $p(\mathbf{x}|\boldsymbol{\mu},\sigma^2)$表示一个由两分量组成的混合密度：

$$p(\mathbf{x}|\boldsymbol{\mu},\sigma^2)=\frac{1}{2\sqrt{2\pi}\sigma}\exp\left[-\frac{1}{2}\left(\frac{\mathbf{x}-\boldsymbol{\mu}}{\sigma}\right)^2\right]+\frac{1}{2\sqrt{2\pi}}\exp\left[-\frac{1}{2}\mathbf{x}^2\right]$$

如果有 n 个样本来自这个混合密度，那么似然函数就是 n 个概率密度 $p(\mathbf{x}_k,|\boldsymbol{\mu},\sigma^2)$的乘积。当我们令 $\boldsymbol{\mu}=\mathbf{x}_1$ 时，对样本 $\mathbf{x}_1$ 就有

523~524

$$p(\mathbf{x}_1|\boldsymbol{\mu},\sigma^2)=\frac{1}{2\sqrt{2\pi}\sigma}+\frac{1}{2\sqrt{2\pi}}\exp\left[-\frac{1}{2}\mathbf{x}_1^2\right]$$

显然，对其他的样本，有

$$p(\mathbf{x}_k|\boldsymbol{\mu},\sigma^2)\geqslant\frac{1}{2\sqrt{2\pi}}\exp\left[-\frac{1}{2}\mathbf{x}_k^2\right]$$

从而

$$p(\mathbf{x}_1,\cdots,\mathbf{x}_n|\boldsymbol{\mu},\sigma^2)\geqslant\left\{\frac{1}{\sigma}+\exp\left[-\frac{1}{2}\mathbf{x}_1^2\right]\right\}\frac{1}{(2\sqrt{2\pi})^n}\exp\left[-\frac{1}{2}\sum_{k=2}^{n}\mathbf{x}_k^2\right]$$

如果令 σ 任意地接近 0，那么似然函数就可以任意大，因此说这样的参数解是奇异的。

一般来说，对于奇异解，我们是没有任何兴趣的，因此不能不得出结论，最大似然准则对上面这类混合正态模型是行不通的。但是根据经验，如果我们只取似然函数的局部最优点中对应最大有界值的那一个，那么还是可以得到一些有意义的结果的。假设似然函数在这个点附近的特性足够好，我们就可以用式(11)～(13)去估计 $\boldsymbol{\mu}_i$，$\boldsymbol{\Sigma}_i$ 和 $P(\omega_i)$。但当我们将 $\boldsymbol{\Sigma}_i$ 加入未知参数向量 $\boldsymbol{\theta}_i$ 中时，必须注意矩阵 $\boldsymbol{\Sigma}_i$ 的非对角元素中只有一半是互相独立的。而且，在后面会发现，用 $\boldsymbol{\Sigma}_i^{-1}$ 比用 $\boldsymbol{\Sigma}_i$ 更方便。于是

$$\ln p(\mathbf{x}_k|\omega_i,\boldsymbol{\theta}_i)=\ln\frac{|\boldsymbol{\Sigma}_i^{-1}|^{1/2}}{(2\pi)^{d/2}}-\frac{1}{2}(\mathbf{x}_k-\boldsymbol{\mu}_i)^t\boldsymbol{\Sigma}_i^{-1}(\mathbf{x}_k-\boldsymbol{\mu}_i)\tag{21}$$

对于 $\boldsymbol{\mu}_i$ 和 $\boldsymbol{\Sigma}_i^{-1}$ 的分量的微分可以同样算出来。令 $x_p(k)$、$\mu_p(i)$分别代表 $\mathbf{x}_k$ 和 $\boldsymbol{\mu}_i$ 的第 p 个元素，$\sigma_{pq}(i)$和 $\sigma^{pq}(i)$分别为 $\boldsymbol{\Sigma}_i$ 和 $\boldsymbol{\Sigma}_i^{-1}$ 的第 pq 个元素。那么微分就得到

$$\nabla_{\boldsymbol{\mu}_i}\ln p(\mathbf{x}_k|\omega_i,\boldsymbol{\theta}_i)=\boldsymbol{\Sigma}_i^{-1}(\mathbf{x}_k-\boldsymbol{\mu}_i)\tag{22}$$

$$\frac{\partial\ln p(\mathbf{x}_k|\omega_i,\boldsymbol{\theta}_i)}{\partial\sigma^{pq}(i)}=\left(1-\frac{\delta_{pq}}{2}\right)\left[\sigma_{pq}(i)-(\mathbf{x}_p(k)-\mu_p(i))(\mathbf{x}_q(k)-\mu_q(i))\right]\tag{23}$$

其中，δ_{pq}是 Kronecker 函数。把这些结果代入式(12)，再进行少量代数操作（习题 17），就得到一些与局部极大似然估计 $\hat{\boldsymbol{\mu}}_i$，$\hat{\boldsymbol{\Sigma}}_i$ 和$\hat{P}(\omega_i)$相关的方程：

$$\hat{P}(\omega_i)=\frac{1}{n}\sum_{k=1}^{n}\hat{P}(\omega_i|\mathbf{x}_k,\hat{\boldsymbol{\theta}}) \tag{24}$$

$$\hat{\boldsymbol{\mu}}_i=\frac{\sum_{k=1}^{n}\hat{P}(\omega_i|\mathbf{x}_k,\hat{\boldsymbol{\theta}})\mathbf{x}_k}{\sum_{k=1}^{n}\hat{P}(\omega_i|\mathbf{x}_k,\hat{\boldsymbol{\theta}})} \tag{25}$$

$$\hat{\boldsymbol{\Sigma}}_i=\frac{\sum_{k=1}^{n}\hat{P}(\omega_i|\mathbf{x}_k,\hat{\boldsymbol{\theta}})(\mathbf{x}_k-\hat{\boldsymbol{\mu}}_i)(\mathbf{x}_k-\hat{\boldsymbol{\mu}}_i)^t}{\sum_{k=1}^{n}\hat{P}(\omega_i|\mathbf{x}_k,\hat{\boldsymbol{\theta}})} \tag{26}$$ 525

其中

$$\begin{aligned}\hat{P}(\omega_i|\mathbf{x}_k,\hat{\boldsymbol{\theta}})&=\frac{p(\mathbf{x}_k|\omega_i,\hat{\boldsymbol{\theta}}_i)\hat{P}(\omega_i)}{\sum_{j=1}^{c}p(\mathbf{x}_k|\omega_j,\hat{\boldsymbol{\theta}}_j)\hat{P}(\omega_j)}\\&=\frac{|\hat{\boldsymbol{\Sigma}}_i|^{-1/2}\exp\left[-\frac{1}{2}(\mathbf{x}_k-\hat{\boldsymbol{\mu}}_i)^t\hat{\boldsymbol{\Sigma}}_i^{-1}(\mathbf{x}_k-\hat{\boldsymbol{\mu}}_i)\right]\hat{P}(\omega_i)}{\sum_{j=1}^{c}|\hat{\boldsymbol{\Sigma}}_j|^{-1/2}\exp\left[-\frac{1}{2}(\mathbf{x}_k-\hat{\boldsymbol{\mu}}_j)^t\hat{\boldsymbol{\Sigma}}_j^{-1}(\mathbf{x}_k-\hat{\boldsymbol{\mu}}_j)\right]\hat{P}(\omega_j)}\end{aligned} \tag{27}$$

虽然这些方程看起来比较复杂,但可以用很简单的原理来解释它们。在极端情况下,比如$\hat{P}(\omega_i|\mathbf{x}_k,\hat{\boldsymbol{\theta}})$只能为 1.0 和 0.0,当 $\mathbf{x}_k$ 属于 ω_i 类别时为 1.0,否则就为 0.0 时,上面这些方程指出估计$\hat{P}(\omega_i)$代表属于类别 ω_i 的样本比例,$\hat{\boldsymbol{\mu}}_i$ 表示属于该类样本的均值,$\hat{\boldsymbol{\Sigma}}_i$ 是对应的样本的协方差矩阵。更一般的情况是,$\hat{P}(\omega_i|\mathbf{x}_k,\hat{\boldsymbol{\theta}})$在 0.0 和 1.0 之间取值,因而对每组成分参数,所有的样本都要有所贡献。从本质上说,$\hat{P}(\omega_i)$,$\boldsymbol{\mu}_i$ 和$\hat{P}(\omega_i|\mathbf{x}_k,\hat{\boldsymbol{\theta}})$代表了样本属于某类别的频率、同一类别样本的均值和这些样本的协方差矩阵。

如同 10.4.1 节中讨论的,这些方程也是隐式的而不利于直接求解,同时还要避免可能的奇异解带来的麻烦。一个非常直观的求解方法就是,利用初始估值去计算式(27),再依靠式(24)～(26)去更新这些估计值。如果初始值足够好,比如是从大量已标记样本计算而来的,那么迭代算法就会很快地收敛。不可否认,算法的结果完全取决于初始值,而且多解问题仍然存在。同时,反复地计算协方差矩阵及其逆矩阵也是非常耗时的。

为了简化问题,我们可以假设协方差矩阵是对角阵。一个好处就是减少了未知参数的个数,当样本数量不多时,这个好处就显得非常重要。如果这样的简化假设太强了,我们还可以假定 c 类样本的协方差矩阵都是相同的,这样做也能有效地解决奇异值的问题(习题 17)。

10.4.3 *k*-均值聚类

在各种各样用来简化计算和加速收敛速度的算法中,我们将研究一个非常基础的同时也是非常流行的近似算法。我们本打算称这个算法为"c 均值算法",因为它的目标就是要找到 c 个均值向量 $\boldsymbol{\mu}_1,\boldsymbol{\mu}_2,\cdots,\boldsymbol{\mu}_c$,但这个方法被人们普遍称为"$k$-均值聚类",$k$ 其实就是这里的 c,所以我们还是遵从大家的习惯称它为"k-均值聚类"(k-mean clustering)。

在式(27)中,$\hat{P}(\omega_i|\mathbf{x}_k,\hat{\boldsymbol{\theta}})$随着马氏(Mahalanobis)距离的平方$(\mathbf{x}_k-\hat{\boldsymbol{\mu}}_i)^t\hat{\boldsymbol{\Sigma}}_i^{-1}(\mathbf{x}_k-\hat{\boldsymbol{\mu}}_i)$的减小而增大。我们也可以用近似的方法,通过计算欧氏(Euclidean)距离的平方$\|\mathbf{x}_k-\hat{\boldsymbol{\mu}}_k\|^2$,找到最接近 $\mathbf{x}_k$ 的类中心$\hat{\boldsymbol{\mu}}_m$,并取$\hat{P}(\omega_i|\mathbf{x}_k,\hat{\boldsymbol{\theta}})$的近似

$$\hat{P}(\omega_i|\mathbf{x}_k,\hat{\boldsymbol{\theta}})\simeq\begin{cases}1 & i=m\\0 & \text{其他}\end{cases} \tag{28}$$

那么对式(25)进行迭代就可以计算 $\hat{\boldsymbol{\mu}}_1,\cdots,\hat{\boldsymbol{\mu}}_c$,具体算法见下面。如果没有更进一步的信息,我们只能猜测类别的数量为 c。具体的 c 与最终的应用有关,比如在一个英语手写字母识别应用中,令 $c=26$ 是可以接受的,即使我们并不知道到底实际存在几个类型。在 10.10 节将要再 526

讨论这个聚类有效性的问题。

在下面以及以后各章中，我们用 n 表示模式的数量，c 表示类别的数量。常见的做法是从样本中随机取出 c 个作为初始的聚类中心。聚类算法表示如下：

算法 1（k-均值聚类）

begin **initialize** $n, c, \boldsymbol{\mu}_1, \boldsymbol{\mu}_2, \cdots, \boldsymbol{\mu}_c$

  do 按照最近邻 $\boldsymbol{\mu}_i$ 分类 n 个样本

    重计算 $\boldsymbol{\mu}_i$

  until $\boldsymbol{\mu}_i$ 不再改变

 return $\boldsymbol{\mu}_1, \boldsymbol{\mu}_2, \cdots, \boldsymbol{\mu}_c$

end

这个算法的计算复杂度为 $O(ndcT)$。d 代表特征的数量，即样本的维数。T 是迭代次数（见习题 16）。在实践中，迭代次数通常远少于样本的数量。

该算法是一种典型的聚类算法。以后我们将把它归入迭代优化算法的范畴，原因是 c 个均值会不断移动，以使得一个平方误差准则函数最小化。目前，我们只把它视为一种近似方法，用来求均值的最大似然估计。从这个算法得到的结果既可以作为最终答案，也可以作为进一步计算的初始值。

下面将考察这个算法运用在图 10-1 中那些样本上面的效果。在图 10-2 中，从不同初始值开始的迭代过程都被绘制出来。因为互换 $\hat{\boldsymbol{\mu}}_1$ 和 $\hat{\boldsymbol{\mu}}_2$ 不过是交换了一下样本的标记，所以迭代轨迹对直线 $\hat{\boldsymbol{\mu}}_1=\hat{\boldsymbol{\mu}}_2$ 是对称的。迭代轨迹要么趋向于点 $\hat{\boldsymbol{\mu}}_1=-2.176, \hat{\boldsymbol{\mu}}_2=1.684$，要么趋向于该点的对称点。这个结果也接近于前面最大似然方法的结果（即 $\hat{\boldsymbol{\mu}}_1=-2.130, \hat{\boldsymbol{\mu}}_2=1.688$），而且这两种方法的迭代轨迹也比较相似。一般来说，当分量密度重叠很小时，最大似然方法和 k-均值聚类方法会给出大致一样的结果。

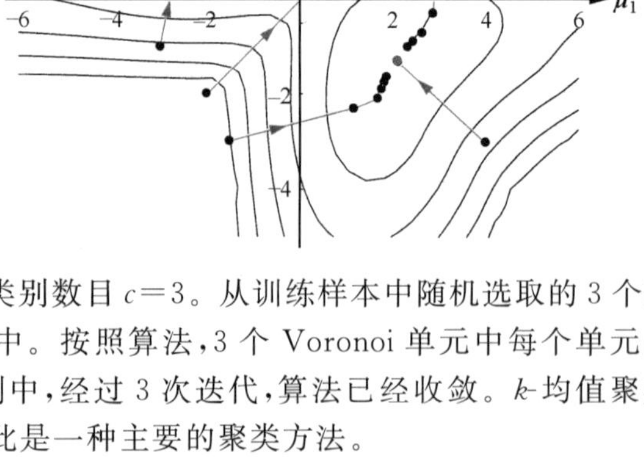

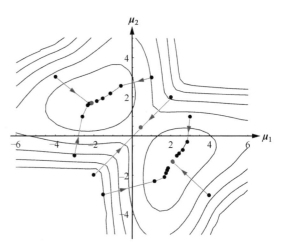

图 10-2 k-均值聚类算法是一种在对数似然函数空间上的随机爬山算法。等值线是图 10-1 中数据的等对数似然函数值曲线。图中点是各次迭代的参数值。其中 6 个起始点到达局部极大值点，而另外两个（即 $\boldsymbol{\mu}_1(0)=\boldsymbol{\mu}_2(0)$）到达一个接近 $\boldsymbol{\mu}=\mathbf{0}$ 的鞍点

图 10-3 给出一个两维的例子，并假设类别数目 $c=3$。从训练样本中随机选取的 3 个聚类中心连同 Voronoi 网格点用红色显示在图中。按照算法，3 个 Voronoi 单元中每个单元内的点被用来计算新的聚类中心，等等。在本例中，经过 3 次迭代，算法已经收敛。k-均值聚类算法尽管简单，但在实践中确实表现出色，因此是一种主要的聚类方法。

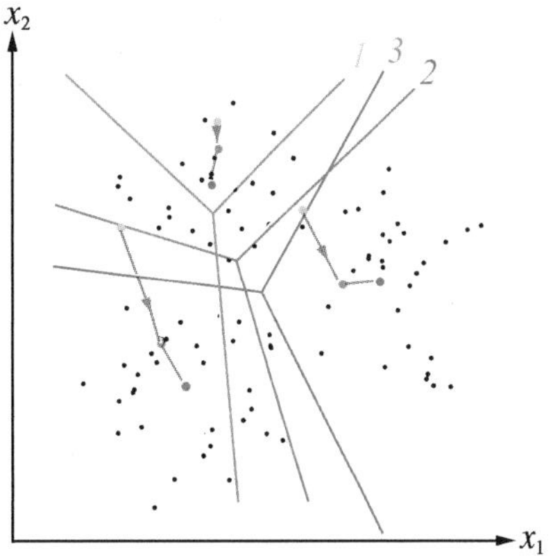

图 10-3 k-均值聚类用于二维数据的迭代轨迹。最终的 Voronoi 网格图显示了分类的结果,其中的均值对应于 Voronoi 单元的中心。这里迭代 3 步后收敛

*10.4.4 模糊 k-均值聚类

在经典 k-均值聚类算法的每一步迭代中,每一个样本点都被认为完全属于某一类别,这在式(28)以及算法 1 的第 2、3 行都体现出来。我们可以放松这个条件,假定每个样本 $\mathbf{x}_j$ 是模糊"隶属"(fuzzy membership)于某一类的。从根本上说,这种隶属度函数等价于式(27)中的 $\hat{P}(\omega_i|\mathbf{x}_j,\hat{\boldsymbol{\theta}})$,其中 $\hat{\boldsymbol{\theta}}$ 是隶属函数的参数向量。

模糊 k-均值聚类算法的目标是最小化全局代价函数

$$J_{\text{fuz}}=\sum_{i=1}^{c}\sum_{j=1}^{n}[\hat{P}(\omega_i|\mathbf{x}_j,\hat{\boldsymbol{\theta}})]^b||\mathbf{x}_j-\boldsymbol{\mu}_i||^2 \tag{29}$$

其中 b 是一个用来控制不同类别的混合程度的自由参数。当 b 被置为 0 时,J_{fuz} 就只是平方误 527
差和准则,其中每个样本只属于一个聚类。我们将在式(54)再讨论这个问题。当 $b>0$ 时,该 ~528
准则允许每个样本隶属于多个聚类。

每个样本点的聚类隶属度函数是归一化的,即

$$\sum_{i=1}^{c}\hat{P}(\omega_i|\mathbf{x}_j)=1,\qquad j=1,\cdots,n \tag{30}$$

注意为了简化公式表达,$\hat{\boldsymbol{\theta}}$ 没有在这个公式中写出来。令 $\hat{\boldsymbol{P}}_j$ 表示先验类别概率 $\hat{P}(\omega_j)$,当求解(即 J_{fuz} 达到最小)时,我们有

$$\partial J_{\text{fuz}}/\partial\boldsymbol{\mu}_i=0 \qquad \text{和} \qquad \partial J_{\text{fuz}}/\partial\hat{P}_j=0 \tag{31}$$

这将直接推出(见习题 15)下面的解:

$$\boldsymbol{\mu}_j=\frac{\sum_{j=1}^{n}[\hat{P}(\omega_i|\mathbf{x}_j)]^b\mathbf{x}_j}{\sum_{j=1}^{n}[\hat{P}(\omega_i|\mathbf{x}_j)]^b} \tag{32}$$

$$\hat{P}(\omega_i|\mathbf{x}_j)=\frac{(1/d_{ij})^{1/(b-1)}}{\sum_{r=1}^{c}(1/d_{rj})^{1/(b-1)}} \qquad \text{和} \qquad d_{ij}=||\mathbf{x}_j-\boldsymbol{\mu}_i||^2 \tag{33}$$

一般而言,当每个聚类中心 $\boldsymbol{\mu}_j$ 靠近那些属于类别 j 的高估计概率的点时,J_{fuz} 就会最小化。因为式(32)、式(33)几乎没有解析解,因此下面给出一个算法,迭代估算聚类均值和点概率:

算法 2(模糊 k-均值聚类算法)

<u>**begin**</u> <u>**initialize**</u> $n,c,b,\boldsymbol{\mu}_1,\cdots,\boldsymbol{\mu}_c,\hat{P}(\omega_i|\mathbf{x}_j),i=1,\cdots,c;j=1,\cdots,n$

　　由式(30)归一化 $\hat{P}(\omega_i|\mathbf{x}_j)$

do 由式(32)重新计算 $\boldsymbol{\mu}_i$

　　由式(33)重新计算 $\hat{P}(\omega_i|\mathbf{x}_j)$

until 在 $\boldsymbol{\mu}_i$ 和 $\hat{P}(\omega_i|\mathbf{x}_j)$ 变化很小

return $\boldsymbol{\mu}_1, \boldsymbol{\mu}_2, \cdots, \boldsymbol{\mu}_c$

end

图 10-4 是对该算法的说明。在迭代的早期,所有的均值都聚在样本的中心处,因为每个样本点都不可忽略地属于每个聚类的概率。在后面迭代时,均值会逐渐分开,同时隶属关系的模糊度会逐渐减小,$\hat{P}(\omega_i|\mathbf{x}_j)$趋向于 1.0 或 0.0。显然,典型的 k-均值聚类算法是式(17)所示模糊解法的一个特例,它的所有点的隶属关系可以表示为

$$P(\omega_i|\mathbf{x}_j)=\begin{cases}1 & \|\mathbf{x}_j-\boldsymbol{\mu}_i\|<\|\mathbf{x}_j-\boldsymbol{\mu}_{i'}\| \quad i'\neq i\\ 0 & \text{其他}\end{cases} \tag{34}$$

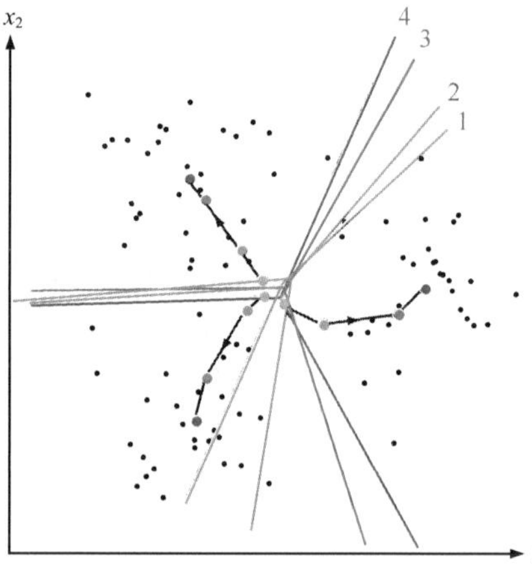

图 10-4 在模糊 k-均值聚类算法的每步迭代中,样本点隶属于某一类的概率由式(32)、式(33)进行更新(这里 $b=2$)。虽然很多样本点在 2 个或 3 个聚类上具有不可忽略的隶属概率,我们仍然在图上用直线划分各类样本。经过 4 次迭代后,算法收敛到红色的聚类中心

加进概率的模糊聚类方法引入了模糊的隶属关系,k-均值方法相比于典型的聚类方法来说会改善收敛性能,但根据式(30),样本点 $\mathbf{x}_j$ 隶属于第 i 类的概率隐含地受到了聚类数目的影响,当聚类数与真实情况不符合时,就会产生很严重的后果(见上机练习 4)。

10.5 无监督贝叶斯学习

10.5.1 贝叶斯分类器

第 3 章提到过,最大似然方法认为参数向量 $\boldsymbol{\theta}$ 是确定性的,只是具体取值未知。在这类方法中关于参数向量的先验知识并没有太多用处,顶多也就是利用先验知识在梯度迭代方法中选择初始值。在本节中,我们将尝试通过贝叶斯方法进行无监督学习,即 $\boldsymbol{\theta}$ 被认为是服从某个先验分布 $p(\boldsymbol{\theta})$的随机向量。我们将用训练样本计算后验概率密度 $p(\boldsymbol{\theta}|\mathcal{D})$。读者会注意到,这部分的分析和第 3 章中有监督贝叶斯学习的分析是平行的,这同时表明这两个问题在形式上是非常相似的。

下面首先给出一组假设:

1. 类别数目 c 是已知的;

529～530 2. 先验概率 $P(\omega_j)$对 $j=1,\cdots,c$ 都是已知的;

3. 类条件概率密度 $p(\mathbf{x}|\omega_j,\boldsymbol{\theta}_j)$的数学形式是已知的,但参数向量 $\boldsymbol{\theta}=(\boldsymbol{\theta}_1,\cdots,\boldsymbol{\theta}_c)^t$ 是未知的;

4. 关于 $\boldsymbol{\theta}$ 的先验知识由概率密度 $p(\boldsymbol{\theta})$ 表示；

5. 剩下的关于 $\boldsymbol{\theta}$ 的知识都存在于样本集$\mathcal{D}$中，$\mathcal{D}$中的 n 个样本 $\mathbf{x}_1,\cdots,\mathbf{x}_n$ 都是独立地从熟悉的混合密度

$$p(\mathbf{x}|\boldsymbol{\theta}) = \sum_{j=1}^{c} p(\mathbf{x}|\omega_j, \boldsymbol{\theta}_j) P(\omega_j) \tag{35}$$

采样出来的。

现在可以直接计算后验概率密度 $p(\boldsymbol{\theta}|\mathcal{D})$。但是，先让我们看看这个后验是怎样用于设计贝叶斯分类器的。假定模式样本是分两步得到的：首先根据类别概率 $P(\omega_i)$选择自然状态（类别），再根据这个类别和对应的类条件概率 $p(\mathbf{x}|\omega_i,\boldsymbol{\theta}_i)$产生最后的模式 $\mathbf{x}$。设计分类器，要利用所有可能的信息来计算后验概率 $P(\omega_i|\mathbf{x})$。为了体现样本集合这个信息的作用，后验概率应该重新表示为 $P(\omega_i|\mathbf{x},\mathcal{D})$。根据贝叶斯公式，我们有

$$P(\omega_i|\mathbf{x}, \mathcal{D}) = \frac{p(\mathbf{x}|\omega_i, \mathcal{D}) P(\omega_i|\mathcal{D})}{\sum_{j=1}^{c} p(\mathbf{x}|\omega_j, \mathcal{D}) P(\omega_j|\mathcal{D})} \tag{36}$$

因为自然状态 ω_i 的选择与以前出现的样本是无关的，所以 $P(\omega_i|\mathcal{D})=P(\omega_i)$，于是

$$P(\omega_i|\mathbf{x}, \mathcal{D}) = \frac{p(\mathbf{x}|\omega_i, \mathcal{D}) P(\omega_i)}{\sum_{j=1}^{c} p(\mathbf{x}|\omega_j, \mathcal{D}) P(\omega_j)} \tag{37}$$

注意到，我们是借助参数向量 $\boldsymbol{\theta}$ 来表示类条件概率 $p(\mathbf{x}|\omega_j,\boldsymbol{\theta}_j)$的，而贝叶斯理论认为 $\boldsymbol{\theta}$ 是随机向量，即有

$$\begin{aligned} p(\mathbf{x}|\omega_i, \mathcal{D}) &= \int p(\mathbf{x}, \boldsymbol{\theta}|\omega_i, \mathcal{D})\, d\boldsymbol{\theta} \\ &= \int p(\mathbf{x}|\boldsymbol{\theta}, \omega_i, \mathcal{D}) p(\boldsymbol{\theta}|\omega_i, \mathcal{D})\, d\boldsymbol{\theta} \end{aligned} \tag{38}$$

因为最后模式 $\mathbf{x}$ 的选择与以前出现的样本无关，所以 $p(\mathbf{x}|\boldsymbol{\theta},\omega_i,\mathcal{D})=p(\mathbf{x}|\omega_i,\boldsymbol{\theta}_i)$。同样，中间状态的选择没有告诉我们任何关于 $\boldsymbol{\theta}$ 分布的信息，所以 $p(\boldsymbol{\theta}|\omega_i,\mathcal{D})=p(\boldsymbol{\theta}|\mathcal{D})$。于是，可得到

$$p(\mathbf{x}|\omega_i, \mathcal{D}) = \int p(\mathbf{x}|\omega_i, \boldsymbol{\theta}_i) p(\boldsymbol{\theta}|\mathcal{D})\, d\boldsymbol{\theta} \tag{39}$$

这说明通过分析样本集得到的类条件概率 $p(\mathbf{x}|\omega_i)$的估计是，通过对 $p(\mathbf{x}|\omega_i,\boldsymbol{\theta}_i)$在 $\boldsymbol{\theta}_i$ 上的加权积分而得到的。这个估计的好坏取决于 $p(\boldsymbol{\theta}|\mathcal{D})$的性质。因此下面就要把注意力放在 $p(\boldsymbol{\theta}|\mathcal{D})$上。

10.5.2 参数向量的学习

根据贝叶斯公式，给定样本集$\mathcal{D}$，参数向量 $\boldsymbol{\theta}$ 的后验概率 $p(\boldsymbol{\theta}|\mathcal{D})$可以表示为

$$p(\boldsymbol{\theta}|\mathcal{D}) = \frac{p(\mathcal{D}|\boldsymbol{\theta}) p(\boldsymbol{\theta})}{\int p(\mathcal{D}|\boldsymbol{\theta}) p(\boldsymbol{\theta})\, d\boldsymbol{\theta}} \tag{40}$$ 531

且由于样本是互相独立的，所以似然函数可以表示为

$$p(\mathcal{D}|\boldsymbol{\theta}) = \prod_{k=1}^{n} p(\mathbf{x}_k|\boldsymbol{\theta}) \tag{41}$$

另一种计算后验概率的方法是利用递归的形式，令$\mathcal{D}^n$ 表示$\mathcal{D}$中由前 n 个样本组成的集合，那么式(40)可以写为递归的形式

$$p(\boldsymbol{\theta}|\mathcal{D}^n) = \frac{p(\mathbf{x}_n|\boldsymbol{\theta})p(\boldsymbol{\theta}|\mathcal{D}^{n-1})}{\int p(\mathbf{x}_n|\boldsymbol{\theta})p(\boldsymbol{\theta}|\mathcal{D}^{n-1})\,d\boldsymbol{\theta}} \tag{42}$$

这些是无监督贝叶斯学习的基本公式。式(40)体现的是贝叶斯公式和最大似然之间的关系。如果在 $p(\mathcal{D}|\boldsymbol{\theta})$达到局部峰值的附近，$p(\boldsymbol{\theta})$的变化是比较均匀的，那么 $p(\boldsymbol{\theta}|\mathcal{D})$也会在同样区域达到峰值。更进一步，如果存在一个最主要的峰值在 $\boldsymbol{\theta}=\hat{\boldsymbol{\theta}}$ 处，而且是一个尖峰，那么式(39)、式(37)就可以近似表示为

$$p(\mathbf{x}|\omega_i, \mathcal{D}) \simeq p(\mathbf{x}|\omega_i, \hat{\boldsymbol{\theta}}) \tag{43}$$

$$P(\omega_i|\mathbf{x}, \mathcal{D}) \simeq \frac{p(\mathbf{x}|\omega_i, \hat{\boldsymbol{\theta}}_i)P(\omega_i)}{\sum_{j=1}^{c} p(\mathbf{x}|\omega_j, \hat{\boldsymbol{\theta}}_j)P(\omega_j)} \tag{44}$$

也就是说，这些条件从另一方面支持了最大似然估计 $\hat{\boldsymbol{\theta}}$ 直接用于设计贝叶斯分类器的合理性。

正如在第 3 章中所提到的，当数据量非常大时，最大似然方法和贝叶斯方法会取得一致(或近似一致的)效果。虽然在一些小样本集的情况下，它们也可能取得一致，但是逼近的效果不很理想(图 10-5)。与有监督学习类似的是，选择用最大似然方法还是贝叶斯方法不仅取决于我们对先验信息的确认程度，还要考虑算法实现的问题。最大似然方法总是更容易实现。

图 10-5　后验概率如果是多峰的或歪斜的(如图所示)，那么最大似然估计产生的结果与贝叶斯方法的结果是非常不同的。贝叶斯方法要求在整个参数空间积分

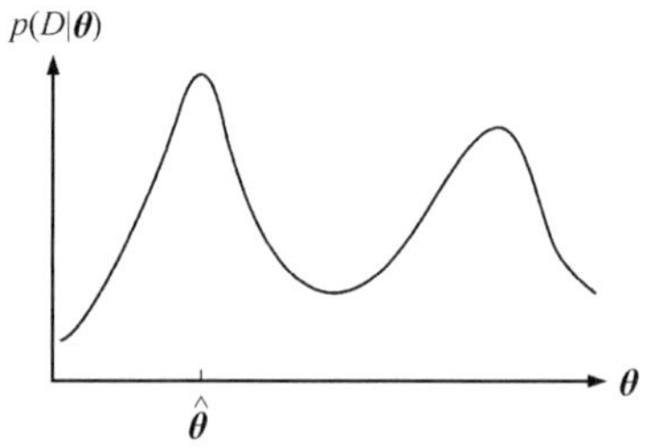

532

当然，如果通过对一个很大的已标记的样本集学习得到了先验概率 $p(\boldsymbol{\theta})$，那么它肯定不会很均匀。当 n 较小时，这种先验概率会强烈影响 $p(\boldsymbol{\theta}|\mathcal{D}^n)$。式(42)表明对一个新的未标记样本的观察怎样影响我们对参数分布的看法，同时突出了迭代更新和学习的思想。如果混合密度 $p(\mathbf{x}|\boldsymbol{\theta})$是可辨识的，那么每增加一个样本，后验密度 $p(\boldsymbol{\theta}|\mathcal{D}^n)$就会更加突出，不用太多特殊的条件，$p(\boldsymbol{\theta}|\mathcal{D}^n)$就会收敛到以 $\boldsymbol{\theta}$ 真实值为中心的狄拉克函数(习题 9)。因此，即使我们不知道样本所属的类别，可辨识性仍保证我们可以学到未知参数 $\boldsymbol{\theta}$，继而学到分量密度函数 $p(\mathbf{x}|\omega_i, \boldsymbol{\theta})$。

上面这些就是无监督学习的经典贝叶斯解。回顾以前的章节，会发现混合密度参数的无监督学习同分量密度的有监督学习是非常相似的，这并不奇怪。事实上，如果分量密度也是混合型的，那么这两个问题之间就没有什么本质的差别。

但有监督学习和无监督学习之间的差别还是不小的。一个主要的差别是关于可辨识性的。对有监督学习来说，缺少可辨识性不过表明求出的参数向量并不是唯一的(而是参数向量的一个等价类)，但并不带来严重问题。对无监督学习来说，问题就要严重得多。当 $\boldsymbol{\theta}$ 无法唯一确定时，混合密度就不能被分解为各种真实的分量。也就是说，虽然 $p(\mathbf{x}|\mathcal{D}^n)$可能会收敛到 $p(\mathbf{x})$，但由公式(39)得到的 $p(\mathbf{x}|\omega_i, \mathcal{D}^n)$一般不会收敛到 $p(\mathbf{x}|\omega_i)$，这是理论上的障碍。得到一些已标记的样本对分解混合密度是很有好处的。

无监督学习的另一个严重的问题是计算的复杂性。对有监督学习来说，如果能找到充分的统计量，就会得到解析的解，并且计算也不复杂。而对无监督学习说，样本不可避免会来自混合密度

$$p(\mathbf{x}|\boldsymbol{\theta})=\sum_{j=1}^{c}p(\mathbf{x}|\omega_j,\boldsymbol{\theta}_j)P(\omega_j) \tag{1}$$

这样就使得计算 $p(\boldsymbol{\theta}|\mathcal{D})$变得异常复杂。在第 3 章中,类似问题的求解依赖于充分的统计量。因式分解定理要求 $p(\mathcal{D}|\boldsymbol{\theta})$能满足

$$p(\mathcal{D}|\boldsymbol{\theta})=g(\mathbf{s},\boldsymbol{\theta})h(\mathcal{D}) \tag{45}$$

但从式(1)和(41)知道,似然函数可以写成

$$p(\mathcal{D}|\boldsymbol{\theta})=\prod_{k=1}^{n}\left[\sum_{j=1}^{c}p(\mathbf{x}_k|\omega_j,\boldsymbol{\theta}_j)P(\omega_j)\right] \tag{46}$$

于是,$p(\mathcal{D}|\boldsymbol{\theta})$是分量密度乘积的求和式。求和式中的每一项代表样本序列 $\mathbf{x}_1,\cdots,\mathbf{x}_n$ 对某个标记的联合概率密度。求积是对每一种可能的标记方式进行的。显然,这个似然概率将 $\boldsymbol{\theta}$ 和 $\mathbf{x}$ 交织在一起而无法分开,所以不可能有简单的因式分解存在。一个例外就是,在分量密度互不重叠的情况下,对应每个样本的混合密度中只有一项分量密度是非零的。这时 $p(\mathcal{D}|\boldsymbol{\theta})$是 n 项非零分量密度的乘积,所以很有可能找到一个简单的充分统计量。这个例外实际上允许了每个样本都能唯一确定它所属的类别,因此等价于一个有监督学习过程,所以本质上并不令人振奋。 533

另一种比较有监督和无监督学习的方法是,将式(42)中的 $p(\mathbf{x}_n|\boldsymbol{\theta})$替换为混合密度,即得到

$$p(\boldsymbol{\theta}|\mathcal{D}^n)=\frac{\sum_{j=1}^{c}p(\mathbf{x}_n|\omega_j,\boldsymbol{\theta}_j)P(\omega_j)}{\sum_{j=1}^{c}\int p(\mathbf{x}_n|\omega_j,\boldsymbol{\theta}_j)P(\omega_j)p(\boldsymbol{\theta}|\mathcal{D}^{n-1})\,d\boldsymbol{\theta}}p(\boldsymbol{\theta}|\mathcal{D}^{n-1}) \tag{47}$$

如果考虑 $P(\omega_1)=1$ 的特殊情况,所有的样本都来自类别 ω_1,这正好对应有监督学习,于是式(47)可以简化为

$$p(\boldsymbol{\theta}|\mathcal{D}^n)=\frac{p(\mathbf{x}_n|\omega_1,\boldsymbol{\theta}_1)}{\int p(\mathbf{x}_n|\omega_1,\boldsymbol{\theta}_1)p(\boldsymbol{\theta}|\mathcal{D}^{n-1})\,d\boldsymbol{\theta}}p(\boldsymbol{\theta}|\mathcal{D}^{n-1}) \tag{48}$$

比较式(47)、式(48)可以发现,增加一个样本是怎样影响 $\boldsymbol{\theta}$ 的估计的。在每种情况下,我们可以忽略用来归一化的分母。因此,有监督和无监督最主要的差别在于有监督的方法要通过参数先验密度 $p(\boldsymbol{\theta})$和分量密度 $p(\mathbf{x}_n|\omega_1,\boldsymbol{\theta}_1)$的乘积来获得后验概率密度,而无监督的方法却是靠参数先验概率和混合密度$\sum_{j=1}^{c}p(\mathbf{x}_n|\omega_j,\boldsymbol{\theta}_j)P(\omega_j)$的乘积得到后验密度。假设样本 $\mathbf{x}_n$ 来自 ω_1 类别,无监督学习由于不知道样本所属类别而减小了 $\mathbf{x}_n$ 对 $\boldsymbol{\theta}$ 的影响。因为 $\mathbf{x}_n$ 有可能来自 c 种类别中的任何一种,$\mathbf{x}_n$ 对 $\boldsymbol{\theta}$ 的影响就不如它来自单一类别时的影响大。

例 1 高斯数据的无监督学习

下面以一个一维的两个分量的正态混合密度为例。分量密度分别为 $p(\mathbf{x}|\omega_1)\sim N(\boldsymbol{\mu},1)$,$p(\mathbf{x}|\omega_2,\theta)\sim N(\boldsymbol{\theta},1)$,已知 $\boldsymbol{\mu}$、$P(\omega_1)$和 $P(\omega_2)$。我们有

$$p(\mathbf{x}|\boldsymbol{\theta})=\underbrace{\frac{P(\omega_1)}{\sqrt{2\pi}}\exp\left[-\frac{1}{2}(\mathbf{x}-\boldsymbol{\mu})^2\right]}_{\omega_1}+\underbrace{\frac{P(\omega_2)}{\sqrt{2\pi}}\exp\left[-\frac{1}{2}(\mathbf{x}-\boldsymbol{\theta})^2\right]}_{\omega_2}$$

并求第二个分量的均值。

如果将该公式看成以 $\mathbf{x}$ 为自变量的函数,那么它是两个正态密度的叠加,其中一个在 $\mathbf{x}=\boldsymbol{\mu}$ 处达到峰值,另一个在 $\mathbf{x}=\boldsymbol{\theta}$ 处达到峰值。如果将该公式看成以 $\boldsymbol{\theta}$ 为自变量的函数,$p(\mathbf{x}|\boldsymbol{\theta})$

在 $\boldsymbol{\theta}=\mathbf{x}$ 处就只有一个峰。假设参数先验概率密度 $p(\boldsymbol{\theta})$ 在 a 和 b 之间均匀分布，那么一次观察($\mathbf{x}=\mathbf{x}_1$)后，就有

534

$$p(\boldsymbol{\theta}|\mathbf{x}_1)=\alpha p(\mathbf{x}_1|\boldsymbol{\theta})p(\boldsymbol{\theta})=\begin{cases}\alpha'\{P(\omega_1)\exp[-\frac{1}{2}(\mathbf{x}_1-\boldsymbol{\mu})^2]+\\ \quad P(\omega_2)\exp[-\frac{1}{2}(\mathbf{x}_1-\boldsymbol{\theta})^2]\} & a\leqslant\boldsymbol{\theta}\leqslant b\\ 0 & \text{其他}\end{cases}$$

其中 α 和 α' 都是归一化常数且与 $\boldsymbol{\theta}$ 无关。如果样本 $\mathbf{x}_1$ 正好满足 $a\leqslant\mathbf{x}_1\leqslant b$，那么 $p(\boldsymbol{\theta}|\mathbf{x}_1)$ 当然也在 $\boldsymbol{\theta}=\mathbf{x}_1$ 处达到峰值。如果不满足，那么当 $\mathbf{x}_1<a$ 时峰值在 $\boldsymbol{\theta}=a$ 处，当 $\mathbf{x}_1>b$ 时峰值在 $\boldsymbol{\theta}=b$ 处。请注意当 $\mathbf{x}_1$ 靠近 $\boldsymbol{\mu}$ 时，$\exp[-(1/2)(\mathbf{x}_1-\boldsymbol{\mu})^2]$ 较大，从而使得 $p(\boldsymbol{\theta}|\mathbf{x}_1)$ 的峰值不如以前突出。这正好说明 $\mathbf{x}_1$ 更可能来自 $p(\mathbf{x}|\omega_1)$，因此它对参数 $\boldsymbol{\theta}$ 的影响会减小。

当第 2 个样本 $\mathbf{x}$ 被观察到时，$p(\boldsymbol{\theta}|x_1)$ 就更新为

$$p(\boldsymbol{\theta}|\mathbf{x}_1,\mathbf{x}_2)=\beta p(\mathbf{x}_2|\boldsymbol{\theta})p(\boldsymbol{\theta}|\mathbf{x}_1)$$

$$=\begin{cases}\beta'\Big\{P(\omega_1)P(\omega_1)\exp\left[-\frac{1}{2}(\mathbf{x}_1-\boldsymbol{\mu})^2-\frac{1}{2}(\mathbf{x}_2-\boldsymbol{\mu})^2\right]\\ \quad +P(\omega_1)P(\omega_2)\exp\left[-\frac{1}{2}(\mathbf{x}_1-\boldsymbol{\mu})^2-\frac{1}{2}(\mathbf{x}_2-\boldsymbol{\theta})^2\right]\\ \quad +P(\omega_2)P(\omega_1)\exp\left[-\frac{1}{2}(\mathbf{x}_1-\boldsymbol{\theta})^2-\frac{1}{2}(\mathbf{x}_2-\boldsymbol{\mu})^2\right]\\ \quad +P(\omega_2)P(\omega_2)\exp\left[-\frac{1}{2}(\mathbf{x}_1-\boldsymbol{\theta})^2-\frac{1}{2}(\mathbf{x}_2-\boldsymbol{\theta})^2\right] \\ \qquad\qquad\qquad\qquad\qquad\qquad\qquad\qquad a\leqslant\boldsymbol{\theta}\leqslant b\\ 0 \qquad\qquad\qquad\qquad\qquad\qquad\qquad\qquad\quad \text{其他}\end{cases}$$

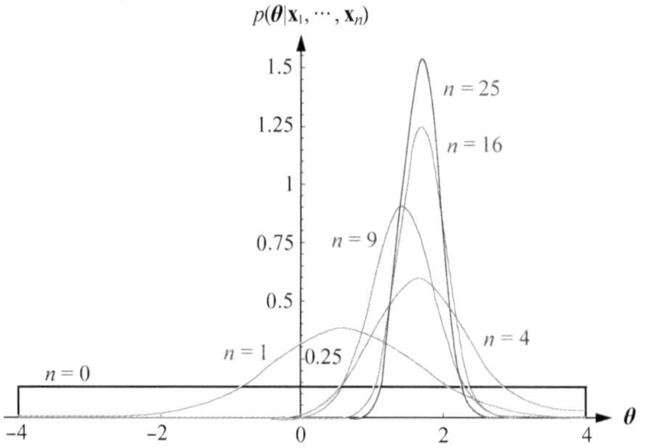

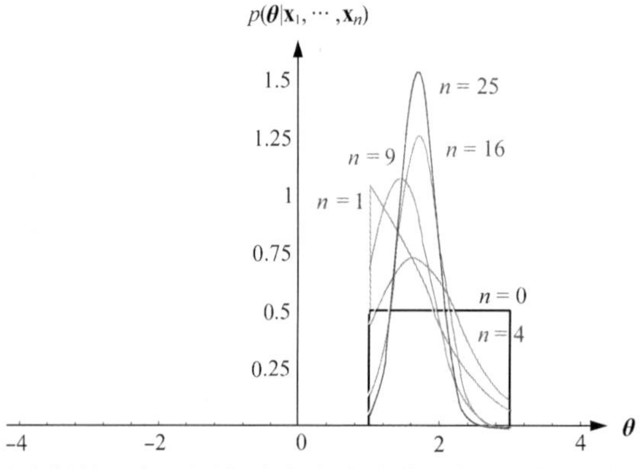

在对参数 $\boldsymbol{\theta}$ 的无监督贝叶斯学习中，后验概率密度会随着观察到的样本数量的增加而提高峰值。在上面两幅图中，第一幅使用的参数先验概率 $p(\boldsymbol{\theta})=1/8$，$-4\leqslant\boldsymbol{\theta}\leqslant4$，第二幅使用更窄的先验概率 $p(\boldsymbol{\theta})=1/2$，$1\leqslant\boldsymbol{\theta}\leqslant3$。尽管两种先验概率密度差别很大，但在观察 25 个样本以后，两种情况下的后验概率密度几乎是完全相同的，样本中的信息已经抑制了参数的先验信息

但是，通过上面的公式可发现，即使在 $n=2$ 的情况下，$p(\boldsymbol{\theta}|\mathcal{D}^n)$ 也是非常复杂的。公式中的 4 个求和项分别代表两个样本所属类别的可能组合。如果有 n 个样本，就有 2^n 项子式，而且不存在简洁的充分统计量来简化计算和方便理解。 535

可以利用关系

$$p(\boldsymbol{\theta}|\mathcal{D}^n)=\frac{p(\mathbf{x}_n|\boldsymbol{\theta})p(\boldsymbol{\theta}|\mathcal{D}^{n-1})}{\int p(\mathbf{x}_n|\boldsymbol{\theta})p(\boldsymbol{\theta}|\mathcal{D}^{n-1})\,d\boldsymbol{\theta}}$$

和数值积分得到近似的数值解。借用图 10-1 中的数据，并令 $\boldsymbol{\mu}=2$，$P(\omega_1)=1/3$，$P(\omega_1)=2/3$，先验密度 $p(\boldsymbol{\theta})$ 在 -4 和 $+4$ 之间均匀分布，我们就得到上面图中的结果。当 n 趋于无穷时，我们确信 $p(\boldsymbol{\theta}|\mathcal{D}^n)$ 会趋向为在 $\boldsymbol{\theta}=2$ 处的一个冲击函数。上图同时也有助于理解收敛速度。

对无监督学习来说，贝叶斯方法和最大似然方法的显著差别在于有没有参数先验概率密度 $p(\boldsymbol{\theta})$。在上面的例子中，当 $p(\boldsymbol{\theta})$ 被假设在 1 到 3 之间均匀分布的时候，上图很好地体现了在先验知识更确定时 $p(\boldsymbol{\theta}|\mathcal{D}^n)$ 是如何变化的。$p(\boldsymbol{\theta}|\mathcal{D}^n)$ 的变化在 n 很小的时候是非常显著的。也正是在这种情况下（就像第 3 章中的连续空间样本的分类情况），贝叶斯方法和最大似然方法的结果相差较远。随着 n 的增大，先验知识的重要性逐渐减小，在上面那个特殊的例子中，两种不同先验下的结果曲线在 $n=25$ 时已经几乎完全相同了。一般来说，大家总是期望这种差别足够小，即使未标记样本是用来确定 $p(\boldsymbol{\theta})$ 的已标记样本的好几倍。

10.5.3 判定导向的近似解

虽然无监督学习可以被理解为混合密度的参数估计问题，但最大似然方法和贝叶斯方法都不能得到简洁的解析解。甚至最简单的例子也会导致计算复杂度随着样本的增加呈现指数增长。无监督学习不会因为很难找到解析解而被放弃，它实在太重要了，而且幸好人们找到了很多可以得到近似解的方法。

因为无监督学习和有监督学习的重要差别是有没有对样本进行标记，一个显而易见的无监督学习方法就是用先验信息设计一个分类器，然后用这个分类器对样本的判定标识进行分类。这种方法被称为“判定导向”(decision-directed)方法，而且它有很多的变化形式。它能串行地在线学习，每对一个未标记样本分类后，就根据当前分类结果更新分类器。当然，它也能以并行的方式运行，每处理 n 个样本后才更新一次分类器。如果愿意，这种过程可以重复下去，直到样本的分类结果不再改变为止。很多尝试性的方法也都可以用来针对不同分类判定的置信度做出有效的修正。

判定导向方法仍有一些明显的不足之处。如果初始的分类器并不好或者碰到了一串不理想的样本，那么分类误差会导致分类器向着错误的方向发展，使得结果对应于似然函数一个较小的峰值。即使初始分类器足够好，一般来说，后续分类的结果也不一定等于真实的样本的隶属关系。这样的硬性分类不会将来自分量密度边缘的样本归为该类，同时很有可能将来自其他分量密度边缘处的样本归入本类。因此，如果分量密度之间有着很多重叠，估计就会有偏，结果就不是最优的。 536

尽管有以上这些缺点，判定导向的方法还是因其简洁性使得贝叶斯方法在计算上是可行的，从另一方面说，有缺陷的解总比没有解好。如果有足够好的条件，就可以以较小的计算代价得到不错的性能。在实践中，如果参数假设是合适的，分量密度之间重叠很少，初始分类器的设计是大致正确的,上面那些判定导向的方法都表现不错(上机练习 7)。

10.6 数据描述和聚类

让我们重新考虑一下从一个未标记样本集合中学习多维空间模式结构的问题。从几何上看,这些样本点可能在 d 维空间上形成一片由点组成的云。假设通过某种方法,我们知道这些样本点全部来自一个单一分量的正态分布,那么我们能学到的数据形式大部分包含在充分统计量(样本均值和样本协方差矩阵)中。从本质上说,这些统计量构成了原数据的一种紧致的描述。样本均值位于样本云的重心,它可被视为在最小化平方距离和的意义下最能代表所有样本的一个点 $\mathbf{m}$。样本协方差矩阵描述的是样本在以 $\mathbf{m}$ 为中心的各个方向上的离散度。如果数据点确实是正态分布的,那么样本云的形状是一个简单的超椭球体,样本均值就在样本云密度最高的地方。

当然,如果样本并不是正态分布的,把这些统计量作为数据描述来说是非常使人误解的。图 10-6 说明了这一点,其中的 4 组不同数据集虽然分布形状不同,但具有相同的均值和协方差矩阵。显而易见,二阶统计量是不足以揭示任意数据集的空间结构的。

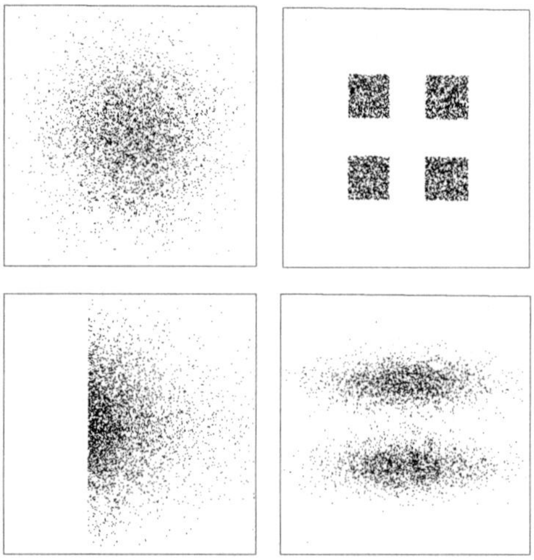

图 10-6 图中的 4 组数据点具有相同的直到二阶的统计量,即相同的均值 $\boldsymbol{\mu}$ 和协方差 $\boldsymbol{\Sigma}$。在这些例子中,有必要引入更多的参数来进一步描述数据的空间结构

如果假设样本都来自有 c 个正态分量密度的混合概率密度,那么就可以得到更多真实情况的近似结果。从本质上说,这等价于认定样本都落在各种尺寸和方向的椭球体之内。如果分量密度的个数足够多,我们几乎可以用它逼近任何一种概率分布,并用混合模型的参数来描述数据。遗憾的是,我们已经注意到混合密度的参数估计并不简单,而且当数据的先验信息极少时,所假设的特定的参数形式可能会导致很差的(或者毫无意义的)结果。与其说是寻找数据的某种内部结构,不如说是我们强加了某种结构给这些数据。

另一种方案就是利用第 4 章中提到的非参数方法来估计混合密度。如果正确的话,得到的密度估计就可以完全描述从原数据中能学到的东西。密度较高的区域可能对应一种很重要的类别,它可以通过密度估计的峰值去发现。

如果我们的目标是去发现子类,那么更直接的方法就是聚类算法。粗略地说,聚类算法是以整个数据集内部存在若干“分组”或“聚类”为出发点而产生的一种数据描述方法,每个子集中的点具有高度的内在相似性。正规的聚类算法定义了一个准则函数,比如数据点到类中心的距离平方和，并搜索最佳分类使得准则函数最优。因为这些方法也会导致不可控制的计算问题，人们又提出了很多新的方法，新的方法虽然在直觉上容易理解并令人满意，但往往结果不具有（或很少具有）我们前面讨论过的性质。使用这些新方法，仅仅是因为它们容易应用，能产生一些有意义的结果，这些结果有助于选用其他更严格的算法。

相似性度量

一旦我们把聚类问题描述为在一堆数据中寻找一种"自然分组"，那么我们就必须定义"自然分组"的含义。从什么意义上，我们能够说同一类中的样本比来自不同类的样本更为相似？这个问题实际上涉及两个独立的子问题：

- 怎样度量样本之间的相似性？
- 怎样衡量对样本集的一种划分的好坏？

在本节中，我们将讨论第一个子问题。

最明显的相似性度量就是样本之间的距离。可以按照下面的方法开始一种聚类算法的研究。首先定义一个合适的度量（见 4.6 节），然后计算任意两个样本之间的距离。如果距离确实很好地反映了相似性，那么我们自然希望同一类中的样本之间的距离比不同类之间样本的距离要小得多。

现在不妨假设：如果两个样本之间的欧几里得距离小于某个阈值 d_0，那么这两个样本就属于同一类。我们马上发现选择 d_0 是非常关键的。如果 d_0 太大，所有的样本都会被分为同一类。如果 d_0 太小，每个样本又会单成一类。为了得到"自然"的聚类，d_0 必须大于典型的聚类内的距离，同时又小于典型的聚类间的距离（见图 10-7）。 537～538

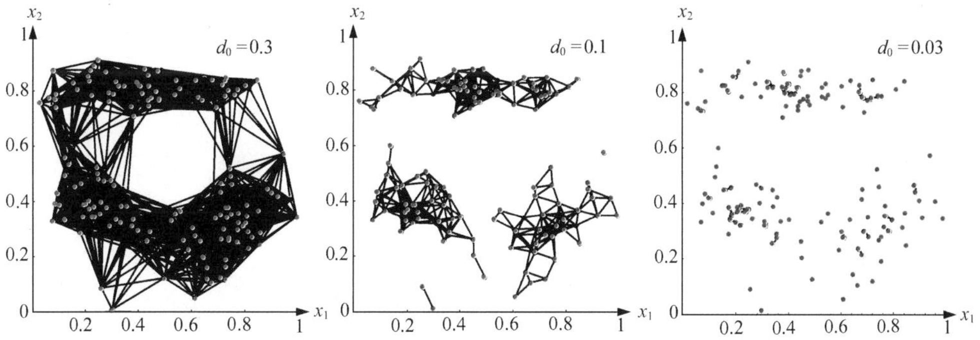

图 10-7 在基于相似性的聚类方法中，距离阈值 d_0 影响类的数量和类的大小。图中给出了 3 种不同的 d_0，并用线条连接距离小于 d_0 的数据点——d_0 越小，每个类就越小，类的数目就越多

比较容易忽视的是，上面的分类结果实际上取决于我们选择作为相似性度量的欧几里得距离。如果特征空间是各向同性的并且数据大致均匀地分布在各个方向上，这种选择一般是合理的。选用欧几里得距离得到的聚类结果将不会因特征空间的平移和旋转而改变，所以数据点如果做刚体运动就不会影响分类结果。但是一般地说，对线性变换或其他会扭曲距离关系的变换是不能保证的。因此，如图 10-8 所示，坐标轴的简单缩放就会导致数据点的重新分类。当然，对那些不自然的或无意义的变换任意缩放，我们不会去考虑。但是，如果聚类确实具有某种物理意义，那么它们对问题的自然变换应是不变的。

在聚类之前先“规格化”是一种实现不变性的方法。举例来说，要得到位移和缩放的不变性，可以通过平移和缩放坐标轴使得新特征具有零均值和单位方差，这是一种标准化数据的方法。要得到旋转不变性，可以旋转坐标轴使得这些轴与样本协方差矩阵的本征向量平行。这种主成分变换(10.13.1 节)也可以在前面或后面接上缩放规格化的步骤。

但是，并不能下结论说规格化一定是必要的。重新考虑一下通过平移和缩放使得均值为 0、方差为 1 的规格化方法。这个方法的出发点是，它可以有效防止某些特征仅仅因为它的数值过大而将主导(dominate)距离度量，正如用反向传播训练神经网络时(见第 6 章)。对服从正态波动的随机向量，减去均值并除以标准差的规格化做法是非常合理的，但是，如果数据的波动是因为存在多个子类，那么这种规格化就不合理了(见图 10-9)。因此，对我们感兴趣的数据模型来说，这种常规的规格化方法就显得没有多少用处。

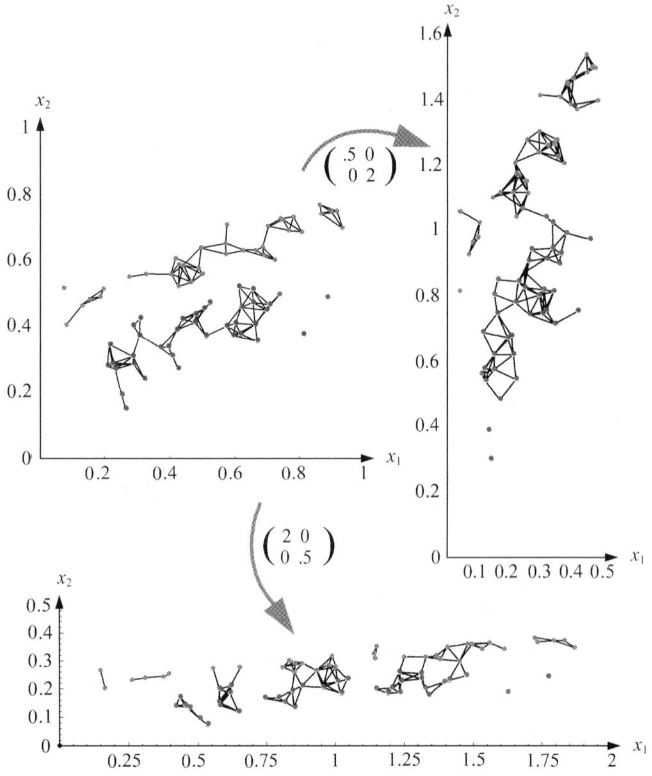

图 10-8　缩放坐标轴会影响最小距离聚类方法的聚类结果。图中左上角是原始数据及其最小距离聚类结果，红色的点表示一类，其他类的点都用灰色表示。当纵轴扩展为原来的 2 倍、横轴缩小为原来的 0.5 倍后，聚类结果就改变了(如红点所示)。同样，如果纵轴缩小为原来的 0.5 倍，横轴扩展为原来的 2 倍，就会获得更多的聚类(如底图所示)。总之，上面的两种缩放方法都使得聚类结果不同于在原始空间中的聚类结果

除了缩放坐标轴外，我们还可以找到很多其他有用的度量。比如说，第 4 章提到的 Minkowski 度量就是一类很常用的度量方法，它的形式为

$$d(\mathbf{x}, \mathbf{x}') = \left(\sum_{k=1}^{d} |\mathbf{x}_k - \mathbf{x}_k'|^q \right)^{1/q} \tag{49}$$

其中，参数 $q \geqslant 1$。如果设置 $g=2$，可得到我们熟悉的欧几里得度量，设置 $q=1$，可得到曼哈坦(街区)度量。注意只有 $q=2$ 才能保证距离度量具有平移和旋转不变性。另一种选择就是使用基于数据本身的度量，比如 Mahalanobis 度量。

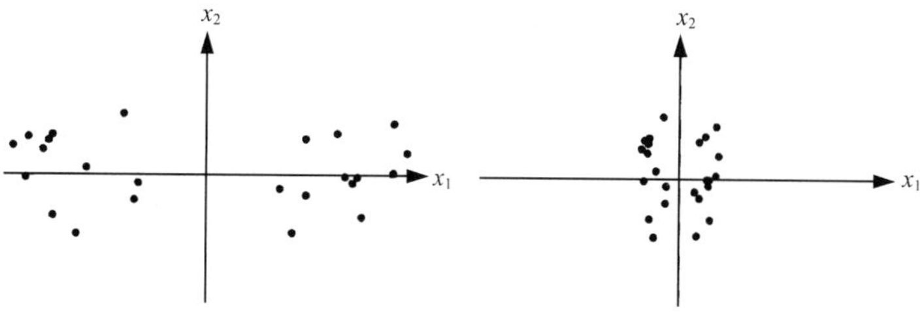

图 10-9　在左图中，数据点分别落入两个相隔很开的类中，如果对这些数据归一化使得方差为 1 就会减少类与类之间的距离，因此右图中的结果就很不理想。如果数据都来自一个单一的产生过程（或伴有噪声），这种规格化方法会比较合适；如果有几个不同的产生过程，这种方法就不合适了

更一般地，我们可以不用距离，而引入非度量的相似性函数 $s(\mathbf{x},\mathbf{x}')$ 来比较向量 $\mathbf{x}$ 和 $\mathbf{x}'$。按照惯例，这是对称函数，当 $\mathbf{x}$ 和 $\mathbf{x}'$ 具有某种相似性时，函数值就比较大。比如，当两个向量的夹角是有意义的衡量相似性的函数时，归一化内积

$$s(\mathbf{x},\mathbf{x}')=\frac{\mathbf{x}^t\mathbf{x}'}{\|\mathbf{x}\|\,\|\mathbf{x}'\|} \tag{50}$$

就比较合适。这个度量函数对旋转和膨胀具有不变性，但对平移和一般的线性变换不能保证。

当特征是二值的时候（取 0 或 1），式（50）所表示的相似函数可以从共享属性的角度重新解释。如果样本 $\mathbf{x}$ 具有第 i 项属性，则令 $x_i=1$。那么 $\mathbf{x}^t\mathbf{x}'$ 不过是 $\mathbf{x}$ 和 $\mathbf{x}'$ 同时拥有的（共享）属性的个数，$\|\mathbf{x}\|\ \|\mathbf{x}'\|=(\mathbf{x}'\mathbf{x}\mathbf{x}'^t\mathbf{x}')^{1/2}$ 则代表 $\mathbf{x}$ 和 $\mathbf{x}'$ 分别拥有属性个数的几何均值。所以 $s(\mathbf{x},\mathbf{x}')$ 可以用来表示共享属性的相对比例。$s(\mathbf{x},\mathbf{x}')$ 还可以具有一些变化的形式，如

$$s(\mathbf{x},\mathbf{x}')=\frac{\mathbf{x}^t\mathbf{x}'}{d} \tag{51}$$

可以表示共享属性个数与特征维数的比值，而且

$$s(\mathbf{x},\mathbf{x}')=\frac{\mathbf{x}^t\mathbf{x}'}{\mathbf{x}^t\mathbf{x}+\mathbf{x}'^t\mathbf{x}'-\mathbf{x}^t\mathbf{x}'} \tag{52}$$

表示共享属性个数与 $\mathbf{x}$ 和 $\mathbf{x}'$ 一起拥有的属性个数的比值。式（52）中的度量函数（有时称为 Tanimoto 系数或 Tanimoto 距离）经常在“信息检索”和“生物分类学”中出现。相似性的相对度量出现在其他应用中，用不同度量显示问题领域的多样性。

度量理论中的基本问题涉及距离或相似性函数。两个向量间的相似性计算总要涉及它们的分量值的组合。然而在许多模式识别的应用中，特征向量的各个分量常常不具有可比性，比如米和千米。回忆以前对鱼进行分类的例子：我们怎么能够将鱼的光泽度和鱼的长度、重量进行比较呢？长度到底是以米为单位好还是以英寸为单位好？我们应该怎样处理一个各分量代 539~541
表不同物理意义的向量呢？一般不存在通用的方法来解答这些问题。一旦设计者选择了一个相似性函数或对数据用某种方法进行了规格化，就表示有额外的信息被引入来赋予这些操作物理意义。我们也给出了很多经验的例子和方法。除此之外，我们只能提醒大家注意这些聚类问题中的陷阱。

在所有这些关于聚类的讨论中，必须注意到聚类后的数据常常会被标记（例如通过教师或少量带标记的样本），并被用于对新样本分类。如果是这种情况，聚类所用到的相似性函数或度量方式也应该在后续分类中得到应用（上机练习 8）。

10.7　聚类的准则函数

我们刚刚讨论了聚类问题的第一个重要概念，即怎样衡量“相似性”。现在来考虑第二个

重要概念：待优化的准则函数。假设有由 n 个样本组成的集合 $\mathcal{D}=\{\mathbf{x}_1,\cdots,\mathbf{x}_n\}$，要分为 c 个互不重叠的子集 $\mathcal{D}_1,\cdots,\mathcal{D}_c$。每个子集代表一个聚类，同一类中的样本点比不同类中的样本点具有更高的内在相似性。通过定义准则函数就可以将聚类问题明确地表达出来，即要找到一种划分使得准则函数最优。在本节中，我们将首先研究几种非常相似的准则函数，而将如何找到最优划分放在本节最后。

10.7.1 误差平方和准则

“误差平方和准则”(sum-of-squared-error criterion)是一种很简单而且应用很广泛的准则。令 n_i 表示子集 $\mathcal{D}_i$ 中样本的数量，$\mathbf{m}_i$ 表示那些样本的均值：

$$\mathbf{m}_i = \frac{1}{n_i}\sum_{\mathbf{x}\in\mathcal{D}_i}\mathbf{x} \tag{53}$$

于是误差平方和定义为

$$J_e = \sum_{i=1}^{c}\sum_{\mathbf{x}\in\mathcal{D}_i}\|\mathbf{x}-\mathbf{m}_i\|^2 \tag{54}$$

这个准则函数可以简单地解释为：对任何一个聚类 $\mathcal{D}_i$，如果从 $\mathcal{D}_i$ 中“误差”向量 $\mathbf{x}-\mathbf{m}_i$ 的长度平方和为最小的意义上讲，均值向量 $\mathbf{m}_i$ 是最能代表 $\mathcal{D}_i$ 中所有样本的一个向量。因此，J_e 衡量的是用 c 个均值向量 $\mathbf{m}_1,\cdots,\mathbf{m}_c$ 分别代表 n 类样本 $\mathbf{x}_1,\cdots,\mathbf{x}_n$ 而产生的平方和误差。J_e 的值取决于类别的数目和样本的分类情况。最优划分被定义为使得 J_e 最小的划分。这样的聚类通常也称为最小方差划分(minimum variance partition)。

什么样的聚类问题比较适合用“误差平方和准则”呢？基本上，当数据点能划分成可很好区分的几类，而类内数据又很稠密时，采用 J_e 是比较合适的。但是 J_e 准则还有一个潜在的问
542 题，即当不同聚类所包含的样本个数相差较大时，将一个大的类别分割开反而可能具有更小的误差平方和，如图 10-10 所示。这种情况会因为发生“出格点”而经常出现，因此有必要对聚类结果给出一种评价方法。可惜目前对这个问题还缺乏足够的认识，我们只能建议，如果有一些额外的考虑发现最小化 J_e 的结果并不理想，那么这些考虑也应该被综合起来构成一个更好的准则函数。

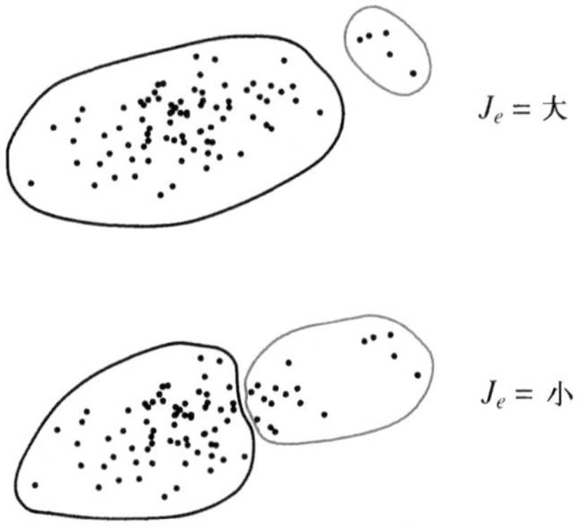

图 10-10 当两个自然数据群中的点的个数相差很大时，根据式(54)中的最小化误差平方和准则函数 J_e 得到的聚类结果并不一定反映真实的情况。在图中，底部的划分比顶部的划分具有更小的误差平方和

10.7.2 相关的最小方差准则

经过一些简单的代数操作(习题 20)，我们就可以从 J_e 的表达式中去掉均值向量，得到一个等价的表达式

$$J_e = \frac{1}{2}\sum_{i=1}^{c} n_i \bar{s}_i \tag{55}$$

其中

$$\bar{s}_i = \frac{1}{n_i^2}\sum_{\mathbf{x}\in\mathcal{D}_i}\sum_{\mathbf{x}'\in\mathcal{D}_i}\|\mathbf{x}-\mathbf{x}'\|^2 \tag{56}$$

式(56)允许把$\bar{s}_i$解释为第i类中点与点距离平方的平均值,并同时指出最小误差平方和准则是用欧几里得距离作为相似性度量的。这也提醒我们可以构造其他准则函数。比如可以将$\bar{s}_i$替换为第i类中点与点距离的平均值、中值或最大值。更一般地,可以引入一个合适的相似性函数$s(\mathbf{x},\mathbf{x}')$,按照下面的方式替换$\bar{s}_i$:

$$\bar{s}_i = \frac{1}{n_i^2}\sum_{\mathbf{x}\in\mathcal{D}_i}\sum_{\mathbf{x}'\in\mathcal{D}_i}s(\mathbf{x},\mathbf{x}') \tag{57}$$ 543

或者

$$\bar{s}_i = \min_{\mathbf{x},\mathbf{x}'\in\mathcal{D}_i} s(\mathbf{x},\mathbf{x}') \tag{58}$$

正如第4章介绍的一样,我们定义最优划分就是使得准则函数取极值的划分。这样就很严格地定义了问题,并希望聚类问题的解答能反映数据固有的内部结构。

10.7.3 散布准则

散布矩阵

我们曾在多重判别分析(multiple discriminant analysis)中用过散布矩阵,现在将从这个矩阵导出另外一些有趣的准则函数。表10-1中的定义直接与第3章中的某些内容是一致的(表中的Yes和No表明该项数据是否与聚类中心有关)。

表10-1 用于聚类准则的均值向量和散布矩阵

均值向量和散布矩阵	是否与聚类中心有关	定义	
第i类的均值向量	No	$\mathbf{m}_i = \frac{1}{n_i}\sum_{\mathbf{x}\in\mathcal{D}_i}\mathbf{x}$	(59)
总体均值向量	No	$\mathbf{m} = \frac{1}{n}\sum_{\mathcal{D}}\mathbf{x} = \frac{1}{n}\sum_{i=1}^{c}n_i\mathbf{m}_i$	(60)
第i类的散布矩阵	Yes	$\mathbf{S}_i = \sum_{\mathbf{x}\in\mathcal{D}_i}(\mathbf{x}-\mathbf{m}_i)(\mathbf{x}-\mathbf{m}_i)^t$	(61)
类内散布矩阵	Yes	$\mathbf{S}_W = \sum_{i=1}^{c}\mathbf{S}_i$	(62)
类间散布矩阵	Yes	$\mathbf{S}_B = \sum_{i=1}^{c}n_i(\mathbf{m}_i-\mathbf{m})(\mathbf{m}_i-\mathbf{m})^t$	(63)
总体散布矩阵	No	$\mathbf{S}_T = \sum_{\mathbf{x}\in\mathcal{D}}(\mathbf{x}-\mathbf{m})(\mathbf{x}-\mathbf{m})^t$	(64)

从表10-1中可以立刻推出总体散布矩阵是类内散布矩阵和类间散布矩阵的和

$$\mathbf{S}_T = \mathbf{S}_W + \mathbf{S}_B \tag{65}$$

注意总体散布矩阵与样本集的具体划分方式无关,它仅仅取决于全体样本。类内散布矩阵和
544 类间散布矩阵是由划分决定的。大致上,这两个量之间存在一种互补关系:如果类内离散度增大,则类间离散度就会减少。这是非常好的性质,因为当我们试图最小化类内离散度时候,那么最大化类间离散度是同时进行的。

为了更准确地讨论类内离散度或类间离散度,下面引入一种标量来衡量每个散布矩阵。我们将要考虑的是矩阵的迹和行列式。在矩阵是 1×1 大小时,这两个标量是一样的,我们可以定义一个优化划分,使得 $\mathbf{S}_W$ 最小化或使得 $\mathbf{S}_B$ 最大化。在多维情况下,情况就更复杂一些,于是下面提出了一些有联系但又各不相同的准则。

基于迹的准则

散布矩阵最简单的标量度量或许是它的迹,也就是矩阵对角线上元素的和。粗略地说,迹代表的是散布半径的平方,因为它正比于数据在各个坐标轴方向上的方差的和。因此,$\mathbf{S}_W$ 的迹就可以成为一个准则函数。事实上,这个准则与误差平方和准则是完全等价的,由散布矩阵的定义易得

$$\operatorname{tr}[\mathbf{S}_W] = \sum_{i=1}^{c} \operatorname{tr}[\mathbf{S}_i] = \sum_{i=1}^{c} \sum_{\mathbf{x}\in\mathcal{D}_i} \|\mathbf{x} - \mathbf{m}_i\|^2 = J_e \tag{66}$$

又因为 $\operatorname{tr}[\mathbf{S}_T] = \operatorname{tr}[\mathbf{S}_W] + \operatorname{tr}[\mathbf{S}_B]$ 并且 $\operatorname{tr}[\mathbf{S}_T]$ 与具体的划分方式无关,所以在最小化类内准则 $J_e = \operatorname{tr}[\mathbf{S}_W]$ 的同时,也最大化类间准则

$$\operatorname{tr}[S_B] = \sum_{i=1}^{c} n_i \|\mathbf{m}_i - \mathbf{m}\|^2 \tag{67}$$

基于行列式的准则

我们已说过可以用矩阵的行列式作为散布矩阵的标量度量。大约说来,行列式衡量的是散布体积(scattering volume)的平方,因为它正比于数据在各个主轴方向上方差的积。当类别的数量 c 小于或等于数据的维数 d 时,$\mathbf{S}_B$ 就会是奇异的。因此,$|\mathbf{S}_B|$ 显然不是一个好的准则函数。而且,如果 $n-c<d$ 时,$\mathbf{S}_B$ 也会是奇异的(习题 29)。鉴于这些问题,我们假定 $\mathbf{S}_W$ 是非奇异的,于是得到准则函数

$$J_d = |\mathbf{S}_W| = \left| \sum_{i=1}^{c} \mathbf{S}_i \right| \tag{68}$$

最小化准则函数 J_d 得到的划分有时候是同最小化 J_e 得到的结果一样的,但是例 2 中的两种
545 结果是不同的。在前面的基于最小平方和误差的聚类会因为坐标轴的缩放而改变结果,但这个问题不会影响基于 J_d 的聚类(习题 27)。所以准则 J_e 在存在未知线性变换的场合下是比较受欢迎的。

基于不变量的准则

不难证明 $\mathbf{S}_W^{-1}\mathbf{S}_B$ 的本征值 $\lambda_1, \cdots, \lambda_d$ 在非奇异线性变换下是一个不变量(习题 28)。事实上,这些本征值是散布矩阵最基本的线性不变量。它们的数值衡量的是类间散布和类内散布在对应本征向量方向上的比值。因此能产生较大本征值的划分是比较令人满意的。当然,如前面所看到的,矩阵 $\mathbf{S}_B$ 的秩不能超过 $c-1$,因而最大有 $c-1$ 项本征值是非零的。但是,好的

聚类划分是指那些非零本征值较大的划分。

通过设计基于这些本征值的函数，我们就可以得到一大类基于不变量的聚类准则函数。其中有些直接来自标准的矩阵操作。比如，因为矩阵的迹也是它的本征值的和，所以我们可以最大化准则函数

$$\operatorname{tr}[\mathbf{S}_W^{-1}\mathbf{S}_B] = \sum_{i=1}^{d} \lambda_i \tag{69}$$

利用关系式 $\mathbf{S}_T = \mathbf{S}_W + \mathbf{S}_B$，可以导出基于 $\operatorname{tr}[\mathbf{S}_W]$和$|\mathbf{S}_W|$的公式(习题 26)：

$$J_f = \operatorname{tr}[\mathbf{S}_T^{-1}\mathbf{S}_W] = \sum_{i=1}^{d} \frac{1}{1+\lambda_i} \tag{70}$$

和

$$\frac{|\mathbf{S}_W|}{|\mathbf{S}_T|} = \prod_{i=1}^{d} \frac{1}{1+\lambda_i} \tag{71}$$

因为这些准则函数都具有线性变换不变性，所以对应的最优划分也具有不变性。一个特殊的例子就是只有两类的情况，有一个本征值是非零的，上面所有的准则会产生同样的聚类效果。但是当有更多类别时，这些准则对应的最优划分虽然很相似，但并不完全相同，这点在例 2 中会清楚地看到。

例 2　聚类准则比较

通过将不同的聚类准则应用到下面的数据上，我们将能获得更直观的理解。从下面可以看到，所有的聚类结果都显得很合理，不存在很强的论断来更好地支持某种准则。当聚类数目 $c=2$ 时，最小化 J_e 得到的结果倾向于将数据点平均分到两个类中；相反，J_d 比较倾向于一个类大一个类小。因为数据横向分布多于纵向分布，横向方向上的本征值大于纵向方向上的本征值，所以聚类都是某种程度的水平分布。一般来说，当聚类数目很大时，聚类准则就显得不那么重要了。比如在 $c=3$ 下，聚类只是轻微地依赖于聚类准则——事实上有两个聚类是完全相同的。 546

样本	x_1	x_2
1	−1.82	0.24
2	−0.38	−0.39
3	−0.13	0.16
4	−1.17	0.44
5	−0.92	0.16
6	−1.69	−0.01
7	0.33	−0.17
8	−0.71	−0.21
9	1.27	−0.39
10	−0.16	−0.23

样本	x_1	x_2
11	0.41	0.91
12	1.70	0.48
13	0.92	−0.49
14	2.41	0.32
15	1.48	−0.23
16	−0.34	1.88
17	0.83	0.23
18	0.62	0.81
19	−1.42	−0.51
20	0.67	−0.55

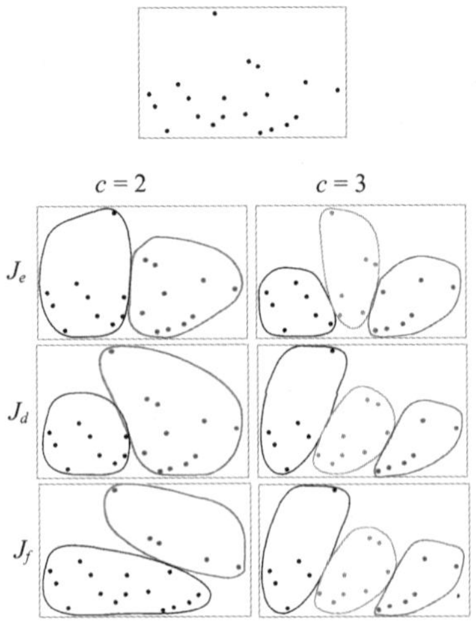

在顶图中，原始数据并没有显示出明显的类别。通过最小化准则函数得到的聚类不仅取决于这个函数，而且还取决于假设的类别数目。3 种准则——误差平方和准则 J_e（式(54)）、基于行列式的准则 J_d（式(68)）和基于迹的准则 J_f（式(70)）分别应用在上表中的 20 个数据点上，并假定 $c=2$ 和 $c=3$（表中所有的点都显示在图中，边界框为 $-1.8<x_1<2.5$ 和 $-0.6<x_2<1.9$）

在式(71)所表示的准则中，$\mathbf{S}_T$ 与具体的划分无关，因此最小化 $|\mathbf{S}_W|/|\mathbf{S}_T|$ 等价于最小化 $|\mathbf{S}_W|$。如果通过旋转和缩放坐标轴使得 $\mathbf{S}_T$ 变成了单位矩阵，那么最小化 $\mathrm{tr}[\mathbf{S}_T^{-1}\mathbf{S}_W]$ 就等价于最小化误差平方和准则 $\mathrm{tr}[\mathbf{S}_W]$。显然，这个准则具有我们在“相似性度量”一节中谈到过的缺
547 点，因而可能是这些准则中最不受欢迎的一个。

下面是不变量准则的一个注意事项。如果通过缩放坐标轴或任何其他的线性变换可以明显观察到数据能有很多种不同的划分，那么这些可能的划分都会反映在用不变量作为准则进行聚类的过程中。因此，不变量准则函数很可能导致多个峰值的情况，因而比较难优化。

至此，讨论了很多聚类准则函数，也分析了它们的不同之处，但是应该清楚它们在本质上的相似性。每种准则都假定待处理数据可以被很清楚地分成 c 类，类内散布矩阵 $\mathbf{S}_W$ 用来衡量类内数据点的紧密性，而基本的目标是找到最紧密的一种划分。虽然这些准则在很多问题中都体现出很强的实用性，但它们其实并不具有通用性。举例来说，它们不能解决一个密集的类被一个稀疏的类所包围的情况，也不能对付互相绞缠在一起的线条式的几个类。如果最后结果对应的准则的最小值不够小，聚类结构不能由算法推断，我们必须设计另外的聚类准则，以便更好地与现有的或寻找中的结构相匹配。

*10.8 迭代最优化

一旦选择了准则函数，聚类就成为离散优化问题中有明确定义的一个问题：找到一种对样本集的划分，使得准则函数取极值。样本集是有限的，所以所有可能的划分方式也是有限的。在理论上，聚类问题总是可以通过穷举找到答案。但是，除了对付那些极其简单的问题外，穷举法因计算复杂度太大而不具有实用性。对有 n 个元素的数据集，就有 $c^n/c!$ 种可能的划分来将它们分为 c 类，可能的划分数目是随着 c 呈指数增长的（习题 18）。比如要对含有 100 个数据点的集合聚集 5 类就需要考虑超过 10^{67} 个可能划分。简而言之，穷举法对大多数聚类应用来说是不适用的。

迭代最优化方法经常被用于寻求最优划分。它的基本思想就是，首先找到一些较好的初始划分，然后调整每个样本所属类别，使得调整后的准则函数值会改善。就如爬山法一样，这些算法只能保证局部最优而不是全局最优。不同的初始点会导致不同的最后结果，而且无人知道是否已经找到了全局最优答案。尽管有这些缺点，但这些方法还是由于计算复杂度不高而备受欢迎。

下面让我们来考虑利用迭代方法使误差平方和准则

$$J_e = \sum_{i=1}^{c} J_i \tag{72}$$

达到最小值，其中聚类的有效误差 J_i 被定义为

$$J_i = \sum_{\mathbf{x}\in\mathcal{D}_i} \|\mathbf{x} - \mathbf{m}_i\|^2 \tag{73}$$ 548

每个聚类的均值 $\mathbf{m}_i$ 在前面已经定义为

$$\mathbf{m}_i = \frac{1}{n_i}\sum_{\mathbf{x}\in\mathcal{D}_i} \mathbf{x} \tag{53}$$

假设现在有一个样本 $\hat{\mathbf{x}}$，它原来属于聚类$\mathcal{D}_i$，现在要被放到聚类$\mathcal{D}_j$ 中。于是，$\mathbf{m}_j$ 成为

$$\mathbf{m}_j^* = \mathbf{m}_j + \frac{\hat{\mathbf{x}} - \mathbf{m}_j}{n_j + 1} \tag{74}$$

而 J_j 增加为

$$\begin{aligned} J_j^* &= \sum_{\mathbf{x}\in\mathcal{D}_i} \|\mathbf{x} - \mathbf{m}_j^*\|^2 + \|\hat{\mathbf{x}} - \mathbf{m}_j^*\|^2 \\ &= \left(\sum_{\mathbf{x}\in\mathcal{D}_i} \left\|\mathbf{x} - \mathbf{m}_j - \frac{\hat{\mathbf{x}} - \mathbf{m}_j}{n_j + 1}\right\|^2\right) + \left\|\frac{n_j}{n_j + 1}(\hat{\mathbf{x}} - \mathbf{m}_j)\right\|^2 \\ &= J_j + \frac{n_j}{n_j + 1}\|\hat{\mathbf{x}} - \mathbf{m}_j\|^2 \end{aligned} \tag{75}$$

假定 $n_i \neq 1$（即只有一个样本的类不应该被删除），那么用类似的方法（习题 31）就可以发现 $\mathbf{m}_i$ 会变为

$$\mathbf{m}_i^* = \mathbf{m} - \frac{\hat{\mathbf{x}} - \mathbf{m}_i}{n_i - 1} \tag{76}$$

而 J_i 下降为

$$J_i^* = J_i - \frac{n_i}{n_i - 1}\|\hat{\mathbf{x}} - \mathbf{m}_i\|^2 \tag{77}$$

上面各式极大地简化了准则函数的计算。如果 J_i 的减少量比 J_i 的增加量还大，那么 $\hat{\mathbf{x}}$ 从聚类$\mathcal{D}_i$ 转移到聚类$\mathcal{D}_j$ 中是有利的。这就是

$$\frac{n_i}{n_i - 1}\|\hat{\mathbf{x}} - \mathbf{m}_i\|^2 > \frac{n_j}{n_j + 1}\|\hat{\mathbf{x}} - \mathbf{m}_j\|^2 \tag{78}$$

的情形，通常出现在 $\hat{\mathbf{x}}$ 离 $\mathbf{m}_j$ 比离 $\mathbf{m}_i$ 更近的时候。如果这种转移是有利的，就可以选取最佳的 $j \neq i$，使得对应的 $\frac{n_j}{n_j+1}\|\hat{\mathbf{x}} - \mathbf{m}_j\|^2$ 最小，从而引出下面的算法：

算法 3(基本的迭代最小平方误差聚类算法)

begin initialize $n, c, \mathbf{m}_1, \mathbf{m}_2, \cdots, \mathbf{m}_c$

  do 随机选取一个样本 $\hat{\mathbf{x}}$

549 $i \leftarrow \arg\min_{i'} \| \mathbf{m}_{i'} - \hat{\mathbf{x}} \|$(分类 $\hat{\mathbf{x}}$)

   if $n_i \neq 1$ **then** 计算

$$\rho_j = \begin{cases} \dfrac{n_j}{n_j+1}\|\hat{\mathbf{x}} - \mathbf{m}_j\|^2 & j \neq i \\ \dfrac{n_j}{n_j-1}\|\hat{\mathbf{x}} - \mathbf{m}_i\|^2 & j = i \end{cases}$$

    if $\rho_k \leqslant \rho_j$ 对于所有 j **then** 转移 $\hat{\mathbf{x}}$ 到 $\mathcal{D}_k$

     重新计算 $J_e, \mathbf{m}_i, \mathbf{m}_k$

  until 在 n 次计算中 J_e 不再改变

 return $\mathbf{m}_1, \mathbf{m}_2, \cdots, \mathbf{m}_c$

end

对这个算法稍做考虑就会发现它其实是 k-均值算法的一种变形(10.4.3 节中的算法 1)。k-均值算法在每次更新前都要对所有的数据点重新分类,而这个方法每次对一个样本重新分类后就进行更新。实验中发现本方法更易于陷入局部极小值,而且同时受到对样本调整顺序的影响。然而它毕竟是一种逐步求精的算法,而且很容易做一些改动,从而能处理顺序数据流或需要在线聚类的场合。

困扰所有爬山算法的基本问题是如何选取初始点。很遗憾,这里不存在既简单又通用的解答。一个可以想到的方法是随机选取 c 个样本作为初始的类中心,再用上述方法进行分类。重复地随机选取不同初始值并分类,使我们可以了解分类结果对初始点的敏感程度。另一个方法就是根据$(c-1)$-聚类问题的解找到 c-聚类问题的起始点。因为类别数目为 1 的聚类中心就是所有样本的均值,所以类别数目为 c 的初始聚类中心可以利用前面 c-1 类的聚类中心再加上与这个$(c-1)$-聚类问题最近中心相距最远的样本点。这个方法把我们直接引向一类称为层次聚类的算法(hierarchical clustering procedure),这类算法虽然简单,但是能为上述迭代算法提供很好的初始点。

10.9 层次聚类

直到现在,由我们所讨论的聚类方法形成的类和类之间没有任何联系。用计算机科学的术语来说,这种数据描述方法是"平坦"的。但是在现实世界中存在很多这样的情况,一个大类包含很多子类,子类又包含很多更小的子类。比如,在生物分类学中,整个生物界被分成各种门,门包含很多纲,纲包含很多目,目由很多科组成,等等,直到特定的个体生物。于是,我们可以有生物界=动物,门=脊索动物类,纲=脊椎动物,类=鱼类,子类=有鳍鱼,目=鲑类鱼,科=鲑鱼,等等,直到最末的个体种类=大马哈鱼。动物王国中的各个种类,比如大马哈鱼和驼鹿,有着很多相同的属性,但这些属性却不存在于植物王国中,比如红木树。事实上,这种层
550 次聚类的思想在科学活动中起着很重要的作用。因此现在我们来研究一些"分层次的"而不是平坦结构的聚类方法。

10.9.1 定义

让我们考虑对 n 个样本聚成 c 类的情况。首先,将所有样本分成 n 类,每类正好含有一个

样本。其次，我们将样本分为 $n-1$ 类，接着是 $n-2$ 类，这样下去直到所有样本都被分为一类。我们称聚类数目 $c=n-k+1$ 对应层次结构的第 k 层，因此第 1 层对应 n 个类别而第 n 层对应一个类别。对于层次结构的任意一层及该层中的任意两个样本，如果它们在该层中属于同一类，而且在更高的层次一直属于同一类，那么这样的序列称为"层次聚类"(hierarchical clustering)。

最自然的表达"层次聚类"的方式就是树，即样本分组中的树图(dendrogram)。它能体现各个样本是如何聚在一起的。图 10-11 给出的树图对应的是 8 个样本的简单情况。在第 1 层 $k=1$ 时，有 8 个类。在第 2 层，样本 $\mathbf{x}_6$ 和 $\mathbf{x}_7$ 被聚在一起，并在后面的层次中始终处于同一类中。如果可以衡量不同类别之间的相似程度，就可以在树图中加上相似性标尺(similarity scale)来表示这种关系。在图 10-11 中，第 5 层有两个类被合在一起，它们的相似性大致为 60。

图 10-11　树图可以用来表示层次聚类算法的结果。竖向的坐标轴表示类和类之间的相似性标尺。在第 $k=1$ 层，所有的 8 个点各自成类。由于 $\mathbf{x}_6$ 和 $\mathbf{x}_7$ 是最相似的，因此它们首先在第 $k=2$ 层得到合并。如此继续下去得到整个树图

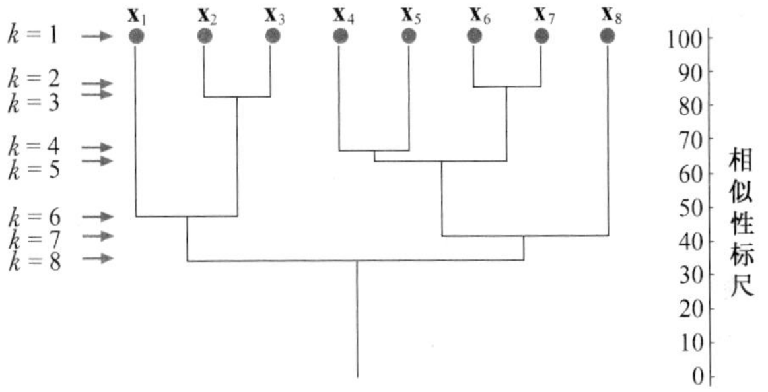

下面不久就会谈到如何获得这些相似性，现在先请注意相似性可以用来判断在树图中某些聚类操作是否自然。当在某层次中，类和类之间的相似性都比较均匀，那么就没有足够的理由说某些类应该聚在一起。相反，假如第 k 层对应 3 个类别，第 $k-1$ 层对应 4 个类别，而这两层的相似性相差得非常大，那么我们就比较有把握地说，聚成 4 类是比较合理的(习题 37)。

另一种表达层次聚类的方式是集合，每个层次上的类都可能含有作为子类的集合，正如图 10-12 所示的那样。还有一种用纯文本符号表示的方法，如 $\{\{\mathbf{x}_1,\{\mathbf{x}_2,\mathbf{x}_3\}\},\{\{\{\mathbf{x}_4,\mathbf{x}_5\},$ 551
$\{\mathbf{x}_6,\mathbf{x}_7\}\},\mathbf{x}_8\}\}$。这些方法虽然能够表达层次关系，但无法定量地体现相似性。正是这个原因，树图更容易被接受。

图 10-12　用集合图(又称为"维恩图"(Venn diagram))可以表示层次结构，但不能定量地反映类和类之间的距离。本图所用数据来自图 10-11，层次数用红色的数字表示

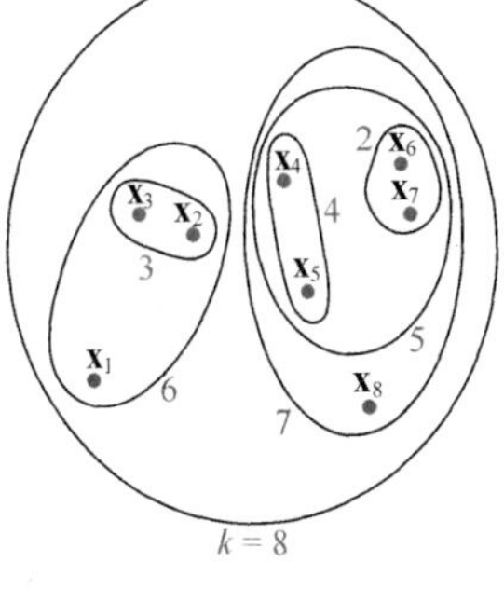

层次聚类方法因其简明的概念成为无监督学习方法中最重要的一种。该方法可以通过两种途径实现：合并(agglomerative)和分裂(divisive)。合并(自底向上)时，先使得每个样本各成一类，然后通过合并不同的类，来减少类别数目。分裂(自顶向下)时，先将所有样本归入一类，然后通过后续分裂，来增加类别数目。对合并方法来说，从一个层次到另一个层次所需的计算比较简单，但是如果样本过多而期望的类别数目又很少，这种计算会被反复多次执行。为

了方便起见，下面将重点放在合并方法上，分裂方法将在 10.12 节进行简单介绍。

10.9.2 基于合并的层次聚类方法

主要的算法步骤见算法 4，其中 c 是期望的最后聚类数目。

算法 4(基于合并的层次聚类方法)

begin **initialize** $c, \hat{c} \leftarrow n, \mathcal{D}_i \leftarrow \{\mathbf{x}_i\}, i=1,\cdots,n$
    do $\hat{c} \leftarrow \hat{c}-1$
        求最接近的聚类，例如$\mathcal{D}_i$ 和$\mathcal{D}_j$
        合并$\mathcal{D}_i$ 和$\mathcal{D}_j$
    until $c=\hat{c}$
  return c 个聚类
end

当指定的类别数目满足时，算法就停止。如果令 $c=1$，就可以生成如图 10-11 所示的一
552 个树图。在每一层上，两个最相似的类之间的距离可以反映它们的相似性。但是到目前为止，我们还没有定义如何衡量不同类别之间的相似性。下面将要考虑的定义和前面讨论过的如何选择聚类准则函数非常类似。为简单起见，我们只讨论下面几种距离度量：

$$d_{\min}(\mathcal{D}_i, \mathcal{D}_j) = \min_{\substack{\mathbf{x}\in\mathcal{D}_i \\ \mathbf{x}'\in\mathcal{D}_j}} \|\mathbf{x}-\mathbf{x}'\| \tag{79}$$

$$d_{\max}(\mathcal{D}_i, \mathcal{D}_j) = \max_{\substack{\mathbf{x}\in\mathcal{D}_i \\ \mathbf{x}'\in\mathcal{D}_j}} \|\mathbf{x}-\mathbf{x}'\| \tag{80}$$

$$d_{\text{avg}}(\mathcal{D}_i, \mathcal{D}_j) = \frac{1}{n_i n_j}\sum_{\mathbf{x}\in\mathcal{D}_i}\sum_{\mathbf{x}'\in\mathcal{D}_j} \|\mathbf{x}-\mathbf{x}'\| \tag{81}$$

$$d_{\text{mean}}(\mathcal{D}_i, \mathcal{D}_j) = \|\mathbf{m}_i-\mathbf{m}_j\| \tag{82}$$

所有这些度量公式都有些类似于最小方差准则，而且它们常常会产生同样的结果，只要数据能形成紧密而互相分隔较好的类。但是，如果类和类离得很近，或它们的形状不是那么规则的超球体，就会得到很不相同的结果。下面将说明一些不同之处。

先让我们看一个最基本的基于合并的层次聚类法的计算复杂度问题。假设有 n 个待分类的模式(样本)，它们都在 d 维空间中。用式(79)定义的距离来聚类 c 个类别。对所有样本点两两之间的距离都要计算，但只计算一次，共有 $n(n-1)$个距离，每个距离需要 $O(d^2)$次运算。计算的结果被存入一个表中，相应的空间复杂度为 $O(n^2)$。第一次合并时要找到最靠近的两个点，需要遍历所有可能的组合，还要保留最小距离的点，因此有 $O(n(n-1)(d^2+1))=O(n^2d^2)$次计算。在后续的合并中(比如从$\hat{c}$到$\hat{c}-1$)，我们只需遍历 $n(n-1)-\hat{c}$ 个尚未用到的距离，找到其中使得 $\mathbf{x}$ 和 $\mathbf{x}'$分别属于不同类的最小的那个距离。这样又有 $O(n(n-1)-\hat{c})$次运算。因此总的计算复杂度为 $O(cn^2d^2)$，通常 $n\ll c$⊖。

⊖ 有一些排序和安排数据的方法，如果在记录距离的表中使用，就可以提高检索速度，避免不必要的查询。但是它们并不能显著地改善计算复杂度。

最近邻算法

当用式(79)给出的 $d_{\min}(\cdot,\cdot)$作为距离度量时，得到的算法 4 又称为“最近邻算法”。如果一旦最近两个类的距离超过某个任意给定的阈值，算法就自动结束，这个方法又可以称为单连接算法(single-linkage algorithm)。假定数据点构成了图上的节点，子集$\mathcal{D}_i$包含通过边互相连通的顶点或孤立点。如果用 $d_{\min}(\cdot,\cdot)$计算集合与集合的距离，那么通过找到最近邻点就可以找到最近子集。将集合$\mathcal{D}_i$和$\mathcal{D}_j$合并等价于对分别来自这两个集合同时又靠得最近的两个顶点加一条边。因为边总是连接不同聚类的桥梁，所以图中不会存在闭环。用图论的术语说，这个过程产生了一个树。如果此过程继续下去，直到所有的子集连成一个大类，结果就得到了“生成树”(spanning tree)。这个生成树的任意两个节点都是连通的，而且边长度的和是所有生成树中最短的(习题 39)。因此，聚类算法此时变成了“最小生成树”(mnimal spanning tree)算法。 553

图 10-13 就是利用该算法处理一组正态数据得到的结果。在图 10-13 所示的两种情况下，算法都被终止，输出了两个大类和 3 个各自成类的孤立点。如果对两个大类之间距离最近的一对点加一条边，就可以得到一个最小生成树。在左边的示例中，由于红点和黑点分得很开，所以聚类结果也不错。在右边的示例中，由于一个额外的点在两个大类之间搭起一座桥，结果是得到一个过大的类和一个过小的类。这种情况通常称为“链接效应”(chaining effect)，它也被视为最近邻法的一个缺陷。综上所述，本算法的聚类结果对噪声或数据点的波动非常敏感。这是一个非常合理的评价。

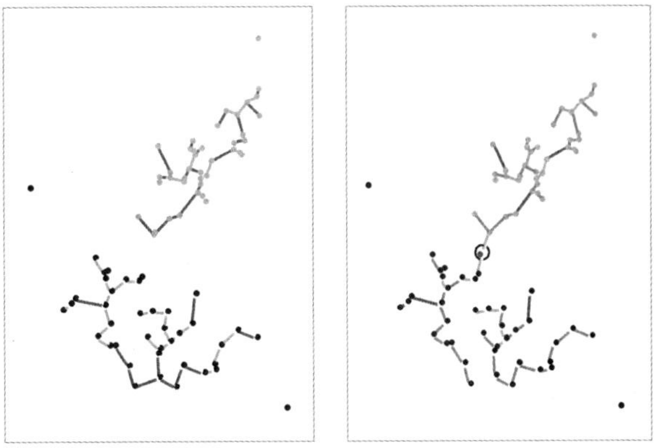

图 10-13 图中的红色和黑色数据点分别来自两个正态过程。在左图中，最近邻算法给出的结果很好地逼近产生的正态模型。但是，一旦有一个新的点产生，如被圈住的红点，重新运行算法就会得到截然不同的结果。这个结果非常不好，说明算法对样本的细节非常敏感

最远邻算法

当我们使用公式(80)给出的 $d_{\max}(\cdot,\cdot)$计算距离时，算法 4 又可以称为“最远邻算法”。一旦最近两个类的距离超过某个任意给定的阈值，算法就自动结束，这个算法又称为全连接算法(complete-linkage algorithm)。最远邻算法不会促使一个细长类出现。基于该算法的应用可以理解为一种图生成的过程，图中所有类(集合)的内部节点都由边互相连接。用图论的术语来说，每个类都构成一个完全子图。两个类之间的距离由分别来自它们而且距离最远的两个节点决定。当最近的两个类合并时，在图中就将所有分别来自这两个类的点对用边连接起来。

如果我们定义划分的半径是所有类的半径中最大的那一个，那么算法的每次迭代都可理解为尽可能小地增加划分的半径。如在图 10-14 中显示的那样，这种算法对那些紧密而且体积大致一样的类是非常有效的。然而，当这一点不能满足时，比如有两个细长的类，聚类结果 554

就会毫无意义。对这样的数据聚类，与其说是一种寻找内部结构的过程，不如说是一种强加结构的过程。

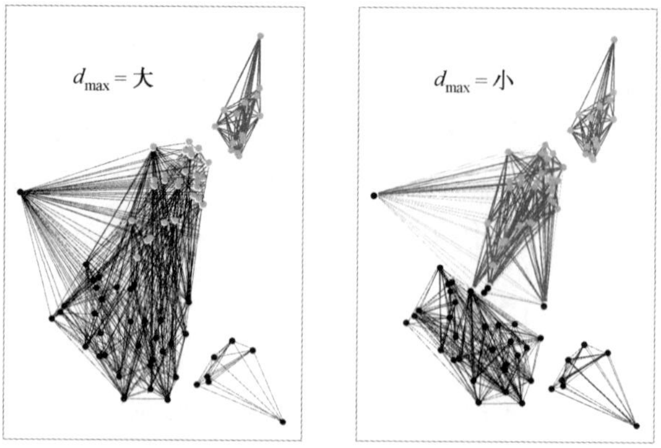

图 10-14　最远邻算法利用来自不同类的最远的两个点间距离作为聚类的准则。如果阈值设得过大，所有的数据点就会被归入同一类。在左图中，一个较大的 d_{max} 使得算法分出 3 类；在右图中，较小的 d_{max} 使得算法分出 4 类

折中

最近距离度量 $d_{min}(\cdot,\cdot)$ 和最远距离度量 $d_{max}(\cdot,\cdot)$ 代表了类与类之间距离的两个极端。就像所有利用最大值或最小值的算法一样，它们对某些噪声和孤立点都非常敏感。用平均值代替它们显然可以改善这些问题。公式(81)、公式(82)中的 $d_{avg}(\cdot,\cdot)$ 和 $d_{mean}(\cdot,\cdot)$ 就是 $d_{min}(\cdot,\cdot)$ 和 $d_{max}(\cdot,\cdot)$ 的自然折中(compromise)。$d_{mean}(\cdot,\cdot)$ 是计算最简单方便的一个，因为其他度量都要计算 $n_i n_j$ 次距离 $\|\mathbf{x}-\mathbf{x}'\|$。$d_{avg}(\cdot,\cdot)$ 的好处是，当距离 $\|\mathbf{x}-\mathbf{x}'\|$ 被相似性量取代时，它仍能发挥作用，而均值向量之间的相似性可能很难(或根本就无法)定义。

10.9.3　逐步优化的层次聚类

前面曾经提到，如果通过合并最靠近的两个子类来实现聚类过程，结果就体现了一种最小方差的思想。但是，当任意选取一种距离度量来表示类与类之间的距离时，我们似乎从未考虑过这样的聚类结果是否会使得聚类准则函数取极值。实际上，层次聚类算法只不过运行了一遍，然后给出一些聚类结果而已。不过，只要稍做修改，即把算法 4 的第 3 行换成一种更一般的表示，就可以得到一个可以极值化准则函数的“逐步优化的层次聚类”算法。

算法 5(逐步优化的层次聚类)

```
begin initialize c, ĉ ← n, D_i ← {x_i}, i = 1, …, n
    do ĉ ← ĉ − 1
        寻找其合并类，将准则函数改变为最小的聚类，例如D_i 和D_j
        合并D_i 和D_j
    until c = ĉ
  return c 个聚类
end
```

555

我们在前面看到基于 $d_{max}(\cdot,\cdot)$ 的聚类方法使得划分半径增长得最慢，这可以看成一种逐步求精的例子。另一个简单的例子就是基于误差平方和的准则函数 J_e 的方法。类似

在 10.8 节中所进行的分析，我们发现，对于找到的两个类，如果它们的合并类造成 J_e 的增加最少，就要求距离

$$d_e(\mathcal{D}_i, \mathcal{D}_j) = \sqrt{\frac{n_i n_j}{n_i + n_j}} \|\mathbf{m}_i - \mathbf{m}_j\| \tag{83}$$

最小(习题 36)。当挑选用来合并的聚类时，这个准则除了考虑类与类的距离，还要考虑类中所含样本的个数。一般来说，基于 $d_e(\cdot,\cdot)$的算法倾向于将孤立点或较小的类与较大的类合并。虽然最后的结果不一定能最小化 J_e，但这个结果可以向进一步的迭代优化提供非常好的初始点。

10.9.4 层次聚类和导出度量

假定不能给数据提供度量，但是可以衡量数据集中任意两个样本之间的相异程度(dissimilarity)$\delta(\mathbf{x},\mathbf{x}')$，而且 $\delta(\mathbf{x},\mathbf{x}')\geqslant 0$，等号的条件是当且仅当 $\mathbf{x}=\mathbf{x}'$。那么合并聚类算法还是可以使用的，只要理解两个最近的聚类就是最不相异的类。有趣的是，如果定义两个聚类的“相异度”为

$$\delta_{\min}(\mathcal{D}_i, \mathcal{D}_j) = \min_{\substack{\mathbf{x}\in\mathcal{D}_i \\ \mathbf{x}'\in\mathcal{D}_j}} \delta(\mathbf{x}, \mathbf{x}') \tag{84}$$

或

$$\delta_{\max}(\mathcal{D}_i, \mathcal{D}_j) = \max_{\substack{\mathbf{x}\in\mathcal{D}_i \\ \mathbf{x}'\in\mathcal{D}_j}} \delta(\mathbf{x}, \mathbf{x}') \tag{85}$$

层次聚类算法就可以对给定的 n 个样本集导出距离函数。而且，如果对样本之间的距离进行从大到小的排序，这个排序不会因为“相异度”的任何单调变换而改变(习题 19)。

现在可以定义一个广义的“距离”$d(\mathbf{x},\mathbf{x}')$为：在层次聚类中，样本 $\mathbf{x}$ 和 $\mathbf{x}'$开始聚在同一类时所对应的最低的层次数。为了证明 $d(\mathbf{x},\mathbf{x}')$是一个数学上合法的“距离”或“度量”，只需要证明它具有如下 4 个性质，即对所有的向量 $\mathbf{x}$,$\mathbf{x}'$和 $\mathbf{x}''$，它满足：

- 非负性　$d(\mathbf{x},\mathbf{x}')\geqslant 0$
- 自反性　$d(\mathbf{x},\mathbf{x}')=0$ 当且仅当 $\mathbf{x}=\mathbf{x}'$ 556
- 对称性　$d(\mathbf{x},\mathbf{x}')=d(\mathbf{x}',\mathbf{x})$
- 三角不等式　$d(\mathbf{x},\mathbf{x}')+d(\mathbf{x}',\mathbf{x}'')\geqslant d(\mathbf{x},\mathbf{x}'')$

这些性质都非常容易证明，所以我们说由相异度可以导出度量函数。对非相似性还有下面的性质：

$$d(\mathbf{x}, \mathbf{x}'') \leqslant \max[d(\mathbf{x}, \mathbf{x}'), d(\mathbf{x}', \mathbf{x}'')] \qquad \text{任意 } \mathbf{x}' \tag{86}$$

这样的 $d(\cdot,\cdot)$称为“超度量”(ultrametric)(习题 33)。基于超度量的准则不容易陷入局部最小的困境，因为聚类之间的距离排序能够得到严格保持。

*10.10 验证问题

到目前为止，我们讨论的聚类算法几乎都是以假定类别数目已知为前提的。如果已经从一个已标记的小样本集获得了类别数目，或者是正在对一个初始类别数目已知而又在缓慢变化的模式进行聚类，那么这将是一个十分合理的假设。然而，如果正在探究一个未知数据集的内部结构，这种假设就非常不合理了。因此，聚类分析中一个重要的环节就是找到数据中客观

存在的类别数目。

当通过优化准则函数进行聚类时，通常是重复地对 $c=1, c=2, c=3$ 等情况进行聚类尝试，并观察准则函数值如何随 c 变化。比如，误差平方和准则 J_e 肯定是 c 的单调递减函数。如果给定的 n 个样本真正能形成 $\hat{c}$ 个稠密而且分得很开的类，我们就会发现 J_e 会随着 c 的增加迅速减少，直到 $c=\hat{c}$，然后下降速度变缓，直到 $c=n$ 为止。类似地，层次聚类也会出现相同的情况，尤其在树图中更为明显。层次聚类通常假定，在相邻两层上出现很大的差异，预示最佳划分已经找到。

寻找类别数目更正规的方法就是，设计某种能检测拟合程度的指标，使得它能表示一个给定的 c 类划分在什么程度上匹配原始数据。两种传统的拟合指标是 χ^2 统计量和戈尔莫戈罗夫-斯米尔诺夫统计量，但是"维数灾难"问题常常迫使我们寻求更简单的替代方案 $J(c)$。因为我们期望在 $c+1$ 类的划分比 c 类的划分能够更好地表达数据的内部结构，所以希望对应 $c+1$ 类的指标比对应 c 类的指标有显著改善。

接着来进行假设检验，判断是否出现了指标改善。首先，提出零假设(null hypothesis)，即数据确实形成了 c 类。其次，在这个零假设下计算 $J(c+1)$ 的概率密度。这个密度可以告诉我们，当数据确实是 c 类时，把它分成 $c+1$ 类后的指标是怎样分布的。在进行判定的时候，我们检查观测到的 $J(c+1)$，如果它出现在我们可以接受的概率区间之内，就表示零假设是可以接受的，否则说明 $c+1$ 类的划分比 c 类的划分更合适。

但是要计算 $J(c+1)$ 的概率密度是很困难的事情，我们只能粗略地估算一下。这样得到的结果当然不能令人满意，但是在没有得到更好的验证类别数估计的合理性的方法之前，粗略
557 地估算总比没有强。下面将介绍一种采用简单的误差平方和准则的近似分析方法，这与第 8 章的讨论是平行的。

假设一个含有 n 个样本的集合 $\mathcal{D}$。我们要看是否有足够的理由去假设数据集存在不止一个聚类。首先给出零假设，即所有的样本都来自同一个正态总体，其均值是 $\boldsymbol{\mu}$，协方差矩阵是 $\sigma^2\mathbf{I}$㊀。

如果这个假设是成立的，那么只有在非常偶然的情况下，集合 $\mathcal{D}$ 会形成多个聚类，在这种情况下对应的误差平方和的减小也是不明显的。

误差平方和 $J_e(1)$ 是一个随机变量，因为它取决于具体的样本集合

$$J_e(1)=\sum_{\mathbf{x}\in\mathcal{D}}\|\mathbf{x}-\mathbf{m}\|^2 \tag{87}$$

其中 $\mathbf{m}$ 代表所有数据点的均值。在零假设下，$J_e(1)$ 是近似正态分布的，并以 $nd\sigma^2$ 为均值，$2nd\sigma^4$ 为方差(习题 40)。现在假定将数据分成 $\mathcal{D}_1$ 和 $\mathcal{D}_2$ 两类以达到最小化 $J_e(2)$ 的目标，其中

$$J_e(2)=\sum_{i=1}^{2}\sum_{\mathbf{x}\in\mathcal{D}_i}\|\mathbf{x}-\mathbf{m}_i\|^2 \tag{88}$$

$\mathbf{m}_i$ 代表 $\mathcal{D}_i$ 中样本的均值。根据零假设，这种两类划分是假的，但它还是使得 $J_e(2)$ 比 $J_e(1)$ 小。如果知道了 $J_e(2)$ 的分布，那么就可以看看 $J_e(2)$ 到底需要多么小，以至于迫使我们放弃零假设。由于缺少最优划分的解析解，也就不能得到分布的解析解。但是如果用经过数据集中心的一个超平面将数据一分为二，就可以得到一个次优解来近似最优解。当 n 很大时，这种划分所对应的误差平方和具有均值 $n(d-2/\pi)\sigma^2$ 和方差 $2n(d-8/\pi^2)\sigma^4$。

㊀ 自然可以假设一种不同的聚类形式，但在缺少更多信息的情况下，可证明正态总体对于前面已讨论的基础知识是合理的。

这个结果显然与 $J_e(2)$ 比 $J_e(1)$ 小的观点相一致，因为 $J_e(2)$ 的均值 $n(d-2/\pi)\sigma^2$ 确实比 $J_e(1)$ 的均值 $nd\sigma^2$ 小。为了推翻零假设，观测到的 $J_e(2)$ 应该更小。甚至可以假定 $J_e(2)$ 也是近似正态分布的，并用

$$\hat{\sigma}^2 = \frac{1}{nd}\sum_{\mathbf{x}\in\mathcal{D}}\|\mathbf{x}-\mathbf{m}\|^2 = \frac{1}{nd}J_e(1) \tag{89}$$

来估计 σ^2，基于这样的近似来得到 $J_e(2)$ 的临界值。最终结论表述如下（习题 41）：零假设按照 $p\%$ 的显著性水平被推翻，只要满足

$$\frac{J_e(2)}{J_e(1)} < 1 - \frac{2}{\pi d} - \alpha\sqrt{\frac{2(1-8/\pi^2 d)}{nd}} \tag{90}$$ 558

其中 α 由

$$p = 100\int_{\alpha}^{\infty}\frac{1}{\sqrt{2\pi}}e^{-u^2/2}\,du = 50(1-\mathrm{erf}(\alpha/\sqrt{2})) \tag{91}$$

决定，erf(·)是标准误差函数。这种方法向我们提供了一种手段，以判断分裂某类的合理性。对一个 c-聚类分类问题，可以用同样的方法对所有类进行处理。

*10.11 在线聚类

我们讨论了许多聚类方法，但它们都或者明确地或者隐含地优化一个全局准则函数，同时假定（或者已知）类别数目。从这些方法推导出来的无监督学习公式常常比较脆弱，而且并不总是产生好的或期望的结果。聚类结果也经常会对准则函数的小改动非常敏感，这些都离我们的期望甚远。特别，当这些算法用于在线（on-line）学习时，偶尔会遇到聚类结构不稳定，不停地波动和漂移。当然，一个系统要能从新出现的数据中学到点什么，就必须是自适应的，具有一定的“可塑性”（plasticity），以允许产生新的类别（如果从数据本身确实可以学到些什么的话）。另一方面，如果数据内部结构不稳定而且最近一段时间获得的信息会造成较大的结构重组，那么就比较复杂，因而就不能把问题只归因于特定的聚类描述。这个问题被称为稳定性/可塑性两难问题（stability/plasticity dilemma）。

产生这个问题的原因之一就是聚类算法使用了全局准则，每个新到的样本都可能影响一个聚类中心的位置，不管这个样本离中心有多远。于是人们提出了称为“竞争学习”（competitive learning）的算法，只对与新到样本最相似的一个聚类中心进行调整。因此与该样本无关的其他类的性质得到了保留。竞争学习是在神经网络的研究中提出的，我们也用神经网络的术语去解释这个算法。下面从一个简单的例子开始，它可以被看作串行 k-均值聚类算法的一个修正。

竞争学习算法以神经网络学习规则（第 6 章）为基础，与判定导向的 k-均值聚类（算法 1）有着内在联系。竞争学习和判定导向都是先初始化类别数目和聚类中心，并在聚类过程中按照某种规则暂时将样本分到某一类，但它们在更新聚类中心时表现出不同的方式：对判定导向的算法而言，每个类中心被更新为当前类中所有数据点的均值；而在竞争学习算法中，只有与

输入模式最相似的类别的中心得到了更新。结果是，在竞争学习中，离输入模式很远的类不会被改变(但请看 10.11.2 节)。这有时被看成一种不错的性质，不过缺点是，它不再是简单地只需最小化一个全局代价或准则函数。

现在来考虑一个具体的竞争学习的例子。我们马上会看到下面处理的好处：每个输入的 d 维模式都额外增广一维($x_0=1$)并被归一化到 $\|\mathbf{x}\|=1$；所有的模式现在都在一个 $d+1$ 维
559 的单位超球面上。图 10-15 是用神经网络的方式去实现竞争学习算法。每个输入单元都同 c 个输出单元相连接，就像第 5 章提到的感知网络一样。

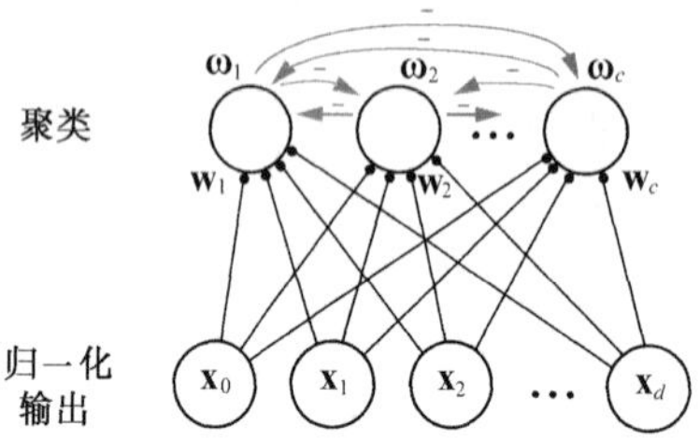

图 10-15 两层神经网络结构含有 $d+1$ 个输入单元和 c 个输出单元(类)。每个增广的输入模式都被归一化到单位长度(即 $\|\mathbf{x}\|=1$)，输出单元的权值也经过同样的归一化。当新的模式到来时，每个输出单元都计算自己受到的净激活(net activation) $\text{net}_j=\mathbf{w}_j^t\mathbf{x}$；只有受到最大激励的输出单元才去更新自己的权值(图中的红箭头表示可以通过竞争机制抑制其他输出单元的活动)。多数活动单元的权值被修改，变得更像刚才输入的模式

c 个聚类中心的每一个都由归一化的随机向量初始化，即有 $\|\mathbf{w}_j\|=1, j=1,\cdots,c$。常规的做法是用从数据集中随机选取的 c 个点来初始化聚类中心，但这不是必需的。当一个新的模式到来时，每个类单元(输出单元)都计算自己的净激活值 $\text{net}_j=\mathbf{w}_j^t\mathbf{x}$。只有受到最大响应的类(对应权向量与新到的模式最相似)才允许更新权值。如果需要，也可以用一个"胜者全取"网络去实现这个算法：每个类单元 j 都以正比于 net_j 的程度去抑制其他单元，就如图 10-15 中的红色箭头所示。这样，输出单元互相竞争，具有最大净激活值的单元对其他单元抑制，竞争学习算法也因此而得名。

在前面说过，权向量被更新后，应该更像输入的模式，即有

$$\mathbf{w}(t+1)=\mathbf{w}(t)+\eta\mathbf{x} \tag{92}$$

其中 η 代表学习速度。接着权向量要被归一化为单位向量。这个归一化保证净激活 $\text{net}_j=\mathbf{w}_j^t\mathbf{x}$ 只与向量 $\mathbf{w}_j$ 和 $\mathbf{x}$ 的夹角有关系，而和 $\mathbf{w}_j$ 的长度无关。如果没有这个归一化，$\mathbf{w}_j$ 就有可能一直增加下去，并始终给出最大值 net_j。图 10-16 显示 3 个类中心的更新轨迹。如果用 k 表示算法的停止准则，则算法可表示如下。

算法 6(竞争学习)

<u>**begin**</u> <u>**initialize**</u> $\eta, n, c, k, \mathbf{w}_1, \mathbf{w}_2, \cdots, \mathbf{w}_c$

560 $\mathbf{x}_i \leftarrow \{1, \mathbf{x}_i\}, i=1,\cdots,n$(增加所有模式)

$\mathbf{x}_i \leftarrow \mathbf{x}_i / \|\mathbf{x}_i\|, i=1,\cdots,n$(归一化所有模式)

<u>**do**</u> 随机选取一个 $\mathbf{x}$

$j \leftarrow \arg\max\limits_{j'} \mathbf{w}_{j'}^t\mathbf{x}$(分类 $\mathbf{x}$)

$\mathbf{w}_j \leftarrow \mathbf{w}_j + \eta\mathbf{x}$(权值更新)

7 $\mathbf{w}_j \leftarrow \mathbf{w}_j / \|\mathbf{w}_j\|$（权值归一化）

8 **until** 在 k 次重复中 $\mathbf{w}$ 无显著改变

9 **return** $\mathbf{w}_1, \mathbf{w}_2, \cdots, \mathbf{w}_c$

10 **end**

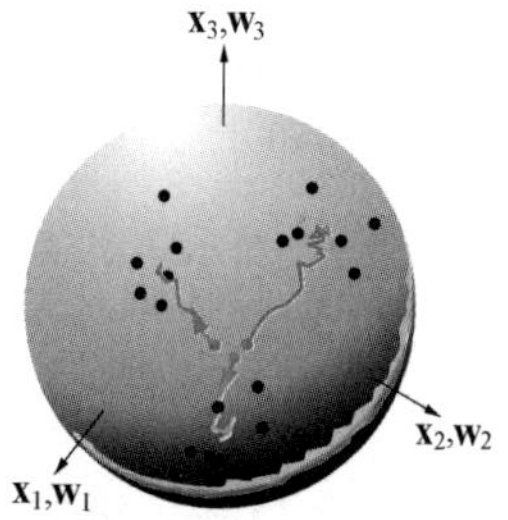

图 10-16 所有的二维模式经过增广和归一化后都落在三维球面上。同样，3 个聚类中心的权值也被归一化。红色的曲线表示权向量的轨迹，3 条轨迹分别从 3 个红点出发并在 3 个聚类中心截止

算法 6 的缺点是，它无法保证自动停止，即使数据集合是有限的非病态的。比如，第 8 步的停止条件可能永远也不成立，权向量会不停地改变下去。一个简单的想法是，让第 6 步中的学习速度 η 随时间逐步减小，如 $\eta(t)=\eta(0)\alpha^t$，$0<\alpha<1$，t 是迭代次数。如果初始的聚类中心能很好地代表全部数据集，学习速度的衰减又比较适中，我们就可以得到很好的结果。但是，如果后来出现了一种新的模式，它就不可能被学习，因为 η 已经很小了。同理，这种允许学习速度衰减的技巧不适用那些会逐渐变化的数据集。

10.11.1 聚类数目未知

前文提过关于未知聚类中心数 c 的问题。当 c 未知时，有两种途径去处理。第一种途径：尝试许多可能的 c 并比较不同 c 下的准则函数的值。如果某个准则值显著地优于其他的值，那么它对应的 c 是可以接受的。第二种途径：设置一个阈值来控制新聚类的创建。后一种途径对在线学习的应用来说更合适，不足之处就是它过分依赖数据出现的顺序。

像 k-均值和层次聚类一样的算法经常在聚类开始前就获得了全部数据（即离线的），但时常会有些对“在线聚类”的需求。比如，存储空间不够记录所有的数据模式，或者系统对 561
时间要求很高，以至于数据还没有全部出现，算法就必须开始。前面讨论的用图论进行聚类的方法也可以供在线使用，只要将每个新到的模式根据某种相似性量连接到一个现有的聚类。

为了得到许多算法（比如 k-均值算法）的在线学习版本，我们要更小心。在各种条件的限制下，一般来说，最合理的思路就是用聚类中心（例如中值）代表该类，并仅仅根据类中心的当前值和新到的模式更新自己。

假设当前已有 c 个聚类中心。它们可能最初被置于随意的位置，或是对应于最先到来的 c 个模式的位置，也可能是在任意多个模式出现后的当前态。有一个最简单的通用法称为领导者-追随者聚类（leader-follower 聚类）算法，即当一个新模式到来时，只改变最接近新模式的聚类中心，并且聚类中心改变成更像新模式，如图 10-17 所示。

图 10-17 在领导者-追随者聚类中，类别数目和聚类中心与随机提供样本点的顺序有关。上面的 3 个模拟采用同样的学习率 η、阈值 θ 和样本提供次数(50)，但样本是以随机顺序提供的。注意左边形成 3 个聚类，而中间和右边的两图都是两个聚类

让 $\mathbf{w}_i$ 表示第 i 类的当前聚类中心，η 表示学习速度，θ 代表阈值，于是我们定义基本领导者-追随者聚类算法如下。

算法 7(基本领导者-追随者聚类算法)

begin initialize η, θ
　　$\mathbf{w}_1 \leftarrow \mathbf{x}$
　　do 接收新 $\mathbf{x}$
　　　　$j \leftarrow \arg\min_{j'} \| \mathbf{x} - \mathbf{w}_{j'} \|$ (寻找最近的聚类)
　　　　if $\| \mathbf{x} - \mathbf{w}_j \| < \theta$
　　　　　then $\mathbf{w}_j \leftarrow \mathbf{w}_j + \eta \mathbf{x}$
　　　　　else 加新的 $\mathbf{w} \leftarrow \mathbf{x}$
　　　　　$\mathbf{w} \leftarrow \mathbf{w} / \| \mathbf{w} \|$ (归一化权值)
　　until 无其他模式
　return $\mathbf{w}_1, \mathbf{w}_2, \cdots$
562 **end**

算法中的阈值 θ 隐式地决定最后类别的数量。当它是一个大阈值时，得出的聚类个数很少，而体积很大。当它较小时，则聚类个数很多，但体积很小。当我们只有数据本身，而没有更多的信息时，这个阈值就很难确定。应该注意到，算法 7 并没有涉及如何减少类别的数目这个问题，它甚至连合并可能非常相似的两个类的步骤都没有。

在进一步讨论领导者-追随者算法的更多性质之前，首先研究基于它的一个非常著名的神经网络算法。

10.11.2 自适应共振网

领导者-追随者算法对设计一种称为自适应共振理论(Adaptive Resonance Theory, ART)的自组织神经网络具有非常重要的作用。这个网络主要用来模拟生物神经网络认识未知模式并在将来用于回想。如果这些未知模式中的一个可以归入一个新的类别，那么 ART 的一个目标就是，保证即使另有略不同的模式出现并要求调整这个新的类中心，这个类中心还是会稳定地保持它的基本性质(见图 10-18)。另一个目标就是，表明“期望”将怎样影响网络的响应。这个目标导致网络中出现反馈连接和有趣的动态行为。

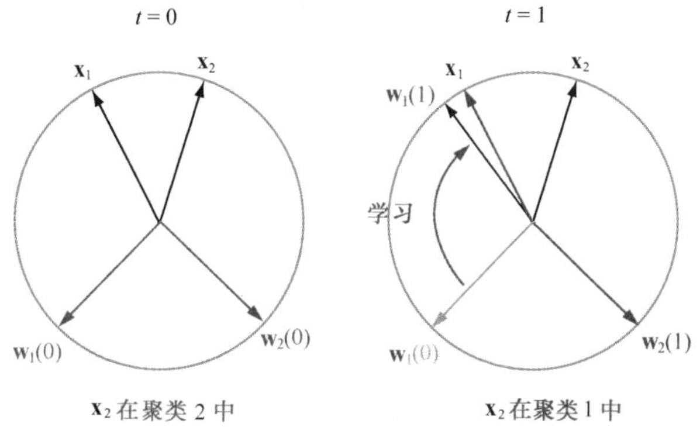

图 10-18　在这种简单的情况下,可能在竞争学习过程中出现不稳定和重新编码(recoding),图中有两个模式和两个聚类中心。模式 $\mathbf{x}_1$ 和 $\mathbf{x}_2$ 被送到图 10-15 所示网络中分类。在 $t=0$ 时,$\mathbf{w}_1$ 与 $\mathbf{x}_1$ 最接近,所以 $\mathbf{x}_1$ 属于类 $\mathbf{w}_1$;同样,$\mathbf{x}_2$ 应该属于类 $\mathbf{w}_2$。左图表示了这种分类。其次,假设模式 $\mathbf{x}_1$ 连续出现多次,根据竞争学习更新权向量的方法,$\mathbf{w}_1$ 会越来越靠近 $\mathbf{x}_1$。而此时 $\mathbf{x}_2$ 与 $\mathbf{w}_1$ 最接近,所以再次出现的 $\mathbf{x}_2$ 被分入 $\mathbf{w}_1$ 类。这令我们非常吃惊,因为 $\mathbf{x}_2$ 没有被用来更新权向量,而它的隶属关系却发生了变化,即被重新编码了。理论上,这种重新编码的现象会出现很多次,只要模式按某种顺序出现

自适应共振理论可以用在很多不同的网络结构上。为简单起见,只讨论图 10-19 所示的两层结构模型。我们只概要地解释模型的结构和行为,把细节都略去了。 563

如图 10-19 所示,网络包含一个输入层,通过自底向上的权向量与聚类层中的单元相连,就像竞争学习用到的网络一样。而且,ART 网络还有自顶向下的权向量,用 $\hat{\mathbf{w}}$ 表示在图中。这些权向量将"点火信号"(priming signal)回传给输入层的单元。网络的底层单元接收 3 种输入:(a)输入模式 $\mathbf{x}$;(b)从顶层传来的反馈信号;(c)来自增益控制单元的时变偏置信号。权向量 $\mathbf{w}_i$ 自底向上直接指向第 i 个输出单元,而且都被归一化成单位长度。与领导者-追随者算法类似,自适应共振方法的类别数量也是动态增加的,所以在网络顶层的单元数量 c 是可变的。

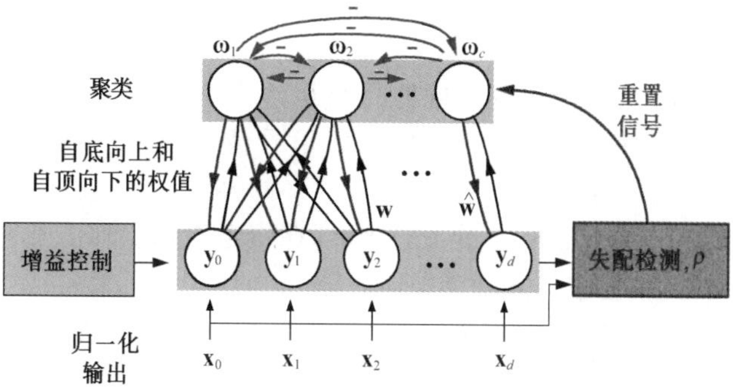

图 10-19　自适应共振网络包含输入单元和聚类单元,就像竞争学习用到的网络一样。但是,输入层和类别层完全被自底向上和自顶向下的权值连起来。自底向上的权向量 $\mathbf{w}$ 代表学到的类中心,而自顶向下的权向量 $\hat{\mathbf{w}}$ 代表期望出现的模式。如果输入模式和类中心匹配得很差(匹配度由用户指定的参数 ρ 表示),那么活动的类单元就会受到重置信号的抑制,并且一个新的类中心会出现

ART 网络正常工作时,如果向网络底层输入的 $\mathbf{x}$ 与以前遇到过的某个模式接近,那么底层就会将 $\mathbf{x}$"净化"后再输出。更确切地说,如果输入 $\mathbf{x}$ 与某个类中心 $\mathbf{w}_i$ 接近,那么底层的输出 $\mathbf{y}$ 理论上就是 $\mathbf{w}_i$ 本身。底层的输出信号向类别中心的偏移是由两个原因造成的:(a)从高层来的反馈;(b)增益控制信号。如果既无反馈又无增益控制,底层的输出就仅仅是输入 $\mathbf{x}$ 的复

制。增益控制系统是一种保持网络底层活跃的机制，即保证 $\|\mathbf{y}\|$ 是常数。反馈信号完全来自顶层最活跃的类单元，并通过权向量 $\hat{\mathbf{w}}$ 传递给底层。

向上传递的权向量 $\mathbf{w}$ 代表类中心的长期记忆。顶层采取“胜者全取”的竞争机制，所以对应最大 $\mathbf{x}^t\mathbf{w}_i$ 的单元 i 会有最强的激励响应。用聚类的术语来表达，响应最强的输出单元指出与净化输出 $\mathbf{y}$ 最接近的聚类中心 $\mathbf{w}_i$。

显然，对所有具有同样长度的 $\mathbf{y}$，最能激励输出单元 i 的输入向量是与 $\mathbf{w}_i$ 成比例的，就像在竞争学习网络中讨论过的那样。从这个输出单元延伸出自顶向下的权向量 $\hat{\mathbf{w}}_i$，该向量给出了期望，表示第 i 类最希望从底层看到的输出响应。当模式 $\mathbf{x}$ 第一次出现时，底层输出 $\mathbf{y}$ 就是
564 $\mathbf{x}$ 本身，这个输出不一定与最活跃的类单元的类中心很靠近。但是，网络利用反馈方式自顶向下对底层提供额外的输入。经过一段时间的延迟和增益控制的调整，底层单元的响应变得更接近 $\mathbf{w}_i$，反过来更强烈地激励顶层单元，顶层单元再反馈给底层单元，如此下去。用 ART 的术语来表达，这种激励反馈的过程称为“共振”，尽管这种行为与激励振荡器的物理共振原理没有关系。

那么这个网络实际在干什么呢？一种可能性是网络最后趋于某个稳定的状态，此时有(a)输入 $\mathbf{x}$ 与 $\mathbf{w}_i$ 接近，(b)底层单元的输出与 $\mathbf{w}_i$ 非常接近，以及(c)顶层单元中第 i 个响应最强烈。当输入模式确实非常接近 $\mathbf{w}_i$ 时，这正是我们所需要的。像基本领导者-追随者算法一样，$\mathbf{w}_i$ 的值会稍微调整，使其离输入模式更近一点。

但是，另一种可能性是反馈过于强，即使输入向量 $\mathbf{x}$ 与所有的类中心都隔得很远，某个输出单元还是会抓住控制权并始终输出 $\mathbf{w}_i$。我们不希望发生这种情况。在领导者-追随者算法中，这种情况对应于产生一个新的类中心。用 ART 的术语来表达，$\mathbf{x}$ 与 $\mathbf{w}_i$ 的巨大差距是由一个称为取向子系统(orienting subsystem)检测的。如果 $\mathbf{x}^t\mathbf{y}<\rho$，该子系统就会产生一个新的类中心，并初始化为 $\mathbf{x}$。

这里 ρ 是用户定义的参数，称为警戒值。警戒值的功能就像领导者-追随者算法中阈值 θ 的功能一样。如果警戒值低，即使输入模式和学习到的最接近的聚类的匹配很差，网络也会接受它。如果警戒值高，网络就会频繁产生新的类中心。在 ART 网络中，新类的产生是由“重置波”(reset wave)实现的。对同样的数据集合，小的警戒值对应少的类别数目，大的警戒值对应多的类别数目。

上面关于自适应共振的介绍是不完整的，在进行具体的网络仿真前，还需要更细致地了解。在很多方面，我们可以将 ART 看成领导者-追随者聚类算法的神经网络实现。但是，在具体设计网络时，要进行某些有意义的推广，比如使用多层网络结构并允许用高层或“跨模态”预期值去影响底层的单元的激活，在参考文献中列出了有关的书目。

10.11.3 基于评判的学习

本书大部分篇幅都在讨论有监督学习问题。在有监督学习中，教师会给每个训练样本标上类别标记。本章关心的是无监督学习问题，其中没有任何标记信息可用。有标记和无标记之间还有一种中间状态，即虽然没有标记信息，教师仍可以评价分类器对任何样本的分类结果是否正确。因此，教师在学习时扮演的是系统评判(critic)的角色[⊖]。

要把评判机制引入竞争学习和自适应共振网络是非常简单的。比如，当某个样本的分类
565 结果被评判为正确时，那么就允许更新权向量，否则就拒绝更新。

⊖ 基于评判的学习(learning with critic)就是强化学习(reinforcement learning)(或再励学习)。——译者注

*10.12 图论方法

对正态混合分布和最小方差划分的数学认识让我们习惯于将聚类看成由一个一个孤立的点组成的。但是图论中用到的语言和概念允许我们考虑更加复杂的结构。可惜,还不存在一个统一的方法去处理聚类问题,就像处理图论问题一样。因此如何有效地利用图论思想于聚类问题在很大程度上仍属于技艺的范畴。读者如果想去探索这种可能性,就必须具备创造性。

如果重新考虑那个产生图 10-7 的简单过程,就可以大致了解图论的方法。首先是选择一个距离阈值 d_0,如果两个节点的距离小于这个阈值,就将它们放入同一类。这个思想可以推广应用到任意的相似性度量上。假设我们挑选了阈值 s_0,并判定当 $s(\mathbf{x}_i,\mathbf{x}_j)>s_0$ 时 $\mathbf{x}_i$ 与 $\mathbf{x}_j$ 相似。这样就定义了一个 $n\times n$ 相似性矩阵 $\mathbf{S}=[s_{ij}]$,每个元素为

$$s_{ij}=\begin{cases}1 & s(\mathbf{x}_i,\mathbf{x}_j)>s_0\\ 0 & \text{其他}\end{cases}\tag{93}$$

这个矩阵还能引出一个相似性图,图中节点代表数据点,当 $s_{ij}=1$ 时就用一条边将节点 i 和 j 连接起来。

单连接算法和修正的全连接算法都可以非常容易用图表示出来。对单连接算法来说,样本 $\mathbf{x}$ 和 $\mathbf{x}'$属于同一类当且仅当存在一条链 $\mathbf{x},\mathbf{x}_1,\mathbf{x}_2,\cdots,\mathbf{x}_k,\mathbf{x}'$,链中任意相邻的两个节点是相似的。因此聚类结果对应相似图的所有的连通子集。对全连接算法来说,同一类中的所有样本必须互相相似,而且不允许出现一个样本属于多个类别的现象。如果我们将后一个限制条件扔掉,那么聚类结果就对应相似性图的最大完全子图集。如果一个子图是完全的(即任意两点之间都有条边),而且不存在另一个完全子图可以包含它,那么这个子图称为最大完全子图。(一般来说,全连接算法的分类结果可以在最大完全子图集内找到,但是如果不知道相似性,就无法确定结果。)

我们在前面说过最近邻法可以看成寻找最小生成树的过程。反过来,如果给出了一个最小生成树,就可以根据它得到最近邻法的聚类结果。将生成树中最长的一条边去掉,就把数据分为了两类,去掉第二长的边,数据就被分为 3 类,可以如此继续下去。这就导出了基于分裂的层次聚类方法,而且还有很多其他的分裂方法。比如,在去掉一条边时,我们可以先比较该边和其他连接在同一节点的边的长度。称一条边是不相容的,如果它的长度 l 比交于同一节点的所有边的长度平均值 $\bar{l}$ 还要长很多。图 10-20 表示将最小生成树中所有满足 $l>2\bar{l}$ 的边去掉就可以得到一种聚类结果。这种方法对局部条件比较敏感,导致去掉两个最长边所获得的结果很不一样。

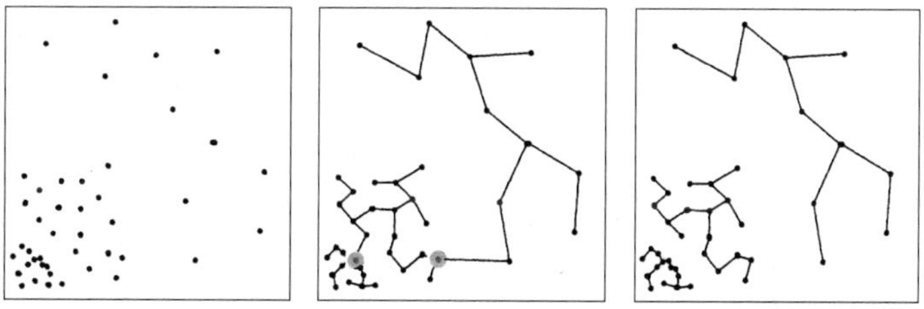

图 10-20 去掉不相容边(比所有汇于同一节点的边的平均长度还长很多的边)就可以产生自然的聚类结果。原始数据点显示在左图中,它的最小生成树在中间图中。在大部分节点上,汇于该点的边的长度都比较平均。两个红色节点是例外,汇于它们的边的长度相差很大。当两个不相容边被去掉后,就在右图中得到了 3 类数据

当数据点排成一条长链时，最小生成树形成了一个自然的骨架。如果定义“直径路径”为树中最长的一条路径，那么不在这条路径上的点很少而且到路径的距离在平均上是非常短的。相反，对数据点形成一个大而均匀的云团时，最小生成树的直径路径就不明显，而是存在几条与直径路经长度都很相近的路径，因此不在直径路径上点的数量是十分可观的。数据点的微小波动虽然会造成最小生成树的大改动，但对下面提到的统计量影响很小。

一个有用的统计量就是树上各边的长度分布。图 10-21 显示了两个密集的类被一些稀疏分布的点所包围。统计最小生成树的边长分布会发现有两个明显的类别，而且很容易用最小方差方法去分开。把所有属于边较长那一类的边去掉，就可以得到两个密集的类。虽然更复杂的结构不能这样简单处理，但图论方法的灵活性还是表明它可以适用很多不同的聚类要求。

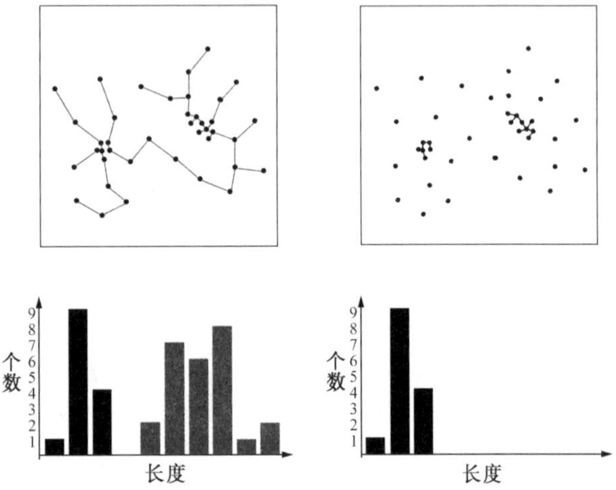

图 10-21　最小生成树显示在左上图中；在左下直方图中清楚地显示出双峰的边长分布。如果删除全部中间或高长度的链接（红色），就显现出两个自然的聚类（右下图）

566～567

10.13　成分分析

成分分析是用来在数据中寻找“恰当”的特征的无监督方法。我们将要讨论几种最主要的方法，它们分别有不同的目标。我们在第 3 章看到，主成分分析（PCA）的目标是，在低维子空间中去表示高维数据，使得在误差平方和的意义下低维表示能够最好地描述原始数据。非线性成分分析（NLCA）通常以神经网络的形式实现，是 PCA 的直接推广。在独立成分分析（ICA）中，我们寻找特征空间中的一些方向，使得能够显示原始信号的独立性，这个方法对区分混合了不同来源的信号特别有用。

10.13.1　主成分分析

出于完整性的考虑，这里重述第 3 章介绍过的主成分分析或 K-L（Karhunen-Loéve）变换的基本方法。首先，计算出 d 维均值向量 $\boldsymbol{\mu}$ 和大小为 $d\times d$ 的协方差矩阵 $\boldsymbol{\Sigma}$。其次，计算出 $\boldsymbol{\Sigma}$ 的本征值和本征向量 $\mathbf{e}_i$，每个本征向量 $\mathbf{e}_i$ 都对应一个本征值 λ_i。接着，选出对应最大 k 个本征值的本征向量作为主成分方向。通常最大的本征值（对应的本征向量）只有很少几个，这意味着 k 是取决于数据本身的子空间的内在维数，而剩下的 $d-k$ 维往往由噪声引起。现在我们构造一个 $d\times k$ 的矩阵 $\mathbf{A}$，它的列由 k 个本征向量组成。将原始数据按照下式投影到这个 k 维子空间上就得到数据的主成分表示

$$\mathbf{x}' = \mathbf{F}_1(\mathbf{x}) = \mathbf{A}^t(\mathbf{x}-\boldsymbol{\mu}) \tag{94}$$

训练一个简单的三层神经网络，使之成为一个“自动编码器”（auto-encoder），就可以实现上述投影，如图 10-22 所示。数据集中的每个模式都同时提供给输入节点和输出节点，网络基于误

差平方和的梯度下降准则(比如反向传播算法)训练。可以证明它可以实现误差平方和的最小化(习题44)。网络训练好后,输出层就可以不要了,从隐含层上可读出主成分。

图10-22 一个具有线性隐单元的三层神经网,被训练为一个自动编码器,其内部表达恰好对应于数据的主成分。变换 $\mathbf{F}_1$ 是向 k-维子空间 $\Gamma(\mathbf{F}_2)$ 上的一个线性投影

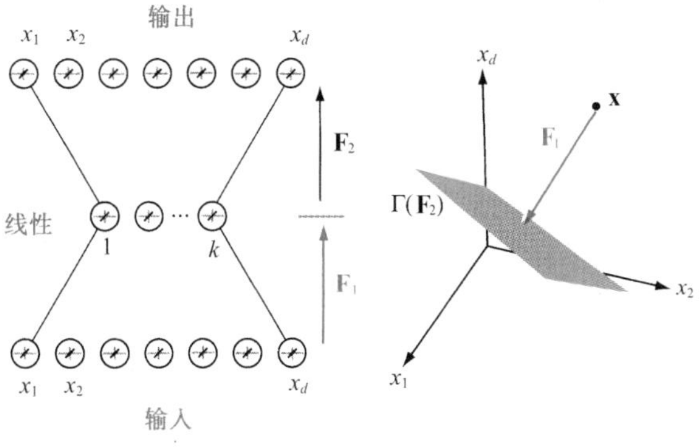

10.13.2 非线性成分分析

主成分分析是在最小误差平方和准则下,找到一个 k 维的线性子空间,使其能够最好地表达原始高维数据。如果原始数据的特征存在复杂的非线性关系,那么线性子空间的表示性能将很差,而非线性成分分析(Nonlinear Component Analysis,NLCA)就可能发挥作用。

用来实现这种非线性成分分析的神经网络有五层单元,请看图10-23。最中间的层包含 $k<d$ 个线性单元,非线性成分将在这里读出。请注意该层的上下两个层都含有非线性单元。整个网络就像一个自动编码器或自动联想器(auto-associator)一样,可用第6章提到的技术去训练。也就是说,每个 d 维模式从网络的输入端送入,同时这个模式又作为网络的期望输出。当在误差平方和准则下训练时,这个网络就是一个自动编码器。

如果把网络顶端两层去掉,剩下的三层就可以用来提取非线性成分。对每个输入模式 $\mathbf{x}$,这三层网络的输出就是 k 个非线性成分。

要理解这个五层网络的功能,只要抓住两个函数映射 $\mathbf{F}_1$ 和 $\mathbf{F}_2$。如图10-23所示,$\mathbf{F}_1$ 是从 d 维空间投影到 k 维非线性子空间,$\mathbf{F}_2$ 是从 k 维非线性子空间映射回 d 维空间。

对这个五层的非线性网络的训练,通常会遇到很多的局部极小值。自然,我们必须小心地设置 k。回想在(线性)主成分分析中,成分个数 k 的选择可以通过本征向量的谱来确定。如果将本征值按照大小排序,而第 $k+1$ 个值比前一个值有很大的下降,这就表示成分子空间"自然"含有 k 维。同样,假设在这个五层网络的中间一层预设不同的节点数 k,并且不存在局部极小问题,那么经过训练后,训练误差应该随着 k 的增大而减小。如果 $k+1$ 处的误差相对 k 的误差降低得非常小,这就可能表明中间层的 k 就是子空间维数的"自然"选择。

图10-23 五层结构的神经网络含有两层非线性单元,可以被训练成为一个自动解码器,并对数据的非线性成分形成一种内部的表示方式。这个过程也可以在特征空间中去解释(右图)。变换 $\mathbf{F}_1$ 将 d 维空间非线性投影到 k 维非线性子空间 $\Gamma(\mathbf{F}_2)$。$\Gamma(\mathbf{F}_2)$ 的点经变换 $\mathbf{F}_2$ 反向映射到原始的 d 维空间上。在训练后,网络顶部两层被删除,剩余三层网络把输入 $\mathbf{x}$ 映射到空间 $\Gamma(\mathbf{F}_2)$

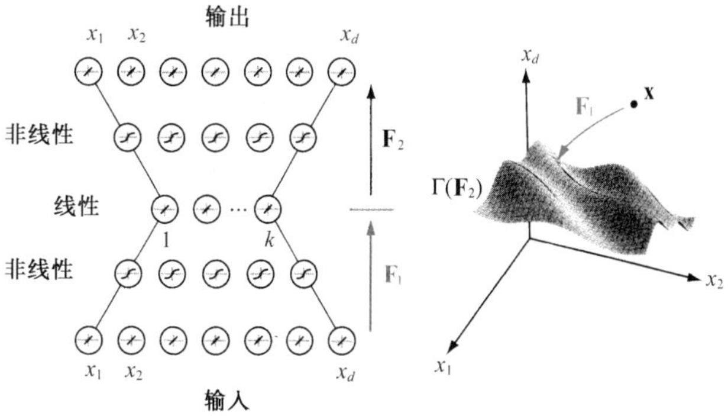

我们不应该断言主成分分析或非线性成分分析对分类总是有好处的。如果相比于类别之间的差别来说，噪声很大，那么主成分分析将找到噪声的主方向而不是信号的，就如图 10-24 所示那样。如果碰到这种现象，我们应该忽略噪声，只提取出反映类别信息的方向。下面紧接着就会讨论这个技术。

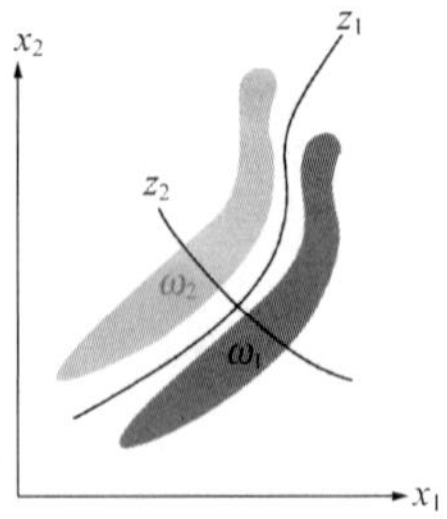

图 10-24　图中显示了来自两个类的特征，同时含有非线性成分。非常明显，这两个类可以沿着 z_2 曲线的方向分得很开，但噪声的存在使得最大的非线性成分是沿着 z_1 的曲线方向。如果只保留最主要的成分就会扔掉信号而将噪声留下来，因此识别效果很差。同样的问题也会出现在线性主成分分析中，其中坐标是线性正交的

*10.13.3　独立成分分析

主成分分析和非线性成分分析的基本思想是，在特征空间寻找一些方向，使得在新的方向上表示数据的误差平方和最小，同时又能有效地降低维数。独立成分分析（Independent Component Analysis，ICA）却是在特征空间中寻找最能使得数据互相独立的方向。在对盲源信号（blind source）分离的情况下有利于理解 ICA 的目标。假设存在 d 个独立的标量信号源 $x_i(t)$，$i=1,\cdots,d$，t 可以看成时间，满足 $1\leqslant t\leqslant T$。为方便表示，我们将任意时刻的这 d 个信号合成一个向量 $\mathbf{x}(t)$，并假定它的均值为零。因为既然假定了信号源是互相独立的，而且又没有噪声，我们就可以写出多元密度函数为

$$p[\mathbf{x}(t)]=\prod_{i=1}^{d}p[x_i(t)] \tag{95}$$

568~570 假设同时还有一个 k 维的观测向量

$$\mathbf{s}(t)=\mathbf{A}\mathbf{x}(t) \tag{96}$$

其中 $\mathbf{A}$ 是大小为 $k\times d$ 的矩阵。如果 $\mathbf{x}$ 代表声源，$\mathbf{s}$ 代表 k 个麦克风收到的信号，那么 $\mathbf{A}$ 就是反映信道衰减参数的矩阵。ICA 的目标就是要从 $\mathbf{s}$ 中提取出 d 个独立成分。如果 $\mathbf{x}$ 的各个成分之间确实是独立的，就像式（95）表示的那样，那么 ICA 确实可以帮助我们发现源信号（见图 10-25）。

出于简化的考虑，假定传感器组观测到的信号个数与信号源发出的独立信号个数相同，即 $k=d$（习题 49 要求读者将下面的结论推广到 $k>d$）。那么输出 $\mathbf{y}$ 的概率密度和 $\mathbf{s}$ 密度关系可以表示为：

$$p_{\mathbf{y}}(\mathbf{y})=\frac{p_{\mathbf{s}}(\mathbf{s})}{|\mathbf{J}|} \tag{97}$$

其中 $\mathbf{J}$ 是雅可比矩阵

$$\mathbf{J}=\begin{pmatrix}\dfrac{\partial y_1}{\partial s_1} & \cdots & \dfrac{\partial y_d}{\partial s_1}\\ \vdots & \ddots & \vdots\\ \dfrac{\partial y_1}{\partial s_d} & \cdots & \dfrac{\partial y_d}{\partial s_d}\end{pmatrix} \tag{98}$$

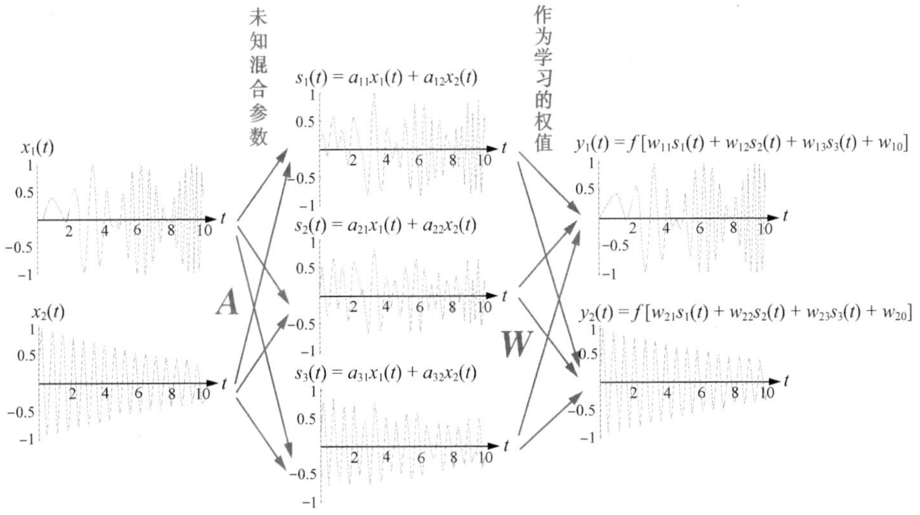

图 10-25 独立成分分析(ICA)是无监督方法,可以用于盲源信号的分离。在这个问题中,两个或者更多的源信号(假设互相独立)$x_1(t), x_2(t), \cdots, x_d(t)$被线性混杂在一起产生出信号$s_1(t)$, $s_2(t), \cdots, s_k(t)$, $k \geqslant d$(本图对应 $d=2, k=3$)。在给定观测信号 $\mathbf{x}(t)$并假定有 d 个独立成分的前提下,ICA 的任务就是找出 $\mathbf{s}$ 中隐藏的独立成分。在盲信号分离的应用中,ICA 就是要找到源信号

并且

$$|\mathbf{J}| = \left| |\mathbf{W}| \prod_{i=1}^{d} \frac{\partial y_i}{\partial s_i} \right| \tag{99}$$

将输出 $\mathbf{y}$ 模拟成源信号 $\mathbf{s}$ 的线性变换,并加上一个静态的非线性部分,即

$$\mathbf{y} = f[\mathbf{W}\mathbf{s} + \mathbf{w}_0] \tag{100}$$

其中 $\mathbf{w}_0$ 是偏置量,$f[\cdot]$通常选择为 sigmoid 函数。ICA 的中心任务就是寻求参数 $\mathbf{W}$ 和 $\mathbf{w}_0$ 使得输出 $\mathbf{y}$ 的各分量 y_i 尽量互相独立。衡量独立性最自然的度量就是联合熵(joint entropy)

$$\begin{aligned} H(\mathbf{y}) &= -\mathcal{E}[\ln p_{\mathbf{y}}(\mathbf{y})] \\ &= \mathcal{E}[\ln |\mathbf{J}|] - \underbrace{\mathcal{E}[\ln p_{\mathbf{s}}(\mathbf{s})]}_{\text{与权值独立}} \end{aligned} \tag{101}$$

其中的数学期望运算是对所有的采样点 $t=1, \cdots, T$ 进行的。

因此参数 $\mathbf{W}$ 的学习可以用基于式(101)的梯度下降的方法,即

$$\Delta \mathbf{W} \propto \frac{\partial H(\mathbf{y})}{\partial \mathbf{W}} = \frac{\partial}{\partial \mathbf{W}} \ln |\mathbf{J}| = \frac{\partial}{\partial \mathbf{W}} \ln |\mathbf{W}| + \frac{\partial}{\partial \mathbf{W}} \ln \prod_{i=1}^{d} \left| \frac{\partial y_i}{\partial s_i} \right| \tag{102}$$

这里使用了式(99)。用分量的形式,式(102)右边的第一项为

$$\frac{\partial}{\partial W_{ij}} \ln |\mathbf{W}| = \frac{\operatorname{cof}[W_{ij}]}{|\mathbf{W}|} \tag{103}$$

其中分量 W_{ij} 的余因子(cofactor)是$(-1)^{i+j}$乘以去掉矩阵 $\mathbf{W}$ 的第 i 行第 j 列后得到的$(d-1)\times(k-1)$维矩阵的行列式(参见附录 A. 2. 6 节)的积,所以我们有

$$\frac{\partial}{\partial \mathbf{W}} \ln |\mathbf{W}| = [\mathbf{W}^t]^{-1} \tag{104}$$

假设最后的非线性函数是 S 形的(sigmoidal),式(103)就给出矩阵 $\mathbf{W}$ 的权值更新规则

571~572

$$\Delta \mathbf{W} \propto [\mathbf{W}^t]^{-1} + (\mathbf{1} - 2\mathbf{y})\mathbf{s}_g^t \tag{105}$$

其中 $\mathbf{1}$ 代表每个分量都为 1 的 d 维常数向量。

习题 48 需要在同样的前提假设下,用类似的方法证明偏置向量 $\mathbf{w}_0$ 的学习规则是

$$\Delta \mathbf{w}_0 \propto \mathbf{1} - 2\mathbf{y} \tag{106}$$

式(105)和式(106)给出了 ICA 的学习规则。要想预先知道独立成分的个数常常是非常困难的。如果在模式识别中应用 ICA,而且要识别的类别数目是已知的,那么在没有其他信息的情况下,d 应该被设置为等同于类别数目。如果这个数目实在太大,ICA 会对数值仿真过分敏感,因而给出不可靠的独立成分。

一般来说,如果用于实现分类的预处理,ICA 的特性比线性或非线性 PCA 都好。我们在图 10-24 中看到过,主成分不一定对分类问题很有效。如果不同的信号源均有不同的模型,那么可以预期它们是独立的,而 ICA 就可用来把它们提取出来。

10.14 低维数据表示和多维尺度变换

判定一个聚类的结果是否有意义是一件困难的事。这种困难部分来自人类对高维(>3)数据空间的结构缺乏可视化观察的能力。如果对数据采用与常规的距离概念不同的相似或不相似的衡量,这个问题会变得更严重。相似性与距离不一样,它不满足拓扑条件,因而就更难把握数据的内部结构了。要解决这个问题,我们可以尝试在低维空间中重新表示这些数据并可视化地显示出来。为了体现原来数据之间的关系,在低维空间中点与点的距离要与原始空间中点与点的距离(或相似性)相互对应。如果我们在二维或三维空间上很好地实现这个思想,这就向我们提供了一个了解数据的结构的有价值方法。这种寻找一种数据的构型使其点间距离与原始(高维)数据之间的相似性相一致的一般过程常被称为"多维尺度变换(Multi-Dimensional Scaling,MDS)。

让我们先从一个简单的例子开始,在这里,对 n 个样本 $\mathbf{x}_1,\cdots,\mathbf{x}_n$ 是可以计算距离的。令 $\mathbf{y}_i$ 为 $\mathbf{x}_i$ 在低维空间中的映像,δ_{ij} 代表 $\mathbf{x}_i$ 和 $\mathbf{x}_j$ 的距离,d_{ij} 为 $\mathbf{y}_i$ 和 $\mathbf{y}_j$ 的距离(图 10-26)。现在我们寻求 $\mathbf{y}_1,\cdots,\mathbf{y}_n$(即映像点的集合)构型,同时要求映像点之间的 $n(n-1)/2$ 个距离 d_{ij} 要尽量接近对应的原始距离 δ_{ij}。通常不可能对所有的距离都实现 $d_{ij}=\delta_{ij}$,所以我们需要准则函数来比较并选择几个不同候选答案。下面几个误差平方和函数都是合理的准则:

$$J_{ee} = \frac{\sum_{i<j}(d_{ij} - \delta_{ij})^2}{\sum_{i<j}\delta_{ij}^2} \tag{107}$$

$$J_{ff} = \sum_{i<j}\left(\frac{d_{ij} - \delta_{ij}}{\delta_{ij}}\right)^2 \tag{108}$$

573

$$J_{ef} = \frac{1}{\sum_{i<j}\delta_{ij}}\sum_{i<j}\frac{(d_{ij} - \delta_{ij})^2}{\delta_{ij}} \tag{109}$$

图 10-26 图中给出一个例子，三维空间的数据点被映射到二维空间。每个点 $\mathbf{x}_i$ 的大小和颜色都与它在二维空间的映像 $\mathbf{y}_i$ 匹配。这里使用欧几里得距离，即 $\delta_{ij} = \|\mathbf{x}_i - \mathbf{x}_j\|$ 和 $d_{ij} = \|\mathbf{y}_i - \mathbf{y}_j\|$。在一些典型的应用中，原始数据空间常常是高维的，作为目标的低维空间常常是二维或者三维的，这是为了方便数据可视化

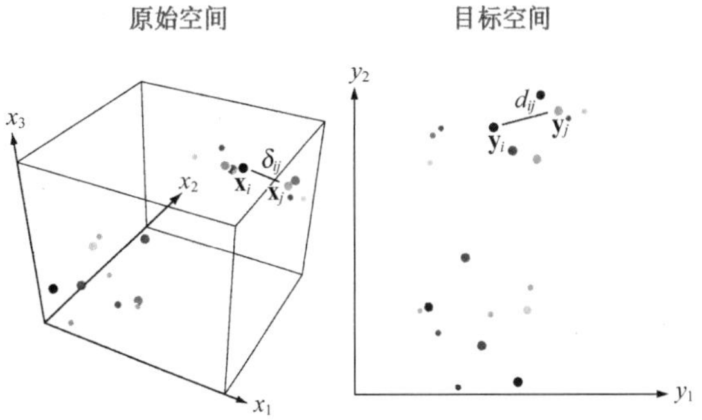

因为这些准则函数只牵涉点间距离，所以构型做刚体运动将不会改变它们的值。而且，它们都经过了归一化，所以原始数据点整体缩放不会影响它们的最小值。在 3 个准则中，J_{ee} 强调绝对误差（与 δ_{ij} 的大小无关），J_{ff} 强调相对误差（与 $|d_{ij}-\delta_{ij}|$ 的大小无关），这两个的折中就是 J_{ef}，它综合考虑了绝对误差和相对误差。

一旦选取了某个准则函数后，就可以定义“最优构型”，即能够最小化准则函数的映像点集合。这个集合可以通过标准的梯度下降法求解：先给出 $\mathbf{y}_1,\cdots,\mathbf{y}_n$ 的初始值，然后沿着准则函数下降最快的方向去调整 $\mathbf{y}_i$。因为低维空间的距离是 $d_{ij}=\|\mathbf{y}_i-\mathbf{y}_j\|$，它关于 $\mathbf{y}_i$ 的梯度就是沿着 $\mathbf{y}_i-\mathbf{y}_j$ 方向的单位向量，所以很容易得到准则函数的梯度：

$$\nabla_{\mathbf{y}_k} J_{ee} = \frac{2}{\sum_{i<j}\delta_{ij}^2}\sum_{j\neq k}(d_{kj}-\delta_{kj})\frac{\mathbf{y}_k-\mathbf{y}_j}{d_{kj}}$$

$$\nabla_{\mathbf{y}_k} J_{ff} = 2\sum_{j\neq k}\frac{d_{kj}-\delta_{kj}}{\delta_{kj}^2}\frac{\mathbf{y}_k-\mathbf{y}_j}{d_{kj}}$$

$$\nabla_{\mathbf{y}_k} J_{ef} = \frac{2}{\sum_{i<j}\delta_{ij}}\sum_{j\neq k}\frac{d_{kj}-\delta_{kj}}{\delta_{kj}}\frac{\mathbf{y}_k-\mathbf{y}_j}{d_{kj}}$$

初始构型可以随机选取，或者以任何使映像点散布方便的方式选取。如果映像点是在 $\hat{d}$ 维空间中，则一个简单而有效地获得初始值的方法就是，只取原始样本向量对应方差最大的前 $\hat{d}$ 个分量。

下面的例子用来说明这个算法到底能产生什么样的结果。如图 10-27 所示，一共有 30 个数据点等间距地螺旋排列在三维空间中： 574

$$x_1(k) = \cos(k/\sqrt{2})$$

$$x_2(k) = \sin(k/\sqrt{2})$$

$$x_3(k) = k/\sqrt{2} \qquad k = 0, 1, \cdots, 29$$

当使用 J_{ef} 准则时，经过 20 次梯度下降迭代就会产生图 10-27 右图所示的二维映像点。当然，将这些映像点平移、旋转或做反射变化也可得到很好的结果。

对于高维非度量数据的多维尺度变换问题，相似性 δ_{ij} 的排序会比本身的数值更重要。较理想的结果就是，低维空间中点间距离 d_{ij} 的排序能与原始数据中 δ_{ij} 的排序保持一样。让我们先对 $m=n(n-1)/2$ 个相似性 δ_{ij} 排序，使得 $\delta_{i_1j_1}\leqslant\cdots\leqslant\delta_{i_mj_m}$，并令 $\hat{d}_{ij}$ 表示任意的 m 个数，满足单调递增条件

$$\hat{d}_{i_1j_1} \leqslant \hat{d}_{i_2j_2} \leqslant \cdots \leqslant \hat{d}_{i_mj_m} \tag{110}$$

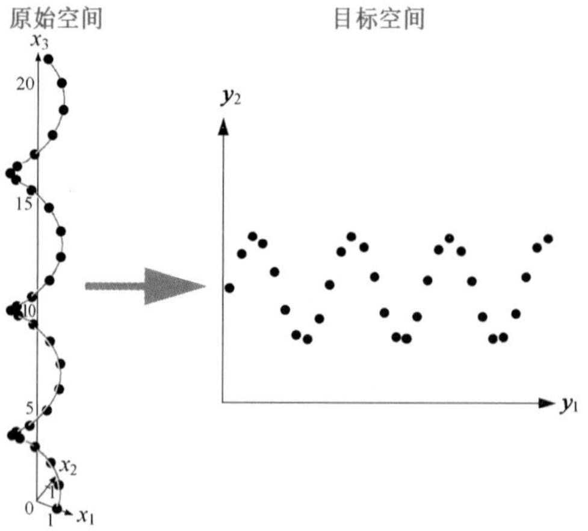

图 10-27 30 个数据点的形式为 $\mathbf{x}=(\cos(k/\sqrt{2}),\sin(k/\sqrt{2}),k/\sqrt{2})^t,k=0,1,\cdots,29$，并在左图中表示出来。多维尺度变换使用 J_{ef}（式(109)）作为准则，在二维空间中得到对应的映像点，如右图所示。可以清楚地看到，低维空间中的点很好地表达了高维空间数据点间的关系

一般来说，d_{ij} 不能满足这种排序要求，同时 $\hat{d}_{ij}$ 也不能代表距离，但是我们可以衡量 d_{ij} 会在多大程度上靠近这种排序，即用

$$\hat{J}_{\text{mon}} = \min_{\hat{d}_{ij}} \sum_{i<j} (d_{ij} - \hat{d}_{ij})^2 \tag{111}$$

度量，其中 $\hat{d}_{ij}$ 总是满足排序要求。因此，$\hat{J}_{\text{mon}}$ 可以衡量 $\mathbf{y}_1,\cdots,\mathbf{y}_n$ 描述原始数据之间相似关系
575 的好坏程度。可惜 $\hat{J}_{\text{mon}}$ 不能直接用来求解最优 $\mathbf{y}_1,\cdots,\mathbf{y}_n$，因为当 d_{ij} 和 $\hat{d}_{ij}$ 都取 0 时不仅满足所有的条件，而且 $\hat{J}_{\text{mon}}$ 还是最小的。因此，有必要引入归一化

$$J_{\text{mon}} = \frac{\hat{J}_{\text{mon}}}{\sum_{i<j} d_{ij}^2} \tag{112}$$

J_{mon} 不仅对构型的平移、旋转和放大具有不变性，而且可以通过最小化 J_{mon} 来定义最优的 $\mathbf{y}_1,\cdots,\mathbf{y}_n$。实验表明，当数据点个数比映像点空间的维数多时，单调递增的排序条件是非常强的。这个现象是可以理解的，如果注意到约束条件个数是与数据点个数平方成正比的。同时也可以解释我们多次提到的它可以用于从非度量数据中恢复度量信息。映像点的表达能力随着它的维数的增长而增强，为了得到更小的 J_{mon}，也许有必要使映像点空间超过三维。如果我们拟使用那些大多基于度量空间的聚类算法，那么维数增大并不算很大的代价。

10.14.1 自组织特征映射

自组织特征映射(self-organizing feature map)与 MDS 密切相关，有时又称为拓扑有序映射(topologically ordered map)或 Kohonen 自组织特征映射。跟前面一样，该算法的目标是，用低维目标空间的点去表示高维原始空间的点，以使得这种表示能尽量保留原始的距离或相似性关系。自组织特征映射的算法没有存储大量样本的空间要求，所以具有比 MDS 低得多的空间复杂性(在实践中，这两种方法都具有较高的时间复杂性)。而且，如果从原始空间到目标空间存在非线性映射结构，该算法能表现得更出色。

用一个具体的例子来说明自组织特征映射的原理是非常方便的。假设我们要学会一种从二维圆盘区域(原始空间)映射到一维线性空间(目标空间)的非线性映射，如图 10-28 所示。原始空间由一个可移动的机械臂来探索。机械臂是由同样长度的两根杆铰连而成，它的一端固定，另一端是探头。因此原始空间的每个点 (x_1,x_2) 就和角度向量 $\boldsymbol{\phi}=(\phi_1,\phi_2)$ 对应。算法之所以用 $\boldsymbol{\phi}$ 而不用 (x_1,x_2)，是因为后者及其非线性变换都不那么容易得到。虽然在本例中，非线性只涉及反三角函数，但在大多数应用中，其只会更复杂甚至根本就是未知的。

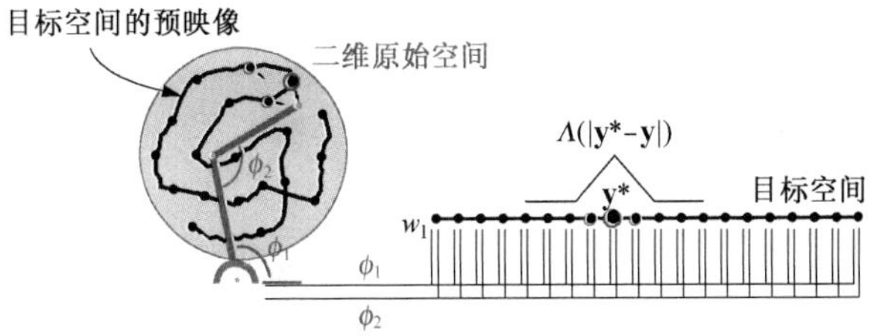

图 10-28　二维圆盘区域到一维直线空间的映射可以通过自组织映射算法得到。对目标空间(直线)上的每个点 $\mathbf{y}$,总存在一个原始空间中的对应点,如果这个点出现在神经网络输入端中,就会使得 $\mathbf{y}$ 最活跃。为了使问题清楚,可以将那些原始空间中的对应点连接起来,就如同将目标直线放入原始空间中一样。我们称这条连接得到的曲线为目标空间的预映像(pre-image)。在图中,某个原始点使得 $\mathbf{y}^*$ 最活跃,式(113)给出的学习更新规则使得权向量向这个原始点移动(用小箭头表示在图中)。因为窗函数 $\Lambda(|\mathbf{y}^*-\mathbf{y}|)$ 的缘故,预映像中离这个权向量较近的点也向那个原始点移动。如果机械臂采样很多次,就可以学到一个拓扑有序映射

现在的任务就是:给出一串 $\boldsymbol{\phi}$(对应原始空间中的采样),建立一种 $\boldsymbol{\phi}$ 到 $\mathbf{y}$ 的映射,使之满足原始空间中相近的两个点在目标空间的映像点也是比较接近的。这种保持邻接关系的做法就是"拓扑有序映射"名称的来源。

映射是通过一个简单的两层神经网络学到的。网络有两个输入 ϕ_1 和 ϕ_2,每个输入单元都和很多输出单元连接,输出单元就对应目标直线(空间)上的点。当 $\boldsymbol{\phi}$ 到来时,目标空间中的每个节点都计算它自己的净激活 $net_k=\boldsymbol{\phi}^t\mathbf{w}_k$。响应最大的点称为 $\mathbf{y}^*$。这个点的权向量和所有与它邻接的点的权向量都根据下式更新:

$$w_{ki}(t+1)=w_{ki}(t)+\eta(t)\Lambda(|\mathbf{y}-\mathbf{y}^*|)\boldsymbol{\phi}_i \tag{113}$$

其中 $\eta(t)$ 是学习速度,而且随着迭代次数 t 变化。函数 $\Lambda(|\mathbf{y}-\mathbf{y}^*|)$ 是窗函数,当 $\mathbf{y}=\mathbf{y}^*$ 时为1,并且随着 $|\mathbf{y}-\mathbf{y}^*|$ 的增大而减小。窗函数是算法成功的关键:它保证目标空间的相邻点具有类似的权向量,并因此对应原始空间中的相邻点,保证了拓扑邻域关系(图 10-29)。每个权向量都被归一化为 1(当然,只有那些更新过的权向量才有必要进行归一化计算)。学习速度 $\eta(t)$ 会随着迭代次数的增加而缓慢递减,这样可以保证更新会收敛,算法会自己结束。

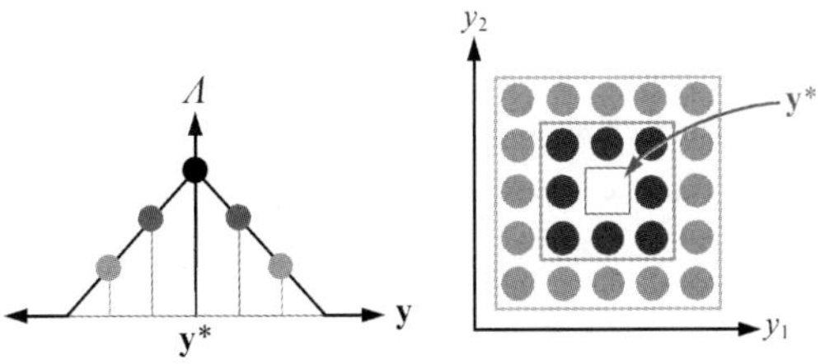

图 10-29　一维(左)和二维(右)目标空间自组织映射的典型窗函数。在这两种情况下,最活跃的 $\mathbf{y}^*$ 对应的权向量获得了最大的更新,离 $\mathbf{y}^*$ 远一点的更新量就小一些

式(13)可以有更直截了当的解释。当任何模式到来时,目标空间的"获胜"单元 $\mathbf{y}^*$ 就进行调整,使自己更像这个模式,而 $\mathbf{y}^*$ 的邻居也做调整(尽管没有 $\mathbf{y}^*$ 那么强烈),使它们的权值更接近于输入模式。这样,输入空间的相邻点就会在目标空间找到相邻的映像点。 576~577

当有足够多的模式到来后,式(113)可以保证原始空间中相距较近的点在目标空间中的映像也很近。通俗地说,就像目标空间的直线被置于原始空间一样,学习过程拉伸直线使它充满整个原始空间。图 10-30 显示出自组织映射的中间过程。经过 150 000 次迭代(训练样本)后,得到了最终的拓扑映射。

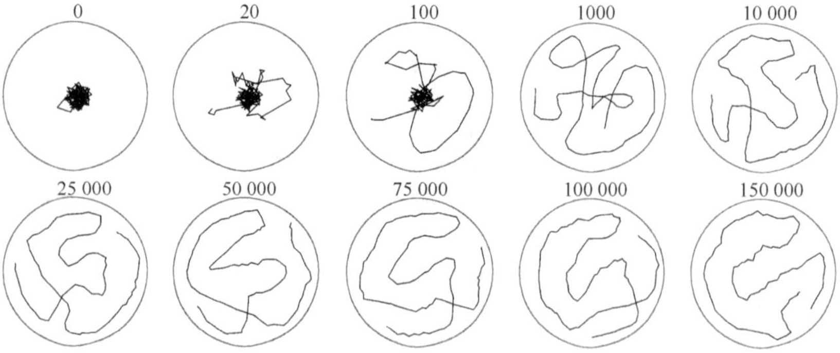

图 10-30 针对图 10-28 所示的问题，这里列举在大量原始数据下，自组织映射的演化发展过程

上面的这种学习方法具有普遍性，几乎可以用在任何原始空间、目标空间和连续的非线性映射上。图 10-31 给出了从二维正方形空间到正方形格点空间的自组织映射。

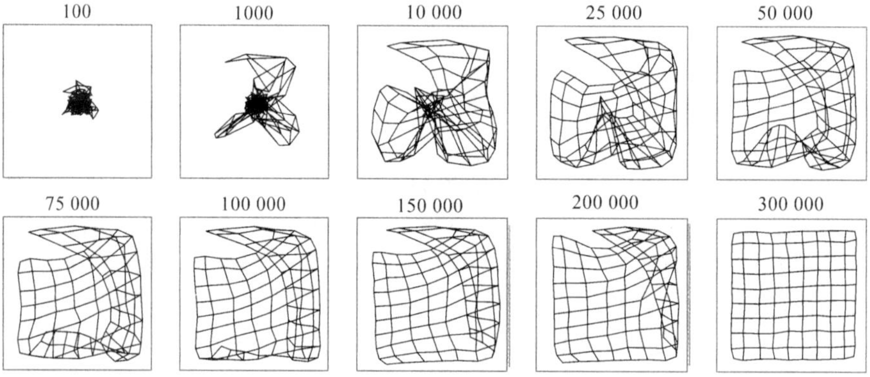

图 10-31 自组织映射下从二维正方形空间到正方形(格点)目标空间的映射。如同图 10-28，目标空间的每个格点显示在原始空间对应点的上端，原始空间最大限度地激发目标点

这种算法得到的自组织映射关系通常存在固有的模糊性。比如，从正方形到正方形的映
578 射就有 8 个可能的方向，分别对应 4 种旋转和 2 种对称变换的组合。这种模糊性一般与后续目标空间的聚类分类无多大关系。但是，映射模糊性可能会导致更为严重的缺陷，即自组织映射中出现“扭曲”(kink)现象。某种初始的条件可能导致自组织映射的一部分学到某种方向信息而另一部分学到不同的方向信息，如图 10-32 所示。当这个现象发生时，最好是重新初始化权向量并开始学习过程，尝试用更宽的窗函数和更慢的学习速度。

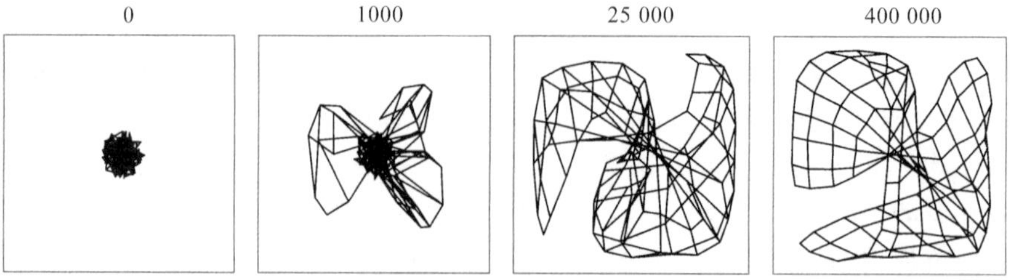

图 10-32 在某种初始(随机)权向量和(随机选择的)特定模式序列下，得到扭曲的自组织映射，即使进一步地训练也不能消除这个现象。如果碰到这个问题，应该重新初始化权向量并开始新的学习，可以尝试用更宽的窗函数和更慢的学习速度

这个学习算法还有一个好处,它自动将原始空间的样本的概率密度 $p(\mathbf{x})$ 也考虑进去。在密度较高的区域会吸引更多目标空间的点,即会有更多的映像点对应这块区域,如图 10-33 所示。

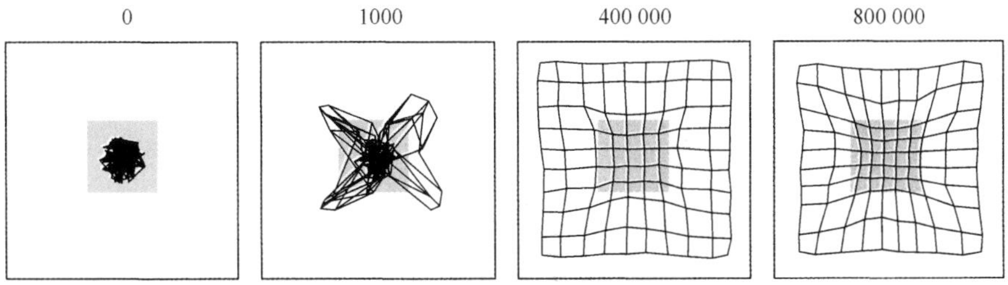

图 10-33 本图与图 10-31 一样,除了原始数据空间的样本是不均匀的。在正方形区域中心附近(红色)的采样密度比其他地方高 20 倍。因此自组织映射在中心附近分布更多的节点

自组织特征映射可以用在很多系统中。比如,在信号处理中,我们可利用滤波器组的输出将信号波形映射到二维目标空间。当这个技术用到发元音时,相似的发音如/ee/和/eh/在目标空间会很近,而其他的如/ee/和/oo/相距很远,这和在 MDS 中看到的一样。后续的监督学习可以通过在二维目标空间中标记各个区域得到一个完整的分类器,当然由于维数降低,所需要的监督训练会很少。 579

10.14.2 聚类与降维

维数灾难在模式识别中实在是一个大问题,因而出现了很多降维(dimensionality reduction)算法。与我们刚刚学习过的各种方法不同,这些降维算法中的大部分都提供了一个函数映射过程,可以对任何一个特征向量求得在低维空间中的对应点。主成分分析和因子分析(factor analysis)都是经典算法,它们通过线性组合特征以达到降维目的。就如在第 3 章和 10.13.1 节中提到的,主成分分析的目标是在低维空间中找到最能反映原始数据方差的一种表示;因子分析的目的是,在低维空间中找到最能体现原始数据之间相关性的一种表示。如果我们把降维问题看成去掉高度相关(冗余)的特征或合并这些相关特征,那么聚类技术就可以在这里发挥作用。现在我们从数据矩阵(data matrix)的角度来解释一下。数据矩阵的大小为 $n\times d$,它的每一行代表一个模式(数据)。普通的聚类算法可看成对矩阵的行进行某种合并,并用少数的聚类中心代表所有数据。而降维算法可理解为对矩阵的列进行组合,并用结合的特征表示每个数据。

让我们考虑层次聚类算法的一种简单变体,并用来降维。我们用 $d\times d$ 大小的相关矩阵 $\mathbf{R}=[\rho_{ij}]$ 代替样本之间的距离矩阵,相关系数 ρ_{ij} 和协方差的关系为

$$\rho_{ij}=\frac{\sigma_{ij}}{\sqrt{\sigma_{ii}\sigma_{jj}}} \tag{114}$$

因为 $0\leqslant\rho_{ij}^2\leqslant1$,且 $\rho_{ij}^2=0$ 和 $\rho_{ij}^2=1$ 分别代表特征完全不相关和完全相关,所以 ρ_{ij}^2 扮演特征之间的相似性关系。如果两个特征对应的 ρ_{ij}^2 大,这两个特征就容易被合并为一个特征,因而就降低了一维。这样继续下去就可以得到下面的层次算法:

算法 8(层次降维算法)

1 <u>**begin**</u> <u>**initialize**</u> $d', D_i\leftarrow\{\mathbf{x}_i\}, i=1,\cdots,d$

2 $\hat{d}\leftarrow d+1$

3 <u>**do**</u> $\hat{d}\leftarrow d-1$

从式(114)计算 **R**
求最相关的不同聚类,例如$\mathcal{D}_i$ 和$\mathcal{D}_j$
$\mathcal{D}_i \leftarrow \mathcal{D}_i \cup \mathcal{D}_j$ 合并
删除$\mathcal{D}_j$
until $\hat{d} = d'$
return d'个聚类
end

也许合并两个特征最简单的方法就是求平均(这种方法心照不宣地假定所有的特征都经过归一化,因而具有差不多的数值范围)。在这样定义的新特征上计算相关矩阵是没有问题的。580 当然,对算法稍做修改就会有很多的变形,但我们不准备深入下去。

如果以模式分类作为目的,那么对我们讨论过的各种降维方法最严厉的批评就是,它们过于关心数据的精确表示了。过多强调那些具有很大变化范围的特征组合。对分类问题来说,我们感兴趣的是判别能力而不是表达能力。虽然大家公认理想的表达肯定会使分类非常简单,但是还不清楚不用明显分类准则的聚类是否能找到这种理想的表达。当然,即使算法找到了清楚而且孤立的聚类,也并不能保证这对分类有好处,毕竟每个孤立类内的点可能来自高度散布的类别。一般来说,最有意义的特征是使类均值的差比标准差大的那些,而不仅仅只是使标准差大的那些。简而言之,对分类问题来说,我们对类似于第 3 章中的多重判别分析方法的技术更感兴趣。

对于模式分类的降维算法有大量相关理论。有些算法对特征进行线性组合获得新的特征,其他一些则筛选出特征集的一个子集。这些理论的主要问题就是将模式识别人为地分为特征提取过程加上后续的分类过程。如果存在真正意义上的最优特征提取器,那么它一定就是一个最优的分类器。当很多额外约束加在分类器上或样本数量有限时,问题就不那么简单了。从文献中可以找到各种各样的方法,以针对不同的场合去克服这个问题。应该充分利用问题的领域知识去获取更加有价值的特征,因为这经常是最有益的步骤。

本章小结

无监督学习和聚类是从未标记样本中提取出有用信息的过程。如果数据来自一个混合密度且混合密度的各个成分密度用参数 $\boldsymbol{\theta}$ 表示,那么 $\boldsymbol{\theta}$ 可以通过最大似然方法或贝叶斯方法估计得到。更一般的方法是,定义类与类之间的相似性和一个全局准则函数,比如误差平方和准则和散布矩阵的迹准则。可惜很少存在解析的方法去优化准则函数并获得相应的聚类结果,而一系列的贪婪(局部的逐步求精)迭代算法却很成熟,如 k-均值聚类和模糊 k-均值聚类。

如果试图在不同层次上揭示数据的内部结构,就要用到层次聚类方法。基于合并(或“自底向上”)的方法开始时,每个样本自成一类,然后迭代合并最相似的两个类。基于分裂(或“自顶向下”)的方法则从一个包含所有样本的大类开始,随后迭代分裂为更小的类。层次聚类的结果可以用树图清楚地表示。如果树图的相邻两层在相似性方面出现很大的差别,常常表示已经找到“自然”的聚类结果。另一方面,聚类验证的问题——当类别数目未知时——被提出,
581 并可以用假设检验去研究。假设检验的零假设总共存在 c 个类别。我们增加一个类别然后判断误差函数的减少量是否具有统计显著性。

竞争学习是一种基于神经网络的聚类方法,它的特点是,每次迭代后,最接近输入模式的聚类中心向该模式方向调整。为了保证学习过程会自动停止,学习速度参数必须衰减。竞争

学习可以稍做修改，如果没有合适的类中心接受输入的模式，就会产生一个新的类别，就如在领导者-追随者算法和自适应共振算法（ART）中一样。虽然这些方法具有很多优点，比如计算方便，可以跟踪渐变的数据集，但是它们不可能对简单的全局准则函数（比如误差平方和）实现真正的最优化。无监督学习和聚类算法通常对用户指定的一些参数很敏感。

图论方法在聚类时将数据当作顶点，并按照距离度量和一些启发式原则连接起来。这样产生的类虽然可以表示复杂的结构，但是也无法真正实现全局代价的最优化。图论方法对数据的细节会更敏感。

成分分析在特征空间中寻求一些方向或轴线，能提供一种改进低维空间中数据表示的方法。主成分分析（PCA）是一个线性过程，主方向就是对应协方差矩阵最大本征值的本征向量。在主方向上的投影可以优化误差平方和准则。非线性成分分析（NLCA），比如自动编码神经网络，会在特征空间中产生非线性曲面，并将任意的模式 $\mathbf{x}$ 投影在上面。独立成分分析（ICA）的目标就是在特征空间中找到互相统计独立的方向，它可以通过对熵准则做梯度下降来求解。这些独立的方向也许揭示了数据的真正独立来源，可用于盲源信号的分解。

自组织特征映射和 MDS 是两个一般的降维方法。自组织特征映射可以是非线性的，而且可以用低维目标空间中距离相近的点表示原始数据空间中距离相近的点。因为这种方法保持了邻接关系，故这个特征映射被说成在拓扑上是正确的。原始空间和目标空间可以是任意形状，而且从原始空间到目标空间的映射还要取决于原始空间的样本密度。MDS 也要学习点和点之间的映射，而且要保持邻接关系。这个技术经常用于数据可视化。由于它需要所有点和点之间的距离来最小化全局准则函数，它的空间复杂性限制了应用范围。

文献和历史评述

关于无监督学习和聚类的文献最早可以追溯到 1894 年，Karl Pearson 利用样本矩（sample moment）去求解含有两个单变量正态分量的混合密度的参数。很多关于模式分类的书籍都谈到了无监督学习，有几本书和几篇总结文章是专门讨论无监督学习的，而且很深入，比如参考文献[1]和[23]。关于无监督方法的数学分析来自信号压缩领域，如向量量化技术（VQ）就是要使得任意一个向量被 c 个基本向量中的某一个所代表，就像我们用聚类中心代表整个类的元素一样[18]。 582

参考文献[34]是关于混合模型的一本书，文献[46]讨论无监督学习中的可辨识性问题。Hasselblad 在文献[20]中表明一维正态的参数是如何在无监督环境下学到的。Lloyd 在文献[32]中介绍了 k-均值算法。该算法引出了很多变形，如利用 Mahalanobs 距离[33]，利用模糊（fuzzy）度量[5，6]。在文献[12]中，总结了很多基于合并的层次聚类算法。文献[27]中的“进化枝”（源于希腊语 klados，意为分枝）不仅是生物分类学的基础，而且为分类方法在各个科学领域的应用提供了有用的背景。层次聚类技术在文献[6]中得到了非常好的介绍。

关于主成分分析的数学原理可以从文献[9，24，13，30]中了解。独立成分分析是由 Jutten 和 Herault[25]提出的，而 Gaeta 和 Lacoume[16]引入最大似然法。文献[39]和文献[40]对最大似然方法进行了推广并给了一个最大似然的解法。Bell 和 Sejnowski[4]用神经网络实现了独立成分分析（ICA），并详细解释了 ICA 和“信息最大化”[36]之间的关系。文献[48]是一篇关于 ICA 的很好的介绍，还有几项研究证明了它在分类技术中的应用，如文献[15]。MDS 有时也被称为“非线性投影”（与线性投影相区别），在文献[8]和文献[43]中讨论，而它同聚类方法的关系在文献[31]中得到研究。

始于 20 世纪 80 年代早期，Kohonen 发表了一系列关于自组织特征映射的文章[28]，在文献[29]和[42]中可以读到很好的介绍。算法的收敛性质在文献[49]中得到证明。文献[33]对自组织特征映射和其他算法(如主成分分析、判别分析等)做了很好的比较。有很多关于自组织特征映射方法的应用,从语音信号处理到寻找非常贫乏模式。

自适应共振主要试图研究生物系统中的模式识别和聚类机理,文献[10]讨论了这个问题。算法的中心思想在文献[35]中得到了精彩的阐述。文献[45]将自适应共振用到的思想和术语都翻译为标准的工程术语,并给出一个完备的术语表。

习题

10.2 节

1. 假设 $\mathbf{x}$ 可以在 $0,1,\cdots,m$ 中取值,$P(\mathbf{x}|\boldsymbol{\theta})$是由 c 个成分组成的混合密度

$$P(\mathbf{x}|\boldsymbol{\theta}) = \sum_{j=1}^{c} \binom{m}{\mathbf{x}} \boldsymbol{\theta}_j^m (1-\boldsymbol{\theta}_j)^{m-\mathbf{x}} P(\omega_j)$$

其中 $\boldsymbol{\theta}$ 是长度为 c 的参数向量。

(a)假设先验概率 $P(\omega_j)$是已知的,请说明当 $m<c$ 的时候,混合密度不是可辨识的。

583 (b)在这些条件下,混合密度是完全不可辨识的吗?

(c)如果先验 $P(\omega_j)$也是未知的,那么(a)、(b)问的答案是什么?

2. 考虑由两个三角形分布组成的混合密度。每个分量密度 ω_i 以 $\boldsymbol{\mu}_i$ 为中心点,以 w_i 为半宽度:

$$p(\mathbf{x}|\omega_i) \sim T(\boldsymbol{\mu}_i, w_i) = \begin{cases} (1-|\mathbf{x}-\boldsymbol{\mu}_1|)/(w_i^2) & |\mathbf{x}-\boldsymbol{\mu}_i| < w_i \\ 0 & \text{其他} \end{cases}$$

(a)假设 $P(\omega_1)=P(\omega_2)=0.5$,请写出最大似然估计$\hat{\boldsymbol{\mu}}_i$ 和$\hat{\omega}_i$ 的表达式,$i=1,2$。

(b)在(a)的条件下,混合分布是可辨识的吗?

(c)假设两个成分分布的宽度 ω_i 都是已知的,但中心是不知道的,同时假定存在某些值,当两个中心取这些值时,每个样本的概率密度都是非零的。请给出最大似然求解类别中心的公式。

(d)在(c)的条件下,混合分布是可辨识的吗?

3. 假设一个一维的混合正态模型由两个正态分量组成,每个分量都以原点为中心:

$$p(\mathbf{x}|\boldsymbol{\theta}) = P(\omega_1)\frac{1}{\sqrt{2\pi}\sigma_1}e^{-\mathbf{x}^2/(2\sigma_1^2)} + (1-P(\omega_1))\frac{1}{\sqrt{2\pi}\sigma_2}e^{-\mathbf{x}^2/(2\sigma_2^2)}$$

而参数向量 $\boldsymbol{\theta}=(P(\omega_1),\sigma_1,\sigma_2)^t$。

(a)证明在这些条件下,这个混合密度是完全不可辨识的。

(b)假设 $P(\omega_1)$的值是确定而未知的,混合模型是可辨识的吗?

(c)假设 σ_1 和 σ_2 是已知的,但 $P(\omega_1)$是未知的。模型是可辨识的吗? 也就是说 $P(\omega_1)$可由样本数据求出吗?

10.3 节

4. 令 $\mathbf{x}$ 表示含有 d 个分量的向量,每个分量取值 0 或 1,让 $P(\mathbf{x}|\boldsymbol{\theta})$表示 c 个多变量伯努利分布组成的混合分布

$$P(\mathbf{x}|\boldsymbol{\theta}) = \sum_{i=1}^{c} P(\mathbf{x}|\omega_i, \boldsymbol{\theta}_i)P(\omega_i)$$

其中

$$P(\mathbf{x}|\omega_i,\boldsymbol{\theta}_i)=\prod_{j=1}^{d}\theta_{ij}^{x_j}(1-\theta_{ij})^{1-x_j}$$

(a)请推出下面的偏导数公式：

$$\frac{\partial\ \ln P(\mathbf{x}|\omega_i,\boldsymbol{\theta}_i)}{\partial\theta_{ij}}=\frac{\mathbf{x}_i-\theta_{ij}}{\theta_{ij}(1-\theta_{ij})}$$

(b)用最大似然估计的一般公式证明参数向量 $\boldsymbol{\theta}_i$ 的最大似然估计 $\hat{\boldsymbol{\theta}}_i$ 必须满足 584

$$\hat{\boldsymbol{\theta}}_i=\frac{\sum_{k=1}^{n}\hat{P}(\omega_i|\mathbf{x}_k,\hat{\boldsymbol{\theta}}_i)\mathbf{x}_k}{\sum_{k=1}^{n}\hat{P}(\omega_i|\mathbf{x}_k,\hat{\boldsymbol{\theta}}_i)}$$

(c)解释你在(b)中得到的答案。

5. 令 $p(\mathbf{x}|\boldsymbol{\theta})$表示含有 c 个分量的混合密度，分量密度 $p(\mathbf{x}|\omega_i,\boldsymbol{\theta}_i)\sim N(\boldsymbol{\mu}_i,\sigma_i^2\mathbf{I})$。利用 10.3 节的结果，证明对 σ_i^2 的最大似然估计满足

$$\hat{\sigma}_i^2=\frac{1/d\sum_{k=1}^{n}\hat{P}(\omega_i|\mathbf{x}_k,\hat{\boldsymbol{\theta}}_i)\|\mathbf{x}_k-\hat{\boldsymbol{\mu}}_i\|^2}{\sum_{k=1}^{m}\hat{P}(\omega_i|\mathbf{x}_k,\hat{\boldsymbol{\theta}}_i)}$$

其中$\hat{\boldsymbol{\mu}}_i$ 和$\hat{P}(\omega_i|\mathbf{x}_k,\hat{\boldsymbol{\theta}}_i)$的定义分别在公式(25)和公式(27)中给出。

6. 考虑一个含有 c-个成分的混合概率，参数向量 $\boldsymbol{\theta}$ 和先验概率 $P(\omega_i)$都是未知的。令 $\hat{P}(\omega_i)$表示 $P(\omega_i)$的最大似然估计，$\hat{\boldsymbol{\theta}}_i$ 表示 $\boldsymbol{\theta}_i$ 的最大似然估计。证明如果似然函数是可微的而且对于任何 i，$\hat{P}(\omega_i)\neq 0$，则$\hat{P}(\omega_i)$和 $\hat{\boldsymbol{\theta}}_i$ 必须满足式(11)和(12)，即有

$$\hat{P}(\omega_i)=\frac{1}{n}\sum_{k=1}^{n}\hat{P}(\omega_i|\mathbf{x}_k,\hat{\boldsymbol{\theta}})$$

和

$$\sum_{k=1}^{n}\hat{P}(\omega_i|\mathbf{x}_k,\hat{\boldsymbol{\theta}})\boldsymbol{\nabla}_{\boldsymbol{\theta}_i}\ln p(\mathbf{x}_k|\omega_i,\hat{\boldsymbol{\theta}}_i)=0$$

其中

$$\hat{P}(\omega_i|\mathbf{x}_k,\hat{\boldsymbol{\theta}})=\frac{p(\mathbf{x}_k|\omega_i,\hat{\boldsymbol{\theta}}_i)\hat{P}(\omega_i)}{\sum_{j=1}^{c}p(\mathbf{x}_k|\omega_j,\hat{\boldsymbol{\theta}}_j)\hat{P}(\omega_j)}$$

7. 当我们用最大似然方法估计混合密度的参数时，时常假定各个分量密度是互相独立的。相反，现在我们假定

$$p(\mathbf{x}|\alpha)=\sum_{j=1}^{c}p(\mathbf{x}|\omega_j,\alpha)P(\omega_j)$$

其中 α 是同时在几个(甚至所有)分量密度中出现的参数。令 l 表示 n 个样本的对数似然函数，证明 l 关于 α 的导数是

$$\frac{\partial l}{\partial\alpha}=\sum_{k=1}^{n}\sum_{j=1}^{c}P(\omega_j|\mathbf{x}_k,\alpha)\frac{\partial\ln p(\mathbf{x}_k|\omega_j,\alpha)}{\partial\alpha}$$

其中

585

$$P(\omega_j|\mathbf{x}_k,\alpha)=\frac{p(\mathbf{x}_k|\omega_j,\alpha)P(\omega_j)}{p(\mathbf{x}_k|\alpha)}$$

8. $\boldsymbol{\theta}_1$ 和 $\boldsymbol{\theta}_2$ 是分量密度 $p(\mathbf{x}|\omega_1,\boldsymbol{\theta}_1)$ 和 $p(\mathbf{x}|\omega_2,\boldsymbol{\theta}_2)$ 的未知参数。假设刚开始时 $\boldsymbol{\theta}_1$ 和 $\boldsymbol{\theta}_2$ 是统计独立的，所以有 $p(\boldsymbol{\theta}_1,\boldsymbol{\theta}_2)=p_1(\boldsymbol{\theta}_1)p_2(\boldsymbol{\theta}_2)$。

   (a)证明当观察到第一个样本 $\mathbf{x}_1$ 时，如果

$$\frac{\partial p(\mathbf{x}|\omega_i,\boldsymbol{\theta}_i)}{\partial\boldsymbol{\theta}_i}\neq 0,\qquad i=1,2$$

   $p(\boldsymbol{\theta}_1,\boldsymbol{\theta}_2|\mathbf{x}_1)$ 就不可能再分解为 $p_1(\boldsymbol{\theta}_1|\mathbf{x}_1)$ 和 $p_2(\boldsymbol{\theta}_2|\mathbf{x}_1)$ 的乘积。

   (b)请从无监督学习中参数的统计相关性方面解释一下本题的含义。

9. 假设混合密度 $p(\mathbf{x}|\boldsymbol{\theta})$ 是可辨识的。证明在一般条件下，随着样本数量的增加，$p(\boldsymbol{\theta}|\mathcal{D}^n)$（依概率）收敛于以 $\boldsymbol{\theta}$ 的真实值为中心的狄拉克函数。

10. 假设式(3)中的似然函数可微，请给出式(11)～式(13)的最大似然条件。

10.4 节

11. 如果 $p(\mathbf{x}|\omega_i,\boldsymbol{\theta}_i)\sim N(\boldsymbol{\mu}_i,\boldsymbol{\Sigma})$，$\boldsymbol{\Sigma}$ 是 c 个分量密度所共有的协方差矩阵。令 σ_{pq} 表示 $\boldsymbol{\Sigma}$ 的第 pq 个元素，σ^{pq} 表示 $\boldsymbol{\Sigma}^{-1}$ 的第 pq 个元素，$\mathbf{x}_p(k)$ 为 $\mathbf{x}_k$ 的第 p 个元素，$\boldsymbol{\mu}_p(i)$ 为 $\boldsymbol{\mu}_i$ 的第 p 个元素。

   (a)证明

$$\frac{\partial\ln p(\mathbf{x}_k|\omega_i,\boldsymbol{\theta}_i)}{\partial\sigma^{pq}}=\left(1-\frac{\delta_{pq}}{2}\right)\left[\sigma_{pq}-(\mathbf{x}_p(k)-\boldsymbol{\mu}_p(i))(\mathbf{x}_q(k)-\boldsymbol{\mu}_q(i))\right]$$

   其中

$$\delta_{pq}=\begin{cases}1 & p=q\\ 0 & p\neq q\end{cases}$$

   是克罗内克 δ 符号。

   (b)利用这个结果和习题 7 的结果证明 $\boldsymbol{\Sigma}$ 的最大似然估计满足

$$\hat{\boldsymbol{\Sigma}}=\frac{1}{n}\sum_{k=1}^{n}\mathbf{x}_k\mathbf{x}_k^t-\sum_{i=1}^{c}\hat{P}(\omega_i)\hat{\boldsymbol{\mu}}_i\hat{\boldsymbol{\mu}}_i^t$$

   其中 $\hat{P}(\omega_i)$ 和 $\hat{\boldsymbol{\mu}}_i$ 是由式(24)和式(25)给出的最大似然估计。

12. 如果下面的情况出现，证明先验概率最大似然估计可能为 0。令 $p(\mathbf{x}|\omega_1)\sim N(0,1)$，$p(\mathbf{x}|\omega_2)\sim N(0,1/2)$，所以 $P(\omega_1)$ 为混合密度

$$p(\mathbf{x})=\frac{P(\omega_1)}{\sqrt{2\pi}}e^{-\mathbf{x}^2/2}+\frac{(1-P(\omega_1))}{\sqrt{\pi}}e^{-\mathbf{x}^2}$$

   仅有的未知参数。

586 (a)证明当 $\mathbf{x}_1^2<\ln 2$ 时观察到一个样本 $\mathbf{x}_1$，$P(\omega_1)$ 的最大似然估计 $\hat{P}(\omega_1)$ 是 0。

   (b)如果 $\mathbf{x}_1^2>\ln 2$ 时，$\hat{P}(\omega_1)$ 又是多少？

   (c)总结并解释你的答案。

13. 考虑单变量混合正态混合密度

$$p(\mathbf{x}|\boldsymbol{\mu}_1,\cdots,\boldsymbol{\mu}_c)=\sum_{j=1}^{c}\frac{P(\omega_j)}{\sqrt{2\pi}\sigma}\exp\left[-\frac{1}{2}\left(\frac{\mathbf{x}-\boldsymbol{\mu}_j}{\sigma}\right)^2\right]$$

所有的分量都具有相同而且是已知的方差 σ^2。假设所有的均值都互相距离很远（相对于 σ）以至于对任何观察到的样本 $\mathbf{x}$，只有一个分量的密度是不可忽略的。请用启发式方法证明

$$\max_{\boldsymbol{\mu}_1,\ldots,\boldsymbol{\mu}_c}\left\{\frac{1}{n}\ln p(\mathbf{x}_1,\cdots,\mathbf{x}_n|\boldsymbol{\mu}_1,\cdots,\boldsymbol{\mu}_c)\right\}$$

的值在独立样本个数 n 很大的时候可以近似为

$$\sum_{j=1}^{c}P(\omega_j)\ln P(\omega_j)-\frac{1}{2}\ln[2\pi\sigma e]$$

其中 e 是自然对数的底。

14. $\mathbf{x}_1,\cdots,\mathbf{x}_n$ 为 n 个 d 维样本，$\mathbf{\Sigma}$ 是任意的大小为 $d\times d$ 的非奇异矩阵。证明使得

$$\sum_{k=1}^{m}(\mathbf{x}_k-\mathbf{x})^t\mathbf{\Sigma}^{-1}(\mathbf{x}_k-\mathbf{x})$$

最小的 $\mathbf{x}$ 就是样本的均值 $\bar{\mathbf{x}}=1/n\sum_{k=1}^{n}\mathbf{x}_k$。

15. 对式(31)进行微分，推出式(32)和(33)。

16. 证明算法 1 的计算复杂度是 $O(ndcT)$，其中 n 代表 d 维样本的个数，c 是假定的类别数目，T 是迭代次数。

17. 请将式(24)～式(26)之间的步骤补充完整。注意写出你需要的各种假设。

10.5 节

18. 考虑将 n 个样本分到 c 个类别的所有可能的组合。

(a)证明一共有

$$\frac{1}{c!}\sum_{i=1}^{c}\binom{c}{i}(-1)^{c-i}i^n$$

种不同的分类方法。

(b)当 $n=100, c=5$ 时一共有多少种可能的方法？ 587

(c)当 $n\gg c$ 时，请找到一种近似的简便计算(a)的方法，并用这种方法估算将 1000 个点分到 10 个类别的可能方法数目。

10.6 节

19. 在 10.9.4 节中定义了样本之间的距离，证明，如果只对相异度做单调递增变换，那么样本之间的距离排序具有不变性。读者可以按照下面的步骤证明。

(a)定义 v_k 为第 k 层相异度的值，并令第一层的 $v_1=0$。对更高的层次，v_k 代表 $k-1$ 层次上最相似（相异度最小）的两个类之间的相异度的值。请解释为什么对于两种类间距离 $\delta_{\min}$ 和 $\delta_{\max}$，v_k 序列都是递增的。

(b)假设 n 个样本中的任何两个都不相同，即 $v_2>0$。请用这个条件去证明单调性，即 $0=v_1\leqslant v_2\leqslant v_3\leqslant\cdots\leqslant v_n$。

10.7 节

20. 请利用式(56)中的定义，从式(54)推出式(55)。

21. 集合 $\mathcal{D}$ 含有 n 个样本，且被划分为 c 个互不相交的子集 $\mathcal{D}_1,\cdots,\mathcal{D}_c$。子集 $\mathcal{D}_i$ 中的样本均值为 $\mathbf{m}_i$，如果 $\mathcal{D}_i$ 是空集，则 $\mathbf{m}_i$ 无定义。误差平方和只与非空子集有关，即

$$J_e = \sum_{\mathcal{D}_i \neq \varnothing} \sum_{\mathbf{x} \in \mathcal{D}_i} \|\mathbf{x} - \mathbf{m}_i\|^2$$

假设 $n>c$，请证明对于能最小化 J_e 的划分是不存在空子集的，并请解释。

22. 考虑含有 $n=2k+1$ 个样本的集合，其中 k 个在 $x=-2$ 处，k 个在 $x=0$ 处，1 个在 $x=a>0$ 处。

(a)证明当聚类数目为 2，且 $a^2<2(k+1)$ 时，最小化 J_e 的划分会将 k 个 $x=0$ 处的样本和 1 个 $x=a$ 处的样本合为一类。

(b)当 $a^2>2(k+1)$ 时，最优分组是什么？

23. 令 $\mathbf{x}_1=\begin{pmatrix}4\\5\end{pmatrix}$，$\mathbf{x}_2=\begin{pmatrix}1\\4\end{pmatrix}$，$\mathbf{x}_3=\begin{pmatrix}0\\1\end{pmatrix}$，$\mathbf{x}_4=\begin{pmatrix}5\\0\end{pmatrix}$，下面给出了 3 种划分：

1) $\mathcal{D}_1=\{\mathbf{x}_1,\mathbf{x}_2\}$，$\mathcal{D}_2=\{\mathbf{x}_3,\mathbf{x}_4\}$

2) $\mathcal{D}_1=\{\mathbf{x}_1,\mathbf{x}_4\}$，$\mathcal{D}_2=\{\mathbf{x}_2,\mathbf{x}_3\}$

3) $\mathcal{D}_1=\{\mathbf{x}_1,\mathbf{x}_2,\mathbf{x}_3\}$，$\mathcal{D}_2=\{\mathbf{x}_4\}$

证明按误差平方和准则 J_e（式(54)），第 3 种划分是最好的，而按行列式准则 J_d（式(68)），前两种划分是最好的。

24. 令 $\mathbf{x}_1=\begin{pmatrix}0\\0\end{pmatrix}$，$\mathbf{x}_2=\begin{pmatrix}1\\1\end{pmatrix}$，$\mathbf{x}_3=\begin{pmatrix}1\\0\end{pmatrix}$，$\mathbf{x}_4=\begin{pmatrix}2\\0.5\end{pmatrix}$，下面给出了 3 种划分：

1) $\mathcal{D}_1=\{\mathbf{x}_1,\mathbf{x}_2\}$，$\mathcal{D}_2=\{\mathbf{x}_3,\mathbf{x}_4\}$

2) $\mathcal{D}_1=\{\mathbf{x}_1,\mathbf{x}_4\}$，$\mathcal{D}_2=\{\mathbf{x}_2,\mathbf{x}_3\}$

3) $\mathcal{D}_1=\{\mathbf{x}_1,\mathbf{x}_2,\mathbf{x}_3\}$，$\mathcal{D}_2=\{\mathbf{x}_4\}$

588 (a)找出误差平方和 J_e（式(54)）最小的划分。

(b)找出行列式准则 J_d（式(8)）最小的划分。

25. 下面考虑特征空间变换下的不变量问题。

(a)证明如果对数据进行非奇异线性变换，则矩阵 $\mathbf{S}_W^{-1}\mathbf{S}_B$ 的本征值 $\lambda_1,\cdots,\lambda_d$ 是不变的。

(b)证明 $\mathbf{S}_T^{-1}\mathbf{S}_W$ 的本征值 $v_1,\cdots,v_d$ 和 $\mathbf{S}_W^{-1}\mathbf{S}_B$ 的本征值满足关系 $v_i=1/(1+\lambda_i)$。

(c)用上面的结果证明，如果对数据进行非奇异线性变换，$J_d=|\mathbf{S}_W|/|\mathbf{S}_T|$ 也是不变的。

26. 在式(62)和式(63)中，定义了类内散列矩阵和类间散列矩阵，总的散列矩阵定义为 $\mathbf{S}_T=\mathbf{S}_W+\mathbf{S}_B$。证明下面的度量（式(70)、式(71)）对于数据的线性变换具有不变性。

(a) $\mathrm{tr}[\mathbf{S}_T^{-1}\mathbf{S}_W] = \sum_{i=1}^{d} \frac{1}{1+\lambda_i}$

(b) $|\mathbf{W}_W|/|\mathbf{S}_T| = \prod_{i=1}^{d} \frac{1}{1+\lambda_i}$

(c) $|\mathbf{S}_W^{-1}\mathbf{S}_B| = \prod_{i=1}^{d} \lambda_i$

(d)度量(c)中准则的值通常是多少？请解释为什么这个值使得该准则没有什么用处。

27. 证明式(68)给出的聚类准则 J_d 对下面的线性变换具有不变性。令 $\mathbf{T}$ 表示一个非奇异矩阵，数据的变换方式为 $\mathbf{x}'=\mathbf{T}\mathbf{x}$。

(a)使用旧的均值向量 $\mathbf{m}_i$ 和散列矩阵 $\mathbf{s}_i$ 及 $\mathbf{T}$，写出新的 $\mathbf{m}_i'$ 和 $\mathbf{S}_i'$。

(b)使用旧的 J_d 写出新的 J_d'，并证明它们只差一个纯量因子。

(c)因为该参数对所有的划分都一样，请说明 J_d 和 J_d' 在比较不同划分时具有同样的结果。

28. 矩阵 $\mathbf{S}_W^{-1}\mathbf{S}_B$ 的本征值 $\lambda_1,\cdots,\lambda_d$ 是最基本的不变量。证明在对数据做非奇异线性变换时，这些本征值确实是不变的。

29. 考虑在使用行列式准则聚类时遇到的一些问题。

(a)证明类内散列矩阵 $\mathbf{S}_i$ 的秩不会超过 n_i-1，$\mathbf{S}_W$ 的秩不会超过 $\sum_{i=1}^{c}(n_i-1)=n-c$。

(b)利用上面的结果解释类间散列矩阵 $\mathbf{S}_B$ 为什么可能会变成奇异矩阵。（当然，如果样本都限制在一个低维的子空间中，尽管 $n-c\geqslant d$，$\mathbf{S}_W$ 也可能是奇异的。） 589

10.8 节

30. 一种推广基本最小平方差算法的途径就是定义准则函数

$$J_T=\sum_{i=1}^{c}\sum_{\mathbf{x}\in\mathcal{D}_i}(\mathbf{x}-\mathbf{m}_i)^t\mathbf{S}_T^{-1}(\mathbf{x}-\mathbf{m}_i)$$

其中 $\mathbf{m}_i$ 是子集 $\mathcal{D}_i$ 中的 n_i 个样本的均值向量，$\mathbf{S}_T$ 是总体散列矩阵。

(a)证明对于非奇异线性变换来说，J_T 是不变的。

(b)证明当把样本 $\hat{\mathbf{x}}$ 从集合 $\mathcal{D}_i$ 移到 $\mathcal{D}_j$ 时，J_e 会变为

$$J_T^*=J_T+\left[\frac{n_j}{n_j+1}(\hat{\mathbf{x}}-\mathbf{m}_j)^t\mathbf{S}_T^{-1}(\hat{\mathbf{x}}-\mathbf{m}_j)-\frac{n_i}{n_i-1}(\hat{\mathbf{x}}-\mathbf{m}_i)^t\mathbf{S}_T^{-1}(\hat{\mathbf{x}}-\mathbf{m}_i)\right]$$

(c)利用此结果，写出迭代最小化 J_T 的伪代码。

31. 想一想将一个样本从一个子集移到另一个子集是怎样影响均值和误差平方和的，并推导式(76)和式(77)。

10.9 节

32. 定义相似性度量为 $s(\mathbf{x},\mathbf{x}')=\mathbf{x}^t\mathbf{x}'/(\|\mathbf{x}\|\ \|\mathbf{x}'\|)$。

(a)如果 $\mathbf{x}$ 的每个分量都是二值的（取 -1 或 1），$x_i=1$ 表示 $\mathbf{x}$ 拥有第 i 项属性，$x_i=-1$ 表示 $\mathbf{x}$ 不具有这个属性，请解释相似性度量的意义。

(b)证明在这种情况下，欧几里得距离的平方满足

$$\|\mathbf{x}-\mathbf{x}'\|^2=2d(1-s(\mathbf{x},\mathbf{x}'))$$

33. 用 $\mathbf{x}$ 和 $\mathbf{x}'$ 表示 d 维空间中的任意两点，q 为纯量参数（$q>1$）。对于下面给出的每个度量方法，请判断是否属于距离度量，或是否属于超距离度量。

(a)$s(\mathbf{x},\mathbf{x}')=\|\mathbf{x}-\mathbf{x}'\|^2$　（欧几里得距离的平方）

(b)$s(\mathbf{x},\mathbf{x}')=\|\mathbf{x}-\mathbf{x}'\|$　（欧几里得距离）

(c)$s(\mathbf{x},\mathbf{x}')=(\sum_{k=1}^{d}|x_k-x'_k|^q)^{1/q}$　（Minkowski 距离）

(d)$s(\mathbf{x},\mathbf{x}')=\mathbf{x}^t\mathbf{x}'/(\|\mathbf{x}\|\ \|\mathbf{x}'\|)$　（余弦）

(e)$s(\mathbf{x},\mathbf{x}')=\mathbf{x}^t\mathbf{x}'$　（点积）

34. 类 $\mathcal{D}_i$ 含有 n_i 个样本，d_{ij} 代表 $\mathcal{D}_i$ 和 $\mathcal{D}_j$ 之间的距离。一般来说，如果 $\mathcal{D}_i$ 和 $\mathcal{D}_j$ 合并为一个新的类 $\mathcal{D}_k$，$\mathcal{D}_k$ 到另一个类 $\mathcal{D}_h$ 的距离不只是与 d_{hi} 和 d_{hj} 有关。但是，考虑等式

$$d_{hk}=\alpha d_{hi}+\alpha_i d_{hj}+\beta d_{ij}+\gamma|d_{hi}-d_{hj}|$$

证明下面对系数 $\alpha_i,\alpha_j,\beta,\gamma$ 的不同取值会导致不同的距离函数。

(a)$d_{\min}$：$\alpha_i=\alpha_j=0.5,\beta=0,\gamma=-0.5$

(b)$d_{\max}$：$\alpha_i=\alpha_j=0.5,\beta=0,\gamma=+0.5$ 590

(c)d_{avg}：$\alpha_i=\dfrac{n_i}{n_i+n_j},\alpha_j=\dfrac{n_j}{n_i+n_j},\beta=\gamma=0$

(d)d_{mean}^2：$\alpha_i=\dfrac{n_i}{n_i+n_j},\alpha_j=\dfrac{n_j}{n_i+n_j},\beta=-\alpha_i\alpha_j,\gamma=0$

35. 在某种层次聚类中,每次迭代都将某两个类合并为一个类,而且这两个类的合并是所有可能合并中使得误差平方和增加最小的一个。如果第 i 个类有 n_i 个样本,均值为 $\mathbf{m}_i$,证明合并后使误差平方和增加最小的两个类同时也是使

$$\frac{n_i n_j}{n_i + n_j}\|\mathbf{m}_i - \mathbf{m}_j\|^2$$

最小的两个类。

36. 假设用误差平方和准则 J_e(式(54))聚类。证明式(83)定义了一个有效的"距离"度量,而且如果将距离最近的两个类合并,那么对应的 J_e 的增加也是最小的。

37. 现在有 8 个点的一维数据{−5.5,−4.1,−3.0,−2.6,10.1,11.9,12.3,13.6},如果类与类之间的相似性定义为 $20-d_{\min}(\mathcal{D}_i,\mathcal{D}_j)$,其中 $d_{\min}(\mathcal{D}_i,\mathcal{D}_j)$ 在式(79)中得到定义。请画出它们的树图,并据此说明有两个自然类。

38. 现在有 10 个点的一维数据{−2.2,−2.0,−0.3,0.1,0.2,0.4,1.6,1.7,1.9,2.0},如果类与类之间的相似性定义为 $20-d_{\min}(\mathcal{D}_i,\mathcal{D}_j)$,其中 $d_{\min}(\mathcal{D}_i,\mathcal{D}_j)$ 在式(79)中得到定义。请画出它们的树图,并据此说明有 3 个自然类。

39. 假设最近邻算法一直进行,直到所有的数据点都属于同一类,这样,图中的任何两个节点都有路径相连。请证明图中连接节点的边长总和不会超过任何生成树的边长总和。

10.10 节

40. 假设从 d 维的正态模型 $p(\mathbf{x})\sim N(\mathbf{m},\mathbf{\Sigma})$ 中获得了 n 个样本,$\mathbf{\Sigma}$ 是一个正定的协方差矩阵。
   (a)在式(87)中给出了 $J_e(1)$,请证明它是以 $nd\sigma^2$ 为均值的正态分布,并用 $\mathbf{\Sigma}$ 表示 σ。
   (b)证明这个分布的方差是 $2nd\sigma^4$。
   (c)如果将正态分布的数据点用一个经过中心的超平面一分为二,证明当 n 足够大时,这种聚类划分的误差平方和可以近似为正态分布,且均值为 $n(d-2/\pi)\sigma^2$,方差为 $2n(d-8/\pi^2)\sigma^4$,其中 σ 在(a)中给出。

41. 零假设与决定数据集的类别数目相关。请不用零假设推导式(90)和式(91),注意写清楚所用到的任何假设和条件。

10.11 节

591 42. 考虑用基于欧几里得距离的简单贪心法产生生成树。
   (a)写一段伪码程序,实现 n 个 d 维数据的最小生成树。
   (b)令 k 表示每个节点的平均链接数,试估计算法的平均空间复杂性。
   (c)计算平均时间复杂性。

10.12 节

43. 考虑自适应共振聚类算法。
   (a)说明标准的 ART 算法(见图 10-19)不能学习 XOR 问题。
   (b)解释为什么 ART 生成的聚类数目与样本提供的顺序有关。
   (c)讨论 ART 对平稳数据和非平稳数据的优势和缺点。

10.13 节

44. 说明 d 维数据均方误差最小化准则将导致一个 k 维($k<d$)的 K-L 变换(式(94))过程。为简单起见,假设数据有零均值(至少可以规格化为零均值)。
   (a)将向量 $\mathbf{x}$ 投影到单位向量 $\mathbf{e}$ 上所获得的标量 $a(\mathbf{e})=\mathbf{x}'\mathbf{e}$ 明显是一个随机变量。令 a 的方差为 $\sigma^2=\mathcal{E}_{\mathrm{x}}[a^2]$。证明该方差满足 $\sigma^2=\mathbf{e}^t\mathbf{\Sigma}\mathbf{e}$,其中 $\mathbf{\Sigma}=\mathcal{E}_{\mathrm{x}}[\mathbf{x}\mathbf{x}^t]$是 $\mathbf{x}$ 的自相

关矩阵。

(b)对应于极限值和稳态值的向量 $\mathbf{e}$ 应该满足 $\sigma^2(\mathbf{e}+\delta\mathbf{e})=\sigma^2(\mathbf{e})$，其中 $\delta\mathbf{e}$ 是一个小扰动。由此证明在平稳态时 $(\delta\mathbf{e})^t\mathbf{\Sigma e}=0$。

(c)考虑到小的扰动 $\delta\mathbf{e}$ 并不影响 $\mathbf{e}$ 的长度，这是因为 $\delta\mathbf{e}$ 垂直于向量 $\mathbf{e}$，利用这个条件和上面的结果证明 $(\delta\mathbf{e})^t\mathbf{\Sigma e}-\lambda(\delta\mathbf{e})^t\mathbf{e}=0$，其中 λ 为纯量，并且证明其成立的必要和充分条件是 $\mathbf{\Sigma e}=\lambda\mathbf{e}$(依据式(94))。

(d)定义一个误差平方和准则来描述将 d 维数据投影到 $k(k<d)$ 维空间上。证明为了最小化该准则，子空间应由自相关矩阵的 k 个最大的本征向量生成。

45. 考虑用一个三层 d-k-$d(k<d)$ 神经元实现一个线性神经净网络。证明当训练自联想模式时，得到的就是 PCA。

46. 考虑利用五层神经网络实现 NLCA。

(a)如果图 10-23 的所有单元都是线性的，在作为自动编码器训练网络时，证明中间层得到的是线性 PCA。

(b)简要说明为什么三层网络无法实现非线性 PCA，哪怕中间层具有非线性单元。 592

47. 利用两个高斯分布的和仍然是高斯分布的事实，说明为什么 ICA 无法分离两个或更多的高斯源信号。

48. 利用与推导式(102)同样的手段，推导利用 sigmoidal 非线性的 ICA 中的偏置权值的学习规则(由式(106)给出)。

49. 将式(102)和式(106)的结果推广到比 d 大的情况，如图 10-25 所示，注意 $\mathbf{W}$ 不再是方阵。

10.14 节

50. 考虑用 MDS 技术在一维空间表示点 $\mathbf{x}_1=(1,0)^t$，$\mathbf{x}_2=(0,0)^t$，$\mathbf{x}_3=(0,1)^t$。为了确保解是唯一的，要求映像点满足 $0=y_1<y_2<y_3$。

(a)证明在构型 $y_2=(1+\sqrt{2})/3$，$y_3=2y_2$ 时，J_{ee} 准则函数达到最小化。

(b)证明在构型 $y_2=(2+\sqrt{2})/4$，$y_3=2y_2$ 时，J_{ff} 准则函数达到最小化。

上机练习

以下部分练习使用了下表中的数据：

样本	x_1	x_2	x_3
1	−7.82	−4.58	−3.97
2	−6.68	3.16	2.71
3	4.36	−2.19	2.09
4	6.72	0.88	2.80
5	−8.64	3.06	3.50
6	−6.87	0.57	−5.45
7	4.47	−2.62	5.76
8	6.73	−2.01	4.18
9	−7.71	2.34	−6.33
10	−6.91	−0.49	−5.68

样本	x_1	x_2	x_3
11	6.18	2.81	5.82
12	6.72	−0.93	−4.04
13	−6.25	−0.26	0.56
14	−6.94	−1.22	1.13
15	8.09	0.20	2.25
16	6.81	0.17	−4.15
17	−5.19	4.24	4.04
18	−6.38	−1.74	1.43
19	4.08	1.30	5.33
20	6.27	0.93	−2.78

10.4 节

1. 考虑如下的一元高斯混合密度：

$$p(\mathbf{x}|\boldsymbol{\theta}) = \frac{P(\omega_1)}{\sqrt{2\pi}\sigma_1}\exp\left[-\frac{1}{2}\left(\frac{x-\mu_1}{\sigma_1}\right)^2\right] + \frac{1-P(\omega_1)}{\sqrt{2\pi}\sigma_2}\exp\left[-\frac{1}{2}\left(\frac{x-\mu_2}{\sigma_2}\right)^2\right]$$

写一段程序实现参数的最大似然估计，要求使用上表 x_1 的 20 个数据，并在如下假设下进行：

593 (a)已知 $P(\omega_1)=0.5$，$\sigma_1=\sigma_2=1$；未知 μ_1，μ_2。

(b)已知 $P(\omega_1)=0.5$；未知 $\sigma_1=\sigma_2=\sigma$，μ_1，μ_2。

(c)已知 $P(\omega_1)=0.5$；未知 σ_1，σ_2，μ_1，μ_1。

(d)未知 $P(\omega_1)$，σ_1，σ_2，μ_1，μ_2。

2. 写程序实现 k-均值算法（算法 1），并用表中的三维数据进行测试。下面给出了每种测试的类别数目和初始值。

(a)$c=2$，$\mathbf{m}_1(0)=(1,1,1)^t$，$\mathbf{m}_2(0)=(-1,1,-1)^t$。

(b)$c=2$，$\mathbf{m}_1(0)=(0,0,0)^t$，$\mathbf{m}_2(0)=(1,1,-1)^t$。将得到的结果与(a)中的结果进行比较，并解释差别，包括迭代次数的差别。

(c)$c=2$，$\mathbf{m}_1(0)=(0,0,0)^t$，$\mathbf{m}_2(0=(1,1,1)^t$，$\mathbf{m}_3(0)=(-1,0,2)^t$。

(d)$c=3$，$\mathbf{m}_1(0)=(-0.1,0,0.1)^t$，$\mathbf{m}_2(0)=(0,-0.1,0.1)^t$，$\mathbf{m}_3(0)=(-0.1,-0.1,0.1)^t$。将得到的结果与(a)中的结果进行比较，并解释差别，包括迭代次数的差别。

3. 重做练习 2，但利用模糊 k-均值聚类，并设置 $b=2$（式(32)和式(33)）。

4. 利用一维数据 $\mathcal{D}=\{-5.0,-4.5,-4.1,-3.9,2.5,2.8,3.1,3.9,4.5\}$，说明在模糊 k-均值聚类算法（算法 2）中错误指定类别数目会出现什么问题。

(a)在 4 种不同的条件 $\begin{pmatrix}c=2\\c=3\end{pmatrix}\times\begin{pmatrix}b=1\\b=4\end{pmatrix}$ 下，应用你的程序，每次使用不同的初始值，但都要接近 $x=0$。

(b)比较 $c=3,b=4$ 和 $c=3,b=1$ 下的不同结果，并讨论造成不同结果的原因。

5. 在下面的极端条件下，解释为什么少量的已标记样本可以有助于改善对未标记样本的 k-均值聚类。

(a)给定 4 个正态分布 $p(\mathbf{x}|\omega_i)\sim N(\boldsymbol{\mu}_i,\mathbf{I})$，其中 $\boldsymbol{\mu}_1=\begin{pmatrix}-2\\-2\end{pmatrix}$，$\boldsymbol{\mu}_2=\begin{pmatrix}-2\\2\end{pmatrix}$，$\boldsymbol{\mu}_3=\begin{pmatrix}2\\2\end{pmatrix}$，$\boldsymbol{\mu}_4=\begin{pmatrix}2\\-2\end{pmatrix}$。请从每个分布中各产生 50 个样本。

(b)从这 200 个样本中随机选取 $c=4$ 个作为初始值。你选择的 4 个点恰好各属于一个分布的概率有多大？（可以假设成分密度的重叠不很严重。）

(c)利用(b)中选出的 4 个初始点，对所有的 200 个样本进行 k-均值聚类。（注意，如果 4 个初始点恰巧来自不同的分布，要重新选择使得至少有两个点来自同一分布。）

(d)现在假设存在一些标记过的信息，特别是 4 个初始点来自不同的分布。在这个条件下重新对 200 个样本进行 k-均值聚类。

(e)根据(c)和(d)中的结果讨论少量标记信息在聚类中的价值。

10.5 节

6. 按照下面的方法，用无监督贝叶斯学习去估计一个正态分布的均值。 594
   (a) 在 $-10 \leqslant x \leqslant +10$ 上均匀采样获得 30 个样本的集合 $\mathcal{D}$。
   (b) 假设 $\mathcal{D}$ 中的样本来自一个方差已知、均值未知的正态分布 $p(x) \sim N(\mu, 2)$。相应地，在式(42)中参数 $\boldsymbol{\theta}$ 就是这里的标量 μ。假设先验 $p(\mu)$ 是 $-10 \leqslant \mu \leqslant +10$ 上的均匀函数，请画出曲线图，表示分别取 $k=0,1,2,3,4,5,10,15,20,25,30$ 时的后验概率。
   (c) 现在假设先验 $p(\mu)$ 是 $-1 \leqslant \mu \leqslant +1$ 上的均匀函数，请重复(b)中的操作，注意要使用相同的样本序列。
   (d) 在(b)和(c)中获得的结果是否在 k 较小时相同？k 较大时又怎样呢？并解释原因。
7. 请按照下面的步骤写出一个判决导向聚类的算法程序，该算法与 k-均值算法比较相似。
   (a) 首先，在三维单位立方体 $0 \leqslant x_i \leqslant 1, i=1,2,3$ 内均匀采样，取得 $n=1000$ 个样本点，样本集合为 $\mathcal{D}$。
   (b) 随机选取 $c=4$ 个样本作为初始聚类中心 $\mathbf{m}_j, j=1,2,3,4$。
   (c) 算法的核心思想为：先将每个样本 x_i 归入最近的聚类中心 $\mathbf{m}_j$ 代表的类，再将 $\mathbf{m}_j$ 更新为 w_j 类中所有样本的均值，如果连续出现 n 个样本的类中心都没有变化，则结束算法。
   (d) 利用这个算法画出 4 个类中心的位置轨迹。
   (e) 这个算法的时间性和空间复杂性是什么？注意列出所用的任何假设。

10.6 节

8. 通过下面的方法了解距离度量、相似性和聚类阈值的作用。
   (a) 首先，产生一个二维的数据点集合，该集合由两部分组成：$\mathcal{D}_1$ 含有 100 个点，这些点到原点的距离在 $3 \leqslant r \leqslant 5$ 上均匀分布，角度在 $0 \leqslant \phi \leqslant 2\pi$ 上均匀分布；类似，$\mathcal{D}_2$ 含有 50 个点，在 $0 \leqslant r \leqslant 2, 0 \leqslant \phi \leqslant 2\pi$ 上均匀分布。全部数据集 $\mathcal{D}=\mathcal{D}_1 \cup \mathcal{D}_2$。
   (b) 写出一个简单的聚类算法，当 $d(\mathbf{x},\mathbf{x}')<\theta$ 时，就将 $\mathbf{x}$ 和 $\mathbf{x}'$ 连接起来。$\boldsymbol{\theta}$ 是用户选择的参数，$d(\mathbf{x},\mathbf{x}')$ 是 Minkowski 距离(式(49))

$$d(\mathbf{x}, \mathbf{x}') = \left(\sum_{k=1}^{d} |x_k - x'_k|^q\right)^{1/q}$$

   令 $q=2$(对应欧几里得距离)并分别在 $\theta=0.01, 0.05, 0.1, 0.5, 1, 5$ 下利用你的算法处理数据 $\mathcal{D}$。在每种不同的条件下，请在图上画出所有的 150 个点并用不同的颜色表示不同的类。
   (c) 令 $q=1$，重复(b)中的操作。 595
   (d) 令 $q=4$，重复(b)中的操作。
   (e) 讨论距离度量是怎样影响你得到的类别数目的。

10.7 节

9. 根据下面的提示利用穷举搜索法研究不同的聚类准则。令 $\mathcal{D}$ 表示上表中的前 7 个点组成的集合。
   (a) 如果规定每个类至少含有一个数据点，对 7 个点来说有多少种可能的分类方式？
   (b) 写出穷举所有可能方式的程序，并对每种方式计算 J_e(式(54))、J_d(式(68))、$\sum_{i=1}^{d} \lambda_i$(式(69))、$J_f = \mathrm{tr}[\mathbf{S}_T^{-1}\mathbf{S}_W]$(式(70))和 $|\mathbf{S}|/|\mathbf{S}_T|$ 式(71))。找出在每种准则下的最优划分。

(c)对数据点进行白化变换(whitening transformation)并重复(b)中的步骤。

(d)根据获得的结果,讨论哪些准则对白化变换具有不变性。

10.8 节

10. 下面讨论迭代的最小平方聚类算法获得的结果与初始条件的关系。实现算法 3,令 $c=3$ 并处理上表中的数据。在下面的每一种模拟中,列出最终的聚类结果和对应的准则函数的值。

(a)$\mathbf{m}_1(0)=(1,1,1)^t$,$\mathbf{m}_2(0)=(-1,-1,-1)^t$,$\mathbf{m}_3(0)=(0,0,0)^t$。

(b)$\mathbf{m}_1(0)=(0.1,0.1,0.1)^t$,$\mathbf{m}_2(0)=(-0.1,-0.1,-0.1)^t$,$\mathbf{m}_3(0)=(0,0,0)^t$。

(c)$\mathbf{m}_1(0)=(2,0,2)^t$,$\mathbf{m}_2(0)=(-2,0,-2)^t$,$\mathbf{m}_3(0)=(1,1,1)^t$。

(d)$\mathbf{m}_1(0)=(0.5,1,0.2)^t$,$\mathbf{m}_2(0)=(0.2,-1,0.5)^t$,$\mathbf{m}_3(0)=(0.2,0.4,0.6)^t$。

(e)解释以上聚类结果为什么不同。

10.9 节

11. 实现层次合并聚类算法(算法 4)和根据聚类结果绘制树图的程序。依靠下面给出的各种距离度量方式,用你的算法处理上表中的数据并绘出树图。$c=20$ 的相似性为 100,对于一个类($c=1$)的相似性为 0。

(a)$d_{\min}$(式(79))

(b)$d_{\max}$(式(80))

(c)d_{avg}(式(81))

(d)d_{mean}(式(82))

12. 研究利用树图判断最佳的聚类数目。

596 (a)编写实现层次聚类的算法和绘制树图的程序,从式(79)~式(82)中选一种距离度量。

(b)编写程序以从每个一维正态 $p(x|\omega_i)\sim N(\mu_i,\sigma_i^2)$,$i=1,\cdots,c$ 中产生 n/c 个点。用该程序产生 $n=50$ 个点,对两个类 $\mu_1=0$,$\mu_2=1$,$\sigma_1^2=\sigma_2^2=1$ 的每一个产生 25 个点。令 $\mu_2=4$,重复这些操作。

(c)使用(a)中的程序对(b)中的两个数据集分别绘制树图。

(d)相邻两层对应的相似性的差是随机变量。可以假定它服从正态分布。假设最恰当的类别数目对应一个最大的差,而这个差如果偏离分布很大,就认为这个差很重要。请用解析式表达这个准则,并据此证明(b)中的一个数据集确实有两个类。

10.11 节

13. 实现基本的竞争学习聚类算法(算法 6),并按照下面的提示处理上表中的数据。

(a)首先,在每个数据向量上增加一维 $x_0=1$ 并归一化到单位长度。这样,所有的数据点都处在一个超球体的表面上。

(b)置 $c=2$,并令初始权值向量等于最先到来的两个模式。令学习速度 $\eta=0.1$。按照次序 $1,2,\cdots,20,1,2,\cdots,20,1,2,\cdots$ 循环地向系统输入模式。

(c)更改学习速度 η,每到来一个样本,就将速度乘以常因子 $\alpha<1$,所以学习速度就以指数衰减。令 $\alpha=0.99$,重复(b)中的过程。比较分析这个结果和 $\alpha=0.5$ 时获得的结果。

(d)重复(c),不过模式的到来是随机的,每个模式的出现概率都是 1/20。分析随机到来和有序到来对聚类结果的影响。

10.12 节

14. 考虑对上表中的 20 个数据使用图论聚类方法。

(a)写出程序自动计算式(93)中的相似性矩阵 $\mathbf{S}=[s_{ij}]$，定义当两个点之间的欧几里得距离小于阈值 d_0 时这两个点是相似的。

(b)将你的程序用于上表中数据的 x_1x_2 分量。特别，分别令 $d_0=0.01, 0.05, 0.1, 0.5, 1.0$，请将对应的聚类结果写出来。

(c)对上表中的所有数据(3 个分量都使用)，重复(b)中的操作。

10.13 节

15. 利用主成分分析在二维空间表示上表中所有的三维数据。本征向量和本征值分别是多少?

16. 在下例中使用独立成分分析处理盲源信号分离问题。

(a)根据信号源 $x_1(t)=\cos(t)$ 和 $x_2(t)=e^{-t}-5e^{-t/5}$ 分别产生 100 个数据，对应于 $t=1,\cdots,100$，而读出器信号为 597

$$s_1(t)=0.5x_1(t)+0.2x_2(t)$$
$$s_1(t)=0.1x_1(t)+0.4x_2(t)$$

(b)写出基于式(105)和式(48)的实现独立成分分析的程序，用于求 $\mathbf{W}$ 和 $\mathbf{w}_0$。令初始矩阵为 $\mathbf{W}=\begin{pmatrix}0.1 & 0.3\\1.0 & 0.2\end{pmatrix}$，偏置向量为 $\mathbf{w}_0=\begin{pmatrix}0.01\\-0.02\end{pmatrix}$。

10.14 节

17. 写出实现 MDS 的程序。

(a)用你的程序在二维空间表示上表中的三维数据，使用式(107)中最小化 J_e 的准则。在二维图上，给每个点标上 1～20 的数字。

(b)采用式(108)给出的 J_{ff} 准则，重复(a)。

(c)采用式(109)给出的 J_{ef} 准则，重复(a)。

(d)依据得到的结果，分析 3 个准则之间的关系。

参考文献

[1] Phipps Arabie, Lawrence J. Hubert, and Geert De Soete, editors. *Clustering and Classification*. World Scientific, River Edge, NJ, 1998.

[2] Thomas A. Bailey and Richard C. Dubes. Cluster validity profiles. *Pattern Recognition*, 15:61–83, 1982.

[3] Geoffrey H. Ball and David J. Hall. Some implications of interactive graphic computer systems for data analysis and statistics. *Technometrics*, 12:17–31, 1970.

[4] Anthony J. Bell and Terrence J. Sejnowski. An information-maximization approach to blind separation and blind deconvolution. *Neural Computation*, 7(6):1129–1159, 1996.

[5] James C. Bezdek. *Fuzzy Mathematics in Pattern Classification*. Ph.D. thesis, Cornell University, Applied Mathematics Center, Ithaca, NY, 1973.

[6] James C. Bezdek. *Pattern Recognition with Fuzzy Objective Function Algorithms*. Plenum Press, New York, 1981.

[7] Christopher M. Bishop. Bayesian PCA. In Michael S. Kearns, Sara A. Solla, and David A. Cohn, editors, *Advances in Neural Information Processing Systems 3*, pages 382–387. MIT Press, Cambridge, MA, 1999.

[8] Ingwer Borg and Patrick J. F. Groenen. *Modern Multidimensional Scaling: Theory and Applications*. Springer-Verlag, New York, 1997.

[9] Hervé Bourlard and Yves Kamp. Auto-association by multilayer perceptrons and singular value decomposition. *Biological Cybernetics*, 59:291–294, 1988.

[10] Gail A. Carpenter and Stephen Grossberg, editors. *Pattern Recognition by Self-Organizing Neural Networks*. MIT Press, Cambridge, MA, 1991.

[11] Michael A. Cohen, Stephen Grossberg, and David G. Stork. Speech perception and production by a self-organizing neural network. In Gail A. Carpenter and Stephen Grossberg, editors, *Pattern Recognition by Self-Organizing Neural Networks*, pages 615–633. MIT Press, Cambridge, MA, 1991.

[12] William H. E. Day and Herbert Edelsbrunner. Efficient algorithms for agglomerative hierarchical clustering methods. *Journal of Classification*, 1(1):7–24, 1984.

[13] Konstantinos I. Diamantaras and Sun-Yuang Kung. *Principal Component Neural Networks: Theory and Applications*. Wiley-Interscience, New York, 1996.

[14] Thomas Eckes. An error variance approach to 2-mode hierarchical-clustering. *Journal of Classification*, 10(1):51–74, 1993.

[15] Ze'ev Roth and Yoram Baram. Multidmensional density shaping by sigmoids. *IEEE Transactions on Neural Networks*, TNN-7(5):1291–1298, 1996.

[16] Michel Gaeta and Jean-Louis Lacoume. Sources separation without *a priori* knowledge: The maximum likelihood solution. In Luis Torres, Enrique Masgrau, and Miguel A. Lagunas, editors, *European Association for Signal Processing, Eusipco 90*, pages 621–624,

Barcelona, Spain, 1990. Elsevier.

[17] Selvanayagam Ganesalingam. Classification and mixture approaches to clustering via maximum likelihood. *Applied Statistics*, 38(3):455–466, 1989.

[18] Allen Gersho and Robert M. Gray. *Vector Quantization and Signal Processing*. Kluwer Academic Publishers, Boston, MA, 1992.

[19] John C. Gower and Gavin J. S. Ross. Minimum spanning trees and single-linkage cluster analysis. *Applied Statistics*, 18:54–64, 1969.

[20] Victor Hasselblad. Estimation of parameters for a mixture of normal distributions. *Technometrics*, 8:431–444, 1966.

[21] Geoffrey Hinton and Terrence J. Sejnowski, editors. *Unsupervised Learning: Foundations of Neural Computation*. MIT Press, Cambridge, MA, 1999.

[22] Lawrence J. Hubert. Min and max hierarchical clustering using asymmetric similarity measures. *Psychometrika*, 38(1):63–72, 1973.

[23] Anil K. Jain and Richard C. Dubes. *Algorithms for Clustering Data*. Prentice-Hall, Englewood Cliffs, NJ, 1988.

[24] Ian T. Jolliffe. *Principal Component Analysis*. Springer-Verlag, New York, 1986.

[25] Christian Jutten and Jeanny Herault. Blind separation of sources 1: An adaptive algorithm based on neuromimetic architecture. *Signal Processing*, 24(1):1–10, 1991.

[26] Leonard Kaufman and Peter J. Rousseeuw. *Finding Groups in Data: An Introduction to Cluster Analysis*. Wiley, New York, 1990.

[27] Ian J. Kitching, Peter L. Forey, Christopher J. Humphries, and David M. Williams. *Cladistics: A Practical Course in Systematics*. Clarendon Press, Oxford, UK, second edition, 1998.

[28] Teuvo Kohonen. Self-organizing formation of topologically correct feature maps. *Biological Cybernetics*, 43(1):59–69, 1982.

[29] Tuevo Kohonen. *Self-Organization and Associative Memory*. Springer-Verlag, Berlin, third edition, 1989.

[30] Mark A. Kramer. Nonlinear principal component analysis using autoassociative neural networks. *AIChE Journal*, 37(2):233–243, 1991.

[31] Joseph B. Kruskal. The relationship between multidimensional scaling and clustering. In John Van Ryzin, editor, *Classification and Clustering: Proceedings of an Advanced Seminar Conducted by the Mathematics Research Center, the University of Wisconsin–Madison, May 3-5, 1976*, pages 7–44. Academic Press, New York, 1977.

[32] Stuart P. Lloyd. Least squares quantization in PCM. *IEEE Transactions on Information Theory*, IT-2:129–137, 1982.

598～600 [33] Jianchang Mao and Anil K. Jain. A self-organizing network for hyperellipsoidal clustering (HEC). *IEEE Transactions on Neural Networks*, TNN-7(1):16–29, 1996.

[34] Geoffrey J. McLachlan and Kaye E. Basford. *Mixture Models*. Dekker, New York, 1988.

[35] Barbara Moore. ART1 and pattern clustering. In David Touretzky, Geoffrey Hinton, and Terrence Sejnowski, editors, *Proceedings of the 1988 Connectionist Models Summer School*, pages 174–185. Morgan Kaufmann, San Mateo, CA, 1988.

[36] Dragan Obradovic and Gustavo Deco. Information maximization and independent component analysis: Is there a difference? *Neural Computation*, 10(8):2085–2101, 1998.

[37] Erkki Oja. *Subspace Methods of Pattern Recognition*. John Wiley, New York, 1983.

[38] Erkki Oja and Samuel Kaski, editors. *Kohonen Maps*. Elsevier, Amsterdam, The Netherlands, 1999.

[39] Barak A. Pearlmutter and Lucas C. Parra. A context-sensitive generalization of ICA. In *International Conference on Neural Information Processing*, pages 151–157. Springer-Verlag, China Hong Kong, 1996.

[40] Barak Perlmutter and Lucas C. Parra. Maximum-likelihood blind source separation: A context-sensitive generalization of ICA. In Michael C. Mozer, Michael I. Jordan, and Thomas Petsche, editors, *Advances in Neural Information Processing Systems*, volume 9, pages 613–619. MIT Press, Cambridge, MA, 1997.

[41] James O. Ramsay. Maximum-likelihood estimation in multidimensional scaling. *Psychometrika*, 42(2):241–266, 1977.

[42] Helge Ritter, Thomas Martinetz, and Klaus Schulten. *Neural Computation and Self-Organizing Maps: An Introduction*. Addison-Wesley, New York, English translation from the German edition, 1992.

[43] Susan S. Schiffman, Mark Lance Reynolds, and Forrest W. Young. *Introduction to Multidimensional Scaling: Theory, Methods and Applications*. Academic Press, New York, 1981.

[44] Stephen P. Smith and Anil K. Jain. Testing for uniformity in multidimensional data. *IEEE Transaction on Pattern Analysis and Machine Intelligence*, PAMI-6(1):73–81, 1984.

[45] David G. Stork. Self-organization, pattern recognition and adaptive resonance networks. *Journal of Neural Network Computing*, 1(1):26–42, 1989.

[46] Henry Teicher. Identifiability of mixtures. *Annals of Mathematical Statistics*, 32(1):244–248, 1961.

[47] John H. Wolfe. Pattern clustering by multivariate mixture analysis. *Multivariate Behavioral Research*, 5:329–350, 1970.

[48] Te Won Lee. *Independent Component Analysis: Theory and Applications*. Kluwer Academic Publishers, Dordrecht, 1998.

[49] Hujun Yin and Nigel M. Allinson. On the distribution and convergence of feature space in self-organizing maps. *Neural Computation*, 7(6):1178–1187, 1998.

附 录 A

数学基础

模式识别的数学基础是线性代数、概率论、信息论和计算复杂度理论等，这一附录的目的是给出这些学科的一些重要的基本结论和相关定义。在必要时我们将给出一些直观的解释，但不准备进行严格的数学证明。对于这些结论的详细证明，有兴趣的读者可以参考附录末尾所列出的各种文献。

A.1 符号和记号

本节给出全书用到的数学符号及其含义。此外，还列出许多特殊的变量和函数，其定义和用法能够从上下文中了解。

变量、符号和运算

$\simeq$	近似等于
$\equiv$	恒等于（或“定义为”）
$\propto$	与……成正比
∞	无穷大
$x \to a$	x 趋近于 a
$t \leftarrow t+1$	用 $t+1$ 来更新 t（用于算法中）
$\lim\limits_{x \to a} f(x)$	当 x 趋近于 a 时 $f(x)$ 的极限
$\arg\max\limits_{x} f(x)$	使 $f(x)$ 取最大值的 x 的值
$\arg\min\limits_{x} f(x)$	使 $f(x)$ 取到最小值的 x 的值
$\lceil x \rceil$	向上取整，即取不小于 x 的最小整数（例如，$\lceil 3.5 \rceil = 4$） 601
$\lfloor x \rfloor$	向下取整，即取不大于 x 的最大整数（例如，$\lfloor 3.5 \rfloor = 3$）
$m \bmod n$	取模，即为 m 被 n 除后的余数（例如，$7 \bmod 5 = 2$）
$\mathrm{Rand}[l, u)$	表示计算机程序中的一个例行程序，其返回值为一个位于区间 $l \leqslant x < u$ 内的随机数
$\ln(x)$	以 e 为底的 x 的对数，或 x 的自然对数
$\log(x)$	以 10 为底的 x 的对数
$\log_2(x)$	以 2 为底的 x 的对数
$\exp[x]$ 或 e^x	e 的 x 次幂
$\partial f(x)/\partial x$	函数 f 关于 x 的偏导数
$\int_a^b f(x)dx$	$f(x)$ 在区间 $[a,b]$ 上的积分，如果没有给出积分的上下限，则表示对 x 的整个定义域进行积分
$F(x;\theta)$	F 是 x 的函数，这个函数还依赖于参数 θ（有时为向量形式的参数 θ）
■	Q. E. D.（拉丁语 quod erat demonstrandum 的首字母缩写），表示“证明完毕”

基本数学运算

$\overline{x}$	x 的平均值(这样的 x 通常是一个统计量)
$\mathcal{E}[f(x)]$	$f(x)$的期望值(或称为数学期望),其中 x 是一个随机变量
$\mathcal{E}_y[f(x,y)]$	多元函数 $f(x,y)$关于一部分变量(这里是 y)的期望值,即 $\int f(x,y)p(y)dy$,其中 $p(y)$为 y 的概率密度函数,结果为剩余变量(这里是 x)的函数
$\mathrm{Var}[f(\cdot)]$	$f(\cdot)$的方差,也就是$\mathcal{E}[(f(x)-\mathcal{E}[f(x)])^2]$
$\mathrm{Var}_f[\cdot]$	方差,即$\mathcal{E}_f[(x-\mathcal{E}_f[x])^2]$
$\sum_{i=1}^{n} a_i$	对 a_i 从下标 1 到 n 求和,也就是 $a_1+a_2+\cdots+a_n$
$\prod_{i=1}^{n} a_i$	对 a_i 从下标 1 到 n 进行求积,也就是 $a_1\times a_2\times\cdots\times a_n$
$f(t)\star g(t)$	$f(t)$和 $g(t)$的卷积,即 $\int_{-\infty}^{\infty} f(\tau)g(t-\tau)d\tau$

向量和矩阵(本书所使用的向量和矩阵均定义在实数域上)

$\mathbf{R}^d$	d 维欧几里得空间
$\mathbf{x},\mathbf{A},\cdots$	粗体表示向量(列向量)和矩阵
$\mathbf{f}(x)$	以标量 x 为自变量的向量函数(注意 $\mathbf{f}$ 为粗体)
$\mathbf{f}(\mathbf{x})$	以向量 $\mathbf{x}$ 为自变量的向量函数(注意 $\mathbf{f}$ 为粗体)
$\mathbf{I}$	单位矩阵,即对角线元素为 1、非对角线元素为 0 的矩阵
602 $\mathbf{1}_i$	全部 i 个分量均为 1 的向量
$diag(a_1,a_2,\cdots,a_d)$	对角矩阵,即对角线上的元素为 $a_1,a_2\cdots,a_d$ 而其余元素为 0
$\mathbf{x}^t$	向量 $\mathbf{x}$ 的转置
$\|\mathbf{x}\|$	向量 $\mathbf{x}$ 的欧几里得范数,即 $\sqrt{x_1^2+x_2^2+\cdots+x_d^2}$,其中 x_i 为向量 $\mathbf{x}$ 的第 i 个分量
$\boldsymbol{\Sigma}$	协方差矩阵(covariance matrix)
$\mathrm{tr}[\mathbf{A}]$	矩阵 $\mathbf{A}$ 的迹(trace),即对角线元素的和
$\mathbf{A}^{-1}$	矩阵 $\mathbf{A}$ 的逆矩阵
$\mathbf{A}^{\dagger}$	矩阵 $\mathbf{A}$ 的伪逆矩阵(pseudoinverse matrix)
$\|\mathbf{A}\|$或 $\mathrm{Det}[\mathbf{A}]$	矩阵 $\mathbf{A}$ 的行列式的值($\mathbf{A}$ 必须是方阵)
λ	矩阵的本征值(eigenvalue)
$\mathbf{e}$	矩阵的本征向量(eigenvector)
$\mathbf{u}_i$	欧几里得空间中第 i 个方向上的单位向量

集合

$\mathcal{A},\mathcal{B},\mathcal{C},\mathcal{D},\cdots$	本书中用手写体字母表示集合或列表,例如,数据集合 $\mathcal{D}=\{\mathbf{x}_1,\cdots,\mathbf{x}_n\}$
$\mathbf{x}\in\mathcal{D}$	表示元素 $\mathbf{x}$ 属于集合$\mathcal{D}$
$\mathbf{x}\notin\mathcal{D}$	表示元素 $\mathbf{x}$ 不属于集合$\mathcal{D}$
$\mathcal{A}\cup\mathcal{B}$	集合$\mathcal{A}$与$\mathcal{B}$的并集,即包含$\mathcal{A}$或$\mathcal{B}$中的所有元素的集合
$\mathcal{A}\cap\mathcal{B}$	集合$\mathcal{A}$与$\mathcal{B}$的交集,即其中的元素同时在集合$\mathcal{A}$和集合$\mathcal{B}$中

$\|\mathcal{D}\|$	集合$\mathcal{D}$的基数(cardinality,也称为基度,势),即集合$\mathcal{D}$中的元素的个数

概率、分布和计算复杂度

ω	自然状态(state of nature)
$P(\cdot)$	概率质量(probability mass,注意 P 为大写)
$p(\cdot)$	概率密度(probability density,注意 p 为小写)
$P(a,b)$	联合概率(joint probability),也就是同时取 a 和 b 的概率
$p(a,b)$	联合概率密度(joint probability density),也就是同时取 a 和 b 的概率密度
$\Pr[\cdot]$	使得方括号内给出的条件得以满足的概率,例如 $\Pr[x<x_0]$ 表示 x 小于 x_0的概率
$p(\mathbf{x}\|\boldsymbol{\theta})$	给定 $\boldsymbol{\theta}$ 的情况下,$\mathbf{x}$ 的条件概率密度(conditional probability density)
$\mathbf{w}$	权向量(weight vector),也就是 $\mathbf{w}(w_1,w_2,\cdots,w_m)^t$
$\lambda(\cdot,\cdot)$	损失函数(loss function),评价某一判决带来的损失程度的代价函数(cost function),也称为风险函数
$\nabla=\begin{pmatrix}\frac{\partial}{\partial x_1}\\ \frac{\partial}{\partial x_2}\\ \vdots\\ \frac{\partial}{\partial x_d}\end{pmatrix}$	定义在空间 $\mathbf{R}^d$ 上的梯度算子,有时也记作 $grad[\cdot]$ 603
$\nabla_{\boldsymbol{\theta}}=\begin{pmatrix}\frac{\partial}{\partial\theta_1}\\ \frac{\partial}{\partial\theta_2}\\ \vdots\\ \frac{\partial}{\partial\theta_d}\end{pmatrix}$	在坐标系 $\boldsymbol{\theta}$ 下的梯度算子,有时也记作 $grad_{\boldsymbol{\theta}}[\cdot]$
$\hat{\boldsymbol{\theta}}$	$\boldsymbol{\theta}$ 的最大似然估计(maximum likelihood estimate)
$\sim$	表示"服从……分布"。例如,$p(\mathbf{x})\sim N(\boldsymbol{\mu},\sigma^2)$表示 $\mathbf{x}$ 服从均值为 μ 和方差为 σ^2 的正态分布
$N(\boldsymbol{\mu},\sigma^2)$	均值为 $\boldsymbol{\mu}$ 和方差为 σ^2 的正态分布,也称为高斯分布
$N(\boldsymbol{\mu},\Sigma)$	均值向量为 $\boldsymbol{\mu}$ 和协方差为 $\boldsymbol{\Sigma}$ 的多维正态分布,也称为多维高斯分布
$U(\mathbf{x}_l,\mathbf{x}_u)$	取值范围在 $\mathbf{x}_l$ 与 $\mathbf{x}_u$ 之间的一维均匀分布
$U(\mathbf{x}_l,\mathbf{x}_u)$	d 维均匀密度——当自变量的取值范围为包含 $\mathbf{x}_l$ 和 $\mathbf{x}_u$ 的最小超立方体(其各边与对应的坐标轴平行)时为均匀密度,而在这个立方体之外的概率密度为 0
$T(\boldsymbol{\mu},\delta)$	三角形分布,中心点为 μ,完全半宽度为 δ
$\delta(x)$	狄拉克函数,也称为 δ 函数(在信号处理领域中称为冲激函数),当 $x\neq0$ 时函数值为 0,在整个定义域上积分值为 1
δ_{ij}	克罗内克 δ 符号,如果下标 i 和 j 相同,其值为 1,否则 0,即$\delta_{ij}=\begin{cases}1 & i=j\\ 0 & i\neq j\end{cases}$

$\Gamma(\cdot)$	Gamma 函数，具体定义请参见 A.5 节
$n!$	n 的阶乘，也就是 $n\times(n-1)\times(n-2)\times\cdots\times 1$
$\binom{n}{k}=\frac{n!}{k!\,(n-k)!}$	二项式系数，即从 n 个对象中任意选取 k 个进行组合的个数（也记作 C_n^k），其值也等于 $P_n^k/k!$
$O(h(x))$	函数 $h(x)$ 的大 O 阶
$\Theta(h(x))$	函数 $h(x)$ 的大 Θ 阶
$\Omega(h(x))$	函数 $h(x)$ 的大 Ω 阶
$\sup_x f(x)$	$f(x)$ 的值的上确界，也就是 $f(x)$ 的最小上界或者全局最大值

A.2 线性代数

A.2.1 符号和基础知识

向量及其转置 一个 d 维列向量 $\mathbf{x}$ 及其转置 $\mathbf{x}^t$ 可记为

$$\mathbf{x}=\begin{pmatrix} x_1 \\ x_2 \\ \vdots \\ x_d \end{pmatrix} \qquad 和 \qquad \mathbf{x}^t=(x_1\ x_2\ \cdots\ x_d) \tag{1}$$

其中，所有分量都取实数值。

604 **矩阵及其转置** 一个 $n\times d$ 的矩阵 $\mathbf{M}$ 及其 $d\times n$ 的转置矩阵 $\mathbf{M}^t$ 可记为

$$\mathbf{M}=\begin{pmatrix} m_{11} & m_{12} & m_{13} & \dots & m_{1d} \\ m_{21} & m_{22} & m_{23} & \dots & m_{2d} \\ \vdots & \vdots & \vdots & & \vdots \\ m_{n1} & m_{n2} & m_{n3} & \dots & m_{nd} \end{pmatrix} \tag{2}$$

和

$$\mathbf{M}^t=\begin{pmatrix} m_{11} & m_{21} & \dots & m_{n1} \\ m_{12} & m_{22} & \dots & m_{n2} \\ m_{13} & m_{23} & \dots & m_{n3} \\ \vdots & \vdots & & \vdots \\ m_{1d} & m_{2d} & \dots & m_{nd} \end{pmatrix} \tag{3}$$

也就是说，矩阵 $\mathbf{M}^t$ 的第 ji 个元素（位于第 j 行，第 i 列）等于矩阵 $\mathbf{M}$ 的第 ij 个元素（位于第 i 行，第 j 列）。

对称矩阵与反对称矩阵 一个 $d\times d$ 的方阵，如果其元素满足 $m_{ij}=m_{ji}$，则称为对称矩阵；一个 $d\times d$ 的方阵，如果其元素满足 $m_{ij}=-m_{ji}$，则称为斜对称矩阵或反对称矩阵。

非负矩阵 一个矩阵如果对所有的 i 和 j，都有元素 $m_{ij}\geqslant 0$，则这个矩阵被称为非负矩阵。

单位矩阵 I 这是一种非常重要的矩阵，它必须为方阵，其对角线元素均为 1，非对角线元素均为 0。有时也用克罗内克 δ 符号来定义单位矩阵的元素：

$$\delta_{ij}=\begin{cases} 1 & i=j \\ 0 & 其他 \end{cases} \tag{4}$$

对角矩阵 非对角线元素均为 0 的矩阵称为对角矩阵。也记作 $diag(m_{11}, m_{22}, \cdots, m_{dd})$，其中 m_{ii} 为对角线元素。

向量或矩阵的相加 向量或矩阵的相加即对应元素相加。参与运算的两个向量的维数或矩阵的大小相同。

矩阵与向量的相乘 矩阵与向量可以相乘，$\mathbf{M}\mathbf{x}=\mathbf{y}$，可表示为

$$\begin{pmatrix} m_{11} & m_{12} & \dots & m_{1d} \\ m_{21} & m_{22} & \dots & m_{2d} \\ \vdots & \vdots & & \vdots \\ m_{n1} & m_{n2} & \dots & m_{nd} \end{pmatrix} \begin{pmatrix} x_1 \\ x_2 \\ \vdots \\ \vdots \\ x_d \end{pmatrix} = \begin{pmatrix} y_1 \\ y_2 \\ \vdots \\ y_n \end{pmatrix} \tag{5}$$

其中

$$y_i = \sum_{j=1}^{d} m_{ij} x_j \tag{6}$$

注意矩阵 $\mathbf{M}$ 的列数必须等于向量 $\mathbf{x}$ 的维数(行数)。此外，如果矩阵 $\mathbf{M}$ 不是方阵($n \neq d$)，则向量 $\mathbf{y}$ 与向量 $\mathbf{x}$ 的维数将不等。

A.2.2 向量内积

向量内积 两个具有相同维数的向量 $\mathbf{x}$ 与 $\mathbf{y}$ 的内积记为 $\mathbf{x}^t\mathbf{y}$，这是一个标量： 605

$$\mathbf{x}^t\mathbf{y} = \sum_{i=1}^{d} x_i y_i = \mathbf{y}^t\mathbf{x} \tag{7}$$

内积有时也称作标量积或点积，记为 $\mathbf{x} \cdot \mathbf{y}$，在泛函分析中也记作 $<\mathbf{x}, \mathbf{y}>$ 或 $(\mathbf{x}, \mathbf{y})$。

欧几里得范数 向量的欧几里得范数也就是向量的长度，定义为

$$\|\mathbf{x}\| = \sqrt{\mathbf{x}^t\mathbf{x}} \tag{8}$$

如果一个向量 $\mathbf{x}$ 满足 $\|\mathbf{x}\|=1$，则称这个向量是归一化的(normalized)。

两个向量的夹角 两个 d 维向量的夹角定义为

$$\cos\theta = \frac{\mathbf{x}^t\mathbf{y}}{||\mathbf{x}||\ ||\mathbf{y}||} \tag{9}$$

由上式可见，向量的内积是两个向量共线性的度量——自然地说明向量之间的相似性。特别当 $\mathbf{x}^t\mathbf{y}=0$ 时，这两个向量是正交的。当 $\|\mathbf{x}^t\mathbf{y}\| = \|\mathbf{x}\|\ \|\mathbf{y}\|$ 时，这两个向量是共线的。

由于对于任意角度 θ 都有 $|\cos\theta| \leqslant 1$，从式(9)立即可以得到柯西-施瓦茨不等式(Cauchy-Schwarz inequality)

$$|\mathbf{x}^t\mathbf{y}| \leqslant ||\mathbf{x}||\ ||\mathbf{y}|| \tag{10}$$

这个公式表示向量之间的内积不会大于这两个向量的范数的乘积。

线性无关与线性相关 对于一组给定的向量 $\{\mathbf{x}_1, \mathbf{x}_2, \cdots, \mathbf{x}_n\}$，如果其中不存在任何一个能被表示成为其余向量的线性组合的向量，那么我们称这组向量为线性无关的；反之，则称这组向量为线性相关的。非形式地说，一组 d 个线性无关的 d 维向量能"张成"(span)一个 d 维向量空间。也就是说，这个空间中的任意向量都可以表示为这些线性无关向量的线性组合。

A.2.3 向量外积

两个向量的外积(也称作矩阵积或二元积)定义为一个矩阵：

$$\mathbf{M} = \mathbf{x}\mathbf{y}^t = \begin{pmatrix} x_1 \\ x_2 \\ \vdots \\ x_d \end{pmatrix} (y_1\ y_2\ \ldots\ y_n) = \begin{pmatrix} x_1y_1 & x_1y_2 & \ldots & x_1y_n \\ x_2y_1 & x_2y_2 & \ldots & x_2y_n \\ \vdots & \vdots & & \vdots \\ x_dy_1 & x_dy_2 & \ldots & x_dy_n \end{pmatrix} \tag{11}$$

这样，作为结果的矩阵 $\mathbf{M}$ 的元素为：$m_{ij}=x_iy_j$。自然，在 $n\neq d$（即 $\mathbf{x}$，$\mathbf{y}$ 的维数不同）时 $\mathbf{M}$ 将不是方阵。

A.2.4 矩阵的导数

设 $f(\mathbf{x})$是一个取标量值的函数，有 d 个自变量 $x_i(i=1,2,\cdots,d)$。我们用向量 $\mathbf{x}$ 表示这些自变量，即 $\mathbf{x}=(x_1,x_2,\cdots,x_d)^t$。函数 $f(\cdot)$关于自变量 $\mathbf{x}$ 的梯度（或导数）定义为

606

$$\nabla f(\mathbf{x}) = \operatorname{grad} f(\mathbf{x}) = \frac{\partial f(\mathbf{x})}{\partial \mathbf{x}} = \begin{pmatrix} \frac{\partial f(\mathbf{x})}{\partial x_1} \\ \frac{\partial f(\mathbf{x})}{\partial x_2} \\ \vdots \\ \frac{\partial f(\mathbf{x})}{\partial x_d} \end{pmatrix} \tag{12}$$

如果 $\mathbf{f}$ 是一个值为 n 维向量的向量函数（注意 $\mathbf{f}$ 用粗体表示），其自变量为 d 维向量 $\mathbf{x}$，则我们用雅可比矩阵

$$\mathbf{J}(\mathbf{x}) = \frac{\partial \mathbf{f}(\mathbf{x})}{\partial \mathbf{x}} = \begin{pmatrix} \frac{\partial f_1(\mathbf{x})}{\partial x_1} & \cdots & \frac{\partial f_1(\mathbf{x})}{\partial x_d} \\ \vdots & & \vdots \\ \frac{\partial f_n(\mathbf{x})}{\partial x_1} & \cdots & \frac{\partial f_n(\mathbf{x})}{\partial x_d} \end{pmatrix} \tag{13}$$

表示 $\mathbf{f}$ 关于自变量的梯度。

如果这个矩阵是一个方阵，对应的行列式（A.2.5 节）就称为雅可比行列式（或者直接叫作雅可比）。

如果矩阵 $\mathbf{M}$ 的每一个元素都是关于某一个标量参数 θ 的函数，则 $\mathbf{M}$ 对参数 θ 的导数为

$$\frac{\partial \mathbf{M}}{\partial \theta} = \begin{pmatrix} \frac{\partial m_{11}}{\partial \theta} & \frac{\partial m_{12}}{\partial \theta} & \cdots & \frac{\partial m_{1d}}{\partial \theta} \\ \frac{\partial m_{21}}{\partial \theta} & \frac{\partial m_{22}}{\partial \theta} & \cdots & \frac{\partial m_{2d}}{\partial \theta} \\ \vdots & \vdots & & \vdots \\ \frac{\partial m_{n1}}{\partial \theta} & \frac{\partial m_{n2}}{\partial \theta} & \cdots & \frac{\partial m_{nd}}{\partial \theta} \end{pmatrix} \tag{14}$$

在 A.2.6 节，我们将讨论矩阵的逆。在这里，为方便起见，我们先给出对逆矩阵 $\mathbf{M}^{-1}$ 求导数的公式：

$$\frac{\partial}{\partial \theta}\mathbf{M}^{-1} = -\mathbf{M}^{-1}\frac{\partial \mathbf{M}}{\partial \theta}\mathbf{M}^{-1} \tag{15}$$

考虑一个矩阵 $\mathbf{M}$ 和一个向量 $\mathbf{y}$，它们都不依赖于 $\mathbf{x}$。我们再给出如下几个求矩阵或向量的导数的常用公式：

$$\frac{\partial}{\partial \mathbf{x}}[\mathbf{M}\mathbf{x}] = \mathbf{M} \tag{16}$$

$$\frac{\partial}{\partial \mathbf{x}}[\mathbf{y}^t\mathbf{x}] = \frac{\partial}{\partial \mathbf{x}}[\mathbf{x}^t\mathbf{y}] = \mathbf{y} \tag{17}$$

$$\frac{\partial}{\partial \mathbf{x}}[\mathbf{x}^t\mathbf{M}\mathbf{x}] = [\mathbf{M} + \mathbf{M}^t]\mathbf{x} \tag{18}$$

当 $\mathbf{M}$ 为对称矩阵时(协方差矩阵的例子请参见 A. 4. 9 节),式(18)简化为

$$\frac{\partial}{\partial \mathbf{x}}[\mathbf{x}^t\mathbf{M}\mathbf{x}] = 2\mathbf{M}\mathbf{x} \tag{19}$$

泰勒展开 我们首先回忆以标量 x 为自变量的标量函数 $f(\cdot)$,在点 x_0 附近的泰勒级数(或称为泰勒展开)为

$$f(x) = f(x_0) + \left.\frac{df(x)}{dx}\right|_{x=x_0}(x-x_0) + \frac{1}{2!}\left.\frac{d^2f(x)}{dx^2}\right|_{x=x_0}(x-x_0)^2 + O((x-x_0)^3) \tag{20}$$

上式中的 $O(\cdot)$表示同阶无穷小量,在 A. 8 节中将进一步解释其意义。

类似地,对于一个以向量 $\mathbf{x}$ 为自变量的向量函数 $f(\mathbf{x})$,在点 $\mathbf{x}_0$ 附近的泰勒展开式为 607

$$f(\mathbf{x}) = f(\mathbf{x}_0) + \Bigg[\underbrace{\frac{\partial f}{\partial \mathbf{x}}}_{\mathbf{J}}\Bigg]^t_{\mathbf{x}=\mathbf{x}_0}(\mathbf{x}-\mathbf{x}_0) + \frac{1}{2!}(\mathbf{x}-\mathbf{x}_0)^t\Bigg[\underbrace{\frac{\partial^2 f}{\partial \mathbf{x}^2}}_{\mathbf{H}}\Bigg]^t_{\mathbf{x}=\mathbf{x}_0}(\mathbf{x}-\mathbf{x}_0) + O(||\mathbf{x}-\mathbf{x}_0||^3) \tag{21}$$

其中第二项的系数为 $\mathbf{x}_0$ 处的雅可比矩阵,第三项的系数为 $\mathbf{x}_0$ 处的赫森矩阵。

我们将在 A. 8 节进一步介绍这里的 $O(\cdot)$记号和式(21)中的函数的阶的意义。

A. 2. 5 行列式和迹

一个 $d \times d$ 的矩阵 $\mathbf{M}$ 的行列式为一个标量,记为 $|\mathbf{M}|$。矩阵的行列式的值能够反映矩阵一系列重要的性质。例如,假设我们把矩阵的每一列看成一个列向量,如果这些列向量不是线性无关的,则 $|\mathbf{M}|$ 等于零。在模式识别中,我们对协方差矩阵 $\mathbf{\Sigma}$ 特别感兴趣。协方差矩阵 $\mathbf{\Sigma}$ 表示一个数据集合的二阶矩(参见 A. 4. 9 节)。在这种情况下,协方差矩阵的行列式的绝对值反映产生这个矩阵 $\mathbf{\Sigma}$ 的数据集合的 d 维超体积(hypervolume)(能够证明协方差矩阵的行列式的值等于这个矩阵的所有本征值的乘积,请参见 A. 2. 7 节)。如果这个数据集合只是包含在这个 d 维空间的一个子空间中,则协方差矩阵 $\mathbf{\Sigma}$ 的列向量将是线性相关的,也就是说 $|\mathbf{\Sigma}|$ 等于零。另外,如果要求一个矩阵的逆矩阵存在的话,则这个矩阵的行列式的值必须是非零的(参见 A. 2. 6 节)。

当维数 d 较小时,计算行列式的值是比较容易的。但对于维数 d 较大的情况,计算行列式的值就比较复杂了。例如,当 $\mathbf{M}$ 本身是一个标量(即大小为 1×1 的矩阵 M)时,$|M| = M$。当 $\mathbf{M}$ 为 2×2 的矩阵时,$|\mathbf{M}| = m_{11}m_{22} - m_{21}m_{12}$。对于任意维的方阵的行列式的计算,通常采用递归的子式展开法,并且这一算法本身可以用递归的方式来实现。如果 $\mathbf{M}$ 为 $d \times d$ 的矩阵,我们定义任一元素 m_{ij} 的余子式 $\mathbf{M}_{i|j}$ 为从原始矩阵 $\mathbf{M}$ 中分别划去位于第 i 行和第 j 列的所有元素后得到的 $(d-1) \times (d-1)$ 的矩阵

$$\mathbf{M}_{i|j} = \begin{pmatrix} m_{11} & m_{12} & \cdots & \otimes & \cdots & \cdots & m_{1d} \\ m_{21} & m_{22} & \cdots & \otimes & \cdots & \cdots & m_{2d} \\ \vdots & \vdots & \ddots & \otimes & \cdots & \cdots & \vdots \\ \vdots & \vdots & \cdots & \otimes & \cdots & \cdots & \vdots \\ \otimes & \otimes & \otimes & \otimes & \otimes & \otimes & \otimes \\ \vdots & \vdots & \cdots & \otimes & \cdots & \ddots & \vdots \\ m_{d1} & m_{d2} & \cdots & \otimes & \cdots & \cdots & m_{dd} \end{pmatrix} \begin{matrix} \\ \\ \\ \\ \text{第}\, i\, \text{行} \\ \\ \\ \end{matrix} \tag{22}$$

(矩阵上方标注:第 j 列)

如果 $|\mathbf{M}_{i|j}|$ 已经计算得到，那么我们有下列公式：

$$|\mathbf{M}| = m_{11}|\mathbf{M}_{1|1}| - m_{21}|\mathbf{M}_{2|1}| + m_{31}|\mathbf{M}_{3|1}| - \cdots \pm m_{d1}|\mathbf{M}_{d|1}| \tag{23}$$

注意其中的符号是交错的。

这一过程可以递归地进行，也就是说，行列式 $|\mathbf{M}_{i|j}|$ 本身也可以用余子式展开的方法进行
608 计算。

对于 3×3 的矩阵的行列式的值，则通常使用如下的扫描公式来计算行列式值：

$$\begin{aligned}|\mathbf{M}| &= \begin{vmatrix} m_{11} & m_{12} & m_{13} \\ m_{21} & m_{22} & m_{23} \\ m_{31} & m_{32} & m_{33} \end{vmatrix} \\ &= m_{11}m_{22}m_{33} + m_{13}m_{21}m_{32} + m_{12}m_{23}m_{31} \\ &\quad - m_{13}m_{22}m_{31} - m_{11}m_{23}m_{32} - m_{12}m_{21}m_{33}\end{aligned} \tag{24}$$

也就是说，先对同一对角线上的 3 个元素求积，乘以正负符号，然后对这些结果进行相加。其中如果对角线的方向为从左上到右下，那么乘以正号；如果对角线的方向为从右上到左下，那么就乘以负号。必须再一次指出，这个扫描规则并不适用于大于 3×3 的矩阵。

行列式的一些其他性质包括：对于任意矩阵 $\mathbf{M}$，有 $|\mathbf{M}| = |\mathbf{M}^t|$。另外，当两个矩阵 $\mathbf{M}$ 与 $\mathbf{N}$ 的大小相同时，有 $|\mathbf{MN}| = |\mathbf{M}| \times |\mathbf{N}|$。

对于 $d\times d$ 的方阵，矩阵的迹 $\mathrm{tr}[\mathbf{M}]$ 被定义为主对角线上的元素之和，即

$$\mathrm{tr}[\mathbf{M}] = \sum_{i=1}^{d} m_{ii} \tag{25}$$

矩阵的行列式和迹在坐标系旋转时均保持不变。

A.2.6 矩阵的逆

只要一个 $d\times d$ 矩阵 $\mathbf{M}$ 的行列式的值不为零，那么它对应的逆矩阵 $\mathbf{M}^{-1}$ 就存在，它是满足

$$\mathbf{MM}^{-1} = \mathbf{I} \tag{26}$$

我们把标量 $C_{ij} = (-1)^{i+j}|\mathbf{M}_{i|j}|$ 称作余子式（cofactor），或者更准确地说，是矩阵 $\mathbf{M}$ 中的下标为 i,j 的元素所对应的余子式（关于 $\mathbf{M}_{i|j}$ 的定义请参见式(22)）。

矩阵 $\mathbf{M}$ 的伴随矩阵记为 $\mathrm{Adj}[\mathbf{M}]$，它的第 i 行第 j 列的元素为矩阵 $\mathbf{M}$ j 行 i 列的余子式 C_{ji}，即按照这个定义，矩阵 $\mathbf{M}$ 的逆矩阵 $\mathbf{M}^{-1}$ 可写成

$$\mathbf{M}^{-1} = \frac{\mathrm{Adj}[\mathbf{M}]}{|\mathbf{M}|} \tag{27}$$

如果 $\mathbf{M}$ 不是方阵（或者由于矩阵 $\mathbf{M}$ 的列向量不是线性无关的，导致式(27)所定义的逆矩阵 $\mathbf{M}^{-1}$ 不存在），那么我们通常使用伪逆矩阵 $\mathbf{M}^{\dagger}$ 来代替 $\mathbf{M}^{-1}$。如果 $\mathbf{M}^t\mathbf{M}$ 是非奇异的（即 $|\mathbf{M}^t\mathbf{M}| \neq 0$），则矩阵 $\mathbf{M}$ 的伪逆矩阵定义为

$$\mathbf{M}^{\dagger} = [\mathbf{M}^t\mathbf{M}]^{-1}\mathbf{M}^t \tag{28}$$

伪逆矩阵能保证 $\mathbf{M}^{\dagger}\mathbf{M} = \mathbf{I}$。伪逆矩阵在应用最小二乘法求解病态线性方程组时非常有用。

两个方阵乘积的逆服从 $[\mathbf{MN}]^{-1} = \mathbf{N}^{-1}\mathbf{M}^{-1}$，这可以通过右乘或左乘 $\mathbf{MN}$ 证实。

A.2.7 本征向量和本征值

609 已知一个 $d\times d$ 的矩阵 $\mathbf{M}$，一类非常重要的线性方程组的形式为

$$\mathbf{Mx} = \lambda\mathbf{x} \tag{29}$$

其中 λ 为标量。上式也可以重新写成

$$(\mathbf{M} - \lambda\mathbf{I})\mathbf{x} = \mathbf{0} \tag{30}$$

其中 $\mathbf{I}$ 是大小为 $d\times d$ 的单位矩阵，$\mathbf{0}$ 为 d 维零向量（即全部元素为零）。线性方程组(30)的解向量 $\mathbf{x}=\mathbf{e}_i$ 和对应的标量系数 $\lambda=\lambda_i$ 分别称作矩阵 $\mathbf{M}$ 的本征向量和对应的本征值。如果矩阵 $\mathbf{M}$ 为实对称矩阵，那么将有 d 个本征向量 $\{\mathbf{e}_1,\mathbf{e}_2,\cdots,\mathbf{e}_d\}$（其中可能会有一些相同的本征向量），每个本征向量均有一个对应的本征值 $\{\lambda_1,\lambda_2,\cdots,\lambda_d\}$。任意本征向量用矩阵 $\mathbf{M}$ 左乘只是改变这个向量的长度，而不改变其方向：

$$\mathbf{Me}_j = \lambda_j\mathbf{e}_j \tag{31}$$

如果矩阵 $\mathbf{M}$ 为对角矩阵，则其所有的本征向量都平行于坐标轴。

一种求解本征向量和本征值的方法是求解特征方程

$$|\mathbf{M} - \lambda\mathbf{I}| = \lambda^d + a_1\lambda^{d-1} + \cdots + a_{d-1}\lambda + a_d = 0 \tag{32}$$

特征方程的各个根（可能会有重根的情况）就是本征值 $\lambda_i(i=1,2,\cdots,d)$。然后对每一个根，我们通过求解线性方程组来得到 λ_i 所对应的本征向量 $\mathbf{e}_i$。

本征值的一个重要性质如下：全部本征值之和为矩阵的迹，全部本征值的乘积为矩阵的行列式的值：

$$\mathrm{tr}[\mathbf{M}] = \sum_{i=1}^{d}\lambda_i \qquad \text{和} \qquad |\mathbf{M}| = \prod_{i=1}^{d}\lambda_i \tag{33}$$

如果一个矩阵为对角矩阵，那么它的本征值就是对角线上的各个元素，而它的本征向量则是平行于各个坐标轴的单位向量。

A.3 拉格朗日乘数法

我们要求在某些约束条件下，使标量函数 $f(\mathbf{x})$ 取到极值的自变量 $\mathbf{x}_0$ 的值。根据约束条件的不同，可以分为下列几种情况：一个等式约束方程的情况，多个等式约束方程的情况，多个不等式约束方程的情况（KTT 条件）。这里我们只介绍第一种情况，其他情况读者可以参见相关文献。

如果约束条件可以表示为 $g(\mathbf{x}) = 0$ 的形式，那么我们可以用如下的方法求得 $f(\mathbf{x})$ 的极值。首先，我们定义拉格朗日函数

$$L(\mathbf{x},\lambda) = f(\mathbf{x}) + \underbrace{\lambda g(\mathbf{x})}_{=0} \tag{34}$$

其中 λ 称为拉格朗日待定乘数，也称为拉格朗日乘子。对拉格朗日函数关于 $\mathbf{x}$ 求偏导数，并令其值为零：

$$\frac{\partial L(\mathbf{x},\lambda)}{\partial\mathbf{x}} = \frac{\partial f(\mathbf{x})}{\partial\mathbf{x}} + \lambda\frac{\partial g(\mathbf{x})}{\partial\mathbf{x}} = 0 \tag{35}$$

这样我们就把约束条件下的最优化问题转化为无约束的方程求解问题。

通过求解方程(35)，就能够得到 λ 的值及相应的极值点 $\mathbf{x}_0$（通常情况下，$\lambda\partial g/\partial\mathbf{x}$ 不为零）。然后，把 $\mathbf{x}_0$ 代入这个函数 $f(\mathbf{x})$，我们就能够得到约束条件下的 $f(\cdot)$ 的极值。 610

A.4 概率论

A.4.1 离散随机变量

让 x 表示一个离散随机变量，能够取集合 $\mathcal{X}=\{v_1,v_2,\cdots,v_m\}$ 中的任意值（m 为下标）。我们记 x 取值 v_i 的概率为 p_i：

$$p_i = \Pr[x = v_i] \qquad i = 1, \cdots, m \tag{36}$$

这样定义的概率 p_i 必须满足下列两个条件：

$$p_i \geqslant 0 \qquad 和 \qquad \sum_{i=1}^{m} p_i = 1 \tag{37}$$

有时候，用概率质量函数 $P(x)$ 表示概率 $\{p_1,p_2,\cdots,p_m\}$ 集合更为方便。同样，概率质量函数也必须满足下列条件：

$$P(x) \geqslant 0 \qquad 和 \qquad \sum_{x\in\mathcal{X}} P(x) = 1 \tag{38}$$

A.4.2 数学期望

随机变量 x 的数学期望（也称作期望值、均值或平均值）定义如下：

$$\mathcal{E}[x] = \mu = \sum_{x\in\mathcal{X}} xP(x) = \sum_{i=1}^{m} v_i p_i \tag{39}$$

如果把概率质量函数看作一系列的点质量，每一个点 $x = v_i$ 具有质量 p_i，则数学期望值 μ 就相当于这些点的质心。或者，我们也可以把数学期望 μ 看作许多样本点的代数平均值。

更一般地，如果 v_i 是关于自变量 x 的任何形式的函数，则函数 $f(x)$ 的数学期望由下式定义：

$$\mathcal{E}[f(x)] = \sum_{x\in\mathcal{X}} f(x)P(x) \tag{40}$$

注意，式(40)表明数学期望具有线性性质。也就是说，如果 α_1,α_2 为两个任意的常数，则下式恒成立：

$$\mathcal{E}[\alpha_1 f_1(x) + \alpha_2 f_2(x)] = \alpha_1\mathcal{E}[f_1(x)] + \alpha_2\mathcal{E}[f_2(x)] \tag{41}$$

有时候，把 $\mathcal{E}$ 看作一种算子（即（线性）期望算子）是方便的。

有两种重要的特殊数学期望：二阶矩和方差。它们分别定义如下：

$$\mathcal{E}[x^2] = \sum_{x\in\mathcal{X}} x^2 P(x) \tag{42}$$

611

$$\mathrm{Var}[x] = \sigma^2 = \mathcal{E}[(x-\mu)^2] = \sum_{x\in\mathcal{X}} (x-\mu)^2 P(x) \tag{43}$$

其中 σ 称为随机变量 x 的标准差(standard deviation)。方差(variance)可以看作概率密度函数的转动惯量(moment of inertia)。方差永远是非负的，只有当全部概率质量集中在一点时它才取零值。

标准差是衡量随机变量 x 偏离均值的程度的一个简单而重要的参数。“标准差”的字面意义就表示随机变量 x 偏离均值 μ 的平均距离。

切比雪夫(Chebyshev)不等式（也称作 Bienaymé-Chebyshev 不等式）揭示了标准差与

$|x-\mu|$之间的数学关系：

$$\Pr[|x-\mu|>n\sigma]\leqslant\frac{1}{n^2} \tag{44}$$

切比雪夫不等式提供了一个较宽松的界限(这里必须要求 $n\geqslant 1$，否则就没有意义)。对于正态分布来说，一个更常用也更严格的估计是：随机变量 x 落在区间$[\mu-\sigma,\mu+\sigma]$内的概率是 68%，落在区间$[\mu-2\sigma,\mu+2\sigma]$内的概率是 95%，落在区间$[\mu-3\sigma,\mu+3\sigma]$内的概率是 99.7%(参见后面 A.4.12 节中的图 A-1)。然而，切比雪夫不等式表明对于任意分布的随机变量的标准差与散布程度之间的重要联系。另一方面，切比雪夫不等式也表明$|x-\mu|/\sigma$是衡量随机变量 x 的值偏离均值的程度的归一化的度量(参见 A.4.12 节)。

展开式(43)中的二次式，容易证明下面的有用公式：

$$\mathrm{Var}[x]=\mathcal{E}[x^2]-(\mathcal{E}[x])^2 \tag{45}$$

注意，方差不具有数学期望那样的线性性质。特别，如果存在另一个随机变量 $y=\alpha x$，其中 α 为一个常量，则有 $\mathrm{Var}[y]=\alpha^2\mathrm{Var}[x]$。而且，两个随机变量的和的方差通常不等于它们各自的方差的和。然而，在后面我们将会看到，当这两个随机变量是互相独立的时候，随机变量的和的方差确实等于它们各自方差的和。

如果随机变量 x 服从简单的 0-1 分布(即 x 的取值只能为 0 或 1)，则可以求出 μ 和 σ 的简单公式。我们令 $p=\Pr[x=1]$，那么容易证明

$$\mu=p \qquad 和 \qquad \sigma=\sqrt{p(1-p)} \tag{46}$$

A.4.3 成对离散随机变量

设 x 与 y 是两个离散的随机变量，其可能取值的集合分别为$\mathcal{X}=\{v_1,v_2,\cdots,v_m\}$和$\mathcal{Y}=\{w_1,w_2,\cdots,w_n\}$。这两个随机变量的组合$(x,y)$，可以看作在这两个变量的二维直积空间中的一个向量(或一个点)。每一个可能的组合(v_i,w_j)都具有一个联合概率 $p_{ij}=\Pr[x=v_i,y=w_j]$。这样总共有 mn 个联合概率。这些联合概率是非负的，并且其和为 1。也就是说可以定义联合概率质量函数

$$P(x,y)\geqslant 0 \qquad 和 \qquad \sum_{x\in\mathcal{X}}\sum_{y\in\mathcal{Y}}P(x,y)=1 \tag{47}$$

联合概率质量函数能完全描述随机变量组合(x,y)的性质。也就是说，任何关于 x 和 y 的性质，无论是这两个变量各自独立的性质，或者是它们共同的性质，都可以根据联合概率质量函数 $P(x,y)$来计算得到。特别，从联合概率质量函数，我们可以得到如下单独的边缘分布函数(marginal distribution)：

$$\begin{aligned}P_x(x)&=\sum_{y\in\mathcal{Y}}P(x,y)\\P_y(y)&=\sum_{x\in\mathcal{X}}P(x,y)\end{aligned} \tag{48}$$ 612

这是对联合概率密度函数 $P(x,y)$中不希望出现的那个自变量求和得到的。

如果保留边缘密度函数的下标，就是强调 $P_x(x)$和 $P_y(y)$是两个不同形式的函数。在不致引起混淆的场合，常常省略边缘密度函数的下标，而把它们直接写作 $P(x)$和 $P(y)$。读者应能从上下文判断这时的 $P(x)$和 $P(y)$实际上指的是两个不同的边缘分布函数，而不是代表自变量取值不同的同一个函数。

A.4.4 统计独立性

随机变量 x 和 y 被称为统计独立的，当且仅当下式成立：

$$P(x, y) = P_x(x)P_y(y) \tag{49}$$

对于统计独立的含义，可以这样来理解：假设 $p_i = \Pr[x = v_i]$是 x 取值为v_i 的时间与总共时间的比，$q_j = \Pr[y = w_j]$是 y 取值为w_j 的时间与总共时间的比。考虑当 x 取值为v_i 时的情况。如果这时 $y = w_j$ 的时间的比仍旧为 q_j，那么即使知道 x 的值，也不能给我们提供任何关于此时 y 取何值的信息。也就是说，y 的取值不依赖于 x。最后，如果 x 和 y 是统计独立的，则(v_i, w_j)同时出现的时间的比，等于它们各自时间比的乘积 $p_i q_j = P(v_i)P(w_j)$。我们将在 A.4.6 节进一步讨论这个问题。

A.4.5 两个自变量的函数的数学期望

作为 A.4.2 节的自然推广，以两个随机变量 x，y 为自变量的函数 $f(x, y)$的数学期望被定义为

$$\mathcal{E}[f(x, y)] = \sum_{x \in \mathcal{X}} \sum_{y \in \mathcal{Y}} f(x, y)P(x, y) \tag{50}$$

与 A.4.2 节相同，期望算子$\mathcal{E}$在这里也是线性算子：

$$\mathcal{E}[\alpha_1 f_1(x, y) + \alpha_2 f_2(x, y)] = \alpha_1 \mathcal{E}[f_1(x, y)] + \alpha_2 \mathcal{E}[f_2(x, y)] \tag{51}$$

$f(x, y)$的均值（一阶矩）和方差（二阶矩）定义如下：

$$\begin{aligned} \mu_x &= \mathcal{E}[x] = \sum_{x \in \mathcal{X}} \sum_{y \in \mathcal{Y}} x P(x, y) \\ \mu_y &= \mathcal{E}[y] = \sum_{x \in \mathcal{X}} \sum_{y \in \mathcal{Y}} y P(x, y) \\ \sigma_x^2 = \mathrm{Var}[x] &= \mathcal{E}[(x - \mu_x)^2] = \sum_{x \in \mathcal{X}} \sum_{y \in \mathcal{Y}} (x - \mu_x)^2 P(x, y) \\ \sigma_y^2 = \mathrm{Var}[y] &= \mathcal{E}[(y - \mu_y)^2] = \sum_{x \in \mathcal{X}} \sum_{y \in \mathcal{Y}} (y - \mu_y)^2 P(x, y) \end{aligned} \tag{52}$$

一个重要的参数——x 和 y 的协方差（可以看作“交叉矩”）定义为

613

$$\sigma_{xy} = \mathcal{E}[(x - \mu_x)(y - \mu_y)] = \sum_{x \in \mathcal{X}} \sum_{y \in \mathcal{Y}} (x - \mu_x)(y - \mu_y)P(x, y) \tag{53}$$

如果使用向量记号，那么等式(52)和(53)可以记为

$$\boldsymbol{\mu} = \mathcal{E}[\mathbf{x}] = \sum_{\mathbf{x} \in \{\mathcal{X}\mathcal{Y}\}} \mathbf{x} P(\mathbf{x}) \tag{54}$$

$$\boldsymbol{\Sigma} = \mathcal{E}[(\mathbf{x} - \boldsymbol{\mu})(\mathbf{x} - \boldsymbol{\mu})^t] \tag{55}$$

其中$\{\mathcal{X}\mathcal{Y}\}$代表随机向量 $\mathbf{x}$ 的两个分量的取值空间，$\boldsymbol{\mu}$ 为 $\mathbf{x}$ 的数学期望，$\boldsymbol{\Sigma}$ 为协方差矩阵（参见 A.4.9 节）。

协方差可以衡量随机变量 x 与 y 之间的统计独立程度。如果 x 与 y 互相统计独立，则必定有 $\sigma_{xy} = 0$。当 $\sigma_{xy} = 0$ 时，我们称随机变量 x 与 y 之间是不相关的。但这并不意味着随机变量 x 与 y 之间是统计独立的。这里我们给出一个例子。考虑联合概率密度函数

$$f(x,y)=\begin{cases}\dfrac{1}{\pi} & x^2+y^2\leqslant 1\\ 0 & 其他\end{cases}$$

那么我们可以证明 $\delta_{xy}=0$ 但 $f_x(x)f_y(y)\neq f(x,y)$。也就是说，这时 x 与 y 不相关(特指线性相关)，然而却不是统计独立的。

只有当(x,y)服从多维正态分布时，不相关才等价于统计独立。在实际应用中，为了简化问题，不相关常常被看作统计独立。

如果随机变量 $y=\alpha x$，其中 α 是一个确定的常量，这时 x 与 y 之间的统计依赖性最大。容易证明此时有 $\sigma_{xy}=\alpha\sigma_x^2$。也就是说，当 x 与 y 同时增加或同时减小时，协方差为正数，反之则为负数。

对于 σ_x，σ_y，σ_{xy} 之间的关系，有一个非常重要的柯西-施瓦茨不等式

$$\sigma_{xy}^2\leqslant\sigma_x^2\sigma_y^2 \tag{56}$$

这一不等式类似于向量不等式$(\mathbf{x}^t\mathbf{y})^2\leqslant\|\mathbf{x}\|^2\|\mathbf{y}\|^2$(由前面的式(10)得到)。

随机变量 x 与 y 之间的相关系数定义为

$$\rho=\frac{\sigma_{xy}}{\sigma_x\sigma_y} \tag{57}$$

相关系数可以看作归一化的协方差。ρ 的取值范围为$[-1,1]$。如果 $\rho=+1$，则 x 与 y 达到正的最大相关，如果 $\rho=-1$，则 x 与 y 达到负的最大相关。如果 $\rho=0$，则 x 与 y 不相关。在实际应用中，为了简化问题，往往用相关系数的绝对值小于某一个阈值(比如 0.05)来判断是否不相关。当然，这个阈值的选取与具体的应用场合有关。

如果 x 与 y 是统计独立的，则对于它们的任意函数 $f(x)$ 与 $g(y)$，根据统计独立和数学期望的定义，我们得到

$$\mathcal{E}[f(x)g(y)]=\mathcal{E}[f(x)]\mathcal{E}[g(y)] \tag{58}$$

注意，如果令 $f(x)=x-\mu_x$，$g(y)=y-\mu_y$，这个结果再次说明，如果 x 和 y 是统计独立的，那么

$$\sigma_{xy}=\mathcal{E}[(x-\mu_x)(y-\mu_y)]=\mathcal{E}[x-\mu_x]\mathcal{E}[y-\mu_y]=0$$

A.4.6 条件概率

如果两个随机变量不是统计独立的，则当知道其中一个变量的取值时，就能使我们获得另一个变量的更好估值。这可由下面给定变量 y 以后变量 x 的条件概率公式来表示： 614

$$\Pr[x=v_i|y=w_j]=\frac{\Pr[x=v_i,y=w_j]}{\Pr[y=w_j]} \tag{59}$$

或者，用概率密度函数表示为

$$P(x|y)=\frac{P(x,y)}{P(y)} \tag{60}$$

注意，如果 x 与 y 是统计独立的，则 $P(x|y)=P(x)$。也就是说，在 x 与 y 是统计独立的情况下，知道了 y 的值并不能给出任何有关 x 的信息，这种信息不能从边缘分布 $P(x)$获得。

例如，考虑 x 与 y 都只能取值 0 或 1 的情况，假定随机产生 n 对 xy 的值，n 是一个很大的数。令 n_{ij} 表示 $x=i$，$y=j$ 的次数。这样，组合(0,0)出现 n_{00} 次，组合(0,1)出现 n_{01} 次，组合(1,0)出现 n_{10} 次，组合(1,1)出现 n_{11} 次，等等，同时必须满足 $n_{00}+n_{01}+n_{10}+n_{11}=n$。现在，考虑 x 与 y 同时取 1 的次数占 y 取值为 1 而 x 取任意值的次数的比：

$$\frac{n_{11}}{n_{01}+n_{11}}=\frac{n_{11}/n}{(n_{01}+n_{11})/n} \tag{61}$$

当 $y=1$ 和 n 很大时，上式即近似为 $P(x|y)$ 的值。事实也是如此，因为 n_{11}/n 近似等于 $P(x,y)$，而 $(n_{01}+n_{11})/n$ 当 n 很大时近似等于 $P(y)$。

A.4.7 全概率公式和贝叶斯公式

如果事件 A 在某一时刻可能有 m 种不同的发生方式 $A_1,A_2,\cdots,A_m$（称作子事件），其中各个子事件两两互斥，即不可能同时发生 A_i 和 $A_j(i\neq j)$，那么事件 A 发生的概率等于这些子事件各自发生概率的和。这就是全概率公式。特别地，如果随机变量 y 在某一时刻取某一特定值有 m 种方式，与此同时，x 可能的取值为 $\{v_1,v_2,\cdots,v_m\}$，那么根据全概率公式，有

$$P(y)=\sum_{x\in\mathcal{X}}P(x,y) \tag{62}$$

也就是说，$P(y)$ 就是联合概率 $P(x,y)$ 对所有的可能的 x 值求和。从条件概率的定义，我们可以得到

$$P(x,y)=P(y|x)P(x) \tag{63}$$

交换公式(63)中的 x 和 y，经过简单推导，可得

615

$$P(x|y)=\frac{P(y|x)P(x)}{\sum_{x\in\mathcal{X}}P(y|x)P(x)} \tag{64}$$

或者用文字表述为

$$\text{后验概率}=\frac{\text{似然函数}\times\text{先验概率}}{\text{证据因子}}$$

这些术语在第 2 章有详细的讨论。

公式(64)被称作贝叶斯公式。注意公式右边的分母项，是对所有可能的 x 对应的分子项进行累加的结果，实际上就是 $P(y)$。之所以写成公式(64)的形式是为了强调公式右边各项都是关于 x 的函数，以 x 为转移。如果把 x 当作重要的自变量，则后验概率 $P(x|y)$ 将由分子 $P(y|x)P(x)$ 完全确定，而分母项实际上可以看作一个归一化系数，有时称作“证据”因子(evidence)，用来保证在 y 给定时，$P(x|y)$ 对所有可能的 x 值其和为 1，即 $\sum\limits_{x\in\mathcal{X}}P(x|y)=1$。

对贝叶斯公式的标准解释如下：它转化统计联系，把 $P(y|x)$ 转化为 $P(x|y)$。如果我们把 x 看作“原因”，把 y 看作“结果”。那么如果原因 x 的值已经给定，则我们显然能确定这时某一特定的结果 y 出现的概率——$P(y|x)$ 就是关于这个条件概率的精确描述。但如果我们首先观测到的是结果 y，这时我们无法直接确定引起这个结果的原因 x 的值，因为可能有多个原因 x，均能产生同样的结果 y。然而，贝叶斯公式告诉我们，只要已经知道条件概率 $P(y|x)$ 和先验概率 $P(x)$（即在观测到 y 之前关于 x 的概率分布的知识），我们就能够求得 $P(x|y)$。

换句话说，贝叶斯公式告诉我们在观测到 y 值之前，如何把关于 x 的先验概率 $P(x)$ 转化为观测到 y 值之后的关于 x 的可能分布的后验概率 $P(x|y)$。也就是说任何对 y 的观测都将增加这时我们对 x 的真正分布的知识。

A.4.8 随机向量

把前面所述各个结果从两个变量 x,y 的情况扩展到 d 个变量 $x_1,x_2,\cdots x_d$ 的情况。为便

于表述，我们采用向量记号 $\mathbf{x}=\{x_1, x_2, \cdots, x_d\}^t$。如同公式(47)，联合概率质量函数 $P(\mathbf{x})$满足 $P(\mathbf{x})\geqslant 0$ 和 $\Sigma P(\mathbf{x})=1$，其中的求和是对向量 $\mathbf{x}$ 所有可能的值进行的。注意由于 $\mathbf{x}$ 是一个 d 维向量，所以联合概率质量函数 $P(\mathbf{x})$可能是一个非常复杂的多变量函数 $P(x_1, x_2, \cdots, x_d)$。然而，如果 $\mathbf{x}$ 的各个分量统计独立，那么这个联合概率质量函数就变成下面的比较简单的形式：

$$P(\mathbf{x}) = P_{x_1}(x_1)P_{x_2}(x_2)\cdots P_{x_d}(x_d) = \prod_{i=1}^{d} P_{x_i}(x_i) \tag{65}$$

在这里我们特别注明各个边缘分布函数的下标，是为了强调每个分量的概率分布函数通常具有不同的形式。如果已知联合概率分布函数，则每一个分量的边缘分布函数 $P_{x_i}(x_i)$可以通过对其他所有分量求和来得到。除了这些单变量的边缘分布函数，其他形式的边缘概率分布函数可以根据全概率公式来得到。例如，假定知道联合概率密度函数 $P(x_1, x_2, x_3, x_4, x_5)$，要求 $P(x_1, x_4)$，我们可以用下式计算：

$$P(x_1, x_4) = \sum_{x_2}\sum_{x_3}\sum_{x_5} P(x_1, x_2, x_3, x_4, x_5) \tag{66}$$ 616

可以定义多种不同的条件分布，如 $P(x_1, x_2 | x_3)$或 $P(x_2 | x_1, x_4, x_5)$，等等。例如

$$P(x_1, x_2|x_3) = \frac{P(x_1, x_2, x_3)}{P(x_3)} \tag{67}$$

其中，等式右边的各项都可以从联合概率分布 $P(x_1, x_2, x_3, x_4, x_5)$对不要的变量求和计算得到。如果用向量变量代替标量变量，条件分布可以写成

$$P(\mathbf{x}_1|\mathbf{x}_2) = \frac{P(\mathbf{x}_1, \mathbf{x}_2)}{P(\mathbf{x}_2)} \tag{68}$$

类似地，向量形式的贝叶斯公式变成

$$P(\mathbf{x}_1|\mathbf{x}_2) = \frac{P(\mathbf{x}_2|\mathbf{x}_1)P(\mathbf{x}_1)}{\sum_{\mathbf{x}_1} P(\mathbf{x}_2|\mathbf{x}_1)P(\mathbf{x}_1)} \tag{69}$$

A.4.9 期望值、均值向量和协方差矩阵

向量随机变量 $\mathbf{x}$ 的数学期望也是一个向量，其各分量是原 $\mathbf{x}$ 的各个分量的数学期望。如果 $\mathbf{f}(\mathbf{x})$是 d 维随机变量 $\mathbf{x}$ 的 n 维向量函数

$$\mathbf{f}(\mathbf{x}) = \begin{bmatrix} f_1(\mathbf{x}) \\ f_2(\mathbf{x}) \\ \vdots \\ f_n(\mathbf{x}) \end{bmatrix} \tag{70}$$

则其数学期望定义如下：

$$\mathcal{E}[\mathbf{f}] = \begin{bmatrix} \mathcal{E}[f_1(\mathbf{x})] \\ \mathcal{E}[f_2(\mathbf{x})] \\ \vdots \\ \mathcal{E}[f_n(\mathbf{x})] \end{bmatrix} = \sum_{\mathbf{x}} \mathbf{f}(\mathbf{x})P(\mathbf{x}) \tag{71}$$

特别，随机变量 $\mathbf{x}$ 的均值向量 $\boldsymbol{\mu}$ 定义为

$$\boldsymbol{\mu}=\mathcal{E}[\mathbf{x}]=\begin{bmatrix}\mathcal{E}[x_1]\\ \mathcal{E}[x_2]\\ \vdots\\ \mathcal{E}[x_d]\end{bmatrix}=\begin{bmatrix}\mu_1\\ \mu_2\\ \vdots\\ \mu_d\end{bmatrix}=\sum_{\mathbf{x}}\mathbf{x}P(\mathbf{x}) \tag{72}$$

同样,协方差矩阵 $\mathbf{\Sigma}$ 的第 ij 个元素 σ_{ij} 被定义为 x_i 和 x_j 的协方差:

617

$$\sigma_{ij}=\sigma_{ji}=\mathcal{E}[(x_i-\mu_i)(x_j-\mu_j)] \qquad i,j=1\cdots d \tag{73}$$

与我们看到的具有两个变量的式(53)相同。因此,我们可以得到其扩展形式:

$$\mathbf{\Sigma}=\begin{bmatrix}\mathcal{E}[(x_1-\mu_1)(x_1-\mu_1)] & \mathcal{E}[(x_1-\mu_1)(x_2-\mu_2)] & \ldots & \mathcal{E}[(x_1-\mu_1)(x_d-\mu_d)]\\ \mathcal{E}[(x_2-\mu_2)(x_1-\mu_1)] & \mathcal{E}[(x_2-\mu_2)(x_2-\mu_2)] & \ldots & \mathcal{E}[(x_2-\mu_2)(x_d-\mu_d)]\\ \vdots & \vdots & & \vdots\\ \mathcal{E}[(x_d-\mu_d)(x_1-\mu_1)] & \mathcal{E}[(x_d-\mu_d)(x_2-\mu_2)] & \ldots & \mathcal{E}[(x_d-\mu_d)(x_d-\mu_d)]\end{bmatrix}$$

$$=\begin{bmatrix}\sigma_{11} & \sigma_{12} & \ldots & \sigma_{1d}\\ \sigma_{21} & \sigma_{22} & \ldots & \sigma_{2d}\\ \vdots & \vdots & & \vdots\\ \sigma_{d1} & \sigma_{d2} & \ldots & \sigma_{dd}\end{bmatrix}=\begin{bmatrix}\sigma_1^2 & \sigma_{12} & \ldots & \sigma_{1d}\\ \sigma_{21} & \sigma_2^2 & \ldots & \sigma_{2d}\\ \vdots & \vdots & & \vdots\\ \sigma_{d1} & \sigma_{d2} & \ldots & \sigma_d^2\end{bmatrix} \tag{74}$$

我们可以用向量积$(\mathbf{x}-\boldsymbol{\mu})(\mathbf{x}-\boldsymbol{\mu})^t$ 表示协方差矩阵:

$$\mathbf{\Sigma}=\mathcal{E}[(\mathbf{x}-\boldsymbol{\mu})(\mathbf{x}-\boldsymbol{\mu})^t] \tag{75}$$

由此看出 $\mathbf{\Sigma}$ 是对称矩阵,其对角线元素即为 $\mathbf{x}$ 的每一个分量各自的方差,是非负的;非对角线元素是 $\mathbf{x}$ 的各个分量的协方差,可能为正,也可能为负。如果各分量统计独立,那么非对角线元素为零,协方差矩阵就成为对角矩阵。协方差矩阵的另一个重要性质是半正定性,即对于任意的向量 $\mathbf{w}$,标量 $\mathbf{w}^t\mathbf{\Sigma}\mathbf{w}\geqslant 0$。可以证明,这与要求协方差矩阵的各本征值为非负是等价的。

A.4.10 连续随机变量

如果随机变量 x 是在连续域取值,那么讨论 x 取某个特定值(比如 2.5136)的概率是没有意义的,因为 x 取任意的某个确切值的概率都几乎为零。我们更关注的是随机变量 x 落在某个区间(比如$[a,b]$)内的概率。因此,我们在这里不直接使用概率质量函数 $P(x)$,而使用概率密度函数 $p(x)$。概率密度函数 $p(x)$具有如下性质:

$$\Pr[x\in(a,b)]=\int_a^b p(x)\,dx \tag{76}$$

之所以使用"密度"一词是因为这个定义类似于物理学中关于物质的密度的定义。如果我们考虑一个小区间$(a,a+\Delta x)$,在这个小区间内概率密度 $p(x)$近似于常数 $p(a)$,那么,$p(a)=\Pr[x\in(a,a+\Delta x)]/\Delta x$。也就是说,在点 $x=a$ 处的概率密度就是单位距离上的概率质量 $\Pr[x\in(a,a+\Delta x)]$。由此推知概率密度函数必须满足

618

$$p(x)\geqslant 0 \qquad \text{和} \qquad \int_{-\infty}^{\infty}p(x)\,dx=1 \tag{77}$$

如果我们用积分代替求和,那么前面大多数对离散随机变量的定义和公式都能推广到连续的情况。特别,连续随机变量的数学期望、均值和方差的定义分别如下:

$$\mathcal{E}[f(x)] = \int_{-\infty}^{\infty} f(x)p(x)\,dx$$

$$\mu = \mathcal{E}[x] = \int_{-\infty}^{\infty} xp(x)\,dx \tag{78}$$

$$\mathrm{Var}[x] = \sigma^2 = \mathcal{E}[(x-\mu)^2] = \int_{-\infty}^{\infty} (x-\mu)^2 p(x)\,dx$$

如同公式(45)一样,方差也满足 $\sigma^2=\mathcal{E}[x^2]-(\mathcal{E}[x])^2$。

对连续的多个随机变量的情况也可以进行类似的处理。如果用 $\mathbf{x}$ 表示这些随机变量组成的随机向量,那么概率密度函数 $p(\mathbf{x})$必须满足

$$p(\mathbf{x}) \geqslant 0 \qquad 和 \qquad \int_{-\infty}^{\infty} p(\mathbf{x})\,d\mathbf{x} = 1 \tag{79}$$

注意,这里的 $d\mathbf{x}$ 实际上是 $dx_1 dx_2 \cdots dx_d$,积分是 d 重积分对应的数学期望

$$\mathcal{E}[\mathbf{f}(\mathbf{x})] = \int_{-\infty}^{\infty}\int_{-\infty}^{\infty}\cdots\int_{-\infty}^{\infty} \mathbf{f}(\mathbf{x})p(\mathbf{x})\,dx_1dx_2\cdots dx_d = \int_{-\infty}^{\infty} \mathbf{f}(\mathbf{x})p(\mathbf{x})\,d\mathbf{x} \tag{80}$$

如果分别令上面的函数 $\mathbf{f}(\cdot)$的具体形式为 $\mathbf{x}$ 和$(\mathbf{x}-\boldsymbol{\mu})(\mathbf{x}-\boldsymbol{\mu})^t$,那么我们可以得到 $\mathbf{x}$ 的均值 $\boldsymbol{\mu}$ 和协方差矩阵 $\mathbf{\Sigma}$ 如下:

$$\boldsymbol{\mu} = \mathcal{E}[\mathbf{x}] = \int_{-\infty}^{\infty} \mathbf{x}p(\mathbf{x})\,d\mathbf{x}$$

$$\mathbf{\Sigma} = \mathcal{E}[(\mathbf{x}-\boldsymbol{\mu})(\mathbf{x}-\boldsymbol{\mu})^t] = \int_{-\infty}^{\infty} (\mathbf{x}-\boldsymbol{\mu})(\mathbf{x}-\boldsymbol{\mu})^t p(\mathbf{x})\,d\mathbf{x} \tag{81}$$

如果连续随机变量 $\mathbf{x}$ 的各分量统计独立,那么这时候联合概率密度函数 $p(\mathbf{x})$能够分解为

$$p(\mathbf{x}) = \prod_{i=1}^{d} p_{x_i}(x_i) \tag{82}$$

同时,协方差矩阵 $\mathbf{\Sigma}$ 为对角矩阵。

条件概率密度函数的定义与条件质量函数的定义类似。例如,当 y 给定时 x 的概率密度为 619

$$p(x|y) = \frac{p(x,y)}{p(y)} \tag{83}$$

对密度函数的贝叶斯公式为

$$p(x|y) = \frac{p(y|x)p(x)}{\int_{-\infty}^{\infty} p(y|x)p(x)\,dx} \tag{84}$$

类似地，向量形式下的贝叶斯公式为 $p(\mathbf{x}|\mathbf{y})=\dfrac{p(\mathbf{y}|\mathbf{x})p(\mathbf{x})}{\int_{-\infty}^{\infty}p(\mathbf{y}|\mathbf{x})p(\mathbf{x})d\mathbf{x}}$。

有时我们需要计算函数 $f(x_1,x_2)$ 中一个自变量的数学期望，这种情况下必须显式写明下标，如

$$\mathcal{E}_{x_1}[f(x_1,x_2)]=\int_{-\infty}^{\infty}f(x_1,x_2)p(x_1)\,dx_1 \tag{85}$$

A.4.11 独立随机变量和的分布

在实际应用中，我们通常遇到这样的情况：已知两个统计独立随机变量 x 和 y 各自的概率密度函数，我们需要知道它们的和 $z=x+y$ 的概率密度函数。容易推导出这个和的均值和方差：

$$\begin{aligned}\mu_z&=\mathcal{E}[z]=\mathcal{E}[x+y]=\mathcal{E}[x]+\mathcal{E}[y]=\mu_x+\mu_y\\ \sigma_z^2&=\mathcal{E}[(z-\mu_z)^2]=\mathcal{E}[(x+y-(\mu_x+\mu_y))^2]=\mathcal{E}[((x-\mu_x)+(y-\mu_y))^2]\\ &=\mathcal{E}[(x-\mu_x)^2]+2\underbrace{\mathcal{E}[(x-\mu_x)(y-\mu_y)]}_{=0}+\mathcal{E}[(y-\mu_y)^2]\\ &=\mathcal{E}[(x-\mu_x)^2]+0+\mathcal{E}[(y-\mu_y)^2]\\ &=\sigma_x^2+\sigma_y^2\end{aligned} \tag{86}$$

其中，我们利用了这样的性质：由于 x 和 y 统计独立，所以它们的协方差$\mathcal{E}[x-\mu_x]\mathcal{E}[y-\mu_y]$为零。也就是说，当 x 和 y 统计独立时，它们的和的方差等于各自的方差的和。但如果 x 和 y 并不是统计独立的，那么这一结论不成立。

从 x 和 y 的概率密度函数求 $z=x+y$ 的概率密度函数，稍微复杂一些。z 落在某个区间 $[\zeta,\zeta+\Delta z]$ 内的概率可以这样求得：当 Δz 很小时，z 在这一区间（xy 平面内的直线 $x+y=\zeta$ 和 $x+y=\zeta+\Delta z$ 之间的区域）内的概率可以通过对联合概率密度函数 $p(x,y)=p_x(x)p_y(y)$ 求积分获得。所以

620

$$\Pr[\zeta<z<\zeta+\Delta z]=\left[\int_{-\infty}^{\infty}p(x)p(\zeta-x)\,dx\right]\Delta z \tag{87}$$

所以，连续随机变量 z 的概率密度函数为连续随机变量 x 和 y 各自概率密度函数的卷积：

$$p(z)=p_x(x)\star p_y(y)=\int_{-\infty}^{\infty}p_x(x)p_y(z-x)\,dx \tag{88}$$

上述的这些结论可以推广到多个随机变量相加的情况。对于 d 个统计独立的随机变量 $x_1,x_2,\cdots,x_d$，不难证明下列结论：

- 它们的和的均值等于它们各自均值的和。（事实上，这一结论不需要满足统计独立条件。）
- 它们的和的方差等于各自方差的和。
- 它们的和的概率密度函数为各自的概率密度函数的卷积，也就是说下式成立：

$$p(z)=p(x_1)\star p(x_2)\star\cdots\star p(x_d) \tag{89}$$

A.4.12 正态分布

概率理论中最重要的结论之一就是中心极限定理。这个定理简述如下：在各种条件下，独立的 d 个随机变量的和的概率分布接近于一种被称为正态分布（或称为“高斯分布”）的极限形式。

正因为如此，正态分布在理论与实际应用中都是相当重要的。

在一维情况下，正态分布的概率密度函数定义为

$$p(x) = \frac{1}{\sqrt{2\pi}\sigma} e^{-1/2((x-\mu)^2/\sigma^2)} \tag{90}$$

正态概率密度函数通常也被描述成“钟形曲线”。

正态概率密度函数由分布的均值 μ 和方差 σ^2 这两个参数唯一确定。为强调这一点，通常记作 $p(x) \sim N(\mu,\sigma^2)$，读作“$x$ 服从均值为 μ 和方差为 σ^2 的正态分布”。正态分布的概率密度函数关于均值对称，最大值出现在均值 $x=\mu$ 处，钟形波峰的宽度与标准差 σ 成正比。由式(90)定义的正态分布中的各参数满足下列等式：

$$\begin{aligned} \mathcal{E}[1] &= \int_{-\infty}^{\infty} p(x)\,dx = 1 \\ \mathcal{E}[x] &= \int_{-\infty}^{\infty} x\,p(x)\,dx = \mu \\ \mathcal{E}[(x-\mu)^2] &= \int_{-\infty}^{\infty} (x-\mu)^2 p(x)\,dx = \sigma^2 \end{aligned} \tag{91}$$

621

服从正态分布的样本点有聚集在均值附近的趋势。在数值上，对于正态分布，下面的各个概率成立：

$$\begin{aligned} \Pr[|x-\mu| \leqslant \sigma] &\approx 0.68 \\ \Pr[|x-\mu| \leqslant 2\sigma] &\approx 0.95 \\ \Pr[|x-\mu| \leqslant 3\sigma] &\approx 0.997 \end{aligned} \tag{92}$$

如图 A-1 所示。

一个衡量样本点 x 偏离均值 μ 的自然度量是以标准差为单位度量的距离 $|x-\mu|$

$$r = \frac{|x-\mu|}{\sigma} \tag{93}$$

也就是 x 到 μ 的 Mahalanobis 距离。在一维的情况下，这一距离也称作 z-记分。例如，使 x 偏离均值 μ 的 Mahalanobis 距离小于 2 的概率为 0.95。显然，标准化的随机变量 $u=(x-\mu)/\sigma$ 具有 0 均值和单位标准差，即

$$p(u) = \frac{1}{\sqrt{2\pi}} e^{-u^2/2} \tag{94}$$

记为 $p(u) \sim N(0,1)$ 。表 A-1 列出标准正态分布的一些值，即给定值 z，样本落在$[-z,z]$之间的概率。

622

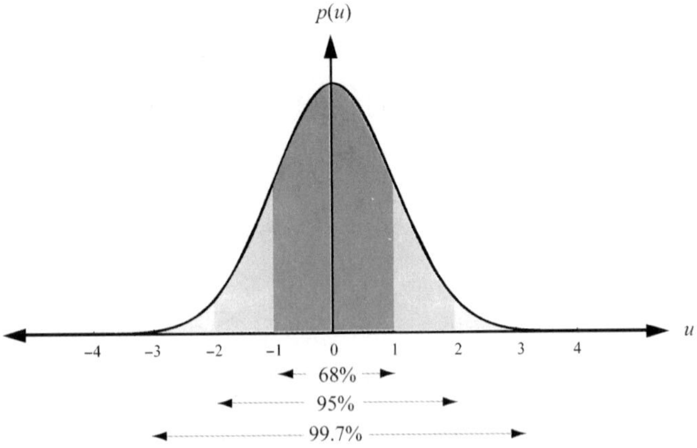

图 A-1 一维高斯分布 $p(u)\sim N(0,1)$，68% 的概率质量落在区间 $|u|\leqslant 1$ 中。95% 的概率落在区间 $|u|\leqslant 2$ 中，99.7% 的概率落在区间 $|u|\leqslant 3$ 中

表 A-1 服从标准正态分布的样本的绝对值小于某一标准值 z 的概率（即 $Pr[|u|\leqslant z]$）

z	$\Pr[\lvert u\rvert\leqslant z]$	z	$\Pr[\lvert u\rvert\leqslant z]$	z	$\Pr[\lvert u\rvert\leqslant z]$
0.0	0.0	1.0	0.683	2.0	0.954
0.1	0.080	1.1	0.729	2.1	0.964
0.2	0.158	1.2	0.770	2.326	0.980
0.3	0.236	1.3	0.806	2.5	0.989
0.4	0.311	1.4	0.838	2.576	0.990
0.5	0.383	1.5	0.866	3.0	0.9974
0.6	0.452	1.6	0.890	3.090	0.9980
0.7	0.516	1.7	0.911	3.291	0.999
0.8	0.576	1.8	0.928	3.5	0.9995
0.9	0.632	1.9	0.943	4.0	0.999 94

A.5 高斯函数的导数和积分

由于高斯函数在统计模式识别领域中的绝对重要性，我们经常用到一些高斯函数的微分和积分。首先是一维标准高斯函数的求导公式：

$$\begin{aligned}
\frac{\partial}{\partial x}\left[\frac{1}{\sqrt{2\pi}\sigma}e^{-x^2/(2\sigma^2)}\right] &= \frac{-x}{\sqrt{2\pi}\sigma^3}e^{-x^2/(2\sigma^2)} = \frac{-x}{\sigma^2}p(x)\\
\frac{\partial^2}{\partial x^2}\left[\frac{1}{\sqrt{2\pi}\sigma}e^{-x^2/(2\sigma^2)}\right] &= \frac{1}{\sqrt{2\pi}\sigma^5}\left(-\sigma^2+x^2\right)e^{-x^2/(2\sigma^2)} = \frac{-\sigma^2+x^2}{\sigma^4}p(x)\\
\frac{\partial^3}{\partial x^3}\left[\frac{1}{\sqrt{2\pi}\sigma}e^{-x^2/(2\sigma^2)}\right] &= \frac{1}{\sqrt{2\pi}\sigma^7}\left(3x\sigma^2-x^3\right)e^{-x^2/(2\sigma^2)} = \frac{-3x\sigma^2-x^3}{\sigma^6}p(x)
\end{aligned} \tag{95}$$

其函数图形显示在图 A-2 中。

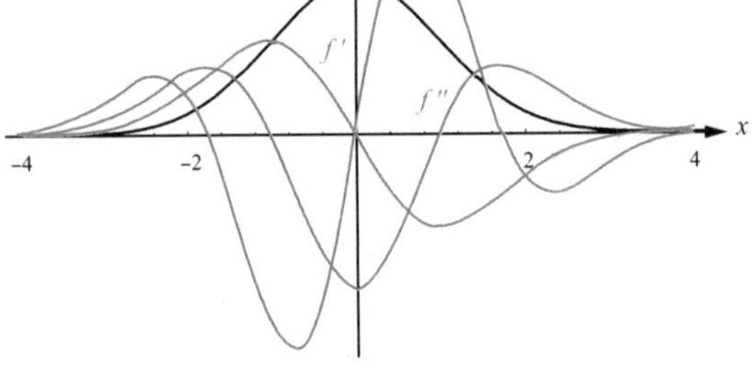

图 A-2 一维高斯分布 $f(x)\sim N(0,1)$ 和它的前 3 阶导数

一个重要的高斯函数的有限积分是误差函数，定义如下： 623

$$\mathrm{erf}(u)=\frac{2}{\sqrt{\pi}}\int_{0}^{u}e^{-x^2}dx \tag{96}$$

从图 A-3 可见，erf(0)＝0，erf(1)＝0.84。对于这个误差函数，没有便于计算的闭合的解析形式。因此，我们通常使用表格、逼近或数值积分等方法来求它的估计值。

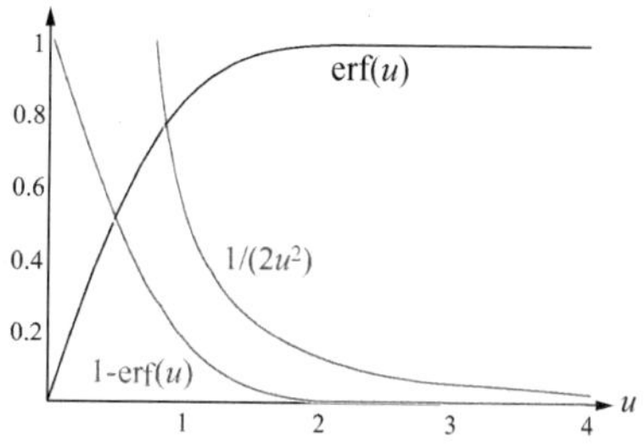

图 A-3 误差函数 erf(u)对应于标准高斯函数在区间 $-\sqrt{2}u$ 到 $\sqrt{2}u$ 之间的面积；也就是说，如果 x 是一个服从标准高斯分布的随机变量，那么 $\Pr[|x|\leqslant\sqrt{2}u]=\mathrm{erf}(u)$。这样，互补的概率 $1-\mathrm{erf}(u)$ 就是以 $|x|>\sqrt{2}u$ 选取样本点的概率。切比雪夫不等式指出对于任意一个均值为 0、方差为单位方差的分布形式，$\Pr[|x|>\varepsilon]$ 总是小于 $1/\varepsilon^2$，所以图中的最低的那条曲线是以 $1/(2u^2)$ 为界。从图中可以看出，对于高斯函数，这个界是非常宽的

在计算高斯函数的各阶矩时，我们需要计算用高斯函数加权的 x 的各次幂的积分。首先，让我们回忆一下 Γ 函数的定义

$$\Gamma(n+1)=\int_{0}^{\infty}x^n e^{-x}dx \tag{97}$$

其中，Γ 函数满足

$$\Gamma(n)=n\Gamma(n-1) \tag{98}$$

和 $\Gamma(1/2)=\sqrt{\pi}$。当 n 为整数时，我们有 $\Gamma(n+1)=n\times(n-1)\times(n-2)\cdots\times 1=n!$，即为 n 的阶乘。

对式(97)作变量代换，可以得到计算高斯分布的各阶矩的公式：

$$2\int_{0}^{\infty}x^n\frac{e^{-x^2/(2\sigma^2)}}{\sqrt{2\pi}\sigma}dx=\frac{2^{n/2}\sigma^n}{\sqrt{\pi}}\Gamma\left(\frac{n+1}{2}\right) \tag{99}$$

这里我们引入系数 2 和令积分下限为 0 的原因是为了避免当 n 为奇数时积分值为零的情况。

A.5.1 多元正态概率密度

服从正态分布的随机变量有许多良好的性质。比如，两个高斯函数的卷积仍是一个高斯函数，也就是说两个各自服从正态分布的独立随机变量的和还是服从正态分布。事实上，即使不互相独立的两个正态随机变量的和也服从正态分布。对于 d 个正态随机变量 x_i 的情况，假设它们各自有自己的均值和方差：$p_{x_i}(x_i)\sim N(\mu_i,\sigma_i^2)$。如果这些随机变量是互相独立的，则它们的联合概率密度为 624

$$p(\mathbf{x}) = \prod_{i=1}^{d} p(x_i) = \prod_{i=1}^{d} \frac{1}{\sqrt{2\pi}\sigma_i} e^{-1/2((x_i-\mu_i)/\sigma_i)^2}$$
$$= \frac{1}{(2\pi)^{d/2}\prod_{i=1}^{d}\sigma_i} \exp\left[-\frac{1}{2}\sum_{i=1}^{d}\left(\frac{x_i-\mu_i}{\sigma_i}\right)^2\right] \tag{100}$$

此式可以用紧凑的矩阵的形式表达。我们注意这些独立随机变量的协方差矩阵是对角矩阵，即

$$\boldsymbol{\Sigma} = \begin{bmatrix} \sigma_1^2 & 0 & \dots & 0 \\ 0 & \sigma_2^2 & \dots & 0 \\ \vdots & \vdots & & \vdots \\ 0 & 0 & \dots & \sigma_d^2 \end{bmatrix} \tag{101}$$

其逆矩阵为

$$\boldsymbol{\Sigma}^{-1} = \begin{bmatrix} 1/\sigma_1^2 & 0 & \dots & 0 \\ 0 & 1/\sigma_2^2 & \dots & 0 \\ \vdots & \vdots & & \vdots \\ 0 & 0 & \dots & 1/\sigma_d^2 \end{bmatrix} \tag{102}$$

这样，式(100)中的指数项可以写为

$$\sum_{i=1}^{d}\left(\frac{x_i-\mu_i}{\sigma_i}\right)^2 = (\mathbf{x}-\boldsymbol{\mu})^t\boldsymbol{\Sigma}^{-1}(\mathbf{x}-\boldsymbol{\mu}) \tag{103}$$

最后，注意到协方差矩阵 $\boldsymbol{\Sigma}$ 的行列式值就是各个分量的方差的积，于是我们就能把联合密度函数写成紧凑的二次式

$$p(\mathbf{x}) = \frac{1}{(2\pi)^{d/2}|\boldsymbol{\Sigma}|^{1/2}} \exp\left[-\frac{1}{2}(\mathbf{x}-\boldsymbol{\mu})^t\boldsymbol{\Sigma}^{-1}(\mathbf{x}-\boldsymbol{\mu})\right] \tag{104}$$

这就是多元正态密度函数的一般形式，其中，并不要求协方差矩阵 $\boldsymbol{\Sigma}$ 为对角矩阵。使用线性代数知识，可以证明，如果 $\mathbf{x}$ 服从多变量正态分布，那么下列等式成立：

$$\boldsymbol{\mu} = \mathcal{E}[\mathbf{x}] = \int_{-\infty}^{\infty} \mathbf{x}\, p(\mathbf{x})\, d\mathbf{x}$$

625

$$\boldsymbol{\Sigma} = \mathcal{E}[(\mathbf{x}-\boldsymbol{\mu})(\mathbf{x}-\boldsymbol{\mu})^t] = \int_{-\infty}^{\infty} (\mathbf{x}-\boldsymbol{\mu})(\mathbf{x}-\boldsymbol{\mu})^t\, p(\mathbf{x})\, d\mathbf{x} \tag{105}$$

就如同我们所期望的那样。服从多元正态分布的数据样本趋向于聚集在均值向量 $\boldsymbol{\mu}$ 周围，形成一个以协方差矩阵 $\boldsymbol{\Sigma}$ 的各本征向量为主轴的椭球形云团。随机向量 $\mathbf{x}$ 偏离均值 $\boldsymbol{\mu}$ 的距离自然度量为

$$r^2 = (\mathbf{x}-\boldsymbol{\mu})^t\boldsymbol{\Sigma}^{-1}(\mathbf{x}-\boldsymbol{\mu}) \tag{106}$$

其中 r 是从 $\boldsymbol{x}$ 到 $\boldsymbol{\mu}$ 的 Mahalanobis 距离。对向量随机变量的标准化(使其均值向量为零向量，协方差矩阵为单位协方差矩阵)比对一维的随机变量的标准化要复杂一些。类似于 $u=(x-$

$\mu)/\sigma$ 的表达式为 $\mathbf{u}=\mathbf{\Sigma}^{-1/2}(\mathbf{x}-\boldsymbol{\mu})$，其中涉及协方差矩阵求逆后的“开平方根”。求 $\mathbf{\Sigma}^{-1/2}$ 要求计算协方差矩阵 $\mathbf{\Sigma}$ 的本征值和本征向量，对其具体过程的描述超出了本附录的范围。有兴趣的读者可以参阅矩阵论和矩阵的数值计算等方面的著作。

A.5.2 二元正态分布

我们将详细分析二元正态分布，这将有助于更深入地理解多元正态分布的概念。二元正态分布就是有两个服从正态分布的随机变量 x_1 和 x_2。为方便起见，它们各自的方差定义为 $\sigma_1^2=\sigma_{11}$，$\sigma_2^2=\sigma_{22}$，并由

$$\rho=\frac{\sigma_{12}}{\sigma_1\sigma_2} \tag{107}$$

引入相关系数 ρ。

根据这些定义，协方差矩阵可以写为

$$\mathbf{\Sigma}=\begin{bmatrix}\sigma_{11} & \sigma_{12}\\ \sigma_{21} & \sigma_{22}\end{bmatrix}=\begin{bmatrix}\sigma_1^2 & \rho\sigma_1\sigma_2\\ \rho\sigma_1\sigma_2 & \sigma_2^2\end{bmatrix} \tag{108}$$

其行列式的值为

$$|\mathbf{\Sigma}|=\sigma_1^2\sigma_2^2(1-\rho^2) \tag{109}$$

这样，协方差矩阵的逆矩阵为

$$\begin{aligned}\mathbf{\Sigma}^{-1}&=\frac{1}{\sigma_1^2\sigma_2^2(1-\rho^2)}\begin{bmatrix}\sigma_2^2 & -\rho\sigma_1\sigma_2\\ -\rho\sigma_1\sigma_2 & \sigma_1^2\end{bmatrix}\\ &=\frac{1}{1-\rho^2}\begin{bmatrix}1/\sigma_1^2 & -\rho/(\sigma_1\sigma_2)\\ -\rho/(\sigma_1\sigma_2) & 1/\sigma_2^2\end{bmatrix}\end{aligned} \tag{110}$$

然后，展开式(104)指数项中的二次式：

$$\begin{aligned}&(\mathbf{x}-\boldsymbol{\mu})^t\mathbf{\Sigma}^{-1}(\mathbf{x}-\boldsymbol{\mu})\\ &=[(x_1-\mu_1)\,(x_2-\mu_2)]\frac{1}{1-\rho^2}\begin{bmatrix}1/\sigma_1^2 & -\rho/(\sigma_1\sigma_2)\\ -\rho/(\sigma_1\sigma_2) & 1/\sigma_2^2\end{bmatrix}\begin{bmatrix}x_1-\mu_1\\ x_2-\mu_2\end{bmatrix}\\ &=\frac{1}{1-\rho^2}\left[\left(\frac{x_1-\mu_1}{\sigma_1}\right)^2-2\rho\left(\frac{x_1-\mu_1}{\sigma_1}\right)\left(\frac{x_2-\mu_2}{\sigma_2}\right)+\left(\frac{x_2-\mu_2}{\sigma_2}\right)^2\right]\end{aligned} \tag{111}$$

所以，一般的两变量正态概率密度函数的形式为 $p_{x_1x_2}(x_1,x_2)$ 626

$$\begin{aligned}p_{x_1x_2}(x_1,x_2)&=\frac{1}{2\pi\sigma_1\sigma_2\sqrt{1-\rho^2}}\\ &\times\exp\left[-\frac{1}{2(1-\rho^2)}\left[\left(\frac{x_1-\mu_1}{\sigma_1}\right)^2-2\rho\left(\frac{x_1-\mu_1}{\sigma_1}\right)\left(\frac{x_2-\mu_2}{\sigma_2}\right)+\left(\frac{x_2-\mu_2}{\sigma_2}\right)^2\right]\right]\end{aligned} \tag{112}$$

如图 A-4 所示，$p(x_1,x_2)$ 是一个定义域在 x_1x_2 平面上的山峰形曲面。唯一的山峰出现在点 $(x_1,x_2)=(\mu_1,\mu_2)$ 处，也就是出现在均值向量 $\boldsymbol{\mu}$ 处。山包的具体形状依赖于两个变量各自的方差 σ_1^2，σ_2^2 和它们之间的相关系数 ρ。如果我们固定二次项

$$\left(\frac{x_1-\mu_1}{\sigma_1}\right)^2-2\rho\left(\frac{x_1-\mu_1}{\sigma_1}\right)\left(\frac{x_2-\mu_2}{\sigma_2}\right)+\left(\frac{x_2-\mu_2}{\sigma_2}\right)^2 \tag{113}$$

的值为某个特定常数(可以理解成用一个平行于 xy 的平面去截 $p(\mathbf{x})$ 曲面),就得到一条对应这个特定常数的等值线(这一概念非常类似于地形学中的等高线的概念)。不难证明$|\rho|\leqslant 1$,也就是说明这种等值线为椭圆。椭圆的形状取决于两个变量各自的方差 σ_1^2,σ_2^2 和它们的相关系数 ρ。更准确地说,椭圆的两个主轴方向就是协方差矩阵 $\mathbf{\Sigma}$ 的本征向量 $\mathbf{e}_i$ 的方向,其长度则为对应的本征值的平方根$\sqrt{\lambda_i}$。例如,当相关系数 $\rho=0$ 时,椭圆的两个主轴平行于坐标轴,随机变量是 x_1,x_2 统计独立的。当 $\rho=1$ 或 $\rho=-1$ 时,椭圆退化为直线,这时的联合概率密度其实只有一个独立变量。因此为了避免这种事实上退化成一维的情况,我们通常预先假设$|\rho|<1$。

多元正态概率密度函数的一个重要性质是所有的条件概率密度和边缘概率密度都是正态的。在这里,我们给出一个详细计算这种概率密度的一个例子。例如,我们要计算条件概率密度 $p_{x_2|x_1}(x_2|x_1)$。首先,根据条件概率密度函数的定义,用 $p_{x_1x_2}(x_1,x_2)$ 和 $p_{x_1}(x_1)$来代替 $p_{x_2|x_1}(x_2|x_1)$:

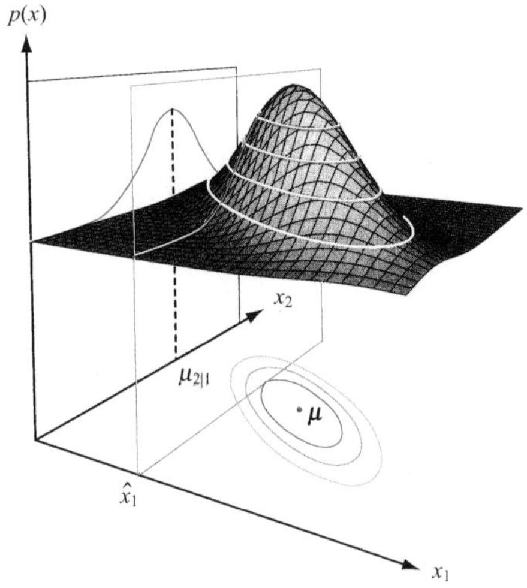

图 A-4 一个二维高斯函数,其均值为 $\boldsymbol{\mu}$,而协方差矩阵 $\mathbf{\Sigma}$ 不是对角矩阵。如果其中的一个变量已知,例如已知 $x_1=\hat{x}_1$,那么此时另一个变量的分布就是具有均值 $\mu_{2|1}$ 的高斯分布

627

$$
\begin{aligned}
p_{x_2|x_1}(x_2|x_1) &= \frac{p_{x_1x_2}(x_1,x_2)}{p_{x_1}(x_1)} \\
&= \left[\frac{1}{2\pi\sigma_1\sigma_2\sqrt{1-\rho^2}}e^{-\frac{1}{2(1-\rho^2)}\left[\left(\frac{x_1-\mu_1}{\sigma_1}\right)^2-2\rho\left(\frac{x_1-\mu_1}{\sigma_1}\frac{x_2-\mu_2}{\sigma_2}\right)\left(\frac{x_2-\mu_2}{\sigma_2}\right)+\left(\frac{x_2-\mu_2}{\sigma_2}\right)^2\right]}\right] \\
&\quad \times\left[\sqrt{2\pi}\sigma_1 e^{\frac{1}{2}\left(\frac{x_1-\mu_1}{\sigma_1}\right)^2}\right] \\
&= \frac{1}{\sqrt{2\pi}\sigma_2\sqrt{1-\rho^2}}\exp\left[-\frac{1}{2(1-\rho^2)}\left[\frac{x_2-\mu_2}{\sigma_2}-\rho\frac{x_1-\mu_1}{\sigma_1}\right]^2\right] \\
&= \frac{1}{\sqrt{2\pi}\sigma_2\sqrt{1-\rho^2}}\exp\left[-\frac{1}{2}\left(\frac{x_2-[\mu_2+\rho\frac{\sigma_2}{\sigma_1}(x_1-\mu_1)]}{\sigma_2\sqrt{1-\rho^2}}\right)^2\right]
\end{aligned}
\tag{114}
$$

这就证明了条件概率密度 $p_{x_1|x_2}(x_1|x_2)$服从正态分布。而且,我们还得到了如下的条件均值 $\mu_{2|1}$ 与条件方差 $\sigma_{2|1}^2$ 的显式计算公式:

$$
\mu_{2|1}=\mu_2+\rho\frac{\sigma_2}{\sigma_1}(x_1-\mu_1) \qquad \text{和} \qquad \sigma_{2|1}^2=\sigma_2^2(1-\rho^2) \tag{115}
$$

如图 A-4 所示。

这些公式让我们了解如何利用关于 x_1 的知识去估计 x_2 的值。假设我们已经知道了 x_1 的值，这时对 x_2 的估计自然就是条件均值 $\mu_{2|1}$。在通常情况下，$\mu_{2|1}$ 一般是关于 x_1 的线性函数。如果相关系数 ρ 为正数，那么 x_1 的值越大，条件均值 $\mu_{2|1}$ 也就越大。如果 x_1 的取值恰好是均值 μ_1，那么对 x_2 的估计值等于其均值 μ_2。同样，如果 x_1 与 x_2 不相关，则无论 x_1 取何值，我们对 x_2 的估计就是其均值 μ_2。注意这样的情况下，无论 x_1 取何值，条件方差 $\sigma^2_{2|1}$ 恒等于 σ^2_2。如果 x_1 与 x_2 相关，那么已经得到的关于 x_1 的知识，就必定能使此时 x_2 的方差减小，即条件方差 $\sigma^2_{2|1}$ 将小于 σ^2_2。另一个极端情况是，当 x_1 与 x_2 之间 100% 相关时，给定了 x_1，我们就能确定的知道 x_2 的值，此时 $\sigma^2_{2|1}=0$。

A.6 假设检验

统计假设检验(hypothesis testing)提供判断某次实验结果是否具有统计显著性或随机性的形式化方法。在统计学的术语中，通常把 n 次观测结果的集合 $\mathcal{X}_n=\{x_1,x_2,\cdots,x_n\}$ 称为“大小为 n 的样本”。但在这里，为了与通常的模式识别领域的术语保持一致，我们把单个的度量结果称为一个“样本”。这样，$\mathcal{X}_n=\{x_1,x_2,\cdots,x_n\}$ 就被称为“n 个样本的集合”。假设我们现在有一个样本集合，其中的每一个样本可能是一个已知分布 D_0 的抽样，也可能是另外分布的抽样。在模式识别中，对于某一个特定的样本，我们希望决定到底是产生于哪一个分布的。如果这个源分布就是 D_0，那么就把这个样本归于类别 D_0。而假设检验方法要解决类似的问题，但略有不同。我们在一开始就假设分布 D_0 就是这些样本的源分布，称之为“零假设”(或“零假设”“零假设”)，并被记为 H_0。基于任何一个样本的值，我们要决定出现这样的样本值是否符 628
合零假设，如果不符合的话，则要舍弃这个零假设。也就是我们希望根据某种置信度(用概率形式表达)来决定这个样本是否是来自假设的源分布 D_0。

比如，D_0 可能是一个标准正态分布 $p(x)\sim N(0,1)$，所以我们的零假设就是样本来自这个均值 μ 等于 0 的高斯分布。如果某一个样本的值比较小(比如 $x=0.3$)，那么这个样本确实可能来自分布 D_0。参照图 A-1，我们知道，在服从高斯分布的全部样本中，68% 的样本偏离均值 μ 的距离都小于 1.0。如果样本的值非常大(比如 $x=5$)，那么这个样本更有可能是由另一个均值较大的分布产生的，而不是由当前分布 D_0 产生的。在这种情况下，我们只能断定样本是(以某个概率)从 $\mu\neq 0$ 的一个标准高斯分布中抽取的。

从另一种角度看，对于任何一个用概率表示的置信度，总存在某个对应的置信范围。例如，如果某个样本偏离均值 $\mu=0$ 的距离超过了这个置信范围，这我们就舍弃初始假设 H_0。(通常，这个置信度被设为 0.01 或 0.05)。我们然后可以说样本和均值 μ 之间的距离是统计显著的。例如，如果我们的零假设为标准正态分布，如果一个样本偏离均值 μ 的距离超过了 2.576，那么我们将“在置信度为 0.01 这一水平上，舍弃零假设”(这可以从表 A-1 推出)。如果有多个样本，或者零假设不是标准正态分布，那么分析过程将更加复杂。注意，这里所说的“显著性”只是统计意义上的，并不是说结果本身重要与否。事实上，假设检验方法的用处在于让我们知道在观测到目前样本的情况下，除了初始假设之外，是否还有更加可能的某种其他原因。

χ^2 检验

假设检验也能用于离散问题。假设我们有 n 个样本，其中 n_1 个属于类别 ω_1，n_2 个属于类别 ω_2。在分类时，我们并不知道每个具体样本实际属于哪一类别，因此对于某个分类的规则，我们希望知道这个分类规则是否有用(即能否进行比较正确的分类)。在这种情况下，零假设就是一个随机判定规则——选择一个样本，就根据某个先验概率 P 把它归为一个类别，不妨称为“左类别”，否则就归为“右类别”。如果一种候选规则同随机判定规则有显著差别，就说它是有用的。

这里，我们需要对这些条件下的“统计显著性”用精确的数学语言定义。随机分类方法将把属于类别 ω_1 的 Pn_1 个样本分为左类别，把类别 ω_2 的 Pn_2 个样本归为左类别，其余的样本则归为右类别。如果一个新的分类规则与这个随机分类规则非常不同，那么这种候选判定将显著不同。在新的分类准则下，我们记 n_{iL} 为把类别 ω_i 中的样本分为左类别的个数。这种情况下的统计量 χ^2 就是

$$\chi^2 = \sum_{i=1}^{2} \frac{(n_{iL} - n_{ie})^2}{n_{ie}} \tag{116}$$

其中，根据零假设，我们期望的类别 ω_i 中被归入左类别的样本个数为 $n_{ie} = Pn_i$。显然 χ^2 是非负的，并且只有在 n_{iL} 等于期望的零假设时的值 n_{ie} 时才为 0。χ^2 的值越大，零假设成立的可能性就越小。这样，对于足够大的 χ^2，新的分类规则与零假设之间的差别在统计上就是重要的，
629 因此我们能够舍弃零假设，并认为新的分类规则确实是“有用的”。对不同的置信度水平，比如 0.01 或 0.05，表 A-2 给出了允许舍弃零假设的 χ^2 的临界值。

表 A-2 不同自由度（*df*）下，位于两个置信度级别的 χ^2 临界值

df	.05	.01	*df*	.05	.01	*df*	.05	.01
1	3.84	6.64	11	19.68	24.72	21	32.67	38.93
2	5.99	9.21	12	21.03	26.22	22	33.92	40.29
3	7.82	11.34	13	22.36	27.69	23	35.17	41.64
4	9.49	13.28	14	23.68	29.14	24	36.42	42.98
5	11.07	15.09	15	25.00	30.58	25	37.65	44.31
6	12.59	16.81	16	26.30	32.00	26	38.88	45.64
7	14.07	18.48	17	27.59	33.41	27	40.11	46.96
8	15.51	20.09	18	28.87	34.80	28	41.34	48.28
9	16.92	21.67	19	30.14	37.57	29	42.56	49.59
10	18.31	23.21	20	31.41	37.57	30	43.77	50.89

这里有一个值得注意的细节问题：自由度（degree of freedom，简记为 df）数量。在上文的情况中，一旦先验概率 P 确定，则只需一个自由变量描述新的分类规则。比如，在新的分类规则下，如果类别 ω_1 中被分入“左类别”的样本个数已知，则其他的参数也唯一地确定了。所以，在这样的情况下，自由度的个数为 1。如果问题中涉及更多的类别，或者分类规则能产生更多的可能结果，那么自由度的个数将大于 1。自由度的个数越大，达到同样的统计显著性级别的 χ^2 的值也就要求越大。

我们把临界值记作诸如“$\chi^2_{.01(1)} = 6.64$”这样的形式。等式中的下标表示重要性级别（这里是 0.01），括号内的整数表示自由度的个数。（在表 A-2 中，为了与统计学中的符号系统相一致，我们使用了 df 这一标记，但读者应该清楚，在这个场合中，df 是自由度，而不表示某一个实数 f 的微分。）这样，如果在 1 个自由度的情况下，我们计算得到的 χ^2 值大于 6.64，则我们就舍弃零假设，并说在 0.01 置信度上我们的样本分类结果不是根据（加权）随机判决规则得到的。

A.7 信息论基础

A.7.1 熵和信息量

假设我们有一组离散的符号集$\{v_1, v_2, \cdots, v_m\}$,每个符号具有相应的出现概率$P_i$。为了衡量用这组符号组成的特定序列的随机性(不确定性或不可预测性),定义离散分布的熵

$$H = -\sum_{i=1}^{m} P_i \log_2 P_i \tag{117}$$

其中,对数以2为底,此时熵的单位为"比特"。对于连续的情况,通常则用以$e(=2.71828\cdots)$为底的对数,熵的单位相应地称作"奈特"(nat)。当某一个符号出现的概率为0时,我们定义$0\log 0=0$(因为$\lim\limits_{P\to 0} P\log P=0$)。对于回答是或否(yes/no)的问题,每个可能答案出现的概率为0.5,那么这时的熵为1(比特)。式(117)也可以写成数学期望算子的形式:$H=\mathcal{E}[\log(1/P)]$。(关于期望算子的定义,请参见A.4.2节中的式(40)。)这里我们可以把P理解成一个随机变量,其取值可以为$P_1, P_2, \cdots, P_m$。$\log_2 1/P$有时也称为惊奇率:如果只有一个符号v_k的概率P_k不等于零,其他符号的概率全为0,即只有$P_k=1$,那么当符号v_k出现时,就没有任何的惊奇了,因为我们已经知道别的符号都不可能出现。 630

这里要特别注意熵的值并不依赖于符号本身,而只依赖于这些符号的概率。对于给定的m个符号,当这些符号出现的概率相同时(也就是离散的均匀分布),对应的熵值最大(这是$H=\log_2 m$(比特))。也就是说,当每个符号出现的概率都相同(为$1/m$)时,我们对下一个将出现什么符号的不确定程度最大。例如,当这些符号为0,1,…,7时,我们需要3比特来描述,因为此时,$H=-\sum\limits_{i=0}^{7}\frac{1}{2^3}\log_2 2^3=\log_2 2^3=3$。另一个极端情况是,只有一个符号的概率为1,别的符号的概率全为0时,熵最小,为0比特,因为此时我们能完全准确地预测下一个将出现的符号。

对于连续的情况,熵的定义为

$$H = -\int_{-\infty}^{\infty} p(x) \ln p(x)\, dx \tag{118}$$

同样,用数学期望的形式来表示,则为$H=\mathcal{E}[\ln 1/p]$。值得指出的是,在所有的连续概率密度函数中,如果均值μ和方差σ^2都取已知的固定值,则使熵达到最大值的将是高斯分布,此时的最大熵为$H=0.5+\log_2(\sqrt{2\pi}\sigma)$(比特)。如果让均方差$\sigma$趋近于0,也就是降低$x$的散布程度,则高斯函数将趋向于狄拉克$\delta$函数

$$\delta(x-a) = \begin{cases} 0 & x \neq a \\ \infty & x = a \end{cases} \quad \text{和} \quad \int_{-\infty}^{\infty} \delta(x)\, dx = 1 \tag{119}$$

此时,熵达到最小值,为负无穷大($H=-\infty$比特)。对于δ函数形式的概率分布,我们几乎能够确定每次出现的x的值就是a。

需要指出,对于连续情况下的概率密度函数的熵(如定义式(118)),有一些细节问题在实际应用中需要灵活考虑。如果x是一个有量纲的值(如长度单位"米"),那么概率密度函数

$p(x)$的单位就是(m^{-1})。但如果这时对 $p(x)$直接取对数,那显然是错的,因为对数要求不能有量纲。所以我们实际处理的是无量纲的概率,如 $p(x)/p_0(x)$,其中的 $p_0(x)$可以是某个参考概率密度函数(参见 A.7.2 节)。

对于离散随机变量 x 和任意函数 $f(\cdot)$,我们有 $H(f(x))\leqslant H(x)$,即对原始信号(这里是 x)的任何处理都不能增加熵(也就是信息量)。特别,如果 $f(x)$是一个取常数值的函数,则熵变为 0。离散分布的熵的另一个重要性质是:任意改变事件的标记,不会影响这组符号的熵,因为熵只与每个符号的出现概率有关,而与符号本身无关。但对于连续的随机变量的情况,这不一定成立。比如,原始的变量为 x,经过某种改变后(比如 $y=x^3$,或 $y=10x$),最后的熵值往往是不同的。如果熵被用于描述内在的无序性,则说 y 和 x 具有不同的内在无序性是没有意义的,因为这里的 y 和 x 是一一对应的。只有当加入某些随机性后(比如函数映射时
631 随机改变映射之间的位置),我们才能够说 y 比 x 更加无序。

在实际应用中,这些细节问题通常不构成严重影响。因为相对熵和熵之间的差值对我们来说更加重要。后面文献评述列出的一些书,对连续随机变量的熵的度量等基础问题进行了更深入的分析。

A.7.2 相对熵

假设对同一个离散随机变量 x,我们有两种可能形式的离散概率分布 $p(x)$和 $q(x)$。为了衡量这两个分布之间的距离,定义相对熵(或称作"Kullback-Leibler 距离",是一个与"交叉熵","信息散度"和"判别信息量"的概念密切相关的量)如下:

$$D_{KL}(p(x),q(x))=\sum_x q(x)\ln\frac{q(x)}{p(x)} \tag{120}$$

连续情况下的相对熵定义为

$$D_{KL}(p(x),q(x))=\int_{-\infty}^{\infty} q(x)\ln\frac{q(x)}{p(x)}\,dx \tag{121}$$

虽然 $D_{KL}(p(\cdot),q(\cdot))\geqslant 0$ 和 $D_{KL}(p(\cdot),q(\cdot))=0$ 当且仅当 $p(\cdot)=q(\cdot)$时成立,但是相对熵不是一个真正的度量(metric),因为在把 $p\leftrightarrow q$ 互相交换时,我们会发现 D_{KL} 并不具有对称性。而且,$D_{KL}(\cdot,\cdot)$也不满足三角不等式。

A.7.3 互传信息量

假设我们有两个对不同变量的概率分布,比如 $p(x)$和 $q(y)$。互传信息量是指在获得一个变量的知识时,对另一个变量的不确定性减少的量:

$$I(p;q)=H(p)-H(p|q)=\sum_{x,y} r(x,y)\log_2\frac{r(x,y)}{p(x)q(y)} \tag{122}$$

其中 $r(x,y)$为 x,y 的联合概率分布函数。结合式(120),我们可以看到,互传信息量就是联合概率分布 $r(x,y)$与各自概率分布乘积 $p(x)q(y)$之间的相对熵,也就是说,它衡量的是 x,y 的分布与统计独立的差别程度。注意,互传信息量不服从全部度量性质。尤其是,度量要求,如果 $p(x)=q(y)$,那么不需要 $I(x;y)=0$ 成立。我们可以举一个例子,假设有两个二值随机变量,它们之间的联合概率密度为 $r(0,0)=r(1,1)=1/2$,因此必定有 $r(0,1)=r(1,0)=0$。根据式(122),计算得到 $p(x)$和 $q(y)$之间的互传信息量为 $\log_2 2$,等于 1。

熵、相对熵和互传信息量这三者之间的关系如图 A-5 所示。从图 A-5 中可以看出一些直

观的性质。比如，图中指出联合熵 $H(p,q)$ 总是比单独的熵 $H(p)$ 和 $H(q)$ 大，$H(p)=H(p|q)+I(p;q)$，等等。 632

图 A-5　对于两个分布 p 和 q，这个图表示熵互传信息量 $I(p;q)$ 和条件熵 $H(p|q)$，$H(q|p)$ 之间的数学关系。比如可以看到 $I(p;p)=H(p)$；如果 $I(p;q)=0$，那么 $H(q|p)=H(q)$；$H(p,q)=H(p|q)+H(q)$；等等

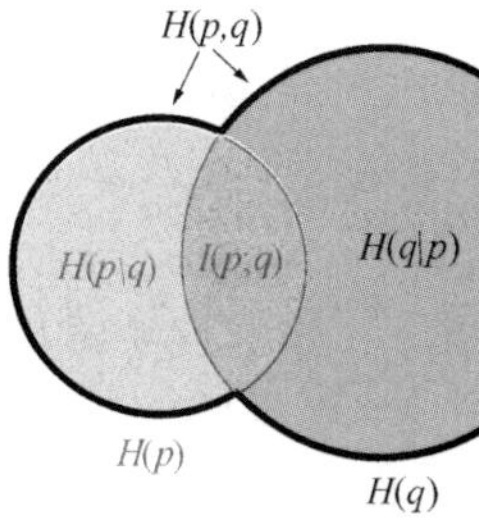

A.8　计算复杂度

为了分析和描述某个问题或为解决这个问题而设计的某个特定算法的难度，我们转而讨论计算复杂度的概念。比如，计算一组样本的协方差矩阵显然要比计算它们的均值复杂。或者，计算某个函数的一些算法可能比另一些算法的速度快，或只需要占用更少的内存空间。我们希望建立一套能够不依赖于现有计算机硬件性能的描述方法（计算机硬件的性能总是不断变化的），来衡量这些计算复杂度的差异。

到目前为止，我们使用函数的阶这一概念，并且还使用渐近记号 O，Ω 和 Θ。这 3 个常用的渐近界（asymptotic bound）的定义如下（见图 A-6）：

渐近上界　$O(g(x))=\{f(x)$：存在正的常数 c 和 x_0，对于所有的 $x\geqslant x_0$，有 $0\leqslant f(x)\leqslant cg(x)\}$。

渐近下界　$\Omega(g(x))=\{f(x)$：存在正的常数 c 和 x_0，对于所有的 $x\geqslant x_0$，有 $0\leqslant cg(x)\leqslant f(x)\}$。

渐近紧界　$\Theta(g(x))=\{f(x)$：存在正的常数 c_1，c_2 和 x_0，对于所有的 $x\geqslant x_0$，有 $0\leqslant c_1g(x)\leqslant f(x)\leqslant c_2g(x)\}$。

图 A-6　图中所示的 3 种渐进界非常适合于描述模式识别领域中的计算复杂性问题

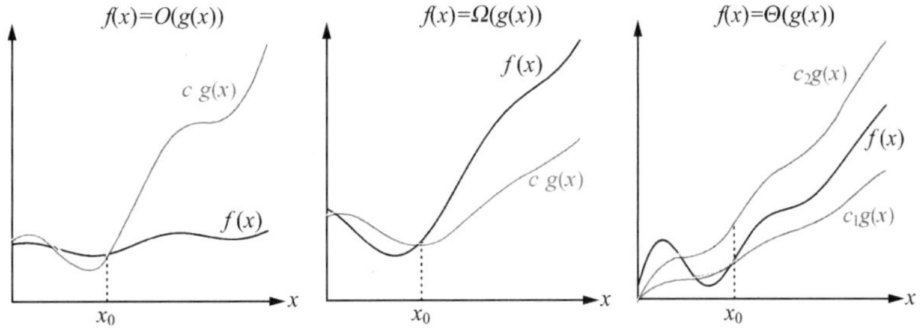

633

考虑渐近上界，我们说 $f(x)$ 是“关于 $g(x)$ 的大 O 阶”，写为 $f(x)=O(g(x))$，表示存在正常数 c 和 x_0，对于所有的 $x\geqslant x_0$，有 $0\leqslant f(x)\leqslant cg(x)$。（这里假设全部函数都是正值，并且自变量也是正的，也就不必要使用绝对值。）这就意味着，对于充分大的 x，$f(x)$ 的值不会比 $g(x)$ 更大。比如，设 $f(x)=a+bx+cx^2$，那么我们有 $f(x)=O(x^2)$，因为对于足够大的 x，总可以选择恰当的 c，x_0，使得 $a+bx+cx^2\leqslant cx^2$ 满足。对于函数 $f(\cdot)$ 有多个自变量的情况，渐近上界的定义也是类似的。需要指出，对于函数 $f(x)$，其渐近上界不是唯一的。对于 $f(x)=a+bx+cx^2$，其渐近上界可以为 $O(x^2)$，$O(x^3)$，$O(x^4)$，$O(x^2\ln x)$，等等。对于渐近下界，我们使用标记 $\Omega(\cdot)$，而用 $\omega(\cdot)$ 表示最紧的渐近下界。在计算复杂度中，渐近上界这一概念是所有的这些渐近边界中最有用的，因为通常情况下，我们都希望知道某个问题（或算法）耗时或占用

内存的上限。

问题(或算法)的渐近下界用$\Omega(g(x))$来表示,它就是求解这个问题的复杂度的下界。类似地,如果某个问题的计算复杂度为$O(g(x))$,那么它就是求解这个问题的复杂度的上界。如果某些问题的计算复杂度已知,比如,我们已经知道计算一个离散数据集的均值的计算复杂度,同时如果某一个算法具有与此相同的计算复杂度,那么我们能够做的就是尽量降低其中比例常数的值。

这样的较略粗分析并没有告诉我们如何求常数 c 和 x_0。对于某一个问题,一个 $O(x^3)$的算法可能要比另一个 $O(x^2)$的算法简单。有时我们就需要确定这些常数 c,来决定哪一种算法最简单。然而,在很多情况下,如上文所定义的 $O(\cdot)$记号已经足够描述问题的计算复杂度了。

假设我们有一个 n 个向量的集合,每一个向量都是 d 维的。我们需要计算这些向量的均值向量。显然,这需要 $O(nd)$个乘法。有时候,我们需要强调时间复杂度和空间复杂度。时间复杂度是指算法的时间开销,空间复杂度是指内存空间的开销或需要占用的处理器的多少。在考虑用并行处理系统实现时,这两者是很重要的。比如,d 维向量的均值的计算可以用 d 个处理器,每一个处理器独立处理 n 个样本分量。这样,对这个系统的复杂度,我们就可以用空间复杂度 $O(d)$和时间复杂度 $O(n)$来描述。当然,对于一个实际的算法,有可能在时间复杂度和空间复杂度之间取某种折中。

文献评述

参考文献[15][8]是讲述线性系统和矩阵计算的较好著作。参考文献[2]介绍拉格朗日最优化和相关的方法。参考文献[14][3]讲述统计学的历史,参考文献[6,7,11,22]给出概率中心概念的清晰的分析。参考文献[21]能方便地查询概率与统计的术语。关于假设检验和统计显著性理论,参考文献[25]是一本较基础的书;参考文献[19,26]则是比较深入的分析。参考文献[23]是香农关于信息论的经典论文。参考文献[24]收集了信息论历史上许多其他的重要论文。对于模式识别这一实用领域所需要的信息论知识,[5]是一本较好的参考文献。如果希望了解更抽象和更形式化的方法,可查阅参考文献[9]。参考文献[13]讲述了时间复杂度,参
634 考文献[12,20]讲述了空间复杂度。参考文献[16,17,18]是 Knuth 的关于计算复杂度的经典著作。参考文献[1,4]是更便于读者进入这一领域的著作。

参考文献

[1] Alfred V. Aho, John E. Hopcroft, and Jeffrey D. Ullman. *The Design and Analysis of Computer Algorithms*. Addison-Wesley, Reading, MA, 1974.

[2] Dimitri P. Bertsekas. *Constrained Optimization and Lagrange Multiplier Methods*. Athena Scientific, Belmont, MA, 1996.

[3] Patrick Billingsley. *Probability and Measure*. Wiley, New York, second edition, 1986.

[4] Thomas H. Cormen, Charles E. Leiserson, and Ronald L. Rivest. *Introduction to Algorithms*. MIT Press, Cambridge, MA, 1990.

[5] Thomas M. Cover and Joy A. Thomas. *Elements of Information Theory*. Wiley-Interscience, New York, 1991.

[6] Alvin W. Drake. *Fundamentals of Applied Probability Theory*. McGraw-Hill, New York, 1967.

[7] William Feller. *An Introduction to Probability Theory and Its Applications*, volume 1. Wiley, New York, 1968.

[8] Gene H. Golub and Charles F. Van Loan. *Matrix Computations*. Johns Hopkins University Press, Baltimore, MD, third edition, 1996.

[9] Robert M. Gray. *Entropy and Information Theory*. Springer-Verlag, New York, 1990.

[10] Daniel H. Greene and Donald E. Knuth. *Mathematics for the Analysis of Algorithms*. Springer-Verlag, New York, 1990.

[11] Richard W. Hamming. *The Art of Probability for Scien-*

tists and Engineers. Addison-Wesley, New York, 1991.

[12] Juris Hartmanis, Philip M. Lewis II, and Richard E. Stearns. Hierarchies of memory limited computations. *Proceedings of the Sixth Annual IEEE Symposium on Switching Circuit Theory and Logical Design*, pages 179–190, 1965.

[13] Juris Hartmanis and Richard E. Stearns. On the computational complexity of algorithms. *Transactions of the American Mathematical Society*, 117:285–306, 1965.

[14] Harold Jeffreys. *Theory of Probability*. Oxford University Press, Oxford, UK, 1939, 1961 reprint edition.

[15] Thomas Kailath. *Linear Systems*. Prentice-Hall, Englewood Cliffs, NJ, 1980.

[16] Donald E. Knuth. *The Art of Computer Programming*, volume 1. Addison-Wesley, Reading, MA, first edition, 1973.

[17] Donald E. Knuth. *The Art of Computer Programming*, volume 3. Addison-Wesley, Reading, MA, first edition, 1973.

[18] Donald E. Knuth. *The Art of Computer Programming*, volume 2. Addison-Wesley, Reading, MA, first edition, 1981.

[19] Erich L. Lehmann. *Testing Statistical Hypotheses*. Springer, New York, 1997.

[20] Philip M. Lewis II, Richard E. Stearns, and Juris Hartmanis. Memory bounds for recognition of context-free and context-sensitive languages. *Proceedings of the Sixth Annual IEEE Symposium on Switching Circuit Theory and Logical Design*, pages 191–202, 1965.

[21] Francis H. C. Marriott. *A Dictionary of Statistical Terms*. Longman Scientific & Technical, Essex, UK, fifth edition, 1990.

[22] Yuri A. Rozanov. *Probability Theory: A Concise Course*. Dover, New York, 1969.

[23] Claude E. Shannon. A mathematical theory of communication. *Bell Systems Technical Journal*, 27:379–423, 623–656, 1948.

[24] David Slepian, editor. *Key Papers in the Development of Information Theory*. IEEE Press, New York, 1974.

[25] Richard C. Sprinthall. *Basic Statistical Analysis*. Allyn & Bacon, Needham Heights, MA, fifth edition, 1996.

[26] Rand R. Wilcox. *Introduction to Robust Estimation and Hypotheses Testing*. Academic Press, New York, 1997. 635

索　　引

索引中的页码为英文原书页码，与书中边栏的页码一致。

A

B

D

E

F

J

K

L

M

N

Q

R

S

T

U

V